图灵计算机科学丛书

数字时代的信息系统

技术、管理、挑战及对策（第3版）

[美] Leonard Jessup
Joseph Valacich 著

陈炜 李鹏 林冬梅 韩智 等译

人 民 邮 电 出 版 社
北 京

图书在版编目（CIP）数据

数字时代的信息系统：技术、管理、挑战及对策：第3版 / （美）杰瑟普（Jessup,L.），（美）瓦拉季奇（Valacich,J.）著；陈炜等译. -- 北京：人民邮电出版社,2011.1

（图灵计算机科学丛书）

书名原文: Information Systems Today: Managing in the Digital World, Third Edition

ISBN 978-7-115-24051-4

Ⅰ.①数… Ⅱ.①杰… ②瓦… ③陈… Ⅲ.①管理信息系统 Ⅳ.①C931.6

中国版本图书馆CIP数据核字(2010)第200187号

内 容 提 要

本书全面地介绍了与现代管理信息系统相关的内容，包括管理信息系统、信息系统的全球化、电子商务、信息系统安全、信息系统在商业上的功能、信息系统开发以及信息系统涉及的道德问题等。此外，本书还穿插了一些非常有趣的案例，有利于开阔学生的眼界。

本书可作为本科生或研究生的教材，也适合对信息系统感兴趣的广大人士阅读。

图灵计算机科学丛书

数字时代的信息系统：技术、管理、挑战及对策（第3版）

◆ 著　[美] Leonard Jessup　Joseph Valacich
　译　陈 炜 李 鹏 林冬梅 韩 智 等
　责任编辑　杨海玲
　执行编辑　贾利莹　陈彦辛

◆ 人民邮电出版社出版发行　北京市崇文区夕照寺街14号
　邮编　100061　电子函件　315@ptpress.com.cn
　网址　http://www.ptpress.com.cn
　北京昌平百善印刷厂印刷

◆ 开本：787×1092　1/16
　印张：30.75
　字数：889千字　2011年1月第1版
　印数：1－3 000册　2011年1月北京第1次印刷

著作权合同登记号　图字：01-2007-4738号

ISBN 978-7-115-24051-4

定价：89.00元

读者服务热线：(010)51095186　印装质量热线：(010)67129223

反盗版热线：(010)67171154

版 权 声 明

前　言

引子

在教授信息系统课程的过程中，我们面临着很多挑战，其中之一就是如何让授课内容与外部世界的技术保持同步。硬件、软件、通信技术和网络设备发展越来越快，与此同时，费用更趋低廉，功能也日益完善。另一方面，商业组织机构一直以来不断采用这些新技术，并在不断自我调整中快速适应了它们。十年前大型商业组织通常将其收入的 2% ～ 3% 用于企业信息系统建设，如今这种支出已达到其收入的 5% ～ 10%。最为重要的是，这些组织已经把信息技术视为其经营战略和竞争力的根基。

由于科技的快速发展及其在商业组织中的普遍应用，如今教授信息系统变得更有价值，也更具挑战性。

由于信息系统里使用的技术具有动态性，现在很难找到这样一本相关教材：它既与时俱进，又能激发大家的学习兴趣。我们编写本书的目的主要有 3 个。第一，希望读者在学习信息系统知识的同时，能够清楚地认识到信息系统对数字世界中企业和个人的重要性；第二，我们不想只是简单地用填鸭式的教学方法传授一些技术术语和信息系统的历史，我们希望大家能够看到创新型企业是如何利用当代信息技术进行革新的，而更重要的是让大家明确信息系统技术的发展方向；第三，希望大家能够用必要的知识武装自己，以便在今后的职业生涯中正确地理解和运用信息技术。

因为上述目的，我们编写了本书，它以商学院学生急需的信息系统知识为核心，紧跟时代步伐，强调了趣味性和实用性。

目标读者

本书主要满足商学院学生学习信息系统课程的需要。作为综述性的信息系统课程，本书也可供会计、经济、金融、市场、综合管理、人力资源管理、产品及运营管理、国际商务、企业管理、信息系统等专业的学生学习。由于选择此课程的学生范围广泛，因此本书在向所有商学院学生提供有价值的参考资料的同时，也为他们提供了必知的重要信息。总之，本书的编写方式兼顾了不同专业学生的兴趣。

本书也可以用作低年级研究生课程的教材。比如，工商管理硕士（MBA）第一学年的教材。

本书特色

基于信息技术和信息系统在社会和不同组织中的不断渗透，我们编写了本书，用以向所有商学院学生阐述信息系统的重要性。最显著的是，我们广泛地验证信息技术是怎样促进全球化进程的。它使得世界越来越小，竞争日益激烈，实际上这种促进是表现在每个产业前进的每一步上的。有了明确的侧重点，我们就可以更好地辨别出哪些主题对于学生以后的职业生涯是至关重要的。本书对之前版本的基本内容进行了大量修订工作，改进了教学方法，同时也加入了许多新的内容。新添内容或者说扩展章节主题主要包括以下几个方面。

- 新加了一章：审视全球化的发展和演变，以及它对个人、组织和社会的影响。这些内容很大程度来源于托马斯·弗里德曼（Thomas Friedman）的畅销书《世界是平的》（*The World is Flat*）。
- 新加了一章：审视信息系统基础设施的设计和管理。
- 关于信息系统投资评估相关复杂性的一章，关键的概念都是基于克莱顿·克雷斯顿（Clayton Christenson）的《创新者的窘境》（*The Innovator's Dilemma*）。
- 扩展了信息系统的安全、控制、审计以及灾难恢复计划。
- 扩展和更新关于立法和法律问题方面的内容，包括美国《爱国者法案》（*USA PATRIOT Act*）和《萨班斯-奥克斯利法案》（*Sarbanes-Oxley Act*）。
- 透过克里斯·安德森（Chris Anderson）的《长尾理论》（*The Long Tails*）以及其他同样是来自数字世界的当代视角，扩展和更新因特网改变商业和社交方式的内容。
- 新的有关网络战争和网络恐怖主义的内容，特别介绍在数字世界里全球恐怖主义的商业流程是如何形成的。
- 用新的一章来探讨信息系统是怎样改善商业智能和决策制订并增强与供应商、消费者的合作关系的。
- 更新和扩展了的技术概览，总共5部分，它包括了核心信息系统运作的基础。

除了主要几章内容的更改外，每一章都增加了两个新的有特色的专题——“关键人物”和“行业分析”。“关键人物”主要介绍信息系统产业中的主要参与者，以及公司和技术是如何帮助他们塑造出我们今天所看到的世界的。“行业分析”则突出展现了在当今数字世界中，不同行业是怎样利用因特网技术和信息系统发生根本性变革的。

除了各章内容和上述特色，本书还对每一章的末尾处进行了实质性的改进和优化。首先，仔细修订了各章末尾的问题和练习，以便反映更新的内容和新增的素材。其次，加入了全新的章尾案例，它们都是真实的、当代公司的活生生的案例，说明了在数字世界中，商业运作所要面对的问题。最后，用一个称为“电子化航空运输业”的真实商业案例来简要介绍波音公司的策略，即如何将信息技术注入航空运输业以帮助航空公司更好地管理产品，以及如何在这个竞争激烈的行业中继续经营下去。案例的每个部分都反映了其所在章的主要内容，用真实的组织环境能更好地强调它的关联性。所有的这些内容在后续章都有更加详尽的讨论。

我们的目标一直是提供所有商学院学生需要的相关信息，没有其他多余的内容。相信本书又实现了这个目标。我们希望可以得到读者的认可。

主要特点

作为作者、教师、开发人员、信息系统的管理人员，我们知道为了让学生更好地利用这本书，他们必须主动学习。为此我们增加了一些独特的内容来帮助学生快速、简单地评价信息系统真正的价值以及它们对日常生活的影响。展示了当代专业人员怎样利用信息系统帮助现代组织变得更有效率，并富有竞争力。我们聚焦于真实世界和现实情况中的技术应用。下面，我们简要介绍一下这几方面的特色。

多种途径

每个章节以不同的方式利用案例，来强调和突出当代组织是怎样通过使用信息技术来获得竞争优势，提高运营流程效率、改善客户满意度的。

1. 开放案例——数字世界中的管理

每一章都是以一个开放性的案例开始，这些案例都描述了一个现实世界中的公司、技术或者其他引发学生对本章内容兴趣的内容。我们选择了一些有吸引力的案例，通过突出为什么信息系统已经成为数字世界管理的中心，来激发学生的兴趣和引起学生的关注。每个开放性案例都包含一系列相关问题，学生可以在阅读完该章内容后回答。在这些案例中涉及的公司和产品包括下面这些。

- 苹果计算机公司的兴衰，以及它作为全球技术巨人的再度崛起。
- MGM Grand 使用信息系统来改变游戏产业。
- TiVo 怎样依靠交互式电视点播系统和其他服务改变电视广播行业。
- 谷歌的快速崛起以及它保持成功所要面对的挑战。
- eBay 正在进行的与假冒产品和欺骗网站的斗争。
- Netstumbler 等诸多容易得到的工具怎样使你的信息和网络易受黑客的攻击。
- 亚马逊网站利用客户数据来提高安全度、改善产品供应以及保持竞争中的优势。
- MLB.com 怎样通过控制数据来提升品牌、创造新的收入来源和加强与客户的联系。
- 索尼、任天堂、Electronic Arts 和微软如何设计未来的在线游戏系统。
- 像 BitTorrent 这样的技术是怎样绕过非法文件使共享合法化的。

2. 小案例

每章也有一些直接取自新闻、现代公司或者技术讨论的简短案例。它们被恰当地放置在相关章节的内容中，帮助突出周围章节阐述的概念。本书也提供了要讨论的问题，它们既可以作为课后作业来深入思考，也可以在课堂上讨论。在这些案例中着重提到的组织、趋势和产品包括以下内容。

- MTV 欧洲公司是怎样通过实施移动视频来扩展其市场的。
- 糖果和口香糖巨子 Wrigley 如何开发跨国信息系统来实现全球高效性的。
- 域名商（那些在因特网上买卖域名以获取利润的人）怎样将这个行业发展成为数十亿美元的产业。
- 丰田公司如何利用信息系统来巩固和管理它不断增长的全球商业帝国。
- 即时消息如何在企业中提高生产效率，如何降低某些方面的效率。
- 企业如何利用技术手段来跟踪和监视雇员行为。
- 伦敦的 Ministry of Sound 怎样从一个舞蹈俱乐部发展成为娱乐产业的全球势力。
- 麦当劳是如何外包免下车订单服务的。
- 微软是怎样发布安全更新补丁来“帮助”黑客的。
- 黑客怎样发展成为一个全球性的业务，他们把持着公司的机密商业信息用来敲诈高额的赎金。

3. 章末案例

为了测试和增强章节的内容，在每章的结尾都安排了一个真实的案例。这些案例的来源包括《信息周刊》、《商业周刊》、《CIO》杂志和各种各样的网站。和章节中的简短案例一样，这些案例也是从新闻中提取的，是鲜活的。这些案例在篇幅上比简短案例更长一些，内容也更加详尽一些。它们有配套的讨论题来帮助学生应用和掌握本章内容。此外，一些取自《现代管理信息系统（第2版）》的流行案例可以从公司的网站 www.prenhall.com/jessup 获取。在这些案例中涉及的公司和产品包括以下几个。

- MySpace 和 Facebook 这样的社交网站是如何变成因特网上的大企业的。
- 图片交换网站 Flickr 是如何有助于全球化运作的。
- NetFlix 是怎样改变电影和游戏产业的。

- Sundance Film Festival 是怎样利用数字技术和因特网技术来改变娱乐内容的创作和发行的。
- IBM 是怎样开发一个世界上顶尖的内联网来提高员工生产效率的。
- 为什么计算机犯罪以 eBay、PayPal 和其他流行网站和资源为目标，这种犯罪是怎样进行的。
- 零售业巨子 Home Depot 是怎样利用信息技术优化商场货品摆放位置，以实现利润最大化的。
- 联邦快递和微软如何利用因特网向高级客户提供服务，并提高其忠诚度的。
- 开源软件系统的出现如何改变软件产业，例如 Linux 操作系统、Apache Web 服务器、Firefox Web 浏览器。
- 国家的防御和安全系统容易受到怎样的国内和国际诸多安全方面的威胁。

4. 电子化航空运输业

这个真实的商业案例贯穿全书、融入每章，这样做的目的是让学生可以看到所学知识在商业社会中的应用。波音公司是一个有远见的公司，它将商业航线利用高速因特网连接起来，并在一些服务中贯穿这种理念。这将真正地、永久地改变航空运输业。每章后面都包括这个真实案例的相关讨论问题，以期引起学生的深入思考，提高课堂参与性。

常规的章节特点

在每一章里，我们利用多种简短教学元素在上下文中突出关键的信息系统的问题和概念，并借助这些元素向学生展示组织中和社会中更加宽泛的话题。

行业分析

每个行业都因为因特网以及个人和企业对信息系统需求的不断增长而改变。为了让读者感受到这种改变的普遍性和深刻性，每章都有一个特定行业的分析，来突出数字世界运营的新规则。没有哪个行业和职业可以避免这种转变，这些行业分析表明理解信息系统不仅对于信息系统专业的学生，而且对于每个商科学生都是至关重要的。书中相关的讨论问题将更好地帮助学生理解在数字世界中运营机会和风险的快速变化。第 1 章介绍了数字世界是怎样转变成现实中的商业机会的。接下来的几章介绍了全球化和数字世界怎样消除和改变诸多产业，包括影像、广播、旅游、银行、汽车制造、程序设计、电视、执法，甚至动漫产业。很明显我们处于一个重大的转型时代，理解这些转变可以更好地武装学生，使得他们不单单可以在数字世界中生存，而且能更好地在数字世界中发展。

关键技术

我们努力让本书紧跟时代。书中覆盖了几百种新兴技术。本书的关注点在于一些基础性的革新技术，这些革新将使得那些影响组织和社会的新技术的开发成为可能。此类话题包括：

- 纳米技术；
- 自旋电子学；
- 认知无线电；
- 脉冲火花放电；
- 有机发光二极管；
- 脑波界面；
- 液体镜头；
- 声纹识别技术；

- 三维打印术；
- 光子晶体光纤。

前车之鉴

教科书通常不告知什么事情不要做，但是这对于学生可能会很有用。本书的特色也让学生学习到在真实世界中信息系统没有奏效，或者没有构建信息系统，或者信息系统没有被好好使用的情况。这些话题包括下面这些。

- 黑莓公司由于版权事件，几乎要关闭自己运营的拥有数百万用户的网络。
- 索尼的“rootkit”间谍软件监视用户的收听行为并防止非法复制。
- 维基百科中的错误和故意误传的信息，可能带来个人的政治实惠或者经济收益。
- ChoicePoint 客户数据的丢失，引发了确认被窃受害者的高潮。
- 与丢弃的堆积如山的电子垃圾相关的难题，如废弃的计算机、蜂窝电话和其他小的电子元器件。
- 雇员非法地共享文件如何给公司造成巨大损失。
- 非常规的计算机威胁，如意外地（或者有意地）挖掘出大量未加保护的光纤。
- 滥用客户关系管理系统的数据来分析和利用客户。
- 东京证券交易所的软件故障花费了数亿美元来修复。
- 垃圾信息和间谍软件如何在信息高速路上制造拥堵。

网络统计

因特网是每个企业的重要部分，也是我们个人生活的重要组成部分。网络统计提供了很多方面的统计信息，诸如因特网使用的热点、重要趋势和预测。这些统计结果能够帮助学生更好地理解因特网在推动全球化和改变数字世界的作用。此类话题包括：

- 全球因特网使用量；
- 文件共享；
- 宽带访问；
- 博客；
- 射频标签（RFID）；
- 搜索引擎；
- 电子商务的发展；
- 间谍软件；
- 信息技术基础架构的投资；
- 打包服务。

道德窘境

商业行为要遵守道德，无论是从管理培训还是从实践上来说，这都是一个很重要的部分。这部分新内容主要讲述当代商业社会面临的道德窘境，这与管理者、企业以及社会都有关系，包括如下主题：

- 公司数据的所有权；

- 员工行为监视；
- “增强”上网体验的 Cookies；
- 供货商以及客户关系；
- 使用 CRM 系统来实现业务目标、满足客户差异化需求；
- 新设计的系统用来限制或者取代某类工作；
- 网络游戏里的地下产业，靠出售虚拟物品来换真钱的新现象；
- 坚守道德的黑客；
- RFID 与隐私。

关键人物

不同行业的一些关键人物通过发明、销售或改进产品和服务，从而改变了我们的生活。也许几年前，只有很少人能预想得到。但是现在，很多人离开了它们就无法生活了。当然有相当多的人们为今天的数字世界做出了很大的贡献，有关“执行者”的内容着重介绍一些重量级人物，他们极大地推动了技术的发展，并且领导着大型公司，这些人包括：

- 苹果公司的史蒂夫·乔布斯；
- Skype 公司的尼克拉斯·曾斯特罗姆；
- 戴尔公司的迈克尔·戴尔；
- 谷歌公司的塞吉·布林和拉里·佩奇；
- eBay 公司的梅格·惠特曼；
- 施乐公司的安妮·马尔卡希；
- 亚马逊的杰夫·贝索斯；
- Oracle 公司的拉里·埃里森；
- 微软的比尔·盖茨；
- MTV 公司的朱迪·麦格拉思。

章后材料

增设“章后材料”的目的是给为课堂教学提供一些补充材料，它超出了课本和课堂的范围。包括以下要素。

- 思考题——用来测试学生是否掌握了本章的基本内容。
- 自测题——使得学生可以评估自己是否准备好了考试。
- 配对练习——快速检查学生是否掌握了基本概念。
- 问题和练习——促使学生更深一步去挖掘材料，鼓励他们能综合分析，并在实践中应用所学的知识。
- 应用练习——向学生提出挑战，去解决现实世界的管理问题，案例是校园旅行社代理处，使用电子表格和数据库软件，用到的这些数据文件可以在 www.prenhall.com/jessup 处获得。
- 团队协作练习——使得学生们可以以小组的形式展开协作，解决问题或者找出问题所在。

我们已经扩充了这些要素，这些更新将反映在新的章节内容里。

教学方法

除了以上所说的新内容之外，我们还提供了一个学习目标的列表，可以为每一章的学习打下基础。在每一章的结束处有个“要点回顾”的环节，用来重复这些学习目标、描述这些目标是如何实现的。在相关内容比如案例的尾部，还会有一个引用列表。

本书结构

本书的内容和组织结构以我们自己的教学为基础，同时也参考了评论者以及该领域同僚的反馈意见。每一章的内容都环环相扣，一方面使得主要概念、主要观点得到加强，另一方面使得无缝的学习体验成为可能。围绕着回答如下 3 个根本性的问题，构成了本书的基本组织架构。

- 什么是当代的信息系统，它们是如何创新应用的？
- 为什么信息系统如此重要，而且那么有趣？
- 我们最好怎么样来创建、取得、管理信息系统以及如何做好安全保护工作？

本书章节的顺序以及内容的设定，也深受最近的一篇文章的影响，该文章的名字叫做“What Every Business Student Needs to Know about Information Systems”[①]。这篇文章是由信息系统领域的 40 位著名学者完成的，它定义了信息系统的主体，以及所有商科学生必须掌握的知识。本书有意且严格地遵照了这篇文章的思想。因此，我们也非常有信心我们的书能为任何介绍信息系统的课本提供坚实且被广泛认同的基础。

本书内容的组织结构如下。

- 第 1 章主要是想让学生了解什么是信息系统，它是如何成为现代企业至关重要的组成部分的。同时带领学生们去了解与信息系统有关的技术、人物以及信息系统的架构，还要展示信息系统以及相关领域的新的工作机会。我们使用了大量的案例以及事例，比如苹果电脑，是为了向学生展示各种信息系统是如何使用的，同时也指出了系统应用和管理的所谓“最优方法”。
- 第 2 章主要参考了弗里德曼的《世界是平的》这本书。我们讨论了全球化是如何演进的以及全球化给企业带来了什么样的机遇，并且以米高梅大酒店作为例子，强调了一个企业在数字世界里运营的时候应该考虑的因素。我们还介绍了对于要在数字世界里运营的公司，它们可以选择的商业模式以及信息系统策略。
- 在第 3 章里讨论了 TiVo 等公司如何使用信息系统来使得某些工作自动化，规划公司的学习活动，进而取得战略优势。我们更深一步讲解了如何规范化业务使之适应信息系统的要求。考虑到技术的更新换代，我们还解释了公司为什么以及如何不断地寻找创新之路，不断改进信息系统，以期在竞争中更胜一筹。
- 在第 4 章里，我们介绍了对于一个信息系统来说，其底层架构都有哪些组成部分，也讲解了底层架构对于满足公司的信息需求是非常重要的。要维护一个坚固的信息系统基础架构，其复杂度在不断增加，因此诸如谷歌等公司越来越重视设计一个坚实的、可靠的、安全的信息系统架构。我们将讨论有关信息系统架构的近期趋势，描述企业如何确保一个稳定和安全的架构，以及如何做容灾规划。

---

① Ives, B., Valacich, J., Waston, R., Zmud, R.(2002)。“What Every Business Student Needs to Know about Information Systems.” *Communications of the Association for Information Systems,* 9(30)。对此文有贡献的学者还包括 Maryam Alavi、Richard Baskerille、Jack J. Baroudi、Cynthia Beath、Thomas Clark、Eric K. Clemons、Gordon B. Davis、Fred Davis、Alan R. Dennis、Omar A. El Wawy、Jane Fedorowiez、Robert D. Galliers、Joey George、Michael Ginzberg、Paul Gray、Rudy Hirschheim、Sirkka Jarvenpaa、Len Jessup、Chris F. Kemerer、John L King、Benn Konsynski、Ken Kraemer、Jerry N. Luftman、Salvatore T. march、M. Lynne Markus、Richard O. Mason、F. Warren McFarlan、Ephraim R. McLean、Lome Olfman、Margrethe H. Olson、John Rockart、V. Sambamurthy、Peter Todd、Michael Vitale、Row Weber 以及 Adrew B. Whinston。

- 因特网上的电子商务给商业远景带来的冲击是其他东西无法比拟的，第5章的内容都是全新的。我们描述了很多公司，比如eBay，如何使用因特网来开展电子商务。更进一步，我们解释了企业如何创建公司内网来支撑内部工作流程，创建外网同他公司协作。我们接着介绍B2C电子商务的几个阶段，讨论正在兴起的C2C的电子商务以及移动商务。最后，我们介绍了不同形式的电子政府，还讲述了政府的规章制度可能成为电子商务的绊脚石。
- 随着信息系统的广泛应用，新的危险也浮现出来了，在信息全球化的大背景之下，信息安全变成头等大事了。在第6章里，我们扩充了信息系统安全这个主题。这一章主要讲述了信息系统的主要威胁有哪些，信息系统如何受到这样的威胁。我们以PayPal作为例子，展示了公司如何实施技术层面、人员层面的安全策略，以更好地管理信息系统。
- 先不管企业要用多少种信息系统，在第7章，我们会以亚马逊网上书店以及其他一些公司来说明信息系统有哪些类型。本章也是新增加的，我们提供方法来给信息系统分类，以便学生更好地理解。我们还会讨论由于公司规模的不同，其可应用的信息系统也是多种多样的，比如决策支持系统、商业智能系统、数据采集以及可视化系统、办公室自动化系统、协同技术、知识管理系统、地理信息系统以及其他职能域的信息系统。
- 内容也是第3版新增加的，我们把目光投向企业信息系统，这也是当前的一个热门话题，这样的系统是为了整合企业信息，延伸企业边界，可以更好地与客户、供应商以及其他合作伙伴沟通。我们向学生展示美国职业棒球大联盟的官方网站MLB.com是如何使用企业资源计划（ERP）系统、客户关系管理（CRM）系统以及供应链管理（SCM）来获得竞争优势的。
- 这些功能各异的信息系统是如何开发出来的呢？在第9章里，我们会介绍索尼、电子艺界，以及其他一些企业是如何开发或者购买信息系统的。我们向学生介绍传统的信息系统的开发方法以及当今最新的研发技术，比如原型开发、快速应用开发以及面向对象的分析和设计技术。
- 在第10章，我们会介绍与信息系统相关的道德窘境，以及计算机犯罪的一般形式。我们会介绍Napster以及其他公司处理信息有效期与道德相关的问题，以及计算机道德是如何影响信息系统的使用的。我们还定义了计算机犯罪，列举了几种常见的计算机犯罪的类型。最后，由于计算机犯罪还在不断发展，我们又增加了新的有关电子战争和电子恐怖活动的内容。

除了10章正文以外，我们还增加了5章有关技术概览的内容。这些技术概览主要包括硬件、软件、数据库、网络以及因特网。分述如下。

- **技术概览1**——这个技术概览主要介绍计算机硬件的组成，以及现代公司使用的不同计算机的类型和配置。
- **技术概览2**——这个技术概览主要介绍什么是软件以及软件是如何开发出来的。
- **技术概览3**——这个技术概览主要介绍数据库和数据库管理系统（DBMS）的工作原理，以及DBMS是如何使用、设计和实施的。
- **技术概览4**——这个技术概览主要介绍网络的重要组件和概念核心，以便理解网络的基础。
- **技术概览5**——这个技术概览主要以较高的层面，向学生介绍因特网以及万维网的一些基本概念，比如URL是干什么的，网页浏览器如何与服务器对话，或者网络消息是如何在网络里传递的。

虽然我们的市场研究材料表明，有很多学生对于这些基本技术概览了解得很透彻了，我们提供这些内容可以作为参考，也可以作为课程的主要部分。教师可以灵活安排如何、何时将这些基本技术要素用于教学。

支持网站

教师的在线材料中心

为了方便教师的教学工作，我们特别制作了在线的“材料中心”，网址为 www.prenhall.com/jessup，打开目录页后选择“Instructor Resource”的链接。网站有如下内容：教师手册、题库文件、试卷、转换成 WebCT 格式以及 BlackBoard 格式的题库文件、格式为 ppt 的幻灯片以及图片库。教师手册的内容包括所有复习题以及讨论题的答案、练习题以及案例的答案。题库包括多选题、判断题、简答题，每一章都有相应的题库。题库的格式是微软的 Word 格式，试卷也是 Word 格式。ppt 格式的幻灯片强调的是本教材的学习目标以及学习主题。最后，图片库收集了所有的图片和表格，可供教师在幻灯片和课堂讨论里使用。

本书配套网站：www.prenhall.com/jessup

本教材有一个技术支撑网站，该网站有如下特色。

- 交互的学习方式指导，包括每一章的多选题、判断题以及简答题。每一个问题都有提示，可供学生参考。学生提交测验后，可以马上获知测验结果。
- 学生数据文件，章尾练习所用到的文件。
- 术语表。

在线课程

WebCT 是我们为金牌客户专供的支持手段，网址为 www.prenhall.com/webct，该网站仅供金牌客户用来学习网站提供的课程，并提供高优先级的支持和培训折扣，还专门部署了技术支持人员。

BlackBoard 是一种用于远程教学的文件格式，Prentice Hall 出版社提供了许多此格式的在线教程，网址为 www.prenhall.com/blackboard。由于采用了 BlackBoard 这个流行的工具，使得所有基于 Web 的教程表现很稳定可靠，也易于实现、管理及使用。由于互动性强，学习变成了有趣的事情，这使得学习上升到了一个新的高度。

审读者

我们要向以下参与了本书审读的所有人士致谢：

Lawrence L. Andrew，西伊利诺伊大学

Karin A. Bast，威斯康星大学拉克罗斯分校

Brian Carpani，西南学院

Amita Chin，弗吉尼亚联邦大学

David Firth，蒙大拿大学

Frederick Fisher，佛罗里达州立大学

James Frost，爱达荷州立大学

Frederick Fallegos，加州州立工业大学波莫纳分校

Dale Gust，中密歇根大学

Traci Hess，华盛顿州立大学

Bruce Jensen，加州州立大学富勒顿分校

Carol Jensen，西南学院

Bhushan Kappor，加州州立大学富勒顿分校
Elizabeth Kemm，中密歇根大学
Beth Kiggins，印第安纳波利斯大学
Chang E. Koh，北德克萨斯州大学
Brian R. Knvar，堪萨斯州立大学
Kapil Ladha，德雷塞尔大学
Linda K. Lau，朗伍德大学
Camerron Lawrence，蒙大拿大学
Martha Leve，宾夕法尼亚州立大学阿宾顿分校
Weiqi Li，密歇根大学弗林特分校
Dana L. MaCann，中密歇根大学
Richard McCarthy，昆尼皮亚克大学
Patricia McQuaid，加州州立工业大学
Timothy Peterson，明尼苏达大学德卢斯分校
Eugene Rathswohl，圣地亚哥大学
Rene F. Reitsma，俄勒冈州立大学
Kenneth Rowe，普度大学
GShankaranarayanan，波士顿大学
James Sneeringer，圣・爱德华大学
Cheri Speier，密歇根州立大学
Bill Turnquist，中央华盛顿大学
Craig K. Tyan，西华盛顿大学
William Wagner，维拉诺瓦大学
Minhua Wnag，纽约州立大学坎顿学院
John Wells，华盛顿州立大学
Nilmini Wickramasingle，克利夫兰州立大学

致谢

虽然本书的封面只写了我们两个人的名字（按照字母顺序的），但是本书得以出版实在是团队合作的结果，Prentice Hall 绝对是出色的出版公司，他们和我们一样，富有创新精神，工作中设立高标准，竞争力很强。

在所有给予我们帮助的人里面，有一些人我们需要特别提出感谢。首先是 Ana Jankowski，我们的助理编辑，她不断督促我们，使得本书得以成型并按时完成。此外，Suzanne Grappi，我们的组稿编辑，她在本书成书的不同阶段，帮我们处理所有照片、图片、网站以及其他一些版权许可方面的琐事，以及一些协调方面的事务。最后一位是我们的执行编辑，Bob Horan，他在早期阶段为我们提供了不少指导性的意见。他还鼓励我们写出史上最好的信息系统方面的教材。

除了一些出版社的同事以外，还有其他很多人提供了许许多多的帮助：有人开展背景研究，或者规划草稿，或者找资料来丰富章节的内容。他们是 Traci Hess、Clay Looney、John Mathew、Darren Nicholson、Jennifer Nicholson、Saonee Sarker、Anna Sidorova、John Wells 和 Carol Wysocki。特别要提到的是，有三位达人使得本书如此出色。首先是 Karen Judson，他有着出色的编辑和润色才能，所有新案例以及新加章节的编辑都是他操作完成的。其次，Ryan Wright 为新增的章节、每一

章结束的问题、章节的具体内容以及技术概览内容，也提供了很多有创意的想法。最后，也是最出色的，Christoph Schneider 不仅开发了每一章案例的电子版本，而且还撰写全球化和信息系统的基础架构这两章内容的草稿。此外，如果没有波音飞机公司的朋友们，尤其是商用飞机航空公司的总裁及 CEO Scott Carson，波音 Connexion 公司的 CTO Robert Dietterle，每一章后面的案例就不可能有了。多谢你们，所有的合作伙伴。没有你们，我们就不会有此收获！

更为重要的是，我们要感谢我们的家人，由于他们的耐心以及大力协助，我们才可以完成本书。Len 的女儿 Jamie 还有儿子 David 都给予了持续的激励，Joe 的妻子 Jackie、女儿 Jordan、儿子 James 也是如此。这本书同时也是你们的！

目 录

第1章

数字世界里的管理

综述> 在当今的数字化世界，从苹果计算机公司到Zales珠宝公司，各大公司都使用计算机信息系统完善自己的管理工作。这些公司使用信息系统提供的功能为用户提供高质量的产品和服务，并通过它来获取并保持竞争优势。本章的目标就是让读者对信息系统有个初步认识。它是如何演化成现代公司至关重要的组成部分的，为什么通晓这一点是成为当今数字世界有效管理者的必备条件。通读本章后，读者应该可以：

1. 明确什么是信息系统，并将它与信息系统的数据、技术、员工以及公司的部门进行比较；
2. 明确信息系统以及相关领域的工作机会；
3. 通过现代组织的成功与失败案例，描述信息系统的双重性。

下面部分会对本书的内容做一个简短的介绍。届时，我们将概述信息系统，并讲述它的演化历史。最后举例说明，如何利用信息系统来改善组织的性能。

数字世界中的管理 苹果电脑公司

虽然这个事情发生在1976年的愚人节，但历史表明，这并不是个玩笑。那天，史蒂夫·沃兹尼克（Stephen Wozniak）和史蒂夫·P.乔布斯（Steven Pauls Jobs）正式创办苹果计算机公司（见图1-1）。这两位朋友从加利福尼亚州库珀第诺的Homestead中学上学开始，就迷上了计算机。沃兹尼克1967年先毕业了，他比乔布斯大5岁，乔布斯是1972年毕业的。不管是在乔布斯毕业前还是毕业后，共同的兴趣使他们紧密地联系在一起。

两个史蒂夫都放弃了上大学的机会，他们想要自己做计算机。一开始是在乔布斯的卧室里，后来由于空间太挤，他们又搬到乔布斯的车库里（后来，沃兹尼克又去了伯克利的加利福尼亚大学就读，1986年取得工科学位）。一开始，他们只想制作计算机主板，后来才决定制造完整的计算机，主要销售对象是家庭用户。Apple I初次亮相是在公司创办后不久，售价为666.66美元。

在Apple I问世之前就有了Altair 8800，这才是世界上第一台家用计算机。但是用户必须自己组装机器，没有人机界面，必须按照一定的顺序手工触发开关，这样计算机才能完成某个功能。这样的计算机对极客（不食人间烟火的计算机癖）来说，是有趣的工具，但是对于一般的计算机用户并不适用。

Apple I的问世，改变了人们使用计算机的方式，意义非常深远。Apple I问世不久，沃兹尼克和乔布斯就开发出Apple II。Apple II增加了键盘、软驱和彩色显示器。由于外表美观，而且非常易于使用（当然和现在的计算机没法比），Apple II很受消费者欢迎，最终售出了5

图1-1 在计算机和消费类电子行业，苹果已经成为一家领先的创新型公司

万多套。Apple II在1993年之前一直是苹果公司的主打产品。即使放到今天来说，17年的产品生命期也是计算机行业的一项记录。

沃兹尼克和乔布斯的融洽合作是苹果公司成功的关键。作为工程师，沃兹尼克关注的是计算机的功能，而乔布斯着眼于产品的易用性和外观设计。正因为有这样的梦幻组合，Apple II才成为家庭起居室里不可缺少的新玩意儿，所谓居家必备之佳品。苹果公司不断地研发新产品，而这些产品都兼顾功能和美感，不少人成了苹果的忠实拥趸。苹果公司的发展史起起落落，汇集了很多成功和失败的案例。举例来说，1983年出品的Lisa就是一场商业灾难，还有Apple III，Apple III是在Apple II发布后不久问世的，它仅在市面上销售一年就完事了，没人喜欢没人爱。1984年，苹果公司推出了很受欢迎的新产品Macintosh 128K。Macintosh 128K是第一款引入鼠标的计算机产品，而且它还拥有真正的图形用户界面。此后苹果公司推出了Macintosh portable（早期的笔记本），但只能说获得一定程度的成功。苹果公司后来重新设计了该产品，并重新命名为“PowerBook”，PowerBook赢得市场的认可，大获成功。其他不成功的产品则有Apple Newton（早期的一款PDA产品）以及企业服务器G3。

苹果公司员工纷纷抱怨乔布斯是一个古怪的人，也是一个易怒的管理者。于是，1985年，乔布斯离开了苹果公司。沃兹尼克则是在1986年离开公司的，以后再也没有回来过。乔布斯1985年离开公司的时候，非常不高兴，非常不满意，他甚至卖出了他拥有的公司股份，只保留了一股。他又创办了一家计算机公司——NeXT Computer。该公司出品的计算机主要面向高端市场，由于价格偏高，市场上卖得并不好。苹果公司经历了一段曲折的时光，最后还是在1996年收购了NeXT计算机公司，成交价为4.02亿美元，乔布斯得以回到苹果公司并重新掌舵。他通过改进苹果的产品线，使得苹果公司重新开始盈利。iMac即为一个很好的例子，iMac配置了一个14寸的显示器，使用的是Mac OS X操作系统（一个新的操作系统），该产品是1998年最为成功的产品线。

乔布斯作为公司的CEO，也看到了公司的另外一个极为成功的产品的面世。2001年11月，苹果公司发布iPod，这是一款配置了4GB硬盘的MP3播放器，当时的价格为250美元。2003年，iPod成为市场的主流产品。iPod有着简洁的人机界面，体积也非常小，这两点是

iPod得以傲视群雄的关键因素。

此外，iPod能够吸引消费者的因素还有，iPod能提供一些定制的功能，比如可以连接车载音响系统、外放的音频输出线和外置摄像头，并且外壳有多种颜色可供选择。苹果不久后还改进了iPod的设计，提供了诸如iPod mini、iPod color、iPod shuffle、iPod nano等多样性的产品。虽然其他竞争者也有类似的产品，但无人能取得苹果这样的市场份额。

为了让iPod更受欢迎，苹果公司还专门开设了一家在线音乐商店，名叫iTunes，用户可以在该在线音乐商店以99美分的价格下载一首歌曲或者一段音乐。产品（iPod）和服务（iTunes）的成功结合，为苹果公司赚取了可观的利润。一开始，只能用苹果电脑下载音乐，后来一般的电脑也可以下载音乐了，但是下载的音乐都只能用iPod播放。近来，iTunes又扩展到视频领域，使用支持视频功能的iPod可以反复播放电视节目。

2005年，环境保护论者批评苹果公司缺乏回收电子垃圾的相关措施。乔布斯一开始没在意，认为这些抱怨不值一提。但是紧接着在2005年4月举行的公司年会上，乔布斯宣布，苹果公司将免费回收iPod。2006年，他更进一步将苹果回收计划应用到任何一个购买了新Mac电脑的用户。该计划包括运输环节，以及合乎环境要求的处置消费者的旧系统的方法。

阅读本章的内容后，读者应该可以回答以下问题。

(1) 本章已经给出苹果公司技术覆盖的几个领域（如电话、音乐播放器、相机等），你认为接下来会向哪个领域发展呢？

(2) 纵观苹果公司的历史，苹果公司好几次绝处逢生。请问，现在的苹果公司也处于“濒死”的边缘吗？

(3) 乔布斯是苹果公司很多产品成功（或者失败）的催化剂。试问，离开了乔布斯，苹果公司会如何发展，还能生存吗？

资料来源

iTunes视频促进电视收视率的提高，http://money.cnn.com/2006/01/17/technology/browser0117/ index.htm

苹果计算机公司的iTunes关注用户的保密信息，http://news.zdnet.com/2100-1009-22-6026542.html

http://www.mcelhearn.com/article.php?story=20060111150127268

http://apple2history.org/history/ah01.html

http://apple2history.org/history/appy/ahc.html

http://apple-history.com/

1.1 本书的主要内容

图1-2列出了本书的大致内容，其中，每章都提供了关于信息系统主体知识的复杂描述，主要包括以下内容。

- 第1章主要讲解什么是信息系统，以及在现代组织中它们是如何应用的。
- 第2章简单介绍信息系统的广泛应用是如何加速实现全球化和世界迅速变化的。
- 第3章检验如何利用信息系统来提升企业性能，以及如何获得投资回报。
- 第4章简单介绍一个复杂的基础架构的各个组成部件，以及企业如何管理该架构，以便最好地利用信息系统的投资。
- 第5章主要介绍企业如何利用因特网来开展网上业务，如何以此获得持续的竞争优势。
- 第6章主要介绍企业如何最大程度地保证信息系统的安全性。
- 第7章主要介绍企业使用不同类型的信息系统改进商业的流程和商业决策的制定。
- 第8章主要讲述信息系统如何有助于整合整个企业，如何有助于联系客户、供货商以及商业合作伙伴。
- 第9章主要介绍信息系统和服务是如何开发与获得的。

- 第 10 章将围绕一个成功管理的信息系统，讲述关键的法律和道德问题。

介　绍	第 1 章
信息系统主体知识	第 2 章，第 3 章，第 4 章，第 5 章，第 6 章，第 7 章，第 8 章，第 9 章，第 10 章
技术概览	技术概览 1，技术概览 2，技术概览 3，技术概览 4，技术概览 5

图 1-2　本书的纵览，管理计算机信息系统的关键信息描述

除了这些章，还提供了以下 5 个技术要点的简要介绍。这样做是为了更好地理解这些不同的组件功能是如何配置以创建出功能强大的现代信息系统的。

- 技术概览 1 简要介绍现代计算机及其构成以及不同的计算机分类。
- 技术概览 2 简要介绍计算机软件的类型、演化过程以及是如何开发出来的。
- 技术概览 3 简要介绍数据库的管理系统及其设计方法。
- 技术概览 4 简要介绍计算机网络的基本概念、技术以及应用。
- 技术概览 5 简要介绍因特网，包括其演化过程及未来。

本书的主要目标是让读者能从一个较高的层次思考，不让读者受限于不必要的技术术语。尽管如此，为了在数字世界里更有效地实施管理，读者还是需要全面理解什么是信息系统，了解必要的术语，了解所需的技术，了解什么东西构成了数字世界，以及信息系统有哪些分类，企业如何部署这些信息系统来创造价值，如何为公司带来收益。期望读者通读全书后，能搞明白所有这些问题，这样，我们的目标也就达到了。

1.2　现代信息系统

1959 年，彼得 • 德鲁克（Peter Drucker）预言信息和信息系统重要性将得到很大提升，而且在距今四十多年前就提出了*知识工作者*这个术语。最具代表性的知识工作者是那些受过良好教育的专家，其工作的基本内容就是创造、修改和合成知识。

德鲁克关于知识工作者的预言是非常准确的。事实正如他预言的那样，知识工作者通常能够比农民和工人获得更高的收入；他们赖以谋生的是之前所受的教育，他们通常也具备很有价值的实际工作技巧；他们不断地学习以提高工作能力；他们比之前任何的工作者拥有更好的工作机会和更高的与雇主讨价还价的实力。在美国和其他发达国家，知识工作者大约占劳动力总数的四分之一，并且他们的数量还在快速增长。

德鲁克预言，随着知识工作者数量的增长以及他们的重要性和领导能力的增强，*知识社会*将会到来。接下来他还推断，因为对于知识工作者而言，教育和学习是至关重要的，加上企业大量需求知识工作者，导致教育成为知识社会的基础。他论证到，占有知识会与占有土地、占有劳动力和占有资本一样的重要（甚至更加重要）（参见图 1-3）。实际上，研究表明具备知识的人在知识社会中是容易获得成功的，比如接受了高等教育的人平均起来比没有受过高等教育的人的收入要高很多，而且这个差距还在扩大中。2005 年的美国人口普查局的数据也证明了高等教育的价值：18 岁以上具备本科学历的工作者平均年薪为 51 206 美元，只具备高中学历的工作者平均年薪为 27 915 美元。具备本科以上学历的工作者平均年薪为 74 602 美元，高中学历都不具备的工作者平均年薪为 18 734 美元。此外，获取一个大学学位可以让谋职者有资格申请一些之前无资格申请的工作，从而有别于其他的就业者。最后，一旦获得工作后，本科及其以上学历也通常是职业发展和升迁的必要条件。

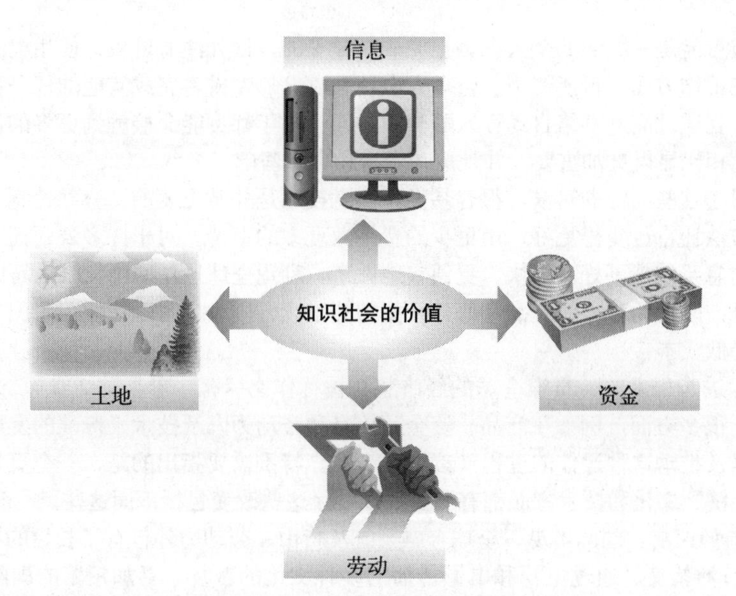

图 1-3 在知识社会里，信息已经变得与土地、劳动力和资本资源一样重要，也有人认为信息更重要

人们普遍认同德鲁克关于知识工作者的预言和与之对应的社会演化。德鲁克的术语“知识工作者”是被广为接受的，但对于术语“知识社会”还存在多种其他的叫法。例如，Manuel Castell 曾经写到我们生活在一个网络社会中。《连线杂志》也提到我们如今生活在新经济中，下面是它对这种生活的描述。

这样看来什么是新经济呢？在我们谈论新经济的时候，我们其实是在谈论一个社会，在这个社会里，人们用自己的脑力而不是体力来进行工作。在这个社会里，通信技术创造了全球性竞争——不仅仅包括跑鞋和笔记本电脑，而且还包括了银行借贷以及其他不能装入板条箱并载运的服务。这是一个创新远比大批量生产产品更为重要的社会。在这个社会里，投资会用来购买新的概念和实现这些概念的手段，而不是购买新的机械。这个社会唯一不变的是变化。这个社会至少与它之前的社会是不同的，这种差异就如同工业时代与其前任农业时代的差异一样。这种差异非常大，它的出现只能用革命来形容。（摘自《连线杂志》的“新经济百科全书”，http://hotwired.wired.com/special/ene/。）

另外还有人把这种现象称为知识经济、数字社会、网络时代、因特网时代和其他别的名称，在这里我们简单地称之为*数字世界*。所有这些思想都有着共同的前提，那就是信息和相关技术及系统对于我们变得非常重要，知识工作者也是至关重要的。

然而也有人认为，数字世界和其中的知识工作者会带来负面的影响。例如，Kit Sims-Taylor 就认为知识工作者会最先被自动化信息系统所取代。Jeremy Rifkin 则认为过度依赖信息系统会使得我们思维和做事草率而失去远见。也有人认为在新经济中具有*数字鸿沟*——可以使用信息系统的人会比无法接触信息系统的人具备更大的优势。

固然，对于知识工作者和信息系统的过度依赖有其弊端，但是有一件事情是肯定的，即知识工作者和信息技术对于现代组织、经济和社会的成功是至关重要的。那么数字世界的特征是什么呢？接下来具体说明。

1.2.1 数字世界的特征

计算机是信息系统的核心成分。在过去的十年中，强大的、相对不昂贵且易于使用的计算机的出现，对商业产生了非常大的影响。要考察这种影响，请读者看看自己的学校或者工作的地方。在学校，很多事情可能是在联网的个人电脑上完成和提交的，诸如注册班级，使用电子邮件与同学和老师通信等。在工作方面，可能使用一台个人电脑来收发邮件或者完成其他的任务。薪水支票可能由计算机生成并且通过高速网络自动存入账户中。而且每年都可能会接触到更多的信息技术，这些信息技术与以前相比显得更加重要，并且成为学习和生活基础。

当停下来思考这些问题的时候，很容易发现信息技术是非常重要的。全球性竞争不断加剧，公司不得不寻找方法让自己变得更好，用更少的费用做更多的事情。对于许多公司而言，解决方法就是不断地使用信息系统来更好、更快、更便宜地做事。利用全球通信网络，公司可以更加容易地将其业务整合起来，以便为自己的产品和服务开拓新的市场，同时也可以在低工资国家雇用大量有才能的劳动力来降低成本。

这种由技术进步引发的、贯穿全球的经济整合被称作*全球化*（参见第2章）。读者可以看到全球化进程作用于很多方面，例如在商品、资金、信息和劳动力以及技术、标准的发展等方面巨大的国际性运作，以及推动这种运作的过程（参见图1-4）。特别需要指出的是，一个更加全球化和更具竞争的社会在经济、文化和技术方面都有明显的改变，这些改变包括下面这些。

- *经济方面的改变*。国际贸易、全球金融系统及货币、劳动力外包有了长足的增长。
- *文化方面的改变*。通过电视和电影传播的多种文化的普及，更加频繁的国际旅行和旅游以及移民，不同种族的食品和饭店的普及，更加频繁的全球范围的时尚潮流和诸如Pokemon、数独、Idol television和MySpace等现象的出现。
- *技术方面的改变*。低成本计算平台和通信技术的开发，电子邮件、Skype和即时消等低成本通信方式的普及，类似因特网这样的低成本全球通信设施是无处不在的，全球性的专利和版权法激励着更深层次的创新。

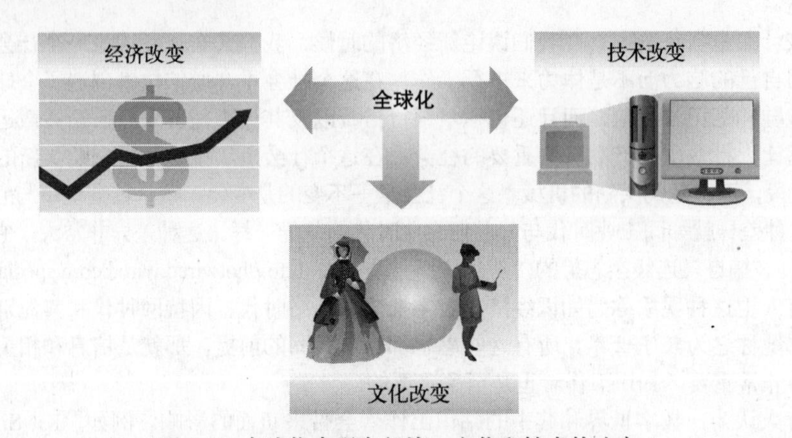

图1-4 全球化表现在经济、文化和技术的改变

贯穿于这种经济和文化的聚集，并被健壮的全球技术基础设施所强化，这个世界已经发生了永久性的改变。鉴于在这个正在进行的全球化变革中，信息系统具有核心作用，我们在下一节给出它的定义。

1.2.2 信息系统的定义

信息系统（IS）是指组织机构中**硬件**、**软件**和**通信网络**的组合，人们构造信息系统来采集、创造和分发有用的信息。硬件指物理上的计算机设备，例如计算机监视器、中央处理器和键盘。软件是指一个程序或者一套程序，它们指挥计算机完成特定的任务。通信网络是指一组使用通信设备连接起来的两个或者更多个计算机系统。尽管我们在本章讨论硬件、软件和通信的设计、实现、使用及其他相关的内容，硬件、软件、通信的细节还是会在技术要素中详细论述。图 1-5 展示了信息系统这些组成部分的相互关系。

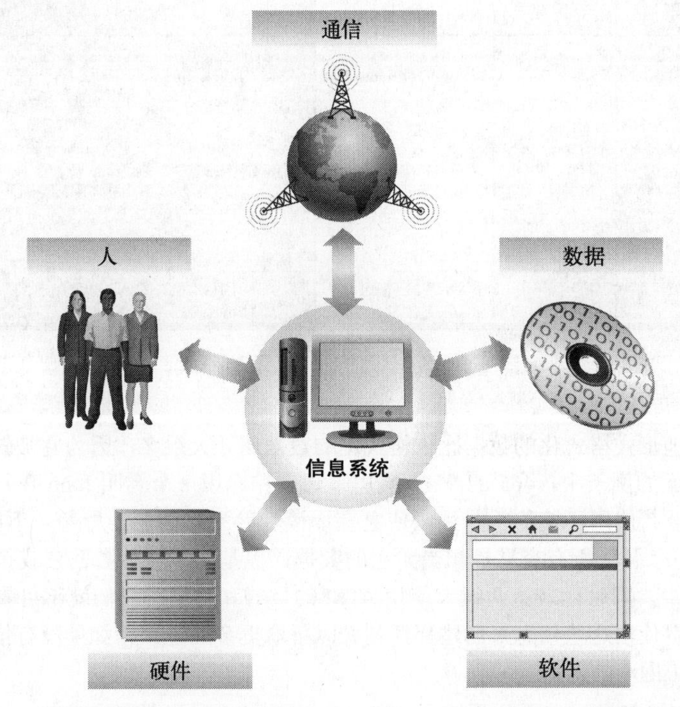

图 1-5 信息系统是 5 个关键要素的组合：人、硬件、软件、数据和通信网络

在企业中工作的人使用信息系统处理销售交易、管理借贷申请、帮助财务分析师决定何时何地以及如何投资。产品经理也使用信息系统来帮助他们确定在何时何地以及怎样销售产品和相关服务。生产部门的经理使用信息系统来帮助自己决定在何时生产产品、怎样生产产品。信息系统也让我们可以从 ATM 机提取现金，和世界其他地方的人视频通话，购买音乐会门票和机票。（请注意术语“信息系统”也用来描述人们在组织中开发、使用、管理和学习信息系统的场所。）

很值得关注的是人们使用不同的术语来表述信息系统领域，例如管理信息系统、数据处理和管理、系统管理、商用计算机系统、计算机信息系统，还有简单地称之为“系统”。因为术语“信息系统”是被最普遍采纳的，在本书中我们采用这个名称以及它的缩写 IS。下面我们更加彻底地研究信息系统定义中的几个关键组成部分。

1.2.3 数据：信息系统的根本和目的

在前面的一节我们定义信息系统是指组织机构中硬件、软件和通信网络的组合，人们构造信息系统来采集、创造和分发有用的数据。接下来我们开始讨论数据，这是任何信息系统中最基本的元素。

1. 数据

在明白信息系统是怎样工作的之前，区分数据和信息这两个术语是很重要的。这两个术语经常被错误使用。**数据**是被记录下来的没有格式化的原始资料，比如文字和数字。数据本身不具有也不包含任何含义。举例来说，如果我问 465889727 意味着什么或者代表什么，没有人能够回答（参见图 1-6）。然而，如果把同样的数据写成 465-88-9727 的形式，说明它是保存在某个数据库中 John Doe 的文档中，而且保存于一个标为“SSN”的字段中，总结上述的资料，就能够明白这个数字实际上是一个名叫 John Doe 的人的社会安全号码。

数据	信息	知识	智慧
465889727	465-88-9727	465-88-9727→John Doe	465-88-9727→John Doe → 学校记录 / 雇用记录 / 医疗记录
未格式化的数据	格式化的数据	数据关系	多领域的数据关系
含义： ???	含义： A SSN	含义： SSN→具体的一个人	含义： SSN→具体的一个人→这个人的任何信息

图 1-6　数据、信息、知识和智慧

2. 信息

用虚线或者其他形式格式化的数据比未格式化的数据用处大很多，因为它被转化成**信息**，信息代表了现实。在前面的例子中，465-88-9727 被用来代表和标识一个名叫 John Doe 的个人（参见图 1-6）。数据需要配合其使用环境的一些线索使之变成读者熟悉的信息。思考一下使用 ATM 机的经历。银行 ATM 中一个月份所有交易是相当无用的数据，但是，把这些数据分成银行客户和非银行客户两类放入表格中，同时比较这两组人使用 ATM 的目的和时刻，它们就不可置信地变成有用的信息。银行经理可以使用这些信息来创建邮件列表以争取更多的客户。如果没有信息系统，把数据变为有用的信息是很困难的。

3. 知识

除了数据和信息外，知识和智慧也是很重要的概念。我们需要**知识**来理解不同信息片段之间的关系。例如，读者必须具有相应的知识才可以意识到社会安全号码就可以唯一地标识一个具体的人（参见图 1-6）。知识是管理过程的主要部分，如方针和规则，知识被用来组织和使用数据，使之适合某项特定任务。

4. 智慧

最后我们来谈智慧，**智慧**是积聚的知识。智慧是超越知识的，它代表更加宽广、更加概括的某个特定领域或者多个领域的规则和模式。应用智慧常常可以把一个领域的概念应用于新的情况和问题。例如，理解了社会安全号码这一唯一标识的概念后，可以将其应用到特定的编程条件中，用来在数据库中挑选出一个唯一记录，这就是知识积累的结果（参见图 1-6）。智慧可以通过在学校的学习和个人实践获得。

理解和区分数据、信息、知识和智慧是很重要的，因为在学习、开发和使用信息系统时会用到它们。

1.2.4　信息技术：信息系统的组成部分

我们所说的“信息系统”指的是*基于计算机的信息系统*。基于计算机的信息系统是一种技术。下面简要阐述技术、信息技术（IT）和信息系统的区别。

1. 技术和信息技术

技术是任何用来补充、延伸或者取代人类手工操作和设备的方法。大厦的供暖及制冷设备、汽车的制动系统、外科手术使用的激光都属于技术之列。在图 1-7 中我们列出了技术和基于计算机的信息系统的关联。在本书中，如果没有特别的标注，我们提到技术通常都是指信息技术。

术语**信息技术**（IT）是指被信息控制或者使用信息的加工工艺。例如，一种类型的信息技术是工厂车间的可编程机器人，它们从一个基于计算机的数据库中接收零件的规格和操作指令。

我们可能认为：如同前面列出来的三种基本技术（供暖系统、制动系统、激光）一样，所有的技术都以某种基本的方式使用信息。但是，可编程制造机器人等信息技术使用的信息更多，并且以更加复杂的方式使用。看起来区分技术和信息技术就好像是鸡蛋里挑骨头。它们的差别很微妙，但是区分清楚很重要。信息技术使用机械技术作为积木，然后用计算机和网络技术把它们结合起来。例如钻床技术本身就是有用的技术，但是当它与指挥它如何操作的计算机数据库结合起来后用处就更大了。

2. 信息技术和信息系统

信息技术和信息系统既相似又不同。还记得吗，我们定义信息系统（IS）是硬件、软件和通信网络的组合，人们构造信息系统来采集、创造和分发有用的信

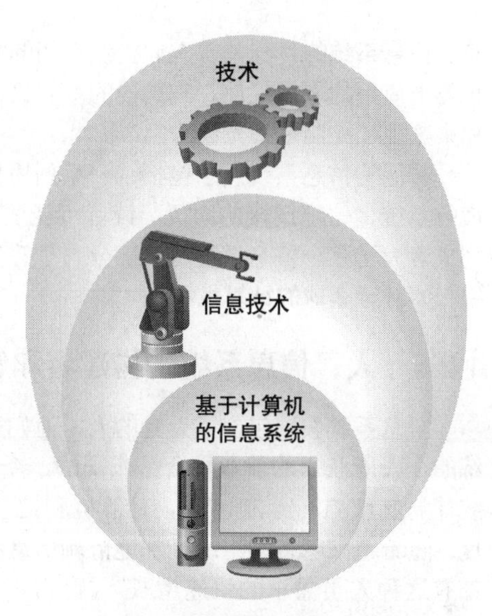

图 1-7 基于计算机的信息系统是信息系统的一个子集，是技术的一个子集

自旋电子学

关键技术

不知道术语“半导体”，就不可能对电子学有太多的了解。半导体是诸如硅、锗这样的物质，它们导电性能不如铜，绝缘性能不如橡胶。计算机芯片，如 CPU 和内存都是由半导体制成的。由于有了半导体，缩小晶体管的大小并保持速度增长、能耗减少才成为可能。

半导体中的电子通常都处于两种状态，0 和 1 分别代表电子带有正电和负电。半导体技术是这五十年来计算机和通信产业的技术支柱。现在一项新的技术提供了改进方案，它将不仅仅加快数据传输速度，同时也可以使用其他材料来完成这样的任务。这项技术被称为自旋电子学。

自旋电子学使用电子的自旋而不是正负电荷来代表二进制状态。电子可以自旋向上，也可以自旋向下，这两种状态分别代表 0 秒和 1 秒。自旋电子学的理论基础是基于每个粒子的示范旋转概念的。尽管实际上的自旋并没有发生，但使用这个术语更容易解释这个概念。最近在纳米技术方面的突破提供了控制粒子“旋转”属性的机会，使得它成为信息存储的一个很有吸引力的替代方案。

根本的促成因素是电子自旋属性可以保持其状态相当长的一段时间。在这个理论的指导下能够生产一种电子设备，这种设备在掉电后快速访问内存中的数据，使其不会丢失。而且，更多的信息可以保存在相同的空间中，这将引发新一代存储设备的发展。

自旋电子学最大的潜力可能在于设备的嵌入式内存，如家用电器、电视和汽车，这个技术也显示了它用于磁性隧道结材料（用于计算机内存）、磁传感器、自旋电子连接（用于在电子系统间传输数据）中的潜力。

现在使用自旋电子学技术的大容量存储设备已经成为现实。2002 年，IBM 使用自旋电子学将大量的数据压缩进一个很小的空间，大约每平方英寸保存 1 万亿个数据位（1.5 Gbit/mm^2）。这大约是在一个单面的直径 3.5 英寸的磁盘上保存 1GB（可以这样对比一下，美国国会图书馆声称拥有超过 40 TB 的数据，所以整个图书馆所有的数据只需要 40 张这样的磁盘就可以了。）未来的应用还可能包括量子微芯片和基于自旋的晶体管，这项技术也将提升微处理器的性能。

资料来源

http://en.wikipedia.org/wiki/Spintronics

息。信息系统的目标是向人们提供有用的数据。一个信息系统的例子是在计算机控制下生产光盘的机器上使用的专用软件。与其他的车间设备配合使用后，人们可以在一个另外的地方甚至可能是远程来监视和控制每张光盘的生产。

其他的信息系统例子包括：一系列用预算编制的综合电子表格、一个管理客户购买行为的订单履行系统、一组链接的网页。读者可能要问："我在工作或者学校使用的个人计算机是否也算作公司或者大学整个信息系统的一部分？"答案是肯定的。信息系统包含个人的、小组的、组织的、跨组织的甚至全球的计算机系统。

1.2.5 人：信息系统的构建者和管理者

信息系统领域包含了大量的人，他们开发、维护、管理和学习信息系统。一个受过信息系统训练的个人能获得的就业机会是广阔的，今后十年这种局面将更加明显。例如在2006年，美国劳工统计局就预测，到2014年，计算机和信息系统经理职位需求的增长会高于其他职位的平均增长幅度。随着越来越多的组织更加地依赖信息系统，不仅仅是计算机软件和硬件公司，差不多每个产业都有这种人员需求的快速增长。《财富》杂志（http://money.cnn.com/magazines/moneymag/bestjobs）把"计算机和IT分析师"列入今后十年十佳职业（参见表1-1），fastcompany.com（http://www.fastcompany.com/articles/2006/01/top-jobs-main.html）也将"计算机和信息系统经理"列为今后十年的十五佳职业之一。

表1-1 今后十年的最佳职业

排　名	职　业	职业增长率（十年内的预测）	平均收入（工资和奖金）
1	软件工程师	46.07%	$80 427
2	大学教授	31.39%	$81 491
3	理财顾问	25.92%	$122 462
4	人力资源经理	23.47%	$73 731
5	医生助理	49.65%	$75 117
6	市场研究分析师	20.19%	$82 317
7	**计算机/IT分析师**	**36.10%**	**$83 427**
8	房地产评估师	22.78%	$66 216
9	药剂师	24.57%	$91 998
10	心理医生	19.14%	$66 359

资料来源：http://money.cnn.com/magazines/moneymag/bestjobs/。

除了拥有充足的就业机会，信息系统专家的收入也很可观。美国劳工统计局的统计资料显示，在2005年5月这些经理的中等年收入为102 360美元。中间50%人的收入在74 700美元到126 120美元之间。根据专业人力资源公司Robert Half International资料，在2005年高级别的信息技术经理的起始年薪范围是80 250美元到112 250美元。而据2005年美国大学和雇主联合会的数据表明，具有工科本科学历、工商管理硕士学位、一年及以下工作经验的求职者的起始年薪平均为52 300美元。在管理信息系统和商业数据处理领域，具有硕士学位的从业者，平均起始年薪为56 909美元。最后，计算机和信息系统的管理人员，特别是那些较高级别的雇员，通常具有企业中非管理员工一般不具备的收益，例如费用账户、股票期权计划和奖金。

即使是级别较低的技术工种，例如外包（也就是，将工作和任务交由母公司所在国家之外的国家的低工资工人执行，这将在第2章讨论）的系统程序员。对于具备信息系统知识、技能和能力的人，特别是那些具备高级信息系统能力的人的需求量是很大的。这些高级的信息系统能力我们在下面描述。

1. 信息系统中的职业

信息系统领域包括组织中设计和构建系统的人，包括那些使用系统的人，也包括那些负责管理系统的人。在表 1-2 中我们列出了信息系统中的职业和这些职位可能的工资。在组织中开发和管理系统的人包括系统分析师、系统程序员、系统操作员、网络管理员、数据库管理员、系统设计师、系统经理和首席信息官。

表 1-2 信息系统领域的职业和工资（美国国内平均值）

信息系统中的活动	典型职业	薪金范围所在百分比（25%~75%）
开发	系统分析师	$55 000 ～ $85 000
	系统程序员	$50 000 ～ $80 000
	系统咨询师	$80 000 ～ $120 000
维护	信息系统审计员	$45 000 ～ $75 000
	数据库管理员	$75 000 ～ $100 000
	Web 站点管理员	$55 000 ～ $80 000
管理	信息系统经理	$60 000 ～ $90 000
	信息系统总监	$85 000 ～ $120 000
	首席信息官	$150 000 ～ $250 000
研究	大学教授	$70 000 ～ $180 000
	政府科学家	$60 000 ～ $200 000

资料来源：www.salary.com；cnnmoney.com。

信息系统领域另外一个重要的部分是在信息系统咨询企业工作的人。例如在 IBM、EDS 和艾森哲工作的人。这些咨询企业的专家给企业提供建议帮助他们构造和管理自己的系统，有时候他们实际构造和运营那些系统。例如 IBM 这样的传统硬件、软件公司现在从事大量的系统咨询和相关工作。同样地，例如艾森哲这家专注于系统咨询的公司是非常成功的——它雇用更多的人，租更多的办公室，承接更多的业务，赚更多的钱。

大学教授是信息系统领域内的另外一类人。这些教授主持信息系统开发、使用、管理方面的研究。非学术的研究者为诸如国防部这样的机构和诸如 IBM、施乐、惠普、AT&T 这样的大公司主持研究，他们面对的机会几乎是无限的。这些专家一般是主持更加面向应用和开发的研究，而不是学术性的研究。例如，一个主要计算机制造商的研究者可能会通过将前沿的组件集成到现有的结构中，从而研发一个新型的计算机产品或者研究出方法来延长现有产品的生命周期。

2. 首席信息官的出现

大量迹象表明组织会尽最大努力把信息系统管理得更好。但是最能展示信息系统不断增长的重要性的可能就是最高信息官（CIO）的出现和在现代组织中出现的相关职位。

- **CIO 的演变**

在 20 世纪 80 年代早期，CIO 职位变得很流行，它被授予组织内部负责信息系统的执行层面的个人。CIO 负责将新技术集成到组织的商业策略中去。传统上将新技术和公司策略集成起来的工作并没有正式归由某一个经理负责。管理日常信息系统功能的职责之前由一个中层业务经理，或者在某些情况下由信息系统副总负责。现在这些活动的最终职责由一个高层执行官——CIO 负责了。人们开始意识到信息系统部门不再是一个简单的成本中心——一个只消耗资源的必需的部门。这个信息系统执行官会同其他的执行官并驾齐驱，参与公司策略的制定，位列总裁、首席财务官、首席运营官和其他执行官或者组织中的关键人物的身旁。当进行与技术相关的决策的时候，CIO 就需要参与到战略决策制定的过程中。

一点也不奇怪，许多组织争相效仿，纷纷雇用或者任命了自己的 CIO。另外一个方面，许多人认为 CIO 的激增只是一股风潮，会很快结束，就如同其他曾经流行过的管理趋势一样。实际上，早在 1990 年，《商业周刊》就刊登过这样的一篇文章，它的题目是“CIO 正成为‘Career Is Over’（你的职业生涯结束了）的缩写。一旦认为它不可缺少，首席信息官就已经变成濒危物种”（Rothfeder and Driscoll, 1990）。在这个故事和图 1-8 的漫画中，作者报道统计表明 1989 年 CIO 的消失速度已经翻倍变为 13%，显著高于所有执行官 9% 的比例。他们解释说 CIO 消失的主要原因包括技术预算紧张和管理上对于 CIO 功能期望的退热。很明显，许多组织首先没有考虑为什么需要一个 CIO，就匆忙雇用或者任命了 CIO。作者也发表了另一个方面的看法：随着利用信息系统提高竞争力的趋势的不断发展，CIO 会再次变得至关重要。这点是很正确的。

图 1-8　*Business Week* 漫画体现了做 CIO 的风险

- **现代 CIO**

如今大多数的大型组织都有一个 CIO 或者同等的职位。中等规模或者小型组织在组织内拥有一个类似 CIO 的职位也很普遍，他们可能给这个人信息总监的头衔。2006 年，《信息周刊》任命联邦快递的 Rob Carter 为其当年的 CIO。联邦快递拥有世界上最为复杂的信息系统，它每天投递六百多万件包裹（参见图 1-9）。它最近的一个信息系统项目叫做 Insight，Carter 认为它给联邦快递带来了竞争优势。这个项目改善了现有的包裹跟踪系统，甚至在客户还不知道这个包裹的时候，就告诉客户某天有包裹要送给他。在一些市场或者业务领域这样的服务是很受欢迎的，例如有一个公司为骨髓移植做全国范围的取样测试，需要事先了解每天可能到达的骨髓。假设这些非常容易变质的样本只能在 24 小时内保持活性，则足够的人员和试验设备必须在样本到来时准备就绪。在 Insight 投入使用之前，公司常常会有空闲资源或者资源不足的情况发生。现在，管理者可以使用 Insight 优化实验室和人力资源，使其与样本的到达相匹配。Insight 使得联邦快递与竞争对手例如联合包裹服务公司（UPS）相比具有优势。但是这种竞争优势通常只能保持很短的时间，这种革新很容易被复制和超越。对于绝大多数 CIO 来说其不断进行的工作就是扮演一个商业革新领导者。我们会在第 3 章更多地谈论利用信息系统获得和保持竞争优势。

图 1-9 联邦快递是采用信息系统和技术提高竞争优势的先锋

- **管理职员**

在大型组织中通常有许多 CIO 之外的信息系统管理职位。在表 1-3 中我们列出了几个这样的职位。这个列表没有列出所有的职位，相反，它的目的是提供信息系统管理职位的例子。此外，许多公司虽然会使用同样的职位头衔，但定义每个头衔的方式是不同的；不同公司也会给基本功能相同的职位冠以不同的头衔。正如从表 1-3 中看到的，信息系统管理职位的就业机会是非常广阔的。

表 1-3 信息系统的一些管理职位及其简要描述

职位头衔	职位描述
首席信息官	最高等级的信息系统经理，负责整个企业的战略规划和信息系统使用
信息系统总监	负责企业中所有的系统以及整个信息系统部门的日常工作
部门主管	负责一个特定的部门、一个车间、一个商业功能区，或者某个产品部门内部信息系统各个方面的日常工作
信息中心经理	负责管理诸如客服、热线、培训、咨询等信息系统服务
开发经理	负责协调和管理所有新系统项目
项目经理	负责管理一个特定的新系统项目
维护经理	负责协调和管理所有系统维护项目
系统经理	负责管理一个正在使用的系统
信息系统规划经理	负责企业级的硬件、软件、网络的开发，负责规划系统的扩大和改变
运营经理	负责监督所有数据或者计算机中心的日常运营
程序开发经理	负责协调所有的应用程序开发工作
系统开发经理	负责协调所有系统软件（例如操作系统、实用程序、程序设计语言等）的维护支持工作
新技术经理	负责预测技术发展趋势，对新技术进行试验和评估
通信经理	负责协调和管理整个数据和语音网络
网络经理	负责管理整个企业网络的一部分
数据库管理员	负责管理数据库和数据库管理软件的使用
计算机安全经理	负责管理信息系统在公司内被合法地使用，同时也不违背道德规范
质量保证经理	负责开发和监督标准和过程，以确保公司内部的系统运行是准确和高质量的
Web 站点管理员	负责管理公司 Web 站点

3. 什么使得信息系统从业者如此有价值

除了信息系统领域中人的重要性不断增长外，此类工作的实质也已经发生了改变。组织中信息系统部门的员工不再是仅仅装备了口袋护套[①]的那些沉迷于技术而不善于交流的男人（见图 1-10）。如今许多女性也在信息系统部门任职，衣冠楚楚的信息系统专家、可以流利地讨论技术和商务的专业系统分析员也是很普遍的。现在的信息系统职员是受过良好训练的、具有较高技能的、有价值的专家，他们享有较高的工资和威望，在帮助企业取得成功中起着关键性的作用。

过去

现在

图 1-10 信息系统的员工不再是痴迷于计算机而不善交流的人

许多研究都是针对帮助理解何种知识和技能是信息系统领域从业者取得成功所必须具备的（参见（Todd，McKeen，and Gallupe，1995））。有趣的是，这些研究也指出是什么使得这些信息系统职员对他们的组织是如此有价值。简单地说，好的信息系统职员需要在 3 个领域具备有价值的综合知识和技能，即技术、商业和系统。这些都在表 1-4 中列出。

表 1-4 信息系统专家的核心能力

领 域	描 述
技术知识和技能	
硬件	硬件平台、外围设备
软件	操作系统、应用软件、驱动程序
网络	网络操作系统、布缆和网络接口卡、局域网、广域网、无线网络、因特网、安全
商业知识和技能	
商业整合，相关行业	商业流程、商业功能区域和它们的集成、相关行业
管理人和项目	规划、组织、领导、控制、管理人和项目
人际交往	人际关系、团队互动、行政关系处理
交流	具备口头、书面和技术交流和表达能力
系统知识和技能	
系统集成能力	集成子系统、系统，确保其互联性和兼容性
开发方法学	涉及系统分析、系统设计、系统开发生命周期、后备开发方案
鉴别思维能力	质疑自己的和其他人的假设和设想
问题解决能力	信息的获取和综合、问题的定位、解决方案的清晰表达、比较以及选择

- **技术能力**

技术能力领域包括硬件、软件、网络、安全的知识和能力。从某种意义上说它们是信息系统的

① 口袋护套是放在口袋里的护套，防止插在口袋上的笔把口袋弄松或者弄脏。——译者注

苹果公司联合创始人及 CEO 史蒂夫·乔布斯

关键人物

史蒂夫·乔布斯（Steve Jobs），苹果公司的联合创始人及 CEO，当他还是一个年轻人在加利福尼亚工作的时候，用自己工作地点的苹果园命名了公司。乔布斯也是皮克斯动画工作室（Pixar Animation Studios）的总裁和 CEO。皮克斯工作室是一家制片公司，这家公司成功制作了一些动画片，如《玩具总动员 1 和 2》、《怪兽电力公司》、《超人特工队》和《赛车总动员》。

乔布斯 1955 年 2 月 24 日生于加利福尼亚的旧金山。他毕业于库珀第诺的 Homestead 高中，并进入了俄勒冈州波特兰的里德学院（Reed College）学习，在一个学期后他放弃了学业。离开大学后，乔布斯在 Atari 找到了一个工程师职位，他攒下自己的工资，做了一次到印度的朝圣。当乔布斯回到 Atari 工作的时候，史蒂夫·沃兹尼克（Steve Wozniak）也被雇用了，这"两个史蒂夫"在一个电路板设计的项目中一起工作。

乔布斯和沃兹尼克发现他们两个可以很好地合作，最终在 1976 年成立了他们自己的公司——苹果电脑公司。在苹果电脑公司沃兹尼克负责产品的功能，乔布斯负责产品的设计和易用性。乔布斯相信计算机应该不仅仅被设计为单纯的计算工具，而应该是室内引入注目的物品。

图 1-11 苹果公司联合创始人及 CEO 史蒂夫·乔布斯

苹果公司取得了很多的成功，例如开发出 Apple Ⅱ、Mac、iPod，当然它也发布过一些不成功的产品，如 Lisa、Apple Ⅲ、Newton、G3。乔布斯个人也经历过低谷，如 1985 年离开苹果（当时 John Sculley 是 CEO）创立了他自己的公司 NeXT，但是这个公司在市场上并不成功。

当乔布斯 1996 年回到苹果公司时，他发现那里已经变得很糟糕。他被任命为临时 CEO 后（后来被任命为 CEO），他砍掉一些项目、启动其他的一些项目，从而扭转了苹果公司的局面。两个新产品 iMac 和 iPod 让年轻一代很钟爱苹果品牌。

- 乔布斯喜欢对任何话题发表意见，所以媒体经常引用他的话。
- 在竞争对手方面，比如对比尔·盖茨，他说："我希望他是最棒的，我真的希望这样。我只是认为他和微软有一点狭隘。如果他年轻的时候尝试过一次迷幻药或者去过嬉皮群居村会好一些。"
- 在他的目标方面，他说："我想要在宇宙中鸣钟。"
- 在取悦客户方面，他说："你不能只询问人们想要什么，然后就尝试给他们什么。等你拿出这些时，他们就会想要些新的东西。"

史蒂夫·乔布斯，苹果公司的 CEO，在曾经是苹果园的加利福尼亚的硅谷，与他的妻子和 3 个孩子生活在一起。

资料来源

http://www.brainyquote.com/quotes/authors/s/steve_jobs.html

http://www.apple.com/pr/bios/jobs.html

http://en.wikipedia.org/wiki/Steve_Jobs

基本组成部分。这并不意味着信息系统专家必须是这些领域的高级技术专家；实际上，信息系统专家只要对这些领域有足够的了解，明白其是怎样工作的，哪些技术是可以应用的，哪些技术是应该应用的就可以了。通常，信息系统的经理和总监们具备更加深入和详细的技术知识。

技术能力是最难维持的，因为各种技术的普及异常迅速。产业分析师的分析表明，到 2010 年许多程序设计工作和支持工作都会外包给第三方供应商，这些供应商既有美国国内的，也有国外的，所以市场需要的热门技能有了一个变化（Collett, 2006）。目前存在对多种技能的需求，如网络设计和数据仓库，其他的易于系统化处理的工作会被自动化处理或者外包（参见表 1-5）。实际上表 1-5 中列出的许多热门技能都集中在商业领域，这些我们会在后面讨论。

表 1-5 2010 年及其以后的热门技能

领　域	热门技能	冷门技能
商业领域	• 企业架构 • 项目领导力 • 业务流程建模 • 项目规划、编制预算和计划 • 第三方供应商管理	
技术基础设施和服务	• 系统分析 • 系统设计 • 网络设计 • 系统审计	• 程序设计 • 常规编码 • 系统测试 • 客服和支持 • 主机托管、通信、操作系统的操作
安全	• IT 安全规划和管理	• 业务连续性和灾难恢复
存储	• 存储管理	
应用开发	• 面向客户的应用开发	• 一些陈旧的开发技巧
因特网	• 面向客户的 Web 应用系统 • 人工智能 • 数据挖掘 • 数据仓库	
商业智能	• 商业智能 • 数据仓库 • 数据挖掘	

资料来源：摘自（Collett, 2006）。

- **商业能力**

商业能力是一个使得信息系统专家具备的商业能力使他们有别于其他只懂技术方面知识和技能的专家。在这个外包不断增长的时代，它可以帮助个人保住工作。例如在这个低层次技术职位都可能被外包的环境中，MSNBC.com 最近报道（http://www.msnbc.msn.com/id/5077435）信息系统经理是 10 个最不可能被外包的职业之一。所以，对于信息系统专家而言，理解技术的同时了解商业实质是至关重要的。信息系统专家不仅要懂技术，还要懂得如何管理人员和项目。这些商业技能促使信息系统专家进入项目管理，最终获得收入良好的中层或者高层职位。

- **系统能力**

系统能力是另外一个使得信息系统专家区别于其他只懂技术方面知识和技能的专家的重要能力。这些了解如何构造和集成系统、如何解决问题的人，最终会管理庞大而复杂的系统项目，同时也会管理公司中只懂得技术方面知识和技能的人。

可能现在读者已经知道为什么信息系统专家对其所在组织是那样的有价值。这些人在技术、商业和系统方面有着坚实而完整的知识和技能基础。更为重要的是，他们也具备社交能力，谙熟怎样同他人良好合作和激励他人工作。就是这些核心能力使得信息系统专家持续成为有价值的雇员。

我们认可技术是很重要的，那么这对于职业意味着什么呢？技术是被用来从根本上改变商业运作方式的——从产品和服务的生产、分发，到它们投入市场和销售的方式。无论你的专业是信息系统、金融、财计、运营管理、人力资源管理、商业法律还是市场营销，技术知识对于取得商业上的成功都是至关重要的。

1.2.6 组织：信息系统运行的环境

我们已经讨论了数据和信息、技术和信息系统、人和信息系统。信息系统最后一个定义是术语“组织”。人们使用信息系统来帮助他们所在的组织更加有效率地生产，并获得更多的收益，最终赢得竞争优势、获得更多的客户、改善对客户的服务。这适用于所有类型的组织——专业的、社会的、宗教的、教育的和政府的。实际上，不久前美国国税局（Internal Revenue Service）为刚刚提到的原因在因特网上发布了自己的网站（参见图 1-12）。IRS 的网站非常受欢迎，甚至在站点网址还没有官方发布前，在其上线的最初 24 小时内大约有 220 000 个用户访问了这个网站，在头一周超过 100 万人访问了这个网站。现在受欢迎的网站，如 MySpace.com 和 Yahoo.com 每天都有数百万的访问量。

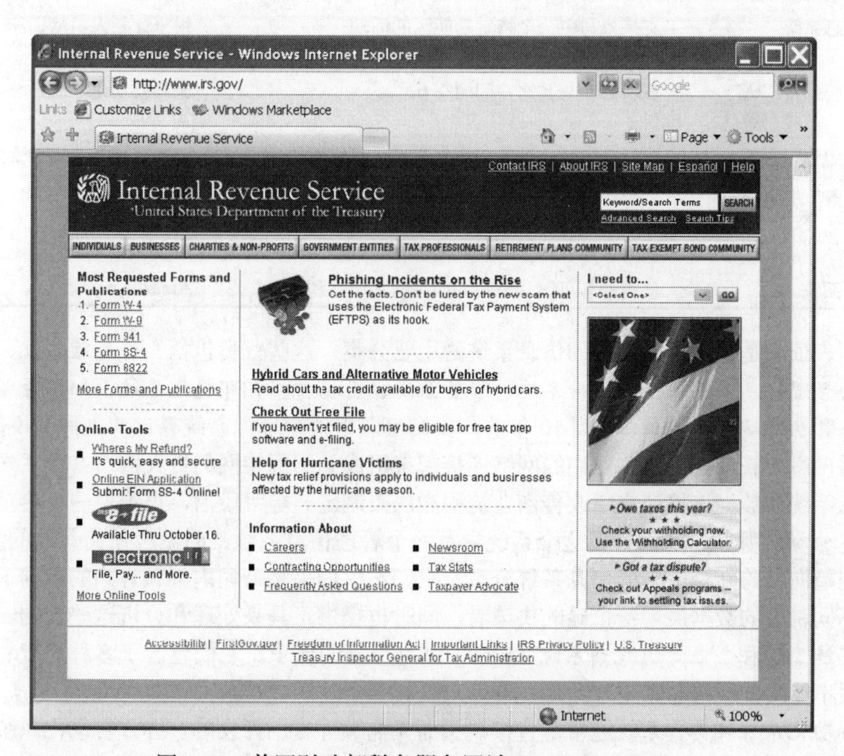

图 1-12 美国财政部税务服务网站 http://www.irs.gov

1. 信息系统的种类

在本书中，我们会研究组织中常用的几种不同类型的信息系统。我们在这里简要描述不同种类的信息系统是很有意义的，这样可以更好地理解术语“信息系统”意味着什么。在本书中后面的章节我们将一直使用“信息系统”这个词。表 1-6 列出了在组织中使用的主要信息系统的类型。

表 1-6 在组织中使用的信息系统的类型

系统类型	用 途	应用实例
交易处理系统	在组织运营层面处理日常业务数据	杂货店联网的收款机
管理信息系统	提供详细的信息来帮助管理公司或者公司的一个部分	库存管理和规划系统
高层管理信息系统	提供非常高层面的汇总信息来支持经营管理层面的决策制定	新闻提取和股票更新信息系统
决策支持系统	提供分析工具和相应的数据库来支持定量的决策制定	产品需求预测系统
智能系统	仿效或者拓展人类的能力	分析银行借贷申请的自动系统
数据挖掘和可视化系统	分析数据仓库的方法和系统，来帮助更好地理解业务的各个方面	市场分析工具
办公自动化系统（也叫做个人生产力软件）	支持个人和小组事先定义的大量日常工作活动	文字处理软件
协作系统	使得人们可以相互通信、协作和配合	具有可共享的自动日历的电子邮件系统
知识管理系统	用于产生、存储、共享和管理知识资产的基于技术的工具的集合	群件
地理信息系统（GIS）	产生、存储、分析和管理空间数据	为新卖场选址的工具
功能区信息系统	支持公司中一个特定功能区的活动	用于计划人员培训和工作分派的系统
客户关系管理（CRM）系统	支持公司与其客户间的交互	销售自动化系统
企业资源规划（ERP）系统	支持和集成业务的所有方面，包括规划、制造、销售、营销等	财务、运营、人力资源管理
供应链管理（SCM）系统	支持和协调供应商、产品或者服务的生产以及分销	采购计划
电子商务系统	使得顾客可以从公司的网站购买产品和服务	Amazon.com

在该列表顶部是一些更加传统的信息系统的主要分类。这些分类包括*交易处理系统*、*管理信息系统*、*高层管理信息系统*、*决策支持系统*、*智能系统*、*数据挖掘和可视化系统*、*知识管理系统*、*地理信息系统*和*功能域信息系统*。5到10年前，我们可以很清楚地把系统界定为上面所说的某一种。现在，利用*网络互联*（把主机和它们的网络连接起来组成如同因特网的更大网络）和*系统集成*（把独立的信息系统和数据连接起来以改善商业流程和决策制定）等手段后，很难说一个给定的信息系统属于这些分类的哪一个（例如说这个系统只是一个管理信息系统，而不含任何其他的部分）。现在信息系统趋向横跨几个这样的信息系统分类，它们不仅仅采集公司内部和客户的数据，而且综合所有这些不同种类的数据展现给忙碌的决策者，同时也提供工具来处理和分析这些数据。*客户关系管理*、*供应链管理*和*企业资源规划系统*（ERP）就是很好的例子。它们包含了多种功能和多种类型的数据，因不能简单地将它们划分到某一类。

*办公自动化系统*和*协作系统*通常是直接购买而无需额外专门开发的，办公自动化系统帮助人们工作，协作系统帮助他们跟其他人协同工作。这部分软件市场由少量的几款商业软件主宰着，在人们家里和办公室的个人电脑上常常可以发现它们。例如微软的 Office 和 OpenOffice 是流行的办公自动化系统，它们提供文字处理、电子表格和其他提高生产率的工具软件。微软的 Exchange 和 Outlook 以及 Lotus Notes 是普遍使用的协作系统，它们提供电子邮件、自动日历和在线讨论等功能。

为电子商务服务的系统，例如企业网站也很普及并且重要。这些系统都是基于因特网的，客户可以从中找到相关信息并从商家购买货物和服务，也可以互相购买货物和服务。同样的，商家也可以通过这些系统用电子的方式交换产品、服务和信息。

因特网应用不断地普及，并很好地支持了电子商务的发展，我们将在后续章节用比较长的篇幅来讨论这个话题。在技术概览 5 中，我们会谈到因特网运作的一些具体细节，在第 5 章，我们将谈论人们如何使用因特网来管理电子商务。

许多现代信息系统同时具备多个上述分类的功能，所以理解这些分类是有用处的。这样做可以更好地理解现代信息系统的种种方法、目标、特性和功能。

我们已经谈论了信息系统的各个部分，也谈到了信息系统的不同类型。在下一节里，将集中讨论信息系统在组织中是如何被管理的。

2. 组织信息系统的功能

如今在商业上，人们对技术使用的关注不再是短暂的狂热。事实上，所有的迹象都表明技术使用在不断深化，组织也越来越认识到技术的重要性。技术是提高生产率的工具和取得竞争优势和组织变革的手段。就如同信息系统这几年的发展一样，信息系统部门也取得了一定的发展。接下来，简要回顾一下组织中信息系统部门的发展（参见图 1-13）。

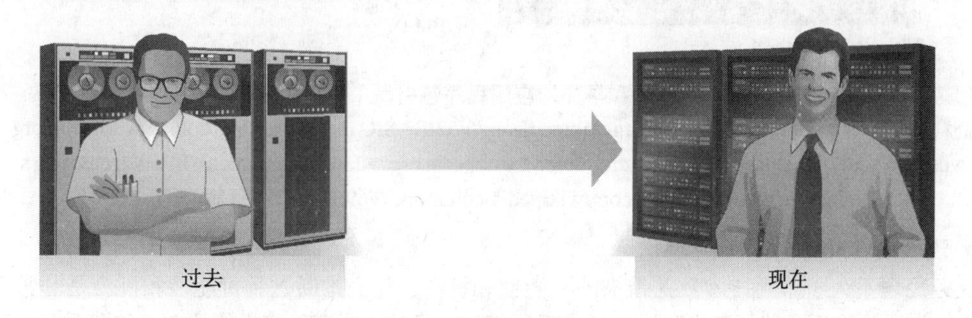

图 1-13 信息系统部门的发展

- **早些的历史：差劲的服务和更差的服务态度**

早先的信息系统部门在应对大型项目时，各种事务堆积如山，信息系统职员常常交付超过预算的系统或者等很久才完成系统，而且交付的系统可用性差、经常出问题。更有甚者，许多守旧的信息系统职员认为他们拥有和控制着计算资源，他们比使用者更加了解怎样更好地使用这些资源，他们应该告诉用户利用这些计算资源可以做什么和不能做什么。不必说，这不是取得成功、建立良好关系的方法，实际上那个时候企业中信息系统职员和用户间常常互相报怨指责。

- **最终用户开发的兴起和衰落**

组织中使用信息系统的早期阶段，用户经常不得不忍受差劲的服务和差劲的态度。后来技术开始有了显著的改善——随着个人电脑和标准软件包的出现，系统变得更快、更容易构造和使用，也更加便宜（参见图 1-14）。这导致了最终用户开始自行开发基于个人电脑的应用程序，它们可以使用电子表格软件包（如 Visicalc）、数据库管理系统（如 dBase）和程序设计语言（如 BASIC）。那些不满的用户说“如果信息系统的职员不能或者不愿意为我们做这些，那么我们可以自己开发需要的系统”。在许多的案例中，他们确实就是这样做的，而且做得很好，这让一些信息系统经理感到了极大的恐慌。尽管由最终用户开发出的程序有一些长处并依然存在于一些组织中，但它也存在严重的弱点（参见第 9 章）。所以，现在大多数的组织把系统开发工作交给专业人员来做。

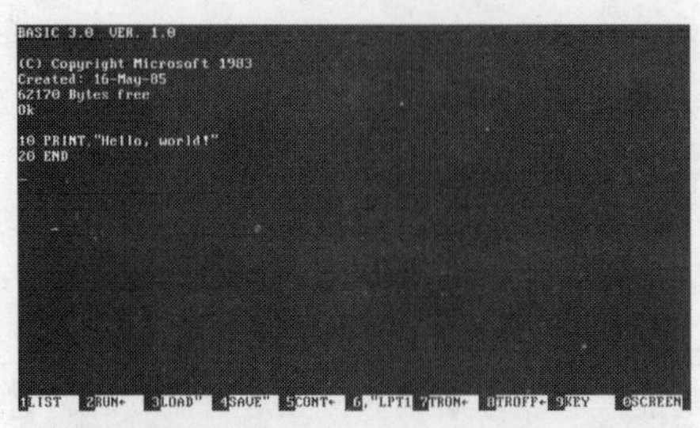

BASIC 编程语言

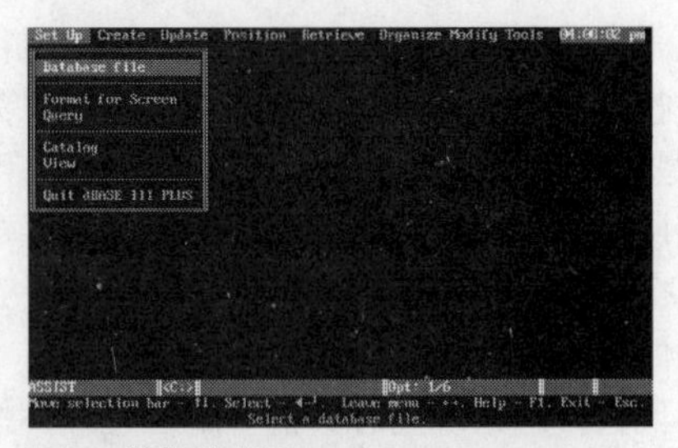

Dbase 数据库应用

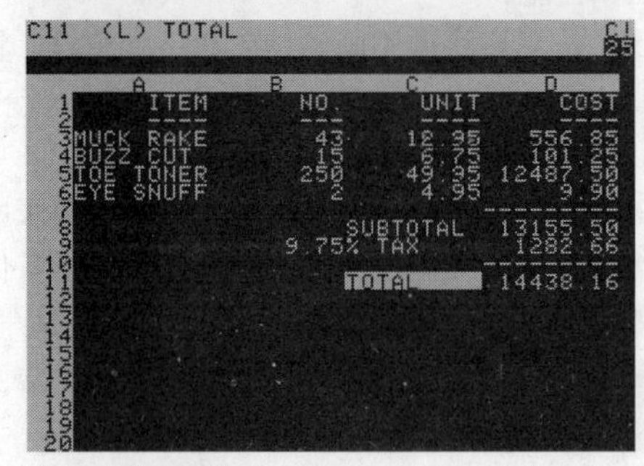

Visicalc Spreadsheet

IBM PC

图 1-14　IBM PC 和早先的应用程序包引发了最终用户的开发
（资料来源：http://upload.wikipedia.org/wikipedia/en/6/62/BASIC_3.0.png; http://upload.wikipedia.org/wikipedia/en/7/73/Dbaseshot.png; http://upload.wikipedia.org/wikipedia/commons/7/7a/Visicalc.png; http://upload.wikipedia.org/wikipedia/commons/6/69/BM_PC_5150.jpg）

● **现代信息系统的组织结构**

业务经理不久了解到技术及其带来的可能性和机会。他们推断这种可能性和机会是非常巨大的，不能由于最终用户接管开发就遗弃信息系统部门。另外，聪明而忧虑的信息系统职员意识到自己需要做一些态度上的调整。一些人认为是技术本质的改变迫使人们更加地合作。例如从大型主机到客户机-服务器模式的转变（也就是功能相对强大的个人计算机分散在组织中，他们共享数据、应用程序和更加强大的服务器主机上的外围设备——参见技术概览 1 和技术概览 4），迫使信息系统职员改善自己与公司其他部门人员的关系。这种客户机-服务器模式需要企业中信息系统职员和其他部门职员之间保持一种新的关系（Stevens, 1994）。在这种压力下产生的结果就是，在能很好完成任务的现代信息系统部门，工作气氛、服务态度和文化与以前相比大为改观相同，显得更加体贴和负责。

在这些更加负责的信息系统部门，职员本着更加协商的态度与其用户相处。这些信息系统的职员认为，他们的根本目标是帮助用户解决问题和提高生产效率。事实上，在许多的案例中，信息系统的职员不称用户为“用户”。他们是“顾客”或者“客户”，甚至是组织中的“同事”。这种新的态度与往日相比有着根本性的改变，以前的信息系统职员不愿意被用户打扰，还总认为自己比用户更加了解系统。但在一些组织中仍然存在这种守旧的心态。

新的信息系统文化与一些成功的服务性组织很类似。思考一下在服务性组织中，客户是如何被对待的，例如花旗集团（Citigroup）的美邦（Smith Barney）、安永会计师事务所（Ernst & Young），或者在基于产品的组织，诸如麦当劳快餐和诺德斯特姆公司（Nordstrom），服务都是尤为重要的。强大的服务对于客户是至关重要的，雇员必须做自己能做到的任何事来取悦客户，要经常在“顾客永远都是对的”这样的信条下工作。

这对于接受新**服务心态**的信息系统部门来说同样适用。信息系统职员做自己可以做到的任何事来确保组织中系统客户的满意。他们走出去接触客户，搜集客户的评价和需求，而不是等待客户带着对系统的抱怨而来。为了满足客户的需要他们会立即快速而有效地更改系统。他们称赞用户对系统的新设想，而不是认为这是为自己制造障碍或者找理由说新的设想行不通。他们基本上认为客户拥有技术和信息，技术和信息是为客户服务的，而不是为信息系统职员服务的。他们提供服务台、服务热线、信息中心和培训中心来支持客户。这些以服务为导向的信息系统部门结构和功能可以更好地为客户服务。

这种新信息系统部门的服务心态带来的影响是惊人的。我们惊异地发现企业中信息系统职员与其他人不能保持一致时，一个公司会多么的没有效率。另一个方面，更让人惊奇的是组织中信息系统职员与其他人携手工作时，是多么的有效率而愉悦。技术是一个潜在的巨大的杠杆，但是它只有在人们融洽共事而不互相对立的时候才起到最佳的作用。

3. 技术在组织中的传播

还有一个现象能够说明信息系统以及对信息系统的适当管理，对于组织来说是必不可少且至关重要的。那就是信息技术已经延伸到不同的部门（例如会计、销售和市场），并与它们牢固地结合起来。

在许多现代的组织中，可以发现一些系统或者子系统的构造者和管理者，在业务部门与该系统的最终用户身上花费他们大量的时间来交流。很多时候，这些系统职员就在业务部门办公，他们在这里长期都有自己的办公桌、电话和个人电脑。

此外，系统职员同时具备信息系统和系统所支持业务（如财务）的教育、培训和工作经验，这并不是什么稀奇的事情。把技术员工与业务员工区分开来，以及把系统职员与组织中的其他职员区分开来变得越来越困难了。基于这个原因，无论追求怎样的职业，了解信息系统是怎样管理的，都是很重要的事情。

由于信息系统在组织中得到更加广泛的应用，信息系统职员常常需要双重汇报——向信息系统中心部门汇报，同时也向他们服务的业务部门汇报。所以，集中的信息系统规划、部署和管理的需求将持续下去——特别是在系统购置、开发和优化集成、企业网络等方面的规模化具有经济意义。即使那些采用分散技术和相关决策的公司，对技术和相关决策进行协调的需求依然存在。这种协调很可能通过对信息系统职员采用某种形式的集中（至少是集中式的配合）而发生的。组织想继续收获信息系统去中心化的益处（灵活性、适应性和系统的快速响应），可是同样也不想、也不能够放弃信息系统集中化的益处（协调性、规模化经济、兼容性和连接性）。

信息系统员工走到公司各个业务部门的趋势和各个商业职能领域的员工具备技术技能的需要是存在的，很明显我们需要同时具备技术方面和业务方面知识和技能的人。我们推测对于这种复合型人才的需求还将继续增加。

4. 缩小化和外包化

许多组织正在缩小规模或者是如一些人称作的“变为合适的规模”。他们期待信息系统部门和技术可以作为杠杆，在减少职员数量、缩小组织规模的同时，提高组织生产效率（也就是用更少的人力做更多的事情）。简而言之，就是使用技术来使得业务功能流程化，在某些情况下，会起到削减成本和替代人力的作用。尽管这种方法对于那些失去工作的人来说有些不公平，但许多公司都被迫采取这样的措施来保持竞争力或者在情况不好的时候继续生存。信息系统的这种用途对于组织的规模和结构，以及信息系统部门的规模和结构都有一些有趣的影响。

类似地，**外包**在业务的所有方面都有上升的趋势。外包就是把那些比较常规的工作交外办理——这些工作或者任务是由其他公司的人员来承担的，这种公司可以是本国，也可以在其他国家，只要能降低成本就行。这些外包的工作中有一些属于信息系统部门。《CIO》杂志报道说，尽管在美国拥有一定数量和质量的信息系统从业人员并引导着世界；但是向低工资国家外包已经成为大多数信息系统组织在管理上需要考虑的巨大而关键的因素。如今，财富排名前 2 000 强企业中有

73%使用全球外包，在全球范围这方面的花费也从2004年的160亿美元增长到2007年的500亿美元（*CIO*，2006）。对于那些考虑在商业，特别是想在信息系统领域谋职的人来说，这会带来怎样的启示呢？

5. 职业前景和机会

尽管在一定程度上技术已经变得易于使用，但是在组织中仍然存在或者可能存在某种迫切的需要，需要有人来负责规划、设计、开发、维护和管理技术。上述的大多数工作在业务部门，由那些首要职责是业务而不是系统的人员完成。人们希望有一天技术足够成熟，这样需求可以轻松地实现，而且是由一般的工作人员（对技术只有一般了解）完成的。但是这样的日子实在是太遥远了。事实上，许多人相信这一天永远不会到来。尽管越来越多的人在承担非系统工作同时也承担一些系统的职责，但是对于那些首要职责为系统职责的人的需求还将继续存在。简而言之，信息系统员工和部门在可以预见的将来还将存在并起着重要的作用。

尽管许多组织在缩小规模，而且有一些组织在削减信息系统员工或者将更多的常规工作分派到国外，但是总体上信息系统员工的雇用数量在回升，而且预计还将增长。信息系统一直是商业成功至关重要的工具，信息系统部门不会消失甚至不会大幅度缩小规模。事实上，所有的项目都是为了信息系统在规模和应用范围上的长期发展。同样地，在所有的业务领域，那些不断学习、不断发展和不断寻找新的方法来增加价值的人和那些掌握先进的独特技能的人总是抢手的，无论是在信息系统部门还是公司的其他领域。

因特网在全世界的使用

网络统计

2006年，全球大约20%的活跃因特网用户在美国。相比两年前的一半，这已经算是下降了。总体上说，全球预计有超过10亿活跃因特网用户，其中3亿8 000万用户在亚洲，2亿9 400万用户在欧洲，2亿2 700万在北美（在美国有2亿活跃用户）（参见表1–17）。在北美因特网得到了非常广泛的使用，大约70%的人口在使用因特网；非洲的使用比例最低，只有不到3%。美国拥有最多的用户，接下来就是中国，拥有1亿2 300万用户。随着因特网越来越普及，美国所占比例的持续降低是不可避免的。读者认为这些统计数据在10年后或者20年后会是怎样的？

表1-7 全球因特网使用量和人口统计

地 区	人口（2006年数据）	占世界人口的比例	因特网使用量	占人口的比例	占全球用户的比例	增长率（2000~2005）
非洲	915 219 928	14.1%	23 649 000	2.6%	2.3%	423.9%
亚洲	3 667 774 066	56.4%	380 400 713	10.4%	36.5%	232.8%
欧洲	807 289 020	12.4%	294 101 844	36.4%	28.2%	179.8%
中东	190 084 161	2.9%	18 203 500	9.6%	1.7%	454.2%
北美	331 473 276	5.1%	227 470 713	68.6%	21.8%	110.4%
拉丁美洲/加勒比	553 908 632	8.5%	79 962 809	14.7%	7.8%	350.5%
大洋洲/澳大利亚	33 956 977	0.5%	17 872 707	52.6%	1.7%	134.6%
全球合计	6 499 697 060	100.0%	1 043 104 886	16.0%	100.0%	189.0%

注：因特网使用量和世界人口数据为2006年6月30日的最新统计数据。©Copyright 2006, Miniwatts Marketing Group版权所有。

资料来源：http://www.internetworldstats.com/stats.htm。

今后信息系统方面的机会存在于多种领域，这对于每个人来说都是好消息。技术领域的多样性可以包容所有人。选择哪个信息系统领域不是主要的，无论哪个领域都可以给出一个有前途的未来。即使读者职业兴趣不在信息系统领域，很好地了解信息技术并且具备一些这方面的能力也将极大地扩展职业前景。

1.3 信息系统的双重本质

信息系统已经变得非常重要和昂贵，信息技术就如同一把双刃剑——使用得当可以作为竞争工具，但是它也会带来一些问题，这就如同谚语所说的，依靠剑活着的人也将死于剑下。下面的两个案例说明了信息系统的双重本质。

1.3.1 相关案例：一个信息系统被放弃了——美国海军的 ERP 实施

一个信息系统如果实施得很糟糕，会发生什么呢？依据美国政府问责局（GAO）的说法，美国海军在 1998 到 2005 年间与软件巨子 SAP 在 4 个失败的企业资源规划（ERP）试验项目上“浪费”了 10 亿美元（Songini，2005）。

2006 年，海军准备实施一个更加巨大的项目，这个项目将巩固已有的试验项目，并计划在 2011 年创造一个巨型的 ERP 系统。GAO 警告当前的这个待建系统也是危险的，除非海军能够普遍地采用和遵从事先建立的最佳实践，而不是广泛地定制大量软件系统。

海军和 SAP 都不认为之前任何一个试验项目是失败的，即使所有的系统都即将或者已经被遗弃。双方都认为试验系统说明，ERP 软件可以在海军庞大和复杂的环境中工作。然而，GAO 仍然认为这个项目存在巨大的风险，而且 ERP 也不太可能为海军提供“一切都齐备的、端到端的共同解决方案”。尽管这个 1998 年开始的项目已经花费（或者承诺支付）了 20 亿美元，但现在判断这个信息系统能否帮助海军提高运行效率还为时尚早。

1.3.2 相关案例：信息系统发挥作用——联邦快递

信息系统既有运行状态不良的例子，也存在许多运行状态良好的例子。例如，在联邦快递网站就创新性地使用了信息系统（之前我们提到过联邦快递的“Insight”项目）。

联邦快递现在是一个价值 320 亿美元的公司，是世界上最大的快递公司，每天它在 220 个国家和地区递送数以百万计的包裹和上百万磅的货物。联邦快递使用广泛的、互相连接的信息系统来协调全球超过 260 000 名雇员、上百架飞机和数万辆地面车辆。

为了改善服务质量和保持竞争优势，联邦快递在因特网上提供了丰富的服务。FedEx.com 每月有 1 500 万用户，每天有超过 300 万的追踪请求。FedEx.com 已经成为管理核心业务的信息中心。除发货跟踪外，客户还可以使用这个网站查看快递附加选项和费用，使用工具来准备自己的货物包，还能在线校验或打印基于条码的运输文档。所有这些以及其他的信息系统使得联邦快递成为全球快递业的领跑者。

1.3.3 使用信息系统获取竞争优势

美国海军的 ERP 系统和联邦快递网站是典型的在大型复杂组织中使用的信息系统。这些系统规模和使用范围都过于庞大，很难搭建。从一开始就掌控这样系统的开发使其保持正确的方向是很重要的。这些例子也表明随着我们越来越依赖于信息系统，这些系统的性能对于业务的成功是极为重要的。

ChoicePoint公司

前车之鉴 :-(:-| :-0

身份盗窃是21世纪的犯罪，在2006年的前7个月中就有890万受害者要求索赔。个人可以采取少量的保护措施来防止身份被窃——不泄露社会安全号码、财务账户号码和其他的一些信息。但是他们不能控制信用核对组织保存和散布个人信息。

无论你在申请一个工作、取得保险还是租一个公寓，都有可能有人在后台检查以确认你是否值得信赖。例如位于佐治亚洲的ChoicePoint就是这样的组织，它是一个个人信息交换所，它们通常向美国政府和其他组织提供收费的个人信息后台检查。ChoicePoint维护着190亿份信息，实际上包括了每个美国成年人的姓名、地址、电话号码、社会安全号码、之前的保险申报、银行账户、信用卡账户、犯罪记录、破产档案和其他信息——简而言之，它是身份窃贼的宝藏。

尽管大家希望个人信息交换所极其小心地检查，以确保只有授权人才可以获得客户记录，不幸的是总有例外的情况。在2005年，发生了一件前所未有的事。一个加利福尼亚身份盗窃团伙伪装成合法的机构从ChoicePoint购买了100 000多份电子记录。身份窃贼从Kinko的商店提出请求要求信息，在内部检查员发现这个阴谋前，已经有超过163 000人的记录被在线提交给50多个虚假账户。对于许多资料被泄露的个人来说，这个事件没有严重的影响，但是750多人成为了身份窃贼的受害者。

除了为ChoicePoint带来了不好的名声外，将数据泄露给未授权的接收者也给它带来了后续的不良恶果。在2006年美国联邦贸易委员会（FTC）因ChoicePoint违背安全而对ChoicePoint处以1000万美元的罚款，这是FTC所下达的最高额罚款。同时ChoicePoint被责令支付500万美元补偿那些因事件而受到损失的消费者，尽管与ChoicePoint每年超过1亿4000万美元的收入相比，这些罚款的数额并不大，但是FTC还要求ChoicePoint采用新的安全手续，并且在今后的20年内每2年都提交给事件安全专家审计。

最令消费者不安的是ChoicePoint只是许多个人信息交换所中的一个，消费者希望对个人信息交换所维护的数据进行更妥善的管理，严格的联邦法律可能就是实现它的唯一方法。

资料来源

Caron Carlson, “ChoicePoint’s Data Breach Fine Sets Record”, *eWeek* (January), http://www.eweek.com/article2/0,1895,1915768,00.asp

Robert O’Harrow Jr., “ID Data Conned from Firm”, *Washington Post*(February 17,2005), http://www.washingtonpost.com/wp-dyn/articles/A30897-2005Feb16.html

http://www.forbes.com/feeds/ap/2006/01/26/ap2479440.html

这些系统不仅仅巨大而且复杂，它们曾经是，也继续是那些构建它们的公司获得成功的关键因素。对于海军和联邦快递而言，开发新系统的决定在意图上都是**战略性**的。这些系统的开发不仅仅是因为这些组织中的经理们想要更快地做事和使用最新和最棒的技术。这些组织战略性地开发此类系统是用来帮助自己赢得或者保持相对于竞争对手的**竞争优势**（Porter，1985；Porter and Millar，1985）。我们要有这种观念——技术的使用会提高效率、信息系统必须带来投资上的回报，技术的使用也可以是战略性的，它可能是竞争优势的一个强有力的促成因素。

我们描述了在两个相对较大组织中信息系统的使用，实际上所有类型和规模的公司都可以使用信息系统来赢得或者保持相对于竞争对手的竞争优势。无论是一个小的服装零售铺还是大型的政府机构，每个组织都可以找到一种方式使用信息技术击败竞争对手。在第3章，我们会更多地讨论战略性使用信息系统的时机。

小案例

欧洲 MTV

世界上最大的国际电视网络是什么?毫无疑问是 MTV(参见图 1-15)。MTV 网络有 120 个频道和 12 亿观众，通过 94 个电视频道和 62 个网站转播，它已经成为国际电视传播业的重量级企业。MTV 由维亚康姆集团(Viacom)拥有，现在它正努力进入一种新的媒体：移动电视屏。这一点都不令人惊奇，欧洲 MTV(MTV-E)——欧洲最大的电视网络即将成为这种新技术的试验基地。

选择 MTV-E 来测试这种新技术是因为在欧洲 3G 移动电话被广泛使用(美国接受这种新技术比较缓慢，只在一些主要的大都市提供了这种服务。)。3G 代表“第三代通信协议”。这个协议允许以极快的速度向手机传送数据(粗略计算比拨号调制解调器快三倍)。

MTV-E 寻找主要运营商作为合作伙伴，包括 Vodaphone、Orange 和 T-Mobile。拥有这些合作伙伴，可以通过移动电话将发行提升到与 MTV-E 传统渠道一样的高度。合作伙伴是 MTV-E 发行战略的一个关键方面，事实上缺乏这些合作，就不可能使用欧洲的移动电话网络发行内容。

MTV-E 领导层需要考虑的一个问题是内容。大多数移动发行领域的公司(例如 Verizon 的 V-Cast，它也发布由 MSNBC 或者 VH-1 制作的内容)只是简单地把电视节目移到手机屏幕上，所以它们只能提供电视节目片段的循环播放。尽管 Verizon 已经通过 V-Cast 取得了一些成功，但是他们并没有真正触及欧洲手机基础设施的乐趣。

为了提供最好的和最有价值的内容，MTV-E 决定在内容创作方面采取不同的战略。MTV-E 希望专门为移动电话制作内容，他们将创造一个在移动电话上观看节目的新方式。这些媒体包括所有的内容，从电视短片到实况视频点播。关键是“快餐大小的内容”，这些内容可供顾客在上下班的地铁上观看、在等朋友的时候观看或者在课间消磨时光时观看。MTV 的传统策略是设计短时间关注的内容，他们的新内容必须为更加短时间的关注而设计。

图 1-15 MTV 是世界上最国际化的电视网络

MTV-E 发现与这个目的特别符合的节目类型是喜剧。父母们甚至使用移动视频服务在某些地方，例如医生办公室候诊时哄孩子。为了吸引目前 MTV 的观众，MTV-E 决定与 MTV 提供的内容紧密结合。例如，当公司最高级别的节目——MTV 音乐奖颁奖通过传统电视频道广播的时候，实况的视频流已经从后台向 MTV-E 的移动客户广播了。

这种新的视频点播内容也给 MTV-E 系统带来了客户需求信息，这些数据可以用于直接的市场营销，从而也增加了网络的收入。

问题

(1) 同时从技术和客户的角度分析为什么 MTV-E 是移动视频点播服务的最佳试验台?

(2) 定义几种潜在的移动视频点播用户的类型，并列出哪些类型的视频内容能让大家产生兴趣；按照用户可能的接受程度给每类用户分级。

资料来源

http://www.businessweek.com/technology/content/jan2006/tc20060131_294681.htm

http://www.brandrepublic.com/bulletins/br/article/537580/media-analysis-local-custom/

1.3.4 为什么信息系统重要

2003年5月1日，尼古拉斯·卡尔（Nicholas Carr）在《哈佛商业评论》（*Harvard Business Review*）发布了一篇名为*IT Doesn't Matter*的文章，引起了相当大的轰动。他论证道IT已经成为一种普遍深入的技术，它已经变得非常标准化、非常普遍、对于每个公司它就如同日用品一样是必需的。他接着推论公司应该把IT严格聚焦于怎样减少费用和降低风险，将兴趣放在用IT提升企业差异化和竞争优势是无用的。许多大学、著名出版社和技术公司中的专家都不同意这个观点，而且认为不能照字面意思接受，否则这样的一种思考方式会损害公司的竞争力。

针对这个辩论，2004年5月1日，《CIO》杂志的主编Abbie Lundberg发表了一篇与卡尔关于这个话题的访谈，同时还发表了一篇由著名的技术和商业策略作者唐·泰普史考特（Don Tapscott）撰写的特邀评论“驱动企业成功的引擎：最棒的公司拥有最棒的商业模式因为他们具有最棒的IT策略”。泰普史考特说，无论是否使用信息技术，具有不良商业模式的公司总是趋向失败的。另外的一个方面，具备良好的商业模式，并且用信息技术来成功地贯彻那些商业模式的公司是非常成功的。他描述了许多例子，覆盖了不同的行业，这样的公司主宰着他们各自的市场，拥有更好的客户关系和商业设计，能够区分性地提供产品和服务。这些公司都因为其出众地利用信息技术来支持其独特的商业策略而闻名。他提到的公司包括亚马逊、Best Buy、花旗集团、百事可乐、Herman Miller、思科、Progressive Casualty Insurance、Marriott、联邦快递、通用电气、西南航空和星巴克。

在这一点上我们站在泰普史考特一边。我们认为信息系统是从事商业的一个必要组成部分，可以使用它来提高效率、它也是让公司获得竞争优势的关键推动因素。我们确实也赞同卡尔，因为使用信息系统所带来的竞争优势可能是一时的，竞争者最终会做同样的事情。同样考虑到信息系统项目已经变得如此昂贵，商业竞争如此激烈，如今几乎每个信息系统项目都要求明确的投资回报。我们将在第3章和本书的其他部分更加详细地讨论信息系统在提高竞争优势的作用以及如何评估投资回报。

商业职业展望

行业分析

在第2章我们仔细研究了信息系统怎样推动全球化和世界上的巨大变革。如今组织已经不仅仅是专注于本地市场了。例如普华国际会计公司把焦点集中在建立海外的合作伙伴上，这样可以扩展其客户基础，更好地服务于美国本土之外的地区。这样的趋势意味着在职业生涯中，不仅仅需要旅行到海外、承担海外的任务，而且也非常可能必须与来自世界上其他国家或地区的客户、供应商或者同事一起工作。考虑到这种全球化的趋势，迫切需要具备必须的“全球化技能”的业务专家在数字世界中大显身手。下面提供三个增加就业机会的策略。

(1) **获取国际经验**。头一个策略非常直截了当。简言之，就是通过获取国际经验，可以具备必需的文化敏感度来领会其他的文化，更重要的是，这可以极大地增强一个全球性的组织。

(2) **学习超过一种语言**。第二个策略是学习母语外的其他语言。在全球化组织中的语言问题从表面上看通常并不突出。在我们不能完全理解外籍同事的时候，我们感到困惑同时也只能勉强同意。但是不幸的是，重要信息的不良沟通会给商业带来灾难性的影响。

(3) **让自己对于全球文化和政治保持敏感**。第三个策略着重于发展对世界上多种文化和政治差别的高度敏感性。这样的敏感和意识可以通过课程、研讨会和国际旅行加强。理解当前时事和国际政治气候可以增进沟通、增强个人凝聚力和工作表现。

除了这些策略，在进行国际访问或者接受国际任务之前，有许多事情可以提高效率并增加获得乐趣的机会，这些事情包括下面这些。

(1) 阅读关于那个国家的书、报纸、杂志和网站。

(2) 与了解那个国家及其文化的人交谈。

(3) 避免仅仅照字面上翻译工作材料、宣传册、备忘录和其他重要文档。

(4) 观看当地的电视节目，同时通过国际新闻广播和网站了解当地的新闻。

(5) 到达新的国家后，花些时间游览当地的公园、历史遗迹、博物馆、娱乐场所和其他文化场所。

(6) 与本地的员工一起进餐，谈论工作之外的事情，比如本地的一些时事。

(7) 学习一些当地语言的词汇和短语。

无论选择怎样的职业，数字世界的全球化都是一个现实。除了全球化之外，信息系统已经针对不同的职业发展出特定的分支。我们接下来将讨论这个问题。

对于会计和财务而言，当代数字世界中的会计和财务专家非常依赖信息系统。信息系统被用来支持各种资源的规划和过程的控制，同时也提供给经理们最新的信息。会计和财务专家使用多种信息系统、网络和数据库来更加有效地工作。除了改变内部流程管理和执行方式，信息系统也改变组织与供货商、分销商和客户交换财务信息的方式。如果你选择会计或者财务职业，很可能每天都与多种信息系统打交道。

对于运营管理而言，信息系统已经极大地改变了运营管理职业。过去，向供应商下单必须通过电话，必须使用单调乏味的计算来优化生产过程，而且有时预测只是一种较为理性的猜想。如今，企业资源规划系统和供应链管理系统已经消除了与预测和订单下达相关的“繁忙工作”。此外，利用共同的内部网络，公司把供货商和分销商网络连接起来，从而减少采购和分销过程的成本。如果选择运营管理作为职业，那么使用信息系统可能是每日工作的大部分。

对于人力资源管理而言，人力资源管理专家广泛地使用信息系统通过因特网进行人员招聘，使用企业内部网发布信息，在数据库中分析雇员的数据。除了在日常工作中使用信息系统外，他们也必须处理其他信息系统相关的事情，包括在组织中使用和滥用信息系统。例如，怎样的方法是最佳方法来激发员工使用一个他们不想使用的系统？你应该采用怎样的政策来监视员工的生产效率和滥用因特网？如果选择人力资源管理作为职业，那么信息系统已经成为人员招募和员工管理的极有价值的工具。

对于市场营销而言，信息系统已经改变了组织促销和销售产品的方式。例如，因特网使得商家到消费者（B2C）的电子商务成为可能，它允许公司直接与顾客交易而不需任何中间商；同样地，客户关系管理系统实现了以高度个性化促销活动为手段的市场细分。所以营销专家必须精通多种信息系统以便吸引和留住忠诚的客户。

对于信息系统而言，信息系统已经成为组织中普遍存在的部分，系统已经被应用于组织的所有层次和部门。正因为如此，需要专家来开发和支持这些系统。为了最有效地使用信息系统的投资，专家们必须精通商业、管理、营销、财务、会计和技术。换句话说，信息系统专家必须理解商业基本原理以便实现特定的系统，此外他们也需要了解组织怎样使用不同的系统来获得竞争优势。如果能将组织商业需求和基于信息系统的解决方案有机地结合起来，你就能在职场上获得竞争优势。

资料来源

R.Treitel, “Global Success” (October 9, 2000), http://www.ganthead.com/articles/articlesPrint.cfm?ID=12706

要点回顾

(1) 解释什么是信息系统，对比其数据、技术、人员、组织。信息系统（IS）是指组织机构中硬件、软件和通信网络的组合，人们构造信息系统来采集、创造和分发有用的信息。当数据以一种对人们有用的形式组织时，这些数据就被定义为信息。术语“信息系统”也代表人们在组织中开发、使用、管理和学习信息系统的场所。信息系统领域是巨大的、多样的、变化的，包含许多不同的人员，目的、系统和技术。信息系统的技术部分指硬件、软件和通信网络。那些构建、管理、使用和学习信息系统的人组成了信息系统的人员成分。他们包括系统分析师、系统程序员、信息系统教师和许多其他人。最后，信息系统通常搭建在组织中并为组织服务的。综合上面的三方面就形成了信息系统。

(2) 描述信息系统和相关领域的工作类型和职位。在组织中开发和管理系统的人包括系统分析师、系统程序员、系统操作员、网络管理员、数据库管理员、系统设计师、系统经理和首席信息官。市场对所有这些类型人员的需求都很强烈，结果他们的工资都很高，而且在继续增长。信息系统领域已经改变了很多，信息系统职员现在被认为是有价值的商业专家，而不是那些只懂技术而不善交际的人。对于技术相关知识和技能的需要已经延伸到其他的职业，比如财务、会计、运营管理、人力资源管理、商业法和市场营销等领域。

(3) 描述信息系统在当代成功和失败的组织中的双重本质。如果信息系统被有效地和战略性地规划、设计、使用、管理，再加上一个合理的商业模式，就可以使得组织更有效率、产量更高，并有助于扩大其市场范围，获取和保持相对于竞争对手的竞争优势。如果信息系统没有很好地规划、设计、使用、管理，那么它们可能对组织起到负面的影响，例如金钱的损失、时间的损失、伤害与顾客间的信誉关系，并最终失去客户。那些有效地和战略性地采纳和管理信息系统的当代组织很可能最终就是那些成功而富有竞争力的组织。

思考题

1. 定义术语“知识工作者”，并回答谁定义了这个术语？
2. 描述和比照发生在数字世界中的经济、文化和技术的变化。
3. 定义术语“信息系统”(IS)，并解释它的数据、技术、人员和组成成分。
4. 定义和对比数据与信息、知识与智慧。
5. 定义和对比技术、信息技术和信息系统。
6. 描述3~4种在信息系统和相关领域的工作类型和职位。
7. 什么是CIO？为什么CIO变得如此重要？
8. 列出和定义3项技术方面知识和能力的核心资质。
9. 列出和定义4项商业方面知识和能力的核心资质。
10. 列出和定义4项系统方面知识和能力的核心资质。
11. 列出和定义5种在组织中使用的信息系统类型。
12. 描述信息系统部门在组织中的发展。

自测题

1. 当代信息系统______。
   A. 比过去速度慢
   B. 随着软件、硬件的改进在继续发展之中
   C. 只被一些选定的个人使用
   D. 稳定的，并应该改变的
2. 信息系统在下面的哪些组织中使用？
   A. 专业领域
   B. 教育领域
   C. 政府领域
   D. 上述所有
3. 数据是原始的没有格式化的文字和数字，信息是______。
   A. 按照一种有用的形式组织的数据
   B. 积累的知识
   C. 放入计算机的东西
   D. 计算机打印出来的东西
4. 基于计算机的信息系统在本章中被称作______。
   A. 需要专家使用的任何复杂技术
   B. 硬件、软件、通信网络的联合体，人们构造和使用它来采集、创建和分发数据
   C. 任何用来补充、延伸或者代替人的手工劳动的技术（机械的或者电子的）
   D. 任何用来提升人的能力的技术
5. 在20世纪80年代，下面哪个新头衔变得很流行（这个头衔是给信息系统部门执行长官的）？
   A. CFO
   B. CIO
   C. CEO
   D. CMA
6. 一些其他的可以用来代表知识社会的术语包括______。
   A. 新经济
   B. 网络社会
   C. 数字社会
   D. 上述所有
7. 下面哪个信息系统职位头衔的职责主要是负责

直接维护信息系统？

A. 信息系统总监

B. 维护经理

C. 系统分析师

D. 首席信息官

8. 下面的哪一项不属于商业方面的知识和技能？

A. 管理

B. 沟通

C. 系统集成

D. 社交

9. 下面的哪一项不是组织中使用的信息系统的一种类型或者分类？

A. 事务处理

B. 决策支持

C. 企业资源规划

D. 网站图形技术

10. 下面的哪一项不是信息系统？

A. 一个商业的会计系统

B. 货摊

C. 一个公司中不同软件包的组合

D. 一个客户数据库

问题和练习

1. 配对题，把下列术语和它们的定义一一配对。

i. 智慧

ii. 新经济

iii. 信息

iv. 知识社会

v. 外包

vi. 系统集成

vii. 小型化

viii. 首席信息官

ix. 信息系统

x. 服务意识

a. 一个知识工作者占很大比例并且发挥重要领导作用的社会

b. 一个组织中整体上负责信息系统部分的管理层面的个人，他主要参与技术策略和商业策略的有效结合

c. 代表更加广泛、更加普遍的规则和纲要，用于理解一个特定领域或者多个领域的积累知识

d. 将常规的工作或者任务转移到另外的一个公司、本国另外的一个地区、另外的一个低成本的国家

e. 按照有用的方式格式化后的数据

f. 公司削减费用、简化业务和（或者）裁员

g. 将独立的信息系统和数据连接起来以改善商业流程和决策

h. 一种经济，其中信息技术发挥着重要作用，有形产品（计算机、鞋等）和无形产品（服务、思想等）的生产者可以在全球市场有效竞争

i. 一种把其他人成功作为目标并且认为“客户永远是正确的”的心态

j. 组织机构中硬件、软件和通信网络的组合，人们构造它来采集、创建和分发有用的信息

2. 利用因特网，研究联邦快递是怎样投资和更新其信息系统和信息技术的。列出一些最重要的项目来辩论，说说这些投资是良好的还是不佳的。讨论一下你感觉这些投资会怎样影响联邦快递的竞争者。

3. 彼得 • 德鲁克已经定义了知识工作者和知识社会。他的定义是什么？你同意他的定义吗？你能给出哪些例子来支持或者反对这些概念？

4. 列出课本中论述的信息系统专家的 3 种核心能力和精通的共同领域。你同意还是不同意具备这 3 方面能力才可以成为信息系统专家。为什么？你现在具备什么能力，还有哪些能力需要增强或者培养？你培养新的技能的策略是怎样的？你将在何时何地获得这些能力？

5. 在本章列出的几个信息系统中，哪些你接触过？你希望用哪种系统工作？进入大学后你遇到哪种类型的系统？因特网也是一个很好的额外信息来源。

6. 思考一下熟悉的组织，可以是曾经工作过的组织，也可以是在过去有业务往来的组织。描述一下那个组织使用的信息系统的类型，并说说它们是否有用，是否是最新的系统。列出一些具体的例子来说明更新或者安装信息系统能够提高生产率和工作效率。

7. 鉴别一个在信息系统领域工作的人是信息系统教员、教授或者专业人员（例如系统分析员、系统经理）。弄清楚这些个人为什么要进入这个领域，他们喜欢还是不喜欢在信息系统领域工作。对于进入这个领域的个人他可以给出怎样的建议？

8. 基于之前的工作或者专业经历，谈谈你跟信息系统部门员工的关系。在工作中信息系统部门是否易于相处？为什么易于相处或者为什么不易于相处？项目或者需求可以按时正确完成吗？这个信息系统部门的组织结构是怎样的？将答案跟其他同学进行对比。
9. 组成一个小组，在因特网上做一个职业安置服务调查。挑出至少4种这样的服务，尽可能多地找出信息系统职位的头衔。可以试试monster.com或者careerbuilder.com。你能找到多少？他们跟本章中提出的头衔相同吗？基于提供的信息可以判断出这些职位的职责吗？
10. 星巴克咖啡应该具备哪些类型的信息技术或者信息系统投资？这些系统应该怎样在公司办公室和各个商店使用？需要哪些系统来跟踪库存和销售？在因特网上搜索或者参观所在城市的一家星巴克咖啡店，在参观的本地商店看看具备哪些技术。
11. 印第安纳州立大学商学院的信息系统支持小组把他们的名称由“商业计算机构”改为“技术服务部门”。随着名称的改变他们提供给顾客的服务也发生了适当的改变。研究一下学校或者一个公司信息系统支持部门的演化。确定跟踪了名称的改变、汇报结构的改变、服务导向的改变等。
12. 用自己生活中的具体的例子来对比技术、信息技术和基于计算机的信息技术。
13. 信息系统对于当代组织来说是重要的还是不重要的？为什么？

应用练习

电子表格应用：在校园旅行社售票

本地旅游中心校园旅行社销售额不断下降。在线售票网站的出现，例如travelocity.com和expedia.com已经吸引了大批的学生。但是，考虑到建立国际旅游协议的复杂性，如果校园旅行社把它的努力集中在这个领域，还是可以有一个繁荣并盈利的业务。它的销售及市场总监要求你帮助分析之前的销售数据，以便设计出更好的市场策略。看着这些数据你意识到基于这些销售数据进行细致的分析是不可能的，因为它们不是按照一种能用的方式组织和汇总的，不能给商业决策提供任何的信息。电子表格TicketSales.csv包含了2006年春季的售票数据。你的主管要求你提供关于售票的下列信息。修改TicketSales.csv电子表格来向主管提供下列的信息。

(1) 每月汇总的售票数量。
  a. 选择“tickets sold”列的数据
  b. 选择自动汇总函数
(2) 任何一个地点的售票员销售的最多数量。
  a. 选择适当的单元格
  b. 使用“MAX”函数来计算每个销售员在一次交易中最高的售票数量
(3) 任何一个地点的售票员销售的最少数量。
  a. 选择适当的单元格
  b. 使用“MIN”函数来计算最少的售票数量
(4) 平均售票数量。
  a. 选择单元格
  b. 在你在前面步骤选择的数据使用“AVERAGE”函数来计算“平均售票数量”

数据库应用：跟踪在校园旅行社经常坐飞机的旅客的公里数

旅行社的销售和市场总监想要加强处理客户业务的效率。通常，经常坐飞机旅行的人有一些常规的旅行线路，同时也有改变乘坐区域或者配餐类型的要求。在前几年，这些数据被手工记录在一个记录册中。为了更加有效地处理此类乘客的需求，你的主管要求你来建立一个包括下列信息的Access数据库：

- 客户姓名（名和姓）；
- 客户地址；
- 客户电话号码；
- 经常飞行的数量；
- 经常飞行的航线；
- 配餐类型；
- 喜欢的乘机区域。

为了完成上述的工作，你需要做下面的工作。

(1) 创建一个名为frequent flier的空数据库。

(2) 使用功能“获取外部数据 >> 导入 …”来把文件FrequentFliers.txt中的数据导入库中。

提示：在导入数据时使用tab分隔符，第一行包含字段名。

导入数据后，采用下面的方法来建立一个显示所有经常乘坐飞机的乘客的姓名和地址的报表。

(1) 选择“使用向导建立报表”。

(2) 为报表选择字段名、性、地址。

(3) 以 frequent fliers 的名字保存报表。

团队协作练习：怎样查明信息系统的现状

浏览一个提供信息系统相关内容的网站，例如《信息周刊》、《计算机世界》、《CIO》杂志或者 NewsFactor，浏览当前的头条。然后就可以发现在 www.informationweek.com、www.computerworld.com、www.cio.com 和 www.newsfactor.com 这些在线资源。浏览完头条后与团队汇合，然后讨论一下各自的发现。这些不同网站的焦点是什么？什么是最热门的技术和相关的事件？对于商业经理而言什么是最重要的？为其他同学准备一个简要的演示。

自测题答案

1. B	2. D	3. A	4. B	5. B
6. D	7. B	8. C	9. D	10. B

案例 ❶

点击派：Facebook.com

Facebook.com 称自己是“一个帮助人们更好地理解周边世界的社交工具，并通过社交网络允许人们跟现实社会一样地在线共享信息”。实际上确实是这样的，据说 85% 的美国大学生（超过 1 200 万）都已经在 Facebook 注册了。

Facebook 由一组哈佛大学学生创建，在 2004 年 2 月上线。设立这个网站是为了给大学生提供了解其他大学生的所有信息。用户在 Facebook 上列出他们的兴趣（如“足球”、“买鞋”），朋友班级和任何其他关于他自己的“有品味的”信息。任何人在 Facebook 都可以组织一个小组，例如吸烟者的“癌症角”，“竖领子”小组的成员喜欢穿衬衣时把领子竖起来，和自称为“共和党公主”的一群人。这些成员都发布自己的详细特征，每天登录和浏览 Facebook 四五次。

Facebook 帮助人们被别人所熟悉，对于一些人来说它也可以被当作“武器”使用。乔治华盛顿大学（George Washington University）的一个社会学专业在校大学生说“它有些交流贫乏”而且有一些虚假信息。尽管如此，她一有空闲时间就登录这个网站。

最初，Facebook 提供给学生隐蔽的在线目录，这些目录只能被电子邮件地址以 .edu 结尾（为教育机构保留的）的人访问。这个限制是 Facebook 跟其他交友和约会网站的主要不同之处。学生在 Facebook 上注册可以明显地感觉到安全，他们可以暴露一些个人信息，其原因可能就是因为这个网络对于校园之外是关闭的。在一些场合，女学生联谊会和兄弟会要求学生不要在 Facebook 上列出自己属于哪些团体以防止潜在的社团进行邀请，因为常常有人调查哪些学生是哪个女学生联谊会和兄弟会的成员。这个限制还可以避免女学生联谊会和兄弟会成员经常被打扰，无论是在线上还是实际生活中。而且这样做也可以减少竞争某些女学生联谊会和兄弟会的学生间的憎恨和竞争。

随着时间的推移，Facebook 意识到只向学生开放疏远了其他人。那个最初成立只为哈佛大学学生服务的社交网站向全美大学生和高中生开放了，2006 年向任何希望加入的人开放了。为了给其成员以安全的感觉，隐私保护机制被扩展了，它允许人们不被包含在搜索结果中，不让其社交网络外的人联系他们。更进一步地，Facebook 的同事和工作社交网络需要有认证邮件地址才可以加入。

Facebook 也是一个发布公告或者准备抵制公告活动的好地方。例如，一个学生宣称要在校园外的小区里面举办一个聚会。正如他期望的那样，Facebook 上的同学了解了这个聚会的时间和地点，不幸的是（对于主人而言）一对居住在聚会地点隔壁的室友也在 Facebook 了解到这个聚会。这对室友害怕聚会过于喧闹，建议警察在那个晚上有所准备。这个聚会在晚上8点钟温和地开始，但是在9点钟就变得非常地吵闹。警车就停在这个小区的外边，在晚上10点依据本市的噪音法令阻止了这个聚会。比较道德的做法是，不要在Facebook上发布一个活动，除非你希望涌入大量的人。综上所述，Facebook为大学生和其他人群提供了受欢迎的社交网络服务。任何属于Facebook社区的人都可以访问其他成员的基本资料、浏览他们的兴趣和朋友。"用户墙"是另外一个受欢迎的特征。任何人都可以在本社区的用户墙上发布消息，成员也可以删除发布的消息。Facebook的其他特性包括相册、近期活动列表等。Facebook也提供音乐、书籍、电影、电视连续剧和其他兴趣和活动的评级。

Facebook不是第一个提供社交网络活动的网站。其他的社交网站包括Friendster、MySpace、Tribe Networks、LinkedIn、NamesDataBase、Google的Orkut，所有这些网站都具有与Facebook类似的功能。社交网站使用多种技术来提升用户基础。一些网站允许直接注册，一些网站则不允许。那些不允许直接注册的网站遵循"病毒式营销"准则，在这个准则下只有接受到已经注册朋友的邀请人才被允许加入网络。这种步骤不仅加强了社交网络的基本原则，而且确保完整的朋友社交圈被注册到网站上。

因为在广告方面的良好前景，风险投资对在线社交网络表现出兴趣。当朋友们向另外的一些朋友推荐一个产品或者服务的时候，广告效果更好。因此，当商家使用在线社交网络时，销售可以成倍地增长。

对于社交网络而言唯一的收入来源通常是在每一页上的广告，所以现在许多社交网络还没有让创建者盈利，但是这个概念对于用户而言证明是受欢迎的，而且还将继续吸引那些只为享受计算机社区的人。

问题

(1) 你使用过像Facebook.com这样的社交网站吗？如果使用过，为什么使用它？如果没有用的话，为什么不使用？

(2) 除了广告，社交网站如何用另外的方法产生收入？

(3) 使用社交网站的利弊都是什么？

资料来源

Ryan Naraine, "Social Networks in Search of Business Models", Business (February 13,2004), http://www.internetnews.com/bus-news/article.php/3312491

Zoe Barton, "Facebook's Greek Drama", C/Net News.com (October 17,2005), http://news.com/Facebooks-Greek-drama/2100-1046_3-5895963.html

Michael Arrington, "85% of College Students Use Facebook", TechCrunch (February 4,2004), http://www.techcrunch.com/2005/09/07/85-of-college-students-use-facebook/

Libby Copeland, "Click Clique-Facebook's Online College Community", Washington Post.com, December 28,2004, http://www.washingtonpost.com/wp-dyn/articles/A30002-2004Dec27.html

案例 ②

电子化的航空运输业：数字世界中的管理

过去的几年是全球旅行的一个巨大的低迷时期，这个低迷时期对航空运输业有非常大的影响。一些因素导致了这个低迷时期，这些因素包括：因特网公司的快速兴起、经济衰退、2001年的恐怖袭击、远东的SARS危机和正在进行的恐怖战争。不良的经济影响了全球很多的公司，导致了裁员和其他削减成本的措施，例如减少旅行。航空运输业很大数量的收入来自经常出行的商务旅行者，所以，在这个低迷时期，很大一部分的盈利的商业旅行航线崩溃了，一些主要的国际航空公司，例如美国联合航空公司和美国航空公司濒临破产。只有通过猛烈的成本削减手段，并且提高效率，它们才可能生存下去。

信息系统在帮助航空公司减少成本、提高机组成员、飞机的效率以及维修排程方面起主要的作用。全球的航空公司继续向他们复杂的信息系统提出更多要求，航空公司最有价值的客户，也就是商务旅行者也提出了更多要求。在过去的几年中，大多数的酒店为了迎合商务旅行者的需要都安装了宽带接入，这已经成为酒店的必备设施。同样地，大多数的主要航空公司现在也提供了有线的自助上网亭和无线网络接入。这样通过终端，商务旅行者就可以在等飞机时访问因特网。但是当商务旅行者在路上或者在飞机上的时候，他们就很难与其同事和客户保持联系。有时，几个小时不在线会让人相当放松。但在其他时候，在线处理邮件、为客户下订单或者与家人朋友聊天是非常有益的。直到最近，飞机上的旅行者与外界世界通信的唯一方法还是使用一种非常昂贵和缓慢的机上电话。

为了应对这种需求，总部设在芝加哥的波音公司开始提供解决方案帮助航空公司满足他们自己及其客户对于实时通信的需求。为了更好地支持航空公司，波音公司正在开发“电子化的飞机”，这种飞机使用多种信息系统和通信技术（这些系统和技术在市场上被波音公司整体上称为“电子化优势”），同时集成了航空公司的多个操作环节。电子化飞机通过提供复杂的系统和实时的信息来支持航空公司业务的各个方面，包括人员调度和飞机维护，同时还允许航空公司简化操作以便更好地服务于不同层次的客户。部分的项目进一步地为航空公司客户提供飞行中的宽带因特网接入来。具备这些新能力的通信基础设施最初是由一个叫做Connexion的波音的新的子公司提供。Connexion是一个移动信息服务提供商，为飞行中的飞机和海上船只操作员提供高速因特网接入和数据服务，这是有利于乘客、机组人员和操作员的。为了提供这种连接，Connexion租赁了同步卫星通道，可以在全球任何地方提供下行5Mbit/s、上行1Mbit/s的传输速度。换句话说，乘客连接到因特网的速度与其在家或者办公室宽带接入是相当的。

在系统开发完成并经过充分测试后，Connexion在2001年从美国联邦航空管理局获得了在飞行中提供宽带服务的运营许可证。从那时开始，企业和政府的飞机就可以使用这项服务了。2003年的早期，它被安装在精选的德国汉莎航空公司和英国航空公司的欧洲到美国的班机上。尽管许多公司最初都对这套系统表现出了兴趣，但是航空运输业的危机（前面提到的）让许多航空公司退缩了，未能在机上装载这套系统。德国汉莎航空公司是第一个安装这项服务的航空公司，并把它们安装在跨越大西洋航线的空中客车喷气式飞机上。意识到德国汉莎航空公司的成功后，许多航空公司很快跟进成为Connexion的客户，如北欧航空、全日空和新加坡航空公司。

除了为乘客提供飞行中的因特网接入服务，航空公司还可以使用Connexion的系统为内部流程服务，例如机组成员访问航空公司的预订系统或者将维修请求实时传输到目的机场。Connexion的系统还可以用来接受卫星电视节目和最新的天气数据，这样在必要的时候飞行员能够选择备用路线，以减轻不利天气条件造成的延误，提高客户满意度。

这种宽带连接是波音电子化飞机远景的重要组成部分。不幸的是，事情并没有按照预想的发展，接受Connexion服务的航空公司比预想的少。这种情况和正在进行的恐怖威胁让波音在2006年年中取消了Connexion项目。而且由于为电子化项目提供必要的连接性服务存在替代方案，取消该项目后波音仍然可以继续其电子化远景。

图1-16　在飞行中使用Connexion因特网服务的乘客

通过使用电子化飞机提供的集成服务，飞机的中央维修计算系统或者飞机机组人员可以自动向航空公司服务中心传输可能的服务信息警告。当接收到传输的信息后，维修人员可以远程研究和诊断出现的问题，以便减少飞机着陆后解决问题的时间。一旦问题被确定并建立相应的服务方案后，必要的指令就会自动下达并提交到登机口，这样飞机一到达维修人员就可以着手解决问题了。

类似地，雷雨迫近的自动警报也可以产生并立即同时送达到飞机操作中心和机组成员。接下来复杂的软件系统可以计算出天气情况对飞行计划的影响，并提供替代航线来减少可能的延误。

在大多数的产品中，组织结构要不断地调整以适应业务的发展。例如，就在几年前，咖啡店不需要提供无线因特网接入；如今，这已经成为一种留住和吸引客户的必要手段。航空产业专家也预测同样的事情也会发生在航空公司。历史常常能够最好地预测未来，很可能所有的航空公司某一天都将电子化。

问题

(1) 简要地描述航空公司如何使用电子化服务保持领先于竞争对手。

(2) 你认为在不久的将来，连接因特网对于旅行者是必不可少的吗？为什么这样认为或者为什么不这样认为？在什么情况下一个为客户提供宽带接入这样的有前途的系统会成功或者失败？

(3) 当波音公司的主要客户面临巨大的财务困难时，什么因素及时帮助或者阻止了波音的电子化远景？

资料来源

http://www.connexionbyboeing.com

“France Telecom Mobile Satellite Communications to Become First Sales Associate for Connexion by Boeing Maritime Service” (April 5,2006), retrieved July 28,2006, from http://www.boeing.com/connexion/news/2006/q2/060405a_nr.html

第2章

信息系统助力全球化

综述> 当今世界，全球化的影响随处可见。无论是购买的产品还是购买的服务，几乎所有的东西（可能不包括在小区理发店里理发这类事）都可以在世界上的某个地方制造出来。举例来说，大型零售公司沃尔玛的大多数商品都是从中国进货。有这样一种说法，如果沃尔玛是一个国家的话，那它就是中国的第八大贸易伙伴国（Jingjing，2004）。类似地，几乎所有类型的服务不管是软件开发、文档翻译，还是大型商用飞机某个部件的设计，都可以外包给其他国家。在本章里，读者可以学到全球化是如何形成的，信息系统是如何让世界变得越来越小。通读本章后，读者应该可以解答如下问题：

1. 定义全球化，描述它是如何逐步形成的，以及全球化的主要推动力是什么；
2. 对于运营在数字世界里的公司而言，全球化带来了哪些机遇；
3. 对于运营在数字世界里的公司而言，需要考虑的因素有哪些；
4. 描述公司在数字世界里运营时所用到的国际商业策略以及信息系统策略。

接下来研究全球化的形成历程，紧接着会有一个讨论——当今公司所面临的一个挑战：如何在全球化的大背景下运营自己的公司。我们研究不同的商业策略如何与全球化的信息系统策略相匹配。其他方面比如全球化和信息系统的关系，比如数字鸿沟（参见第10章，管理信息系统里的道德和犯罪问题），也会贯穿全书的其他章节。最后，我们关于全球化的讨论，有意限定在信息系统是如何助力全球化的这个方面的。更为全面的讨论，可以参考弗里德曼（Friedman）写于2005年的《世界是平的》这本书，或者沃迪（Viotti ）与卡屋皮（Kauppi）2006年合著的《国际关系与世界政治》一书。

数字世界中的管理　赌场

内华达州的赌城拉斯维加斯，每年都能吸引大约3 800万的游客，每年的旅游收入可达360亿美元，其中博彩业的收入可达60亿美元。由于人们喜欢玩这些老虎机，与其他游客比拼智力，玩扑克或者21点的游戏，也有人喜欢轮盘赌或者其他一些游戏项目。这就是赌博，专家认为赌博可能是人类与生俱来的喜好。

读者也许猜到了，博彩这么盛行，那这个行业也应该处于技术革新的前沿。举例来说，米高梅大酒店，以及赌城拉斯维加斯的其他宾馆。米高梅大酒店的ERP系统包括了一些功能，房间预订、票务、房间整理、员工雇用与解雇、餐饮、安全以及如下一些事务：

- 5 034间客房，包括751个套间；
- 可以容纳2 000多人的剧院，每晚都有演出；
- 16 800座位的豪华花园剧场，可以上演大型音乐会，举行大型活动；

- 5 个酒吧，2 个世界闻名的夜总会；
- 可以容纳 740 多人的剧院能够举办顶级娱乐活动；
- 14 家大饭店，还有很多小的店铺；
- 35 000 平方米，达到最新技术发展水平的会议设施；
- 大型购物中心，高档商场林立；
- 可举行锦标赛的 18 洞的高尔夫球场；
- 15 000 多平方米的赌博设施。

米高梅大酒店是使用 ERP 系统来管理以上所说的一切的，这个“游戏”的特点就是整合。举例来说，借助于玩家信息管理系统，一个高端玩家（在赌这方面花了很多钱的人）可以享用赠送的美食、米高梅买单的疯狂购物活动，或者是免费的拳击赛门票——所有这些都通过房间钥匙（也就是门卡）来追踪的。门卡能够追踪到高端玩家的个人信息，使得酒店或者赌场可以提供一些定制的服务。借助米高梅的技术手段，不管玩家身处何处，总可以追踪的到，当然要在一定的范围内。这些位置包括拉斯维加斯米高梅大酒店、百乐宫、米莱格、金银岛、纽约 — 纽约以及底特律的米高梅大酒店。

科纳米是著名的游戏管理软件领域著名的解决方案提供商，这是一家日本的软件开发商，曾开发过一些风行一时的游戏，比如青蛙大冒险和热舞革命。该公司有着 30 年的历史，旗下有一个部门，专门面向国际市场制造和销售游戏机，以及游戏管理系统。

射频识别技术（RFID），多年来大多是用作员工身份识别。在畜牧业，高速公路收费，超市货物监控以及通行证识别等领域，这项技术也得到广泛应用。现在在博彩业里，RFID 成为非常耀眼的技术。举例来说，过去的做法是，纸牌玩家出示自己的牌给赌桌老板看，赌桌老板手工记录玩家下注的钱是多少，玩家玩多长时间了。现在，赌场可以使用 RFID 技术来实现同样的任务。借助于集成在赌场的 ERP 系统，赌桌上的 RFID 监视器，可以实时得到这样的信息：玩家手里的筹码还剩多少，以及该玩家每小时赌了多少钱。

自无币游戏机（使用充值卡而不是现金）之后，该领域又有一项重大革新，那就是移动博彩。比如，赌城拉斯维加斯的威尼斯赌场开始了新的实验，利用改装的掌上电脑，几乎在酒店的所有位置都可以玩各种各样的博彩游戏。内华达的州法律只允许公共场所的博彩行为，所以这样的掌上电脑不能在客房、停车场使用。除此之外，人们可以使用该掌上电脑来打发一些零散的时间，比如排队买票的时候，比如在餐桌边等待下一道菜的时候，或者在酒店的会议中心里参加无聊会议的时候。

传统的游戏设施（比如老虎机）永远是受欢迎的博彩形式。但是在线博彩也在快速发展着，且目前已经成为电子商务的一个重要分支（参见图 2-1）。尽管在线博彩在美国大多数州是非法的，美国博彩业的收入据预测每年可达 60 亿美元。由于有大约 2 300 个在线博彩的网站设立在海外，如果不强制执行的话，美国反对在线博彩的法律实施起来会困难重重。2006 年 5 月，在一次尝试摧毁在线博彩的行动中，美国众议院通过了一个议案：禁止运营在线游戏，比如扑克、21 点以及轮盘赌。该议案是对 1961 年的《联邦在线博彩法》（*Federal Wire Wager Act*）的修订，此前认为以电子方式支付赌资是非法的。美国博彩协会是美国博彩行业最大的说客，曾一度反对在线博彩。但是现在，它却反对当前的有关在线博彩非法的议案了。2006 年美国博彩协会曾交付了一份关于在线博彩合法化的可行性分析。

图 2-1　在线博彩是面向全球的“生意”

毋庸置疑，所有博彩业商业链上的相关企业都能持续地从技术革新上获得好处。在线博彩完全依赖于技术，有可能像过去那样继续迅猛发展，也有可能由于议案的通过执行，最终将停滞不前甚至被完全取缔。

问题

(1) 关于在线博彩，你的意见如何，它应该开放还是禁止呢？请说明理由。

(2) 基于因特网的在线博彩应该如何组织和管理，消费者才能不被网站欺诈？

(3) 基于因特网的在线博彩是如何持续发展，并且加速全球化的？

资料来源

Erica Werne,"Crackdown on Internet Gambling Advances in Congress," Digital CAD, May 25, 2006, http://www.digitalcad.com/articles/viewarticle.jsp?id =44332

http://news.com.com/Chips+for+cheaters/2009-7355_3-5568411.html?tag=st.bp.story

http://news.com.com/Vegas+casino+bets+on+RFID/2100-7355_3-5568288.html

http://news.zdnet.com/2100-1009_22-5568288.html

http://www.suntimes.com/output/gaming/wkp-news-bet231.html

http://www.mgmgrand.com/pages/pressroom_hotel_view.asp?HotelPressID=39

2.1 全球化的形成

在过去的几个世纪里，**全球化**的进程非常缓慢。从不同大洲的单个国家到现今我们所看到的世界，企业和个人可以享受到世界范围的交流和合作，而且这样的交流和合作的障碍也越来越小。全球化是这样定义的：由于技术革新和技术进步所促成的世界范围内的经济的融合（IMF，2002）。《纽约时报》的专栏作家托马斯•弗里德曼在其著作《世界是平的》一书中提到，全球化的形成可以划分为3个阶段（参见图2-2），这3个阶段的不同之处在于全球化的焦点和主要驱动力不一样（参见表2-1中3个阶段的概况）。人类探索出世界是圆的，花了几千年的时间。弗里德曼则认为，全球化的力量正使得世界变得“扁平”了，弗里德曼在书里并没有提及“扁平化”的后果。实际上，“扁平化”使得世界变化的速度加快了。这就是说很多行业不仅发生了大规模的变化，而且更新的步伐也加快了。接下来，我们来看看全球化是如何形成的，世界如何一开始是圆的，怎么后来变小了，现在怎么又变得“扁平”了。

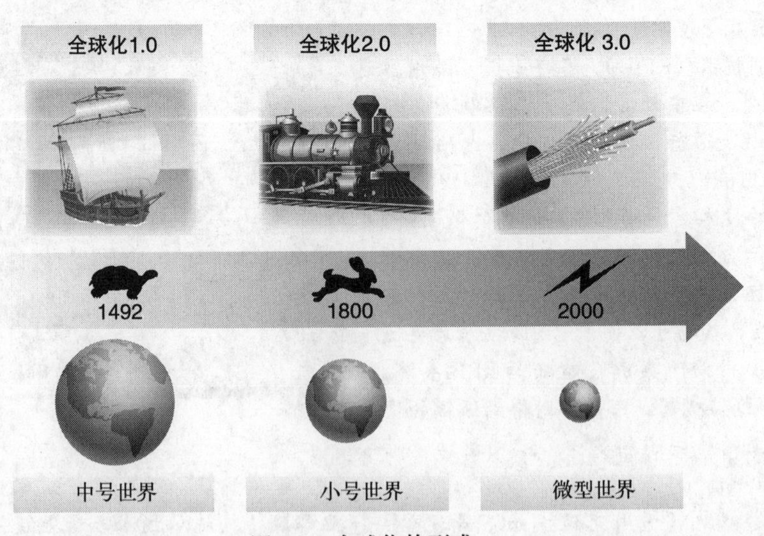

图2-2 全球化的形成

表 2-1 全球化的 3 个阶段

全球化阶段	起止时间	主要的全球化的实体	影响的区域
1.0	1492~1800	国家	欧洲和美洲
2.0	1800~2000	企业	欧洲和美洲
3.0	2000~ 现在	个人或者小型团体	全球

2.1.1 全球化 1.0

弗里德曼在书中提到的第一个阶段，**全球化** 1.0，始于 15 世纪末期，大约结束于 1800 年。在这段时间，印度因盛产香料以及其他的产品而闻名于世。不过那时候去印度，或者说想去东方旅行，那可是非常麻烦和危险的事情。因为那时候连航海路线图都还没有探索出来，这种状况一直持续到 15 世纪末期。有了航海图之后，乘船去印度需要穿越整个非洲大陆，包括位于南非的好望角，这可是个危险的地方。克里斯托弗•哥伦布 1492 年 8 月开始远航，想找到西向到达印度的航线。与那时人们的认识恰恰相反，他确信地球圆的。然而，他并没有找到新的到达印度的航线，不过他发现了美洲大陆，从此打开了寻找资源的新空间。

在全球化 1.0 时期，大多数欧洲国家都在进行全球化，并努力试图扩展自己的疆域，也在努力扩大自己在新世界的影响。马可以跑运输，也可以从事农业；风能可以用来磨米磨面，也可以用来航海；还有后期出现的主要用于采矿业的蒸汽机技术，这几项都是全球化 1.0 时期的主要驱动力。总体说来，本阶段使得各个大洲的大陆更近了，使得地球从“大号”变成“中号”了。在这个阶段里，工业发展步伐缓慢，没有大的革命性的改变。当然也有一些行业（比如服装业）有点变化，不过大多数人意识不到这种变化对自己的生活有什么影响，因为变化的节奏太缓慢了。

2.1.2 全球化 2.0

全球化 2.0 是从 1800 年开始的，一直持续到 2000 年（中间曾因几次大的事件中断过，即 1929~1939 年的大萧条以及两次世界大战）。在全球化 2.0 期间，世界又变小了，从“中号”变成“小号”。企业开始全球化了，不像上一次只有国家的全球化。虽然人们持续进行着创新，但要感受到其效果还是需要很长时间的。以工业革命为例，过了一代人们才明显感觉到其效果。全球化 2.0 的早期阶段，蒸汽机的使用，使得无论是陆上的铁路运输还是水里的航船，其运输成本大减。技术革新比如电报，以及后来的电话、个人计算机、卫星和早期形式的因特网，都大幅度降低了人们的通信成本。而这种运输和通信成本的降低极大地促进了劳动力市场和产品市场的繁荣。和过去一样，这次仍然是美洲和欧洲走在全球化的前列。

2.1.3 全球化 3.0

大约在 2000 年左右，**全球化** 3.0 开始了，差不多每个国家的个人和小型团体都参与其中。世界的大小从“小号”变成“微型”了。不仅仅是世界变小了，而且变化的步伐也显著加快了。人们只需要 10 年就可以感受到这种变化，要是时间倒退几十年，这绝对是不可思议的事情。举例来说，谷歌公司现在统治着搜索引擎的市场，是世界上最大的公司之一，它也不过是 1998 年才成立的。下面将讨论促成全球化 3.0 的要素，以及这些要素是如何永远改变世界的。

1. 促成全球化 3.0 的要素

在 20 世纪最后的 10 年里，技术领域和社会领域发生了很多重大变化，正是这些变化使得世界变得扁平化了。弗里德曼在他的书里列举了 10 个要素或者说 10 种推动剂（参见表 2-2）。虽然这个列表可以继续扩充，或者有人对这些要素抱有不同意见，我们讨论的焦点还是集中在弗里德曼所说的那 10 个要素，因为它流传甚广。

表 2-2 抹平世界的 10 种推动剂

推动剂	事件或者趋势	描 述
1	1989 年 11 月 9 日	柏林墙的倒塌，劳动力以及产品市场也开放了
2	1995 年 8 月 9 日	网景公司股票上市，公司开发了第一款浏览器软件
3	工作流软件	遵循标准使得计算机之间可以“对话”，有利于工作上的协作
4	供应链	供应商、零售商以及客户之间的横向协作
5	开放源代码	开源社区研发大量软件，同行评审使得软件质量持续提升
6	外包	公司把特定业务（比如电话支持）委托给其他公司，有可能是其他国家的公司
7	离岸外包	为减少成本，在其他国家设厂制造产品
8	内包	像 UPS 这样的物流公司，为其他公司提供完整的供应链解决方案
9	信息获取	每一个访问因特网的人，只需用指尖敲击键盘，就能获得大量信息和娱乐
10	“类固醇”	这项技术作用于其他推动剂，实现了数字化、移动化、虚拟化、个人化

探测间歇性的电子故障

关键技术

试想一下：当你驾驶着轿车爬陡坡时，即使你脚踩油门，汽车引擎只是发出巨大的轰鸣声，就是上不去。不得已，把车开到汽车修理厂，向汽修工人解释了此番情况。但是，汽修工人也看不出机械方面有任何毛病。更可气的是，当修理工开着车时，什么陡坡都能爬上去。很郁闷吧，但是没办法，掏钱走人吧，只是希望这种莫名其妙的事情以后别再出现了。

现在再试想一下：假如坐飞机时有乘客看到驾驶舱投射出一束光，这表明安全门密闭情况不佳。当飞机着陆后，机修人员仔细检查了一下座舱以及安全门，没任何问题。此类事情发生好几次了，但一到机修人员查看的时候就没有了。最后，在某次飞行中，紧急出口的门飞了出去，飞机坠毁，机上的乘客和机务人员全部遇难，无一幸免。

这两种情况，问题的性质都是“间歇性的电子故障”，第一个例子只是给车的主人带来一些不便而已，第二个才不幸呢，会出人命的。

好消息是，山迪亚国家实验室，这个和美国政府合作紧密的实验室，已经研制出一项技术，叫做脉冲火花放电（PASD），该技术可以找出那些很难发现的间歇性的电子故障，定位准确了，自然也就容易修复故障了。

商用飞机制造商波音公司，就是率先采用 PASD 技术的公司之一。举个例子吧，2006 年 7 月，波音的机修人员使用 PASD 发现波音 747 的一个潜在的危险：隐藏在电线里的可能的短路故障，该飞机是在新墨西哥州测试的。PASD 技术已经应用在飞机的日常维护方面，它是这样工作的：技术人员把大小形同手提箱的 PASD 设备同时与电线束连接。该设备于是开始检查那些可能引起间歇性电子故障的细小的绝缘破损处，该设备会传送高压电流，持续时间只有十亿分之一秒。由于电压较高，电脉冲会从细小的绝缘破损处（一般的设备无法发现它）跳到舱板或邻近的电线上。这种 PASD 设备引起的火花如同手接触门把手时产生的静电。其效果像在黑夜里汽车头灯光线打在鹿的眼睛上，于是那个从表面上看不出来的破损点就被照亮了。该电脉冲回到起点需要时间，通过测算该时间，技术人员就可以判断出问题所在的确切位置。由于此电流持续时间非常短，虽然电压很高，也不会对人造成任何伤害。

除了商用飞机制造行业，军方也开始对 PASD 产生兴趣了，它同样可以用来测试潜艇和坦克里的电线，当这些军用设备里的线路很难进入时可以使用 PASD。毫无疑问，在其他行业比如汽车维修，PASD 技术也有用武之地。

由于电线存在老化现象，小的绝缘破损点可能会出现，就有可能造成大问题。PASD 技术可以保证电线连接可靠，比如飞机上的电线，以避免不可挽回的损失。

资料来源

Anonymous, “Preemptive Spark Helps Find Intermittent Electrical Short Circuits in Airplanes,” *Science Daily* (June 21, 2006), http://www.sciencedaily.com/releases/ 2006/06/060621084401.htm

● **推动剂 1：1989 年 11 月 9 日柏林墙的倒塌。**

柏林墙的倒塌是世界扁平化的关键事件之一。柏林墙建于 1961 年，最初是为了不让东德的公民非法移民到西德去。于是柏林墙很快成了铁幕的象征：把德国分隔成为资本主义的西德和社会主义的东德两部分。1989 年，东德政府宣布，从 1989 年 11 月 11 日开始，东德的公民可以自由出入该边境，到达西德境内。在这之后的一段时间里，全世界有很多人加入到了推倒柏林墙的活动中去。柏林墙的倒塌，以及东西德国边境的开放，意味着社会主义阵营和资本主义阵营冷战的结束。对很多公司来说，这意味着潜在客户的大增，也意味着可以有大量的劳动力可以雇用。

差不多就在这时候，微软公司发布了 Windows 操作系统的第一个版本。此后数年，Windows 操作系统逐步发展成为个人计算机的标准操作系统，这使得全世界的人们可以使用同一个通用的计算机平台来开展工作。

● **推动剂 2：1995 年 8 月 9 日，网景公司发布 Web 浏览器**

全球化的第 2 个推动剂是因特网浏览器，这可是个“杀手级”软件，有了它，只要手头有一个带调制解调器的个人电脑，我们就可以上网浏览网页了。世界上第一个 Web 页面 1991 年就有了，不过那时候浏览网页，以及网页间的跳转却是非常不方便的事情，因特网在它的幼年时代，并没有得到很好的普及（参见技术概览 5）。1995 年 8 月 9 日，网景公司发布了第一个主流的 Web 浏览器，不到一年就被公众所接受（见图 2-3）。1995 年的下半年，网景公司在浏览器里又集成了电子邮件处理的模块，这样人们不仅可以用它浏览网页，还可以发送接收电子邮件。于是，网景浏览器可以被视作是基础性的工具，借助它，人们可以更方便地访问以及使用因特网。除此之外，网景公司还帮着建立一些数据传输以及数据显示的标准，而这些标准有助于其他公司或者个人创建网页内容更加简单，或者使得浏览器的表现能力更强。虽然很多公司都有自己内部的计算机网络，只有因特网的普遍应用才使得公司内网的互联有了新的方式。因特网的普遍应用还使得企业可以从当时的政治变革以及社会变革中获益。

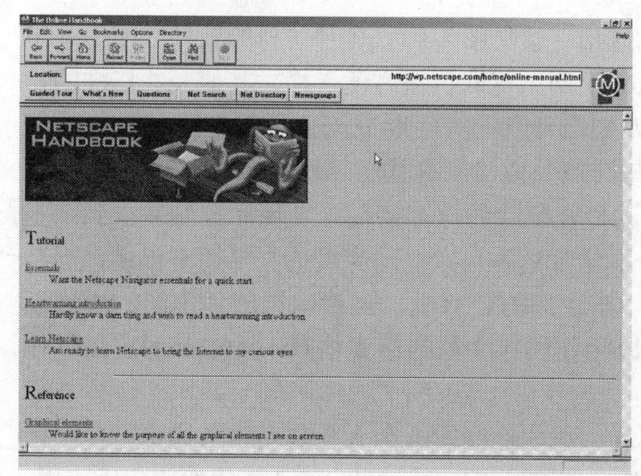

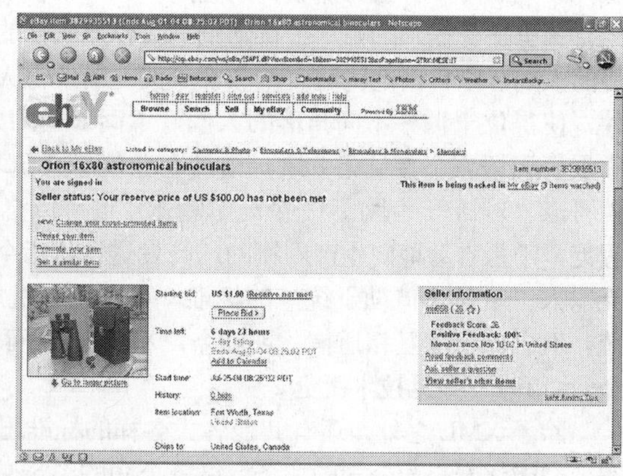

图 2-3　推动剂 2：网景浏览器的前世今生

在全球化 2.0 的最后几年，因特网更是取得了长足的发展。很多新兴的因特网公司预想了各种各样的商业模型，与此同时，网络连接服务提供商预见到上网的需要越来越旺，连接速度也要求越来越快。这要求电信运营商加大投资来提升网络能力，比如购买更多的光缆，有了光缆，就可以更快地传输更多的数据了（参见技术概览 4）。仅仅是几年之后，大多数的冒险商业行为（比如在公司创办初期就大把地烧钱仅是为了抢占地盘）被证实为不可行，这主要是由于不成熟的管理或者不可控的支出造成的。随着网络泡沫的破裂，股价暴跌，很多人因此失去了他们的退休金，这全怪他们把这些钱投资到股市上去了。然而，网络的疯狂也使得全球化 2.0 很快过渡到全球化的第三个阶段——全球化 3.0。

网络泡沫的破裂，使得大批的因特网公司破产，需求的锐减让当初升级网络的电信运营商叫苦不迭。有些电信运营商就扛不住了，为削减成本开支，不得已开始变卖部分通信设备或者通信线路以渡过难关。虽然短期来看，对许多公司和个人投资者来说，这是毁灭性的。但是从长期的眼光来看，电信方面的资费显著下降了。这对于个人或者小的公司来说，却是件好事，正如我们今天看到的，这有利于它们之间的合作。

在线搜索

网络统计

Google 是网民常用的搜索引擎之一，有时候也当动词使用（比如 Google（googled）一下某饭馆，看看有哪些评论）①。雅虎和微软的 MSN 也是著名的搜索引擎，表 2-3 比较了这 3 个搜索引擎 2004 年和 2005 年所占的市场份额。

表 2-3 美国前三大搜索引擎的市场占有率（2004 年 12 月和 2005 年 12 月的数据）

搜索引擎	2004 年 12 月的份额（%）	2005 年 12 月的份额（%）	百分比的变化
Google	43.1	48.8	5.7
雅虎	21.7	21.4	–0.3
MSN	14.0	10.9	–3.1

资料来源：Nielsen//NetRatings, February 2006。

- **推动剂 3：工作流软件的应用**

弗里德曼提到的第 3 个推动剂是**工作流软件**的应用（参见图 2-4）。各种各样的软件，使得全世界的人们可以自由地沟通。就像网景浏览器使得人们上网浏览网页很方便一样，其他一些标准的软件，使得位于世界不同角落的人们，不同公司的人们，可以无障碍地交流。举例来说，XML（可扩展标识语言，参见第 8 章，借助企业信息系统与其他企业建立合作关系）使得不同的计算机软件可以“对话”。例如，一个汽车制造厂商可以自动检查配件的库存情况，发现库存量减少到一定程度，于是自动地向生产雨刷的厂商发送订货指令。诸如这种可以自动完成的交易还有很多，而且无需人工干预。借助于统一的标准，不同计算机厂商生产的计算机，虽然运行的是不同的操作系统，但它们可以互相通信。现如今，XML 甚至可以用作保存文档的格式信息，比如开源应用软件 OpenOffice（参见技术概览 2）。

除了 XML 之外，还有其他各式各样的标准出现，这些标准能给个人及公司带来诸多方便，使得他们能够专心于公司的业务。微软公司的 Word 软件或者 Adobe 公司的 Acrobat 软件的广泛使用，极大地提高了人们处理文档的劳动效率，有助于信息共享。而标准的在线支付系统，比如 PayPal，为电子商务的发展提供安全可靠的基础（参见第 5 章）。不管身处世界何处的人们都可以自由通信，共享文档，或者转账，无需关注底层的计算机平台和当地货币。正是拥有了这么多的优点，它才成为全球化合作的推动剂。对于公司，小型团体，甚至于个人都有好处。

① 虽然 googled 是搜索的同义语，google.com 现在开始关注，该词语的动词化是否侵犯了版权。详情参见 http://www.nzherald.co.nz/category/story.cfm?c_id=55&objectid=10396133。

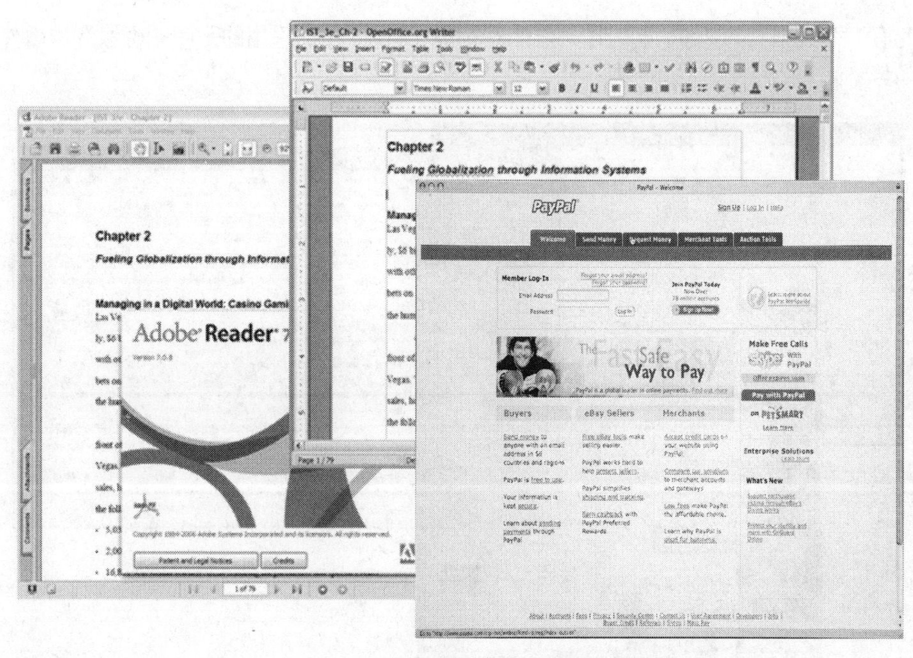

图 2-4 推动剂 3：工作流软件

- **推动剂 4：供应链**

全球化的第 4 个推动剂就是供应链，也就是零售商、供货商以及顾客的紧密整合。众所周知的例子就是零售业巨人——沃尔玛有个最为成功的供应链（参见图 2-5）。沃尔玛建立了一个与各方无缝连接的供应链（参见第 8 章），它管理的是如何从供货商那里拿到产品，如何卖给消费者。沃尔玛不仅可以得到各个门店的销售情况，还可以把这些重要的数据发回到供货商那里。这样一来，供货商也就知道下一次送货大概是什么时间，他们的货卖得怎么样，以及为了增加销量，哪些产品需要改进。沃尔玛最近还在供应链中应用了 RFID（无线射频识别）标签技术，这样更好了，可以追踪所有的货物在供应链的哪个环节，也可以追踪他们的产品是什么时候卖的，卖给谁了。

图 2-5 推动剂 4: 供应链助力沃尔玛的全球化

- **推动剂 5：开放源代码（简称开源）**

随着开源软件的不断发布，比如 Linux 操作系统，火狐浏览器，还有 OpenOffice 办公套件，开源社区贡献了许许多多软件，这些软件的源代码是共享的，我们使用这些开源软件也是免费的（参见图 2-6）。像在技术概览 2 里讨论的那样，软件开发者，以及其他遍布全球的程序员，可以合作起来，利用因特网提供的通信和合作上的便利条件，分别完成软件的一部分。软件开发出来后，由于代码是开放的，所有其他的人都可以评估别人的代码质量，可以改进软件的设计，可以修正软件存在的缺陷等。这是一个持续不断的过程，软件质量也就会得到持续的提高。火狐浏览器和阿帕奇服务器软件的巨大成功，迫使同类产品的提供商不得不改进自己的产品，以免自己的产品在竞争中落败。这儿有一个数据，到2006年9月，全世界61%的Web站点采用的是阿帕奇服务器软件，足见开源的强势。

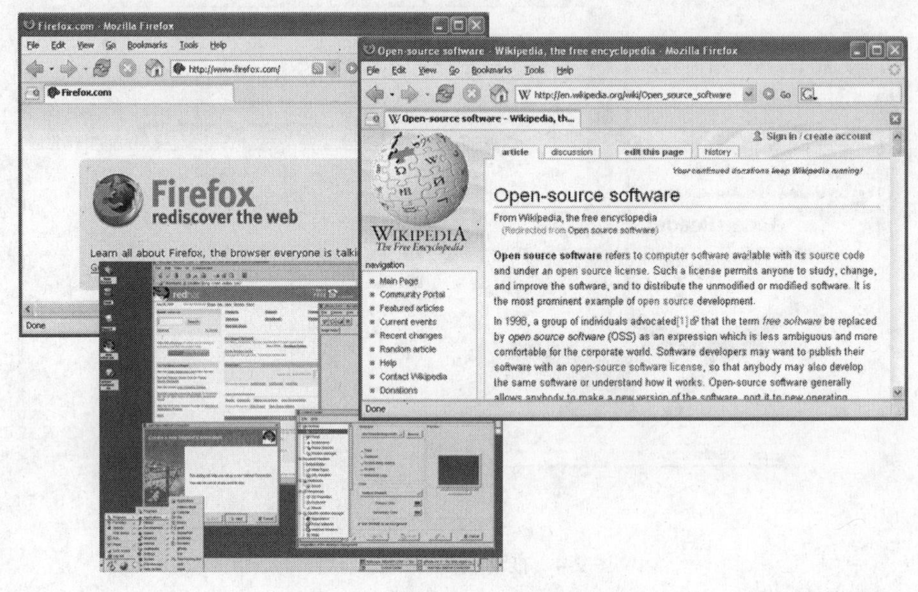

图2-6 推动剂5：开放源代码

还有一个开源的例子：网络版的百科全书，即维基百科，任何一个可以上网的用户都可以创建和修改自己感兴趣的内容。由于存在着一个人数众多的社区，刚刚创建的新词条或者刚更新的词条会马上得到审核，内容里的错误能很快被发现，并得到纠正。开源就是这样创建了新内容、新信息的。此外开源还贡献了大量软件，只要能上网，就能免费获得这些开源软件。开源提供了个人合作或者公司合作的新方式，并且更加方便。

维基（Wiki）一词指的是，Web站点允许用户添加、删除或者编辑内容，现在常常用作开源百科全书的同义词。很多商业组织开发了自己的维基站点，目的是使得人们可以共享自己的知识。eBay就是一个很好的例子（www.ebaywiki.com），eBay创建的这个开源系统就是为了让人们创建、编辑以及监视eBay的海量维基词条。

- **推动剂6：外包**

印度从全球化中获得了非常大的好处。美国的经济为由网络泡沫而过度投资电信业买单的时候，由于网络泡沫破裂致使通信费用、上网费用大减，印度的企业却由于成本下降而获得利润上升的好处。在网络如日中天的时候，因为美国本土的工程师供求严重不足，很多美国公司不得不把目标投向海外，开始想雇用一些印度籍员工（参见图2-7）。股市崩盘后，这些美国公司更加注重在海外雇用员工了，这不仅仅是因为这儿能找到胜任的印度人，主要是因为项目在印度做比在美国本土做要便宜很多。第1章里我们曾介绍过外包，在后续的章节里我们还要讨论这个话题。

图2-7 推动剂6：外包

- **推动剂 7：离岸外包**

外包的意思是把特定的工作（比如售后服务）剥离出去，让其他公司代劳，往往这个公司是位于国外的公司。而离岸外包更深一层，不仅仅是外包一些项目出去，有些公司已经开始只在外包所在国建厂，而这可以极大地降低生产成本，因为比在美国本土建厂要便宜很多。

图 2-8 推动剂 7：离岸外包

- **推动剂 8：内包**

内包指的是一个公司把业务转手给专业的分包商来做。举个例子，UPS 本是一家快递公司，不过它正在成为一家领先的内包商。UPS 的传统业务就是把客户的包裹按要求快递到目的地，它现在开始了新的尝试：为其他公司提供完整的供应链解决方案（参见图 2-9）。比如耐克有个网站 Nike.com，按照以往的惯例，由它自己处理来自网上的客户订单。然而有了内包，UPS 可以代劳大部分工作，比如耐克鞋的库存管理，鞋子的包装，以及运输，从客户那里收钱等。让耐克专心从事比较擅长的、比较有竞争力的环节，比如鞋子款式的设计等。类似地，在 UPS 的货物归类中心肯塔基州的列克星敦市，UPS 的员工们负责的活儿范围很广，为消费类电子产品打零售包装，甚至维修东芝的笔记本电脑，不一而足。在有些情况下，不是生产厂商的维修人员到客户那里进行上门服务，而是由经过认证的 UPS 的员工来做这样的维修工作。从这些例子，我们可以看出，UPS 扮演了某个公司的一个小部门的角色，UPS 的员工来到要合作的公司，研究该公司的业务流程，然后接管相应的工作。于是，内包协议要求双方要高度信任，从外界来看，很难看出是另外一个公司（这里是 UPS）在做具体的活。内包协议以及任务本身的属性（例如完整的供应链解决方案）要求像这样的事务通常无法在本国之外的地方完成。

图 2-9 推动剂 8：UPS 的内包

- **推动剂 9：信息获取**

对于个人来说，信息获取（in-forming）就如同对公司来说的外包，内包或者供应链一样。借助于因特网以及强大的搜索引擎，比如Google、雅虎或者MSN，任何人只要会上网，他都能建立“专属自己的个人供应链，主要是有关信息，知识以及娱乐等方面的内容”（Friedman，2005，p.153）。利用因特网，世界上所有的人都能找到任何方面的信息，这种随意获取信息的能力，使得人们可以对于这个世界正在发生的一切有了更为全面的认识，也使得人们对传统媒体的依赖大为降低（参见图2-10）。现在，人们用指尖敲击键盘，就可以获得数量惊人的各类信息。可以设想，在不远的将来，人们不用去图书馆就可以看任何想看的书了。

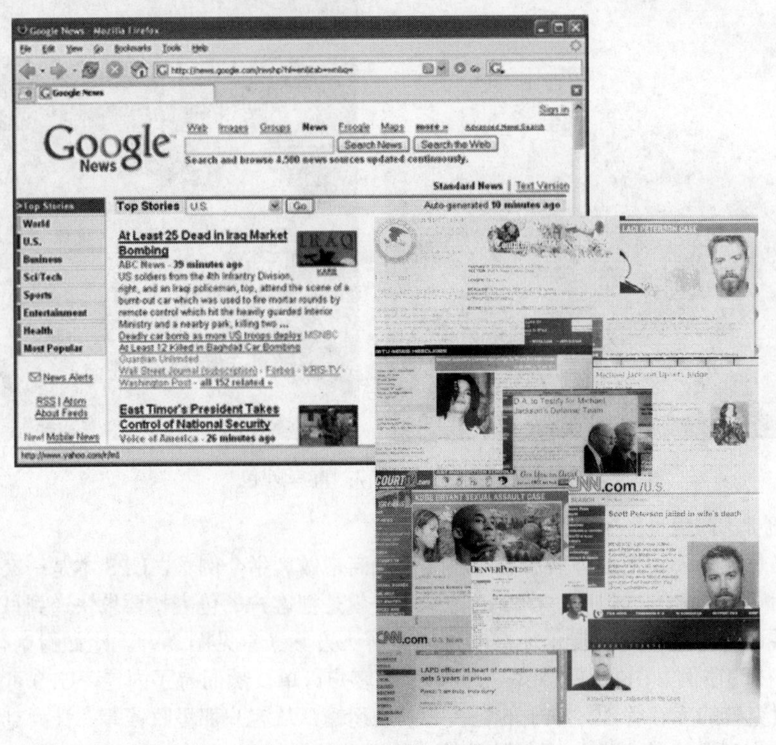

图 2-10 推动剂 9：信息获取

- **推动剂 10：“类固醇”**

全球化的最后一个要素，弗里德曼称之为“类固醇”，这指的是使得人们的合作方式发生了显著变化的一种技术，合作方式的新特点有“数字化、移动化、虚拟化、个人化”。此类技术扩充了此前讨论到的9个要素（参见图2-11），借助于数字化内容——从书籍、音乐、照片到几乎所有的商业文档——人们合作起来比以前更方便了；信息以光速传播，人们可以更快地获取信息并从中受益。类似地，工作上的合作也变得虚拟化起来，人们使用这些技术，无需考虑底层的技术支撑。而可移动性使得合作场所更为广阔，不再像过去那样把人拴在办公室或者办公椅上了。最后，特定的要素，比如内包，只要能接入因特网就可以实施，使得人们合作的新的方式更为个人化。

“类固醇”有哪些例子呢？计算能力的增强，存储能力的大幅提高就是一个明显的例子。它们使得人们可以使用自己的计算机来处理图片，甚至录制歌曲。更进一步，人们可以通过Skype等技术来展开跨国合作，Skype可以在PC间传送实时的视频和语音。最后一个例子，由于移动通信的迅猛发展，人们可以利用手机随处获取丰富的网络资源，不管身处列车上，在咖啡店里，还是在飞机上。

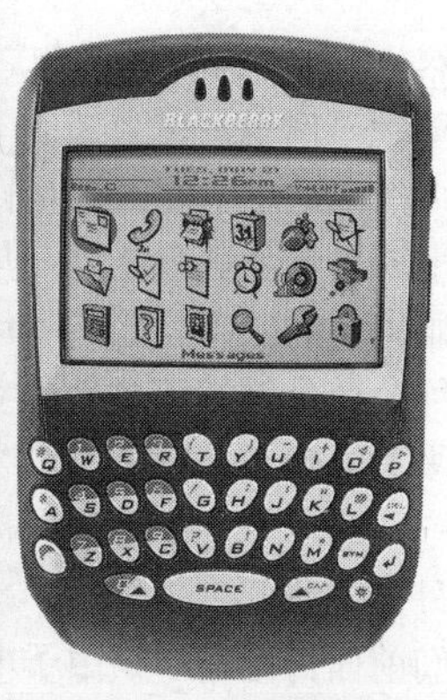

图 2-11 推动剂 10：类固醇

Skype 联合创始人及 CEO 尼克拉斯·曾斯特罗姆

关键人物

Skype 的联合创始人及 CEO 尼克拉斯·曾斯特罗姆（Niklas Zennstrom）出生于 1966 年，瑞典人，毕业于瑞典的乌普萨拉大学，并取得商业学和计算机科学双学位。Skype 的另外一个联合创始人叫杰纳斯·弗里斯（Janus Friis）。Skype 是一项免费的因特网服务。虽然也存在其他一些 VoIP（基于 IP 的语音技术）服务，Skype 的独特之处在于它是免费的，现在它的电信用户已经激增到 2800 万了。Skype 的用户之间可以进行免费通话，或者花很少的钱就可以呼叫通常的电信用户，比如固定电话或者手机。“打电话需要花钱，这是上个世纪的想法，”曾斯特罗姆这样评述，“Skype 软件给了人们新的能力，只需支付很少的钱，就能与家人和朋友进行高品质的通话。”

图 2-12 Skype 联合创始人及 CEO 尼克拉斯·曾斯特罗姆

曾斯特罗姆在 Tele2 开始了他的第一份工作，Tele2 是一个规模较小的欧洲电信业务运营商，在这里他获得了关于电信业的很多知识。在开发 Skype 之前，曾斯特罗姆和杰纳斯·弗里斯开发了 KaZaA，这是一个 P2P 的文件下载软件，它是因特网上下载量比较靠前的软件之一，到现在为止已经有 3 亿 8 千万万次的下载量。KaZaA 后来卖给了 Sharman Networks。曾斯特罗姆创办了 get2net 公司，这是一家小的欧洲的 ISP。他还创办另外一家叫做 Altnet 的公司，这是首家提供安全的 P2P 服务的公司。

2005 年 10 月，曾斯特罗姆把 Skype 卖给了 eBay 公司，不过仍然担任 CEO。2006 年，时代杂志称曾斯特罗姆和弗里斯为“电信革命者”，两人还当选了“改变世界最有影响力 100 人”。

资料来源

http://www.businessweek.com/magazine/content/05_22/b3935421.htm

http://en.wikipedia.org/wiki/Niklas_Zennstr%C3%B6m

http://www.time.com/time/magazine/article/0,9171,1187489,00.html

虽然这十大推动剂的任何一个都可能比较强大，然而促成全球化3.0还是它们共同作用的结果。正如弗里德曼所说的的“三个互补”，如下的三个互补事件是全球化3.0的领路人。首先，和大多数事物一样，这十个要素是互补的，由于它们的共同作用导致的效果比简单的累加要明显。所谓一加一大于二，就是这个道理。其次，很多人疑惑这些要素有的早就存在了，为什么它们的冲击并没有被明显感觉到。弗里德曼辩称，和任何突破一样，其可以度量的效果常有一定的滞后性。换句话说，这种改变最开始不被视作突破，并不意味着改变没有发生。最后，由于这些要素是全球性的，使得更多的人参与到新的合作方式里去，参与到这地球村的不同阶段中去，现在仅仅是全球化3.0的开端——这个阶段更为深刻、更为普遍的影响还仅处在它的童年时期。

2. 外包的兴起

我们前面讨论过了，由于电信业务成本的降低，导致服务的外包呈现激增之势。一般来说，产品的生产可以外包到其他国家，这主要是出于降低产品成本的考虑。举例来说，美国的好多产品需要从中国进口，与此同时，有很多美国公司在所谓的“来料加工出口保税区”有自己的工厂，这些保税区位于美国和墨西哥的边界附近，但是在墨西哥的国境里。在这里设厂，好处是只需要支付很低的工资，就可以享受到相对宽松的优惠政策。

于是，在大步迈向全球化3.0的时期，很多公司开始把业务外包到国外去，最开始一般是计算机软件的开发、技术支持，以及市场类的呼叫中心业务。现在，外包的业务类型更加多样化，从热线支持到退税咨询，都可以外包到爱尔兰、中国或者印度去。甚至一些专业性很强的业务，比如医院里用以诊病的X射线片子，都被美国的医院外包给其他国家。这样，别人忙活的时候，美国的医生可能在睡大觉。

然而，在数字世界运营的公司都不得不谨慎选择外包的对象，要考虑的因素有很多，主要有英语的熟练程度、工资水平以及政治方面的风险。印度是现在的热门外包地，那些早先借此发展起来的国家（比如新加坡、加拿大，还有爱尔兰），由于工资水平在上涨，现在变得不再那么受欢迎了。随着这种改变，外包开始考虑一些新兴国家，比如保加利亚、埃及、加纳以及越南等。这些国家都有一些特别之处（参见表2-4）。很明显，要想把业务外包给一个特定的国家，需要评估这样做有哪些好处（比如成本降低），也要考虑有哪些缺点。

表2-4 外包地

国　家	评　级	英语的熟练程度	入门级工资（1 000美元）	相关的政治地理风险
亚洲				
印度	领先者	很好	5~10	中等
马来西亚	挑战者	一般	10~15	中等
菲律宾	挑战者	很好	5~10	高
越南	新生	一般	<5	中等
泰国	新生	差	5~10	中等
新加坡	衰退	一般	15~20	低
欧洲				
捷克	挑战者	好	10~15	中等
波兰	挑战者	好	10~15	中等
匈牙利	挑战者	差	10~15	中等
俄罗斯	挑战者	差	10~15	中等
罗马尼亚	新兴的	好	5~10	中等
保加利亚	新兴的	一般	5~10	中等
乌克兰	新兴的	差	5~10	中等
爱尔兰	衰退	出色	>20	低

（续）

国　家	评　级	英语的熟练程度	入门级工资（1000 美元）	相关的政治地理风险
中东				
埃及	新兴的	很好	<5	高
以色列	衰退	很好	15~20	中等
非洲				
南非	挑战者	很好	10~15	中等
加纳	新生	很好	5~10	高
美洲				
墨西哥	挑战者	差	10~15	中等
哥斯达黎加	新兴的	很好	10~15	中等
巴西	新兴的	差	5~10	高
阿根廷	新生	一般	5~10	中等
加拿大	衰退	出色	>20	低

资料来源："Global Outsourcing Guide"，《CIO》杂志，2006 年 7 月 15 日。

外包市场每年高达 5 000 亿美元，而且可以预计，外包将在今后的十年里发展更为迅猛。2006 年的数据表明，将近 90% 的大公司都期望可以外包部分 IT 服务。一般认为，公司选择外包，主要是因为以下因素：

- 为了减少或者控制成本；
- 为了合理使用内部资源；
- 为了达到世界级水平；
- 为了增加公司的收入；
- 为了减少产品从设计到投放市场的时间；
- 为了提高公司事务处理流程的效率；
- 外包非核心事务；
- 为了弥补某些特殊才能员工的缺乏。

由于全球化的影响，尤其是全球化 2.0 阶段和全球化 3.0 阶段，外包渗透了我们的日常生活，不管是身处哪个行业，我们都能感受到外包无处不在（参见表 2-5）。到了全球化 3.0 阶段，每一个人都应该问问自己，如何抓住全球化的时机，如何才能竞争得过别人，他们可以做同样的工作，工作质量也一样，但是成本更低。下一节将要简要介绍由于全球化的步伐加快而出现的新机遇。

表 2-5　外包无处不在

行　业	事　例
航空	英国航空公司外包其客户关系以及客运收入结算岗位给印度公司
飞机设计	空客和波音的部分型号的飞机是在俄罗斯的莫斯科设计的
咨询业	麦肯锡外包其全球研究部门到印度，安永会计事务所税务筹划外包到印度
保险业	英国保险商保诚集团把呼叫中心外包到印度
投资银行	雷曼兄弟把 IT 服务外包到印度
零售银行	汇丰银行把后端办公[①]外包到印度
信用卡	美国运通公司把某些服务部门搬到印度去了
政府	伦敦官方把公路收费系统的研发外包给了印度公司
电信	T-Mobile 外包其部分内容开发和门户网站配置给印度公司

资料来源：摘自（EBS，2006）。

① 后端办公是指以企业资源规划 ERP 系统为代表的企业内部管理信息系统软件，又称后台管理系统。——译者注

2.2　数字世界的新机遇

很明显，由于运输成本以及电信资费的降低，全球化已经带来了很多新的机遇。今天，把一瓶酒从澳大利亚运到欧洲，成本差不多才几美分。而借助于因特网，人们可以使用 PC 到 PC 的网络电话同世界上的其他人通话，而这是免费的。在很大程度上，由于电视和其他媒体的推动，全球化程度不断地加深，使得不同的文化走得更近。就像人们现在常说的一个词：地球村。地球上的人，不管是在地球的哪个角落，都可以观收看其他国家的电视节目，都可以观看好莱坞、慕尼黑或孟买拍摄的电影。这一切都有助于在行为准则以及所期望的产品和服务方面，建立起统一的认识和默契。

劳动力全球化的机遇

随着通信成本的降低，公司现在可以利用大量的遍布全球的有着专业技能的人。有些公司把项目外包到一些地区，是因为那里有着充足的合格劳动力。很多国家，比如俄罗斯、中国还有印度，都能提供高素质的人才且薪酬较低，他们统领着外包的大部分市场。虽然对于美国来说，国内从事科学和技术的人数减少了，其他国家培养工科学生的热情却空前高涨（Mallaby，2006）。比如说 2005 年，印度有 20 万的工科大学毕业生，美国的工科大学毕业生只有印度的三分之一，整个欧洲的只有印度的一半（参见图 2-13）。

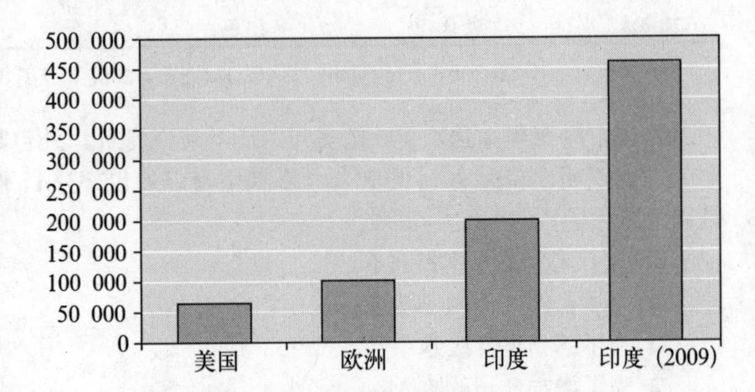

图 2-13　美国、欧洲和印度的工科毕业生

（资料来源：（Mallaby，2006），http://www.washingtonpost.com/wp-dyn/content/article/2006/01/02/AR2006010200566.html）

西方国家的工科学生的数目与日剧减，与此同时，亚洲特别是印度却发展迅猛（2005 年印度有 45 万多工科学生）。有些国家积极迎合外包的发展态势，努力营造适合本国实情的工业体系，比如印度做软件开发，或者是税务筹划，而爱尔兰主要做呼叫中心。对于在数字世界里运营的公司来说，这算得上机遇，非常好的机遇，他们可以雇用称职的但成本低廉的劳动力。另外一方面，著名的咨询公司麦肯锡坚信，在 250 万印度毕业大学生里，只有 10% 到 25%（这个比例取决于所学的专业）能被跨国公司所雇用，主要是因为，教育水平有高有低，语言水平也有高有低。

本节所讨论的十大推动剂，给一些公司带来了直接的机会。这些机会包括有更大规模的市场可以销售自己的产品，更大的劳动力储备库。全球化给公司带来数不清的益处，同样也需要面对一系列的挑战。接下来，让我们挑几个主要的挑战讲述一下。

2.3　在数字世界中运营的公司所遇到的挑战

传统的做法是：公司获得原材料，生产出产品，在自己的国家地域内出售产品或者服务。这种国内贸易不仅要面对全球化所带来的挑战，而且没有讨价还价的余地，不得不积极应战。面临的挑战可以宽泛地划分为：监管方面的挑战，来自区域经济方面的挑战以及来自文化方面的挑战。表 2-6 总结了这些挑战的内容。

表 2-6 在数字世界里运营的挑战

主要挑战	特定领域	事例
监管方面的挑战	政治制度	市场经济体制与计划经济体制；政局稳定性
	法规制度	关税和税收，进出口限制
	数据共享	欧盟的数据保护法令
	上网的方便性以及个人自由	不同国家对于因特网的监管有不同的政策
地缘经济方面的挑战	时区的差异	视频会议可以跨时区举行
	与基础设施相关的挑战	不同的国家有着不同的网络基础设施
	财富差异	穷国向富国移民以及穷国的政局不稳
	人口统计学趋势	美国和西欧的人口正在老龄化，其他国家的人口正变得越来越年轻化
	专门技术的挑战	劳动力的可获得性以及工资水平的差异
文化方面的挑战	与有着不同文化背景下的人合作共事	权力距离、回避不确定性、个人主义和集体主义、男性主义和女性主义、时间观以及生活重心这 6 个方面的差异
	在有着不同文化背景的国家销售产品时遇到的挑战	产品命名以及广告方面，知识产权保护方面

2.3.1 监管方面的挑战

公司面临的很多挑战是与监管相关的。这些挑战与国家的政治制度、数据共享方面的规定，甚至于上网限制这样的因素有关系。在接下来的内容里，我们将专门介绍几个主要的方面。

1. 政治制度的挑战

第一个也是最主要的一个挑战，就是公司不得不全面考察所要开展业务的国家的政治氛围。有一点要考虑的就是，目的国是市场经济还是计划经济。如果目的国没有本国自由，那公司运营起来就会感觉到受限严重，比如什么东西可以生产，什么东西能卖，能生产多少这样的产品，抑或是产品卖给谁，诸如此类的问题。

相比过去而言，虽然现在的公司可以考虑的国家更多了，但是目的国政局的稳定性也需要考虑。在一些国家，政治的稳定性比美国或者西欧国家要差一些，公司要考虑投资到政治氛围不好的国家开展业务，是否可能面临财产充公、军事政变、动乱抑或是内战的风险。

2. 法规制度方面的挑战

由于大多数国家都有自己的政府、税收、法律以及规章制度，每个国家的法规制度都不一样，公司必须遵守这些规则。举例来说，很多国家征收多种税种和**关税**，是为了调节某种产品或者服务的进出口平衡。对于几乎所有的产品和服务，从香蕉到计算机硬件，都有这样的税种和关税。税率差别有可能很大，主要看产品的类型而定。由于这些因素的存在，一个公司在做是否进出口产品或者服务，或者是否在外国设厂等决策时，就需要斟酌了。

其余的关注点就是货物的流通是否有禁运以及出口条例方面的限制。**禁运**就是绝对禁止与特定国家开展贸易活动。禁运限制了和特定国家的各种贸易形式。

相比之下，**出口条例**则主要说的是哪些货物出口是受限制的。比如出口导弹技术到其他国家是严格禁止的。也有一些货物只能对A国出售，不能对B国出售。美国商务部维护着一些清单，可以反复查对哪些类型的产品不能出口到哪些国家。对某些产品来说，这样的限制可能会异常复杂。举例来说，计算机程序PGP（Pretty Good Privacy，一项数据加密技术，参见第6章）的桌面版本可以出口到几乎所有国家（禁运的国家除外），PGP的软件开发包却只能卖给欧盟的成员国的用户（包括政府用户），或者卖给紧密合作的贸易伙伴，卖给所有的非政府用户，对于禁运的国家则不能出口。正如读者看到的那样，公司要卖东西，必须很好地了解各种法律和规定，对于哪些东西能卖，能卖给哪些国家等诸如此类的问题，必须了然于胸。

美国对某些要进口的产品有**配额**限制，只允许一定数量的产品进口。为了解决这个问题，很多汽车制造商（比如宝马、丰田，还有戴姆勒-奔驰）都开始在美国建厂了。

3. 数据共享方面的挑战

最近引起人们关注的一个问题是，**数据和信息的跨域流动**问题。没错，电信资费确实是降低了，有公司开始着手把公司有关业务外包到其他国家去做了。举例来说，当今的公司把某些业务外包到印度去了，比如财务或者人力资源管理。从开销上来说，这比在美国或者欧盟国家里进行，成本要大为降低，只有原来的几分之一。然而，工作外包出去了，很自然地会有数据在两个国家间流动的问题，而有些数据是敏感的内容，于是问题也就跟着来了。近来，欧盟通过一项议案，禁止数据向保护级别低的那些国家流动。因而，对欧盟成员国之间而言，数据流动是很容易的，但是从欧盟成员国流动到非欧盟成员国，则非常困难。这将给欧盟成员国的公司带来挑战，比如说德国的保险公司把呼叫中心外包到印度就很困难。这同样给欧盟里的跨国公司带来难题，举例来说，一个美国公司，它的欧盟分公司能把数据和信息发回母公司吗？在大多数情况下，答案是否定的。同样地，这些限定也影响了公司的业务开展（比如，财政方面的业务或者医疗保健方面），使得跨国经营非常困难，代价也非常昂贵。然而，到目前为止，欧盟只有少数几个国家有这样的数据保护法。一个美国公司可以外包特定业务到印度去，不会面临这样让人头疼的问题。

4. 上网的方便性以及个人自由

当公司开展跨国经营时，它同样也要考虑上网问题。尽管大多数公司的人们可以自由访问因特网上的任何内容，还是有些国家对此有不同程度的限制，比如只能看特定的内容，或者只能使用特定的程序。举例来说，德国和法国的人们可以访问受限内容，只要网站的服务器不在本土。在有些国家，这样的内容则是完全被屏蔽的，人们没有办法访问禁止的信息。

2.3.2 地缘经济方面的挑战

其实在数字世界运营公司考虑的因素并不算多，另外一个需要考虑的是与地缘经济相关的，也就是说，这个因素是关于政治和经济对地域的影响的。特别是在全球化3.0之前，为了能到国外开展业务，不得不出差。而出差可是个大问题，要考虑的问题很多，比如到达目的地需要多长时间，由于时区的存在而产生的低效，等等。差旅的开支也很惊人，假定有位高级职员去伦敦出差两天，所有的开销加起来可就是一大笔钱，包括机票钱、住宿、交通费以及由于飞机延误或者其他因素造成的损失。后来因特网发展起来了，全球化3.0到来之后，出差的成本降低了很多，大多数的情况下可以用低成本、高质量的视频会议取代了。这方面有一个很好的例子，惠普作为一家计算机公司，它有一些合作伙伴，梦工厂SKG就是其中一家（这家公司以出产动画电影著称，比如《怪物史瑞克》）。它们两家公司就创建了一个协作工作室，目的就是模拟面对面的开会，不管实际上身处地球上的什么地方。虽然一间这样的房子需要40万美元，而且每月的费用高达18 000美元，但出差的需求显著降低了，成本总的来说还是降低了。

1. 时区的挑战

视频会议也解决不了的一个问题就是两个国家之间存在的时区问题。一方面，有时候公司可以利用时差带来的便利，另一方面，时差常常使得合作不太方便。举例来说，赛门铁克，一家做反病毒软件的公司，在世界各地成立了实验室，不同的团队可以合作，与病毒做斗争。当加利福尼亚的团队傍晚下班了，位于东京的团队就可以接着干了（东京此时是早上）。当东京的团队干完活了下班后，他们的工作就可以接力转给欧洲的团队了，最后再转给美国（这种方式也叫“与太阳赛跑”）。然而，时差也会带来问题，如需要召开的会议（比如视频会议）。这儿有一个很好的例子，美国电信巨人在欧洲各国都有分公司，他们有一个传统，位于路易斯安那州的员工希望每周的某天午饭后举行例会，欧洲的员工不得不“参加”会议，用电话或者视频会议的方式，不过时间可就不太合适了。路易斯安那州的下午 1 点就是法兰克福的晚上 10 点。

2. 与基础设施相关的挑战

公司面临的另外一个挑战，是与基础设施相关的，不仅包括常规意义的基础设施，比如道路、供电以及城市给排水系统，还包括使用因特网是否方便这样的事情。大多数西方国家的电信基础设施比较完好，速度快，也比较可靠。但是有些国家可就不一定了，非洲某地的网络中断，可能导致该国的网络完全瘫痪。当在不同的地域运营时，其所在国家提供的上网服务的可靠程度是不尽相同的。对于此类意外，有着备份机制是很必要的。我们将会在第 4 章里继续讨论基础设施相关的事情。

3. 经济财富的挑战

通信成本的大幅降低以及其他促成全球化 3.0 的因素促成了一个新市场的建立，全球化已经做出了巨大贡献，全球的人均 GDP（国内生产总值）得到空前的提高，虽然这种人均 GDP 的提高并不均衡。据国际货币基金组织提供的材料，穷国和富国之间的差距在扩大。一方面，在所有国家里面最富的占前 25%，人均 GDP 增长了 6 倍，而在最穷的占 25% 的那些国家，仅增加了 3 倍。对很多公司来说，那些穷国不可能形成可以维持下去的市场，而且潜在客户的基数也仅是一个假设。而且，这种不平等也带来一些不良后果，比如政局不稳或者人们都抢着移民到富国去。

对很多已经创办的公司来说，还有来自于第三世界的新的竞争对手。举例来说，巴西的飞机制造商安博威，中国的家电制造商海尔，或者是印度拖拉机和汽车制造商马亨德拉，他们在竞争激烈利润很低的市场开展业务，都有着丰富的经验。现在，这些正在浮现的巨人开始进军欧洲和美洲的市场了，已有公司不仅要面对这些公司的竞争，还要考虑来自国内市场的竞争，因为这些正在浮现的巨人可以提供价格更为低廉的产品（Engardio，Arndt，and Smith，2006）。

2.3.3 人口学方面的挑战

对于运营在数字世界里的公司来说，还不得不考虑另外一个因素，那就是全球各地的人口趋势。特别是，美国的人口、很多欧洲国家以及日本的人口正在老龄化。与此同时，其他国家的人口正变得越来越年轻化。虽然公司可以用年轻的劳动力取代本国的老年劳动力，当然也有新的问题，那就是新的劳动力缺乏必要的工作经验。

很多工资水平低的国家，劳动力却非常充裕。此外，这些国家的人口出生率却比大多数西方国家要高（参见图 2-14）。这些国家一般比较穷，所以人口的增长不太可能变成有素质的劳动力储备库的一部分，也不可能成为外包产品和服务的目的地。

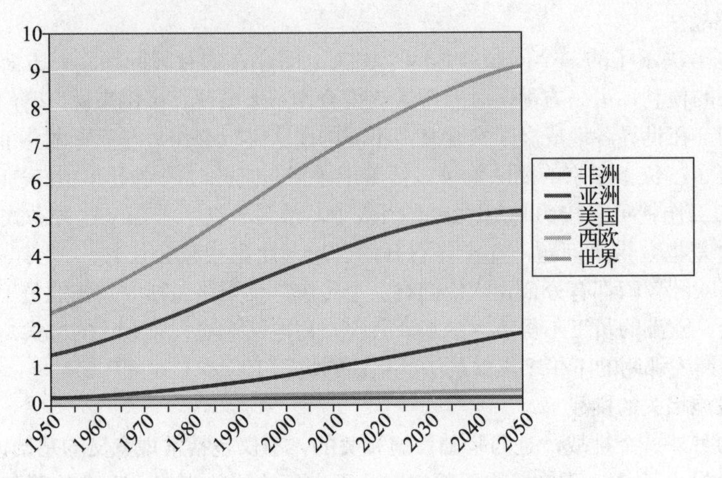

图 2-14　1950~2050 年世界人口增长趋势（单位：10 亿）

专门技术的挑战

劳动力的特质也会为公司的运营带来新的挑战。不同国家和地区有着不同的专业优势，这些不同的工种自然有着不同的成本差异（参见表 2-7）。

表 2-7　工资水平的差异有助于开展外包（2006 年各国家和地区有经验的 IT 经理的平均年薪）

排　名	国家和地区	薪酬（美元）	排　名	国家和地区	薪酬（美元）
1	瑞士	161 900	7	英国	105 700
2	德国	126 700	8	中国香港	97 600
3	丹麦	116 000	9	意大利	93 900
4	日本	112 300	10	西班牙	93 200
5	比利时	109 600	14	美国	89 100
6	爱尔兰	108 800	34	印度	26 500

资料来源：摘自 www.finfacts.com。

举例来说，大多数工业国家已经花费很多钱财，投资建造了很多大型的信息系统，大量的产业工人都熟悉各种各样的信息系统的使用。然而，这些产业工人的雇用成本要比那些欠发达国家的产业工人要高不少。流行的专业技能在不同的国家也不一样，这与具体地域有关，有时专业技能的劳动力的缺乏会给公司的运营带来难题，因为公司有时候雇用到符合自己要求的员工是很困难的。

2.3.4　来自文化方面的挑战

挑战的第三大类是文化差异所带来的。虽然人们说“地球村”正在形成，这个说辞确实太流于表面，一个公司在数字世界里运营时，还是要考虑一大堆文化差异所带来的挑战，有些挑战异常复杂。

1. 不同国家和地区的文化差异

霍夫斯狄德 2001 年给文化下的定义是：**文化**是存在于人们头脑里的一种集体共有的思维定式，它能将一组或一类人与其他组或其他类的人区分开来。文化中包括一些常见的待人接物的方式，比如权力距离、回避不确定性、个人主义和集体主义、男性主义和女性主义、时间观以及生活重心（参见表 2-8）。大体上，每一个国家和地区都有自己的特色文化，每一个在数字世界中运营的公司都不能无视这个重要假定。如果公司总部和分公司从地域上分属不同文化，则他们在交流中肯定会遇到由于文化不同所带来的碰撞。

表 2-8　不同国家和地区的主要的文化尺度

主要文化尺度	国家和地区				
	第一组：美国、加拿大、澳大利亚	第二组：德国、奥地利、瑞士	第三组：墨西哥、委内瑞拉、秘鲁	第四组：日本	第五组：印度、新加坡
权力距离	适度低	适度低	适度高	适度高	高
个人主义和集体主义	高度个人主义	适度个人主义	适度集体主义	适度集体主义	高度集体主义
男性主义和女性主义	适度男性主义	适度男性主义	高度男性主义	高度男性主义	男性主义
回避不确定性	适度弱	适度强	适度弱	强	适度弱
时间观	长期	长期	短期	长期	短期
生活重心	数量	数量	质量	质量多于数量	从看重质量开始转向看重数量

资料来源：（Verma，1997）；改编自（Owens and McLaurin，1993）。

- **权力距离**

权力距离指的是不同的人如何看待人类不平等以及存在于组织里的权力等级结构。有些文化很看重权力，认同权威和专制，但有些文化却不看重权利，更看重团队的协作精神，有着更好的权力等级层次。相应地，权力距离的差异可能带来严重的挑战。

- **回避不确定性**

回避不确定的程度有助于理解文化里的冒险天性。从外包的角度来看，这可能会导致来自某些文化背景的员工在工作中会过于小心谨慎，这有可能招致麻烦。由于过于回避不确定性，可能对于采用新技术不是那么热心。

- **个人主义和集体主义**

个人主义和集体主义反映的是社会如何看待个人的作用以及组织的作用。在认同集体主义的文化里，趋同心理压力在有关组织的互动以及决策方面，起着更为重要的作用。在外包项目时，肯定会遇到各种各样的人，他们有的是个人主义，有的是集体主义，如果处理不当的话，有时会导致一些冲突。

- **男性主义和女性主义**

男性主义是指社会认同男性气质多一些，比如坚决果断的性格，女性主义是指社会认可女性气质的程度多一些，比如精心育人。这一点会对工作有重大影响，比如优先选择什么样的技术，如何收集用户需求，如何在团队里分配角色以展开工作。

- **时间观**

时间观在不同的文化中可能有所不同，有些文化中，有着相对长远的目标，反映出对于未来的预期，对于将来的事情有着较为长远的规划。有些文化则相反，主要表现是仅关注过去的事，以及当前的事情。

- **生活重心**

最后一个方面，生活重心指的是，对于生活的数量和质量哪一个更值得关注的问题。以生活数量为导向，则反映的是一个竞争的文化，一般视获取更多的物质财富作为成功的标志。以生活质量为导向，则珍视与他人的关系，个性互相独立而且关心别人。生活重心问题能影响一个组织的发展，任务和角色分配，也会给公司总部与分部的沟通带来一些困难。

道德窘境

有关游戏的地下经济

2006年的美国，房地产市场异常红火，高昂的房价使得许多中产阶级家庭不得不放弃买房，汽油价格大幅上涨，达到每加仑3美元多，看病的开销也在悄悄地螺旋式上升着。这是真实的世界，我们就生活和工作在这个真实的世界里。

安特罗皮亚计划是一个构建在真金白银基础之上的虚拟世界。在这个虚拟世界里，情形却不是很好，卡里普索岛上的殖民地居民依旧为抵抗危险敌人的入侵而努力着。这个虚拟世界有着自己的货币：派德币（Ped）。一个派德与大约10美分相当，虚拟世界里矿产资源的价格也在狂涨。

安特罗皮亚计划是诸多MMORPG（大型多人在线角色扮演游戏，一般称为网游）游戏之一，其他类似的游戏还有索尼的无尽的任务、星际争霸、第二人生、网络创世纪等。玩家每个月要支付一定数量的钱给游戏运营商，这样自己在虚拟世界的角色才能保住。据预测，世界上有超过1亿的玩家，游戏公司的报告则表明他们每年挣钱多达36亿美元。

大多数网游里，玩家杀死敌人，建造房屋住所，选择职业，捡起神秘的宝石，从而在虚拟银行的账户上，以数字表示的财物（现金、金币等）才会增加。每一个玩家的形象在游戏中都是活生生的人。最近有一个趋势，有些玩家不是以玩游戏为主，而是收集虚拟工具、金币或者现金，然后再把这些虚拟财物（战利品等）卖掉，以获得现实世界的美元。在网络创世纪这个游戏里，1000万的金币折合成现实世界的70美元，这个数字不算大。但是也有例外的情况。2005年11月，乔恩•贾克布（Jon Jacobs），这位来自内华达州迈阿密市的电影制片人，花了10万美元巨资购买了安特罗皮亚计划游戏里的度假胜地。贾克布认为自己是在做生意，是在投资，因为这块度假胜地每个月都能带来收益。他指出，他的数字度假胜地有1000间客房，每间可卖100美元。该数字度假胜地还包括一个运动场，可以举办各种比赛，还有一家夜总会。

网游里虚拟财物的买卖，现在非常盛行，专攻此道的虚拟角色还有一个专有的名字：农夫（打金族）。最常用的拍卖网站是eBay，它有一个因特网游戏的专栏，每天都有数以千计的从游戏里弄来的玩意要卖，这些虚拟的财物包括：拥有高级属性的角色、武器、金币或者其他各种各样的玩意。

这种现象在中国异常火爆，甚至有公司专门雇人一天玩上12小时的游戏，不停地收集游戏中出现的虚拟财物，让自己控制的角色很快成长为游戏中的高级角色，公司将来会卖掉这些虚拟财物以获利。

批评家认为此种虚拟经济，打击了那些试图从玩游戏中获得快乐的真正的玩家，允许那些有钱之人无须费大劲，靠花几个钱就可以得到较高等级的角色。不过也有人认为，花钱买高等级的角色这并没有错，因为节省了大量的时间。

有些游戏公司已经禁止"农夫"进入游戏了。举个例子，暴雪，也就是那个出品"魔兽世界"的游戏公司，该网游已经拥有了550万注册用户。暴雪调查出有玩家买卖虚拟物品行为，于是永久禁止了1000多个这样的玩家。类似地，美国最大的游戏杂志《PC游戏》，停止接受从事网游虚拟物品买卖的公司的广告。2007年，eBay也开始禁止虚拟物品的买卖了。

这些公司以道德的名义，惩罚了那些"农夫"。他们也意识到农夫的存在，将最终影响公司的收入，因为那些真正的玩家会拒绝和这些农夫"同流合污"，进而放弃玩这个游戏。

资料来源

Jay Wrolstad, "Virtual Resort Sells for $100,000", *Newsfactor Magazine Online* (November 11, 2005), http://www.newsfactor.com/story.xhtml?story_id=39369

Elizabeth Millard, "Inside the Underground Economyof Computer Gaming", *Newsfactor Magazine Online*(January 4, 2006), http://www.newsfactor.com/story.xhtml?story_id=40592&page=2

Entropia Universe, http://www.entropiauniverse.com/en/rich/5035.html

2. 其他文化障碍

除了霍夫斯狄德所说的那些文化障碍以外，其实还有其他一些障碍，它们也会给公司的运营带来影响，罗列如下。

- **语言**。交流语言和规范。
- **工作文化**。包括工作能力、工作习惯以及工作态度。
- **审美**。包括艺术、音乐以及文化。
- **教育**。包括对待教育和文化素养的态度。
- **宗教、信仰以及思想方法**。精神的力量和价值。
- **社会组织**。家庭和社会聚合。

上面罗列的要素，可能会严重影响不同国家之间雇员的交流，表 2-9 做了总结。举个例子来说，在讨论技术问题时，比如用户需求或者设计的细则，如果缺乏共同的语言，则可能带来严重的后果。类似地，工作文化的差异也会影响员工的交流。例如，欧洲人会对一个项目从开始就很重视，不断推进项目前进，直到项目完成。而美国人就不同了，典型的做法是先预测一下结果，然后再回过头开始做（Heichler, 2000）。总的来说，语言的差异、工作文化的差异以及其他的文化障碍可能对公司的运营带来严重的后果。

表 2-9　不同的文化元素如何影响交流、互动和绩效

元　　素	如何影响全球化
语言	交流方面的问题可能到沟通影响效率以及对于事情的理解
工作文化	不同的工作能力、工作习惯和工作态度可能影响工作业绩
审美	艺术、音乐和舞蹈等工作之外的兴趣爱好，可以更好地促进团队成员的交流
教育	受教育水平限制了能力的高低、技术的融会贯通
宗教信仰以及态度	价值观念可以影响工作态度、敏捷、准时、相互信任以及合作
社会组织	社会规范会影响到正式的或者非正式的交流，包括谈判以及工作分配
政治生活	不同政治体制会影响供货商能否按时交货，也会带来人权、法制以及社会稳定性的问题

资料来源：摘自（Verma，1997）。

3. 在不同的文化背景下外包产品或者服务，面临的其他挑战

公司在国外市场出售产品时也得考虑当地文化，比如说当决定要卖什么东西，以及如何开展促销活动的时候。举例来说，不同的国家对于什么类型的广告能被社会接受，其标准是不一样的。同样，不同的文化有着不同的标准来处理知识产权方面的事务，比如计算机软件、数字音乐或者电影。大多数西方国家非常看重知识产权，都有相关的法律来保护。而在有些国家里，复制他人的劳动成果，不被视作大问题。实际上，一些文化甚至认为，抄袭他人的劳动成果是很荣耀的事情。于是，侵犯知识产权在大多数国家是共通的，从假冒的妮维雅化妆品，到大量生产盗版的 DVD 影片或者计算机软件。最后，不同的标准可能给公司带来难题。举个例子，沃尔玛没有意识到枕头套的大小是有标准的，美国的尺寸和德国的就不一样。最终的结果就是，沃尔玛德国公司的库房里存放了大量的卖不出去的美国标准的枕头。这位零售业巨人不得不从竞争激烈的德国零售业市场上撤出。

2.4 拥抱全球化：数字世界里的国际业务策略

在没有全球化之前，大多数公司都是在国内市场单独打拼，都是在本国范围之内开展生产经营活动，从原材料的采购，产品的生产直到最终产品的销售。虽然这种贸易形式也可以从促成全球化的各种推动剂中受益，但是这些**国内公司**却不必理会全球化所带来的挑战。

在当今的数字世界里，单纯的本国公司的数量在不断地减少，而且大多数的国内公司规模都相对很小（一般都是本地的），比如当地的服务业，饭馆、农场或者零售业务（比如日常杂货店）。大多数的大公司，不管它是汽车制造商（比如通用、丰田或者戴姆勒-克莱斯勒），保险公司（德国的安联公司、慕尼黑再保险集团），或者经营消费品的公司（雀巢或者宝洁公司），都有一些**国际商业策略**，在全球市场上都颇有竞争力。

这样的公司可以选择多国化经营、全球化经营，或者是跨国的经营方式，主要取决于供应链的整合程度以及快速响应本地消费者需求的必要程度（Prahalad and Doz，1987；Hitt，Ireland and Hoskisson，2005）。一方面，利用规模经济优势，公司从全球的整合中获得好处。另一方面，一个公司的本地分支机构可以获取非常多的好处（比如说，可以快速响应多变的本地市场）。不同的国际业务所采取的策略需要适应不同的情况（参见图 2-15 和表 2-10）。在接下来的内容里，我们逐一介绍这些商业模式。

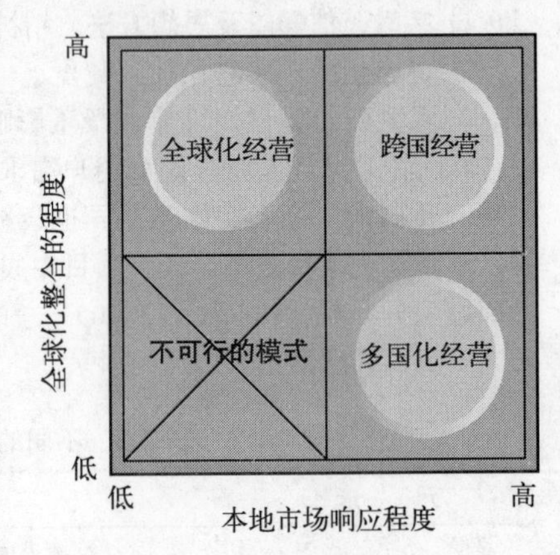

图 2-15 国际商业模式策略

表 2-10 采用国际商业模式策略的时机

策略	描述	优势	缺点	时机
多国化经营	各分支机构是松散的组合体；去中心化	可以快速响应本地的市场需求	由于实施不同的产品策略，可能获得的规模经济收益较小	异质化严重的市场
全球化经营	中央集权模式，向不同的市场供应一样的产品	标准化的产品，可以取得规模经济效益	不能响应本地的市场需求	同质化的市场
跨国经营	某些方面集权化，某些方面去中心化，公司整合程度高	可以同时获得多国化经营和全球化经营的好处	非常复杂，不易管理	综合的全球市场

2.4.1 多国化经营策略

多国化经营策略的商业模式适用于各个国家之间市场差异显著的情形。各分支机构是松散的组合体，每一个分支都可以有独立决策权。换句话说，公司整合度不高，每一个分支机构都可以针对自己所处区域的市场需求情况快速调整自己的经营策略（Ghoshal, 1987）。多国化的公司因此可以相当灵活，可以快速响应本地市场需求，可以抓住本地市场萌发的新的商机。实行多国化经营策略的公司的最好的例子是通用汽车，它的各国子公司可以根据本地的市场情况调整自己的经营策略，比如通用德国子公司出产欧宝汽车，而通用英国子公司出产沃克斯豪尔汽车。然而，在一个去中心化的公司里，在工作中积累的知识可能仅局限在该国的某个子公司，知识在各个子公司之间的转移常常是有限制的。这样会导致不良后果，比如效率低下，重复犯错的机会也加大了（Bartlett and Ghoshal, 1998）。总的来说，采用多国化经营策略的公司，其总部和子公司间，只有很少量的数据以及控制信息需要流动（参见图 2-16）。

电子垃圾

前车之鉴 :-(:-| :-0

美国人在2005年购买了价值约1250亿美元的电子产品，这些产品包括：电子计算机、显示器、手机、掌上电脑、DVD机、微波炉等。电子产品包含一些铅、水银、镉、PVC等元素或者材料，而在焚烧或者掩埋时，它们都会释放有毒的东西。举例来说，通常的计算机显示器含有4到8磅的铅，而新型的液晶显示器含有水银。

由于本地垃圾掩埋场不愿意接收这些电子垃圾，那么当消费者觉得不需要或者不愿意再使用这些电子产品了，会发生什么呢？垃圾掩埋场不要，有些消费者就随便把它们给埋了，也有人会把这些不要的东西送人，或者包好存放到储藏室或车库里，也有人愿意捐出这些不用的东西（不管这些东西还能不能用）给慈善组织，但是这些捐赠物可能不太受欢迎。

但在2004年，Goodwill国际有限公司（该公司是一家美国的慈善企业）就收到大约重达2300万磅的电子产品，大多数属于不能用的东西。由于回收电子产品很费钱，该公司的发言人克里斯廷在2006年1月透露给一位记者说，如何处理电子垃圾正成为我们面临的难题，且需要花费很大代价。

美国有三个州采取了欧洲和日本的做法，它们是加利福尼亚州、缅因州以及马里兰州。做法是对消费者或者生产商强制征收电子垃圾回收的专门费用。它们要求生产商要回收电子产品，或者把该责任赋给当地政府，要求当地政府建造回收中心。虽然美国的联邦法律禁止商业上的不当方式处置电子垃圾，但是该法律并不适用于家庭。

虽然在1992年就禁止出口有害废物到发展中国家。但是，美国的电子垃圾还是有50%到80%运送到第三世界国家了，因为这些国家对于环境保护要求不是那么严格。

为了减小对环境造成的影响，推动回收的力度，2006年年中，欧盟禁止产品中的有毒成分，比如铅、水银以及镉等材料，这些产品包括电子设备，家用电器、照明设备、医疗设备以及其他消费类产品。在欧盟的禁令之前，只有少数几家公司比较关注所谓“绿色家电”的生产。然而到了现在，由于欧洲市场大约占了世界电子市场30%的份额，所以生产商都踊跃表示愿意遵从欧盟的指示。

有关电子垃圾的处置越来越需要更为严格的规章。基于此，美国国会在2006年1月任命了一个工作组，该工作组的主旨就是制定一个行动的路线图。立法可能需要一段时间，然而，与此同时，更多的州也决定要立法。很明显，适当处置电子垃圾是一个问题，它需要一个解决方案，如果我们的环境还需要保护的话。

资料来源

http://www.intel.com/technology/mooreslaw/index.htm

http://www.strategiy.com/inews.asp?id=20051130063030

Sherry Watkins, "E-Waste Epidemic", *Government Technology*(January 2, 2006), http://www.govtech.net/magazine/channel_story. php/97724

http://www.canada.com/topics/technology/story.html?id=e8def77a-3a8f-420b-ad29-a9e08d03fca0&k=4739&p=3

Anonymous, "Is America Exporting a Huge Environmental Problem?", *ABC News* (January 6, 2006), http://www.abcnews.go.com/2020/ Technology/story?id=1479506

http://www.wired.com/news/technology/0,57151-1.html?tw=wn_story_page_next1

http://www.cnn.com/2006/TECH/ptech/01/18/recycling.computers.ap/index.html

http://www.mercurynews.com/mld/mercurynews/news/local/states/california/peninsula/13697994.htm

http://europa.eu.int/scadplus/leg/en/lvb/l21210.htm

2.4.2 全球化经营策略

相比之下，全球化经营策略则是一种中心化的商业模式。采用此商业策略的公司通过生产大量同样的产品以获得规模经济效益，虽然这些产品面向的是不同的市场。由于决策权在公司总部，可以理解为中央集权的公司（Bartlett and Goshal, 1998）。可口可乐是一个很好的例子，可口可乐公司的主打产品当然是可口可乐，虽然它们还根据不同的市场需求开发了不同口味的其他产品。在所有市场里，其主打产品——可口可乐是一样的，不同的可能只是营销、广告方面的差异。公司总部下

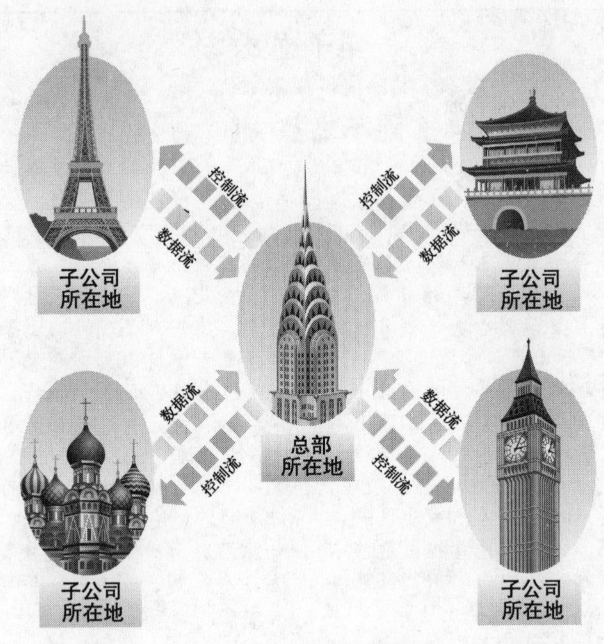

图 2-16 多国化经营策略

达总的经营指令，因而总部能紧紧地控制住各个子公司。然而，由于实现规模经济效益的需要，不允许各个子公司执行自己的经营策略，带来的一个不良的后果就是，对来自本地的竞争和机会的把握上，不如多国化的经营策略来的及时。采用这种经营策略，总部和各个子公司的数据流动就比较多了，总部也就牢牢地控制各个子公司（参见图 2-17）。

图 2-17 全球化经营策略

2.4.3 跨国经营的商业策略

跨国经营是一种新兴的商业策略。现在很多公司已经意识到多国化经营和全球化经营的优缺点了，它们正在尝试一种叫做跨国经营的模式，对于哪些子公司应该实行中央控制，哪些子公司应该实行去中心化，有着不同的考虑。该模式允许分部有着去中心化的优势（快速响应本地市场情况），也能坐享中央集权模式的规模经济带来的好处。比如联合利华是一家跨国公司，实行去中心化或者实施中央集权的时机主要取决于具体产品以及当地市场。然而，这种经营模式实行起来也是最为困难的，因为公司不得不在去中心化和中央集权模式之间寻找一个平衡点。全球化公司的大部分资源都是在本国，与此相比，跨国经营的公司的不同资源可以在不同国家里集中，这取决于在哪个国家能获取最大的回报，或者成本的降低。更进一步地说，各个分部的资源是互相依赖的，这与其他类型的组织形式相比其不同之处在于资源的流动往往不是单向的。比如说在跨国公司，计算机芯片所用的半导体材料是在德国德累斯顿的顶尖的工厂里生产的，然后运送到东南亚去组装成最终的整机，最后再运送到西欧去销售。Bartlett 和 Ghoshal（1998）把跨国公司描述为“集成网络”，需要花费大量的努力才能玩转，这么多的东西需要在不同分部间协调，还有互相依赖的资源如何分配，任务如何拆解，如何有效沟通等费心的问题。总的来说，数据和控制信息可以是任何方向的，这取决于特定的业务流程（参见图 2-18）。

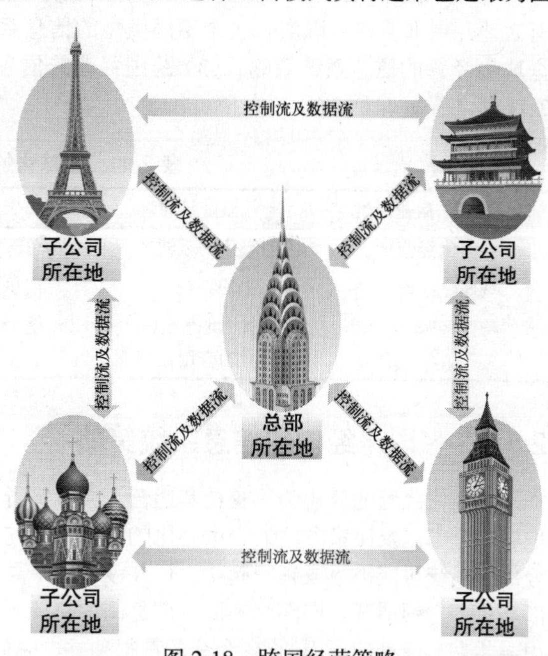

图 2-18 跨国经营策略

小案例

跨国经营策略的信息系统开发

由于信息系统都很复杂，所以为了维护其正常运转，公司要投不少钱，尤其是在员工培训、供应链简化、财务管理、客户服务、跟踪客户的趋势和喜好，以及系统本身的维护开销等诸多方面。由于信息系统的开销不断增加，刚才说的那些服务其实都可以考虑外包。公司的出于成本控制的考虑，假如把业务外包出去可以节省开支，做出这样的决策也不会让人感到意外了。世界最大的口香糖生产厂家是美国箭牌，旗下有多个品牌：黄箭、Big Red 肉桂香型口香糖、绿箭、白箭等。箭牌口香糖一半的销量是供应美国市场，产品还行销到全世界大约 150 个国家。

箭牌公司历来重视市场调研，这包括消费者喜好研究、市场趋势及追踪以及广告策略、新产品测试等活动。公司的市场研究部门需要规划和协调好德国分公司、英国分公司、捷克分公司以及俄罗斯分公司的营销活动。

箭牌的市场研究部门需要一个数据库，2002 年该部门的俄罗斯分部建设了市场研究的流程自动化系统。该系统先是在莫斯科分部实施，一年后发现试用非常成功，于是德国、英国以及捷克的市场研发部门也采用了。箭牌还打算将来把该自动化系统部署到全球所有分公司去。

问题

(1) 箭牌公司把在一个市场取得的成果，应用到另外一个市场里去。这样的方式，有借鉴价值吗？

(2) 箭牌的信息系统开发方式是最佳的吗？有必要采用一种更为集中的模式吗？

资料来源

http://www.aplana.com/pcbase/customerinfo.asp?id=16

不同类型的信息系统可以用来支持不同的公司架构形式，下一节我们就会从较高的层次对支撑跨国公司的信息系统做简要介绍。

2.5 借助信息系统来运营公司

先举个例子，雀巢是世界上最大的食品制造商之一，在世界各地有着超过500家的工厂，在全球70多个国家开展业务。雀巢也被认为是世界上全球化最为成功的公司，像雀巢这样的公司为了有效地开展业务，可以实行3个不同类型的信息系统策略：（1）多国化经营的信息系统策略；（2）全球化经营的信息系统策略；（3）跨国经营的信息系统策略（Ramarapu and Lado, 1995）（参见表2-11）。本节里我们会逐一讲述。

表2-11 全球化的信息系统策略

信息系统 / 商业策略	系统特点	通信	数据资源
多国化经营	去中心化的系统	总部和分部之间直接通信	本地数据库
全球化经营	中心化的系统	在总部和分部间有多个网络	在总部和分部间共享数据
跨国经营	分布式 / 共享系统，基于因特网的应用程序	整个企业的互联	数据资源都是全球化的

2.5.1 多国化经营的信息系统策略

多国化经营的公司为了支持其运营，大多实行多国化的信息系统策略。为了支持多个位于不同地域的分部以及决策方面的去中心化的特质，每一个分部都有自己的信息系统。虽然这些专属不同分部的系统可能被集成到一起了，但并没有一个总体的中央化的信息系统架构。交流主要在各个分部与总部之间展开。因而，不同分部之间的交流不是重点（这也是为什么不同分部间只有很少的知识要共享、流动的原因）。各个分部都很独立，它们为响应本地市场需求，为遵循当地的规章制度，保留了去中心化的本地数据处理中心。与此同时，使用信息技术来整合它们，使得它们可以松散地融入总部的体系里去。

2.5.2 全球化经营的信息系统策略

相比之下，实施全球化经营策略的公司，其总部能够牢牢地掌控各个分部，这主要得益于整合的信息系统。为了实现这一目的，需要引入标准，使得中心化的企业架构能够建成。因为总部协调各个分部的大多数的经营决策，所以总部和各个分部之间需要互相连通多个网络，需要分享数据。与多国化的信息系统策略相比，数据不是保存在各地的分部的，这样可以减少数据重复的可能。但是有利必有弊，新的问题也来了，在欧盟国家，存在数据的跨界流动问题。

2.5.3 跨国经营的信息系统策略

为了在总部和多个分部之间创建一个整合的网络，跨国公司常采用的是“跨国经营的信息系统策略”。在该策略之下，各个分部之间的交流，分部和总部之间的交流，从数量上来说是差不多的，很多系统是分布式的，或者是共享的。这样，一个分部可以访问其他分部的信息系统或者其他资源，类似地，关键数据在公司内是共享的，这使得公司的业务流程可以无缝地集成。这些数据以及应用程序的共享可以通过公司的内联网、外联网以及基于Web的应用程序来实现（参见第5章）。

汽车业

行业分析

2006 年 7 月，通用汽车的最大个人股东、亿万富翁科考瑞恩（Kirk Kerkorian），提议通用与日本的尼桑和法国的雷诺合并。此前，克莱斯勒已经关闭了其在底特律的工厂，福特汽车公司会不会也步他们的后尘，关闭其位于底特律的汽车制造厂呢？这个问题困扰着汽车业。

在汽车领域发生着的合并，其实就是全球化的印证。一个“扁平化”的世界意味着，这个世界正变得越来越同质化。因为全球化的进程正在进行着，不同国家的市场界限正变得模糊，有些产品可能会彻底消失了。

举例来说，各个汽车公司近几十年来都在尝试制造一款世界通用的汽车，这样的车型大体一样，只是在不同的国家稍作改动，就可以在全世界的范围内销售。20 世纪 90 年代，有几款这样的“国际车型”：本田的雅阁，福特的蒙迪欧 / 康拓，以及通用的卡迪拉克凯帝和欧宝欧美佳。这几个车型的销售情况在北美、欧洲以及亚洲没有达到销售预期，主要的原因如下。

- 不同地域的消费者有着不同的消费偏好。比如，欧洲广泛接受体积小巧的车型，而美国消费者却喜欢宽敞的车型。
- 欧洲消费者喜欢的车门嵌板是钢材压制的，而美国的消费者喜欢塑料压制的。
- 各个国家的基础设施的不同导致人们对车的选择也不一样。比如，亚洲人喜欢小巧的汽车，这样才容易在较窄或者拥挤的街道穿行，而美国人则喜欢 SUV 和敞篷汽车。
- 汽油的价格在各地是不同的。欧洲人买车首先考虑的是省油，而美国人更关注的是汽车的性能和外观。
- 各国对于汽车的管制政策的不同，比如尾气排放标准，也影响着不同国家的买车者的决策。

造出国际通用的汽车这个梦想，从某种程度上来说算是实现了，这全靠全球化造成的文化和经济方面的同一化所赐。

与此同时，汽车行业继续突破地理界限，美国本土的汽车制造商开始在国外设厂，外国的汽车制造商也开始在美国设厂了。丰田是一家日本公司，现在它在亚拉巴马州和西弗吉尼亚州有自己的制造厂。福特公司是一家美国公司，现在它在亚洲和欧洲开设了分公司。中国最近收购了一家巴西发动机制造厂，现在把它的业务也带到中国境内了。

汽车行业的另外一个显著变化是与销售渠道相关的。过去的做法是，美国的汽车制造商以城市为单位维护着本地的经销权。现在是因特网时代了，现在新的模式是创建遍布世界的销售中心，而这是过去所没有的。

全球市场深刻地改变了汽车行业，同时也带来了新的机遇。田纳西州的 David Magee 是位汽车行业里的著名作家，他在 2006 的某一期的新闻采访里，曾经设想过通用、雷诺以及尼桑的合并，他说：“这没什么好大惊小怪的，现在已经是 21 世纪了。”

问题

(1) 全球化 3.0 是如何影响汽车制造业的？

(2) 文化的差异是如何使得开发一款国际车型是如此之难的？

资料来源

Chuck Chandler, “Globalization: The Automobile Industry’s Quest for a ‘World Car’ Strategy” (May 22,2000), http://globaledge.msu.edu/NewsAndViews/views/papers/0018.pdf

Garry Emmons, “American Auto’s Troubled Road”, *Working Knowledge* (May 10, 2006), http://hbswk.hbs.edu/item.jhtml?id = 5290&t = innovation

Sarah A. Webster,” Future of Autos Is Global”, *Detroit Free Press* (July 2, 2006), http://www.freep.com/ apps/pbcs.dll/article?AID = /20060702/BUSINESS01/607020577/1014/BUSINESS

要点回顾

(1) 定义全球化，描述全球化是如何形成的，以及每一个阶段的主要推动力是什么。全球化是全球范围内的经济的融合，这主要得益于技术的进步和创新。在过去的几个世纪里，全球化的进程很缓慢。全球化1.0是从哥伦布发现美洲大陆开始算起的，它的主要推动力是风能的应用、蒸汽机等技术。而全球化2.0是从1800年开始的，它的主要推动力是运输成本以及通信成本的降低。全球化3.0开始于2000年，是由一系列推动剂共同推动的。也就是说，柏林墙的倒塌、网景浏览器的问世、工作流软件、供应链、开放源代码、外包、离岸外包、内包、信息获取以及类固醇。这些因素使得外包发展迅猛，把世界塑造成我们现在看到的那样。

(2) 描述全球化给公司的运营所带来的机遇。 运营在数字世界的公司可以看到很多机会，有些是全球化3.0带来的。对这些公司来说，一是可以到新的市场去销售自己的产品，二是可以在较低工资水平的国家雇用合格的劳动力。

(3) 列举在数字世界里运营的公司需要考虑哪些因素。 全球化除了能带来一些新的机遇外，它还给公司的运营带来新的挑战。第一，来自政府监管的挑战，这包括政治方面的挑战（比如市场经济还是计划经济，以及政局是否稳定等）、制度的挑战、数据共享的挑战、上网的方便性、个人是否拥有自由。第二，与地理因素相关的挑战，地球的时区因素会不会影响沟通的效率，还有劳动力素质是否满足要求。很自然，不同地区富裕程度的差异会导致不同国家之间、不同公司之间的竞争。最后一个，国家之间文化的差异也会带来一些挑战。这包括权力距离、回避不确定性、个人主义和集体主义、男性主义和女性主义、时间观以及生活重心，还有语言、教育、宗教方面的差异。最终，当公司为不同的国家提供产品或者服务的时候，需要考虑产品或者广告是否符合该国国情，是否能被该国民众所接受。

(4) 描述对于运营在数字世界的公司来说，有哪些国际商业以及信息系统策略可供选择。 对于运营在数字世界的公司来说，有3种商业策略可供选择。多国化经营策略最适合差异显著的市场，因为它能快速响应本地市场的变化，而且它有着去中心化的架构形式，不同国家间的分部是松散结合起来的。全球化经营策略是中央集权的组织形式，要对全世界不同的市场提供一样的产品，这有助于获得规模经济的好处，该策略适用于无差异化市场。而跨国经营的策略则集两家所长，既能快速响应本地需求变化，也能坐享中央集权模式的规模经济带来的好处。采用跨国商业策略，公司的某些部分是中心化的，某些部分是去中心化的。当在数字世界里运营时，一个多国化的公司通常采用多国化的信息系统策略。多国化的信息系统策略的特点是有着去中心化的系统，而且数据共享方面也有限制。相比之下，全球化经营的公司会采用全球化的信息系统策略，该策略有着集中化的系统，在总部和分部之间的数据，有着很强的流动性。最后，跨国经营的公司通常采用跨国信息系统策略，该策略依赖于分布式的系统，总部和分部间以及分部之间交流都有增加，关键数据都能访问。跨国信息系统策略的底层技术采用的是企业内网、企业外网以及因特网。

思考题

1. 列举推动全球化3.0的10个推动剂。
2. 透过弗里德曼的论述，请解释柏林墙的倒塌是如何使得世界变得扁平化的？
3. 描述什么是工作流软件，这项技术是如何使得世界变得扁平化的？
4. 为了实现只用过去成本的几分之一就可以生产出同样的产品这样的目标，请问在中国建厂的流程是什么？这是如何推动全球化的？
5. 描述什么是内包，并举例说明公司如何开展内包业务。
6. 列举一些原因以解释公司为什么要选择业务外包。
7. 列举并对比公司在数字世界里运营，会遇到哪些挑战。
8. 解释来自地理方面的挑战是什么意思，一个公司如何做才能克服这些挑战？
9. 什么是数据的跨界流动，数据的跨界流动关注的是什么问题？
10. 给文化下定义，并描述它是如何影响全球化的。
11. 列举并描述文化有哪些具体差异。
12. 描述多国化经营策略的含义，并解释它是如何影响控制信息的流动的。
13. 描述并对比多国化经营、全球化经营以及跨国经营的信息系统策略。

自测题

1. 全球化的哪个阶段是从印度的贸易激增开始的，该阶段的初期主要推动力是家畜和风能，后期蒸汽机技术成为主要推动力。
   A. 全球化 0.5
   B. 全球化 1.0
   C. 全球化 2.0
   D. 全球化 3.0
2. 网景浏览器在推动世界的扁平化进程有如下效果，除了 ______。
   A. 设立了 Web 浏览器的标准
   B. 使得上网更方便
   C. 整合了电子邮件的使用
   D. 创建了万维网
3. 弗里德曼没有认为如下的哪一项是推动世界扁平化的因素。
   A. 开放源代码
   B. 供应链
   C. 信息获取
   D. 客户服务软件
4. 下列软件哪一个不是开源软件。
   A. 微软的 Office
   B. 阿帕奇服务器软件
   C. 火狐浏览器
   D. Linux 操作系统
5. 美国在墨西哥境内设厂，这些位于美国和墨西哥边界的组装厂生产大量产品以供应美国市场，这叫做 ______。
   A. 墨西哥化（Mexicani zations）
   B. 美墨边境加工出口专区（maquiladoras）
   C. 墨西卡利化（Mexaias）
   D. 国佬（gringoias）
6. 在开展国际化业务时，禁运被视作如下所述的哪一项挑战的一部分内容。
   A. 法规制度
   B. 数据共享
   C. 政治制度
   D. 政权更迭
7. 用视频会议也解决不了的一个问题是 ______。
   A. 时区的挑战
   B. 基础设施方面的挑战
   C. 数据共享的挑战
   D. 文化方面的挑战
8. 下面哪一项被描述为“看待生活的数量和质量的尺度”？
   A. 时间观
   B. 回避不确定性
   C. 生活重心
   D. 工作文化
9. ______ 反映了社会更看重个体还是组织的。
   A. 男性主义和女性主义
   B. 回避不确定性
   C. 个人主义和集体主义
   D. 生活重心
10. 当决定哪些方面应该实行中央集权模式，哪些方面应该实行去中心化，公司应当采用如下策略中的哪一种。
    A. 全球化经营策略
    B. 跨国经营策略
    C. 多国化经营策略
    D. 军事化经营策略

问题和练习

1. 配对题，把如下术语和它们的定义一一配对
   i. 跨国化经营策略
   ii. 多国化经营策略
   iii. 信息获取
   iv. 全球化 3.0
   v. 配额
   vi. 美墨边境加工出口专区
   vii. 地缘经济
   viii. 回避不确定性
   ix. 文化
   x. 禁运

   a. 存在于人们的头脑中的一种集体共有的思维定式，它能将一组或一类人与其他组或其他类的人区分开来。
   b. 位于美国和墨西哥的边界附近，但是在墨西哥的国境里。只需要支付很低的工资，就可以享受到相对宽松的优惠政策的组装厂。
   c. 全球化的某个阶段，在此阶段里，地球由“小号”变成“微型”。个人和小的团体成为主要角色。
   d. 国际化商业策略的一种，可以快速响应本地化的需求，产品异质化显著。

e. 影响一个地区的经济和政治因素。

f. 借助于因特网，每个人都能获取需要的信息，这使得人们可以对于这个世界正在发生的一切有更为全面的认识。

g. 限制（或者禁止）和特定的某个国家开展国际贸易。

h. 和文化相关的，有助于理解该文化是如何看待风险的。

i. 某国政府限定某些特定产品的进口而采取的措施。

j. 商业策略的一种，公司的结构是中心化的，也能坐享中央集权模式的规模经济带来的好处。

2. 访问Go4Customers的网站，网址为：www.go4customer.com，请问该公司是做什么业务的？公司位于什么地方？他们的客户都有谁？试举例说明一个美国公司如何利用该网站的提供的服务？

3. 访问沃尔玛中国网站，网址为：www.wal-martchina.com，试比较美国的沃尔玛和中国的沃尔玛有哪些何不同，所售产品是否一样？沃尔玛是如何实施这种差异化的产品策略的？

4. 找位信息系统的专业人士聊聊，并记下他们对于外包的看法。特别是，他们公司是否有些业务外包出去了，如果是，是什么样的业务，为什么要外包；如果没有外包，就问问为什么。如果他们外包了，还要问问公司评论外包的质量、成本等。

5. 你使用什么搜索引擎，试比较这3个搜索引擎：Google.com、MSN以及雅虎。你觉得如何利用搜索引擎来构造“个人的供应链”？

6. 你是采取什么样的数字方式获取新闻的？根据本书的定义，你是如何“获取信息”的？还有其他的方式“获取信息”吗？

7. 请举出“类固醇”的几个例子。本书中定义的几种技术，在日常生活里，你是如何利用这些“类固醇”的？

8. 美国政府是否允许公司开展外包，如果有合格的本国公民可以胜任这样的工作，政府是否应当控制公司外包的业务的数量，为什么？

9. 工作流软件允许一个企业管理其业务流程、文档流转、任务指派等。从你个人的经历和观察来看，不管是否专业还是个人意见，你觉得工作流软件是如何工作的。

10. 如本章所述，UPS为某些公司提供了内包服务。访问www.ups.com，看看UPS都提供哪些类型的内包服务，看看UPS有哪些客户。

11. 找位信息系统的专业人士聊聊，该人士最好了解开源软件。问问他们公司是否采用了开源软件？如果是，请记下是哪些开源软件；如果没有采用，就记下不采用的理由。

12. 列举10个要成为一名全球化的管理者的理由。

13. 既然全球化外包随处可见，请借助于因特网找出一个这样的公司，它可以从欠发达地区雇用低成本的劳动力。并提供一个篇幅不长的报告：描述这些公司叫什么名字，位于什么地方，它们的目标客户是谁，提供什么样的服务，公司成立多久了，以及其他一些你个人感兴趣的内容。

14. 参照表2-8，给自己做评估。你的评估是否与你的国家的情况相符合？如果是，你觉得为什么是这样？如果不是，为什么？

15. 下载并使用开源的火狐浏览器，网址是www.mozilla.com/firefox/，试在功能上与微软的IE或者网景的Netscape Navigator做一下比较，你更喜欢哪一个？为什么？

应用练习

电子表格应用：开发一个在线订票的应用

毕业后，你被校园旅行社聘用了，公司要求你协助开发一个基于因特网的旅行产品销售程序。这个在线系统有一个模块，它可以用来处理和旅行相关的请求，这样客户就看到某个特定的旅行产品是否处于可销售状态。为了实现这一目的，你将要懂得如何操作数据。你的经理要求如下。

(1) 按照日期将数据排序，然后再按照销售人员排序。

a. 打开文件sortdata.csv。

b. 选定所有数据。

c. 从数据菜单里选择“排序”。

d. 按照“Date Sold”排序，然后按照“Salesperson”排序。并分别打印出来。

(2) 统计卖出去的票的数量。

a. 在单元格H3，输入countif公式以统计每一个销售员卖出去的票的数量。（提示：使用

“=countif(b2:b36,g3)”。)

b. 复制 H3 单元格到其他销售人员。

c. 在合适的位置单元格上，再统计所有卖出去的票的数量。

数据库应用：代理处的选址

旅行社现在想从客户数据库中找出那些常坐飞机旅行的且居住地相对密集的客户，以作为在该居住地为旅行社设立代理处的决策依据。导入数据库里的数据，然后再筛选出需要的数据。

必须完成以下步骤。

(1) 打开数据库 frequentflier.mdb。

(2) 使用“filter by selection”菜单项来筛选出家住 Pullman 的客户。

(3) 依据“Delta Airlines”筛选出客户。

团队协作练习：成为一名全球化的领导者

许多大学都认为，它们有义务帮助来自世界各地的学生，它们通过设置一系列的课程和练习，来帮助学生们学会如何在数字世界里开展管理工作。由 4 到 5 个学生组成一个小组，让他们编纂出一个列表，列出所有你认为学校应该帮助学生发展成为一个全球化的领导者的所有要素。

自测题答案

1. B	2. D	3. D	4. A	5. B
6. A	7. A	8. C	9. C	10. B

案例 ❶

用 Flickr 来共享照片

最近你或你的家庭出席过婚礼、生日聚会、毕业典礼、百岁生日庆典，抑或是其他形式的聚会吗？你很想看看聚会时你的好姐妹们，还有怀特叔叔、玛丽奶奶的照片吧？很简单，你可以邀请所有出席聚会的人一起把照片在 Flickr.com 网站上张贴出来，Flickr.com 提供了最简单的方式，可以方便地在因特网上共享照片。

Flickr.com 是由 Ludicorp 公司开发的。它位于加拿大温哥华，在 2002 年成立，2004 年正式上线。2005 年雅虎收购了它。该网站上线仅一年多，就有了 35 万的注册用户，他们上传的照片一共有 3 100 万张。

不是 Flickr 发明的照片共享，但是 Flickr 提供的浏览图片的很多工具却是很独特的。“标签”使得照片的主人以及其他查看照片的人可以根据说明，就知道了大致分类，这样更容易找到自己想要的照片。举例来说，流行的最常用的标签有：夏天、冬天、可爱、欧洲、狗、猫等。Flickr 把标签的概念更推进了一步，组合标签，可以更好地通过标签来浏览照片。例如“夏日海滨假期”，就可以看到这是三个标签“夏日”、“海滨”、“假期”的组合。此外还有街道交通图示、狗的鼻子、万圣节前夜的装束以及服装模特儿等组合标签。

Flickr 把照片共享，标签的使用视作一项社会化的活动，叫做“大众分类”。也就是说，照片查看者可以为照片添加评论，这就有点像加入一个真正的聚会一样。对于一个正在浏览照片的人来说，这些照片的注释和评论就像照片的主人坐在你身边，拿着影集给你讲故事一样。

Flickr 的照片查看者还可以给照片评分，评分的依据是“感兴趣程度”。每天都会评出几张最有意思的照片，并专门组织一个单独的网页以便于网友浏览。Flickr 还支持照片的基本编辑操作，比如旋转照片、按顺序打印照片、把照片发给某个组，把照片加到某个博客里，删除照片等。任何人不管他身处世界何处，都可以查看这些照片。当然，比如某些照片设置了权限管理，则只有授权的人（可以限定某些照片只能是自己的朋友或者家人才能参看）才能做相应的操作，比如查看，编辑，或是添加评论。

Flickr网站提供的免费用户可以发布的照片数量是没有限制的；然而，却有一个带宽的限制，也就是说，每一个免费用户在一个月内传输的数据量（取决于照片的大小和数量）是有限制的，但是只要每月缴纳几美元成为他们的会员，就没有带宽限制了。

由于Flickr网站提供的照片共享服务是免费的，公司的收入主要来源于雅虎投放在网页上的广告。摄影爱好者在Flickr上发布照片，至于是否愿意出售这些照片，则是他们的自由。版权方面的考虑也有，有一个叫做“创作共用”（也叫“知识共享”）的许可形式。这种许可形式比较灵活，有好几个类型以及版权保护的内容。但它主要针对的是，以非盈利的方式使用照片。Flickr提供了一个简单的接口网页，允许摄影爱好者出于保护版权的考虑而选择某种许可形式。

出于方便编程的考虑，Flickr还发布了所有的API（应用程序编程接口），程序员可以使用这些API开发出针对苹果电脑、Windows系统、带照相功能的手机，以及其他设备的照片上传软件。

Flickr现在算是风靡全球了，这也算是信息系统助力全球化的一个印证吧。

问题

(1) 为什么Flick能够在全世界的范围内这么受欢迎？

(2) 一个面向本地业务的网站可以从Flickr的成功学到什么？

(3) 像Flickr这样的网站是如何推动全球化的？

资料来源

Brad Stone, “Photos for the Masses”, *MSNBC-Newsweek*(March 18, 2004), http://www.msnbc.msn.com/id/7160855/site/newsweek/

Anonymous、“The New New Things”, *Flickr Blog* (August 1, 2005), http://blog.flickr.com/ flickrblog/2005/08/the_new_new_thi.html

Daniel Terdiman, “New Flickr Tools Rein in Photo Chaos” (August 2, 2005), http://news.com.com/Shedding+light+on+Flickr/2100-1025_3-5997943 .html

http://news.com.com/Tagging+gives+Web+a+human+meaning/2009-1025_3-5944502.html

案例❷

电子化的航空运输业：航空运输业的全球化

在航空业最初的头几年里，航线主要是运输航空邮件，主要的客户是政府。只是在第二次世界大战之后，才有了真正载人的航线。很多航线的先驱都是国有企业，航空运输业发展很快，现在已经高度规范化了，比如关于运营线路，价格结构，以及其他一些运营方面的要求。这些要求一直延续到20世纪70年代，当时美国政府和其他一些国家，开始开放航空运输业。过去的航空公司的所有权都归政府，现在可以是私人所有了。这项开放政策吸引了大量的新鲜力量加入到这个行业里去，特别是出现好多低成本的航空公司。

新创办的航空公司和已经建立的航空公司都面临着新的竞争环境，为了生存都不得不削减开支。然而，不仅是老航空公司比如泛美航空公司与环球航空公司为生存而斗争，就连一大批新成立的公司虽然业务刚开展不久，有的也申请破产了。导致这一切的原因是：航空运输业是一个周期性非常强的行业；从历史数据来看，一般是先有5~6年的好光景，然后是4~5年的苦日子。在节奏转换或者业务下滑的时候，大批的新公司就扛不住了，不得不关门了事。最近的一次下滑可以从发生在2001年9月11日的恐怖袭击算起，许多航空公司都艰苦度日。最后，很多航空公司破产了，或者被强大的竞争对手收购了；类似地，飞机制造商比如波音和空客，都面临新飞机订单严重下滑的不良局面。实际上，有很多新开业的航空公司，在“9·11”后把它们的客机直接飞到美国西南部的仓库里永久封存起来了，压根就没运送过一名乘客。

虽然美国航空运输业大幅下滑，不过有些国家，比如印度和中国，由于经济发展势头良好，坐飞机旅行的需求也很旺盛。举例来说，在过去的几年里，有一些低成本的航空公司比如翠鸟航空公司进入了印度市场，坐飞机旅行于是不再是一件奢侈的事情。基于此，印度的航空运输业得到了空前的发展。仅2005到2006年，乘坐飞机旅行的人数，增长率就高达20%。对飞机制造商来说，它们也得到了空前的发展机遇。近来，波音公司调高了其20年期市场预测，它认为印度的飞机需求高达350亿美元，而不是此前的250亿美元预期。类似地，波音公司预测中国每年的客机需求量大约增长9%。大多数西方国家不可能有这样高的增长率，因为它们的航空运输业相对成熟了，美国的增长率也不过才3.5%。当前中国的市场容量大约是美国的六分之一，波音公司预测在接下来的20年里，中国的市场可以发展到美国市场的一半。

印度和中国的情况很不错，但那些飞机制造商，比如波音或者空客，也在为争夺订单空前激烈地竞争着，这一点也不意外。在印度或者中国这样的市场，这些巨头取得了非常好的成绩；在其他市场，这些巨头提供的飞机就不一定能满足当地的需求了。很多俄罗斯的国内航空公司用的都是前苏联遗留下来的飞机，这些飞机可以应付一些复杂的情况，比如目的地的飞机跑道覆盖了厚厚的积雪，如何降落成了问题；缺乏地面设施，无法处置行李或者乘客（参见图2-19）。另一方面，俄罗斯的飞机制造商，比如伊尔或者图波列夫，生产的最新型号的飞机，市场接受程度也不是太好。虽然飞机的价格比西方的竞争对手便宜，关键是噪音超标了，市场依旧不买账。为了保持其航空工业的大国地位，俄罗斯合并了国内的6家大型飞机制造商，成立了一个由国家控股的公司——联合飞机公司。对波音和空客来说，这可是好消息，他们在莫斯科的办事处雇用了好几百名俄罗斯的工程师，专攻飞机设计。首先，联合飞机公司已经声明他们将专注于小型的面向区域性的喷气式飞机，这样就规避了来自长途客机市场的竞争。俄罗斯民用航空总局现在已经确定将选择波音或者空客中的一家作为自己的供应商，俄罗斯民用航空总局最近的一份订单差不多要订购22~23架飞机，价值约30亿美元。其次，波音和空客都希望他们的公司有着充盈的人才储备库（特别是飞机的设计和制造领域），这些后备的人才均来自于在联合飞机公司成立后离职的工程师。

图2-19　基础设施的差别也影响了航空运输业

虽然新兴市场的开发，使得新的航空公司以及飞机制造商前途光明，但是依然有些问题需要面对，需要解决。比如说中国和印度的总人口加起来有24亿，能花得起钱坐飞机旅行的毕竟是少数。另外，对很多低成本航空公司来说，不可能直接克隆北美或者欧洲的成功的商业模式，比如美国的西北航空公司、爱尔兰的瑞安航空公司或者英国的易捷航空公司。举例来说，美国或者欧洲的低成本的航空公司，可以通过回避传统营销方案来大幅降低运营成本；实际上，有时候这些公司的机票不在传统的机票代理处卖，游客必须到网上去买票。在印度或者中国，这项为削减开支而定的规矩（这里指的是仅提供网上订票服务）可能把大量的潜在客户赶走，因为在线交易的安全性还是一个问题。

问题

(1) 列举飞机制造商可以从全球化得到的好处，信息系统怎样有助于收获全球化带来的益处？

(2) 一些新兴国家出现了航空运输业快速发展的好势头，请问，这种发展趋势是可持续的吗？为什么？

(3) 大多数飞机制造商制造的是通用型的飞机，世界各国均可采用。请问这样的公司需要采用不同的商业策略吗？你愿意向飞机制造商推荐哪种商业策略呢？

资料来源

http://www.boeing.com/commercial/cmo/regions.html

A. E. Kramer, "Russian Aircraft Industry Seeks Revival through Merger", *The New York Times*, (February 22, 2006), C-1

Times of India, "Global Players Vie for Indian Sky" (July 19, 2006), http://timesofindia.indiatimes.com/articleshow/1778998.cms

第3章

信息系统投资评估

综述> 本章的重点旨在研究组织如何评价及战略性地使用信息系统投资，从而确保企业在行业竞争中保持绝对的优势。正如第1章所述，只有高效、经济、具有独特潜力的企业才能在激烈的市场竞争中立于不败之地。然而，确定信息系统的价值，对企业和个人而言，都是至关重要却又难以把握的。如何才能在科技飞速发展、日新月异的时代，针对信息系统呈现其应用“案例”，并做出正确的投资决策？通读本章后，读者应该可以：

1. 讨论组织如何使用信息系统实现自动化和组织内的学习，并获得和保持战略优势；
2. 描述如何陈述和展示信息系统的业务案例；
3. 探究公司为什么以及如何在信息系统的使用上实现创新性的突破，从而获得竞争优势。

本章我们首先从研究组织怎样从信息系统投资中获取最大价值入手，然后对构造业务案例的意义及因素进行分析，最后讨论信息系统的创新性使用方式的持续需求。

数字世界中的管理 TiVo

你是否因为参加亲人的婚礼而耽误了精彩的球赛而痛心不已？你是否总是因为工作忙碌错过了喜欢的精彩节目而满怀遗憾呢？“人人皆有生命，TiVo让生命精彩。”1999年起，TiVo这句简单的广告语改变了人们收看电视节目的传统方式。TiVo通过一个神奇的盒子满足你收看节目的所有需要，如果你不在家，它可以自动地为你记录下所有钟爱的电视剧、电影、卡通片……它可以随时随地为你提供喜欢的任何节目。

1997年，迈克·拉姆齐（Mike Ramsay）和吉姆·巴顿（Jim Barton）第一次提出了TiVo的业务计划。1999年，第一个TiVo“盒子”交客户使用。随着业务的发展，2006年TiVo已经可以为用户提供多样的选择：能够免费录制80小时电视节目的基本型号，能够同时录制节目的30美元与130美元的两种型号，而180美元这一型号，除了提供一个可以录制40小时节目的TiVo盒子，还提供了一台DVD播放机及刻录机。使用TiVo的用户可以根据需要，选择从16.95美元到19.95美元不等的服务费用，也可以选择一次性支付三年服务费的优惠费用。家里拥有了一台TiVo，用户就可以直接选择想要录制的节目，而不必了解节目的具体播出时间。

TiVo到底是什么呢？它是一台带有硬盘记录设备并具备如下特性的计算机。

- 与有线电视电缆、碟形卫星天线、普通天线连接后，自动为用户录制钟爱的节目。
- 内置的搜索引擎将寻找到与用户的喜好相匹配（通过节目名称、演员、导演、分类，甚至关键词）的节目并自动录制。
- 简单的家庭网络功能，支持在线服务，如播客、雅虎天气、交通报告、当地电影上映名录及电影票的信息。
- 简单易用的导出功能。用户可以便捷地将节目复制到笔记本电脑或者移动设备上，也可以将其刻成光盘。

TiVo的出现，将看电视这种单一的体验演变成交互式的体验，如果电话铃响，可以先暂停节目，电话结束后可接着暂停的位置继续观看或者快进到此时播放的位置观看。也可任意地选择自己钟意的节目部分重新播放，绝对不会有错过精彩节目的遗憾。

TiVo盒子是由一个微处理器、一个视频编码/解码芯片和一块硬盘共同组成的。硬盘的容量由最初的13 GB扩大到60 GB，如今已扩大到250 GB。而且新型号的TiVo盒子具备了更多的功能：不仅能够录制高清电视节目，而且可以同时录制两个频道，并且可以将内部硬盘中的节目烧制为DVD，甚至能够连接到以太网和无线网络。TiVo的硬件由得到许可的制造商生产，TiVo提供运行在硬件上的软件。TiVo的软件是基于Linux操作系统的，并时常会为用户提供更新。

图3-1　TiVo可以满足消费者按照自己的时间表观看电视节目的需要

可供用户的选择包括下面这些。

- 根据电影的类型来选择，如喜剧、推理剧、浪漫作品等。
- 根据出镜的演员来选择。
- 根据喜欢演员出镜的特定类型节目进行选择。
- 根据某人或者某物选择节目，如芦荟处方。
- TiVo与家庭计算机网络相连后，可以在TiVo系统中播放计算机中的音乐。
- 此外，TiVo可以显示保存在计算机里的照片，以满足用户在大屏幕前观赏照片的需要。

如今，TiVo中心的服务已经开通，用户已不必在TiVo盒子上操作，而是可以通过因特网来实现节目录制计划的提交。

同所有成功的新技术一样，TiVo也曾遭遇到众多公司的模仿，面临着激烈的竞争。一些有线电视公司为用户提供了数字视频录制器（DVR），用以满足用户录制节目的需要。然而，这些竞争对手却无法提供出可与TiVo抗衡的周到服务。

如何应对激烈的竞争，如何维持或争取更多的客户？面对这一难题和挑战TiVo公司做出了一次又一次的调整。例如，TiVo对于配有遥控器的基本TiVo盒子不再收费，而是将费用包含在每月的订购费用中；同康姆卡斯特（Comcast）有线电视公司联合，向客户提供一些额外服务；2006年3月，TiVo与威瑞森无线（Verizon Wireless）达成协议，威瑞森手机用户可以在他们的手机上拟定自己TiVo盒子的录制计划；在另外一个叫做TiVoToGo的尝试中，TiVo为用户提供软件，满足用户将TiVo中录制的节目转移到笔记本电脑中的需要。此外，未来的TiVo将增加显示广告的功能，这是因为商家抱怨TiVo用户可以快进跳过广告。（毋庸置疑，该项功能会引发部分TiVo用户的愤怒。）

2006年3月，TiVo推出了KidsZone这项新服务，家长可使用该服务为孩子寻找适合的节目，并且，此项服务也可将儿童节目与成人节目自动隔离开。

很显然，TiVo正在不断地创新并改变其相关的服务，来满足用户不断改变的各种需求。

阅读完本节，请完成下列题目。

(1) 提出一个“业务案例”说服家里人或者室友购买TiVo？

(2) TiVo是一种什么方式的颠覆性创新？

(3) 如果视频点播（任何类型的视频内容可以在任何时刻任何设备上播放）出现，请预测TiVo的前景。

资料来源

http://en.wikipedia.org/wiki/TiVo

Margarite Reardon, "TV Looks to Verizon Phones for TV Recording", *CNet News*(March 7, 2006),http://news .com.com/TiVo+looks+to+Verizon+phones+for+TV+recording/2100-1039_3-6046759.html

http://news.com.com/Love+in+the+time+of+TiVo/2100-1041_3-6039433.html

http://www.tivo.com

3.1　评估信息系统

在第 1 章中，我们提出了信息系统对组织具有战略性价值。接下来我们将描述使用信息系统的 3 个方面：实现自动化、实现组织内学习、实现组织战略（参见图 3-2）。这 3 个方面对企业都是有益的，均可为业务增加更多的价值，它们是相辅相成的，并不是互相排斥。最后一个方面指出信息系统被组织用来支持其战略，帮助公司获得和保持竞争优势。

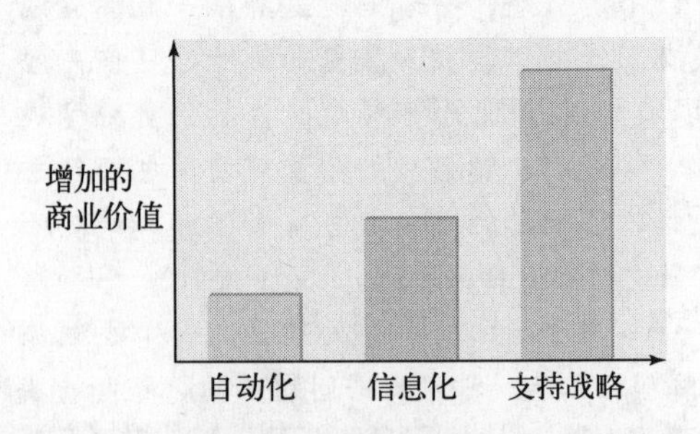

图 3-2　信息系统对业务的增值来自 3 个方面：自动化、学习和支持战略

3.1.1　信息系统为自动化服务：更快地做事

持**自动化**观点的人认为，技术是一种工具，可以帮助组织更快捷、更经济、更准确、更稳定地完成任务。下面我们来看一个典型的案例。

在处理贷款申请审查流程的时候，有自动化意识的人往往会把这个流程自动化：他会把贷款申请输入到计算机的数据库中，这些与决定审核结果相关的信息，可以让该申请被及时、便捷、准确无误地处理。这套系统也可以让用户在线完成贷款申请，把手工操作转变为自动化贷款申请流程。这样组织就可以更有效地配置员工，从而节省大量成本。

在表 3-1 中，我们列出了三种不同贷款申请处理流程的细节，用以说明信息系统实现自动化所带来的益处。在第一个例子中，所有的操作都由手工完成。第二个例子是由技术支持的流程：潜在客户手工填写申请表，银行职员把申请表输入计算机。第三个例子介绍了完全自动的处理流程：潜在客户直接利用 Web 在线填写申请，系统自动接收这些申请，把它们保存在数据库中并处理。

表 3-1　三种不同贷款申请流程涉及的活动、每个活动需要的平均时间

贷款流程的主要活动	手工贷款流程（时间）	由技术支持的流程（时间）	全自动流程（时间）
(1) 完成和提交贷款申请	客户把申请表拿回家填写好再带回来提交（1.5 天）	客户把申请表拿回家填写好再带回来提交（1.5 天）	客户在家通过 Web 填写申请（1 小时）
(2) 检查申请表中的错误	雇员用批处理的方式进行检查（2.5 天）	雇员用批处理的方式进行检查（2.5 天）	计算机在申请完成后检查（3.5 秒）
(3) 将申请表输入信息系统	处理需要花费 1 小时，申请以纸质的形式保存	雇员用批处理的方式完成（2.5 天）	在线申请流程的一部分（无需额外的时间）
(4) 评定贷款申请是否低于 250 000 美元，以决定是否发放贷款	雇员完全用手工完成此项工作（15 天）	雇员在计算机的帮助下完成此项工作（1 个小时）	计算机自动完成此项工作（1 秒钟）
(5) 委员会决定超过 250 000 美元的贷款	（15 天）	（15 天）	（15 天）
(6) 申请结果告知	雇员以批处理的方式手工完成通知信（1 周）	雇员在计算机的帮助下完成通知信（1 天）	系统使用电子邮件通知（3.5 秒）
合计	25~40 天，具体时间取决于贷款金额	5~20 天，具体时间取决于贷款金额	1 小时 ~15 天，具体时间取决于贷款金额

注：请注意，现在许多贷款申请服务在用户在线申请报告中，均给以没有最终确认的“临时性”批准。也请注意，只有手工流程和技术支持流程的一些活动是可以并行发生的。

完全自动化的实时储蓄业务系统，只能处理少于250 000美元的贷款申请，此类贷款的数量是庞大的。反过来，在三个例子中有一个共同之处，那就是，超过250 000美元的贷款申请，需要执行委员会用超过两周的时间来决定是否发放。自动化系统能处理的只有那么多。

尽管组织能够估算的重大获益都来自之前手工操作的自动化，但是，仅仅利用信息系统实现自动化是目光短浅的。在下一节中，我们对怎样更加有效地使用该项技术进行更加详尽的说明。

3.1.2 信息系统为组织内学习服务：更好地做事

我们是可以使用信息系统来进行学习和改进的。Shoshana Zuboff（1988）把这个过程称作**信息化**。Zuboff认为：一项技术只有提供关于其自身和其支持工作流程的信息，才可称之谓信息化。系统不仅仅可以帮助我们完成自动化业务流程，还可以帮助我们学习和改善与这个流程有关的日常活动。

学习意识是建立在自动化意识之上的。大家普遍认可，信息系统是一种用于组织学习和改进自动化的媒介。**组织学习**就是组织从以往的行为和信息中进行学习，最终实现自我改进的一种学习方式。1993年，在《哈佛商业评论》的一篇文章中，David Garvin是这样描述**学习型组织**的：它们是一种“在创造、获取、改进知识方面很有技巧，并能够根据新知识及其洞察力改变自身行为”的组织。

为了说明这种学习意识，让我们再次思考一下前面贷款申请流程中的例子。图3-3展示了基于计算机的贷款处理系统对不同类型贷款（按照天、月、季）的跟踪情况。通过这些分析，管理者可以很容易地看到贷款趋势，及时订购空白贷款申请表、招募和训练贷款部人员……管理者也可以更加有效地管理用于借贷的资金。

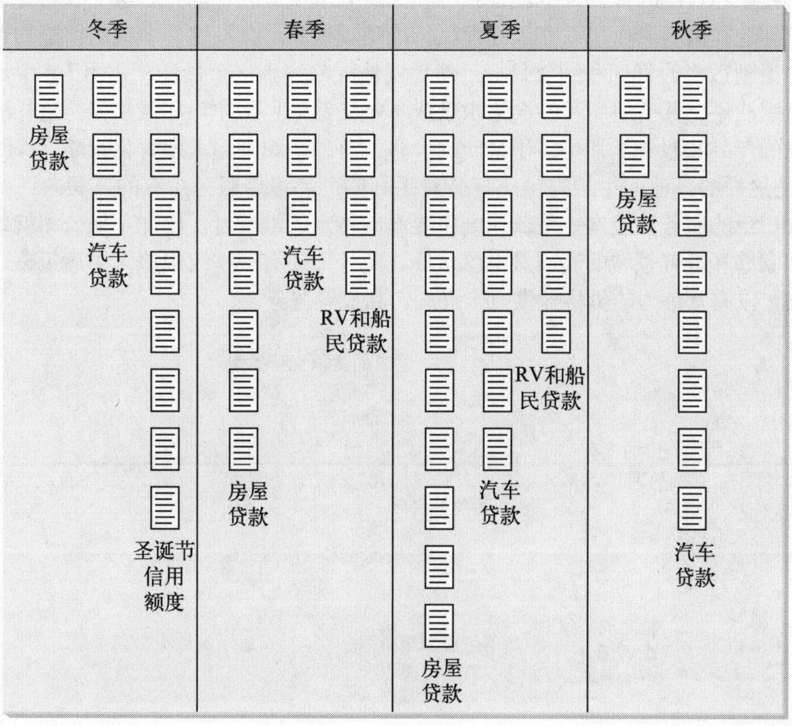

图3-3 基于计算机的贷款处理流程，告诉银行管理者在每个季节哪些类型的贷款最多

使用学习的方式，可以让人们跟踪并学习到，特定类型的人在每年特定时间内填写申请的类型

（例如，在秋天有更多的汽车贷款，特别是20多岁和30多岁的男性）、贷款决定的模式和贷款的后续履行情况。这个新系统还提供了一些业务流程的根本性数据，利用这套系统可以更好地监视、控制和改变流程。换句话说，就是从信息系统学习贷款申请和批准的情况，从而更好地评估贷款申请。

从长远观点看来，自动化和学习途径相结合比单独自动化更为有效。如果技术支持的业务流程存在先天性缺陷，那么使用技术进行学习能够发现不足并加以改正。例如，在贷款处理流程的例子中，对技术的学习性使用，就可以揭示已接受的贷款申请模式，以便能够区分高效贷款和低效贷款，进而改变接受贷款的标准。

如果业务流程不合理，而仅仅利用技术进行自动化（也就是不去揭示那些体现不佳业务流程的数据），则很可能继续使用这种有缺陷的或者不够优化的业务流程，从而掩盖了流程问题。

纯人工每天能够审查4份申请，由于采用了一组不利的贷款接受标准（举例来说，规则允许批准贷款给一个有很高负债但最近还贷并没有迟后的人），那么平均每周会无意中接受两份不良申请。如果自动化这个不完美的流程，却没有加入任何学习方面的支持功能，系统会帮助一个人每天检查12份申请。在这种情况下，平均每周有6份不佳申请被批准，这样技术就使原有的流程问题扩大化了。可见，如果缺乏了学习部分，发现信息系统之下的不佳业务流程会很困难。

3.1.3 信息系统为战略服务：更明智地做事

如前所述，使用信息系统改进业务流程、将其自动化是有益的。在大多数情况下，使用信息系统的最佳方向就是支持组织战略，让组织可以在竞争中获得或者保持优势。思考一下**组织战略**（一个公司实现其使命和目标的计划，也就是获得和保持竞争优势的计划）和这个战略与信息系统的关系，就可以理解这样做的原由了。高级经理执行**战略规划**时，会设定一个组织前进的远景，并将远景转化成为一系列适当的目标和绩效目标，然后实施战略达到这个目标。在图3-4中，我们列出了一些常规的组织战略。某些组织可能会追求**低成本领先策略**，沃尔玛和戴尔就是这样的，他们在各自行业、各自的产品和服务上都提供了最佳的价格；有的组织则追求**差异化策略**，保时捷、诺德史顿和IBM就是这样的，他们尽量提供比竞争对手好的产品或者服务；有的公司向许多不同类型消费者提供多种广泛的服务，还有一些公司则主要面向特定的消费者，比如苹果公司就曾经很多年把注意力集中在家庭和教育领域的高质量电脑市场。此外，还有一些组织追求中庸策略，遵循**最优成本供应商策略**，以有竞争力的价格提供适当好的产品或者服务。

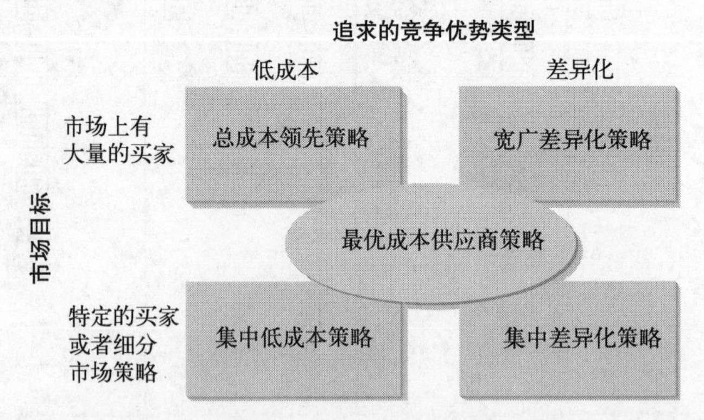

图3-4 列举了5种常规的组织战略：宽广差异化策略、集中差异化策略、集中低成本策略、总成本领先策略、最优成本供应商策略

在信息系统方面具备战略眼光和意识的人，不仅仅用信息系统实现自动化和学习，同时也会尽

力寻找各种方法，使用信息系统来实现组织的选定战略。这类人往往会在获取自动化和学习益处的同时，从信息系统中寻求实现组织战略、获得竞争优势的方法。实际上，在当今的商业环境中，一个被提议的信息系统如果不能清晰地表现出其战略上的价值和地位（也就是，帮助组织改进业务，使之更具有竞争力），即使这个系统可以帮助人们更加明智、更加节省地处理流程，也不会被投资的。

3.1.4 竞争优势的根源

商业公司通常是怎样获得竞争优势的呢？一个组织在吸引顾客和抵御竞争方面具备优势的时候，它也就具备了竞争优势（Porter, 1985，2001）。为了取得成功，业务必须有远见，将投资集中在诸如信息系统和技术等方面，为公司提供竞争优势的资源。竞争优势的来源包括下面几项：

- 具备市场上最好的产品；
- 提供较好的客户服务；
- 成本比对手低；
- 具备独有的制造技术；
- 在新产品方面领先，可以用较少的时间完成新产品的开发和测试；
- 具备广为人知的品牌和良好的声誉；
- 能够给顾客以更多的价值。

保护公司利益还是保护雇员利益? **道德窘境**

考虑如下场景：ACME 的人力资源经理戴夫被要求对公司信息系统部门正在设计的工资支付系统提供意见。戴夫知道，用户的意见对于信息系统的成功开发是很重要的，他希望可以为信息系统职员提供帮助。

在戴夫评估新工资支付系统时，他发现这套系统能够帮助公司节省很多资金，也会减少一些错误；但是，同时它也会消除很多职位——他的朋友和同事需要这些工作来养家糊口。对于戴夫来说更加合乎道德的选择是哪个？

(1) 建议安装和实施这套新的工资支付系统。

(2) 尽可能多地挑这套新系统的毛病，使他认识的和喜欢的工作人员能保住工作。

公司有效地使用信息系统，就能够获得和保持这些竞争优势的来源。现在让我们回到贷款的例子，对信息系统具备战略眼光的人，往往会选择基于计算机的贷款申请处理流程。因为这样可以帮助组织实现战略计划，比对手更快、更好地处理贷款申请，而且还可以改善贷款申请的选择标准。这个流程和与之相对应的支撑信息系统，不但为组织增加了价值，同时与组织的战略也是相符的，它对组织的长期生存和发展是非常重要的。但是，如果组织管理者决定其战略为开发新产品和服务，那么基于计算机的贷款处理流程和底层系统仍不是有效的投资，也不是对资源的有效使用，尽管系统可以提供自动化和学习方面的益处。

3.1.5 信息系统和价值链分析

价值链分析是管理者识别信息系统获得和保持竞争优势的工具（Porter，1985，2001；Shank and Govindarajin，1993），把组织视作一个巨大的输入 / 输出处理流程：在流程的一端，输入组织购买的供给（参见图 3-5）；组织接收这些供给并把它们变为产品和服务，接着投入市场销售，并分发给顾客；在售出这些产品和服务后，组织会向客户提供相应的服务。在整个处理流程中，所有雇员都有机会为组织增加价值。比如，使用更加有效的采购方式、改进产品、销售更多产品等。在组织中增加价值的一系列活动就是组织内的**价值链**。

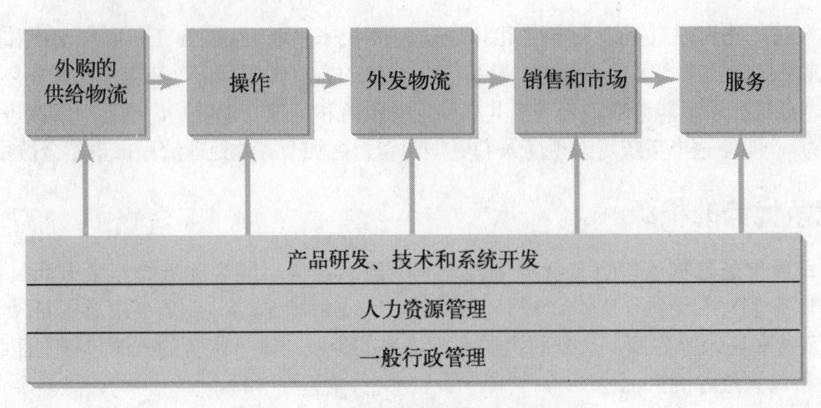

图 3-5　一个常规的组织价值链例子

价值链分析是通过分析组织活动，以确定产品和服务的增价环节及其相关成本的过程，价值链分析首先绘制出组织的价值链，在图上标明增值或者应该增值的活动、功能和流程。接下来在价值链图表的每个区域确定成本，以及产生成本和影响成本的因素，然后与竞争对手比较相关的成本，最后对价值链做改进，以获得或者保持竞争优势。鉴于信息系统可以自动化许多价值链上的活动，所以管理者可使用价值链来分析如何应用信息系统获得竞争。价值链分析已经成为管理者广泛使用的工具。

3.1.6　价值链分析中信息系统的作用

使用信息系统已经成为组织改进价值链的主要方式。在图 3-6 中，我们展示了一个价值链的例子和一些使用信息系统改进生产率的方法。例如，许多组织已经利用因特网把业务连接起来，支持这些业务在线实时交换订单、支票和发票。目前，使用因特网已经成为改进组织价值链前端的普遍方法。事实上，现在许多公司使用因特网让各个业务互相配合，这些系统被称作企业外联网（在第 5 章中将会有更加具体的介绍）。

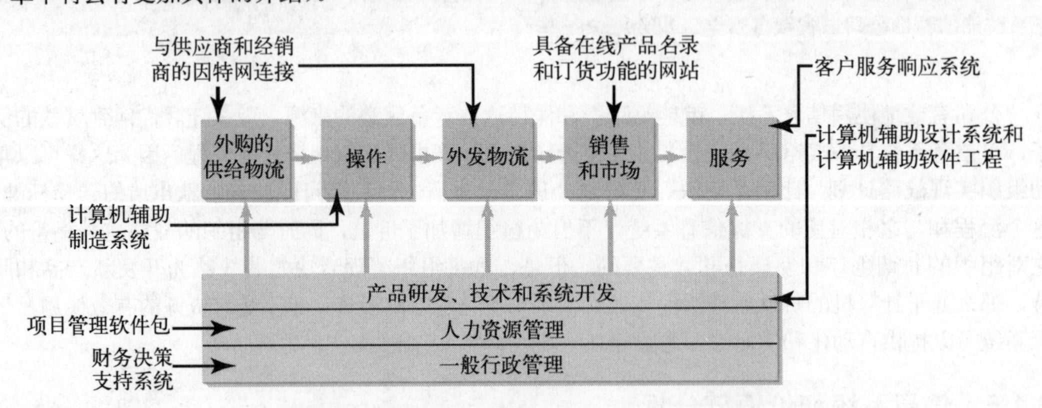

图 3-6　价值链示例和使用信息系统增加价值的例子

3.1.7　技术与战略相一致

可能有人会问，既然信息系统可以帮助企业更快、更好地做事，还可以帮助降低成本，那么，还有必要在乎它是否与企业的战略相符吗？这是一个很好的问题。如果金钱可以凭空得到，那么组织倒是能够构建和使用想象到的任何信息系统；但是由于时间和金钱的限制，组织只能构建具备最大价值的系统，也就是那些既能帮助组织实现自动化和学习，同时也具备战略价值的系统。在大多数情况下，组织不需要与战略不相符的系统，尽管它们能够提供自动化和学习方面的益处。再进一步来说，由于在信息系统上的花费不断攀升，大多数公司也只是愿意在具备清晰而巨大价值的系统上花钱。

基于上述对系统增值的关注可以推断，如果组织战略是行业低成本的领导者，那么，提供高质量差异化产品的系统是不需要的。换句话说，如果一个公司追求低成本策略，那么帮助其削减成本的投资，远远会比那些不能帮助其削减成本的投资有价值得多。

同时，我们也应该注意到，仅仅选择和实施新兴信息技术，是不足以获得和保持竞争优势的。任何重大信息系统的实施，必须配以适当的重大组织变革，而这些变革通常以业务流程管理（BPM）或其他类似的组织功能改进形式出现。不尝试对组织做任何改变和改进，而只是直接接受一个信息系统，是不恰当的。我们将会在第 8 章中详谈 BPM 在改变组织业务流程方面的作用。

3.2 为信息系统构建业务案例

众所周知，资金的积累来之不易，所以组织中的管理者在任何方面的消费上都很慎重，特别是在信息系统上的花费更是需要充足的理由。人们投资构建一个新系统，或者在现有系统上花费更多资金之前，必须深信这是一个有意义的投资，相信它会在自动化、学习或者战略方面带来很大的益处。在这里，我们引入一个术语**构造业务案例**（making the business case），用它来描述识别、量化和展现信息系统提供价值的整个过程。

索尼的秘密

前车之鉴 :-(:-| :-0

2005 年 11 月，马克·拉希诺维奇（Mark Russinovich）在测试与他人合写的一个计算机安全软件时，突然发现有个从未见过的“不速之客”隐藏在他计算机的角落里。拉希诺维奇是一位经验丰富的程序员，曾经写过一本 Windows 操作系统方面的书，但是即使是这样他也不能立刻确认闯入者的身份。于是，拉希诺维奇分析这个“外来者”的 exe 文件中的二进制代码，最终发现在播放一个从 Amazon.com 购买的 Van Zant 专辑后这个外来者就出现了。

这个专辑由 Sony BMG 音乐娱乐公司出品。在拉希诺维奇购买的时候，产品的广告宣称这张专辑受到“版权保护”。后来他发现这种保护措施包含一个叫做 rootkit 的隐藏代码，这段代码在没有得到用户允许的情况下就安装在硬盘上了。每次播放这张 CD 的时候，rootkit 都会通知 Sony BMG。

拉希诺维奇在自己的博客上公布了这个发现后立即掀起了轩然大波，引发了对 Sony BMG 这种保护方法的争论。那些辩论者说，版权保护是一码事，但是 Sony BMG 做得太过分了。

专家解释说 rootkit 本身对计算机是无害的，但是它可能会成为病毒和特洛伊木马的隐藏之所。Sony rootkit 的新闻发布不久，病毒制造者真就利用 rootkit 和特洛伊木马来传播病毒了。此后 Sony 宣布停止分销包含 rootkit 的 CD，同时向消费者发布卸载 rootkit 的指令。

Sony BMG 争辩说它只是保护歌曲的版权而已。为 Sony 编写软件的英国公司也宣称自己对这个程序进行了测试，并没有发现问题。CD 消费者则不敢苟同。他们反驳说，这样的做法是卑鄙的，不仅仅取得了他们计算机的控制权，而且让他们容易受到恶意入侵者的攻击。

资料来源

Ingrid Marson, “Sony Rootkit Victims in Every State, Researcher Says”, *CNet News*(January17, 2006),http://news.com.com/Sony+rootkit+victims+in+ every+U.S.+state%2C+researcher+says/2100-1029_3-6027857.html?part=rss&tag=6027857&subj=news

http://news.com.com/FAQ+Sonys+rootkit+CDs/2100-1029_3-5946760.html?tag=nl

3.2.1　业务案例的目的

为信息系统构建业务案例究竟意味着什么？首先让我们来思考一下辩护律师在法庭审判时的所作所为：他们小心地构造一组强有力的、综合性的理由和证据来证明其当事人是无罪的，他们向审判人员构造和呈现事例。负责业务的人采用的是类似的方式，他们必须经常构造强有力的、综合性的理由和证据，用以证明信息系统会为组织或组织的某些部门增加价值。用业务上的行话来说，这个过程就是为系统“构建业务案例”。

无论是业务专家，还是财务、会计、市场或者管理等方面的专家，都会参与到为系统或者其他投资构建业务案例的过程中。所以，他们都需要了解如何有效地为一个系统构建业务案例，以及如何理解涉及的相关组织问题。发现不能增加价值的系统是组织最感兴趣的事，也是参与者最感兴趣的事。在这种情况下，需要改进系统或者替代它们。

对提议的系统构造业务案例与对现有系统构造业务案例同等重要。对于提议的系统而言，这个案例决定了新系统是否可以启动；对于现有系统而言，这个案例决定了公司是否继续对它进行投资。无论考虑一个新系统还是考虑一个现有系统，目标都是确保该系统可以增加价值，帮助公司实现战略战策，获得和保持竞争优势，以确保资金被合理有效地使用。

3.2.2　生产力的自相矛盾

不幸的是，尽管与开发信息系统相关的费用很容易计量，但是，在生产力方面，使用信息系统而获得的切实收益却不容易计量。在过去的几年中，出版业很关注信息系统对劳动者生产力的影响。他们发现，很多时候，信息系统方面的部署、工资、人员数目都有了增长，但是这些投资所带来的结果却让人大失所望。例如，2006 年全球在信息系统方面所花费的费用高达 2.6 万亿美元，比 2005 年有 0.8% 的增长。美国和加拿大公司在信息系统投资上平均是其收入的 2%，而在 2005 年这个比例则是 1.7%。证明信息系统投资的合理性，是许多公司高级管理者们的热门话题。特别是投入了上万亿的资金后，“白领”，尤其是服务部门“白领”的生产力，并没有出现预期的增长。

为什么难以看到信息系统上的大量投资所带来的生产力提升呢？是不是信息系统总是以某种方式让我们失望呢？承诺提升性能和生产力，然后却未能兑现这样的承诺，原因何在？确定这个问题的答案并不容易。信息系统可能提升了生产力，但是其他力量可能同时降低了生产力，所以最终结果难以鉴别。许多因素都会对公司的生产力产生重要影响，这些因素包括：政府法规、更加复杂的税务规范和更加严格的财务报表要求（例如萨班斯法案，参见第 4 章）、更加复杂的产品等。

有些时候带着最好目的构造信息系统，却带来了非预期的结果。如：雇员使用过多的时间上网冲浪，在 ESPN 网站上查看体育比赛得分，接收从因特网营销公司或者私人朋友发送来的大量垃圾电子邮件，使用公司计算机下载和运行软件游戏（参见图 3-7）。在这种情形下，信息系统导致了更低的工作效率、更低的雇员间沟通效率以及对雇员时间更低效地使用。雇员的此类行为会影响

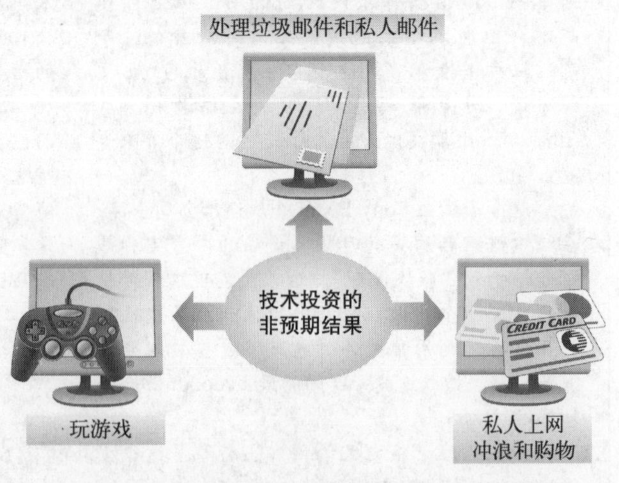

图 3-7　非预期结果可能会限制由信息系统投资带来的生产力提升

生产力指标吗？当然会。尽管如此，一般而言信息系统是可以提升组织生产力的。如果事实是这样的话，为什么组织不能发现很大程度的生产力提升呢？对于这种信息系统投资方面的**生产力悖论**是有许多原因的（图 3-8）。接下来我们对此进行研究。

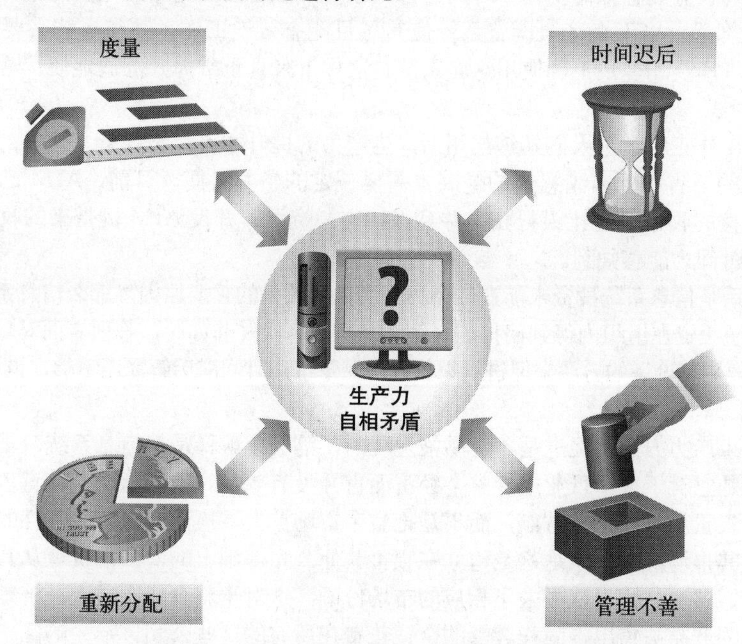

图 3-8 导致信息系统生产力自相矛盾的因素

1. 度量方面的问题

在许多案例中，由于公司采用了错误的度量指标导致信息系统的收益难以查明。生产力增长的最大方面通常来自**系统效力**（也就是，系统帮助人们或者公司完成目标或者任务）的增长。不幸的是，许多业务度量都关注于**系统效率**（也就是，系统帮助人们或者公司提升完成任务的速度、降低完成任务的成本或者时间和劳动力）。尽管信息系统具有真正的收益，但是这些收益却没有被度量到。效力方面的改进有时也难以度量，而且信息系统带来的收益并不总是可以事先定义的，所以更加难以发现（我们知道，为了发现点什么，通常需要先知道你寻找的目标是什么）。度量问题不仅仅存在于传统的办公信息系统，也存在于其他所有类型的系统中。

在信息系统投资方面，有一个很好的度量问题例子，那就是 ATM 机的使用。ATM 机对银行业的贡献有多少呢？传统的统计可能关注交易的数量或者产生这样的效果需要的人力。显然这种统计方法不适用于 ATM 的例子。使用 ATM 后书写支票的数量实际上降低了，这使得生产力统计数据变低了。从另一个方面看，读者可以想象一个银行不提供 ATM 服务还能保持竞争力吗？这个竞争的市场要求银行对客户改进服务、提供这种增值服务。如今提供大量的 ATM 服务并部署与之相关的信息系统已经成为**战略必需**——组织为了生存而必需做的事情。

2. 时间上的滞后

信息系统对生产力的提升效果难以展现的第二个原因是，从开始投资到发现其改进作用，期间存在着巨大的时间滞后。布林约尔弗松（Brynjolfsson，1993）报道说，这种滞后通常是两到三年。

滞后的原因很简单：人们需要时间精通新技术。还记得自己头一次使用计算机的情形吗？它很难使用，弄明白怎么使用计算机的时间比手工完成工作的时间更长。尽管如此，在熟练使用计算机后，事情就变得简单了，效率也提高了。组织中的人使用特定技术的学习曲线也是类似的，信息系统在公司中投入使用到工作人员具备一些经验是需要一段时间的，这就使得它的收益被推迟了。每个人都必须熟练使用那项技术，公司才能获得使用它的收益。

新信息系统切实收益被感知也是需要一段时间的。让我们再次回到ATM的例子。从首次尝试这项新技术到它的收益被感知需要几年时间。首先这套系统要被实施，并花费几年时间在众多金融机构中大规模地部署。接下来必须调整系统使其尽可能有效地工作，并与一些必要的子系统相整合，同时还要培训雇员和客户正确使用这套系统。这样下来真正掌握并舒适地使用这套系统就需要几年的时间。

只有在系统工作正常且被人们熟练使用后，生产力的提升才可以被度量。此外，系统在组织内的运用对劳动力的节省和顾客满意度的提高也需要一定的感知时间。目前，ATM已经成为一种战略需要，其最直接的收益就是让银行获得并且保持客户资源。开发ATM机带来的收益，金融机构需要经过几年的时间才能感知到。

如果时间滞后是信息系统投资未能在生产力方面显示效果的重要原因，那么信息系统经理最终将能够报告信息系统投资在组织内得到回报的好消息。但是事实并非如此，管理者面对着日复一日的沉重压力，他们需要用可论证的方法来促进组织的效能，单单用时间滞后解释还不够，也让人感觉牵强。

3. 重新分配

信息系统在生产力方面的促进是不容易被发现的，第三个解释是，信息系统对于某个单独的公司是有益的，但是它对于整个行业或者整个经济而言并没有效益。特别指出，在竞争的环境中，信息系统可能被用来重新分配市场份额，而不是把整个市场扩大。换而言之，战略性的信息系统，帮助一个公司扩大其市场份额，但是这是建立在损害其他公司基础上的，当消费者从其他公司转移到这个公司的时候，其他公司也就失去了相应的市场份额。这对于整个行业或者经济是无用的。也就是说，同样数量的产品被售出，同样数量的金钱花费在所有的这些公司。唯一的区别就是其中一个公司获得了这个业务更大的份额，而其他公司的份额缩小了。

这样的解释对于某些市场和行业是可能而且合理的，但是它并不能完全解释，为什么一些公司生产力总是停滞在一定程度上难以提升，也不能解释为什么不能让每个组织的生产力都得到提升？一部分问题在于我们对业绩的期望存在某种程度的偏差。我们想当然地认为技术会让人们做一些几乎不可能实现的事情。实际上，人们总是在不断地提升对技术所能完成任务的期望。

举个例子，读者可能想知道PC中的电子表格软件是否可以真的帮助他们更好地完成工作。为了解答这个问题，首先应该回过头想想手工编写表格的过程。那是一个相当漫长的过程，非常容易出错，极大地占用了时间，让人们不能进行其他更加重要的工作。

4. 管理失误

关于信息系统在生产力方面的促进不容易被发现的第四个解释是，信息系统并没有被很好地实施和管理。有人认为系统只是被简单地构造、拙劣地实施，效果并不佳。系统中问题的发现、技术的改进和修复都需要在组织内构造一个共同的技术/流程解决方案。这种情况下，信息系统不但不能提高产出和增加利润，相反，这种投资只是一个用来掩盖，甚至增加组织松散和低效率的临时方案。并且，正如我们在第1章中提到的那样，信息系统的有效性与其服务的业务模式是一致的。不佳的业务模式并不能被信息系统所挽救。类似地，信息系统对于处理速度的提升也会遇到某些不可预估的瓶颈。例如，自动化增加了潜在的系统输出，但是如果系统的一部分工作需要依靠手工输入，那么系统运作的速度就取决于整个系统中人工输入的速度。

Eli Goldratt在其畅销书《目标》（*The Goal*）中，聪明地展现了上述情况是怎样发生的，他用小说的形式描写了人们怎样合理地思考组织问题，确定其行为与结果间真实的因果关系。在小说中，主人公巧妙地节省了制造车间的成本并取得了成功。在所有的瓶颈被明确之前，信息系统上的资金消耗是不能帮助公司提高生产力的。从管理立场看，这意味着管理者必须评价被自动化的整个流程，同时要对现有流程做必要的改动，以便真正从信息系统中获益。如果管理者只是简单地把新技术加在旧流程上，那么其投资所带来的微小的生产力提升一定会让他们失望的。

既然衡量信息系统对于单个公司和整个行业的收益是如此的困难，那为什么管理者还要不断在信息系统方面投资呢？答案是：竞争压力迫使管理者在信息系统方面投资，无论他们喜欢与否，都需要在这方面投入。读者可能会问，为什么要浪费时间为一个系统构建健全的业务案例，为什么不只是简单地构造它们呢？答案是：金钱并不是凭空得到的。对于公司而言，这些项目通常都是昂贵的项目，他们必须要打有准备之战，所以在投资的时候必须构建健全的案例。

戴尔公司创始人及董事长迈克尔·戴尔

关键人物 

迈克尔·戴尔（Michael Dell）是全球最大计算机制造商戴尔公司的创始人及董事长。他的一位得克萨斯州休斯顿 Memorial 高中的老师曾说他“在其一生中可能永远无所作为”。

戴尔在高中学习不是很好，但很明显他对 PC 市场的发展有感觉。当戴尔还是得克萨斯大学奥斯汀分校的一名预科生时，他就创建了一家叫做 PCs Ltd. 的计算机公司。（他组装计算机并在宿舍销售。）这个公司运作得很棒，以至于在 19 岁的时候戴尔从学校退学，凭着从祖父母那里借来的 1000 美元，专心运营自己的公司。

图 3-9 戴尔公司创始人及董事长迈克尔·戴尔

如今戴尔已经是亿万富翁了，《福布斯》杂志 2006 年把他列为全球排名第 12 和美国排名第 9 的富翁。他的成功基于其成功的业务，他通过电话销售和 dell.com 网站直接向消费者销售低成本计算机系统。

在 20 世纪 90 年代早期，戴尔是世界五百强企业中最年轻的首席执行官。他写过一本书《戴尔战略》（*Direct from Dell: Strategies That Revolutionized an Industry*），是世界经济论坛基金会成员，国际商业理事会执行委员会成员、美国商业理事会成员。他同时也是美国总统顾问理事会科学技术方面的成员，此外他还管理着印度海得拉巴的一个商学院。迈克尔·戴尔和他的妻子苏珊·戴尔（Susan Dell）还建立了基金会，力求帮助世界儿童改善生活。

戴尔与他的妻子苏珊以及 4 个孩子一起生活在得克萨斯州奥斯汀，住在价值 1870 万美元的世界第 15 大的住宅中。

资料来源

http://en.wikipedia.org/wiki/Michael_Dell

http://www1.us.dell.com/content/topics/golbal.aspx/corp/biographies/en/msd_index?c=us&l=en&s=corp

3.2.3 构造成功的业务案例

人们通常会用各自的业务案例为信息系统提出各种理由。在管理者为信息系统构造业务案例的时候，他们的理由通常都是基于信仰、恐惧和事实三个方面的（Wheeler，2002a）。（Wheeler 还增加了第 4 个“F”，它代表“虚构”。请注意这一点。不幸的是，管理者有时将他们的理由基于纯粹的虚构，这不仅对其职业是不利的，而且对于其所在公司的健康发展也是完全不利的。）表 3-2 中列举了这 3 种类型理由的一些例子。

表 3-2 信息系统构造业务案例通常考虑的三种类型理由

理由的类型	描述	例子
信仰	基于对组织战略、竞争优势、行业因素、客户观点、市场份额等信念的理由	“我知道我并没有好的数据来支持自己的观点，但是我认为拥有这个客户关系管理系统后我们对顾客的服务会显著提高，我们将大大超过竞争者，也会在竞争中取胜……你必须不加怀疑地相信这一点。”
恐惧	基于不实施系统，公司就会在竞争中失败，甚至停业等更糟的诸如此类的看法和理由	“如果我们不实施这套企业资源规划系统我们就会被竞争对手击败，因为他们都实施了此类系统……我们不实施这套系统就会死去。”
事实	基于数据、定量分析、一些不容置疑的因素的理由	“这个分析表明实施这套库存控制系统可以帮助我们减少 50% 的错误，每年减少 15% 的运营成本，增加 5% 的产量，而且会在 18 个月后收回投资。”

不要认为业务案例只能基于事实。基于信仰、恐惧和事实来设计业务案例都是完全正确的（参见图 3-10）。确实如此，最健全的业务案例会包括各种类型的理由。在下面的几节中，我们将会讲讲每种类型业务案例的相关理由。

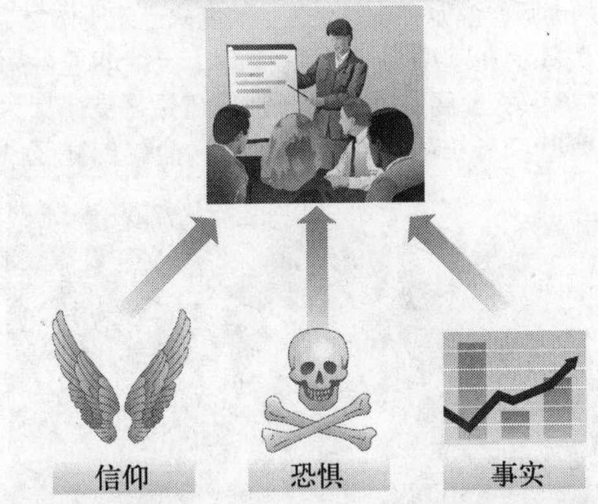

图 3-10 成功的业务案例是基于信仰、恐惧和事实的

1. 基于信仰的业务案例理由

在某种情况下，基于信仰（或者恐惧）的理由可以说是最具强迫性的，即使一些数据表明在系统上花费会很高，甚至缺乏任何系统成本硬数据，这种理由也会促成信息系统方面的投资决策。基于信仰的理由通常认为，某个信息系统必须被实施，以便有效地实现组织战略，从而获得和保持竞争优势，不必顾及这个系统的投入。从当代信息系统的能力、快速发展势头以及其在业务中的广泛应用等各方面来看，信息系统已经成为实现业务战略的常用工具。因此，系统的业务案例常常是建立在战略理由基础上的。

例如，一个公司的战略是在其行业占据全球统治地位。那么，这个公司必须采纳全球通信网络和协作技术，诸如电子邮件、桌面视频会议和群件工具，来帮助其全球不同地区的雇员更加有效地共事。与之相类似，一个公司的战略如果定位于广泛地经营，为大量消费者制造产品提供服务，它就必须采用某种企业资源规划系统，来管理各个产品线的业务活动。例如，美国宝洁公司生产很多家用产品，这些产品在全球以多个品牌销售——如诺克斯玛（Noxzema）、Folgers 咖啡、汰渍洗衣粉、封面女郎化妆用品、佳洁士牙膏和品客薯片。整合多个产品线和部门是其信息系统投资至关重要的目标。这种整合帮助保洁公司精简库存，从而提高效率。

简而言之，成功的基于信仰理由的业务案例应该清楚地表明公司的使命和目标、实现使命和目标的战略，以及实现战略所需要的信息系统类型。在这里有一个警告，在当代业务环境中，一个信息系统案例如果单独基于战略理由，而没有真实数据展示其价值，是不可能被投资的。

2. 基于恐惧的业务案例理由

为业务案例提供基于恐惧的理由时，有几个因素是需要考虑的。因为这些因素涉及公司所在行业的竞争和其他因素，参见图 3-11（Harris and Katz，1991）。一个成熟稳定的行业，例如，汽车行业，可能需要信息系统简单地维持其现有的运营状态。尽管具备最新信息系统是件好事，但是它并不是业务所需要的。对于一些新兴的、变化性比较强的行业（如手机行业）的公司，我们则会发现，为了在市场中更加有效地竞争，在技术方面领先是很重要的。同样，一些行业与其他行业相比是受到严格管制的。在一些案例的介绍中，我们可以看到，一些公司往往使用信息系统来控制流程、确保遵从适当的条例。在这里，业务案例的理由均是诸如此类的话“如果我们不实施这套信息系统，我们将面临被起诉甚至被投入监狱的风险”（参见第 4 章中与信息系统控制相关的讨论）。

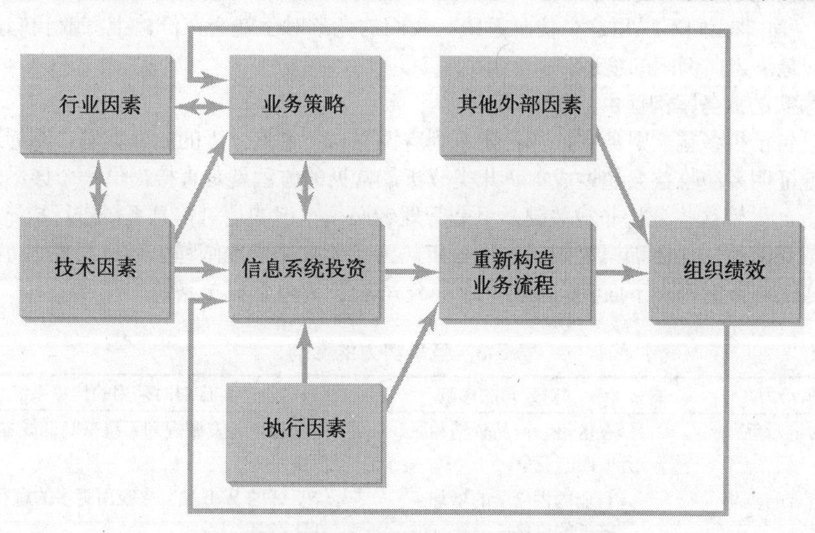

图 3-11 信息系统投资决策考虑的因素

也许影响信息系统最重要的因素是行业内的竞争和对抗的本质。例如个人电脑行业等存在着高度竞争且信息系统被深度使用的行业，是战略需要而不是其他因素迫使公司采纳信息系统。由于 PC 产业利润空间非常薄，戴尔和其他的制造商必须通过使用库存控制系统、基于 Web 的购买和客户服务系统，以及其他系统来帮助实现较好的效率和效果。如果他们不采纳这些信息系统，可能就无法在行业中立足。Porter 的五力模型（Porter，1979）经常被用来分析行业内的竞争，具体包括下面 5 个部分：（1）行业中竞争商户间的对抗，（2）来自新入行者的威胁，（3）行业中客户的讨价还价能力，（4）行业中供应商讨价还价能力，（5）其他行业的替代产品（参见图 3-12）。

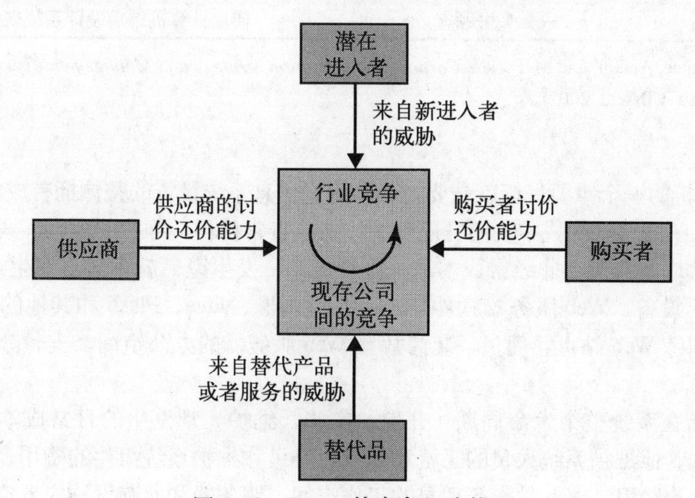

图 3-12 Porter 的竞争五力模型

资料来源：M. Porter. “How Competitve Forces Shape Strategy” *Harvard Business Review*, March/April 1979

我们可以使用波特的竞争五力模型来确定：根据行业本质特定技术能否提供帮助，以及提供的帮助究竟能达到何种程度；还可以使用它们作为基础来决定是否有必要对新的或者现有的信息系统进行投资。行业的业务案例也许并不能将特定信息系统与金钱上的收益直接联系起来，但它却能够让你明确特定信息系统是市场中竞争所必须具备的元素。按照这种方式制定业务案例，其理由听起来是这样的："如果我们不采用这个信息系统，我们的竞争对手就会在价格上打败我们，我们会丢掉市场份额，最终走向倒闭的境地。"

3. 基于事实的业务案例理由

许多人，包括很多首席财务官，都希望看到有说服力、定量分析的业务案例，因为这些案例能够毫无疑义地证明系统收益会超过成本。此类分析最常见的方法就是直接提供一个详尽的信息系统成本收益分析。尽管这些分析非常关键，但是管理者必须牢记的是对信息系统进行成本 / 收益分析是存在一定的局限性的，因而只能做到有限分析。为了能够明确地阐释怎样使用成本 / 收益分析来构建基于事实的业务案例，下面我们分析一个小公司基于 Web 的订单系统的开发。

表 3-3　竞争势力的影响

竞争势力	对公司的影响	应对时采用的信息系统
行业中的传统对手	在价格、产品分销和服务方面的竞争	实施企业资源规划系统来降低成本、提高响应速度
来自新入行者的威胁	行业内供给量的增加 降低的价格 减少的市场份额	更好的 Web 站点来吸引更多的顾客和提供个性化产品 利用库存控制系统来实现较低成本和对超额生产能力的更好控制
顾客讲价能力	降低价格 需要提高质量 要求更多的服务	实施客户关系管理系统来更好地服务顾客 实施计算机辅助设计和计算机辅助制造系统来改进产品质量
供应商讲价能力	增加成本 降低质量	使用因特网与供应商建立更加紧密的电子关联，并与新的远程供应商建立联系
其他行业可能的替代产品	潜在的产品收益率降低 市场份额的减少 永久失去顾客	使用决策支持系统和顾客购买行为数据库来更好地评估趋势和顾客需求 使用计算机辅助设计系统来重新设计产品

资料来源：Applegate, Austin, and McFarlan. *Corporate Information Strategy and Management*, 7th ed. (Columbus, Ohio: McGraw-HiNwin, 2007)。

- **确定成本**

成本 / 利益分析的一个重要目标就是要精确地确定信息系统投资的**整体拥有成本**（TCO）。TCO 关注的不仅仅是系统的获得的成本，而且还要关注系统日常使用、维护的成本。成本通常可以分为**非经常成本**和**经常成本**两类。非经常成本是一次性成本，发生以后就不会再发生。这些成本包括：Web 服务器、通信设备、Web 服务器软件、HTML 编辑器、Java、Flash 和其他的工具。一次性成本也包括招募和训练 Web 站点管理员，装修放置 Web 服务器的办公空间、支付分析师和程序员开发系统的费用等。

经常成本是指在系统整个生命周期（开发、实施、维护）都发生的日常成本。经常成本包括 Web 站点管理员和其他维护系统人员的工资和福利、升级和维护系统组件的费用、向本地因特网服务提供商每月支付的费用、Web 站点管理员的工作空间、服务器和共存设施安置空间的费用。职员成本通常是最大的经常成本，基于 Web 的系统在这点上也不能例外。这些经常支出不只是 Web 站点管理员的费用，还包括服务台职员、维护程序员、信息系统管理和数据录入职员的费用。

还有一个需要详细描述的成本是**有形成本**，它很容易计量。此外，一些**无形成本**也需要被说明，虽然它们不完全适合定量分析。这些成本包括传统销售的减少、丢失一些不愿意或者不能使用网络的顾客、由于糟糕的Web应用设计或者与竞争对手站点相比很差导致的顾客丢失等。我们可以采用某种方法来定量这些成本（也就是确定由于损失客户而造成的成本）或者简单地把它们作为定量分析之外需要考虑的重要成本而保留。

- **确定收益**

确定成本后，我们需要确定的是**有形收益**和**无形收益**。一些有形收益相当容易确定。例如，新系统会吸引来新的顾客，他们所带来的销售增长是可以估算出来的。根据类似项目的经验，可以预计头一年有5%的销售增长，第二年有10%的销售增长，第三年有15%的销售增长。同时，也可以把订单录入错误的减少作为有形收益，因为现在订单是被电子化自动跟踪和传输的。此外，还可以计算先前由于订单的错误和丢失而造成的一系列损失，也包括负责寻找和修复这些订单的人员的工资和薪水，然后把这些成本的减少作为新系统的可定量收益来加以考虑。避免支出的费用也是信息系统合情合理的一种可定量收益。类似地，新系统让公司使用较少的订单录入人员，或者分派这些职员去做公司中更加重要的工作，也可以把这些费用的减少作为新系统的收益。

基于Web的系统也是具有无形收益的。新系统的无形收益包括更快地完成订单和提供更好的客户服务。这些是真实的收益，但是不容易定量。可能一个更加无形的收益是对公司整体形象的改进。顾客会认为，这个公司比与之竞争的对手更先进、更加以顾客为导向。除了吸引新顾客外，如果这个公司是一个上市公司，这也将提升公司的股票价值。另外的一个无形收益相当简单——这是一种战略需要，只有向顾客提供基于Web的订单系统才不会被对手超越。尽管这些无形收益难以定量，但在收益定量分析的时候必须对它们加以考虑。事实上，这个基于Web的系统的无形收益是非常重要的，即使成本/收益分析是非决定性的，甚至是负面的，这个系统也将被实施。

- **进行成本/收益分析**

如图3-13是一个简化的有形成本和有形收益的**成本/收益分析**。在图中，我们可以注意到先期有大量的投资，在第五年有一个系统升级的重大支出。现在可以使用每年的净成本/收益作为系统分析结论的基础，也可以使用**收支平衡分析**，即一种成本/收益分析，它确定在哪一个时间点（如果有的话）有形收益就等于有形成本（在本例中收支平衡发生在系统生命周期的第二年）；还可以根据组织的**贴现率**（也就是组织用来计算将来现金流的当前价值时所用的收益率）使用更加正式的**净现值分析**与系统相关的现金流。在任何情况下，这种成本/收益分析都可以作为被提议的基于Web的订单履行系统业务案例的基础。它清晰地表明了这个系统的投资相对较小，公司可以相当快地收回投资。而且，实施这套系统还会带来一些无形的收益。这个分析的理由和证据大大有助于说服公司中的高级管理者认同这个新系统是有意义的。

- **比较竞争的投资**

在图3-14中，演示了在不同信息系统或特定系统投资的多个备选设计方案中，做出选择的方法。例如，假设一个被考虑的信息系统，有三套可执行的备选设计方案——A、B、C。我们也可以假设前期的规划会议确定了系统的三个关键需求和四个关键限制，它们均作为选择备选方案的标准。在图3-14左边的一列中，列明了系统的三个需求和四个限制。因为所有的需求和限制不是同等重要的，所以根据其重要性给以不同的权重。也就是说，不必给所有的需求和限制以同样权重，而是根据其重要性给以不同的权重。权重的设定来自分析团队和用户，也有部分来自管理者。权重往往会比较主观，基于这个原因，必须经过一个开放的讨论，让所有利益相关者达成共识后再确定。请注意所有需求和限制的权重总和为100（百分数）。

		2006	2007	2008	2009	2010
成本						
非经常成本						
硬件		$20 000				
软件		$ 7 500				
网络		$ 4 500				
基础设施		$ 7 500				
职员		$100 000				
经常成本						
硬件			$500	$1 000	$2 500	$15 000
软件			$500	$500	$1 000	$2 500
网络			$250	$250	$500	$1 000
服务费			$250	$250	$250	$500
基础设施				$250	$500	$1 500
职员			$60 000	$62 500	$70 000	$90 000
总成本		$139 500	$61 500	$64 750	$74 750	$110 500
收益						
销售增长		$20 000	$50 000	$80 000	$115 000	$175 000
失误减少		$15 000	$15 000	$15 000	$15 000	$15 000
成本减少		$100 000	$100 000	$100 000	$100 000	$100 000
总收益		$135 000	$165 000	$195 000	$230 000	$290 000
净成本 / 收益		$(4 500)	$103 500	$130 250	$155 250	$179 500

图 3-13　一个展示基于 Web 的订单履行系统简化成本 / 收益分析的电子表格

标准	权重	方案 A		方案 B		方案 C	
		等级	得分	等级	得分	等级	得分
需求							
实时数据录入	18	5	90	5	90	5	90
自动记录	18	1	18	5	90	5	90
实时数据查询	14	1	14	5	70	5	70
	50		122		250		250
限制							
开发成本	15	4	60	5	75	3	45
硬件成本	15	4	60	4	60	3	45
运营成本	15	5	75	1	15	5	75
易于培训	5	5	25	3	15	3	15
	50		220		165		180
汇总	100		342		415		430

图 3-14　可以用基于权重的多目标衡量分析，来帮助在多个备选项目和系统设计方案中决策

为 IT 投资估值：文件共享

网络统计 

2005 年皮尤网络（Pew Internet）和美国生活项目通过电话采访了 1 421 个因特网用户，了解其下载音乐和视频的方式。这项研究发现大约 27% 的因特网用户（3600 万人）下载音乐和视频文件。其中一半通过点对点网络或者付费在线服务。大约 28% 的用户（1000 万人）称他们通过电子邮件和即时消息软件来获取音乐和视频文件。19% 的用户（700 万人）称他们从其他人的 MP3 播放器中获取音乐和视频文件。这个研究并没有区分在线获取音乐和视频文件的手段是否合法。表 3–4 汇总了人们当前下载音乐的场所。此外，当前大多数的音乐和视频下载者认为美国政府对于音乐文件共享很难有所作为。（参见表 3–5）

资料来源

Rob McGann, "File Sharers Go beyond P2P" , *Clickz* (March 23, 2005), http://www.clickz.com/stats/sectors/governmentarticle.php/3492356

Electronic Freedom Foundation Press Release, "Trademark Owners Can' t Control Your Desktop" (June 29, 2005), Http://www.eff.org/news/archives/2005_06.php#003748

表 3-4 目前音乐下载的来源

目前你从下列地点下载音乐或者视频文件吗？你曾经从这些地方下载过音乐或者视频文件吗？

	是，当前就在做	否，但是曾经做过	否，从来没有	不知道 / 拒绝回答
诸如 iTunes 或者 BuyMusic.com 的在线音乐服务	27%	8%	64%	1%
从电子邮件或者即时消息中接收	20	8	72	0
诸如在线音乐杂志、音乐家个人主页等其他音乐相关网站	17	6	78	0
诸如 KaZaA、Morpheus 的点对点网络	16	17	65	1
其他人的 iPod 或者 MP3 播放器	15	4	80	0
其他电影相关站点，诸如在线电影杂志、评论网站	7	2	90	1
音乐或者电影的博客	4	3	91	2
诸如 Movielink 这样的在线电影下载服务	2	4	94	*

资料来源：皮尤网络和美国生活项目跟踪调查，2005 年 1 月。

表 3-5 美国政府可以减少音乐文件共享吗？

各个群体的反应	认为美国政府可以减少	认为美国政府无法减少或者只能减少极小的部分	不知道 / 拒绝回答
公众	38%	42%	20%
因特网用户	39	48	13
家庭或者办公宽带用户	32	57	11
18-29 岁的年轻成人	36	55	9
当前的音乐和视频下载者	39	54	7
iPod/MP3 拥有者	40	52	8

资料来源：皮尤网络和美国生活项目跟踪调查，2005 年 1 月。

接下来为每个需求和限制标注等级，等级范围是1到5。等级1表明这个备选方案没有很好地满足需求或者这个备选方案违背了限制条件。等级5表明备选方案满足/超过了需求或者非常清晰地遵守了限制条件。与确定权重相比确定等级更加主观，所以需要经过用户、分析师和管理者的开放讨论后方能确定。对于每个需求和限制都有一个评分，这个评分由其等级与权重相乘而得。最后一步是将每个备选方案的所有权重得分汇总起来。请注意我们有三方面的汇总：需求汇总、限制汇总和整体汇总。如果只考虑需求方面的汇总，方案B或者方案C是最佳选择，因为它们都满足或者超过所有的需求。如果只考虑限制方面的汇总，方案A是最佳选择，因为它没有违反任何的一条限制。综合考虑需求和限制的汇总，最佳选择是方案C。是否选择方案C来开发是另外的一个问题。决策者可能会选择方案A，虽然这个方案不满足两个关键需求，但是它具有最低的成本。总之，一个系统开发项目的最佳选择不总是最终的实施方案。通过实施彻底的分析，组织能够极大地提高决策水平。

3.2.4　呈现业务案例

到这里我们已经讨论完构建业务案例需要考虑的关键因素，同时也展示了一些确定系统增值状况的工具。现在真正准备就绪，可以构建业务案例了，接下来向公司决策者展示理由和证据吧。这个任务与律师陈诉有说服力的书面和口头证据来帮助客户赢得审判是类似的。为信息系统构造业务案例与此确实没有太大的不同，只是尽量清楚地向所在的组织说明这个投资的价值而已。

1. 了解听众

许多公司中不同部门的人都会涉及新信息系统投资的决策过程中，不同公司涉及的人员是有所不同的。通常来说，来自公司不同部门的人员，对于应该进行怎样的投资以及这些投资应该怎样被管理有着不同的观点（参见表3-6）。所以为一个新信息系统投资展现业务案例是具有挑战性的。最终许多因素都会在投资决策中起作用，多种结果都会发生（参见图3-15）。理解听众并让他们感受项目的重要性是有效展示的第一步。在后面我们将审视改进业务案例展示的几种方法。

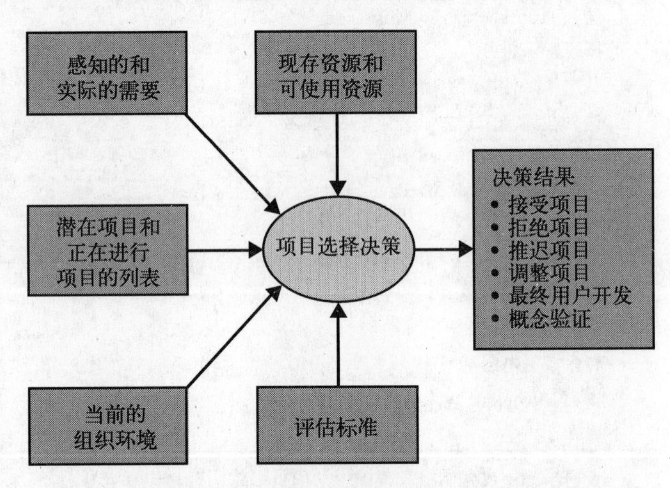

图3-15　投资决策必须考虑的众多因素也可以有众多的结果

表3-6　信息系统投资决策涉及的不同利益相关者的特性

利益相关者	观　点	焦点/项目特性
管理者	公司各个职能部门的代表或者经理	较大的战略焦点；最大的项目规模；最长的项目周期
筹划指导委员会	来自公司内不同兴趣小组的代表（他们在决策投资的时候有自己的着眼点）	交叉功能焦点；更大的组织性改变；正式的成本/收益分析；更大更具有风险的项目
用户部门	系统将来用户的代表	窄的、非战略性焦点；快速开发
信息系统主管	整体负责管理选定信息系统的开发、实施和维护	与已有的系统焦点整合；较少的开发延期；对成本/收益分析关心较少

资料来源：（McKeen, Guimaraes, and Wetherbe，1994）。

2. 将收益转换成金额

为信息系统投资构造业务案例的时候，将所有潜在收益转换为相应金额是很有必要的事情。例如，一个新系统每天节省部门经理一小时的时间，可以用美元来计量这种节省。图 3-16 展示了将时间节省转换为美元金额的方法。将这种收益解释为“节省经理的时间”是容易理解的，但是经理们认为这并不足够让他们授权花费大量的金钱。

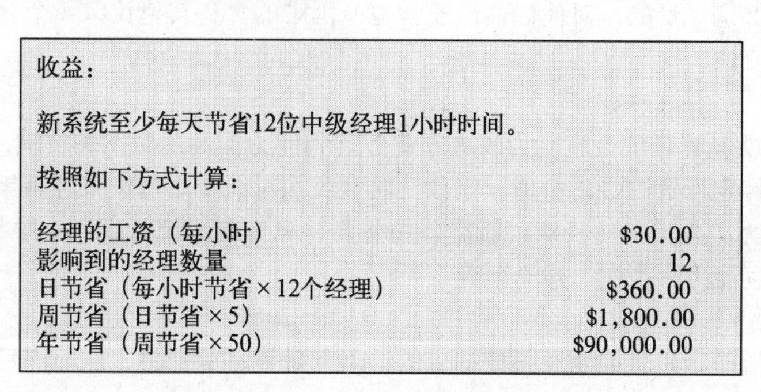
收益：

新系统至少每天节省12位中级经理1小时时间。

按照如下方式计算：

经理的工资（每小时）	$30.00
影响到的经理数量	12
日节省（每小时节省×12个经理）	$360.00
周节省（日节省×5）	$1,800.00
年节省（周节省×50）	$90,000.00

图 3-16　将时间上的节省转换成美元金额

用“节省时间”来证明一个 50 000 美元系统的合理性是不足够的；而每年节省 90 000 美元就会更加吸引决策者的注意力，也更可能促使系统被批准。高级经理能够很容易发现付出 50 000 美元的支出从而获得 90 000 美元的节省是合理的，也很容易找到批准这个申请的理由。在后续系统运作不正常的时候他们也会更加容易而且合理地理解这个决定。

3. 设计代理变量

图 3-16 中展示的情形是相当直截了当的。任何人都能看出这 50 000 美元的投资是一个好主意，因为在头一年就会有 90 000 美元的回报。不幸的是，并不是所有的分析都如此清晰。对于那些不容易将投资影响定量的情形，就需要设立**代理变量**来弄清楚投资对于公司有何影响。代理变量会通过感知价值来计算投资对组织的改变。例如，将平淡的管理工作定义为低价值（5 分制中的 1 分）、直接联系客户被当作高分（5 分），可以使用这些感知来标示出新系统为组织的增值。在这个例子中，就可以说明新系统让职员更加直接地与顾客联系，同时减少了管理的工作量。高级经理也能够很快地发现个人工作由低值活动变为了高值活动。

可以创建一个由 1 到 5 的客户接触程度范围，1 代表非常低层次的客户接触，5 代表非常高层次的客户接触。然后论证目前公司在客户接触层次的级别是 2，具备了新信息系统后这个级别会变成一个非常高的数字。

此外也可以用百分比来表达这些差异，增加或者减少这些百分比。用最佳的方式来表示新系统对工作、对业绩，以及对人们工作思考的改变，这就给予决策者相对完善的数据以支持其决策。

4. 度量什么对管理重要

把高级经理最重视的业务内容，具体地加以计量是充分展示系统收益中最重要的部分。读者可能认为这是一个无意义的建议，但是同时也一定会觉得奇怪，为什么高级经理对一些看起来印象深刻的统计数字，如故障时间、可靠性等，只是粗略地浏览或熟视无睹呢？高级经理的敏感问题是很容易被发现的，它们不总是财务报表，可能包括周期时间（处理一个订单需要多长时间）、顾客反馈、雇员士气等。把焦点聚集在高级经理认为重要的事情上，就可以采用对于他们更有意义的方式构造系统的业务案例，如果能够让决策者们看到系统对于其认为重要的领域有作用，他们就很可能会因为系统的重要性而将其购买。

3.2.5 为信息系统基础设施估值

Meta 集团执行副总裁 Howard Rubin 曾提出，在评估信息系统价值时，应该采用更加全面的视角（*CIO*，June 2004），特别是信息系统基础设施领域。在这个领域评估有形价值是比较困难的（参见第4章）。信息系统基础设施包括组织的设备、硬件、软件、职员等。这些都是重要的，而且获取和维护的费用都是昂贵的，对他们估值通常也是困难的。鲁宾建议以4个分类来评估投资对于整体基础设施的价值。

1. 经济价值

经济价值是指投资对基础设施能力改进和业务盈利能力提高所做出的贡献。Rubin 推荐使用重要业务指标来度量特定投资的经济价值。例如，航空公司可能使用每位乘客每年每公里带来的利润作为指标来确定效力。为了评估投资，航空公司需要计算信息系统基础设施中每人每公里的成本，以研究其对企业盈利能力会产生怎样的影响。

2. 结构价值

投资的结构价值是指投资的信息系统提供的扩展基础设施的能力，从而满足当今和今后的业务需求。度量结构价值的方式是使用前后对比法评定基础设施的特性，诸如协作性、携带性、可扩展性、可复原性和兼容性。Rubin 建议要根据投资对基础设施满足需求能力的影响，用1~10为各个业务领域基础设施特性进行评级。

3. 经营价值

第三是经营价值，它来源于评估投资对基础设施的影响，使之更好地满足业务流程的需要。为了评估这种价值，Rubin 推荐我们计量不实施某项特定的投资而会产生的影响。例如，如果不对客户关系管理系统投资会有什么损失呢？那就会损失员工生产率，损失业务利润甚至损失客户。

4. 遵从法规方面的价值

第四是遵从法规的价值，也就是评估投资对于组织为了满足管理部门或者关键客户要求，而在控制、安全、整体性等方面需求的延伸。例如，如果不遵从2003年萨班斯法案要求必须具备的监管报告，会产生怎样的影响？

Rubin 还说，如果可能的话，所有的这些评估计量应该与外部衡量标准进行对比。不管怎样，这些对比为更加广泛地评估特定投资提供了有益的框架。

3.2.6 改变对信息系统的心态

信息系统领域最重大的改变，是对技术的心态而不是技术本身。决策者们思考信息系统的落后观念使他们认为信息系统是必须而讨厌的、需要被最小化的投资。如今经理们再也不这样思考了，成功的经理们都认为信息系统是一种被投资和培育的竞争资产。这并不意味着经理们不要求每个信息系统投资都具备健全的业务案例，也不意味着经理们不需要事实作为系统案例的一部分；这意味着经理们必须停止把系统当作一项花费，而是开始将它当作是精明投资的资产。经理们必须改变自己，站在战略高度思考信息系统，把它们当作是商业机会的促成因素。

3.3 评估的革命

为了与众不同，组织必须经常实施新的先进技术，以便比使用旧技术的对手更快、更好、更便宜地做事。尽管公司可以选择继续升级已有技术而不是投资新系统，但是这些改进最好的效果也只是提供短期竞争领先优势。为了获得和保持客观的竞争优势，公司必须经常采用最新技术或者使用更精巧的新方法来实施和投资现有技术。

小案例

面向所有者的销售：公司名称 .com

他们不销售房子和土地，他们做因特网地产交易，而且大多数人取得了不错的收益。“他们”被称作域名商，买入和卖出的商品是域名。尽管保持低调，通常也不宣扬自己的成功，但是域名商分享的虚拟土地在2006年价值为90亿美元，预计在2009年会增长到230亿美元。

正如读者所知道的，因特网上每个网站都具有一个域名，域名也被称作通用资源定位器（URL）或者网址。域名可以与拥有它的个人或者业务有关联，也可以没有关联。例如，msn.com、yahoo.com和google.com是有关联的域名，pty.com和xa2z7.com是没有关联的域名。

域名商的交易基于这样的事实：许多业务、组织和名流希望使用能够明显表明其网站归属的域名，这样就可以很容易被因特网冲浪的人找到。例如，域名商会购买域名“fordmotorcompany.com”，然后想办法把它卖给Ford Motor公司，这就是90年代域名购买业务的运作模式。购买一个域名，持有它，然后等待买家来出价。但是在按点击数付费模式出现后，游戏规则改变了。现在域名商大多数通过租赁持有域名的广告位置来获利。下面是域名商如何通过租赁广告空间获利的方法。

(1) 购买和持有一个通用域名，如“candy.com”和“cellphones.com”。购买这样的域名对于域名商来说在财务上明显是明智之举，因为他们意识到许多因特网冲浪者只是简单地在浏览器地址栏输入搜索词然后在后面加上.com。此外，域名商也购买流行网站的一些常见错误拼写域名（如amazo.com），希望从Web冲浪者的错误输入中获利。

(2) 将这个网络流量转到一个中间人，这个中间人被称作聚合者，他设计一个网站，利用Yahoo!、Google或者Microsoft的广告网络，列出最佳付费客户。当搜索者输入诸如“cellphone.com”的时候，“cellphone.com”的页面显示出来，页面上有一列手机网站的URL。

(3) 每次搜索者点击URL列表中的一个域名主页时，搜索引擎所有者（Yahoo!、Google或者Microsoft）或者广告商就支付给域名商一笔费用。

租赁域名是域名商的一个二级市场，它每天给域名商带来数百美元的收入。这个市场的关键不是搜索引擎流量——而是直接输入流量或者用户导向的浏览，因为数百万因特网用户习惯在浏览器中直接输入要寻找的网站，如“candy.com”（candy.com最近被以超过100 000美元的价格售出，它每周为其所有者带来1000美元的收入）。

目前还没有这种直接输入URL方式流量的统计数字，因为大的搜索引擎，如Yahoo!和Google都不透露其收入中有多少来自域名租赁。专家称Google和Yahoo大约15%的收益来自按点击数付费的广告。

如果如同一些人建议的那样，Google、Yahoo!和Microsoft废除中间域名商，直接服务于因特网浏览器的直接输入流量，则域名商可能会面临收入损失。但是在这样的事情发生前，域名商还在大量地剑财。

问题

(1) 你怎样评价域名商？这是一个有道德的业务吗？
(2) 讨论一下Google、Yahoo、MSN和其他搜索引擎在Web浏览过程中废除域名商作为中间人的利弊。

资料来源

Paul Sloan, “Masters of Their Domains”, *CNN Money.com*(December 1, 2005), http://money.cnn.com/magazines/business2/business2_archive/2005/12/01/8364591/index.htm

目前，大量新的信息技术和新系统让我们为之眼花缭乱，如何进行选择？如何量身确定新产品、新版本、新使用方法呢？例如，在图3-17中我们介绍了部分新技术和新系统，其中包括一些当前正在被使用的技术，也包括那些很明显十年后才可以成为现实的技术。对你而言哪个会造就你的业务？哪个会中止你的业务？哪个更为重要呢？这个列表包括你需要关注的技术吗？

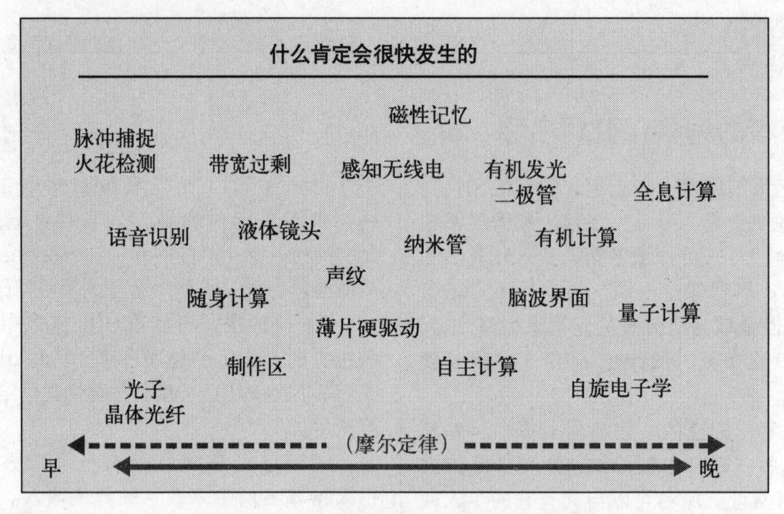

图 3-17 一些即将到来的技术促成者

3.3.1 对信息技术持续更新的需要

John Maddox 爵士，一位物理学家，曾担任著名科学杂志《自然》（*Nature*）的编辑 22 年。他在 1999 年《科学美国人》中讲到“今后 50 年最重要的发现可能是我们现在无法想像的东西”。想想吧，今后 50 年大多数重要的发现可能是现在我们没有任何线索的。为了阐明这个观点，回想一下几十年前因特网是怎样的状态。当时因特网并不在许多业务组织的预见之中，那些具备网站的公司也只是用它来向客户提供电子宣传资料，并没有对其进行深度开发使之承载业务流程，而在现在这已经是一种标准做法。现在看看因特网是如何改变了当代业务，有一些改革非常巨大，十年前很难想像和预测。这些东西确实是不容易预见的。接下来，我们将研究怎样提高个人能力以便发现和利用新的革新。

3.3.2 成功的革新是困难的

正如我们之前提到的，使用新兴信息系统来获得和保持竞争优势是有限制的。信息系统通常从供货商购买或者由咨询伙伴 / 外包伙伴开发的。在这类情况下，组织并不拥有其使用信息系统的专有技术。尽管软饮料公司可以为可乐饮料配方申请专利，制药公司可以为新药申请专利，但组织通常却不能为信息系统的使用申请专利，特别是在这些系统是由其他人开发的情况下。系统中的数据是专有的，但系统本身则不然。这方面有一个经典的反例，那就是 Amazon.com 的“一键”购买流程专利，它在法庭被成功地认定下来。

1. 变革总是短暂的

数字世界中改变是持续进行的，通过变革而获得优势通常只能保持一段有限的时间。例如，即使组织自行开发的革新性信息系统，通常也要使用硬件、软件、网络组件，其他人也可以购买到这些系统组成部分。简而言之，对手们可以复制新兴的信息系统，所以这种类型的竞争优势只能保持较短的时间。事实确实如此，如果使用新信息技术让一个组织获得了重大的优势，聪明的对手们会很快复制或者改进对这个系统的使用。

2. 革新通常是有风险的

开发革新性信息系统总是要承担一定风险的。有一个消费电子产品的例子，早些时候在当时的技术水平下，录像机有两种竞争的设计，那就是 Betamax 和 VHS（参见图 3-18）。大多数专家认为Betamax具备优秀的录像和回放质量应占据较大的优势，但最终VHS却在市场上取得了胜利。当时一些人“聪明”地选择了带有Betamax设计的录像机，但最终事实证明，这原来是种不幸的选择。如今在消费电子产品领域还存在着大量其他例子。例如，在购买立体声音响时，应该购买传统的雷射唱片（只读CD-ROM）、可录制光盘、数字式录音磁带、MP3设备还是选择其他的技术？许多人都搜集了大量的黑胶片、卡式磁带或者（大声吸气声！）八轨迹磁带。在消费电子产品上很容易做出不当选择或者在当时正确而一段时间后变成不当的选择。

图3-18 Betamax的磁带与VHS的磁带相比外形是不同的，需要在录像机中配有不同的技术

（资料来源：Getty Images公司）

3. 革新选择通常是困难的

在革新性信息系统相关投资中做选择与选择消费电子产品同样困难。事实上，组织在过量可供选择的革新性技术中做选择更加困难，因为组织投资的时候总是要考虑规模和关键任务。选择一个次优的家庭立体声音响，尽管有些让人失望，但是它不会成为一种毁灭性的选择。

在信息系统领域选择新技术就如同，在多个同样有吸引力的快速移动目标中，击中其中的一个。预测新兴技术是很困难的，许多组织在预测因特网的增长、使用、和重要性时都有类似经历。1994年著名的普华国际咨询公司750页的技术预测报告中，只有5页提到了因特网，第二年超过75页都提到了因特网，在1997年的简报中，因特网变成了一个普遍话题。回到1994年，预测今天因特网变得如此普遍、如此快速地在业务中应用是困难的、甚至是愚蠢的。表3-7说明有多少人和组织在进行技术相关预测时遇到了困难。

表3-7 一些技术预测并不完全正确

年　度	来　源	原文引用
1876	西联公司，内部备忘录	“这个‘电话’存在太多的缺点，经慎重思考它不适合作为一种通信工具。对我们而言这个设备没有价值”
1895	Lord Kelvin，英国皇家学院院长	“无线电没有前途。比空气重的飞行机器是不可能的。X光会被证明是一个恶作剧”
1899	C. H. Duell，美国专利局委员	“所有能被发明的东西已经都发明了”
1927	H.M. Warner.，华纳唱片	“究竟谁想听演员们讲话呢”
1943	Thomas Watson，IBM董事长	我想这个世界的市场只需要5台计算机
1949	大众机械	“现在电子数值积分计算机上的一个计算器就装备了18 000个真空管并重达30吨，将来的计算机可能只需要1 000个真空管，只重1.5吨”
1957	Prentice Hall商业图书编辑	“我已经走遍了这个国家，也同这里的最佳人才进行了交谈，我可以肯定，数据处理的热乎劲儿过不了今年”
1968	商业周刊	“尽管已经有50种国外汽车在这里销售，但日本汽车业不可能在美国市场取得较大份额”
1977	Ken Olsen，DEC公司总裁	“没有人有理由在家配一台电脑”

由于在信息系统及其组成部分领域的研发是持续进行的，所以保持当前状态几乎是不可能的。计算机发展中最著名的一个定律是摩尔定律。英特尔公司创始人戈登·摩尔（Gordon Moore）预测每隔18个月新芯片的晶体管容量要比先前增加一倍，他的预测在过去40年被证明是正确的（参见技术概览1——信息系统硬件）。实际上，一些计算机硬件、软件公司每三个月都推出新产品。跟上这种变化对于任何组织而言都是困难的。

3.3.3 革新的组织需求

特定类型的竞争环境要求组织保持在使用信息系统方面领先。例如，在充满强竞争作用力环境中运作的组织（Porter，1979），既要面对来自现存对手的竞争，也要面对新进入者的竞争。对于这些组织而言比对手更好、更快、更便宜地做事情是至关重要的。这些组织只能被逼迫尝试变革性信息系统。

单单环境特性并不足以确定一个组织是否可以配置特定的信息系统。一个组织可以很好地实施一个新系统前，它的流程、资源和风险容忍度必须可以满足系统开发和流程实施的需要并保持下去。

1. 流程需求

为了配置变革性的信息系统，组织的成员必须愿意努力避免和消除内部的官僚作风，不理会政治争论，为了共同的目标齐心协力。可以想像一个公司试图配置一套基于Web的订单输入系统，这套系统允许客户直接查询公司的库存，但是与此同时公司内部人员却不能共享相关的信息吗？

2. 资源需求

组织配置革新性信息系统必须具备实施新系统必要的人力。组织必须具备足够的具有适当系统知识、技能和工作时间的雇员以及其他资源来实施系统；或者，必须拥有具备资源且能够实施系统的业务伙伴，在必要的时候将此类系统的开发外包。

3. 容忍风险的需求

组织配置革新性信息系统的最后一个要求，是其成员能容忍风险和不确定性。他们要愿意实施和使用未经证实，也未经广泛使用的新系统；而传统的技术是被证实的，也是被广泛使用的。组织成员认为使用新系统只存在较低的风险是不恰当的，在前沿技术上赌一把的心理不是有利的，也是不可以容忍的。

3.3.4 预测下一个新鲜事物

正如读者看到的，为了战略需要使用革新性信息系统具有不确定性，也是不容易实施和保持的。正如Bakos和Treacy（1986）等所言，如果使用一个信息系统在运营效率方面获得一些竞争优势，对手很容易采用同样类型的信息系统来获得同样的益处。例如，建立一个网站，通过这个网站，客户无需客户服务代表帮助就可以检查订单状态，而且这个系统还会帮助减少成本。然而对手们很容易就可以复制这个方法，并达到同样程度的成本节省。这样一来这种竞争优势就变成整个行业中所有人的战略必需了。

另一方面，还是有方法让使用信息系统获得的竞争优势保持下去的。例如，Bakos和Treacy说，如果信息系统使得产品或者服务与众不同，或者让顾客在产品和服务上由大量投入导致转换成本增高，那么竞争优势就可以保持很长的一段时间。例如，可以在计算机辅助设计方面付出大量的投资，并雇用非常聪明的工程师来完成完美的产品，从而变得与众不同，让其他人难以模仿。

此外，也可以使用客户关系管理系统，通过构造详尽的数据库来记录与每个客户交互的全部内容，然后使用该系统提供高质量、亲密、快速和个性化的服务，让客户感觉到如果他们转换到对手那边，则需要花费几年才可以建立这样程度的联系。

有机发光二极管

关键技术

当你开始在电视节目中看到平板屏幕监视器时，会觉得那是一种时尚。现在平板屏幕在消费类电子产品和商用电子产品中已经很常见了，移动电话、个人电脑监视器和电视屏幕中都有它的存在。典型的平板屏幕是液晶显示器（LCD），在其中像素在光源前排成阵列（像素是组成计算机图像的小点）。尽管LCD导致了薄的屏幕和较低的能耗，但是一个新的革新——有机发光二极管（OLED）——可以带来更薄的屏幕和更低的能耗。

二极管是一种电子元件，它允许电流向一个方向流动，并阻止电流向相反的方向流动。发光二极管（LED）在电流向某一个方向流动的时候发出某些类型的光。OLED是一层发光二极管的薄膜，其中发射层（发出电流的一层）是有机化合物（由碳原子和氢原子组成）。

OLED技术最早由三洋和柯达开发，与LCD相比它具有下面的几个优势。

- 更宽的视角——这个屏幕在160度的角度观看都没有失真。
- 更明亮更好的分辨率（更清晰更明亮的图片）。
- 更便宜——生产OLED的价格比LCD便宜20%~50%。
- 更低的能耗——低能耗是OLED的主要优点，它的能耗只有2~10W。
- 超薄屏幕——OLED可以比纸薄100倍。它可以用于智能计算机监视器墙纸和智能汽车漆层，墙纸和漆层可以显示任何的颜色、图案甚至视频。

在考虑显示器的时候，更薄、更便宜、更加清晰是很明显的指令。

资料来源

Wikipedia.org

1. 创新者的窘境

决定采用何种革新，以及如何来经营从来就不是一件容易的事情。实际上，这方面有很多经典的实例可供我们借鉴，在这些例子中，那些所谓的行业领袖，没有看到革新引入的变化机会（参见表3-7）。1962年Everett Rogers建立了一套理论，他认为采用革新通常要遵循S型曲线（也就是革新的扩散，参见图3-19）。在一种革新被投入市场的时候，最初只有一小部分“革新者”采用它；经过一段时间后，一些“早期接受者”跟随革新者采用这个革新，与此同时销售被提升；然后“早期大众”的出现为销售的提升提供了最强的推动力；接下来在“晚期大众”开始接受革新的时候，销售增长已缓慢地趋于平稳；最后当只有“落后者”没有采用这个革新时销售就保持不变了。

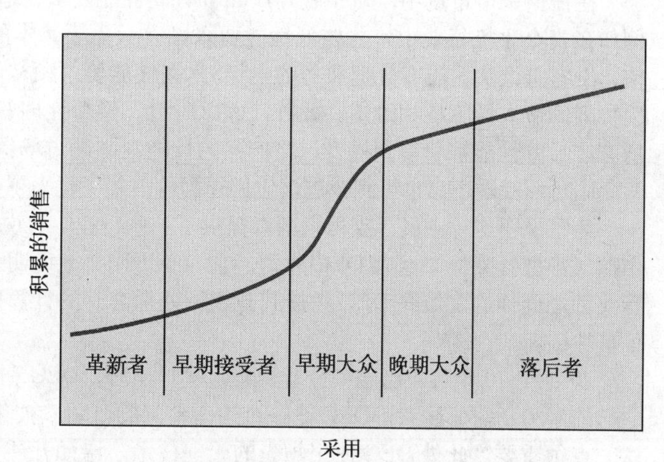

图3-19 创新的扩散（资料来源：Roger, 1962）

但是，有些创新是颠覆性的，它将颠覆整个行业。Clayton Christensen的《创新者的窘境》（*The Innovator's Dilemma*）概述了颠覆性创新是怎样破坏有效管理实践，导致一个组织或者行业的灭亡。**颠覆性创新**是指最终超越市场上现有占统治地位的技术或者产品的新技术、产品或者服务（参见表3-8）。例如，零售业巨子Sears在20世纪90年代早期没有意识到颠覆性创新折扣零售的变革性力量，几乎就失败了。如今，诸如沃尔玛这样的折扣零售店和家得宝这样的细分化卖场主宰着零售业。

表 3-8 颠覆性创新及其替代或者边缘化的技术

颠覆性创新	被替代或者边缘化的技术
数码摄影	卤化银感光材料冲印
移动电话	固定电话
手持数码设备	笔记本电脑
Xbox、PlayStation	桌面电脑
在线股票经纪业务	提供全方位服务的股票经纪业务
在线零售	实体店零售
免费的、可下载的贺年片	印刷的贺年片
远程教育	课堂教育
无人驾驶飞机	有人驾驶飞机
开业护士	医师
半导体	电子管
桌面出版系统	传统出版系统
汽车	马
飞机	火车
光盘	卡带
MP3 和音乐下载	光盘和音乐商店

在任何一个市场中，对于现存产品都有高性能要求、适中性能要求和较低性能要求三类顾客。例如在当今手机行业中，一些低性能要求顾客只需要基本的通话功能和服务（例如，没有文本短信、没有摄像头、没有数据服务的电话），高性能要求顾客使用的设备和服务可以同一些连接高速因特网的个人计算机相媲美。此外，假以时日，颠覆性创新及其方方面面的改进被引入整个行业，所有产品的性能都将得到提升；当产品的性能在高端市场得以改进后，潜在顾客会变得越来越少。与此同时，低端产品也得到改进，它们逐渐地占领了越来越多的主流市场。

为了说明这种进展，克里斯藤森提供了一些行业中有说服力的例子。特别是在 20 世纪 70 年代中端（小型计算机）巨人 DEC 公司，它的经历明显地说明了创新者的两难境地，在这一点上整个行业都是同样的。最终 DEC 凭借其基于微处理芯片的计算机在市场上胜出，这种微处理芯片就是颠覆性创新。

20 世纪 70 年代，当微型计算机首次被提出时，DEC 和他们的客户认为那只是玩具所以忽略了它们的潜力。需要注意，DEC 是一个运营良好的公司，被称赞为拥有世界上最佳管理团队的公司，这一点很重要。此外 DEC 使用领先的管理技术，诸如开展对其现有顾客和行业的广泛调查（也就是说他们把“市场”放在技术前面；请参见本章下面关于电子商务革新周期的讨论，以了解其视角）。在调查的时候没有一个 DEC 顾客表现出对微型计算机的需求，因而 DEC 最终决定将开发集中在其现有中型计算机产品线，提升其性能。在那个时期，DEC 的服务目标是高端和中端用户，他们构成了总体计算机市场最大的部分（参见图 3-20）。DEC 产品不断提升的性能使其满足了传统上购买大型机用户的需求，所以 DEC 试图将产品向上销售给使用 IBM、Burroughts 和 Honeywell 大型机的客户，这个行业比中型计算机行业的利润率要丰厚许多。

最初，实际上并没有竞争力较强的产品服务于低端用户，换句话说，当时的计算机厂商提供的产品对于低端用户都太强大也太贵。在 20 世纪 80 年代，苹果公司和颠覆性的微处理芯片，启动了微型计算机行业。微处理芯片是在 20 世纪 70 年代开始开发的，到了 20 世纪 80 年代，它在性能和价格上已经可以满足低端市场的需求。当时并不仅仅是DEC忽略了微处理芯片，实际上所有计算行业的既有商家都继续聚焦在其现有顾客和现有产品线上，都在逐渐改进现有产品。与此同时，仅仅用了几年时间，微型计算机市场就成长起来走向成熟，从玩具变成了办公自动化设备（例如，它们取代了打字机和加法机），成为多用途业务计算机，服务于许多买不起计算机的小型业务和中型业务。

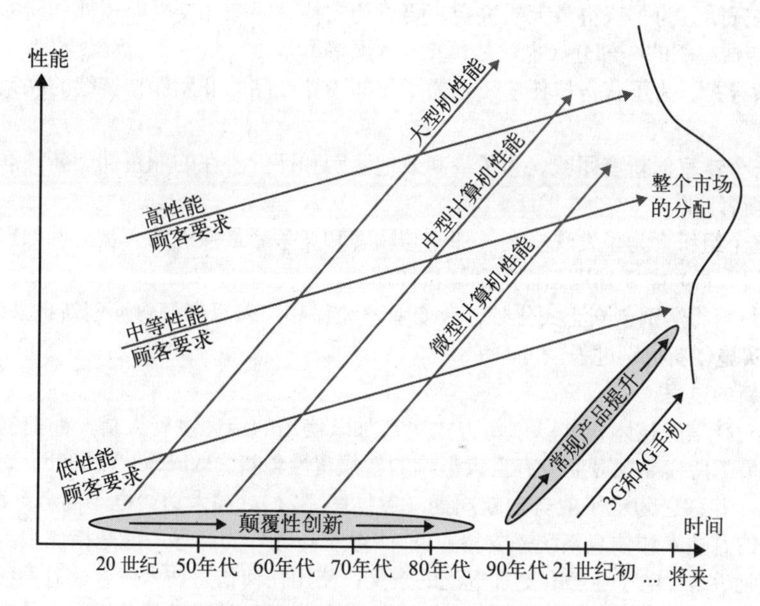

图 3-20 创新者在计算行业发展中的两难境地

20世纪80年代低端市场成形的时候，DEC继续聚焦于其已有的客户和商业模型（例如，直销、个人服务等）。很快微型计算机的能力得到了很大的提升，不仅仅满足了低端市场的需求，也满足了中端市场的需求，而中端市场传统上是由DEC中型计算机提供服务的。微型计算机比DEC的产品便宜很多，于是接管了大批的市场。在1998年1月26日留给DEC的结局只能是卖给康柏电脑公司。后来康柏电脑公司在2002年被惠普公司收购。

如今，来自戴尔、索尼、苹果和其他公司基于微处理芯片的计算机满足和超出了整个市场的需求，此外只有少数的高端计算机制作商还幸存着。这个行业下一步会怎样呢？许多人认为，下一个颠覆性创新将是来自诺基亚、摩托罗拉、三星的3G和4G手机（参见技术概览4）。另外的一个被颠覆性技术改变的行业是影像行业（参见本章末尾的行业分析）。许多其他行业的公司都有着与DEC类似的经历。表3-9总结了行业内颠覆性创新的典型发展过程和影响。

表 3-9 行业内颠覆性创新的典型发展过程和影响

1. 先行者引入新技术。这项新技术是昂贵的，聚焦于很小数量的追求高性能、具备高利润的顾客
2. 随着时间推移，先行者集中精力改进产品能力，来满足更高性能顾客的要求，并继续获取最高的利润
3. 迟进入者使用颠覆性创新，占据低端市场地位，聚焦于低性能要求、低利润顾客
4. 随着时间推移，迟进入者逐步改进产品服务来满足更多低性能要求顾客，同时也聚焦于成本效益并用规模经济来补偿利润的缺乏
5. 随着市场不断成熟，所有的产品都得到改进、竞争加剧了，差距缩小了。先行者很难达到迟进入者一样的效率，只能在高利润业务实践方面设立一些保护措施。先行者的市场份额被快速侵蚀，迟进入者的市场在快速增长
6. 最终，迟进入者的产品满足或者超过了市场上绝大多数人的需要。他们用高效率、低成本业务流程赢得了市场，这也是大众所需要的

2. 组织创新选择

行业的演化概述了创新者的两难境地，那么组织应该如何做出决策来对创新进行选择或者忽略呢？在《创新者的解答》（*Innovator's Solution*）中 Christenson 提出了一个过程，被称作*颠覆性成长引擎*，所有的组织都可以遵循它，来更加有效地对其行业内的颠覆性创新做出响应。这个过程包括下面的几个步骤。

(1) **早一些开始**。为了获得最大的机会，要成为支持、跟踪和接受颠覆性创新的领导者，要把这些环节正式变成组织的一部分（也就是预算、人员等）。

(2) **执行领导力**。为了获得信任度，也为了与颠覆性产品的开发保持持续的联系，需要显著且可靠的领导力。

(3) **搭建一个专家创新者团队**。为了最高效地鉴别和评价潜在的颠覆性创新，需要构建一个有能力的专家创新者团队。

(4) **教育整个组织**。为了发现机会，那些与顾客和竞争者最接近的人员（例如市场人员、客户支持人员和工程人员）需要知道怎样辨别颠覆性创新。

除了在组织中将辨别创新正式化外，改变业务流程和深入思考颠覆性创新也是需要的。下面，我们研究怎样实施创新辨别过程。

3. 实施创新的过程

如今认真对待信息技术，并以创新方式对其加以使用的经理主管人员，都把创新看得至关重要，并要求其员工持续寻找对业务有重大影响的新颠覆性创新。Wheeler（2002b）对这个过程做出了很好的总结，并称之为**电子业务创新周期**（参见图 3-21）。与术语“电子商务”类似，“电子业务”是指使用信息技术和信息系统来支持业务，“电子商务”的意思一般是指使用因特网及其相关技术来支持商业活动。**电子业务**有更加宽泛的含义：使用任何信息技术或者信息系统来支持业务的任何部分几乎都属于这个范畴。这个模式实质上说明，当代组织成功的关键在于他们能够及时、创新地使用信息技术和信息系统。电子业务创新周期，纵向表示组织由特定信息技术带来价值的程度，横向则表示时间。接下来，我们研究电子业务创新周期的一些相关问题。

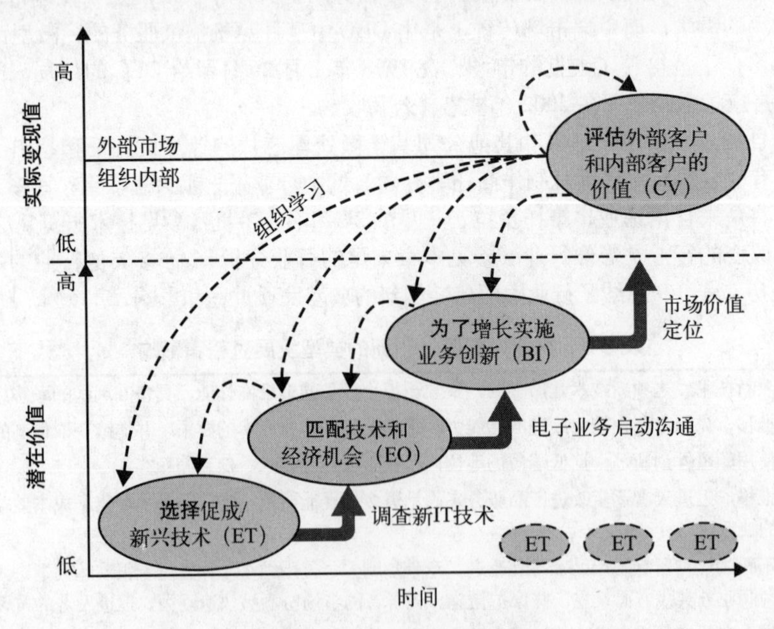

图 3-21 电子业务创新周期

（资料来源：（Wheeler, 2002））

- **选择促成 / 新兴技术**

图左侧的第一个气泡表明，成功的组织首先专注在当前环境中寻找与组织相关的新兴技术和**促成技术**（也就是可以让公司完成任务和目标、获得和保持某方面竞争优势的信息系统，也被称为颠覆性创新。）并指派一些职位、小组和流程来负责这个过程。例如，组织会在信息系统部门中任命一个小组为“新兴技术”小组，并给予他们向外寻找影响业务新技术的职责。作为这个小组工作的一部分，他们会仔细阅读当前的技术杂志，参加因特网论坛的技术讨论，参加技术会议，并与大学中的研究者以及技术公司建立牢固而主动的关系。

- **匹配技术和机会**

接下来的第二个气泡，是把最有前途的新技术与当前的**经济机会**匹配起来。例如，新兴技术组确认数据库管理系统具有一些优势，是一种关键新兴技术，它使得构建包含大量数据的数据仓库成为可能，而且可以大幅降低保存数据的成本。此外，市场部经理认为竞争对手确实在客户服务方面做得不好，有机会通过为顾客提供更好的服务来赢得顾客和市场份额。

- **为了增长实施业务创新**

第三个气泡代表从无数的机会中选择，确定利用数据库和数据存储的优势，抓住当前机会赢得顾客和市场份额。组织决定在整个企业范围实施数据仓库。系统实施后在电脑上敲击几下键盘就能够得到全公司范围的综合数据，同时能够拥有空前的能力来了解顾客、更好地服务于顾客。

- **评估价值**

第四个气泡代表对于使用这种技术的评估，不仅仅是评估对顾客的价值，也包括对内部客户的价值（例如，销售代表、市场经理、首席运营官等）。

电子业务创新周期建议了三种新方法来思考颠覆性创新的投资。

(1) **技术优先于战略**。这个方法假定技术对于策略是至关重要的，只有从技术出发才能获得成功。请注意在第一个气泡中包括理解、辨别和选择重要技术。第一个气泡并不是从战略开始的，而传统上讲运营一个业务总是从这里出发的。实际上，许多人都认为现在技术非常重要，技术的变化非常迅速，如果从战略开始，然后再试图为了战略而改进技术，注定是要失败的。技术优先于战略的方法主张从理解技术开始，并由此开发出一个新战略。诚然，这个方法令那些用传统方法思考或者对技术不满意的人不舒服。但是，我们相信对于许多现代组织而言，这样思考技术可谓明智之举。

(2) **技术优先于市场**。这个方法包含了传统智慧，它在战略上将市场也排在技术之后。仔细思考一下，我们便会发现在这种模式下市场活动是滞后的。非常传统的以市场为导向的方法，是首先找到顾客群体，然后弄清楚他们需要什么，最后明确应该利用技术做些什么（DEC 就是这么做的）。这种方法存在的弊端是，技术是快速发展的，顾客不可能在短期内了解新技术及其实际性能。在某种意义上，应该最后才让他们了解新技术及对其业务的影响。否则在了解新技术的时候，竞争对手已经这样做了，这项技术就不能获得竞争优势。正如苹果公司的史蒂夫·乔布斯所述“你不能只询问人们他们需要什么，然后尝试将他们想要的东西给他们。在你完成的时候，他们就会想要一些新的东西了。”

(3) **创新是持续的**。这个方法很有趣，但也可能会带来一些麻烦。它要求创新过程必须持续进行。正如图底部时间轴所显示，在新兴技术组坚持不懈地寻找下一个让业务发生革新的新事物时，第一个气泡将不断重复。信息技术的发展速度是不可能慢下来的，有革新精神的组织也是不能和不会停止的。

如今，由颠覆性创新而引发的快速变化是大多数行业所必须面对的。如果你是一个行业的领导者，就必须不断地接受和挖掘颠覆性创新，在围绕颠覆性创新构建新业务的时候，潜移默化地破坏现存核心业务。如果你不能做到这一点，对手就可能为你做到这点。

影像行业

行业分析

你最近购买过12片装柯达35mm彩色胶卷吗？它已经不容易找到了，因为12片装的产品已经不生产了，24或者36片装的产品仍然在销售，但是可以持续多久呢？

使用胶卷的新相机很快就找不到了。2006年美国市场数码相机销售第一名佳能（索尼是第二名，柯达是第三名）宣布在2006年6月将停止新胶片相机的开发，而将精力集中在已有数码相机的改进和新型号数码相机的开发。其他的相机/胶片公司都跟随佳能的引领。

- 2006年早期，柯尼卡美能达持有者称它将停止生产胶片相机、镜头，甚至胶片，随后宣布将它卖给对手索尼。
- 尼康，世界高质量摄影产品的领袖，于2006年1月称，它将停止大多数型号胶片相机的生产，而专注在数码产品上。现在尼康只生产两款胶片相机，专业相机F6和入门相机FM10。

“由胶片到数码的转变比我们所料想的要快。”富士菲林负责专业影像业务的主管Kakushi Kiuchi在2006年东京国际影像专业展上这样说。仅仅经过4年（2002~2006）影像行业就完成了从胶片领域到数码领域的转变。毫无疑问，数码技术已成为影像行业的颠覆性创新。

如同PC技术在过去10年中以令人惊奇的速度发展，数码影像技术也是这样的。胶片影像技术主宰这个行业超过了100年，然而一旦数码相机上市，数码影像市场就迅猛发展起来了。

1994年苹果公司生产了第一台面向大众的数码相机。一年后，柯达公司推出了它的第一台数码相机——柯达DC40。DC40是完全成功的，不久多个竞争的相机公司（包括佳能、索尼、富士）也向消费市场推出了数码相机。（专家预测当数码化电影成为影院和家庭规范后，柯达支柱产品35毫米摄像胶片产品必将完全数字化。）

数码成为行业规则后，首个推出立拍得相机的公司——宝丽莱也发生了重大的改变。该公司1993年和2004年两次从破产的边缘回到市场，并带来了一系列非影像业务的产品，包括商业ID打印机和DVD播放机。由于消费者数码照片的需求和其他不断增长的需求，如高质量桌面打印，完全专注于即时摄影已经无法让宝丽莱盈利了。

如果不调整业务模式，让公司放弃胶片影像进入数码市场，柯达和宝丽莱都无法继续生存。在柯达、宝丽莱、佳能和其他摄影和胶片公司的引领下，如今影像行业聚焦于满足消费者数码电子的需要。这样的结果是新的电子产品，无论是移动电话还是笔记本电脑，现在都具备了影像功能。

很明显，由于世界还在继续变平，影像行业和其他行业也将由数码所主宰。

问题

(1) 影响数码相机市场的竞争动力是什么？

(2) 比较数码相机行业和移动电话行业的演化。有哪些相同点？有哪些不同点？

资料来源

Emi Doi, “As Film Fades, Japan’s Camera Industry Changes Focus” , *McClatchy Washington Bureau*(June 21,2006), http://www.realcities.com/mld/krwashington/news/world/14870142.htm

Danit Lidor, “Perez’ Kodak Loses No.1 U.S. Digital Camera Spot” , *Forbes.com*(May 9,2006), http://www.forbes.com/2006/05/09/kodak-digital-cameras-cx_gl_0509autofacescan15.html

Anonymous, “Polaroid Dips into DVD Recorder Market” , *DVD Recorder World* (May 9, 2006), http://www.dvdrecorderworld.com/news/359

Press Release, “Polaroid Commercial ID Systems Launches Fully Integrated Line of Photo ID Products” , *Yahoo! Finance*(April 11, 2006), http://biz.yahoo.com/prnews/060411/netu019.html?.v=49

要点回顾

(1) 讨论信息系统是怎样用于实现自动化、帮助学习和提升战略优势的。自动化业务活动就是使用信息系统来更快、更经济地经营业务。信息系统是可以用来帮助实现自动化的。信息系统也可以用来改进业务运营的方方面面，以便在运营上取得重大的整体提升。当达到这个程度，就可以说技术帮助企业学习，因为它提供了自己运作的信息和底层支持工作流程的信息。利用信息系统实现自动化和学习业务流程是一个很好的开始。然而，如果以战略性的方式构想、设计、使用和管理信息系统，它就可以为组织增加更多的价值。为了战略性地使用信息系统，就必须理解组织的价值链，也必须能够识别出使用信息技术改变或者改进价值链，从而获得或者保持竞争优势的机会。这需要一个心态上的转变，把对信息系统认识从一个需要最小化的费用支出部分，转变为一种可投资的资产。

(2) 描述如何为系统构造和展示业务案例。构造业务案例就是构造和展示一组理由的过程，以显示信息系统可以为组织或者其构成部分增加价值。定量估算信息系统提供的价值是相当困难的，这是由度量问题、意识到收益的时间延后、行业重新分配和不利管理等因素造成的。构建有效的案例首先必须了解自己组织独特的业务战略。换而言之，技术投资应该与组织业务战略密切相关，因为这些投资将成为组织成功实现其战略的主要手段。在弄清楚组织在市场中的定位、信息系统投资战略和公司级实施因素后，就可以估算出系统相关的成本和收益。综合考虑所有因素，才可以构建有效的业务案例。为了做出一个有说服力的报告，这个投资为组织所带来的收益应该非常明确地显示出来。选择错误的度量会给一个有益的系统带来负面的决策。也就是说，必须把收益转换成金额的形式。例如，把收益转换成节省的金额和产生的收入。如果在确定特定金额的方法上有困难，就应该设计代理变量来展示系统的收益。最后，需要确定已经把组织决策者认为重要的事情都计算在内了。

(3) 解释为什么公司在持续寻找使用信息系统的创新方式以获得竞争优势，他们是怎样做的。组织一直在寻找创新的方法使用新技术，来帮助他们比对手更快、更好、更加经济地做事。站在技术的最前沿有着不利的一面，因为新技术并不如传统技术稳定，创新的信息系统和技术是会有疑问的。持续升级到更新更好的系统是昂贵的，所以依靠新兴系统可能会给公司财务带来损害。为了竞争优势使用创新的信息系统可以提供短期的优势，但竞争对手能够很快跟进技术，轻易地仿造同样的系统。并不是所有的组织都应该实施创新性的信息系统，那些在高度竞争环境中的组织才最需要实施新技术来让自己保持领先地位。为了新技术获得最佳的实施效果，组织必须接受相关业务流程的变革，准备好成功实施新技术所必需的资源，并且能够容忍由于使用最新技术而带来的风险和问题。实施新兴技术实质上是一个风险 / 收益赌博：风险相当高，但是回报也是巨大的。如今，成功实施创新系统和技术的组织，都具备专门人员（在一些情况下是特殊的部门）来扫描环境，寻找可以帮助公司的新兴技术和促成技术。然后他们缩小技术列表，只保留与公司面临的挑战和经济机会相匹配的技术。接下来，他们选择特定的一种或者一组技术，并按照能够带来或者保持竞争优势的方式实施。最后，他们再评价这些技术项目的价值，这个评价不仅仅针对内部的人员和部门，同时也针对外部的客户和伙伴。随着信息技术和系统的持续发展，这个过程将会持续进行。

思考题

1. 比较信息系统在自动化和学习方面的作用。
2. 描述学习型组织的属性。
3. 列出五种常规的组织战略类型。
4. 描述竞争优势，列出其 6 个来源。
5. 描述生产力悖论。
6. 描述怎样才可以构造成功的业务案例，对比基于信仰、恐惧和事实的理由。
7. 对比有形收益、无形收益、有形成本、无形成本。
8. 对比不同信息系统投资决策者的观点。
9. 定义代理变量并给出一个例子。
10. 为什么成功应用创新技术和系统通常是困难的？
11. 什么是“创新者的两难境地”？
12. 使用之前的例子说明什么是颠覆性创新。
13. 描述电子业务创新周期。

自测题

1. ______是指使用技术使组织更快，也可能更便宜地完成一个任务。

   A. 自动化

   B. 学习

C. 战略
D. 处理
2. 新技术、产品、服务最终超越市场上现有主流技术或者产品称作什么？
A. 超越事件
B. 颠覆性创新
C. 革新性技术
D. 技术变化
3. 下面属于无形收益的是哪一个？
A. 负面收益
B. 定性收益
C. 定量收益
D. 正向现金流
4. 下面哪一项没有改进价值链？
A. 改进采购流程
B. 增加运营成本
C. 最小化市场支出
D. 销售更多的产品
5. 下面哪一个不是为信息系统构建业务案例时通常考虑的三种理由之一？
A. 害怕
B. 事实
C. 信仰
D. 乐趣
6. 当它相对与对手有一些优势的时候，一个公司就被称作具备什么？
A. 垄断
B. 盈利
C. 竞争优势
D. 计算机优势
7. 下面哪一个并没有在本章中作为竞争优势来源被描述？
A. 提供优越的客户服务
B. 比对手花费较低的成本
C. 成为恶意收购的目标
D. 可以用较少的时间完成新产品的开发和测试
8. 构造______就是构造和展示一组说明信息系统会为组织增值的过程。
A. 组织结构图
B. 组织案例
C. 法律案例
D. 业务案例
9. 颠覆性创新逐渐削弱有效管理实践，导致一个组织或者行业的消亡被认为是______。
A. 运气不好
B. 技术过时
C. 生命周期分析
D. 创新者的两难境地
10. 对创新技术的选择、匹配、执行、评估的过程被称作______。
A. 环境扫描
B. 电子业务创新周期
C. 战略规划
D. 上面的都不是

问题和练习

1. 配对题，将下列术语和它们的定义一一配对。
i. 价值链分析
ii. 有形成本
iii. 整体拥有成本
iv. 生产力悖论
v. 学习型组织
vi. 价值链
vii. 电子业务创新周期
viii. 代理变量
ix. 颠覆性创新
x. 创新者的两难境地
a. 颠覆性创新破坏有效管理实践，通常会导致一个组织或者行业的灭亡。
b. 可计量的或者具有实体物质的成本。
c. 分析一个组织的活动以确定在哪个环节为其产品或者服务增值，同时也确定这样做所带来的成本的过程。
d. 新的技术、产品或者服务，完全超越了市场上占统治地位的技术或者产品。
e. 一个替换变量，它取值范围从低到高为1到5，用来替代信息系统中难以定量计算的无形收益。
f. 拥有和运营系统的成本，包括整体获取成本，也包括与它日常使用和维护相关的成本。
g. 能够很好地学习、发展和管理其知识的组织。
h. 一个组织以创新的方式使用信息技术以及由这些技术而产生价值的程度。
i. 在引入新技术后生产力的提升速度低于预期。
j. 组织中为产品或者服务增加价值的一组支撑活动。

2. 为什么信息系统专家能够为一个特定系统构建业务案例？为什么这对于非信息系统专家也是重要的？他们是怎样涉及这个过程中的？非信息系统专家在信息系统投资决策中有何作用？
3. 为什么在构造业务案例时注意行业因素很重要？激烈的竞争、较弱的竞争在信息系统投资和使用方面各会带来怎样的影响？为什么？
4. “在构造业务案例的时候，应该把精力集中在决策者身上，忽略其他的细节”你是如何看待此观点的呢？
5. 企业文化在信息系统投资中有何作用？需要时它可以被轻易调整吗？为什么？是谁控制着企业的文化？你有此方面的经历吗？
6. 为什么准确地进行成本利益分析是困难的？哪种因素是难以定量估算的？应该采用哪种方式来处理？是否有需要避开的因素？这种处理方法的结果如何呢？
7. 在小组中讲述你为自己或者组织购买某物，构造业务案例时的经历。你是为谁构造这个业务案例？推销过程怎么样？你是否遵循了本章的方针？你的理由是基于信仰、恐惧、事实还是假设？你的业务案例与小组中其他人有什么不同？你成功了吗？为什么？
8. 本章中的五个行业势力中，哪个对于信息系统决策最重要？哪个是最不重要的？为什么？请阐明理由。
9. 在小组中描述自己经历的一个场景，你购买某物时，基于有形因素的成本收益分析，它的回报不足购买成本。这个购买决策是基于无形因素吗？这些无形因素证明这是一个值得的投资吗？用这些无形因素说服其他人困难吗？
10. 对比购买一辆新车的整体获取成本和整体拥有成本。说明汽车的类型、年限、制造商、型号以及其他因素对于不同类型成本收益分析有什么影响。
11. 确定和描述三种不同的情形，在这些情形下恐惧、信仰或者事实理由是信息系统投资的强制性因素。
12. 与一个信息系统管理者交谈，从而了解经过一段时间，一个系统是否以某种显著的方式改进了企业的生产力。特别是要弄清这需要经过多久，这段时间是否比预期的长？为什么？并阐明这是一个有代表性案例还是一个独特案例？
13. 比较信息系统决策中不同利益相关者的不同观点。
14. 为什么不是每个组织都应该实施创新性信息系统？为了成功实施创新性技术，组织应该具备哪些必要的特征？
15. 列举出未在本章讨论的、成功替代或者边缘化一个行业或者技术的颠覆性创新的例子。
16. 描述在一个行业中应用颠覆性创新的进展和结果（参见表 3-9），说明一个产品或者行业的演化过程。

应用练习

电子表格应用：评估系统

对于校园旅行社而言维护信息系统的成本是比较高的。你被分配来对当前校园旅行社雇员使用系统的整体拥有成本（TCO）进行评估。查看 TCO.csv 以便获得当前使用系统的列表和每种系统相关的维护软件、硬件和职员的成本。为你的运营经理做下列计算。

(1) 增加一个新列来表示新增的服务器硬件。包括主校区的 4 500 美元和其他小区的 2 200 美元。

(2) 校园旅行社整体信息系统的 TCO（提示：将所有系统的所有值汇总）。

(3) 信息系统服务器和网络组件的 TCO。

(4) 确保你以专业的形式格式化了表格，包括使用货币形式。

数据库应用：构建一个系统使用数据库

为了了解校园旅行社的资产，信息系统经理请你设计一个能够保存所有资产的数据库。你的经理要求你做下面的几步。

(1) 创建一个叫做 asset.mdb 的空数据库

(2) 在资产数据库中创建一个叫做“assets”的新表，这个表包括下面的字段：

a. 项目 ID（文本字段）
b. 项目名称（文本字段）
c. 描述（备注字段）
d. 分类（硬件、软件、其他）
e. 条件（新、好、一般、差）
f. 购买日期（日期字段）
g. 购买价格（货币字段）
h. 当前价值（货币字段）

团队协作练习：比萨饼，谁要？

与同学比较一下在家电话订购比萨饼的经历。在打电话订购比萨饼的时候，是否每次都必须提供全名、地址和电话号码？还是对方只询问电话号码就自动知道打电话的人是谁，住在哪里？如果是后者的话，他们就是在使用信息系统来进行跟踪，以避免每次接电话的时候都询问姓名、住址、和电话号码等信息。这对你来说有多重要？这与比萨饼价格或者送达速度是一样重要吗？有没有可能在某种情况下，对于信息系统良好使用可以弥补产品上的不足？（也考虑一下比萨饼之外的产品）

自测题答案

1. A	2. B	3. B	4. B	5. D
6. C	7. C	8. D	9. D	10. B

案例 ❶

Netflix

还记得古老的租赁服务吗？开车到达某租赁点，在架子上浏览精选电影（这太常见了，一点都不时尚），付钱给店员，然后离开。租赁的影片需要在24小时内归还（通常最多2到5天），否则就要支付高额的超期费用。在某些情况下，一个遗忘的顾客打开门会发现一个警察，然后被询问为什么没有归还租借的电影。

现在电影租赁店仍然存在，首先进入脑海的可能会是租赁DVD的连锁店Blockbuster，但是现在用户还有其他选择。按观看付费是有线电视和卫星电视用户的一个选择，但这种服务可选择的影片是受限制的，只有发行30天后的电影才可以作为DVD被租赁。顾客不会总对这些固有的限制满意——迟后的费用、没有较新的影片、简短的周转时间等，所以有人想到一个好主意：提供基于点击的在线电影租赁服务。

在2002年，第一个也是现在最大的在线电影租赁服务商Netflix进入市场。到2007年，Netflix已经为600万订户提供70 000部电影了。术语“订户”是Netflix特有构想的关键。接受Netflix服务电影的订户，根据其每月能够租赁的电影数量支付月度使用费。每月支付4.99美元（最低价的计划），可以租赁两部电影。

随着月度租赁影片数量的增加，租赁费也会跟着增加，最高的租赁费是23.99美元/月——这样可以同时租赁4部DVD，而且每月租赁的总数量也不受限制。对于所有的计划，邮寄费是按照每个方向来支付（美国邮政服务可以同时处理双向的DVD邮寄）并且没有超期费用。当一部电影被归还，客户优先选择的列表中的另外一部就被寄出。

在2002年Netflix推出初期，Blockbuster是美国最大的电影租赁商，美国最大的企业沃尔玛也开始在其商店中推出类似Netflix模式的服务。到了2006年沃尔玛就停止了电影租赁订阅服务，Blockbuster的订阅服务也是亏损的。

Netflix备受欢迎的非凡服务超越了与之相竞争的电影租赁服务（包括基于观看付费的服务），这是因为它将顾客租赁电影服务的个性化程度提升到以往不可能达到的程度。这种个性化服务让顾客可以租赁40部电影。一个叫做Cinematch的软件会基于这些信息为每个顾客创建个人配置文件和推荐电影的队列。例如，如果一个顾客喜欢“Troy”，他可能也喜欢“Alexander”，那么这个电影就会包含在顾客的队列中。Netflix的Cinematch系统允许客户从包含大量电影的数据库中选择，其中很多影片客户可能从来没有注意到，因为如果没有一个更加近期的流行影片列表被提供的话它们就会被移动到影片队列的下一个位置。

Netflix使用的另外一个战略是“朋友”功能，这个功能允许订户互相共享和介绍影片。尽管在因特网上这不是一个独特的主意，但就是这个功能构造了Netflix客户在线社区，这个社区今后会推动业务的发展。Netflix并不是没有受到批评，它的批评来自其在流行电影获取和运送提示方面的一个服务，这个服务“奖励”月度最少租赁客户和“惩罚”月度租赁最多的客户。在Netflix的网站上这项服务公布如下：

在确定递送和分配库存优先级时，我们将考虑诸多不同的因素，包括租赁的DVD数量和类型、选择的订阅计划，也包括使用的其他服务等。在所有的因素都相同的情况下，我们将优先考虑那些通过我们的服务收到DVD数量最少的成员。

根据Netflix网站的规定，当添加一个目前不在库存的流行电影，首选是把它加入线性的队列中，按照顾客提出需求的先后顺序进行服务，也就是头一个需求电影的顾客会首先获得这部电影。实际上，服务优先级选择依据的是其赢利性。由于递送费用是在线电影分发商的主要成本，那些递送成本最高的顾客可能不会先收到流行电影。

这对于顾客来说意味着什么？如果是一个不经常使用服务的顾客，那么对Netflix来说具有比较高的赢利性，因为递送成本很低，所以选择被优先处理。那些频繁使用服务或者Netflix认为“过于频繁”使用服务的顾客看起来就不那么具备赢利性了，所以他们就不具备优先权了。

在2004年，这个政策导致经常使用Netflix服务的用户发起了对公司的集体诉讼。该案件的原告Frank Chavez称，Netflix承诺的订户可以每个月租赁“无限的”DVD而且可以在一天之内收到它们，这是不属实的（Chavez尝试在一个月内租赁数百张DVD，发现这不可能实现后提出了诉讼）。尽管Netflix拒绝承认他们做错了什么，但还是在2005年解决了这个案件。Chavez收到了2 000美元的赔偿金，而他的律师得到了超过250万美元的高额收入。所有加入集体诉讼的顾客被短期升级到一个更高的计划，Netflix为他们定制了一个有限制的三个月免费尝试计划。

尽管一些顾客表示不满意，Netflix的顾 客数量还是在增长而不是降低。

问题

(1) 本地的影像店可以在数字世界存活吗？比较一下它们和本地书店的发展情况，哪些是类似的？哪些是特有的？

(2) 如果出现一种视频点播系统，它可以在任何时间在任何设备上展现任何类型的视频，请预测一下Netflix的前景。

(3) 讨论一下个人看法，Netflix的服务是否公平。

资料来源

Anonymous, “Netflix Settlement Details”, *Boing, Boing*(November 2, 2005), http://www.boingboing.net/2005/11/02/netflix_lawsuit_sett.html

Netflix Terms of Service and Plans, http://www.netflix.com/MediaCenter?id=1005&hnjr=8 and http://www.netfix.com/StaticPage?id=1004

Jeffrey M. O’Brien, “The Netflix Effect”, *Wired*(December 2002), http://www.wired.com/wired/archive/10.12/netflix.html

Timothy J. Mullaney and Robert Hof, “Netflix Starring in Merger Story?”, *Business Week Online* (November 10, 2005), http://www.businessweek.com/technology/content/nov2005/tc20051110_143721.htm

Mike Elgan, “How to Hack Netflix”, *Information Week* (January 30, 2006), http://www.information-week. com/news/showArticle.jhtml?articleID=177105341

案例 2

航空运输业电子化的促成：信息系统评估

美国航空业早期的主要用途是运送航空邮件，主要客户是美国政府。所以航空运输行业的成长是受严格控制的。在1978年，美国政府开始放松对航空运输的控制，并向大量新进入者开放市场，特别是对于一些低成本航空运输公司。航空业在全球市场还是受到高度控制：通常，两个国家之间的航线要通过双边谈判来建立。由协议规定哪些线路是可以飞，哪些地方飞机可以降落，在哪里可以承载旅客和卸载旅客。根据波音公司前总裁和首席执行官Phil Condit的说法，“它确切地说不是一个开放的市场。”此外还有一个因素增加了复杂性，那就是一个国家的公民通常被禁止在另外的一个国家拥有航空公司，这是因为飞机具有战略价值。

除了联邦法规，国际航空运输协会（IATA）为许多“翅膀下”的活动制定了众多不同的标准。最显著的是，IATA创建了旅客和机场数据交换标准（PADIS）来管理差不多所有与旅客空中旅行相关的数据。例如，PADIS规定了预订、电子机票、登记、机场/航空公司通信、行李处理标准，以确保旅客可以用一张机票乘坐不同航空公司的飞机，或者不考虑航空公司而在目的地查看自己的行李。

航空运输业尽管在一定时期内整体上处于受管制状态，但在20世纪70年代晚期，航空运输行业管制解除后，大量新航空公司组建，特别是低成本航空公司骤然增多。局势的转变决定了新进入者和已存航空公司必须减少运营成本以便在新的竞争环境中得以生存。创立于1927年的美国泛美航空公司由于低成本竞争者的压力不得不在1991年申请破产。同样，环球航空公司被美国航空于2001年收购前曾经三次申请破产。

在监管解除后，航空运输行业看到了由于现存航空公司和新进入航空公司带来的竞争加剧；同时也看到大多数顾客并没有航空旅行之外的其他选择，这是由于航空旅行相比其他交通方式具备高速和便利的特点。对于商业旅行者航空旅行特别具有优势，其他的交通方式，如汽车、火车不被当作替代方案考虑。尽管每个旅行者都经历了2001年9月11日美国受恐怖袭击后新增安全措施带来的诸多不便，但大多数的旅行者仍然没有航空旅行之外的其他替代旅行方式。根据波音公司的说法，航空旅行需求短期会大幅波动，但是预测显示长期来看这种需求是稳定增长的。2005～2025年间，商业飞机（区域飞机或者大型飞机）的数量将会翻倍，总数将达到36 000架。此外，需要17 000多架飞机用来保持这种增长势头，大约96 000架新飞机需要替换退役和转型的飞机，一共会有27 000多架新飞机。

影响新飞机需求的一个重要因素，是航空公司的运营结构。大多数传统航空公司都依赖轴辐式空运模型，然而现在越来越多的航空公司开始尝试在小城市间提供更多的直航，以服务于更多无需中转的市场，这样可以减少对于轮毂的依赖。传统的轴辐式空运模型在跨洲航线上是有一些用处的，同时直达航线也是一个增长的市场。对于航空公司来说，从轴辐式空运模型转变成对于小一些飞机的需求，因为这样才能提供更多的直达航线。特别是发现高端客户对便利地到达和起飞时间非常敏感，而且由之而来的收益超过航空公司增加这些额外航班而带来的成本之后，这样的需求就更加明显地凸显出来了。

波音公司期望双通道飞机主宰长途跨洋市场，然而全球区域市场主要由单通道飞机来提供服务，到2023年世界飞机的75%将是单通道飞机。由于对现存飞机的替换，专家预测单通道飞机将会主宰未来的航空投递。诸如中国和东南亚、西南亚等经济增长热点，将来会为新飞机需求的增长做出贡献。

波音公司的主要客户——航空公司越来越变化无常。一方面，波音公司不能明确在合同结束后航空公司是否会继续购买更多的产品和服务；另一方面，一些波音公司的客户已经申请了破产保护，这为波音带来了新的不确定性。

2001年9月11日后，几个现存运输公司正在为生存而奋斗的时候，大量低成本运输公司进入了市场。这些公司具备完全不同的运营结构，在整个航空行业亏损的时候它们可以做到盈利。它们抛弃了传统的销售渠道，同时还通过减少周转时间或者使用单一机型来减少成本。对于波音而言，帮助其客户降低运营成本，是帮助他们生存、最终减少由于破产等因素造成的客户数量损失的一个重要方法。

对于波音公司管理层而言，电子化是应对这种情形的“银子弹”。电子化优势计划（e-enabled advantage program）的产品和服务可以帮助航空公司提高效率，在市场中生存。此外，这样的产品和服务可以让波音显得与空中客车不同，在不同飞机之间的差别越来越模糊的时候，这将是非常重要的一个方面。

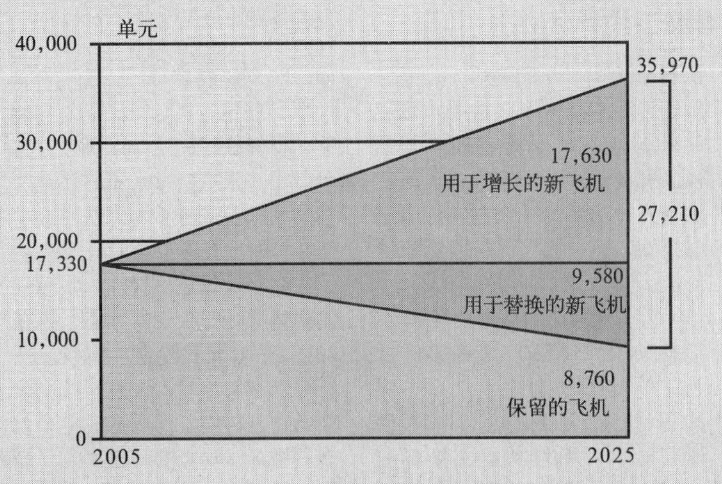

资料来源：Boeing Market Overview (2006), http://www.boeing.com/nosearch/exec_pres/CMO.pdf (August 23, 2006)

问题

(1) 电子化优势计划怎样帮助波音获得相对于对手的竞争优势？

(2) 使用Porter的五势力模型分析商业航空运输行业。将这个分析与飞机制造行业分析对比。

(3) 为商业航空运输行业构造价值链，确定几个可以帮助他们增加收益的电子化优势计划。

资料来源

http://www.iata.org/whatwedo/standards/padis, retrieved October 1, 2006

http://www.boeing.com/commercial/cmo/pdf/cmo_parisbook.pdf

第4章

管理信息系统的基础设施

综述> 就像所有现代化城市都高度依赖其市政基础设施一样，运营在数字世界的公司也要全面依赖于信息系统的“基础设施”，以此支持业务的开展以及保持住竞争优势。公司的业务量快速增长，与此同时，需要获取、分析和存储的数据量也在日益增长，公司不得不全面地规划并管理好这些基础设施需求，以使其投入在信息系统建设的投资能够产生最佳效果，获得最大收益。当真正开始规划和管理信息系统基础设施的时候，公司必须要回答诸多很重要、同时也很难回答的问题。这里举几个例子：如何利用信息系统来支持公司的竞争策略？采用哪些技术和系统能够最好地支持核心业务流程？我们应该与什么样的供货商结为合作伙伴关系，要采用哪些技术、要避免哪些技术？要采购什么样的硬件和软件，应该购买什么样的售后服务？公司如何得到内部数据和外部数据？公司如何确保基础设施是可靠的、安全的？显然，在当今数字世界中，有效地管理公司的信息系统基础设施是非常复杂，同时也是非常必要的事情。通读本章后，读者应该可以：

1. 列举信息系统基础设施的必要组成部分，并解释为了满足公司的信息需求，为什么这些组成部分是必要的；
2. 描述公司采用的解决方案，用来设计出可靠的、健壮的、安全的基础设施；
3. 描述公司如何确保自己的基础设施是安全可靠的，如何设计容灾规划，以及建立信息系统控制体系。

本章着眼于让管理人员理解一个全面信息系统的基础设施里都有哪些关键部件，以及为什么谨慎的管理是必要的。随着企业信息需求以及为满足这些需求所需系统的复杂性的日益增加，基础设施的管理这一主题已经成为管理数字世界的基础。

数字世界中的管理　我 Google 你

假设你正在为自己的物理课准备一篇论文，论文主题与夸克粒子相关。那就 Google 一下吧（参见图 4-1）。你想寻找一位高中同学，但是你的同学们都不知道她现在在哪儿，那就 Google 一下吧。也许你正在看一部电影，里面有个角色说，她用 Google 找到一个约会的良辰吉日。Google 一词对于广大网民来说实在太熟悉了，以至于很多人都把它当动词用了。实际上，这个词变得如此流行，以致 Google 公司开始关注把它当动词会不会带来侵权，甚至要求一些词典，比如韦氏词典，把 Google 的定义修改为：利用 Google 搜索引擎在因特网上来寻找信息。

Google.com 上是这样说的，Google 由数学名词 googol 变化而来，表示 10 的 100 次方。这个词是由美国数学家 Edward Kasner 的外甥 Milton Sirotta 创造的，随后通过 Kasner 和 James

Newman 合著的《数学与想象力》(*Mathematics and the Imagination*)而广为流传。Google 使用这一术语体现了公司整合因特网海量信息的远大目标。

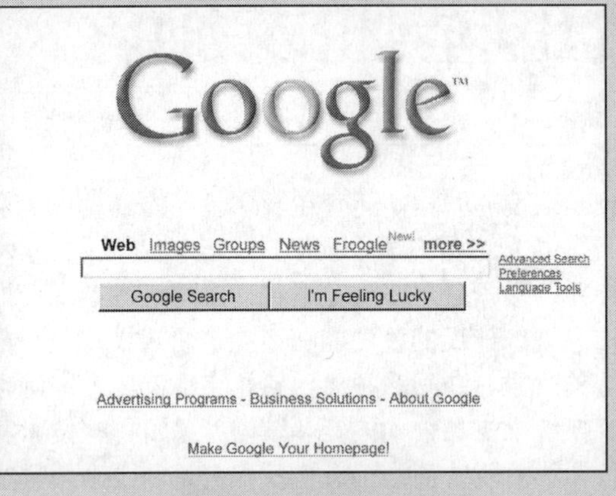

图 4-1 Google 的首页

公司创始人是拉里•佩吉(Larry Page)和塞尔吉•布林(Sergey Brin)在 1995 年第一次见面的时候,就开始争论问题。佩吉当时 24 岁,刚从密歇根大学毕业,有一次周末他到斯坦福大学去玩,布林被指派为向导带佩吉到处参观他当时 23 岁。他们俩人都有着鲜明的观点,针锋相对。但是在一个领域,他们有着共同的兴趣,这个领域就是如何从海量的数据里找出自己想要的东西,这其实是一个大难题。

1996 年 1 月以前,佩吉和布林已经开始在搜索引擎的研发上展开合作了,这个搜索引擎的名字叫做 BackRub,意思是它有着独特的能力,该引擎可以分析出某个特定的网站被哪些网站链接了。佩吉当时醉心于研究如何用打印机打印出乐高积木之类的问题,也算是小有名气。他接手的任务是:用低端 PC 而不是大型昂贵的机器,来实现一个新型的服务器环境。像大多数在校研究生一样,他们也饱受缺钱的困扰。这对搭档经常跑到系里看是否有新买的计算机设备,他们期望可以追踪最新的计算机产品,将来可以买到以搭建自己的网络。

到了 1998 年,佩吉和布林还是在宿舍里开展他们的开发工作。他们甚至透支了信用卡,去购买一个 1TB 的硬盘。他们也开始着手寻求投资者,以资助他们对搜索引擎技术的进一步研究和开发工作。David Filo 是一位雅虎的研发人员,也是他们的朋友,告诉他俩,他们的技术很厉害,说服他们自己创办一个公司去做下去。

佩吉和布林四处出击找投资,终于找到了 Andy Bechtolsheim,这是一位很有才能、也很有眼光的朋友。在听了他们的简要介绍后,就给了他们 10 万美元的支票。由于支票是开给 Google 公司的,佩吉和布林将错就错,赶紧注册了一个叫 Google 的公司,这样他们才能拿到这笔钱。后来又有一些投资人加入进来。1998 年,Google 公司在加利福尼亚正式运营了,办公地点是他们一个朋友的车库。公司第一位雇员是 Craig Silverstein,现在是一位总监级人物。

Google 在 1998 年的时候还只是测试版,一天处理大概 1 万次的搜索请求。公司很快引起了媒体的注意,*USA today*、*Le Monde* 以及 *PC Magazine* 大力赞美他们,Google 被评为 1998 年度最好的搜索引擎。

Google 很快就搬出了车库。1999 年 2 月,公司搬到加利福尼亚的 Palo Alto 办公了,此时公司拥有 8 位员工,每天的搜索请求量也飙升到 50 万次了。

公司持续发展着,终于在 1999 年,他们推出了搜索引擎的正式版本。也是在这一年,公司又搬家了,这一次搬到加利福尼亚山景城的 Googleplex,也就是现在的 Google 总部所在地。

2000 年 5 月,Google 已经成为世界上最大的搜索引擎服务提供商,每天处理的请求高达 1 800 万次。由于出色的技术成就,Google 获得了 Webby Award 和 People’s Voice Award 奖项。到了 2000 年底,每天处理的请求就高达 1 亿次了。

2004 年 4 月 29 日,Google 向联邦证券与交易委员会提交 IPO(initial public offering,首次公开募股)申请。Google 的 IPO 是以拍卖的形式销售股票,这样是为了让更多的人可以买到股票。股票最初定价为 85 美元,Google 希望能募集到 30 亿美元。对于此次成功的拍卖,专家的观点不太统一。有人说,这股价太夸张了,也有人认为股票最终会回落。最终,事实证明持悲观论调的专家错了。2006 年 12 月,Google 每股价格为 466 美元,且股价短期内有望达到 548 美元。

Google 公司持续创新,在搜索引擎领域之外也有斩获。Google后来陆续提供了电子邮箱、即时消息、短消息服务。其他服务还包括新闻的自动聚合网站、博客、免费的图片处理软件，以及一个程序员感兴趣的开源项目库网站。2006年年中，Google在在线支付领域开始准备挑战PayPal。而在线拍卖也上马了，这下要挑战的是eBay。

Google的电子邮箱，和Google公司本身类似，也是非常独特的。Google于2004年发布Gmail，采取了邀请的方式，也就是说要想获得一个Gmail信箱，必须从一个已经拥有Gmail的人士那里获得邀请才能注册。Gmail把电子邮箱和即时消息整合到一起，因此用户可以以传统的方式使用邮件服务，还可以实时收到好友发来的即时消息。

Google公司的主要收入来自于一个叫做AdSense的业务。该业务允许任何站长在他们自己网站的任意网页上发布广告，当有人点开了网页上的广告，网站的主人就可以获得一笔收入。该业务还使得网站的主人可以获知有多少人访问了自己的网站、每次点击的成本、点击率等。该业务还可以合并放置在同一个页面的所有类型的广告，也就是说，网站站长可以去掉他们不想看到的广告，比如来自竞争对手的广告，有关死亡或者战争的广告，或者包含有“成人内容”的广告。

Google另外一个大受欢迎的业务是froogle，该业务利用Google搜索技术，使得消费者可以根据产品类型、产品价格等匹配条件搜索到自己感兴趣的产品，并比较这些搜索结果。Google还有一些好玩的东西，罗列如下。

- Google新闻：新闻页面是自动根据它搜索到的新闻网页聚合而成的，用户看新闻可就方便了。
- Google学术搜索：该服务帮助做研究工作的人士搜索到公开出版物。
- Google财经：聚合财经类的新闻以及股票信息。
- 其他搜索：视频搜索、图片搜索、邮购目录搜索、书籍搜索、博客搜索以及大学搜索。

此外，所有这些服务都可以用手机访问。

Google很明显已经成为因特网以及人们的日常生活的重要组成部分了。可以在如下网址查看Google新出的产品和服务：http://labs.google.com/。

阅读完本节后，读者应该可以回答以下问题。

(1) 基础设施多大程度限制了Google最初的成功？

(2) 如果Google要出新产品了，你希望该产品是什么方面的，说说你的理由。

(3) 你如何为本节所介绍的Google的那些产品和服务打分，说说你的理由。

资料来源

Anonymous, “Google Milestones”, http://www.google.com/corporate/history.html

Antone Gonsalves, “Google Testing Possible eBay Competition”, *Information Week* (October 25, 2005),

http://www.informationweek.com/story/showArticle.jhtml?articleID=172900366

Eric J. Sinrod, “Google in a Patent Pickle?”, *C/Net News* (January 19, 2006), http://news.com.com/

Google+in+a+patent+pickle/2010-1071_3-6027546.html

Thomas Claburn, “Feds Seek Google Search Records in Child Porn Investigation”, *Information Week*

(January 19, 2006), http://www.informationweek.com/internet/showArticle.jhtml?articleID=177101999

4.1 信息系统基础设施

人们生活的地方或者工作的场所都离不开基础设施。没有了基础设施，该地区就无法正常运转，人们无法正常生活。举例来说，一个城市的基础设施包括如下组成部分：街道、电力、通信、供水以及下水管道，还有学校、零售店以及执法部门。该地区的常住居民和商业活动都依赖于这样的基础设施。拥有较好基础设施的城市，自然就适合人们居住，也会更吸引人们来此定居以及投资开展商业活动（参见图 4-2）。类似地，基础设施良好、管理完善以及业务流程完备的公司经常会受到优秀人才的青睐。

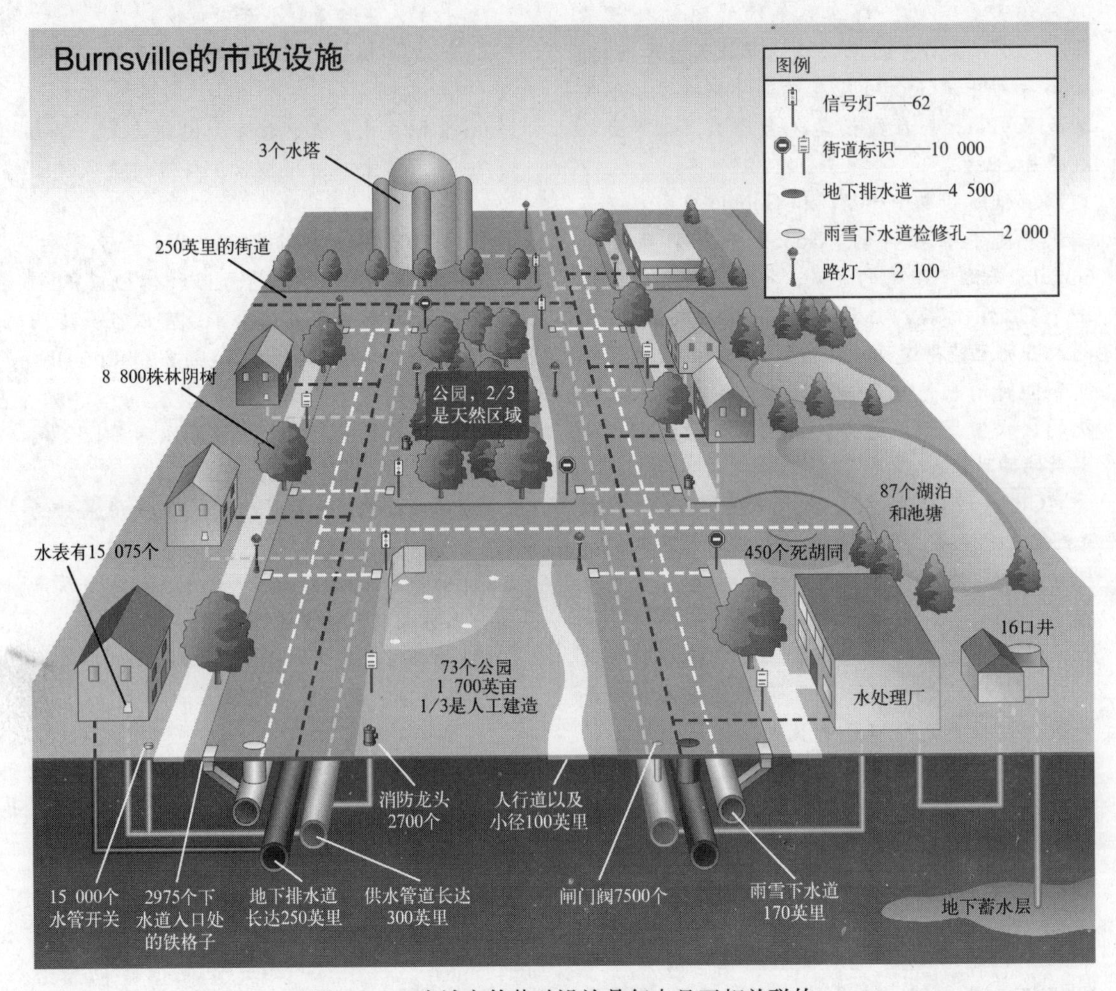

图 4-2　一座城市的基础设施是复杂且互相关联的
（资料来源：http://www.burnsville.org/ftpfiles/infrabig.jpg）

对一个企业来说，考虑到在哪里设厂的时候，做出这样的决策通常要考察该地区基础设施的情况。实际上，很多城市都通过开辟拥有完善基础设施的新型商业区以吸引外来投资。在某些情况下，某些特定类型的基础设施有可能成为决定性的因素。比如，搜索引擎巨人 Google，该公司依靠遍布世界各地的数据中心的服务器为用户提供各种各样的高性能服务。Google 最新的数据中心位于俄勒冈州的达尔斯市，这是一个靠近哥伦比亚河岸的小镇（参见图 4-3）。为什么 Google 公司会选择如此偏远的地方呢？首先，该地区能够提供网络的最佳连通性，使用最新的光纤网络，将高速数据传输到因特网的骨干网上（参见技术概览 4，以及技术概览 5）。第二，也是更为重要的原因，在于它位于河岸，这使得它有充足的水可以用来冷却数据中心，附近的水电站还可以提供廉价的不间断的电力。从这个例子也可以看出，像 Google 这样的公司在为数据中心选址的时候要考虑的因素，决不仅仅是数据存储空间的增长和电力供应这两个因素。

对于全球化运营的公司来说，管理一个综合的、世界范围内的基础设施，会带来一些不一样的挑战。尤其是在发展中国家，该问题显得尤为突出。举例来说，在大多数地方，连供水供电这样的基本要求都没有保证。相应地，印度的很多大型呼叫中心，其支持的客户可能是全世界的，比如戴尔电脑或者花旗银行。它们通常自备发电机以减小经常出现的停电对他们的影响，或者建立自己的卫星连接通信系统以便通信，因为本地电话网络不太可靠。

图 4-3 Google 的数据中心位于俄勒冈州的达尔斯市，快要完工时

信息系统基础设施的需求

由于人们和公司都依赖于基础设施才能正常工作和生活，商业活动也依赖一个可靠的**信息系统基础设施**（包括硬件、软件、网络、数据、设施、人力资源以及服务）。**商业活动**是一个公司为达其商业目标而执行的行为的总和，包括两部分：核心业务（也叫核心行为）和支持业务（也叫支持行为）。**核心业务**在价值链中是主要的，这是所有的业务环节，诸如产品制造、产品的销售、提供售后服务等所需要的（参见第 3 章）。**支持业务**是使得核心业务得以顺利进行的配套流程，比如财务管理、人力资源管理等（参见图 4-4）。

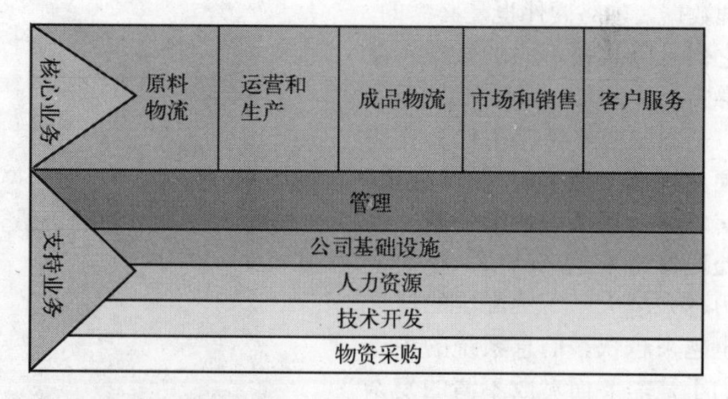

图 4-4 常见的价值链，展示了企业的核心业务和支持业务

对一个企业来说，几乎所有业务都要依赖于信息系统基础设施，尽管程度上有所不同。举例来说，企业的管理需要一个底层的设施来支持各种各样的管理行为，这包括：可靠的通信网络来保证供货商和客户的顺畅联系，准确及时的数据和知识以获得商业情报，以及信息系统来辅助决策。总之，公司依赖一个复杂的、相互关联的信息系统基础设施来有效地发展，这样才能在竞争不断加剧的数字世界里游刃有余。

为了更好地决策，不同级别的管理人员需要分析信息，这些信息都是从不同的商业环节里收集到的。收集信息这个行为，和信息本身一样，通常都称为**情报**。有些商业环节从外部的渠道，比如市场调研、竞争态势分析，得到了信息。有些是从内部获得的，比如销售数字、客户群的总体特征，或者客户行为预测等。有各种各样的系统用于获得这些情报（参见第7章）。所有的收集、处理、保存以及分析数据，都是为了更好地管理这个公司。换句话说，当代企业高度依赖信息系统基础设施，基础设施包括如下几个部分（参见图4-5）：

- ❑ 硬件；
- ❑ 软件；
- ❑ 通信和协作；
- ❑ 数据和知识；
- ❑ 设施；
- ❑ 人力资源；
- ❑ 服务。

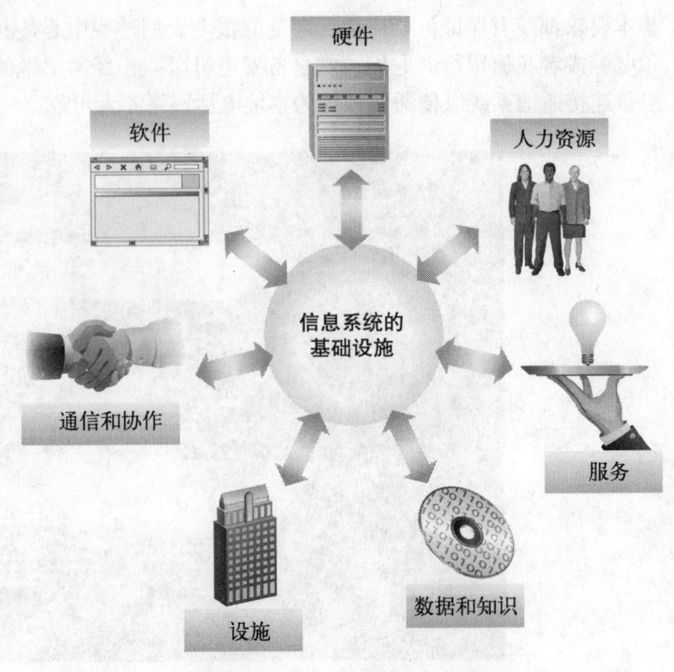

图4-5　信息系统基础设施

接下来将简略地讨论这些组成部分，主要介绍它们在一个企业的信息系统底层设施里的作用。为了更深地了解这些技术层面的东西，读者可以参考技术概览章节。

1. 硬件

硬件是信息系统基础设施中不可或缺的组成部分。这个硬件概念不仅包括企业里使用的计算机，还包括各种网络硬件（参见技术概览1和技术概览4）（参见图4-6）。计算机是必不可少的，因为它们可以用来保存以及处理数据。网络硬件也是必需的，它们可以连接不同的系统，使得协作以及信息共享得以进行。

图4-6　硬件在企业的信息系统的基础设施里是必不可少的组成部分

公司经常为选用什么样的硬件而大伤脑筋，难以决策。信息技术领域的持续创新使得处理器速度越来越快，存储能力越来越大，当然淘汰的速度也越来越快。信息系统的主管们于是需要面对数不清的复杂问题，如下列所示。

- ❑ 应该选用什么样的硬件？
- ❑ 购买或者替换老的硬件设备的时机是怎样的？
- ❑ 信息系统如何才能最安全呢？
- ❑ 今天需要什么样的性能和存储设备，明年呢？
- ❑ 可靠性是如何保证的？

在本章里当我们讨论不同基础设施解决方案以支持组织策略时，将会讲述这些问题以及其他一些问题。

2. 软件

像在技术概览 2 里指出的那样，有了硬件和网络的支持，企业的各种信息系统软件才能正常运行，软件可以帮助企业执行商业流程以获得竞争优势。相应地，随着企业的信息系统可靠性的不断提高，有效利用软件资源也变得越来越复杂和重要。举例来说，公司需要管理安装在每一台计算机上的软件资产，包括软件的更新、软件漏洞的修补，以及管理软件许可证的问题（参见图 4-7）。此外，公司还不得不决定是否升级或者换为新的产品，以及何时使用新软件。

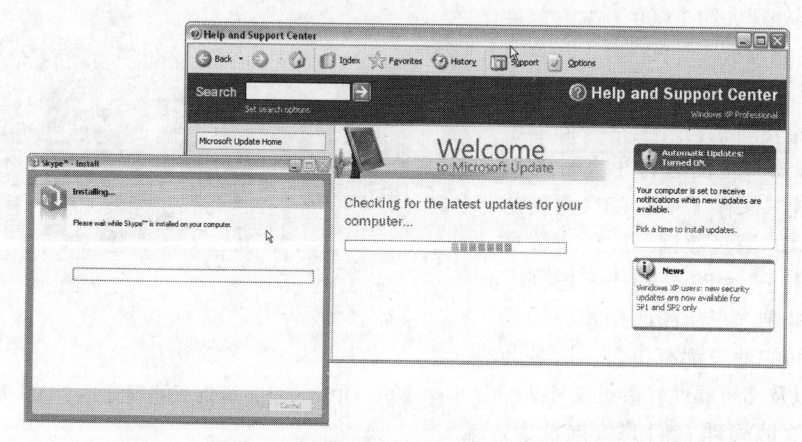

图 4-7 安装以及维护软件可能是既费时间又费钱的事情

很明显，对于信息系统的基础设施来说，软件管理可以一个说是使人畏缩的任务。然而，有一些方法有助于企业更好地管理软件资源，我们将在后边讨论这一点。

3. 通信和协作

前面的章节里曾经提到，信息系统之所以在现在企业里变得如此强大和重要，有一个重要原因是软件之间可以互连，而这使得企业内部或者企业与外部的联系和合作成为可能。支持这种互联性的基础设施包含几个不同的部件，比如网络硬件和软件（参见技术概览 4 和技术概览 5），这样不同的计算机才能够联网，使得合作得以进行，理论上全球范围内的计算机都可以联网。

让一定数量的计算机联网是必要的，但这远远不够。为了能够通信和合作，公司还需要其他的硬件和软件。举例来说，还需要邮件服务器和通信软件，比如微软的 Outlook，这样内部外部的通信才能进行。类似地，公司还要决策是否利用工具（比如即时信息系统）以及使用什么样的产品（参见图 4-8）。还有，视频会议越来越普及，这对公司也很重要，可以使用视频会议来架起沟通的桥梁，公司的各个办公场所之间可以采用视频会议，公司和合作伙伴间也可以采用视频会议。这样能够减少出差的机会，也使得合作比过去更有效率。然而，由于这样的系统在产品质量、成本以及功能上存在巨大的差异，所以公司不得不评估他们的具体通信需求，然后才能慎重决定采用哪些技术和产品。

图 4-8 企业需要确定如何实现自己的通信需求

4. 数据和知识

数据和知识可能是一个公司最重要的资产了，因为以数据和知识为基础，可以挖掘出许多有价值的信息，而这些挖掘出来的信息对商业活动的开展来说，是非常必要的。管理此类资源对基础设施提出这样的要求：性能较高、可靠性也要高。举例来说，Amazon.com 这样的公司需要一个数据库来保存客户信息、产品信息、库存信息以及交易记录。很多在数字世界里运营的公司，像 Amazon 公司那样高度依赖自己的数据库，不仅保存客户信息和产品信息，还可以通过分析消费者的消费信息来获得有价值的商业情报。

举例来说，UPS 公司主要的数据中心每天平均要处理大约 1 000 万次的包裹跟踪请求，高峰期可达 2 000 万次。为了支持这个核心业务，UPS 公司已经设计了一个数据库管理架构，包括一群基于 UNIX 的服务器，上面运行了大量的数据库管理系统，保存了 471 TB（也就是 471 000 GB）的海量数据。此外，数据是企业的命根子，UPS 公司还考虑到了数据的复制机制，在新泽西州和乔治亚州这两个不同的地方都有备份，这是为了保证速度以及高可靠性（参见图 4-9）。

图 4-9 UPS 的服务器每天处理高达 2 000 万次的请求

除了有效地管理它们的数据资源，公司还必须有效管理知识。在第 1 章里我们指出，知识工作者的人数越来越多，他们受过良好的教育，有着创造、修改以及合成知识的能力。新经济也在迅猛发展，公司必须有效地利用这些知识工

谁是公司数据的真正主人

道德窘境

历史上，珍珠、土地、黄金、石油、动物毛皮以及食物，都曾经充当过交易的中介——货币。现在，信息也算有价值的东西了。就像其他形式的货币一样，信息也可能丢失或者被盗。举个例子来说，一个人可能在离职之后使用了某些信息，他只是考虑这样能够获得一份更好的工作，或者是为了维护与过去那些商业伙伴的联系。问题在于，从公司数据库里盗取信息，能不能像从银行偷钱那样视作盗窃呢？

答案当然是肯定的，无论是从某员工那里，或者是从离职的员工那里弄到公司的数据，都可以视作盗取数据的行为。站在公司的立场，盗取信息危害性不仅大于顺手拿走办公用品（比如一支铅笔），而且其危害还远大于盗窃计算机硬件。

不幸的是，数据盗窃行为并不鲜见。Ibas 是英国的一个公司，该公司专门承接知识产权方面的诉讼。它曾在 2004 年出具过一份报告，该报告表明 70% 的被告偷盗过关键的信息。72% 的被调查者认为，当他们换工作的时候，拿走原公司的有关文档，不牵涉道德问题，比如计划、报告或者有关联系人的信息、邮件地址簿等信息。58% 的人觉得，数据盗取行为使得保险索赔的事情比过去多了。30% 的人离职的时候曾经盗取过客户联系信息（大多数盗取行为发生在员工换工作的时候）。

2004 年 2 月，Ibas 的 Chris Waston 在 BBC 的网站上撰文提出：人们认为这种事情是可以接受的，而且接受程度很高，这恰恰是很让人感到惊讶的。

80% 的被调查的员工认为自己的行为没问题，他们的逻辑是：“毕竟，客户档案是我自己创建的，那些销售的想法也是我提出的。”

在此问题上，各位读者是站在怎样的立场呢？

资料来源

Anonymous, “Workplace Data Theft Runs Rampant,” BBC News (February 15, 2004),

http://news.bbc.co.uk/1/ hi/technology/3486397.stm

作者的脑力，去获取商业社会中竞争的强势地位。关于有效地管理数据和知识这方面有哪些趋势和选择的机会，这个问题将会在后面的章节里讨论。

5. 设施

虽然设施不是直接用来支撑起企业的商业活动，但是对于信息系统基础设施来说，还是需要一些专门的设施。不是每个公司都需要Google公司那样的数据中心（位于达拉斯），管理人员仍然需要仔细考虑，在什么地方安装布置那些不同的硬件、软件、数据中心等。通常的桌面计算机可能不需要考虑电源的事情，也不会产生多少热量；然而，大量的计算机放到一起（或者叫**服务器集群**）就需要考虑了。供电的高可靠性，以及空调系统是需要关注的事情。除了这种技术层面的要求外，还需要考虑主要设施的物理上的保护，可以从两个方面来说：外部入侵者以及内部的因素，比如水灾或者火灾。更为严重的威胁来自于洪水、地震、间歇性的断电、飓风，以及可能的恐怖袭击（参见图4-10）。一个公司如何保护这些设施使得它们免于这些威胁呢？还有一个需要考虑的问题是可用性。举例来说，一个公司能否接受公司网站瘫痪一分钟，甚至是一天。管理这些设施的策略后面会有详细探讨。

图4-10　对信息系统的潜在威胁，因地区而异，包括洪水、飓风、恐怖袭击、停电以及地震等因素

6. 人力资源

公司另外一个必须面对的事情是能否为公司招到合格的劳动力。即使大型的设备（比如大型服务器）从数量上来说不多，不需要庞大的技术支持团队了，不过这些技术人员还是需要具备一定专业技能的。Google公司在达拉斯的新数据中心就面临这样的问题。在最初建设这个数据中心的时候，它已经创造了大量的就业机会，当时确实改善了该地区的失业情况。某些职位可能需要特别的技能，所以有时候这样的人才不得不从其他地区引进。基于这样的原因，很多公司都喜欢把公司选址在同行扎堆的地方。举例来说，汽车制造业已经历史性地选择了底特律，其他很多高科技公司大多选择奥斯汀、波士顿、圣约塞、以及西雅图这样的地方。

7. 服务

信息系统基础设施的最后一项是服务，服务从概念上来说很宽泛。一般而言，一个公司的经营环节，包括了从原材料采购到销售最终产品以及售后服务。可以这么说，无论这个经营环节是不是公司的核心环节，在过去的很多年里，这部分对很多公司来说，变得越来越重要。今天，由于市场竞争以及公司股东带来的压力，许多不是公司的核心的环节，都已经委托给其他公司（有着较为专业的背景）来做（参见图4-11）。举例来说，公司可以把供应链管理转包给类似UPS这样的公司去打理，或者把信息系统设施的事情交给EDS去打理。实际上，很多解决方案都是与公司需要的服务类型息息相关的，接下来的内容里会有介绍。

图4-11 传统企业要执行完整的价值链，而现在，某些非核心环节可以由外包公司代劳

很明显，当公司需要在当今数字世界里运营时，有很多类型各异的设施方面的问题需要考虑。下一节里，我们会介绍一些有关信息系统基础设施的设计以及维护的解决方案。

4.2 信息系统基础设施的设计

随着公司对信息系统基础设施方面的要求不断增长，出现了一些解决方案，并且以后还会不断涌现各种解决方案。这些解决方案有的很常见了，还有一些是新玩意，刚被采用。接下来的内容里，我们会介绍几种类型各异的解决方案。

4.2.1 管理硬件设施

商业机构和研究机构都需要计算机的性能越快越好。举个例子，汽车制造商，无论是生产欧宝的通用德国公司，还是日本的丰田，都使用超级计算机来模拟汽车碰撞试验，或者用来评估设计方案的变更，以及汽车行驶中风的噪音研究。有些研究机构，比如美国能源部下属的劳伦斯利弗莫尔国家实验室，需要使用超级计算机来模拟核爆炸，或者模拟地震（参见图4-12）。在这样的研究机构里，有很多复杂的硬件设施。

图4-12 超级计算机“地球模拟器”真的创建了出来一个虚拟的地球（资料来源：http://www.es.jamstec.go.jp/esc/eng/GC/b_photo/esc04.jpg）

不是每一个公司都会面对这样的大规模计算问题，对计算资源的需求通常是不一样的，这导致要么是资源不

足，要么是大量资源闲置。为了解决这个问题，很多公司现在转向“按需计算”，或者为解决大规模问题采用“网格计算”，或者为了增加可靠性采用“自主计算”。在接下来的内容里，我们会逐个讨论。

1. 按需计算

在大多数公司来说，对信息系统资源的需求有很大的弹性。举个例子，有些基于宽带的应用，像视频会议，可能只是一天里的某个特定时段才会用到；或者有些比较消耗资源的数据挖掘的应用，可能只是不定期地执行一次。**按需计算**是解决这种问题的办法。这里，可用的资源分配会按照需要来分配（往往是按次付费）。举个例子，对于视频会议会分配更多的带宽，此时不需要太多带宽的其他用户都分配得少一些。类似地，一个用户运行复杂的数据挖掘程序，可能会比只做些文字编辑的用户需要更多的处理能力。

很多时候，公司喜欢从外部“租用”资源。这种按需计算的形式，就是通常所说的是**效用计算**。这里所说的资源指的是处理能力、数据存储或者网络，它们按照需要来租用。公司由于享受到了服务，每个月月底会从业务提供商那里拿到账单（参见图 4-13）。对很多公司来说，效用计算是一种应对计算需求的波动性有效的方式，对成本控制也很有效。本质上来说，所有的任务，牵涉到管理、维护以及升级基础设施，都留给外部的提供商那里了，而且打包到那个账单里了——如果没有使用，则不必付费。至于那个账单，客户不仅要为总体的使用埋单，高峰使用费还要另算。也就是说，即使是同一天，不同时段的价格也不一样。

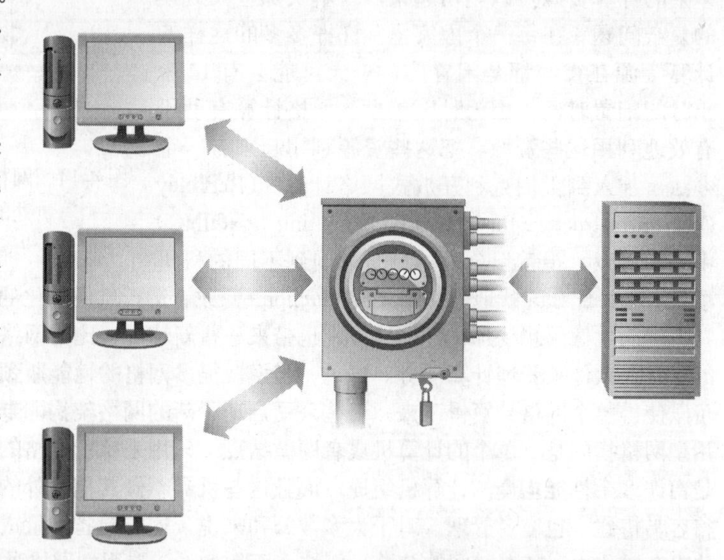

图 4-13 效用计算可以实现计算机资源的按需计算，进而按需付费

2. 网格计算

虽然现在超级计算机有着非常强大的计算能力，不过还是有些计算任务用当前的超级计算机也解决不了。实际上，有些复杂的模拟计算需要超级计算机花上一年或者更长的时间来计算。有时候，一个公司或者研究机构可能需要一台超级计算机，但是它们往往买不起，因为超级计算机实在是太昂贵了。举个例子，最快的超级计算机价格超过 2 亿美元，这还不是所谓的“全部拥有成本”，全部拥有成本指的是使得系统能正常运行的所有开销，包括人员、设施、存储、软件等，详见第 3 章。此外，如果公司购买超级计算机解决一些不太复杂的问题，那么这个超级计算机就有点资源浪费了。在这些情况下，公司还是租赁超级计算机的计算时间比较好，当然也可以考虑放弃解决此问题。

然而，**网格计算**的发展给这个问题的解决（指解决成本问题或者使用不便的限制）带来了希望。网格计算指的是，把许许多多台单机的计算能力集合起来，这些单机一般来说可能是小型的可以联网的计算机，一般都是台式机。但是组合之后，就成为一个合作的系统，可以用来解决过去只能用超级计算机才能解决的问题。超级计算机是非常专业化的，而网格计算机使得公司可以解决大规模问题，也可以用来并行解决很多个规模较小的问题。为了让网格计算运行起来，一个大的计算问题会被分解为若干个小的子任务，每一个子任务可以由一个单个的计算机完整地完成（参见图4-14）。然而，由于单个的计算机平时也在工作，所以这个独立的子任务会在计算机处于闲置的时候才会进行，这样资源可以得到最大程度的利用。举个例子来说，当我们在写这本书的时候，实际上只是用了这个计算机的很小一部分资源（也就是说只使用了Word，上网浏览，以及邮件处理程序）；如果我们写作的这台计算机是网格的一部分的话，那么多余的计算资源可以利用起来，去解决那些大规模的复杂问题。在每一个国家里，许许多多的这样的计算资源在夜间都是闲置的，一天可能会有12个小时的闲置时间。因为时区差别，网格计算有助于有效地利用这些资源。把这些资源利用起来有一个办法，加入到“伯克利开放式网络计算”（Berkeley Open Infrastructure for Network Computing，BOINC）中去，可以“捐献”单机的计算时间到不同的科研项目中去，比如寻找地外文明（SETI@home）或者运行气候变化的模拟实验。

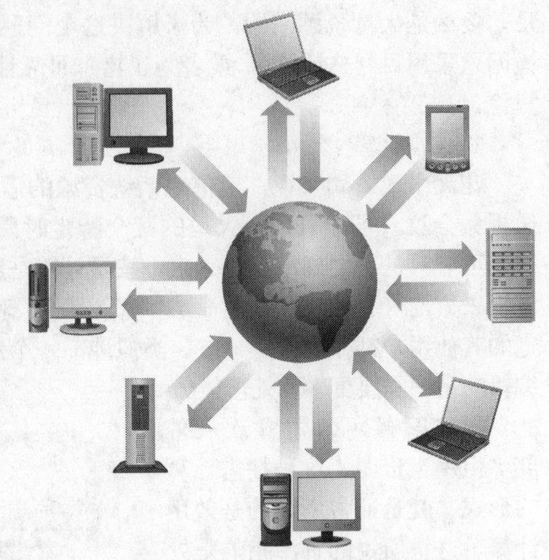

图4-14 网格计算可以使用物理上遍布地球各处的不同的计算机的资源

然而，像预想的那样，网格技术也带来一些新情况，比如网络结构如何设计，或者选用什么样的分布式软件来管理计算任务。更进一步说，很多网格的性能瓶颈在速度上，最慢的那台计算机上可以使得整个网格计算慢下来。有些公司启动了新的网格架构即**专用型网格**来解决这样的问题。专用型网格指的是，单个的计算机或者叫做结点，只用来执行网格的计算任务；换句话说，整个网格是由许多个性能均衡的计算机组成，而且这些机器不做其他额外的事情，除了网格计算。专用型网格容易搭建，也容易管理，对于大多数公司来说，这能节省大量成本，无须购买超级计算机了。网格也在进化中，随着时间的流逝，新结点不断加入，专用型网格种类变得越来越多了。

计算机硬件成本的降低，使得专用型网格得到普及。就在几年前，公司尝试过尽可能利用闲置的资源，搭建混合的网格系统（指网格内计算机硬件配置有很大差异）。然而，由此带来的管理问题的复杂性却消耗了大量的成本，因此现在的做法是建立一个同质的专用型网格了。在这种情况下，软件方面和管理方面节省了不少开支。额外的开支就是：专用型的计算硬件，购置成本和维护成本。

3. 边缘计算

信息系统硬件设施管理领域也出现了另外一个新的趋势，即**边缘计算**。由于数据处理以及存储数据的成本越来越低，有些计算任务现在可以在公司的内部网络里就解决了。换句话说，不像过去那样必须拥有大量的集中的计算机以及数据库，而是许许多多个小服务器，可能就位于个人使用者附近。这种办法可以节省技术资源、网络带宽以及联网时间。如果一个计算机需要几个小时来计算一个特定的问题，把任务通过网络发布出去，发布到一个性能更为强劲的计算机上，这台计算机能以更快的速度解决这个问题，这个办法不错。然而，由于计算机计成本显著降低，在过去几年里，很多问题现在可以在本地就解决了，可能就需要几秒钟而已，因此像这样的任务就不需要通过网络发送到远程主机上了（比如Akamai，美国著名的内容分发网络公司）。这些服务器轮流与处理业务的计算机通信。这种方式的边缘计算有助于减少网民（也就是消费者）的等待时间，因为电子商务网站已经复制在Akamai的服务器上。与此同时，也减少了对自己的公司网络的请求数量。这种外包不仅节省了大量有价值的资源，比如带宽，还带来了更为优良的性能。否则，公司就得花费巨大的成本开支。Akamai的服务被NBC、FoxSports、宝马汽车及维多利亚的秘密（美国的一家连锁女性成衣零售店）所采用。

4. 自主计算

随着硬件设施的不断发展，以及信息系统对基础设施的需求，这也带来不小的问题：这样的系统复杂性通常会不断地提高。企业购买硬件设施，主要是想利用这些资源。然而管理这些资源也需要时间以及人力成本，并没有为企业额外增加价值。实际上，有些人相信，管理这些系统的成本要大于它能带来的好处，即使公司使用外部提供的服务。为了解决这个问题，科研院所的研究者们（比如 IBM 的研究员）已经开始研究**自主计算**系统了。自主计算的意思是系统能自我管理，只需要少许的人工干预就可以做事（参见图 4-15）。换句话说，在一个传统的计算环境下，系统操作员经常为了获得最好的效果，或者为了解决某种特定类型的复杂问题，不得不微调计算机的某些设置。在一个自主计算系统环境里，最终的目标是允许系统自己做一切事情，对用户来说完全透明。为了实现这样的目标，自主计算系统必须有自知功能，并且能自我配置，自我优化，自我修复，以及自我保护。

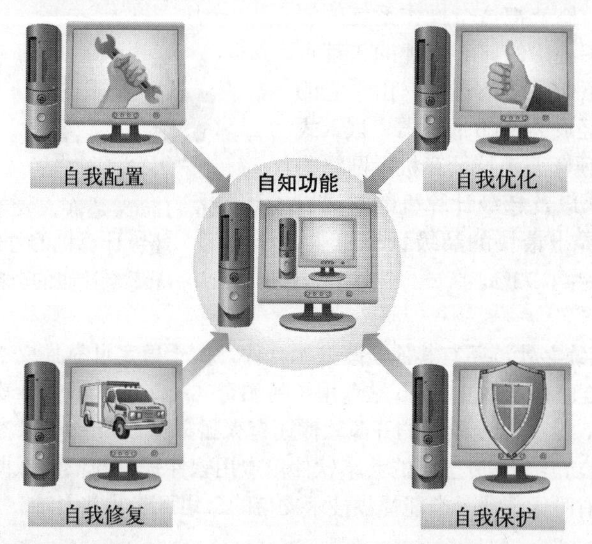

图 4-15 自主计算系统有自知功能，并且能自我配置，自我优化，自我修复，以及自我保护

为了优化性能，适应不同的任务，自主计算系统必须了解自己，也就是说，它必须知道自己的配置，自己的能力，以及当前状态，但是它也必须知道哪些资源可以使用。第二，为了可以使用不同的资源，基于不同的需求，系统应当能够自我配置，能够让用户无须关注那些配置问题。更进一步地讲，由于系统的任何部分都有可能出现故障，自主计算系统应当可以自我修复，任何潜在的问题可以检测到，并且系统可以重新配置，使得用户可以继续执行计算任务，即使整个系统的某个部分出了问题。最后，几乎所有的计算系统可能被攻击（参见第 6 章），自主计算系统必须意识到任何潜在的危险，也必须可以保护自己不受任何恶意攻击侵害（比如，自动隔离系统已经受损的设备）。

很明显，这些都是难以解决的问题，研究者不得不攻克难关。但是考虑到当前花费在管理和维护 IT 设施的时间成本和开销不算小数目，自主计算系统还有很有意义，同时也是前途无量的。

4.2.2 管理软件设施

为了支持企业开展经营活动，信息系统应用需要发展，需要处理的数据类型越来越多，企业不得不依靠各种各样的软件。然而，不断地升级操作系统和应用软件（参见技术概览 2）会带来惊人的人力支出以及成本开支。为了减少这种开支，很多公司现在都转向使用开源软件，试图整合各种工具软件，或者使用应用服务提供商（Application Service Providers，ASP）提供的服务来满足其软件使用上的需求。每一种软件设施管理方式下面都会有介绍。

1. 开源软件

弗里德曼认为开放源代码是使世界变平的十大推动剂之一。开放源代码的思想就是推动开发人员以及用户随意使用软件产品的源代码（参见第2章）。特别是在软件开发领域，开源运动已经由于因特网的出现而迅速发展起来，世界各地的人们为了开发或者改进软件，无论是操作系统还是应用软件，都在贡献他们的时间以及才能。程序员的源代码是自由的，可以随便下载，随便修改，这类软件就是**开源软件**。

- **开源操作系统**

开源软件最普遍的例子之一就是Linux操作系统，它是由芬兰大学的学生李纳斯·托沃兹于1991年开发出来的，本来只是作为个人爱好。开发出第一个版本之后，他就把这个操作系统的源代码放到网上，供人下载，任何有兴趣的人都可以获得，都可以修改源代码以改进它。由于它的超级稳定性，Linux已经成为Web服务器、**嵌入式系统**（比如TiVo的机顶盒、手持计算机、网络路由器等，参见图4-16）以及超级计算机的首选操作系统。2006年，世界上最快的超级计算机里，选用Linux操作系统的占了73%。

图4-16　Linux是嵌入式系统、Web服务器以及超级计算机的首选操作系统（那个穿着无尾晚礼服的企鹅是Linux的吉祥物）

- **开源应用软件**

除了Linux操作系统之外，还有其他一些开源软件，由于稳定可靠且成本低廉赢得了用户的欢迎。举例来说，2006年，有68%的Web站点用了阿帕奇（Apache）服务器软件，这是另外一个开源项目（Netcraft，2006）。其他受欢迎的开源软件还有火狐浏览器FireFox（参见图4-17）以及办公套件OpenOffice。面对功能上不分上下的共享软件，专用软件提供商依然强调运行开源软件的“隐形成本”。举例来说，有时候想找一个能提供技术支持的公司可能非常困难。

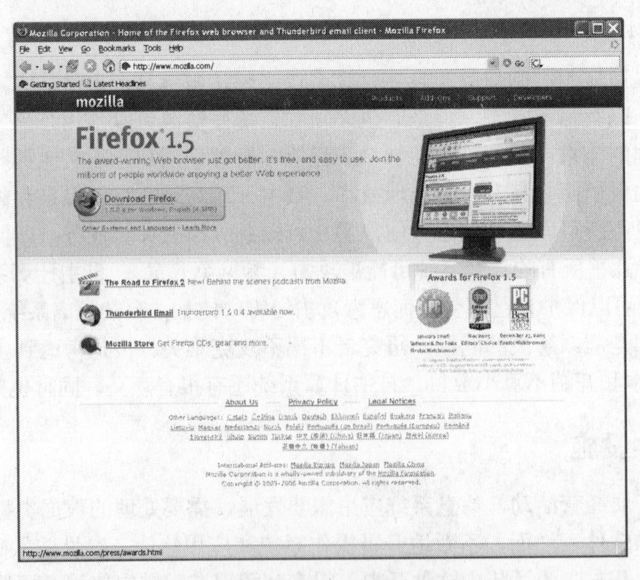

图4-17　火狐浏览器Firefox

2. Web Service

企业为了能够正常开展经营活动，需要从不同的资源或者不同的应用软件中提取出有用的信息，这常常是非常必要的。然而，随着企业对于软件需求的复杂度不断提高，有时候不可能得到所有的应用软件，或者很难把它们无缝地整合起来。在某些情况下，软件公司（比如微软和 IBM）提供种类比较繁多的通用软件，所有的这些产品之间，互操作性都很强。然而，企业有时需要避免在软件方面完全依赖于某个供货商。有一个办法能降低这种依赖性，与此同时还能够整合不同的软件，这就是使用 Web Service。Web Service 就是基于 Web 的软件系统，允许不同的程序和数据库能够通过网络进行交互。使用 Web Service，公司可以从不同的应用软件整合信息，而这些应用软件可能是运行在不同平台上的。举个例子，可以使用 Google 公司提供的 Web Service 来整合搜索功能到自己的网站里去，或者使用 MapQuest 提供的 Web Service，为你的家做一个交互式的地图，指引客人找到你的家（参见图 4-18）。在技术概览 2 里面，还可以了解有关 Web Service 更多的内容。

图 4-18 一个使用 Web Service 的例子，允许人们把地图插入到网页里

Web Service 有一个新动向，那就是使用**面向服务的架构**（service-oriented architecture，SOA）。实现 SOA 的主要目的是借助 Web Service 来整合不同的应用。在一个 SOA 架构中，不同的可重复的商业任务或者业务可以整合到一起，从而能够使得企业的经营更顺畅、平滑。这些业务是都是软件供货商无关的，因此也可以用作整合数据，整合那些运行在不同平台之上的各种应用系统。这种能力，以及不同业务的复用性，使得企业能够快速响应商业环境的变化成为可能。

3. 管理软件资产

由于企业有一些软件基础设施需要管理，有一些事情必须小心谨慎地去管理，比如软件缺陷以及软件许可证。接下来，我们简要介绍一下这些问题，也介绍一些工具和策略，企业可以利用这些工具和策略更好地管理那些复杂的任务。

- **管理软件缺陷**

随着软件复杂性不断增加，几乎不可能存在没有缺陷（bug）的软件，不管是操作系统还是网站、企业级软件。所有的软件都可能存在不可预见的问题。软件开发人员一般会考虑这些不可预见的问题，通过整合到软件系统里的**补丁管理系统**。补丁管理系统一般是基于在线系统，用来检查一个 Web Service 是否存在可用的补丁。如果软件提供商提供了一个新的软件补丁，应用软件就可以下载并安装这个补丁，以修正这个软件中存在的缺陷。有个关于补丁管理系统的例子，那就是 Windows 的在线更新服务，该系统应用很广。用户的操作系统自动连到微软的 Web Service 去下载关键的操作系统的补丁。有些补丁用来修正 Windows 操作系统的缺陷，有些补丁用来堵安全漏洞，这些安全漏洞可能招来黑客的入侵。

- **软件许可证管理**

软件许可是一个很热门的话题，对软件公司来说，由于盗版，它们的损失可能高达上亿美元（参见第 10 章）。一般来说，软件许可指的是使用应用程序的权限以及权利。在大多数国家里，如果使用没有经授权的软件，都认为是违法的。

大多数软件许可区别在严格程度上，有的软件没有一点限制，而有的软件则非常严格。表 4-1 列举了不同类型的软件许可，并按照严格程度排序。请注意：虽然自由软件或者共享软件是自由的，但是版权所有者经常保留他们的权利，并且不提供软件的源代码。对使用专有软件的企业来说，两种类型的许可都非常重要。第一种，**拆封许可**，此类软件多用在消费类产品。一旦产品包装上的封条被打开了，也就意味着消费者同意遵守该类型的许可。第二种类型是**企业许可**。企业许可（也就是众所周知的**批量许可**）有着明显的不同，常常需要和软件供应商谈判。除了权限和权利，企业许可常常包括责任范围以及免责条款，这些都是用来保护软件供应商的，一旦他们的产品出了问题，没有实现预期的功能，可以免于诉讼。

如表 4-1 所示的那样，软件许可类型有很多种。对于不同的需求，企业常常依靠一些不同的软件，而每一个软件有可能对应着不同的许可类型，这让很多企业头疼不已。如果不了解企业内部使用了哪些软件，这可能会带来不良后果。举个例子，未使用的许可浪费了企业的预算，或者违反相关的软件许可导致罚金或者公众形象受损。**软件资产管理**包括一系列的行为，比如编纂一个软件的目录清单（以手工的方式，或者借助于工具自动完成）。对照已经安装的软件和相应的许可证，重新审核软件相关的政策和管理流程，制定软件资产管理计划。这些环节做完了，查看其结果，通过制定并执行软件标准化，撤下不用的软件，决定升级的时机或者更换软件，这一切措施有助于公司更好地管理软件设施。

表 4-1 不同类型的软件许可证

限　制	软件类型	权　力	限　制	例　子
完全	公共软件	完全	没有限制，所有者放弃版权	IBM 的一些过时软件
	无保护的开源软件（比如 BSD 许可）	可以自由复制、修改以及分发软件，可以集成到商业软件里去	创建者保留版权	FreeBSD 操作系统；Mac OS X 操作系统里的一些 BSD 组件
	保护的开源软件（比如 GPL 许可）	可以自由复制、修改以及分发软件	被修改、重新分发的软件必须遵守同样的许可协议，不能集成到商业软件里去	Linux 操作系统
	专有软件	运行软件的权利	源代码很难获得；不允许复制和修改软件	Windows 操作系统
无权	商业机密		源代码很难获得；软件仅在企业内部使用	Google 的 PageRank 算法

4. 应用业务提供商

毋庸置疑，管理软件设施是一项复杂的任务，常常会导致公司的运营成本有大的波动。为了更好地控制成本，商业组织越来越多地采用了**应用服务提供商**（Application Service Provider，ASP）提供的业务。和**按需软件**类似，ASP 提供的软件服务类型各异，客户通过 Web 来访问应用程序。换句话说，软件位于 ASP 的服务器上，用户与软件交互是通过 Web 界面，比如浏览器来完成的；执行任务的软件是由 ASP 提供的，企业仍然需要执行这个任务直到完成（比如支付账单）。对企业来说，使用 ASP 的软件有很多好处，比如维护和升级软件的开销会显著下降，为这些业务的每月支出相对稳定下来了（而不像过去那样有较大起伏）。而 ASP 也由于客户越来越多，从而变得越来越专业。

举一个简单的例子，Google 日历是一项免费的应用服务。这个业务允许用户可以组织自己的日程安排，共享日历以及协调与其他用户的会议安排。为了迎合各种各样的商业需求，ASP 也是多种多样（参见表 4-2）。

表 4-2 各种类型的 ASP

类型	提供的服务	例子
专家型或者功能型 ASP	单一的应用	ASP 为公司提供员工工资管理软件
垂直市场的 ASP	某特定行业的解决方案包	ASP 为酒店业提供资产管理系统
企业 ASP	为不同企业提供范围宽泛的解决方案	ASP 提供完整的 ERP 解决方案（参见第 7 章），面向不同行业
本地 ASP	为某地区的小企业提供服务	ASP 提供网站设计和维护等面向小企业的服务

4.2.3 管理通信和协作设施

企业的通信和协作需求是第三个主要的基础设施组成部分。随着硬件和软件的不断发展，企业的需求在过去的几年里也在不断变化着，举个例子，电子邮件成为很多人交流的重要手段。然而，对于有些主题来说，其他形式的交流手段更为合适，因此管理人员转向了电话、即时消息、会议或者视频电话。最近有一个趋势，为了满足通信和协作上多种多样的需求，计算机和电信正在上演着融合。

不断增长的宽带接入

网络统计

2006 年的一份报告表明，美国大约 70% 的家庭用户安装了宽带。宽带能提供的速度变化趋势可以参见图 4-19。

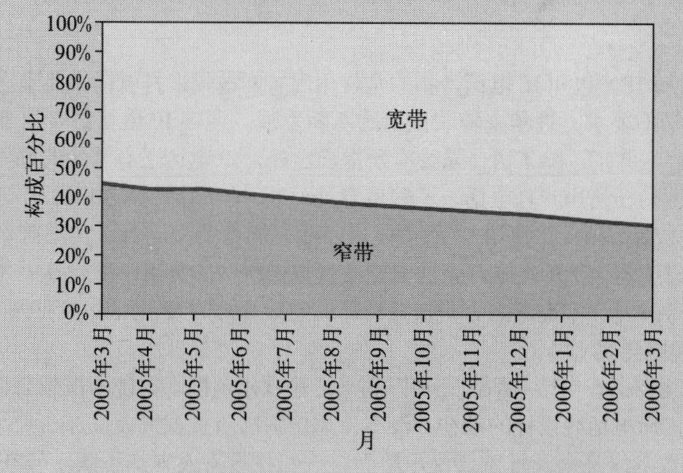

图 4-19 美国家庭的上网速度（宽带和窄带）变化趋势

（资料来源：Nielsen/Net Ratings。图片来自 http://www.websiteoptimization.com/bw/0604/）

1. 计算机和电信的融合

计算机行业正在经历着不断加剧的融合，首先是设备功能上的融合。尽管几年之前，蜂窝电话还仅仅是蜂窝电话，掌上电脑还是掌上电脑（PDA，即个人数字助理，参见技术概览1）。这样的设备现在变得融合了，设备之间的界限逐渐模糊起来。现在，新出的设备集成了多种多样的功能——过去只能在单个专业设备上实现的功能，这其实是实现了知识工作者或者消费者的不同需求（比如，电话、掌上电脑、数码相机、音乐播放器等）。

除了设备功能上的融合，还有底层架构的融合。举例来说，过去，电话网和因特网的骨干网络是完全不同的。现在，越来越多的语音和数据通话使用通用的网络架构。为了实现这样的融合，IP技术占主导，所以也称作**IP融合**。使用IP（网际协议，参见技术概览5）可以传输语音、视频、传真以及数据业务，这样企业可以利用新的通信和协作的形式（比如即时消息和在线白板协作），当然传统的通信方式（比如电话和传真）价格更为低廉（参见图4-20）。在接下来的内容里，我们将讨论IP技术在通信领域的两种应用：IP语音技术和基于IP的视频会议。

图4-20　IP融合使得不同类型的设备可以借助于IP技术互相通信

- **VoIP**

VoIP（Voice over IP）也叫IP电话，指的是使用因特网技术来打电话。几年之前，IP电话的语音质量还达不到通话的要求。近年来随着技术的不断发展，现在IP电话语音质量可以和传统固定电话一样，甚至更好一些了。除了语音质量有所提高之外，IP电话还有其他的好处。举例来说，用户可以与连入因特网的任何用户打电话，不管他身处何处。换句话说，知识工作者不需要总是固定在办公桌周围接听电话；相反，使用IP路由技术，他们的电话号码可以实现携带功能，只要他连入因特网。企业可以节省大量的成本，企业只需支付宽带联网的费用，IP电话基本上没有额外的费用（IP电话比如Skype允许家庭用户免费拨打计算机到计算机的IP电话，参见图4-21）。

- **基于IP的视频会议**

IP技术除了应用在语音电话方面，还可以用来传输视频数据。传统的视频会议是借助于传统电话的电话线进行的，而电话线设计的最初并没有考虑传输高质量视频会议那么大的数据量。有些公司采用的是专用的数字线路来开视频会议，然而，这两种方案成本都不低。与IP电话类似，因特网有助于显著降低成本，**基于IP的视频会议**也能够实现更多的功能。

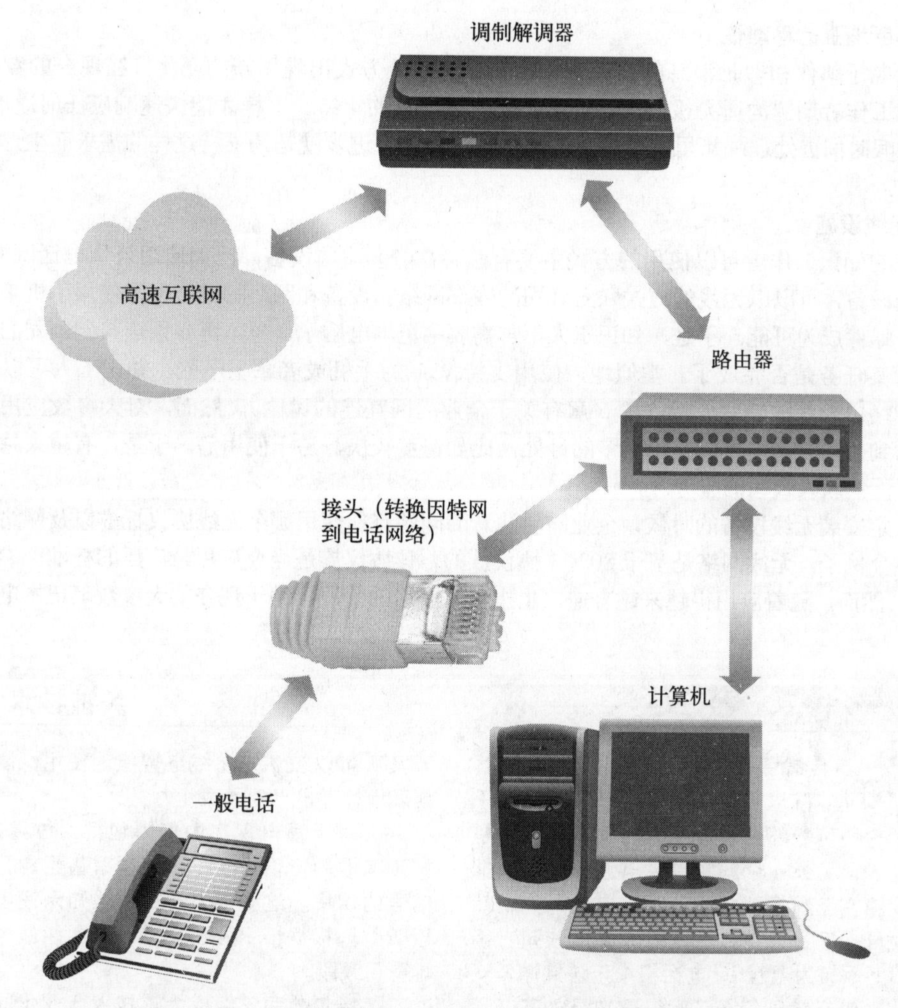

图 4-21 VoIP 技术使得企业和个人可以减少通信上的开支

一般的桌面视频会议装备，可能有网络摄像机、麦克风、喇叭以及像 Microsoft Office Live Meeting 或者 Skype 这样的软件就足够了，而有些视频会议需要的是更为高端的设备。这样的设备可能包括特定的视频会议硬件，或者像 HP HALO 那样的价值 40 万美元的专用会议室，有着真人大小的画面，使得开会的人就像坐在一起交流似的（参见图 4-22）。与其他软件不同，惠普提供了 HALO 会议室，可以向客户以租用的形式提供视频会议服务，服务内容是接入到专用的网络里，或者每月收取固定的费用。我们在第 7 章还会详细讨论视频会议。

图 4-22 惠普公司的 HALO 会议室，真人大小的图像是它的特点

2. 不断增强的移动性

由于电子邮件和即时消息的广泛应用，我们的交流方式出现了新的变化。在现今的数字世界里，知识工作者期望沟通无极限，不再受时间或者地点的束缚，这样才能快速响应任何通信要求，或者用闲暇时间去处理邮箱里的电子邮件。另外一个技术进步就是为支持这样的需求而生，那就是无线通信。

- **无线设施**

现在的知识工作者可以使用的方式主要有两种：（1）通信设备，比如使用公用电话网的电话，（2）无线设备，可以以无线的方式联入公司的内部网络。设备和网络的融合使得使用手机来发送和接收电子邮件成为可能。于是，知识工人不再需要笔记本电脑了，也不再必须连接到公司的网络才能去查看某任务是否完成了。类似地，使用支持Web的手机或者掌上电脑，知识工人可以接入到公司的网络以及其他信息资源（第5章有关于企业内网互连的讨论）。然而，对大多数应用软件来说，接入到公司的网络可以带来更多的好处，比如速度较快，易于使用等。于是，有越来越多的企业提供了无线联入公司的服务。

当决定安装无线设备的时候，企业需要注意的问题有：使用哪个无线协议标准以及网络的安全问题。举个例子，无线网络是基于802.11协议族的，该协议族是当今应用最广泛的标准（参见技术概览4）。然而，随着应用得越来越普遍，也出现了滥用的情况；由于现在的大多数笔记本电脑都配

认知无线电

关键技术 

无线传输是一种时兴的技术。手机、Wi-Fi以及卫星通信使电波频道处于饱和，它们可能都携带着私人数据。隐私权是一个问题，另外一个问题是：电波频道过于拥挤。试图在亚利桑那州的冬季打电话，你就明白我说什么了（大量人会在冬天涌向该州，因为该州冬季较为温暖）。电话根本无法接通，从技术上来说究竟是怎么了呢？通常是如下3种情况之一：（1）无线频率满了；（2）无线发射塔少，而且间距过大；（3）环境因素（比如气象条件、高山等）。

幸运的是，已经有人开始研究了。维吉尼亚工学院以及位于Blacksburg的维吉尼亚州立大学，提出了一个计划：增加电视广播的承载能力。此项技术也叫“认知无线电”，设计之初的本意用于灾害时的通信，该技术使得无线信号有着一定程度的智能性。也就是说，信号在传输的时候可以探测无线电频谱的频段是否已被使用，如果已被使用，则自动切换成未被使用的频段。

美国的无线电频谱资源是由联邦通信委员会（Federal Communications Commission，FCC）规定的，也有一些频段虽然分配出去了，但是很少使用，基本属于“闲置资源”。这些资源其实可以被认知无线电智能地使用，以最大程度地提高自己的承载能力。

认知无线电现在的能力包括：位置感知、探测其他的传输设备、调整频率甚至调整发射信号的功率。这些能力使得“认知无线电”可以实时地根据情况做出调整，因此能最大程度地利用频段。

英特尔公司已经成为该技术商业化的领导者。该公司现在正在着手开发一个可配置的芯片，该芯片可以分析环境，选择合适的协议和频率来发送数据。联邦通信委员会提供了特别赞助，用来大规模部署新设备的测试。

资料来源

Fette, B. 2004. Cognitive Radio Shows Great Promise. *COTS Journal*.

http://www.cotsjournalonline.com/home/article.php?id=100206

Savage, J. 2006. Cognitive Radio. *Technology Review*.

http://www.technologyreview.com/read_article.aspx?ch=specialsections&sc=emergingtech&id=16471

Niknejad, K. 2005. Cognitive radio: a smarter way to use radio frequencies. *Columbia News Service*.

http://jscms.jrn.columbia.edu/cns/2005-04-19/niknejad-smartradio

备了支持 802.11 网络的无线上网硬件，人们常常想搜出附近的无线网络以便无线上网。在路边试图非法接入企业网络的行为，也叫做“驾驶攻击”。参见图 4-23 和第 6 章。在大多数情况下，未加密的无线网络，等同于公司有一根网线扯到了公司的停车场。很明显，无线网络的加密问题仍然给企业带来挑战，企业需要在提供相对容易的接入供员工使用和限制外部非法接入之间找到一个平衡点。

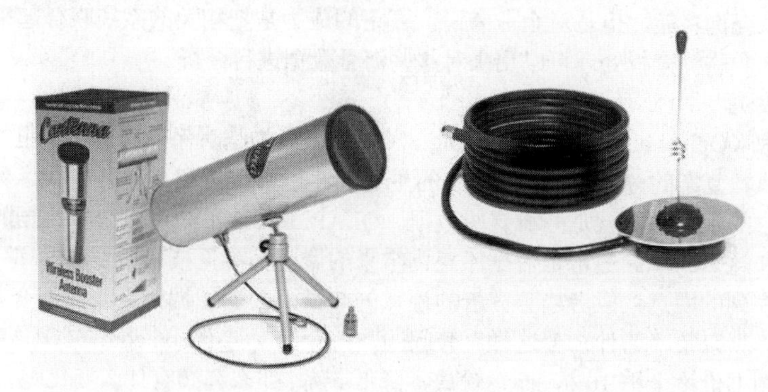

图 4-23　“驾驶攻击”的工具很容易弄到，导致企业为安全担心
（资料来源：http://shop.netstumbler.com/SearchResult.aspx?CategoryID=26）

4.2.4　管理数据和知识

为了更有效地支持企业的经营活动，以及获得商业情报，企业不得不想方设法，以便更有效地管理那些从不同渠道弄到的数据，以及管理企业内部的知识。于是，公司开始转向数据挖掘和知识管理工具，后面的小节将会对其进行讨论。

1. 数据挖掘

数据挖掘是企业用于分类和分析信息的工具，以便更好地理解自己的客户。产品生产、销售以及其他环节都会收集到一些数据，借助于数据挖掘工具，可以以图形化的方式，基于某种特定条件，从数据中提取出总结性的数据，或者是更详细的数据，对这些数据进行分类或者提取出自己需要的数据。还可以做各种统计分析，比如趋势分析、关联性分析、预测以及差异分析。接下来的内容会解释企业是如何与客户配合收集数据的，以及如何使用数据挖掘技术分析这些数据的。

- **联机事务处理**

能够快速响应客户的需求是基于因特网的公司的成功的关键。**联机事务处理**（ Online transaction processing，OLTP）指的是实时自动响应用户并发的交易请求。一个典型的情况是，这些交易有着固定数量的输入，比如订单数据，支付数据、客户姓名和地址、输出格式也是固定的，比如总消费额或者订单的流水号。换句话说，OLTP 的主要用途就是收集新信息，转换这些信息，然后再更新这些信息。通常的事务包括：接受用户的数据、处理订单、以及生成销售发票。相应地，OLTP 是交互式的电子商务因特网应用的一个比较重要的组成部分。由于客户可能身处世界的任何角落，因此高效率地处理这些交易就非常关键了（参见图 4-24）。当构建

图 4-24　客户需要联机交易系统运行的更有效率

因特网应用时，首先要考虑的就是数据库管理系统的速度。除此之外，采用什么样的技术来处理交易也很关键，数据是如何组织的也是一个决定系统性能的关键因素。虽然事务背后的数据库操作可能很简单，但是设计者经常在数据库的设计上会花费很多时间，这都是为了让系统性能达到最优。一旦企业有了这些数据，必须找出分析处理这些数据的最佳方法以得到最大价值；虽然每一个单个的OLTP系统提供查询功能，但是对企业来说，真正的威力是把相关的系统联合起来，共同分析这些聚合起来的数据。联机分析处理可以用来对这些海量数据进行分析。

- **联机分析处理**

联机分析处理（Online analytical processing，OLAP）指的是对保存在数据库里的数据，使用图形化的工具软件执行复杂的分析。OLAP系统的主要部件是**OLAP服务器**，它知道数据在数据库里是如何组织的，它的主要功能就是分析这些数据。OLAP工具使用户可以分析数据的不同维度，不仅仅是数据的加和这么简单，通常是数据库查询结果的聚合（参见技术概览3）。举例来说，OLAP可以提供从时间序列的视点，或者趋势分析的视点的数据，数据挖掘到更深层的合并。OLAP可以回答“如果会怎样”以及“为什么会这样”等问题。一个针对Amazon.com的OLAP查询可能是这样：如果库存的图书价格上涨10%，而运输成本降低5%，那么利润有什么变化呢？OLAP还可以提供复杂的查询能力，管理者籍此可以解答如下领域可能存在的问题：执行信息系统、决策支持系统、ERP系统（这些系统的详情后面会有介绍）。基于因特网的系统，为了获取最大的商业收益，除了大容量的事务处理量以外，分析必须为管理者提供可以扩展的OLAP能力。

- **融合联机事务系统和联机分析处理**

联机事务处理系统和联机分析系统在设计和支持方面有着显著的差异。在一个分布式的联机环境下，执行实时的分析会降低交易的处理能力。举例来说，一个对OLAP系统的复杂查询，需要锁住数据资源一段时间，因为查询本身需要一定的时间。然而此时交易系统仍在工作，可能有些客户要求插入数据或者做简单的查询操作，而这些操作常常是并发的。于是，如果一个联机交易系统优化得好的话，当系统正在分析数据的时候，客户提交这样的请求可能出现性能不稳定的情况。系统优化不好的话，系统甚至没有响应。所以，为避免这样的情况出现，很多企业把所有的交易记录复制到另外一个数据库服务器上，联机分析处理不会降低联机交易系统的性能。这种复制操作一般成批进行，往往安排在闲时，比如网站流量比较小的时候。

用来与客户交互的实时运行的商业系统，叫做**运营系统**。这有个运营系统的例子，销售订单处理和预订系统。如果一个系统设计成基于稳定的时间点数据或者历史数据，用于决策支持，则这样的系统就叫做**情报系统**。运营系统和情报系统关键的区别不同可以参见表4-3。情报系统的数据是加工整理过的，可以与其他数据一起放到一个数据仓库里，OLAP工具可以挖掘出这些数据隐藏的信息，这些信息往往对企业非常有意义（参见图4-25）。

表4-3　运营系统和情报系统的比较

特　性	运营系统	情报系统
主要功能	实时地支持企业运营	支持管理层的决策
数据的类别	当前最新的数据	历史数据或者某个时点的数据快照
主要的用户	在线的雇员、客户以及管理者	管理人员、企业分析师、客户（查看状态以及其他的历史数据）
使用范围	简单的更新和查询操作	复杂的查询以及分析操作
设计目标	性能	易于访问、易于使用

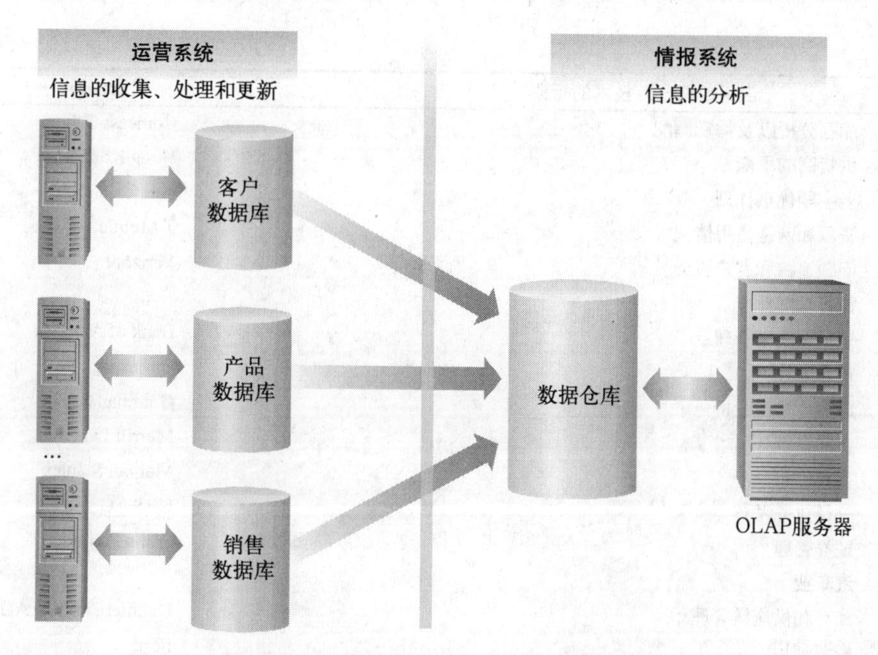

图 4-25 把不同来源的数据综合起来可以增强企业的商业智能

2. 数据仓库

大型企业，比如沃尔玛、UPS以及阿拉斯加航空公司，都有着自己的**数据仓库**。数据仓库整合了多个大型的数据库，以及其他信息资源到一个单个的仓库。这种仓库很适合进行直接的数据查询、数据分析以及数据处理。数据仓库非常像一个可以存放产品或者配件的物理仓库，不过它保存和分发的是基于计算机信息系统的数据。数据仓库是一个公司的虚拟仓库，保存的是有价值的数据，这些数据可以来自于公司的信息系统，也可以来自于外部的资源。数据仓库支持联机交易数据、库存数据以及其他关键的商业数据（这些数据都是从运营系统挑选而来的）的分析。数据仓库的目的是把关键的商业信息放到决策者的手中。表 4-4 列举了一些使用数据仓库的行业，数据仓库可以占用数百 GB（甚至 TB）的数据。一般都是运行在性能强劲的机器上，成本也非常高昂，可能达数百万美元。

表 4-4 使用数据仓库技术的行业事例

应用数据仓库技术的行业	代表公司
零售业	
售出商品码扫描结果分析	Amazon.com
跟踪、分析以决定是否展开促销、优惠券活动	Costco、CVS Corporation
库存分析以及物资调配	Home Depot
产品价格降低模型，为刺激销量	Office Depot
与供货商谈判	Sears
老主顾优惠计划	Target
收益分析	Walgreen
产品的市场细分	Wal-Mart
	Williams-Sonoma
电信业	
分析呼叫数量、设备销量、客户收益、成本开支、库存等	AT&T、Cingular Wireless

（续）

应用数据仓库技术的行业	代表公司
库存分析以及物资调配	Comcast Cable
供货商的平衡	Hong Kong CSL
老主顾优惠计划	Telefonica SA
资源和网络使用情况	T-Mobile
问题追踪和客户服务	Verizon
银行理财业	
银行业关系管理	Bank of America
市场细分	Citigroup
风险及信用分析	Goldman Sachs
合并报告	Merrill Lynch
客户分布分析	Morgan Stanley
分行业务考核	UBS AG
证券管理	Wells Fargo
汽车业	
库存和供应链管理	DaimlerChrysler AG
资源利用	Ford
平衡供货商	General Motors
保单追踪以及分析	Honda
盈利分析和市场细分	Toyota

数据仓库并不只是大型的数据库。成功部署了数据仓库的企业已经致力于把企业内部的数据整合起来，使得关键的数据得以共享。

3. 数据超市

很多企业不是把企业的所有数据保存到一个数据仓库里，而是创建了若干个数据超市，每一个数据超市都包括了专属于企业业务的某个方面数据，例如财务的、库存的以及雇员信息。**数据超市**也是数据的仓库，只是这些数据局限于某一个范围之内，它是从数据仓库挑出来的有选择性的信息，因此每一个单独的数据超市可以说是为了决策应用，或者为了某些特定的最终用户而专门定制的。举例来说，一个企业可能有多个数据超市，比如市场数据超市，或者财物数据超市，还有为特定用户专门定制的数据超市。数据超市在中小公司或者大公司的部门里很受欢迎。这样的做法过去是禁止的，因为部门内开发自己的数据仓库一般成本高昂。

Williams-Sonoma 是一家著名的高端家具装饰商场，它常常寻找新的办法来增加销售额，并努力开发新的目标市场。它们有一个产品分类目录的订阅邮件列表，很多重要的数据来自于此，该数据库包含了 3 300 万活跃的美国家庭。使用 SAS 提供的数据挖掘工具，并配合不同的模型，Williams-Sonoma 可以为客户分类，可以基于去年的销售数据来预测本年度的利润率。这些模型导致了一个新的产品分类被独立出来，这部分目标市场到目前为止公司还没有考虑过。现在，Williams-Sonoma 给一个叫做 Pottery Barn Teen catalog①的细分市场提供种类繁多的新产品，比如各种灯具、别致的家具、各种各样很酷的小玩意。

典型的数据超市数据容量可达数十 GB，而数据仓库的数据量可达几百 GB。因此，数据超市可以部署到性能弱一点的硬件之上。不同类型的数据超市和数据仓库，其成本上的差异也非常大。开发一个数据超市的成本一般要低于 100 万美元，而数据仓库的成本一般要超过 1 000 万美元。很

① 十几岁的小孩喜欢的陶器。——译者注

明显，企业想使用新技术来管理它们 的数据，就必须舍得花钱投资。

来自于企业内部和外部的资源对企业的成功来说很重要，另外一个关键的组成部分是员工的知识、学识。然而，收集这些知识，并使得这些知识为企业服务，也是一件困难的事情。为了更好地管理这些知识，有些企业开始使用知识管理系统。

4. 借助于知识管理可以增强商业智能

对于知识管理这个术语的确切含义，到目前为止并没有通用的解释。通常来说，**知识管理**指的是这样一个过程：企业使用它从知识资产中获得最大的价值。第 1 章里，我们对数据和信息以及知识和智慧都进行了对比。回忆一下，数据是指原始材料——记录下来的、未经细化的信息，比如一些只言片语或者一些数字。信息则是有着格式的数据，而且以某种方式组织起来，这样人们用起来才方便。我们需要知识来理解不同信息的关系；而智慧是积累的知识。相应地，知识包括：技能、惯例、实践以及工作原理、公式、方法等等，可能是显式的，也可能是隐式的。所有的数据库、手册、参考文献、教科书、图表、艺术品、计算机文件、提议、计划以及其他任何人造的东西，都可以视作知识财富（Winter，2001）。从企业的角度来看，适当地使用知识财富可以使得企业改进工作效率并获得经济效益。

知识财富可以区分为显性的或者是隐性的（Santosus and Surmacz，2001）。**显性知识**反映的是知识可以被记录下来，可以存档以及编纂成书，通常借助于信息系统来完成。显性知识财富反映的是可以保存在数据库里的内容。相比之下，**隐性知识**反映的是存在于人的头脑里的、如何有效完成某项特定任务的过程和流程（参见图 4-26）。识别关键的隐性知识财富，以及管理好它们，使得它们可以被企业内部的人所使用，这是一件很有意义的事情。

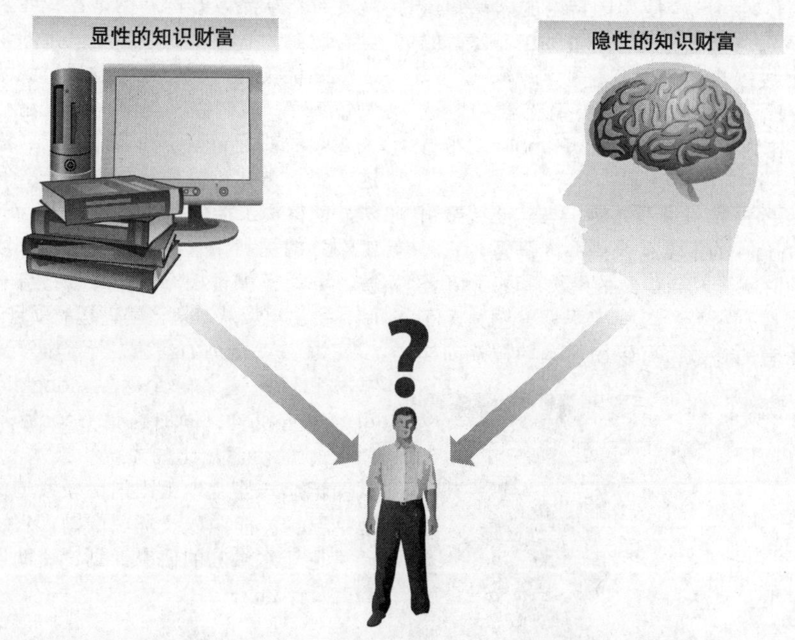

图 4-26 显性知识财富可以记录、存档以及编纂成书，而隐性的知识存在于人的头脑中

隐性的知识财富常常反映出一个企业的**最佳实践**，它一般是被广为接受、最为有效、效率最高的办事流程。如何识别、创造、保存、共享以及管理这些隐性的知识，是部署一个知识管理系统的主要目标。相应地，**知识管理系统**，一般来说不是一个单个的技术，而是一系列技术工具的集合。就像信息的保存和获取那样（比如一个数据库管理系统），可以建造、保存、共享以及管理这些隐性知识和显性知识（Malhotra，2005）。

4.2.5 管理设施

像前面所说的那样，数据和知识是企业的关键财产。因此，确保不同的信息系统设施部件是可用的，也就非常关键了，这些部件包括硬件、软件、通信以及各种数据和知识。不仅要可用，还要考虑可能的外部威胁，比如暴风雨、停电、地震等事情。除此之外，企业还不得不谨慎思量把这些设施安置在什么地方以及如何安置。在接下来的内容里，我们将要讨论这个问题，以及设施如何免受外部的安全威胁。

1. 确保可用性

因为许多灾害无法避免，比如我们无法阻止飓风的出现，所以企业应当努力规划如何面对最糟糕的情况，来最大程度地保护好自己的设施。对运营在数字世界里的公司来说，信息系统设施都是非常关键的，因此必须给予特别的保障，使之安全。当发生故障或者灾害时，有些应用程序可以容忍一定的宕机时间，而有些应用系统（比如UPS的包裹追踪系统）却不能接受任何的宕机时间——这样的公司需要全天候（24/7/365）级别的可靠性。

Google联合创始人拉里·佩吉和塞尔吉·布林 关键人物

由于拉里·佩吉（Larry Page）和塞尔吉·布林（Sergey Brin）（见图4-27）的创造性工作，每一个使用因特网的人都知道google的意思是搜索信息。自1998年公司的搜索引擎上线以来，该词几乎被当作了动词。2004年8月，布林和佩吉把公司带到纳斯达克，同年，作为一家公众公司，Google宣布首个财季的收入达8亿多美元。

Google的搜索引擎很独特，与其他搜索引擎相比，Google的搜索结果更令人满意，它可以在较短的时间里找到相关的网页。Google还可以在有上百万图片的数据库里搜索图片，可以设定使用者的参数，可以使用本地搜索创建一个地图，比如本地的饭馆分布图。Google也提供电子邮件服务。除此之外，Google还不断地发布新产品以开辟新的地盘或者巩固已有地盘。现在，据报道，布林和佩吉的个人财富已达128亿美元，他们甚至购置了纯私人用途的波音767。他们俩都是环保主义者，两位创始人驾驶的都是新型燃料汽车，同时鼓励员工也这么做。布林和佩奇经常迸发一些有创意的想法，使得员工能保持高昂的斗志。Google给员工额外的福利，有两周一次的停车场曲棍球比赛，公司还配备按摩室。此外每周有一天的时间，员工可以从事自己感兴趣的项目。

图4-27 Google联合创始人塞尔吉·布林和拉里·佩吉

（资料来源：http://www.google.com/press/images.html）

为了使公司的信条"不作恶"落到实处，布林和佩奇建了一个网站Google.org作为公司的慈善机构，同时包括Google基金。利用Google的资源，比如才智和技术，Google.org试图记录一些全球范围内比较紧迫的问题——包括贫穷、能源以及环境问题，它还资助改善西肯尼亚水供应的研究计划，资助了印度的教育普及计划。

资料来源

http://en.wikipedia.org/wiki/Lawrence_E._Page
http://en.wikipedia.org/wiki/Sergey_Brin
http://news.bbc.co.uk/2/hi/business/3666241.stm
http://www.google.org/

为了提供不间断服务，设施常常放置在可靠的地方，这样的地点需要装备精良以确保设施的可用性以及可靠性（参见图 4-28）。UPS 的数据中心位于佐治亚州的亚特兰大以及新泽西州的 Mahwah，它们都有着高可靠性的装备。为了确保不间断的服务，数据中心都是自给自足的，而且每一个数据中心可以用自备发电机运营两天。计算机和空调都需要电力。每个设施都需要散热，容量相当于 2 000 个家庭用户的总和。一旦停电，冷却系统将启用 60 万加仑的冷却水，UPS 甚至有自备的水井，即使市政供水出了问题也不怕。其他保护性的措施包括考虑到可能出现的洪灾而加高的地板，建筑物设计成抗风等级为每小时 200 英里。和预想的一样，这样的设施非常复杂，监控也是一项非常困难的工作，因为需要观察的数据点多达 1 万个（比如温度、电压波动等因素）。为了帮助管理这些设施，有人开发了很棒的监控软件，从一个笔记本电脑上就可以非常方便地把这些数据点监控起来。

图 4-28　高可靠性的设施管理，需要建筑物可靠，有自己的发电机、空调系统、访问控制系统、安全监测系统以及消防系统

很多企业，尤其是小企业，并不需要像 UPS 数据中心那样规模的数据中心。相反，它们可能只需要很少几个服务器的空间。对于此类需求，企业应该转向**设备托管**。企业可以租赁一些空间（比如一个小隔间或者和别人共享一个小隔间，参见图 4-29）来管理自己的设备。提供服务的企业为这些托管的设备提供了必要的管理，比如电力、备份、联网以及安全等。

图 4-29　设施托管使得企业可以为它们的设备租用安全的空间（资料来源：http://www.sungard.com/corporate/general_pictures.htm）

2. 设施的安全性考虑

一个企业的信息系统基础设施常常需要考虑安全问题，以防范来自外部的入侵。因此，不管你的服

务器位于自己公司里的一个小隔间里，还是位于租赁的地方，为了让设施安全，都要提供物理上的安全措施。通常所说的安全措施包括：访问控制，闭路电视监控系统（参见第6章），以及入侵检测系统。我们后面有几章会专门讨论这些安全设施以及其他一些安全的话题。

4.2.6 管理人力资源

随着信息系统基础设施的不断改进，企业需要自己管理基础设施，于是就需要一些高素质的劳动力。然而，想得到必要的人力资源，在很多地方来说不是很容易的。过去，某些特定的区域由于能提供某些领域的合格劳动力变得名声鹊起。于是在该领域运营的企业往往在这些地区开设分支机构。这样的区域经常因居住在那里的人们生活质量很高而闻名，很多IT公司喜欢在硅谷、加州、西雅图以及华盛顿这些地方设立总部，也就不奇怪了。条件差的地方，企业常常不得不把目光投向其他地区。这种情况下，企业不得不挖空心思想办法，既要吸引员工，还想留住员工。

人力资源政策提供了另一种办法，来保证企业能够拥有充足的技术人员。举一个例子，很多企业提供了教育津贴和培训项目计划，以此鼓励员工提高教育水平和技能。在接受继续教育培养并获得收益后，企业一般会要求员工继续为企业工作一段特定的时间，或者员工离职必须要给公司支付相应的补偿。其他的人力资源政策包括通信补助、弹性工作制以及有创造性的保险礼包，这都有助于吸引以及留住最好的员工。

随着全球化的不断深入，全球范围内有一些地域现在自夸，声称自己已有的人力资源基础条件如何如何好。班加罗尔的印度城就是一个这样的例子，一个多世纪前，Maharajas就开出优厚条件诱使人们去那里创建一个世界级的人力资源基础。毫无疑问，这有助于吸引顶尖的印度公司和一些跨国公司。然而很多公司近来已经开始抱怨其他的问题了，比如糟糕的道路、电力供应、住房条件、拥塞的交通，以及经常下大雨。很明显，对一个地区来说，仅仅有出色的人力资源是远远不够的，在决定总部搬迁地址或者分部地址时，对其他方面的基础设施也有要求。因此，在做决策的时候，企业不得不权衡各个方面的要求。

4.2.7 管理服务

运营在当今的数字世界，企业不得不依赖于一个复杂的信息系统基础设施。对许多公司尤其是小公司来说，维护这样的基础设施太难了，因为要维护基础设施，就要维护并升级硬件和软件，还要雇用内部技术支持专家，这都要花费高昂的费用。因此，大部分企业（大公司、小公司都是如此）开始转向外部服务提供商，因为它们能满足企业对基础设施的需要。就像本章讲述的内容一样，企业可以购买不同的服务来支持他们对信息系统基础设施的需求。表4-5给出了一个例子，说明都有哪些类型的服务项目。接下来，我们会讨论一种新型的服务形式，即外包。

表4-5　为支持企业对基础设施的要求，企业可以使用不同的服务

信息系统基础设施组成部分	服　务	例　子
硬件	效用计算	企业按需来购买计算处理以及数据存储服务
软件	ASP	企业使用ASP提供的员工工资管理系统
通信和协作	视频会议	企业安装惠普的HALO视频会议室，按月支付使用费以及技术服务费
数据和知识	ASP数据	数据位于ASP的服务器上，数据是由提供者自己保存的
设备	设备托管	企业为自己的设备租用空间

小案例

精明的丰田首席信息官

一些强烈抵制外国汽车的美国人也开始抵制丰田汽车了。他们也许会惊讶于这样的事实：丰田在北美地区有着 14 家制造工厂，丰田雇用了 37 000 多个美国人，并在 2006 年制造了 1 500 万辆汽车。在北美地区，丰田公司近 20 年的投资额将近 162 亿美元，主要用于在当地制造和销售汽车。

与任何一家大公司一样，丰田在 IT 方面的投资也很大。不过根据专家的报告，直到 2005 年，丰田的 IT 部门一直跟不上不断增加的生产和销售情况——特别是在销售以及客户服务方面。

2003 年，丰田的首席信息官（CIO）芭芭拉·库珀（Barbra Cooper）女士对丰田的 IT 服务做了详尽的调研，她发现，这些失败不是因为选错了软件，不是因为实施环节，也不是缺乏合适的专业人员，或者缺乏经验，而是缺乏对美国 IT 部门的信任和尊重。库珀曾于 1996 年参与到一个海外 IT 项目，她意识到 IT 和商业部门缺少近距离的交流，或者缺少在一起攻关解决信息系统的问题。在仔细回顾了丰田的 IT 服务后，库珀意识到一个很大的问题：IT 人员专心于 6 个企业项目中，根本无力再考虑其他任何项目了。项目的名字叫“big six”，包括了一个新的与供货商相连的外联网，仁科的 ERP 系统实施，一个销售管理系统，一个预测系统，一个高级的保单管理系统，以及一个文档管理系统。

丰田总部认为这个 6 大项目都很重要，却未能认识到：IT 部门不可能成功地完成这些项目。库珀把商业部门和 IT 服务部门叫到一起，站在双方的立场上，讨论了优先次序、进度安排以及可行的完工时间。库珀也得到总部的帮助，定义了一个新的 IT 项目审批流程，IT 部门在项目的计划阶段就应该涉入。

一开始，商业部门的一些管理人员和其他雇员不喜欢新的项目合作流程，可能是因为他们不愿意让出一直以来对 IT 项目的控制权。他们对 IT 项目将失去主动权，现在只是提供他们的想法，具体实施由 IT 部门负责。

库珀建议的那个新的 IT 项目审批流程，也导致 IT 部门发生很多变化。因此，已经高负荷工作的雇员们担心，他们的工作量以及责任会增加不少。过去，库珀可以保护她的员工的时间和由 IT 部门承担的项目，而现在她可以在项目被指派之前，先考虑一下 IT 部门能够接受的工作量。

由于丰田汽车的 IT 部门在最后期限之前交付了高质量的信息系统，库珀和她的部门赢得了尊重。2005 年，IT 服务提供一份报告声称此举减少了项目成本的 16%，也就是节省开支大约数百万元。这为 IT 部门赢得了更多的赞誉。结果是，库珀被任命去修补丰田全球各地的信息系统去了。

问题

(1) 哪一个更为重要，领导能力抑或是基础设施？

(2) 你会让一个庞大的信息系统基础设施没有一个好的领袖吗？

资料来源

Thomas Wailgum, “The Big Fix”, *CIO* (April 15, 2005),http://www.cio.com/archive/041505/toyota.html

http://www.toyota.com/about/operations/manufacturing/index.html

外包

第 1 章我们就已经给外包下了定义，外包指的是一个公司把某些业务转包给外部的公司来完成，这里所说的业务就可能包括信息系统的开发以及管理事务。在前一节的内容里，我们谈到了应用服务提供商，应用服务提供商能够提供其他公司所需要的软件服务。相比之下，外包就是比如 Accenture 提供服务给其他公司。这样的服务可以完成企业经营的某个环节，比如金融的、财务的、人力资源或者一些服务，比如开发或者维护某个软件、管理企业的信息系统基础设施。至于其他基础设施的解决方案，比如按需计算或者按需软件，外包有助于公司把注意力集中在核心的业务上，无需为那些后勤性质的工作而烦恼。外包看起来在过去几年里发展得非常快，一般来说，外包出去的都是公司的非核心业务。然而，有些非核心的业务，企业还想继续自己做。举个例子，虽然越来越多的公司把自己的信息系统基础设施的管理外包出去，只有非常少的公司愿意外包信息系统的安全这部分，因为这部分是公司生存与发展的关键（CSI，2006）。

4.3 确保基础设施安全可靠

在前一节里，读者已经了解到企业如何获取数据，如何最大程度地利用资源，以及如何使用外部提供的有关基础设施方面的服务。虽然有许多很重要的事情需要企业去管理，这儿还有一件更为关键的事情。那就是，当出现了灾难性的事件时，企业如何应对呢？对像 Amazon.com 这样的公司来说，网络不通的故障可以马上导致上百万美元的业务损失。不幸的是，有很多事件可以导致灾难性的系统故障，比如自然灾害，犯罪行为，或者仅仅单纯的意外。最常见的灾害是停电、硬件故障以及洪水（参见图 4-30）。公司如何才能避免这些灾害呢？在前面的内容里，读者已经了解到公司如何提前采取措施以避免灾害，比如建造和维护高可靠性的设备，或者是服务器托管。在接下来的内容里，我们还会了解企业如何试图限制灾害的影响，或者提前规划好，一旦灾害发生，如何从灾难中恢复过来。

图 4-30 电力故障、硬件故障以及洪水是最为常见的灾害

4.3.1 容灾规划

在一些情况下，所有试图提供可靠的、安全的信息系统基础设施的努力，都是徒劳的，因为灾害不可能避免。因此，企业需要准备好应急方案以应对可能的灾难性事件。应对灾害，要准备好的最重要的一件事是创建好**灾害恢复计划**，该计划需要阐明详尽的细节和步骤，以便系统从灾害中恢复过来，比如病毒感染以及其他可能使信息系统基础设施陷入瘫痪状态的事件。这样，即使处于最为糟糕的情况，人们仍然可以替换文件或者重建重要的文件或者数据，或者手边至少有一个准备好的计划，来执行恢复步骤。典型的容灾规划应包括如下信息。

- 什么样的事件可以视为灾害？
- 为了备份办公地点，应该做哪些工作？
- 什么是指挥系统，由谁来宣布灾害发生？
- 灾害一旦发生，哪些硬件和软件需要恢复？
- 哪些人选可以做备份工作地点的工作？
- 恢复后，把备份的内容迁移到最初的位置，步骤上有什么顺序上的要求？

办公地点备份

在容灾规划中，**办公地点备份**是非常关键的环节。在灾害已经发生的情况下，是它使得业务不至于中断。换句话说，办公地点备份可以认为是公司的另外一个办公室，位于一个临时的地方。一般而言，办公地点备份分为热备份和冷备份两种。下面接着讨论。

- **办公地点的冷备份**

冷备就是在一个空房间里，放置一切必需的办公条件，比如电力供应以及完好的通信设施，除此之外，无他。一旦发生灾害，公司不得不首先安装所有必需的设施，从办公家具到网站服务器。这个方案成本最低，不过公司灾后需要经历较长的时间，才能恢复到工作状态。

- **办公地点的热备份**

相比之下，**热备**就复杂了，它准备了所有需要备份的设施，从办公室的桌椅，到当前数据的一对一复制。灾害发生的时候，所有这一切都做好了，员工可以迁移到异地，在那里接着干活。很明显，这个方案成本高昂。因为备份的地方所有的东西都必须事先准备好，所有的信息系统基础设施都要有两份。而且，热备还有冗余的数据备份，因此业务上可能受的影响很小。为了实现这种冗余，所有的数据都要**镜像**到另外一个独立的服务器上去，也就是说，所有数据要异步地保存到两个独立的系统中去。这看起来开销大，但是和灾难性的系统故障发生时，由于业务中断导致客户流失这类损失比较起来，代价要小得多。

- **选择一个备份办公地点**

考虑冗余的系统的选址问题，是容灾规划的一个重要方面。如果一个公司依赖于冗余的系统，而这些系统都位于同一座建筑物内，那么只要一场灾害就可以将两套系统全部破坏。此外，像飓风这样的灾害就还可能严重破坏位于不同地点的信息系统。因此，即使主要的设施都在室内，当在地理上不同的区域部署了冗余系统，就可以把灾害同时在两地发生的风险降低。

4.3.2　设计恢复方案

当设计方案时，企业应当考虑两个目标：恢复所需的时间以及恢复点。**恢复所需的时间**是指在灾难性的事件发生后，需要花多长时间系统才能再次工作。举例来说，企业能在多长时间内恢复到运营状态，在灾害发生后几分钟、几小时还是好几天？完善的冗余系统有助于降低恢复时间，有可能对关键性的任务是最合适的，比如说电子商务用到的交易服务器。对于其他应用软件，比如数据挖掘，虽然也很重要，不过恢复时间长点也没关系，因为它对关键的业务影响不大。

除此之外，**恢复点**这个指标指的是当前的备份数据是哪个时间点的。我想各位读者的计算机的硬盘，可能碰到过崩溃的情况，比如在准备学期论文的时候。幸运的是，你已经备份过数据了。那么，你希望系统回到最新的备份（几天前的），还是回到学期论文最新的那个版本的状态？有了备份系统，当灾难性的事件发生的时候，可以减小（甚至可以避免）数据丢失。

数据恢复计划仅仅是有效率地管理信息系统基础设施完整计划的一个部分。在第6章，我们会概述整体的信息系统安全计划，其中也包括灾害恢复。

4.3.3　信息系统控制、审计以及萨班斯-奥克斯利法案

像已经看到的那样，当管理信息系统基础设施的时候，有多个组成部分需要考虑。不管企业如何管理他们的基础设施，为了控制成本、获得和保护客户对自己的信任、保持竞争优势，或者遵从内部的或者外部的监管（比如后面讲到的萨班斯-奥克斯利法案），信息系统的控制问题必须解决。这样的控制有助于确保信息的可靠性，可能包括很多不同的措施，比如政策制定以及政策的执行，访问限制，或者记录保存，追踪某些可疑行为，以及责任人的确定。信息系统的控制需要应用到整个的基础设施中去。为了使控制更有效率，需要做到：

- 事前控制（防止某些可能发生的事情，比如防止外部入侵者）；
- 监测控制（评估审核是否有异常情况出现，比如未授权的访问）；
- 纠正控制（为了减缓任何发生事情的不利后果，比如恢复损坏的数据）。

为了对不同类型的控制有点概念，在此举个例子。监管层制定出政策，企业针对本企业的具体情况制定出实施方案，再由技术人员负责具体的实施（参见图4-31控制层级，注意这些分类不一定是互斥的）。表4-6对这些不同类型的控制做了简要说明，并举出例子。在前面的内容里，读者已经了解几种不同的信息系统控制了，读者将继续学习控制的组成要素。在接下来的内容里，我们将要讲解企业如何使用信息系统的审计来评估这些控制，以及是否需要深化或者是调整这些控制。

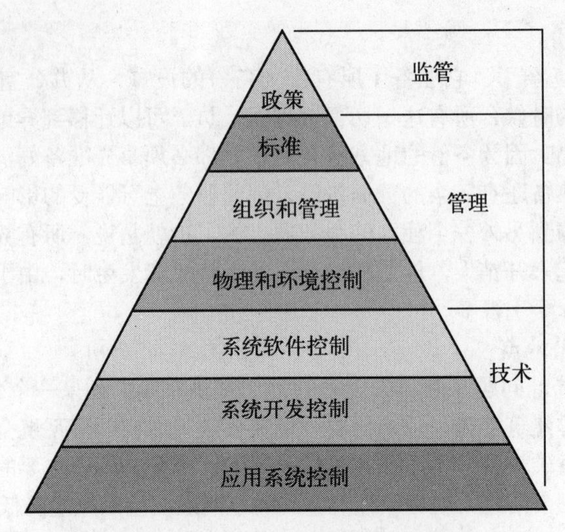

图 4-31 信息系统控制的层级
（资料来源：http://infotech.aicpa.org/）

表 4-6 信息系统控制的不同类型

控制类型	做什么	例 子
政策	制定企业目标	通常政策包括安全和隐私、接入权利、数据和系统所有权、终端用户开发、敏感地区的访问控制（比如：高可靠性的设施）、容灾规划
标准	需要支持的政策上的需求	标准：系统开发流程、系统软件配置；应用软件控制：数据结构、文档
组织和管理	定义汇报体系，为有效地实施控制以及政策的制定	方针：安全和使用、财务授权、备份和恢复、意外的汇报机制
物理和环境控制	保护企业的信息系统资产	主机托管要求高可靠性
系统软件控制	使得用户可以使用系统	控制应用程序的可访问性 生成操作的日志 组织外部的入侵（比如黑客行为）
系统开发控制	使得系统能够满足企业需要	用户需求的记录，并采用正式的流程来设计、开发、测试以及维护系统
应用系统控制	确保数据正确地输入、处理、存储以及输出；维护数据在系统里的流转	输入控制（比如 Web 表单数据的有效性检查） 流程控制 输出控制（比较输出和期望的结果是否相同） 集成控制（确保数据仍然正确） 管理踪迹（保留好事务的记录，以便出问题时定位）

1. 信息系统审计

对企业来说，对信息系统控制进行分析，应该是一个持续不断的过程。然而，定期地请外部的实体来审计这些控制，对企业来说是很有好处的，因为这有助于企业发现潜在的问题。**信息系统审计**，通常由外部审计人员进行，帮助企业评估信息系统的状态，以决定哪些应该调整，这有助于确保信息系统的可用性、机密性以及完善性。对于审计时找出的问题，比如企业潜在的风险，企业需

黑 莓

前车之鉴 :-(:-| :-0

没有了寻呼机、手机以及黑莓，这些人怎么办？医生、急救师、律师、政府决策者、军事指挥官以及数不清的其他职业者。他们如何工作，如何生活？

RIM 公司是一家加拿大公司，位于安大略省沃特卢。1999 年，该公司推出一款名为黑莓的无线设备，面板上有着草莓般的按键。从形状上来说，黑莓与人的手掌很吻合，操作上使用滚轮以及按键。最初推出的时候，黑莓只有电子邮件服务。但是现在功能就比较丰富了，除了支持实时推送邮件、打电话、通过因特网发送传真、文本消息、网页浏览，还包括各种其他无线信息服务。

在 21 世纪的头几年，一家位于美国弗吉尼亚州的专利持有公司 NTP，向一些初涉无线领域的公司发了通告，声称自己公司拥有某些无线电信方面的专利，可以为他们提供自己专利的使用许可。这些公司都没有理会 NTP，于是 NTP 起诉了其中的一家，也就是 RIM。NTP 声称 RIM 侵犯了自己的专利。RIM 在法庭上辩称，在 NTP 的发明之前，基于无线技术的电子邮件系统就已经问世。陪审团做出罚款 RIM 几百万美元的判决。该案件上诉了好几次，于 2006 年终审，RIM 答应支付 NTP 公司 6 亿多美元的赔偿以彻底了结这场官司。RIM 也宣布将采用新开发的技术，黑莓不再使用涉嫌 NTP 专利的相关技术。2006 年 3 月，黑莓的用户超过了 300 万，用户们都常舒了一口气，他们不用再担心法院裁定不准再使用他们钟爱的黑莓。实际上，在专利侵权的诉讼中，美国国防部已经证实黑莓的网络对国家的安全构成了威胁，因为有很多政府雇员使用这玩意。

虽然 NTP 的专利侵权案已经终结，不过这引出了新的课题。当类似的发明同时独立地开发出来了，谁是该项革新的“主人”呢？如果一个公司购买了专利使用许可，并基于该专利开发出了新产品，那么该公司要为此支付版权费用持续达多长时间呢？还有，也许更为重要的是，知识产权在一个扁平化的社会里，到底有多安全？毕竟，一夜之间就可能涌现出新的技术出来。

资料来源

Wikipedia.org/BlackBerry: http://en.wikipedia.org/wiki/BlackBerry

Mark Heinzl and Amol Sharma, “RIM to Pay NTP $612.5 Million to Settle BlackBerry Patent Suit”, *Wall Street Journal* (March 4, 2006),http://online.wsj.com/article_email/SB114142276 287788965-lMyQjAxMDE2NDAxMzQwMjMyWj.html

要视情况采取不同的应对措施。换句话说，信息系统的审计需要评估信息系统控制是否足够充分，是否考虑了这些潜在的风险。因此，审计的一个主要功能就是**风险评估**，它瞄准的是企业现在面临什么样的风险，每种风险的危险程度，以及企业能够容忍的风险的级别。为了测定这些风险，一个企业需要首先识别出基础设施的哪些部分有风险，识别出潜在的可能被攻击的弱点，还要对每一个事件发生的几率及可能的影响做出预测。信息系统审计将引出一些重要的问题，而且必须作答，包括如下几个方面。

- 一旦发生威胁，恢复数据的成本是多少？
- 一旦机密的数据丢失，需要的诉讼开支可能是多少？
- 如果关键系统出问题了，而且要持续一定时间，对业务带来的损失有多大？

根据风险的性质，企业能够容忍的风险级别，以及识别出的风险的危害程度，企业可以采取不同的措施。通过实施更为严格的信息系统控制，能够减少或者消除风险；或者可以采取外包的方式转嫁风险；假设该风险不对企业的经营带来关键性的影响，企业还可以坦然接受之。相关内容可参见第 6 章。

一旦风险得到核定，审计人员还得评估企业内部的控制。审计过程中，审计人员会努力收集有关控制的效力的证据。然而，想要在所有可能的条件下，测试所有的控制，这样的工作非常低效，常常也是不可行的。因此，审计人员常常依赖于**计算机辅助审计工具**（computer-assisted auditing tools，CAAT）。CAAT是些特定的软件，可以使用假数据（测试数据）来测试程序以及数据。除此之外，审计人员还可以使用审计取样来评估这些控制，使得审计进行得更有效率一些。一旦审计已经执行了，也收集到了充足的证据，会出具审计报告给企业。通常，这样的报告会附上关于审计结果的讨论，以及可能的行动方案。

2. 萨班斯-奥克斯利法案

实施信息系统的审计，识别出信息系统控制的薄弱环节，找出需要改进的地方，这有助于企业减小成本开支，或者保持企业的竞争力。另一个更为重要的因素是对信息系统审计人员提出了更高的要求。这指的是需要遵守政府的规章制度，最为著名的是2002年出炉的**萨班斯-奥克斯利法案**（Sarbanes-Oxley Act）。由于大规模的财务丑闻层出不穷，比如世通公司的财务丑闻和安永公司的财务丑闻，美国政府对此的反应就是出台该法案，主要监管企业的财务方面的问题。然而，考虑到信息系统的基础设施的重要性、企业财务系统的重要性，把信息系统控制的内容放到顺从性检查里也是非常必要的。

根据萨班斯-奥克斯利法案的要求，为防止滥用或者欺诈行为，为探测任何潜在的问题，为纠正问题而设计的措施，企业需要证实自己已经准备好了。萨班斯-奥克斯利法案更为严厉的方面是，如果发现某公司没有合适的控制措施或者措施没有效果，法人代表将面临监禁以及高额罚款。信息系统架构是萨班斯-奥克斯利法案里的主要部分，考虑到很多控制都是基于信息系统的，提供了诸如能探测信息异常，为了追踪异常能提供管理上的痕迹等能力。然而，萨班斯-奥克斯利法案本身很少特别关注具体的信息系统控制；相反，它关注常规的政策以及实践，这让很多公司困惑，法案颁布之后也不知道如何遵照执行。还有，如果企业有系统将被审查，会发现这套方案执行起来很笨重，不够灵活，也很耗时。因此，对于**信息和相关技术的控制目标**（control objectives for information and related technology，COBIT）这项新技术，很多企业发现应用起来很容易，因为要遵循的目标都在指导方针里详尽地解释了。COBIT包含一系列最佳实践，有助于企业实现收益最大化以及建立起合适的控制。

由于萨班斯-奥克斯利法案，企业面临的另外一个问题是，必须保留自己遵照该法案的证据，以应对未来可能面对的诉讼。自从法案开始实施，电子邮件甚至即时消息的谈话记录都可以起到和常规的商业公文同样的地位，因此需要保存一段时间，通常是要保存七年。如果不能出具这样的记录，万一在发生诉讼时，有可能招致对公司进行严厉的罚款。举个例子，摩根斯坦利这个投资银行曾面临高达1 500万美元的罚金，原因就是未能保存相关的电子邮件。表面上看，保存公司内所有的发送和接收的电子邮件是很容易的事情，然而，像这样的“数字信息”极有可能迅速膨胀到失控的地步。企业要遵从这样的正式命令，定期地保存所有证据，执行起来就比较困难。因此，很多企业公司开始使用电子邮件管理软件，基于关键字来保存和归类所有发送出去的和接收到的电子邮件。即使使用了这样专业的软件，找到某特定话题相关的电子邮件也是很麻烦的。有些分析家预测，一个有着25 000人的企业，在七年的时间里，可能会生成40亿封电子邮件，即使最尖端的软件技术，都非常难于处置这样的海量数据。

无线广播

行业分析

新型人造卫星广播以及高清广播被称为自动唱片点唱机。通常，这样的节目没有广告，没有主持人——有的只是不间断的音乐。

卫星广播，也被称为订阅式广播，它的运营基础是通过从低轨卫星接收到的数字签名。由于没有付费广告，订阅者只需为它们所订的“音乐频道包”每月缴纳订阅费即可，每一个频道专注于一个方面，比如“脱口秀”或者各种类型的音乐，如乡村音乐、Hip-hop，古典音乐等。

当前，在卫星广播市场最出众的公司是北美的XM Radio和Sirius，以及在欧洲、亚洲和非洲都有一定影响的WorldSpace。所有的广播信号都是私有的——也就是说，业务不能在设备间共享。相反，每一个服务本身都有自己的许可设备。卫星广播的流行，开始影响传统的调频广播市场份额。证据就是一些有影响的广播电台，比如Howard Stern，都开始开设卫星台了。

除了卫星广播，高清广播近来也变得很受听众们的欢迎。高清广播和卫星广播相似，都是使用数字信号来提供CD级的音质。该技术声称可以消除调频广播里固有的嘶嘶声。

数字媒体也提供了有前途的“多播”特性，并且仅使用当前的无线设备。“多播”的意思是把一个电台的信号再分成多个频道。多播意味着一个电台的听众可以选择节目，比如脱口秀、各种风格的音乐、运动类节目等，这一点很像电视信号可以划分为若干频道。当前的广播电台不需要购买额外的设备，就可以提供一些类型的高清节目。

很明显，广播业现在进军其他的领域了，实现了全球化和数字化，在当今的世界里取得了成功。

问题

(1) 对比运营卫星广播以及传统的电台在基础设施上有何异同。

(2) 现在有上千家AM/FM电台，预测它们的未来。为保持以及开拓占领更多的市场份额，请为它们出谋献策。

资料来源

Anonymous, “A New Radio Format, or Just Another Name?”, *Audio Graphics* (April 24, 2006),http://www.audiographics.com/agd/042406-3.htm

Anonymous, “Business Briefs” (May 10, 2006), http://ws.gmnews.com/news/2006/0510/Business/013.html

要点回顾

(1) 列举信息系统基础设施的基本组成部分，为了满足企业在信息方面的要求，它们为什么是必要的？当代企业高度依赖于信息系统基础设施，它的组成部分包括：硬件、软件、通信和协作、数据和知识、设施、人力资源以及服务。计算机硬件是企业信息系统基础设施的重要部分，因为硬件起着保存和处理企业的数据的作用。为连接不同的系统需要网络硬件，联网使得系统间合作得以进行，信息得以共享。软件帮助企业开展商业活动更顺畅，进而获得竞争地位。相应地，随着不断增加的对于信息系统的依赖性，为了管理好一个企业，有效地利用软件资源变得非常重要，也很复杂。通信和协作使得信息系统变得更为强大和重要。计算机之间的互联性，信息系统之间的互联性，以及网络的互联性最终使得内部的、外部的商业活动串接起来，使得通信和协作非常便利。数据和知识可能是企业里最重要的资产了，因为数据和知识是商业情报系统的基础，也是开展商业活动必不可少的。设施虽然不直接用来支持企业运营，但从信息系统基础设施方面来说，却是必要的。人力资源也是信息系统基础设施的一个重要组成部分。即使大型设施不需要很多的技术支持人员，但是对技术人员也有技能上的要求。最后，为了支持信息系统基础设施的正常运转，服务也是必需的。

(2) 描述企业使用的解决方案，以设计一个可靠健壮以及安全的基础设施。由于企业的计算需求经常变动，企业不可能一次性购置大量计算机硬件。为节省成本，许多企业现在转向了“按需计算”，去租用外部计算机资源；为解决大规模计算问题而设计的网格计算；为更方便地管理资源而引入的边缘计算，以及为了增强可靠性而引入的自主计算。为了管理复杂性不断增加的软件需求，为了增加企业的独立性，企业转向了开源软件。使用Web服务可以整合不同的应用，这些应用属于不同的系统。使用补丁管理系统以及软件资产管理系统来使得系统总是“最新的”。在其他情况下，企业可以使用由ASP提供的软件，使自己从繁杂的问题中解脱出来。计算机技术和电信技术的融合有助于企业实现自己的多种多样的通信需求，比如使用基于IP的语音技术或者基于IP的视频会议系统。通常，公司提供无线接入后可以增加员工办公的移动性。为了支持更有效地开展业务，为了获得运营所需的情报，企业不得不寻找新的出路，为了管理大量的数据，经常使用联机交易系统和联机分析系统。数据仓库和数据超市支持大型数据集的整合和分析。知识管理系统是一系列的工具，它有助于组织、保存以及检索企业的显性的或者隐性的知识。最后，企业不得不管理它们的设备以确保安全和可靠，为了吸引和留住人才，不得不管理人力资源的基础设施；不得不管理外部服务的使用，通常使用外包的形式。

(3) **描述企业如何确保基础设施安全可靠，如何规划容灾，以及建立信息系统控制。**在一些情况下，为企业提供一个安全可靠的信息系统基础设施，这种企图是徒劳的，因为灾害不可避免。基于此，企业需要准备好灾难发生时的应对措施。对付灾害最重要的一个方面是，创建一个灾难恢复规划，此规划阐明了与系统灾难相关的恢复的详细步骤，比如电脑病毒感染，以及其他一些灾害，比如有可能使信息系统基础设施陷于瘫痪的灾难。灾难规划应当包括决策：关于在什么地方备份办公地点，这个备份的办公地点是热备份还是冷备份。热备份指的是完全复制数据和设施，而冷备份指的是一个空的房间里，只提供了电力和网络连接。全面的灾害恢复规划是需要的，因为该规划概述了恢复目标以及手段，可以增强基础设施的可靠性。信息系统控制有助于确保一个安全可靠的基础设施，控制应该集预防、监测以及纠正于一身。为了评估这些控制的效力，企业经常进行信息系统审计，以便测定出企业面临的风险，以及信息系统控制可以限制任何潜在的负面影响的程度。更进一步，企业执行信息系统的审计，需要遵从政府的规章制度，最突出的是美国2002年出台的萨班斯-奥克斯利法案。基于该法案，为了阻止滥用或者欺诈，公司不得不证明自己有相应的控制制度。信息系统控制是为了探测任何潜在的问题，以及采取一些有效的措施来矫正任何问题；萨班斯-奥克斯方案要求更为严格，如果没有合适的控制制度或者有了控制制度但是效果不佳，企业主管可能面临严厉的罚金甚至坐牢。执行全面的定期的信息系统审计，有助于评估企业是否遵从了这些规章制度。

思考题

1. 列举3个原因，说明Google为什么把自己的新数据中心的选址定在俄勒冈州的达拉斯。
2. 描述什么是商业智能，企业如何使用商业智能来获得竞争性优势。
3. 什么是按需计算技术，企业如何应用该技术以节省成本开支？
4. 定义网格计算，描述它有哪些优点，有哪些缺点。
5. 列举组成自主计算的5个要素。
6. 描述企业出于什么考虑把软件开源而不是采用过去所用的许可模式。
7. 列举并描述软件许可的两种形式。
8. 解释术语IP融合是什么意思。
9. 描述无线设备的两种类型。
10. 对比数据仓库和数据超市有何异同。
11. 给外包下定义，并解释企业如何使用外包。
12. 解释萨班斯-奥克斯利法案是如何影响企业的信息系统基础设施的管理的。

自测题

1. ______是一个企业为了实现商业目标而执行的活动。
   A. 核心业务
   B. 支持业务
   C. 商业业务
   D. 功能性业务

2. 在现在企业里，信息系统基础设施高度依赖于以下方面，除了______。
   A. 硬件
   B. 通信
   C. 人力资源
   D. 业务
   E. 财政
3. ______是按需计算的一种特殊形式，典型的应用是解决大规模计算问题。
   A. 网格计算
   B. 效用计算
   C. 接入
   D. 边缘计算
4. 不使用大量的集中式的计算机以及数据库，小的服务器就在个人使用者附近，这叫做______计算。
   A. 边缘计算
   B. 网格计算
   C. 效用计算
   D. 接入
5. 下列各项，哪一项不是开源软件的例子？
   A. Linux
   B. OpenOffice
   C. Apache
   D. Windows Vista
6. 当软件交付给客户使用以后，以下哪个管理系统使得开发人员解决意料之外的问题。
   A. 财务管理系统
   B. 软件补丁管理系统
   C. 软件缺陷管理系统
   D. 软件存货管理系统
7. 以下哪个管理系统有助于企业避免由于安装未授权的软件或者私有软件而带来负面的影响。
   A. 软件资产管理
   B. 软件补丁管理系统
   C. 软件缺陷管理系统
   D. 软件存货管理系统
8. 为了更好地理解一个企业的客户、产品以及市场等，以下哪一项可以用来排序以及分析信息。
   A. OLTP
   B. Web 服务
   C. OLAP
   D. 数据挖掘
9. ______反映的是存在于人的头脑里的如何有效地完成某项特定任务的办法。
   A. 隐性知识
   B. 显性知识
   C. 含蓄知识
   D. 真实知识
10. 哪一项是特定的软件工具，审计人员可以用来测试应用软件以及数据，或者运行模拟的商业交易。
    A. 萨班斯-奥克斯利法案
    B. Web 服务
    C. 计算机辅助审计工具 (CAAT)
    D. 风险评估系统

问题和练习

1. 配对题，把下列术语和它们的定义一一配对。
   i. 效用计算
   ii. Web 服务
   iii. 拆封许可
   iv. ASP(应用程序服务提供商)
   v. 基于 IP 的语音技术
   vi. OLTP（联机事务处理）
   vii. 知识管理
   viii. 操作系统
   ix. 数据仓库
   x. OLAP（联机分析处理）
   a. 把大型数据库组合到一起
   b. 使用因特网技术实现语音呼叫
   c. 许可证的一种，此类软件多用在消费类产品
   d. 对用户的请求立即自动做出反应的一种技术
   e. 实时自动响应用户并发的交易请求的一种技术
   f. 企业管理的一个环节，一个企业可以从知识资产中获取最大价值
   g. 按需计算的一种形式，计算资源是按需租用的
   h. 基于 Web 的软件系统，允许不同的程序通过网络来交互
   i. 因特网技术，提供了通过浏览器来使用软件的应用方式
   j. 一种图形化的工具软件，可以提供复杂的数据分析
2. Akamai（www.akamai.com）公司每天都发布

10~20 个新的网页。这个公司提供的是什么功能，如何实现的？

3. 自主计算使得计算机可以自我配置，各位读者是否认为，人类应该参与到网络、硬件以及软件问题的解决里去？描述一些可能由此引发的社会的、伦理的、以及技术的问题。
4. 一些财富 500 强的公司日常通信方式采用了 IP 电话。使用这种技术有哪些益处，哪些人是 IP 语音技术的客户？
5. 惠普的视频会议室系统叫 Halo 系统，它可以模拟面对面的会议。设想一下，假如你正在设计一个视频会议系统，你觉得视频会议系统应该有哪些特性呢？
6. 基于使用联机事务处理系统的经验（日常生活中或者工作场所），哪一个系统好用，评判这样的系统的好坏有什么标准吗？
7. 约见一位本公司的信息系统的员工，会谈地方安排在大学校园或者工作场所。对企业的基础设施来说，有哪些问题算是重要的，企业有过由于基础设施方面的问题导致数据丢失的经历吗？他们是否有应对灾难的计划，准备了什么样的备份计划？
8. 描述本章中出现的集中信息系统的异同。如何使得企业在灾害面前变得有备无患？比如火灾或者洪灾，什么样的技术尤为重要？
9. 选择一家你熟悉的且使用了数据库的企业，然后仔细考虑一下这家企业为获得对于客户、产品以及市场的理解，是如何使用数据挖掘的。哪些信息是关键的部分，应当运用数据挖掘技术为企业服务的什么关键部门服务？
10. 使用一款搜索引擎，输入关键字“数据仓库”，该领域最大最强的商家是谁？它们为客户都提供了哪些类型的解决方案？你是否看到在数据仓库领域，有什么新的动向吗？
11. 使用浏览器访问 http://www.kmworld.com/，看看这个网站，它是关于知识管理的。找出知识管理领域当前的发展趋势。在 Solution 这个链接之下，选择一个你感兴趣的行业，是否有针对该行业的解决方案？
12. 找出一个可以视为“知识管理”的网站，这个网站管理了什么样的知识。这个网站有哪些重要属性？为了使得网站更好（更容易找到所需的内容或者知识保存得更好），你有什么建议？
13. 约见一位信息系统领域的专家，聊聊他们对开源软件的看法。是否所有类型的信息系统都有开源的软件？此外，找出最可能开源的系统以及最不可能开源的系统。
14. 浏览 BOINC 不同的网格计算项目，网址为 http://boinc.berkeley.edu/。哪一个项目最有意思？你愿意为哪一个项目“捐献”自己的计算资源？如果你不愿意“捐献”任何计算资源，请说说你的原因。
15. 约见一位信息系统领域的专家，聊聊他们公司有关软件资产管理的事情。他们是如何追踪不同的已安装的软件的？如果有人问你，你电脑上装了哪些软件，你是否了如指掌呢？对于每一个安装的软件，你能否拿出使用许可呢？

应用练习

电子表格应用：追踪常用里程数

你最近找了一份兼职，为一家校园旅行社做商业分析。在第一次会议上，执行经理了解你在学习一门概述性的管理信息系统的课程。由于该经理不太熟悉使用办公软件，他在两个 Excel 表格里保存所有的客户的里程表：一个是客户的联系信息，另一个是里程信息。由于你对电子表格软件比较熟悉，你建议建立一个电子表格来处理这两项功能。

为了完成这个目标，必须执行如下步骤。

(1) 打开 frequentflier2.csv 文件，可以看到一个表是客户信息，另外一个表是里程信息。

(2) 使用 vlookup 函数，键入 miles flown 这一列，查找客户的里程数。

(3) 使用条件查找，筛选出里程少于 4 000 英里的客户。

(4) 按照里程数由大到小排序，并打印出结果。

数据库应用：创建知识数据库

校园旅行社业务发展地很迅猛，现在它们在 3 个州、16 个区域都有特许专营店。由于公司在过去短短几年发展很快，现在跟踪每一个地区的旅行顾问变得困难起来。通常需要浪费大量时间才能找出公司里熟悉某个特定地区旅游资源的顾问。鉴于你过去的出色表现，总经理要求你从员工数据库里增加、修改或者删除如下记录。

(1) 打开 employeedata.mdb 文件。

(2) 选择 employee 这个表。

(3) 添加两条记录，内容如下：

a. Eric Tang, Spokane Office, Expert in Southwest, Phone (509)555-2311

b. Janna Connell, Spokane Office, Expert in Delta, Phone (509)555-1144

(4) 删除如下记录：

a. Pullman office 里的 Carl Looney

(5) 修改如下记录：

a. Change Frank Herman 的办公地点从 Pullman 改为 Spokane

b. 把 Ramon Sanchez 的家庭电话修改为 (208)549-2544

团队协作练习：个人交流能力评估

由4到5个学生组成一个小组，请每个学生写下自己的固定电话、手机号码、即时消息账号、电子邮箱等。对每一种交流方式，总共花了多长时间，都是和谁联系的、每次交流的目的。让一个学生记下自己的自然信息以及个人信息（比如，年龄、性别、交际圈情况以及是否有孩子等）。汇总所有信息，然后讨论有几种模式和异常的情况。

自测题答案

1. C	2. E	3. A	4. A	5. D
6. B	7. A	8. D	9. A	10. C

案例 1

圣丹斯电影节上的数字电影

对于独立电影来说，圣丹斯（Sundance）电影节就如同主流电影界的戛纳电影节或者柏林电影节。这个一年一度的盛会是由非盈利的圣丹斯协会赞助的，该协会位于犹他州的圣丹斯，是20多年以前由导演罗伯特·雷福德创办的。和其他电影节不同，圣丹斯电影节选择了最有特色的电影以及电影短片，而且种类繁多。

2006年所有的参赛短片分类都可以在圣丹斯电影节的官方网站上看到，这在历史上是首次。实际上，直到今天，圣丹斯电影节仍然是唯一的首映放在网络上进行的电影节。这种形式很受欢迎，以至于电影刚上线不久，就收到大约4万封电子邮件，尽是溢美之辞，感谢这“免费的午餐”。

在网上首映电影，这是对信息系统的创新性地应用，但这不是唯一的创新，电影节还提供了很多电影摄制人员专题讨论会以及一些培训活动。在2006年，大部分培训是有关数字技术的，因为那一年有大约30%的电影是数字电影。对于很多独立电影制片人来说，数字技术提供了大量的机会，因为数字技术使得我们无需借助于昂贵的照明、胶片以及后期制作设备，即可制作出摄影棚品质的影片。因此，那些过去买不起昂贵设备的人，现在可以考虑制作数字电影了。还有，数码摄像机、投影仪以及软件方面的便利，从胶片到数字方式，对摄制人员（最近还在使用传统技术拍电影的人）来说也是可行的。毫不奇怪，2006年圣丹斯电影节的赞助商包括了：惠普、Sprint、Adobe以及索尼这样的顶尖公司。

独立电影制片人逐渐意识到网络是一种强大的宣传工具。还是2006年的例子，圣丹斯电影节参展影片分类多达300种，这些分类又可以概括为动画、现场直播以及交互式电影。

2006年圣丹斯电影节在线展示的成功，证实了影迷的感受：在网站上看电影，和在剧院或者家里看电影一样。电影从制作、发布等环节上都已经数字化了。

问题

(1) 有哪些行业，目前还没有选择网络作为发布数字内容的渠道，它们可以从圣丹斯电影节得到哪些启示?

(2) 选择一个视角，以艺术家或者公众的身份，讨论一下谁能从在Web上发布数字内容获得更多好处?

(3) 列举出在Web上发布自创数字内容有哪些优缺点。

资料来源

Michelle Meyers, "Tech Plays Supporting Role at Sundance Festival", *CNet News* (January 18, 2006), http://news.com.com/ Tech+plays+supporting+role+at+Sundance+festival/2100-1025_3-6028354.html?part=rss&tag=6028354&subj=news

Gwendolyn Mariano, "Sundance to Roll Film on Web Festival", *CNet News* (December 15, 2000), http://news.com.com/ Sundance+to+roll+film+on+Web+festival/2100-1023_3-249997.html?tag=nl

http://festival.sundance.org/2006/

案例 ❷

数字化航空运输业：信息系统的基础设施的管理

航空运输业很看重反应时间，获取到准确的信息并得以利用，是该行业走向成功的关键。为了更有效地工作，必须从不同类型的源头收集、分析大量的数据，借助于许多不同的基础设施组成部分以达到实时共享的目的。为了得到正确的信息，并在正确的时间，送达到正确的人，这是一个很大的挑战。很多人需要及时获得信息，才能工作得更有效率。

举个例子，为了让飞行更舒适、更安全，飞行员必须掌握关于飞机的、气象的以及飞行交通控制的状态等一系列实时相关信息。地面工程师需要知道将要降落的飞机的状况如何，如何最好地找出这些飞机可能存在的问题。航空公司运营中心需要知道他们的飞机状态、乘务人员的状态，哪些飞机要马上起飞，哪些需要在原地待命。飞机一旦降落，地勤人员需要知道可以去哪里加油，到哪里弄到航班上需要的食物等。如果他们的飞机晚点了或者改线，乘客需要知道他们应该做什么（在候机室里待着还是去哪个通道换乘）。信息技术革命有段时间了，信息技术维护着由运输企业生成的所有信息，而这一切可以增强飞行的安全性和高效性。实际上，在过去的许多年里，为了支持和运营飞机，在数据的收集和分发方面，已经有了大量的改进。尽管如此，当前的信息系统以及能力仍然有着较大的不足。

飞机是运营收入的主要创造者，也占用了运营成本的较大比例。飞机一旦起飞，将和地面的信息系统不再有联系，而一次飞行可能长达14个钟头。飞行员依靠的是一个小时以前的气象情况来导航。直到飞机降落了，工程师们才可能诊断问题，以及商定维修方案。航空公司运营中心没法知道飞机是否可能有机械问题，或者下一次飞行缺少一个机务人员，这只能到下次飞行才知道。对于晚点或者改线的飞机，乘客没有办法提前知道，乘客们不得不抢着去新的登机口。

用改进的数据收集、分析以及共享方法，有很明显的好处。波音公司近来揭去其电子化航空运输业的面纱，具体的举措是把整个航空运输系统捆绑到一个无缝的信息系统架构里去，以共享那些程序和数据。像在前面的章节里讨论的那样，电子化构建了一个通用的机上信息和通信的基础，而这一切有助于保护乘客的利益和机乘人员的利益，也有助于航空公司的运营，甚至惠及整个行业。实际上，波音公司最新型号的飞机787，内部编号为7E18，这个"E"就是电子化的意思。但是客户无需等待787才能享受电子化的航空运输系统的好处。关键的部件，比如杰普逊电子飞行工具包或者飞机健康管理，现在已经大量生产了。

为了实施电子化，必须满足很多不同的数据需求（参见图4-32）。举一个例子，在停机坪上，电子飞行工具包（Electronic Flight Bag，EFB）给了机务人员一个大致轮廓性的认识，他们在哪，要去哪里，以及候机的时间。EFB提供了大多数的最新的导航信息，动态的气象报告，并立即获取飞机以及飞行数据，机场设施情况，驾驶舱、跑道监视情况等。在航空公司的运营中心，不同的系统和数据可以整合到一起，以向管理人员以及规划者提供可能的信息，有关日程安排的调整以及为减缓任何可能的问题，有哪些方案可以选择。举例来说，每一个飞机包含了随机携带的数据服务器，可以结合波音公司的通信导航监视系统/空中交通管理系统、各种模拟分析产品、机务人员管理系统以及波音的整合的航空公司运营中心，

图 4-32　当今航空公司运营的数据需求

以便能够提出有远见的计划，从而最大化地提升运营效率。同样地，不同的系统让机务人员可以了解到客户的需要的详细信息，这有助于为乘客提供更为享受的飞行体验。除此之外，飞机可以连接到航空公司的地面的信用卡验证系统，使得飞行服务人员不必携带大量现金，实现饮料销售，免税购物，或者其他类型的交易。而饮料的品种以及免税商品的目录是可以自动更新的，航空公司可以据此控制他们的库存，也能够确保每一次飞行都有所需要的那些东西。

航空公司比如香港国泰航空公司和阿拉伯联合酋长国的 Etihad Airways，都使用波音公司的飞机健康状态管理系统（Airplane Health Management，AHM）。借助于 AHM，工程师以及维护人员可以检查系统的状态，即使飞机处于飞行状态，也可以快速确定检修是否可以延期到下一次例检时间，以及通知航运公司的运营中心，必要的维护是否可以在目的地进行，这样飞机就不会中断。实际上，AHM 有助于确定问题是否会随着时间而发展，航空公司可以马上检修有问题的系统，把问题消灭在萌芽阶段，以避免高昂的代价以及潜在的航空灾难。

电子化航空运输系统是波音的愿景，有一天飞机可能只是企业信息网络上的一个结点，确保系统中每一个人都可以在需要它们的时刻，马上获得自己需要的信息。电子化系统中，为了连接飞机和航空公司，不同相互关联的部件需要一个稳定可靠的基础性的通信平台。然而，连接一个移动的物体到一个通信基础平台从来就不是容易的事情，特别是在波音公司决定终止 Connexion 项目之后（参见第 1 章）。为了连接飞机和地面系统，不得不另寻他路。一个办法是通过使用基于地面的网络，比如现存的移动电话网络，或者其他专用的地面系统。然而，当飞跃大洋的时候，也需要通信，这样的方案就不可行了。此时可以考虑基于卫星的系统。举个例子，通信运营商 OnAir 使用 Inmarsat 公司的卫星来连接飞机和地面网络。由于大多数飞机已经配备了 Inmarsat 的通信系统，OnAir 的系统正好可以用得上。

问题

(1) 对于电子化的飞机，还有哪些比较重要的基础设施部件？在这些部件里面，哪些部件最为重要？

(2) 以各位读者的经验，找出航空运输业的电子化对于飞行体验有哪些改进？

(3) 找出一些办法，航空公司如何以飞行电子化为由头开发市场，以吸引目前的客户以及潜在的客户？

资料来源

http://www.boeing.com/news/frontiers/archive/2003/august/i_ca1.html

Boeing's Airplane Health Management to Monitor Cathay Pacific's 777 and 747 Fleets (2006), http://www.boeing.com/news/releases/2006/q2/060427b_nr.html

第5章

借助因特网开展电子商务

综述> 本章将重点介绍企业与它们的客户、商业伙伴和供应商之间是如何通过电子方式进行商务活动的。这就是“电子商务”(E-commerce，EC)。因特网和万维网对全球性的电子商务来说是一种非常合适的。基于Web的电子商务为各种产品和服务的市场营销带来了前所未有的机遇，随之而来的是为消费者提供具有各种特色、功能和创新手段的服务和支持。通读本章后，读者应该可以：

1. 描述什么是电子商务，它是如何演变的，以及企业在网络空间中采取何种竞争战略；
2. 解释外联网与内联网之间的区别，并且说明组织间如何利用这些环境；
3. 描述商业机构对消费者的电子商务的各个阶段，并了解成功电子商务应用的关键；
4. 描述消费者之间的电子商务的新兴趋势，以及移动商务出现的关键驱动力；
5. 详述电子政务的不同形式，以及各种规章对于电子商务的限制。

由于电子商务在整个零售业中的份额不断增长，正确理解电子商务就可以助企业的成功一臂之力。而市场对于掌握电子商务技术的人有很大的需求，因此，你对电子商务了解得越多就越吃香。

数字世界中的管理　饱受攻击的eBay

在你自己或者你认识的人当中，可能有不少人已经知道网络钓鱼(phishing)了。起初，它以eBay关于“文具”的一封电子邮件消息的形式，把用户带往钓鱼网站的链接或者按钮(参见图5-1)。这明显是eBay所使用的设计方案的一个翻版，邮件的问候语类似于“亲爱的eBay账户持有人”。事实上，这正是该类信息并非源自eBay网的第一条线索(eBay网通常直接用其用户ID来称呼他们的账户持有人)。接下来，这类消息会提示你需要发送一些缺失的信息，包括信用卡号和密码等，否则你的eBay账户将被删除。诈骗者会提供一个假eBay网站的链接，要求你必须录入个人信息。一定不要这么做！这并非来自于eBay网，而是来自于诈骗

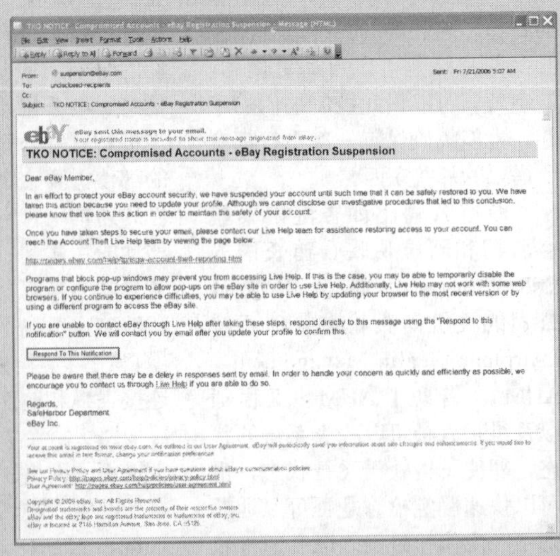

From: suspension@eBay.com　Sent: Fri 7/21/2006 5:07 AM
To: undisclosed-recipients
Cc:
Subject: TKO NOTICE: Compromised Accounts - eBay Registration Suspension

eBay sent this message to your email.

TKO NOTICE: Compromised Accounts - eBay Registration Suspension

Dear eBay Member,

In an effort to protect your eBay account security, we have suspended your account until such time that it can be safely restored to you. We have taken this action because you need to update your profile. Although we cannot disclose our investigative procedures that led to this conclusion, please know that we took this action in order to maintain the safety of your account.

Once you have taken steps to secure your email, please contact our Live Help team for assistance restoring access to your account. You can reach the Account Theft Live Help team by viewing the page below.

Programs that block pop-up windows may prevent you from accessing Live Help. If this is the case, you may be able to temporarily disable the program or configure the program to allow pop-ups on the eBay site in order to use Live Help. Additionally, Live Help may not work with some web browsers. If you continue to experience difficulties, you may be able to use Live Help by updating your browser to the most recent version or by using a different program to access the eBay site.

If you are unable to contact eBay through Live Help after taking these steps, respond directly to this message using the "Respond to this notification" button. We will contact you by email after you update your profile to confirm this.

Respond To This Notification

Please be aware that there may be a delay in responses sent by email. In order to handle your concern as quickly and efficiently as possible, we encourage you to contact us through Live Help if you are able to do so.

Regards,
SafeHarbor Department
eBay Inc.

图5-1　许多eBay客户成为了网络钓鱼袭击的受害者

者，他们希望得到你的个人信息，从而盗窃你的财产。这个骗局就是所谓的网络钓鱼，而且它已经困扰eBay网和其账户持有人很久了。

大约有26个国家的1亿人拥有eBay账户，即便其中只有极少的用户响应网络钓鱼骗局，诈骗者也可以牟取巨大的利润。例如，在2006年，伦敦的6个网络钓鱼诈骗者从疏于警惕的eBay用户那里盗走了200 000英镑（约372 000美元）。同前面所描述的手段一样，这些诈骗团伙在邮件中谎称他们是eBay的管理员，需要eBay账户持有者访问eBay网站并提供一些信息。诈骗者提供的链接与eBay站点的十分相似。用户在登录欺诈网站后，骗子们便开始窃取个人信息。然后他们使用这些用户的合法身份出售一些实际并不存在的产品，如劳力士手表和笔记本电脑等。当他们收到货款后就消失得无影无踪，而那些虚假拍卖中的“胜利者”却蒙受了巨大损失。

eBay再三提醒用户不要回应这类电子邮件，因为eBay公司有其内部的消息系统，以避免给注册用户发送不必要的电子邮件。但是骗局仍然在继续。“确认账户信息”骗局的一个变种就是给受害者发送一个有效的Web站点，然后他们被指向一个假的eBay网站，并要求用户进行“确认”或者提供账户信息。尽管eBay公司已经竭尽全力遏制钓鱼骗局，但钓鱼骗局的案件还在不断增加。（eBay承认，区分钓鱼邮件和合法的eBay消息也变得越来越难了。）

评级制度是eBay用以帮助购买者和商家区分合法用户和嫌疑人的手段。用户可以对交易给出优、中、差的评价，以此计算反馈分数。分数可以让“准消费者”了解一个买家或卖家的等级，从而选择是否要继续与之进行交易。eBay还提供了一种保护买家的方式——每笔交易不得超过500美元限额——这种方式不增加额外费用。不过，这项服务仅对使用“PayPal”（贝宝）支付系统进行交易的用户有效。

与一切形式的网络犯罪类似，eBay也不能为客户提供绝对的安全保护。例如，2003年盐湖城警方逮捕了一名31岁男子，他被指控犯了eBay历史上最大的诈骗案之一。数百名客户抱怨说，他们向一个名为“环球清算”的公司支付了1 000美元购买笔记本电脑，但始终未收到货物。在早前的调查中，警方证实嫌疑人在仅仅一星期内诈骗了1 000多名eBay客户，获得了100万美元的赃款。eBay与诈骗案的受害者共同努力追回款项，但他们无法对没有收到货物的客户一一进行赔付。在其他情况下，窃贼在eBay上均提供假冒产品——从收藏品到计算机软件，等到买家发现的时候，他们早已关闭了账户。事实上，在2005年，“商业软件联盟”（Business Software Alliance）就关闭了16 000多个提供盗版产品的入口。

但是，eBay是一个流行的、成功的Web站点，在因特网中寻觅机会的罪犯们还会继续以它为目标。而诚实的用户则希望最好能够设计出阻止诈骗者继续行骗的技术。

在阅读完本章后，你将可以回答下列问题。

(1) eBay的电子商务在线操作模型与一个更加传统公司的网站相比，其优势和劣势是什么？

(2) 商业机构对消费者或者消费者之间的电子商务，有哪些不同的支付方式？

(3) 什么对基于消费者的电子商务会构成威胁？

资料来源

Bob Sullivan, "Man Arrested in Huge eBay Fraud", *MSNBC* (June 12, 2003), http://msnbc.msn.com/id/3078461

Anonymous, "eBay Urged to Tackle Fraud Better", *BBC News* (February 26, 2006), http://news.bbc.co.uk/1/hi/uk/4749806.stm

http://pages.ebay.com/aboutebay/trustandsafety.html

http://news.com.com/eBay+scrambles+to+fix+phishing+bug/2100-1002_3-5600372.html

https://reporting.bsa.org/fraud/add.aspx

5.1　电子商务的定义

如今因特网为个人及商业机构进行电子交易提供了一整套的因特网络。我们所定义的**电子商务**内涵非常广泛，其中包括各企业之间、企业与消费者之间、消费者之间的商品、服务以及金钱的在线交换[①]。据美国商务部统计局报道，2006年全年，在线零售额提高了23%。而且，第二季度总零售额中，电子商务的比重则达到了2.7%，因此在该季度中带来了超过248亿美元的收益（参见图5-2）。由于电子商务带来了丰厚的收益，所以没有哪个信息系统能像电子商务这样吸引人们的注意。尽管早在1948年的柏林空运事件中就已经出现了电子商务的身影，但是直至因特网及万维网的出现才给产品服务的交易带来了一次全新革命。它们影响深远，开创了一个电子交易市场，提供了无数新服务、新产品以及新功能。因此，在因特网及万维网上占有一席之地已经成为许多公司的战略必需。

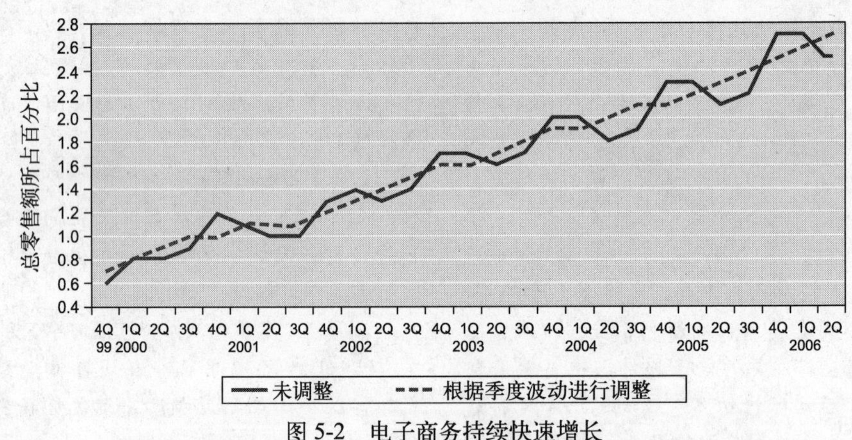

图5-2　电子商务持续快速增长

（资料来源：http://www/census.gov/mrts/www/data/html/06Q2.html）

与一般观念不同，电子商务不仅仅是产品的在线买卖，它涵盖了包括购买产品乃至售后服务等方方面面。此外，电子商务并不局限于商业机构与个人客户间的业务，即我们所熟知的B2C（Business-to-Customer）电子商务，它还用以指导诸如供应商及中间商等商务伙伴间的业务行为。这种形式的电子商务我们称之为B2B（Business-to-Business）电子商务。某些公司则兼有这两种商务模式，例如服饰零售商Eddie Bauer，另外一些公司仅仅关注于B2C或者B2B模式中的一种。商业机构与其员工之间还存在着其他形式的电子商务，被称之为B2E（Business-to-Employee）模式。一些电子商务模式甚至不涉及商业机构，例如在线拍卖网站eBay就是其中的一个例子，这种电子商务我们称之为C2C（Customer-to-Customer）模式。此外，有的电子商务模式涵盖了政府与公民，我们称之为G2C（Government-to-Citizen）模式，或者政府机构与企业，即G2B（Government-to-Business）模式，抑或是政府机构与政府机构，即G2G（Government-to-Government）模式。这7种电子商务的基本模式如表5-1所示。

表5-1　电子商务的种类

电子商务种类	简　述	示　例
B2C（商业机构与消费者）	商业机构与其消费者间的交易	从亚马逊上买一本书
B2B（商业机构与商业机构）	商业机构之间的交易	制造商在网上与其供应商进行商业交易
B2E（商业机构与员工）	商业机构及其员工间的交易	使用Web变更其健康福利
C2C（消费者与消费者）	不在同一地点工作的人之间的交易	通过eBay网从他人手中购得某物

① 电子商务还可以包括数字产品（如软件、音乐、电影以及数字图像等）的物理分销。

（续）

电子商务种类	简 述	示 例
G2C（政府机构与公民）	政府机构及其公民间的交易	在线提交其个人所得税
G2B（政府机构与企业）	政府机构与商业机构间的交易	政府通过因特网采购系统购买物资
G2G（政府机构与政府机构）	政府机构之间的交易	外国政府通过因特网获取关于美国联邦法律的信息

此外，商务运作的方式多种多样。在接下来的部分，我们将探讨为什么说基于Web的电子商务使得商务运作的方式发生了巨大变革。紧接着，我们将深入分析如今各公司是如何在它们的日常运作中使用电子商务的。

5.1.1 因特网与万维网的能力

在技术力量的驱使下，商业以及新兴的因特网和Web成为发动变革的催化剂。由此产生的技术革命彻底打破了准入门槛，去除了障碍，将商业运作拓展到了电子领域（Looney and Chatterjee，2002）。各个公司都在努力挖掘Web的潜力，并通过极力满足顾客需求，增加用户数量，提供更丰富的产品，并加深与用户之间的联系。Web的强大潜力包括全球的信息发布、整合、大规模定制、互动交流、协作以及交易支持（Chatterjee and Sambamurthy，1999；Looney and Chatterjee，2002；见表5-2）。

表5-2 万维网的潜力

万维网的潜力	简 述	示 例
全球信息发布	大地域范围营销产品与服务的能力	几乎任何人都可以访问亚马逊网站
整合	Web站点能与企业数据库相连以实时访问个人化的信息	顾客可在www.alaskaair.com查询自己的账户余额
大规模定制	企业可以调整其产品与服务以满足顾客的特殊需求	顾客可以在www.timbuk2.com建立自己的信息栏
互动交流	公司可以与顾客交流以改善服务形象	顾客可从www.geeksquad.com获得实时的计算机支持
协作	公司的各个部门可以通过Web协作办公	Virgin大卖场使用协作网站来提高管理效率
交易支持	客户和商业机构可以在线进行商业交易，并且无需人工支持	顾客在www.dell.com上无需人工互动便可在线定制并且购买个人电脑

1. 信息发布

因特网与Web技术强强联合，为世界范围内各企业有效争夺客户群并获得新市场提供了契机。只要各国拥有接入因特网的某种方式，电子商务就有其广泛的地缘潜力。全球合一的凝聚力让**全球信息发布**成为可能。这对企业在大地域范围营销其产品和服务来说，是一种相对经济的媒介。任何一台能接入Web的计算机都可以访问这些虚拟店铺，因此，全球信息发布将触角伸向了更广阔的地域。

2. 整合

Web技术同样可以将网站上的信息实现**整合**，而这些网站又可以与企业数据库相连接，实时获取个性化信息。顾客再也无需依赖印刷手册或者一月一发的邮递账单。比如，当阿拉斯加航空公司（www.alaskaair.com）更新其企业数据库中的航运费用信息时，顾客只需浏览公司网站即可获知最新的变更情况。与其他几乎所有的航空公司一样，阿拉斯加航空公司能通过Web平台实时发布航班的定价信息。这对那些处于高度激烈竞争环境的公司（如航空公司）来说尤为重要。此外，阿拉斯加航空公司还向重要客户开放其企业数据库，供其查询航班账户结余（如图5-3所示）。顾客若想确定是否可以获得旅行福利或者奖励，无需再等待每月一次的账户报告。

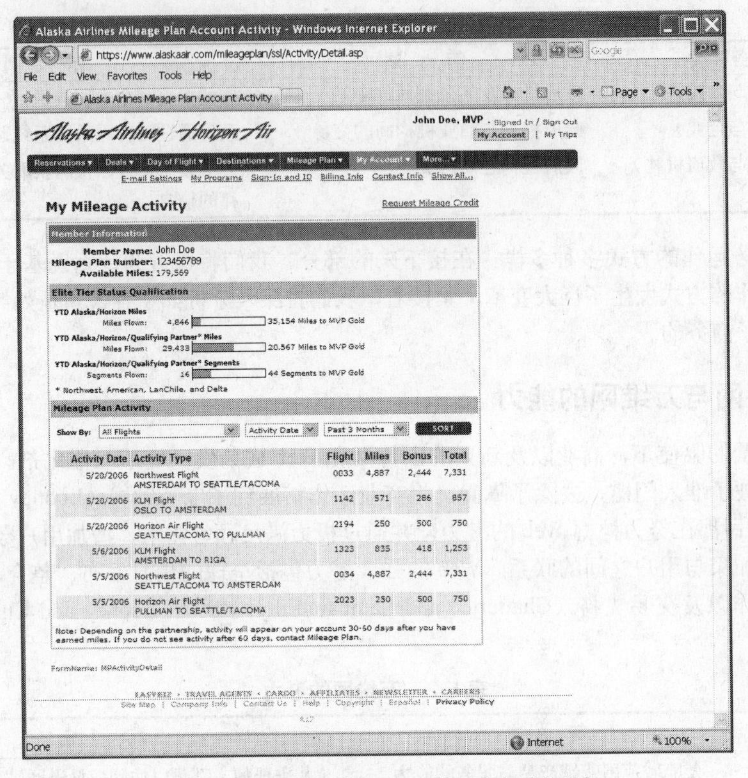

图 5-3 阿拉斯加航空公司的里程计划网站

3. 大规模定制

企业运用 Web 技术还能够完成大规模定制。**大规模定制**使得企业能够根据大型客户的特殊需求来调整其产品与服务。例如，包袋制造商 Timbuk2（www.timbuk2.com）开发了一个叫做“顾客信息栏创建工具”的应用程序，使得顾客可以创造个性化的虚拟包袋（参见图 5-4）。顾客可以根据一定的标准，例如尺寸、材质、颜色甚至用途（如容纳笔记本之用等），来配置自己的虚拟包袋。这个建模程序同样帮助 Timbuk2 来记录顾客偏爱的款式和颜色，使其在市场推广上能够细化顾客需求。

图 5-4 Timbuk2 的包袋有多种定制方式

4. 互动交流

Web 上的**互动交流**能够提供面向顾客的即时交流，并且对其及时反馈，帮助企业建立客户忠诚度，这样能在很大程度上改善企业的服务形象。许多企业都已经开始使用基于 Web 的应用和电子邮件程序，增加其电话订购及客户支持力度。在某些情况下，企业还向客户提供在线聊天软件，让客户与客服代表通过 Web 进行实时交流。

比如，Best Buy 通过其 Geek Squad 品牌进入了计算机维修与支持领域（参见图 5-5）。通常，有计算机方面问题的用户会选择去 Best Buy 的某个分店寻求帮助。Geek Squad 在线（www.geeksquad.com）推出一项特色服务。通过办理这项业务，用户就可以全天候地向客服人员寻求实时的在线帮助。支持的项目包括操作系统诊断、软件安装问题及计算机优化等。此外，互动交流代表也在线实时帮助用户。客服人员通过这项特色服务，帮助用户足不出户就能一步一步地解决问题。这种以用户为主体的做法在个性化和时间效率方面，相对传统方法而言具有无可比拟的优势。

5. 协作

协作在 Web 技术的支持下同样成为可能。维京（Virgin）娱乐集团是一家娱乐媒体公司，如今在全美拥有 23 家销售音像制品及书籍的大型卖场，此前一直在努力寻找一种方法，用以增加经理们销售产品和培训员工的时间（参见图 5-6）。在他们决定使用基于 Web 的协作系统前，经理们要耗费大量时间为总店确认存货信息。而与此同时，总店的工作人员还要对这些反复询问同样问题的浩繁邮件一一进行回复。在引进微软开发的基于 Web 的应用套件 SharePoint 之后，公司的经理们现在可以多出 20%的精力用于产品销售。而同时，总店的工作人员将有更多的时间用于检查操作失误或者战略计划（Microsoft，2004）。

图 5-5 Geek Squad 提供全天的计算机支持

图 5-6 维京大卖场销售音像制品及书籍等

6. 交易支持

因特网和 Web 为客户和企业进行在线交易提供便利，并且无需人力支援。这极大地减少了交易成本并提高了运作效率。许多公司，如戴尔（Dell）计算机公司，正利用 Web 技术来提供自动化的**交易支持**（如图 5-7 所示）。戴尔公司于 1996 年年中开始在线销售计算机。至 1998 年年初，戴尔公司的在线销售额已达 200 万美元。戴尔公司的总收入中有 90%是来自于面向大中型企业的销售，而面向个人及小型商业机构用户（他们通常一次只购入一台计算机）的销售额中，但一半多的收益来自于在线销售。因此，戴尔削减了为小额采购配备的电话销售代表，从而大幅降低了每笔订单的成本。个人用户可以在任意地方随时获取产品信息，从中受惠的除了终端用户之外还有戴尔公司本身。客服代表可以将精力集中在利润丰厚的企业用户，从而降低面向小额用户服务的人力成本。

监督高产的雇员

道德窘境

“你没有任何隐私权，认了吧。”Sun公司的合作创始人及资深首席执行官Scott McNeely如是说。他这番话针对的是大多数因特网用户的隐私权，但是这句话同样也适用于工作场所的雇员。

如果你为一家已接入因特网的公司工作，那么该公司追踪你的计算机使用记录则是合法的，包括你收发的电子邮件、访问的网站以及你工作站电脑里的下载内容等。关于这种监视是否道德，依然争论不休。争论的本质是：雇主希望雇员不要滥用计算机资源，从而达到高效工作的目的；而雇员不希望他们敲打键盘以及所访问的网站等举动都被一一记录。雇主可以利用新技术监视雇员上班期间的一举一动，尤其是电话使用记录、电子邮件、语音留言以及计算机终端和因特网的使用记录。这样的监视无所不在。因此，雇主可以随时监听、观看甚至阅读你在职期间的大部分交流信息。

一项由美国管理协会（American Management Association，AMA）于2005年发起的调查显示，在被调查的雇主中有75%的人监视过雇员的因特网使用情况，以阻止其不正当应用。有65%的雇主使用软件封禁其雇员登录不正当网页的端口。大约有30%的雇主追踪过雇员的键盘录入记录以及键盘的使用时间。超过50%的雇主监视并且截留了雇员的电子邮件信息。8%的被采访公司向雇员公开其监视行为。大多数情况下，公司要求新雇员在隐私公开协议上签字并且遵守相关规定。

各公司也逐渐加强其政策执行力度。该协会报道称，26%的被调查者曾开除过滥用因特网的雇员。另有25%的被调查者开除过滥用电子邮件的雇员。

监控雇员隐私即使是合法的，道德上是否能站得住脚呢？在这场争论中，有这样一个观点是站在雇员这一边的，即雇主窥探雇员的时候，他们侵犯了其个人隐私权。雇主认为他们监视不仅是为了提高生产效率，而且是为了避免遭遇官司。比如，既然雇主负有使工作场所免于性骚扰影响的责任，他们就应当监视员工的邮件以使其免于卷入性骚扰起诉。

一些法学专家认为，监视员工这一问题是否有违道德可以归结为劳务合同的问题。南加州大学经济学家、法学教授David D. Friedman说：“从道德层面来说，皆大欢喜的合同是不存在的，关键在于当事人如何把握分寸。如果老板允诺保护个人隐私，这一点则应当考虑在内。”Friedman还认为，从另一方面来说，如果老板保留阅读电子邮件或者监视浏览网页的权力，那么员工要么接受这些条款，要么另谋高就。Friedman的言论并没有考虑到那些低收入员工的情况，这些人通常顾不上考虑雇主的隐私政策，因为他们除了这样的工作别无选择。

不管怎样，商业法律以及道德伦理专家某些方面还是一致的，即只有当监视目的是合法的，遵守明确的规程以确保员工的私生活，并且提前告知员工其监视举措时，雇主监视雇员的行为才能被认可。

资料来源

AMA ePolicy Institute Research, “2005 Electronic Monitoring and Surveillance Survey”, http://www.amanet.org/research/pdfs/EMS_summary05.pdf

“Employee Monitoring: Is There Privacy in the Workplace?”, http://www.privacyrights.org/fs/fs7-work.htm

Miriam Schulman “Little Brother Is Watching You”, *Issues in Ethics* 9, no. 2(spring 1998), http://www.scu.edu/ethics/publications/lie/v9n2/brother.html

通过流水线运作，并大力提高在线销售与传统渠道两条线的销售额，戴尔公司已经成为世界上最大的个人计算机制造商之一，其2006年财年的年盈利水平接近550亿美元。它的这种跳过中间商以更直接、更有效接触用户的现象被称为**脱媒**。

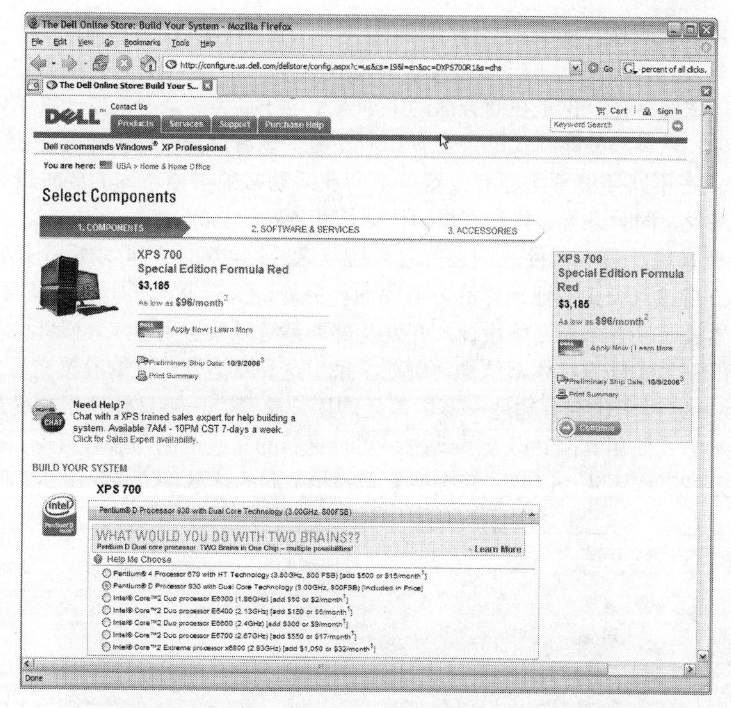

图 5-7 用户可以在 www.dell.com 上配置自己的个人计算机

5.1.2 电子商务经营战略

由于因特网的巨大潜力，Web 已经将传统商务运作变成了一个充满激烈竞争的电子商贸平台。各公司应在战略上积极定位，以应对新电子商务大环境的挑战。从某种极端情况来说，遵循**纯实体经营战略**的公司会选择在传统的实体市场里独立经营。这些公司通过开办诸如百货公司、商务办事处、制造工厂等，以传统经营模式进行商务活动。换句话说，这种纯实体经营战略并不包括电子商务。而实行纯**网络经营战略**的公司（即**虚拟公司**）则在虚拟空间进行商务活动。这些企业没有实体的仓储场地，只专注于电子商务的部分。著名的交易网站 eBay 就是其中一个典型的例子。它没有传统意义的实体店面。纯实体经营公司或者纯网络经营公司都只专注于商业运作的某种方式，彼此之间迥然不同，但是这种公司一般都缺少技术含量。相比之下，另外一些企业在实体和网络商业运作领域均有所涉猎，这些企业采用**实体兼网络经营战略**（也称为**网络兼实体经营战略**）两种商业战略。这 3 种运作方式如图 5-8 所示（Looney and Chatterjee，2002）。

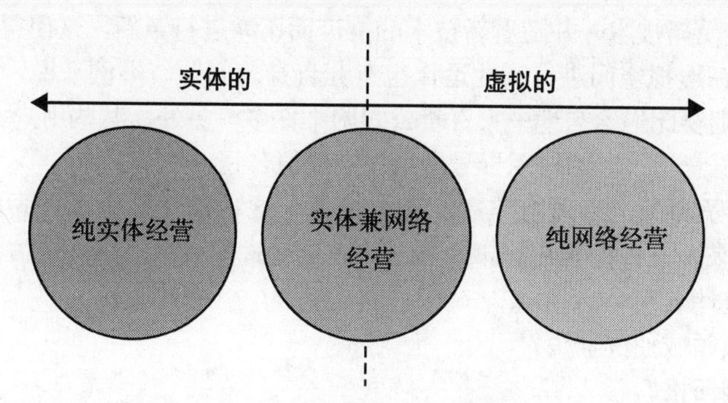

图 5-8 电子商务一般模式

1. 网络兼实体经营战略

那些采用实体兼网络战略模式的公司身上体现了基于 Web 的电子商务革命的最大影响。在这种模式下，实体店依然存在，但是在商务活动中加入了电子商务的成分。鉴于在实体与虚拟环境下均会产生交易业务，这种双战略模式的经营者如何在两个领域都获取最大化的商业机会就显得十分必要。为了使企业在不同环境下均能有效竞争，商业活动必须根据不同的要求进行修订调整。这样，对这些公司来说，同时进行实体和虚拟运作就是其特殊的挑战。

对这样的企业来说，另一项挑战则是信息系统复杂性的增加。这要求设计开发出更为复杂的计算机系统，以支持该双模式商业运作的方方面面。另外，基于 Web 的计算还需要多种技术支持，这需要大量的资本投入。各公司必须设计、开发及部署系统以及应用程序，以此来构造一个全局范围持续稳定可行的开放式计算机体系结构。例如，采用这种双运营模式的股票交易公司——嘉信理财（Charles Schwab）在全球拥有超过一万亿美元的用户总资产，每日处理用户交易不计其数。全世界用户通过各种方式使用其网站以及其动态、实时更新的在线产品与服务组件。该公司拥有一个体系庞杂的信息系统工作团队，以及一套大型复杂的相关联的信息系统（如图 5-9 所示）。

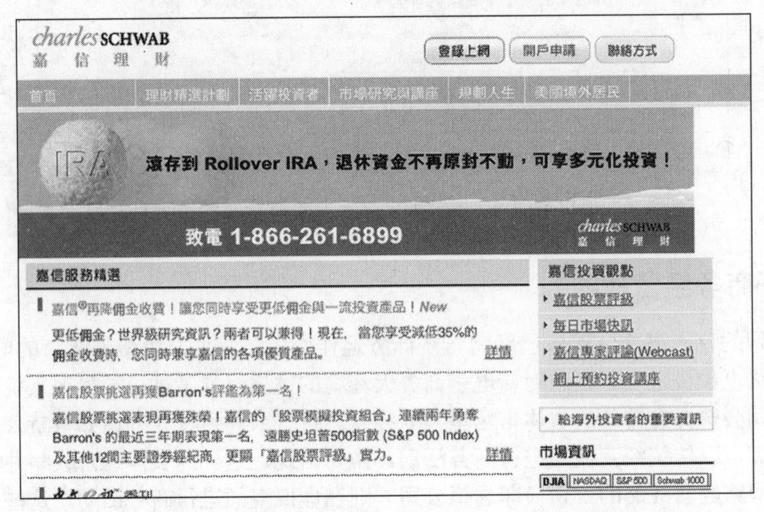

图 5-9　股票交易公司嘉信理财向全球客户提供一系列在线服务以满足其需求

2. 纯网络经营战略

由于电子公司并不像双战略模式公司那样，需要支付实体经营的成本，所以他们通常在价格方面更具竞争力。因此，这些公司可以提供最低价（尽管一个规模相对较小的在线经营公司也许不能大量销售其产品或者进行大宗采购，以此实现规模效应并降低价格）。纯网络经营的公司，如亚马逊和 eBay 等更易于接受新技术，并随着新技术的推广而不断进行革新。这使得它们总能比其他竞争者领先一步。然而，在虚拟空间进行商业运作也有其自身的问题。举例来说，顾客若要退货给一家纯网络经营的公司，则要比退给当地一家百货公司困难许多。另外，某些用户可能不习惯在线购物，而某些用户则可能不愿意将自己的信用卡号交给一家虚拟公司。

要成功地应用电子商务，必须有牢靠的**商业模式**。这种模式综合了公司的盈利方式、产品供给、增值服务、利润来源及目标客户等。换言之，商业模式反应了以下几个方面。

(1) 公司的业务是什么？

(2) 公司如何在该领域独占鳌头？

(3) 公司如何得到回报？

(4) 平均单位销售额中公司能获得多少毛利？

Laudon 和 Traver（2007）认为，一个商业模式应当由以下 8 个要素组成（如表 5-3 所示）。电子商务 8 个要素中，最重要的也许就是公司的收益模型。**收益模型**描述的是公司如何收益、产生利润并且在投入资本基础上获得高额回报。表 5-4 描述的是电子商务里的 5 种常用收益模型，包括广告、预订费、交易费、销售以及分支机构等。

表 5-3 商业模式的 8 个要素

要　素	关键问题	要　素	关键问题
价值主张	顾客为什么向你购买	竞争优势	企业带给目标市场哪些优势
收益模型	如何盈利	市场战略	计划如何促销产品或服务以吸引目标用户
市场机遇	计划参与哪块市场，市场规模如何	机构发展	为执行计划企业内哪些部门是必需的
竞争环境	目标市场有哪些竞争对手	管理团队	公司领导人应当拥有哪些经验和背景

资料来源：摘自 Laudon/Traver, *E-Commerce*: *Business*, *Technology*, *Society*, 2007，已获 Pearson Education 公司允许，由 Pearson Addison Wesley 出版。

表 5-4 电子商务的 5 种常用收益模型

收益模型	示　例	收益来源
广告	Yahoo.com 和 MySpace.com	对广告商发布广告收费
预订费	WSJ.com 和 consumerreports.com	对订户订购内容或服务收费
交易费	eBay.com 和 E-trade.com	对交易活动收取费用（佣金）
销售	Amazon.com、Gap.com 和 iTunes.com	货物、信息或者服务的销售
分支机构	MyPoints.com	对商业转介收费

资料来源：摘自 Laudon/Traver, *E-Commerce*: *Business*, *Technology*, *Society*, 2007，已获 Pearson Education 公司允许，由 Pearson Addison Wesley 出版。

正如你所看到的，企业可以使用多种方式进行电子商务运作。在下一节中，我们将更加详细地描述企业在使用因特网和 Web 来支持内部运作以及各企业间的相互接触方面是如何演变的。

5.2 B2B 电子商务——外联网

为与企业外的授权用户交流专有信息，各公司可以采用**外联网**。有了外联网，两个及两个以上的企业就可以通过因特网进行商务往来。现如今，许多企业都在对新科技进行大量投入，而使用因特网来完成 B2B 商务活动无疑是获得积极回报的一种非常高效的方式。例如，航空航天业巨头波音公司启用了一个外联网，能支持 1 000 多个授权商业伙伴访问。美国铝业公司作为波音公司的商务伙伴，接入波音的外联网，协调其向波音派发的载货量，同时检查波音的原材料供应，确保适当的存货水平。美国国防部等波音公司的客户登录该公司的外联网，获取波音公司为其承包的工程的最新信息。总的来说，无数的组织机构正从 B2B 电子商务中获益，而几乎所有的“财富 1 000 强”企业都采用了某种 B2B 应用程序。

有意思的是，各组织机构使用其专有网络以分享商业信息由来已久。在这一节中，我们将研究外联网的发展演变历程，并回顾各组织机构是如何使用外联网来改善机构绩效并获得竞争优势的。

5.2.1 机构交换数据的必要性

在引进因特网和 Web 之前，B2B 电子商务是通过**电子数据交换系统**（Electronic Data Interchange，EDI）实现的。过去这些系统通常只有大型企业才能使用，因为它们能支付起高昂的相关费用。因特网和 Web 为信息传递提供了一个物美价廉的平台，从而使得中小企业也能参与到 B2B 市场当中来。各公司已经通过运用这些技术开发出了进行B2B交易的创新方式。基于Web的B2B系统包括简单的外联网应用程序，乃至更复杂的情况，比如容纳诸多买家与卖家同时进行商务活动的商贸交易场所。接下来，我们将研究当代B2B电子商务处于哪个阶段，并着重讨论其各种方式及其对不同商业要求的适应性。

5.2.2 EDI的工作原理

EDI是当代B2B电子商务的前身，目前仍在B2B计算中保留一席之地。根据独立技术研究公司Forrester的预计，美国各公司每年仍将通过EDI网络在线购入价值以千亿美元计的产品与服务，并且EDI在未来几年里还将继续作为B2B活动中最为普遍的标准（Vollmer，2003）。EDI是一种商业文件及相关数据的数字化或电子化传送，由各机构之间通过电信网络进行。更具体地说，这些电信网络通常采用**增值网络**（value-added networks, VANS）的方式。这种网络使得数据之间可以直接传递（参见技术概览4）。增值网络其实就是由电信供应商出租的电缆，用于在公司与其商业伙伴之间组建一条安全的、专用的线路。图5-10描述的是使用增值网络以连通某公司与其供应商和客户的典型的EDI系统体系结构。

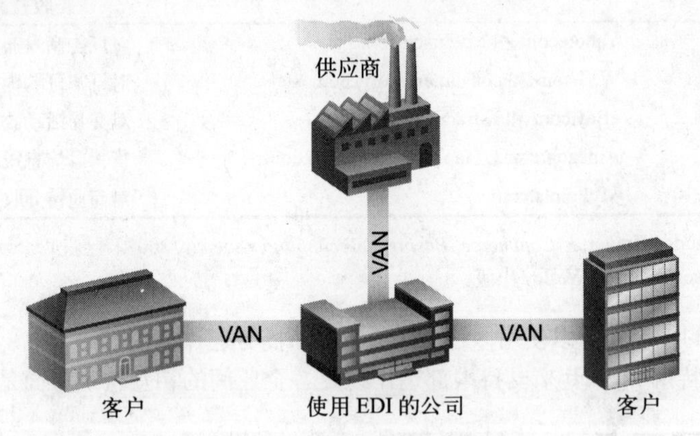

图5-10 典型的EDI系统结构

1. EDI改善业务流程

各公司使用EDI来进行多种商业文件的交换，包括采购订单、票据、载货清单、交货清单以及电子支付等。EDI中数据交换遵循一系列格式化标准。这些标准详述了数据进行电子传输的原理。20世纪60年代中期，EDI率先减轻了文书工作方面的负担。尽管EDI并没有彻底消除这些工作，但是它确实大大减少了处理商业文件的次数。由于改善了业务流程，它还大大提高了商务活动的效率。降低了商务文件处理的次数，商业伙伴之间可以更快速地互换数据，同时也减少了出错的几率。EDI将制作并发送商业文件所需的时间，从原来的以天计算降低到了现在以秒计算，各公司也因此能更快速地处理并更新信息。公司拥有了最新的信息，才能做出更加精确的预测和决定。

2. EDI减少错误

EDI采用单点接入方式，这有助于减少错误。例如，在纸质环境下，供应商必须将清单信息输入其系统，打印出来，再将清单通过普通平信邮政系统投递给其客户。当客户收到清单后，又必须将其输入到他们的系统中进行处理。在这种情况下，供应商系统的初始输入点以及客户的重复输入点都有可能发生错误。EDI消除了重复输入。使用EDI，供应商将清单输入其系统并将其在线传送给客户。客户的计算机通过EDI自动接收清单信息并相应地更新系统，消除了信息重输入，也因此消除了潜在的错误源。

EDI 使得美国雷诺兹－纳贝斯克（RJR Nabisco）公司处理订单的成本，从先前使用纸质订单时的 70 美元降低到了如今的 1 美元以下。但是，EDI 系统的相关费用却使其仅限于大型企业使用。EDI 系统的配备和维护费用都十分高昂。启用 EDI 所需的软硬件费用超过 10 万美元，而与增值网络相关的电信收费每月达数千美元，具体费用取决于连接公司与其商业伙伴之间所必需的通信线缆数目。

只有大型企业才能承担得起使用 EDI 的相关费用。它们认为相对于 EDI 为其带来的效率的巨大提高，这些费用是合理的。然而，EDI 对那些小型企业来说显然是难以承受的。在因特网和 Web 引进以前，EDI 根本没有其他可行的、经济的替代方案，这使得中小型企业无法参与到 B2B 市场竞争中来。更糟糕的是，大型企业和政府机构甚至拒绝与那些没有配备 EDI 系统的公司进行商业往来。中小型企业所需要的是一个使 B2B 在经济和技术上更加平易近人的解决方案，以扫平竞争障碍。这使得我们进入了新一代的基于因特网的 B2B 体系结构。

5.2.3 使用外联网交换企业数据

各组织机构使用 EDI 来进行商务活动已经有 40 多年的历史了。然而，当前商业的趋势是使用 Web 作为 B2B 电子商务的工具。由于因特网经济实惠，并且在全球任何地方都可以接入，它已经使得中小型企业参与到了 B2B 市场竞争当中，而这块市场曾经是大型企业的“自留地”。随着各种规模的买卖双方的介入，这些技术的广泛采用已经将 B2B 推向了当代商务的最前沿。各公司建立起自己的外联网，利用 Web 来进行 B2B 电子商务。外联网可以被看作因特网的一部分，而普通用户却无法接触。换句话说，虽然其本质是 Web 上的一部分，但是只有经过授权的用户在登录之后，才能访问公司的外联网。

5.2.4 外联网的优点

采用外联网以及内联网（后面将会讨论到）的企业在诸多方面受益匪浅，所以各个企业争相采用这些技术也就不足为奇了。

1. 信息的及时性和准确性

首先，外联网可以极大地提高通信的及时性和准确性，减少企业与商业伙伴和客户之间的误解。在商业社会，几乎没有什么信息是一成不变的。因此，信息应当不断更新，并且及时发布出去。外联网提供了一种经济实惠的环球媒体，使信息传播更为方便，并允许发布专有信息。此外，它还提供了文件的集中管理功能，减少了企业内部可能充斥着的纷繁复杂的文件版本数目，并剔除了那些过时的信息。尽管人们普遍认为，使用专有网络能更好地保障信息安全，但因特网同样可以成为商业机构一种相对安全的信息传播媒介。

2. 技术整合

基于 Web 的技术是跨平台的，即只要采用标准的 Web 协议，互不相干的计算机系统同样可以相互通信。例如，苹果公司的 iMac 电脑可以从 Linux 的 Apache Web 服务器上索取网页。即使计算机使用的是不同的操作系统，它们在因特网上同样可以互联互通。Web 的跨平台属性深深地吸引着人们用外联网来连接各种迥然不同的计算机系统。

3. 低成本、高价值

此外，使用外联网并不需要巨额花费来培训相应的技术人才。由于许多雇员、客户以及商业伙伴对 Web 的相关工具驾轻就熟，他们甚至不需要接受特殊的培训就可以熟悉外联网的界面。换句话说，外联网与公众网站几乎完全一样。只要用户熟悉 Web 浏览器，他们就可以不费吹灰之力地使用外联网。

综上所述，外联网对各公司极具诱惑力。各公司可以应用外联网来进行自动化的商业交易，降低处理成本并且缩短循环周期。外联网对数据输入实行单点接入，各公司即使用不同体系的计算系统也不用进行重复的数据输入就可以及时更新信息，从而降低错误发生的几率。管理团队可以实时获取资讯，以追踪并分析商务活动。外联网超乎寻常地强大，而且很流行。在5.2.5节中我们将分析外联网是如何运作的，及如何有效地利用它。

5.2.5 外联网的系统体系结构

外联网和基于因特网的应用程序极为相似，它们使用相同的软硬件和网络技术来传输信息（如图5-11所示）。然而，外联网使用的是因特网的基础设施，来连接两个及以上的商业伙伴，因此它需要额外的组成部分。企业可以使用其*虚拟专用网络*（Virtual Private Network，VPN），将其内部的网络基础设施连接起来（参见后述关于内联网的内容），从而使得商业合伙人之间的专有信息得以安全传输。关于VPN将在第6章中进一步阐述。经过授权的商业伙伴中的一方使用其网络浏览器，就可以与另一方的外联网页面相连接以获取信息。

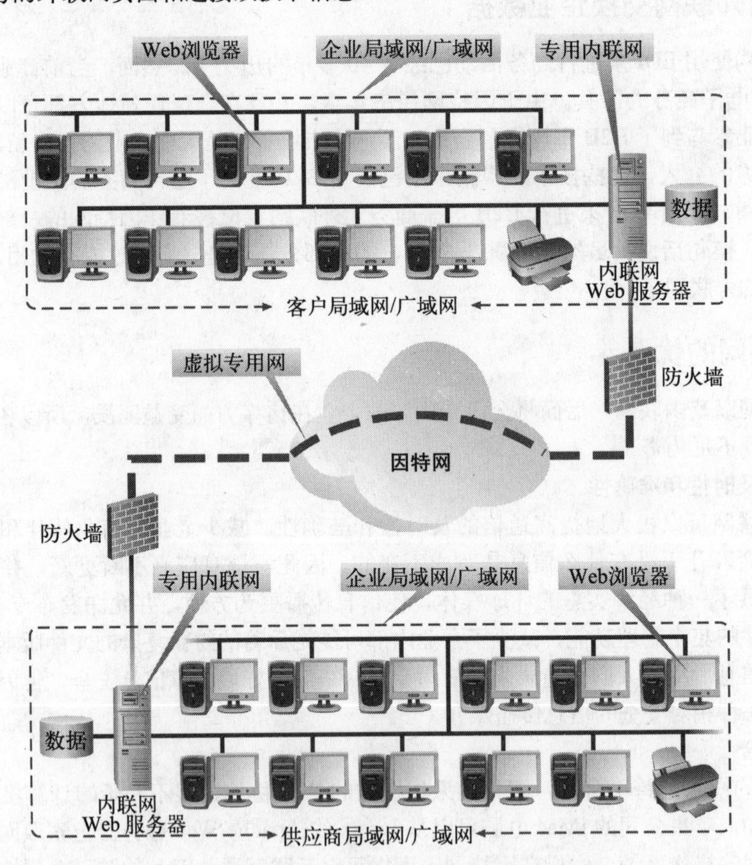

图5-11 典型的外联网系统体系结构

5.2.6 外联网的应用

随着外联网应用的不断普及，一套常用应用程序应运而生，它们对各组织来说极其有用。企业的外联网最初被用于供应链的管理，即企业与其供应商及企业客户之间交换数据及处理业务。处理与供应商及买家之间交易的方法之一便是使用企业门户网，通过该门户网，商业伙伴便可从机构中获取可靠的专有信息。我们将在第8章中详细讨论不同的门户网形式，以及新兴科技造就了B2B电子商务等方面的问题。

5.3　B2E 电子商务——内联网

一旦各企业意识到使用因特网和 Web 来与企业外部进行公共信息交流可以带来巨大的优势，就同样可以通过采用**内联网**①（即 B2E 电子商务）这样一种基于 Web 的技术来进行专有信息的内部传送。同外联网一样，内联网也是由专有网络所组成的，而这些专有网络同样是使用 Web 技术构建的，并且它可以安全传送企业内部的专有信息。内联网采用标准的因特网及 Web 协议，并与经过授权的雇员之间进行信息交流。如前述的外联网一样，内联网也使得各企业受益颇多，它具有提升信息及时性和准确性、全球覆盖、跨平台整合、低成本开发以及投资后的积极回报等优点。

正如应用因特网技术来支持 B2B 活动一样，应用内联网技术来进行机构内部的交流及处理（即商业机构与雇员之间）也在快速发展。比如，除了应用该技术来进行 B2B 活动之外，波音公司在其公司内部搜索引擎上存放着 100 多万张的注册页面，并且为将近 20 万的员工提供相关服务。内联网渗入到了每一个角落，影响着组织机构内部的每一个部门。员工依靠内联网能完成多项工作，如查询其假期福利乃至监控飞机生产等每一项日常商务活动。在这一节的最后一部分，我们将研究机构内联网的特征及其所采用的各种应用程序种类。

5.3.1　内联网的系统体系结构

内联网与对公众公开访问的网站几乎完全一样，使用相同的软硬件及网络技术来进行信息交流。同外联网一样，用户也是使用网络浏览器来连接其公司的内联网。然而，内联网使用防火墙以确保公司的局域网或者广域网内的专有信息安全，并限定只有经过授权的用户才能访问这些信息。公司的局域网或广域网与因特网之间有多道防火墙，这些防火墙由专门的软件编制而成，以阻止未授权用户访问公司内联网上存储的私有信息。（在第 6 章中我们将进一步讨论有关防火墙的相关知识。）最基本的内联网形式就是交流通信仅限于机构内部之间，而无法传输到因特网之上。但是，随着机构人员办公跨越的区域范围越来越大，要求人们在任何地点都能够接入内联网。因此，大多数公司都允许其员工使用虚拟专用网络（参见第 6 章），以使其在路上或者在家办公时均可接入公司的内联网（即远程办公）。图 5-12 表示的则是一个典型的内联网的系统结构。

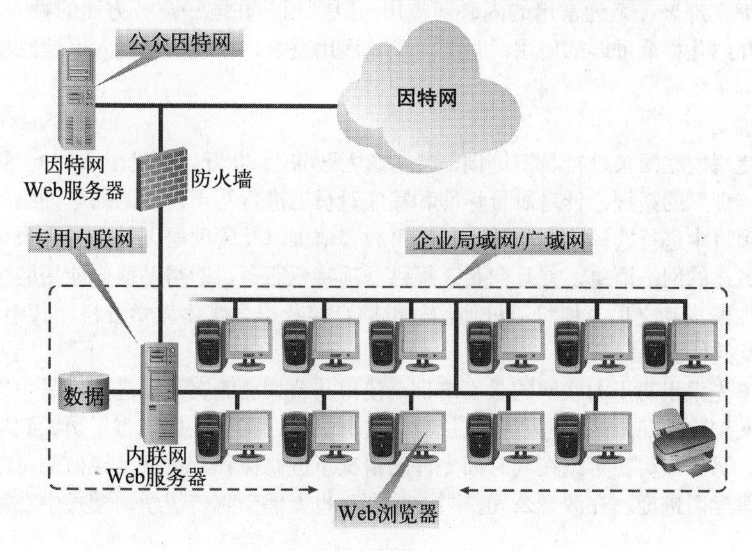

图 5-12　内联网架构

① 可以看出，从技术层面看，内联网和外联网都采用了防火墙以屏蔽普通用户。然而，考虑到从商业角度看，内联网与外联网的应用目的十分不同，我们应当指出二者的区别并区分对待。

员工使用公司网络可能会给公司惹麻烦

前车之鉴 :-(:-| :-0

如今，在因特网上非法下载及共享影音文件已经司空见惯。当员工使用公司的计算机和网络做出这些行为时，公司可能要因此承担部分责任。例如，美国加利福尼亚中央区的律师于2005年9月对一家有线电视公司的7名员工提起诉讼，原因是它们在电影《星球大战3：希斯的复仇》上映之前进行非法复制并发放电影拷贝。另有一人因在其工作的制片厂盗取了一份电影拷贝而被起诉侵犯著作权，而该拷贝正是欲递交给奥斯卡奖评委会的送审片。该电视公司的7名工作人员面临1年有期徒刑和高达10万美元罚款的判决，而另外一人则被判处3年有期徒刑。

送审片是在电影正式发行之前为参与评奖而发给评论家和投票者的电影拷贝。当该制片厂员工盗取了电影《星球大战3：希斯的复仇》的样片之后，将其转借给他的一个朋友，而他的朋友将样片带到公司并将其上传到公司的内联网上。于是，另有几名员工发现该电影拷贝，并复制到DVD光盘上。而另有人将其上传到点对点（Peer-to-Peer）文件分享网络BitTorrent上。这部电影拷贝就这样在其发布前夜在网络上流传开了。

由于送审片通常带有法律声明标志（类似于数字水印），以区分非法副本与正版原件，相关部门很快就发现了电影散布的源头。尽管电影是在该公司的内联网上传播开的，但是这家公司却没有受到任何起诉。然而，美国电影协会为保护电影版权进行了不懈的努力，也许将来各企业对其专用内联网上出现的犯罪行为就要面临诉讼的危险了。

资料来源

Laurie Sullivan "Seven Plead Guilty to Pirating Star Wars Film, " *TechNews* (January 26, 2006), http://www.informationweek.com/industries/showArticle.jhtml?articleID=177104184

Motion Picture Association of America "U.S Attorney Charges Star Wars Movie Thieves & Academic Award Screener, " http://www.mpaa.org/press_releases/2005_09_27b.pdf

5.3.2 内联网的应用

各个企业都在部署一系列常用的内联网应用，以利用其在电子商务方面的投入。在这一节中，我们将简要地介绍几种最重要的应用：员工培训、应用整合、在线信息输入、信息实时获取以及协同工作。

1. 员工培训

波音公司使用内联网来进行员工培训，参与总人数将近20万（参见图5-13）。除了使用一个叫做“质量电子培训”的系统，针对质量标准和程序对员工进行基于内联网的培训之外，员工也可以从众多的课程项目中进行选择，这些课程包括再教育培训以及管理培训等。波音公司的内联网上有一张各门课程概述的网络清单，并且向员工提供一项特色服务，即帮助他们使用网络浏览器进行课程登记。员工注册成功之后，便可通过他们的电脑直接获得多媒体教学资料，其中包括视频讲座、幻灯片演示以及其他课程材料等。

波音公司率先采用基于内联网的员工培训，使得其公司业务突飞猛进，而另一方面，成本却大幅下降。内联网剔除了冗余的课程，并且规范了培训资料，实际上也节省了员工到培训基地进行培训的差旅费用。另外，员工可以在其时间允许的情况下进修课程，也就是说他们可以根据自己的工作时间表来安排学习进度。在波音公司，员工培训再也无需受到传统学习模式中在物质和时间方面的限制。

2. 应用整合

许多企业都在应用软件上投入了巨额资金，如企业资源计划、客户关系管理、销售动力自动化及其他软件包等，来维持企业的内部运作（参见第8章）。通常，这些毫不相干的应用程序是安装在不同的计算机平台上的，而这些平台可能运行着互不相同的操作系统，使用各异的数据库管理系统，或者提供不同的用户界面。正是由于运行环境各不相同，所以对于销售人员来说，要整合这些来自不同系统的信息，再去满足一个客户的需求是相当困难的。而内联网能提供应用整合的功能，从而使得这个问题得到简化。

图 5-13 只有波音员工才能访问受保护的内联网站

举例来说，在内联网服务器上安装 Netegrity 公司的 SiteMinder 软件，就可以轻松地融合来自各个不同应用程序的信息，并且通过一个简单的 Web 浏览器界面呈现给用户（如图 5-14 所示）。现在，若销售人员需要如销售电话或者客户支持活动等方面的信息时，该请求就被发送至运行着 SiteMinder 软件的内联网服务器，由服务器来获取由不同应用程序所提供的相关数据。内联网服务器再整合这些信息，并且将其传送给销售人员，仅通过网页就将所有所需的信息展示出来，以协助进行商务决策。

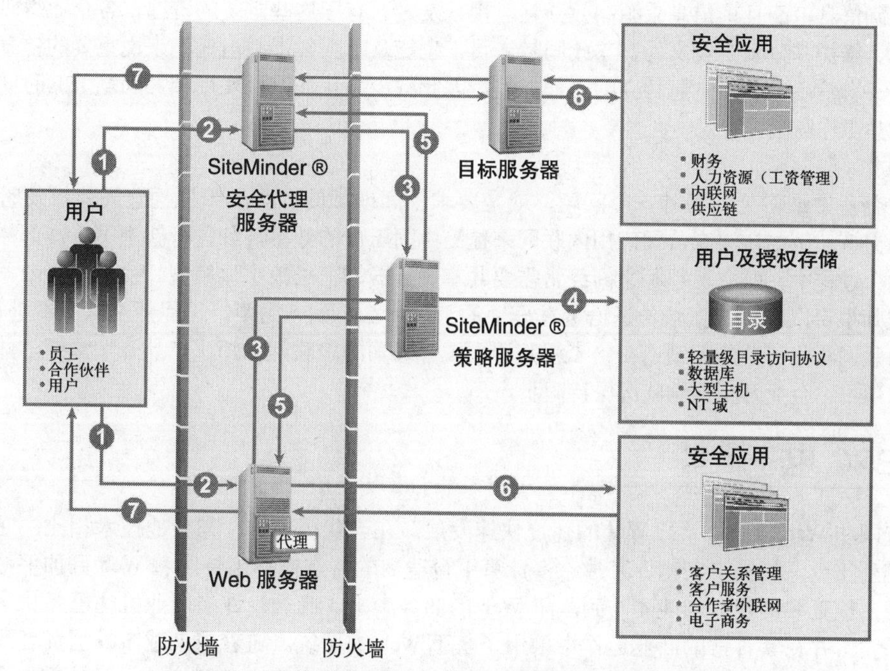

图 5-14 使用 Netegrity 的 SiteMinder 的应用整合

（资料来源：http://www.netegnity.com）

3. 在线信息输入

由于内联网具有Web浏览器的界面，因此信息的在线输入变得更为方便。各公司均可使用内联网来改善日常业务流程。微软公司启用了一项基于内联网的经费报告程序，称作MSExpense，使得全球的员工都可以在线提交经费报告，从而大幅提高效率，并削减了纸质经费报告的相关费用。

在MSExpense软件启用之前，微软公司内部曾有多达136种不同的经费报告模板，而诸如里程率等信息常常不能及时更新。这些问题使得公司员工经常在确定合适的报告模板及报告经费的准确性上耗费了大量的时间和精力。有了MSExpense软件，经费报告模板及经费比率都由内联网服务器统一管理，并能随当时情况变化及时做出修改。现在，微软的工作人员可以在线提交合适的模板了，而对是否使用了正确的版本及最新的费用率亦无后顾之忧。

MSExpense内联网应用程序的运用使得处理员工经费报告的年均成本下降了430多万美元（每份经费报告的处理成本从21美元降低至8美元），经费报销所需时间从3个星期缩短为3天。并且由于采用了数据的单点接入，错误率也极大减少了（Microsoft，2002）。此外，以MSExpense软件为代表的应用程序为管理提供准确的最新信息，给追踪分析主要商务活动的成本带来了极大便利，并且还便于企业改进经营策略，以利用航空公司、汽车出租公司及宾馆等带来的优惠。

4. 实时获取信息

传统纸质文件在有新变化时需要不断更新并发布给员工。相比之下，内联网在管理、更新、发布及获取企业信息方面更加简单。

波音公司使用多媒体文件来发布企业信息，而这些多媒体文件通过公司内联网发布。信息发布先前采用的是录像带的方式，再通过普通平信邮政系统投递到全世界的每一个办事处。有了基于内联网的解决方案，当有新的企业信息时，员工在其办公的桌面电脑上就可以通过接收公司发布的数字化副本获取该信息，从而消除了复制录像带的繁琐过程。如今，波音公司不仅能更及时地发布信息，与此同时，信息发布的成本每年还可节省数百万美元。

有了如波音公司部署的基于内联网的解决方案，企业内部人员只从一个信息来源就可轻松获取最新的准确信息，而且该信息来源高效并且对用户友好。有了这些重要的资源，各企业得以更加灵活地创建、维护并分发企业文件，与此同时，员工也能及时获知那些对他们来说重要的信息。这样员工就有了自信心，并建立起独立的工作态度，因此减少了花在解决雇用相关问题上的时间，而能更专注于其工作职责。

5. 协作

大型企业中最常见的另外一个问题，就是要求不同地域的各个组织机构之间能够及时地进行商务活动交流。例如，波音公司应用内联网来提高协同工作的效率，如进行新型飞行器部件的设计等。在这个过程中，航空工程师之间经常需要共享飞行器的三维数字化模型。使用波音公司的内联网，工程师甲可以将设计图纸传送给远在异地的工程师乙。如若需要，工程师乙对图纸进行修改，并通过内联网将修订后的图纸返交给工程师甲。波音公司的内联网缩短了产品开发周期，并使公司与当前的项目、企业乃至市场状况保持同步。

5.4 B2C电子商务

因特网和Web以令人难以置信的速度快速发展。在当代历史上，与其他技术相比，它们更快地为人们所接受。其经济实惠、开放、多计算平台适用的特点使得因特网和Web更加平易近人且简单易用，让更多消费者都能参与到基于Web的商务中来。此外，许多商业机构已经从这项技术革命中获益，并在其日常的商业运作中采用了基于Web的系统。随着越来越多的消费者及生产商的加入，B2C电子商务在经济上也已切实可行。B2C关注的是公司与终端客户之间的零售交易，这与 B2B、B2E 均有所不同。B2B 关注商业机构之间的大宗买卖，而 B2E 则将注意力集中于企业的内部交流及处理。表 5-5 列举的是应用因特网技术的三种手段的详细比较。

小案例

工作时的即时通信

你应该知道吧？从某个公众因特网服务平台上下载即时通信（Instant Messaging，IM）所必须的软件，例如微软的 Windows Live Messenger、Jabberd、Google Talk、Yahoo! Messenger、Skype、ICQ 或者 AOL 的 Instant Messenger，然后就开始玩吧。如果你的联系人也下载了相兼容的即时通信软件，并通过了你的邀请，你就可以与他们联系了，他们也同样联系到你，这一切都是实时进行的。这对直接联系你的朋友和家人来说，不失为一种简便快捷的方法。

各公司已发现，即时通信发挥着重大作用，它帮助客户及同事进行交互对话并分享信息。事实已经证明，即时通信所创造的实时交流环境对企业尤为适用。即时通信在商业领域有着突出的优势。它对企业内的即时通信用户而言，再也不用像过去那样确认联系人是否在线而耗费大量时间了。过去，这些时间通常被浪费在等待电话或者电子邮件通告，甚至慢如蜗牛的平信投递上。此外，即时通信使得文本和图像文件可以及时传输以供研讨。若使用传统的传真或者电子邮件则显然极为不便。

由于对企业来说，信息的安全传送极为关键。因此，应当尽量避免选择使用公用因特网进行商务即时通信。各企业应当建立其专属的即时通信网络，使用特定设计的软件，并从众多的即时通信协议中进行取舍，来构造即时通信网络。但无论选择哪种协议都应当满足商业用途的要求，其中包括以下几项：

(1) 消息的安全传输；

(2) 处理海量员工账户的能力；

(3) 对应企业内部平台的客户端软件，如 Windows、Linux 以及 BSD（混合桌面环境）；

(4) 广域网之外的访问渠道；

(5) 现有用户数据的用途以确保合法访问。

除在企业内部建立专属即时通信网络以外，还可以选择使用公用因特网，或者使用一台即时通信主机服务器。当然，使用公用因特网进行商务即时通信的弊端也是显而易见的：

(1) 企业所需的安全无法保障；

(2) 数据存储于供应商的服务器上，并在某些情况下会归其所有；

(3) 企业无法根据需要切断外界对其网络的访问；

(4) 企业无法对其网络稳定性和可用性进行控制（主要的公用即时通信网络，如 ICQ，有时会大面积瘫痪）；

(5) 企业无法进行自动处理，诸如往花名册里添加新员工条目等。

上述两种备选途径中的后者，即使用一台即时通信主机服务器，从安全性和可用性角度考虑，要比使用公用因特网更好，但费用较为昂贵，并且同样存在一些弊端：

- 数据存在于提供商的服务器上，且安全性完全由提供商决定；
- 如果提供商对所有会话具有访问权，则易引起关于隐私权的争议；
- 虽然具有自动化功能，但不够灵活。

面对面的访问也许是进行商务活动的首选，但是使用商务即时通信的地位丝毫不亚于它。实际上，越来越多的工作人员在与其业务联系人在交换其电子信箱地址或者电话号码之前，选择先交换彼此的即时通信账号，或者干脆不交换电子信箱地址或电话号码。

问题

(1) 如何使用即时通信以改善分散式办公场所的管理？

(2) 如果你是一家小公司的老板，你是否允许你的员工在工作期间使用即时通信？如果同意，你会做出怎样的规定？如果不同意，为什么？

资料来源

Oktay Altunergil, “Company-Wide Instant Messaging with Jabberd,” (October 6, 2005), http://www.onlamp.com/pub/a/onlamp/2005/10/06/jabberd.html

Wikipedia, “Instant Messaging,” http://en.wikipedia.org/wiki/Instant_messaging

表 5-5 因特网、外联网及内联网的特征

	侧重点	信息类型	用　户	访问途径
因特网	外部通信	通用的、公用的及社论式信息	连入因特网的任意用户	公用无限制
内联网	内部通信	特定的、企业内部的信息	经授权的员工	专用有限制
外联网	外部通信	商业伙伴间通信	经授权的商业伙伴	专用有限制

资料来源：Szuprowicz, 1998; Turban et al, 2004。

5.4.1 B2C 电子商务发展的各个阶段

当前网络上已有数目繁多的B2C网站，被动型及主动型网站都有。一种极端情况就是被动型网站，就像传统的产品宣传手册那样，其内容相对简单，仅有产品信息、公司地址及电话号码等。而另一种极端情况就是相对复杂的主动型网站，它向用户提供包括产品、服务及相关实时信息，并鼓励用户在线购买。如早期关于电子商务的开创性研究所阐述的那样（Quelch and Klein，1996；Kalakota，Olivia and Donets，1999），各企业通常都是从产品的电子手册开始经历一系列阶段，如图5-15所示，并且在对电子商务更为熟悉之后，加入了新的功能。这几个阶段可以划分为**电子信息**（即为消费者提供产品的电子手册及其他信息）、电子一体化（即使客户能够通过查询企业数据库及其他信息来源，获取个性化信息）以及**电子交易**（即使消费者下订单和进行支付）等。

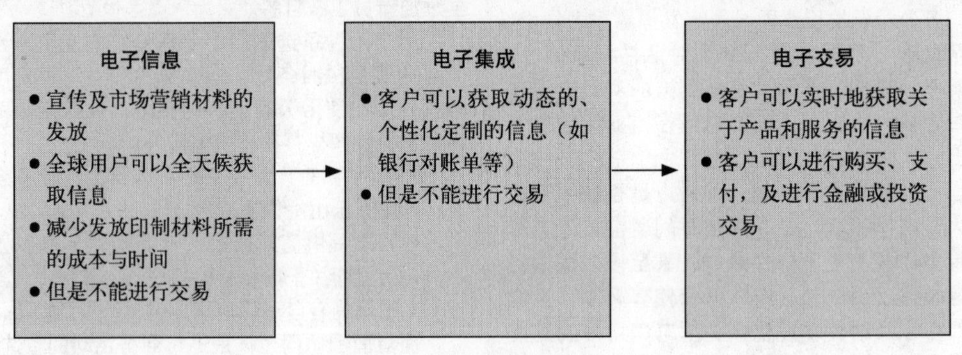

图 5-15 B2C 电子商务的各个阶段

就在几年以前，要将交易功能整合进公司网站还相当困难，尤其是那些预算比较紧张的小型企业。如今，一些搜索引擎如雅虎，以及在线商店如亚马逊等，让小型企业也可以在线销售其商品及服务，而无需在电子交易的基础建设上投入大笔资金。电子交易的两个主要分类分别为商品及服务的在线销售（或称之为电子零售）以及金融交易（例如网络银行）。这两种分类将在下面进行讨论。

5.4.2 电子零售：数字世界销售商品服务

商品及服务的在线销售，即**电子零售**，有许多种表现形式。一方面，网络化兼传统经营方式的零售商如沃尔玛，以及纯网络化经营的销售商如亚马逊等，销售商品及服务的方式与传统的零售渠道颇为相似。另一方面，例如Priceline.com等网络虚拟公司找到了许多开创性的盈利方式。该公司在机票、旅馆住宿、汽车租赁、新车购买、家庭理财以及长途电话服务等方面为客户提供各种折扣优惠。Priceline.com网站的革命性创新在于其**反向定价系统**，叫做“由你定价”（Name Your Own Price）。由客户来指定其所需的产品及所愿意支付的价格。这种定价方案优于那种公司定价、客户买单的传统**菜单式定价系统**。用户输入了产品和期望价格之后，系统将信息提交给相关品牌的公司，如联合航空公司或者Avis Rent-a-Car公司等，然后由该公司决定是接受还是拒绝消费者的请求。在最近这个商业季度里，Priceline.com网站出售了420万间旅店客房，并达到了160万的汽车

出租量（Priceline.com，2006）。

下面，我们来看看电子零售存在哪些优缺点。

1. 电子零售的优点

运用产品、地点和价格的市场营销概念，电子零售相对于传统零售能够带来以下几个优势。

- **产品优势**

由于电子零售不受实体店面和货架空间的限制，网站可以提供无限多的产品类别与数量。例如，电子销售商亚马逊在其网站上提供了数以百万册计的各种书，而当地一家传统零售书店由于空间的限制只能提供几千册而已。

对在线客户来说，在网上货比三家也容易得多。比如，集中商品的性能方便消费者货比三家的服务就有许多。提供这一特殊服务的商家有 AllBookstores（www.allbookstores.com）、BizRate（www.bizrate.com）以及 SideStep（www.sidestep.com）等。由于这种货比三家的购物方式，销售商们若想在市场上占有一席之地就不得不压低价格。如果销售商不能提供最低廉的价格，他们就得拿出更好的质量、服务或者其他优势。这些对比购买服务网站的盈利方式主要是按交易收取手续费、向卖家征收使用费，或者出租广告位。

- **地点优势**

由于只要能连接入 Web，每一台计算机就都可以访问电子零售商的店面。电子零售商因能够更加有效的争取客户而占有优势。相比传统零售交易只能在营业时间在实体店面里进行，电子零售商可以在任何时间、任何地点进行交易。

因特网几乎无处不在，这使得各公司可以在全球范围内销售其产品与服务。消费者再也不会只能在本国商户里寻找某产品；相反，他们可以搜索他们最可能拿到该产品或拿到最好质量的产品的地方。例如，你如果需要法国产的上等红酒，你可以从 www.chateauonline.fr 网站上直接订购。这充分体现了因特网推进全球化进程的方式。

- **价格优势**

由于电子销售商可以根据产品以及购买该产品顾客的数量不断查询库存，因此他们在价格上也颇具竞争优势。各企业可以通过降低价格以销售出更多产品，同时还能提高企业利润。此外，电子零售公司无需为零售场所支付高昂的租金，因此价格还有进一步降低的空间。

2. 长尾

电子零售的这三个优势引出了一个商业模式概念，称为“长尾”。长尾这个概念首先由 Chris Anderson（2004，2006）提出，它指的是关注利基市场，而不是仅仅关注主流产品。消费者的需求分布可以用统计学上的正态分布来描述，在长尾区间内人们有各种各样的需求（因为几乎不会有人想要同样的产品或服务），而有主流需求的大部分人都处于整个分布区间的中部（如图 5-16）。由于储存和分发成本高昂，大多数传统零售商和服务供应商不得不根据分布区间中部的主流客户的需求来供应产品。例如，大部分独立制作电影难以吸引大量观众来负担影院的放映成本，故一般不会在电影院上映。同样地，音像店通常只出售那些较受欢迎的音像制品，以支付货架、销售人员开销及其他成本。由于传统经营商店的影响范围仅限于当地，这最终影响了商店的产品选择。

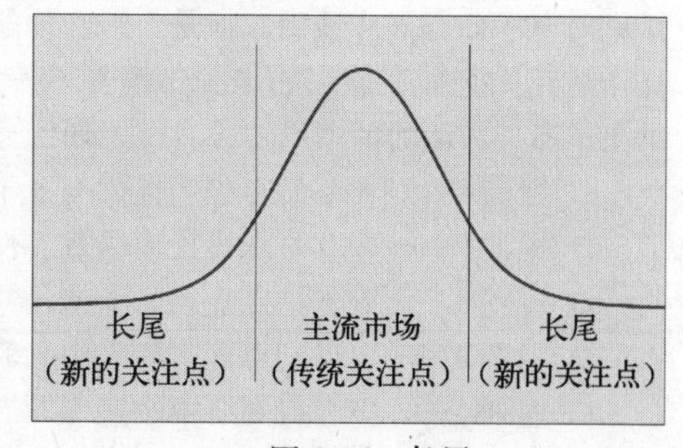

图 5-16 长尾

与此相反的是，由于其广泛的涉猎面，许多网络零售商可以关注整个需求区间，包括主流需求以外的产品。某地一家“百视达”（Blockbuster）分店通常没有大量的存片（因为该地需求量不大），而 Netflix 却可以存有大量非主流电影，并仍然可以从中获利。这样，可以将许多次主流的影碟租给“长尾”区间上分布着的为数众多的用户，而不是仅仅只将几部当前热门的电影租给他们。类似地，在线书商亚马逊有着数量庞大的书册（而且常常有不知名的书刊），因为其贮藏成本比那些实体经营的竞争对手低得多。实际上，亚马逊所销售的书籍中有一半以上是一般的实体书店所没有的，即使像巴诺书店（Barnes & Noble）这样的大卖场也没有。换言之，在数字世界，将精力放在客户需求区间的“长尾”部分可以创造出一个相当成功的商业模式。再比如，戴尔公司根据客户多样化需求，提供个性化计算机的大规模定制，这样的战略就是这种模式的一个很好的例子。

3. 电子零售的缺点

尽管最近有太多关于电子零售的浮夸宣传，但是，电子零售仍然存在不少弊端，尤其是关于产品寄送以及无法在购买前充分体验产品的性能特性等方面的问题。

- **产品寄送劣势**

除了像音乐、电子杂志等这种可以直接下载的产品之外，电子零售通常需要额外的时间来寄送产品。如果你打印机的墨用完了，而今天中午就要提交研究论文，通常情况下，你会驱车开往一家办公用品店去买一个新墨盒，而不是在线订购一个。在线购买的墨盒需要打包再运送，等到寄送到的时候就已经延误使用了。还可能有其他问题，比如你在线提交的信用卡信息也许无法通过申请，或者是遇到当你不在家的时候却送货上门了之类的尴尬。

- **产品直接体验劣势**

电子零售的另一个劣势就是缺少感官信息，如味觉、嗅觉及触觉等。当你在 Lands' End 上尝试虚拟试衣的时候，你怎么就确定你喜欢那种衣料的质感呢？或者当你发现你在线购买的 9EE 号的直排式轮滑鞋穿在脚上却像是 8D 号大小的，你会怎么办？客户通过 Web 在线购买像香氛以及食物等这些产品时同样难以判断质量的好坏。在线出售的草莓奶酪蛋糕是否真的就像它看起来那样美味可口？你没有亲自闻你怎么知道你就一定喜欢那款香水的味道？最后一点，电子零售消除了购买行为的社会属性。虽然电子零售商越来越多，但是由于和朋友一起商场购物依然是一项重要的社交活动，并且无法通过在线购买来实现，因此电子零售商并不会立即代替传统的购物商场。

5.4.3 电子商务网站：吸引并留住客户

商务的基本原则是以合理的价格提供有价值的产品及服务。和对其他商务交易途径一样，这些规则对电子商务同样适用。但是，以合理的价格提供优良的产品对电子商务来说还不够。在传统市场上成功的企业在新兴的电子市场并不一定就能一帆风顺。成功的公司通常遵循一系列基于 Web 的电子商务方面的基本原则或者说规则①。这些规则如下所示。

- 规则 1——Web 站点应当提供与众不同的东西。
- 规则 2——Web 站点设计应当赏心悦目。
- 规则 3——Web 站点应当易于使用并且能快速访问。
- 规则 4——Web 站点应当能吸引人们来访问、停留并且回访。
- 规则 5——应当在网络中做宣传。
- 规则 6——应当从你的网站获取新知识、新体会。

- **规则 1——Web 站点应当提供与众不同的东西**

向客户提供别无我有的信息或产品才能保证电子商务获利。许多小型企业以合理的价格向全球客户提供特有的商品，并已在 Web 上取得成效。这样的利基市场在任意的产品分类里都存在，不管是美食（参见图 5-17），还是艺术用品，抑或是难找的汽车配件。

① 这些规则主要适用于如何使得 Web 站点更加成功。必须意识到潜在的商业模式应当稳固，且信息系统的从业人员应该遵循许多类似的规则以确保（1）Web 站点正常运行，（2）网站与后端商务信息系统通畅地互动以及（3）网站的安全。

电子商务潜力巨大

网络统计

有统计数字表明越来越多的消费者选择在线购物。根据在线零售网络 Shop.org 在 Forrest Research 发表的调查报告显示，2005 年度在线零售总收益已达 1 764 亿美元，并预计至 2006 年底将达到 2 114 亿美元（参见表 5–6）。

资料来源

Enid Burns, "Online Revenues to Reach $200 Billion" (June5, 2006), http://www.clickz.com/stats/sectors/retailing/article.php/3611181

表 5-6　各产品类别的预计收益（2006 年）

产品类别	预计收益
旅游	734 亿美元
计算机软硬件	168 亿美元
汽车及其配件	159 亿美元
服饰	158 亿美元
化妆美容用品	8 亿美元
宠物用品	5 亿美元

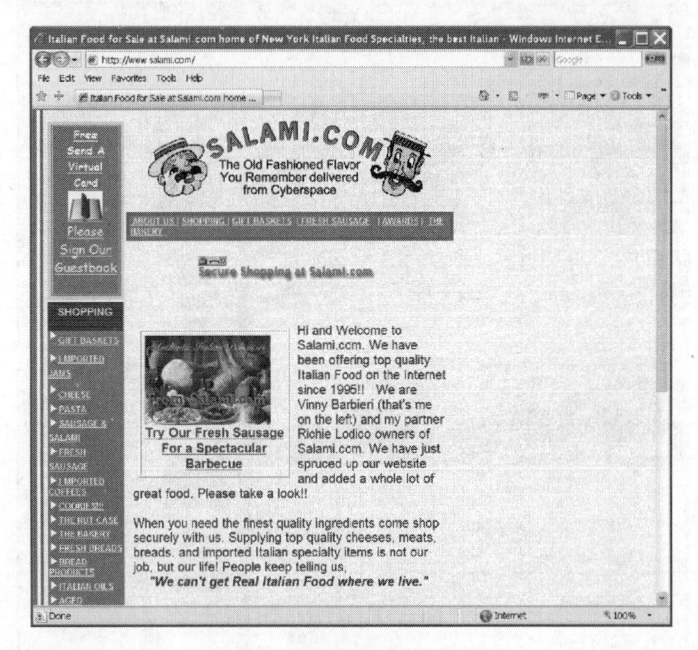

图 5-17　Web 站点 Salami.com

（资料来源：www.salami.com）

- **规则 2——Web 站点设计应当赏心悦目**

成功企业的 Web 站点总是赏心悦目的。人们总是倾向于访问、停留在并回访那些好看的 Web 站点。Web 站点设计如果能给人以一种独一无二的视觉感官享受，就可以将其与竞争对手的网站区分开来。其中的美学元素除了包括色彩主题、背景以及高质量图片的使用。此外，Web 站点还应当具有清晰、简洁并且连贯的版式设计，注意避免不必要的拥簇。

- **规则 3——Web 站点应当易于使用并且能快速访问**

与几乎所有的软件一样，易于使用的 Web 站点总是更受欢迎。如果 Web 用户在网站上寻找所需、在网站连接间导航、或者下载页面等方面遇到困难，他们也许就不会在你网站上停留多久，更别指望他们回访了。实际上，研究表明，Web 浏览者等待网页下载的平均时长不过几秒钟。成功的

Web 站点使用超链接来展现信息的摘要，以使用户继续访问他们所感兴趣的内容，而不是将一大堆信息都挤在一张网页上。

- **规则 4——Web 站点应当能吸引人们来访问，停留并且回访**

由于电子零售无处不在，在线购物的消费者可以在众多的卖家中进行挑选以寻找他们需要的任何（主流的）产品，因此他们并不会只忠实于某一家电子零售商。相反地，人们会选择去提供最低价格的 Web 站点，或访问那些已经与其建立关系的 Web 站点。这些网站能给他们提供有用的信息与链接，或者他们所看重的免费产品服务等。例如，微软的 Web 站点受欢迎的原因之一就是用户可以下载免费软件。有的企业则通过使得有共同兴趣的用户可以互相交流，以吸引他们访问企业的 Web 站点。这些企业建立网络社区，使其成员可以建立关系，互相帮助并深感亲切。比如，在 GardenWeb 网上（www.gardenweb.com），访问者可以与其他园丁分享建议与创意，发布种子及其他物品的需求，或者点击超链接以搜寻其他园艺方面的资源。在该网站，访问者互相交流并完成交易，不断回访以获取更多信息（如图 5-18 所示）。亚马逊等电子零售商努力了解客户的兴趣，以提供更加个性化的建议并建立网络联系。

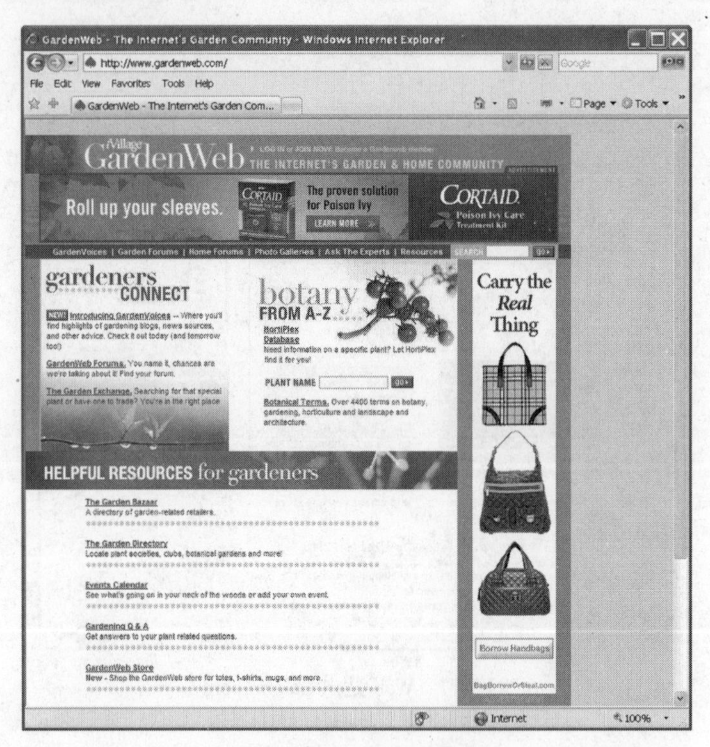

图 5-18　GardenWeb 站点

（资料来源：www.GardenWeb.com）

- **规则 5——应当在网络中做宣传**

就像其他商务活动一样，没人光顾的 Web 站点就不是成功的网站。各公司应当吸引人们访问其 Web 站点。这种策略被称为吸引式营销。它与强迫式营销不同。强迫式营销不论顾客是否需要都主动地将信息强推给他们（如电视广告）。而吸引式营销则将顾客从他们可能访问的成百上千个网站吸引过来，是一种被动的方法。吸引式营销的主要方法就是宣传你的 Web 站点。在 Web 上宣传公司的首选方法就是将网址印在所有公司用品上，包括名片、信笺抬头、广告文案等。如今，在公司的电视广告末尾显示公司的 URL 地址早已司空见惯了。

光子晶体光纤

关键技术 

在计算机和因特网没有发明之前，传统的双绞铜线在通信行业一直发挥着重要作用。在计算机和因特网发明之后，铜线再也不能满足通信的需要。我们进入了光纤通信时代。光纤是细如发丝的、柔软的透明管状物，通常用玻璃制成，用于光的传输。用一层外覆层、一层缓冲层及一层外护涂层包裹着一束光纤组成了光纤缆线，可以光速传输通信数据。光纤缆线的数据容量是传统铜线的 150 倍。

正如美国的许多高速公路已实现交通容量最大化一样，随着通信需求与日俱增，光纤也正接近其数据传输的极限。于是，我们迎来了光子晶体光纤时代。

光子晶体光纤（Photonic Crystal Fibers, PCF）是利用光子晶体的特性来制造的新型光纤缆线。光子晶体光纤之所以能够承载大数据流量，关键在于光子晶体能形成气孔，进而约束光线。这在传统的光纤中是无法做到的。由于缺少这种约束作用，传统光纤需要添加其他物质来约束光线。将光线约束在气孔中的过程叫做“包层”。不给单个光子晶体光纤包层为高功率激光发送信息提供了可能。光子晶体光纤的数据传输速度是当前光纤的 1 000 倍以上。

现在已经开发出使用大范围波段的光子晶体光纤用于信号传输，并且无需任何信号转换就能使光子晶体光纤轻松地与任何光纤设备互联。换句话说，取消了信号转换过程，不仅增大了传输容量，而且提高了传输速度。历史的车轮永不停歇。终有一天，光子晶体光纤的传输能力也会达到极限。毫无疑问，届时又将会有新的发明来替代它。

资料来源

Wikipedia, “*Photonic Crystal Fiber,*” http://en.wikipedia.org/wiki/Photonic-crystal_fiber

“*Fiber Optic Cable v. Copper Wire Transmission*”, http://www.amherst.edu/~jkmacione/Web4.html

除了在公司用品上宣传其 URL 地址，企业还可以在其他商业网站或者包括相关信息的其他 Web 站点上进行宣传。在其他知名的 Web 站点，如《今日美国》的网站上（*USA Today*，网站为 www.usatoday.com）进行宣传每月大约需要花费 2 万到 3 万美元。但是他们可以保证每天 100 万以上的访问量。考虑到在这些网站上进行宣传的高额成本，以及许多 Web 浏览用户并不关注在线广告，Web 站点宣传主流已经从高昂的按月收费转向**按点击次数收费**的模式。使用这种计价方式，只有当 Web 浏览者确实点击了该广告之后，企业才需支付相应的广告费用（通常每次点击收费从 0.01 美元到 0.50 美元不等）。如今，个人 Web 站点站长也可以通过**联盟营销**的方式将公司广告张贴在他们的网页上。Web 站点站长可以通过转介或随之而来的销售来盈利。然而，这种按点击次数付费的模式也可能被滥用。人们通过反复地点击链接来增加网站收益，从而也就增加了广告客户的成本。这就是**点击欺诈**。点击欺诈的第一种形式就是**网络点击欺诈**，即刊登广告的网站制造虚假点击数，以向广告客户诈取金钱。还有一种情况，那就是有人，可能是竞争对手或者某个不满的员工或其他人，通过不断地点击公司的广告链接，造成公司在线广告成本的上升。这种情况称为**竞争性点击欺诈**。除了使用广告或联盟营销等方式，各公司还使用搜索引擎营销策略（我们将在稍后讨论）来增加网站的访问量。

- **规则 6——应当从你的网站获取新知识、新体会**

聪明的企业总是可以从他们的 Web 站点上学到些新东西。企业可以通过网站中的一系列网页来追踪来访者的路径，并记录其访问时长、页面浏览记录、常用条目以及离开时的页面，甚至可以通过其他统计数据记录下用户所在地区及其**因特网服务提供商**（Internet Service Provider，ISP）。企业可以通过了解这些信息来改善网站。如果超过 75% 的用户在浏览了某一页面后离开公司网站，企业就可以试图找出访问者离开的原因，并且重新设计该网页以吸引用户停留。同样，无人访问的页面可以从网站中删去，以减少维护成本。这种分析 Web 用户行为以改进 Web 站点性能（并最终使销售最大化）的办法被称为**网站分析法**。

5.4.4 搜索引擎营销策略

为取得成功，各企业必须在 Web 上进行自我宣传。过去的办法是在区域性或全国性的报纸或者黄页上宣传产品及服务。随着因特网的出现以及搜索引擎的发展，Web 用户开始使用其他途径来获取信息。搜索某公司常用的一个办法就是在搜索引擎上输入某产品的名称，然后访问搜索结果里的网页。但是，由于搜索普通词条如“服饰”、“运动服”或“数码相机”等，所得结果可能成千上万，用户通常只访问排在最前面的几个链接，而很少去浏览第一页以后的其他搜索结果。因此，各公司千方百计使自己尽量排在搜索结果的前面，这就是所谓的**搜索引擎营销策略**。然而，当某 Web 站点第一次运行时，要使其出现在搜索引擎的搜索结果里还需要些时间。对于大多数搜索引擎来说，企业可以通过支付一定费用以更早出现在搜索结果列表里（称为**付费收录**）。但是，企业并不能决定其出现在搜索结果页面里的排序。因此，各企业又转向其他形式的搜索引擎营销策略，例如*搜索引擎广告*以及*搜索引擎优化*。我们稍后再来讨论这些技术。

1. 搜索引擎广告

为确保用户在搜索特定词条时看到的第一个搜索结果就是您公司的网站，可使用**搜索引擎广告**（或称为**竞价排名**）。例如，企业可使用谷歌公司的 AdWords 服务，为“电视”这一词条的搜索结果中的竞价排名结果投标出价（如图 5-19 所示）。企业 Web 站点在竞价结果中的排名顺序将根据其投标的价格来决定，而搜索引擎则按点击次数计价收费。也许你已经猜到了，对广告客户来说，费用可能会飙升，尤其是当其链接与某一热门词条相关时。因此，各公司开始寻找更经济实惠的办法来提高其在搜索结果中的排名。

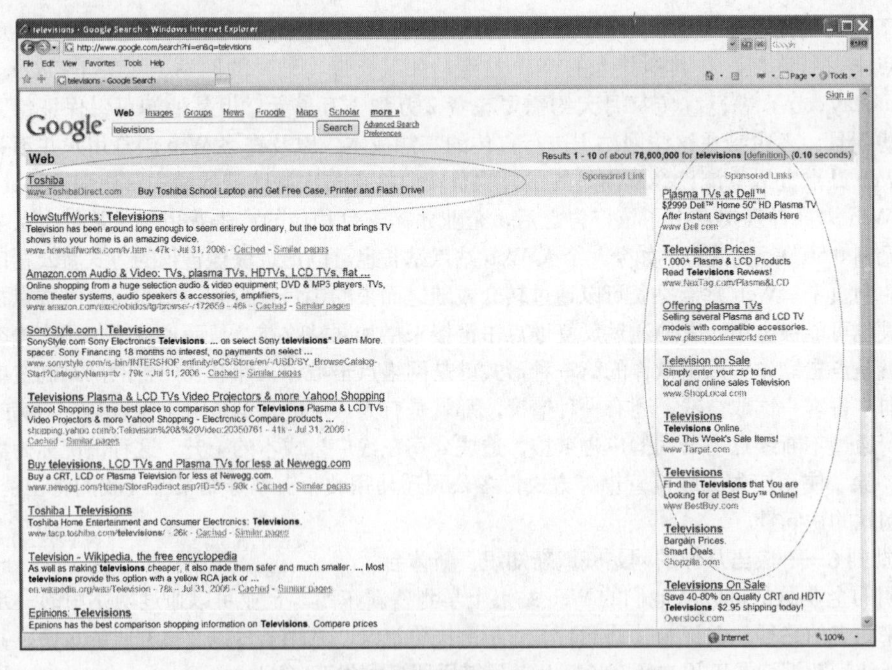

图 5-19 公司在竞价排名中按点击次数付费

2. 搜索引擎优化

谷歌、雅虎及 MSN 等因特网搜索引擎，根据各自复杂的计算公式来对用户搜索结果进行排序。搜索结果页面上某公司 Web 站点链接的排名是不受该公司控制的（如图 5-20 所示）。尽管计算某

Web 站点在搜索结果页面上排名的公式被视为商业机密，但是主要的搜索引擎还是就如何优化网站搜索排名给出了一些提示。提高网站排名的方法称为**搜索引擎优化**，其中包括将其他网页链接到该网站，保持内容持续更新，以及嵌入用户可能查询的关键字。换言之，如果某 Web 站点经常更新，含有与搜索词条相关的内容，并且广受欢迎（正如与该网站链接的其他网页所显示的那样），则该网站在搜索结果中的排名就很可能更靠前些。

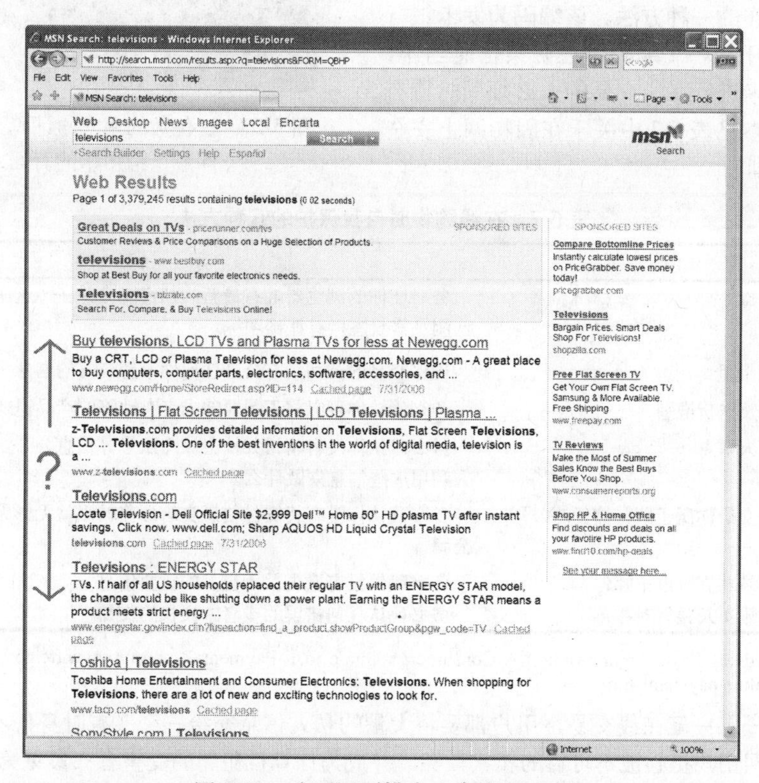

图 5-20 公司网页排名次序难以改变

现在承诺帮助你提高企业搜索结果排名的公司多如牛毛。但是由于各搜索引擎的算法都是严格保密的，加上搜索排名受到各种因素的影响，因此通过这种途径来提高排名作用十分有限。另外，谷歌等搜索引擎也在努力确定各网站是否使用了不道德的伎俩（比如"隐藏"关键字）来改善排名结果，并将这些作弊网站全部清除出排名结果。

5.4.5 确保数字支付的安全

除了提高 Web 站点的排名次序，企业还要确保客户可以在网站上交易。然而，资金的划拨至今仍是阻碍人们进行在线购物、在线理财或在线投资的一个重要因素。近期的民意测试显示，90% 的因特网成年用户由于担心身份盗窃（参见第 10 章）等威胁而改变了网络行为，而进行在线购物的人中大约有 1/3 决定减少在线购物的次数（Princeton Survey，2005）。这样那样的因素（例如消费者没耐心、结账手续过于冗长以及对比式购物等）常常导致消费者放弃购物。有报告显示超过半数的消费者中途取消了在线购物。过去，支付货款与服务费一般仅限于使用信用卡或者借记卡。但是如今不同的公司为在线买卖商品及服务提供了各种支付服务。接下来我们将讨论在线支付的各种形式。

1. 信用卡及借记卡

在 B2C 电子商务中，信用卡与借记卡仍然是是支付手段中最为广泛接受的形式。对客户来说，使用信用卡进行在线支付十分简易，用户只需输入其姓名、账单地址、信用卡账号以及有效期即可进行交易。通常，用户还需提供所谓的**用户验证码**（Customer Verification Value，CVV2），即信用卡背面的三位数字编码（如图5-21所示）。这是防止网络欺诈的一种方法。该编码为发卡银行确认使用。由于CVV2编码不在磁条信息当中，所以使用信用卡进行在线交易的人必须同时持有信用卡本身（参见表5-7中关于在因特网上安全交易的其他准则）。

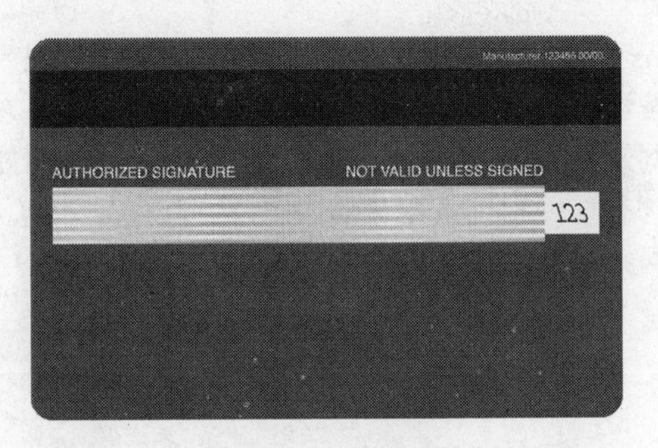

图5-21　三位数的用户验证码（CVV2）印制于信用卡的背面

表5-7　在线购物时自我保护的几种方法

窍　门	示　例
使用安全的浏览器	务必使你的浏览器拥有最新的加密能力并在传送保密信息之前确认浏览器状态栏有挂锁图标
检查网站的隐私声明	确保交易的公司没有公开任何你不想公开的信息
阅读并理解退款及送货准则	务必确认你可以将不想要的或者有缺陷的产品退还并得到退款
不要公开你的私人信息	务必确认你没有将诸如社会保险账号等信息公开，除非你清楚他人利用这些信息来做什么
只将支付信息提交给你所了解并信任的公司	务必确认你没有将支付信息交给那些转眼就无影无踪的不可靠的公司
保留在线交易记录并查收电子邮件	务必确保没有遗失关于交易的重要信息
复查每月信用卡账单及银行对账单	务必确认任何错误的或者未授权的交易

资料来源：Federal Trade Commission，"A Consumer's Guide to E-Payments"，http://www.ftc.gov/bcp/conline/pubs/online/payments.htm。

然而，对于每一笔在线交易，用户都要将大量的私人信息交给一个（有时身份不明的）商户。而且许多因特网用户担心被不可靠的卖家欺骗，并成为计算机犯罪的受害者（参见第10章）。这种担心有时候也在情理之中。此外，由于信用卡的用途有限，普通人只能进行账户支出，要入账则必须开办商务账户才可以接收信用卡付款。对那些只不过偶尔进行网络销售的人来说（比如在在线拍卖网站eBay上，参见本章后续内容），这并不是一个好的选择。为解决这些问题，在线买家（及卖家）越来越多地使用第三方支付工具。相关内容随后详述。

2. 支付工具

出于安全性考虑，现在已经出现了如"贝宝"（PayPal，为eBay所有）以及最近的Google Checkout等第三方支付工具。这些工具使得客户无需将过多的私人信息交给卖家就能在线购买商品。在线买家只需通过该支付工具的账户进行支付，而无需提供信用卡信息。因此，用户只需将（保密的）支付信息提交给该支付工具，由其确保信息安全（一并包括其他信息，例如电子邮件地址或者购买历史记录等），且确保不向在线商户公开。谷歌将支付工具与其搜索结果相连，这样因特网用户在搜索特定产品的同时就能查看哪些商户能提供该支付功能。这样，消费者在线购物就会更加简便，因此减少中途放弃在线购物的举动。

贝宝支付工具则更进一步。你只要有一个电子邮件地址就能进行账户收支。换言之，使用这种支付工具，你就能把钱寄给你的亲友，也可以收到你所售卖的任何东西的货款。这种便捷的转账功能使得在线拍卖网站eBay大获成功。在这里任何人都可以与其他eBay用户进行买卖（参见本章后续关于C2C电子商务的有关内容）。与贝宝这种完全虚拟的形式不同，电子货币e-gold（www.e-gold.com）由真实的黄金所支撑，而且同样允许用户之间的转账（如图5-22所示）。

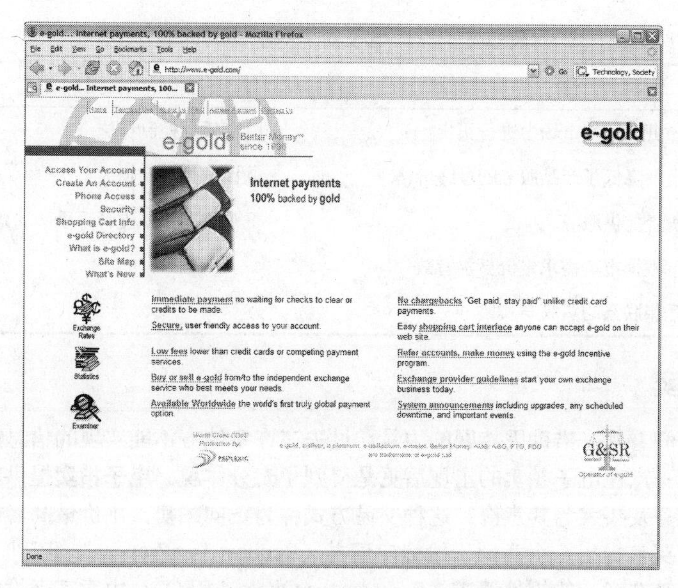

图 5-22　虚拟货币 e-Gold 由真实黄金所支撑

5.4.6　在数字世界里管理金融交易

管理金融交易是网络经常提供的一项特别的服务。与以往消费者需要到银行去进行金融交易不同，人们现在只需使用网上银行来管理信用卡、账户查询以及储蓄账户，或者通过使用**电子账户支付**服务来埋单。然而，在线交易的安全性依旧让许多在线用户感到担忧。

除了网络银行外，**在线投资**已经在过去几年里得到稳健发展。因特网已经使得投资渠道发生了重大变化。如今，人们已经开始使用因特网来查询股票报价或管理投资组合。例如，许多消费者选择去诸如 MSN Money、Yahoo！ Finance 或者 CNN Money 等网站搜寻关于股票价格、公司业绩以及按揭利率等方面的最新信息。他们还可以通过在线经纪公司进行股票交易。

5.5　C2C 电子商务

C2C 电子商务在商业出现的时候就已经存在了。不管是实物交易，还是拍卖、投标等，商业总是包括了消费者之间的经济活动。根据美国因特网调查机构 American Life Project 的调查，美国成年的网络用户中有 17%，即大概 2 500 万人，使用因特网出售物品。根据所涉及的卖家数量（一个或多个）以及买家数量（一个或多个），C2C 电子商务可以分为 4 种截然不同的类型（如图 5-23 所示）。这种电子化的交易有其独特的机遇（比如有一大群的潜在买家），也有其特有的问题（比如可能存在被欺诈的风险，如表 5-8 所示）。本节将讨论消费者间进行买卖交易的各种电子机制。同时，我们还将概述当前 C2C 电子商务发展中的几个趋势，包括电子拍卖、网络社区以及在线出版等。

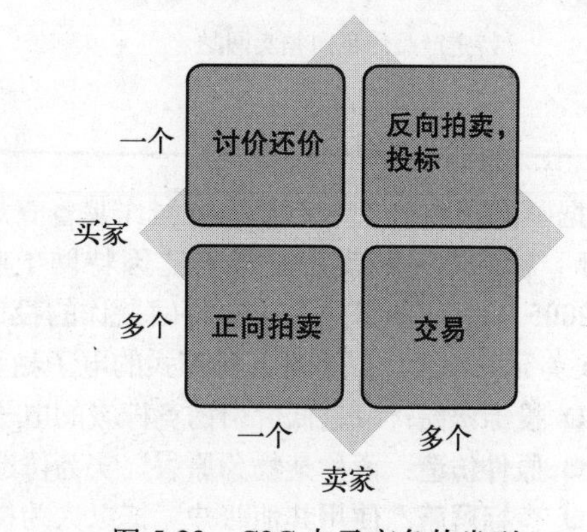

图 5-23　C2C 电子商务的类型

（资料来源：Turban E., King D., Viehland D., and Lee J. 2006. *Electronic Commerce 2006:A Managerial Perspective*. Upper Saddle River, NJ:Prentice Hall）

表 5-8 C2C 电子商务的机遇与问题

机 遇	问 题
消费者可以在更广阔的市场中进行买卖	没有质量控制措施
取消了中间商，降低了产品服务的最终价格	欺诈发生几率增大
全天候为消费者提供服务	更难使用传统支付手段（支票、现金及 ATM 卡）
电子化环境下根据市场需求定价更加有效	
增加了可以互相联系的买家与卖家	

5.5.1 电子拍卖

纵观全书，我们看到，借助因特网的力量，过去在许多地方不能实现的信息及服务的传播如今已经成为可能。这一点在电子拍卖的出现后更是得到了充分体现。**电子拍卖**提供的交易平台，方便了卖家售卖商品服务及买家为其竞价。这种交易方式称为**正向拍卖**，出价最高者中标。还有一种模式叫**反向拍卖**，即买家提出一个类似于**投标申请书**（Request for Proposal，RFP）（关于投标申请书的更多内容请参见第 9 章）的**报价请求**（Request for Quote，RFQ），由卖家来投标（价格最低者中标），而不是公开其产品服务来拍卖。拍卖市场就是这样一个瞬息万变且竞争激烈的环境，这里市场需求决定价格走向。

你所知道的最大的拍卖网址可能就是 eBay（www.ebay.com）。它的盈利模式是对卖家发布的拍卖物品征收小额费用。但是积少成多，2006 年 eBay 的总收益超过 60 亿美元。尽管 eBay 也提供反向拍卖服务，其网站列表里的绝大多数还是正向拍卖。反向拍卖通常用于 B2B 交易中，比如戴姆勒克莱斯勒计划采购大量优质钢材等情况。表 5-9 所示为一些 C2C 拍卖网站及其目标市场。

表 5-9 电子拍卖网站实例

拍卖模式	实 例
基于收费盈利模式的大型正向拍卖网站	eBay.com auctions.yahoo.com uBid.com
反向拍卖网站	Priceline.com eWanted.com
特定产品的正向拍卖网站	Egghead.com (books) WineBid.com (wine) TicketMaster.com (tickets)

据国家诈骗信息中心及因特网诈骗督查局（National Fraud Information Center & Internet Fraud Watch）称，电子拍卖所受欺诈比因特网上其他任何商务活动都要多（Fraud.org，2006）。NFIC/IFW2005 年记录备案的关于因特网欺诈的投诉中，电子拍卖方面的欺诈占了 42%，平均每例造成 1 155 美元的损失。以下是几种形式的电子拍卖欺诈。

- **投标诱惑**：以超低价引诱竞标者的电子拍卖欺诈手段。
- **原件仿造**：谎称某物为原版，实为仿造品。
- **竞标屏蔽**：使用其他账户竞标以人为提高竞价。
- **货运欺诈**：违规收取远高于实际成本的货运及处理费用。
- **支付违约**：拍卖结束后买家不付款。
- **货运违约**：支付款项到账后卖家拒绝发货。

eBay 公司总裁兼 CEO 梅格・惠特曼 关键人物

由于具有丰富的商业经验，梅格・惠特曼（Meg Whitman）于 1998 年顺理成章地成为世界上最大的拍卖网站 eBay 的总裁兼 CEO。

梅格・惠特曼生于 1956 年 8 月 4 日，长于纽约长岛，于普林斯顿大学获得学士学位，于哈佛大学获得 MBA。在加入 eBay 之前，她曾任"孩之宝"（Hasbro）公司学前玩具部总经理，负责公司两个世界驰名且创牌已久的儿童品牌"Playskool"和"Mr. Potato Head"的全球管理及营销工作。在 1995 年至 1997 年间，惠特曼担任 Florist Transworld Delivery（FTD）的总裁兼首席执行官。在 FTD 任职期间，她带领公司成功转型，使公司由各花商联合组成的一个协会，逐渐转变为一家以盈利为目的的私营企业。

在加入 FTD 之前，惠特曼曾担任 Stride Rite 公司 Stride Rite 部的总经理。她非常成功

图 5-24 eBay 公司总裁兼 CEO 梅格・惠特曼

地推广了 Munchkin 婴儿鞋产品系列，圆满地完成了 Stride Rite 品牌和零售商店的重新定位。在 1989 年至 1992 年间，她担任迪士尼公司消费品部高级营销副总裁。她还在贝恩公司的旧金山办事处工作过 8 年，曾任副总裁。惠特曼在宝洁公司的辛辛那提办事处开始其职业生涯，于 1979 至 1981 年从事品牌管理工作。

惠特曼女士使 eBay 在与雅虎、Lycos 以及最近与谷歌的激烈竞争中始终保持强势并持续盈利。在计算机系统故障、欺诈性拍卖物件（如人体器官及活婴儿）、网络钓鱼诈骗犯以及其他无数的困难面前，她一次又一次战胜了它们，稳固了 eBay 的客户基础并赢得了他们的支持。她还在 53 个国家建立了 eBay 的区域性网站，使得 eBay 成为全球范围内电子商务领域的中坚力量。在她掌舵 eBay 期间，公司收购了 Skype 并启用了一系列创新性的网站，如 rent.com（在这里人们可以找房子、找寄宿家庭或找室友）、kijiji（在线分类信息网站）以及 eBay Express（在线商场，消费者可以从各种各样的 eBay 商户那里购买商品）等。这些网站中许多都是针对目前的在线交易的。

惠特曼女士的丈夫是一位神经外科医生他们抚有两个儿子。她的业余爱好是飞绳钓鱼以及到她丈夫老家田纳西州的家庭农场度假。

资料来源

http://www.time.com/time/digital/digital50/05.html

http://pages.ebay.com/aboutebay/thecompany/executiveteam.html#Whitman

http://www.businessweek.com/2000/00_20/b3681011.htm

5.5.2 网络社区

这几年来因特网比较有趣的功能之一，就是 C2C **网络社区**的爆炸式发展（如支持网络社交的网站）以及社交计算的出现。MySpace.com 很好地说明了这个趋势。该网站占据了最大的市场份额，2006 年中期，占美国所有因特网访问量的 4.5%（Hitwise，2006）。据报道，MySpace 已拥有超过 1 亿的用户。这一数字还在以每天 23 万左右的速度不断增长。MySpace.com 起初只是为用户提供一些关于他们最喜爱的乐队的相关信息，以及一个用户之间交流其最爱乐队的平台，因此逐渐形成为一个关于音乐兴趣分享的社交网络。然而就在其开办不久，MySpace 的实际功用已经与其初衷相去甚远。通常，用户都是对音乐并无多少兴趣而只是使用 MySpace 来交友的青少年。MySpace.

com以及其他类似的社区，如Facebook及LinkedIn等，已经创造了其特有的丰富的电子商务契机。实际上，由于MySpace运作得非常成功，新闻大亨默多克（Rupert Murdoch）的新闻集团于2005年以5亿8千万美元的价格将其收购。赛我网（Cyworld，如图5-25所示）是另一个在亚洲地区极受欢迎的网络社区。在韩国，赛我网的受欢迎程度甚至要高于MySpace在美国的受欢迎程度（Schonfeld，2006）。

图5-25　赛我网，用户可以购买虚拟物品的下一代网络社区

这些基于社交网络的网络社区，已经创造了巨大的潜在经济效益。MySpace的各个群体推动了T恤、牛仔裤以及各种各样物品的销售。尽管像MySpace或者赛我网这种类型的网站并不能直接从这样的交易中赚钱，但是他们确实获得了显著的利润。以MySpace为例，目标广告的年收益大概为每个用户2.17美元（Schonfeld，2006）。而赛我网的收益来自于那些站内使用的美化网站的虚拟物品的销售，估计销售额为每天近30万美元，或折算为每个用户每年7美元以上。

5.5.3　自助出版

在过去，出版发行基本上还是企业对消费者的行为，现在已经变成消费者之间切实可行的事情。而且无需经过编辑修改消费者就可以发表他们的想法或意见（这就是我们所说的**自助出版**）。正如在第2章中讨论的一样，全球通信交流更加平易，消费者现在已经可以足不出户地在家撰写、编辑甚至发表其所思所想。这正是“长尾”理论所研究的商业模式中的另一个范例。人们无需将注意力放在主流市场上，可以不顾主流市场的喜好任意发表其见解。在线自助出版有两种截然不同的类型，即按需印刷和博客。接下来，我们将分别阐述。

1. 按需印刷

传统意义上的自助出版是指由作者来出版其原始材料（如书）。由于针对消费者市场的文本编辑及排版软件的使用越来越复杂，**按需印刷**日渐流行开来。它是一种小批量进行的定制印刷。由于在因特网上这种软件的开源版本均可免费获取，并且是按照印刷量计件收费，所以几乎每个人都可以出版自己的书。这样，按需印刷对那些想卖书的第一次当作家的人，以及那些想把菜谱、婚礼照片、旅行日记等做成一本像样的书摆在咖啡桌上或者当作礼物送出去的人来说极具吸引力。按需印刷行业的领军公司有BookSurge、Lulu以及Blurb等（图5-26所示为网络出版公司网站Lulu.com），并且许多按需印刷公司还提供配送服务。BookSurge（为亚马逊所有）提供终端对终端服务，即由作者提交文稿，网络出版商进行编辑、排版、印刷并出售成品。这些服务只收取小额的销售佣金，收益的剩余部分将返给作者。

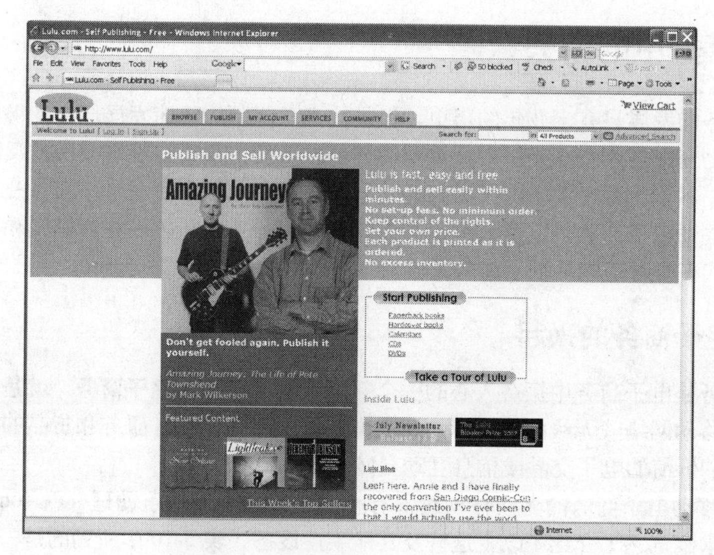

图 5-26 网络出版公司 Lulu 的网站

2. 博客

自助出版的第二种方式为**博客**（即**网络日志**），是指将一系列关于诸如某人的日常生活、饮食或计算机问题等方面的琐事，按照时间顺序来记录，从而形成网络日记（参见图 5-27）。博主（即写博客的人）并不是真的想写一本书来卖或者作为礼物，他们只是想通过这样的方式来分享生活经历或者发表观点，并不指望有任何的金钱回报。**视频博客**也是比较流行的一种发表言论的方式。博客起初只是新手使用简单网页来发表观点的途径，如今，博客已经成为了发表言论的一种重要方式。最能体现博客力量的例子之一就是 2004 年的大选丑闻“拉瑟门”事件。“60 分钟”栏目的新闻主播丹·拉瑟（Dan Rather）报道了关于美国总统乔治·布什的服役记录里的一些可疑发现。各路博主反应迅速，称新闻中所用的文件是伪造的。事后证明，他们是正确的。要不是这些博主的出现，这个错误报道就不会引起注意。然而，就是由于这些博客的存在，丹·拉瑟离开了“60 分钟”栏目组，并且有人说这最终导致他离开了 CBS 新闻台。

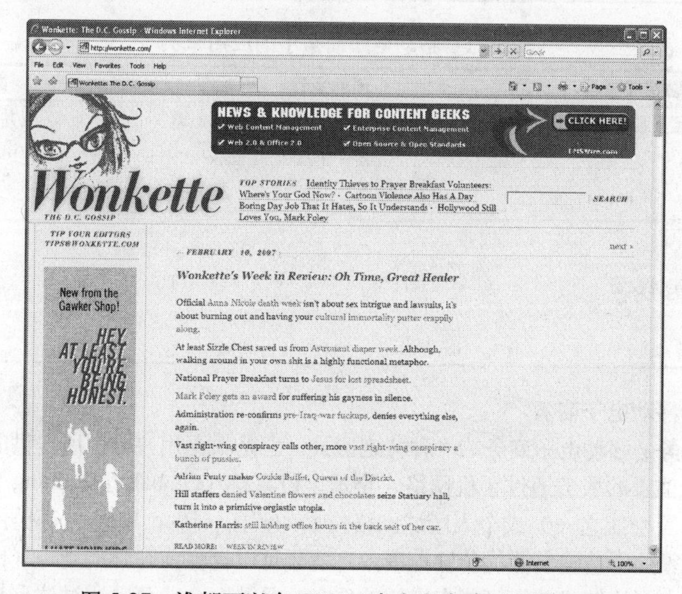

图 5-27 谁都可以在 Web 日志上发表感兴趣的话题

5.6　电子商务中的新兴课题

尽管电子商务的发展只有十几年的历史，但是技术及体制的快速发展已经使得电子商务从一个非主流的经济活动变成当今全球经济中最重要的一员。然而，革新并没有减缓，反而开拓了电子商务发展的新领域。本节将概述关于电子商务的几个新兴课题，包括移动电子商务及其特定形式——基于定位技术的移动电子商务，以及众包等方面的创新。另外还阐述了在线娱乐和电子政务这两种热门趋势，二者均在短时期内从纸上谈兵发展到了具体实施阶段。

5.6.1　移动电子商务的兴起

移动电子商务是电子商务中振奋人心的一个新发展。所谓**移动电子商务**，就是指可以通过使用无线移动设备及移动网络（无线网络或者公共交换数据网）在信息、服务和货品的交换过程中传输实际的或被认可的价值的电子交易或信息互动（MobileInfo，2006）。

通常，用于移动电子商务的无线移动设备有智能手机和**个人数字助理**（Personal Digital Assistants，PDA）。技术概览之1介绍了以上这些及其他手持设备。表5-10中所列的是一些常用设备、操作系统、数据显示格式、浏览器以及移动电子商务所用的网络。电子商务的另一个更常用的平台则是智能手机。在高速的手机网络下它具有强大的数据传输能力及全天候的连通性。这种网络不仅能提供语音通话功能，还具有其他丰富多样的服务内容，包括多媒体数据传输、视频流处理、视频通话以及完全因特网接入。图5-11所示的是几种移动电子商务应用的举例。

表5-10　移动电子商务中的几种常用技术

常见的手持设备厂商	操作系统	数据标准	浏览器	承载网络
RIM Blackberry	Symbian(EPOC)	SMS	Phone.com UP. 浏览器	GSM
Handspring Treo	PalmOS	WML	Nokia 浏览器	GSM/GPRS
HP iPaq	Pocket PC	HDML	MS Mobile Explorer	TDMA
Samsung SCH		i-Mode		CDMA
Motorola MP		SyncML		CDPD
		XTML		

表5-11　移动电子商务中的应用举例

采购及其他金融相关交易	预约预订	娱乐及资讯
在线购买商品及服务	预订或购买机票、电影票、音乐会门票或者体育赛事门票	下载并体验游戏
店内采购	预订餐馆或者宾馆	下载电影或音乐
导购服务		获取资讯如新闻、天气等
移动电子钱包		
贩卖机采购		
股票交易及其他投资		
清付账单		
网络银行		

1. 基于位置的移动电子商务

基于位置的服务是移动电子商务的一种特定形式。它是根据用户方位所提供的一项高度个性化的移动业务。基于位置的服务通过手机网络、**全球定位系统**（Global Positioning System，GPS，如今已成为手机的内置功能之一）或个人区域网络技术如蓝牙（Blue Tooth）等提供给用户。消费者在使用蓝牙时，必须处于传输装置的传输范围内。蓝牙可以提供前往热门地点（比如餐馆等）的导航服务，提供上映电影清单或其他可能有价值的信息。另外，企业可以通过这项技术为消费者提供其他信息，如周围商店当前的产品或销售情况。这些应用当中有些是被动性的，如消费者需要自己去寻找诸如餐馆、ATM 机或影片清单等方面的信息；有些则是主动性的，即根据其当前方位提供资讯（但有时可能是消费者所不需要的），比如促销信息。但是，在有些国家，目前反兜售信息方面的立法已经抑制了基于定位技术的主动式推销。

各种基于位置的功能可以通过一项或更多的网络技术来实现。关于蓝牙、手机网络及 GPS 技术更详细的内容，参看技术概览 4。一项基于 GPS 定位技术的非常重要的应用就是 e911（即联邦政府关于加强 911 紧急救援服务效率及可靠性的一项强制性命令）。当某人处于危急情况并使用旧式手机拨打 911 时，电话可能会被转向错误的 911 处理中心，调度员可能因此无法正确呼叫电话的位置。使用支持 GPS 基于位置服务，则可正确发送 911 求救电话，并可将无线 911 电话上的位置信息提供给调度员。这项技术可以确定来电号码的信息，以及方圆 50 米内确定手机方位的 GPS 信息。另一项支持 GPS 的基于位置的服务则是手机定位器，它使用的是 GPS 手机追踪技术。美国及欧洲的主要无线服务供应商都提供该项服务，用户能登录 Web 站点查看其家庭成员手机的方位。手机定位器目标定位为针对家庭安全的追踪能力，它的应用范围十分广泛，可以为某人当前定位显示地图，还能建立通报系统，在子女离开一定范围时提醒家长（如图 5-28 所示）。

图 5-28 家长可以通过手机来跟踪子女的动向

除了这些基于定位技术的服务外，目前针对消费市场的、使用 GPS 或者蓝牙功能的手机应用软件种类繁多。表 5-12 所列的就是一些 GPS 应用实例。

表 5-12 基于 GPS 定位技术服务

服务	示例	服务	示例
定位	确定手机的基本地理方位	导航	指示某点与另一点的路线方向
绘图	截取特定方位的图片显示在手机上	追踪	确定另一人的方位

手机中 GPS 技术还可以为社交活动提供支持。随着 Facebook.com 及 MySpace.com 的成功，有许多有识之士认为社交网络及手机技术领域将大有可为。已经有许多 Web 站点通过提供社交网络的手机服务而迅速发展起来。其中包括社交服务供应商先驱 Dodgeball.com。Dodgeball.com 提供一项服务，使用户可以确定其朋友以及社交人士的方位。比如，如果你有一朋友在某一汉堡店吃汉堡，系统则会给用户自动发送一条短信，显示餐馆的具体定位及在场人员。许多人预测，两年之内，将有 5% 的文本信息与手机社交相关。从目前短信市场已经接近年均 30 亿美元的情况看来，形势还是不错的。

2. 移动电子商务的关键驱动因素

移动电子商务的快速发展取决于几个因素。第一，从大体上说，对因特网和电子商务感兴趣并选择使用的消费者呈指数增长。第二，3G 手机网络乃至不久的将来 4G 网络的发展与部署将可以实时传输数据，并具有更快的传输速度及全天候的连接性。这促使移动通话及强大的无线手持设备迅速发展。我们将在技术概览之 4 中详细介绍这些手机网络。

通过因特网和无线技术的融合，移动电子商务有望通过可移动的、不受束缚的计算设备实现资本、货品及商业信息的交换，进而推动商业发展（Looney, Jessup and Valacich，2004）。移动电子商务市场预计到2007年将超过2 500亿美元（emarketing.com）。

5.6.2 众包

电子商务的另一个新兴课题就是众包。当公司需要寻找廉价劳动力时，他们首先想到的是将任务外包给其他国家。然而，各公司现在已经发现一种使用普通百姓作为廉价劳动力的办法。这种由信息技术引发的现象称为**众包**。

比如，就在几年前，Pearson Prentice Hall等图书出版商还不得不使用所谓的摄影素材库中的图片作为图书插图。这就意味着出版商必须为这些专业摄影师拍摄的图片支付大笔费用。而摄影素材库交易所也不得不收取高额费用以支付其开销（因为他们必须向专业摄影师购买图片）。如今，不用1 000美元就可以拥有高品质的数码相机，再使用合适的编辑软件，即使是业余摄影爱好者也可以制作出具有专业水准的图片。业余摄影爱好者可将图片上传至图片共享网站，如iStockphoto.com。在这里感兴趣的用户可以获得授权，以每张1到5美元不等的价格下载这些图片。这样的价格对于摄影素材库的图片价格来说不过九牛一毛。由于其管理费用微乎其微，iStockphoto将部分收益分摊给图片创建人后仍能从中获利不少。

同样地，制药业巨头礼来公司（Eli Lilly）创建了一个名叫InnoCentive的网站，企业可以提出各种科学问题，而每个人都可以尝试解决这些问题。通常，成功解决问题的人都会获得奖励。这样，一个自适应研发网络就建立起来了，企业再也不必过于依赖研发部门或聘请专家解决问题了。而同时，人们也可以利用业余时间及专业知识来解决问题并获取报酬。

正如你所看到的，对企业来说，众包已经成为使用群众专业知识技能的一种创新方式，同时还能降低成本。与网格计算类似（参见第4章），人们利用“空闲时间”来完成商业任务，而许多人都愿意用其资源来换取小额回报。试想一下，你可以用自己拍摄的数码图片来换取自己的书本费，而几乎无需再花多少精力。电子自由职业也是一个新兴潮流。以往各公司雇用自由职业者以完成个人项目或者提供内容。电子自由职业在此基础上更进一步，人们可以更灵活地进行与因特网相关的项目。

5.6.3 在线娱乐产业

随着消费者越来越倾向于将电子商务作为传统商务的可行的替代方案，娱乐产业别无选择，只能将因特网作为其传播媒介之一。在公开而备受争议的审查下，娱乐业完成了这一转变。争议的焦点在于**数字版权管理**（Digital Rights Management，DRM）。这是一项出版商保护数字媒体（音乐、电影等）版权的技术解决方案，以打击、限制或阻止非法复制及传播。DRM的限制包括哪些种类的设备允许播放及允许播放的设备有多少，甚至包括允许播放的次数等。如果你从苹果公司的iTunes上下载过一首歌或一段视频，那么你一定接触过DRM了。iTunes不允许用户复制音像文件或在其他（非Apple公司的）设备上进行播放。此外，数字内容可以打上**水印**，这样就可以从任何非法副本上追踪到其最初的购买者。电子水印与纸质货币上防止制造假币的水印的设计理念是一样的。

娱乐业认为，通过防止未授权复制，DRM能最大程度地减少版权所有人的损失。评论家则认为，DRM实质上是数字限制管理，怎么执行完全由出版商说了算。此外，他们还认为，DRM侵犯了消费者现有的权力，并且阻碍了创新的脚步。

娱乐业电子商务的另一项革新便是媒体传播。随着诸如Slingbox（视灵宝）及TiVo这些产品的问世，包括美国主要的网络电视台及好莱坞主流制片厂在内的整个娱乐产业都不得不选择因特网作为发布平台。如今这些业界参与者正在通过苹果公司的 iTunes 及 YouTube.com 来推广电视节目和电影，给 Slingbox 这样的创新产品一记反击（如图 5-29 所示）。Slingbox 与用户的机顶盒相连，就像一台个人媒体服务器，将电视信号重新指向任意联网的设备。换句话说，用户在家中接收电视信号并将其通过因特网进行传递，这样用户就可以在旅途中、办公室里或者在自家后院里收看电视节目或电影了。

图 5-29 Slingbox 网络电视盒

5.6.4 电子政务

电子政务是指利用信息系统为个人、组织及其他政府部门提供关于公共服务等方面的信息，并与政府进行交流互动。在 1998 年美国《政府无纸化办公法案》（Government Paperwork Elimination Act）颁布以来，电子政务的应用日益广泛。与电子商务的商业模式相似，电子政务包括 3 种完全不同的关系（如图 5-30 所示）。

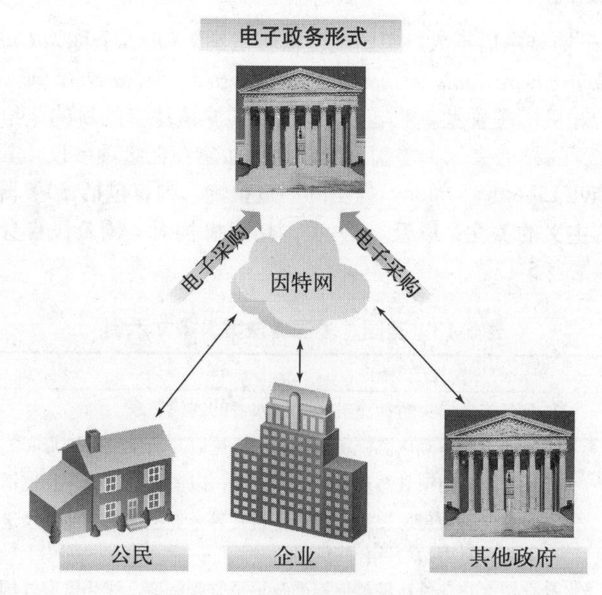

图 5-30 地方电子政务形式

1. 政府机构对公民

电子政务的第一种形式是 G2C 电子商务，它使联邦政府、州政府、当地政府及它们的选民之间能够进行交流互动。美国国税局的*因特网在线税收申报系统*，或称之为*电子申税系统*是人们比较熟悉的 G2C 工具。Grants.gov 是如今广泛使用的另一种电子政务工具。由美国联邦政府发放的 2200 多种救助金中，有 54% 可在线申请。一些州已经开始着手电子投票工作，使公民能够在线投票。

2. 政府机构对企业

G2B电子商务与G2C电子商务类似，但是这种电子商务形式涵盖了企业与各级政府机构之间的关系。其中包括如电子采购，即政府通过专用的网络采购系统直接从供货商那里采购，从而简化了采购环节；还有正向拍卖，即企业可以购买政府没收的或者多余的设备。与eBay.com相类似，政府创建了auctionrp.com来实时拍卖过剩及没收物品。此外，G2B电子商务还包括在线申请出口许可、验证员工社保账号以及在线申报税收等。

3. 政府机构对政府机构

G2G电子商务是指同一国内不同级别的政府机构间或者不同国家政府之间的电子交易。自2002年以来，美国政府已经提供了多种综合性电子政务工具，使得外国团体能够获取与商业相关的政府方面的信息，包括Regulation.gov及Export.gov。二者都提供了与联邦政府规定相关的法律条文方面的信息以供查询。另外，电子政务已经将其网络化能力与世界问题紧密联系起来。例如，联合医疗信息学会（Consolidated Health Informatics Initiative）采用了电子标准，让全世界的卫生组织都能与政府部门安全地共享信息。其他G2G事务还包括地方、州、联邦以及部族等各级政府间的协同合作。

5.6.5 电子商务的威胁

尽管电子商务已经成为一种可行且稳健的商务模式，但是仍然存在一些问题影响着企业和消费者，并且这些问题将长期存在。当今电子商务模式所面临的问题主要来自政策变动方面。本节我们将概述影响立法走向的几个因素，包括美国《爱国者法案》、因特网税收征管、网络中立以及审查制度等方面的课题。接下来我们就对这些课题进行探讨。

1. 美国《爱国者法案》

2001年“9·11”恐怖袭击后不久，**美国《爱国者法案》**（正式全称为*Uniting and Strengthening America by Providing Appropriate Tools to Intercept and Obstruct Terrorism*，即“提供阻却和遏制恐怖主义的适当手段以维护和巩固美国法案”）正式颁布。实施该法案的目的是给地方、州及联邦政府等级别的执法机构更宽泛的权力来保护美国公民。这项法案存在多项争议，其中包括来自美国公民自由协会（American Civil Liberties Union）提出的严重担忧，内容包括（1）降低了监视方面的制约平衡；（2）缺少对恐怖主义的关注；以及（3）美国情报机构对美国公民自身的监视。美国《爱国者法案》的内容示例参见表5-13。

表5-13 美国《爱国者法案》条文示例

条文	详述
查看电子信息	允许有关当局阻断计算机系统侵入者的通信往来
允许漫游式监视	法院规定无需确认监视所用设备、设施以及所发生的地点
通信记录器	授权使用通信记录器及监测跟踪装置，以监视电子邮件及电话通话
有形物品征用	从原来仅对房屋、车辆、保险柜租赁等企业提供的商业记录进行合法征用，批准扩大到对所有有形物品均可合法征用
银行业监管	建立新客户身份认证最低标准及记录监管制度，作为监察外国客户身份的有效途径
伪造货币罪	对伪造货币增加惩罚力度
搜寻恐怖分子	对提供恐怖主义案件情报者增加奖励额度

资料来源：Congressional Research Service, *Intelligence and Related Issues*, 2006。

2. 税收征管

尽管这已经不是一个新问题了，但是它在美国的法律体制中依然备受争议。随着全球电子商务交易迅猛发展，许多政府当局认为，应当对电子销售征税，以弥补传统销售税收的损失。由于人们越来越少去当地的零售店购物，各城市、各州乃至各国的税务收入都由于电子商务的发展而有所降低。表 5-14 所示的是与因特网征税相关的热点问题。

表 5-14 对因特网税收征管的正反面意见

支持方	反对方
不征税导致各级政府税收减少	征税减缓了电子商务发展
不征税对传统商店不公	征税给消费者欺诈创造了机会
征税能建立电子零售商的责任感	征税会造成区域经济的非均衡发展
	征税将驱使电子商务企业到其他国家另谋出路

- **因特网免税法案。**

1998 年，美国参议院通过了《因特网免税法案》（Internet Tax Freedom Act）。该法案允许电子商务企业延期缴纳税款，希望能够刺激电子商务的发展。根据这一项税收法案（及其他规定，如禁止向连接因特网或电子邮件课税等），因特网上的销售与邮购销售将享受同等待遇。对于邮购销售来说，只有当消费者居住于该公司设有实体分支机构的州时，公司所进行的销售才需要缴纳销售税。换句话说，如果某电子商务企业在某个州（比如加利福尼亚州）内设有办事处或者货运仓库，只有对该州的消费者进行销售时才需缴税。因此许多公司都巧妙地选择在总部为大多数客户提供免税货运。例如，亚马逊的创始人 Jeff Bezos 在选定华盛顿州作为亚马逊的总部所在地之前详细比较了几个州。这样，起初只有华盛顿州的 600 万居民需要缴纳消费税。同样地，随着亚马逊的扩张，它在货运机构及仓库的选址上依然很有技巧。例如，亚马逊选择了内华达州的 Reno 市为加利福尼亚州的市场提供服务以使加州潜在的 3 600 万消费者无需缴纳消费税。现在，只有在堪萨斯州、肯塔基州、北达科他州及华盛顿州的消费者在亚马逊上购物需要缴纳相应税费。但是，沃尔玛超市则需要对其在美国的每一笔电子商务交易上税，因为它的实体店遍布美国的每一个州。

- **使用税。**

但是，情况并没有这么简单。即使你无需对在你所属州以外的地区购买的商品或服务缴纳销售税，你依然有义务缴纳使用税（通常等于你所在州的销售税）。例如，如果加利福尼亚州居民无需支付州外购买商品的销售税，他们就会被要求上报该笔采购，并缴纳相应税款。部分州已在所得税申报单中多列了一行，用于填写使用税的相关信息。人们必须申报州外采购产生的税款，如有虚报将面临严厉的惩罚。

- **简化销售税计划。**

随着电子商务的快速发展，许多州政府认为，应强制要求电子商务企业向顾客适当征收使用税。然而，由于各地税收征管标准不一，这一提议引发了许多问题。例如，在华盛顿州，纯果汁是免税的；而在纽约，浓度为 70% 以上的果汁都可免税。在一些州，各个县市之间的税收标准也不尽相同。如果电子商务企业向所有的客户征收使用税，就必须对这些税收标准的差别有所了解，以对消费者征收适量税费。因此，40 多个州联合建议实施新的法律，如《简化税务计划》（Streamlined Tax Project）等，以简化税务条文并强制卖方向州外消费者征税。也许用不了多久，你就要为你在因特网上的每一笔采购纳税了。

3. 网络中立性

哥伦比亚大学教授 Tim Wu 最初创造了网络中立性（Net Neutrality）这个词。其潜在的含义是指，使用因特网协议（参见技术概览 5）在网络中发送的数据，不管数据的内容是什么，都应以中立的方式传送与处理。换言之，因特网上的所有通信流量都以同样的方式对待。你的电子邮件数据在发送、传输和接收的处理上与亚马逊网页的数据或者甚至是美国喜剧中心频道（Comedy Central）

的一段流视频毫无二致。表5-15所示的是网络中立性的几种实现手段。

表5-15 网络中立性的实现手段

手段	介绍
“最惠国”待遇	操作人员必须以同样的条件为所有公司传输数据，不能厚此薄彼
中立性因特网的分别指配	操作人员必须根据IP传输层协议的中立性来提供因特网接入服务，也可以提供其他服务，但应进行适当标记
根本性反歧视	操作人员应当不加思考地放行所有数据包，而不是等了解数据包的具体信息之后再决定是否放行
“不仅够用而且同样好用”	如果操作人员提供优先处理的带宽，则应当为非优先处理服务预留足够且同样好的带宽
仅限分级	操作人员可能会对其客户区别对待，但是对内容、应用及服务提供商必须一视同仁
管好你自己的网络	操作人员在专用网络里必须有所甄别，在因特网中则不然

资料来源：(Wikipedia.com，2006)。

网络中立性的倡议者要求将因特网当作一项类似于电力等公用设施的服务应当像电力能源那样具有实用性。当你用电时，不管你用来做什么，所用的电量都被记录在电表里，并依此收取相应费用。然而，有许多网络服务提供商及电话公司要求美国政府改变因特网的属性，并考虑某些特殊应用的优先次序问题。他们认为有几家大型的网络公司在滥用因特网（比如视频传输这种抢占带宽的应用），给传统的网络通信带来诸多麻烦。他们的解决方案是使用一个“双层”因特网，数据的传输可根据用途提速或减速。比如，极受欢迎的网站YouTube.com每天向全世界用户传输数以百万计的视频流，就可能成为众矢之的。电话公司及网络服务提供商们认为YouTube.com给其他通信带来麻烦，因此要么付出更多代价，要么就得降低它的数据传输优先级。

4. 审查制度

审查制度则是另外一个相当重要的热点话题。审查制度是指政府对因特网通信进行监控，以防止某些资料在公众面前曝光。某些国家对社会公开内容有着严格的管制，某些字眼或者话题由于各种原因都是被明令禁止的。

在美国，内容审查，尤其是针对面向儿童的内容的审查，同样受到多方关注。《儿童网络保护法案》(Child Online Protection Act）就是内容审查的手段之一。这项法案要求，因特网用户在浏览未成年人不宜的内容之前，需要确认年龄。除了关注面向儿童的简单易懂的内容外，“仇恨网站”也是关注的焦点之一。尽管操作起来有点困难，审查制度的拥护者仍然认为网络服务提供商应当管制用户浏览的内容。许多网络服务提供商也认同这一观点，其中包括美国在线（AOL)，它对“仇恨网站”以及连环杀人犯热衷分子网站进行了严格审查。

在线旅游

行业分析

春天就要来了，你决定今年去旅游胜地波多法瓦塔玩。也许你会上Expedia、Travelocity以及Orbitz的网站查看航班信息及目的地旅店的情况（Expedia 2005年第四季度的报道显示，在其所调查的美国旅客中，有75%的人会在在线购买与旅游相关的产品或服务之前访问Expedia的网站)。

我们都知道这三大在线旅行社（online travel agency，OTA)。在如今的数字世界里，他们主宰着整个旅游产业。它们将传统的旅游业变成一种在线服务，你只需轻轻一点就可以进行航班及旅店预订、变更或者取消航班、预约租车，甚至可以计划整个假期。用网络术语来说，这三大旅行社还只是“在线旅行1.0”版本。而技术不断向前发展，“在线旅行 2.0”版本已经在筹划之中了。

旅行服务供应商及游客（包括航空公司、旅店及汽车租赁公司的消费者）向在线旅行社支付一定费用。而通过在线旅行社开展业务的旅行服务供应商无法与客户建立联系。因此，美国蓝色喷气机航空公司（JetBlue）及洲际酒店（InterContinental Hotels）等供应商，宁愿直接面向顾客推出预订服务。这样，这些供应商（及其顾客）就不用向在线旅行社支付费用，并且由于能提供最新的信息，它们能为顾客提供更好的服务。

于是我们进入了“在线旅游 2.0”时代——旅行搜索引擎时代。它们并不为你预订旅行服务，而是将成百上千的供应商名单列给你，你可以点击鼠标访问感兴趣的供应商的网站。旅行搜索引擎在网络消费者中越来越受到欢迎，这些网站包括 SideStep、Kayak、Mobissimo 以及雅虎的 FareChase。

如果你想预订一个旅行套餐，尤其是到国外旅行的套餐，在线旅行社也许是最好的选择。但是如果你可以自己找到旅游相关产品和服务或者时间仓促或者想直接与旅行服务供应商联系，那么旅行搜索引擎就可以满足你的要求。

问题

(1) 您是否使用在线旅行社来完成旅行计划？如果使用，您选择哪家服务供应商？为什么？如果不使用又是为什么？

(2) 预测一下传统旅行社的将来。您会建议它们采用何种电子商务战略？为什么？

资料来源

Brian Smith, “Yahoo’s FareChase: The Stealth Disruptor?, ” *SearchEngineWatch*(April 27, 2006) http:// searchenginewatch.com/searchday/article.php/3601971

要点回顾

(1) 介绍了电子商务的有关知识，它的演化历程以及企业在虚拟世界竞争中所采用的策略。电子商务是企业之间，以及企业与其客户之间的产品、服务以及金钱的在线交换。尽管早在 1948 年柏林空运事件中电子商务就已经出现，但是直至因特网以及万维网的出现，才使得产品与服务的营销方式发生了重大变革，它们影响深远，开创了一个电子交易市场，提供了无数新服务、新产品和新功能。因此，在因特网及万维网上占有一席之地已经成为许多公司的战略必需。因特网与 Web 技术强强结合，提供了一个全球性平台，使全世界各企业都能够有效竞争并开拓新市场。电子商务并无地域限制。因特网的全球互连性为大范围的营销提供了一个相对经济的媒介。世界上每一台接入 Web 的计算机就相当于一个店面，而电子商务的触角就伸得更远了。与传统店面的情况不同，电子商务不受时间限制，企业可以在任何地方、向任何人全天候地销售产品。巨大的客户群不仅创造了更大的销售量，最终还能给消费者带来实惠，因为企业可以向消费提供价格更低廉的产品。各企业都在积极开发 Web 的其他功能，以获得更大的客户群，提供种类更丰富的产品，并通过竭力满足客户的独特需求与其建立更紧密的联系。这里所说的 Web 的多种功能包括全球信息发布、功能整合、大规模定制、互动交流、协作以及交易支持等。Web 已经将传统的商务运作变成一个高度竞争的电子市场。各企业必须从战略上定位自己，从而在新兴的电子商务环境下展开竞争。一种极端情况就是，纯粹的传统经营企业只在传统的实体市场中运作。这些公司通过开办实体的百货、办事处及制造工厂等来开展商业活动。换句话说，纯实体经营战略并不包括电子商务。而另一个极端则是，纯网络经营（或虚拟经营）的企业在虚拟世界中进行商务活动，这些企业没有实体店面，因此可以专心致力于电子商务领域。还有一些企业选择折中方案，即在实体经营和网络经营方面都有所涉及。这种公司采取的是实体兼网络经营模式。各企业还必须选择一个商业模式，以此来确定其盈利方式、目标市场、竞争对手、竞争优势以及营销策略等。虚拟世界的企业同样需要确定收益模式，该模式可以基于广告收益、预订费收益、交易费收益、销售收益或者其他组合。

(2) 解释了企业外联网和内联网的区别，并展示了企业如何应用这些网络环境。企业外联网使得两家或者更多的企业可以使用因特网参与到B2B电子商务中来。外联网还能提供及时、准确的信息并进行技术整合，还能以低成本创造高价值。此外，还提到了B2E电子商务，企业内联网，是指在企业组织内部使用因特网，以完成企业内部的业务处理及商业活动，包括员工培训、应用整合、在线输入信息、实时获取信息以及协作等。外联网及内联网都让企业组织受益匪浅，并且都已被大小企业中广泛采用。

(3) 介绍了B2C电子商务发展的各个阶段，并了解了成功应用电子商务的关键。B2C电子商务关注的是企业与终端消费者之间的交易。企业的网站可简单、可复杂，并且可分为电子信息网站、电子一体化网站以及电子交易网站等不同类型。电子信息网站只是简单地为消费者提供电子产品手册及其他信息。电子一体化网站则使消费者能够通过查询企业数据库及其他信息来源，获取个性化信息。电子交易网站则能让消费者在线下订单和进行支付。要成功应用电子商务，各公司应当遵循一些准则。电子商务的基本准则是以合理的价格提供有价值的产品和服务。这一点对电子商务如此，对其他商业模式亦然。然而，以合理的价格提供有价值的产品并不足以使企业在电子商务领域站稳脚跟。在传统市场上成功的公司并不一定就能在新兴的电子市场一帆风顺。除了拥有一个健全的商业模式以及盈利计划之外，那些成功的企业无一不遵守一系列基于Web的电子商务的基本原则或者准则。这些原则包括建立一个独特的Web站点，设计上赏心悦目，便于使用，能够快速访问并且能够吸引用户来访问、停留并回访。各公司也应当在Web上进行自我宣传（例如使用搜索引擎营销策略）并从其Web站点获取信息（使用网站分析学的知识）。

(4) 介绍了C2C电子商务的新兴趋势，以及移动电子商务产生的几个关键性驱动因素。因特网使人们能够通过各种途径交易货物、进行社交以及表达思想和观念。具体来说，电子拍卖使得人们可以面向广大的市场出售商品，网络社区形成了与共同兴趣、地域划分及交际圈等相关的大型社交网络，博客以及按需印刷使得人们可以出版在线日记或者印制图书，移动电子商务使得人们可以通过智能手机等可移动的无线设备充分利用因特网。随着因特网的进一步普及以及更快速的手机网络、更强大的手持设备和更成熟的应用的不断演变，移动电子商务也在迅速地发展。基于GPS定位技术服务也是移动电子商务创新应用的关键性驱动因素之一。

(5) 阐释了电子政务的几种不同形式以及对电子商务的政策性威胁。电子政务是指政府使用信息系统为公民、企业以及其他政府机构提供各种服务。根据服务种类的不同，电子政务可以针对公民（政府对公民）、企业（政府对企业）以及其他政府机构（政府对政府，可以是一国之内各级政府间的也可以是各国政府间的）。政府对电子商务的调控已经对电子商务的发展造成威胁。最为典型的是，美国的《爱国者法案》通过放松对电子监视的管制来限制公民自由，“简化税收计划”则强制所有州外卖家（包括线上及线下的）对消费者征税，网络中立性的反对者则认为应当根据数据的用途将因特网上的数据确定优先次序，而审查制度（包括美国国内外）则试图限制因特网用户可能浏览到的内容。

思考题

1. 什么是电子商务（EC）？它是如何演变的？
2. Web及其他技术是如何成为全球性平台的？
3. 选取两种电子商务策略进行分析比较和对比。
4. 解释因特网、企业外联网及内联网三者之间的区别。它们之间的联系是什么？
5. 列举出使用外联网的3个好处。
6. B2C电子商务的3个阶段是什么？
7. 列举出一个优秀的网站应当具有的6个元素或应当遵循的规律。
8. 列举出C2C电子商务的3个新兴趋势。
9. 解释说明电子拍卖的不同形式。
10. 介绍移动电子商务并说明它与常规电子商务有什么不同。
11. 电子政务的基本形式是什么？请分别举例说明。
12. 哪些规章被认为对电子商务的发展构成威胁？

自测题

1. 电子商务是在企业之间及企业与其消费者之间______的在线交换。
   A. 商品 B. 服务 C. 金钱 D. 以上所有
2. ______是指那些只在传统实体市场进行经营而不在虚拟世界进行经营的公司。
   A. 纯实体经营公司
   B. 纯网络化经营公司
   C. A和B
   D. 网站公司
3. ______综合了公司的盈利方式、产品供给、增值服务、利润来源及目标客户等。
   A. 损益表
   B. 收益模式
   C. 商业模式
   D. 年报
4. 根据正文所述，网站的3个发展阶段不包括______。
   A. 电子零售
   B. 电子一体化
   C. 电子交易
   D. 电子信息
5. Priceline.com网站的革新在于被称为“由你报价”（Name Your Own）的______系统。客户可以明确所需产品并给出心理价位。
   A. 即时定价
   B. 菜单式定价
   C. 正向定价
   D. 反向定价
6. “以超低价引诱竞标者的电子拍卖欺诈手段”是指下面哪种行为？
   A. 投标诱惑
   B. 产品诱惑
   C. 客户诱惑
   D. 低价诱惑
7. Web站点应当______。
   A. 便于使用并能快速访问
   B. 提供独特的东西并且设计得赏心悦目
   C. 能够吸引人们访问、停留并且回访
   D. 以上所有
8. 想要“骗过”搜索引擎以提供网页排名的行为被称为______。
   A. 排序提升
   B. 搜索引擎优化
   C. 搜索引擎黑客行为
   D. 愚弄搜索引擎
9. C2C电子商务可以根据______分成几种不同的类型。
   A. 所销售商品的数量
   B. 买卖双方的数量
   C. 所采用的支付手段
   D. 以上所有
10. 博客是______。
   A. 创建在线文本日记的过程
   B. 自我表达的一种常用方式
   C. 高度可视的
   D. 以上所有

问题和练习

1. 配对题，将下列术语与相应定义一一配对
   i. 电子数据交换
   ii. 电子商务
   iii. 网站流量分析
   iv. 付费收录
   v. 电子交易
   vi. 自助出版
   vii. 数字版权管理
   viii. 搜索引擎优化
   ix. 电子政务
   x. 电子一体化
   a. 企业之间及企业与消费者之间商品、服务以及金钱的在线交换
   b. 利用公司开发并且全额付费使用的专有网络进行的商品与服务的在线销售
   c. 使得出版商能更好地监管数字媒体以限制或防止非法复制及散播
   d. 通过增加客户在线下订单及支付功能的方式比电子一体化更进一步
   e. 迅速生成网页，为客户提供量身定制的信息，满足其特定的需求
   f. 使用信息系统为公民和企业机构提供公共服务方面的即时信息
   g. 提升网站排名的方法

h. C2C电子商务的一种，使得人们可以几乎无需经过编辑修改便可发表原创作品
i. 付费将其网站纳入搜索引擎列表
j. 分析Web浏览者行为以改善Web站点性能

2. 访问阿拉斯加航空公司网站（www.alaskaair.com）获取实时价格信息，登录www.timbuk2.com测试定制信息包创建者。因特网技术这些年是如何改进的？
3. 搜索一个完全基于Web的公司的网站。然后找一个混合型（即既有实体经营又有Web站点的）公司的Web站点。和这两种公司做生意各有什么优劣？
4. 你觉得电子商务对送货公司，如联邦快递以及UPS会有什么影响？你有在因特网上买东西的经历吗？如果有，你购买的东西是如何送到你手中的呢？
5. 你在电子邮件里收到过广告吗？它们是有特定目标群体的广告还是产品目录？你如何对待这些广告，是认真看还是直接删除掉？看完一张广告单需要花多少工夫？
6. 是什么吸引你去访问、长时间停留并且回访一个网站？如果你可以把这些答案总结成一套标准，你觉得这些标准是什么？
7. 登录以下对比式购物站点：BestBookBuys（www.bestwebbuys.com/books/），Bizrate（www.bizrate.com）以及mySimon（www.mysimon.com）。这些公司主要将内容汇总给消费者。这些网站的优势何在？
8. 比较3种不同的搜索引擎。它们在关于如何提高网页排名上有什么窍门？在其搜索结果页面上宣传某网页的花费如何？如果你是一家公司领导，你觉得什么情况下你会不惜一切代价地拿下搜索结果页面第一页的第一条结果？
9. 描述一下你的在线购物经历。你是通过什么方式付款的？当时你必须向商户提供哪些信息？你觉得这样合适吗？
10. 访问一些热门的在线社区（比如www.myspace.com以及www.facebook.com）。是什么特色功能吸引你一次又一次地访问这些网站？在这类在线社区上是否有你自己的网页？如果有，为什么呢？如果没有，你又是出于何种考虑呢？有没有什么内容是你一定会或者一定不会发布的？
11. 你使用过智能手机等移动无线设备吗？如果用过，你喜欢它什么或不喜欢它什么？怎样才能更好地使用这种设备？如果你没用过，那又是为什么？什么情况下你才会使用这种设备？
12. 讨论一下数字版权管理的利弊。你觉得出版商要限制其出版物的用途吗？你觉得娱乐业采取的措施有助于限制音像制品的非法复制吗？
13. 访问www.firstgov.gov网站。你觉得哪些服务对你有帮助？你会使用哪些服务？哪些领域没有涉及？
14. 在线购物时，销售税是你衡量的因素之一吗？你会试图购买那些无需缴纳销售税的产品吗？如果你必须为在线购买的每一件物品支付销售税，这会影响到你的在线购物行为吗？

应用练习

电子表格应用：分析服务器的通信

校园旅行社最近发现其各办公室之间的因特网连接变得很慢，在每天的某些时段更是如此。由于其所有的网络通信都是由另外一家公司进行维护的，因此升级请求需要得到总经理的正式批准。公司电脑部经理已经建议升级公司网络。几天之后，他就必须在部门领导的周会上演示针对该建议的企划案。公司指派你为电脑部经理的企划案制作演示图表。在文件ServerLogs.csv中，你可以找出一周内网络的流量信息。那就准备以下几个图表吧。

(1) 每天所用的总带宽（线状图）。
(2) 按时间段分段的每日使用带宽（线状图）。
(3) 每两小时的平均使用带宽（线状图）。

使用专业处理方式处理图表格式，并将每幅图单独打印在一页上。（提示：如果你使用Microsoft Excel的图表向导功能，请选择第4步中的“画图：作为新表单”。）

数据库应用：追踪网络硬件

由于校园旅行社对电子商务还比较陌生，管理层建议，在使用因特网进行商务运作时采用逐步进行的办法。在使用因特网进行交易之前，管理层建议，建立一个网站来为客户提供信息。这个信息网站的一部分就是一个机构定位器，它显示每个机构所提供的相应服务。现在要求你来创建一个新的数据库，并与当前数据库建立联系。要创建这样一个新数据库，你需要做的有以下几点。

(1) 创建一个数据库，命名为“机构汇总”。

(2) 创建一张表格，命名为“各个机构”，其中包括各个机构的编号、地址、所在城市、所在州、邮政编码、电话号码、服务代理机构数量以及不同区域的工作时间。

(3) 创建一张表格，命名为“各种服务”，内容包括服务编号、名称（即服务种类）及相关描述。

(4) 再创建一张表格，命名为“机构服务”，内容包括“各个机构”表格的机构编号域以及“各种服务”表格的服务编号域。

(5) 创建好这些表格后，打开关系视图，将机构（一方）与机构服务（多方）通过双向的一对多关系（即每个机构可以提供多种服务，而每种服务也可以由多个机构提供）联系起来。

团队协作练习：书海捞针难，方恨光阴短

你有过在线购书的经历吗？和你的同学比较并对比你们的经历。你买的是什么类型的书？你使用的是哪个网站？你觉得你的在线购书经历如何？你会继续选择同一个网络书店还是到处转转找最实惠的？讨论一下各个书店所采用的招揽顾客的策略。如果你还没有过在线购书的经历，访问一下亚马逊、巴诺书店以及 www.allbookstores.com 等对比式购物网站，并评价它们的产品与服务。总结一下在线购物的利与弊。

自测题答案

1. D	3. C	5. D	7. D	9. B
2. A	4. A	6. A	8. B	10. D

案例❶

世界十佳企业内联网——IBM

2005年，用户体验研究公司 Nielsen Norman 集团将 IBM 的企业内联网评选为世界十佳企业内联网之一。公司内部称其为“按需网络办公室”（W3 On Demand Workplace）。IBM 是该年入选的唯一一家信息技术企业。

在评价 IBM 的内联网时，易用性方面的评判专家 Jacob Nielsen 谈到：“设计师采用了大胆却又现实的理念，创造并实施精确的内联网设计标准来保持设计的一致性，并通过个性化设计，确保正确的信息传递到正确的人手里。”

Nielsen Norman 集团指出了 IBM 内联网的几个最佳特色。

(1) 个性化新闻。基于自创档案，员工可以收到与其工作及兴趣相关的内外部新闻。

(2) 个性化的门户服务。特定工作的门户服务，即针对某员工工作的门户元素（例如关于某客户的新闻等），员工可以随意获取，内容涵盖金融、销售以及管理等方面。这意味着员工所需的与其工作相关的工具及应用程序都可以直接从 IBM 内联网的主页上获得。

(3) 员工通迅录。Nielsen Norman 的报告中是这样评价的：“如果普通的员工通迅录是一座小山包的话，那么 IBM 的 BluePages 信息就是珠穆朗玛峰了。IBM 的 BluePages 有丰富多彩的特色功能以及关联信息，可能是我们遇见的最强大的内联网员工通迅录了。”BluePages 使 IBM 人互相联系更加容易，有助于员工之间的协作。使用这个工具，IBM 人甚至可以搜索同一专业领域的其他员工。

(4) 博客。在博客中心，IBM 的员工可以创建自己的博客，并且可以通过 RSS 来订阅他人的博客。

(5) 无障碍设计。IBM 的内联网便于残障人士使用，包括年长的用户以及行动不方便以及记忆力、文化水平或视力存在缺陷等的用户。

Nielsen Norman 报告出炉时，IBM 的副总裁兼首席信息官 Brian Truskowski 曾说：“这个内联网对分布在 75 个国家的 32.9 万名员工来说，是一个强大的生产和协作工具。我们的内联网已经演化成为一体化平台，使得我们可以加速寻找资源与知识的进程，帮助我们的客户进行创新并取得成功。”

内联网对所有企业来说都是一个至关重要的信息来源和沟通渠道，而 IBM 获奖的“按需网络办公室”则值得所有企业借鉴。

问题

(1) 在 Web 上搜索"企业内联网最佳典范"，并列出一个有效的企业内联网的5个特征。

(2) 如果你的大学要创建一个学生内联网，应当包括哪些网络资源？

(3) 介绍几种企业能够衡量其在部署内联网方面的投资所带来的价值的方法。

资料来源

IBM Press Release, "IBM's Intranet: One of the World's Top Ten"(January 26 2006), http://www.marketwire.com/mw/release_html_b1?release_id=107490

案例❷

电子化航空运输业：用因特网进行商务活动

波音公司在发展电子化优势战略时的主要任务之一就是帮助主要客户（即各航空公司）保持竞争力。在2001年"9·11"恐怖袭击事件之后不久，波音公司注意到有几家航空公司申请破产保护，而一些小公司却以正确的经营结构在激烈的市场竞争里站稳了脚跟。在这些公司中，降低运营成本是其立足的最重要的因素之一。而最重要的是，这些低成本的航空公司力图使其最主要的收入来源，也就是飞机，尽可能多地在空中执行任务。因为飞机在地上多呆一分钟就意味者收益的流失。这样，这些小航空公司的飞机平均每天有近12个小时可以创造收益，而传统航空公司的飞机却工作不足8个小时。波音公司认为其专业水准能够帮助航空公司降低运营成本，从而使它们能够在竞争中占有一席之地。

因此，波音公司对电子化优势战略的各个部分进行调整以降低这些公司的运营成本。例如，电子飞行包根据天气和交通状况对飞行路线进行优化。SBS公司的机组人员时间安排软件帮助其更有效地调动闲置人员。飞行器健康管理系统能帮助技师轻易地检测出飞行器的问题，因此减少了飞机的停航时间。各种各样的解决方案使得航空公司在油价上涨、机场拥堵以及乘客焦虑频发等情况下，依然能够减少运营成本。

一直以来，波音公司主要致力于产品设计和销售，而并非服务。由于主要飞行器制造商（波音公司和空中客车公司）所制造的产品同质化现象越来越严重，服务已经成为差异化经营并获得竞争优势的一条出路。此外，由于波音公司多年向各个航空公司出售产品，已经与其客户建立了长达几十年的合作关系，所以它对高价值的服务有着非常清楚的认识。因此，波音公司对其电子化优势战略寄予厚望。另外，由于许多系统及服务要求数据与信息的实时交换，因此客户与各航空公司都将从与地面网络的高速互联中受益匪浅。考虑到这一战略的发展前景，波音公司于2000年创立了子公司Connexion，以开发各种提供高速互联的方法。经过几年发展，Connexion公司已经开发出了一系列针对不同客户和操作需要的产品及服务。

对于Connexion公司来说，支持电子化战略中的B2B部分只是其战略的一部分。起初，Connexion公司为各航空公司提供高速互连服务，其速度与DSL（Digital Subscriber Line，数字用户线路）速度相当，乘客可以浏览Web、收取电子邮件及获取娱乐资讯。而这个创意是根据市场调研的结果提出的。举例来说，波音公司的市场调研发现，乘坐飞机出行者（包括各种舱次）中有50%对飞行中收发电子邮件及接入因特网有浓厚的兴趣，其中有五分之三的人表示愿意为其支付一定费用；而这些人当中又有一半表示，他们的心理价位在20美元甚至更多。

为了对航班中因特网接入服务的潜在市场有更好的认识并开发一套站得住脚的企划案，Connexion公司进行了更为深入的市场分析，并获得以下发现。

- 75%的商务旅客在航班上携带笔记本电脑。
- 在美国，经常出行的商务乘客中对航班的因特网宽带接入服务"极其"或者"非常"感兴趣的占到了62%。
- 所有航空公司的飞行常客中大约有五分之一的客人愿意为高速接入服务支付35美元（相当于飞行期间3.5分钟的电话费）。
- 飞行常客中有3%极其有可能转向那些提供因特网宽带接入服务的航空公司。
- 有6%的乘客甚至愿意放弃"飞行常客优惠计划"，转而选择因特网接入服务。

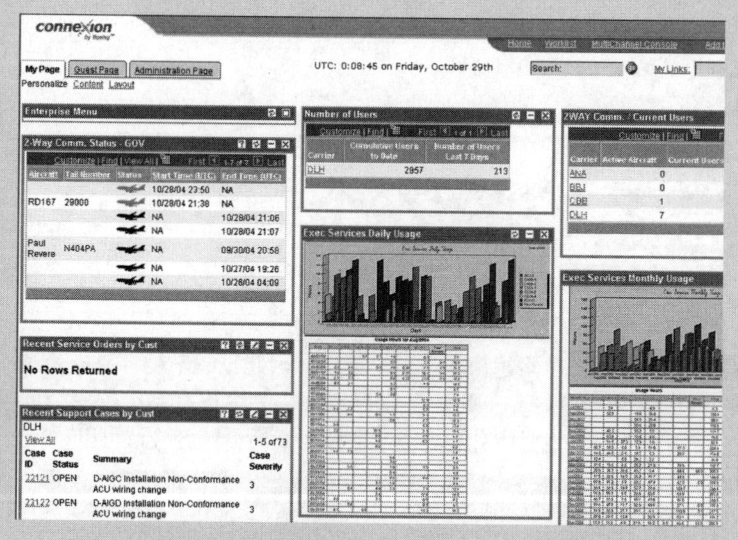

对于一家提供高速因特网接入服务的航空公司来说，这样的服务可以吸引并且留住相当大的客户群。而对航空公司来说，商务乘客哪怕只增加了一点点，收益水平都会有很大提升。例如，对一家国际航空公司来说，每次国际航班增加 1 名旅客，就会使年收益大约增加 100 万美元。因此，Connexion 公司认为，高速因特网接入服务可以为航空公司赢得强大的竞争优势。此外，航空公司还可以从中获得大量宝贵的使用数据以更好地确定目标客户群体（如图所示）。

除了我们的工作及个人生活越来越依赖于因特网之外，航空技术的发展也被认为是航班因特网接入需求增长的原因之一。比如，新加坡航空公司最近开通了一条由纽约飞往新加坡的 18 小时直飞航班，并使用空中客车公司最新的长途飞机。许多乘客，尤其是商务乘客，为了节省大量的宝贵时间，降低行李丢失和错过转机的风险而选择直飞航班。然而这也意味着无法与办公室联系或无法回复重要信件等。对大多数商务乘客来说，这种长时间与外面的世界隔离是要付出代价的——堆积如山的电子邮件、错失的良机、到达目的地前商务活动受限以及之后赶工所浪费的宝贵时间。飞行期间的因特网接入为乘客提供了一系列服务，使其能与客户或者办公室保持联系，因此长途飞行的旅客更有可能订购。

在潜在收益方面，Connexion 公司预计，飞行期间因特网接入服务的市场到 2012 年可达年均 80 亿到 100 亿美元，公司预期能占一半的市场份额，因此大约能获得 40 亿到 50 亿美元的年收益。

然而，对波音公司而言，提供飞行期间因特网接入服务意味着直接面向终端消费者，即各航空公司的客户。由于波音公司之前只与少数客户（即各航空公司）进行交易，因此这对它来说完全是一片崭新的领域。在极力劝说各航空公司在飞机上安装这些基础设备的同时，Connexion 公司还需要向乘客推销这种服务，因为他们在乘坐飞机期间必须付费才能接入因特网。此外，波音公司向 B2C 市场发展所提供的不仅仅是因特网接入服务，还包括通过个性化接口的内容服务。而在这两个领域，波音公司都不具有核心竞争力，Connexion 公司服务的市场接受速度还比较慢。在低于预期收益和对恐怖袭击持续担心的困扰下，波音公司最终放弃了向 B2C 市场继续迈进的步伐。

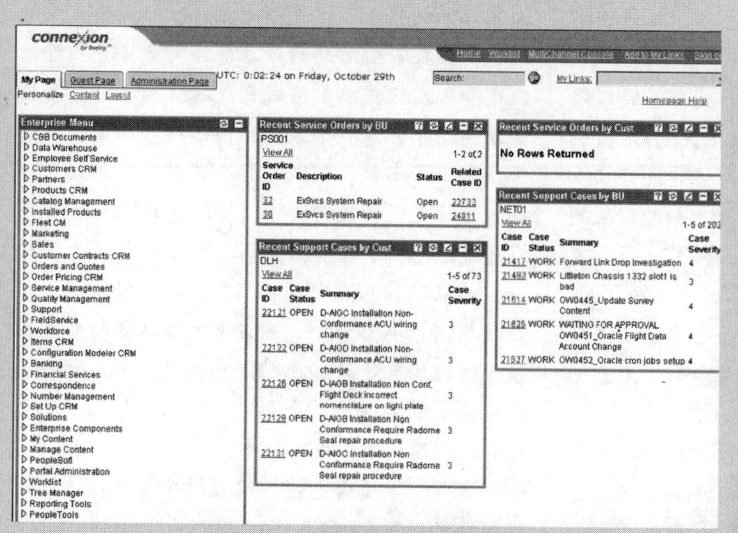

问题

(1) 导致波音的 Connexion 公司倒闭的主要因素有哪些？

(2) 一个主要在 B2B 市场运作的公司如何才能在 B2C 市场也同样取得成功？

(3) Connexion 公司本可以采取怎样的措施在 B2C 市场生存下去？

第6章

信息系统的安全

综述> 企业为使其经营活动得以顺利实施，越来越依赖于信息系统，因此也越来越容易成为被攻击的目标，遭遇灾难性的安全问题。鉴于此，企业也越来越关注信息系统的安全问题。本章将介绍如何保障信息系统以及系统里的重要信息的安全。通读本章后，读者应该可以：

1. 解释什么是信息系统安全，什么是信息系统安全的主要威胁以及系统是怎样被威胁的；
2. 描述用于信息系统安全防护的技术手段和人工操作的安全措施；
3. 讨论怎样更安全地管理信息系统以及信息系统安全计划的制定流程是什么。

数字化管理需要密切关注信息系统安全。拥有周密的方案以应对信息系统安全攻击以及自然灾害，是在企业内部有效地管理信息系统各种资源的关键。

数字世界中的管理 驾驶攻击

在无线网络普及之后，公司业务及个人事务都是怎样处理的呢？通过无线网络，我们可以在机场候机时查看电子邮件，在教室里使用电脑访问因特网，在参加国际会议时使公司业务不受影响，还可以从事许多其他工作。然而，无线网络也有不好的一面，那就是它们也被黑客们盯上了。如果无线网络安全管理松懈，黑客就会入侵到网络中来，并发起恶意的网络攻击。最近的一份调查显示，60%～80%的公司无线网络并没有采取安全措施。（在黑客的破坏性攻击行为如此猖獗的情况下，这真是一个让人震惊的数字。）于是，黑客们开始了一种新的攻击，叫做“驾驶攻击”。他们驾车在人口密集的区域到处转，搜索那些没有安全防范的网络，通常都能找到许多麻痹大意的可攻击对象。

直到最近，黑客们都一直专注于探索新的方式来绕过防火墙和其他用来保护有线网络的安全措施。然而，如今随着不安全的无线网络（Wi-Fi）不断普及，黑客们又发现了“新大陆”。

在驾驶攻击者最常发起的攻击中，有一种叫做“垃圾邮件攻击”。黑客们通过没有安全控制的无线网络连接到电子邮件服务器，在网络管理员毫不知情的情况下，发送大量的垃圾邮件。这种垃圾邮件攻击会给公司带来高昂的带宽费用却难以追查，垃圾信息制造者们也很少被抓住。有些企业通过配置众多伪装无线网络接入点来防范攻击，阻止黑客接入到个人和公司的无线网络。一些被称作无线伪装的软件工具，如FakeAP，就可以通过迷惑驾驶攻击者来保护网络，使其无法从众多伪装的接入点中找到“真正的”接入点。但是使用诸如Netstumbler或者Kimet这样的网络扫描软件，甚至是Window XP内置的工具，就能区分出真正的网络接入点和众多的伪装接入点。企业可以利用网络扫描软件来查找防护体系的漏洞，而许多驾驶攻击者也使用这样的软件来搜寻开放的网络（如图6-1所示）。

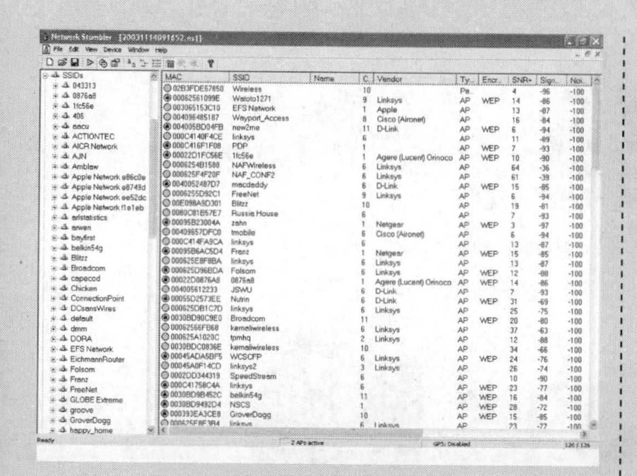

图 6-1 Netstumbler 这样的工具能找到所有有效的无线接入点，有助于驾驶攻击者发现开放网络，也有助于网络管理员更好地监控和防护网络

所有的无线网络接入点都内嵌了 WEP（有线等效加密）这样的安全协议，WEP 采用 64 位密钥来加密无线信号，理论上只允许那些知道 64 位密码的网络用户使用 Wi-Fi 信号。可是 WEP 被证实存在安全漏洞，这些漏洞使得黑客们能避开安全防护，轻松地接入 Wi-Fi 网络。近来，IEEE（电气与电子工程师学会）下的工程安全协会已经发表了解决 WEP 安全漏洞的“快速封包加密”技术，目的是修复安全漏洞并最终创建一个真正安全的无线网络。

如同所有新技术一样，快速封包加密技术也存在很多问题，比如难以管理，也难于部署。网络管理员得做出选择，或者让用户容易接入但损害安全，或者安装快速封包加密软件来强化安保，但却使得日常的网络操作不太方便。

阅读完本章，读者应该能回答如下问题。

(1) 企业怎样才能提高其无线网络的安全程度，减少安全风险？

(2) 未经所有者同意就使用其无线网络有什么不对吗？为什么？“捎带使用”邻居的未加安全防范的无线网络是否存在道德问题？

(3) 有人认为所有的无线网络都应向任何人“开放”，请问这种观点的利弊有哪些？

资料来源

http://news.bbc.co.uk/1/hi/sci/tech/1639661.stm

http://news.zdnet.co.uk/internet/0,39020369 ,2121857 ,00.htm

6.1 信息系统安全

如何确保信息系统不受病毒和其他威胁的侵害？在来自内部和外部的安全威胁面前，在肆虐的病毒和各种计算机犯罪行为面前，任何连接到网络的系统都有可能受到攻击，应该说，这是一个基本的常识。对于信息系统的威胁可能来自企业内部，也可能来自企业外部。**信息系统安全**指的是通过阻止未经授权的使用和访问，来保证信息系统各个方面（例如所有的硬件、软件、网络设备以及数据）的安全。这就意味着不仅要确保人们桌面上的个人电脑的安全，还要确保笔记本电脑、手持设备、服务器、网络的所有层，以及连接网络和外部世界的任何网关的安全。

随着因特网和相关电信技术以及系统的广泛应用，这些网络的使用又给企业带来了新的薄弱环节：有多种途径可以侵入或破坏这些网络。因此，确保电脑和网络安全的需求有了极大增长。好在现在有大量的管理手段和安全技术可以对信息系统的安全进行有效的管理。接下来，我们着重讨论这些新的现实问题。

信息系统安全的主要威胁

凡是使用信息系统的人都知道，灾难可能降临在存储的信息或计算机系统头上。有些是意外灾难，由于停电、电脑使用者没有经验，或是错误使用等原因引起；而有些则是怀有恶意的破坏者故意造成的（参见第 10 章）。信息系统安全的主要威胁包括以下几方面（参见图 6-2）。

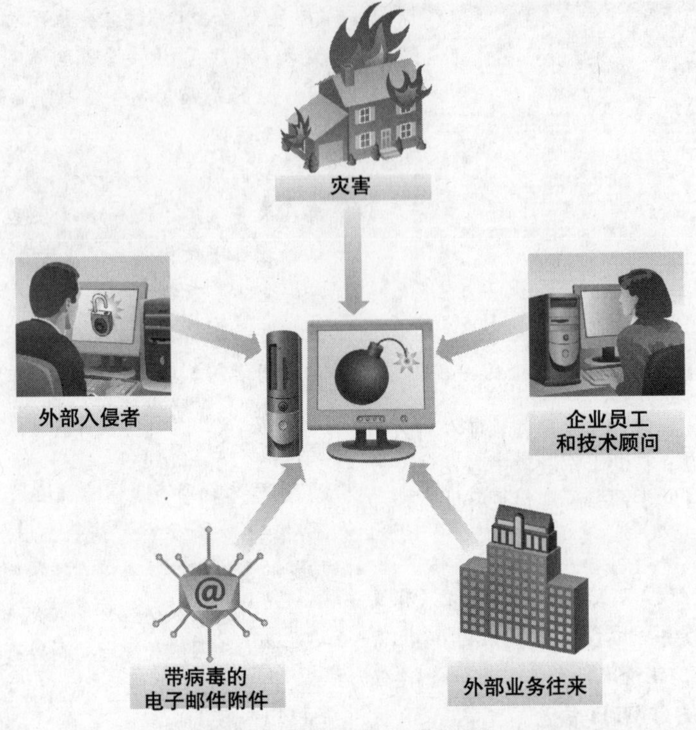

图 6-2 信息系统安全的威胁

- **意外事件及自然灾害**。停电，电脑操作人员的经验不足或粗心，宠物从电脑键盘上走过，等等。
- **企业员工和技术顾问**。可以访问电子文档的企业内部人员。
- **外部业务往来**。电子信息作为业务往来的一部分在两个或更多的业务伙伴间往来就可能存在风险。
- **外部入侵者**。侵入网络和电脑系统进行偷窥或破坏的黑客和破坏者（目前在网络上很嚣张的各种病毒就属于这种类型）。

破坏信息系统通常情况下有以下几种方式：未授权访问、信息篡改、拒绝服务、病毒，以及垃圾邮件、间谍软件和 Cookie 文件。下面就来讨论这些内容。

1. 未授权访问

人们在无权查看、操作或处理信息的情况下，浏览电子文档查找自己感兴趣的或有用的数据、在屏幕前窥视专有的或机密的信息，或者在信息发布途中将其截获，都属于**未授权访问**攻击。

未授权访问通过偷窃电脑，偷窃存储介质（例如可移动闪存、光盘、或备份磁带），或者仅是打开电脑上未设限制访问的文件就能实现。如果好几个用户共享电脑信息，比如说在一个企业里，内部系统管理员可以要求输入正确的许可信息来阻止对信息的随意窥视或偷窃。此外，管理员可以记录下来未授权个人登录访问的信息。然而，有心的攻击者会想方设法给自己系统管理员的身份或是提高自己的访问级别，有时通过窃取密码作为已授权用户登录系统（见图 6-3）。

一种常见的访问密码保护系统的方式是蛮力破解法，即尝试使用大量不同的密码（通常是以自动的方式）直到找到了相匹配的密码。有些系统试图通过增加不成功登录的等待时间，或是使用一种叫做 CAPTCHAS 的验证码识别技术来对付蛮力法。CAPTCHA 即全自动区分计算机和人类的图灵测试，它指的是这样一种技术，通常显示为一个组合有字母、数字的扭曲图像，用户必须将图像里的内容输入到格子里（在填写完其他相关信息之后）才能提交。因为图像是扭曲的，所以目前只有人类的眼睛可以识别出这些字母或者数字，从而可以避免自动处理机制不断重复尝试提交表单来获取许可进入系统（见图 6-4）。

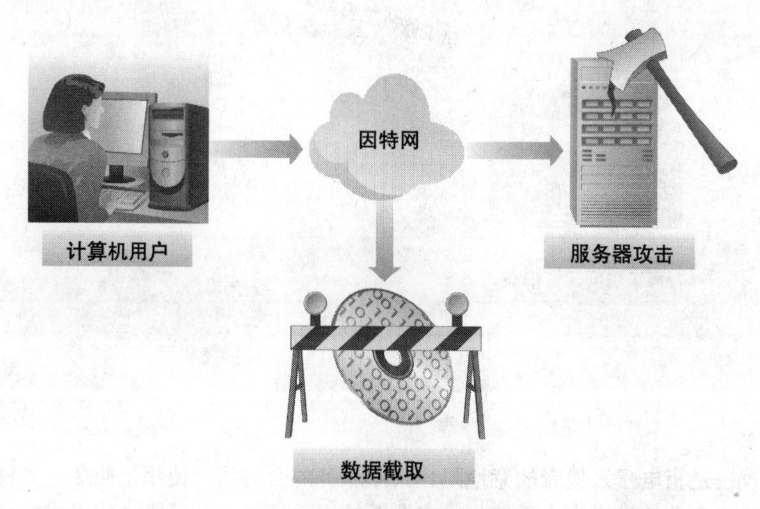

图 6-3 未授权访问攻击

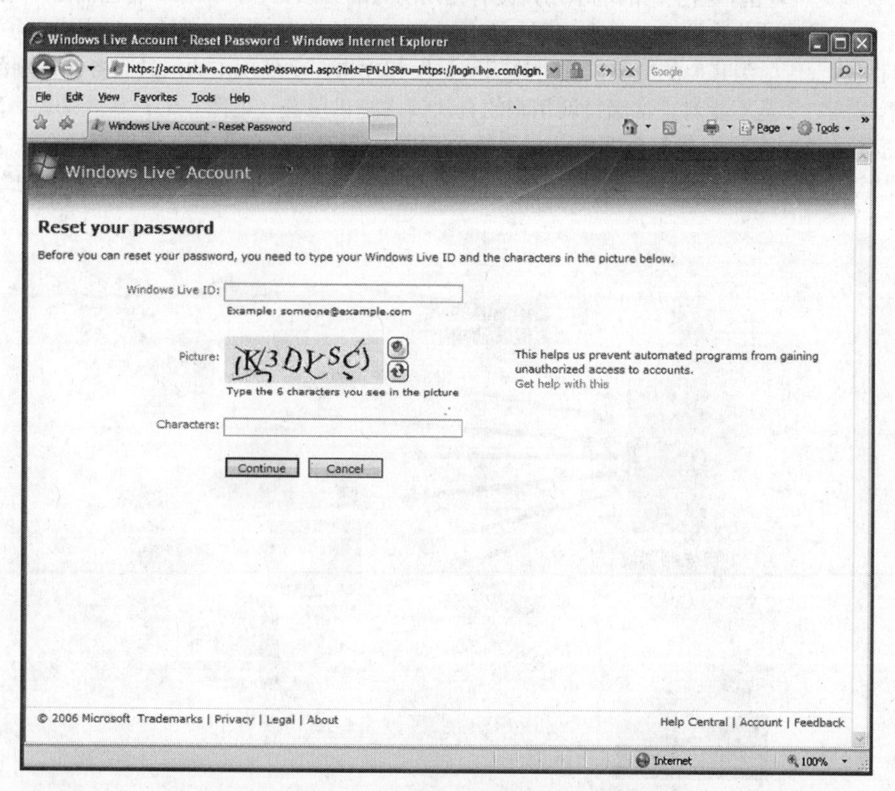

图 6-4 用来防止未授权访问企图的 CAPTCHA

2. 信息篡改

信息篡改攻击是指有人访问电子信息然后通过某种方式改变信息的内容，比如某员工侵入薪资系统给自己电子加薪和分红，或者黑客入侵政府网站修改信息（见图 6-5）。

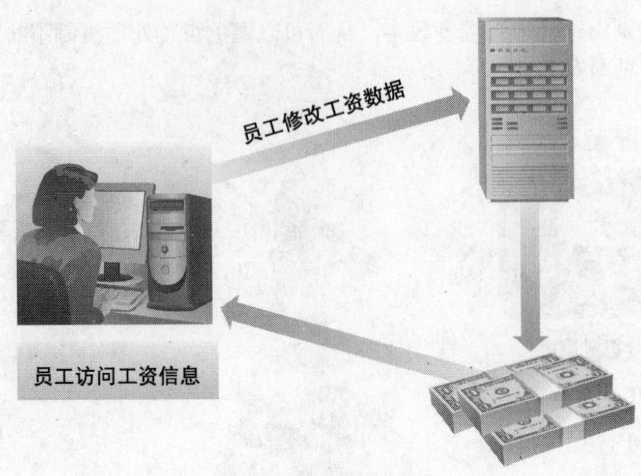

图 6-5　信息篡改攻击

3. 拒绝服务

拒绝服务攻击是指电子入侵者故意地阻止某项服务的合法用户使用该服务。入侵者经常通过使位于家里、学校或企业的没有安全系统（或安全系统很弱）的电脑感染上病毒或蠕虫（本章稍后会讨论）来实施这种攻击。当上网的电脑用户没有使用防火墙或杀毒软件来保护自己而易于被攻击时，被安放了恶意代码的染毒服务器就会出现。在用户不知情的情况下，病毒渗入到未受保护的电脑，利用它们将病毒传播到其他的电脑，并对热门网站发起攻击。受到攻击的网站服务器在潮涌般的假冒请求下死机，于是不能对正常因特网用户的合法请求提供服务（见图 6-6）。举例来说，MyDoom 蠕虫病毒能够控制大批染毒服务器来攻击微软公司网站，并完全阻止了其他用户的合法请求。微软公司是病毒作者的关注焦点，微软公司要经常提供下载补丁给它的软件用户以阻止未授权入侵。

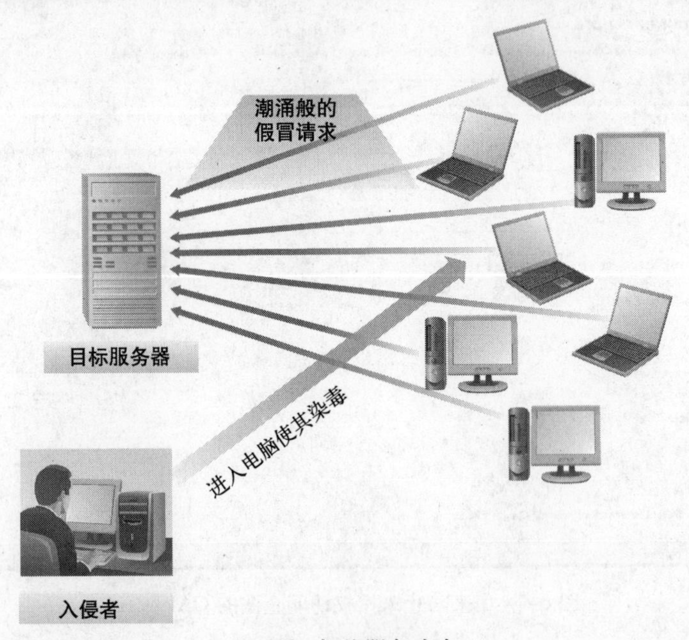

图 6-6　拒绝服务攻击

4. 计算机病毒

病毒将在第 10 章详细讨论，之所以在这里会提到是因为病毒是对电脑安全最具威胁的因素之一（见图 6-7）。病毒一旦破坏数据，就需要公司或个人付出大量的时间、金钱以及资源去弥补它们所造成的损失。病毒由破坏性的代码组成，能删除硬盘数据、控制电脑或造成其他破坏。**蠕虫**是病毒的一种，它能通过因特网，利用操作系统和软件的安全漏洞进行无休止的复制，进而导致服务器宕机和对因特网用户服务请求的拒绝。举例来说，Ida Code Red 蠕虫病毒利用已知的微软网站服务器的安全漏洞，即允许蠕虫大量发送数据包到 www.whitehouse.gov，使该服务器超负荷，于是造成拒绝服务攻击，导致美国白宫网站瘫痪。

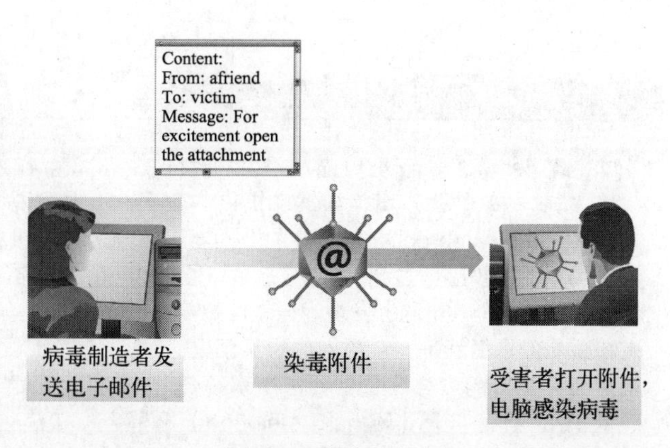

图 6-7 病毒攻击分析

5. 间谍软件、垃圾邮件和 Cookie 文件

另外三种威胁信息系统安全的方式是间谍软件、垃圾邮件和 Cookie 文件。

● 间谍软件

间谍软件是指在用户不知情的情况下，通过因特网连接偷偷收集用户信息的软件。间谍软件有时藏在免费软件或共享软件程序中，或者被植入网站，在用户不知情的情况下被下载并安装到用户的电脑上，目的是获取用户的数据来进行市场推广或做广告。间谍软件可以监视计算机用户的活动，并能在后台偷偷地将该信息传给其他人。电子信箱地址、密码、信用卡卡号，以及访问过的网站等信息都可能被间谍软件收集。从通信的角度看，间谍软件之所以会引发问题，是因为它占用了计算机的内存资源，当它通过因特网连接向其大本营发回信息时，还会占用网络带宽，从而导致系统的不稳定，或者更糟糕的情况是导致系统崩溃。有种特殊的间谍软件叫做**广告软件**，它能收集用户的个人信息以便量身定做浏览器的网页广告。尽管媒体一直在宣传应立法对间谍软件进行适当的调控，但是认清间谍软件目前并非非法这一点是很重要的。好在防火墙和反间谍软件可以扫描和阻止间谍软件。

● 垃圾邮件

另一种入侵电子邮件造成网络拥堵的常见形式是垃圾邮件。垃圾邮件是指包含垃圾信息的电子邮件或投送垃圾新闻组邮件，通常其目的是为了推销某种产品或服务（见图 6-8）。垃圾邮件不仅没有任何实际用处，浪费我们的时间，而且还会占用大量的存储空间和网络带宽。有些垃圾邮件就是个骗局，让你为并不存在的慈善事业捐款，或警告你注意根本不存在的病毒或其他网络威胁。有时候，垃圾邮件的附件还带有破坏性的计算机病毒。因此，网络服务供应商和企业内部邮件管理人员现在通常使用防火墙来打击

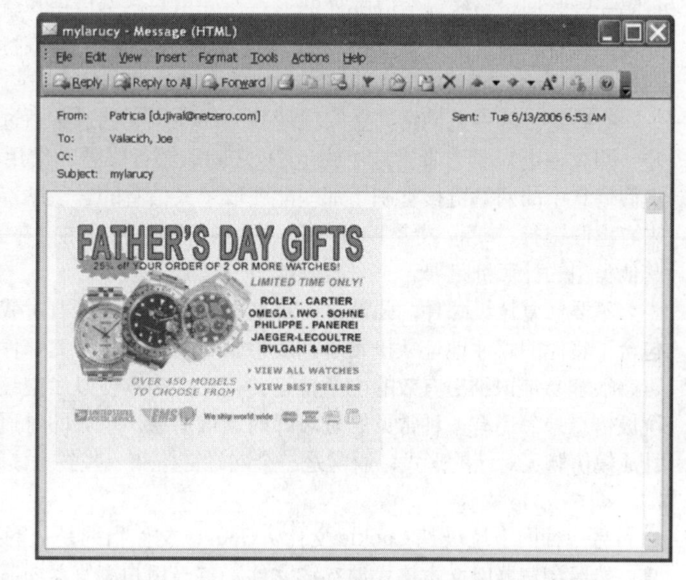

图 6-8 垃圾邮件猖獗消耗大量人力和技术资源

大部分个人电脑有间谍软件潜伏

网络统计

Webroot是一家扫描及清除间谍软件的软件生产商，根据它提供的数据，在所有安装了Webroot扫描软件的个人电脑中，66%的电脑至少感染过25种间谍软件。尽管统计数据表明在个人电脑上发现间谍软件的事件稍有减少，但这仍然是一个烦人的现实问题。“即使是允许接收的广告，它也会占用系统资源。”理查德·斯蒂努恩（Richard steinnon）解释说。作为Webroot公司研究网络威胁的副总裁，他还说：“我们发现了一个平均值，如果用户的计算机里有5～7个广告软件程序，系统就无法正常工作了。”

资料来源

Enid Burns, "Spyware Lurks on Most PCs" (May 6,2005), http://www.clickz.com/stats/sectors/security/article.php/3503156

垃圾邮件。举例来说，华盛顿州立大学使用博威特（Barracuda）垃圾邮件防火墙600（见图6-9）来过滤垃圾邮件和其他电子邮件威胁，诸如账户搜集攻击，网络钓鱼攻击，病毒等。博威特垃圾邮件防火墙结合十层防御来影响来源公开的垃圾邮件和病毒。这种结构有助于减少通过中央邮件服务器处理并发往用户邮箱的垃圾邮件的数量。

图6-9　博威特垃圾邮件防火墙600每天处理1 500万封以上的邮件，并拦截垃圾邮件和病毒

博威特垃圾邮件防火墙600可以处理3 000～10 000个活动的电子邮件用户。IT管理员为垃圾邮件过滤设置参数，并且可以决定电子邮件被过滤的程度。疑似垃圾邮件的电子邮件将被完全拦截，或被发送到隔离文件夹（如果IT管理员启用了隔离功能）。该文件夹可以由电子邮件的主人通过网络界面来管理。IT管理员还有一份有关所有已接收到的信息的记录，包括那些被完全拦截的邮件。如果有的信息被无意拦截，还可以被放行。如果一封合法邮件不慎被认定为垃圾邮件而被拦截，这种情况就是所谓的“误报”。博威特垃圾邮件防火墙是业界误报率最低的防火墙之一。如果启用隔离功能，一旦有任何邮件被放进隔离文件夹，每隔一段时间，系统就会以邮件的形式通知用户，然后用户就可以定期访问隔离文件夹，标记并删除垃圾信息。通过贝叶斯分析（即10个防御层之一），博威特垃圾邮件防火墙能不断获取用户反馈的信息，任何后续来自于被标记垃圾邮件来源的信息将会被防火墙自动拦截。

有些垃圾邮件是**网络钓鱼**（或欺骗）邮件，它们通常通过发送垃圾信息到成百上千万的电邮账户（即攻击者对受害者实施“钓鱼”）来骗取银行账号和信用卡持有者给出他们的授权信息。这些虚假信息中的网站链接复制了那些能获取个人信息的合法站点，例如，很多电子邮件用户经常受到来自虚假银行、ePay或者PayPal等（见图6-10）的攻击。在第10章，我们将详细讨论网络钓鱼和其他类型的计算机犯罪。

不要回复垃圾邮件，强调这一点是很重要的，尽管有时我们觉得这样做很不错，即使邮件信息包含了将你的邮件地址从接收者列表中删除的指令。回复邮件只会适得其反，因为垃圾邮件发送者可以很容易地识别出有效的电子信箱并标记出来以便以后继续发送垃圾邮件。除了依靠电子邮件的垃圾信息外，还有一种常见的**垃圾即时通信消息**。垃圾即时通信消息就是一种骗局，因为信息被设计成模仿聊天对话的形式，通常是一个网站链接和一些鼓吹该网站是多么有意思等诸如此类的内容。

● Cookie文件

另一种网上垃圾是Cookie文件。Cookie文件指的是从网站服务器传递到用户电脑浏览器的信息，然后浏览器以文本格式储存该文件，每当用户浏览器向服务器请求访问页面，该信息就会被发回服务器。

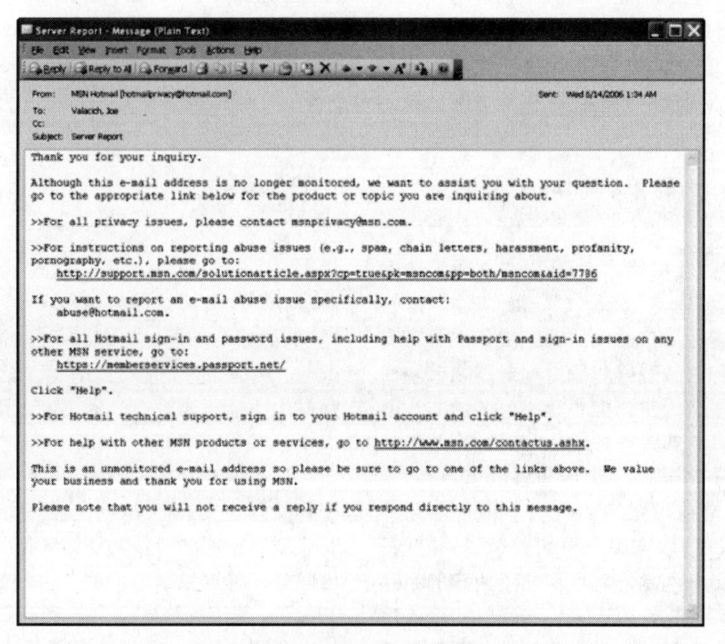
Server Report - Message (Plain Text)

From: MSN Hotmail [hotmailprivacy@hotmail.com]　Sent: Wed 6/14/2006 1:34 AM
To: Valacich, Joe
Cc:
Subject: Server Report

Thank you for your inquiry.

Although this e-mail address is no longer monitored, we want to assist you with your question. Please go to the appropriate link below for the product or topic you are inquiring about.

>>For all privacy issues, please contact msnprivacy@msn.com.

>>For instructions on reporting abuse issues (e.g., spam, chain letters, harassment, profanity, pornography, etc.), please go to:
http://support.msn.com/solutionarticle.aspx?cp=true&pk=msncom&pp=both/msncom&aid=7786

If you want to report an e-mail abuse issue specifically, contact:
abuse@hotmail.com.

>>For all Hotmail sign-in and password issues, including help with Passport and sign-in issues on any other MSN service, go to:
https://memberservices.passport.net/

Click "Help".

>>For Hotmail technical support, sign in to your Hotmail account and click "Help".

>>For help with other MSN products or services, go to http://www.msn.com/contactus.ashx.

This is an unmonitored e-mail address so please be sure to go to one of the links above. We value your business and thank you for using MSN.

Please note that you will not receive a reply if you respond directly to this message.

图 6-10　一封钓鱼电子邮件信息

Cookie 文件通常用作合法目的，比如识别用户以便为他们准备需要的网页，或是为了认证。举例来说，当用 Cookie 文件进入一个网站，有可能会被要求填写一张表单，需要填写姓名和兴趣或者是简单地填写邮政编码。这些信息被打包成 Cookie 文件，通过网络浏览器加以发送，然后储存在电脑上以便日后使用。当你再次访问同一网站时，浏览器就会向服务器发送 Cookie 文件以便它能根据你的名字、兴趣为你提供个性化的网页，网络服务器还有可能激活你的邮政编码向你提供当地新闻和天气预报。Cookie 文件通常记录用户在网站表单上提供的信息（例如，在定购产品的时候），在这种情况下，Cookie 文件可能包含敏感信息（比如信用卡号），一旦未经授权的人进入电脑就会带来安全隐患。

专门的 Cookie 管理或 Cookie 清除软件可以用来管理 Cookie 文件，可是管理 Cookie 文件更简单的方法就是使用网络浏览器的设置。举个例子来说，在 IE 浏览器的设置中，可以对 Cookie 文件的使用设置不同的等级，可以完全停止使用；如果允许使用，可以定期地从电脑中删除。在第 10 章，我们将讨论间谍软件、垃圾邮件和 Cookie 文件中的道德问题，尤其是侵犯个人隐私方面的问题。

6. 信息系统安全的其他威胁

很多情况下，出现计算机安全问题仅仅是因为企业或者个人不注意保护自己的信息。请看下面的例子。

- 员工把密码或接入信息记录在显眼的纸条上。
- 个人从未安装杀毒软件，或是安装了杀毒软件却没有及时升级。
- 企业内部的计算机用户在网络建成后一直使用网络默认密码，而不是自己设定一个很难被破解的密码。
- 员工的粗心大意导致外部人员能看到电脑屏幕，或是他们在打电话时不经意泄露了信息。
- 企业没有对内部文件和系统资源的访问作限制。
- 企业没能安装有效的防火墙或入侵检测系统，或是安装了检测系统却没能定期查看。
- 对新员工的背景没有做认真的核查。
- 没有适当地监控员工，以致员工窃取公司数据或某些资源。

- 被解雇的员工因不满而在离职时安装有害代码，例如病毒、蠕虫或者木马。

尽管计算机安全面临很多威胁，但是也有很多方法可以应对这些威胁。接下来，我们就来讨论企业和个人可以采取哪些措施来提高信息系统的安全性。

要不要 Cookie

道德窘境

很多在线业务使用 Cookie 文件收集访问网站的客户信息。Cookie 文件就是一些代码，通过它，用户访问的网站就能记录下有关用户的信息和兴趣爱好。因特网对购物者和研究人员而言可能是天堂，但也有不好的地方，就是每次你填写订单或是在线输入个人数据时，都会留下数字足迹，营销人员借此就能追踪到你。Cookie 文件通常在不知情的情况下保存在用户的电脑硬盘里，所以当用户再次登录该网站时，就有可能被认出，网站还有可能显示用户的名字欢迎登录。不幸的是，用户提供给网站的个人信息往往会被包含在邮件列表中出售给一些营销人员或公司。

大部分浏览器的用户可以选择不接受 Cookie 文件，或在接受前得到浏览器给出的警告，但缺点在于如果你要求提醒，在网上冲浪时警告就会不停地跳出来；如果你选择拒绝接受 Cookie 文件，你访问的很多网站就有可能不能正常工作了。比如，如果你申请过股票信息或者定制过主页和其他你所收到的信息，这些信息就没有了，除非你重新接受这些网站的 Cookie 文件。如果你曾经输入密码和身份信息访问过诸如《纽约时报》等网站，若硬盘里的 Cookie 文件被删除，你将无法进入该网站。此外，很多购物网站也不能正当运行，因为网上购物车通常通过 Cookie 文件来实现。

最近发现美国安全局（NSA）的网站在来访者的机器上安装 Cookie 文件。当 NSA 被告知这有违联邦政府的传统做法时，网站管理员很快做出回应，称这只是他们的一台网站服务器上的默认设置。随后 NSA 网站修改了服务器设置。

尽管 Cookie 文件本身并没有什么坏处，但一些提倡隐私保护的人却认为这是不道德的。如果阅读网站的隐私声明，就能知道 Cookie 文件被网站使用的方法、Cookie 的内容以及 Cookie 文件的过期时间。

资料来源

http://www.eweek.com/article2/0,1759,1906693,00.asp

6.2 保护信息系统资源

要保护好信息系统安全首先要对该系统各方面进行审核，包括硬件、软件、数据、网络以及所涉及的业务流程。只有这样做，才能知道企业内部的所有系统哪些方面比较薄弱，比较容易被未授权用户侵入或被授权用户不当使用。经过这种审核，我们就可以设计并实施安全计划来充分利用已有资源去保护系统，以阻止（至少是减少）问题的发生。尽管企业的所有员工将参与到安全系统的审核工作中来，但是通常都由信息系统部门的员工来负责实施选定的安全措施。有的公司甚至会专门出钱请外部的咨询公司来入侵和破坏自己的系统，以便发现和修复系统的薄弱之处。

为了省几千块钱却造成每年有数百万美元付诸东流，这种做法是很不明智的，因此企业要经常进行信息系统审核。正如在第 4 章提到过的，良好的信息系统审核的关键部分也是一次全面的风险分析。所谓**风险分析**指的是评估被保护资产的价值，确定资产受损的可能性，并比较资产受损带来的损失和保护资产所要花费的成本的整个过程。企业内部员工经常对他们的系统进行风险分析以确保信息系统安全措施经济、有效（Panko，2007）。

风险分析能够让我们确定要对保护系统安全采取什么样的措施。主要有如下 3 个方面。

- **降低风险**。采用积极的对策来保护系统，比如安装防火墙，本章稍后会讨论到。
- **承担风险**。不采取对策，接受一切破坏性后果。

施乐公司总裁兼 CEO 安妮·马尔卡希　关键人物

2002 年，当安妮·马尔卡希（Anne Mulcahy）被任命为施乐公司总裁兼 CEO 时，她也和别人一样十分吃惊。毕竟她没有接受过做 CEO 的正规培训，而且 1974 年从纽约塔里顿大学毕业时拿到的是英语新闻而不是商科的学士学位。

马尔卡希出生于 1952 年 10 月 21 日，1976 年以区域销售代表的身份加入施乐公司。这么多年来，她曾任人力资源部的副总经理、总参事、公司高级副总裁、客户运营部负责人，最近任市场营运负责人、总裁和首席运营官。马尔卡希在施乐公司有着多年的工作经验，她熟悉公司各方面的业务，并最终赢得客户、雇员及同事的信任和尊重。

图 6-11　施乐公司总裁兼 CEO 安妮·马尔卡希

上任 CEO 后，马尔卡希面临的最大问题就是缓解施乐公司 170 亿美元的债务危机。巨额的债务不仅会导致公司破产甚至倒闭，还会打击员工的士气。Paul Allaire 自 1986 年以来一直担任施乐公司的总监。在他的帮助下，马尔卡希通过削减办公经费 17 亿美元、变卖非核心资产获得 23 亿美元及锁定目标客户，最终实现了公司重组。直率的马尔卡希向证券交易委员会澄清了公司账目清算方面的问题，并且还在出任 CEO 的第一年里，飞行 10 万英里探访施乐公司在世界各地分公司的员工。她所做的这些极大地鼓舞了员工的士气。一年后，马尔卡希取得成功，施乐公司在这几年来首次实现盈利。

马尔卡希不仅是施乐公司的首位女 CEO，也是该公司一位已退休的销售经理的妻子，两个十几岁孩子的母亲。她目前还在 Catalyst 公司、花旗集团、富士施乐和塔吉特公司的董事会中任职。

资料来源

http://www.xerox.com/go/xrx/template/inv_rel_newsroom.jsp?ed_name=Anne_Mulcahy& app=Newsroom&format=biography&view=ExecutiveBiography&Xcntry=USA&Xlang=en_US

http://www.forbes.com/lists/2005/11/VI6W.html

http://www.time.com/time/photoessays/2006/india_hospital/

http://www.businessweek.com/technology/content/may2003/tc20030529_1642_tc111.htm

- **转移风险**。让其他人来承担风险，比如投资保险或把某些职能外包给其他的专业机构。

大公司通常均衡使用这 3 种方式，对某些系统采用降低风险的措施，某些情况下接受风险并置之不理（即选择承担风险），同时也会给全部或大部分系统活动投保（即转移风险）。降低风险主要有两大类措施，一种以技术为主，一种以人为主。任何一个全面的安全计划都会包含这两类措施。

6.2.1 技术防护

维护信息系统安全，通常有如下 5 种技术防护手段：

- 物理接入限制；
- 防火墙；
- 加密；

- 病毒监控与防范；
- 审计控制软件。

任何一种防护手段，都可通过很多种方式来部署。下面我们简要地浏览每种手段。

1. 物理接入限制

企业可以通过安全地存储信息，且只允许那些因工作需要的员工访问，来阻止信息系统的未授权访问。当然，企业可以使用“野蛮方法”来保护电脑和数据资源，比如说确保台式电脑不被移动，或是要求使用者在不用电脑的时候给硬盘上锁。然而大部分公司不会这么极端，而是要求以某种认证方式来控制访问。最常见的认证方式就是使用密码，只有经过精心选择并经常更换的密码才是有效的。除密码外，员工还有可能被要求提供身份认证组合、安全序列号或者个人信息，比如妈妈的姓氏。被授权使用计算机系统的员工也有可能拥有打开计算机的钥匙、带照片的身份证件、有数字标识信息的智能卡，或者其他允许访问计算机的设备。总之，访问限制通常依靠以下几种方式之一来实现。

- **你拥有的东西**。钥匙、带照片的身份证件、智能卡或者在内存芯片上储存有授权信息的智能标记（见图6-12）。
- **你知道的东西**。密码、编号、PIN码、暗码锁或是私密问题的答案（比如你的宠物的名字、妈妈的姓氏等。）
- **你特有的东西**。唯一的特征，如指纹、声音模式、脸部特征或者虹膜（生物识别技术的一种）。

图6-12 智能卡

有些限制访问信息的手段比其他的更安全一些。比如智能卡和智能标记、密码、暗码锁以及代码都有可能被盗，而生物识别设备却很难被蒙混过关，但是技术高明的侵入者有时还是有办法避开它们。以上列举的任何一项都可以被采用，但是组合起来使用会更安全，比如密码和智能卡一起使用。接下来，我们来了解一下实施物理接入控制的方法。

- **生物识别技术**

生物识别技术是限制电脑用户访问的最复杂的一种方式。生物识别技术用来对系统、数据或是硬件设施的访问者进行身份认证。有了这种技术，员工在使用计算机之前，要通过指纹、视网膜、体重或其他身体特征来认证身份（见图6-13）。一旦用户认证通过，他们就有权限访问某些信息系统、计算机、数据或指定权限的设施。自从2001年“9·11”事件发生以后，对机场、大型办公建筑和计算机而言，采用更安全的防范措施就变得尤为重要。生物识别技术可以保证极高的安全性，而且对人们进行身份鉴别非常有效，因此美国政府和许多公司都在调研如何最好地利用这项技术。

图6-13 用生物识别设备来识别身份
（资料来源：©AP/wide World Photos）

- **访问控制软件**

有一些专用软件可以用来保护存储信息的安全，例如，访问控制软件就可以给计算机用户设定访问权限，用户只能访问与其工作相关的文件，或只能进行只读访问，即用户可以查看文件却不能修改。用户也可以被限制只在特定的时间或者指定的时段才能访问这些资源，也可以被限定只能阅

声波纹

关键技术

1976年5月20日，一个不明身份的人打电话给美国缅因州奥古斯塔警察局，他对接线员说，奥古斯塔州立机场有一枚炸弹即将爆炸。奥古斯塔的警察录下了这段通话，一位警察局官员听了这段录音并对电话中说话人的声音进行了识别。随后，一名嫌疑人被警察局叫去进行了语音对比。警察让嫌疑人大声朗读了威胁电话内容的手写记录并进行了录音。然后警察局将这段录音与之前的威胁电话录音一起送到了两位专家那里进行语音识别分析。

在审理过程中，几位语音识别专家提供了声谱图（即声波纹），证明炸弹威胁电话中的声音与嫌疑人录音带的声音出自同一个人。这名嫌疑人因此被判恐怖威胁罪。尽管嫌疑人在上诉中提出以这种新兴的声波纹作为证据并不可靠，但法官还是判定声波纹识别具有科学性和可靠性，可以作为法庭证据。语音识别专家们在录音分析中的看法被陪审团接受，陪审团认为可以作为证据。

这个案例（参见 *State of Maine v. Thomas Williams*（338 A.2d 500 [me. 1978]））成为后来很多声波纹分析案件中的法律先例，这里的先例是指同类案件审理的范例。

如今语音识别已经用于许多犯罪案件的审判，如谋杀、强奸、绑架、贩毒、赌博、政治腐败、洗钱、逃税、盗窃、爆炸威胁、恐怖活动以及团伙犯罪活动等。由于每个人的声音都具有独特性，他人无法复制和模仿，因此语音识别是识别身份的一种有效办法，可在执法过程中使用也可用于安全保障。由于事实证明声波纹分析具有可靠性，1976年至2006年间有超过5 000个与语音识别有关的案件使用声波纹分析结果作为证据。

运用声谱仪，我们可以对语音进行可视化的对比，复杂的语音声波以图形化的形式表示出来就是声谱图。在显示屏上声谱图以时间为横坐标，频率为纵坐标，阴影的不同程度反映了声波信号的幅度。说话人的共鸣音在图上分解为纵向表示辅音成份，而横向表示元音部分，说话者在发声说出词组或短语时的清晰度参数都被图形化地显示在仪器上。声谱图作为发声语句的永久记录，便于人们对已知的人和未知的人所说的相似的话语进行可视化对比。

在安全系统中，声波纹分析也被用来保护设备和数据，防止未经授权的接入。比如银行业就已经把声波纹技术作为一种附加的安全措施来防范潜在的盗贼，在账户所有者通过电话访问银行账户时，通过声波纹就能鉴别该通话者是否为合法用户，从而决定是否容许其访问账户。

声波纹分析也佐证了信息系统技术是如何造福世界的。

资料来源

法庭判决：http://www.law.harvard.edu/publications/evidenceiii/cases/williams2.htm

Steve Cain, Lonnie Smrkovski, and Mindy Wilson, "Voiceprint Identification" (October 8, 2006), http://expertpages.com/news/voiceprint_identification.htm

读文件、阅读及修改文件、增加内容到文件、或者删除文件。如今大多数的通用业务系统应用都内置了这些安全功能，因此用户不必再单独运行附加的访问控制软件。无论是在应用软件内部限制用户访问权限，还是借助于专门的访问控制软件，通常的方式就是对用户进行认证以确定他们是谁，要求用户提供其知道的信息（如密码）、持有的东西或者可获得的东西（如身份识别卡或者文档）。

- **无线局域网控制**

由于无线局域网的安装及使用简单，价格也便宜，人们对它的使用猛增，这也使得许多系统暴露在攻击之中。传统的局域网络使用铜线、光纤等物理传输媒介，而无线局域网络使用无线电波来传输。结果，传统局域网络通过电线或光纤来发送信号，而无线局域网络却将信号散播在无线电波上，使得那些攻击者可以相对容易地侵入网络截获信息。未经授权的用户可以借此轻松地窃取公司资源（如免费上网，这在一些国家算是违法行为）或者对网络进行严重的破坏。一种叫做驾驶攻击的新型攻击类型已经兴起（详见公开案例），攻击者无需进入到家里、办公室或者企业内部，就可以访问网络、窃取数据，甚至使用网络提供的服务或者发起网络攻击（见图示6-14）。

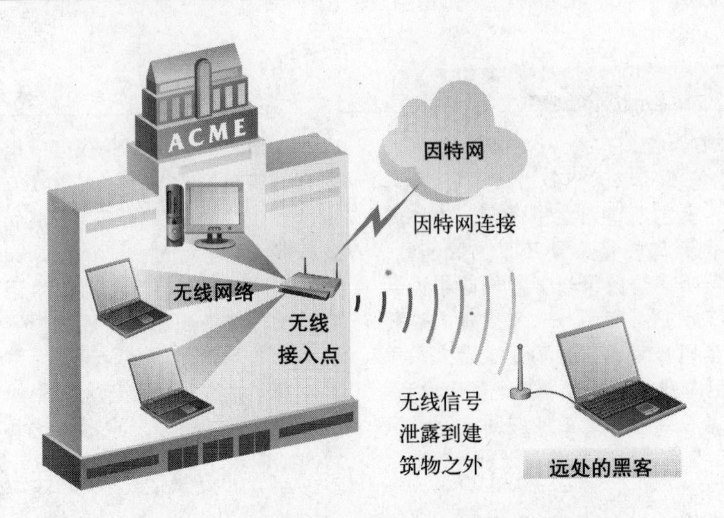

图 6-14 针对未加密无线局域网的驾驶攻击在增多

技术概览 4 中详细谈到，无线局域网络采用的主要标准是 IEEE 802.11 家族。802.11 信号可以覆盖到离无线接入点几百英尺外的地方。如果围绕建筑配置多个接入点，这些局域网信号就可以覆盖整座大楼。然而，这种方式虽然能扩大覆盖范围，却也会让攻击者们有机会轻松地接入企业内部。无论在家里还是在办公室里使用无线局域网络，最重要的是配置无线网络接入点，使攻击者们不能随便进入网络。可以配置许多种接入点，例如可配置成只允许使用预授权无线网卡的电脑访问。

- **虚拟专用网络**

虚拟专用网络（VPN）是在已有的网络内部动态创建的网络连接，通常被称作安全隧道，用于连接用户或节点（见图示 6-15）。比如说，许多公司的软件解决方案让人可以在因特网上创建虚拟专用网络，并将其作为传输数据的媒介。这些系统使用认证和加密（稍后讨论）及其他的安全机制来保证只有授权的用户才可以访问网络，并确保数据不会被拦截或受损；在（公用）因特网上建立加密“通道”来传输安全（专用）数据，被称为**隧道**。例如，在华盛顿州立大学，当从远程连接到校园网络或使用校园无线网收发邮件时，就要求使用 VPN 软件。

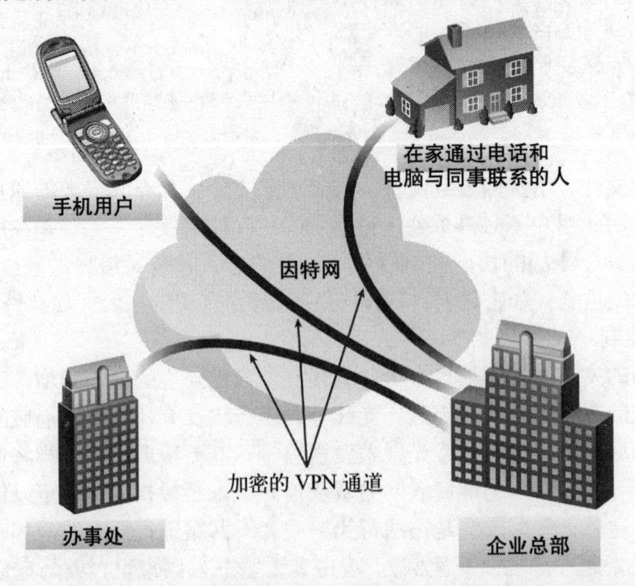

图 6-15 虚拟专用网络（VPN）允许远程站点及用户通过安全隧道与机构网络资源连接

2. 防火墙

防火墙是用于检测入侵并阻止来自或接入专用网络的未授权访问的系统。可以把防火墙看作企业内部关键的安全防护措施，它能发现任何突破企业外围防御的入侵者。

防火墙可以基于硬件、软件或软硬件组合，通常用来阻止未授权的因特网用户访问与因特网连接的专用网络，尤其是专用的企业内联网，参见第5章。所有进出内联网的信息都要通过防火墙。防火墙会检查每条信息，并阻止那些不符合设定的安全标准的信息。防火墙采用的方法有以下几种。

- **数据包过滤** 防火墙检验每个进出网络的数据包，然后根据预先设定的规则来确定接受还是拒绝。**数据包过滤**非常有效并且对用户透明。不过，建立数据包过滤系统需要花费许多时间，而且会减慢网络速度。
- **应用程序级控制** 防火墙可以只对特定的应用程序进行安全处理，如文件传输。**应用程序级控制**也是一种相当有效的方式，但是可能会降低那些受防火墙监控的应用程序的性能。
- **路径级控制** 防火墙可以在其两侧的特定用户或系统间建立某种类型的网络连接（或“路径”）时进行监测。一旦建立了这样的连接，数据包就可以在两者之间传输，无需进一步的检测。**路径级控制**对于那些需要快速连接，并且一旦连接完毕，网络性能就不受限的指定网络连接类型相当有效。
- **代理服务器** 防火墙可以截获进出网络的所有信息，代理服务器也可以完成这样的功能。代理服务器的使用有效地隐藏了真正的网络地址，潜在的攻击者只能“看”到防火墙的网络地址（这就是**网络地址转换**，NAT）。代理服务器还经常用于在本地保存（缓存）网站的内容，以便加快热门网站的访问速度。

● 防火墙体系结构

图6-16中多种不同的防火墙体系结构展示了在网络中如何使用防火墙。图6-16a指的是用于家庭网络中的基本防火墙，在单台计算机上安装防火墙软件。而图6-16b则表示用于小型办公室或者家庭办公环境中的防火墙结构。这里的防火墙是硬件防火墙，只能通过一种价格不太昂贵的路由器来实现。图6-16c中的是用于大型企业的防火墙，占用了专门的场地（Panko，2007）。

我们不打算在此解释这些网络体系结构图的细节，我们想强调的是由于情况变得越来越复杂，防火墙方案随之调整的复杂程度和影响范围也在加大。在家里，我们所使用的防火墙也许只是简单的软件防火墙。如果通过DSL或者有线电缆连接到因特网，使用的路由器可能就内嵌有防火墙。在小型办公室或者家庭办公环境中，路由器都具有防火墙功能。稍大一些且具有独立办公场所的企业则会同时使用多层次、多类型的防火墙。而那些办公地点分散多处的大型企业就需要更加复杂的防护体系。

3. 加密

在任何关于系统安全的讨论中，都会提到未授权窃听这个问题。企业可以使用不对外部用户开放的安全隧道，但因特网、公众电话线和无线电波却不受这样的限制。我们中的大多数人都使用电子邮件，通过移动电话来联络朋友、家人及同事，把个人的、关于财务的及公司的机密信息都放心地存在桌面电脑、笔记本和服务器上。直到近些年来，我们才意识到安全问题的存在。如今那些有关商业间谍、恶意的黑客、好奇的邻居和同事以及怀疑一切的政府机构的新闻事件使我们开始怀疑：是不是所有的信息传输在某种程度上都受到那些看不见的窃听者的支配呢？

不能通过安全隧道来传递信息时，信息加密就成为防止窥探的最佳法宝。**加密**是指将信息进行编码处理后再传送到网络或者无线电波中，在接收方对信息进行解码，以此来保证只有那些特定的接收者才能看到或者听到所传送的信息。在图6-17中，由于发送者在发送前扰乱了信息，窃听者即使截获信息，没有解码密钥也无法解读信息。（密码学就是专门研究加密技术的科学。）

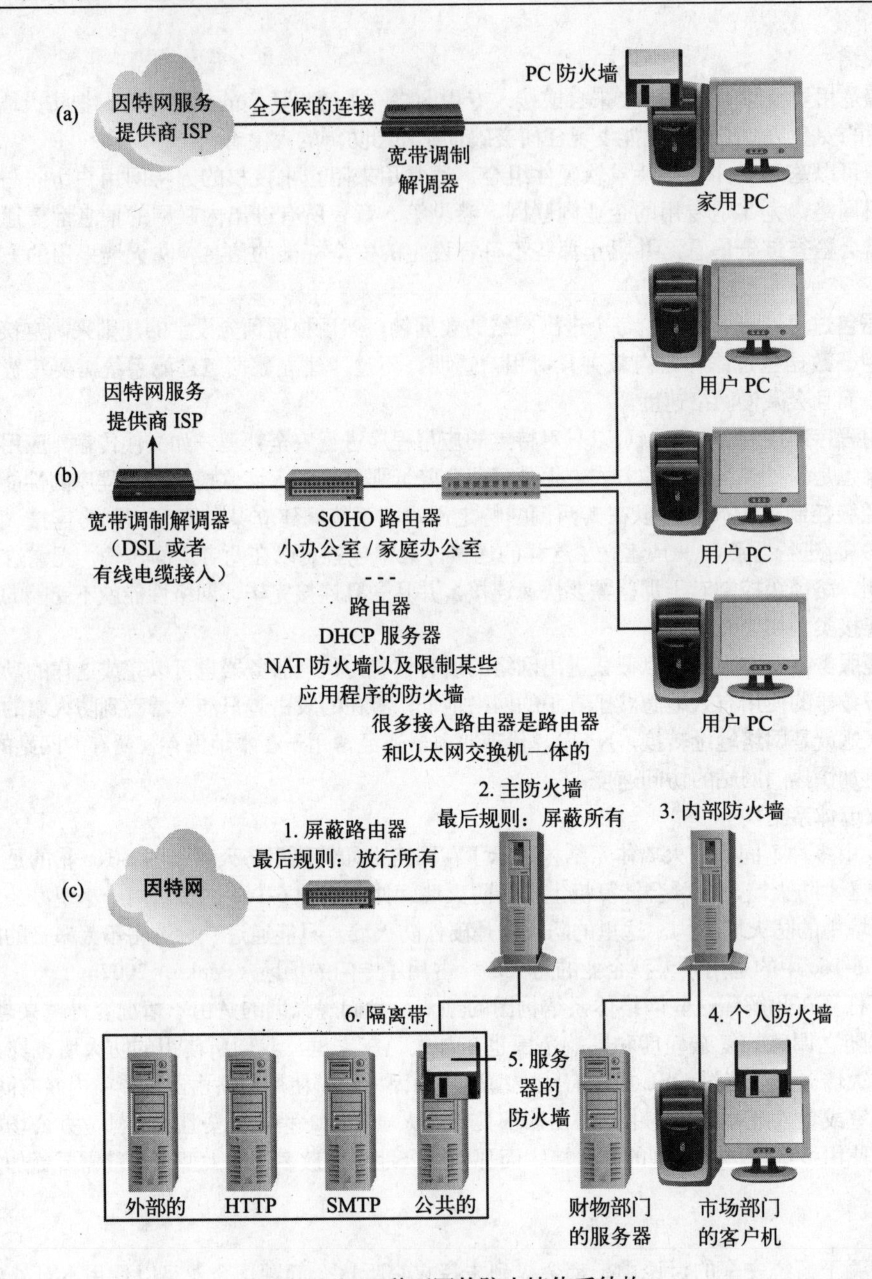

图 6-16　3 种不同的防火墙体系结构

用户可以利用加密软件来实现以下功能。

(1) **认证**。对用户进行身份鉴别的能力。目前因特网上采用的主机到主机的认证方式主要基于用户名或者地址，但这两种方式都不太安全，容易被篡改。

(2) **私密 / 机密**。确保只有那些目标用户群才能够识别信息。

(3) **完整性**。确保接收者接收到的信息与原始发送信息一致，没有任何篡改。

加密后的文本
JOGPSNBUJPO TZTUFNT UPEBZ
加密前的明文
INFORMATION SYSTEMS TODAY

图 6-17　加密技术用来对信息进行加密，使未授权的人无法看明白信息的内容

(4) **不可否认性**。大多数的浏览器都采用数字化签名来证明信息的确是来自真正的发送者。

如今我们可以使用加密软件对文本信息或语音信息进行处理，在发送信息时发送数字签名，保证我们的真实身份与告知对方的身份一致。

- **加密是如何工作的**

所有加密系统都使用密钥，密钥是用来对信息进行加密和解密的密码。如果发送者和接收者都采用相同的密钥，这就是已经使用了数百年的**对称密钥加密系统**。对称密钥加密系统中发送者和接收者都必须防止密钥被他人得到，因此如何管理密钥就成为一个问题。如果太多的用户都使用相同的密钥，系统很快就会无效。如果给不同的人们发送信息时都采用不同的密钥，密钥的数量又可能多得难以管理。

随着**公钥**技术的发展，密钥加密系统中的密钥管理问题已经得到解决。如图 6-18 所示，公钥加密是非对称的，它采用私有密钥和公共密钥两个密钥。这种设想最早出自于麻省理工学院（MIT）的一位叫做 Whit Diffie 的研究员。此人也是黑客界里的奇人，他和两位同事在 1976 年公布了这个想法，即采用两个密钥来对信息进行加密和解密，一个是公开的，一个是私有的。每个人都拥有他自己的一个密钥对：一个可随意分发的公开密钥和一个保密的私有密钥。比如你想利用加密系统给 Jane 发送信息，首先用她的公钥对信息进行加密，这个公钥随处都可以获得。但是加密之后，即便你这个发送者也无法解密。而当 Jane 收到消息时，利用只有她自己知道的私钥就可以解密信息。公共密钥系统还可以用来鉴别消息。假若你使用自己的私有密钥对信息进行了加密，就相当于你对其进行了“签名”，接收者利用你的公钥对此信息解密就可以验证信息是否来自于你。

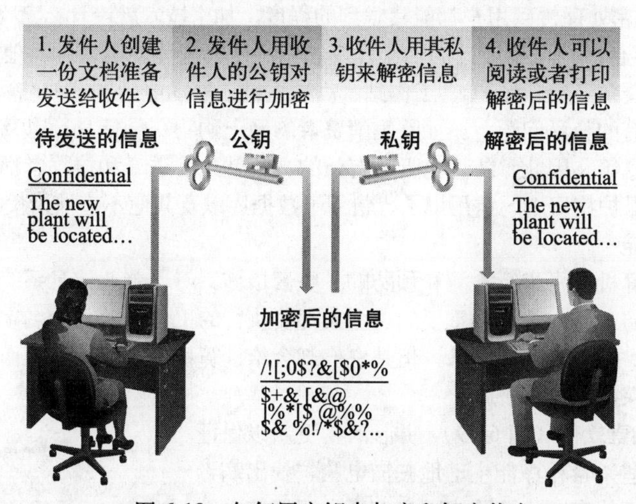

图 6-18 如何用密钥来加密和解密信息

针对繁忙的网站大规模地实施公钥加密需要更加成熟的方案。有一种被称为**认证授权机构**的第三方组织。这种组织在计算机间扮演着一个受委托的中间人角色，可以验证网站站点是否值得信任。认证授权机构了解每台计算机的情况，并向它们提供公钥。由网景（Netscape）公司开发的**安全套接层协议**（SSL）就是常用于因特网的公钥加密方法。

- **其他加密方式**

受 Diffie 的公钥 / 私钥概念启发，其他的加密方式应运而生。1977 年，三位麻省理工学院的教授 Ron Rivest、Adi Shamir 和 Len Adleman 发明了基于公钥 / 私钥概念的 RSA 系统，这个名字来自于三位发明者的姓氏首字母。他们把这项技术授权给了 Lotus 和微软等公司，但是联邦法律明令禁止加密技术的出口，因此很多公司无法将 RSA 技术应用于它们的软件中。1991 年，Phil Zimmermann 发明了一种多功能的加密程序 PGP（Pretty Good Privacy），并免费提供给那些想要尝试的人们使用。很快PGP就成为全球最受欢迎的信息加密工具。

那些锐意创新的加密狂人正将加密概念主流化，政府不得不掌控密钥，以便特工人员能够破译那些可疑的通信。政府最担心的是加密技术落入到坏人手中，给监控非法活动造成很大困难。因此，1993年美国总统比尔·克林顿同意应用Clipper芯片。该芯片能生成无法破解的密码，政府握有密钥可以解密任何使用Clipper芯片加密的信息。反对者批评这是对个人自由的威胁。但后来人们发现该芯片有缺陷，即在某些特定情况下用户可以利用其强大的加密功能进行加密而政府却得不到密钥。因此政府关于使用Clipper芯片的设想没能实现。

1999年联邦法规允许先进加密技术的出口，政府最终失去了对加密技术的控制。这给软件开发者在产品中增添加密选项铺平了道路，也使电脑用户更容易地利用加密技术。美国政府曾经支持商务部有关限制先进加密技术出口的规定，不过在2003年，布什政府承诺不再实施那些束缚加密技术研究的相关法规。这解决了那些加密技术研究者们一直面对的难题，他们可以将代码散布在因特网上供很多人使用。不过以后的政府也许会决定严格实施加密技术出口法规，到那时，密码学研究者们可能又得与联邦政府来理论了。

● **加密技术的演进**

私密安全和加密技术研究者们正在开发既能满足军事和民用需要，又不侵害个人的隐私权的产品。以后的加密程序将具有如下特性。

(1) **安全**。一般而言，加密密钥越长，安全性能越好。可是使用较长的密钥速度都会很慢，因而采用较短的密钥已成为大势所趋，但短密钥容易被破解。

(2) **高速**。如果加密处理慢到用户都能察觉到的程度，加密技术就没什么意义了。

(3) **适用于任何平台**。为电脑设计的加密程序还无法传输到移动电话和其他电子设备。新的加密程序必须能够用于众多平台，如PC、工作站、高端主机、移动电话和PDA等。

加密不能解决所有的隐私问题，诸如收集消费者的网上购物交易信息，以及故意泄漏那些发送者打算保密的邮件信息等。因此，防止窃听最有效的方法就是发送者和接收者都具有保密意识。也许最终加密措施能够保护病历卡、信用记录、信用卡数据库以及其他不应被未授权者接触的信息。

4. 病毒监控与防范

病毒防范是对计算机病毒进行检测和预防的一整套措施。对于企业信息系统部门以及所有拥有电脑的人来说，病毒防范已成为一项重要的、全天都要执行的工作。病毒的名字通常比较生动，比如Melisa、I Love You或者Naked Wife，但是它们却会给计算机带来灾难。下面我们描述了一些可用来确保计算机得到保护的防范措施。

(1) 购买并安装杀毒软件（图6-19），并且时常更新以保证能够防范新病毒。这些杀毒程序能主动地扫描电脑、找出病毒的位置、通知用户病毒的存在、清除或隔离病毒，还能使电脑的杀毒软件自动升级到最新的版本。不少软件开发商已推出价格并不高的杀毒软件供用户使用，用户可以从网站上下载软件并且通常都可以通过因特网来升级。

(2) 不要使用闪存、软盘以及来历不明或者值得怀疑的共享软件；同样，在从因特网上下载文件时也要警惕来源是否可靠。

(3) 不要打开来历不明的邮件，将它们直接删除掉；在打开邮件附件时更要高度警惕，即使误删一个合法的邮件也比计算机系统被病毒感染要好得多。

(4) 如果计算机系统感染了病毒，计算机用户应当报告给所在学校或者所在公司的IT部门，以便相关部门能采取适当

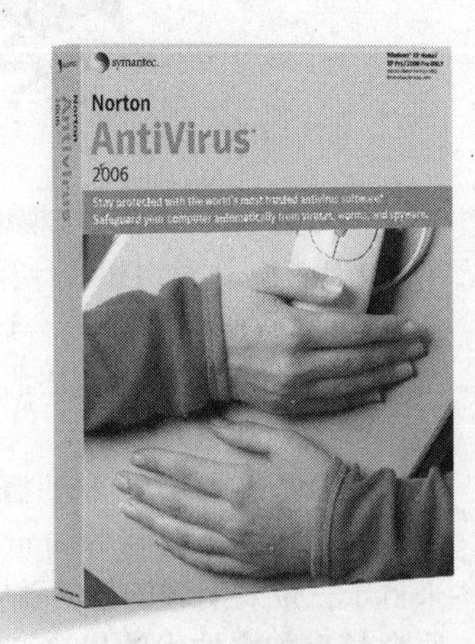

图6-19 病毒监控软件

的措施。万一病毒已经自动发送给邮件通讯录中的每一个人，你有义务通知他们。被提醒的联系人有时就能删除被感染的邮件，避免计算机受到侵害。

信息系统安全，尤其是未授权电脑访问、发送垃圾邮件、安装间谍软件或者传播计算机病毒等问题，小则是道德问题，大则是计算机犯罪行为。在第 10 章，我们将继续讨论、剖析信息系统安全与使用所涉及的道德和法律问题。

5. 审计控制软件

审计控制软件用来对计算机的行为进行跟踪以便审计人员能发现可疑活动并采取措施。运用这样的软件，所有授权用户和未授权用户都会留下电子踪迹以便追踪，这些显示谁曾使用过计算机系统以及怎样使用的记录叫做审计踪迹。为了更有效地利用该软件来保护系统安全，企业里的审计人员，通常大多隶属于 IT 部门或者信息安全部门，他们必须监控并能解读这些记录结果。

6. 其他保护技术

绝对地防范安全破坏仍然遥不可及，这里我们列出了一些企业可以采用的安全措施。

(1) **备份**。企业及个人计算机用户应定期地将重要文件**备份**到闪存、光盘或者磁带上，有些系统可以设置自动定期备份，比如在下班时备份。数据库维护的信息和移动到备份磁带里的信息都应加密，这样即使黑客侵入了数据库或者窃贼盗走了磁带，他们也无法使用这些信息。

(2) **闭路电视**。尽管安装并监控一个闭路电视系统会花费不菲，但这样的系统能监控那些闯入数据中心、机房或者配套设施的人。摄像头能显示某个设施的内部和外部情况，并将所有活动都记录到磁带上。内部的安全人员或者外部的安全服务商可以在计算机上监视并把可疑活动报告给警察。数字录像可以用于存储数字化信息，包括来自远程摄像头的信息，这些摄像头通过公司内部网、无线局域网或者因特网与系统连接。

(3) **不间断电源（UPS）**。UPS 不能防范入侵，但它可以防止因计算机电源波动或临时断电造成的信息丢失。

很显然，有很多技术方案可用来保护信息系统安全。一个全面的安全计划应该包括多种技术手段。接下来，我们讨论人为的安全措施。

6.2.2 人为保护

如图 6-20 所示，除了技术保护手段，也有很多人为保护措施，它们同样有助于保护信息系统安全，具体包括道德规范、法律条文以及有效的管理。第 10 章中会详细讨论到的信息系统道德规范，涉及系列有关用户行为的标准。在早期对潜在用户进行诸如哪些才是可取行为的教育，这样会有助于维护信息系统安全，而那些不道德的用户无疑会对信息系统安全的维护构成长久的威胁。

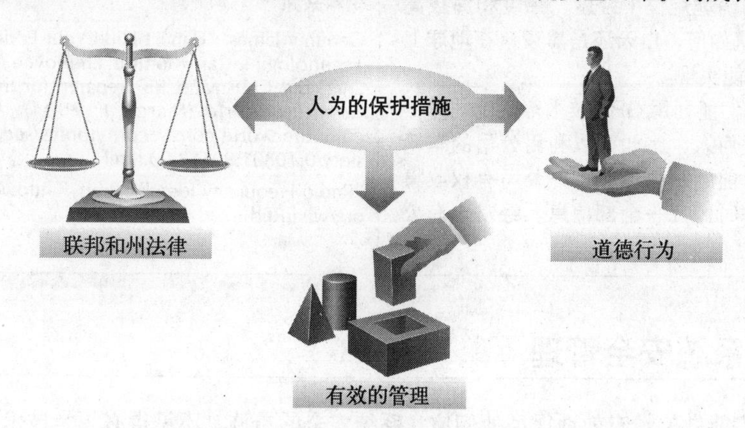

图 6-20 信息系统安全的人为保护措施

此外，众多的联邦法规和州立法规禁止未经授权使用网络和计算机系统的行为。然而，那些想要不经授权就访问网络和计算机系统的人常常能找到破解之道，并且法律的制定也都通常滞后于现实，只能用来禁止以后的类似行为。第10章中会对这个话题展开详细讨论。

此外，除了道德和法律，企业信息安全的效果还取决于有效的管理。管理人员必须不断地检查安全问题，意识到安全漏洞的存在，然后采取适当的措施。接下来我们就来讨论有效管理信息系统安全的方法。

小案例

老大在监视你

如果你认为自己是唯一能看到自己私人邮件的人，我们带给你的就是些不好的消息了。从雇主与员工的关系确立开始，雇主就在设法监控员工是否在工作。通常出于安全目的，办公室都会配备一些监控设备。信息技术把员工监控带到了一个全新的高度。利用适当的软件，你的雇主可以看到你的邮件，监控你的网络冲浪行为，甚至能记录下你在自己电脑上的按键情况。

此外，诸如射频识别（RFID）标签和全球定位系统（GPS）等技术都可用来在公司办公楼里或者全球范围内跟踪员工的行动。

RFID标签是一个很小的物体，可以附着或者放入到会动的物体里，也可以植入到不会动的物体里。它含有硅芯片和天线，可以接收和响应来自RFID收发器的射频查询。无源标签不需要内部电源供应，而有源标签需要电源支持（参见第8章）。

全球定位系统是卫星导航系统，包含超过24颗的GPS卫星。这些卫星通过无线电波向GPS接收器广播准确的定时信号，这样GPS接收器就可以精确地定位（经度、纬度和海拔高度）。不管天气如何，白天还是黑夜，在地球上的任何地方都能实现。

此外，人们能利用GPS技术来定位地球上任何地方的任何人，比如可以利用公司的车辆来实现。在当前的法律环境下，公司有权收集其员工在工作时的几乎全部信息。经常也有公司利用这些便利条件，打着保护公司数据和设备的幌子来收集敏感的数据。这些策略有助于防止少数流动员工和窃贼的不道德行为，但很多隐私保护组织质疑雇主的这种行为触犯了员工的个人隐私。

如果你认为自己不会受到影响，那就请你再掂量掂量。设想如下情形：你正坐在你们大学图书馆的计算机前处理一些私事，这些事与你的学习没有直接联系。尽管你认为这是一件完全合法的事情，但很可能你已经违反了学校关于正当使用计算机的相关规定。事实上，只要你使用学校（或者单位）的计算机及网络资源，他们就拥有合法权利来监视你在做什么。

在当今的技术环境中，老大的的确确在监视你。

问题

(1) 你认为你的老板有权追踪你在工作时的举动和行为吗？

(2) 如果监控技术很便宜并且得到了广泛的应用，而且电子支付系统也得到了普及，我们所说的隐私还会存在吗？

资料来源

Geoffrey James, "Can' t Hide Your Prying Eyes: New Technologies Can Monitor Employee Whereabouts 24/7, but CIOs Must Be Prepared for the Backlash," *Computerworld* (March 1, 2004), http://www.computerworld.com/securitytopics/security/privacy/story/0,10801,90518,00.html

"Radio Frequency Identification," http://en.wikipedia.org/wiki/Rfid

6.3　信息系统安全管理

通常，人们能做的最有效地保证他们信息系统安全的措施，不见得必须是技术方面的。相反，这种最有效的措施可能包含企业内部调整以及更好地管理人们使用信息系统的行为。例如，那些有关系统安全风险分析的结论，就是写给企业内部人员的计算机和因特网使用政策（有时也被称为正当使用政策），明确列出违反规定会受到的惩罚，如图 6-21 所示。

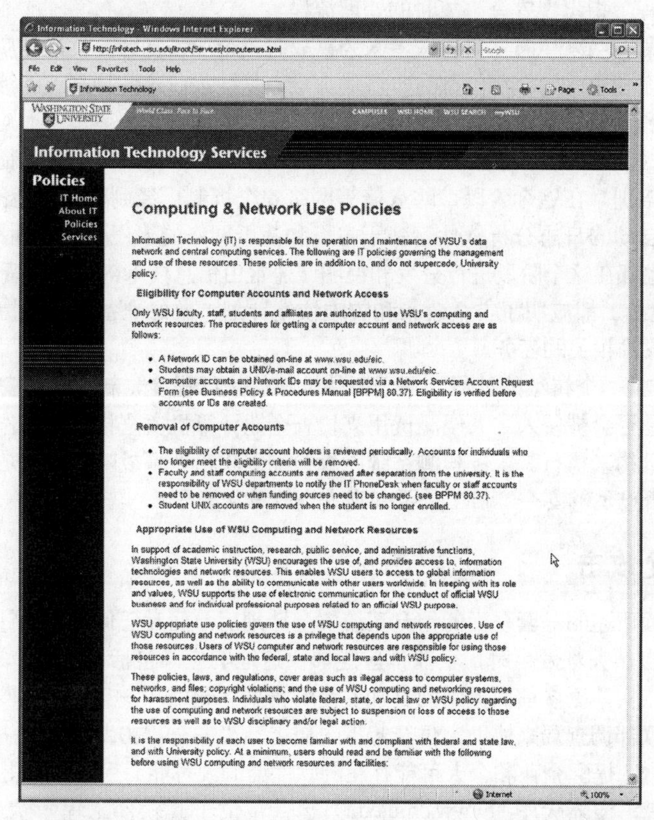

图 6-21 大多数企业都向员工和客户告知正当使用政策

6.3.1 制定信息系统安全计划

所有企业都应当制订信息系统安全计划。信息系统安全计划应包括风险评估、降低风险的应对措施、计划的实施以及持续监控等内容。这个计划应该持续更新，包含以下 5 个步骤。

(1) **风险分析**。企业需要做如下工作。

- 确定电子信息的价值。
- 评估对于信息保密性、完整性和有效性的威胁。
- 确定哪些计算机操作最容易受到安全攻击。
- 评估当前的安全政策。
- 对当前采取的措施和应用的安全政策提出改进设想，以改善计算机安全的现状。

(2) **政策和程序**。一旦评估出风险，就需要制定出详细的计划来应对安全攻击。与计算机安全有关的政策和程序包含如下内容。

- 信息政策　指对敏感的信息应该如何来处理、存储、传送以及销毁。
- 安全政策　阐明对企业所有计算机系统的技术控制，如访问权限、审计控制软件、防火墙等手段。
- 使用政策　指企业关于如何正确使用内部计算机系统的政策，比如禁止访问因特网，规定公司电脑只能用于工作目的，限制使用电子邮件等。

- 备份政策　明确信息备份的相关要求。
- 账号管理政策　指向系统添加新账号及删除离职用户账号的流程。
- 事故处理流程　指出现安全事故时的处理流程。
- 灾难恢复计划　当发生自然灾害或者人为事故时，企业恢复计算机操作应该遵循的一系列步骤。通常，企业里的每个部门都有自己的灾难恢复计划，这些计划可能涉及对某些关键的基础设施的远程备份（具体内容参见第4章）。

(3) **实施**。制定好政策和计划之后，企业就可以决定采用什么样的安全机制，对人员进行有关安全政策与措施的培训。在这个阶段，防火墙等网络安全机制已经到位，其他的侵入监测系统有：杀毒软件、手动及自动的日志分析软件、基于主机和基于网络的入侵监测软件。加密信息、密码、智能卡及智能徽章也都在这个阶段进行分发和说明。通常由信息技术部门来负责制定安全措施。

(4) **培训**。企业员工都应明了安全政策和灾难恢复计划，做好准备去执行指派的任务，包括日常例行事务的和与灾难相关的任务。

(5) **审核**。审核是一个持续的过程，用于评估政策的执行程度、新项目的安全程度，以及企业内部的计算机安全是否会被侵入。入侵测试用来检查企业计算机安全措施的工作性能，可在企业内部进行或委托外部机构来执行。入侵检测系统能否检测到攻击？事故响应程序是否有效？网络能否被侵入？实际上是否已足够安全？员工是否知晓安全政策和流程？

6.3.2 应对安全攻击

企业制订了前面所述的一套全面的信息系统安全计划后，面对任何类型的针对其信息系统资源的安全攻击，或在自然灾难发生时，企业都应能够快速地响应，包括利用备份来恢复丢失的数据，进行新的风险审核，实施更多前面提到的更加安全的措施。此外，一旦发现入侵者，企业可以联系当地的执法部门和联邦调查局来协助定位及起诉入侵者。当安全攻击发生时，一些在线的机构会根据其报告来发布公告，提醒企业和个人可能存在的软件漏洞或可能会受到的攻击。

例如，由卡内基-梅隆大学（www.cmu.edu）运营，位于其软件工程学院（www.sei.cmu.edu）的国家计算机应急处理协调中心（CERT/CC）就是一个主要的因特网安全技术研发中心，由美国联邦政府出资于1988年设立。当时Mirros蠕虫破坏了因特网上大约10%的计算机，随后美国国防高级研究计划署启动了计算机应急小组（CERT）。CERT/CC现在还十分活跃，他们研究因特网的安全弱点，为那些网站受到攻击的机构提供帮助，发布安全预警，组织研究并公布成果，为事故应急人员提供培训。其网址是www.cert.org。

类似的机构还有属于美国国家标准技术研究所（NIST）信息技术实验室下设的八大部门之一的计算机安全部（CSD），CSD的目标就是通过以下手段来改善信息系统安全。

(1) 提高对IT风险、漏洞及防范要求等方面的意识，尤其对新兴技术的意识。

(2) 对有IT漏洞的机构进行调查、研究及建议，为保存有敏感信息的政府系统出谋划策，提供有成本效益的安全和隐私保护技术。

(3) 制定标准、衡量、测试和确认体系，以提升、测量并确定系统和服务的安全程度；培训用户，为国家级的计算机系统设立最基本的安全需求。

(4) 指导提高IT规划、实施、管理和运营的安全程度。

NIST下的CSD的网站是csrc.nist.gov, 这对那些关心信息系统安全的人们来说，是非常有用的资源。计算机安全对政府、企业和个人都很重要，因为它有助于维护信息的保密性，有助于保证系统的可靠性和有效性，还有助于上报并追踪那些不道德不合法的入侵操作。无论是出于个人使用还是专业应用，我们对因特网的过于信赖，给其带来了不利的影响，作为网络的一部分，因特网会存在一些安全漏洞，需要人们慎重对待。

针对骨干网的网络威胁

前车之鉴 :-(:-| :-0

当你听到“网络威胁”这个词时，立即映入你脑海里的是什么呢？它完全是蠕虫之类的数字化威胁吗？蠕虫、病毒和木马的确是比较严重的网络威胁。典型的例子是冲击波蠕虫病毒，2003年曾在网络上广泛传播，感染了不计其数的电脑，据估计造成的损失高达13亿美元。

然而，一种不太常见的网络威胁，通常只有安全专家才会关注的威胁，就是对网络的硬件基础设施的威胁。例如，2006年早些时候，工人们在亚利桑那州铺设电视电缆的时候不小心挖出一根没有标记的光纤电缆。工人们在现场很负责任地拨打了现场提供的电话号码，得到许可后又继续掩埋电视电缆。由于这段光缆是一个庞大的因特网骨干网络的一部分，这次事故造成了很大的影响。即使该电缆具有自动修复功能，许多网络和手机用户还是顿时无法连接。更糟糕的是，这一环网的其他部分在之前加利福尼亚州的一次泥石流中已经被毁坏了。

仅在一年之内，就有67.5万多起事故被报道，其中电话线、光缆、水管线路或天然气管道都有意外受损的情况，这样的事实足以证明通信设施有多么的脆弱。更令人担忧的是，由于设施的位置信息随处可得，恐怖分子只需一台挖掘机就可以利用这些薄弱环节来进行攻击。

美国的一名研究生在论文中绘制了美国的主要光缆线路图，论证了攻击通信基础设施是多么容易。有趣的是，他发现大部分光缆就埋在主要的州际高速公路和铁路旁，并且大部分的网络信息只有两条路由。这篇论文很快引起国土安全部的注意，他们意识到如果论文落到坏人手里，可能会造成灾难性的后果。（但是，公布这种消息有可能会有助于公众和政府意识到通信设施到底有多脆弱，以及该怎么去保护它。）

资料来源

http://www.wired.com/news/technology/1,70040-0.html

http://www.washingtonpost.com/ac2/wp-dyn/A23689-2003Jul7?language=printer

6.3.3 系统安全管理现状

我们不断听到和看到一些事件，在这些事件中，网络安全被破坏是灾难性的，也可能带来可怕的后果。例如，据报道，2006年5月有一台军方笔记本电脑被盗，2650万的美国军事人员的个人信息面临着被泄露的风险。因为电脑里有一个庞大的数据库，包含了军人的社会保障号、出生日期以及其他个人信息。然而，虽然这类事件不断地被媒体报道，可是对于大多数企业来说，系统安全措施是有效的。据美国计算机安全协会（CSI）和美国联邦调查局（FBI）发布的2006年计算机犯罪与安全调查来看，由于计算机犯罪造成的经济损失正在减少。调查主要有以下发现。

(1) 给企业造成最大经济损失的是计算机病毒攻击，其次是未授权访问和拒绝服务攻击。

(2) 尽管计算机保险已经普及，但只有少数企业（大约占25%）采用它来弥补因各种攻击造成的损失。

(3) 只有少数企业（大约占20%）向执法部门报告企业发生计算机入侵事件，因为大部分公司担心这样做会带来负面影响，比如造成公司股价下跌，或使竞争对手从中获得好处等。

(4) 大部分的机构不会将安全事务外包。

(5) 几乎全部的企业（近90%）会进行例行的安全审计。

(6) 大多数企业认为对员工进行安全培训很重要，但是被调查对象表示他们所在的企业对安全培训的投入力度不够。

除以上发现外，公司还会选择使用大量的安全技术（见图6-22）。很明显，恶意攻击者们短期内还不会满足，还会继续进行破坏，但是企业似乎也在加大力度防范攻击。企业的这一举措还是很令人鼓舞的。从这里我们得到的教训就是：要时刻保持警惕，以便在数字世界中更好地管理系统安全。

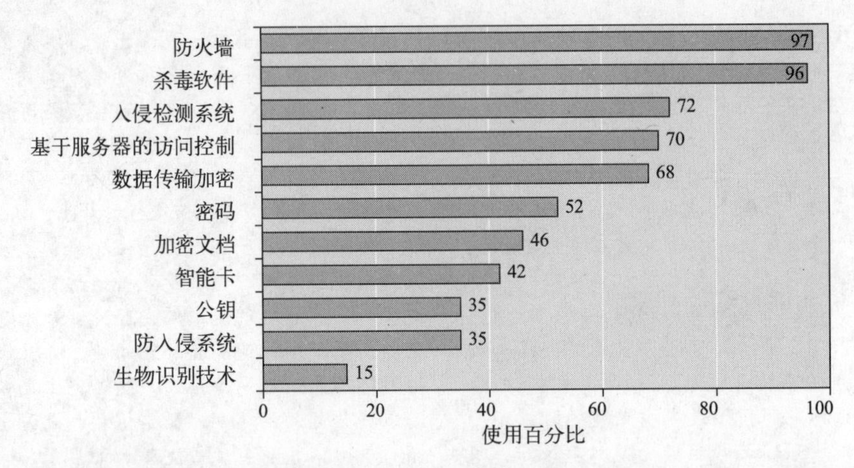

图 6-22　CSI/FBI 2006 年计算机犯罪与安全调查受访者所使用的安全技术

银行业

行业分析

就像很多其他步入因特网时代的行业一样，银行业也在发生变化。自 19 世纪以来，美国的银行一直受到严格控制。在 19 世纪和 20 世纪 30 年代通过的联邦法律和州法律，限制银行只能在特定的地理位置提供指定的服务。比如说，许多州规定每个银行只能在一个州为办理存款而设立办公场所，在有些州则只允许银行在某一个县设立办公室。银行可以提供传统的银行服务，包括存款和贷款，但是种类不多，不准开展保险业务，证券承销也受限制。自经济大萧条之后，许多银行法律和法规都倾向于限制破产银行的数量，确保银行更加安全，但是它们同时也限制银行提供给客户的服务，并禁止银行同股票经纪人及保险公司进行竞争。

从 20 世纪 70 年代至今，由于撤销银行管制规定，基本上所有银行限制条款都被放宽或取消。撤销管制规定增加了跨州银行的收购、合并和一体化，而且相对于缺乏效率的竞争对手而言，运营较好的银行可以获得更大的市场份额。因此，银行可以以更低的成本来提供更多的客户服务，而这也有利于国家的整体经济的发展。

现在，因特网给银行提供了另一种为客户服务的方式和另一个竞争场所。银行现在可以为客户提供方便安全的网上银行服务，如账户管理、贷款申请及基本的储蓄业务。客户的确不能再简单地根据营业时间、自动提款机的位置、收费水平以及到银行营业网点的距离来评判银行了。现在对于提供在线服务的银行，潜在的客户也可以通过以下几方面来评判他们：

(1) 网上银行操作的个性化程度；

(2) 使用的容易程度；

(3) 网站反应速度。

伴随着 21 世纪的进程，科技和全球化的发展毫无疑问将进一步推动银行业的变革。

问题

(1) 你使用网上银行吗？你最常用的功能是什么？你觉得最有用的功能是什么？如果还没有使用，那是为什么呢？

(2) 撤销银行业的管制规定允许银行更自由地跨州运营，是否应该允许国际大银行在国内市场开展业务？为什么？

资料来源

http://stlouisfed.org/news/speeches/1999/01_12_99.html

http://www.microsoft.com/presspass/features/2005/nov05/11-15Banking.mspx

Philip E. Strahan, "The Real Effects of Banking Deregulation",http://research. stlouisfed.org/publications/review/03/07/Strahan.pdf

要点回顾

(1) 解释术语“信息系统安全”的意思，介绍信息系统安全的主要威胁及系统是如何受到威胁的。信息系统安全指的是为确保信息系统各个方面（例如所有硬件、软件、网络设备和数据）的安全所采取的预防措施，避免未经授权的使用和访问。信息系统的主要威胁包括意外事件和自然灾害、企业员工以及技术顾问、外部业务往来以及外部入侵。可能危害信息系统的途径有：未授权访问、信息篡改、拒绝服务、病毒、垃圾邮件、间谍软件以及 Cookie 文件。

(2) 介绍以技术为主和以人为主的信息系统防护。技术方面的措施主要有 5 种：物理接入限制、防火墙、加密、病毒监控与防范，以及审计控制软件。物理接入限制通过验证个人所拥有的东西（例如身份证）、个人所知道的东西（例如密码），或者个人特有的东西（例如独特的生理特征）来限制未授权访问。许多公司企业同时采用多种方式以达到控制信息系统资源的最佳效果。有大量的技术可以被用来提高系统安全，包括防火墙、生物识别技术、虚拟专用网络、加密、病毒防护工具等。防火墙是用来监测入侵者的硬件或软件，防止来自于专用网络内部或外部的未授权访问。生物识别技术通过相匹配的指纹、虹膜、体重或其他身体特征，在准许用户使用计算机前对其进行鉴权。虚拟专用网络在因特网等公共网络内使用鉴权和加密来提供一条安全隧道，以便信息可以在两台计算机之间安全传送。加密指在信息进入网络或无线电波前对其进行编码处理，当接入到一条不安全的通信通道时，加密对于保护信息安全是非常有用的。病毒监控与防护利用一套软、硬件来探测和阻止计算机病毒。审核控制软件被用来保存计算机运行的记录以便审核者能够发现可疑的活动，并且在必要时采取措施。其他技术维护包括备份、闭路电视以及不间断电源。以人为主的防护措施包括道德规范、法律条文以及有效的管理。通常，企业会在保护信息系统资源时同时使用以技术为主和以人为主的防护措施。

(3) 讨论更好地管理信息系统安全的方法以及开发一个信息系统安全计划的流程。因为没有 100% 安全的系统，所以企业必须利用一切能够获得的资源去实施一个高效的信息系统安全计划。计划包括风险分析、政策和流程的制订、实施、培训以及持续的审核。很多机构都能提供系统安全救援，包括计算机紧急情况反应应急小组协调中心（CERT/CC）以及国家标准与技术学会计算机安全办公室（CSD）。他们能够提供相关资源、解决方案、预警、研究成果以及和信息系统安全相关的培训，除此以外还有提高管理水平的方法。

思考题

1. 列举并描述信息系统安全的主要威胁。
2. 列举并描述信息系统最常见的威胁。
3. 介绍与信息系统安全相关的风险分析，并列举 3 种对付信息系统风险的方法。
4. 什么是物理接入限制？它如何使信息系统更安全？
5. 什么是防火墙？
6. 介绍加密以及它是如何实现信息安全的。
7. 列举几种防范或管理电脑病毒扩散的方法。
8. 什么是审计控制软件？
9. 介绍 3 种以人为主的信息系统安防措施。
10. 什么是信息系统安全计划？制订该计划的 5 个步骤是什么？

自测题

1. 判定信息系统是否存在安全风险，常用的规则是什么？
   A. 只有台式计算机存在风险
   B. 只有网络服务器存在风险
   C. 所有与网络连接的系统都容易受到安全危害
   D. 网络和计算机安全无关
2. 电子信息安全的主要威胁包括哪些？
   A. 小孩和宠物
   B. 有缺陷的布线系统
   C. 意外事件和自然灾害
   D. 以上都不是
3. 以下哪个对电子信息不构成威胁？

A. 未授权访问
B. 拒绝服务
C. 未授权的信息改动
D. 以上所有都会危及信息安全

4. 信息篡改攻击指 ______。
A. 未授权用户更改了网站地址
B. 网站瘫痪
C. 切断电源
D. 未授权人改变了电子信息的内容

5. 用于保护信息安全的技术手段包括 ______。
A. 法律
B. 有效的管理
C. 防火墙和物理接入限制
D. 道德

6. 对电子信息的访问限制通常包括 ______。
A. 你拥有的东西
B. 你知道的东西
C. 你特有的东西
D. 以上所有

7. 以下哪项措施能判定信息系统用户的真实、准确的身份？
A. 审核
B. 鉴权
C. 防火墙
D. 虚拟专用网络

8. 以下哪种信息系统安全手段旨在评估被保护资产的价值，确定资产被危害的可能性，以及比较保护资产要花费的成本和资产受损所造成的损失？
A. 用密码来保护储存信息的安全并且只允许做相关工作的员工访问
B. 利用可能包括指纹、视网膜扫描或其他身体特征的生物识别技术
C. 尽量雇用好的员工并善待他们
D. 进行风险分析

9. ______ 是由硬件或软件构成，或者是两者兼具的系统，用于检测入侵，防止专用网络内外的未授权访问。
A. 加密
B. 防火墙
C. 报警
D. 逻辑炸弹

10. ______ 是在信息进入网络或无线电波前对信息进行编码，然后在接收端对其进行解码使得收件人可以看到或听到信息的过程。
A. 加密
B. 生物识别技术
C. 鉴权
D. 灾难恢复

问题和练习

1. 配对题，把下列术语和它们的定义一一配对
i. 正当使用政策
ii. 鉴权
iii. 生物识别技术
iv. 加密
v. 防火墙
vi. 钓鱼
vii. 风险分析
viii. 间谍软件
ix. 未授权访问
x. 僵尸电脑
a. 通过对指纹、虹膜或其他身体特征的分析来允许或拒绝对计算机系统访问的一种安全手段。
b. 特殊的硬件和软件，用来阻止不受欢迎的用户进入系统或是允许用户进入但只能行使受限的访问和权限。
c. 在信息进入网络或无线电波前对其进行编码，然后在接收端加以解码使收件人可以看到或听到这些信息的处理过程。
d. 识别用户是否的确是他们所声称的身份的过程，通常通过要求用户提供其知道的信息（例如密码），还有用户随身携带的东西或是获取的资料（例如身份证或文件）。
e. 企业内部的计算机或因特网使用条例，其中清楚地列出违反规定时的惩罚措施。
f. 评估被保护资产价值、确定资产受到危害的可能性以及将保护资产所花费的成本与被危害所造成的损失进行比较的过程。
g. 试图骗取财务账户和信用卡持有者泄露他们私人信息的电子邮件。
h. 感染了病毒并且在用户不知情的情况下允许攻击者对其进行控制的计算机。
i. 在用户不知晓的情况下通过网络连接偷偷收集用户信息的软件。
j. 没有授权的人访问计算机系统。

2. 软件防火墙有很多品牌，ZoneAlarm、诺顿网络安全和McAfee个人防火墙是最受欢迎的三款产品。在网上搜索这些产品的有关介绍，掌握防火墙的工作原理以及使用成本，把所了解到的东西汇总写成一篇报告。
3. 查找有关加密的更多的信息。128位加密和40位加密有什么不同？你的网络浏览器采用的是什么等级的加密技术？为什么美国政府不愿将更高加密等级的软件向其他国家开放？
4. 你的学校和办公场所使用的是什么等级的用户认证？是否有效？如果使用更高等级的认证会怎样？会对你很有帮助，还是会导致工作或者学习效率下降？
5. 搜索更多的有关计算机紧急情况反应应急小组协调中心（CERT/CC）、国家标准与技术学会计算机安全办公室的信息。据你预想他们在推进信息系统安全更好的发展中将继续扮演怎样的角色？它们是你想要为之工作的机构吗？它们在招聘工作人员吗？
6. 加密问题应该受道德标准的制约吗？例如，如果真的存在一项加密技术，使得密码绝对牢不可破，我们是否应该意识到它的使用有可能帮助恐怖分子或是犯罪分子逃避法律监管？政府是否应该规范哪些加密技术可以被使用，以便于政府的司法机构总能看懂由恐怖分子或者其他犯罪分子制作的文档？请阐明你的观点政府是否应该继续控制加密技术向支持恐怖主义的国家以外的其他国家输出？为什么？
7. 评价和对比你日常在家里、公司里或是学校里使用的计算机的安全措施。在家里用什么方法保护计算机的安全？公司和学校又采用什么手段来维护计算机的安全？（如果可能的话，和公司或者学校的IT人员聊聊，搞清楚办公场所和教室里的安全是如何得到保障的。）列出你所发现的安全漏洞并指出如何补救。
8. 在同学中做一次问卷调查，看看谁的计算机感染过病毒，身份被盗过，或者遭遇过其他类型的信息入侵的个人经历。受害者是怎样处理这些情况的？没有遭遇过的同学是怎样维护计算机和个人信息安全的？
9. 研究去年的未授权入侵计算机系统的统计数据。哪种最为常见？哪种类别的入侵数量最多？黑客、内部员工，还是其他方式？
10. 未来计算机安全的前景是什么？有能提高安全系数的新技术和法律出现吗？
11. 访问计算机紧急情况反应应急小组（CERT）的网站，www.cert.org/tech_tips/ denial_of_service.html，回答下面的问题。
    a. 拒绝服务式攻击的三种基本方式是什么？
    b. 拒绝服务式攻击会对企业产生什么影响？
    c. 拒绝服务式攻击对企业内部的其他设备或活动会产生怎样的影响？
    d. 说出公司可采取的阻止拒绝服务式攻击的三个步骤。

如果前面给出的网站链接不再有效，运用网络搜索“拒绝服务式攻击”，从其他有效的网络链接可以找到上述问题的答案。

应用练习

电子表格应用：校园旅行社跟踪网站访问

校园旅行社近来开始在网上销售产品了。公司管理人员急切地想知道客户对公司网站的接受程度如何。文件CampusTravel.csv记录了最近三天公司服务器所生成的交易信息，包括来访者的IP地址、交易是否完成以及交易额等信息。现在要求你用电子表格程序准备下面的图表：

(1) 表示每天的网站访问总量及交易数量的图表；

(2) 表示每天销售总额的图表。

确保图表在格式上比较专业，包括标题、脚注、适当的标签，将每个图表打印在单独的一页纸上。（提示：计算网站访问总量和交易总额时，用countif函数来统计。）

数据库应用：创建校园旅游窗体

在帮助校园旅行社创建数据库取得了一个良好的开端后，你觉得他们应该使用窗体来输入数据，而不是直接参照表格来录入。根据你的经验，你知道在窗体视图中浏览、修改、添加记录会使员工更加轻松。利用你现有的数据库就能实现，你决定要创建一个窗体。通过以下步骤可以完成：

(1) 打开员工数据库（employeeData.mdb）；

(2) 在数据库窗口中选择员工数据表；

(3) 利用数据表制作表单（提示：可通过在表单视图中选择自动表单向导来实现）；

(4) 将表单保存为“员工”。

团队协作练习：盗版软件也应能安全升级吗

当发现安全漏洞的时候，微软和其他软件公司会为其软件的合法用户提供免费升级。你很可能有过升级微软产品的亲身经历，当确定有新的安全威胁时，只有购买了正版软件并且注册的用户才能获得这种免费下载。然而，很多人使用的是微软的盗版软件，自然地，他们无法下载安全补丁。人们已经开始争论安全升级是否应对任何用户都免费，因为这些使用带有安全漏洞软件的人群对网络上的其他人（包括那些正版软件的使用者）来说会构成威胁，因为他们的电脑更容易变成僵尸电脑，可能发送大量垃圾邮件，并且更有可能感染和传播病毒。支持所有用户（不论正版用户还是盗版用户）都应该得到安全补丁的人士认为，总会有人使用盗版软件，尤其在那些没有反盗版法规或法规不完善的国家。因此如果我们要加强因特网安全，软件厂商就必须为所有用户提供安全补丁。你赞成没有任何附加条件，人人都能免费获得软件的安全补丁的做法吗？说说你的想法。带有安全漏洞的软件会对所有计算机用户造成威胁的这种说法，你同意吗？为什么？在你看来，如果不要求软件开发者们共享他们的产品，网络社区有可能解决这个问题吗？说说你的看法。

自测题答案

1. C	3. D	5. C	7. B	9. B
2. C	4. D	6. D	8. D	10. A

案例 ❶

攻击

来看看什么是网络骗局。你收到了一封来自eBay或是PayPal、美国运通、银行或信用卡公司的邮件，声称他们正在更新你的账户信息。邮件的信头看起来很正规，因此你阅读了这封邮件。如果你仅仅访问了其提供的网站地址，问题不大，你的账户还会安然无恙。如果你访问了其所提供的网络链接，你会发现网页内容看起来也像模像样，但是你上当了，因为那是由骗子们伪造出来骗你的，目的是为了窃取你的账户信息。现在你应该知道不要回复这种邮件了。这种骗局被称为“钓鱼”，意思是“钓”取用户信息，类似于盗取身份。如果你被骗泄露了账号，骗子就可能会搞走你的钱财，比如从银行划款、用信用卡支付消费款项等。

伪造邮件只是钓鱼骗局的一种方式，其他方式还包括以下几种。

(1) 通过即时信息钓鱼。和邮件钓鱼很相似，用户点击发送来的链接，然后被指引到要求填写敏感信息的欺骗网站。

(2) 通过恶意软件钓鱼。恶意软件是一种以病毒或木马的方式安装到那些安全意识薄弱的用户的电脑上的恶意程序。它在后台运行等待用户访问，比如说财经或者金融类网站，一旦恶意软件监测到用户正在进入这些重要网站时，就会弹出窗口让用户填写敏感信息。这种弹出式窗口无法屏蔽，因为感染病毒的是计算机本身，而不是网络服务器。

对于因特网企业和消费者来说，以上这三种钓鱼方式都是很严重的问题。据报道，2005年大约有5 700万美国人收到过钓鱼邮件，其中有5%的邮件接收者受到危害。在美国，网络骗局已经不仅仅是招人讨厌的事情，它还会造成每年多达10亿美元的损失。更棘手的是被大量假冒的品牌已达101个，其中超过92%的品牌属于金融领域。（PayPal是金融领域的头号受害者，美国运通排名第二。）很明显，钓鱼贼不仅顽固，而且还经常成功地获得用户的敏感信息。

为了打击钓鱼贼，PayPal已经停止使用电子邮件联系账户持有人。作为替代方案，PayPal用自己专用的消息系统来处理各种交易。如果PayPal因为账户问题需要联系你的话，他们会给你发一封邮件告诉你，在网站的消息系统中有一条未读消息。这样处理可能使账户持有者访问起来麻烦一些，但它却提高了必要的安全系数。

问题

(1) 什么类型的公司最容易遭受钓鱼攻击？

(2) 假设你回复了一封钓鱼邮件，上网研究一下你可以采取什么样的步骤去限制可能产生的后果。

(3) 上网研究一下什么样的消息看起来像钓鱼消息。

资料来源

Antiphishing Work Group, http://www.antiphishing.org

American Express Phishing, http://www10.americanexpress.com/sif/cda/page/0,1641,21372,00.asp

案例 ❷

电子化航空运输业：保护信息系统安全

信息系统是当今最新式飞机的核心。由空客公司带头引进，现在许多商用飞机都使用所谓的电传操纵系统。飞机的操纵面，比如方向舵和升降舵，由电子系统而不是传统的液压机械系统来控制。传统的液压机械系统靠机械和液压循环线路组合起来控制飞机。然而，监测飞机运行变得越来越复杂，飞机系统和飞行员要依靠大量有关发动机、飞行控制系统、起落架以及座舱环境等的数据来进行监测。因此波音787或空客A380等新一代的飞机，在电传操纵概念的基础上更进一步，在所有内部数据通信网络中采用了以太网技术（见技术概览之4）。除了机载通信外，空对地连接（如空中交通控制或者航空公司的业务运营，比如波音公司的飞机健康管理）也越来越多地使用因特网协议（IP）技术来满足大量数据传输的需求。

迄今为止，IP网络主要用于椅背电视等机上娱乐项目。空客在其A380上使用的IP网络不仅为了传输飞机上的娱乐项目，也用于航空电子网络（即飞机上使用的所有电子系统，比如通信和导航系统）。在下一代飞机上，数据可以在不同的航空电子设备、机组人员管理系统、机上娱乐系统以及多个机载网络和地面网络之间传输。

事实证明，基于以太网的通信协议，在很多情况下都是可靠的，因此非常适合在对可靠性有着严格要求的飞机上使用。对于飞机制造商来说，采用标准因特网协议意味着数年后系统还是可用的、可升级的。此外，许多航空公司的地面网络都是基于以太网标准的，所以在飞机上以及飞机与地面控制中心之间的通信都采用IP技术就能实现系统的无缝集成。然而，这些标准的运用也意味着电子航空运输面对威胁时也很脆弱，比如“后门”会让入侵者接入并危及系统。这些威胁还包括病毒、蠕虫、拒绝服务式攻击、飞机支持系统的关闭以及信息泄漏（比如透露重要航班、机组人员或乘客的相关数据）。

对该系统的任何干扰（由使用者、应用程序、网络或者终端系统的破坏或故障引起）都会引发不同的后果，小到轻微麻烦，大到灾难性的后果。例如，通常机上娱乐系统出现故障只是个小问题，当然由于乘客的不满意，也可能会影响航空公司未来的收益。然而，机载航空电子系统出现故障就会给飞机的运行带来相当严重的后果。因此，维护这些网络的安全是空中交通安全中最重要的部分。

风险分析可以帮助确定哪些方面最有可能出现安全漏洞，哪些地方受攻击所造成的后果最为严重。为确保飞机上以及飞机与地面联络都采用的IP网络的安全，必须考虑采用诸如鉴权、访问控制、数据保密性和完整性、对策以及系统恢复等方法。大量的操作系统和网络浏览器的漏洞不断提醒有数量众多的黑客正试图侵入不同的系统。然而，当前对航空安全而言，根本不存在一套通用的、一致的解决方案。飞机制造商以及航空电子设备制造商必须继续研究保护系统安全的最佳方案。

问题

(1) 由于数据通信要依赖于现有标准来进行，其可能的漏洞会给空中交通安全带来影响。将数据传输需要与安全受到危害的可能性进行识别和对比。

(2) 假定在飞机上的黑客有闯入航空系统的可能性，你是支持还是反对乘客在乘坐飞机时使用电脑？请给出相应的理由。

(3) 依据本章内容提供的信息，什么样的安全防护措施可以用来保护IP网络？

资料来源

C. A. Wargo and C. Dhas, “Security Considerations for the e-Enabled Aircraft,” *Proceedings of the 2003 IEEE Aerospace Conference* 4(2003): 1533-50.

第7章

使用信息系统增强商业智能

综述> 信息系统的功能日新月异，因此很难给某些系统的功能及其侧重领域进行准确划分。然而，我们应当注意到，企业是由层次不同、功能各异的各个部分所组成的。而这些部分处理着各不相同的业务流程。另外，这些不同阶层、功能及流程就需要各种信息系统，为企业提供所需的商业智慧，助其展开有效的管理。因此，本章将详述几种信息系统，以及它们在企业机构中是如何应用的。所涉及的这几种系统，其中有些是新兴产物，而有些则从20世纪60年代开始就已经成为了企业机构中的中坚力量。通读本章后，读者将可以：

1. 描述企业在业务、管理、主管层面的不同特征；
2. 阐述支持企业各特定层面的3种信息系统（即事务处理系统、管理信息系统以及高层管理信息系统）的特征；
3. 描述跨越业务、管理及主管这3个层面的7种信息系统（即决策支持系统、智能系统、数据挖掘及可视化系统、办公自动化系统、协作技术、知识管理系统以及功能区域信息系统）的特征。

本章着重介绍企业如何应用这些特定类型的信息系统，为内部业务流程的顺利进行提供最佳支持。在第8章中，我们将关注那些横跨企业内部各功能群以及潜在的多个企业之间的支持业务流程的系统。这些系统在当今全球竞争环境中至关重要。

数字世界中的管理　亚马逊创造了历史——从信息系统中获取商业智能

1994年，亚马逊公司（Amazon.com）由Jeff Bezos创立并领导。起初，它只是一家总部设于一个汽车修理厂的在线书籍分销商。如今，它已经转变为世界上最大的零售商之一，销售的产品包括音乐、DVD、视频、计算机和电视游戏、摄影设备、玩具、软件、工具和硬件、无线产品、电子产品以及厨房和家居用品等。实际上，亚马逊就是一个在线商务世界。据称，它在世界范围内拥有将近3 500万用户（参见图7-1）。

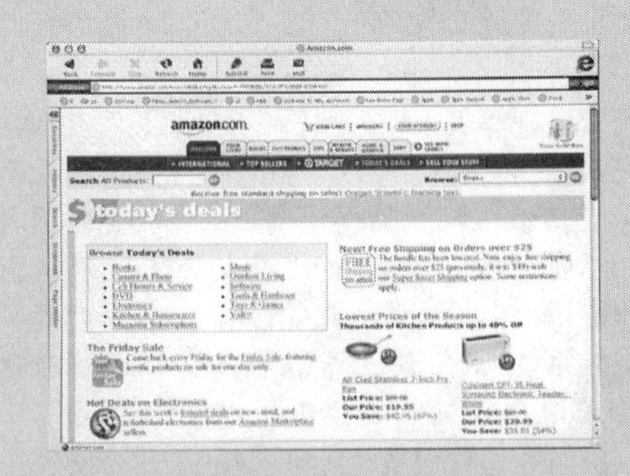

图7-1　亚马逊使用信息系统提供的商业智能，以进行书籍及其他多种产品的销售，并打击欺诈

亚马逊承诺"以用户为中心"，建立了令人

满意并且回报丰厚的用户基础，这在电子商务市场内无人能及。以下是使用户满意，吸引用户回访的几种创新性做法。

- 亚马逊的 Web 站点在你每次登录访问的时候都会显示你的名字并表示欢迎。
- 网站能记住你最近的购买记录，并且推荐你可能喜欢的其他类似产品。
- 对每一个回访用户，亚马逊都在主页顶部显示了一个“金盒子”，里面有用户可能会买的书、音乐、视频以及 DVD 等，这些都以大幅度折扣面向用户。这种服务每天仅有一个小时，并且在用户每次回访时都有所不同。金盒子里的项目由用户行为决定，包括鼠标点击速度、用户是通览货物还是查找某一特定商品以及用户搜索何种分类等。
- 亚马逊主页的底部则为那些可能感兴趣的用户提供了一些物美价廉的商品。

用户先前在该网站上做了什么，都会直接影响到他们可以享受到哪些特色服务。亚马逊又是如何把握这种个性化服务的尺度呢？获取商业智能的关键就在于数据仓库及数据挖掘。亚马逊全球数据挖掘高级经理 Diane N. Lye 说道：“我们努力改良技术，这样就能够推荐更符合用户需求的产品，使用户购物更方便、更愉快。”亚马逊已经联合 SAS 软件公司来改进数据的统计分析。例如，亚马逊使用 SAS 的软件来获取并测试各种网页的版面设计、信息展示及其排序。同时，SAS 的软件还能有效防止欺诈行为。

亚马逊为防止欺诈行为所采用的追踪技术包括以下几种。

- 对照账单地址核实货运地址——通常，欺诈者不会将产品选择运送到家中，所以他们会填写不同的货运地址和账单地址。
- 核实货运方式——那些设法欺诈亚马逊的人通常会选择最快的货运方式。
- 核实信用卡来源——欺诈性用户会选择那些小银行发行的信用卡，因为这些银行通常并不能当即确认交易成功。

亚马逊在吸引并保留用户上别出心裁。比如，亚马逊上提供的“只需鼠标一点”的特色服务使得那些再次回访的用户只需点击一下鼠标就可以确认交易，而无需在每笔业务之后都要填写货运以及信用卡信息等。这项特色服务进一步改进了用户体验，这也是亚马逊一直主张的目标的核心要素。（一些竞争者效仿这项特色服务，亚马逊于 2007 年初对其提起诉讼，至今仍悬而未决。）

亚马逊所提供的其他特色服务还包括以下几种。

(1)“亚马逊优势战略计划”允许卖家将亚马逊作为商品零售的平台。

(2)“亚马逊合作者计划”让 Web 站点的所有者将访问者转向亚马逊网站。当这些人在亚马逊网站购买商品后，Web 站点所有者可以获得一定费用。

(3)“亚马逊市场”特色服务使得个人用户可以像在 eBay 上那样，在亚马逊网站上售卖产品，但是产品仅限于亚马逊所提供的种类。

(4)“Web 服务项目”为开发者提供免费的主机空间以及一些基本应用编程接口(Application Programming Interface，API)，帮助他们开发出各种能与亚马逊网站相结合的应用程序。

作为在线零售商，亚马逊使用信息系统来实现商业智能，取得了非凡的成就。

在阅读完本节之后，你将可以回答以下问题。

(1) 为什么对像亚马逊这样的公司来说，使用数据仓库及挖掘是实现商业智能的关键要素？

(2) 亚马逊是如何从用户身上获取信息并依此设计其网站的？

(3) 亚马逊在吸引并保留用户方面提供了哪些服务及支持功能？

资料来源

http://www.sas.com/success/amazon_personalization.html

http://news.com.com/2100-1017-237332.html

http://www.sas.com/images/email/c3456/2005_11_23.pdf

7.1 企业的决策层

任何企业都是由各个决策层组成的，如图7-2所示，每一层都有不同的职责，因此也就有不同的信息需求。在本节中，我们就来分别介绍。

图7-2 企业由各个决策层组成，每层都使用信息技术来实现自动化作业或提供决策支持

7.1.1 操作层

企业的日常事务、业务流程以及与用户间的业务都发生在企业的**操作层**。为这一层所设计的信息系统可以自动处理销售业务处理等重复性工作，并改进业务流程及用户接口的效率。领班或监管人员等操作层的管理人员，对日常出现的重复性事务做出高度结构化的决策。所谓**结构化决策**，是指对那些可以提前明确的特定情况下采取的步骤中所做出的决策。例如，某监管人员可能要决定何时重新订购物资，或如何最佳地分配人员以完成某个项目。由于结构化决策较为简单明确，所以它们可以被直接编制进事务信息系统，这样就减少甚至消除了人为干预的因素。比如，商场中某鞋店的库存管理系统可以追踪库存情况，并在库存低于某水平时发出采购指令。而商店的业务经理只需确认库存管理系统做出的采购指令是否真的需要。图7-3总结了操作层的一般特征。

图7-3 企业各层使用不同的信息系统为不同的用户服务、执行不同的业务流程、实现不同的目标

7.1.2 管理层

位于企业**管理层**的各部门经理（例如销售经理、财务经理、生产经理及人力资源经理等）主要负责监控操作层的活动，并向企业的更高层提供信息（如图 7-3 所示）。这一层的管理者，即中层管理者，关注的是为实现其战略目标应当如何有效地利用及部署企业的资源。中层管理者通常关注如市场营销或财务等某一特定部门内部的问题。这里，决策的影响范围通常也仅限于该部门之内，不会很复杂，通常分时间段，从几天到几个月不等。例如，耐克公司的销售经理决定下一商业季度或者其他某一固定时期内应当分配多少广告预算。

管理层决策与结构化的、日常的操作层决策不同，它是一种**半结构化的决策**。因为解决方案和问题本身并不是清晰明了的，通常需要一定的判断和专门的技能。就半结构化决策而言，可以事先确定对某特定情况所采取的一些步骤，但是无法提出更具体的建议。例如，信息系统可以为耐克的生产部经理提供各方面的汇总信息，如多生产线的销售预测、库存水平以及总生产能力等。生产部经理可以利用这些信息来创建多个生产线进度表。有了这些进度表，他就可以根据生产每种产品所使用的制造资源相应的订购信息来检查库存水平以及销售获利空间。

7.1.3 主管层

企业**主管层**的管理者关注的是企业所面临的长期战略性问题，如生产哪些产品、业务扩展到哪些国家以及采取哪些组织战略（如图 7-3 所示）。这个层次的管理者，在这里称为“高层管理者”包括总裁、首席执行官以及副总裁等，通常还包括董事会。主管层决策涉及与企业相关的广泛且长远的纷繁复杂的问题。主管层进行的是**非结构化决策**，因为这些问题相对复杂并且没有固定的模式可循。此外，高层管理者还要从整个企业的角度出发，考虑他们的决策可能带来的结果。对非结构化决策而言，基本不能提前明确针对某一特定情况应当采用哪些程序步骤。例如，高层管理者可以决定开发新产品或者中止某既有产品的生产开发。这种决策对整个企业的人力资源调整及获利水平都具有深远的影响。为协助主管层的决策，信息系统则用来获取潮流趋势以及未来规划的综合汇总信息。

总而言之，大多数的企业一般都具有三个层：操作层、管理层以及主管层。每一层都有其各自的运作和业务流程，因此需要不同的信息。在 7.2 节中，我们将介绍为各企业层提供支持的各种信息系统。

成长中的博客圈

网络统计 

它相当庞大，而且还在不断地成长，就像那部老电影《陨星怪物》（*The Blob*）中一堆黏虫形成的浆团一样。这就是博客圈（blogosphere），一个数百万的大学生、专业记者、公司雇员甚至平常百姓发表博客的网络空间。博客起初只是一些关于个人感受、见闻、喜好的随笔，有点像日记。博主可以发表想表达的任何东西，任何人都可以来阅读。这股潮流仍未停息，反而愈演愈烈。专业记者、小说家、医生、教授以及其他各个行业的人们都加入到了博客圈的大潮中来，发表在线日志。这些文章可能经过更深入的思考、更有学问、更严谨而且更专业化。虽然博客圈还不至于淹没了整个因特网，但是它俨然已经成为数字世界中发展最快的一种现象（参见图 7-4）。

资料来源

Dave Sifry, “State of the Blogosphere…,” Technorati(February6, 2006), http://www.clickz.com/
img/Weblogs_Cumulative_March2003_April2006.html

（续）

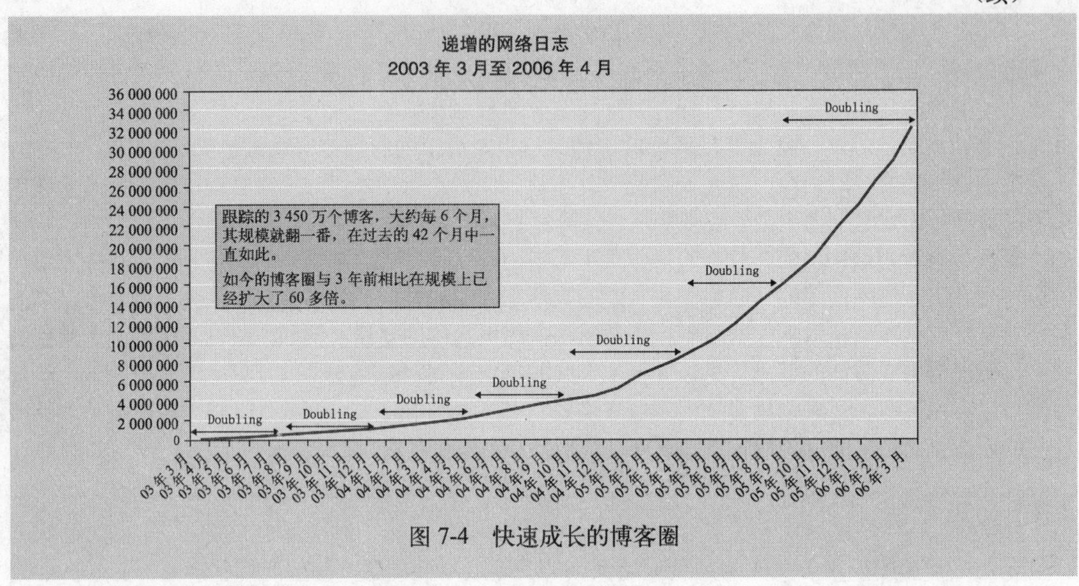

图7-4　快速成长的博客圈

7.2　信息系统的一般类型

要充分理解各种信息系统的工作方式，有一种简单的办法，就是使用“输入-处理-输出”模型。对描述各种信息系统来说，这可以说是一个基本的系统模型（详细描述参见（Checkland，1981））。图7-5就是一个例子，通过将工资管理系统分解成输入、处理和输出等部分，展示了各个要素。该工资管理系统的输入部分包括计时卡、员工名单以及薪资信息。将输入信息转化为输出信息的处理过程包括薪酬、管理报表以及实时账户收支情况。接下来将通过使用这一基本系统模型来描述各种信息系统。

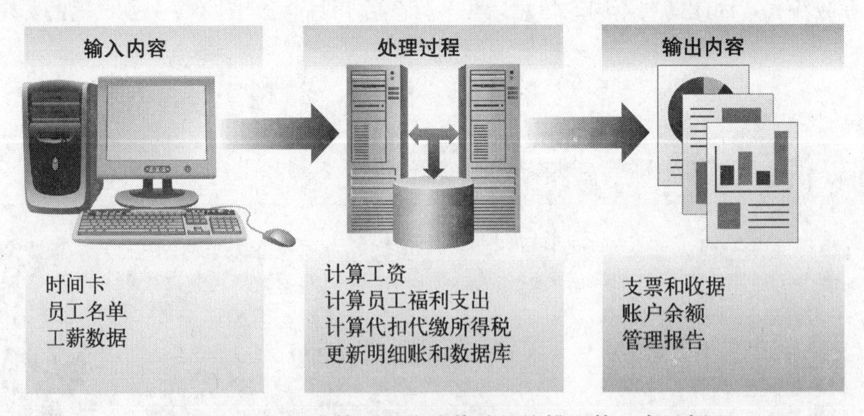

图7-5　图标工资管理系统为基础系统模型的一个示例

7.2.1　事务处理系统

许多企业都在处理重复性事务：杂货店在收银台扫描货物、银行处理客户账户上提取的支票、快餐店处理客户订单等。这些重复性事务都是交易的典型示例，它们是企业日常运作中的一项常规部分。**事务处理系统**（Transaction Processing System，TPS）是一种特殊的信息系统，旨在处理业务事件以及交易等。因此，事务处理系统通常用于企业的操作层，与客户关系密切（如图 7-3 所示）。事务处理系统用以自动化处理企业内部重复性业务流程，提高处理的速度及准确性，并降低每笔交易的成本，让企业的运作更加高效。由于事务处理系统处理大批量信息，因此企业往往花费大量的人力物力财力来开发设计。事务处理系统可以减少甚至完全摆脱处理过程的人力投入，因此降低了交易成本，并减少了数据输入错误的可能性。以下是事务处理系统完成的业务处理流程的几个示例：

- ❑ 工资单处理；
- ❑ 销售和订购处理；
- ❑ 库存管理；
- ❑ 产品购买、接收及货运；
- ❑ 可收支的账户。

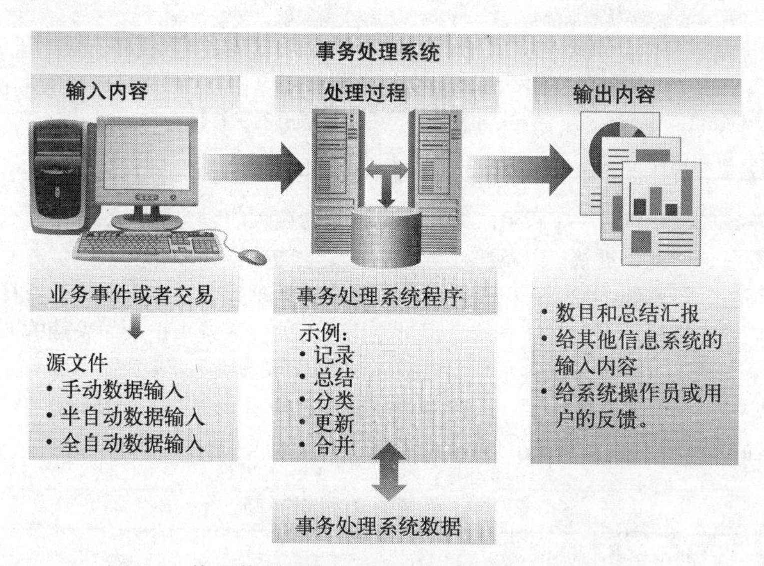

图 7-6 使用基础系统模型搭建的事务处理系统的构架

事务处理系统的构架

事务处理系统的基本构架如图 7-6 所示。事务产生时，一份描述事务的源文件也就产生了。**源文件**（可以是纸质的，也可以是电子格式的）对事务处理系统来说就像一个来自外源的激发物。例如，当你填写好一份驾驶执照申请表，记录并储存着全国所有注册司机信息的事务处理系统就将其视为一份源文件。创建源文件时即可进行处理，即在线处理等；也可以分批处理，即批处理。交易的**在线处理**可以为系统操作者或者客户提供即时的结果。这里，我们举一个例子来说明在线事务处理系统，如互动课程注册系统可以实时通知你是否成功注册了某门课程。所谓**批处理**事务处理系统，是指当汇集了一定交易申请后，在之后的某段时间内分批次进行处理。银行通常在对客户账户上提取的支票进行核对时使用批处理方式。同样，大学也常使用批处理方式来进行期末的成绩评定，即分批次地对所有输入信息进行批处理，再计算平均绩点。当客户需要实时获知交易成功与否时应采用在线处理方式。而当不需要实时通知或者无法实现的时候则采用批处理方式。表 7-1 所列的是在线及批处理事务处理系统的几个示例。此外，如表 7-2 总结所示，将信息输入事务处理系统的方式共有 3 种，即**人工数据输入**（即手动输入）、**半自动数据输入**（即使用数据采集设备输入）以及**全自动数据输入**（即无需人为干涉的数据输入）。

表 7-1 在线及批处理事务处理系统示例

在线事务处理系统	批处理事务处理系统
大学课堂注册处理	学生期终成绩评定处理
航班预订处理	工资薪酬处理
音乐会或体育赛事票务预订处理	客户订单处理（如保险单等）
商店收款处理	银行支票处理

表 7-2 信息输入事务处理系统的各种方式

信息输入方式	描 述	示 例
人工	有专人手动输入源文件信息	申请新驾驶执照时，由工作人员将你的相关信息手动输入至司机驾照记录系统，通常根据你填写的申请表来输入
半自动	使用商店的收银扫描仪等设备获取信息，以加快交易的输入和处理过程	在线购买商品时，你的采购项不经任何人为干预即被直接输入到采购完成系统中
全自动	无任何人为干预的计算机间的通信交流	当某汽车制造商的库存下降到一定水平时，制造商的库存管理系统会对供货商系统自动发出信息，通知他们需要更多原料

事务处理系统的特征如表 7-3 所示。事务处理系统的输入内容包括业务事件及交易等，处理内容包括记录、汇总、分类、更新，以及将业务信息与企业的数据库融合起来。事务处理系统的输出内容包括总结报告、向其他系统输入以及操作人员发出的处理完成通知。那些进行日常运作的人们就经常使用事务处理系统。例如，商店的收银员使用事务处理系统来记录你采购的商品。监管人员会通过复查交易总结汇报来控制库存水平、对业务人员进行管理或给客户提供服务。此外，库存管理系统还可以监控业务活动，并通过这些信息来管理库存采购事项。这个例子说明，一个事务处理系统的输出内容可以作为另一个系统的输入内容。

表 7-3 事务处理系统的特征

输入内容	业务事件和交易
处理过程	记录、汇总、分类、更新及融合
输出内容	事务的记录和汇总报表、对其他信息系统的输入内容及给系统操作者或用户的回馈
主要用户	业务人员及监管人员

东京证券交易所的信息系统问题

前车之鉴 :-(:-| :-0

随着因特网时代的到来，企业只有使用最新的信息系统才能在市场上站稳脚跟。这个事实得到越来越广泛的认同。实际上，过时的信息系统可能会给企业造成前所未有的经济灾难。

2005 年 12 月，世界上第二大的证券交易所——东京证券交易所（以下简称“东京证交所”）收到一份委托，要求其以每股 1 日元（折合每股 0.009 美元）的价格出售 J-Com 公司 610 000 股股票。当时，该公司刚挂牌上市不久，其股价为每股 610 000 日元（折合每股 5 310 美元），而这 610 000 股为当时已发行股数量的 40 多倍，显然，收到的这份委托是错误的。此次委托本应该为售出 1 股，而一个软件上的小故障弄错了这笔交易。更糟糕的是，即使在错误被发现之后这一指令依然不能被取消。瑞穗证券公司

(Mizuho Securities Co.) 由于这笔错误的交易而损失惨重（约3亿5 000万美元）。

2006年1月，软件故障带来的灾难再次在东京证交所发生。由于1999年安装的计算机系统已经接近处理能力的极限，东京证交所当天被迫提前结束业务。该系统的设计承载容量为每日处理450万笔业务。而就在1月18日下午2点后，业务数目已经达到了400万次，使得东京证交所不得不提前关闭。当时，日本一家大型因特网门户网站Livedoor公司的不正当行为被曝光，雅虎及英特尔发布低盈利公告，市场大量抛盘造成交易所业务量激增。尽管过时的信息系统严重限制了其处理能力，然而由于东京证交所积极促进在线业务，业务量仍然稳步增长。

早在2005年12月的那次交易错误之前，东京证交所对其软件系统就已经叫苦不堪。在2005年11月，一个错误安装的软件补丁使得交易所计算机系统崩溃，导致业务一度中止。系统供货商富士通有限公司对此次错误承担责任。

在2006年1月的那次故障之后，考虑到整个日本经济或许会因此受到牵连，东京证交所公布了一项计划，将交易所信息系统的日处理能力提高到500万次，与纽约证券交易所的处理能力相当。东京证交所期望在2006年底前可以拥有一套信息系统，可以日处理700万到800万笔交易以及1 400万笔客户委托。

显然，过时的信息系统可以影响一个企业解决问题的能力以及一个国家的经济。对IT管理人员来说，应当与瞬息万变的新技术随时保持同步。

资料来源

Martyn Williams, “Tokyo Stock Exchange Faces More IT Worries,” *Computerworld* (January 18, 2006), http://www.computerworld.com/managementtopics/management/story/0,10801,107828,00.html

Justin McCurry, “Tokyo Stock Exchange Acts to Avoid New Debacle,” *The Guardian* (January21, 2006), http://business.guardian.co.uk/story/0,1691603,00.html

7.2.2 管理信息系统

管理信息系统（Management Information System，MIS）是一个双义词。它描述的是围绕企业内基于计算机的信息系统的发展、使用、管理及学习的研究领域。它还指一种特定类别的信息系统，它能用于生成各式**报表**（即从某数据库中摘取的有组织的数据汇编），为与管理整个企业或企业内某一个部门相关的持续的、重复性的业务流程提供支持。这种报表通常采用定期报表的形式（即以预定的时间间隔方式生成报表）或项目报表的形式（即应未预期的信息要求生成报表）。因此，管理信息系统通常用于企业的管理层，如图7-3所示。接下来，我们将介绍管理信息系统生成的各式报表。

相比事务处理系统通过对重复性的信息处理行为实现自动化操作以提高效率，管理信息系统帮助中层管理人员做出更有效的决策。设计管理信息系统的初衷就是将正确的信息以恰当的格式、在合适的时机下传递给适合的人，帮助他们做出更好的决策。企业上下随处可见管理信息系统的存在。例如，耐克公司的销售经理可以通过管理信息系统按照地理区域区分对比销售收入及营销开支，以更好地明确其“老虎伍兹高尔夫”区域性营销的促销手段的运作情况。以下是管理信息系统所支持的一些业务流程：

- 销售预测；
- 财务管理和预测；
- 生产规划与调度；
- 库存管理和规划；
- 产品宣传与定价。

管理信息系统的构架

管理信息系统的基本构架如图7-7所示。每过一段时间，管理人员都要复查某些企业活动的汇总信息。例如，福特公司某代理商的销售经理可能每星期都要复查其销售人员的销售情况。而管理信息系统就能够帮助他实现这一事务。管理信息系统可以列出一份报表，其中包括每个销售人员的总销售量。这份报表可以提供关于每位销售人员的信息，包括：

- 该销售人员今年迄今为止的总销售量；
- 今年与去年的销售量对比情况；
- 平均每笔业务的销售数额；
- 一周之内销售的变化情况。

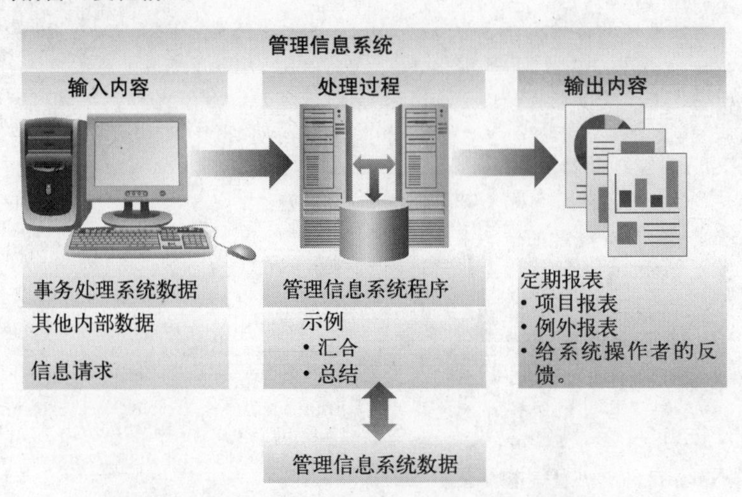

图 7-7 应用基础系统模型搭建的管理信息系统的构架

一家拥有 50、500 甚至 5 000 名销售人员的企业，每周都要手动生成这些报表，其难度可想而知。如果没有管理信息系统，要针对每个销售人员生成详尽的报表，即使能完成也肯定是困难重重。除了定期报表及项目报表之外，管理信息系统还可以生成下钻式报表、例外报表以及关键指标报表等（如表 7-4 所示）。

表 7-4 管理信息系统生成的常用报表

报表类型	描　述
定期报表	以预设时间间隔生成的报表（每日、每周或者每月一次），为日常事务决策提供支持
关键指标报表	对重复性事务的进程表中的关键信息进行汇总的报表
例外报表	突出强调正常范围以外情况的报表
下钻式报表	做进一步详细阐述的报表，如说明某关键指标未处于适当水平的原因或异常情况发生的原因
项目报表	应未预期的信息要求生成报表，为非日常事务决策提供支持

表 7-5 总结的是管理信息系统的特征。一般来说，管理信息系统的输入内容是由事务处理系统所生成的业务处理数据、其他内部数据（如促销经费）以及针对指定报表或汇总的特定请求等。而管理信息系统的处理过程则专注于数据的汇合和总结。其输出内容是为中层管理人员提供定期的、非复现信息的格式化报表。例如，商店经理可以使用管理信息系统来复查销售信息以确认那些滞销的产品以及需要进行特别促销的产品。

表 7-5 管理信息系统的特征

输入内容	交易处理数据及其他内部数据；对信息的定期及特定请求
处理过程	资料的聚合和汇总
输出内容	定期、例外及项目报表等；给系统操作者的回馈
主要用户	中层管理者

小案例

Ministry of Sound

20年前，Ministry of Sound还只是伦敦的一家不知名的舞蹈俱乐部。如今，曾经的小俱乐部已经成为舞蹈界的知名品牌、英国最大的娱乐公司之一。这家俱乐部的扩张始于20世纪90年代。当时，室内音乐吸引了许多狂热的爱好者。如今，Ministry of Sound在全球的经营范围包括唱片、各种许可产品、巡回演唱会、俱乐部、赛事，甚至还有手机。Ministry of Sound联合英国的3 Mobile公司研制销售一种品牌视频手机。该款手机从设计造型上来说无不体现了其舞蹈文化的精髓，并且内置了Ministry of Sound的音乐，用户可以随时加载最新的音乐及视频。

但Ministry of Sound的产品及服务并非一直让娱乐产业的其他竞争对手眼红。随着公司的不断壮大，它曾经在信息系统实施战略，尤其在数据管理上遇到过很多问题。而数据管理上的问题最终导致客户满意度下降，进而影响了公司业绩。

值得一提的是，由于公司的各个业务部门之间缺乏整合，使得简单的报表体系都发生故障。比如，用户信息被重复输入几个不同的数据库中，这就意味着一旦用户地址发生变动，所有的数据库都要做相应变动。而通常，并非所有的数据库中的信息都进行了正确变更，结果造成邮件的重复投递、市场和销售信息发生错误，有时甚至彻底丢失用户信息。

Ministry of Sound聘请信息系统顾问来帮助他们解决数据管理上的问题。解决这一问题的关键在于将各个数据库合并起来，使得每一个部门仅从一个数据源就可以更新、访问并检索用户信息。已有数据库通过消除重复记录、纠正异常记录、标准化数据属性以及吸纳公司电子商务网站上摘录的销售和用户信息进行重组。Ministry of Sound收集的用户信息长达15年之久。数据的重组工作对维护这些信息来说至为重要（参见“技术概览3”）。

通过使用中央数据仓库，Ministry of Sound已能够为将来的数据挖掘工作标准化数据了。对信息系统所做的这些改变为Ministry of Sound的全球扩张铺平了道路。

问题

(1) 如果你是Ministry of Sound的网站管理者，请具体描述一下要管理好这个网站需要哪些报表。

(2) 假设Ministry of Sound公司已经收集到许多关于用户喜好的资料，请介绍一种能吸引其用户的、高度个性化的新产品。

资料来源

www.ministryofsound.com

http://www.esato.com/news/article_php/id=772

http://www.brandrepublic.com/bulletins/media/article/538394/ministrysnaps-gmgs-hed-kandi-enterprise -records/

http://members.microsoft.com/customerevidence/search/evidencedetails.aspx?evidenceid=13636&languageid=1

7.2.3 高层管理信息系统

除了业务人员及中层管理者之外，高层管理者或者领导者也同样可以享受到信息技术所带来的便利。信息技术在支持日常业务流程，如现金与投资管理、资源分配及合同谈判等方面，具有极大优势。为企业的最高管理层所设计的信息系统叫做**高层管理信息系统**（Executive Information System，EIS）（如图7-3所示）。高层管理信息系统（有时也叫做高层主管支持系统）由技术和人员两部分所组成。其中，技术部分包括硬件、软件、数据及程序，而人员部分则需要将信息进行合并以及为用户提供支持，以协助高层进行决策。高层管理信息系统可以为高层管理者提供高度集中的信息。这样，高层管理者就可以快速浏览这些信息，以明确当前趋势和异常情况。例如，高层管理者可以快速追踪当前各种市场动态，如道琼斯工业指数等，进而做出投资决策。尽管高层管理信息系统的应用并不像其他两种信息系统那样普遍，但是随着越来越多的高层管理者乐于使用信息技术，而高层管理信息系统又可以为其带来大量实质性的好处，这种趋势也正在迅速改变。高层管理系统所能支持的业务流程包括以下几种：

- ❑ 高层决策；
- ❑ 长远的战略性规划；
- ❑ 内外部事件及资源的监控；
- ❑ 危机管理；
- ❑ 人员编制和劳资关系。

高层管理信息系统可以为高层决策者提供“软”的或“硬”的数据。**软数据**包括文本新闻或其他非分析性信息。而**硬数据**则包括事实和数字。与较低级的事务处理系统和管理信息系统生成由高层管理系统提供的大量硬数据相比，为高层决策者提供适时的软信息则更具挑战性。例如，对企业来说，如何为系统提供最新信息就是一项艰巨的任务，而这些信息又必须与高层管理系统相匹配。举例来说，许多投资机构订购道・琼斯等在线服务作为股票交易市场的数据来源。但是，高层管理者通常想浏览的是以用户友好的格式进行汇合总结的数据。为了将正确的数据递交到这些高管手中，员工或者经过特别设计的系统就要负责采集恰当的信息，并将这些信息转化成用户友好的格式。

因特网使软数据采集变得大为简易。这些软数据通常是为支持高层决策而采集的。访问如 FoxNews.com、CNN.com、ABCNews.com 以及 MSNBC.com 等基于 Web 的新闻门户网站，用户可以轻易地获取个性化新闻信息，这样就可以对这些信息进行快速总结和评估，以便于高层管理者的阅览。此外，在线流媒体（视频与音频）也极大地改变了高层管理者获取软信息的途径。如 RealNetworks、Yahoo!、CNN 等各式基于订购模式的服务供货商，只要有了相关的联机新闻，就可以对几乎所有的主题或行业提供个性化内容。图 7-8 所示的是 RealNetworks 上所提供的各式内

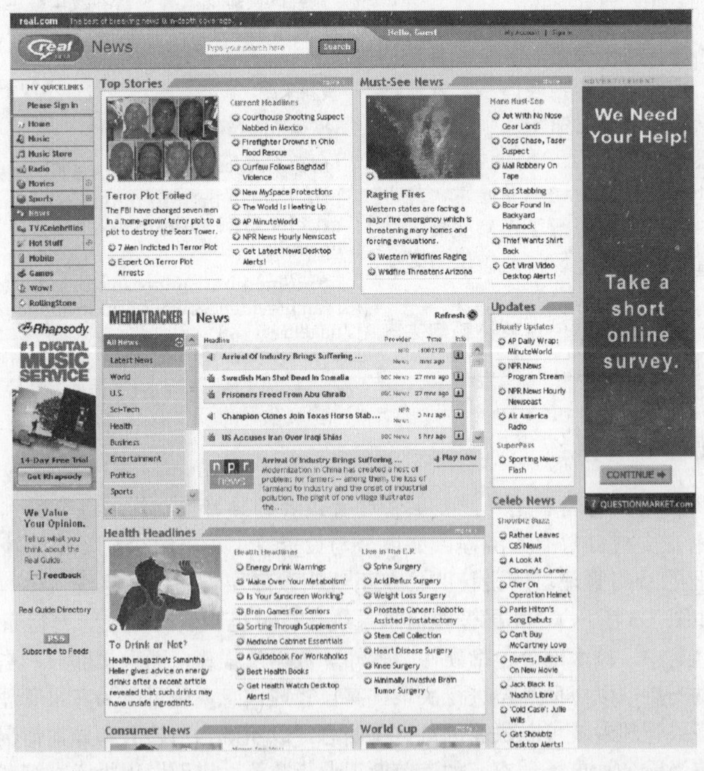

图 7-8　Real Networks 提供了众多内容，可以与各种应用整合，也可以选择发送到各种设备上

容。这些服务中有两项强大的特色功能对软数据的采集来说极具吸引力。第一，这些服务可以根据个性化来过滤信息，使得交递到高层管理者手中的都是那些被认为相关的内容。例如，某高层管理者对软件、因特网与在线内容以及电信等行业感兴趣，员工就会对这些行业的内容进行特别追踪。第二，这些服务可以对几乎所有的设备发送信息，在你收到信息前不断追踪。例如，你可以选择将重要信息发送到某台计算机上（通过电子邮件、实时信息或者 Web 链接等）、某部移动电话上（通过语音信息或文本信息）或者一台黑莓手机上。目的就是使用最方便的媒介将准确的信息传递给用户。

1. 高层管理信息系统的构架

高层管理信息系统的构架如图 7-9 所示。其输入内容包括所有的内部数据源与系统，如道·琼斯或 CNN 这些含有竞争者信息、金融市场信息、新闻（当地的、国内及国际的）的外部数据源，以及高层管理者认为对日常事务决策来说非常重要的其他信息。高层管理信息系统的信息来源之广，可能会使得高层管理者陷入茫然。系统设计师使用过滤软件对高层管理系统进行个性化设置，使其只以最有效的形式为高层管理者提供关键信息。另外，系统设计师以高度集中的形式为高层管理者提供输出信息，通常使用图表进行选择，或使用柱状图或线状图来总结数据、趋势及模拟仿真等。通常还使用多监视器来显示信息使其更易查看。高层管理系统的特征如表 7-6 所示。

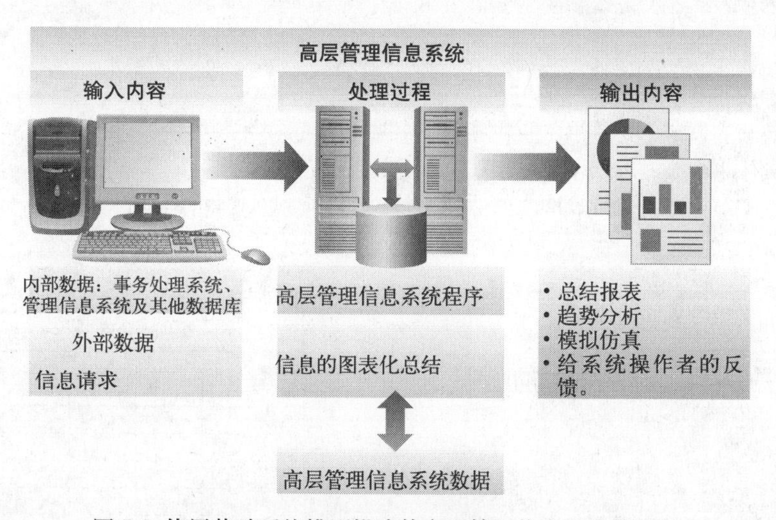

图 7-9 使用基础系统模型搭建的高层管理信息系统的构架

表 7-6　高层管理信息系统的特征

输入内容	集中的内外部信息
处理过程	汇总及图形转化
输出内容	汇总报表、趋势及模拟仿真；给系统操作者的回馈
主要用户	高层管理者

2. 数字仪表盘

各部门经理和高层领导都是通过阅览汇总信息进行决策的。这种汇总信息通常以**数字仪表盘**的形式呈现（如图 7-10 所示）。在高层管理系统这样的系统内，数字仪表盘通常采集并传达多方数据来源的信息，以提供警告、行动提示以及业务情况总结。尽管数据通常是以高度集中的形式出现。但是，在需要的情况下，高层管理者依然具备数据下钻以挖掘细节的能力。例如，假设高层管理信息系统中的某数字仪表盘汇总了员工的缺勤情况，而系统显示今天的数字明显高于正常情况。高层管理者可以在折线图中看到这个信息，如图 7-11 所示。如果该高层管理者想要了解缺勤率为何如此之高，屏幕上的选项就可以揭示总数背后的各个细节，如图 7-12 所示。通过数据下钻，高层管理者会发现缺勤峰值出现在制造部门。另外，数字仪表盘还可以将数据与企业内部的通信系统连接起来（如电子或语音邮件等）。这样，高层管理者就可以立刻给相应的部门经理发送信息，与其探讨数据下钻中所发现的问题的解决方案。

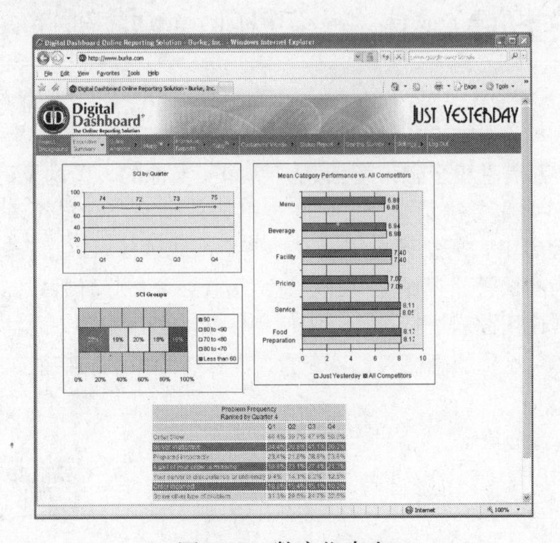

图 7-10　数字仪表盘

（资料来源：http://www.dundas.com/Dash boards/index.aspx?）

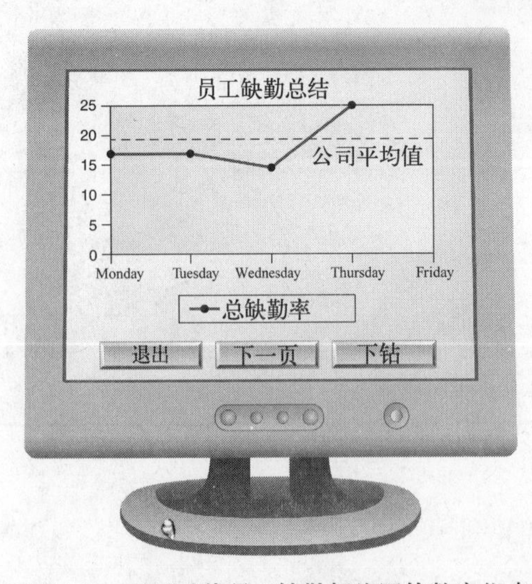

图 7-11　显示总体员工缺勤折线图的数字仪表盘

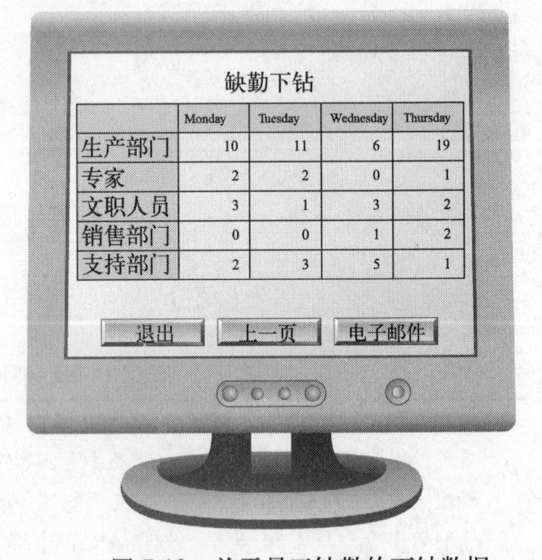

	Monday	Tuesday	Wednesday	Thursday
生产部门	10	11	6	19
专家	2	2	0	1
文职人员	3	1	3	2
销售部门	0	0	1	2
支持部门	2	3	5	1

图 7-12　关于员工缺勤的下钻数据

7.3　横跨企业内各部门的信息系统

在 7.2 节中，我们研究了企业内各个层次所分别使用的三种信息系统。同样还有横跨企业内各个部门的信息系统（如图 7-13 所示）。这些跨界系统有以下 7 种：

(1) 决策支持系统；

纳米管

关键技术

如今，你可能已经知道“nano”是一个英文前缀，表示极小的意思。纳米技术是一个科学领域，通过控制单个原子或分子来制造计算机芯片和其他设备。而这些由纳米技术所制造的设备比现有技术所能实现的尺寸要小得多。纳米技术涉猎的是纳米（nm）尺寸。8 ~ 10 个原子的宽度约等于 1 nm。人类头发的直径大约为 70 000 ~ 80 000 nm。

由此你可以推想，纳米管就是一根极小的管。纳米管，也叫巴基管，由一系列的碳 60 原子组成。碳 60 极其坚固且具有复原性，是电的纯导体。纳米管被广泛应用于电阻器、电容器、感应器、二极管和晶体管中。

用于构造纳米管的碳 60 是碳元素的一种全新单质，最早于 20 世纪 80 年代由人工合成。石墨和金刚石是自然界已有的碳元素的另外两种单质。前者即为铅笔中使用的一种光滑的物质。由于碳 60 分子内各个碳原子之间互相连接形成了一个球，就像一个极小的足球，所以它被发明者 R. Buckminster Fuller 称为巴基球。他第一个设计出了网壳圆屋顶（位于美国弗罗里达州奥兰多市迪斯尼公园中的爱普考特中心）。

巴基球是唯一一种由单原子形成空心球体的分子。此外，它以每秒 1 亿次的速度高速旋转，并且在经过高速碰撞后仍能毫发无伤地反弹。巴基球被压缩到只有其原始尺寸的 70%后，其硬度要高于金刚石。

纳米管与巴基球相似，但是从形状上来说，前者是柱状的而非球状的。纳米管是将单层石墨卷入管中形成的（单层管），或者将两层或更多层的石墨相互嵌套形成（双层或多层管）。纳米管所形成的碳纤维保留了之前介绍的巴基球的特征，具有高强度和复原性，是电的良导体。美国国家航空和宇宙航行局（NASA）已经率先将纳米管开发应用于空间项目，而且通过这项研究，纳米管的实际应用已经向其他领域发展。纳米管不仅在储存和运输能源上具有革新潜质，它们还能够被用于建设更坚固、更轻质的材料。这些材料可以用于汽车制造业、航空航天业、药物运输及医疗器械等行业中。

资料来源

"The Buckyball," http://www.insite.com.br/rodrigo/bucky/buckyball.txt

"Nanotube," *Webopedia*,http://webopedia.com/TERM/n/nanotube.html

"Nanotubes and Buckyballs," *Nanotechnology News*（June 15,2006）,http://www.nanotech-now.com/nanotube-buckyball-sites.htm

http://en.wikipedia.org/wiki/Nanotubes

http://www.personal.rdg.ac.uk/~scsharip/tubes.htm

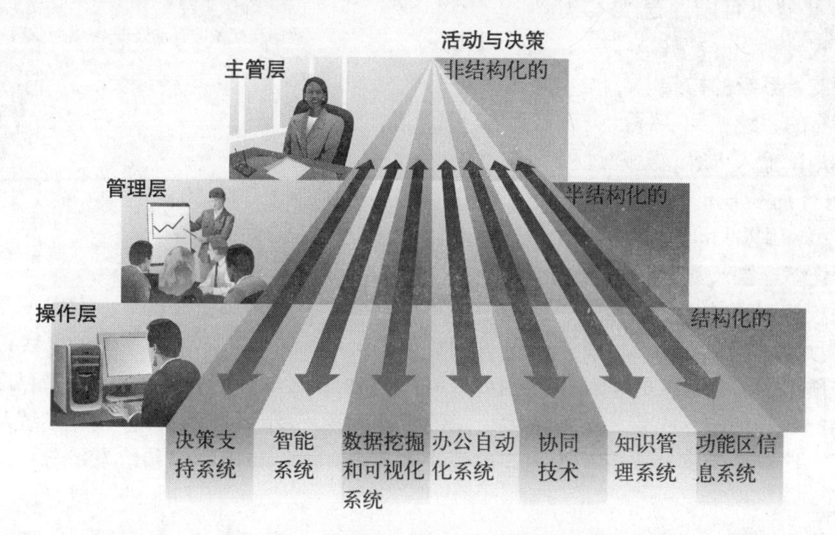

图 7-13 横跨企业内各层次的信息系统

(2) 智能系统；
(3) 数据挖掘和可视化系统；
(4) 办公自动化系统；
(5) 协同技术；
(6) 知识管理系统；
(7) 功能区信息系统。

本节将针对以上每一种系统进行详细介绍。为企业之外的业务流程而设计的系统我们将放到第 8 章中进行介绍。

7.3.1　决策支持系统

决策支持系统（Decision Support System，DSS）是一种具有特殊用途的信息系统，旨在为企业决策提供支持。设计决策支持系统的目的是通过硬件、软件、数据及程序模式的结合，为针对企业内某一特定的复发性问题的决策提供支持。决策支持系统通常为管理层的员工所用，以帮助其解决各种半结构化问题，如销售和资源预测等。然而实际上，决策支持系统可以用于企业的各个层次。有了决策支持系统，管理人员就可以使用各种决策分析工具，如决策支持系统中最常使用的 Microsoft Excel 软件，来分析或者提供有用的信息以支持与非日常问题相关的决策。决策支持系统的设计宗旨就是成为一个互动的决策辅助工具。而之前介绍的几个信息系统，无论是事务处理系统还是管理信息系统或者高层管理信息系统，都只不过消极地将系统生成的输出内容简单呈现出来而已。

决策支持系统在用户解决问题时，使其可以通过进行**假定分析**来研究各种解决问题的替代方案，从而提高用户在人力决策和解决问题方面的水平。假定分析让用户能针对相关数据（如贷款期限和利率等）变更假设，并观察这些变更对结果产生怎样的影响。例如，银行的现金管理经理可以就不同的利率对现金供应所带来的影响进行这种分析。其结果可以通过文本或者图形的格式显示。

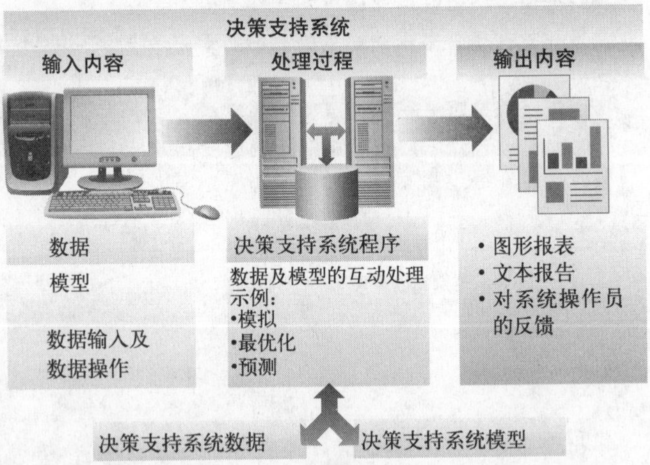

图 7-14　应用基础系统模型搭建的决策支持系统的构架

1. 决策支持系统的构架

就像所有的系统构架一样，决策支持系统也是由输入内容、处理过程以及输出内容所构成的，如图 7-14 所示（Sprague，1980）。其中，处理环节使用了许多模型及数据。决策支持系统使用模型来巧妙地处理数据。例如，你手头上有一些销售历史数据，你可以使用各种模型来进行销售预测。其中一个办法就是对过去的数据进行平均。计算平均值所用的公式就是这里所说的模型。预测模型中还有更复杂的，包括时间序列分析或者线性回归等。表 7-7 总结了在企业决策中所采用的各种模型。决策支持系统中所用的数据来源广泛，可来自事务处理系统及管理信息系统等。用户接口是指决策支持系统通过采集输入内容并展示输出内容和结果来与用户互动交流的接口。

表 7-7 各特定企业部门所使用的决策支持系统的常用模型

部门	决策支持系统的常用模型
会计	成本分析、判别分析、盈亏平衡分析、审计、税收计算与分析、折旧法以及预算等
企业决策层	企业规划、风险分析以及兼并收购等
财务	折现现金流量分析、投资回报、租买选择、资本预算、债券再融资、股票投资组合管理、复利、税后收益以及外汇价值等
市场营销	产品需求预测、广告策略分析、定价策略、市场份额分析、销售增长评估以及销售业绩等
人力资源	劳资谈判、劳动市场分析、人员技能评定、员工业务费用、附带福利计算以及薪金总额与扣除额等
生产	产品设计、生产调度、运输分析、产品结构、库存水平、质量控制、厂房选址、物资分配、维护分析、机件更换、工作指派以及物料需求规划等
管理科学	线性规划、决策树、模拟仿真、工程评价与规划、队列、动态规划以及网络分析等
统计	回归及相关性分析、指数平滑、采样、时间序列分析以及假设检测等

表 7-8 总结的是决策支持系统的特征。输入内容包括各种模型和数据。处理过程将数据与模型相结合，以帮助决策者能够研究分析各种替代解决方案。输出内容包括图表和文本报表。下面我们将举例讨论一下你在家中可能会使用到的决策支持系统。

表 7-8 决策支持系统的特征

输入内容	数据与模型；数据输入与数据操作命令（通过用户接口）
处理过程	数据与模型的互动处理；模拟，优化与预测
输出内容	图表和文本报表；给系统操作者的回馈（通过用户接口）
主要用户	中层管理者（其实决策处理系统可以用于企业的各个阶层）

2. 使用决策支持系统购车

购置汽车时，你必须决定如何付款。你是选择支付现金，还是选择贷款？贷款金额占汽车总价的绝大部分还是只是一部分而已？各个企业在进行日常业务流程，如采购补给品、原材料及固定设备时，也面临着类似的问题。他们应该为其支付现金还是进行贷款？他们进行这些决策时需要哪些信息？这些企业所使用的工具较为简易，而且现在你也可以利用它们。看完这个购车的示例之后，你将会更好地理解企业在进行日常决策中是如何使用决策支持技术来改善商业智能的。

假设你决定购买的汽车售价为 22 500 美元，首期付款 2 500 美元，剩下部分通过月付 400 美元还清。你想搞清楚你的信用卡发卡行给出的各种贷款方案对你的月供有怎样的影响。如表 7-9 所示，利率取决于你的贷款期限。期限短则利率低，反之则高。现在分析各种贷款方案所需的信息都已经齐备。

表 7-9 利率和贷款期限

利率	贷款期限
年利率 4%	3 年
年利率 6%	4 年
年利率 8%	5 年

要进行分析，你可以使用 Microsoft Excel 软件的贷款分析模板（Excel 中的“模板”就是我们这里所说的模型）。在这个模板中，输入贷款金额、年利率、贷款期限，如图 7-15 所示。有了这些信息，贷款分析决策交易系统便会自动计算你的月付金额、总付金额以及贷款期间总支付的利息

等。你可以变更输入信息中的任意一项，进而分析各种可能的情况，如“不贷款5年，贷款4年会怎样？”大学在采购固定设备时所进行的贷款分析亦是如此。使用决策支持系统工具后，你决定为你的新车贷款5年（表7-10所示为贷款分析总结）。

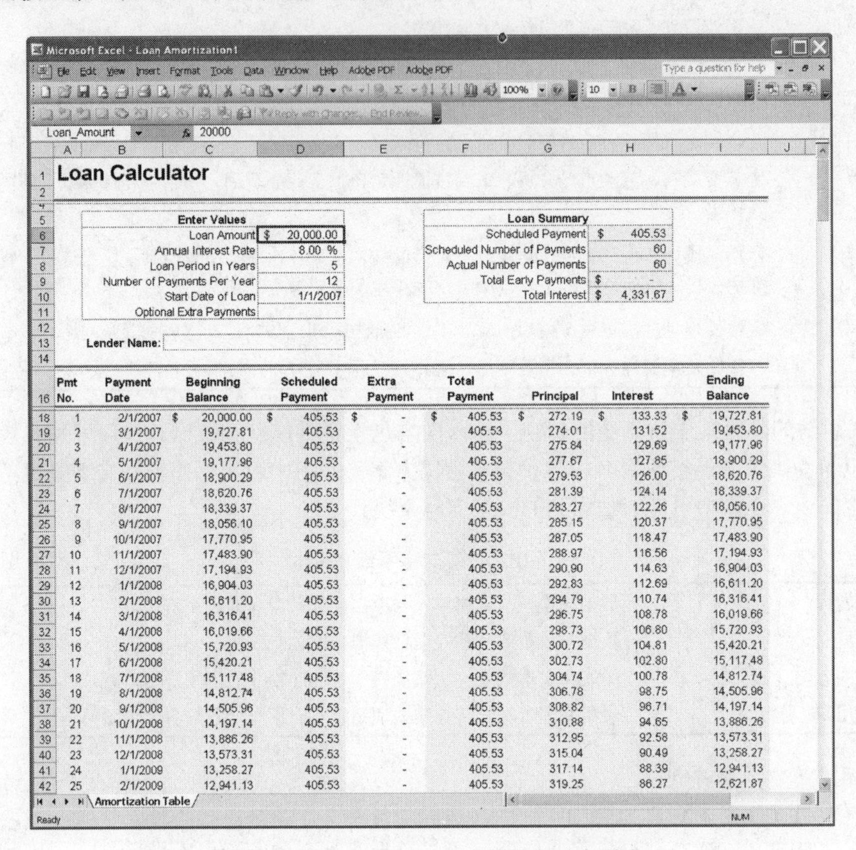

Pmt No.	Payment Date	Beginning Balance	Scheduled Payment	Extra Payment	Total Payment	Principal	Interest	Ending Balance
1	2/1/2007	$ 20,000.00	$ 405.53	$ -	$ 405.53	$ 272.19	$ 133.33	$ 19,727.81
2	3/1/2007	19,727.81	405.53	-	405.53	274.01	131.52	19,453.80
3	4/1/2007	19,453.80	405.53	-	405.53	275.84	129.69	19,177.96
4	5/1/2007	19,177.96	405.53	-	405.53	277.67	127.85	18,900.29
5	6/1/2007	18,900.29	405.53	-	405.53	279.53	126.00	18,620.76
6	7/1/2007	18,620.76	405.53	-	405.53	281.39	124.14	18,339.37
7	8/1/2007	18,339.37	405.53	-	405.53	283.27	122.26	18,056.10
8	9/1/2007	18,056.10	405.53	-	405.53	285.15	120.37	17,770.95
9	10/1/2007	17,770.95	405.53	-	405.53	287.05	118.47	17,483.90
10	11/1/2007	17,483.90	405.53	-	405.53	288.97	116.56	17,194.93
11	12/1/2007	17,194.93	405.53	-	405.53	290.90	114.63	16,904.03
12	1/1/2008	16,904.03	405.53	-	405.53	292.83	112.69	16,611.20
13	2/1/2008	16,611.20	405.53	-	405.53	294.79	110.74	16,316.41
14	3/1/2008	16,316.41	405.53	-	405.53	296.75	108.78	16,019.66
15	4/1/2008	16,019.66	405.53	-	405.53	298.73	106.80	15,720.93
16	5/1/2008	15,720.93	405.53	-	405.53	300.72	104.81	15,420.21
17	6/1/2008	15,420.21	405.53	-	405.53	302.73	102.80	15,117.48
18	7/1/2008	15,117.48	405.53	-	405.53	304.74	100.78	14,812.74
19	8/1/2008	14,812.74	405.53	-	405.53	306.78	98.75	14,505.96
20	9/1/2008	14,505.96	405.53	-	405.53	308.82	96.71	14,197.14
21	10/1/2008	14,197.14	405.53	-	405.53	310.88	94.65	13,886.26
22	11/1/2008	13,886.26	405.53	-	405.53	312.95	92.58	13,573.31
23	12/1/2008	13,573.31	405.53	-	405.53	315.04	90.49	13,258.27
24	1/1/2009	13,258.27	405.53	-	405.53	317.14	88.39	12,941.13
25	2/1/2009	12,941.13	405.53	-	405.53	319.25	86.27	12,621.87

图7-15　Microsoft Excel中的贷款分析模板

表7-10　贷款分析总结

利　　率	贷款期限	每月付款	总付金额	总　利　息	可行的付款
年利率4%	3年	590.48美元	21 257.27美元	1 257.27美元	否
年利率6%	4年	488.26美元	23 436.41美元	3 436.41美元	否
年利率8%	5年	405.53美元	24 336.67美元	4 331.67美元	是

下面我们将讨论智能系统，这是一种与决策支持系统密切相关的企业信息系统。

7.3.2　智能系统

人工智能（Artificial Intelligence，AI）是一门科学，它使软件、硬件、网络等信息技术能够模拟人类智能，如推理与学习，以及获得感知能力，如看、听、走、说及感觉等。人工智能与科幻小说家有着紧密的联系，在他们笔下的人工智能技术成为了人类的得力助手（如《星际旅行：下一代》中的Mr. Data）或者试图控制整个世界（如《黑客帝国》）（如图7-16所示）。而实际中的人工智能却远不如科幻小说家想象中的那样无所不能。尽管如此，人工智能还是的的确确取得了长足进步。最引人注意的是，由于智能系统的广泛应用，它们中的若干典型代表取得了巨大成功。

智能系统由感应器、软件以及嵌入各种机器和设备的计算机组成，模拟并拓展了人类的能力。智能系统在许多领域都具有重大影响，包括银行及金融管理、医药、工程以及军事等领域。三种智能系统，包括专家系统、神经网络及智能代理，在商业领域里的应用颇为广泛，接下来我们将分别进行讨论。

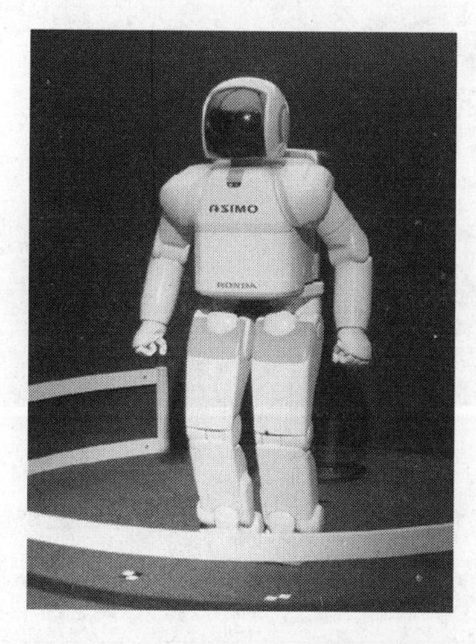

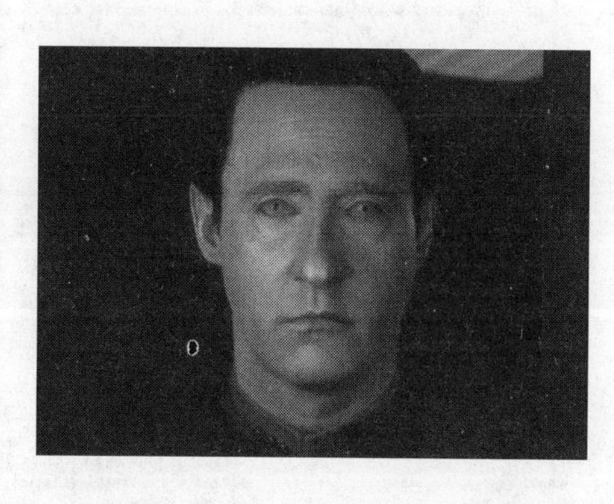

图 7-16 现实世界中的人工智能滞后于科幻小说家的想象力
（资料来源：http://world.honda.com/ASIMO/）

1. 专家系统

专家系统（Expert System，ES）是利用基于某一问题领域相关知识的推理方法而构建的一种智能系统，能像专家一样为你提供专业的建议。专家系统用于模仿真实的专家，处理知识（即通过经验及广泛学习而获得理解能力），而并非只是简单地进行信息操作（有关的详尽内容请参见(Turban，Aronson，and Liang，2005)）。在专家系统中，将关于某方面问题的事实和规则用计算机可以操作的方式进行编码，这样就可以将人类的知识表达出来。当你使用专家系统时，系统会像一个真人专家那样问你一系列的问题。它会不断地提问，而每一个新问题都取决于你对前一个问题的回答。专家系统会将每个答案与预先定义好的事实及规则进行匹配，直到答案指示系统给出方案。这里所说的**规则**，是在向用户采集信息后将知识进行编码的一种方法，比如给出建议。规则通常采用“若则”的格式。例如，利用专家系统辅助决策个人购车贷款是否通过，其规则可以表示为：若收入不低于 50 000 美元，则可贷款。

- **模糊逻辑**

鉴于大多数专家在进行判断的时候，通常仅使用有限的信息及信息的大致分类来进行决策，研究人员发明了**模糊逻辑**，用以提升专家系统及其他智能系统的能力。具体而言，模糊逻辑使得专家系统能够使用近似值或主观值来表示规则，以处理那些问题相关信息不全的情况。例如，某个信贷员在评估客户贷款申请时，可能会将客户的某些财务数据进行大致分类，如将收入及负债水平划分为高、中、低若干等级，而不是记录其精确数额。模糊逻辑除了在商业上应用广泛之外，它还用于更好地控制防抱死刹车系统及家用电器中。此外，在医疗诊断、聊天室内过滤攻击性语言等方面也得到了应用（如图 7-17 所示）。

建立专家系统最难的地方在于从专家那里获取知识、收集整理并将其编成一致的、完整的、能给出建议的。专家系统用于针对某一方面问题的专业技能稀缺或者费用昂贵的情况，如用于复杂器械的修理或医疗诊断当中。使用模糊逻辑，专家系统还用于那些问题相关信息不全的情况。

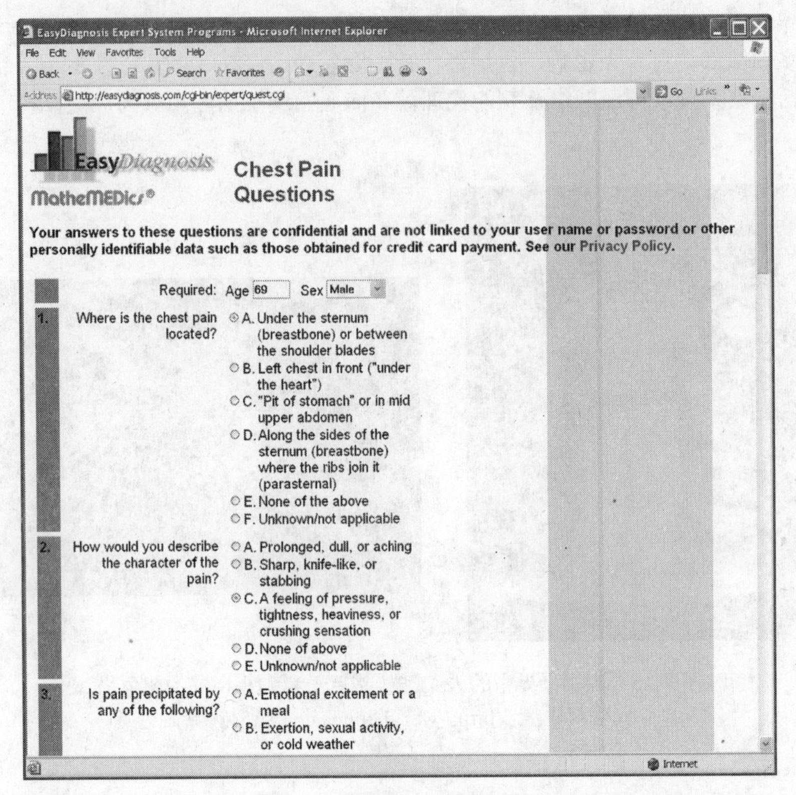

图 7-17 专家系统给出医疗建议

● **专家系统的构架**

同其他信息系统一样，专家系统（及其他智能系统）的构架也可以使用基础系统模型加以描述（如图 7-18 所示）。系统的输入内容为问题及用户给出的回答。处理过程为用户的问题及回答与知识库中信息的匹配。专家系统的处理过程称为**推理**（inferencing），包括事实与规则的匹配、向用户展示问题的次序的确定以及得出结论。专家系统的输出内容即为建议。专家系统的一般特征如表 7-11 所示。

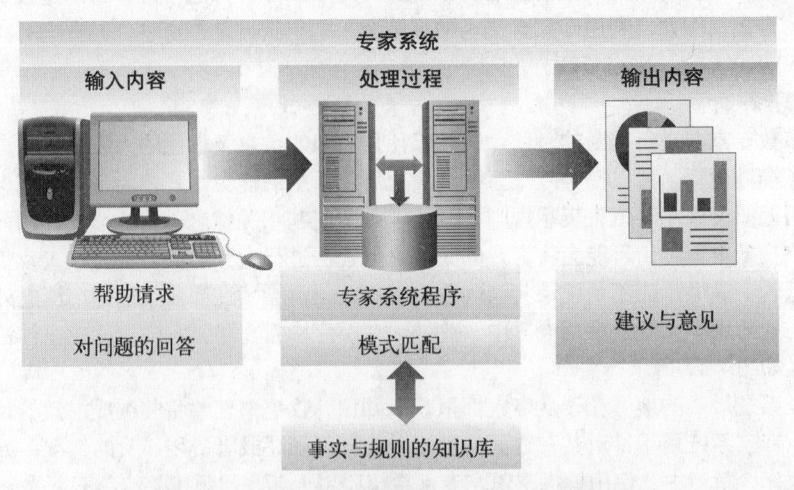

图 7-18 应用基础系统模型搭建的专家系统的构架

表 7-11 专家系统的特征

输入内容	帮助请求、对问题的回答
处理过程	式样匹配及推理
输出内容	建议或意见
主要用户	中层管理者（其实专家系统可以用于企业的各个层次）

2. 神经网络系统

神经网络则试图更接近于人类大脑的功能。通常来说，神经网络的形成是通过将已有的信息数据库逐一分类为几种一般模式。一旦这些模式形成，新数据就可以同这些既有模式进行比较并得出结论。例如，许多金融机构使用神经网络系统来进行贷款申请分析。这些系统将个人的贷款申请数据与包含此前所有贷款成败信息的神经网络进行比对，最后给出接受（或拒绝）贷款的建议（如图 7-19 所示）。

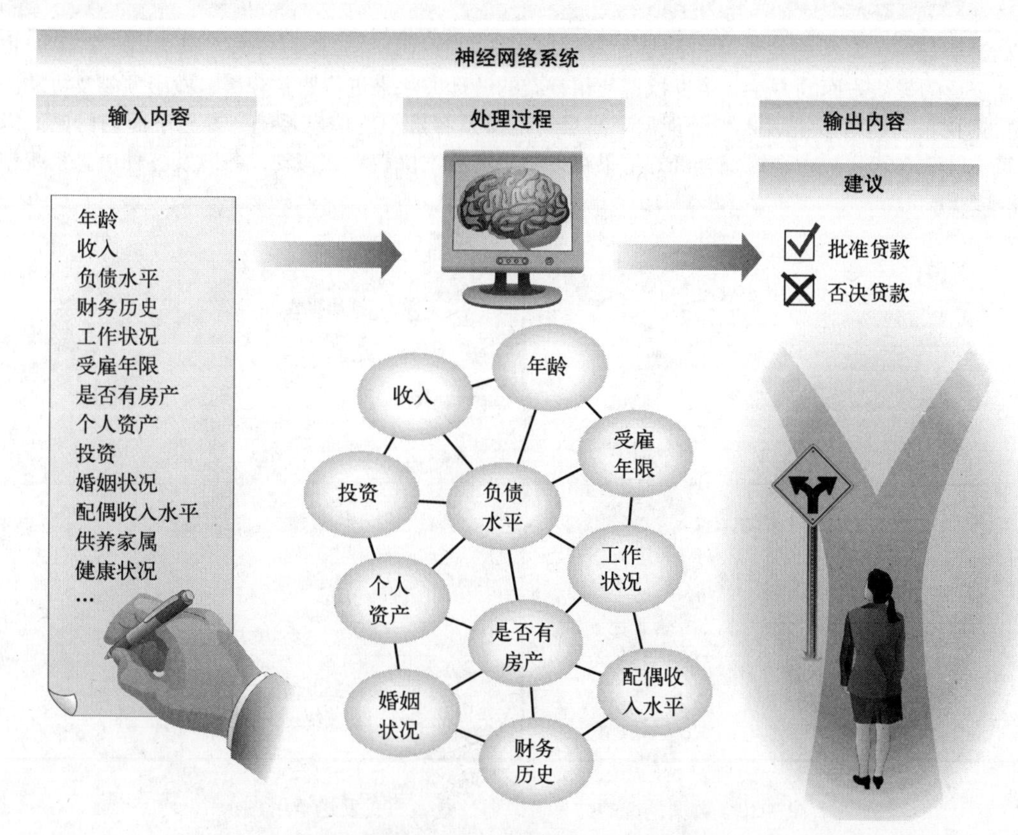

图 7-19 神经网络通过创建数据的一般模式来近似人脑功能，并将新数据与已有模式比较来给出建议

3. 智能代理系统

智能代理系统或简称“代理”，也称为“bot”，即英文“软件机器人（software robot）”的缩写，是当某特定事件发生时在幕后提供服务的一个程序。以下是几种使用广泛的代理类型。

(1) 买方代理（**购物机器人**）：指为你所想购买的商品找出最实惠价格的代理。

(2) 用户代理：指为用户自动完成任务的代理，如在月初自动发送报表、汇集定制新闻或者在 Web 表格中填入常规信息。

(3) 监控与识别代理：指追踪库存水平或竞争者价格等关键信息的代理，在情况发生变化时通知用户。

(4) 数据挖掘代理：指持续分析大型数据仓库以发现用户认为重要的变动的代理，在变动发生时通知用户。

(5) Web 爬虫：指持续浏览 Web 以搜索特定信息（如应用于搜索引擎等）的代理，也被称为 **Web 蜘蛛**。

(6) 破坏性代理：指垃圾邮件发送者和其他因特网攻击者所设计的恶意代理，将电子邮件地址散布到各个 Web 站点，或在被攻击者的机器上安装间谍软件。

总体而言，信息系统处于马不停蹄的发展中，并将更加智能化，以帮助企业的决策者赢得商业智慧。尽管专家系统、神经网络及智能代理等系统至今还没有像科幻小说家想象中的那样神通广大，但是不可否认，它们依然取得了重大进步，使得信息系统能更好地为企业决策提供支持。

7.3.3 数据挖掘和可视化系统

如第 4 章所述，数据挖掘是指能更好地分析庞大的数据仓库，以更好地了解客户、产品、市场以及企业的其他方面的方法。数据挖掘使用复杂的统计方法来进行假定分析、做出预测及协助决策。数据挖掘功能可以被嵌入到管理层、高层管理层及各部门的信息系统（参见下面的讨论）以及决策支持和智能系统中。这些分析的结果可以显示在数字仪表盘、移动设备以及各种信息系统中（如图 7-20 所示）。

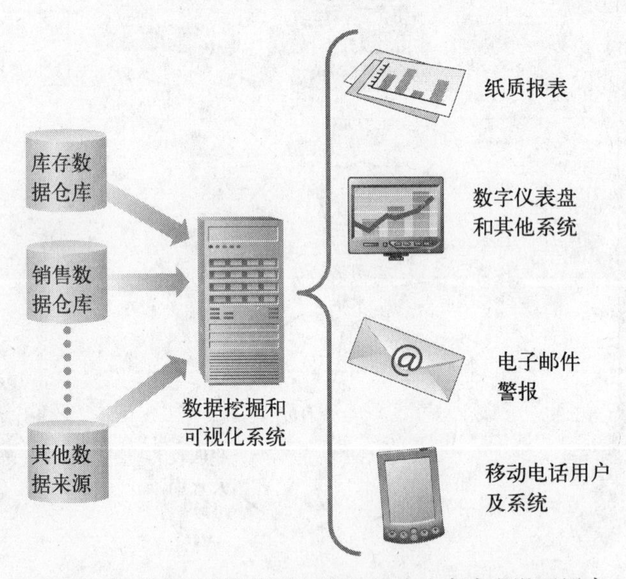

图 7-20 数据挖掘的结果可以通过众多方式发送至用户

除了对大量数据进行复杂分析之外，这些系统还具有将数据进行可视化的强大功能。具体而言，**可视化**是指使用各种图形化方式将复杂的数据关系表现出来。例如，图 7-21 所示的是一套庞大的分析美国东海岸天气的可视化系统。得出可视化结果后，分析人员就可以进行假定分析以更准确地预测风暴的位置和强度，从而更好地执行撤离和恢复规划。此外，世界上许多企业也都在使用可视化技术来拓展商业智能。

数据挖掘的其中一种就是文本挖掘。**文本挖掘**是指从文本文件中提取信息的分析技术。随着网络化和处理加工速度的不断加快，现在已经开发出了诸多创造性的分析手段，从各种之前不可能实现的信息来源中获取商业智慧。文本挖掘可以用于众多文件中，从 Web 站点到手抄本，从用户电话到学生的大学入学申请等。例如，eBay 公司使用文本挖掘，根据文本简介来分析不同种类的卖家，而并非仅仅根据其所提供的产品、销售量及其他数据挖掘应用中常见的分析手段。

例如，要从因特网上获取信息，Web 爬虫可以将与预先确定的标准匹配的网站及文档收集起来，并将这些信息放在大型文件仓库中。一旦收集完毕，文本挖掘系统就可以使用许多分析技术来生成报表，而分析人员就可以通过复查这些报表来获取更多内涵信息。而这仅仅依靠数据挖掘通常是很难办到的（如图 7-22 所示）。

图 7-21 可视化通过各种图形化方式来表示复杂的数据关系

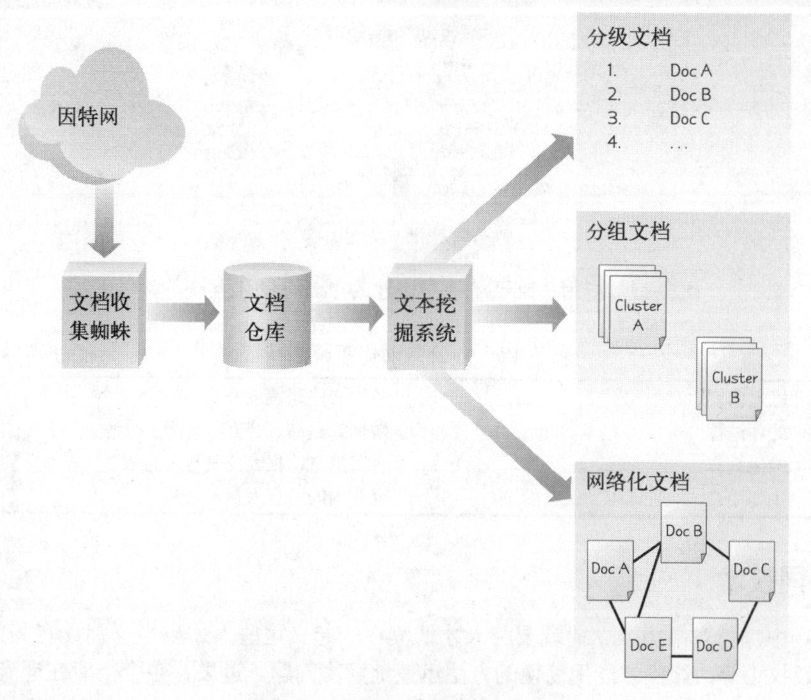

图 7-22 对因特网进行文本挖掘

7.3.4 办公自动化系统

办公自动化系统（Office Automation System，OAS）是跨越企业内各层次的另一种信息系统。办公自动化系统是指开发文件、调度资源以及交流通信的各种软硬件的集合。文件开发工具包括文字处理与桌面出版软件，以及印刷和生成文件的硬件。调度工具包括协助管理人力及设备与场所等其他资源的电子日历。例如，智能电子日历可以分析多个调度表，在所有资源（人力、场所及设备等）均可用时确定最优先的安排。通信技术包括电子邮件、语音邮件、传真、视频会议及群体软件等。以下列出几种办公自动化系统所支持的业务流程：

- 通信与调度；
- 文件编写；

- 数据的分析与合并；
- 信息集合。

办公自动化系统的构架

办公自动化系统的构架如图7-23所示，其输入内容为各种文档、调度表及数据。这些信息的处理过程包括数据的存储、合并、计算和传输。输出内容则包括各种信息、报表及日程安排表等。办公自动化系统的一般特征如表7-12所示。

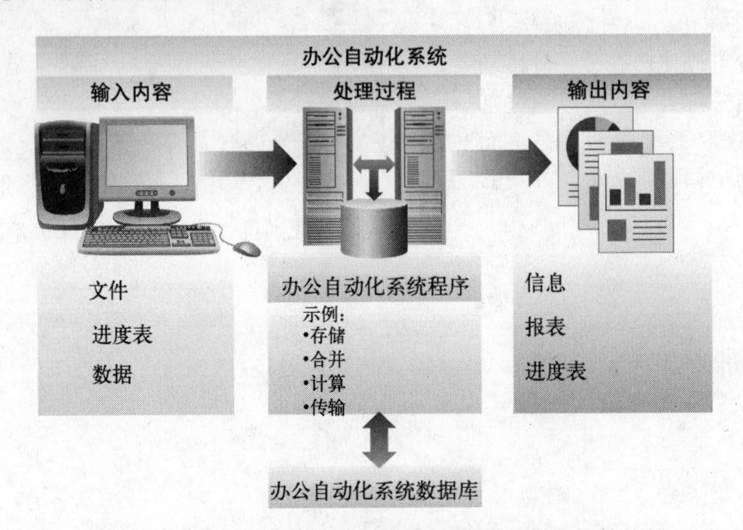

图7-23 应用基础系统模型搭建的办公自动化系统的构架

表7-12 办公自动化系统的特征

输入内容	各种文件、调度表及数据
处理过程	数据的存储、合并、计算和传输
输出内容	各种消息、报表及日程安排表
主要用户	企业内的所有人员

7.3.5 协同技术

要在市场中保持竞争力，企业就要将人才汇集在一起。这些人才应当分别具有某方面的知识、技能、信息及权力等，这样才能用简便的方法迅速地解决问题。过去，各个企业在遇到已有工作组队无法解决的问题时，通常是通过组建暂时的任务组来完成。这些任务组通常有特定的任务目标和生命周期。然而，就像传统的企业结构一样，传统的任务组也无法快速地解决问题。结构和后勤方面的问题常常阻碍了人们快速地解决问题。

企业需要灵活的团队。这些团队可以快速组建，可以有效并且高效地解决问题。时间才是关键。这些**虚拟团队**的成员是流动的，团队应需而成也应需而散。团队规模也根据需要进行调整。团队成员也是非固定的。员工有时可能发现他们身处多个团队之中，而团队的存在期限也可能很短。此外，团队成员必须能够随时接触到其他团队的成员、参与会议以及获取信息。这些虚拟团队就是动态的任务组。

电话或邮件等传统的办公技术，对虚拟团队成员来说也有一定作用，但是并不能很好地支持上述的这种协同合作。电话及寻呼机对庞大的、快速组建的多人团队协作来说无甚作用。这种技术只适用于人对人的通信。电子邮件对团队来说是一项有用的技术，但是它对需要进行多人有效互动地解决问题的情况来说并不适用。企业需要能使团队成员（同时同地也好，不同时不同地也罢）通过一整套媒介来互动地解决问题的技术，为问题的互动式解决以及获取软件工具和信息提供协助。下面所介绍的几种技术就能满足这一要求。

1. 视频会议

20 世纪 60 年代，在迪斯尼乐园及其他主题公园和特别活动中，已经开始向公众展示电视电话。当时的电话公司预计我们将在不远的将来能在电话上看到实时的画面。30 年之后，在许多企业中，这一预言终于成为现实。它们已经开始使用**视频会议**来取代传统会议，公议中使用的桌面视频会议或者专用视频会议系统的花费从几千美元到 500 000 美元不等（如图 7-24 所示）。

图 7-24　宝利通公司（Polycom）的 Executive Collection 视频会议单元，具有单个 50 英寸的双显示器（图片使用已经宝利通有限公司许可，2004）

2. 桌面视频会议

个人计算机越来越强大的处理能力以及更快的因特网连接，已经使得**桌面视频会议**变为现实。桌面视频会议系统通常由一台快速的个人计算机、一台 Web 摄像头（即一台小型相机，通常具有固定焦距，但仍然具有镜头的缩放和平移能力）（如图 7-25 所示）、一个扩音器或单独的麦克风、视频会议软件（如 Skype、Yahoo! Messenger 或 Microsoft Live Messenger 等）及高速的因特网连接所组成。

图 7-25　罗技公司（Logitech）生产的广受欢迎的 QuickCam

3. 桌面视频会议的未来

随着计算机配件价格以及与因特网快速连接的费用越来越低，你可以使用个人计算机来进行更多的视频会议。事实上，现在很多的笔记本电脑在生产出售时就配有摄像头。然而，桌面视频会议的已有相关新技术中最诱人的当属微软公司的 Microsoft Office RoundTable 2007，它是一个包含 360 度全角摄像头以及内置有麦克风的统一通信软件的通信设备（如图 7-26 所示）。这套系统可以记录、编制并存储会议的全部内容，便于稍后回放。与 Microsoft Office Communications Server 2007 配套使用时，RoundTable 可以为会场外的与会者提供会场的全景，并可根据语音启动来提供特写镜头。RoundTable 起初只是微软研究院中开发的一个原型，现在已经由微软公司的统一通信事业部（Unified Communications Group）进行了进一步的商业化开发。

4. 专用视频会议系统

专用视频会议系统通常置于企业的会议室内，为与整个城市内乃至世界范围的客户或是项目团队成员进行会议提供方便。这些系统的真实感非常强，让你感觉你和你的同事就像真的在一起一样，而且也极其昂贵，价格高达 500 000 美元。当然，也有相对便宜的，大概只需几千美元而已。不论企业采用的是哪一种专用视频会议系统，协同技术在 20 世纪 60 年代由迪斯尼乐园向世人展示之后，已经取得很大的发展，为当代许多企业所使用。

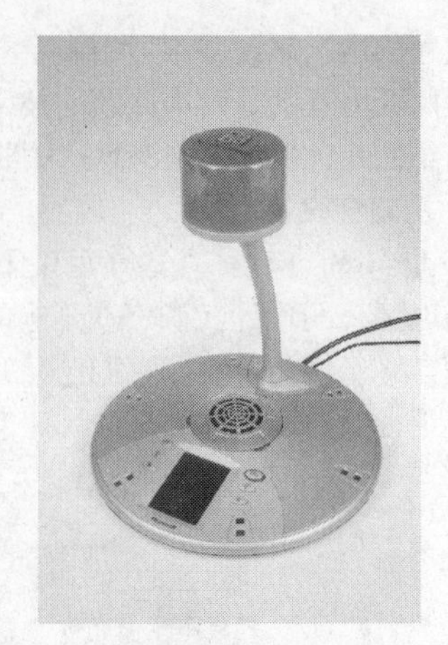

图 7-26　Microsoft Office RoundTable 2007（资料来源：Microsoft Office RoundTable Fact Sheet—June 2006，http://microsoft.com/presspass/presskits/uc/images/images001.jpg）

5. 群体软件

群体软件指能使人们更有效地共同工作的一类软件。如前所述，群体软件和其他协同技术通常根据两方面因素分为两类：

(1) 系统支持团队是同时工作（同步群件）还是不同时工作（异步群件）；

(2) 系统支持团队面对面工作还是分散工作。

使用这两种划分方法，群件系统可以根据支持团队互动能力的不同，分为 4 种方式，如图 7-27 所示。随着越来越多的问题通过群组和虚拟团队的方式来解决，使用群件系统会带来许多好处，如表 7-13 所示。

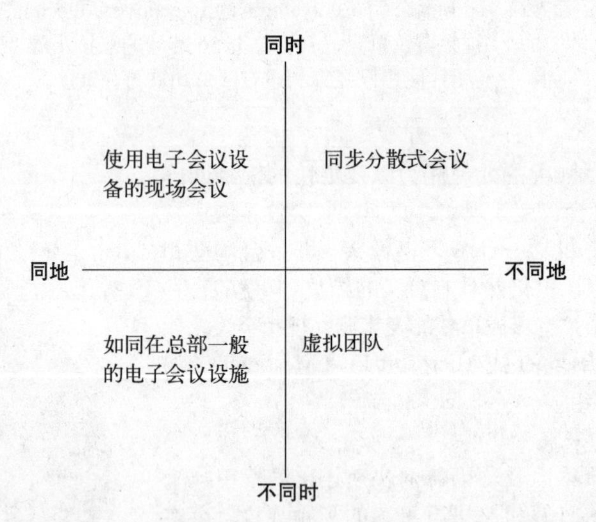

图 7-27　群体软件支持或同步或异步、或同地或异地的团队互动协作

- **异步群件**

如今，许多异步软件工具在企业中早已经司空见惯，例如电子邮件、新闻组与邮件列表、工作流自动化系统、内联网、组日程表以及协同写作工具等。群件系统中应用最广的工具之一就是 Lotus Development 公司于 1989 年发布的 Notes 软件产品（现在，莲花公司已经属于 IBM）。可能正是这款软件使群件系统成为主流。近些年出现了许多新的群件产品，大多数都通过或者使用因特网来工作。尽管异步群件系统中出现了这些替代方案，Notes 软件依然保持了行业领先者的地位，并且在世界范围内一直得到广泛采用（如图 7-28 所示）。

表 7-13 使用群件的益处

益 处	示 例
流程结构化	追踪团队，避免因为分心造成重大损失（如，不允许成员脱离话题或日程）
平行化	使得很多成员能同时发表或者听取意见建议（如，每个人都有平等的参与机会）
团队规模	使更大规模的团队能够参与（如，汇集更多的观点、专业知识，让更多人参与进来）
团队记忆	自动记录成员观点、评论及投票等（如，使成员注意讨论的内容，而不是忙于记录）
获取外部信息	可以轻易地吸收外部的电子数据和文件（如，可以轻易地收集计划及提案并分配给所有成员）
跨越时空	使成员可以在不同时间、不同地点进行协同工作（如，减少了差旅花费，还可以使远在外地的成员参与其中）
匿名性	成员的意见、评论及投票不为他人所知（如果需要的话）（如，便于讨论具有争议性或敏感性的话题，而无须担心被人认出或遭到报复）

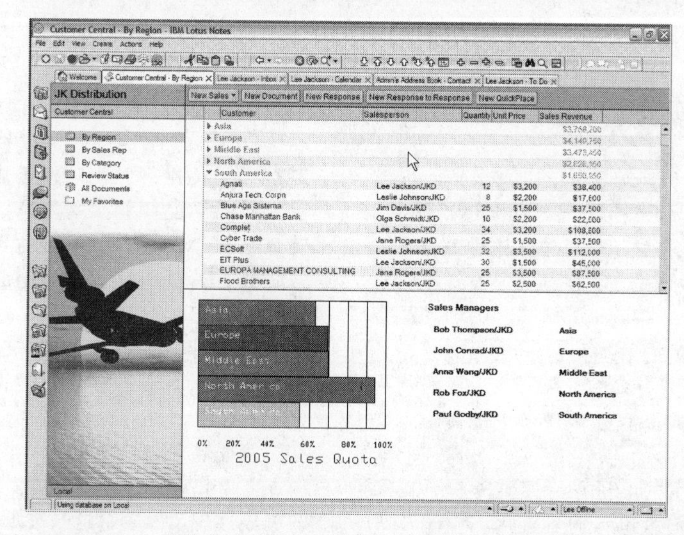

图 7-28 Lotus Notes 群件程序曾屡次获奖，在世界范围内有数百万的固定用户

- **同步群件**

与异步群件一样，如今也有多种多样的同步群件来为各种活动提供支持，包括共享电子白板、在线聊天、电子会议支持系统，当然还包括之前讨论过的视频通信系统。尽管有多种群件可以用来提升团队工作的效率，但有一类群件关注的是使团队更好地进行会议。这种系统通常被称为**电子会议系统**（Electronic Meeting System，EMS）。电子会议系统实质上是多台电脑的集合。它将个人计算机通过网络与复杂的软件结合起来，用以帮助团队通过交互式的电子创意生成、评估及投票等来解决问题并做出决策。电子会议系统通常用于战略规划会议、关注市场营销的团队以及为明确系统需求、进行业务流程管理及质量改进而举行的头脑风暴会议等。电子会议系统过去通常安置于专用的会议设备中，如图 7-29 所示。然而，电子会议系统还可以内置于笔记本电脑，这样，就可以随时随地调用系统。此外，基于 Web 的系统应用使得那些远离办公室或家中的计算机的团队成员也能够通过电子会议系统软件来展开分散式会议。尽管电子会议系统及其他相关软件的出现距今已经有一段时间了，然而，各企业现在才开始逐渐发现这些工具在支持电子会议及其他形式的协同工作方面是多么有用。群体软件现在已经成为主流。这一事实的有力佐证就是最近发生的 Microsoft Live Meeting 及 WebEx 在线会议软件之间的媒体闪电战（Lily Tomlin 发表言论说："我们不得不以这样的方式碰面！"）。

图 7-29 配有通过网络连接的个人计算机和电子会议系统软件的一套计算机支持会议设备（图片使用已经 Groupsystems.com 许可）

智能过了头？射频识别与隐私

道德窘境

射频识别（Radio Frequency Identification，RFID）标签是最新的专业追踪装置。每个标签都能生成一种特征信号，这种信号可以被射频识别扫描仪识别。识别信息被发送至信息系统以确认该产品带有识别标签。例如，医药业最近开始大批量地给某些药品挂上标签，如100片装的万艾可（Viagra）及复方羟氢可待因（Oxycontin），以跟踪其在供应链上的传输，防止假药流传开来。

就像其他所有的电子跟踪装置一样，隐私倡议者担心这一技术也会遭到滥用。由于从理论上来说，射频识别标签可以被任意持有相应扫描仪的人所识别。因此，这些标签可能会暴露客户的私人信息。比如，如果你购买了一个带有射频识别卷标的产品，持有射频识别扫描仪的人可能就可以知道你在何处买的商品、支付了多少钱。但是，印刷在射频识别标签上的信息量毕竟是有限的，而且，由于几乎没有多少零售企业会购买射频识别的读写器或擦除器（能使这些卷标上的信息在离开商店后被清除），所以，隐私被滥用的可能性目前还比较小。尽管制药公司使用射频识别标签来跟踪某些特定产品，但是药品销售公司发言人称，绝大多数消费者在把他们购买的心脏病药物或避孕药等带回家之前，就已经把这些射频识别标签给撕掉了。

联邦法律规定，在药物从制药厂到药店间每一次转递都需要对药物进行跟踪。该项规定已经颁布实行了达18年之久。然而，美国食品与药物管理局（Food and Drug Administration，FDA）在射频识别技术得到广泛应用之后才执行这一强制性规定。随着这一技术的进一步推广应用，毫无疑问，我们需要更多的消费者保护法规及政策来保障我们的隐私安全。

资料来源

Randy Dotinga，"Viagra Tag Could Be Bitter Pill," Wired News（January 18，2006），http://www.wired.com/news/technology/0,70033-0.html?tw=wn_tophead_15

Anonymous，"FDA to Require Drug Tracking Via RFID," *Newsfactor Magazine Online*（June 13，2006），http://www.newsfactor.com/story.xhtml?story_id=40435

7.3.6 知识管理系统

如第4章所述，**知识管理**是指企业使知识资产产生价值的过程（Awad 和 Ghaziri，2004）。回顾一下，知识资产是指企业用来提高效力、效率及盈利能力的各种技能、标准程序、做法、原则、方案、方法、探索以及制度（无论明文的还是默认的）。所有的数据库、指南、参考文献、课本、图表、直观信息、计算机文件、提议、规划以及其他记录并保存了事实与程序模式的产品都可以被认为是知识资产（Winter，2001）。此外，随着现在许多出生于“婴儿潮”年代的员工逐渐退休，企业已经开始使用知识管理系统来获取关键的知识资产（Leonard，2005）。显而易见，有效地管理知识资产能够提升企业的商业智能。

鉴于知识资产的多样性，没有哪一项专门的技术可以代表一个综合性的知识管理系统。而实际上，知识管理系统是各种以科技为基础的工具，包括通信技术如电子邮件、群件、实时通信等以及信息存储和检索系统如数据管理系统、数据仓库及数据挖掘与可视化，用于生成、存储、共享及管理知识资产。

1. 知识管理系统的益处和挑战

企业若有效地获取并利用隐性的知识资产，就可以获得许多潜在的益处（Santosus 及 Surmacz，2001）（如表 7-14 所示）。例如，通过企业内部思想的自由流动可以提高其创新和创造能力。并且，通过共享某些最佳做法，企业可以改进用户服务、缩短产品开发周期并简化操作环节。改善企业运作方式不仅可以提高企业的整体业绩，还可以通过认可员工的知识并奖励共享知识的员工以维持员工队伍的稳定。

表 7-14 知识管理系统的益处与挑战

益 处	挑 战
提高创新和创造能力	让员工同意
改善客户服务、缩短产品开发周期并简化运作环节	把注意力过多地放在技术上
维系员工稳定	忽略了目的所在
提升企业业绩	面临知识过剩和过时的问题

对企业来说，尽管有效地利用知识管理系统有许多潜在的益处，然而要做到这一点，还需要面临许多巨大的挑战（如表 7-14 所示）。

第一，有效的部署需要员工同意分享个人的隐性知识资产，并且愿意花费额外精力利用系统来获取最佳做法。因此，为鼓励员工同意及推动知识的共享，企业应当建立一种重视并奖励广泛参与的文化氛围。

第二，有经验表明，要成功地部署知识管理系统，必须首先明确需要何种知识、为什么需要以及谁可能拥有这种知识。企业了解了这些问题之后，明确知识交换需要何种技术则相对简单得多。换言之，部署知识管理系统的典范做法表明，企业将如何部署，即使用何种协作和存储技术这一问题放到了最后。

第三，成功地部署知识管理系统需要具有特定的商业目标。通过将系统与某一特定商业目标联系起来，并同时使用投资回报率等评估技术，企业就可以明确成本与效益，确定对企业起重要作用的部门确实产生了价值。

第四，知识管理系统应当便于使用，不仅包括向其中添加知识，还应当包括从中获取知识。同样道理，系统不能向用户提供过多的或者过时的信息。就像实物资产会随着时间的推移而慢慢磨损一样，知识也会变得过时而落后。因此，应当持续地更新、修正并去除过时的知识，否则系统会变得混乱不堪，无人使用。

总而言之，要从知识管理系统的投资中获取最大化的利益，企业就必须克服各种挑战。

2. 企业利用知识管理系统的方式

使用知识管理系统的人在企业中的不同部门工作，执行不同的职能，而且可能位于办公楼、城市乃至世界的不同地方。每个人或每群人就像是一个孤立的小岛，他们因地理位置、工作重点、专业知识、年龄以及性别等的不同而互相分离。通常，某个“孤岛”上的人所要解决的问题已经被其他“孤岛”上的人解决了。要找到这些“其他”的人通常来讲就是一项巨大的挑战（如图 7-30 所示）。一个成功的知识管理系统的目标就是要使这些“孤岛”之间知识的交换更方便。

企业完成了知识的收集储备之后，就必须用简单的方法来与员工（通常使用内联网）、与客户和供货商（通常使用外联网），或者与普通公众（通常使用因特网）进行共享。这些**知识门户网站**都可以通过个性化定制来满足目标用户的不同需求。例如，美国食物与药品管理局有责任告知民众（如市民、研究人员以及各资方）有关食物方面（如疯牛病或产品召回）及药物方面（如某药品试验情况）问题的最新信息。在其官方网站上，美国食物与药品管理局使用了 Google Search Appliance，即一种能对 Web 站点上的信息加以分析及编制索引的特制计算机，使访问者可以通过熟悉的 Google 接口在美国食物与药品管理局超过 100 万份文档中快速搜索并找到所需信息（如图 7-31 所示）。

“到底谁知道呢？”

图 7-30 在大型或跨国企业中，找到具有所需知识的人实为一项巨大挑战

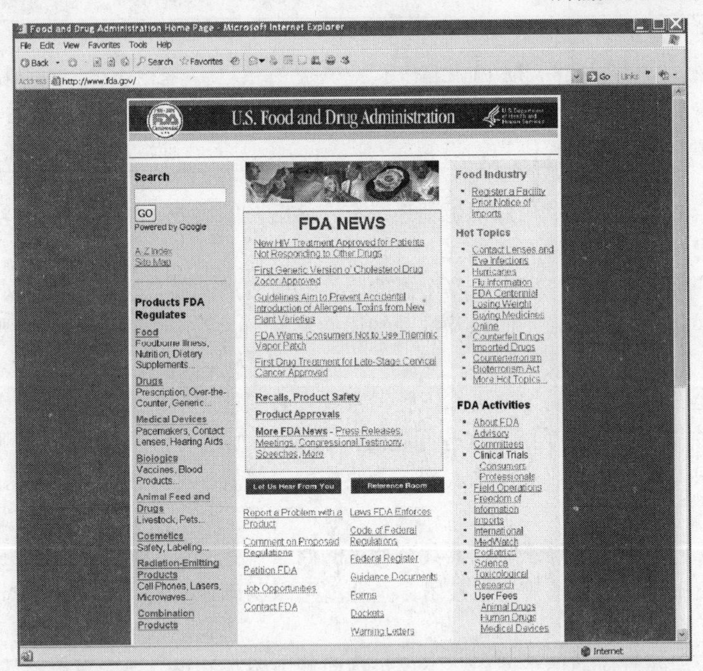

图 7-31 各个组织机构都在使用基于 Web 的知识门户网站为员工、客户及合作伙伴提供信息

除美国食物与药品管理局之外，许多企业，如福特汽车公司、礼来、沃尔玛及戴尔计算机等公司，都在积极部署知识管理系统。从这些部署中我们认识到，无论是盈利性还是非盈利性的企业，都在努力将正确的信息在恰当的时机传递给所需要的人。通过综合使用管理知识资产的各种策略，各企业更有可能取得竞争优势并从信息系统的投资中获得积极回报。

7.3.7 功能区信息系统

功能区信息系统是一种跨越企业内各个层次的信息系统，旨在支持特定功能区的业务流程（如图

7-32 所示）。这种系统可以是我们之前论述过的任何一种，如事务处理系统、管理信息系统、高层管理信息系统、决策支持系统、专家系统或者办公自动化系统等。功能区是指企业中专注于某一系列特定活动的独立区域。例如，市场营销部门的人关注的是如何吸引并保留客户，以及如何推广宣传企业及其产品；会计及财务部门的人则把注意力放在管理控制企业的资本资产及财力资源等方面。表 7-15 所列的是企业内的各种职能，分别进行了详细描述并给出了每个功能区所使用的信息系统示例。

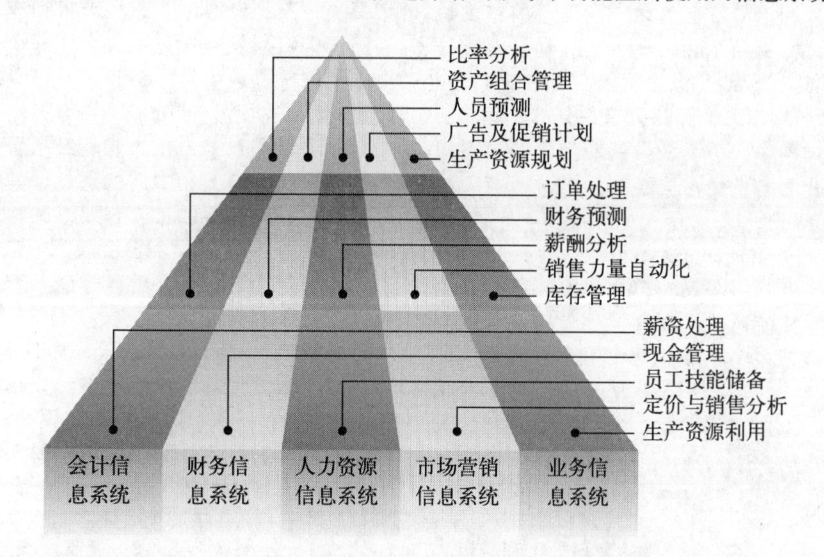

图 7-32 由各种功能区信息系统支持的业务流程

表 7-15 企业的功能及其代表信息系统

功 能 区	信息系统	系统应用示例
会计及财务	用于管理、控制并审核企业的财力资源的系统	• 库存管理 • 应付账款 • 开支报账 • 现金管理 • 薪金管理
人力资源	用于管理、控制并审核企业的人力资源的系统	• 招聘及录用 • 教育与培训 • 福利管理 • 雇用终止 • 劳动力计划
市场营销	用于管理新产品的开发、派发、定价、促销以及企业所提供的产品与服务的销售预测的系统	• 市场研究与分析 • 新产品开发 • 促销与宣传 • 定价与销售分析 • 产品定位分析
生产与运作	用于管理、控制及审核企业的生产运作资源的系统	• 库存管理 • 成本与质量跟踪 • 物料资源规划 • 客户服务跟踪 • 客户问题跟踪 • 工作成本核算 • 资源利用

亚马逊创始人及 CEO 杰夫·贝索斯

关键人物

“如果两张比萨饼都不够一个团队吃的话，那么肯定是因为这个团队太大了。”世界上最大的电子零售商之一亚马逊的首席执行官杰夫·贝索斯（Jeff Bezos），在面对该公司的经理团队曾如是说。贝索斯生于1964年1月12日。长期以来他坚信只有在分权管理、简单的公司结构中，小团队中的成员才能尽兴地进行创新。他本人现在已经成为电子商务领域的成功典范。

杰夫·贝索斯于1994年在华盛顿州西雅图市建立了亚马逊公司，至今仍担任该公司的CEO（他选择使用“亚马逊”作为公司名称仅仅是因为他想找一个能在搜索引擎中很快搜索出来的名字）。当书籍销售业巨头，巴诺书店（Barnes & Noble）于1997年创建了网站加入这一领域的竞争时，Forrester Research公司总裁乔治·克洛尼（George Colony）发表了著名的预言：“亚马逊死定了！”

图 7-33 亚马逊创始人及 CEO 杰夫· 贝索斯（资料来源：http://www.newmediamusings.com/photos/web2/cover-image-jeff_bezos.jpg）

然而，与克洛尼的预言相反，Bezos不在意得失，不计较成败，巧妙地带领亚马逊公司经历了因特网发展过程中一个又一个的起伏反复。在这一过程中，他将亚马逊建设成为一家稳定却不失创造力的公司，并努力将“客户至上”的理念摆在第一位。亚马逊从最开始只是一家提供约100万种书册的网站，其中有些书是很罕见甚至绝版的（曾有评论家称这简直是天方夜谭），到现在俨然已经成为一家提供从床单、电子产品到服饰、美食等诸多产品的网络超级百货商店。

贝索斯于1986年毕业于普林斯顿大学，获得电子工程与计算机科学学位。之后，就职于位于纽约的一家高新技术开发公司——FITEL公司。两年后，他就职于华尔街的美国信孚银行（Bankers Trust Company），开发了计算机系统，并于1990年成为公司史上最年轻的副总裁。自1990年至1994年，贝索斯效力于位于纽约的美国对冲基金（D.E Shaw & Co.），协助创建了一支在技术上比较成熟的华尔街对冲基金。然而，贝索斯放弃了他在该公司的副总裁地位转而创办了亚马逊公司。亚马逊于2003年首次实现盈利，如今公司身价已达170亿美元。贝索斯本人、其妻麦肯齐和两个儿子仍然住在西雅图。

资料来源

亚马逊公司董事长兼首席执行官，杰夫·贝索斯

http://www.askmen.com/men/may00/26c_jeff_bezos.html

http://www.fastcompany.com/magazine/85/bezos_1.html

功能区信息系统中逐渐流行的一种叫**地理信息系统**（Geographic Information System，GIS）。地理信息系统是一种创建、存储、分析并管理地理参照信息的系统。例如，零售公司可以使用地理信息系统来选定新店的最佳地址；农场主也可以用它来明确哪些地区太潮湿而不能施肥（如图7-34所示）。分析人员可以通过使用地理信息系统，结合地理、人口统计及其他方面的数据来锁定目标客户，或找出最佳选址，或针对不同地域确定正确的产品结构。此外，地理信息系统还可以进行各种不同分析，如市场份额分析及市场竞争力分析等。各级政府，上至州郡，下至县市，都在使用地理信息系统来协助解决基础设施设计及区域划分的问题（如新建的小学选址应该在哪儿等）。显而易见，如本章所述的其他系统一样，地理信息系统同样为企业提供了商业智能，使其在数字世界更好地竞争。

图 7-34 地理信息系统协助分析地理参照信息
（资料来源：http://www.esri.com/software/arcgis/extensions/businessanalyst/graphics/ba_gravity_model_chicago.gif）

网络电视

行业分析

试想一下：你要在电视上看《毕业生》（*The Graduate*），一部从 1967 年首映至今仍广受欢迎的电影。电影结束后，你收看了一集 1979 的电视连续剧《正义前锋》（*The Dukes of Hazzard*），然后上网玩《毁灭公爵》（*Doom*）。接下来，你查收电子邮件，为要到期的论文做研究，然后给远在异地的父母打了个电话。这些事情再平常不过了，但是你能想象这些都是在电视上完成的吗?

具有如上所述这些甚至更多功能的电视叫做网络电视（Internet Protocol Television，IPTV）。在电视界新出现的这一潮流产物，将电视节目的控制权从有线电视公司手中转移到了消费者手中。网络电视节目可以通过任何一种接入因特网的方式获取，包括无线移动设备等。

使用因特网协议并通过宽带进行传输，有线电视订阅服务提供各种数字电视服务，而高清电视（High-Definition Television，HDTV）如今在大城市里已经十分普遍。这种服务提供全双工连接，能够提供诸如视频点播、Web 接入及语音接入等特色服务。然而，网络电视能做到的还远不止这些，它还能接入海量视频电影库，并且这些服务从内容量和地理覆盖面上来说，都比高清电视节目要大得多。

到目前为止，尽管在电信基础建设上已经取得了巨大进步，网络电视的普及还存在一些困难。到 2006 年 5 月，美国已经向公众免费提供了 1200 个网络电视频道。能上网的设备都可以接收到这些频道，如 iPod、与计算机相连的高清电视以及 3G 手机。现在通过 iTunes 下载已经可以进行节目定制，包括一些连续剧集，如《迷失》（*Lost*）和《绝望主妇》（*Desperate Housewives*）等。美国喜剧中央频道（Comedy Central）的工作人员通过因特网来简化节目编排。

欧洲及亚洲由于优良的电信基础设施建设（包括更快速和更多的宽带接入口），现在在网络电视收益方面走在了世界前列。然而，美国有望在 2009 年以前迎头赶上，预计届时网络电视收益将达 440 亿美元。

问题

(1) 由于各项技术逐渐趋同，哪个行业会成为网络电视的最大受益者?

(2) 网络电视将如何推进全球化进程?

资料来源

Roy Mark，“IPTV a $44B Market by 2009,” *Internet News*（May 9，2006），http://www.internetnews.com/infra/article.php/3604891

http://www.telecommagazine.com/newsglobe/article.asp?HH_ID=AR_2057

http://www.technologynewsdaily.com/node/2712

要点回顾

(1) **介绍了企业内的操作层、管理层及主管层等各层的特征。**企业的日常事务、业务流程以及与客户间的业务都发生在企业的操作层。为这一层设计的信息系统可以自动处理重复性工作，例如进行销售业务处理。操作层的管理人员，如领班或监管人员，所做出的决策都是重复性高且高度结构化的。位于企业管理层的各部门经理主要监控操作层的活动，并向企业的更高层提供信息。中层管理者（也称部门经理）关注的是如何有效地利用及配置企业的资源以实现公司的战略目标。在这层中，决策的影响范围通常仅限于部门之内，不是很复杂，通常有一定的时限，从几天到几个月不等。在企业的高层管理层中，决策通常比较复杂，且会对企业产生广泛而深远的影响。由于高层管理者要从整个企业的角度出发考虑他们的决策可能带来的各种结果，所以主管层的决策通常被认为是无章可循的或者非结构化的。

(2) **详细解释了为支持企业内不同层而设计的三种信息系统：事务处理系统、管理信息系统以及高层管理信息系统。**事务处理系统主要处理商务事件与业务，与客户联系紧密，通常用于企业的操作层。事务处理系统的目的在于对企业内部重复性业务流程进行自动化处理，以提高处理的速度及准确性，并降低每笔业务的成本，即让企业的运作更加高效。管理信息系统用于企业的管理层，旨在生成定期报表或专案报表，以支持与整个业务或者企业内某部门的管理相关的持续的、复发性的决策。这些系统用于帮助中层管理者做出更加有效的决策。高层管理信息系统为高层管理者提供高度集中的信息，使其可以快速浏览这些信息以了解当前趋势和异常情况。高层管理者使用这种系统可以一次性满足其信息需求。

(3) **介绍了横跨企业内操作层、管理层、主管层等阶层的7种信息系统：决策支持系统、智能系统、数据挖掘与可视化系统、办公自动化系统、协同技术、知识管理系统以及功能区信息系统。**决策支持系统（DSS）用于支持企业决策，通常用于解决企业内部的复发性问题。决策支持系统最常被用来支持解决由管理层员工提出的半结构化问题，是一个交互式的决策辅助工具。专家系统、神经网络以及智能代理等智能系统，用于模拟并扩展人类的能力。专家系统（ES）通过仿真人类的专长（即通过经验和广泛学习获取的理解能力），将知识用于某一特定领域以提出意见建议。专家系统用于那些对某一方面问题的专业技能稀缺或者费用昂贵的情况。神经网络通过将新数据中的模式与在先前数据基础上建立起来的复杂模式进行对比，试图模拟人类大脑的功能和决策过程。智能代理是一种可以被应用于多种情况的程序，通常在特殊事件或者请求发生时在后台提供服务。数据挖掘及可视化系统协助分析数据仓库中浩如烟淼的资料，以更好地明确业务环境，并以各种图形化的方式将这些信息展现出来。办公自动化系统是用于开发文件、调度资源以及交流通信的系统。视频会议、群件以及电子会议系统等协同技术，则被用于支持虚拟团队的通信和联合协作。知识管理系统是推进知识资产的生成、存储、共享及管理的各种以技术为基础的工具的集合。功能区代表了企业内各个独立的区域，通常包括会计和财务、人力资源管理、市场营销以及生产与运作管理等。功能区信息系统旨在支持企业各部门的特定需求。

思考题

1. 比较和对比企业内操作层、管理层及主管层各自的特征。
2. 硬数据与软数据之间的区别是什么？
3. 解释在线处理和批处理之间的区别并分别给出示例。
4. 将数据输入事务处理系统有哪3种方法？分别举例说明。
5. 列出3种类型的报表，并说出其中的信息用于何处及如何使用。
6. 就目的、目标用户、能力等方面而言，管理信息系统与事务处理系统有何不同？
7. 举例说明两种数据输入方式。
8. 高层管理信息系统是如何“下钻”数据的？
9. 传统意义上横跨企业内各阶层的7种信息系统有哪些？
10. 解释说明决策支持系统中某个模型的目的。
11. 决策支持系统与专家系统之间的不同在哪里？
12. 说出四种智能代理。它们是如何使企业获益的？

13. 数据挖掘及可视化是如何拓展商业智能并改进决策的？
14. 什么是群体软件？它有哪些类型？
15. 比较和对比单机视频会议和桌面视频会议。
16. 什么是知识管理系统？组建一个综合性的知识管理系统需要那些技术？
17. 举例说明几个具有特定功能的信息系统及其在企业内的需求。

自测题

1. 位于 _____ 的各部门经理（例如销售经理、财务经理、生产经理及人力资源经理等）关注的是监控操作层的活动，并向企业的更高层提供信息。
   A. 操作层
   B. 管理层
   C. 企业内
   D. 主管层
2. 管理信息系统所支持的事务活动不包括 _____。
   A. 库存管理与规划
   B. 生产规划与调度
   C. 财务管理与预测
   D. 销售及订单处理
3. _____ 报表定期提供关键信息的汇总。
   A. 定期报表
   B. 例外报表
   C. 关键指标报表
   D. 下钻式报表
4. 以下哪个不属于专家系统所支持的事务活动？
   A. 工薪结算
   B. 财务规划
   C. 机器配置
   D. 医疗诊断
5. 监管人员必须决定何时重新订购补给品或确定如何最佳地分配人员以完成某个项目，这属于 _____ 决策。
   A. 结构化
   B. 半结构化
   C. 自动
   D. 代表性
6. 以下哪个不属于跨越企业内各层次的系统类型？
   A. 决策支持系统
   B. 资源规划系统
   C. 办公自动化系统
   D. 专家系统
7. 事务的 _____ 处理为系统操作者或顾客提供了实时结果。
   A. 在线
   B. 批
   C. 全自动
   D. 半自动
8. 耐克公司的销售经理可以通过 _____ 系统按照地理区域对比销售收入及营销开支，以更好地明确“老虎伍兹高尔夫”产品系列促销的运作情况。
   A. 事务处理
   B. 专家
   C. 办公自动化
   D. 管理信息
9. 在 _____ 数据输入系统中，杂货店收银处的扫描仪等数据采集设备加速了数据的输入以及事务的处理过程。
   A. 人工
   B. 半自动
   C. 全自动
   D. 专家
10. 下面关于知识管理的描述中哪一项是正确的？
   A. 随着越来越多出生于“婴儿潮”年代的员工退休，知识管理协助企业获取知识。
   B. 知识管理系统不是一项技术而是一群以技术为基础的工具的集合。
   C. 找到正确的技术来管理知识资产要比明确需要哪些知识、为什么需要及谁拥有这些知识简单得多。
   D. 以上都是正确的。

问题和练习

1. 配对题，将下列术语与它们的定义一一配对。
   i. 操作层
   ii. 事务
   iii. 虚拟团队
   iv. 源文件
   v. 在线处理

vi. 管理信息系统
vii. 专家系统
viii. 推理
ix. 事务处理系统
x. 决策支持系统

a. 一种用于企业操作层的旨在处理日常商务事件数据的信息系统
b. 一种模仿真人专家进行知识操作（通过经验及广泛学习而获得理解能力）而非简单地进行信息操作的特定用途的信息系统
c. 位于企业的基层，处理与客户之间的日常事务
d. 一种主要用于企业的管理层以支持企业决策的特定用途的信息系统
e. 信息的实时处理
f. 企业内的重复性事务，为企业日常运作中的一个常规部分
g. 一种用于企业管理层的旨在支持企业各部门管理的信息系统
h. 当商务活动或者事务发生时创建的文档
i. 事实与规则的匹配，决定向用户提出问题的次序并得出结论
j. 按需组编或者解散的团队，可根据需要改变规模大小及决定成员的去留

2. 登录 Web 访问 guide.real.com。RealNetworks 提供的信息几乎涵盖每个话题或者行业，只要其出现在因特网上。你能找到哪些硬数据与软数据？
3. 你觉得企业是否应当尽可能地用事务处理系统来取代人类在其中所扮演的角色？为什么？如果仍然需要人类来运行这些系统，能节省多少成本？如果你被系统取代，你会怎样？是否就一定能消除所有错误？这又是为什么？
4. 假设你老板让你建立一个库存管理系统，能够允许收货员和送货员分别进入系统获取购得产品和待售产品的库存数。讨论一下将这个系统建设成在线处理系统或批处理系统各自的利弊。你会向你老板推荐使用哪种？
5. 美国广播公司的国内销售经理有意采购一种软件包，它可以提供准确的长期和短期销售预测。她要你推荐最合适的系统。你会推荐哪种？你对这种系统有什么保留意见吗？为什么？
6. 登录 Web 访问 MSN Money（www.moneycentral.msn.com/investor/calcs/n_expect/main.asp），使用决策支持系统来看看你的寿命预期。你从中学到了什么？不同性别的寿命预期有差别吗？如果你浏览了 MSN Money 的内容，你还发现了其他哪些有意思的东西？再去 www.bigcharts.com 上看看。
7. 采访一个你所熟悉的企业的高层主管，并明确该企业使用高层管理信息系统（或者数字仪表板等信息集合技术）的程度如何。该受访者是否大小事都使用高层信息管理系统？为什么？哪些高层管理者的确使用高层管理信息系统呢？
8. 根据你使用事务处理系统的经验（在日常生活中或工作中），哪些系统使用在线处理方式，哪些使用批处理方式？这样的选择符合系统、信息及环境的需求吗？你会做出调整吗？为什么？
9. 使用任意一个你所选择的程序，或者访问 www.moneycentral.com，找到或创建一个模板，将来购车或者购房时可以用它来确定你的贷款月供金额。将你的模板与网页 www.bankrate.com/brm/calculators/autos.asp 上的模板进行比较。在进行计算分析之前，你是否将你所使用的程序进行分类以创建一个模板作为决策支持系统？
10. 介绍一下你使用专家系统的经验。或者访问 www.exsys.com 以及 www.easydiagnosis.com，并花点时间来研究一下他们的展示系统。选择一个你非常熟悉的问题，建立一个专家系统。描述一下这个问题，并且列出你所要提出的问题，以便你在别人回答完问题后给出建议。
11. 访问几个 Web 站点（如 www.bottomdollar.com，www.mysimon.com，www.shopzilla.com，www.shopping.com 或者 www.pricegrabber.com 等），比较你所感兴趣的某产品的 3 种购物机器人智能代理。这些不同的代理找到的是同样的信息呢，还是有些差别？你是否更倾向于其中的某一种？为什么？
12. 选择一个你所熟知的使用办公自动化系统的企业，看它使用了哪些系统。哪些功能实现了自动化，哪些没有？为什么那些功能没有实现自动化？由谁来决定采用何种办公自动化系统？
13. 你见过或使用过专案报表、例外报表、关键指针报表及下钻式报表吗？每种报表的目的分别是什么？这些报表由谁生成？供谁使用？根据你的工作经验，这些报表中有没有哪种是你觉得似曾相识的？
14. 采访大学或者工作场所里某组织的信息系统经理。在事务处理系统、管理信息系统及高层管理信息系统这三种信息系统中，人们使用频率最高的是哪种？为什么？这些部门的表现在过去的几年中是进步了还是退步了？就传统信息系统的发展前景而言，该经理有哪些预测？你

是否同意他的观点？总结你的发现，然后准备一个 10 分钟的班级发言。

15. 描述一下本章介绍的各种系统如何使员工可以在家办公而无需来办公室上班。员工会比较倾向于选择哪些技术？他们如何使用这些技术？公司对这些技术的使用持何种态度？为什么？
16. 从你的大学找出几个知识资产的例子，以 10 分制来分别评价其对大学的价值（1 分最低，10 分最高）。
17. 访问你大学的网站，并找出一些可以（或已经）应用知识管理系统来改善向学生提供的服务的例子。
18. 选择一个你所熟知的企业，描述一下面向客户、供货商、员工及一般民众的知识门户网站中可以包含哪些内容？

应用练习

电子表格应用：旅游贷款

现在校园旅行社已经开展了一项新的业务：学生可以申请旅行贷款，但是贷款只面向那些在国外旅行至少两个星期的学生。由于这种国际旅行的成本取决于你的旅行方式、停留地点及你在目的地所进行的活动，所以有各种不同的贷款方案。比如为了去欧洲旅行一个月，你决定贷款。你已经看了几个方案但是还不确定你是否能支付得起。建立一张表格，根据以下几种情形来计算月付金额：

(1) 2 个星期的东欧行：价格为 2 000 美元，利率 5.5%，贷款期限为 1 年；

(2) 2 个星期的西欧行：价格为 3 000 美元，利率 6.0%，贷款期限为 1 年；

(3) 3 个星期的东欧行：价格为 3 000 美元，利率 6.5%，贷款期限为 2 年；

(4) 3 个星期的西欧行：价格为 3 500 美元，利率 5.5%，贷款期限为 2 年；

(5) 4 个星期的东欧行：价格为 4 000 美元，利率 6.0%，贷款期限为 2 年；

(6) 4 个星期的西欧行：价格为 5 000 美元，利率 6.5%，贷款期限为 3 年。

当你计算好月付金额后，再计算每个贷款方案所需支付的总金额以及贷款期间所支付的总利息。所有的计算过程都应当使用公式，并将计算结果以专业格式打印出来，并再打印一张所使用的公式（提示：在 Microsoft Excel 中，使用“金融”分类中的“PMT”函数来计算还款金额。使用 Ctrl +`（沉音符）来在公式及数据视图中进行切换）。

数据库应用：校园旅行社追踪区域办事处的表现

总经理想了解在过去一年中哪些办事处的业绩最佳，让你准备几份报表。在文件 FT2006.mdb 里，你找到了公司的各个办事处、销售人员及目的地的信息。使用报表向导来生成下列报表。

(1) 按办事处分组的所有销售人员的列表（包括各办事处的总人数）。

(2) 按目的地分组的所有销售人员的列表（包括销售人员的总人数）。

(3) 各销售人员销售的旅游目的地列表（包括目的地的总数）。

团队协作练习：热点话题是什么

访问一家信息系统相关内容提供商的 Web 站点，例如 InformationWeek、ComputerWorld、CIO 或 NewsFactor 等，并浏览这几个网站当前的头条新闻。你可以在 www.informationweek.com，www.computerworld.com，www.cio.com 及 www.newsfactor.com 等网站上找到这些在线资源。浏览完头条后，与你的团队讨论一下你的发现。这几个网站的关注点有什么不同？热门技术及相关问题都有哪些？其中哪些对业务经理来说最为重要？准备一个简短的班级发言。

自测题答案

1. B	3. C	5. A	7. A	9. B
2. D	4. A	6. B	8. D	10. D

案例 ❶

家得宝的窘境

世界上最大的家居建材零售商家得宝（Home Depot）公司，在美国国内的1 900多家商店中销售的产品不计其数。截至2001年，为家得宝的每家商店负责摆放产品的342家服务企业已经成为一个令其头疼的问题。由于服务代表都被授权为不同的企业工作，没有组织也无人监管，所以他们可以将产品摆在商店里任何他们想放的地方。结果自然是一片混乱。某企业的服务代表可能会把竞争对手的产品放到一个无人问津角落里，或者将自己的产品放在接近收银台处的地方，而将竞争对手的产品放在商店的角落。商店所制定的关于将同类产品放在一起的政策（如将门与门把手和门铃放在一起）名存实亡了。

2000年，家得宝聘请了一位新的CEO，Bob Nardelli，以现代化的管理方式来进行运作并协助公司更好地与Lowe’s及其他家装超市竞争。在Nardelli的领导下，商品管理完全掌控在公司的供货商服务部的手中，而商品的服务代表再也不能随心所愿地摆放产品了。Nardelli及供货商服务部的副经理想邀请家得宝的IT部门加入，但是IT部门的经理却不愿意放弃过去的政策及运作方式。因此，他们决定将这个项目外包。

家得宝将项目承包给了EnfoTrust Networks公司来为供货商管理定制一套系统。由于该项目并未包括管理哪些产品将摆入陈列室，而只是专注于控制及指导供货商的行为，因此供应链软件并未包含在其中。Nardelli及他的项目组将这套供货商管理系统称为“店内服务首创系统”。这项技术需要使用成千上万的手持计算机以及一台EnfoTrust的服务器。

“店内服务首创系统”起初只应用于家得宝的电力及照明部门，但在两年的时间里，系统普及到除植物及园艺用品部门以外的所有部门。这一新的供货商系统要求每个服务代表在进入陈列室之前必须签字进入，然后在一个手持终端的协助下摆放产品。系统通过一系列关于产品分类、产品摆放、陈列室里的产品方位以及展示卷标等方面的是非题来对每个代表进行指导。系统还协助代表进行库存移动、回收破损对象及替换丢失卷标等。代表离开陈列室时，还需要再签字方可离开。然后供货商公司就可以分析数据，确认系统中提问的否定答案的个数，并根据家得宝的方针来做出相应调整。

每个手持设备都有一个摄像头，使服务代表在完成工作前后都可以进行拍照。当供货商间起争执的时候，就可以很方便地拿这些照片来作为证据。这些手持计算机的质量起初对家得宝来说还是一个不小的挑战。由于手持设备通常只限于在干净的办公环境中使用，而并非针对恶劣的环境，因此家得宝花费了巨大代价来改造这些设备。此外，还得说服供货商来购买这些手持设备。

早期的困难如今都已被克服，而现在EnfoTrust公司称，家得宝的账号要处理来自约11 500个手持设备的340 000张照片。家得宝计划在不久的将来使用Wi-Fi网络，使服务代表可以从陈列室直接向EnfoTrust的服务器发送数据。

问题

(1) 你会将“店内服务首创系统”划归为哪种系统呢？为什么？

(2) 根据从“店内服务首创系统”中获取的数据，家得宝可以生成哪几种报表？

(3) 假如你是家得宝的一位经理，为“店内服务首创系统”所生成的数据设计一个数字仪表板。务必列出你的假设并定义你的仪表板中的每种数据类型。

资料来源

Jeffry Schwartz，“Home Depot Renovates Its Data Warehouse,” *VarBusiness*（November 22, 2002），http://www.varbusiness.com/sections/customer/customer.jhtml;jsessionid=RWHPUF13VKNUQQSNDBCSKH0CJUMEKJVN?articleId=18829496&_requestid=16963

Carmen Nobel，“Home Depot Tackles Network Challenge,” *eWeek*（November 22, 2005），http://www.eweek.com/article2/0,1895,1887081,00.asp

案例 ❷

电子化航空运输业：使用信息系统增强商业智能

对商业航空公司来说，实现运作效率及市场份额最大化是其生存的关键。在之前讨论的案例中，波音公司已经预见到了电子商务的优势，即通过整合信息及通信系统来改善航空公司的运营模式。波音公司利用整个公司的资源，希望航空运输业将来能实现公众、航空公司、资产、信息系统、知识应用以及决策支持工具在航空公司各部门各阶层的无缝协同工作。在不久的将来，Jeppesen公司的电子飞行包、SBS公司的国际机组人员调度及管理软件以及波音公司的飞行器健康管理技术将得到无缝整合，并将空中的和地面运作实时连接，使各航空公司实现其目标。

商业航空公司要实现电子化运作，就需要一整套错综复杂的系统集合作为基础设施。这套系统就是信息传输的渠道，而这些信息则是由航空电子设备、航运中心、机场及空中交通管理员、气象服务商以及相关管理机构等生成的。系统将这些信息在第一时间直接传递给那些最需要的人们。除了整合现有的信息系统以外，新一代的可视化工具及决策辅助工具也已在开发当中，用以创建完善的飞行计划、实时修改并最优化调度表，甚至还可以免去几乎所有的计划外的维护。

对任何一家商业航空公司来说，最重要的盈利项目就是执行飞行任务。为了提高飞行前、飞行时及飞行后的各项工作的效率，波音的子公司Jeppesen公司已经开发出了一套系统，使过去纸质飞行包的所有内容都可以电子化的方式呈现给飞行员及其他机务人员。电子飞行包（Electronic Flight Bag，EFB）是一种软件，也是一个数据服务解决方案。它为航空公司提供了高级的信息管理能力，可以更精确地计算性能。因此它在增加安全性并简化飞行信息管理的同时，也节约了大量时间和金钱。航空公司使用信息技术实现了“无纸化驾驶舱”。现在，在驾驶舱中已难寻纸张的踪影。通过电子化方式进行对电子文件的修改，计算也变得更加快速和精准。除了减少与飞行计划及执行相关的纸张使用以外，电子飞行包还融合了相关的安全特性。例如机舱视频监控，它可以帮助航空公司仅在一个系统中就可以执行安全条令获得视频和电子飞行包的功能。最后，某些电子飞行包应用程序，如Taxi Position Awareness，可以降低或者消除跑道入侵的现象。跑道监控及飞行员的工作负荷是当前航空业最为关注的几个安全性问题之一。该系统就能有效地加强跑道监控并降低飞行员的工作负荷。此外，这套系统还有助于高地面操控的效率。

与传统纸质的飞行文件不同，电子飞行包可以通过准确及时的性能计算，如精确、实时的起飞、着落计算（包括最大的起飞及降落重量，以及引擎功率设置等）来提高效率。无纸化驾驶舱还能帮助航空公司减少开支。因为信息的电子化发布能够直接减少与接收、复查及分发纸质文件相关的支持成本。这些电子文件包括电子导航图、电子飞机与飞行运作手册以及电子飞行日志等。除了提供强大的搜索和检索功能，由于摆脱了体积庞大的纸质文件，这些电子文件还有助于减轻飞行器的起飞重量。

机组人员调度对维持航空公司的飞行运作业务来说是一项的重要的支持功能。为了给航空公司提供一个无缝的整合解决方案，波音公司决定并购SBS国际公司。这是一家专门提供员工管理解决方案的公司。该公司开发的软件工具能够帮助航空公司实时监控机组人员任务分配，并通过提供及时准确的信息来提高资源的使用效率，帮助员工调度最优化，避免违规处罚。这些处罚常常导致航空公司的运营成本上升。除了人员调度之外，这些系统甚至还可以用于修改对这些调度表所做的酒店及地面交通安排、维护明细的主要记录并与薪资系统进行通信。使用飞行器的数据传输基础设备，人们可以在飞行过程中访问这些系统。在必要情况下，甚至可以在最后时刻对调度表、地面交通或住宿地点等进行变更。对机组人员来说，实时获取最新信息可以减少飞行过程中的不确定性，增加他们对工作的满意度。此外，实时可用的信息还能够帮助航空公司管理层的员工。因为机组人员可以更加及时地接受或者拒绝调度变更请求，有助于减少飞行工作的不确定性并且协助员工调度工作。

支持航空公司的飞行业务的另一项重要功能就是飞行器的维护保养。波音公司的飞机健康管理系统（Airline Health Management，AHM）旨在通过创新性地使用现有数据，来减少航班的延误、取消、返航或改变飞行航线的情况。由于能够进行数据处理、传输及分析，飞机健康管理系统整合了飞机数据的远程收集、监控及分析，来确定飞机当前和将来的性能状态。这些数据被转换为航空公司可以使用的信息，供其做出事务性决策及进行维修或继续飞行的决定。由于将飞行器的维修时间最小化对减少运营成本及提升盈利能力来说具有重要作用，因此这些决策可能会决定公司的盈亏。

当飞机在飞行中发生故障时，飞机健康管理系统使航空公司可以立刻做出事务性决策，并在需要维修的时候迅速安排人员、部件及设备等调度。此外，该系统还可以在故障发生之前协助预测并解决问题。这一过程称为“预诊断”。工作人员可以有计划地对可能引起计划外维修的各个问题加以解决，以帮助管理层人员调度飞行器的使用。实时获取信息后，数据通过空对地的直接发送，有助于减少调度干扰和航班延误，还可以让维修队在飞机着陆之前制定解决方案。地面的维修人员可以直接访问飞行器系统并对问题加以诊断，而机修工们在飞机入库的时候就可以着手解决问题。这样飞机就可以尽可能快地再次起飞，进而减少由航班延误、重新调度及航班取消等造成的运营成本的增加。

对其他任何一家公司来说也是如此，可以利用的信息才是有价值的信息。“电子商务优势战略”整合了强大的可视化工具以及决策协助手段，帮助航空公司从整个网络中获取最新的信息，并利用到动态规划当中。使用电子商务优势战略综合系统，航空公司在一连串未预见的事件恶化成代价惨重的调度扰动之前，就可以将其逐个击破。在航空母舰的飞行甲板上，电子飞行包可以帮助机组人员清楚地明确其所在方位、目的地及即将发生的事情。

问题

(1) 简要地讨论波音公司为航空公司提供的电子商务战略的功能特点。应该如何将案例中所提及的系统整合进航空公司其他部门的不同的系统中（例如会计、财务、销售及市场推销）？请具体说明。

(2) 为维持航空公司的飞行业务，还可以将其他哪些功能整合到这套电子商务战略计划中？登录 www.boeing.com 去查看一下各种可能的方案。

(3) 航空公司的高层管理层应当如何利用操作层及管理层产生的信息？

资料来源

www.boeing.com/commercial/ams/mss/brochures/airplane_health_brochure.html

www.boeing.com/commercial/e-Enabled/index.html

www.jeppesen.com

www.sbsint.com

第8章

利用信息系统构建良好的企业内外关系

综述> 本章描述了企业如何部署信息系统来建立和增强组织间的合作。企业信息系统有助于整合不同类型的业务行为、精简并更好地管理企业与客户互动的过程，也有助于更好地协调供应商以便更有效也更高效地满足不断变化的客户需求。通读本章后，读者应该可以：

1. 描述企业系统是什么，以及它们是如何发展的；
2. 描述 ERP 系统，以及它们是如何帮助改进企业的内部业务流程的；
3. 描述 CRM 系统，以及它们是如何有助于改进下游的业务流程的；
4. 描述 SCM 系统，以及它们是如何帮助改进上游的业务流程的；
5. 理解并利用这些关键点来成功地实施企业系统。

大型企业不断发现他们需要企业信息系统来扩展整个企业，并将所有企业资源整合到一起。因此，要在当今这个竞争激烈且瞬息万变的数字世界中取胜，理解企业系统是至关重要的。

数字世界中的管理　CRM 与美国职业棒球大联盟

2004 年，波士顿红袜队赢得世界职业棒球大赛冠军。12 小时以后，美国职业棒球大联盟的主页 MLB.com 就售出了价值 300 万美元的波士顿红袜队纪念品。直到今天，MLB.com 仍维持着 12 小时 300 万美元的销售记录。信息系统如何能够在提供诸如现场视频推送、手机铃声下载和订票等日常服务的同时还能处理如此多的客户需求？负责创建和维护 MLB.com 网站以及所有 30 支联盟球队网络内容的大联盟高级媒体公司（MLBAM）道出了原因：因为自从 MLBAM 在 2001 年成为 MLB 的 CRM 系统提供商之后，一直将客户视为网站经营的重心。MLB.com 能够吸引并留住顾客的服务包括：

- 提供球队纪念品；
- 为 100 万订阅者提供 97% 的 MLB 赛事的现场音、视频流，仅此一项一年就能创造 1 200 万至 1 600 万美元的收入；
- 网络游戏 Fantasy Baseball；
- 手机铃声 、手机墙纸和其他手机相关产品；
- 代理所有 30 支联盟球队的门票销售。

这些服务中的每一项都能为MLB.com带来收入。举例来说，网站售出了超过150万个手机铃声、手机墙纸以及其他手机相关产品，价格从99美分到2.99美元不等。MLB.com也提供所有棒球队的信息和新闻，包括在所有赛季共计4 860场比赛的实时在线信息。

MLBAM清楚地认识到和手机相关的内容（比如数据服务、视频推送等）是一个利润增长点，这将是一个高达几十亿美元的大市场。于是MLBAM说服MLB这个具有百年历史的组织利用手中的数据提供收费的服务。如今任何网站如果想要发布MLB的数据，都必须通过MLBAM购买许可。

作为MLB全球棒球推广战略的一部分，MLBAM也为棒球小联盟经营MiLB.com网站。该网站为3个不同国家的100多支球队提供与MLB.com类似的服务。世界棒球经典赛就是一个成功的例子，其主页www.worldbaseballclassic.com已经为MLBAM提供了一个网上商店以销售纪念品、门票以及其他服务。实际上，世界棒球经典赛网上商店在历时三周的联赛期间销售产品的数量超过了以前任何赛季。一半以上的销售额来自于美国本土之外的客户。

图8-1 大联盟利用CRM提供更好的客户服务

但是MLBAM在CRM系统实施的过程中并非一帆风顺。比如，接手Sportsline.com网站以后，MLBAM拒绝在MLB.com上放置任何形式的商业广告，因为它要将MLB.com打造成为最大的棒球网络商店。这一举动激怒了许多大客户，他们甚至收回了投放在遍及全国的MLB球场上的传统广告。虽然MLBAM的决定开始看起来比较冒险，但是它将MLB.com改造成了一个整洁的、以内容为导向的CRM数据搜集和存储网站。这在今天看来显然是值得的。

MLBAM另外一个冒险的决定是进入价值10亿美元的网络运动游戏市场。当时Yahoo!和微软都在提供网络棒球游戏的服务，MLBAM要求他们为运动员的姓名和信息向MLBAM购买许可，并威胁说“要么付费，要么关闭服务”。这使MLB.com和那些曾经为MLB.com的成功立下汗马功劳的合作伙伴之间的关系闹得很僵，还可能带来负面的影响。

但是，通过妥善使用CRM，MLBAM成功地为棒球迷提供了丰富的棒球相关产品和服务，并且毫无疑问将在未来继续盈利。

通过阅读本章，读者将能回答如下问题。

(1) MLB.com的前台系统通过何种方式向后台系统提供数据？

(2) MLB.com如何在网站运营中利用销售能力自动化的功能？

(3) MLB.com的客户服务和售后技术支持能力中的哪一个能吸引和留住客户？什么可能导致客户满意度下降？

资料来源

Ryan Nairane, “Baseball Goes beyond Baseball Diamond”, *Internet News* (May 5, 2004), http://www.internetnews.com/bus-news/article.php/3349891

Jon Surmacz, “In a League of Its Own”, *CIO*, http://www.cio.com/archive/041505/baseball.html

8.1 企业系统

针对生产、订单处理、人力资源管理等内部运营行为，很多公司都是用信息系统来支持各种业务流程和行为的。此外，信息系统也用以支持与外部客户、供应商和商业合作伙伴之间的互动。早在几十年前，业界就开始采用信息系统来支持业务流程和行为，最开始是安装一些应用软件来协助公司完成特定的业务（如签发薪水支票）。通常这些系统运行的计算平台类型各异（包括大型机和中型机），硬件和软件环境也千差万别。由于系统之间的通信要通过定制接口来实现，因此部署在不同计算平台的应用很难被整合。

企业内部的应用软件分散在不同的计算平台上，这极大地降低了企业效率，因为数据无法在不同系统之间共享。为了使用数据来辅助业务流程和决策，企业往往不得不将一个系统的数据重新导入到另外一个系统，或通过另外一个系统来联接这两个系统。这不仅导致效率的降低，也导致同一份数据在不同的系统上有不同的版本。在这样的条件下，**企业级信息系统**（enterprise-wide information system）或者叫**企业系统**（enterprise system）应运而生，它使企业能够将内部所有信息有效地整合起来。企业系统为所有用户提供了统一的“中央仓库”来储存信息，而不是将信息分散在不同的地方。同时，通过一致的用户接口，不管信息储存在什么地方，也不管谁在使用这个应用程序，员工都可以无缝地共享信息（参见图 8-2）。

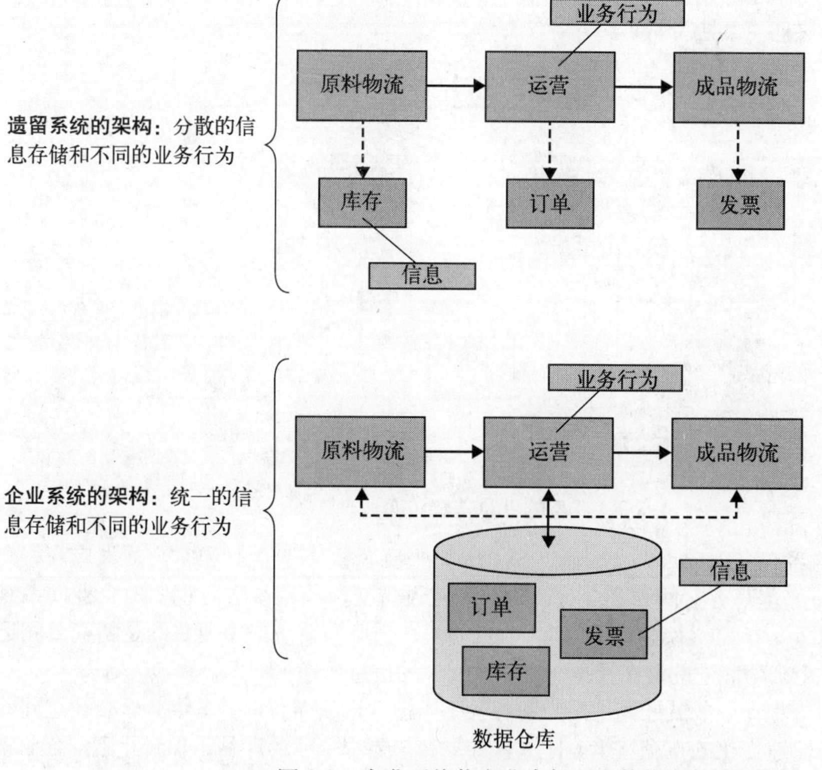

图 8-2 企业系统将企业内部所有的信息整合起来

因特网和 Web 的出现引起了客户和供应商网络的全球化，也为商业活动提供了新的机会和思路。客户有越来越多的选择，因此也越来越需要更适合自己的产品，以满足他们的特定需求。此外，他们还期望能够得到高质量的售后服务。如果公司不能满足这样的需求，客户很容易转向竞争对手。这就要求公司提供更高质量的客户服务，更快地研发新产品，以更有效地在全球市场竞争。

企业系统不仅能支持内部运营，也能支持外部的业务行为，简化与客户及供应商之间通信交流的过程。企业系统有助于企业不断创新、更准确及时地发货、避免（即使无法避免，也至少能预见到）意外情况的发生、降低成本，最终提高客户满意度及企业的整体盈利。

企业系统的形状、大小各不相同，特色和功能也各有差异。在决定实施企业信息系统方案之前，管理层应该了解一些重要的问题。最重要的是：要保证所选择和实施的信息系统能满足企业以及客户和供应商的需求。接下来，我们会讨论如何利用信息系统来支持企业业务流程，然后再深入分析企业如何将企业系统与其内外部的运营行为整合在一起。

8.1.1　支持业务行为

正如我们在第3章讨论过的那样，信息系统能通过支持和精简业务流程增强企业的竞争优势（Porter and Millar，1985）。比如，对于账单处理流程，信息系统能够减少纸张的使用和处理，从而节省材料和劳动力成本。同时，管理者也能更高效地跟踪账单处理流程，因为他们可以得到更准确及时的相关信息，做出更合理的商业决策。

信息系统可以用来支持面向内部和面向外部的业务流程。**面向内部的系统**（internally focused system）主要支持企业内部的功能域、业务流程和决策。这些行为可以看成企业信息传输链中的一系列联接点。在流程的每个阶段（或联接点）中，相关人员都会创造新的价值，于是便产生了新的有用信息。企业内部的信息通过流程入口聚积起来并流经整个链，链上的每一点都能对信息附加新的价值并产生有用的新信息（参见图8-3）。

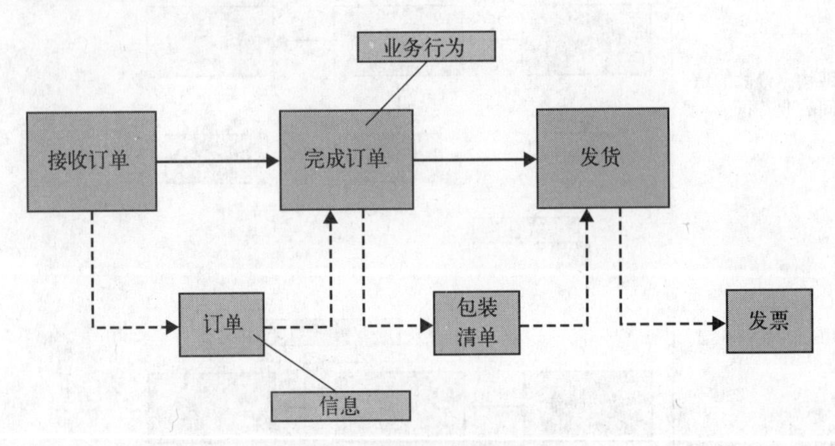

图8-3　典型的订单信息传递

相反，**面向外部的系统**（Externally Focused System）主要负责协调企业和客户、供应商、商业伙伴以及其他企业外部运营者之间的商业行为。跨企业通信交流的系统有时也叫做**企业间系统**（interorganizational system，IOS）（Kuma and Crook，1999）。企业间系统的主要目的是精简公司运营行为之间（比如，一个公司和它的潜在或现有客户之间）的信息传递。

通过整合多条业务流程，企业就能满足用户的各种不同需求，从而获得竞争优势。企业之间的信息共享让企业能适应快速变化的市场环境。比如，如果客户要求企业为产品添加新元素，企业就可以通过支持销售的信息系统获得信息，并把信息实时传递给相应的供应商。正因为用户需求的变化能够通过信息系统被快速识别和及时处理，企业和供应商才能更高效、更快速地满足客户需求，从而获得竞争优势。跨企业的业务流程和信息传递与企业内部的业务流程和信息传递相同：在流程的每一个点上都能通过工作附加价值，产生新的有用信息并在企业之间进行交换（参见图8-4）。通过使用企业间系统，公司能创建信息并通过网络传递给别的公司。

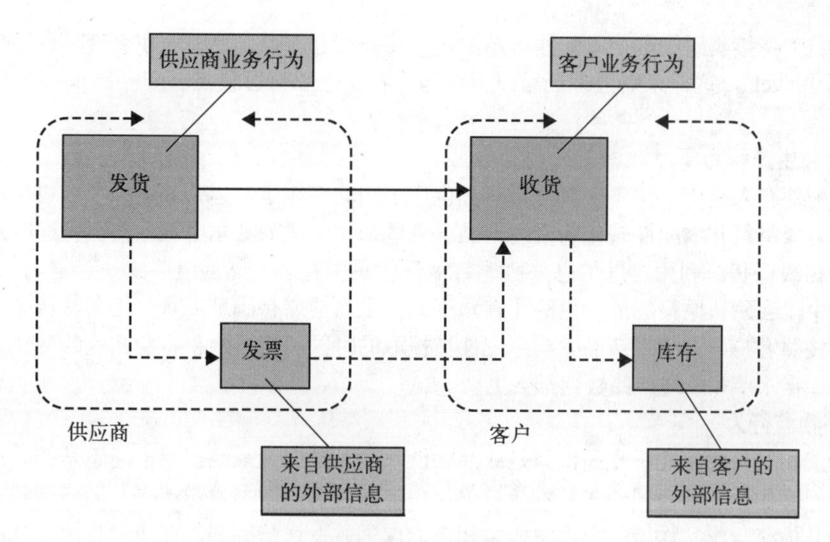

图 8-4 典型的跨企业送货信息传递

8.1.2 面向内部的应用

由于不同行业的企业运营模式不同，企业首先必须面对的挑战是要理解如何使用信息系统来支持其特有的内部业务行为。通常，一系列业务行为组成的信息流叫做*价值链*（Porter and Millar, 1985），信息在辅助内部业务行为的功能域之间传递。图 8-5 描述了一个价值链的框架。在第 3 章，我们讨论过价值链分析的战略价值；现在，我们将向你展示如何通过价值链分析来利用企业系统。

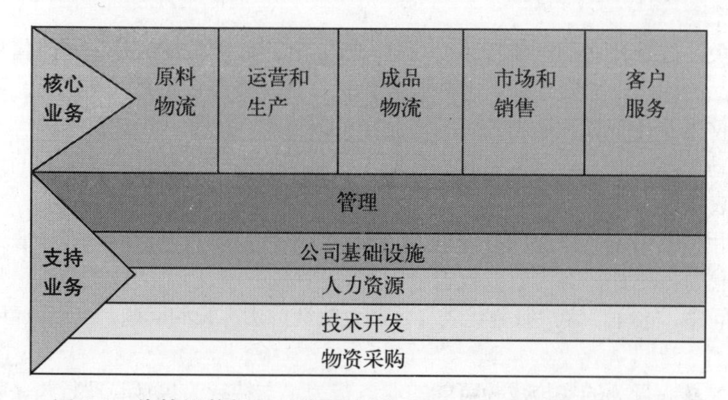

图 8-5 价值链的框架（资料来源：(Porter and Millar，1985)）

功能域可以细分为*核心行为*（core activity）和*支持行为*（support activity）。核心行为是企业内部处理输入并产生输出的功能域。支持行为为核心行为创造条件。接下来，我们重点讨论核心行为，然后讨论使核心行为得以实现的支持行为。

1. 核心行为

核心行为包括原料物流（inbound logistics）、运营和生产、成品物流（outbound logistics）、市场和销售以及客户服务。虽然基本概念在大多数的企业里是一样的，但是企业所处行业千差万别，这些行为可能有很显著的差异。

- **原料物流行为**

原料物流包括与接收和存放原材料、产品零配件和产品相关的业务行为。比如，思科公司的原料物流包括制造产品（如路由器）所需的电子零配件的入库。送货商把电子零配件发送给思科以后，思科的员工将接收到的电子零配件开箱并存放在公司仓库里。思科能在交货时自动更新库存水平（inventory level），这样采购经理们可以得到与库存水平和再订货点（reorder point）相关的实时信息。

- **运营和生产行为**

一旦零配件存入仓库，接下来就是运营和生产部门的工作了。运营和生产环节包括订单处理和生产过程，将原材料和零配件转化为最终产品。有些公司（比如戴尔电脑）甚至允许客户通过联网的信息系统在线订货，利用这些信息来协调将零配件集中起来，然后组装成一台定制的个人电脑。在这个过程中，会确认原料物流产生的库存水平。如果当前库存满足要求，工人将从仓库中提取零配件，然后按照客户要求生产产品。当零配件被提取的时候，库存水平也会相应的变化；一旦产品生产完成，库存水平和最终产品数据都会更新。

- **成品物流行为**

成品物流和原料物流几乎相同，只是成品物流负责的是分发最终产品，而不是接收原材料、零配件和产品。比如亚马逊公司的成品物流就包括将客户订购的图书发送出去。运营部门处理完的订单被转给成品物流，成品物流从仓库中提取相应的图书并发送给客户。在成品物流中，产品经过包装，然后从库存中扣除，同时生成相应的发票并和产品一起送达客户。亚马逊能在发货时自动更新销售信息，因此管理者可以实时查看库存和收益。

- **市场和销售行为**

市场和销售着眼于公司的售前行为，包括市场研究、潜在和已有客户的调查、产品和服务的定价等。正如在第5章讨论的那样，很多公司通过创建电子宣传册来支持市场营销行为。还有一些公司，比如Amtrak（一家提供客运火车服务的美国公司），使用信息系统来更新票价和时刻表。新信息被输入票价和时刻表系统以后，全公司都能马上访问到，终端消费者也能通过公司网站访问这些最新信息。

- **客户服务行为**

市场和销售关注的是公司的售前行为，与之相反，客户服务关注的是公司的售后行为。客户可能有一些关于产品的问题，需要求助于客户服务代表。惠普等许多公司就利用信息系统来提供客户服务，允许客户搜索并且下载和他们购买的产品相关的信息。比如，如果惠普的客户要给他们刚买的打印机安装驱动程序，他们可以按照客户自助支持服务提供的指导自己安装，而无需打电话给惠普的客户服务代表求助。

公司还可以用信息系统来跟踪服务需求。当客户打来产品维修电话时，客户服务代表可以查到这个客户的相关信息。比如，客户服务代表可以查到与特定产品相关的技术信息，也能看到这个客户以前遇到过的问题。这样，客户服务代表就可能更快地解决客户的问题，从而改善客户服务体验。

2. 支持行为

支持行为是使核心行为的实施成为可能的业务行为。支持行为包括管理行为、基础设施、人力资源、技术开发和采购。

- **管理行为**

管理行为关注的重点是流程和决策，以协调企业的日常运营，尤其是那些关系到企业的业务扩展和规模提升的事务。事实上，管理行为包括所有功能域的系统和流程——会计、财务、市场、运营等，同时还包括行政层面和管理层面的活动。

- **基础设施**

基础设施是指为了支持核心行为所必须部署的硬件和软件。一个订单录入应用就要求负责录入的员工有一台电脑和必要的软件，这样才能完成录入的任务；同时这台电脑必须通过网络连接到存放订单信息的数据库，这样就能将订单信息存储起来，在需要处理的时候调用。在这里，基础设施给订单录入流程提供了所需的组件（具体请参见第4章）。

- **人力资源行为**

人力资源行为包括与雇员管理相关的业务行为，比如雇用、面试的时间安排、工资单以及福利管理。人力资源行为被划归为支持行为，是因为如果没有雇员来执行的话，核心行为是无法实现的。换句话说，所有的核心行为都会用到人力资源。比如，当公司需要一个新的客户服务代表来为新增客户服务时，这个请求会通过人力资源部门来处理。人力资源部门会创建职位描述并找到合适的人员来完成工作。

小案例

外包麦当劳订单

现如今，随便拨打一个公司的客服电话，接电话的工作人员有可能位于印度、泰国或者其他国家。外包在我们的生活中变得越来越重要。美国所得税申报有过一半以上来自美国本土之外。那最新的热门外包行业是哪一个呢？是快餐业，没想到吧？由于外包很适合服务和产品具有不同的购买地和消费地这样的行业，所以它能在“免下车”（drive-through）的快餐业如鱼得水。

麦当劳作为美国最大最成功的餐饮公司之一，是快餐业中的代表。1948年，这家公司创办于加州的圣贝纳迪诺市，经过几十年的发展，现今它已经把15美分的汉堡和10美分的炸薯条推销到全世界，并拥有200亿美元的市值。麦当劳力求把它遍布全世界的31 000家连锁店统一起来，也就是说，顾客在东京购买的炸鸡汉堡和在莫斯科、上海或者芝加哥购买的炸鸡汉堡质量是完全一样的（参见图8-6）。

由于麦当劳越来越全球化，公司开始寻找外包机会，这对公司盈利是有好处的。“免下车”快餐服务看起来非常适合，因为服务具有很强的重复性，而且这类职位的薪水很低，因此很难留住员工。

图 8-6 麦当劳遍布世界上的大部分地区

麦当劳对在新的“免下车”快餐订餐系统上投资几百万美元并不感兴趣，即使这有助于外包。任何技术改进都必须简单且便宜，而外包正好符合这个要求。所有麦当劳连锁店都已经连上因特网，这样总部可以下载到每天的销售数据，同时价格的变化也能传到网上通知各个连锁店。为使订单在各个国家都能被处理，并被输入麦当劳的事务管理队列中，麦当劳升级了连锁店的软件。这样，无论订单来自于街坊邻居还是千里之外都无关紧要，因为流程是一样的，只是网络不同而已。

同大多数的企业一样，因特网和信息技术对于麦当劳改进其业务流程是至关重要的。现在，你下的麦当劳订单可能正以光速通过一个个路由器达到国外的某个地方，处理完后再传回实际为你服务的麦当劳连锁店。对于麦当劳来说，最终目标和55年前一样，那就是用户能在全世界任何一家麦当劳连锁店中享受到同质的产品。不过，如今顾客在享受美食之前，他们的订单可能被路由到印度或泰国。

问题

(1) 同时从麦当劳和顾客的角度考虑，将“免下车”快餐订单外包的利与弊有哪些？

(2) 如果将“免下车”快餐服务外包，本地麦当劳连锁店会面临什么风险？这些风险如何才能降到最低？

资料来源

Brian R. Hook, “Technology Beefs Up Restaurant Drive Through Experience”, *CRMBuyer*(April 11, 2005), http://www.crmbuyer.com/story/41938.html

Oracle 公司创始人及 CEO 拉里·埃里森

关键人物

他以“另一名软件亿万富翁”而闻名，他言语直率，争强好胜，衣着时尚，敢于冒险。他就是拉里·埃里森（Larry Ellison），Oracle 公司这个仅次于微软公司的第二大软件公司的创始人及 CEO。

埃里森于 1944 年 8 月 17 日出生于纽约市的一个单亲家庭，母亲当时只有 19 岁，还无力抚养他。于是在他 9 个月大的时候，他的伯祖父母，一对勤劳的俄罗斯移民，收养了他。直到 12 岁的时候他才知道自己的身世。埃里森回忆说：“收养关系并没有影响我的个性，我主要受我父亲的影响。他是一个穷困潦倒的俄罗斯移民，他热爱这个国家和这个政府。第二次世界大战时他是一名轰炸机飞行员。‘无论是对是错，祖国就是祖国’的哲理在他心里根深蒂固。所以他从未质疑过政府的政策，从未质疑过权威，也不想我去质疑权威。”

图 8-7 Oracle 公司创始人及 CEO 拉里·埃里森（资料来源：http://e,-wikipedia.org/wiki/Image:Larry_ellison_portrait.jpg）

但是不管他父亲如何希望，埃里森在成长过程中始终在质疑权威和冒险。这些性格后来在商场上对他助益颇多。作为一个大学辍学生，埃里森从编程入手来发展他的职业，最终成为一个成功的商人。他因对软件需求有准确的预见性，能激发下属完成其他人认为不能完成的任务而闻名。比如，他会向潜在客户承诺一些目前还没有实现的功能，然后返回开发团队督促他们实现这些功能。此外，他曾经只因为对应聘者的性格印象很深就雇用他们，即使这些人什么都不会，需要手捧手册才能工作。

当 2005 年在一次访谈中被问及他最糟糕的商业经历的时候，埃里森说，那是在 1990 年，也就是 Oracle 成立 20 年来第一次显示第一财季亏损的时候。他说，看到那些数字时，他认识到曾经能够有效运营一家市值 500 万美元的公司的管理团队，已经不再适合一家市值 10 亿美元的公司。“我必须解雇一些人，”他说，“那是我在生意上遇到的最困难的事情，让一大群的员工离开 Oracle。”

埃里森告诉采访者，他快乐的诀窍就是“聪明地生活”，这包括利他主义，因为利他可以带来自我满足；也包括和聪明的人一起工作；还包括进行航海和飞行这样具有挑战性且刺激的活动。

埃里森同时任苹果电脑公司和 Dian Fossey Gorilla 基金会的董事。他获得的殊荣还包括哈佛商学院授予的“年度企业家”称号。

埃里森在职业生涯的早期曾经说过：“如果因特网不能成为计算的未来，那我们就麻烦了；反之，我们就会取得成功。”以任何人的商业标准来看，埃里森创建的 Oracle 都是成功的企业。

资料来源

Academy of Achievement Interview with Ellison（May 22,1997），http://www.achievement.org/autodoc/page/ell0int-1

http://www.askmen.com/men/may00/24_larry_ellison.html

- **技术开发行为**

技术开发包括设计和开发支持核心行为的软件。如果你打算在管理信息系统领域谋职，你也许可以考虑技术开发。技术开发包含的内容很广泛，比如如何选择套装软件，或者如何设计和开发一个客户软件以满足特殊的业务需求。许多公司正在通过技术开发来创建因特网、内联网和外联网的软件。正如之前谈到的，公司将使用这些软件来支持各种核心行为。

- **采购行为**

采购是指购买所需产品和服务，以供核心行为使用。对于公司来说，允许每个功能域独立采购会产生很多问题，比如需要维护更多的不必要的供应商关系，也不能享受大量购买的折扣。通过信息系统，采购行为可以从企业内不同的功能域接收采购订单，如果不同的订单中有相同的条目，采购者会将其合并为一个大的订单。向供应商订购更大批量的产品，也意味着公司能够通过数量折扣节省可观的成本。采购行为负责接收、审批和处理来自核心行为的对产品和服务的请求，然后购买相应产品和服务。这样就减少了核心行为的工作量，使之能专注于核心业务。

8.1.3 面向外部的应用

公司内部和外部的信息传递流程都是可以精简的。公司可以通过将内部应用与供应商、商业伙伴和客户整合起来从而创造新的价值。一些公司将其内部的价值链连接起来成为**价值系统**（Porter and Millar，1985），信息在价值系统中从一个公司的价值链流动到另外一个公司的价值链。图 8-8 描述了一个价值系统的框架。在这张图中，三个不同的公司将他们的价值链结合到一起组成价值系统。首先，公司 A 通过其价值链处理信息，并将信息传递给它的客户（公司 B），公司 B 接收信息并通过自己的价值链的处理以后，再传递给客户（公司 C），公司 C 也会在自己的价值链中处理信息。通过添加新的供应商、商业伙伴和客户，企业可以创建复杂的价值系统。但是在这里，我们只是简单的将一个企业的信息系统看作一个价值链，它可以和其他企业的价值链交互。

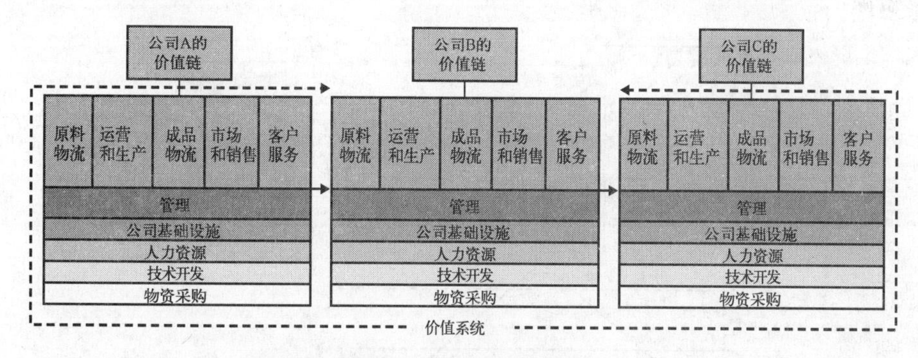

图 8-8 价值系统的框架
（资料来源：(Porter and Millar，1985)）

面向外部的系统可以用来协调管理一个公司和另外一个公司的价值链，或者和客户之间的关系（比如 B2C 电子商务）。流经一个公司的价值链中的任何信息，不管它源自另外一个公司的价值链还是终端消费者，都可以视作价值系统的一部分。

价值系统就像一条信息的河流，从源头流向终点，在其中任何一点上信息都是从上游流入，经过处理后流向下游。上下游的信息流就这样组成了价值系统：**上游信息流**（Upstream Information Flow）由从其他企业接收的信息组成，而**下游信息流**（Downstream Information Flow）由企业自己产生的信息组成，这些信息会传递给其他企业。比如，以图 8-8 所描述的价值系统为例，公司 B 的上下游信息流非常清晰：公司 B 从上游供应商（公司 A）接收信息，经过自己内部的价值链处理之后，传递给它的经销商或者客户（公司 B）。这些信息流如果善加利用，就可以创造新的价值和竞争优势。

8.1.4　企业系统的兴起

软件通常有两种形式：套装软件和定制软件。**套装软件**（packaged application）由第三方提供商开发，以满足大量不同用户和企业的需求；而**定制软件**（custom application）则是专为某一个特定企业设计开发。套装软件包括一些你可能很熟悉的产品，比如 Quicken 和 Microsoft Money，用户可以随时买到这些软件并用以帮助解决财务问题。套装软件对于一些标准化的和重复性的任务（比如在支票登记簿上增加条目）非常有用。软件开发商将套装软件卖给大量的用户，从而有效地分摊了成本。

但是套装软件对于某些企业特有的事务来说可能并不适合。这时候，公司会选择自己开发或让别人帮忙开发定制软件，以满足特殊的业务需求。定制系统的开发成本远远高于套装软件，因为用于设计和开发的时间、金钱和资源成本都无法像套装软件那样分摊到大量用户身上。此外，当需求改变的时候，也需要对定制软件进行内部维护。而对于套装软件，软件开发商可以对软件进行升级，然后将新版本分发给用户。总之，在套装软件和定制软件之间做选择的时候需要权衡：管理者必须考虑套装软件是否能满足业务需求，如果不能，则要分析定制软件的成本是否值得。

图 8-9 从较高的层次来看企业系统典型的发展过程。当公司开始使用信息系统软件的时候，一般会选择从满足企业内部某个特定部门的特定需求开始。由于只关注于满足特定部门的特定需求，企业系统从设计上并不考虑与企业内部其他系统之间的通信交流。因此，这个阶段的企业系统是一些**孤立应用**（stand-alone application）。孤立应用一般运行在不同的硬件平台上，比如大型机和中型机。孤立应用和运行它们的计算机一起叫做**遗留系统**（legacy system），因为它们相对而言比较老旧，接近甚至已经超过了它们在企业内的服务年限。维护遗留系统以满足企业新的业务需求，需要消耗许多资源。

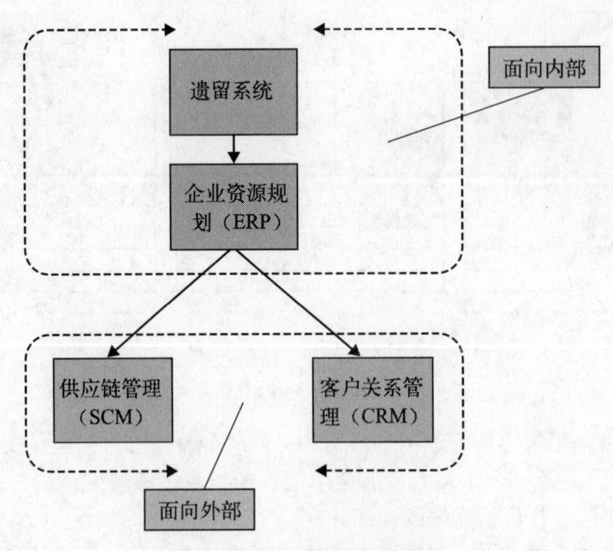

图 8-9　企业系统发展阶段

1. 遗留系统

当公司开始使用信息系统来辅助业务开展的时候，通常会在不同的部门分别使用各自的信息系统，而不是建立一个统一的信息系统以满足所有的业务需求。每个部门从自己的需要出发使用信息系统，并根据工作人员特定的工作方式对其进行优化。这就导致了各部门的信息系统从基础设施上就有所不同，因为它们运行在不同的硬件和软件平台之上。最后，每个部门都有自己的计算机系统并运行自己需要的软件。虽然部门各自的系统确实能提高日常业务行为的效率，但是当一个部门的人想要访问另外一个部门的信息时（比如，制造部门需要销售部门的预测资料），这些系统就无能为力了。

正因为这些旧系统在设计上很少考虑跨部门的应用交互，因此才被划分为“遗留”系统，或者只限于在某一特定业务需求范围内使用的系统。当来自于多个部门系统的信息需要汇总起来支持业务流程和决策的时候（这种情况经常发生），遗留系统和与之相关的孤立应用就会比较麻烦。比如，如果原料物流部门和运营部门的应用没有整合，公司就会在获取库存水平信息的时候浪费宝贵的时间，因为当订单到达运营部门的时候，工作人员需要在实际处理订单前确认所需零配件在仓库里确实有货。

如果库存系统和订单录入系统没有整合，工作人员可能需要分别访问两套单独的程序，或者将两套系统的信息弄到一个统一的定制界面中。图 8-10 举了一个例子来说明企业内信息如何流经遗留系统的。正如图中所示，信息由原料物流业务行为产生，但是它并不经过下一个业务行为（这里是运营行为）。因为原料物流部门和运营部门使用各自的遗留系统，信息无法顺利地从一个业务行为流向另一个业务行为。完全可以理解，这种情况极大降低了运营部门的工作效率，因为他们必须访问两套不同的系统，或者将订单录入和库存信息放到一个统一的界面中。有时候，库存信息甚至可能同时存放在库存系统和订单录入系统，这可能会造成信息不准确，因为在一个系统数据的更新可能不会及时同步到另外一个系统上，这样后者所拥有的数据会因为过时而不准确。除此之外，也会有更多不必要的成本支出，包括输入、存储和更新冗余的数据。

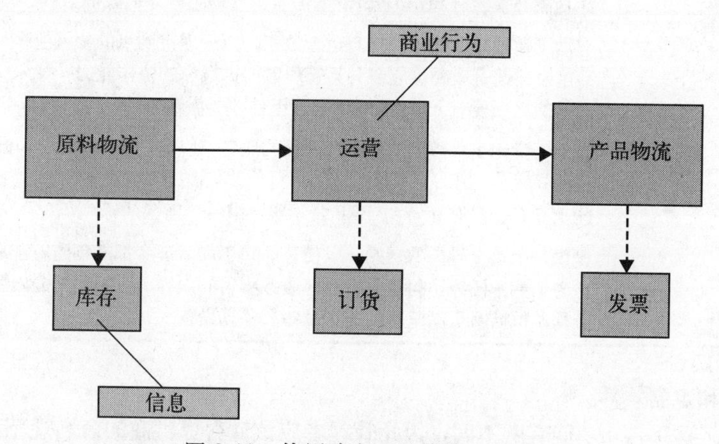

图 8-10 使用遗留系统的信息传递

2. 对集成企业系统的需求

通过对遗留系统进行集成和转换，将分散存放在不同计算平台的数据保存在一起，并提供一个统一的数据访问入口，公司可以得到诸多益处。**转换流程**（conversion process）会将遗留系统中存放的数据转移到新的集中的计算平台，通常为企业资源规划（ERP）应用（本章后面会有讨论）。这些应用在企业内部的商务运营中游刃有余，但是它们却不能很好地满足与企业之外的系统进行通信交流的需求。

跨企业交互的辅助系统同时关注上下游的信息流。这些系统能协调跨企业的业务行为，因此它们被划分为面向外部的应用。客户关系管理（CRM）应用关注下游信息流，主要用来整合公司与其销售商和客户的价值链（后面会有讨论）。与之相反，供应链管理（SCM）应用关注上游信息流，主要用来整合公司与供应商的价值链（后面会有讨论）。

3. 通过企业系统改进业务流程

因为每一个公司的情况千差万别，没有一个套装软件能够满足所有行业的特殊需求。同样，企业系统也千差万别，因为它们就是为了满足不同交易规模、行业和业务流程的需要而设计的。因而，ERP提供商提供不同的**模块**（module），这些模块都是可以根据需要选择和实施的组件。不同提供商开发的模块在所支持的特定业务流程上都有差别，名称也不一样（参看表8-1和表8-2中列举的mySAP商业套件的模块和主要功能）。

表8-1　mySAP商业套件的核心组件

mySAP CRM	mySAP 供应商关系管理 SRM
mySAP ERP	mySAP 供应链管理 SCM
mySAP 产品生命周期管理 PLM	

表8-2　mySAP ERP的核心功能

功　能	说　明
业务分析	通过分析劳动力状况、运营和供应链，以便评估企业绩效
财务会计和管理会计	通过使财务SCM、财务会计和管理会计自动化来管理企业的财务 此功能必须要有mySAP ERP Financials组件才能激活
人力资本管理	可以利用这个工具，并结合员工事务管理和员工雇用期管理功能来实现员工盈利能力的最大化 此功能必须要有mySAP ERP人力资本管理组件才能激活
运营管理	有助于通过综合的功能提高运营效率，以管理点到点的物流流程，同时在SCM、产品生命周期管理和供应商关系管理方面扩展你的协作能力 此功能必须要有mySAP ERP运营组件才能激活
公司服务管理	有助于优化集中控制的服务和分散的服务，以管理公司不动产、出差、激励机制和任务分派 此功能必须要有mySAP ERP公司服务组件才能激活
自助服务	提供一个员工导向的网站，以使普通员工和管理者都能创建、查看和修改重要信息。为了更方便地访问企业内外部业务相关的内容、应用和服务，可以支持多种交互工具，包括网页浏览器、语音设备和移动设备

- **普通版本和定制软件**

ERP提供商之间命名和功能有所不同，因此管理者应该懂得提供商的命名规范和软件模块，进而了解这些功能是如何满足业务流程需求的。这一点非常重要。企业系统开箱即有的基本功能和模块叫做**普通版本**（vanilla version）。如果普通版本不支持某个业务流程，公司可能要求在普通版本的基础上定制开发一个新版本。这个**定制化**（customization）既可以开发一个新软件并与原来的企业系统集成，也可以直接修改普通版本。比如，SAP在不同的企业系统版本中仅官方正式发布的模块就有几千个，这些企业系统可以基于SAP对许多行业最佳实践的理解进行定制化，成为针对这些行业的特别版本。公司必须在处理定制化相关问题的时候要万分小心，因为定制化可能导致巨大的成本消耗，同时维护和升级定制化的软件也可能非常麻烦。比如，当一个企业系统的新版本发布时，需要对原普通版本的定制化进行重新编程，因为新版本的软件不包含之前定制化的内容。换句话说，新的普通版本必须不断升级才能满足企业特殊的定制化需求，这个过程需要投入大量的时间和资源。

- **基于最佳实践的软件**

实施企业系统时遇到的主要困难之一就是，需要改变业务流程以适应软件的工作方式。企业系统经常用来作为改进底层业务流程的催化剂。SAP的大部分企业系统都按照业界标准的业务流程或最佳实践来设计。实际上，大部分企业系统提供商都将最佳实践融入了它们的应用，以指导企业管理者搞清楚企业内部哪些业务流程需要精简。当公司改变业务流程以适应企业系统的运作方式的时候，企业系统的实施以及将来的升级都会更顺利。

许多企业花了多年的时间来开发能为它们带来市场竞争优势的业务流程。如果采用业界的最佳实践，这些公司就可能被迫放弃它们一直以来从事商业活动的特有方式，并把它们与竞争对手置于同一起跑线。换句话说，采用最佳实践可能会让这些公司失去原有的竞争优势。在选择任何形式的企业系统之前，最佳实践都是管理者必须慎重考虑的问题，因为有些企业系统提供商已经把最佳实践与它们的软件紧密结合在一起，拒绝最佳实践的公司可能需要很长的时间来实现一个新的系统。也有些提供商会给出一些方案供公司在使用软件之前选择，这就为公司提供了部分灵活性（但不是全部），使它们可以改变业务流程以与企业系统模块相适应。根据企业系统以及其他系统的实现来调整业务流程非常重要，同时也困难重重。鉴于此，我们在这里简要地描述一下业务流程管理。

- **业务流程管理（BPM）**

自 1911 年 Fredrick Taylor 写的《科学管理原理》（第 1 版）出版以来，企业一直致力于改进业务流程，并且制定了多种业务流程改进方案（参见表 8-3）。企业系统对于企业的业务流程影响巨大，因此了解 BPM 的作用对于企业系统实施就显得尤为重要。**业务流程管理**（business process management，BPM）是一个系统化和结构化的改进方法，它要求企业所有或部分员工细致地检查、思考和重新设计业务流程，以在一个或多个业绩指标（比如质量、循环周期或成本）上取得显著提升。在 20 世纪 90 年代 Michael Hammer 和 James Champy 出版他们的畅销书 *Reengineering the Corporation* 以后，BPM 就变得非常流行，后来又叫做**业务流程再造**（business process reengineering，BPR）。

表 8-3 其他一些与业务流程管理紧密相关的术语

业务行为建模	业务流程再设计
业务行为监控	业务流程再造（BPR）
业务架构现代化（BAM）	功能流程改进
业务流程改进（BPI）	工作流管理

Hammer、Champy 以及他们的支持者认为，为了降低成本和提高质量，从底层开始对企业重新设计有时是必要的，而信息系统是这个根本变革中的重要一环。BPM 的基本步骤可以归纳为以下几点：

(1) 为企业提出一些具体的业务目标，比如减少成本、缩短产品上市的时间、提高产品和服务的质量，等等；

(2) 识别需要重新设计的关键流程；

(3) 理解和衡量现有流程，作为今后改进的参照；

(4) 找出可用信息系统来改进流程的方法；

(5) 设计和实施新流程的原型。

BPM 类似于*全面质量管理*（total quality management）和*流程持续改进*（continuous process improvement）等质量改进方法，想通过跨功能域来改进整个企业。但是，BPM 与质量改进方法在一个基本方面又有所不同：质量改进方法目的在于逐渐改善流程，而 BPM 的目标则是从根本上重新设计流程以实现显著的改进。

在 20 世纪 90 年代 BPR 被引入的时候，据说许多人的努力都以失败告终。原因有很多，包括管理层没有坚持不懈的精神和领导力、不现实的范围划定和预期、以及抗拒改变。实际上，BPR 作为裁员的另一种更委婉的说法而闻名。

然而，BPR（及其继承者，比如 BPM）在今天仍然是一种普遍用于改进企业的方法。不管它叫什么，保证业务流程改进成功的条件都不外乎如下几项：

- ❑ 高级管理层的支持；
- ❑ 和企业内所有成员分享规划愿景；
- ❑ 贴近现实的预期；
- ❑ 授权参与者做出变革的决定；
- ❑ 合适的参与人员；
- ❑ 充分的管理实践；
- ❑ 合理的资金支持。

无论如何，成功的业务流程改造，特别是包含企业系统的业务流程改造，需要牵涉到企业的很多方面，其广泛程度远远超过了技术实施的范畴。下面，我们接着讨论现在最常见的 3 种企业系统。

8.2　企业资源规划（ERP）

当公司意识到遗留系统会大大降低企业内部效率的时候，便会将遗留系统上的信息整合到全公司都能使用的软件上。之前我们介绍过，能够整合跨部门业务流程的应用常常叫做 ERP（enterprise resource planning，企业资源规划）系统。在 20 世纪 90 年代，我们经历了企业首次实施集成应用的热潮，当时 ERP 销售量节节攀升。“资源”和“规划”在这里有点用词不当，它们并没有准确描述 ERP 的真实目的，因为这些 ERP 应用并没有怎么规划和管理资源。“企业资源规划”这个词源自于 20 世纪 90 年代的 MRP（material requirements planning，物资需求计划）和 MRP II（manufacturing resource planning，制造资源计划）。我们也不用刻意在“资源”和“规划”这两个词上较劲，因为最值得关注的是 ERP 的第一个词——企业。

8.2.1　将数据整合到集成应用中

ERP 利用统一的数据仓库和一致的应用界面为整个企业（而非其中的一部分）提供服务，这就比孤立应用有所进步。存放在遗留系统中的信息会被转移到一个巨大的数据仓库（参见第 4 章）集中存储。数据仓库是用来存储与企业各种业务行为相关的信息的数据库。正如图 8-11 描述的，数据仓库给公司和各个部门的所有相关信息提供了一个集中存储和访问的地方，因此缓解了因部门间计算平台的不同所带来的问题。

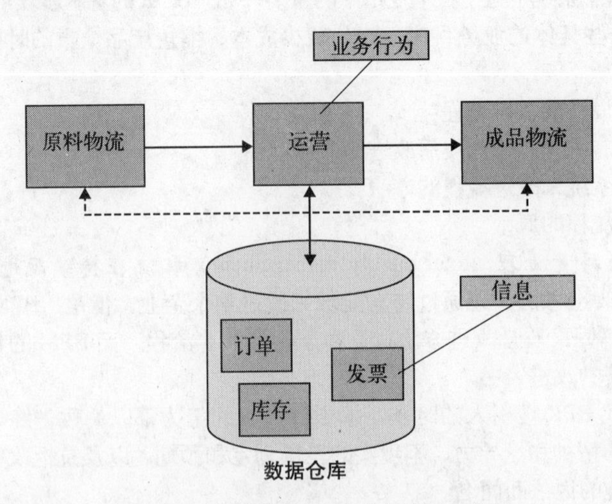

图 8-11　ERP 解决方案中的信息存储

对遗留系统来说，在不同业务行为之间共享信息非常困难，但是ERP应用通过一个中央信息仓库使信息访问更容易。在ERP解决方案中，原料物流部门和运营部门都对相同的数据有访问需求，即都需要访问库存信息。数据可以随意访问和更新，而无需从一个部门传递到另一个部门。这意味着下一个业务行为可以在任何时候访问储存在数据仓库中的信息。这样员工就可实时获取准确的信息。ERP的价值在于可以在企业内部共享信息。比如，库存信息不仅可被原料物流部门和运营部门访问，也可以被会计和客户服务人员访问。如果客户打电话来询问订单状态，客户服务代表可以通过ERP应用来访问数据仓库，查到订单状态。在ERP出现之前，客户服务代表可能不得不从两个或更多分散的计算系统中获取有用信息，因此他们工作起来非常吃力，甚至可能导致客户不满意。ERP将数据统一存放在一个地方并向企业所有员工开放，使得每个员工都能知道业务的当前状态，从而更好地完成份内工作。

不管各个部门有什么样的特殊需求，访问数据仓库的ERP应用都具有统一的风格。原料物流部门和运营部门的的员工都能通过一致的用户接口访问数据仓库中的同一数据。虽然为了满足各自的特殊需求，两个部门的ERP应用的显示屏面都具有不同的定制化功能，但是应用屏面的外观应该是差不多的：有相似的设计、版面规划、菜单选项等。Microsoft Office系列产品就是个绝佳的例子。Word和Excel虽然功能不同（一个负责文字处理，另一个负责电子表格处理），但是两个产品的整体风格都非常相似。Word和Excel有相似的用户界面，只不过各自的功能不同罢了。

8.2.2 选择ERP系统

在为企业选择合适的ERP应用的时候，管理层需要慎重考虑许多因素。ERP应用都是套装软件，这意味着它们采用的是一刀切的策略。但是即使在同行业内，不同的企业也有自己独特的需求。换句话说，就像没有完全相同的两片雪花一样，没有哪两个公司是完全相同的。管理层必须谨慎选择ERP应用，以满足公司的独特需求。在ERP系统的选择上，公司必须衡量很多方面的因素。而管理层面临的最常见的问题有两个，即ERP*控制*（ERP control）和ERP*业务需求*（ERP business requirements）。

1. ERP控制

ERP控制是指对整个计算系统以及与系统相关的决策行为的控制。一般来说，公司既可以选择统一的中央控制，也可以让特定的业务单元自己控制。在ERP中，选择何种方式取决于提供给管理层的信息所需的详细程度。有些公司的高级管理层需要得到尽可能详细的数据，而有的公司却不需要。例如，一个公司的会计可能需要看到每笔交易的成本数据，而另一个公司的会计则只需要概要信息。另一个与控制相关的领域是流程和方针的一致性。有些公司希望在整个企业中保证流程和方针的一致，而另一些公司则允许每个业务单元制定自己的流程和方针，以适应其完成业务的特殊方式。ERP应用的控制范围差别很大，一般既可以控制整个公司也可以控制某个业务单元。有些ERP应用也允许用户选择或定制控制范围。无论对于哪种ERP，管理层都必须站在ERP的角度来选择控制范围，以保证其满足公司的业务需求。

2. ERP业务需求

在选择ERP系统时，企业必须从长长的功能清单中选择所需的模块，不过，大多数企业只会采用可用的ERP模块中的一部分。ERP的组件可以分为两大类：ERP核心组件和ERP扩展组件（参见图8-12）。大部分ERP提供商会根据特定行业的最佳实践生产一些组件，当然，如果客户要求的话也允许定制化。

- **ERP核心组件**

ERP核心组件能支持企业内部的以生产产品和提供服务为目的的重要行为。这些组件支持的内部运营活动包括以下几种。

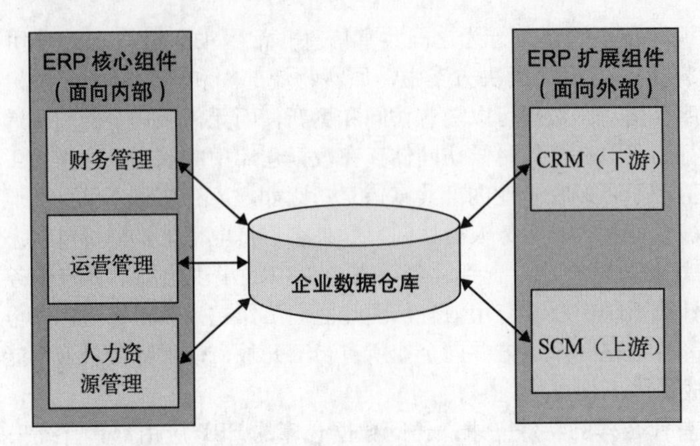

图 8-12　一个由核心组件和扩展组件组成的 ERP 系统

(1) 财务管理。这类组件可以支持会计、财务报告、绩效管理和公司管理。

(2) 运营管理。这类组件可以简化业务流程，使之标准化和自动化，以增进协作，完善决策。

(3) 人力资源管理。这类组件可以支持雇用员工，跟踪任务，检查绩效，工资单和一些调控需求。

- **ERP 扩展组件**

ERP 扩展组件能支持企业外部的以协调供应商和客户为目的的基本行为。具体而言，ERP 扩展组件主要以 CRM 和 SCM 为重点。本章稍后还会讨论 CRM 和 SCM。

8.2.3　ERP 的局限

虽然 ERP 能帮助企业将所有系统集成起来，但是对于跨企业的交互却无能为力（Larson and Rogers，1998）。由于 ERP 应用被专门设计来为内部的业务行为服务，所以它们不能很好地管理价值系统的行为。如果公司想要整合包括供应商、合作伙伴和客户在内的所有业务行为的价值链，他们一般会选择别的应用而不是 ERP（要不就是别的应用加 ERP）来管理上游和下游的信息流。接下来我们会讨论这类用来协调企业外部行为的应用。

8.3　客户关系管理（CRM）

随着因特网带来的巨大变化，在大部分行业中，公司之间的竞争单靠单击鼠标就能进行。对公司而言，开拓新业务和吸引回头客都日益重要（参见图 8-13）。这意味着为了保持竞争力，公司必须保证客户的满意度。目前高度竞争的市场中，客户拥有主动权，一旦他们对公司提供的服务不满意，没关系，有的是选择，换一家便可。因特网的全球性对全世界所有行业的公司影响至深。一场商业变革发生了：从单纯的业务交易变为对各种关系的管理。市场研究人员发现，挽回已经流失的客户的成本是保留现有客户的成本的 50 ～ 100 倍！公司也越来越觉得，发展和维护客户满意度并与客户建立更深层次的联系，对于公司保持竞争力至关重要。

图 8-13　货比三家已经成为购物准则，顾客转向竞争对手也只需要动动鼠标，因此企业必须比以前更加努力地吸引和留住顾客

客户关系管理（customer relationship management，CRM）是一个企业级的战略，它关注下游信息流，通过引入可靠的系统、流程和程序来建立和维持长久的客户关系。围绕下游信息流的应用有两个主要的目标：吸引潜在客户和培养客户忠诚度。合适的CRM系统如果能和销售相关的BPM整合起来，就能给企业带来巨大的利益（参见表8-4）。客户满意度作为企业竞争优势的基础，其重要性不言而喻。为了追求客户满意度，不管与客户的交互发生在哪里、什么时候发生以及如何发生，公司都必须能访问和跟踪这些交互记录。这就意味着公司需要有一个集成的系统来获取从各个地方得到的信息，包括零售店、网站、呼叫中心、以及下游价值链与其他公司进行交互的地方。更重要的是，当市场环境发生变化的时候，管理者需要具备监控和分析影响客户满意度的因素的能力。

表8-4 CRM系统带来的好处

好 处	举 例
能够全天候运营	通过基于网页的界面来提供产品信息、销售状态、支持信息、问题跟踪等服务
个性化的服务	学习如何从客户的角度理解产品与服务质量，这样才能有针对性地设计和开发符合用户需求的产品、定价和服务
完善的信息	将所有与客户的交互信息（包括市场、销售和服务）汇总在一起以供参考，这样所有与客户打交道的员工才能保持相同的视角，对问题有一致的理解
加快发现问题和解决问题的速度	完善的记录存储方式和获取客户投诉的有效方法有助于更快地发现和解决问题
加快流程的处理速度	经过整合以后，信息切换的次数会减少，销售和支持流程的处理速度得以提高
经过改进的整合	CRM的信息可以与其他系统进行整合，以精简业务流程和增强商业智能，同时也使其他跨功能域的系统更加有效和高效
经过改进的产品开发	对客户行为的持续跟踪有助于发现商机
经过改进的计划	为管理和调度后续销售活动提供一种机制，以评估客户满意度、客户再次购买的可能性、再次购买的间隔和频率

CRM应用都是向软件提供商购买的套装软件，并且一般与一套完整的ERP系统整合在一起，从而利用内外部的信息更好地为客户服务。与ERP相似，CRM应用也有不同的功能和模块。管理者必须仔细选择CRM应用，以满足其业务流程的特殊需求。

成功实施了CRM的公司都能提升客户满意度，并提高销售与服务部门员工的生产力，进而极大提升了公司的盈利能力。与单纯强调削减成本相比，CRM使企业能在削减成本的同时创造收益。削减成本的限制较少，因为公司总是有很多可以削减成本的地方；但是创造收益的战略却会受到市场规模的制约。美国国家质量研究中心的研究结果表明客户满意度导向的重要性：据估计，1%的客户满意度增长可以为公司带来3倍的市场占有率。

8.3.1 制定CRM战略

为了制定一个成功的CRM战略，企业远不能仅仅停留在购买和安装CRM软件这个层次上。一个成功的CRM战略必须带来整个企业的变化，包括如下内容。

- 方针和业务流程的变化。企业方针和流程需要反映客户至上的文化。
- 客户服务的变化。衡量业务管理的重要指标需要反映客户至上的标准，其中包括质量、满意度、以及能增强客户满意度的业务流程优化。

- 员工培训的变化。所有相关部门（市场、销售和支持）的员工必须一致地以客户服务和客户满意度为工作重心。
- 数据搜集、分析和共享的变化。为实现 CRM 的最大价值，必须跟踪、分析和共享客户体验的所有方面（前期调研、销售、支持等）。

总之，企业必须关注和组织自己的行为，以尽可能地提供最佳的客户服务（参见图 8-14）。此外，成功的 CRM 战略还必须慎重考虑与客户数据相关的道德和隐私问题（本章稍后会讨论）。

CRM 数据的不当使用

前车之鉴 :-(:-| :-0

许多公司在了解客户需求及与客户打交道的时候遇到了麻烦，极有可能是因为销售、市场、服务、运营以及财务数据分散存储于不同地方。CRM 系统有助于更好地定位目标客户，并最终提升市场营销活动的效果，不过前提是 CRM 系统得到正确的使用。如果不能正确使用 CRM 系统，有可能带来负面效果。

举个例子，在 21 世纪初，当疯牛病（学名牛海绵状脑病，BSE）时常见诸报端的时候，消费者都万分小心，担心买到带斑点的牛肉。曾经有一批带病牛肉被运到华盛顿州，在还没来得及被召回之前，就有超过 10 000 磅可能被感染的牛肉在超市上架。当一个顾客从 Kroger-owned QFC 副食连锁店购买了碎牛肉，给家里人做了一顿墨西哥卷饼晚餐。后来，她发现了牛肉上的斑点，然后意识到这可能是带病牛肉。于是她赶紧打电话给当地的 QFC 商店，想通过会员卡里的数据来确认她购买的牛肉是否在被召回之列。在被告知购买的牛肉确实可能带病以后，她控告了 QFC，因为 QFC 没有通知她关于召回的事情。虽然在 QFC 的 CRM 系统中储存有大量的客户信息，但却没有通知客户关于召回牛肉的信息。因为牛肉属于容易腐烂的产品，零售商可能来不及将召回牛肉的信息通知给所有客户。但是在这个例子里，这家商店之所以被起诉，显然是因为它根本没有想过要通知客户。

经常听到的观点就是，实施 CRM 系统就是在浪费金钱，因为公司并不会使用 CRM 程序提供的信息来联系客户或者做客户与市场分析。还有批评者认为 CRM 系统必须使用得当，以保护客户隐私不受侵害。在 2004 年零售业巨人 Albertsons 因为不恰当使用客户资料而被起诉后，这个观点得到更多的支持。2004 年，在一个大型的市场营销活动中，有人打电话或发邮件给 Albertsons 药房的顾客，鼓励他们再去购买处方上的某些药品，有的甚至鼓励顾客改变处方。打电话给顾客的这些人看起来似乎是药剂师或药房技师，但实际上他们只是一群营销人员，想为一些高价药品打市场。通过促销宣传从中获利的制药公司从 Albertsons 的数据库中获取这些顾客的信息并给他们写信。作为回报，这些制药公司每发一封信，Albertsons 最多可获得 4.50 美元；每打一个电话，Albertsons 最多可获得 15 美元，同时还能从药品销售中获得提成。后来，隐私权信息中心（Privacy Rights Clearinghouse）控告 Albertsons 滥用了顾客的私人信息。

显然，存放在成熟的 CRM 系统中的个性化信息作用非常大，这就要求使用这些系统的公司必须了解隐私法案，始终保持警惕以免被控“滥用隐私”。

资料来源

Evan Schuman, “Retail CRM: Does Data Create a Duty?”, *eWeek* (July 12, 2004), http://www.eweek.com/article2/0,1895,1623538,00.asp

Evan Schuman, “Albertsons Learns the Legal Dangers of CRM”, *eWeek* (September 13, 2004), http://www.eweek.com/article2/0,1895,1645491,00.asp?rsDis= Albertsons_Learns_the_Legal_Dangers_of_CRM-Page001-135208

Anonymous, “Solution Lines, Customer Relationship Management”, http://www.sas.com/solutions/crm/index.html?sgc=u

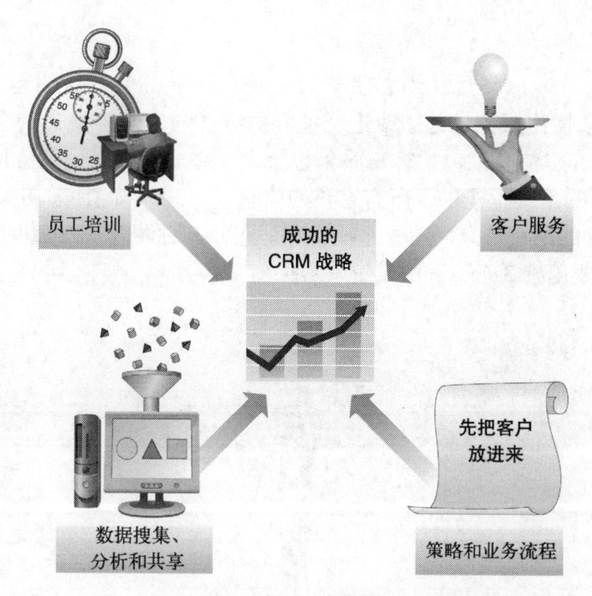

图 8-14　一个成功的 CRM 战略带来整个企业的变化

8.3.2　CRM 的架构

一个全面的 CRM 系统包括以下 3 个基本组件。

(1) *运营* CRM（operational CRM）。用以将与客户交互的基本业务流程（市场、销售和售后支持）进行自动化的系统。

(2) *分析* CRM（analytical CRM）。用以分析客户行为和感受（比如质量、价格和整体满意度）以提供商业智能的系统。

(3) *协作* CRM（collaborative CRM）。用以从整个企业的角度与客户有效和高效地交流的系统。

运营 CRM 通常也称为*前台系统*（front-office system），因为它和客户直接交互。相反，分析 CRM 通常也称为*后台系统*（back-office system），因为它为更有效地管理销售、服务、和市场活动提供必要的分析。另外，所有客户看不见也访问不了的系统都属于后台系统，包括库存管理、产品和服务的生产，以及其他供应链行为。而协作 CRM 则为 CRM 环境提供交流功能（参见图 8-15）。接下来，我们逐一讲解架构的每一部分。

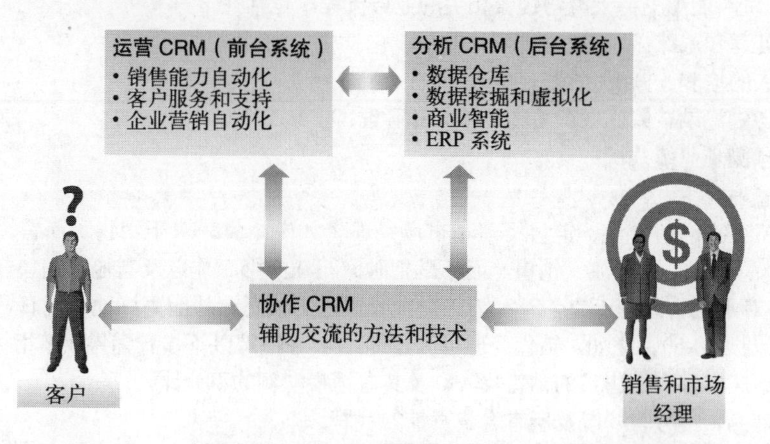

图 8-15　一个完整的 CRM 环境提供了运营、分析和协作组件

1. 运营 CRM

运营 CRM 是用来与客户交互并为之服务的系统。基于一个有效的运营 CRM 环境，企业可以为客户提供高效的个性化服务。为了改进交流和服务，与客户打交道的企业员工可以通过运营 CRM 环境访问完整的客户信息，包括客户服务记录、未完成的交易、服务请求。这里要着重强调的一点是，运营 CRM 的系统里提供了所有客户的信息，这意味着销售、市场和支持部门的员工可以获取客户与企业交互的所有信息，不管这些交互是在什么时候以及在哪里发生的。为了支持运营 CRM 的不同功能，需要用到 3 个不同的系统（参见图 8-16）。

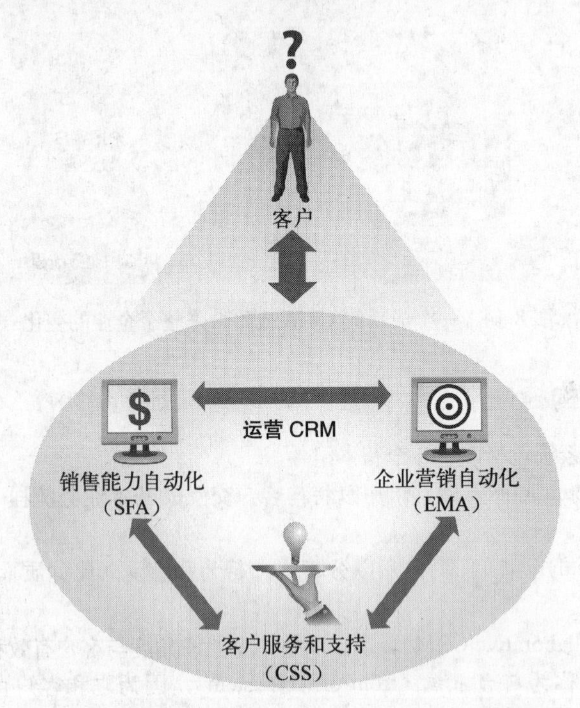

图 8-16　通过运营 CRM 与客户交互并为之提供服务

- **销售能力自动化**

运营 CRM 的第一个组件是**销售能力自动化**（sales force automation，SFA），用来支持企业日常的销售行为。SFA 能够支持大量与销售相关的业务流程，包括：

(1) 订单处理和跟踪；

(2) 联系人的培养、分配和管理；

(3) 客户历史记录、偏好（产品和交流）和管理；

(4) 销售预测及业绩分析；

(5) 销售管理。

有了 SFA 系统，销售员、销售经理和市场经理将如虎添翼。对于销售员而言，SFA 能帮助他们更有效地分配时间，更专注于销售，而不是把时间花在文书工作以及其他非销售任务上（参见表 8-5）。同样，对于销售经理而言，SFA 为之提供改进过的信息，从而更好地管理日常销售并对未来进行预测（参见表 8-6）。比如，销售经理可以通过 SFA 来跟踪以下多种销售业绩指标。

(1) 每个地区、每个销售员的销售收入，及其占销售配额的百分比。

(2) 每种产品、细分客户以及所有客户贡献的利润。

(3) 每天呼叫的次数，花在每个联系人身上的时间，每次呼叫的收益和成本，以及订单和呼叫的比率。

(4) 每个时期的客户流失量，以及客户购买成本。

(5) 产品退货率，顾客投诉的数量，以及过期账款的数量。

表 8-5 销售队伍管理系统给销售人员带来的好处

好 处	举 例
更少的文书工作	客户的联系信息通过电子表格存放，能自动提供已知客户的数据；利用填空的方式来搜集新信息
更少的信息传递	信息被自动传递到其他团队的成员和管理人员那里
更少的错误	电子表格确保客户数据的自动输入；在保存和共享之前，表格要进行必要的更新
增强的信息	销售员能访问所有与客户交互及更高质量的销售领导相关的准确、及时和完整的信息
更好的培训	一致的系统能保证销售员遵循一致的流程与步骤
改进团队协作	通过自动共享所有与销售相关的信息来分享最佳实践，以促进团队销售的成功
提升士气	改进的培训和更少的“杂事”，使人们把注意力更多地集中到销售和增加收入上
更好的销售业绩	通过精简销售流程和改进交流，销售人员可以更专注于销售而不是其他类型的事务

表 8-6 销售队伍管理系统给销售经理带来的好处

好 处	举 例
改进过的信息	销售业绩数据自动格式化，并以容易理解的表格、图标和图形的方式表现出来
提高时间利用率	花在归纳和跟踪信息上的时间越少，花在指导和培训销售员上的时间就会越多
更好的计划和预测	改进信息的准确度和及时性有助于更好地预测和计划
改进调度	准确及时的数据使经理能更有效地安排销售人员的活动
改进协调	信息共享使市场、生产和财务部门之间得到更好的协调
更好地跟踪销售整个环节	允许管理人员跟踪大量最新数据，以改进管理，而且问题发生的时候能够快速响应

最后，通过增加对市场环境、竞争对手和产品的理解，SFA 能提升营销活动的效果。经过改进的信息能为市场营销部门的管理和执行层带来很多优势，这其中包括：

(1) 提升对市场、产品和客户的理解；

(2) 提升对竞争对手的理解；

(3) 增强对本企业优劣势的理解；

(4) 更好地理解所处行业的经济结构；

(5) 改进产品开发；

(6) 改进策略的制定和与销售部门的协调；

总之，SFA 的基本目标是发现潜在客户、精简销售流程和改进管理信息。下面，我们要研究用于改进客户服务和支持的系统。

- **客户服务和支持**

运营 CRM 系统第二个组件是**客户服务和支持**（customer service and support，CSS）。CSS 是指能使服务请求、投诉、产品退货和数据请求自动化的系统。过去，企业通过*支持中心*（help desk）和*呼叫中心*（call center）来提供客户服务和支持。现在有了**客户互动中心**（customer interaction center，CIC），企业就可以通过多种交流渠道，比如网页、面对面谈话、电话、传真等等（参看本节后面的第 3 小节“协作 CRM”），来支持客户喜欢的交流方式。CIC 利用多种通信技术以促进客户与公司的交流。比如，自动呼叫分发系统可以将呼叫转给下一个空闲的服务人员；在等待接通的时候，客户可以通过电话按键或者语音提示技术来查询账户信息。从本质上说，CSS 的目标是在降低服务和支持成本的同时，提供强大的客户服务功能，使客户在任何时间、任何地点，通过任何途径都能享受服务。客户可以提交服务请求，并通过多种自助或协助技术来更新请求的处理状态（参见图8-17）。成功的CSS系统能加快响应速度，增加第一联系人解决率（First-Contact Resolution Rate），提高服务和支持人员的生产力。管理人员能通过数字仪表板来监控一些关键指标（如第一联系人解决率和服务人员利用率），以改进服务和支持部门的管理（参见第7章）。

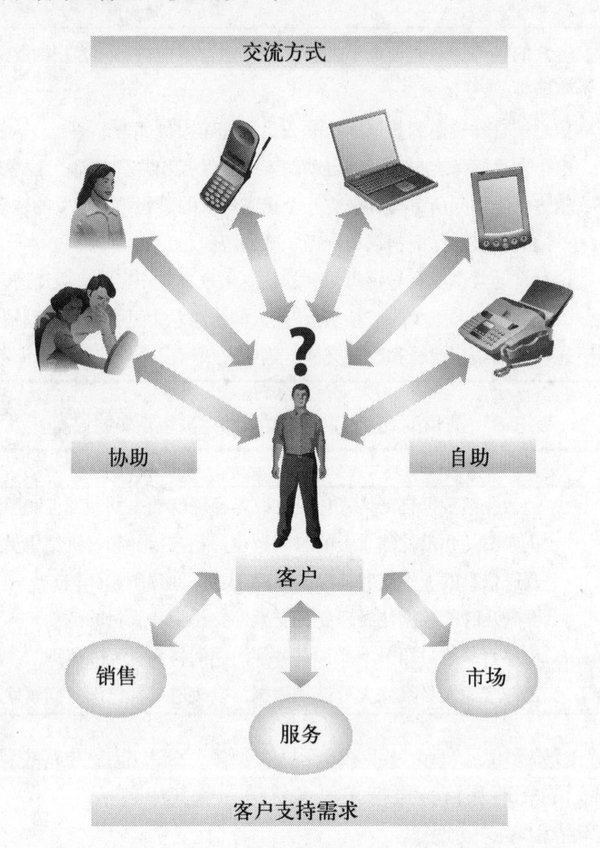

图8-17　客户交流中心允许客户使用多种自助和协助技术与企业互动

- **企业营销自动化**

运营CRM系统第三个组件是**企业营销自动化**（Enterprise Marketing Automation，EMA）。EMA以一个综合的视角来看待竞争环境，包括竞争对手、行业趋势和大量的环境因素（参见表8-7）。理解这些环境因素有助于评估一个特定市场的吸引力，也有助于量身定做针对不同市场的策略。市场部门的管理人员可以通过利用这些信息获得商业智能，进而优化市场战略和计划。

2. 分析CRM

分析CRM注重分析客户的行为和认知，从而为发现新的商机以及创造更卓越的客户服务提供必要的商业智能。通过有效利用分析CRM，企业能将市场细分到甚至是单个客户的程度，从而更容易针对用户需求开展市场营销活动。这些富有针对性的营销活动有助于增强销售效果（也就是销售更多产品，或者销售更有利可图的产品），同时通过掌握准确、及时和个性化的信息来留住客户。

分析CRM系统的关键技术包括数据挖掘、决策支持以及其他商业智能技术，这些技术致力于构建关于不同客户特性的预测模型（参见第7章）。有些分析资料有助于改进以客户为导向的业务流程，包括如下方面：

(1) 市场营销活动的管理和分析；

表 8-7 企业营销自动化系统跟踪许多形成竞争环境的决定因素

因 素	数据举例
经济因素	人均国民生产总值或国内生产总值，及其增长率 失业率和通货膨胀率 消费者和投资者的信心 汇率和贸易差额 贸易伙伴的财政和政局的稳定性
政府和公共政策因素	政治稳定性和风险 预算赤字和盈余 企业和个人的税率 进口关税、配额和出口限制 环境保护法 知识产权和专利法 鼓励 / 阻碍商业投资的法律
技术和基础设施因素	公共基础设施的效率（比如道路、港口和机场） 工业生产力和潜在的伙伴 / 竞争者 任何可能影响公司的新技术 成本和电力供应
生态因素	影响公司生产流程和客户购买偏好的生态方面的因素 影响客户对公司或产品认知的生态方面的因素
文化因素	人口统计因素，比如人口数量、年龄、教育、收入、族群和宗教 对唯物主义、资本主义、自由企业、个人主义 / 集体主义、家庭的角色、政府的角色、用户至上主义、环境保护主义、工作重要性以及成就感的态度 对于健康、饮食和营养以及住房条件的文化视角
供应商因素	劳动力的数量、质量和稳定性 工资预期、罢工和劳资关系 供应商的数量、质量、竞争力和稳定性

(2) 客户营销活动的定制化；

(3) 与客户交流方式的改进；

(4) 客户细分和销售覆盖范围的优化；

(5) 定价策略的改进以及风险的评估和管理；

(6) 对于竞争对手价格、质量和客户满意度的分析；

(7) 客户购买和使用产品情况的分析；

(8) 客户满意度和客户管理；

(9) 产品用途、生命周期分析以及产品开发；

(10) 产品和服务质量的跟踪和管理。

这些预测模型一旦建立，就能通过可视化的方式（包括数字仪表盘和其他的报表方式）提供给市场和销售经理。为了使分析 CRM 流程的价值最大化，数据收集和分析必须具有连续性，这样所有的决策才能反映最准确、最及时、最全面的信息。

3. 协作 CRM

协作 CRM 指能让整个企业与客户有效且高效地交流的系统。协作 CRM 的核心是客户互动中心（即 CIC，前面讨论过），客户互动中心使客户能以他们喜欢的方式与企业交流。另外，协作 CRM 也为客户与企业的交流和协作提供支持。总之，协作 CRM 整合了与市场、销售和支持流程的所有方面相关的的交流，以更好地服务并留住客户。协作CRM通过如下方式促进交流。

(1) 更加以客户为中心。对客户历史和当前需求的理解有助于把交流的重点定位在对客户来说重要的事情上。

(2) 较少的交流障碍。如果员工能掌握全面的信息并对交流方式和客户偏好善加利用，客户就会更乐意与企业交流。

(3) 增强信息的集成。企业所有与客户打交道的员工都能访问与客户交流的所有相关信息；客户也能从企业的任何交流途径更新状态。

除了这些好处之外，协作CRM环境还非常灵活，既可以支持例行事务，也可以支持非例行事务。

8.3.3　与CRM有关的道德话题

虽然CRM是培养和维护客户关系的战略推动力，但是有些人却对CRM持否定态度，认为它侵犯客户隐私，是强制销售行为的帮凶。根据过往行为的统计分析，连CRM的倡议者也警告说，过度依赖客户在“系统”中的资料，可能导致将客户错误归类。另外，如果说CRM的目标是通过高度个性化的交流和服务来更好地满足客户需求，个性化的程度又该如何把握？照直觉判断，当客户觉得“系统”知道他们太多的时候，这样的个性化就会带来相反的结果。很明显，CRM在数字世界中引入了几个道德问题（参见第10章关于信息隐私的全面论述）。不过，随着数字世界中的竞争不断加剧，CRM仍然会是吸引和留住客户的关键技术。

锁定还是歧视？CRM的道德缺陷

道德窘境

CRM系统简直就是商人的梦想。它保证了公司了解客户并最大化单位客户利润的能力。通过复杂的功能，CRM软件让公司能更细致地观察客户行为，挖掘越来越小的细分市场。一旦细分达到一定程度，就能锁定客户，并开展“特别优惠”和促销活动。对于公司而言，这些行为能从市场获取最大的回报，因为只有那些可能对市场销售活动作出反应的客户才会被锁定。

从消费者的角度来看，CRM系统似乎是一个伟大的想法。因为你终于不会再收到不感兴趣的纸质广告了。但是如果公司带着有色眼镜来使用CRM系统呢？利用CRM数据为一些客户提供个性化交易也可以被视为对另外的客户的不道德歧视，公司如何划清二者的界线？比如，银行可以通过客户的信用记录来区分客户，也有可能利用信用风险数据来锁定有较低信用评级的客户。虽然这些客户对银行而言风险更大，但是他们也给银行带来更高的费用和贷款利息。

使用CRM数据来锁定市场目标和利用某些群体，这之间有细微的差别。使用CRM系统的公司必须制定使用客户数据的道德准则并告知客户这些数据将被用来做什么，而不能跨越雷池一步。

资料来源

Alain Jourdier, “Too Close for Comfort”, CIO(May 1, 2002), http://www.cio.com/archive/050102/reality.html

8.4　供应链管理（SCM）

在前面的章节中，我们讨论了下游的CRM应用，现在我们要将注意力转移到上游。获取企业日常运营所用的原材料和零配件对于业务的成功至关重要。如果供应商发货及时准确，那么企业就能更快地把接收到的货物通过生产环节转换为最终产品。供应商的协调已经成为企业商业战略的核心内容之一，因为它有助于企业降低库存成本，有助于将新产品更快地推向市场，也有助于企业对市场条件的变化做出更快的反应，最终提升企业盈利，改进客户服务。与供应商协作，或者说共享信息，是商业上获得成功的先决条件。换句话说，通过培养和维护更牢固更紧密的供应商关系，公司能降低成本，提高对市场需求的敏感度，从而更有效地参与市场竞争。

8.4.1 什么是 SCM

供应链（suply chain）这个词常用来指企业所用供需品的生产商。企业经常从许多不同的供应商采购特定的原材料和零配件，同样，这些供应商也会从它们自己的供应商那里获取自己需要的东西，以此类推。供应链越长，供应链中包含的供应商就越多。其实，“链”这个词有点名不副实，因为它暗含了一对一的关系：一系列事件从第一个供应商流到第二个供应商，再到第三个供应商，等等。能够描述原材料从供应商流向企业的更准确的词应该是**供应网络**（supply network），因为可以有多个供应商向同一企业供货（参见图 8-18）。

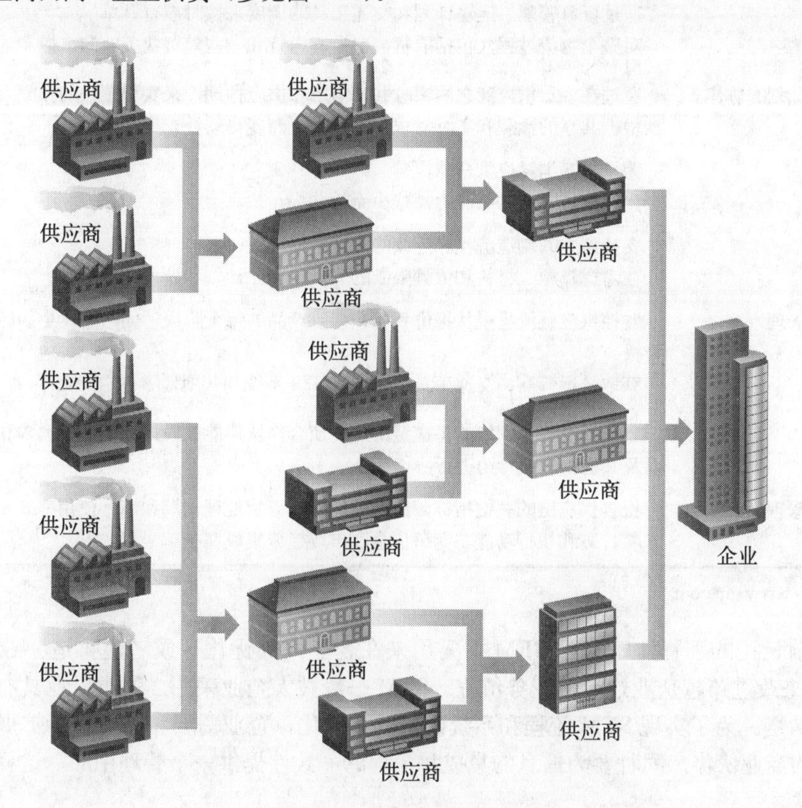

图 8-18 典型的供应网络

在供应网络中，如果企业之间不能有效协作，就可能会出现问题。当信息从一个企业流出，在通过供应网络的时候，很容易被歪曲，从而极大地降低效率。诸如过量的库存、不合理的生产计划以及错过产品发货的时间，这类问题如果失去控制，可能产生严重的连锁反应，最终导致供应网络中的所有企业利润下滑、客户服务质量下降。实施业务流程整合可以让企业更好地协调整个供应网络。

专注于改进上游信息流的信息系统有两个主要的目标，即加速产品开发和降低从供应商那里购买原材料、零配件和服务的成本。**供应链管理**（supply chain management，SCM）有助于企业更好地协调供应商，促进产品和服务的生产及销售。SCM 系统的成功实施不仅能帮助企业降低库存成本，也能通过改进客户服务来增加收益。为了更好地协调供应商，SCM 经常与 ERP 集成，以利用内外部的信息。像 ERP 和 CRM 应用一样，SCM 套装软件也通过模块（参见表 8-8）的方式发布，公司可以根据自己特殊的业务需求来选择和实施相应的模块。

表 8-8　能优化供应网络的模块

模　　块	主要用途
供应链的协调	与供应链前后的伙伴共享信息和集成流程 提供基于因特网的流程，比如协作计划、预测和补充（CPFR），以及供应商管理的库存
设计的协作	跨供应链伙伴进行产品设计流程精简，以减少产品上市时间 对于市场条件的变化（比如新产品的投放和新的客户细分群体）作出快速反应
订单履行的协作	实时确定发货日期 通过订单管理、运输计划和交通工具的调度来按时履行订单 对整个物流过程（包括取货、包装、送货和一些外贸业务）的支持
需求和供应计划的协作	通过在多层供应商之间实时共享需求和供应预期，来实现统一的预测 根据共享的预测和实时需求信息，供应商能自动补充库存
采购的协作	为原材料消耗提供全球视角 允许伙伴平衡购买能力，减少无效购买
生产计划	支持孤立的制造流程和连续的制造流程 在考虑资源、材料和依赖限制的同时，优化计划和调度
供应链事件管理	监控供应链流程中从报价到客户接收产品的每个阶段，同时在发生问题的时候发出警报 获取从运营商、交通工具的电脑、GPS 系统和其他地方传送的数据
供应链交换	创建一个基于网络的供应链群体，使合作伙伴能就设计、采购、需求和供应管理，以及其他供应链行为进行协作
供应链性能管理	报告供应链的关键指标，比如填充率、订货处理周期和库存使用率 将计划和执行功能与竞争信息和市场趋势集成在一起

资料来源：www.sap.com。

正如之前讨论的那样，ERP 和 CRM 主要用来在企业内部优化（或者说再造）业务流程，而 SCM 主要用来改进跨越企业边界的业务流程。SCM 一般被大企业采用，这类企业具有庞大的、复杂的供应商网络。为了实现 SCM 流程和系统价值的最大化，企业需要将系统进行扩展，以容纳所有不同规模的商业伙伴，同时要为信息的集成和流程的一致性提供一个管理中心，这样所有的伙伴才能从中受益。

8.4.2　SCM 架构

SCM 不仅简单地包含软件和硬件，还能集成业务流程和供应链上的伙伴。正如表 8-8 所示，SCM 系统由许多模块和应用组成。这些应用要么支持供应链计划，要么支持供应链执行。下面会分别进行讨论。

1. 供应链计划

供应链计划（supply chain planning，SCP）包括制定不同的资源计划，以便更有效同时也更高效地支持产品的生产和服务（参见图 8-19）。在 SCP 流程中一般制定 4 种类型的计划。

(1) 需求的计划和预测。SCP 从产品需求的计划和预测开始。要制定这些计划，SCM 模块会检查历史数据以进行最准确的预测。历史数据的稳定性对这些计划的准确程度影响非常大：如果数据稳定，计划就能经受更长时间的考验；而一旦需求相关的数据出现不可预料的波动，预测有效的时间准确性会大打折扣。需求的计划和预测是整体需求预测的前提。

(2) 销售计划。一旦最终的产品计划和预测完成，就可以制定将产品发往销售商的计划。具体而言，销售计划关注的是将产品或服务交付给消费者的过程，也关注仓储、发货、开发票和收取付款。销售计划是制定整体运输调度计划的前提。

(3) 生产调度计划。生产计划重点关注与产品和服务生产相关的各项活动的协调。在制定生产调度计划的时候，往往会用到一些分析工具，力争最大程度地利用原材料、设备和劳动力。生产包括产品测试、包装和发货之前的准备工作。生产调度计划是制定生产计划的前提。

(4) 采购计划。采购计划主要是通过库存模拟和其他分析技术对库存进行估计。一旦库存状态低于一定水平，就会向相应的供应商发出采购指令。这些供应商在之前已与企业签订了合同，且规定了发货和价格条款。库存模拟是采购计划流程的关键元素。

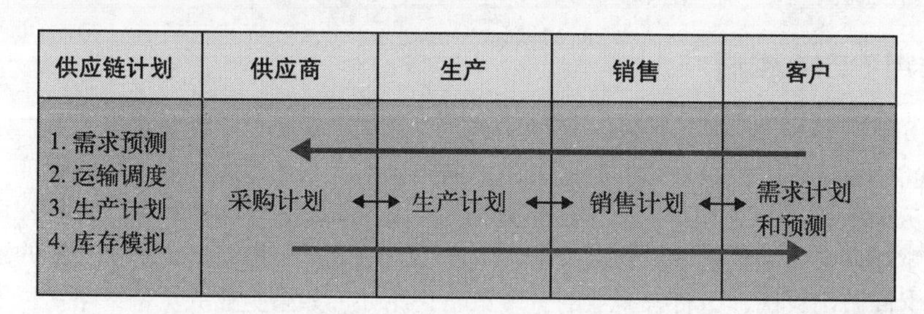

图 8-19 供应链计划可以用来创建需求预测、库存模拟、生产计划和运输调度

正如提到的那样，多种不同类型的分析工具（比如统计分析、模拟和优化）可以用来预测和显示需求状况、销售和仓库地点、资源排序等等。计划制定出来后，就会用于指导供应链的执行。另外，需要强调的是，SCM 计划是一个持续进行的过程，一旦获得新的数据，SCM 计划就会被更新。

2. 供应链执行

供应链执行（supply chain execution，SCE）代表供应链计划的执行。本质上讲，SCE 将 SCM 付诸实施，并且包含了用于改进供应链中所有成员（供应商、生产商、销售商和客户）之间协作活动的流程。SCE 包括对供应链中 3 个关键元素的管理：产品流、信息流和财务流（参见图 8-20）。下面我们将分别讨论。

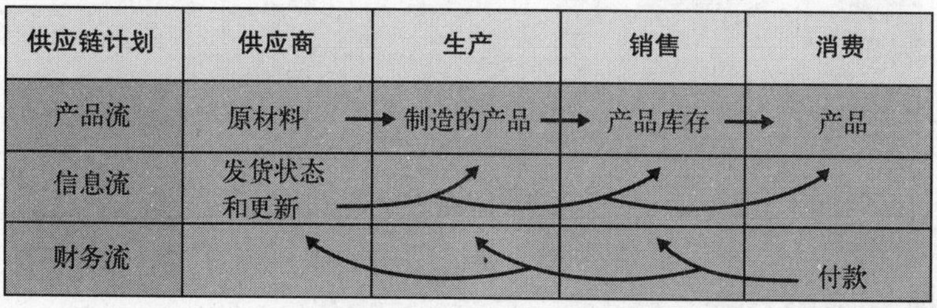

供应链计划	供应商	生产	销售	消费
产品流	原材料 →	制造的产品 →	产品库存 →	产品
信息流	发货状态和更新			
财务流				付款

图 8-20 供应链执行关注于与供应链相关的有效且高效的产品流、信息流和财务流

- **产品流**

产品流（product flow）是产品从供应商到生产、从生产到销售商以及从销售商到消费者的流动。尽管产品流看来基本是按照一个方向流动，但是一个有效的 SCM 系统会使产品退货过程也能自动化进行。有效处理退货和退款是供应链执行的关键部分。因此，SCM 系统不仅应该支持本身的产品生产流程，也应该支持有效接收客户过多的或有缺陷的产品退货的必要流程（比如说，重新发货或者把退款打回到客户的银行账号）。

- **信息流**

信息流（information flow）是信息沿着供应链的流动，比如订单处理和发货状态。类似于产品流，信息流也可以根据需要沿着供应链向上或向下流动。信息流的关键任务是完全取代纸质文件。具体地说就是把所有订单、履约、计费和汇总信息都通过数字的方式进行共享。这些无纸信息流不仅减少了文书工作，也节约了时间和金钱。另外，SCM 系统用中心数据库来储存信息，因此所有的供应链伙伴都能在任何时候访问当前所有的信息。

- **财务流**

财务流（finacial flow）主要是资金或者金融资产沿着供应链的流动。财务流也包括与付款时间、产品和原材料的归属和运送以及其他因素相关的信息。通过与网上银行和金融机构联网，相应款项能自动划拨到供应链所有成员的账户中。

8.4.3 制定 SCM 战略

在制定 SCM 战略的时候，企业必须考虑可能影响供应链效率和效果的众多因素。**供应链效率**（supply chain efficiency）是指公司供应链关注将采购、生产和运输成本最小化的程度，有时候会以减少客户服务为代价。与之相对应，**供应链效果**（supply chain effectiveness）是指公司供应链关注将客户服务质量最大化的程度，不考虑采购、生产和运输成本。换句话说，供应链的设计必须考虑在不同因素之间做出权衡，以符合企业的竞争策略。比如，如果企业的竞争策略定位于低成本供应商，就会更强调供应链效率。相反，如果定位于卓越的客户差异化服务，则会更侧重供应链效果。当然，企业也可能因为主要供应商和客户的可用性与所在地而采取混合的策略。不管怎样，企业的整体供应链策略必须符合其整体竞争策略，以实现利益最大化（参见图 8-21）。

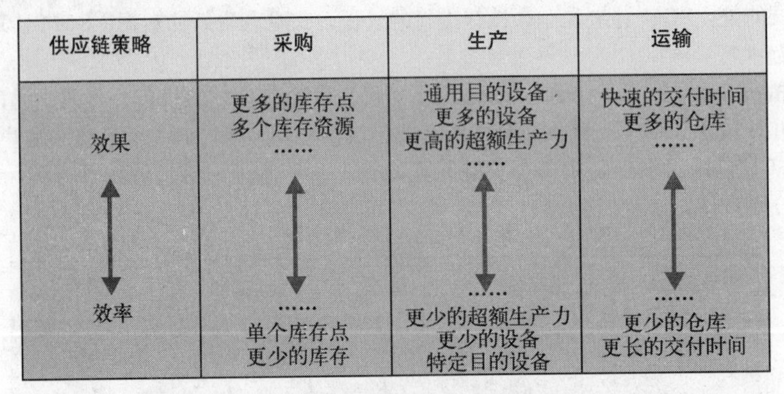

图 8-21 供应链策略需要平衡供应链效率和效果

8.4.4 SCM 潮流的兴起

随着技术的进步，SCM 也在发展。其中一个主要发展趋势是企业门户的创建，它为连接企业内部供应链提供了新的选择。另外，新技术赋予 SCM 更大的价值。下面我们简要地讨论一下这些相关话题。

企业门户

大部分 SCM 系统都与一小部分的供应商和客户紧密集成在一起。SCM 的目的在于优化流程，而不是最小化成本或最大化收益。比如，企业产品可能需要一些罕见的、独特的或者关键的零配件，所以有必要专门和这些零配件的供应商保持一种密切的关系。但是对于其他更加标准的零配件，通过 B2B 市场可能更有优势。这些 B2B 市场被称为企业门户（enterprise portal）。在 B2B

三维虚拟制造

汽车、专门机械、假肢等传统的原型制造流程费时费力。不过，这已经成为过去。如今，因为“虚拟制造”（也称为三维打印）的引入，许多产品的原型制造起来快速而且精确。

虽然三维打印技术 1988 年就开始应用了，但是直到最近才适合于商用。新的打印技术可以用来创建三维模型，其部件可以移动，非常方便，比过去那种简单的框图模型好用多了。

三维打印通过使用两个打印头来实现：第一个打印头负责撒下细粉，第二个打印头负责胶合。这两个头每循环一次，都会覆盖一层新的胶粉。随着一层层胶粉的覆盖，一幅三维图像（也是一个三维模型）就产生了。

目前，虚拟制造不仅有了更多的应用，而且速度越来越快。例如，以前制造原型的流程需要几天的时间，现在只需要几个小时，工程师在很短的时间里就可以制作好几个模型。

惠普已经在三维打印机开发方面走在了前列。以前标价为 10 万美元的三维打印机现在只卖 1 千美元。目前，因为设计可以很快地转化为计算机产品，所以工程师、软件开发者、硬件供应商和消费者都可以从三维打印机的开发、改进和使用中受益。

资料来源

http://www.wired.com/news/technology/0,1282,59648,00.html

SCM 的语义中，门户可以定义为企业的接入点（或大门），商业伙伴通过它从企业获取受保护的内部信息。企业门户为这种可能分散在企业内部的信息提供了一个统一接入点。通过这个统一接入点，企业可以与任意数量的商业伙伴一起进行商业合作，因此企业门户也大大提高了生产力，节省了成本。

企业门户有两种基本形式，即*销售门户*（distribution portal）和*采购门户*（procurement portal）。销售门户对从单个供应商到多个购买者的产品销售流程进行自动化；与之相对应，采购门户对从单个购买者到多个供应商的产品购买和获取流程进行自动化（参见图 8-22）。根据使用门户的购买者和供应商数量的不同，销售和采购门户也会有所差别。比如，有“三巨头”之称的汽车业巨擘福特汽车公司、戴姆勒克莱斯勒和通用汽车就合作创建了一个采购门户，以供“三巨头”的所有供应商访问。同样，一些公司也共享自己的销售门户，以便从许多供应商那里购买产品。当买卖双方的平衡到达某个稳定点的时候，这些系统就可以叫做**电子化交易平台**（trading exchange）系统。

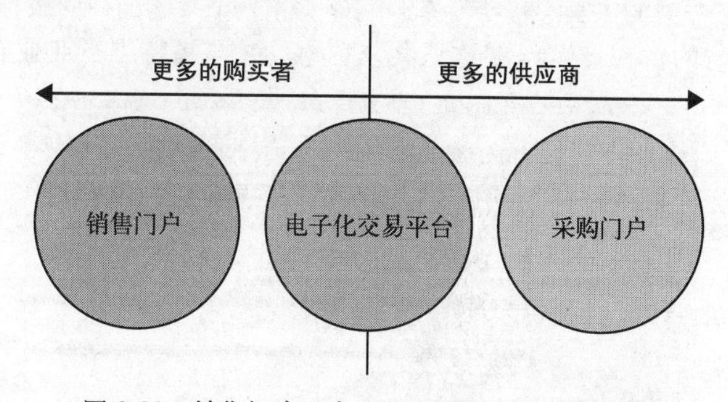

图 8-22　销售门户、电子化交易平台和采购门户

销售门户、采购门户和电子化交易平台一般服务于某些特定行业或者依赖于相似产品和服务的企业群体。专门为某些企业定制的产品和服务形成一个**垂直市场**（vertical market），这个市场只满足某一方面的需求。垂直市场把供应网络上的大量参与者汇总起来提供给企业，因此能极大地提升企业效率。

- **销售门户**

销售门户把单个供应商和多个购买者之间的销售（包括售前、售中、售后）业务流程实现自动化。换句话说，销售门户为购买者管理其购买周期中的所有阶段，包括产品信息、订单录入和客户服务，提供了有效的工具。戴尔公司就是通过它的销售门户 Premier.Dell.com 来为客户提供服务的（参见图 8-23）。

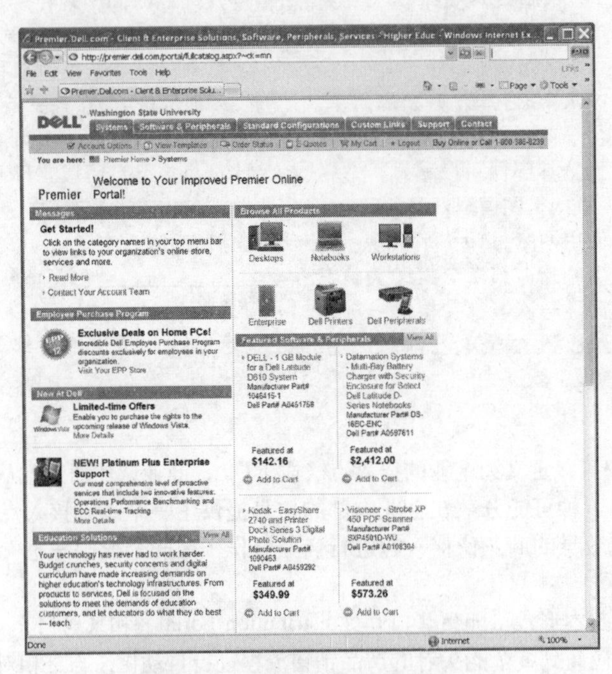

图 8-23 销售门户 Premier.Dell.com

（资料来源：http://www.dell.com）

- **采购门户**

采购门户把单个购买者和多个供应商之间的销售(包括售前、售中、售后)业务流程实现自动化采购门户为供应商管理其销售周期中的所有阶段，包括产品信息的分发、购买订单的处理和客户服务，提供了有效的工具。福特汽车公司建立了一个采购门户叫做福特供应商门户（ford supplier portal)，福特的供应商可以在这里共享信息，并与福特进行商业合作（参见图 8-24)。

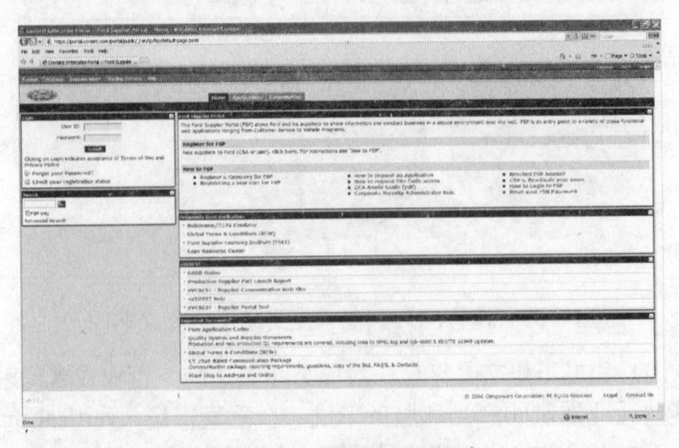

图 8-24 福特供应商门户

（资料来源：https://portal.covisint.com/portal/public/_l:en/tp/fsp）

8.4.5 电子化交易平台

由于企业门户的设计、开发和维护成本较高，一般中小企业不会用到门户系统，因为他们大多没有必要的资金或技术人员来开发大规模的SCM应用。针对这个目标市场，涌现了许多电子化交易平台，或者叫做电子市场（electronic marketplace）。电子化交易平台系统由第三方提供商负责运营，也就是说，有专门的公司负责创建和维护。这些公司的盈利方式是从每笔交易中提取小部分的佣金、收取使用费、收取会费和（或）创造广告收入。与销售门户和采购门户不同，电子化交易平台可以同时支持大量买方和卖方，企业之间可以在垂直市场上进行实时交易。这些贸易交换系统中最著名的有钢铁行业的www.e-steel.com和www.scrapsite.com、造纸行业的www.paperspace.com，以及医疗器械行业的www.neoforma.com和www.sciquest.com。

增强SCM的关键技术

有几种新技术有助于企业从SCM系统的投资中获取更多的价值。在本节中，我们将简要介绍其中两种技术，它们为管理供应链带来了很多好处。

- XML

扩展标记语言（Extensible Markup Language，XML）是由万维网联盟（world wide web consortium，一个国际公司联盟，其目的是为因特网制定开放标准）最早提出的数据描述标准。XML允许网络文档的设计者创建他们自定义的标签，以在应用之间或者企业之间定义、传输、验证和解析数据（参看“技术概览2”）。

XML没有指定任何特殊的格式，只是制定了为元素加标签的规则。**标签**（tag）是插入文档的一个命令，以指示如何格式化和使用文档或者文档的一部分。因此，XML成为一个强大的定制化的信息标签系统，可以用来在应用之间通过因特网共享相似的数据。

正如在“技术概览2”中描述的，超文本标记语言（hypertext markup language，HTML）可以告诉网页浏览器如何把网页上的数据展现到用户的屏幕上。XML也在网络文档中使用类似于HTML的标签，但是这些标签的范围比HTML宽得多。XML告诉系统应该如何解析和使用信息。比如，你可以用XML来为网页上的一连串数字或文本加标签，这样它们就能代表发票或产品目录中的一套图像。由于因特网应用中内嵌了这些高级的数据定义特性，可以将因特网用作B2C电子商务和B2B SCM的全球网络。

许多人认为XML正在成为业务信息系统之间数据交换自动化的标准，并可能将其他格式全部替换为电子数据交换（electronic data interchange，EDI）格式。比如，公司可以创建一系列应用，有的用于处理网络订单，有的用于检查和管理库存，有的用于在需要更多零配件的时候通知供应商，有的用于在需要发货的时候通知第三方物流公司，等等；然后公司通过XML通用语言将所有这些不同的应用进行整合，使之协同工作。

XML是可定制化的，导致了很多XML变体的出现。比如，**扩展业务报告语言**（Extensible Business Reporting Language，XBRL）就是一个基于XML的标准，用于发布财务信息。XBRL为一些特殊数据定制了标签，这些数据包括年报和季报、证券交易委员会档案、一般的分类账信息、以及净收入和会计报表，从而使在上市公司、私营公司、行业分析师和持股人之间共享信息变得更容易。

但是对于SCM来说，XML并不是包治百病的万能药。虽然对XML的支持和使用在快速增长，但是必要的标准和协议还不是很到位，还无法保证基于XML的应用与其他所有应用和系统能够无缝地协同工作。还有，几乎所有人都能学会使用文本编辑器来创建一个基本的HTML文件，但是相对而言XML就复杂多了，因为它不仅需要对XML有所了解，也需要具备设计和管理分布式数据库的专业知识。尽管如此，因为能在流程中插入更多信息，XML很有希望承担起管理供应链的责任。

- RFID

另一个用在SCM系统中的令人兴奋的技术是**射频识别**（radio frequency identification，RFID），

它已经开始取代几乎所有产品都用的标准条形码。RFID通过在电磁波谱的射频部分使用电磁或静电耦合来传输信号。RFID系统用无线电收发器和天线来传输信息给处理设备或**RFID标签**（RFID tag）。

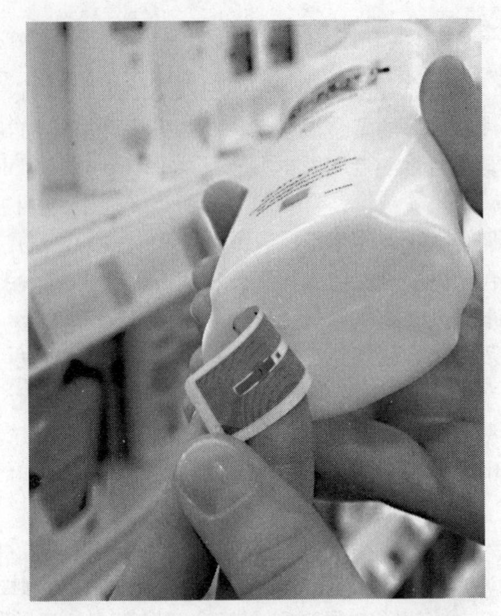

图8-25　RFID虽然小，但是可以承载很多信息（资料来源：http://www.future-store.org/servlet/PB/-s/15tbdle1hnkm0j13ganj31cza8nfle6vrsr/menu/1007260_12_yno/index.html）

RFID标签可用于任何需要特殊识别系统的地方，比如衣服、宠物、汽车、钥匙、导弹或者制造零配件。RFID标签的尺寸很灵活，小的只有零点几英寸，可以植入动物的皮肤之下，大的可达几英寸以固定在集装箱上（参见图8-25）。标签携带的信息可以简单到只有宠物主人的名字，也可以复杂到包含产品在车间的全部制造过程的相关信息。

RFID系统之所以比标准条形码技术更有优势，因为RFID不需要通过视觉来阅读。RFID也不要求费事的手工扫描，而且，不管物品在哪里，也不管RFID标签是否清晰可辨，RFID信息都可以读得到。RFID标签能容纳比条形码更多的信息，可能包括物品版本、产地、位置、维护历史以及其他重要信息，而且这些信息还能被修改和更新。RFID扫描也能在比条形码扫描远得多的距离完成。被动标签比较小，相对来说更便宜（不到1美元），通常有效范围可以达到几英尺。而主动标签的成本超过5美元，包含一节电池，能传输几百英尺远的距离。

RFID系统为管理供应链提供了巨大的机遇。比如，航空公司曾为那些金属餐车费了很多金钱和脑筋。这些餐车用在飞机上，每台餐车的成本大约是1千美元。Tony Naylor是eLSG.SkyChefs公司（一家航空餐饮业的技术提供商，总部在得克萨斯州的Irving）飞行解决方案部门的副总经理，他说："我们听到一个可怕的消息，航空公司在短短3个月中丢失了多达1 500辆餐车。"（Edwards，2003）为了看管那些数量不断减少的餐车，eLSG.SkyChefs引入了RFID系统，在每辆餐车上都加装了RFID标签。

图8-26　仓库的拖车在通过RFID门时被处理（资料来源：http://www.future-store.org/servlet/PB/-s/15tbdle1hnkm0j13ganj31cza8nfle6vrsr/menu/1007260_12_yno/index.html）

另外，事实上所有主要零售商都在采用RFID以更好地管理他们的供应链（参见图8-26）；政府也在用RFID来跟踪军需品和武器、药品运送和成分监测（比如，为了消灭假药）；市民也将RFID芯片用在护照上。虽然RFID的应用在飞速增长，但是RFID系统相对而言仍然很昂贵，也没有一套明确的数据标准，而且国家之间的射电频率也不同。幸运的是，通过供应商的合作，这些困难逐渐被克服。无论如何，RFID对管理供应链来说无疑是一项有价值的新技术。

欣欣向荣的 RFID

网络统计

RFID 标签（使企业能通过射频发射器和接收器来跟踪某些产品的高科技设备）市场正在迅速扩张。据业内估计，整个 RFID 市场（包括相关设备）将从 2006 年的 27 亿美元增长到 2010 年的 123 亿美元，这将会使 RFID 标签成为继手机之后最热门的无线产品。专家预计，供应链元素（比如运输用纸板箱和标签）将占到增长的大部分，而位居第二的是消费品，包括从药品包装到衣物的所有东西（参见表 8-9）。

资料来源

Dylan McGrath，"RFID Market to Grow 10 Fold by 2016，Firm Says"，*EE Times*（January 26，2006），http://www.eetimes.com/news/latest/showArticle.jhtml?articleID＝177104240

表 8-9　2004 年 RFID 市场各个项目占整体收入的百分比

项　目	收　入（%）
安全 / 接入控制 / 产品的采购	62.6（包括汽车钥匙中的 RFID）
动物（猪、狗、牛等）	28.2
供应链	4.9
消费产品	0.78
大型货运	0.64
人工	0.34
其他	2.5

注：因为四舍五入，所以这些数字加起来并非 100%。

资料来源：In-Stat（详见 http://www.clickz.com/showPage.html?page=3460851）。

8.5　成功实施企业系统的原则

总结起来，企业系统的主要目标是通过精简企业内外部的业务行为来获取竞争优势。但是，许多企业系统实施起来往往比最开始预想的要耗费更多的时间和金钱。超过预算的项目比比皆是，这意味着搞清楚并想办法应对这些常见的问题对于管理者来说有着巨大的价值。最近一份调查显示，实施企业系统的公司中有 40% 到 60% 没有完全实现他们预想的结果（Langenwalter，2000）。研究还发现，那些成功实施了企业系统的公司都遵循一套基本原则（Koch，Slater and Baatz，2000）。虽然下面列出的建议并不全面，但是它们将有助于理解企业系统实施过程中存在的一些挑战。

建议 1：确保高级管理层的支持。

建议 2：向外部专家求助。

建议 3：对用户进行充分的培训。

建议 4：在实施中利用综合学科研究法。

8.5.1　确保高级管理层的支持

我们认为，企业系统实施失败最直接的原因来自于缺乏最高管理层的支持。虽然高级管理层不必亲自做出相关决定，他们也必须支持项目经理所做出的决定，这是非常关键的。如果项目不能赢得最高管理层的重视，就会出现很多问题。在多数公司中，高级管理层掌握着企业资源的调配和部署的最终决策权。如果高级管理层不能理解企业系统的重要性，项目就有可能因为无法获取必要的资源而延误，甚至中断。

第二个可能出现的问题是，有时需要最高管理层的授权来改变企业完成业务的方式。当需要改变业务流程以结合最佳实践的时候，这些变革就必须贯彻实施。否则，公司就可能有部分软件不符合已有的工作方式。缺少高级管理层的支持也会带来渗漏效应（trickle-down effect）。如果连用户和中层管理人员都认为企业系统不重要，那么他们就不会将它放在心上。企业系统的实施需要集中力量，同时高级管理层支持与否既可以推动也可以阻止企业系统的实施。因此需要确保高级管理层的支持，以消除出现的任何障碍。

8.5.2 向外部专家求助

企业系统非常复杂，即使最能干的信息系统部门要对付 ERP、CRM 和 SCM 应用，也需费九牛二虎之力。因此大部分供应商会培训一批项目经理和咨询顾问，以帮助公司部署企业系统。咨询顾问可以帮助公司更快地完成系统实施，同时更有效地培训使用系统的员工。但是，公司不能过份依赖咨询顾问。因为一旦系统实施完成，咨询顾问就会离开，因此公司应早做打算。当咨询顾问在现场的时候，公司员工会倾向于依赖他们的帮助。一旦系统投入使用，咨询顾问不在现场，员工就必须自己完成工作。所以公司应该重点关注员工对系统的学习。

8.5.3 对用户进行充分的培训

培训经常是企业系统实施计划中最容易被忽略、被低估和预算最少的部分。企业系统远比孤立系统复杂且更难以理解。学习单个应用时，用户只需要熟悉一个新界面就可以了，但是企业系统的用户一般需要学习一整套新的业务流程。一旦企业系统投入使用，许多公司都会经历生产力的急剧下降。这个问题可能会导致用户不满程度的提升，因为用户更倾向于按照以往熟悉的方式而不是新方法来完成工作。通过在系统投入使用之前培训用户，并给他们充分的机会来学习新系统，公司就能消除员工的恐惧感，并减少可能出现的工作效率下降问题。

8.5.4 在实施中利用综合学科研究法

企业系统会影响整个公司，所以公司应该将各个级别和各个部门的员工都纳入实施项目中去（Kumar and Crook，1999）。在有其他公司参与实施的 CRM 和 SCM 环境中，赢得这些公司员工的支持也是非常重要的。项目经理需要将中层管理人员、信息系统部门、外部咨询顾问和最终用户（最重要）都纳入项目实施中。

如果不能将关键的员工纳入项目的日常活动中，就会在许多方面发生问题。从需求分析的角度来看，在选择企业解决方案之前，所有的业务需求都必须被充分地理解。由于最终用户已被纳入日常业务行为的每个方面，所以他们的意见非常有价值。比如，一个用户可能会注意到项目组内其他人从未注意到的功能。如果应用不能满足所有的业务需求，最终的软件或定制化结果就可能不适合企业。疏离感是将关键员工排除在外的另一个风险。被排队在外的部门和个人可能会对新系统产生憎恶感，并以对立的眼光来看它。在极端的情况下，用户会拒绝使用新应用，导致企业内部的冲突和低效。

虽然这些庞大的企业系统实施起来总是比较麻烦，也会遇到重重困难，但是潜在的回报也非常巨大。最终，企业将不得不实施这些系统。此外，由于这些系统的普及和必要性，用户也许会发现自己已经被纳入到这样一个系统的实施和使用中去了。我们相信，通过阅读本章，读者将能够更好地理解企业系统，并为这类系统的发展和使用贡献力量。

漫画业：数字化销售才是拯救之道

行业分析

以前，漫画书是娱乐的主要来源。孩子们喜欢赖在自己的房间里，躲在树屋里或者窝在露营的帐篷里，就是为了阅读成堆的漫画书。漫画书中有超人、蜘蛛侠、神奇女郎、蝙蝠侠、神奇四侠、绿巨人、特种部队、贝蒂娃娃、小奥德丽等吸引人的形象和角色。孩子们都喜欢把零用钱攒起来去买自己喜欢的漫画书，还与其他的漫画书迷交换着看（参见图 8–27）。

图 8-27 漫画行业在数字世界中正经历着巨大的变革

后来电视出现了，电视节目中出现了专门给孩子们看的的动画片，甚至动画频道。然后是电脑游戏以及 Xbox、任天堂和 PlayStation 游戏机。技术打败了静态的漫画书，因此漫画业开始萎缩。1998 年，作为 5 000 个受人喜爱的漫画角色的创建者和漫画业最大的公司——Marvel Comics 公司破产了；同时第二大漫画书生产商 DC Comics 公司也摇摇欲坠。而有些较小的漫画公司则永远消失了。

但如今，漫画业也在慢慢复苏，因为漫画公司管理层抓住了科技这根救命稻草。超人、蜘蛛侠、蝙蝠侠、神奇四侠和其他漫画英雄都没有消亡，它们只是简单地从印刷媒质转战到大银幕和数字媒体。

感谢因特网，漫画迷们现在可以上网去重新发现他们最喜欢的漫画角色。比如，Marvel.com 允许用户访问超过 30 本老漫画。用户可以试读最前面的 5 页，如果还想接着看，就需要登录或注册了。Marvel 发现，82% 的在线漫画书读者比那些没有登录过 Marvel.com 的读者更有可能去商店购买漫画书。

手机是漫画业的另外一个新的销售渠道。特别是在日本，手机漫画已成为一桩大生意。目前已经有 181 本日本漫画书被移植到手机平台，所有漫画都可以花 40 日元或大约 50 美分的价格被下载。据估计，这个市场每年的利润有 45 亿日元（折合 4 000 万美元）。

为漫画角色签发使用许可也有助于行业的复兴。过去，虽然消费者需求非常大，但为漫画角色向电影和服装签发许可而获得的收入很低。比如，1997 年 Marvel 将“黑衣人”的角色许可卖给电影业，得到了 100 万美元，而第一部“黑衣人”电影的全球票房收入就达到了 5.6 亿美元。Marvel 的风险低，但是相应地，回报也低。实际上，Marvel 的 12 个漫画角色在全球为电影业带来大约 36 亿美元的收入，但是 Marvel 只获得不到 1% 的许可费用。

现在，漫画公司已经看到了盈利的曙光，并且正在组建他们自己的工作室以制作与旗下角色相关的电影。这个行动并非没有风险，拍电影本来就是一个充满风险的行当，但是这也可能最终引导漫画公司再一次主宰娱乐行业。

问题

(1) 如果你是一个漫画业的顾问，下一步你打算采取什么样的销售方式？想和什么样的人合作？为什么？

(2) 漫画业和其他同样受数字世界影响的行业相比，有什么独特之处，又有什么共同点？

资料来源

Susanna Hamner，“Marvel Comics Leaps into Movie-Making”，*Business 2.0*（June 1，2006），http://money.cnn.com/magazines/business2/business2_archive/2006/05/01/8375925/index.html

Anonymous，“Marvel Successful with Dot Comics”（May 4，2006），http://www.tmcnet.com/usubmit/2006/05/04/1637788.htm

Anonymous，“Comic on Mobiles?”，*Business Guide*（May 9，2006），http://www.jinbn.com/2006/05/09100016.html

要点回顾

(1) 描述企业系统是什么，以及它们是如何发展的。企业系统是一种可以用于整个企业的信息系统，它能用于整合一个公司跨所有功能域的业务流程、行为和信息。企业系统既可以是预先打包好的套装软件，也可以是定制化的软件。企业系统的实施经常包含业务流程管理（BPM）。BPM 是一个系统化和结构化的改进方式，整个企业或企业的一部分会对流程进行仔细检查、重新考虑并再行设计，以期在一个或多个性能指标（比如质量、循环周期或成本）上获取巨大的提升。企业系统的发展经历了从支持独立组织行为的遗留系统，经过数据和应用的集成，再到单个综合系统的过程。

(2) 描述 ERP 系统，以及它们是如何帮助改进企业的内部业务流程的。ERP 系统是从 20 世纪 90 年代的物料需求计划发展而来，主要用来支持企业内部的业务流程。通过部署一个大的数据仓库，ERP 系统使信息可以在整个企业内共享，以帮助精简业务流程，提升客户服务质量。在选择 ERP 系统的时候，企业必须从一长列清单中选择需要实施的功能模块，大部分企业只选择了可用组件的一个子集。ERP 的核心组件支持企业与产品和服务生产相关的主要内部行为，而 ERP 的扩展组件则支持企业与供应商和客户打交道相关的基本外部行为。

(3) 描述 CRM 系统，以及它们是如何有助于下游的业务流程的。CRM 是一个企业级的战略，它通过引入可靠的系统、流程和步骤，将力量集中在下游信息流，以培养和维护持久的客户关系。关注下游信息流的应用有两个主要目标：吸引潜在客户和培养客户忠诚度。为了制定成功的 CRM 战略，企业不能只是简单地购买和安装 CRM 软件，还必须在政策、业务流程、客户服务、员工培训和数据利用诸多方面做出改变。CRM 由 3 个基本组件组成：运营 CRM、分析 CRM 和协作 CRM。运营 CRM 关注与客户直接打交道的前台行为，分析 CRM 关注能辅助管理人员进行销售和市场功能分析的后台行为，而协作 CRM 为企业内部交流及企业与客户打交道提供有效的交流途径。

(4) 描述 SCM 系统，以及它们是如何有助于改进上游的业务流程的。SCM 系统关注上游信息流的改进，它有两个主要目标：加速产品的开发和减少从供应商购买原材料、零配件和服务所消耗的成本。SCM 由供应链计划（SCP）和供应链执行（SCE）两个部分组成。SCP 制定各种资源计划来支持有效和高效的产品和服务生产。SCE 将 SCM 计划付诸实施，包括提升供应链的各个成员（供应商、生产商、销售商和客户）之间协作能力的各个流程。SCE 包含对供应链的 3 个关键元素的管理：产品流、信息流和财务流。在制定 SCM 战略的时候，企业必须考虑可能影响供应链效果和效率的各种因素。具体而言，企业必须使整个供应链战略符合其整体的竞争战略，以实现利益最大化。

(5) 理解并利用关键点来成功地实施企业系统。企业系统实施的经验表明，有一些常见的问题可以避免或者需要谨慎对待。

企业可以通过以下方式避免这些常见的实施问题：

- 确保高级管理层的支持；
- 向外部专家求助；
- 对用户进行充分的培训；
- 在实施中利用综合学科研究法。

思考题

1. 描述什么是企业系统，以及它是如何发展的。
2. 对比面向内部和面向外部的系统。
3. 什么是价值链的核心行为和支持行为？
4. 举例说明价值系统中的上游信息流和下游信息流。
5. 比较和对照定制软件和套装软件，以及普通版本和基于最佳实践的软件。
6. 什么是 ERP 系统的核心组件？
7. 什么是 CRM 系统？它有哪些基本组件？
8. 什么是 SCM ？供应链计划和供应链执行有什么不同之处？
9. CRM 与 SCM 有什么不同？
10. 对比销售门户、采购门户和电子化交易平台。
11. 什么是 XML ？它如何影响 SCM ？
12. 什么是 RFID ？它如何影响 SCM ？
13. 成功实施企业系统的关键是什么？

自测题

1. __________ 是能让公司将全公司的信息集成起来以支持运营的信息系统。
   A. CRM 系统
   B. 企业系统
   C. 广域网
   D. 企业间系统
2. 根据价值链模型，下面哪一个属于核心行为？
   A. 公司基础架构
   B. 客户服务
   C. 人力资源
   D. 采购
3. 根据价值链模型，下面哪一个属于支持行为？
   A. 技术开发
   B. 市场和销售
   C. 原料物流
   D. 运营和制造
4. 下面关于遗留系统的选项中哪一个是错误的？
   A. 它们是孤立系统
   B. 它们是老的软件系统
   C. 它们是 ERP 系统
   D. 它们难以被集成到其他系统中
5. 一个全面的 CRM 系统包括下面所有组件，除了 __________。
   A. 运营 CRM
   B. 分析 CRM
   C. 诊断 CRM
   D. 协作 CRM
6. 销售能力自动化与以下哪项关系最紧密？
   A. ERP
   B. CRM
   C. SCM
   D. 遗留系统
7. 下面哪一项通常用来指公司所用供需品的生产者？
   A. 采购
   B. 销售
   C. 供应网络
   D. 客户
8. 下面哪种类型是供应链执行所不关注的？
   A. 采购流
   B. 产品流
   C. 信息流
   D. 财务流
9. RFID 标签用来 __________。
   A. 跟踪军用武器
   B. 消灭假药
   C. 跟踪护照
   D. 以上所有
10. __________ 是一个系统的和结构化的改进方式，整个企业或企业的一部分会对流程进行仔细检查、重新考虑并再行设计，以期在一个或多个性能指标（比如质量、循环周期或成本）上获取巨大的提升。
   A. 系统分析
   B. BPM
   C. CRM
   D. 全面质量管理

问题和练习

1. 配对题，将下列术语和它们的定义一一配对
   i. 企业系统
   ii. 遗留系统
   iii. 供应链
   iv. ERP 扩展组件
   v. CRM
   vi. 客户交互中心
   vii. SCM
   viii. BPM
   ix. 企业门户
   x. RFID

   a. 能支持企业为协调供应商和客户的基本外部行为的组件
   b. 为分散在企业内部的受保护的信息提供了统一接入点的信息系统
   c. 通过在电磁波谱的射频部分使用电磁或静电耦合来传输信号的技术
   d. 在设计上很少考虑跨部门的应用交互的旧系统
   e. 使公司能整合整个公司信息的信息系统
   f. 关注下游信息流，主要用来整合公司的价值链与其销售商和客户的应用

g. 常用来指公司所用供需品的生产者

h. 一个系统的和结构化的改进方式，整个企业或企业的一部分会对流程进行仔细检查、重新考虑并再行设计，以期在一个或多个性能指标（比如质量、循环周期或成本）上获取巨大的提升

i. 利用多种交流渠道来支持客户偏好的交流方式

j. 关注上游信息流，用来整合公司的价值链与供应商的应用

2. 选择一家你所熟悉的公司，统计它正在使用的软件有哪些。这家公司的信息系统是否整合起来了？是否需要升级和精简？

3. ERP 系统中，用户培训起什么作用，以及它对工作满意度有多重要？ERP 实施可能导致什么样的生产力问题？

4. 将综合学科研究法引入 ERP 的实施中会带来什么样的回报？哪些部门会受影响？影响会持续多久？调研一个最近实施了 ERP 系统的公司，并回答这个公司哪些地方需要改进，哪些地方做得不错。

5. 什么样的公司使用数据仓库？针对这个问题做一个研究，并确定数据仓库的成本和大小。数据仓库有什么优点和缺点，特别是对于企业系统实施来说？一般实施的期限有多长？

6. 基于你自己对软件的经验，你使用过套装软件和定制软件吗？二者有何区别？系统文档有哪些好处？

7. 如果上网搜索“最佳实践”这个词，就会发现很多网站都在针对各种行业总结最佳实践。试选择其中一个网站，将其最佳实践总结为一页报告。

8. 选择一家熟悉的公司，研究其采购、生产和运输环节的业务流程设计是否有效，是否高效。

9. 假如你是一个销售经理，为了更好地管理你的销售团队，你会希望 CRM 系统提供什么样的销售业绩指标？说说你将如何使用每一个指标，并且隔多长时间更新一次。

10. 选择一家正在使用 CRM 的公司（访问供应商网站以获取案例研究，或者阅读《CIO》杂志或《计算机世界》等业内杂志），公司中哪些人与此流程紧密相关，哪些人会从中受益？

11. 讨论使用大型数据库的可能带来的道德问题，这些大型数据库记录用户资料并加以分类，便于公司更有效地开拓产品市场。想一想，对消费者来说，“好产品”和“坏产品”有何区别。

12. 上网搜索一下最近关于 BPM 的文章以及改进企业的相关方法（比如 BPR）。这些方法的现状是怎样的？关于信息系统实施，尤其是企业系统，这些方法得到重视了吗？

13. 上网访问一个销售门户、一个采购门户和一个电子化交易平台。它们之间有何共同之处？它们各自又有什么独特的地方？

14. 上网搜索在 SCM 中使用 XML 的最新事例。从事例分析 XML 的标准化到什么程度了？

15. 除了本章提到的应用以外，RFID 标签还可以用于什么应用？为了使 RFID 更加普及，必须具备什么条件？

应用练习

电子表格应用：为校园旅行社选择一个 ERP 系统

校园旅行社最近有意整合其业务流程以精简采购、销售、人力资源管理和 CRM 等流程。由于你在实施电子商务基础架构上的成功，总经理邀请你就旅行社如何精简运营流程提一些建议。利用 ERPSystem.csv 文件中的数据，就购买哪一个 ERP 系统提出建议。数据文件中包含系统不同模块的评级，还有这些评级的权重值。你需要做如下事情：

(1) 判断出具有最高整体评级的产品（提示：使用 SUMPRODUCT 公式，将每个提供商的分数乘以相应的权重值，然后把结果加在一起）；

(2) 准备必要的图表来比较这些产品在不同方面和整体分数上的区别；

(3) 将图表按照专业格式打印出来。

数据库应用：为校园旅行社管理客户关系

并非所有的老主顾都能积累大量的里程。许多人虽然并不长年旅行，但却拥有老主顾账户。作为销售和市场经理，你想要找到方法来针对这些人进行促销，给予特别优惠。为达到这个目的，你需要提交以下报告：

(1) 显示所有老主顾并按旅行里程排序的报表；

(2) 显示所有老主顾并按航空旅行上的花费总额排序的报表。

在 InfrequentFilers.mdb 文件中，可以找到 2007 年老主顾计划所有成员的旅行数据。将报告

以专业的格式（包括页眉、页脚、日期等）打印出来。（提示：使用报告向导来创建报表；在创建相应的报表之前，使用查询来汇总每位旅客的花费和里程数据。）

团队协作练习

与同班同学组成一个小组，选择一个搜索引擎（比如 Google）来查询具有 ERP、CRM 和 SCM 相关信息的网站。你找到的网站都是什么类型的？选择一个关于 ERP、CRM 和 SCM 的软件包，将小组分为几个部分，分别研究公司网站以及在线杂志（比如 *InformationWeek* 或 *ComputerWorld*）网站里的相关文章。然后聚到一起讨论你们的发现。那些公司或者提供商描述的系统和杂志描述的系统有什么不同？产品看起来能够实现公司承诺的功能吗？就你们的调研结果准备一个简短的演讲。

自测题答案

1. B	3. A	5. C	7. C	9. D
2. B	4. C	6. B	8. A	10. B

案例 ❶

使用因特网来改进上下游信息流

因特网一直在不断发展以便更好地服务于所有因特网的使用者，同时也无疑会继续在网络公司的发展中占据一个非常重要的地位。实际上，好几年前，多数大企业就开始将因特网作为企业级信息系统战略的关键环节，而且现在基本上所有的大中型企业也都有了自己的网站。另外，据 2006 年一项计算机技术行业基金会（Computer Technology Industry Foundation）关于财富 500 强企业的调查显示，74% 的企业使用因特网来支持其 B2B 业务，而在 2005 年这一数值只有 31%。显然，对大企业来说，因特网的使用早已远远超过了电子宣传册的范围。

关于企业如何使用因特网来利用其在企业级信息系统的投资，一个典型例子是联邦快递。比如，当通过联邦快递递送一个包裹时，会得到一个单号，这样你就可以在包裹到达目的地之前跟踪它的位置信息。通过联邦快递的网站，可以输入这个单号，然后定位任何尚在联邦快递系统中的包裹。它的网站上还有被 IT 专家称为“神来之笔”的托运服务。在一次网页会话（这指的是用户登录到系统一直到用户注销离开系统这一过程）里，先填写准备托运人表单所需要的所有信息，然后得到一个单号，再打印此表单并设定取货时间。通过因特网，联邦快递让客户自己完成了一部分工作。联邦快递用因特网将内部的信息系统和客户联系起来，这不仅降低了成本，也提高了客户的可控性和满意度，最终刺激了其他许多公司跟风效仿其运营模式。

除了联邦快递对因特网的创新性利用，其他经过实践确认可行的方式包括：

- 公司用以分享想法和经验的内部新闻组；
- 多个公司用来协作开发新产品和服务的群件系统；
- 公司制定和共享的培训计划或其他教育服务；
- 只针对一个共同行业或交易内部共享的目录；
- 对参与合作项目的公司进行项目管理和控制。

大公司实际上已经挖掘了因特网的价值，但是小公司（尤其是那些没有专门的技术人员的小公司）想得到这些好处就没那么容易。为了应对这种情况，微软近来发布了 Office Live，一种为 Microsoft Office 套件用户开发的基于网络的应用，它使更多的企业能更容易地享受到强大的因特网带来的好处。2006 年 6 月，一段介绍这个产品的广告词这样说：“微软 Office Live 基本版能使您的公司免费拥有自己的域名、主机、网站和电子邮件账号。”Office Live 的服务包括：

- 公司域名（比如，www.northwindtraders.com）；
- 5 个网络邮箱账号（每个有 2GB 存储容量）；

- 便于使用的建站软件 Site Builder 让你轻松创建自己的网站（30MB 存储容量）；
- 帮助你监视网站的访问情况的网站流量报告。

有了 Office Live，小公司就能创建自己的网站，而无需雇用专人来维护，其效果远比电子宣传册好得多。使用 Microsoft Office 套件的公司不仅能用已有的 Office 应用创建、共享和管理文档，也能搭建复杂的系统，比如 CRM 或应付账款系统。这些系统通过安全的 B2B 企业外部网将公司员工、客户和提供商连接在一起。毫无疑问，微软正是因为看到了 Office Live 和 Office 套件在未来升级销售上的潜力，这才发布了这些用户友好同时功能强大的服务。

但是 Office Live 也有缺点：只有那些已经适应了 Microsoft Office 套件应用的公司才能享受 Office Live 的完整功能。那些没有使用 Office 套件的公司要适应 Office Live 就有点难度。此外，通过 Office Live 创建的网站只能放在微软服务器上，这被微软公司的批评家视为典型的垄断行为。

问题

(1) 从一些你常用的购物网站，归纳出一个企业最佳实践的清单。这些实践中哪些需要网站从数据库中提取信息才能提供服务？

(2) 就你熟悉的一个小企业，列举和描述它的部分可以用像 Office Live 那样的网站服务来改进的上下游信息流。

(3) 微软要求用户必须使用 Office 套件才能获得 Office Live 的全部功能，而且客户的网站必须部署在微软的服务器上。分别从微软和客户的角度，列举这些要求的好处和弊端。

资料来源

Anonymous, "Businesses Rely Heavily on Extranet Web Sites for E-Commerce," *BtoB Online*（April 25，2006）, http://www.btobonline.com/article.cms?articleId＝27787

Mark S. Merkow, "Extraordinary Extranets," *Webreference*, http://www.webreference.com/content/extranet/

Anonymous, "Microsoft Office Live," *Microsoft Corporation*, http://officelive.microsoft.com/OfficeLiveBasic.aspx#10

案例 ❷

电子化航空运输业的数字推动力：用企业信息系统来构建企业间合作

对许多航空公司而言，不断努力降低运营成本几乎就是他们生存下来的关键。在过去几年中，航空公司面临了严酷的经济环境，特别是持续上涨的油价以及为机场安全所投入的成本导致运营成本飙升。此外，由于安全威胁导致的调度中断和航班取消也让航空公司蒙受了数百万美元的损失，并且产生了无法预料的巨额运营支出。比如，在 2006 年 8 月 10 日的恐怖威胁之后，由于航班取消，英国航空公司（British Airways）不得不为滞留的旅客消费的 1 万间酒店客房买单，损失将近 9 500 万美元。

虽然油价上涨等因素暂时给航空旅行创造了额外的需求，并转化为航空公司额外的收益，但是情况远不容乐观。实际上，大多数行业分析家都赞同这样的观点，那就是航空运输业正面临着有史以来最严重的经济危机。由于处境艰难，许多航空公司取消了新飞机的订单。不用说，这对于波音和空客等飞机制造商来说也是一大打击。

一方面为了帮助航空运输业，另一方面也为给自己找到新的收入来源，波音和空客都开始提供企业级的信息系统，以帮助航空公司更好地管理公司运营。正如在之前的章节讨论的，波音的 e-Enabled Advantage 计划包含多个组件，比如 Jeppesen 电子飞行工具包（Jeppesen Electronic Flight Bag）、飞机健康管理（Aircraft Health Management）和 SBS 空勤人员调度解决方案（SBS Crew Scheduling Solutions）。这些系统目的在于帮助航空公司提高可靠性和效率，同时将信息集成起来以改进运营和决策。同样，波音的竞争对手空客公司也提供了第 3 级电子飞行工具包（Class 3 Electronic Flight Bag）、AIRMAN 飞机故障管理工具（AIRMAN Aircraft Fault Management Tool）和 ADOC 电子化飞机文件管理（ADOC Electronic Aircraft Documentation）等系统。虽然所有这些工具都是为节省航空公司的成本而设计的，但是只有通过集成解决方案的应用才能显著地降低成本。当然，航班运营只是航空公司业务的一个方面，其他还有很多方面可以节省成本。

比如说，为了在当今高度竞争的世界生存下去，航空公司必须分析其业务的方方面面，包括市场和老主顾优惠计划、航线盈利能力、餐饮和支持流程（比如人力资源、采购或财务）。总之，所有的业务流程必须精简，还要尽可能高效。此外，一个航空公

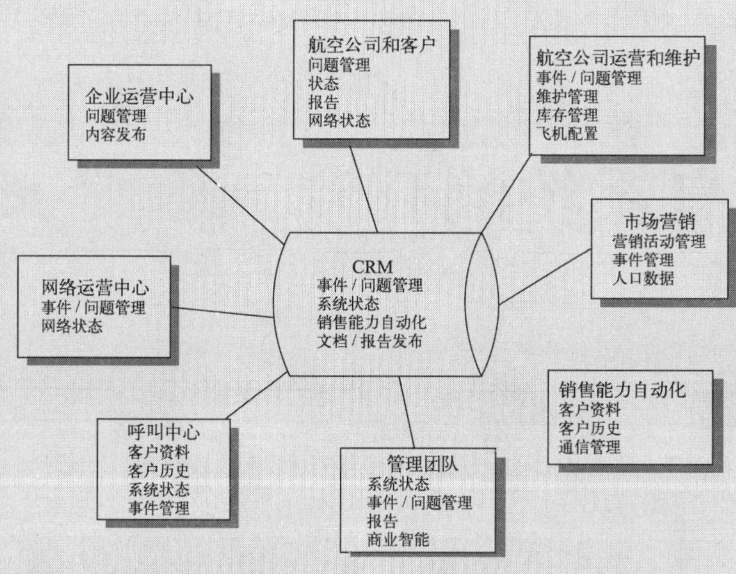

图 8-28　航空公司要整合不同的系统才能在这个动荡的时期生存下去

司与另一个航空公司的区别主要来自两个因素：价格和客户服务。因为许多航空公司（尤其是廉价航空公司）在价格方面各不相同，所以客户服务质量成为保证客户忠诚度的关键，尤其对于那些收费更高的项目（即商务舱和头等舱）更是如此。所以，任何有助于控制成本同时提高客户服务质量的系统都在这个行业大有市场。

因此，企业级软件巨人 SAP 已经开始直接面向航空和国防业提供 ERP 解决方案（SAP A&D）。这些系统使得航空公司可以整合各种遗留系统，从而精简业务流程和改进决策。比如，SAP 的人力资源模块可以为公司员工提供管理招聘、培训、工资单处理和福利的功能，帮助航空公司降低各项运营成本。利用 SAP NetWeaver Portal 技术，每个员工可以通过使用 Web 界面来访问定制的信息，这对那些工作带有移动性的员工（比如飞行员或空勤人员）来说尤为重要。

特别针对航空运输业，SAP 还提供了用于分析航线盈利状况的工具。鉴于如今大部分航空公司航线的盈利情况分化得厉害，这个工具能提供必要的信息以决定哪条航线应该添加、中断或修改（比如换成更小容量的飞机）。此外，由于许多廉价航空公司拼命往最赚钱的航线挤，在这些航线上的竞争势必更加激烈。这样，多种市场波动引起的动态性使得分析航线的盈利状况变成了一项持续不断的活动了。许多航空公司都无法负担维持不盈利的航线，所以了解每条航线的盈利状况会给航空公司在业务管理上带来更多的前瞻性。

除了这些组件之外，航空公司还可以使用 SAP A&D 的运营、分析和协作 CRM 组件（见图 8-28）来为旅客提供定制服务，提高客户服务质量和忠诚度。通过搜集每个服务柜台得到的客户信息，航空公司能开展有针对性的市场营销活动，从而改进老主顾优惠计划，并赢得更高的市场投资回报。SAP 的 CRM 组件包含以下功能：管理支持中心的运营，处理投诉，以及分析客户满意度和忠诚度。

显然，当前对于航空公司来说是一段艰难的时期。谁最能有效管理其供应链的各个方面，谁就有最大的生存希望。如同其他高度竞争的行业一样，航空运输业也在开始应用企业级的信息系统。这些系统由现有的软件公司和飞机制造商共同开发。随着航空运输业越来越多地选择和部署这些系统，必将涌现出一些最佳实践，最终使这个行业变得更强大、更健康。

问题

(1) 随着航空公司对系统集成的需求的日益增长，来自飞机制造商和软件提供商（比如 SAP）的不同解决方案是怎样被集成起来的？

(2) 在这个案例中提到的组件中，你认为哪些对于航空公司的生存来说最重要？为什么？

(3) 通过网络研究老主顾优惠计划的历史，你觉得这样的优惠计划会朝什么方向发展？CRM 系统如何应用到老主顾优惠计划中去？

资料来源

K. Tchorek and M. Fletcher, "British Air, Ryanair Cancel Flights on Security Delay", (August 22, 2006), http:// www.bloomberg.com/apps/news?pid=20601102&sid=aG_UAkveYoc4&refer=uk

SAP, "Powerful Solutions for Enterprise-Wide Airline Management", (August 22, 2006), http://www.sap.com/industries/aero-defense/pdf/BWP_Powerful_Sol_Ent_Airline_Mgt.pdf

第9章

信息系统的开发

综述> 正如你在全书中所看到的和在你生活中所经历的一样，信息系统有各种不同的类型，包括决策支持系统、高层管理信息系统、群体支持系统以及电子商务系统等。人们也已经发现，在开发这些各式各样的系统时，哪些方法更适用于何种系统。学习开发或者获取某一系统的所有可能的方法，更重要的是，如何确定哪些是最佳的方法需要多年的学习和实践经验。为此，本章设定若干目标。通读本章后，读者应该可以：

1. 了解各企业在管理信息系统的开发方面所使用的处理方法；
2. 描述系统开发周期的各个主要阶段：系统的识别、选择和规划，系统分析，系统设计，系统实施以及系统维护；
3. 描述原型法、快速应用程序开发、系统开发的面向对象分析设计方法，以及每一种方法各自的优势和劣势；
4. 清楚自主开发系统中所涉及的各个因素，以及哪些情况下无法进行自主的系统开发；
5. 阐述系统开发的另外3种途径：外部获取、外包以及终端用户开发。

如果你是一个商科学生，可能会诧异，我们为什么要专门列出一章来介绍如何构建及获取信息系统。答案很简单：不管你处于企业的哪个部门，无论是市场营销部、财务部、会计部、人力资源部还是业务部等，你都与系统的开发进程脱不了干系。事实上，研究表明，大多数企业在信息系统上的花费都受到各个特定部门的控制。这就表明，即使你的职业兴趣不在于信息系统方面，你还是很可能会被卷入到信息系统的开发进程中来。了解各种可行的选择有助于你在将来取得成功。

数字世界中的管理 在线游戏

你玩过“吃豆人”(Pacman) 吗？如果你没玩过这个发明于20世纪80年代简单而经典的游戏，你要不是个丛林野人就是像小说《瑞普·凡·温克》里的那个主人公一样一觉睡了20年。如果你对这个游戏还不熟悉，那下面就来给你介绍一下。使用键盘上的方向键操纵那只张着大嘴的黄色圆形的小东西在迷宫里来回走动。吃豆人的目标就是吃掉尽可能多的白点，与此同时，还要躲避恶灵Blinky、Pinky、Inkey和Clyde，一旦他们抓到吃豆人，就会吃掉他。在早期电脑游戏中，游戏画面还比较简陋而粗糙，策略也很简单，反应最快的玩家才能获得最高的分数（如图9-1所示）。

在“吃豆人”之后，计算机游戏已经有了很大的发展。如今，图形更加变幻复杂，玩家需要运用逻辑、策略及各种解谜技巧，而选择也更为丰富，有各种以光盘为载体的或者在线的游戏供玩家选择，包括以下几种。

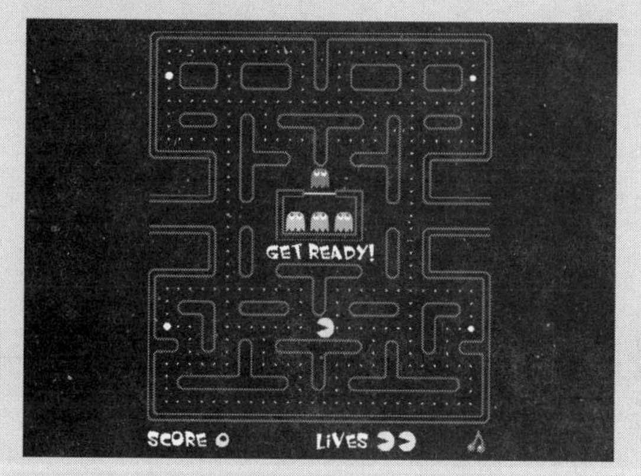

图 9-1 经典游戏《吃豆人》
（你可以在网页 http://www.80smusiclyrics.com/games/#null 上玩这款游戏，以及其他更多 20 世纪 80 年代的经典游戏）

- 动作类。这种游戏通常由一个射击手在各种场景中穿梭，例如《毁灭战士》（*Doom*）、《雷神之锤》（*Quake*）、《星际迷航》（*Star Trek Voyager*）、《北欧神符》（*Rune*）以及《部落》（*Tribes*）等。
- 冒险类。一种基于故事发展的视频游戏，它需要进行解谜并与其他人物进行互动交流，而不仅仅是做出反应。这类游戏有《魔域》（*Zork*）、《国王密使》（*King's Quest*）、《猴岛小英雄》（*The Secret of Monkey Island*）以及《神秘岛》（*Myst*）等。
- 角色扮演类。这类游戏让玩家扮演一个虚拟角色，并在游戏中通过不断完善角色技能来提升其等级。像《地狱之火》（*Hellfire*）、《暗黑破坏神》（*Diablo*）、《大地传说》（*Lands of Lore*）、《异域镇魂曲》（*Torment*）、《吸血鬼》（*The Vampire*）以及《避世之血族》（*Masquerade*）等都是角色扮演类游戏。
- 模拟类。让玩家可以控制直升机、汽车、飞机及其他机器并努力创造一个真实的环境来操纵这些机器。可以让玩家学到各种程序和操控技巧。例如有《微软模拟飞行》（*Microsoft Flight Simulator*）、《微软模拟战斗机》（*Microsoft Combat*）以及《玩具梦幻四驱车总动员》（*Re-Volt*）等。
- 战略类。让玩家创建一个角色和一套战略以赢得游戏。这类游戏有《活祭》（*Sacrifice*）、《帝国时代II》（*Age of Empires II*）、《黑与白》（*Black & White*）以及《家园》（*Homeworld*）等。
- 电玩类。这些通常是安装于如餐馆、酒吧及购物中心等商业场所内的投币游戏。大多数电玩类游戏包括有奖游戏（即给技术精湛的玩家予以奖励，通常为体验更多游戏的票券等）、弹球机及视频游戏等。
- 横版卷轴闯关类。需要玩家上下左右地移动某个物件或者角色，同时收集各色物件。这类游戏包括《吃豆人》、《超级玛丽兄弟》（*Super Mario Brothers*）以及《恶魔城》（*Castlevania*）等。
- 解谜类。这类游戏强调的是解谜，并需要运用逻辑、策略及模式识别等，有的时候还需要一点运气。像《俄罗斯方块》（*Tetris*）、*Lumenis*、《炸弹人》（*Bomberman*）、《不可思议的机器》（*The Incredible Machine*）等都属于解谜游戏。

这里所罗列的游戏类别还可以进一步划分为单人游戏或多人游戏（其中一些游戏兼有这两种模式）。单人游戏即一次只能有一个玩家，但有很多不同层次的难易程度等待玩家去挑战。在单人游戏中，玩家通常要面对计算机，即虚拟玩家的挑战。有时还可以多人轮流进行单人游戏来看看谁能取得最高分数。玩游戏时，那个玩家就像热锅上的蚂蚁一样处境尴尬。

多人游戏可以不止一人参与，而难易程度只有当所有成员都顺利晋级时才发生变化。与单人游戏不同，多人游戏允许两个乃至更多玩家同时进行，彼此之间互相竞争，或者组成团队来完成某个共同的目标。

多人游戏中一个特殊类别叫做“大型多人游戏”，它使得众多玩家可以同时即时交流互动，以创建一个复杂的场景。大型多人游戏有两大分类：MMORPG（大型多人在线角色扮演游戏）以及 MMORTS（大型多人在线即时战略游戏)。

为了使多个玩家可以在同一个虚拟环境中进行游戏，各个计算机之间须同通过LAN（局域网）或者因特网互相连接起来。当计算机通过局域网连接起来时，这个游戏区域叫做“LAN party”。由于局域网与因特网相比能够提供更快的连接速度，因此玩家可以更好地控制游戏环境，而且游戏进程可以准确地发展。慢速的因特网连接会导致延迟，从而使得玩家兴趣大减，并且会产生滞后，影响玩家水平的发挥。例如，你在某个动作类游戏中射击敌人，太慢的连接速度而产生的延迟，原本你以为射中了敌人，其实敌人躲过了你的子弹。大多数资深玩家在游戏开始之前都会测试一下网络速度以确保动作能够实时进行。

游戏业是一个利润颇丰但竞争激烈的产业。任天堂（Nintendo）、索尼、电艺（Electronic Arts）及微软等都是知名的计算机游戏厂商。游戏产业包括游戏开发商和游戏发行商。开发商通常包括编程人员、美术师、音频工程师以及编辑人员等。同书本一样，游戏通常还需要发行商来支持游戏的出版发行。要完成一个游戏的开发通常需要1年到3年的时间不等。如今的游戏包含大量的编程、故事主线和情节、行动关联、音效及其他效果、多种难易程度及多人游戏能力。单人编写完成的游戏仍然存在，但热门游戏中的大多数都是由大公司完成的，并且需要相当长的开发时间。游戏开发的巨额成本使那些大型开发商将目光转向印度等国际市场，来获取更多的开发人才。

由于游戏内容变得越来越极端，也吸引了越来越多的人参与其中。过分地接触游戏所带来的后果已经成为人们关注的焦点之一。无数的游戏内容暴力，或者色情成分露骨不堪。许多国家已经开始使用游戏评级系统，并根据这套系统来完全禁止某些游戏类别。在线游戏环境很可能使得具有相同想法的玩家在游戏的同时互相见面。很多游戏现在都具备为玩家提供各种不同交流途径的功能，这样他们就可以协作起来以抵抗攻击或谋划策略。这种功能使得某些游戏达到了狂热的状态，其玩家形成庞大的忠诚的崇拜者集团。

大多数在线游戏玩家有其自己的经济交易体系。玩家可以买入卖出其创建的或获取的物品。在各式国际市场中和交易政策下，玩家之间得以进行物品交易。这一过程使得游戏环境的内涵更进了一步。然而，在游戏世界里作弊同样存在。作弊的途径不胜枚举，如改变某些系统特征、了解游戏开发者所没有意识到的编程漏洞以及从其他有经验的玩家手里买到作弊代码等。而作弊的受害者通常是那些贪婪的游戏新手。

阅读完本章之后，你可以回答以下问题。

(1) 若要你设计一款新的计算机游戏，你会使用何种办法？

(2) 与设计一款新游戏相比，设计一个新的薪资系统所采用的开发方法有何不同？

(3) 与薪资系统等传统的软件设计相比，设计一款在线游戏所需要进行的系统测试会起到什么作用？论证你给出的答案。

资料来源

http://www.newsfactor.com/story.xhtml?story_id=40592

http://www.newsfactor.com/story.xhtml?story_id=39369

http://www.outsource2india.com/why_india/articles/game-development.asp

http://blog.mercurynews.com/aei/2005/07/profile_indias_.html

http://www.macrovision.com/pdfs/Best%20Practices_Games_June2004.pdf

http://en.wikipedia.org/wiki/Online_gaming

9.1 结构化系统开发的必要性

信息系统的设计、建造及维护过程，称之系统分析与设计。同样道理，执行这个任务的人我们称之为系统分析师（本章的“系统分析师”和“程序员”是同一个意思）。由于几乎所有的企业都要有效地利用信息和计算机技术，而系统分析师具有独特的管理及技术经验，因此各个企业都想要雇用系统分析师，对技术精湛的系统分析师的需求十分大。系统分析师并不是传统意义上的技师。实际上，对系统分析师一直有需求就是因为他们拥有这些独特的能力。但是在这之前，情况则并非如此。

9.1.1 信息系统开发的演化

在计算机发展的早期，系统开发及编程这门技术只有少数权威人士才能掌握。然而，每个人对构造系统相关技术的掌握水平各不相同，彼此之间可谓有天壤之别。这种差距使得整合大型企业的信息系统变得十分困难。此外，在其原先的程序员离开企业之后，许多系统的维护工作让人无所适从。结果，给企业留下的是难以维护且维修费用相当昂贵的系统。因此，许多企业不仅没有充分利用他们在这些技术上的投资，反而无法实现他们从这些系统中应得的收益。

为了解决这个问题，信息系统专家认为，系统开发应当发展成一门具有工程性质的学科（Nunamaker，1992）。应当开发出一系列常用的方法、技术及工具，为构造信息系统创建一套规范的方法。这种从“技术”到“方法”的演变引出了**软件工程**这个术语。它明确了系统分析师，即程序员，所应当做的事情。

将信息系统开发变成一门正式的学科具有许多好处。首先，如果常用技术得以普及，那么对程序员及分析师进行培训则会容易许多。实际上可以说，如果所有的系统分析师都接受过类似的培训，那么他们彼此之间就可以互相替代，而且在他人开发的系统中进行工作时可以更加得心应手。其次，应用常用技术构建的系统维护起来也更加方便。业内的研究人士和学术研究人员都在不断寻求构建信息系统的更新、更好的方法。

9.1.2 获取信息系统的选择

企业可以通过多种途径获取新的信息系统，其中的一个选择当然就是由企业内的成员自己来构建信息系统。企业还可以从软件开发公司或者咨询公司购买预包装的系统。就许多企业所广泛采用的一些信息系统来说，若采用购买方式，其花费要比自己构建所用的花费少得多。只要系统的功能符合企业需求，那么购买预包装系统不失为一个良策。例如，工资管理系统就是预包装系统的一个示例，它通常通过购买获得，而并非由企业自己开发完成，因为税法、工资计算、支票印制及会计事务通常都是高度标准化的。图 9-2 总结出获得信息系统的几个来源。

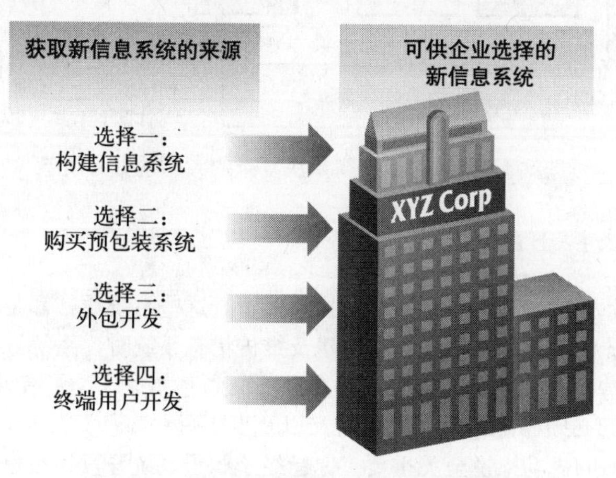

图 9-2 信息系统的获取途径多种多样

还有一种方法是选择外部的企业或咨询公司根据企业的特殊需求来进行系统定制。这种做法通称为“外包开发”。当企业没有足够的系统开发资源或经验时，这是一个很好的选择。

最后一种做法是让个人用户或各个部门构建其定制系统，以满足其各自的需求。这种做法称为“终端用户开发”。大多数企业允许终端用户构建有限的几种系统。但是，例如跨越企业内部各层次的或对联合数据库执行复杂变更的系统就不适宜采用终端用户开发的做法。与此相反，采用终端用户开发方法的一种常见应用就是使用电子表单应用程序，如通过 Microsoft Excel 等软件构建的数据分析系统。若不考虑新型信息系统的来源，企业的管理者和用户的基本职能便是确保新型信息系统能够满足企业的业务需求。这就意味着管理者和用户必须了解系统的开发过程以确保系统能够满足需求。

9.1.3　灵活的信息系统开发

进行信息系统开发所需的工具和技术在信息系统的软硬件方面都在不断地发生变革。正如你将看到的一样，信息系统的开发是一个步步推进、高度结构化的过程。系统分析师善于将复杂的大问题分解为许多简单的小问题。然后他们就可以通过分别编写一小段相关的计算机程序，轻松地解决每个小问题。系统分析师的目标是将各个小程序组成一个复杂的体系，并最终构建其系统。图 9-3 所总结的是将问题分解的全过程。要充分理解这一过程，我们可以想象一下拿乐高积木来搭建一个玩具房子。每一块积木都很小，孤立的每一块都毫无意义。当组装在一起时，这些积木就可以变成一个复杂的大型设计。采用这种方式构建系统，我们就能更加容易地设计、编写，最重要的是维护系统。

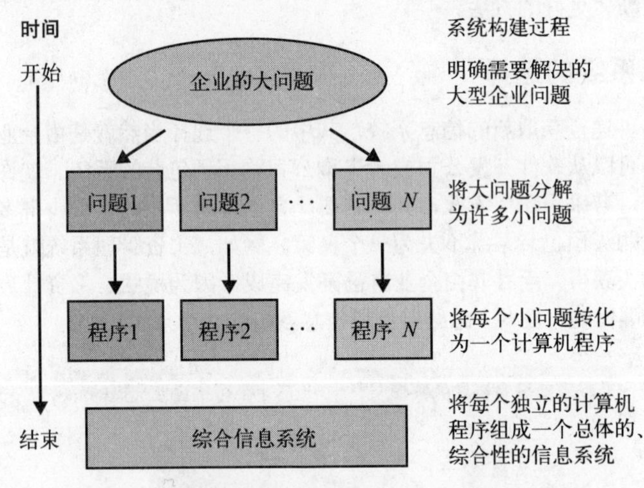

图 9-3　问题分解使得解决复杂的大问题更为简单

9.1.4　系统开发进程中用户的角色

大多数企业在业务处理和管理信息系统上投入巨资。这些系统通常都是由企业内的系统分析师使用多种方法进行设计、构建和维护的。在构建及维护信息系统时，系统分析师依赖于系统用户所提供的信息，因为这些用户与系统开发进程的各个阶段息息相关。为了有效地参与到这一过程中，系统开发的所有成员都必须了解系统开发的含义以及发生哪些事件。分析师与用户之间建立密切、互敬的工作关系对项目的成功来说至关重要。你已经了解了系统开发的历史和必要性，现在，让我们来看看在系统开发中所应用的一些相关技术。

制服计算机传染

前车之鉴 :-(:-| :-0

总部位于以色列的一家致力于因特网安全的新兴公司“蓝色安全”，认为他们已经找到了终结垃圾邮件的办法。该公司推出的一项名叫“蓝色青蛙”的服务，用户约有五十万之多。这些用户每收到一条垃圾信息，就会相应地给广告商返回一条信息。结果，十大垃圾邮件制造商中有六家收到铺天盖地的“选择退出”的信息，并被迫将使用“蓝色青蛙”服务的用户从他们的邮寄清单中勾除。然而，还是有一家垃圾邮件公司选择了进行反击。

据“蓝色安全”称，这家叫做PharmaMaster的公司报复性地向其使用“蓝色青蛙”业务的客户发送了成千上万的垃圾邮件，导致几个因特网服务提供商的服务器宕机。在PharmaMaster公司的持续不断的扩张攻击的威胁之下，2006年5月2日，“蓝色安全”公司不得不选择屈服。“蓝色安全”公司的首席执行官兼创始人Eran Reshef表示：“在我们的持续运作之下，我们已不能为这场不断升级的虚拟空间的战争承担责任。”这句话被一个名为Robert Lemos的人写的一篇文章所引用。该文章于2006年5月17日在SecurityFocus.com网站上发表。

如PharmaMaster公司一样，所有恶意软件（破坏性计算机程序，如病毒、木马及蠕虫病毒等，以及侵入性的自弹式广告及垃圾邮件等）的作者向来都无视那些努力清理因特网中破坏性的、令人恼羞成怒的软件的行动。下面这个表格里的数据就很好地说明了这个问题。这是一份在2006年某月采集的统计数据。

2006年4月向因特网安全公司——Sophos公司——报告的十大病毒如表9-1所示。

表9-1 十大病毒（2006年4月）

等　级	病毒名称	报告比重(%)
1	W32/NETSKY-P	18.5
2	W32/ZAFI-B	16.9
3	W32/NYXEM-D	8.5
4（并列）	W32/MYDOOM-AJ	3.9
4（并列）	W32/NETSKY-D	3.9
5	W32/MYTOB-FO	3.6
6	W32/MYTOB-C	2.8
7	W32/MYTOB-Z	2.6
8	W32/DOLEBOT-A	2./2
9	W32/MYTOB-AS	1.3
	其他	35.8

资料来源：（Sophos Plc，2006）。

不幸的是，与恶意软件之间的斗争可能会随着因特网的发展而猛烈地进行下去。然而，从好的方面看，这场战争也造就了许多专注于保护因特网用户的公司。只要那些恶意软件继续存在，这些公司就是我们的救星。

资料来源

http://www.securityfocus.com/news/11392

http://www.clickz.com/stats/sectors/email/article.php/3609201

9.2 系统开发进程的步骤

就像企业生产和销售的产品一样，企业内的信息系统也具有生命周期。例如，一种新型的网球鞋的生命周期就是：被引入市场－被市场接受－趋于成熟－欢迎度下降－最终退出市场。**系统开发生命周期**（system development life cycle，SDLC）这个术语描述的是信息系统从构想到退出使用的整个周期（Hoffer，George，and Valacich，2008）。系统开发生命周期具有5个基本阶段：

(1) 系统识别、选择与规划；

(2) 系统分析；

(3) 系统设计；

(4) 系统实施；

(5) 系统维护。

图 9-4 以图形化的方式表述了系统开发生命周期这一概念。系统开发生命周期就是由箭头所连接起来的 4 个方框。在系统开发生命周期中，箭头在顶部方块（系统识别、选择与规划）和底部方块（系统实施）之间双向互指。向下的箭头表示的是，某一阶段所产生的信息流被用于下一阶段。向上的箭头表示的是在必要的情况下可能需返回上一阶段。系统维护将第一阶段与最后一个阶段相互联系起来，这样就构成了整个生命周期。

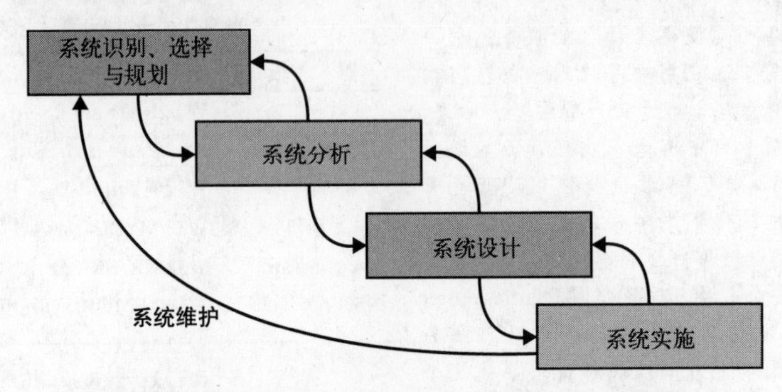

图 9-4　系统开发生命周期定义了构建系统的一般过程

9.2.1　第 1 阶段：系统识别、选择与规划

系统开发生命周期的第 1 阶段就是**系统识别、选择与规划**，如图 9-5 所示。由于资源有限，在给定的时间内，企业只能对有限数量的项目展开系统的识别、选择与规划工作。理解了这一点后，企业就应当承接那些对企业的任务、目标起关键性作用的项目。因此，系统的识别与选择的目标就很明确，即从所有可能进行的项目当中，识别并挑选出一项开发项目。各个企业识别及选择项目的方式各有不同。一些企业有其正式的**信息系统规划**的流程。根据这套流程，企业的高级经理、业务团队、信息系统管理者或筹划指导委员根据规定步骤，识别并评价该企业可能承接的各种系统开发项目。其他企业在识别各种潜在项目上则采用更为灵活的流程。尽管如此，当识别出所有可能的项目之后，在给定的可用的资源条件之下，企业才会选择那些被认为最有可能为企业带来显著效益的项目，并将其用于后续的开发活动中。

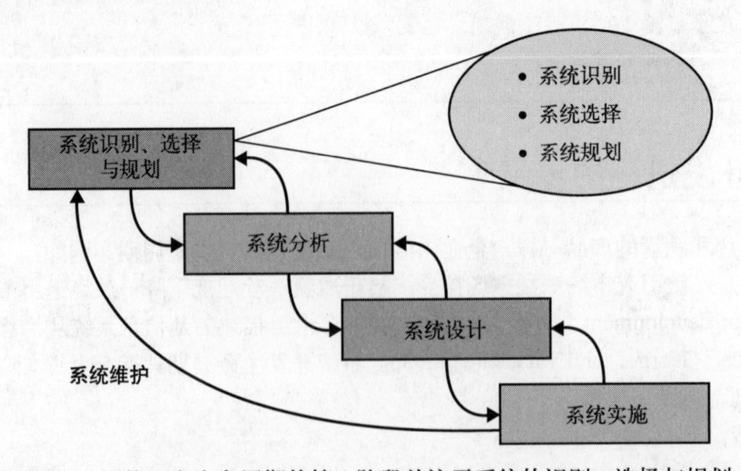

图 9-5　系统开发生命周期的第 1 阶段关注于系统的识别、选择与规划

应该注意到的是，识别与选择项目选用不同的方法会给企业带来不同的结果（如表9-2所示）。例如，高级管理层所支持的项目通常更关注于企业的战略层面；而由筹划指导委员会支持的项目则会更多地反映委员会成员的多样性，因此将更侧重于跨功能性；由各部门或职能单元所支持的项目则关注范围更小，且具有战术性。最后，由开发团队所支持的项目，则通常更侧重于现有的硬件、系统与目标项目相整合的难易性。还有其他因素，例如项目成本、开发周期、复杂性及风险性等，也同样受特定项目来源的影响。项目来源已经成为决定项目侧重点及成功与否的关键因素。

表9-2 系统开发项目的来源及其可能的侧重点

项目来源	主要侧重点
高级管理层	广泛的战略性关注
筹划指导委员会	跨功能性的关注
各部门及业务单元	狭隘的、战术性关注
系统开发团队	关注与现有信息系统整合

资料来源：摘自（McKeen，Guimaraes，and Wetherbe，1994）。

由于企业内系统项目的来源可能多种多样，因此企业内对可能的项目进行分类分级也有许多评价标准。在项目开发期间，分析师与客户（即这些系统的潜在用户及其管理者）共同协作，搜集各种信息，以明确项目规模、潜在的收益与成本及其他相关因素。在搜集并分析了这些信息之后，分析师将其汇总为一份概括性的规划文件，这样就可以与其他可能的项目进行复查及比对。表9-3所示的是企业常采用的一些标准的示例。当对可能的开发项目进行复查时，企业也许会关注于其中的一个标准，但是多数时候仍然同时兼顾各个标准，以确定接受或放弃某个项目。系统分析在企业接受项目时就开始了。

表9-3 项目分类分级的集中评价标准

评价标准	具体内容
战略布线	该项目在帮助企业实现其战略目标和长期计划方面能有多大作用
潜在获益	该项目在帮助改善获利、客户服务等以及这些获益的持续时长方面有多大作用
潜在成本与可利用资源	该项目所需要的资源的数量与种类，以及这些资源的可获取性
项目规模（持续时长）	要完成该项目所需的人员数量及所需时间长短
技术难度（风险）	在有限的时间和资源供给条件下成功完成该项目的技术难度

资料来源：（Hoffer，George，and Valacich，2008）。

宽带用户的个性

网络统计

使用高速的宽带连接与因特网相连早已是寻常百姓司空见惯的事情了。尽管所有的宽带用户都可以快速地下载音乐或者浏览Web网页，但是研究机构Netpop Research公司发现，这些用户之间还是有着迥然不同的个性，如下所示。

(1) 内容至上者。这些用户通常更为年轻，且更为关注娱乐方面的内容，如电影、音乐以及游戏等。

(2) 社交用户。这些用户中既有年轻人也有老年人。他们用Web来进行交流通信。年轻的用户活跃在如MySpace.com这样的社交网站上，并喜欢使用Yahoo!或MSN Messenger聊天。而年长的用户主要选择电子邮件作为他们社交活动的手段。

(3) 网络圈内人。这些人既是在线用户创建内容的生产者，也是其消费者。这些内容在博客、社区讨论版及聊天室里随处可见。

(4) 快速追踪者。这些用户贪婪地搜寻政治、体育、天气甚至他们感兴趣的任何一个话题的信息与新闻。

(5) 日常专家。这些用户专注于利用网络工具来提高个人生产力，所使用的工具有网络银行及在线购物等。

显然，宽带用户多种多样。所幸的是，Web包容能力十分巨大，每个人都有足够的空间。你又是哪种呢？

资料来源

http://www.clickz.com/showPage.html?page=3623965

9.2.2 第2阶段：系统分析

系统开发生命周期的第2阶段叫做系统分析，如图9-6所示。系统分析阶段的一个目的就是让设计者完全明白，在拟建的新信息系统所应用的领域内，企业当前是如何运作的。要进行这项分析就需要进行多项任务，或者称之为“次阶段”。第一个次阶段关注的是如何判定系统需求。要判定系统需求，分析师必须与用户密切协作，以判定这套系统所需要具备的功能。当搜集好这些需求之后，分析师使用数据、流程及逻辑建模工具来对这些信息加以组织。这部分我们将在本章稍后的内容中介绍（见图9-10）。

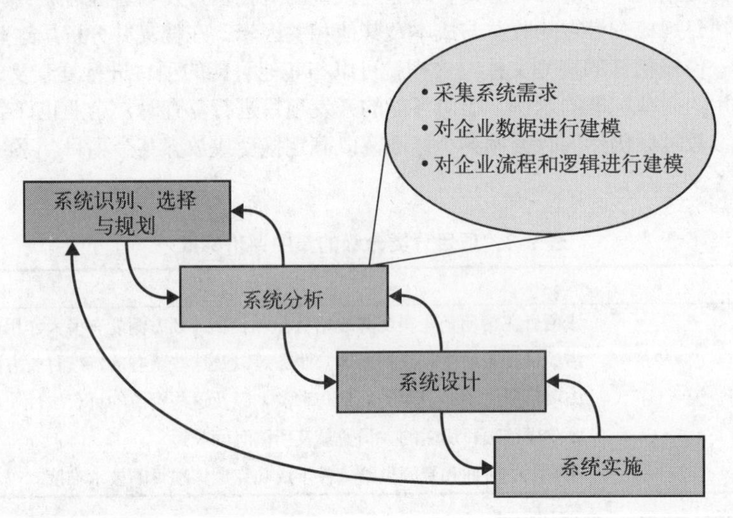

图9-6 系统开发生命周期的第2阶段关注的是需求采集以及数据、流程与逻辑建模

1. 搜集系统需求

毫无争议，系统需求的采集与整理是系统开发过程中最为重要的一环，因为信息系统需求定义的好坏程度直接影响到后续的所有环节。俗话说“输入的是垃圾，输出的还是垃圾”。这句话就很好地说明了构建系统这一过程。**需求采集**就是采集并组织来自用户、管理者、业务流程以及文件等的信息，以明确准信息系统所应当具有的功能。系统分析师使用各种方法来采集系统需求，其中包括以下几种（Hoffer et al.，2008）。

- **采访**：分析师对那些了解当前或者拟议系统的运作和问题的人进行采访。
- **调查问卷**：分析师设计并展开调查，对人们就当前或拟建系统的运作及问题采集意见。
- **观察**：分析师在选定的时间观察员工，以了解数据的处理过程以及人们完成工作需要哪些信息。
- **文件分析**：分析师研究业务文件，发现问题、政策、规则及企业内数据和信息的使用实例。

除了这些方法，当前在搜集系统需求方面还有其他几种方法，具体内容如下。

- **关键成功因素法**：所谓关键成功因素（critical ssuccess factor，CSF）是指确保管理者、部门、分部乃至整个企业取得成功的因素。要明确企业的关键成功因素是什么，系统分析师就应当采访企业的所有人员，让每个人来定义他们所理解的关键成功因素是什么。分析师采集到了这些个人的关键成功因素之后，就可以对它们加以整合并完善，以明确整个企业范围内的一整套关键成功因素，如图 9-7 所示。表 9-4 总结了关键成功因素法的优缺点。

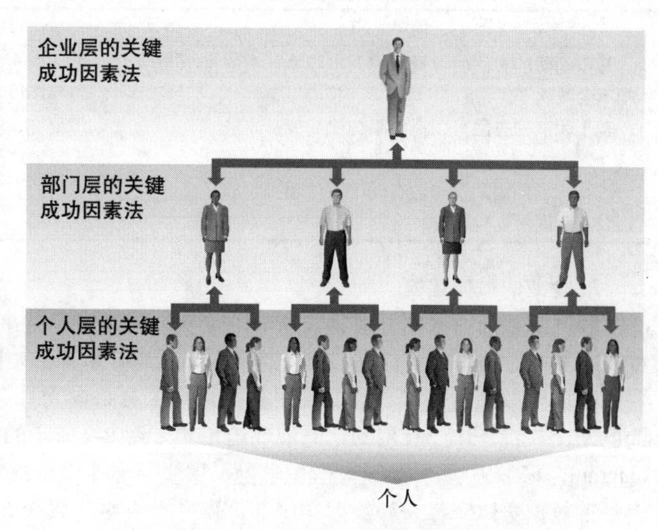

图 9-7 将个人关键成功因素整合以代表企业范围的关键成功因素

表 9-4 关键成功因素法的优缺点

优 点	缺 点
高级管理者自然而然地就理解这种方法并且支持其使用	在复杂情况下高层的关注点可能过于简单化
为明确企业的信息需求并做出有效决策提供了方法	要求分析师训练有素，既了解信息系统又能与高层领导者有效地交流沟通，存在一定困难
	方法并非以用户为中心，而将重点放在了分析师身上

资料来源：（Boynton and Zmud，1994）。

- **合作应用程序设计**：**合作应用程序设计**（joint application development，JAD）是一种特殊的群体会议，能使所有（或者绝大多数）的用户与分析师会面。在会议中，用户一起定义系统需求与设计，并对其表决。这一过程能极大地缩短采集需求或者细化设计所需要的时间。合作应用程序设计会议可以在普通会议室中进行，也可以在专用的合作应用程序设计会议室中进行（如图 9-8 所示）。表 9-5 所总结的是合作应用程序设计法的优劣。

图 9-8 合作应用程序设计室

（资料来源：摘自 J. Wood and D. Silver，*Joint Application Design*（New York: John Wiley & Sons, 1989）

表 9-5 合作应用程序设计法的优缺点

优　点	缺　点
基于团队的方法使得更多的人参与到开发进程中来，却不会减缓开发进程	要让所有的相关用户在同一时间、同一地点举行合作应用程序设计会议非常困难
基于团队的方法可以提高系统接受度及质量	需要高层管理者支持，以确保有充足的可用资源供相关人员的广泛参与
设计开发的团队参与性有助于方便项目实施、用户培训以及不间断支持服务	

2. 企业的数据建模

数据是指描述人物、事物或事件的事实。可通过多种事实来描述一个人：姓名、年龄、性别、种族以及职业等等。要构建一个信息系统，系统分析师必须明确，信息系统要完成预定目标需要哪些数据。要做到这一点，他们使用数据建模工具来向用户采集和描述数据，以确保所有的数据均为已知，并将其作为有用的信息展现给用户。图 9-9 所示的是一张实体-关系图（entity-relationship diagram，ERD），一种描述大学里学生、课堂、专业以及教室的数据模型。图中的每一个方框都代表一种数据实体。每一种数据实体都可用一个或多个属性来描述。例如，“学生”实体所具有的属性有如身份证号、姓名以及地址。此外，每一种数据实体都与其他数据实体相关联。比如，因为学生上课，所以学生和课堂之间存在着关联：“学生上课”及“课堂有学生”。图中，这样的关系通过数据实体之间相连的直线表示。数据建模工具使得系统分析师能将数据以用户易于理解和批判的形式展现出来。关于数据库和数据建模的更多信息，参看技术概览 3。

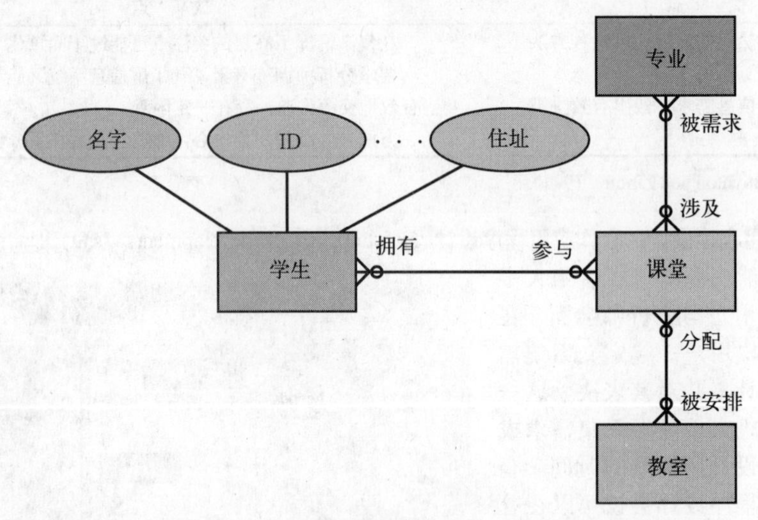

图 9-9 一个描述学生的实体-关系图示例

3. 企业的流程和逻辑建模

顾名思义，“数据流”是指数据在企业上下或者企业系统内的移动。例如，你登记的某一门课被记录在纸质或者电脑终端的登记表上。填写完之后，这张表将通过几道流程以生效并记录在案，如图 9-10 中的“数据流”所示。当所有的学生都登记完之后，将对这个记载所有登记信息的资料包进行处理，并生成课程的花名册或学生的支付信息，如图 9-10 中的“数据”所示。**处理逻辑**表示数据转换的方法。比如，在学期末处理逻辑被用来计算学生的平均绩点，如图 9-10 中的“处理逻辑”所示。

需求

数据

姓名	班级	平均绩点
Patty Nicholls	高级班	3.7
Brett Williams	毕业班	2.9
Mary Shide	初级班	3.2

数据流

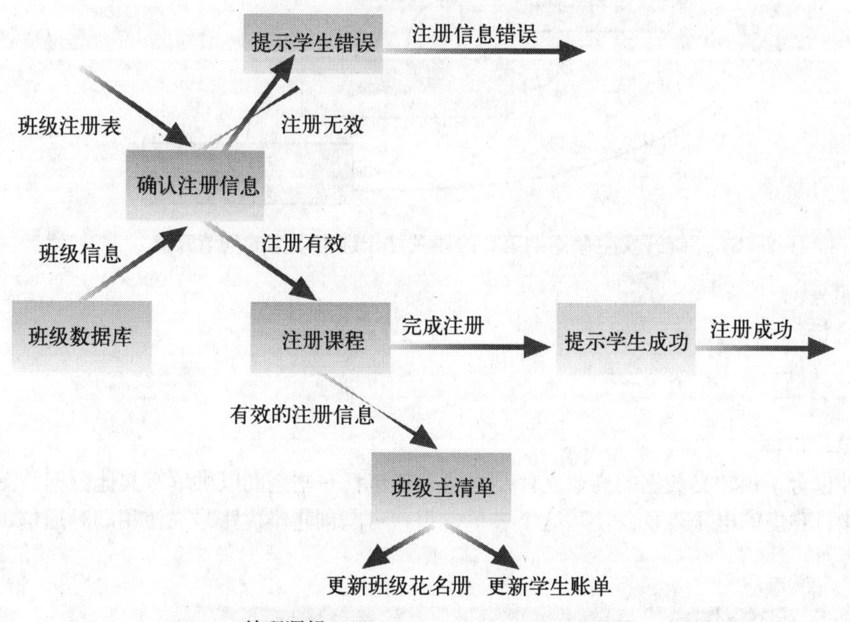

处理逻辑：

```
i = read (number_of_classes)
total_hours = 0
total_grade = 0
total_gpa = 0
for j = 1 to i do
        begin
               read (course [ j ], hours [ j ], grade [ j ])
               total_hours = total_hours + hours [ j ]
               total_grade = total_grade + (hours [ j ] * grade [ j ])
        end
current_gpa = total_grade / total hours
```

图 9-10　开发系统的 4 个关键要素：需求、数据、数据流以及处理逻辑

在确认了拟议系统的数据、数据流和处理逻辑需求之后，分析师为这个信息系统开发出一套或者许多种方法，有时也称为设计方案。例如，某一种方案只具有基本功能，但是构建起来却较为简易且廉价。分析师也可能会开发出更为精细复杂的系统方案，但是构建起来也可能就更麻烦且昂贵。分析师根据不同的方案产生的收益和花费，在不同的备选方案中做出评估。选中了其中的某一套方案之后，就可以确定这套系统方案的细节了。

9.2.3　第 3 阶段：系统设计

系统开发生命周期的第 3 阶段就是系统设计，如图 9-11 所示。顾名思义，在这一阶段对拟建系统进行设计，也就是说，制定所选方案的细节。同系统分析阶段一样，系统设计阶段也涉及许多项内容。构建信息系统所需要设计的元素包括：

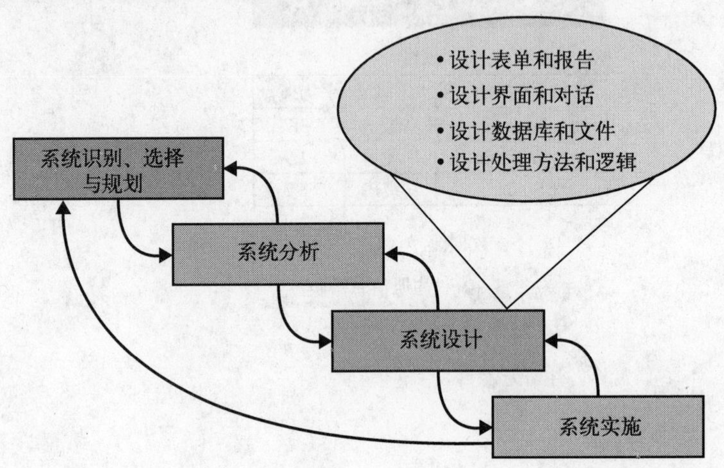

图 9-11　系统开发生命周期第 3 阶段关注于选定方案的细节开发

- ❑ 表单与报告；
- ❑ 界面与会话；
- ❑ 数据库与文件；
- ❑ 处理与逻辑。

1. 设计表单与报告

表单是一种包含了预定义数据的商业文件，它通常还包括一些空间以供填写其他数据。图 9-12 所示的是一张摘自雅虎的电子表单。使用这个表单，用户可以创建雅虎账号来使用即时通信、电子邮件及其他服务。

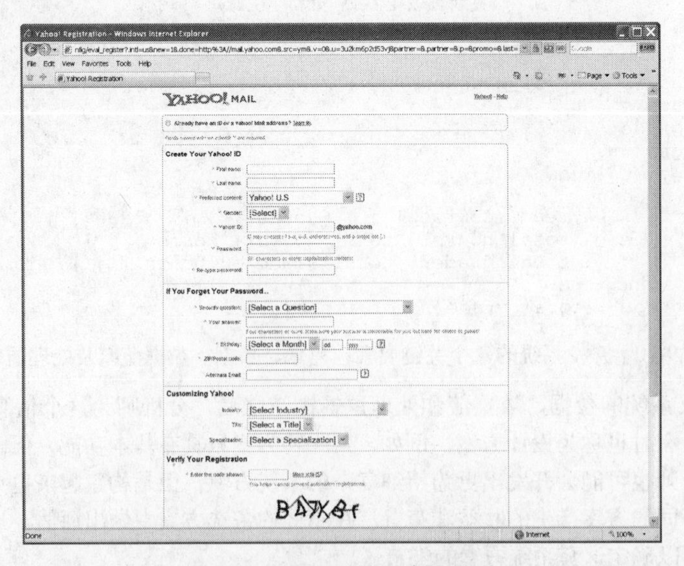

图 9-12　Yahoo! 的账户注册表

而报告则是仅包含预定义数据的业务文件。换句话说，报告是用于总结供阅读和审查的信息的静态文件。例如，图 9-13 所示的是一张总结了某几个销售人员各自的区域销售业绩的报告。

Ascend Systems有限公司销售人员2007年度总结年报

地　　区	销售人员	社会保险号	各季度实际销售额			
			第一季度	第二季度	第三季度	第四季度
西北部及山区						
	Wachter	999–99–0001	16 500	18 600	24 300	18 000
	Mennecke	999–99–0002	22 000	15 500	17 300	19 800
	Wheeler	999–99–0003	19 000	12 500	22 000	28 000
中西部及大西洋中部区域	Spurrier	999–99–0004	14 000	16 000	19 000	21 000
	Powell	999–99–0005	7 500	16 600	10 000	8 000
	Topi	999–99–0006	12 000	19 800	17 000	19 000
新英格兰地区						
	Speier	999–99–0007	18 000	18 000	20 000	27 000
	Morris	999–99–0008	28 000	29 000	19 000	31 000

图 9-13　销售总结报告

2. 设计界面与会话

就像人们在面对他人时具有多种不同的外在表现，信息系统与人之间的互动也具有多种方式。系统界面可能是基于文本形式的，即与你通过文本进行交流，而且你与它的交流也不得不通过文本方式。此外，系统界面还可以使用图形图像及颜色来与你交流，为你提供用色彩进行编码的窗口和特殊的图标。系统会话还可以开发成别的模式，比如在你输入命令之前不进行任何运作，或者是你通过输入命令来回答系统提问，或者是显示出几个选项菜单来供你选择。它甚至还可以兼具这几种模式。在过去的几年中出现了很多针对用户界面及对话的标准。例如，Mac 和 Windows 操作系统所使用的界面都能使用户选择图片、图标和菜单来向计算机发送指令，这种界面被称为**图形化用户界面**（graphical user interface，GUI）（如图 9-14 所示）（要了解更多关于图形化用户界面的知识，参见技术概览 2）。

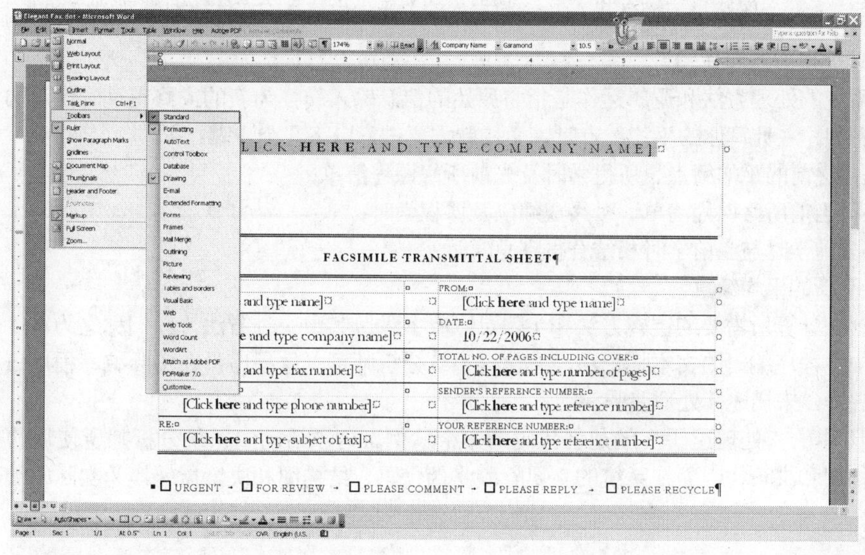

图 9-14　大多数基于 Windows 的程序都遵循管理菜单的命名和排序的标准，减轻了用户和设计者的负担

3. 设计数据库与文件

要设计数据库与文件，分析师必须充分领会企业的数据和信息需求。如前所述，系统分析师通常使用数据建模工具，首先完全明确拟议系统所需要的所有数据。当概念数据模型建立之后（通常使用实体关系图来完成），就可以在数据库管理系统中很容易地将它转化成实体的数据模型。例如，图9-15所示的是在Microsoft Access数据库中的一个实体数据模型，可用于追踪学生信息。实体数据模型比概念数据模型更完整（显示每个学生的属性）且更详细（显示这些信息是如何格式化的）。比如，你可以对比图9-15与图9-9中概念数据模型里的学生信息。

C:\MSOFFICE\ACCESS\STUDENT.MDB　　Saturday, June 23, 2007
Table: Students　　Page: 1

属性
创建日期:　6/23/07 10:35:41 PM　　定义是否可更新:　是
上次更新:　6/23/07 10:35:43 PM　　记录数量:　0

分栏信息

姓名	类型	大小
学号	数字（长型）	4
名	文本	50
中名	文本	30
姓	文本	50
父母姓名	文本	255
住址	文本	255
所在城市	文本	50
所在州	文本	50
所在地区	文本	50
邮政编码	文本	20
电话号码	文本	30
电子邮箱名	文本	50
专业	文本	50
注释	备注	—

图9-15　摘自某Access数据库的关于学生信息的实体数据模型

4. 设计处理方法和逻辑

信息系统的处理方法和逻辑运作是指将原始的信息输入转换为新的或修正过的信息的各个步骤和程序。例如，在计算你的平均绩点时，学校就需要进行以下几个步骤：

(1) 获得之前的平均绩点、所得学时及先前所修课程清单；

(2) 获得当前所修课程清单、最终成绩以及课程学时；

(3) 将先前学时与当前学时相结合得到总学时；

(4) 计算新的平均绩点。

进行这一计算所需要的逻辑方法和步骤可以有多种。其中一种方法，我们称之为写“伪代码”。这是一种描述程序编码的文本标记法，它使得系统分析师可以像程序员在实际编写程序语言时所采取的步骤那样，来描述其处理步骤。

图9-10中的“处理逻辑”就是伪代码的一个示例。这项活动中系统分析师所使用的其他技术还包括结构图和决策树。而在系统的实现阶段将伪代码、结构图和决策树转换为实际的编码则相对简单一些。

脑电波界面

关键技术

脑电波界面这个词听起来似乎有点电影《星际迷航》里的科幻味道。在这部电影里，你想法中的某个动作通过电脑界面就可以实现。但是这个科幻技术却已经实实在在地在计划之中了。实际上，一些公司的研发部门已经努力将这种超前概念应用在消费者产品中了。

本田汽车就是关注这项新技术的公司之一。它期望最终可以将人们的意念与汽车等机器联系起来。然而，这项技术也许在医疗领域可以发挥最大的作用。那些因为脊髓损伤或者截肢手术而丧失肢体行动能力的人，也许可以借助这门技术再次动起来。

59 岁的 Jesse Sullivan 就是一个例子。他曾经是田纳西州一家电力公司的线路工。有一次，他误触了地上的一根高达 7 200 伏特的通电线缆。他昏厥了长达一个月。当他苏醒过来时，他的双臂都被截掉了。Sullivan 的医生发觉他是这项医疗研究的绝好人选。于是他又被缠上了各种线缆。这样，通过他的意念，他的电脑化的假臂和假手就可以“随心所动”了。2006 年 3 月，Sullivan 在接受 CNN 电视台记者 Keith Oppenheim 采访时说：“现在我想做什么动作，就能做什么动作了。”下一步的研究是让 Sullivan 和其他人能使用类似的假肢来进行更为复杂的运动。

脑电波打字是目前最有可能将脑电波界面这一概念转换为消费市场应用的技术。这项技术综合地使用脑电波、面部表情和眼睛运动，来控制残障人士的打字工作。尽管纯粹的脑电波界面还未实现，但是它确实很有希望成为界面技术的关键推动者，前景令人震惊。

资料来源

http://www.cnn.com/2006/US/03/22/btsc.oppenheim.bionic/index.html

http://www.wired.com/news/wireservice/0,70982-0.html?tw=wn_index_9

9.2.4　第 4 阶段：系统实施

在系统开发生命周期的第 4 阶段，即系统实施阶段，包含许多独立的项目，如图 9-16 所示。其中一组项目关注的是将系列设计转换成能为组织所用的工作信息系统。这些项目包括软件编程与测试。还有一组项目关注的是让企业为使用这套新的信息系统做好准备。这些项目包括系统转换、编写文档、用户培训以及支持。这一部分我们将简要介绍系统实施阶段的各项内容。

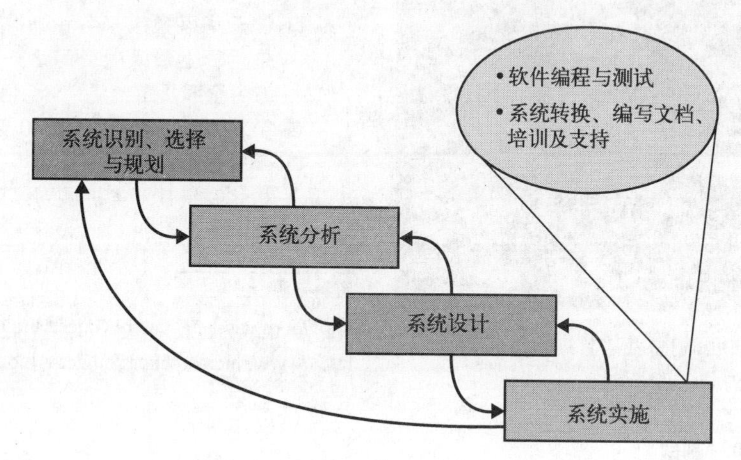

图 9-16　系统开发生命周期的第 4 阶段关注的是编程、测试、转换以及支持

微软公司总裁兼首席软件架构师比尔·盖茨　关键人物

比尔·盖茨（Bill Gates）生于1955年10月28日，与其挚交保罗·艾伦（Paul Allen）于1974年创建了微软公司。之后的故事早已家喻户晓了。

在华盛顿州西雅图市的Lakeside学院时，盖茨与艾伦就是同窗好友。他们一有时间就共同研习计算机与编程，并在Lakeside学院可以按时付费的分时共享计算机上进行实践。他们二人对编程早已驾轻就熟，因此常被雇用去进行程序纠错和编写商用程序。

盖茨于1973年进入哈佛大学的法律预科班。而艾伦则留在华盛顿州，但他与盖茨一直保持密切联系，俩人经常讨论是否可以一起开办一家他们自己的软件公司。1974年，艾伦在《大众电子》（*Popular Electronics*）上看到了一篇关于Altair 8080计算机的文章。杂志中称其为“世界上第一台能与商业模式匹敌的微型计算机装备”。艾伦看到了其中潜在的机遇，并立刻赶往哈佛将其转给盖茨看。二人迅速联系了Altair的母公司Micro Instrumentation and Telemetry Systems（MITS），并告知其发言人，他们为Altair编写了一个程序叫做BASIC（然而，他们实际上一段代码都还没写，甚至连Altair都没碰过）。Altair对这个程序很感兴趣，于是艾伦与盖茨在哈佛的计算机实验室中尝试模拟一个Altair环境，并编写了一个程序，而且这个程序在仿真环境下运行良好。他们诚惶诚恐地为Altair的高层领导演示了BASIC，看到程序顺畅无误地运行之后，他俩欣喜若狂（同时也很吃惊）。MITS公司与艾伦、盖茨达成购买BASIC版权的交易，而他俩也意识到是时候开办自己的软件公司了。盖茨从哈佛大学退学，雇用了很多程序员（大部分都是盖茨和艾伦的朋友）。微软公司就这样建立起来了，并且一路高歌，发展突飞猛进。

图9-17　微软公司总裁兼首席软件架构师比尔·盖茨

如今：

- 比尔·盖茨与保罗·艾伦都拥有了数十亿资产；
- 盖茨写过两本书：*The Road Ahead*（《未来之路》）（1995）和*Business @ the Speed of Thought*（1999）；
- 比尔与其妻子梅琳达建立了一个基金（资产达288亿美元），致力于改善全世界的卫生和教育状况；
- 位于华盛顿州Redmond市的微软公司是世界上最大的公司之一，有多达7.1万名全职员工；
- 微软公司年收入多达440亿美元；
- 微软在100多个国家和地区拥有分支机构，并将其业务扩展到娱乐、游戏等其他产业。

资料来源

http://ei.cs.vt.edu/~history/Gates.Mirick.html
http://www.microsoft.com/billgates/bio.asp

1. 软件编程与测试

编程是指将系统设计转换为可供企业使用的信息系统的过程。在这一转换过程中，编程与测试应当同时进行。正如你所预料到的一样，系统完成之前要进行一系列的测试，包括开发测试、第一阶段测试和第二阶段测试（如表 9-6 所示）。

表 9-6　一般的测试类型、各自关注点及测试执行者

测试类型	关注点	测试执行者
开发测试	测试单个模块的正确性及多个模块集成后的性能	程序员
第一阶段测试	测试整个系统，以确定其是否符合设计需求	系统测试员
第二阶段测试	测试系统在带有实际数据的用户环境下的性能	实际系统用户

2. 系统转换、程序说明、培训以及支持

系统转换是指淘汰企业的既有系统并安装新系统的过程。一套系统的有效转换不仅要求必须安装上新的软件，还要求用户得到有效的培训与支持。系统转换可以通过至少 4 种方式进行，如图 9-18 所示。

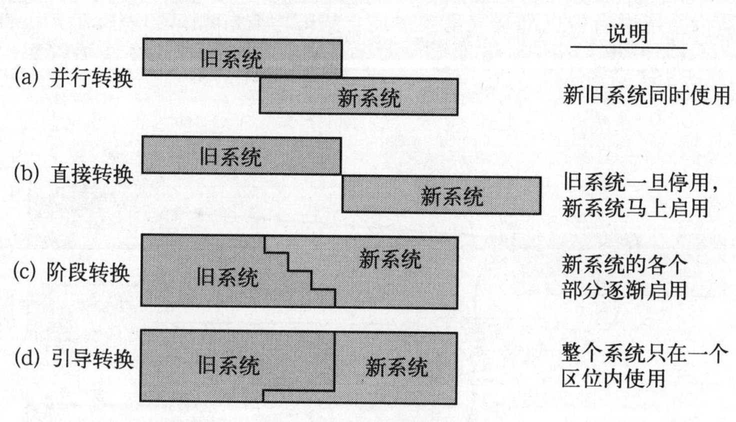

图 9-18　软件转换策略

另外，还需要开发信息系统的各种程序说明书。程序员开发系统程序说明书来详细说明系统的内在工作机制，使将来的维护更为简易。还有一种程序说明书就是用户相关程序说明书，通常不是由程序员或分析师而是由用户或者专业的技术作者编写。程序说明书包括以下几种：

- 用户参考指南；
- 用户培训教程；
- 安装程序和疑难解答。

除了程序说明书，用户要有效地使用新系统还需要培训和不间断的支持。各种培训和支持需要企业不同程度的资金投入。自学培训和教程指南是最实惠的选择，而一对一培训则最为昂贵。表 9-7 总结的是各种用户培训选择方案。

表 9-7　用户培训选择方案

培训选择方案	说明
教程指南	由某人或者纸质教材一次指导一个人
课程	一次性指导多个人
计算机辅助指导	由计算机系统一次指导一个人
互动培训手册	教程指南与计算机辅助指导相结合
常驻专家	用户需要时，专家随叫随到
软件辅助组件	内置系统组件，旨在培训用户和解决问题
外部资源	由培训供应商等提供教程指南、课程和其他培训内容

除了培训，为用户提供不间断教育及疑难解答帮助也十分必要。这种做法一般称为系统支持，通常由企业内的一群专门人员组成的信息中心或者咨询台等来提供。支持人员必须有较强的交流沟通技能，并且善于解决问题。此外，还应当是系统的专家级用户。对于非内部开发系统，这项内容的另一个做法是将支持工作外包给专门提供技术系统支持与培训的专业团队。不管如何提供支持，对公司实现系统的利益最大化来说，这是一个持续性问题。

9.2.5 第5阶段：系统维护

系统安装好之后，实际上就到了系统开发周期的维护阶段。正是在这个阶段，信息系统接受系统的修复及改良。在维护阶段，系统开发团队中的成员要负责向系统用户采集维护请求。采集工作完成后，要对这些请求进行分析，以使开发者更好地明确拟议变更会如何影响系统，以及这样的变更会带来怎样的商业利益及商业需要。如果变更请求通过，将会设计并实施系统变更。与系统的初步开发一样，对运行系统进行变更部署之前要经过正式的审查和测试。系统维护过程与用于信息系统的初步开发过程同时进行，如图9-19所示。有趣的是，系统的维护阶段所需要的精力也是系统开发过程中最多的。

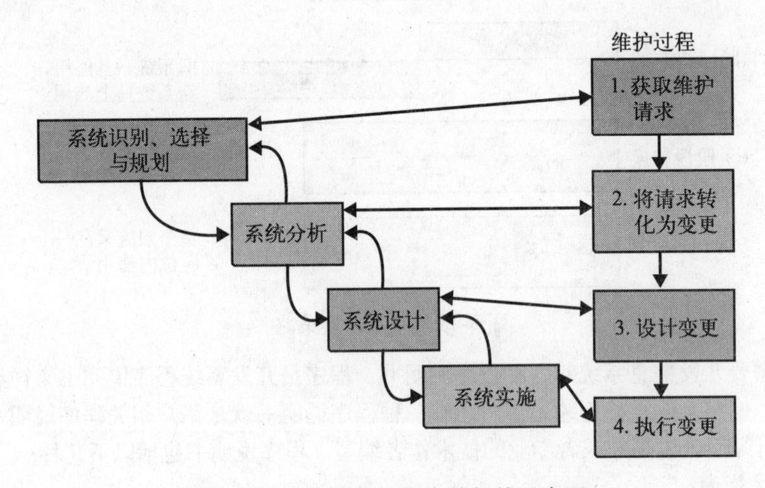

图9-19 系统开发周期中的维护示意图

然后，问题就来了。为什么需要这些维护工作？诚然，软件并不像汽车、建筑物或者其他实体物件那样慢慢磨损。但是软件还是需要维护的。软件的维护工作种类如表9-8所示。

表9-8 软件维护的种类

维护种类	具体内容
纠错性维护	对信息系统进行变更以修正其设计、编码及实施时的缺陷
适应性维护	对信息系统进行变更以改善其功能，使其适应变化的商业需求，或将其迁移至不同的运行环境
完善性维护	改进系统以增强其处理性能或界面可用性，或者添加期望的但非必需的功能（换言之，即花哨程序）
预防性维护	对系统进行变更以降低将来系统失效的几率

同**适应性维护**一样，从优先级别来说，**完善性维护**和**预防性维护**都要远低于**纠错性维护**。在系统的整个周期中，在系统刚安装完成或者对系统进行了重大变更之后，最有可能进行纠错性维护。这就意味着如果适应性维护、完善性维护及预防性维护的设计和实施不够仔细，都有可能引发纠错性维护。

如你所看见的，系统维护的工作要远比你所想象的要多。系统开发的这最后一个阶段需要投入大量的时间、精力和金钱，并且重要的是要遵循规定的、结构化的步骤来进行。实际上，本章所介绍的系统开发方法（从最初的系统识别、选择与规划，到系统开发最后的阶段，即系统维护阶段）就是一种高度结构化、系统化的过程。要较为细致地指定每一个步骤，并且需要系统人员、用户和管理者的参与。不管在你现在就职的企业，或者将来可能就职的企业，你都很有可能参与其中，获取或者开发一个新信息系统。既然你已经明白了整个过程，你就应当更好地为系统开发项目贡献自己的力量。

小案例

黑客、补丁和反向工程

微软公司主宰了操作系统市场，这对它来说既是好消息也是坏消息。毋庸置疑，对公司的财务收益来说是个好消息。而坏消息就是，公司成就斐然也使其软件成为黑客（即那些闯入计算机系统，盗取或者操控数据的人）和其他计算机罪犯攻击的目标。当安全专家发现漏洞时，微软公司就发布一个相应的代码补丁来堵住安全漏洞。下载安装这些补丁已经成为 Windows 操作系统用户的家常便饭了。

你完全有理由认为，一款操作系统、浏览器或其他应用程序在面世多年之后，其所有的安全漏洞应该都已经被检测到并且封闭上。但是事实并非如此。总是有黑客发现以前从未被检测到的新漏洞。

黑客是如何发现这些安全漏洞的呢？聪明的黑客们反复研究一个应用程序直到他们找到了一个切入口，而那些不那么聪明的黑客就“剽窃”黑客 Web 站点上其他人贴出来的方法。

最近，补丁的频繁发布给黑客提供了另一种发现安全漏洞的方法，这种方法要比研究程序代码更加省时省力。当微软、火狐及其他软件生产厂商发布一款安全补丁时，黑客们使用特殊的工具来对这款补丁进行回溯或者反向工程。当他们确定了发布的这款补丁针对的安全漏洞的位置时，他们努力找到绕过补丁的方式，并以全新的、未打补丁的方式利用这个安全漏洞。（反向工程并不总是具有破坏性的，可以将其合法地用来改善程序，但是这里使用这个词是指未经授权的闯入计算机系统）

因此，软件制造商和安全公司进退两难。一方面，他们若不发布补丁，黑客就会利用其安全漏洞；另一方面，他们若发布补丁，就会有更多的人知道这个漏洞并且利用它们。然而，使用带有安全漏洞软件的消费者还是期待他们发布补丁。这该怎么办？微软公司发现漏洞后，在发布安全漏洞相应补丁的三个月内保留其详细信息，以防止黑客进行反向工程。但是，道高一尺，魔高一丈。这一策略并不能阻止黑客的行动，总会有黑客寻找软件中的安全漏洞。所幸，还有许多软件工程师、程序员和安全专家来阻止黑客破坏的行径。解决办法也许要在问题出现之后才有，但是总是会有的。

问题

(1) 阐述微软在修补安全漏洞和向其客户发布补丁时采用了哪几种维护手段？

(2) 黑客发现并利用软件的安全漏洞的行为有没有合法的情况？请说明你的理由。

资料来源

http://www.techweb.com/wire/security/175803256（2006 年 6 月 5 日检索所得）

http://www.techweb.com/wire/security/175803652（2006 年 6 月 5 日检索所得）

9.3 设计构建系统的其他方法

系统开发生命周期是管理开发过程的一种方法，当信息系统需求高度结构化并简单明了时，如工资管理或者库存管理系统，这种方法也很易于掌握。如今，企业需要各种各样的信息系统，不仅仅只是工资管理或者库存管理系统这么简单。对这些信息系统来说，需求不是难以提前明确就是会时刻变化。例如，企业的Web站点就可能是一个需求不断变化的信息系统。想想你访问过的Web站点中，其中有多少它们的内容或布局是每天都在变化的？对这种系统来说，系统开发周期可以作为一种开发方法，但它可能不是最适宜的。在这一节中，我们将介绍开发灵活的信息系统的3种方法：原型法、快速应用程序开发和面向对象分析设计方法。

9.3.1 原型法

原型法是使用“试错法”来了解系统应当如何运作。你可能觉得这种方法听起来似乎根本就不能算是一种方法，但是，你可能在你的日常生活中时时刻刻都在使用原型法，只不过你没有意识到而已。例如，你在买新衣服时可能就在使用原型法，即试错法，你试了几件不同的衣服，然后才做出最后的选择。

图9-20画出了在明确系统需求时所使用的原型法。要展开这一步骤，系统设计师使用联合应用开发会议来采访系统的一个或几个用户，可单独采访也可团体采访。当设计师大致明确了用户所需，他们就尽快开发出新系统的原型，并与用户共享。用户可能会喜欢这个系统，也可能请求改动。如果用户请求做出改动，设计师则会修正原型，然后再共享。共享与完善的过程不断进行，直至用户完全认可系统的功能为止。

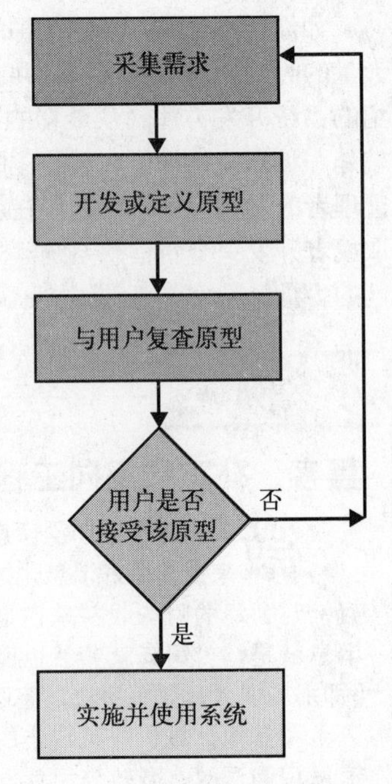

图9-20 原型法使用“试错法”来发现系统应当如何运作

9.3.2 快速应用程序开发

快速应用程序开发（rapid application development，RAD）是一种四阶段系统开发方法，它结合了原型法、基于计算机的开发工具、特殊管理方法和用户的密切参与（Martin，1991；McConnell，1996；Hoffer et al.，2008）。快速应用程序开发具有4个阶段：（1）需求规划，（2）用户设计，（3）构建，（4）迁移至新系统。第一阶段，即需求规划阶段。它与系统开发生命周期的前两个阶段相似，即对系统进行规划，并对需求进行分析的两个阶段。为使用户深入地参与其中，快速应用程序开发法提倡举行联合应用开发会议来采集需求。在第二阶段，快速应用程序开发体现出其特色。在这一阶段，信息系统的用户深入地参与到设计过程中来。人们使用计算机辅助软件工程（computer-aided software engineering，CASE）及其他高级开发工具（参见技术概览2）来快速地拟定企业需求并开发原型。原型开发好并加以完善之后，用户则会不断地召开合作应用程序设计会议来审查。与原型法类似，快速应用程序开发法是一个通过反复修订并完善需求、设计方案及系统的开发方法。在某种意义上来说，人们通过快速应用程序开发法构建系统，系统用户不断地在第二阶段（用户设计）和第三阶段（构建）之间循环反复，直至系统完成。因此，快速应用程序要取得成功，就要求用户和设计人员之间密切合作。这就意味着管理层必须积极支持开发项

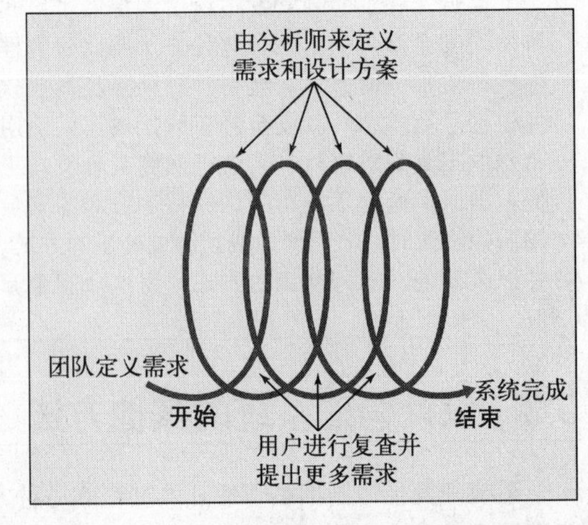

图9-21 反复修改完善是快速应用程序开发成功的关键之一

目，并尽量争取让每个人都参与其中。表 9-9 所示的是本节讨论的构建信息系统的 3 种方法其各自的优缺点。

表 9-9 原型法、快速应用程序开发法和面向对象分析设计法的优缺点

方 法	优 点	缺 点
原型法	设计人员与用户之间有密切的工作关系；对杂乱且难以定义的问题较为适用	当用户数量较大时并不实用；系统构建速度可能过快，从而可能导致质量下降
快速应用程序开发法	设计过程中用户积极参与；而用户参与又使得系统实施更为容易	系统关注面通常较狭窄，这样就限制了其将来的发展；系统构建速度可能过快，从而可能导致质量下降
面向对象分析设计法	设计过程中，数据与处理的相结合应能产生质量更佳的系统；普通模块的重复使用使得开发、维护更为容易	培训面向对象法的分析师和程序员更困难；在构建不同的系统时要重复创建很多不必要的对象

9.3.3 面向对象分析设计法

面向对象分析设计法（Object-Oriented Analysis and Design，OOA&D）是开发系统的另一种选择方案（George,Batra,Valacich and Hoffer,2007）。在传统的系统开发生命周期法中，分析师对数据和处理方法分别建模。这些建模过程的输出结果被交给程序员，由他们来编写代码并实现数据库。与此相比之下，分析师在定义相关的系统组件时，使用面向对象分析设计法来考虑普通模块（称之为“对象”）方面的问题，而不是分别考虑数据和处理方法的问题。而这些模块则结合了“是什么（即数据）”和“怎么做（即如何运作）”。比如学生就是这种对象的一个例子，有姓名、地址及生日（即“是什么”），但是他也可以进行一些操作，如登记某门课程（即“怎么做”）。因此，在面向对象分析设计法中，方法与数据之间、系统的概念模型和实际实现之间有着密切的耦合联系，它可以将每一位程序员变成分析师，也可以将每一位分析师变成程序员。此外，分析师在进行面向对象分析设计时通常使用略有不同的各种图解法，以更好地整合系统的各个方面（如图 9-22 所示）。

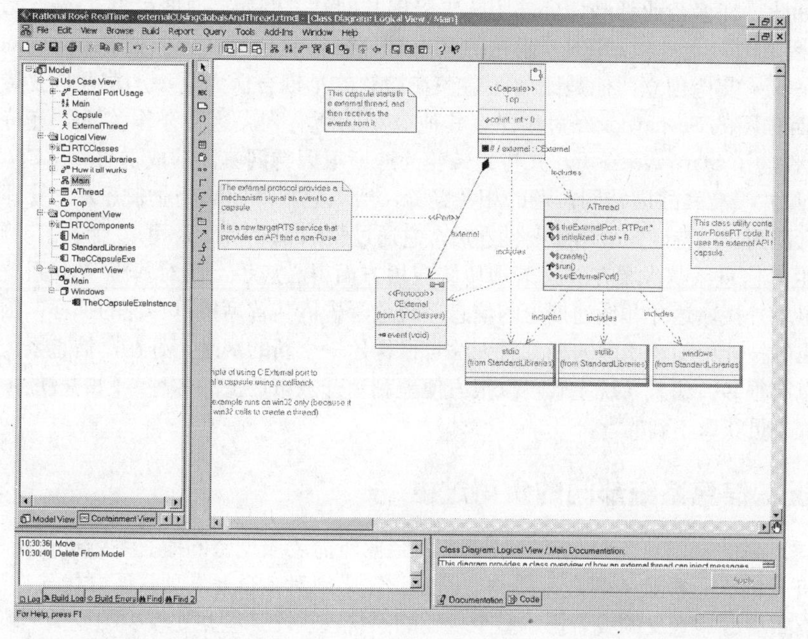

图 9-22 进行面向对象分析设计时，分析师使用图形法将系统的各个方面整合起来

而且，如果使用某一种面向对象编程语言，由于通常情况下，既有的对象可以被重复使用或改写，因此它使得对象的设计和实现可以迅速地同时进行。总而言之，面向对象分析设计法是一种比系统开发生命周期法更综合的系统开发方法。在这种方法中，从概念层的角度来说，数据和数据操作

是分别建模的，并在系统开发接下来的阶段中结合在了一起。

本节介绍了除系统开发生命周期法外的其他常用的信息系统开发方法。除这里介绍的方法之外，还有很多其他设计和构建信息系统的方法（如敏捷法及极限编程法等）。这些方法或关注于克服传统系统开发生命周期法的局限，或试图寻找方法来优化开发过程中比较独特的地方（Hoffer et al.，2008）。因此，聪明的企业和经验丰富的分析师在开发单体系统时通常综合使用多种方法。

值得一提的是，没有哪一种方法是完美的，每种方法都有各自的优缺点（如表9-9所示）。一个训练有素的系统开发人员，就像一个技术娴熟的工匠，有很多工具供其选用。一个技术熟练的工匠会选择他手头上最合适的工具和方法来完成任务。对所有的系统和问题都只使用一种开发方法或工具，就像只用一把锤子去盖房子一样。用一把锤子来盖房子也许能行得通，但是那个房子也一定是个奇形怪状的房子。

9.4 采用其他方法自主构建系统的必要性

在任何情况下，企业总是应当考虑，由信息系统部门的员工自主构建系统是否可行。然而，有很多时候，这并不是一个可行的方案。以下所列的是你需要考虑其他开发策略的4种情况。

9.4.1 第1种情况：人力有限

通常，企业并不具有自主开发系统的能力。也许其信息系统部门的员工人力不足，或者他们被分配到了其他项目上，如维护某个小型网络或帮助用户解决日常问题。若不雇用分析师或程序员，仅凭有限的人力可能就无法完成自主开发项目。但是在当前的劳动力市场上，雇用他们的成本却高得惊人。

9.4.2 第2种情况：信息系统部门能力有限

在其他情况下，信息系统部门的人员也许没有开发特定系统所需的技能。在如今Web技术迅猛发展的背景下尤为如此。许多企业都聘请外部团队来管理其网站。例如，迪斯尼将其Web站点及其许多子公司（包括ABC News和ESPN）网站的开发管理工作承包给一家叫做Starwave.com的公司。Starwave由保罗·艾伦创立，他是比尔·盖茨在微软的早期合伙人之一，并且是波特兰的Trailblazers公司、西雅图的Seahawks公司和许多其他公司的所有人。这种合作关系一直持续到了1998年。迪斯尼收购了Starwave公司，并将其转变为迪斯尼因特网集团的成员之一（Court，1998）。实际上，迪斯尼并没有转战因特网市场的相关经验，所以它找外面的企业来开发、管理其Web站点。但是当它意识到了因特网的战略重要性之后，它通过收购Starwave公司来“购买”到了这方面的专长。迪斯尼的信息系统人员在开发管理传统应用方面得心应手，而对基于Web系统的突然需求迫使迪斯尼寻求外援。这并非像迪斯尼的信息系统主管告诉其首席执行官说的那样，因为信息系统人员没有所需的技能经验，所以迪斯尼就无法自己构建一个新的网站。好在，信息系统人员构建系统的方法可以有很多。信息系统主管可以很方便地利用开放市场上的各种专门的技能，而这些技能是其信息系统人员获取不到的。

9.4.3 第3种情况：信息系统部门的负荷过重

在一些企业中，信息系统部门可能只是无法抽身来为企业所需要或期望的所有系统进行工作。显然，致力于新系统开发的人员数量不会是无限的。因此，你必须对各个开发项目区分优先次序。在大多数情况下，具有重要战略意义的或者影响整个企业的系统应当比那些益处较少的或仅影响一个部门或某个部门中的几个人的系统具有更高的优先级。尽管如此，哪怕企业的信息系统人员都忙于其他优先级较高的项目，信息系统主管仍然应当找到办法来为所有的用户提供支持。

9.4.4 第 4 种情况：信息系统部门的业绩问题

在本书之前的章节中，我们讨论了为什么系统开发项目具有风险性，以及这些风险体现在哪些方面。通常，人员调动、需求变更、技术转换及预算限制等都会使得信息系统部门的努力半途而废。不管出于什么原因，结果都是一样的，那就是又开发出一个失败的（或者有瑕疵的）系统。考虑到员工培训投入上的巨大支出，以及系统开发所带来的高风险，谨小慎微的经理们都会尽可能地降低每个项目的风险。如果在开发完成之前就可以预知完成后的系统的性能，那将会如何？能够预知未来当然有助于更好地了解系统，看系统是否符合需求，同时也能降低项目的风险。自主构建系统时，要预知未来显然是不可能的。然而，使用本章所介绍的几种方法，实际上你就可以预知完成后的系统是怎样的。上述的这些方法可以让你对自己所购买的东西心知肚明。这样就可以极大地降低项目的风险。

9.5 非自主系统开发的其他常用方法

任何一个项目都有 4 种系统开发方法可供选择。之前，我们讨论了第一种：由自己的信息系统人员自主开发。下面列举了其他 3 种方法：

- 外部获取；
- 外包；
- 终端用户开发。

接下来，我们将进一步讨论这些方法，看看它们是否会更适合我们先前讨论的那 4 种情况。

9.5.1 外部获取

向外部企业，如 IBM、EDS 或者 Accenture 等公司，购买既有系统，这种方法称为外部获取。如何通过外部获取手段获得信息系统呢？想想你买车的时候所使用的方法。你是否一看到一家商户就走进去，告诉他们你需要一辆车，然后看看他们向你推销的东西。最好别这样。可能你已经做了一些前期分析，明确了你为拟购汽车所能承受的价位，以及你的需求是什么。如果你做了这些功课，你可能就知道自己想要什么，以及哪个厂商可以为你提供你想要的车型。

这种需求的前期分析在你缩小选择范围时会非常有用，并可以为你节省许多时间。明确需求还可以帮助你看穿销售人员天花乱坠的宣传。他们人人都会告诉你，为什么他们的车是如此适合你（如图 9-23 所示）。了解了一些信息之后，你或许会想试驾几款中意的车型，亲自体验这款车是否适合你和你的驾驶习惯。你也许会和其他拥有这款车的车主交谈来看看他们的评价如何。最后，还是得由你自己来对这些不同的车进行评价以确定哪一款最适合你。它们也许都是不错的车，但是总有一款会比其他款型更符合你的需求。

从外部获取信息系统就非常类似于购车。当你要购买一个信息系统时，要先分析一下你的具体需求。例如你的经济承受能力，哪些基础功能是必需的，以及大约会有多少人使用这个系统？下一步，你就该对新系统“货比三家”了。向不同的厂商咨询，让他们就其各自的系统提供一些信息。评估完这些信息之后，也许你心里多少也明白，哪些厂商的系统值得考虑。你可以让这些厂商来你的企业，架立起他们的系统。这样你和你的同事就可以试着操作一下。看看人们对这些系统的反应如何，并看看每个系统在企业环境内如何运作，有助于你弄清楚你买来的究竟是什么东西。通过这样观察实际系统，以及它与真实用户、真实或模拟的数据之间如何协作，你就可以更清楚地明确这套系统是否符合你的需求。而由于你在购买之前就明确了系统是否符合你的需求，你就可以极大地减少购买该系统所带来的风险。这跟买车之前试驾的道理是一样的。

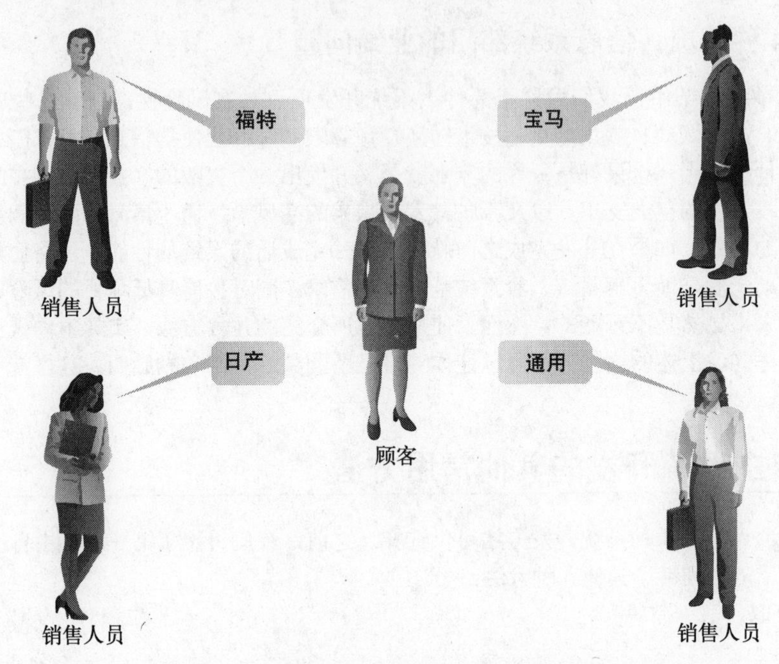

图 9-23 各种各样的车商都在准客户前兜揽生意

1. 外部获取的步骤

在许多情况下，你的企业会使用竞标方式来从外部获取系统。在竞标过程中，各厂商都有机会来展示自己，拿出他们符合企业需求的系统。竞争的目的是确保企业能以最低的价格获得最好的系统。大多数竞争性的外部获取过程都具有以下 5 个步骤：

(1) 系统识别、选择与规划；

(2) 系统分析；

(3) 需求建议书的编写；

(4) 建议评价；

(5) 厂商选择。

你对前两个步骤已经了如指掌了，因为不管是你自己构建系统还是通过外部获取来购买系统，前两个步骤都是一样的。而第三步，即需求建议书的编写，就是外部获取过程与自主开发差异最大的地方。

2. 需求建议书的编写

需求建议书（request for proposal，RFP）是一份报告，用来向厂商明确你的需求，并邀请他们就如何满足这些需求提供信息（如图 9-24 所示）。企业应当把需求建议书发送给那些为拟建系统提供软硬件感兴趣的各个厂商。

图 9-24 信息系统项目的需求建议书示例文件

下面是需求建议书可能会涉及的几个方面：

- 现有系统和应用的总结；
- 可靠性、备份和服务需求；
- 系统性能与特性的要求；

- 用于评估建议的标准；
- 时间表和预算限制（你能承受多少预算）。

然后，需求建议书连同邀请发标的邀请函一同被发往各个预期的厂商。你最终可能会收到许多等待评估的建议书。而如果没有收到这些建议书，你也许要重新考量一下你的需求了，也许你的需求超出了预算限制，或者时间期限太短了。在一些情况下，你可能需要先发出一份初步的信息请求，从各预期厂商那里搜集信息。这样就可以帮助你明确这个拟建系统是否可行，是否现实。如果你认为一切可行了，就可以发送需求建议书了。

3. 建议评估

外部获取的第四步是评估各个厂商返回的建议书。评估工作包括查看系统演示、评估系统性能、检查若干关键性标准是否达标，以及判断这些拟建系统是如何反映这些标准的。演示是体验各个系统性能的好办法。正如你可以去展厅看车并体验看看它是否符合你的需求一样，在演示过程中，厂商的销售团队会就他们的系统、系统特性以及成本进行演示，之后是关于实际系统的展示。这项工作有时会在你所在的企业内进行；有时，尤其是当系统不便于携带时，可能会在厂商的公司或者它的某个客户的公司内进行。尽管这样的演示通常有助于明确各个拟议系统的特点，但是这些都还不足以保证可以马上购买这些系统，还需要进一步的评估。

还有其他评估拟议系统的更好的方法。比如通过**系统基准评分**（system benchmarking），即使用标准化性能测试来进行系统间的比较。基准程序就是一些示例程序，或者模拟你计算机负载的工作。这些基准测试对你的系统进行分析，并测试系统的各个部分。而这些部分的性能对你来说至关重要。一套基准测试可能会测试如计算一串数字需要多长时间、访问数据库中的一串记录需要多少时间，或者一定数量的并发用户获取某些信息需要多长时间等。一些常用的系统基准测试包括以下几种：

- 给定某一量值的用户的响应时间；
- 记录分类的时间；
- 获取一批记录所用的时间；
- 产生特定报告所用的时间；
- 读取一批数据所用的时间。

此外，厂商还可能提供一些你可以使用的基准测试，尽管你并不应该仅仅依赖于厂商所提供的信息。对那些常见的系统来说，发表于 *PC Magazine* 等计算机行业刊物或者 cnet.com 等行业网站上的系统基准测试通常可以信赖。但是，在大多数情况下，仅靠演示样本和基准测试并不能为你的购买行为提供所有的信息。系统分析阶段应该已经揭示了新系统的特殊需求。这些需求也许应当一一列出，作为企业进一步评估厂商建议的各种标准。根据你购买的物品，硬件、软件或者二者兼而有之，这些标准也会发生变化。表 9-10 所示的是通常使用的评估标准的示例。

表 9-10 通常使用的评估标准

硬件标准	软件标准	其他标准
	内存需求	安装
CPU 的时钟频率	辅助功能	测试
可用内存	可用性	价格
次级存储（包括容量、访问时间及其他）	易学性	
显示器尺寸	所支持的功能数量	
打印机速度	培训和程序说明	
	维护和修复	

4. 厂商选择

多数情况下，可能有多个系统均能满足你的需求，就像通常会有好几款车都满足你的需要一样。然而，可能有一些要比其他的更适合。在这种情况下，你应当能够对竞标建议书做出优先级排序。其中的一种做法就是，针对每个准则和基准测试结果设计出一套计分系统。例如，某企业可能会创建这样一套计分系统，其基准测试结果得到满分100分，而在线帮助功能只得到50分。每个准则的所有分数加起来就得到了每个系统的总分。然后选择得分最高的系统（或者得分并列第一的几个系统中的一个）。图9-25所示的就是一张应用这种方法的范例表，它可以用来评估系统并选择一家厂商作为供应商。

标准	最高分（或权重）	系统的评估分数 A	B	C
硬盘容量	20	10	17	12
兼容性	50	45	30	25
可用性	30	12	30	20
厂商支持	35	27	16	5
基准测试结果	50	40	28	30
（如有需要，其他标准有……）				
总计	185	134	121	92

图9-25 列出各项标准的系统评估表示例

在图9-25所示的示例中，系统A由于得分最高似乎是最佳方案。使用这种评估方法，某一标准得分较低而其他方面表现优秀的系统可能就不会被列入购买选择范围之内。你可以看到，系统B和系统C在厂商支持标准上得分很低。可能是这些系统没有很好的厂商系统支持。但是，也可能是因为厂商没有意识到这个问题的重要性。因此，你应当与厂商沟通交流，充分说明评估的过程，以及你高度重视的标准。

企业可能会对厂商采取其他更为随意的评估方法。有时，他们只是简单使用候选人清单，有时甚至还使用更为主观的方法。不管使用何种手段，一旦企业最终完成了评估工作并选择了厂商，外部获取工作也就结束了。

软件生产厂商和客户

道德窘境

假设你是一个软件顾问，向你的商业客户提出建议，帮助他们购买最合适、最有效且他们能够支付得起的软件。现在，假设你所知道的一家软件生产厂商介绍了一位客户给你，希望你可以向该客户推荐他们的软件。然而，在你看来，这个软件生产厂商的软件并不适合这位客户。因此，你就陷入了进退两难的道德困境：如果你推荐了这个生产厂商的软件，你就不是一个合格的客户顾问；但是如果你不推荐，那你又得罪了这个生产厂商。你该怎么办？Mike Sisco，某企业的顾问兼前首席执行官，为解决这类问题提供了一些他个人的指导性意见。这些指导意见已经在网站techrepubli.com上登载了。

(1) 从商业的立场来看，你不与任何软件生产厂商结盟似乎太不现实。而且如果你的咨询公司与某些软件生产厂商结盟了，从道义上你就应当向着他们。

(2) 从道德上说，你同样有义务向你的商业客户推荐最适合他们的软件。既要为商业客户提供优质服务，同时又要很好地服从软件生产厂商联盟，关键就是你所推荐的软件必须能够有效并且尽可能经济地采集并分析商业数据。

Mike总结说："关键就在于我们对于软件产品都有自己的喜好。就像对待汽车一样，你可能会首先推荐福特，而不是雪佛兰。但是它们都一样能让你到达目的地。软件产品在解决同一个商业问题方面也是如此。"

资料来源

http://techrepublic.com.com/5100-6333-5034737.html#

9.5.2 外包

另一种与购买既有系统的方法相关但又不尽相同的方法就是外包。如前所述，外部获取通常是企业从一个外部厂商那里购买一个单体系统。外包则是企业将信息系统的开发和运作的部分乃至全部责任转交给一个外部企业来完成。外包包含了许多的工作关系。外部企业，或服务供应商，来开发你的信息系统应用程序，并在他们的企业内进行安装。他们可以在自己的电脑上运行你们的应用程序，或者在你们的企业内开发系统并在你们的计算机上运行。在外包运作中，信息系统的任何部分都可以进行外包。如今，外包已经成为一大行业，并且对于许多企业来说十分常用。（有关外包的更多详细信息请参见第 1 章）

9.5.3 为何选择外包

企业可能出于多种原因而将其信息系统服务的一部分（或者全部）进行外包。下述的几个原因有些由来已久，有些相对于今天的环境来说则较为新鲜（Applegate，Austin 及 McFarland，2007）。

- *成本与质量担忧*。在许多情况下，企业由于担心信息系统开发的成本和质量而采用外包方式。采用外包方式可能由于规模效应而能以更低的价格得到质量更好的系统、更好的硬件管理以及更低的劳动力成本。而就服务供应商而言，他们也会得到更自由的软件许可。
- *信息系统性能问题*。信息系统部门可能会由于成本超支、系统过时、系统利用率或者性能较低等问题而难以达到合格的服务标准。在这些情况下，企业的管理层可能会为了提高系统可靠性而进行外包。
- *供应商施压*。几大服务供应商同时也是计算机设备的最大的供应商（如 IBM 及惠普公司等），这也许并不奇怪。在某些情况下，这些供应商猛烈的销售攻势会说服其他企业的高层管理者将其信息系统功能外包给他们。
- *简化、缩减与再造*。企业在竞争压力下，通常会将注意力放在其核心竞争力上。在许多情况下，企业通常认为运营信息系统并不是他们的核心竞争力之一，因此决定将这部分功能外包给 IBM 或 EDS 等企业。这些企业的主要竞争力才是开发和维护信息系统。
- *财务因素*。企业将信息系统转交给某服务供应商的话，有时他们可以通过清算 IT 资产来完善资产负债表。此外，如果用户意识到他们的的确确掏钱购买了这些 IT 服务，而并非由自己的员工提供时，他们在使用时也许会更加精打细算，并且认为这些服务更有价值。
- *企业文化*。对信息系统团队来说，政治层面的或者企业层面的问题总是难以回避。然而，外部的服务供应商却因为没有任何组织或职能上的联系，常常能在简化信息系统操作方面带来巨大的影响。
- *内部刺激*。终端用户和信息系统人员之间的紧张关系也是不可避免的。而且，这种紧张关系有时候会影响到企业的日常运作。因此，使用一个外部的、关系较为疏远的且态度相对中立的信息系统团队就成了一个不错的想法。尽管用户与信息系统人员（或者服务供应商）之间的紧张关系是否真的消除了还值得推敲，但是使用企业外部的信息团队却的确拔掉了管理层心里长久以来存在的那根刺。

1. 管理信息系统外包的关系

McFarlan 和 Nolan（1995）认为，外包项目成功的最重要因素就是对外包进行不间断管理。他们所提出的建议包括以下几个方面。

(1) 首席信息官（CIO）及其职员应当能力突出并且积极主动，应当不断地管理好企业与外包厂商之间的法律关系和专业合作关系。

(2) 应当为系统及外包安排开发出一套明确的、实际的绩效衡量方法，比如有形的及无形的成本效益分析等。

(3) 用户与外包厂商之间的接触应当有多个层次（如处理政策和关系问题的环节以及处理运营和战术问题的环节等）。

通过这种方法管理外包联盟很有可能取得成功。例如，除了确保企业使用有能力、有动力的首席信息官和团队，McFarlan 和 Nolan 还建议企业指派基层的专职管理人员和协调团队来管理信息系统外包项目。这意味着，信息系统职能部门人员从系统开发等传统的信息系统任务中脱离出来之后，就被赋予了新的角色并组成新的团队。内部信息系统活动的结构和本质就从专门构建和管理信息系统转变为同时包括管理与外部企业之间的联系。而这些企业正是那些按合同为你构建和管理信息系统的企业。

2. 外包关系的几种类型

大多数企业不再与外包生产厂商缔结严密的法律合同，而是与其战略伙伴建立互惠互利的合作关系。在这种关系中，企业和生产厂商都很关心对方的成败，并且彼此之间可能利害攸关。然而，外包还有其他类型的关系。这意味着并非所有的外包协议都要有相同的结构（Fryer，1994）。实际上，至少有 3 种不同的外包关系：

- 基础关系；
- 优先关系；
- 战略关系。

基础关系就像是“现购自运”的关系，即根据价格和便捷性来购买产品或服务。企业应当尝试使用一些优先关系，即购买方和供应商根据各自的利益来设定偏好及价格。例如，某供应商可以针对某特定业务量的客户自主设定定价。大多数企业都会建立一些战略关系，即共同分担风险和回报。

现在我们已经讨论了两种依赖外部企业的系统开发方法。这两种方法或彻底或部分地减轻了自主管理信息系统开发项目的负担。然而，在某些情况下，仰仗企业外部机构进行开发可能并不现实或不方便。在这种情况下，企业就应当依赖于系统开发项目的另外一种方法。

9.5.4　终端用户开发

在许多企业里，就系统开发而言，企业内日益复杂的用户群体给信息系统部门带来一种新方法。那就是终端用户开发，即让用户自己来开发应用程序。这就意味着谁要用这些系统，就由谁来开发。也就是说，终端用户开发是信息系统部门可以不依赖于生产厂商或者服务供应商等外部企业，而又能加速应用程序开发的一种方式。然而，终端用户开发也有其相应的风险。在这一部分中，我们将对通过终端用户开发方式来开发应用程序的利弊进行概述。

1. 终端用户开发的益处

为更好地理解终端用户开发的益处，我们来快速回顾一下在本章先前介绍的那 4 种情况下采用传统方法所带来的问题。

- *劳动力成本*。传统系统开发属于劳动密集型的工作。在过去的几十年中，软件成本在不断增加，而硬件成本却在持续下降，如图 9-26 所示。从图中可以看出，对信息系统管理者来说，通过给用户分配设备，用硬件来代替劳动力，能节省不少的成本。信息系统管理者为用户提供他们所需要的工具，使其可以自主开发应用程序。这

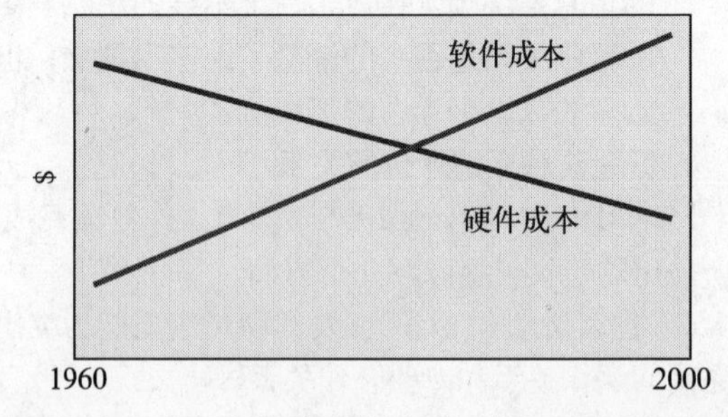

图 9-26　不断上升的软件成本与持续下降的硬件成本

样可以显著地降低应用程序开发的成本。而且，企业内的各个部门可以采购它们自己的设备，而信息系统职员只需提供相应的指导和其他服务即可。

- 开发时间较长。系统开发可能需要几个月甚至几年的时间，这取决于新系统的规模和范围，以及等待开发的系统定单。因此，从系统在初步提议时到最终完成时，用户的需求可能已经发生了重大变化。在这些情况下，系统在它完成之前可能就已经过时了。终端用户开发可以跳过等待过程，进而更快速地开发新系统。
- 对既有系统的修正或升级较为缓慢。维护既有系统会影响新系统开发的时间。通常，对既有系统进行升级的优先级要低于开发新系统。然而，这会导致既有系统无法跟上日新月异的商业需求的步伐，系统会变得陈旧而且利用率低下。当终端用户开发他们自己的系统时，用户就会承担起按需维护和升级应用程序的责任。同样，当系统完成时，它们通常会给潜在的业务流程带来变化。而这些变化又可能会给这些应用程序带来进一步的变化，或者对其加以修正，如图 9-27 所示。与依赖信息系统人员来做出这些变化不同，用户可以及时地修正这些应用程序来反应变化了的业务流程。

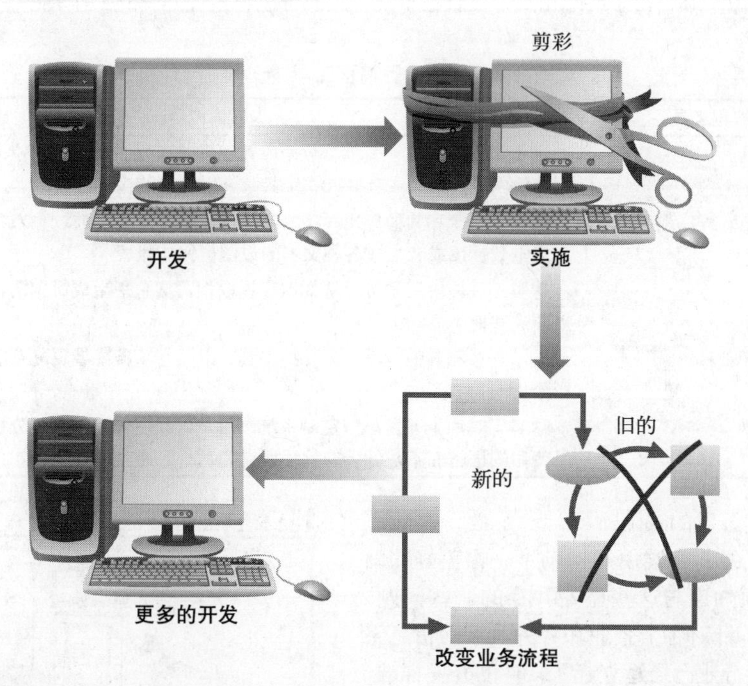

图 9-27 开发的持续循环。系统被开发和实施。但是，它总是会不够用。然后又开始了新一轮的开发

- 工作超负荷。之所以造成开发时间较长、修正进度较慢，其中一个原因就是新系统部门通常超负荷运转。如果能利用好终端用户开发者，实际上，你就相当于通过将原本由信息系统人员来做的部分工作转移给终端用户，从而增加了你开发人员的数量，如图 9-28 所示。

终端用户开发可以极大地减少信息系统开发部门的工作量。然而，像这样转移信息系统开发工作，可能会导致咨询台等信息系统的其他区域被请求帮助的人挤得水泄不通。尽管如此，终端用户开发仍然是企业在面对前述问题时的一个极佳选择。

2. 鼓励终端用户开发

终端用户开发听起来很棒，但是企业该如何鼓励并且让用户可以自助开发系统呢？所幸，易于使用的第 4 代开发工具（见技术概览 2）的出现使终端用户开发比 20 世纪 80 年代更实际。表 9-11 总结出了第 4 代开发工具的 5 种分类。

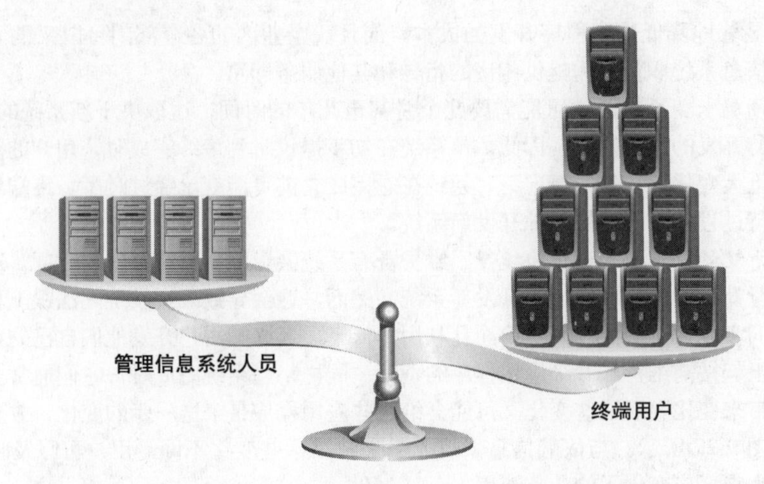

图 9-28　由于终端用户开发日益普及，我们可以将系统开发的工作转移

表 9-11　第 4 代编程工具的分类

第 4 代编程工具	具体内容
个人计算机工具	这类工具包括电子表单、数据库管理系统以及图形程序，使得用户可以使用软件内的宏语言或者嵌入式工具来开发自己的应用程序
查询语言或者报表程序编制器	数据库系统和其他应用程序的功能，使得用户可以通过输入各种查询标准来搜索数据库或者生成各种文本的或图像化的报表
图形生成器	这类工具使得用户可以从数据库提取相关信息来生成饼状图、线状图、散点图或其他类型的图形
决策支持或建模工具	电子表单和其他专用决策支持工具，以日常事务或者更复杂的多维问题进行分析
应用程序生成器	这类工具用于开发小型定制系统，用户可以明确要做哪些分析，选择较易于使用的语言而不是低级的编程语言的冗长的命令

3. 终端用户开发的缺陷

之前我们已经为终端用户勾勒了一幅美好的画卷。但是还必须知道与这些益处并存的一些问题，如图 9-29 所示。针对各个企业和各种类型的信息系统，计算机科学行业已经建立起了软件的开发标准，形成一些普遍接受的做法。然而，用户可能没有意识到这些标准，如完备的程序说明书的必要性、内建的错误检查及测试程序。在小型的、个人应用程序中，不依照这些准则可能并不构成问题。然而，如果这个系统管理的或者连接的是重要的商业数据，一旦这些数据崩溃或者不安全时，不依照这些规定准则就会带来大麻烦。

终端用户开发的另一个问题是应用程序之间可能缺少连贯性。假设张三开发了一套完全满足他个人需求的系统，张三自己很了解这套系统并且每天使用。但是，如果某天张三被调走了，并由新到公

图 9-29　终端用户开发有时可能会带来问题

司的李四接任，张三用起来得心应手的系统对李四来说可能就不那么好用了。李四可能马上放弃了张三的系统，或者不得不开发一套他自己的系统。这个例子表明终端用户开发很容易导致应用程序的不连贯性。在人事调动频繁的企业，可能只是由于所使用的既有系统没有文件说明书，新员工无法很好地使用，因而把大量的时间花在了无意义的重复开发工作上。同样，企业内不同部门的终端用户可能会为处理类似工作而各自开发系统，彼此之间却毫不知情，从而导致人力、物力的浪费。

新一代 Web

行业分析

2001 年网络泡沫破灭时，许多人认为Web 作为商业工具的时代已经过去。然而，很快事实就证明，在大多数情况下，网络泡沫的破灭只不过是扫除了那些不适合网络商业社区（还记得购买杂物和宠物食品的网站吧？）的概念，为树立正确的概念提供了条件。那些在动荡之后生存下来的商业机构多少都有一些共同之处。

(1) *选择 Web 作为商业平台*。亚马逊和谷歌等尤为适合 Web 环境的企业，所销售的产品或提供的服务，是顾客在实体店中找不到的，如绝版图书等。

(2) *它们的网站支持所有大小客户的交易*。例如，eBay 尽管取得了巨大成功，但是对那些交易量非常小的用户也一视同仁。而那些仅支持大型客户交易的以因特网为本的公司基本都失败了。

(3) *使用频率的增加自动改善了服务*。有的 Web 企业网站随着业务的增加需要添加新的服务器；而有的企业则随着交易量的增加转而利用用户的资源。例如，点对点的音乐下载网站允许用户之间直接相连，而将网站本身作为中间平台。

(4) *Web 设计的超链接特性被发挥到了极致*。例如，雅虎最初只是一些链接的目录而已。而谷歌也将 PageRank 作为其变革性搜索平台的基础。PageRank 是一个使用 Web 的链接结构而非文件特征来搜索数据的系统。

(5) *轻量化程序开发*。支持使用脚本语言，包括 Perl、Python、PHP 及 Ruby 等。这些语言采用开源的方式，使得用户可以参与到内容的编写和改动中来。例如，维基百科就是由用户自己定义的词条的集合。

网络泡沫破灭的风波平息之后，行业观察者把生存下来的 Web 企业归类为 Web 2.0。这个词于 2001 年在 O'Reilly Media 公司和 MediaLive International 公司的一场集体讨论会议上首次提出。与会者（见表 9-12）将之前的 Web 1.0 与 Web 2.0 进行对比，以此作为基准点，看那些在因特网世界取得成功的企业有哪些与众不同的特征。

表 9-12 对比 Web 1.0 和 Web 2.0

Web 1.0	Web 2.0
DoubleClick	Google Adsense
Ofoto	Flickr
Akamai	BitTorrent
mp3.com	Napster
在线大英百科全书（Britannica Online）	维基百科（Wikipedia）
个人网站	博客
Evite	Upcoming.org 和 EVDB
域名投机	搜索引擎优化
页面访问量	按点击计费
屏幕抓取	Web 服务
发布	参与
内容管理系统	允许用户添加、改变或删除内容的网页（Wikis）
目录（分类）	标签（大众分类）
黏性	联合

资料来源：http://www.oreillynet.com/pub/a/oreilly/tim/news/2005/09/30/what-is-web-20.html，2006 年 6 月 5 日检索所得。

这次集体讨论会议之后，Web 2.0 年会应运而生（第三次年会于 2006 年 11 月 7 日至 9 日在加利福尼亚州的旧金山市举行）。尽管 Web 2.0 这个词是 2001 年提出的，但是它使用了很多较早的技术来提供互动的业务环境，其中包括：

- Web 服务（始于 1998 年），使企业即使对彼此的系统知之甚少，也可以跨越防火墙进行数据的交流与沟通；

- Ajax（始于1998年），使Web应用程序无需重新加载整个浏览器页面就可以对用户界面做出快速变更；
- Web内容联合（始于1997年），使得新闻信息包、事件、故事和其他Web内容的数据可以无缝发表在其他网站上。

现在，许多Web新技术中都包含了这些“旧”技术，如wikis（即允许用户添加、改变或删除内容的Web站点）、podcast（即“播客”，将视频音频等多媒体文件通过因特网传播出去）、RSS种子（是Really Simple Syndication的缩写，它是一套关于网站间共享新闻或赛事情况等Web更新内容的标准）、blog（即博客，是网络日志（Web log）的英文简写，它是由按照时间排序的“帖子”组成的网络发表物）以及社交网络（为对某一主题感兴趣的人们建立虚拟社区的Web站点）等。

Web搜索行业的所有主要参与者都通过使用动态技术来提高其在因特网世界的地位。微软就是这样一个例子，它启动了Live.com网站。该网站基于Ajax技术，使用户可以使用那些原本仅限桌面应用程序才有的功能。现在有了Live.com，用户可以右键点击电子邮件等对象，并拖放各种元素来创建个人定制的首页，甚至可以在Web环境下使用键盘快捷方式，如拷贝和粘贴等。

谷歌公司则更进一步。它允许任何程序员在谷歌的应用程序上使用Web服务进行程序开发。使用谷歌的Web服务所开发的一些有趣的应用程序，包括像由Craigslist开发的、显示美国所有空闲房间的动态地图（www.housingmaps.com）。类似地，芝加哥市使用谷歌地图（Google Map）的Web服务来创建一张市内犯罪定位地图，包括不同犯罪类型的地图，甚至还有发生在特定的公共汽车路线上的犯罪地图（www.chicagocrime.org）。

Web 2.0企业的演变，以及先前提到的Web产业的进步已经使得桌面类应用程序得以在Web（例如微软公司的Live.com）上及应用当前技术的个性化应用程序（例如谷歌的各种工具和应用程序）上实现。简而言之，要在“新”一代Web中生存下来就得具有上述的这些特点，而具有这些特点的Web 2.0的商业模式则最有希望迎接胜利的曙光。

问题

(1) 想象并描述一下Web 3.0应用程序的一般特征。你觉得Web的下一步发展会是什么样?

(2) 介绍一种在明日的Web上将成为可能但是现在还无法实现的应用程序或服务。说说这种应用程序或者服务的潜在市场如何。预测一下它的出现或实现需要多长时间。

资料来源

http://www.oreillynet.com/pub/a/oreilly/tim/news/2005/09/30/what-is-web-20.html（2006年6月5日检索所得）

http://en.wikipedia.org/wiki/AJAX（2006年6月5日检索所得）

http://web2.wsj2.com/the_best_web_20_software_of_2005.htm（2006年6月5日检索所得）

http://www.web2con.com/（2006年6月5日检索所得）

与连贯性问题相关的另一个问题是，用户和管理者是否应当在信息系统部门上花时间。换句话说，企业雇用了专人担任财务经理、生产经理、市场推广人员或销售人员。企业期望这些雇员的经验技能可以为企业带来更多的价值。如果他们的精力被分散到开发新系统上，企业可能就损失了这些人才在其他方面所可能带来的生产力。同样，个人动机、士气以及业绩表现都可能会因为员工将太多的时间花在开发新系统上而无法专注于他们所擅长的领域而遭到打击。

幸运的是，成功转向终端用户开发的企业都意识到了这些问题，并且已经建立了一些控制机制来避免这些问题的出现。建立信息中心（IC）就是其中的一个办法。信息中心鼓励终端用户开发各自的应用程序，与此同时它还进行管理监控。信息中心的人员会提供帮助，或培训终端用户，为其提供恰当的开发技巧或标准，避免重复开发应用程序，确保系统说明书编写得准确而恰当。信息中心人员通常并不是某个职能部门的专业人员，而是第4代开发工具方面的专家。终端用户与信息中心人员协同工作，为企业开发出各种实用的系统。

要点回顾

(1) 明确企业在管理信息系统开发方面所采用的方法。信息系统的开发遵循一个过程，即系统开发生命周期（SDLC）。系统开发生命周期首先明确了系统需求，然后定义信息系统的设计、开发及维护等各个过程。整个过程高度结构化、有序化，并且要求管理人员和用户必须积极参与。

(2) 描述了系统开发生命周期的各个主要阶段：系统识别、选择与规划；系统分析；系统设计；系统实施以及系统维护。系统开发生命周期具有5个阶段：系统识别、选择与规划；系统分析；系统设计；系统实施以及系统维护。系统识别、选择与规划是系统开发生命周期的第1阶段，在这个阶段，对可能的项目进行识别、选择与规划。系统分析是系统开发生命周期的第2阶段，在这个阶段，将要研究当前开展业务的方式并提出系统的若干替代方案。系统设计是系统开发生命周期的第3阶段，在这个阶段，要对拟建系统的所有功能进行描述。系统实现是系统开发生命周期的第4阶段，在这个阶段，对系统进行编程、测试、安装以及支持。系统维护是系统开发生命周期的第5阶段，也是最后一个阶段，在这个阶段，对系统进行修复和完善。

(3) 介绍了系统开发的原型法、快速应用程序开发以及面向对象设计分析法，及其各自的优缺点。原型法是一种系统开发的往复性方法。使用这种方法时，将需求转换进另一个运作中的系统，分析师和用户密切协作反复修订该系统。原型法的优点就是，它有助于建立起设计者和用户之间密切的协作关系，而且对那些难以定义的问题来说不失为一个好办法。它的缺点是，对大量用户的情况来说并不实际。此外，如果系统构建速度过快，可能会导致系统质量低下。快速应用程序开发（RAD）是一种结合原型法、基于计算机的开发工具、特殊管理方法和用户的密切参与的系统开发方法。快速应用程序开发的优点在于，它鼓励用户积极地参与到开发过程中来，使得系统实施变得十分简单；而它的缺点就是系统的关注面有时过于狭隘（这可能会影响系统将来的演化升级），并且当系统构建速度过快时，也会带来质量方面的隐患（这一点与原型法一样）。面向对象分析设计法（OOA&D）是一种关注于对象建模的系统开发方法。它将数据和处理方法结合在一起，而不是将二者分开。面向对象分析设计法的优点是在设计阶段将数据与处理方法结合起来。这就可能带来高质量的系统和普通对象的重复利用，也使得系统开发和维护更为简易。它的缺点便是培训使用面向对象方法的分析师和程序员更为困难，而且分析师经常重复建造常用对象。

(4) 介绍了影响自主构建系统的各个因素，并介绍了不适宜采取自主构建的几种情况。至少有4种情况不适合企业来进行系统的自主构建。第一种，一些企业没有足够的信息系统人力，因此，不具有自主构建系统的能力。第二种，企业的信息系统人员所具备的经验技能有限。现有的信息系统部门可能在构建传统信息系统方面得心应手，但是在建造新型系统或要求使用新型开发工具的系统面前束手无策。第三种，在许多企业中，信息系统部门没有时间来为企业所期望的所有系统花费工夫。第四种，一些企业信息系统部门的业绩欠佳，人事调动、需求变化、技术转移及预算限制等都会导致结果不尽如人意。在以上任何一种情况下，都应该考虑采用非自主构建系统的途径。

(5) 介绍了另外3种系统开发方法：外部获取、外包以及终端用户开发。外部获取是指向外部企业或生产厂商购买既有信息系统的方法。外部获取一共有5个步骤。第一步是系统识别、选择与规划，它关注的是决定被提议系统是否可行。第二步是系统分析，以确定系统需求。第三步是编写需求建议书（RFP）。需求建议书是一种交流工具。在需求建议书中，企业表明对特定系统的需求，并向预期的生产厂商征询他们在提供这类系统方面的相关能力信息。第四步是建议评估，对各生产厂商返回的提议进行评估。评估工作包括查看系统演示、评估系统能力、检查对企业至关重要的相关标准是否达标以及拟议系统如何遵循这些标准等。第五步是厂商选择，即选择为你提供系统的生产厂商。外包是指将信息系统开发与管理的部分或者全部职责转交给外部企业。终端用户开发则是一种企业内用户自己开发、测试并维护应用程序的开发方法。

思考题

1. 系统开发生命周期（SDLC）的5个阶段分别是什么？
2. 列出并介绍需求采集所使用的6种方法。
3. 在系统开发生命周期中，系统设计阶段的4项主要任务是什么？
4. 系统转换的4种方案分别是什么？它们的区别是什么？
5. 比较和对比系统维护的4种类型。
6. 设计构建系统的3种不同方法有哪些？
7. 原型法有哪些优劣？
8. 列出并介绍快速应用程序开发的4个阶段。
9. 什么是面向对象分析设计？这种方法的优缺点是什么？
10. 说出外包的定义，并列出它的3种主要类型。
11. 什么是系统基准测试？常用的基准测试有哪些？
12. 如今，外包比过去更为普及，其中的原因是什么？
13. 本章介绍的对管理信息系统外包关系的3个建议分别是什么？
14. 说出第4代开发工具的5种分类。
15. 终端用户开发的利弊是什么？

自测题

1. 以下哪一项不属于系统开发生命周期中的阶段？
   A. 系统分析
   B. 系统实施
   C. 系统设计
   D. 系统资源获取
2. ______是指从用户、管理人员、业务流程以及各种文件中搜集并整理信息，以明确拟建信息系统应当具有哪些功能的过程。
   A. 需求采集
   B. 系统采集
   C. 系统分析
   D. 记录管理
3. 关于系统开发生命周期各阶段排序，下列哪一项是正确的？
   A. 维护、分析、规划、设计、实施
   B. 分析、规划、设计、实施、维护
   C. 规划、分析、设计、实施、维护
   D. 维护、规划、分析、设计、实施
4. 在系统设计阶段，下列哪一项在构建信息系统过程中无需设计？
   A. 报告与表单
   B. 调查问卷
   C. 数据库与文件
   D. 界面和会话
5. ______维护包括改进系统以增强其处理性能或界面可用性，或者添加期望的但非必需的系统功能（即花哨功能）。
   A. 预防性
   B. 完善性
   C. 正确性
   D. 适应性
6. 下列哪一项是非自主构建系统的方法？
   A. 外部获取
   B. 终端用户开发
   C. 外包
   D. 以上所有
7. ______是一份用于企业向厂商说明其需求并邀请他们就如何满足这些需求提供信息的报告。
   A. 请求函
   B. 厂商请求书
   C. 需求建议书
   D. 应付款请求函
8. 下列哪一项不属于外包关系？
   A. 基础
   B. 精英
   C. 战略
   D. 优先
9. 在下列哪一种情况下，可以考虑外包？
   A. 信息系统的性能问题
   B. 供应商施压
   C. 财务因素
   D. 以上所有
10. 大多数竞争性的外部获取通常包括5个以上的步骤。下面哪一项不在其中？
    A. 厂商选择
    B. 提议评估
    C. 编写需求建议书
    D. 实施

问题和练习

1. 配对题，将下列术语与它们的定义一一配对。
   i. 需求建议书
   ii. 系统基准测试
   iii. 第一阶段测试
   iv. 系统开发生命周期
   v. 终端用户开发
   vi. 原型法
   vii. 引导转换
   viii. 系统分析
   ix. 外包
   x. 外部获取
   xi. 数据流
   xii. 需求采集
   a. 数据在企业内或信息系统内的运动
   b. 用于描述信息系统从构想到淘汰的整个周期的术语
   c. 系统开发生命周期的第二阶段
   d. 从用户、管理人员、业务流程及文件中搜集、整理信息，以明确拟建信息系统应当具有哪些功能的过程
   e. 由软件测试员来评价整套系统是否符合用户的设计需求
   f. 整个系统仅限于某区域而非全企业使用
   g. 使用“试错法”来明确系统如何运作的系统开发方法
   h. 将企业信息系统的开发和运作的部分或全部职责转交给外部企业的做法
   i. 用户自主开发其应用程序
   j. 向外部生产厂商采购既有系统
   k. 通过测试部分工作负荷来评估拟建系统运作情况的方法
   l. 企业发布的报告，向厂商说明其需求并邀请他们就如何满足这些需求提供信息
2. 解释数据与数据流之间的区别。系统分析师是如何获得他们所需的信息来生成系统的数据流的？在系统设计阶段如何使用这些数据流及相应的处理逻辑？这些数据及数据流建模不正确时会带来怎样的结果？
3. 微软在其网站上发布一个新版的IE浏览器并称其为beta版时，这竟味着什么？这是这款软件的最终版本吗？还是仍然只是一个测试版？谁来进行测试工作呢？在Web上搜索一下，找找其他有beta版产品向公众开放的公司。你可以试试Corel公司（www.corel.com）或者Adobe公司（www.adobe.com）。你还找到了其他哪些公司？
4. 为什么新信息系统的系统程序说明书如此重要？它包含了哪些信息？这些信息是面向谁的？在什么情况下最有可能用到系统程序说明书？
5. 在Web上，用任何一个搜索引擎搜索一下“系统开发生命周期”。看看几个热门的搜索结果。将它们与本章概述的“系统开发生命周期”进行比较。这些生命周期是否都有大致相同的轨迹？你在Web上找到的那些都包含有几个阶段？它们的定义是否相通？根据你的搜索结果准备一个10分钟的班内陈述演讲。
6. 选择一个你熟知的自主开发信息系统的企业。该企业是否采用系统开发生命周期？如果不是，那是为什么？如果是，它的做法包括几个阶段呢？谁来开发这个生命周期？是公司内的某个人开发还是采用其他地方构建的信息系统呢？
7. 说说你在信息系统变更或升级方面的经历。使用了怎样的转换过程？你作为一个用户来说，这如何影响到你与系统的互动呢？还有哪些人受到了影响？如果系统崩溃了，停机了多长时间？你或者你的同学有过这样惨痛的经历吗？
8. 比较并对比一下快速应用程序开发法和面向对象分析设计法，它们的优缺点分别是什么？登录www.objectfaq.com/oofaq2/，访问Object FAQ。
9. 在Web上用任何一个搜索引擎搜索一下“面向对象分析设计”。看看几个热门搜索结果。你应该能找到无数的关于信息系统部门使用面向对象分析设计法的文章。根据你的搜索结果准备一个10分钟的班内陈述演讲。
10. 采访你所熟知的某个企业的信息系统部门经理。了解该企业是否对系统项目使用原型法、快速应用程序开发或面向对象分析设计法等。由谁来决定选择使用这些方法？如果没有使用某种方法，是因为没有选择的余地、没有必要、了解不足还是能力有限？
11. 选择你所熟知的一个企业，了解它是否自主构建信息系统。这个企业的信息系统部门有多少职员？他们所支持的企业规模有多大？
12. 想想从事信息系统职业有哪些要求？如果某个项目有一个最后期限，信息系统职位是否要求人们一个星期工作40个小时甚至更多？信息系

统部门的职位是否要求人们有技术经验？要找到这些问题的答案，走访你所在的大学的、当地企业的或者 hotjobs.yahoo.com 及 www.job-hunt.org 等供职信息网的信息系统部门。

13. 找一个采用外包的企业，如因特网上的 www.computerworld.com 或 www.infoworld.com，或将来你期望去供职的某个公司。外包带来的管理方面的挑战有哪些？相比多雇用些职员来说，为什么这是一个普遍的做法？

应用练习

电子表单练习：校园旅行社的信息系统外包

校园旅行社想要进一步地以用户为中心，为其最重要的用户提供更好的服务。“空中飞人计划”的许多成员都要求可以在线查询其会员资料。此外，这些经常坐飞机出行的乘客还希望可以在线预订奖励航班。有许多公司专注于构建这种交易系统。你决定将这个系统的开发工作外包出去。根据以下权重来评估不同的生产厂商系统：

- 在线预订：占 20%；
- 用户友好性：占 25%；
- 最大并发用户数量：占 20%；
- 与当前系统的整合：占 10%；
- 厂商支持：占 10%；
- 价格：占 15%。

要评估各个系统，你需要使用 Outsourcing.csv 电子表单中的数据来计算各个厂商的加权分数。要计算各个厂商的总分，采用以下步骤：

(1) 打开文件 outsourcing.csv；

(2) 使用 SUMPRODUCT 公式，将每个厂商的分数与相应权重相乘，并将各加权分数相加；

(3) 用格式来突出总分低于 60% 和高于 85% 的厂商，方便选择。

数据库练习：为校园旅行社构建一个特定需求数据库

除了国际旅行外，为有特殊需求的人们进行旅行预订也是校园旅行社的专业服务之一。然而，为了能推荐一些旅行目的地和旅行内容，你应该知道每个目的地都有哪些设施场所可用。因此，要求你创建一个包含有目的地和有特殊需求的人们能利用的设施场所的数据库。为了让这个系统能为尽可能多的人所用，你应该为用户设计各种报表，便于他们从中获取各个目的地的相关信息。经理希望你的系统能够包含目的地以下几个方面的信息：

- 所处位置；
- 是否有残障人士设施；
- 距离医疗机构有多远；
- 对宠物的友好性如何。

每个地方可能有一个或多个供残障人士（如听力、行走、视觉等方面不健全的人）使用的设施。某一种残疾人用设施可以出现在多个地方。此外，每个地方都必须有对宠物友好的住处（或活动），并且有为不同宠物（如猫、狗等）准备的住处。设计完数据库之后，请按专业格式设计 3 个报表：(1) 按字母顺序对各个地点进行排序；(2) 给那些行动不便的人列出有残障人士设施的地点；(3) 列出所有对宠物友好的地点。

提示：在 Microsoft Access 中，在准备报表之前你可以先进行查询。输入一些示例数据组然后将报表打印出来。

团队协作练习：确定一种开发方法

假设你刚被某企业聘用，由你负责采购 10 台新的桌面计算机。制作一张表格，在上面列出你选择生产厂商的标准。在明确了各个标准之后，讨论一下这些因素的重要性，并依此排序。写一份报告来说明这些准则和排序结果。

自测题答案

1. D	3. C	5. B	7. C	9. D
2. A	4. B	6. D	8. B	10. D

案例 ❶

开源软件的兴起

如今，你可能已经知道一些开源软件，如Linux操作系统以及Firefox浏览器等。也就是说，这些程序的创造者将源代码公开，任何人都可以修改该程序，以完善这些应用程序的性能。

开放源代码促进协会（Open Source Initiative，OSI）是一个致力于促进开源软件发展的非盈利性机构。它由两位开源软件的积极倡导者Bruce Perens和Eric S. Raymond于1998年创立。开放源代码促进协会明确地规定了开源软件的定义，并依此确定是否可以授予某款软件“开源软件许可证”。开源软件许可证就是软件的版权许可证。拥有此证的软件允许程序开发人员无需向原作者支付费用即可进行源代码的再发放和修订。开放源代码促进协会限定了符合开源定义的条件，包括以下几种。

(1) 可以进行软件的免费再发放。

(2) 可以免费获得源代码。

(3) 允许修订版本的再发放。

(4) 软件许可证可以要求软件的修订版只能以补丁的形式获得。

(5) 与程序相关的权利对软件所有的再发放接收者均一致。

(6) 应当允许任何人修订软件。

(7) 商业软件用户不应当被排除在外。

(8) 软件许可证不应当仅限于某款产品。

(9) 软件许可证无权指定与授权软件一并发布的软件也必须是开源的。

(10) 软件许可证必须保持技术的中立性，即不应当强制要求接受点击许可证。（“点击许可证”这个词是对套装软件许可证的戏称，即告知用户打开软件外的热缩塑料包装就意味着接受。点击许可证条款之所以这样命名，是因为当软件下载完成之后会要求计算机用户要么点击“我接受”要么点击“我拒绝”。）

开源软件的各种类型中，满足以上标准并且已经得到广泛应用的就是开源操作系统，它包括以下几种。

- Linux（www.linux.org/）。它是世界上应用最广泛的Unix类操作系统。它的各个版本的运行平台十分广泛，从掌上电脑到普通的个人计算机，乃至世界上最强大的超级计算机。www.linuxiso.org上列有关于Linux各个常用版本的信息。
- FreeBSD（www.freebsd.org/），OpenBSD（www.openbsd.org/）和NetBSD（www.netbsd.org/）。这些BSD操作系统都基于Unix操作系统的伯克利软件发行版，由加利福尼亚大学的伯克利分校研发。还有一个基于BSD的开源项目就是Darwin（http://developer.apple.com/opensource/index.html），它是Apple的Mac OS X操作系统的基础。

此外，在维持因特网运作的路由器和DNS根服务器中，许多都是基于BSD类或者Linux操作系统。微软公司也使用BSD操作系统来维持Hotmail和MSN服务的运行。

另外，除了这里介绍的操作系统软件之外，维持因特网运行的软件中，有许多也是开源的，其中包括如下几种。

- Apache（www.apache.org/），这款软件在世界上被应用于超过70%的Web服务器上（见www.securityspace.com/s_survey/data/200609/index.html）。
- BIND（www.isc.org/index.pl?/sw/bind/），这是一款为整个因特网提供DNS（即域名服务器）的软件。
- Sendmail（www.sendmail.org/），它是因特网上最重要同时也是应用得最广泛的电子邮件传送软件。
- Firefox（www.mozilla.com/firefox），它是Netscape（网景）浏览器的开源版本。在“浏览器之战”中，网景公司失去的大片市场现在已经逐渐收复回来了（在“浏览器之战”中，网景公司与微软公司为争夺因特网浏览器市场的霸主地位而展开合法竞争）。每次发布新版本时，Firefox都在功能性、稳定性及跨平台的连贯性上都有所提升。而其特有的跨平台特性对其他浏览器来说，暂时还无法实现。此外，它的许多受欢迎的功能特性（如标签浏览等）也引来竞争对手的争相模仿。
- OpenSSL（www.openssl.

org/)，它是因特网上安全交流（超强的加密功能）的标准。

因特网显然已经尝到了开源软件的甜头，并且毫无疑问，这个势头将一直发展下去。

问题

(1) 如此多的开源软件造就了今天的因特网，这样有什么利弊？

(2) 什么样的应用程序采用开源方式要比非开源方式更好呢？在什么情况下反而更糟呢？

(3) 找出一个发布开源软件的盈利性公司。它发布的是什么软件？公司如何盈利？它的盈利模式是否持久？

(4) 你的个人计算机是否使用了开源软件，如Linux操作系统或者Firefox浏览器？为什么？

资料来源

http://www.opensource.org/docs/products.php

http://en.wikipedia.org/wiki/Open_source_Definition

http://en.wikipedia.org/wiki/Open_source

案例 2

电子化航空运输业——信息系统的开发与获取

在20世纪90年代后期，人们就开始憧憬将来在天上也可以通过宽带来访问因特网。尽管当时能使这一梦想成真的技术已经出现，但是没有哪家公司像波音公司那样，愿意第一个吃螃蟹，去整合所需的各种技术，包括卫星通信、最尖端的天线技术、大规模组网技术以及移动通信等，来为航空旅客提供高速的因特网连接。除了要克服各种技术障碍，波音公司还要明确地看到这种系统的应用前景。

为探明市场潜力，公司研究发现，起初，美国的商务飞行常客中，有多达62%的人对宽带接入非常感兴趣。研究人员进一步发现，美国境内的商务飞行常客中有18%愿意为提供高速因特网服务的航班每次多支付35美元。而在欧洲境内，这个比例接近20%。对美国境内这些旅客的调查显示，有3%的人认为他们极有可能转向那些提供这种服务的航空公司。

这些数字向航空公司清楚地证明了这个市场的巨大潜力。单人国际航线飞行每增长1个百分点，每年就可以为企业多带来100万美元的收益。这个诱人的数字就是企业构建这种系统的绝好依据。在波音公司高层最后决定构建Connexion系统之前，在项目识别的整个阶段，企划案就经过了一轮又一轮的修改。

为了使这个商业创意的盈利能力最大化，Connexion的系统分析师与市场营销部门密切合作，确定哪些功能特性才能满足潜在用户的需求。在明确了系统应当具备的关键性功能之后，Connexion公司的市场和销售团队邀请各主要的航空公司来磋商，讨论哪些系统功能是“必须有”的，哪些则是“希望有”的。例如，许多航空公司都关心安装系统所需要的时间，因为飞机不在天上飞行就意味着直接的经济损失。同样，不少航空公司还对安装通信设备的花费以及为顾客提供的这些服务的定价忧心忡忡。需求采集阶段生成了市场需求文件，继而转变为高级的商业和系统需求文件。而这些文件就是系统分析师进一步开发、细化设计最终系统的蓝本。

一旦详细的系统设计和产品服务开发完成之后，Connexion的系统工程团队就将所有的集成产品团队（他们各自代表了该项目的不同利益相关人）聚集在一起，来对机上因特网连接所需的基础子系统进行开发。有了这些细化规格之后，就可以将需求分解到元件层面。为了与航空业标准保持一致，简化系统的安装与维护，各个组件必须以线性可替代单元的方式安装，这些组件也就是遵循各种细化规格的通信系统的组件，而整个系统在日常维护中也可以轻易互换。这样就将安装维护所需的成本和时间保持在较低的水平。

项目进行初期一帆风顺。但是，企划案的许多假设却在一连串的事件发生之后遇到了挑战。这些事件包括：第一次海湾战争（沙漠风暴）；2001年9月11日的恐怖袭击；东南亚遭遇的SARS危机以及全球经济下滑等。这些事件导致旅游业严重衰退。这对商业航空公司造成了非常大的负面影响。因此，许多原本对安装此系统感兴趣的航空公司，迫于新的安全标准所带来的成本增加而不得不放弃承诺。而就Connexion公司而言，商业航空市场的萧条也要求对此前的企划案重新审查。受这些剧变的影响，Connexion公司将业务重点转移到了政务飞行和私人飞机领域，以确保企划案依然可行。然而，尽管当前商业航空市场对安

装此系统并无兴趣，Connexion公司还是试图邀请世界上16家处于领导地位的航空公司来参与开发，明确并完善系统特性及服务。

航空公司的参与、批评以及明确的需求对Connexion公司来说如获至宝。它帮助完善系统的详细规格以满足航空市场不断演变的需求。此外，它也慢慢地让航空公司买入这些它们参与设计、检查的系统。随着设计的推进，这些产业合作者与Connexion公司继续保持密切合作，以对新服务和系统特性进行评估。

完成了设计阶段之后，Connexion公司便开始了系统的初步测试。在一架安装了特殊设备的波音737飞机（即“Connexion一号”）上，系统工程师逐一测试了系统的各个功能。通过机上安装的测试设备，Connexion公司的工程师证明了有线和无线模式都可安全运作，而不会干扰到飞机的通信、航空电子设备和导航系统。因此，Connexion公司的这套系统得到了美国联邦航空管理局的许可，并得到了英国（CAA）和德国（LBA）的民航管理局的认证。它们向波音公司和德国汉莎航空技术公司颁发许可证，允许其在特定航班上进行初步测试时使用无线便携式电脑和PDA（即个人数字助手）。

2003年初，在汉莎航空公司的一趟由法兰克福市飞往华盛顿特区的航班上，这项技术第一次在商业飞机上公布于世。在接下来的三个月中，在汉莎航空公司和英国航空公司跨越大西洋的定期航班上乘客成功地使用了Connexion公司的服务。这次展示吸引了更多对此服务感兴趣的航空公司。在汉莎航空公司之后，斯堪迪纳维亚航空公司（SAS）、日本航空公司以及全日本航空公司（ANA）等都与Connexion签订协议，在其部分或全部机组上都安装Connexion系统。

尽管事实证明，该系统在商业航空公司的运作中是有效的，但是Connexion公司的系统工程师们仍然继续努力完善这套系统。由于国际航空公司的需求旺盛，Connexion公司决定将其业务范围扩展到跨太平洋航线以及美国南部和非洲的各条航线上。由于许多国际长途航班都要经过格林兰或北西伯利亚或阿拉斯加等高纬度地区，开发下一代天线便成为了当务之急。Connexion公司的第一代天线在一定的纬度范围之内工作状态良好。但是，当飞机继续向北跨越一定纬度之后，就无法与环绕赤道运行的同步卫星保持联系。与三菱电气集团合作后，Connexion公司开发出了下一代天线。这种天线有助于克服上述问题，甚至能在更多的线路上实现因特网的宽带连接。

在系统分析和设计过程中，主要因为几个重大的国际性事件，Connexion公司经历了一些挫折。然而，通过根据需求来不断完善系统规格，Connexion公司经受住了这些危机的挑战，并于2003年，开始了因特网高速连接服务在私人、政务以及商务等各个领域的商业化推广工作。

但是，所有的努力最终都白费了。因为各航空公司采纳推广这项服务的进度极为缓慢，而已安装的公司数量远低于Connexion公司此前的预期。除此之外，当局监管环境的不确定性随着恐怖主义威胁的不断出现而不断增长。最值得注意的是，在2006年8月，英国执法机构挫败了一项恐怖主义阴谋。该恐怖集团分子密谋通过电子设备来点燃飞机上的液体炸弹。此后不久，英美两国间的航班开始严格限制携带电子设备上机，如便携式电脑、移动电话或者MP3播放器等。对许多航空公司来说，监管环境真是说变就变。在这些事件发生之后，波音公司决定停止提供Connexion服务。

问题

(1) 简要描述一下Connexion公司的系统分析和设计过程。

(2) Connexion公司是如何遵循本章所介绍的系统开发生命周期法的？Connexion公司在哪一步偏离了这个流程？

(3) 像Connexion这样的公司应该如何应对外部环境的变化？波音公司所付出的努力应该如何挽回？

第10章

管理信息系统里的道德和犯罪问题

综述> 计算机和信息系统是现代企业开展商业活动必不可少的组成部分，然而不当使用或者滥用计算机和信息系统的事情时有发生。我们所生活的这个数字世界，在给我们带来便利的同时，也引发了一些新的道德问题。谁掌握着信息，尤其是与我们相关的信息？谁对这些信息的准确性负有责任？是否有必要就企业和专业人士如何使用信息、计算机及计算机系统制订相应的规范？规范应该是什么呢？对于计算机犯罪或者信息滥用的行为，应当怎样处罚？通读本章后，读者应该可以：

1. 描述信息时代的到来，以及计算机道德问题如何影响信息系统的使用；
2. 描述与信息隐私权、信息准确性、信息所有权以及可访问性相关的道德问题；
3. 解释什么是计算机犯罪，列举一些计算机犯罪的类型；
4. 描述并说明网络战争和网络恐怖行为的差异。

本章主要讲述本书中与数字世界管理有关的最后一个主要的话题。具体来说就是与信息系统使用道德和计算机犯罪相关的各种问题。信息系统使用道德和计算机犯罪这两方面的话题对成功管理信息系统来说日益重要。

数字世界中的管理 BitTorrent

1999年，肖恩·范宁（Shawn Fanning）当时还是美国波士顿东北大学的一名在校学生，他就有一个关于网站的惊人想法。范宁已经厌倦了用IRC或者Lycos（两种计算机软件）在网上搜索音乐，于是他编写了一个P2P的文件共享系统，该系统支持用户直接交换音乐文件。系统设计的独特之处就在于音乐文件不用保存在中央服务器上，而是通过用户计算机的硬盘进行上传和下载。举例来说，如果用户想下载Ricky Martin的歌曲，就可以直接在其他用户的计算机里搜索，找到以后再下载。

范宁将这项服务称为Napster，它颠覆了传统商业音乐格局，因为用户可以把热门歌曲和一些难找的歌曲下载后保存为MP3格式，不用像过去那样花钱去买CD了。显然，范宁为这个做法付出了代价，美国电影协会（Motion Picture Association of America，MPAA）以及唱片协会不久发现了该网站，于是它们以侵害版权的名义起诉了范宁。重金属乐队Metallica以及饶舌音乐Dr.Dre也起诉范宁侵犯了版权。法院认为Napster公司向网民提供MP3文件共享软件侵犯了音乐版权，因此Napster公司于2001年关闭。法院判决范宁赔付音乐创作者以及版权所有人2600万美元。

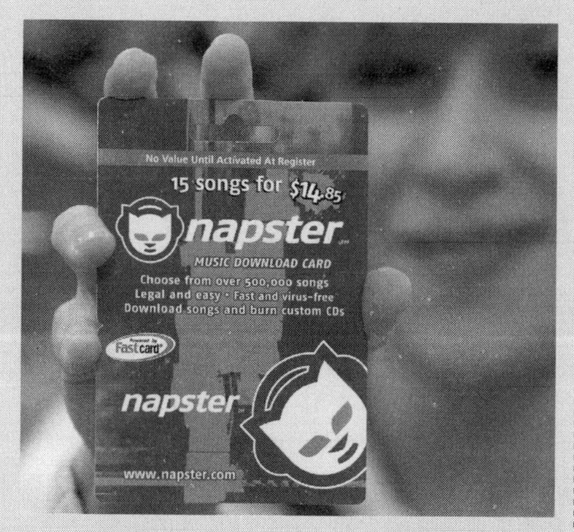

图10-1 Napster成了音乐下载的代名词

Napster公司终于在2001年宣告破产，并且被收购。现在该网站还存在，旨在提供免费服务，用户可以在网上听音乐。但是如果用户想下载这些音乐，必须付费才行（参见www.napster.com）。

范宁开创的P2P文件共享系统取得了巨大的成功，并没有随着Napster的倒闭而消亡。在众多的文件共享系统中诞生了一颗"新星"，即BitTorrent，简称BT。BT与Napster的不同之处在于，BT既不是一个程序也不是一个文件服务器，而仅仅是一个传输文件的协议。这个协议可以把用户连接到特定的P2P网络上去，用户之间可以直接通信，互相发送和接收文件。尽管也存在一个称作tracker的中央服务器，但它的作用仅是管理用户连接的，并不会了解到用户正在传输的文件是什么。

BT的精妙之处在于用户在下载文件的同时，也可以上传文件。它把数据划分为较小的且利于传输的块，这种特性使得用户可以连接到好几个别的用户，这既有助于其他用户的下载，也有助于最大程度地利用带宽，从而达到快速下载文件的目的。这个协议设计的初衷就是要实现网络上的用户越多下载效果越好的目的。支持共享的人增加很快，因为每一个新的用户既充当文件的下载者，又充当文件的上传者。

BT技术为计算机词典贡献了几个新的流行语。例如，leechers指的是这样一些用户，他们只想下载文件，但却从来不与其他人共享这些下载来的文件。Seeders则指的是这样的用户，他们不仅下载文件，还用自己的硬盘和带宽提供一些文件供别人下载。很多用户不愿意把他们共享的内容供leecher下载，在网上看到他们的时候，往往会屏蔽掉。

为什么没有人起诉要求禁止这种服务呢？主要是因为BT的服务器仅仅用来管理BT协议的连接，不保存任何供下载的文件。那些支持用户上传和下载文件的软件与BT无关。换句话说，任何人都可以开发BT应用程序，事实上，已经有很多人这么做了。

出人意料的是，MPAA选择接受了BT的策略，而不是与之对抗。华纳兄弟家庭娱乐集团近来在德国启动了一项合法的P2P服务，称作In2Movies。订阅者使用的华纳兄弟的客户端软件，就是用BT协议来管理多个用户之间的连接。订阅者可以下载当天公映的电影。这种商业盈利模式很简单：用户支付一定的费用来下载电影，如果用户共享自己通过In2Movies下载的电影，就可以得到一定的积分，然后可以用这些积分来"付费"下载更多的东西。消费者"一旦下载就拥有了"这些电影（也就是说，他们可以随时观看这些电影，没有次数限制）。但是，不能刻录出来在DVD机上播放。

华纳兄弟的这项策略被视为一场革命，因为娱乐界的人士一直认为文件共享使得他们损失惨重。华纳兄弟的策略不仅展示了如何通过最大程度地利用网络来削减电影发布成本，还给消费者带来了高速的下载体验。通过这场变革，华纳兄弟不仅给音乐共享社区带来了一些压力，同时也为他们省下了数百万美元用于数字产品的发布费用。

另外一个看到BT优势并使用BT技术的公司是暴雪娱乐公司。暴雪娱乐公司最热门的网游《魔兽世界》，就是使用了BT协议来发布补丁和更新信息的。当玩家更新程序或者给程序打补丁时，他们不是从暴雪的服务器上下载必须的文件，而是使用BT协议从其他玩家那里下载，这些玩家可能位于世界各地。因此，借助于所有玩家的带宽就实现了发布数字内容的目的。《魔兽世界》拥有300多万的玩家，暴雪从这个游戏获利颇丰。由于暴雪采用BT文件共享技术，公司的软件分发成本非常少。

阅读完本章之后，读者将可以回答如下问题。

(1) 像BT这样的技术引发了什么样的道德问题？

(2) 辩论Seeder以及leecher牵涉到的道德问题。

(3) 如果你是音乐界的知名人士，你如何看待文件共享？

资料来源

http://en.wikipedia.com/wiki/Napster

http://en.wikipedia.com/wiki/Bittorrent

http://www.bittorrent.com/introduction.html

http://online.wsj.com/public/article/SB113858875415059685BRDbFwW653bFI5_3EHCWikZeZd8_20070130.html?mod=blogs

10.1 信息系统道德

在《第3次浪潮》一书里，未来派作家托夫勒描述了人类文明有3个不同的阶段，或者叫做“变革的浪潮”（参见图10-2）。第1次浪潮是农业和手工业带来的文明，是比较原始的阶段，持续了几千年。第2次浪潮是工业革命，此次浪潮起于18世纪末期的英国，持续了大约150年，使得人类社会从以农业为主导的时代迈向了城市化的工业时代。在过去，人们为了养家糊口，就得干农活或者靠卖点小工艺品挣钱过活。现在不同了，人们开始离开自己的家，去工厂里做工了。钢厂、纺织厂以及后来的自动流水线替代了传统农业和手工业，家庭的主要收入来源也不再是农产品，而是工资收入了。

图10-2 信息时代是变革中最大的一次浪潮

由于工业革命的不断推进，不仅职业发生了变化去适应机械化的社会要求，而且教育机构、商业机构、社会机构以及宗教团体也有了新的变化。从个人的角度来看，能适应社会的要求，从事重复性的劳动是一项基本的素质。从孩子们在学校的时候到他们最终成为工人时，都要重视和培养这种素质。

10.1.1 信息时代到来了

第2次浪潮的进程比第1次浪潮文明的进程短一些，整个社会（世界范围内）接着就从机器时代进入了信息时代。这个时代被托夫勒称作“第3次浪潮”。“第3次浪潮”发展很迅猛，信息变成了这个时代的“通货”。从原始时代到中世纪的几千年里，信息，或者说知识的载体，从数量上来说是很少的。信息仅仅在家庭、家族或者在整个村子里口口相传，从一个人传到另外一个人，或者由上一代传给下一代。后来到了15世纪中叶，Johann Gutenberg发明了印刷技术之后，信息的类型和数量都大大增加了。现在知识可以以书面的形式传播，有时候信息可能来自世界各地。出版物可以保存并包含信息，还可以记述或者讨论相关信息，因此大大扩充了知识库。

10.1.2 计算机文化和数字鸿沟

当今大多数高中生和大学生都成长在计算机化的世界。如果有人到高中毕业时还不会操作计算机，也很快就会学会这方面的技能，因为当今的工作都要求掌握操作计算机的基本技能，即有计算机文化（也称为信息文化）。不会使用计算机，也就意味着失业。知道如何使用计算机可以获取到无数的资源，那些已经学会使用计算机的人可以把计算机作为收集、保存、组织以及处理信息的一种手段。事实上，有些人担心，信息时代带给每个人的好处是不同的：那些掌握计算机操作技能的人，可以随意获取信息，就成为“信息富人”；而那些使用计算机有限制或者不会使用计算机的人则成为“信息穷人”。

与计算机最相关的职业也在演变，因为现在计算机的技术越来越成熟，应用的也更为广泛了。过去我们认为计算机工作者主要是程序员、数据录入员、系统分析师以及计算机维修人员。现在则有了更多的工作种类，几乎每一个行业（参见图 10-3）都要用到计算机。事实上，只有很少的职业不用计算机或者计算机用得很少。计算机管理着空中交通、执行药品测试、监视投资组合、提供在线购物等等。由于计算机擅长处理大量的数据，因此在大学或者中学应用得非常广泛，在各种规模的企业以及所有级别的政府部门也是如此。工程师、架构师、设计师以及艺术家都使用各种不同的计算机辅助设计软件。借助于计算机，作曲家可以演奏电子乐曲，可以谱曲或者录制歌曲。我们不仅在工作中使用计算机，在生活中也使用计算机。我们可以用它来教育孩子，管理我们的金融资产，报税、写信以及准备学期论文，创建贺卡，收发电子邮件，浏览网页以及玩游戏等等。

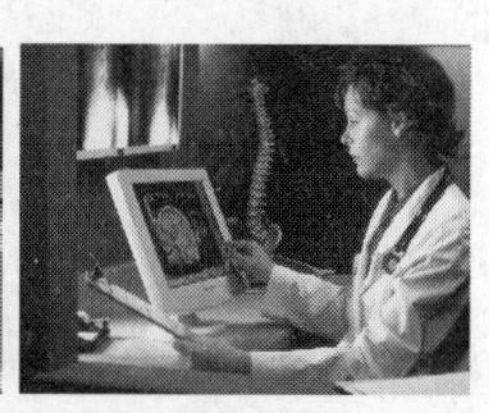

图 10-3　计算机应用于很多行业、很多工种：(a) Benelux Press/©Getty Images, Inc.，(b) B. Busco/©Getty Images, Inc.，(c) Jean Louis Batt/©Getty Images, Inc.，(d) ©Getty Images/ Eye Wire, Inc.

然而，在我们这个社会里，还是有很多人跟不上信息时代的脚步。会用计算机的人和不会用计算机的人在信息资源的获取方面就有了差距，这个差距就叫做**数字鸿沟**。数字鸿沟是现代社会面临的一个主要的道德挑战，会用计算机的人自然比不会用计算机的人更有竞争优势。举例来说，原材料和金钱刺激了工业革命的发展，“但是在信息社会，知识就是燃料，知识就是力量”，这句话出自美国经济学家约翰·卡内基·加尔布雷思（John Kenneth Galbraith），他专门研究美国经济的新兴趋势。他还说：“人们已经意识到一个新的阶层出现了，这个阶层的人们掌握着信息，他们有着自己的力量，不再是因为有钱或者占有土地，而是因为拥有知识。”

美国的数字鸿沟在急剧缩小，这是好事。但是仍然有一些主要的挑战需要去应对。特别是居住在农村的人们、年长者、残疾人以及少数民族，他们在因特网使用和计算机文化方面落后于国内平均水平。在美国以外的地区，这个鸿沟更大了，障碍更难克服。特别是在发展中国家，那里的基础设施以及经济条件都相对落后。举例来说，大多数发展中国家都缺乏现代化的信息资源，比如便宜的因特网接入以及信用卡等有效的电子支付手段。很明显，数字鸿沟是信息时代的一个主要的道德议题。

在计算机应用和普及的过程中，出现了一系列与计算机有关的道德问题。**计算机道德**一词就是用来描述这个问题的，也是信息系统使用的行为标准。1986 年，Richard Mason 在一篇经典的文章中写道，信息隐私权、准确性、所有权以及可访问性，都是很有争议的问题。事实上这些问题依然是道德论战中最主要的问题。这些都与信息系统如何保存以及处理信息有关（参见图10-4）。接下来，我们会详述每一个问题。

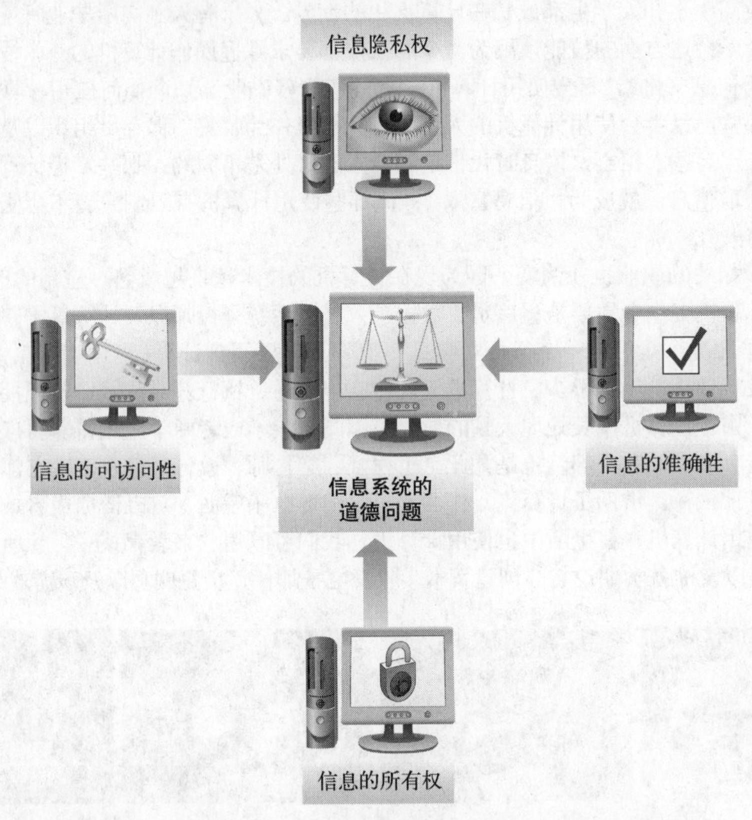

图10-4　信息隐私权、信息的准确性、信息的所有权以及信息的可访问性，是信息技术中最主要的道德问题

10.1.3　信息的隐私权

如果你经常上网，发送电子邮件或者浏览网页，可能会感觉到你的个人隐私处于风险之中。有些网站，比如你经常去购物的那些网站，当你打开网页时，它能显示你的名字表示欢迎，似乎知道你最喜欢购买哪些产品（参见图10-6）。每天收件箱里都充斥了大量的推销产品的垃圾邮件。于是，你可能有这样的感觉，每一次当你接入了因特网，就好像有双眼睛在盯着你。**信息隐私权**关注的是在雇用过程或在线购物等其他交易过程中，个人的信息哪些是可以透露给外人的。

虽然信息时代使得信息随手可得，但是也有副作用。不好的一面是：可能有些人同样可以获取你的一些个人信息，而这些信息是你不希望公开的。社会保障号码、信用卡的卡号、病史以及家庭的历史等方面的个人信息，现在都放在网上了。借助于搜索引擎，你的朋友、同事、当前的员工或者未来的员工，甚至你的配偶，都可以找到几乎所有你在因特网上发布的，或者别人发布的关于你的一切信息。举例来说，找到你的个人博客是很容易的事情，你发布在MySpace.com或者Facebook.com上的最近聚会的照片，或者你在一个公共讨论区上咨询过的关于药品服用以及心理健康等方面的敏感问题。此外，很多这样的网页是保存在搜索引擎的服务器上的，即使你删除了原始网页的内容，别人仍然可以找到这些敏感的信息。

MTV 电视网董事长兼 CEO 朱迪·麦格拉思

关键人物

朱迪·麦格拉思（Judy McGrath）1974年从宾夕法尼亚州的西达克瑞斯特学院毕业的时候，获得的是英语的学士学位。她的梦想是找一份为《滚石》杂志撰写音乐方面稿件的工作。事与愿违，她从事的工作是与食品相关的，为女性杂志《小姐》撰写食物方面的稿件。这项工作她承认自己不怎么够格。麦格拉思2005年的时候告诉作家Myers："当杂志社打算雇用我的时候，我的烤箱还用来存放毛衣，我可能是这个世界上最差劲的厨师。多年以来，我家的门铃响的时候，我的女儿总是高呼'好吃的来了'。这份工作干了几个月，后来由于一次工作上的失误，于是他们建议我搞时装方面的东西。其实我也不在行，我穿的是白色的鞋子，黑色的长袜。"但是麦格拉思在工作中不断进步，后来她升职为高级作家，后来又跳槽到《魅力》杂志，担任总编一职。麦格拉思这样描述自己的工作：胡编模特聚会的花边新闻，为什么女人喜欢男人，而这些男人却不喜欢女人，诸如此类的无聊问题。

图 10-5　MTV 电视网董事长兼 CEO 朱迪·麦格拉思

（资料来源：http://www.broadband-accessintel.com/include/magazine/cw/040306/McGrath_Judy.jpg.）

她在《魅力》杂志一干就是4年。到了1981年，有两位朋友告诉她，有一个叫MTV的公司刚刚成立，需要她这样的人。她接受了这个初创公司的职位，负责公司的宣传工作。

1991年，麦格拉思开始负责MTV的所有事务，包括所有的节目、音乐、制作以及宣传。两年后，麦格拉思升职为MTV的总裁，负责100个频道，包括MTV、MTV2、VH-1、CMT、Nickelodeon、TV Land、Spike TV、Nick at Night及Comedy Central。在进入MTV公司23年后，也就是在2004年，麦格拉思成为MTV集团的董事长兼CEO。

麦格拉思现在53岁了，已婚，有一个10岁的女儿。在她的耕耘下，MTV发展起来了，从最开始仅提供摇滚类的音乐节目，到提供各种类型的音乐，包括摇滚、重金属、节奏布鲁斯以及乡村音乐，还有其他的节目，比如原生态的且有时候有争议的演出，像Jon Stewart Show、The Real World、Beavis and Butthead、The Daily Show，以及最近在美国出现的叫做LOGO的全天候频道，这是一个专门为同性恋准备的频道。MTV集团的节目也反映了麦格拉思的社会责任意识，如下的几个电视节目就是证据：Save the Music、Choose or Lose、Rock the Vote以及Fight for Your Rights。

她投身她热衷的"政治正确性"以及她的信仰：音乐提升了所有的文化。麦格拉思给MTV的员工（多是年轻人，常常是反独裁主义者，个个标新立异）以自由，并保障他们表达内心想法的机会，这并不会让她感到麻烦。相反，她曾经表示：她是一个常常担心错过文化冲击的人。

资料来源

http://www.cnn.com/SPECIALS/2004/global.influentials/stories/mcgrath/

http://www.forbes.com/lists/2005/11/6J9A.html

http://www.mediavillage.com/jmlunch/2005/05/23/lam-05-23-05/

近些年快速发展的一种信息犯罪类型是**身份盗用**。身份盗用的意思是盗用另外一个人的社会保障号码、信用卡卡号或者其他个人信息，目的是为了使用受害者的信用等级来借钱、买东西以及恶意透支。在一些情况下，窃贼甚至会直接从受害者的银行账户上提现。由于很多国家的政府机构以及一些私营企业把个人信息保存在数据库中，因此这些数据就存在被盗取的可能。要求收回个人的身份或者恢复好的信用评级，对受害者来说，可能会徒劳无益，还会特别费时间。

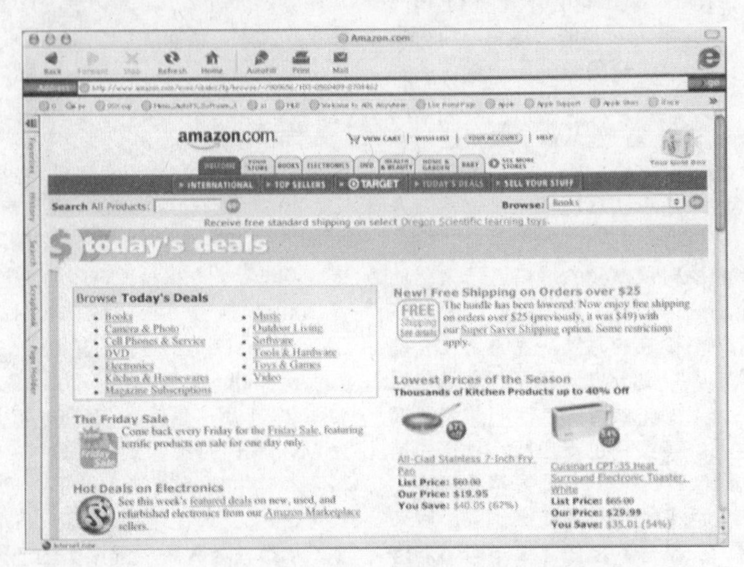

图 10-6 Amazon.com 可以为用户定制个性化的网页

（资料来源：http://www.amazon.com）

识别身份盗用有一个办法：政府和企业携起手来，改变目前用来验证一个人的身份的传统做法。举例来说，母亲的姓氏和个人的社会保障号码，很容易获取到。如果要解决问题还要用到其他的辨别个人身份的方法，比如生物测定方法和加密技术。关于信息安全的方法，包括生物学方面的以及加密技术，在第6章里已经讨论过了。

在结束这个话题之前，区分出不道德的行为和犯罪是很重要的事情。身份盗用很明显应当归于犯罪。然而，很多不当使用计算机和信息的行为，不应当视作犯罪，但是可能会被大多数人视为不道德行为。因为技术在进步，人们可以做一些过去不可能实现的事情，现存的法律常常滞后于这些刚出现的新鲜事物。现在有一个与技术革新有关的争论，不能仅仅因为这不算犯罪，就可以为所欲为。

1. 如何维护网络隐私

在网上购物时，法律并没有要求供货商尊重你的个人隐私。换句话说，供货商可以追踪你浏览了哪些网页，查看了哪些产品的具体信息，决定购买什么产品，选择了什么样的支付方式，希望在哪里交货。收集这些信息后，不良商人可能会把它卖给别人，这样的话，你可能就会收到大量的广告邮件、垃圾电子邮件或者不期而至的营销电话。

当调查关于网上购物的消费者最关心的问题时，大多数消费者都认为信息隐私是自己最关注的问题。于是，政府要求供货商将其隐私政策公示在网站上。然而，这些政策常常并不能保护消费者的隐私。为了保护自己，你应当时常查看与你做生意的那些企业的隐私政策，不要和那些没有明确隐私政策的企业做生意。依据美国律师协会下的消费者保护工作组的规定（safeshopping.org），销售商的隐私政策应该至少包括以下内容。

- 销售商收集了消费者的哪些信息。
- 销售商如何使用这些信息。
- 你是否“自愿退出”接受该政策，怎么做才能退出。

为了确保你的购物安全，你可以再参考一下如下罗列的步骤。

- 选择那些被独立组织监控着的网站。一些独立组织监控着隐私以及网站的业务（参见 www.epubliceye.com 和 www.openratings.com）。
- 避免保存 Cookie 文件。一些商业网站在你的计算机上保存了一些 Cookie 文件，这样做的初衷是便于跟踪你在这个网站的所作所为（参见第 6 章）。为了加强你的隐私，应当小心管理浏览器的 Cookie 设定或者用一些专用的 Cookie 管理软件（参见 www.cookiecentral.com）。
- 匿名访问网站。访问网站的时候采取匿名的方式。使用第三方公司（比如 Ananymizer）提供的服务（参见 www.anonymizer.com），这样的话，你上网的时候，就可以高枕无忧了，营销人员、身份盗窃者甚至同事都无法再获取到你的隐私信息。
- 收到请求确认的电子邮件时一定要谨慎。在网上购物的时候，很多公司会发送一封确认电子邮件给你，这么做的本意是通知你：我们已经接收到这个订单了。一个好的办法就是：使用一个单独的电子信箱，例如可以用浏览器访问的邮箱。这样，在网上购物的时候，就可以使用这个单独的电子信箱。

当然，这些措施不能保证一切网上行为都万事大吉，但是如果你遵照上面介绍的方法，你的隐私不被外泄的可能性就大一些。

2. 避免被卷入网络骗局

因特网彻底改变了消费者获取信息、购物以及做生意的方式。然而，行骗专家和其他一些违法者也开始用高科技通过因特网欺骗消费者了，欺骗方式很多，也相当精明。美国联邦交易委员会已经编纂了一份忠告，主要讲述如何才不被因特网上的骗子忽悠（参见 www.ftc.gov/bcp/conline/pubs/online/dotcons.htm)。里面罗列的骗局有：常常有人给你发一些成人图片，作为交换，套出你的信用卡号码；拍卖骗局，说是免费，电话账单上却出现了不明的收费项目；还有各种各样的投资、旅行和度假、生意、健康产品等方面的骗局（参见表 10-1）。

表 10-1 联邦交易委员总结的位列前十的网络骗局以及相应的防骗技巧

类　型	诱　饵	后　果	忠　告
网上拍卖活动	不错的产品，不可多得的机会	付钱后，消费者收到的却是质次的产品或者什么都没有收到	谨慎调查经销商，使用信用卡或者第三方托管收费
因特网接入服务	试用期是免费的，以后按照账单收费	试用期确实是免费的。过了试用期，消费者就会被锁定为长期用户，如果取消，则要付出高昂的代价	看看账单的正反面都印刷了什么内容，或者此账单是否附带了其他文档
信用卡欺诈	浏览网上的成人图片是免费的，查看你的信用卡号码仅仅为了“验证”你真的是超过 18 岁的成年人	卡号被骗走了，账户上的钱随便花吧	记住：只有在信得过的公司时才刷卡消费。可以对未授权认证的支付（联邦法律限制信用卡透支仅为 50 美元）提出质疑
用调制解调器拨打国际长途电话	下载浏览器或者拨号器就可免费获取成人资料	接到长途电话账单，因为拨号器真的拨打了国际长途电话	不要轻易下载那些声称免费的软件；对电话账单的可疑支出提出质疑
Web 强卖	免费试用定制网站 30 天	电话账单上仍然出现相关费用，即使消费者不愿意继续使用该服务	仔细查看电话账单，质疑所有不明确的费用
多层次的营销计划 / 营销金字塔	通过自己销售产品或发展下线销售产品来挣钱	要求消费者发展经销商，但是卖给经销商的产品却不计提成	不要参与那些要求发展经销商、花很多钱购买存货或者要完成最低销售额才给报酬的活动

（续）

类　型	诱　饵	后　果	忠　告
旅行度假信息	低价享受超值旅行	住宿条件不好、服务质量差，还有一些隐藏的费用	以书面的形式向商家索要详细的信息
商业机会	自己做老板，赚大钱	消费者投资到了不安全、不可靠的企业	和其他投资者交流，以书面的方式确认所有的承诺。仔细研究合同。向律师或者会计师咨询
投资	惊人的投资回报	高收益意味着高风险	查看联邦和州的证券及商品交易规定，坚持同其他投资者交流
保健产品或服务	治疗大病或者致命的健康问题	消费者信任了不可靠的治病方案，花钱买健康	向保健专家咨询，评估商家所说的是否可信

资料来源：www.ftc.gov/bcp/conline/pubs/on line/dotcoms.htm。

10.1.4 信息的准确性

在当今的网络世界里，**信息的准确性**问题已经变得非常重要。信息的准确性是关于保证信息的真实性和准确性，以及明确由谁对错误信息给人们造成的伤害负责。随着计算机的普遍使用，人们已经可以很方便快捷地接收和获取信息。此外，由于计算机“从来不会犯错”，我们也希望这些信息是准确的。银行是一个很好的例子。自动取款机的联网、计算机化的记录系统、客户端软件以及大型交易数据库，应该为客户提供便捷准确的方式以访问账户信息，然而，我们还是常常听到或者遇到银行保存的信息出现问题的情况。

如果信息出错只让你的银行账户损失几美元，还算不上什么大事。然而，如果这导致了成百上千美元的损失呢？如果错误导致你的某项重要的支付（比如住房抵押贷款）失败了呢？这种情况下，银行的错误就很严重了。

现在，设想一下在别的情况下信息的准确性有多重要。医院都使用相似的自动化电脑系统来保存患者记录。如果药方信息弄错了，设想一下可能会发生什么？也许病人的病情会变得很严重，由于给他服错了药。像这类情况，数据准确性的重要性不言而喻。更进一步来讲，很难决定这样的事故究竟该怪谁。是医生的过失，还是药剂师的问题？是负责数据录入的员工的过错，还是由系统设计师、系统分析师、程序员、数据库管理员以及供货商共同造成的问题？简单地归罪于计算机很容易，其实还是应该找到出错的根源，到底是哪个环节上的哪个人出的错。

计算机信息系统以及系统里的数据的准确性与当初录入时一样。这意味着现代信息系统在设计、创建以及使用的时候，要有更好的预防措施并经过更严格的审查。这也意味着每一个人都必须关注数据的完整性，从系统的设计、系统的构建、使用者向系统里录入数据，一直到使用和管理系统的人。也许更为重要的是，当数据出错的时候，人们不应当责怪计算机。毕竟，系统是人设计开发出来的，数据也是人录入进去的。

10.1.5 信息所有权

我们每天都会收到很多邮件，不能避免地总会有一些我们不想要的“垃圾信息”，信用卡发卡公司、百货公司、杂志或者慈善机构都有可能发来我们不想要的邮件。很多情况下，这些邮件我们不会打开，我们会一次又一次地发问：他们是怎么知道我的邮箱的呢？你的姓名、地址以及其他的个人信息都可能被不良公司倒卖多次了，可能你从未允许个人信息被卖来卖去，但是有些公司会认为这是小事。**信息所有权**讲的是谁是个人信息的所有者，信息是如何倒来倒去买卖的。

维基百科

前车之鉴 :-(:-| :-0

如果你有过做研究论文的经历（谁没有过呢，呵呵），毫无疑问，你就使用过搜索引擎，很可能也参考过维基百科（Wikipedia）的内容。维基百科是一个免费的在线百科全书，有大约400万的词条，任何人都可以创建新的词条，也可以编辑已经存在的词条。但是如果人人都能编写词条（叫作Wikie，该词来源于夏威夷人的用语wiki wiki，意思是“快！快！”），也许你要问了，这些词条准确吗？

2006年一份发表在《自然》杂志上的专家级的研究报告比较了维基百科和大不列颠百科词典上的一些科学文章的准确性和质量。研究表明两个百科全书都有不少的错误，但是比较了42篇文章之后，两者在准确性方面的差异也不是很大。如果维基百科的不准确的数量为4，大不列颠百科词典的就为3。

吉米·威尔士（Jimmy Wales）是维基百科的创始人之一，也是维基百科的母公司Wikimedia的总裁。他在《自然》杂志的报告中说道：“我很高兴！我们的目标是达到大不列颠百科词典的质量水平，能超过更好了。”

然而在一些情况下，不准确的维基百科词条可能会在未查明的时候保留下来，直到有人发现有误，并修改了它。另外一些情况下，可能有人利用“任何人都可以编辑”这个特性输入了有倾向性的信息。举例来说，新闻记者John Seigenthaler发现：关于他的维基百科词条被链接到了John和Robert Kennedy的词条。这个词条4个月以来一直没有被修改，直到Seigenthaler通知了Wales。

另外一个例子，播客专家Adam Curry被指控：他在其维基百科词条中删除了关于竞争者的信息。Curry声称他这样做的目的只是为了让文章“更准确”。

还有一个例子，维基百科的德语版，有些词条是从以前的东德的百科词典复制过来的，这有侵害版权的嫌疑。

最引人注目的一个案例是，修改维基百科的词条引入了核查机制，由维基百科的工作人员来做。他们发现有关参议员和州代表的词条被修改了，因特网访问地址的数据表明，这些修改来自于参议院或者众议院，修改大多数是拼写错误或者语法错误相关的东西，但是除此之外，对他们不利的评论也被删掉了，或者替换成了官方的说法。很明显，开放编辑词条的权限并不是确保准确性最好的方式。

资料来源

http://www.nature.com/nature/journal/v438/n7070/full/438900a.html

http://www.boston.com/news/globe/ideas/articles/2005/12/18/the_wiki_effect/?page=1

http://www.tgdaily.com/2006/01/31/wikipedia_investigates_congressionaledits/

http://www.dw-world.de/dw/article/ 0,2144,1796407,00.html

1. 数据隐私声明

谁是个人信息的主人呢？这些信息可能保存在零售商、信用卡发卡公司、市场调研公司的数据库里。答案是维护着客户或者用户数据库的那些公司，他们合法拥有这些数据，而且可以出售这些信息。你的名字、地址以及其他信息，都保存在某个公司的数据库里，也许将来会被这些公司用来发送广告邮件。然而，他们可以把自己的客户名单（或者部分数据）卖给其他的公司，如果这个公司也想发送类似的广告邮件。问题来了，举个例子吧，服装销售商The Gap（参见图10-7）可以把客户的名字和地址卖给另外一个公司，当然The Gap不会傻

图10-7 像The Gap这样的公司虽然有在线隐私政策，也有可能不保护你的个人信息

到把客户信息卖给竞争对手（参见 www.gapinc.com/public/includes/privacy-policy.shtml）。虽然如此，很多人比较关注：这些公司拥有数据（客户信息）的完全所有权。

然而，把信息卖给什么样的公司，这是有限制条件的。举例来说，某个公司声称这些市场类的数据严格限定于内部使用，但是几年后又把这些数据卖给另外一家公司，显然它违反了自己的承诺，这是不道德的。有公司从信用卡刷卡记录（虽然你没有允许他们这么做，但是他们却偷偷地做了）或者信用卡申请表中收集数据。收集数据的方式还有很多，比如酒吧、饭馆、超市、商场的服务质量或者产品偏好调查。提供了这些信息，你也就等于默认了该数据可以被公司任意使用（当然是在合法的范围之内）。

更成问题的是：这些调查数据和交易记录（从信用卡刷卡记录得到的）的结合。根据人口统计学的数据（我是谁，我在何地生活等）以及心理的数据（你的品味以及偏好是怎样的？），公司可以挖掘出高度准确的客户概况。你怎么知道谁能访问这些数据库呢？公司必须从两个层面来对待这个问题：战略 / 道德层面（这些事我们可以做吗？）和战术层面（如果我们真的做了，我们怎样才能保证数据的安全以及数据的一致性呢？）。公司需要确保合理地雇用、培训以及监护那些访问数据的员工，并实施必要的软件、硬件安全防护措施。

2. 垃圾邮件、Cookie 以及间谍软件

网上购物时，除了那些我们在网站提交的信息（比如个人注册信息和所购产品的信息）之外，还有垃圾邮件、Cookie 文件以及间谍软件这三种方式正在收集并使用个人以及企业的信息。垃圾邮件在第 6 章已经谈到了，指的是不期而至的电子邮件，内容往往是关于某产品或者服务的宣传信息或广告。如果你曾经为某个在线测试注册过账号，或者为了某种因特网服务填过注册表单，再或者是从 Amazon.com 买了一本书，你的电子邮箱地址就可能会被转卖。虽然州、联邦甚至国际上都有关于垃圾邮件的相关法律，最为著名的是 2003 的 CAN-SPAM 法案，实际上要想阻止垃圾邮件的发送，目前并没有什么万全之策（访问 www.spamlaws.com 查看更多的信息）。

第 6 章还讲述了，Cookie 是些小的文本文件，是网站在用户浏览网页的时候保存到个人计算机里的，里面包含了用户的浏览记录。当然可以选择不在本地保存这些文件，但是这样做的话，有可能就不能访问某些网站了，或者说功能上会出现问题。举例来说，在网上看《纽约时报》的时候，你必须注册一个账号，需要输入姓名和其他的信息。在你注册的时候，Cookie 就产生了，并保存在你的计算机里，如果你不接受在本地保存 Cookie 或者你删除了保存在本地的 Cookie，你就不能在线读报了。同样，在网上购物时，很多网站提供的购物车功能需要 Cookie 的支持才能正常工作。这种情况下，我们就不得不接受 Cookie。虽然 Cookie 的使用提升了我们的上网冲浪的体验，很多隐私拥护者还是认为，这其实是另外一种形式的间谍软件。如果你喜欢 Cookie 带来的个性化的体验，或者说想在网上购物，你就要看是否值得拿随后失去的个人信息所有权来交换了。

间谍软件是指在用户不知情的情况下，通过网络连接偷偷收集用户信息的软件（同样参见第 6 章）。换句话说，间谍软件是一类软件，它运行在个人计算机上，以收集用户的信息，并且把收集到的信息发送到另外一个地方。收集到的这些信息一般用来做广告（通常也叫做 Adware，即广告软件），也可以用来从事各种类型的计算机犯罪。不过，大多数提倡隐私保护的人认为：间谍软件不可能在短期内被定为非法或者受到严厉打击。好在，现在已经有很多有效的工具可以用来监视以及删掉不需要或者不想要的间谍软件（参见图 10-8）。

3. 恶意域名抢注

另外一个与信息所有权相关的事情就是**恶意域名抢注**。这是一种可疑的域名抢注行为，因为它的目的是将来能够把这个域名以较高的价钱卖给想拥有该域名的个人、公司或组织团体。域名是因特网上的稀缺资源之一，“恶意域名抢注”的受害者有松下、Hertz、雅芳以及其他许多公司和个人。所幸，美国政府已于 1999 年通过了反恶意域名抢注消费者保护法案，该法案将以下行为视为犯罪：

出于营利目的注册、贩卖或者使用别人的信誉好的商标的域名来获利的行为。惩罚也很严厉，除了没收域名以外，还可能判处10万美元的罚金。由于这个原因，近来此类案件不算太多。然而很多人认为付点钱给抢注域名的人会比较简单，因为这个办法成本更为低廉，也更快捷。要不然就得雇一个律师，走打官司的路子，那可就旷日持久了。还有一个例子，比如说唱歌手艾姆（Eminem），有个公司注册了域名eminemmobile.com，艾姆就赢得了这场官司。他借助联合国下属的世界知识产权组织的“快速通道”，制止了该公司的行为，声明任何人在没有获得许可的情况下都不能使用这个名字：Eminem。不管公司或者个人如何应对这样的问题，毫无疑问，解决这样的争端将花去大量的时间和金钱。

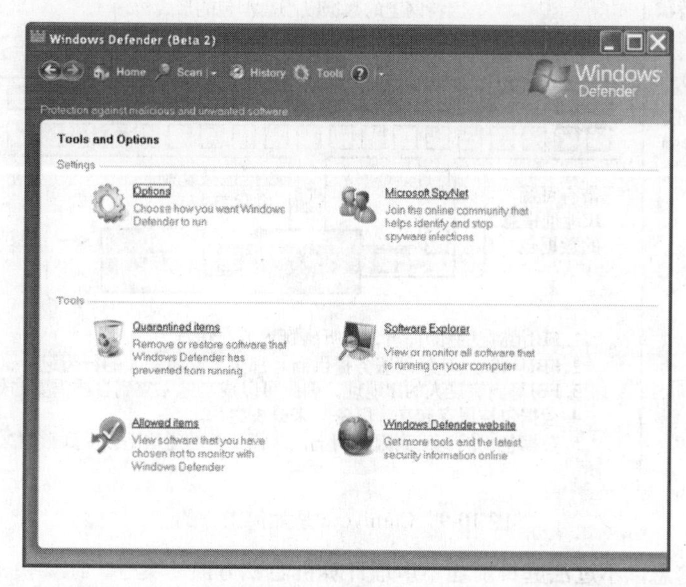

图10-8 Windows Defender是一款应用较为广泛的间谍软件检测和删除软件

10.1.6 信息的可访问性

随着包含了个人信息的在线数据库的发展，随着基于计算机的通信系统的应用的快速发展，谁拥有访问和监视这些信息的权利，已经引起了道德界的关注。**信息的可访问性**集中于定义个人或者组织有权利获取他人的哪些信息，以及如何访问和使用这些信息。

举个例子来说吧，几乎每一个人都会发送或者接收电子邮件，不管他本人是否拥有个人专用的计算机。只要联网就可以获取信息，不管是家庭电脑，学校的计算机机房，无线电话、手持电脑抑或是其他类型能够联网的设备。电子邮件是最为常用的因特网应用，预计未来将会更加普及。当年克林顿政府下的联邦调查局（Federal Bureau Investigation，FBI）给电信行业的业界代表演示了一个叫做Carnivore的软件。Carnivore设计为与ISP的计算机相连接，有可能潜伏在ISP的客户（比如拨号上网的客户）的机器上，它可以监听所有流经ISP的通信内容（比如电子邮件、即时信息、聊天室以及网站访问记录）。如果FBI检测到有威胁的通信信息，比如说恐怖分子、团伙犯罪成员、黑客等的行为，Carnivore就会被唤起（参见图10-9）。当年的电子邮件使用者以及隐私倡导者了解到这件事情时，倒吸了几口凉气。

不过在2005年，FBI放弃了Carnivore改用商业监听软件。尽管如此，Carnivore和接它的班的商业监听软件都是相当有争议的事情。FBI声称：数字监听装置具有一定的智能性，只拦截和收集那些可合法窃听的通信内容。然而，隐私倡导者对此有不同意见。例如电子信息隐私中心

（Electronic Privacy Information Center，EPIC）领导人 Marc Totenberg，他就认为，和警察搜查汽车和房屋里是否藏匿毒品不一样，这些数字监听装置在监听非法的内容时，可能也顺带把个人的与非法行为无关的信息也监听到了，因为所有的信息都会流经 ISP 的服务器。很明显，Carnivore 以及其他的监听技术会引发无数的道德争论。

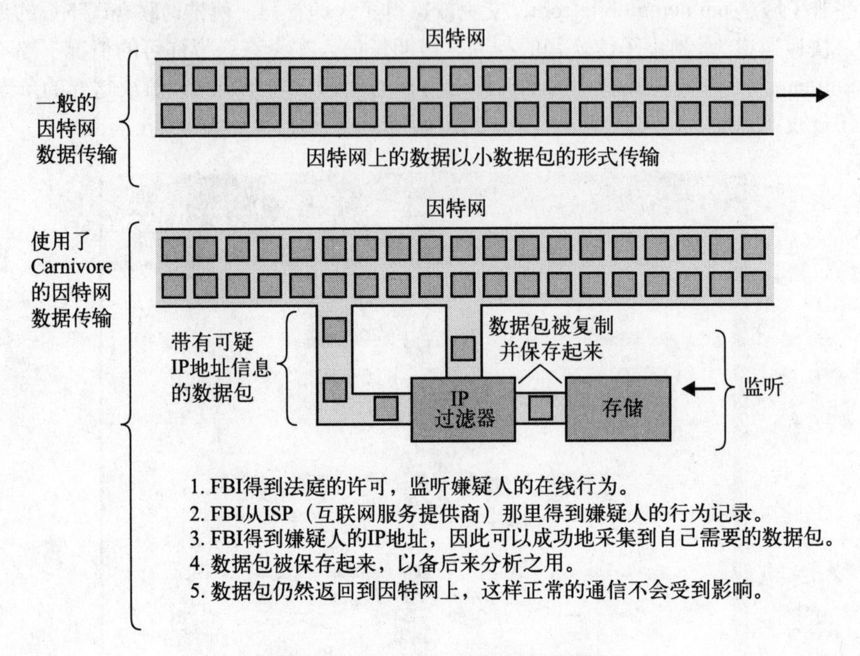

图 10-9 Carnivore 是如何工作的

政府会监听信息，不过法庭目前还不审理计算机隐私方面的案子，比如员工电子邮件往来以及因特网使用情况。举例来说，虽然大多数公司为员工上网提供方便，允许其访问外部电子邮件系统，但是也会定期地监控员工接收和发送的电子邮件的内容。对很多企业来说，监控员工的行为不是什么新鲜的事情，监视电子邮件只是一个很自然的延伸。

奇怪的是，与电子邮件隐私相关的法律法规却不多。1986 年美国国会通过了《电子通信隐私法案》(Electronic Communications Privacy Act，ECPA)，该法案使得任何人（包括政府自己）监听电话通话内容都比较困难。然而该法案对电子邮件的保护远不如对语音邮件的保护，于是电子邮件隐私就更难保护了。除此之外，也没有其他什么法律（无论是联邦的法律还是州法律）保护电子邮件隐私。然而，美国有些州比如加利福尼亚州，就已经通过相关法律，要求公司告知员工本公司是否存在监控行为，以及在什么样的场合下监控是合法的。即便如此，该法律更像道德实践指南，而不像保护隐私的法律（Sipior and Ward，1995）。

目前为止，在电子邮件监控方面 ECPA 以及法庭案件审理还是建议公司谨慎行事并公布他们对电子邮件信息和网络使用的监控。公司在监控电子邮件的时候，也应当使公司的监控政策透明公开。员工认为自己的电子邮件是私密的主要是基于这样的事实：从未有人告诉他们电子邮箱受监控（Weisband and Reinig，1995）。此外，员工使用电子邮件时，要遵循公司的政策以及自己的道德标准。考虑到近来的案件以及裁定，通过因特网可以采集和使用电子邮件内容，看起来在线隐私也在遭受着侵害，不仅是在企业内部，企业外部也一样。作为一项基本规则，我们所有人都要意识到我们写在电子邮件里的每一句话，都有可能被别人看到，也许这个人压根就不是我们的收件人。明智的做法是：保证所写的每一封邮件，即使被曝光了，发信人也不会感到窘迫。

打包的服务

网络统计

在生活节奏较快的现代化城市里，比如暂住人口达6万2千人的南达科塔，在一家名为The Lodge的老年公寓里，电话、有线电视、上网服务都是由一家公司提供的，这家公司就是PrairieWave电信公司。类似地，Comcast、Cox Communications、Time Warner Cable、Sprint、Verizon及Qwest都是大型的电信服务公司，它们为很多大城市的居民提供打包的服务。一般来说，与单独购买相比，客户每年可以节省平均150 ~ 160美元的样子。

从公司的立场来看，2006年《华盛顿邮报》上的一篇文章声称："客户购买的打包服务越多，其更换运营商的可能性就越小。所以Verizon等电话运营商投入了大量的金钱（数十亿美元）来铺设光缆，以提供因特网上网服务和有线电视服务。Verizon公司因此从其他的有线电视服务提供商那里将用户吸引过来，购买自己公司提供的打包服务。"

另外一方面，消费者并非总是满意这样的服务。很多人购买了电信打包服务，因为打包的价格比单独购买要便宜一些。然而，不好的地方在于：如果他们决定取消某项服务，比如上网服务，因为他们觉得另外一家公司更好，这可能就比较困难、也不经济了。举例来说，《华盛顿邮报》引用的文章详细讲述了一个家庭的经历，他家就是购买Verizon的打包服务，价格为305美元，这里面包括了一些他们并不想要的服务，比如每分钟1.71美元的长途电话费。

电信公司也看到打包的交易可能有着不错的前景。但是这种打包的概念，可能不得不在它们垄断市场之前调整成更适合家庭用户的形式。

资料类源

YuKi Nogushi, "No Bundle of Joy" *Washington Post*(March 22, 2006), http://www.washingtonpost.com/wp-dyn/content/article/2006/03/21/AR2006032101734.html

10.1.7 道德行为规范的需要

因特网时代不仅要求政府通过与计算机犯罪、计算机隐私、计算机安全相关的法律法规来适应新形势、新情况，而且还带来了道德难题。举个例子，用于修改照片的软件和技术早就存在了，这样的行为是否有违道德呢？毕竟，如果照片不再完全反映真实情况，那我们如何相信公开发表的图片呢？也许在学校或工作单位"盗用"上机时间处理个人事务不是非法的，但是很多人认为这样的事情应该视作不道德的行为。那不良公司编写客户的消费习惯、信用卡支付记录，再把这些信息卖给其他商家是不是有违道德呢？在如何开展商业活动以及如何合理使用信息和计算机方面，是不是应该有相应的方针政策呢？如果是的话，那这样的方针政策应该包括哪些内容呢？谁负责起草呢？如果有人违反了，是否应当受到处罚呢？谁来实施这样的处罚呢？

很多研究机构已经想出了关于信息技术和计算机系统进行合乎道德的使用的准则，也有很多计算机相关的专业团体向自己的会员发布了准则。这样的组织有加拿大辅助器械行业协会（Assistive Devices Industry Association of Canada）、美国计算机协会（Association for Computing Machinery）、澳大利亚计算机学会（Australian Computer Society）、加拿大信息处理学会（Canadian Information Processing Society）、信息技术专业协会（Association of Information Technology Professionals）、香港电脑学会（Hong Kong Computer Society）、电子电气工程师协会（Institute of Electrical and Electronics Engineers）、国际信息处理联合会（International Federation for Information Processing）、国际程序员协会（International Programmer Guild）以及美国全国专业工程师协会（National Society of Professional Engineers）。

很多大学以及公立中学也为学生、教员以及员工编纂了有关计算机使用的道德问题的准则。EduCom是一家为大学提供服务的非盈利组织，它已经研发出很多大学里都认同的信息技术道德准则。下面是 EduCom 关于软件和知识产权一个章节片段。

因为电子信息是动态的、易失的（volatile），也容易复制，因此，在计算机环境下，尊重他人的工作和言论是非常重要的事情。任何对于著作权的完整性的侵害，包括剽窃、抄袭、侵犯他人隐私、未经授权的访问、拿隐私以及侵犯版权的事情来做交易，这都可以作为受到制裁的证据。

大多数组织和学校的准则鼓励所有用户在使用计算机的时候，要有责任感，要讲道德，行为要合法，要遵循已经广为接受的准则（比如那些在线礼仪、网络礼仪），当然也要遵守联邦的法律和州法律。

计算机使用要尽责。

计算机道德协会（Computer Ethics Institute，CEI）是一家集科研、教育和政策研究于一身的组织，其成员都是与 IT 行业相关的人士，有来自学术界的、公司的，还有来自相关政策管理部门的。该组织研究信息技术的发展如何冲击、影响了现行的道德标准以及公共政策。关于计算机合乎道德的使用，协会也发布了为很多人所用的准则。下列事项在该准则中都是明令禁止的：

- 使用计算机危害别人；
- 妨碍他人使用计算机工作；
- 窥探他人的文件；
- 使用计算机从事盗窃行为；
- 使用计算机来伪造证据；
- 在没有付钱的情况下，复制或者使用私有软件；
- 没有经过允许或者没有付费就使用他人的计算机资源；
- 把他人的知识成果占为己有。

该准则建议如下事项：

- 对于自己设计开发的软件和设计的系统，要考虑社会后果；
- 使用计算机，要顾及和尊重他人。

在信息时代使用计算机要尽责，包括要避免此处所述的几种行为。作为一名计算机的使用者，你应当先了解你所在的学校、公司或组织关于这方面的规定。有些使用者热衷于非法的或者不道德的行为，以为匿名就可以不被追究，他们以为网络提供匿名服务就不会被发现。但是实际上，我们在网上冲浪的时候，会留下“电子踪迹”，有些罪犯的行为会被跟踪，即使他们自以为已经把踪迹隐藏起来或者毁掉了。这方面的案例是有的，并且都成功地提起了诉讼。事实是，如果你在网上发表了引起别人不愉快的言论，人们抱怨了，你的 ISP 可以要求你删掉不当言论，或者掐掉你的上网服务。

10.2 计算机犯罪

计算机犯罪的定义是：借助于计算机来犯罪的行为。这个定义比较宽泛，它包括以下几种情况。

- 要实施冒犯行为的目标是计算机。举个例子，有人未经授权就闯入一个计算机系统，破坏计算机系统或者里面的数据。
- 使用计算机实施违法行为。在这种情况下，计算机用户可以从网站上或者公司的数据库里盗取信用卡卡号，进而偷看别人银行账号上的余款，或者做一些未授权的电子转账。
- 使用计算机来协助犯罪。尽管犯罪行为不是针对计算机的。举例来说，毒品交易以及其他形式的专业犯罪可以使用计算机来存放其违法的交易记录。

计算机安全协会（Computer Security Institute，CSI）的材料表明，在过去的几年里，计算机犯罪的总体趋势在下降（CSI，2006）。尽管如此，计算机犯罪给企业带来的损失确实是巨大的。举例来说，CSI 近来对 700 名来自不同企业的人员展开调查，结果表明，估计各种计算机犯罪给企业带来的损失超过了1亿3千万美元（参见图10-10）。必须指出这个调查代表的仅是实际损失的一部分，实际上世界范围内仅计算机病毒一项在2005年带来的损失就超过142亿美元（参见图10-11）。很多企业不愿报告计算机犯罪方面的事情，因为他们担心此类负面的报道可能对公司股价产生不好的影响或者便宜了竞争者。基于此，专家确信有很多计算机犯罪的事件从没被媒体报道过。很明显，计算机犯罪的存在是无可争辩的事实。在这一节里，我们简要讨论一下这个越来越重要的话题。

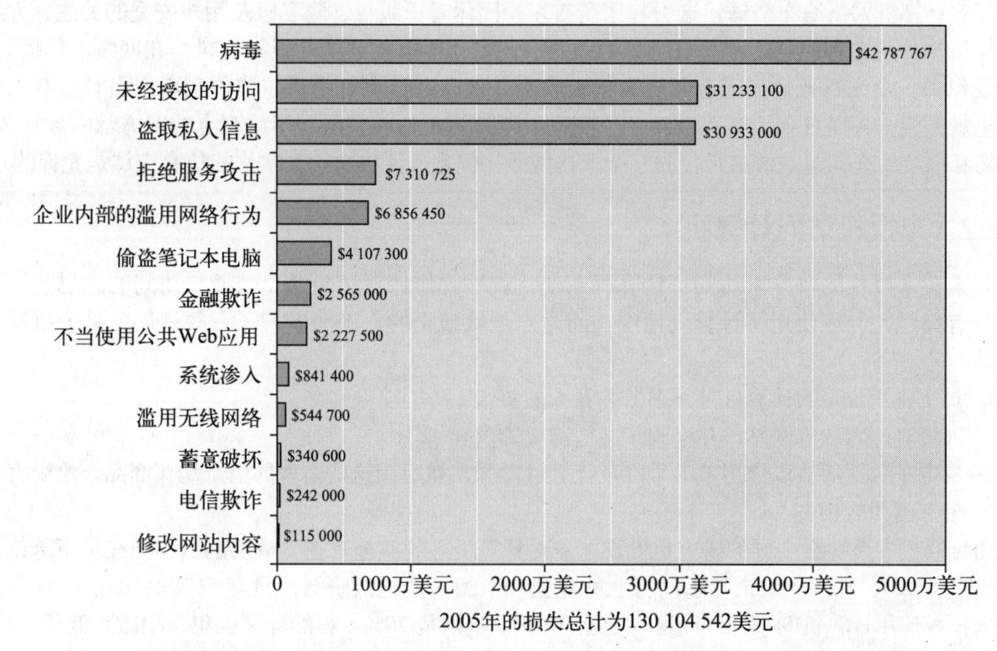

图10-10 计算机犯罪的类型以及可以预测的损失，这儿有639起计算机犯罪，来自各行各业（资料来源：2006年CSI/FBI计算机安全署的计算机犯罪和安全调查）

计算机病毒给世界带来的损失（1995~2005）

世界范围内的影响（以美元计）	
2005	142亿
2004	175亿
2003	130亿
2002	111亿
2001	132亿
2000	171亿
1999	130亿
1998	61亿
1997	33亿
1996	18亿
1995	5亿

图10-11 计算机病毒给世界带来的损失（1995～2005）
（资料来源：http://www.computereconomics.com/article.cfm?id=1090）

10.2.1 关于计算机访问权限的争论

一直以来关于计算机访问权限的问题有两种观点。一边是自由的民权拥护者、信息产业、通信服务提供者以及黑客（即那些想检举计算机犯罪，但是又不阻止信息自由交换的计算机高手）；另一边则包括隐私倡导者、政府机构、执法部门以及商业机构，它们的工作都依赖于保存在计算机的数据。这些人认为自由的信息交换只能在授权的范围内。任何一个闯入计算机系统的行为都应当视作犯罪，任何侵入、任何犯罪行为都应当依法受到惩处。

然而，在当今的信息时代，关于计算机访问权限的争论渐渐平息，两边不再针锋相对而是逐渐融合了。计算机网络遍布全球，这引起了所有用户团体对于版权、隐私以及用户安全的关注。大多数计算机用户现在都同意：那些有版权的东西（比如软件以及其他的版权材料）在网络上传播时，应当受保护。个人财务数据或者健康数据被收集并保存在计算机中后，该信息不应当对所有人公开。也就是说，不是任何人都可以随意得到它。对计算机访问权限持不同观点的双方都一致认为：保护隐私以及安全问题是信息时代的一个严峻挑战，但是，授权访问数字化的信息应该是允许的。

10.2.2　未授权访问计算机

如果在未授权的情况下访问了计算机系统，就被视作计算机犯罪。未授权访问的意思是，这个人没有经过允许就使用了计算机系统，而这是严格禁止的。下面罗列了一些最近常见于报端的新形式：

- 员工盗用公司的计算机时间来做些私人的事情；
- 入侵者闯入政府网站，并修改了某些网页的内容；
- 从电子数据库盗取信用卡卡号以及社会保险号，然后用这些盗取的信息购买商品，给受害者带来不菲的损失。

由计算机安全协会主导的研究也发现了，对计算机系统实施攻击，成功的概率现在呈下降趋势（参见图10-12）。有693家来自不同行业的企业和组织回应这次研究，只有56%表示在2005年发生了未授权使用计算机的事件，而这一数据在2000年则是70%。虽然计算机犯罪稍微降低了一些，考虑到现代社会对于计算机技术和网络技术的依赖性，公众希望能有越来越多的联邦法律和州法律来明令禁止各种类型的犯罪。

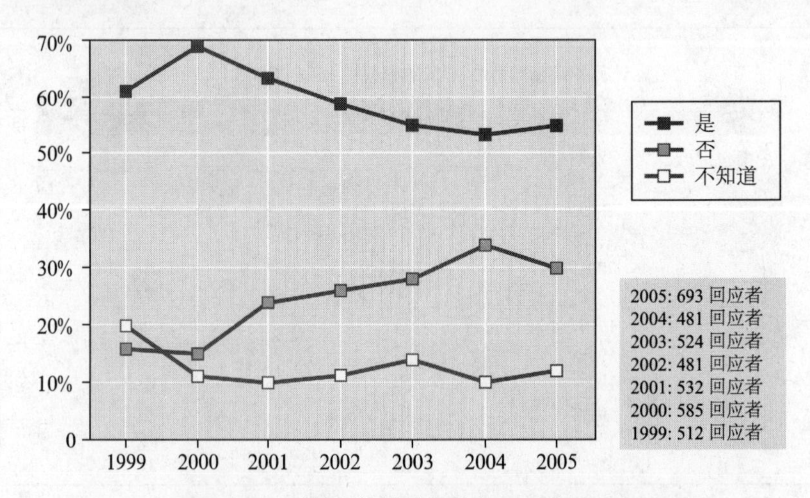

图10-12　未授权的计算机访问已经有所减少

（资料来源：计算机安全局的2005 CSI/FBI计算机犯罪和安全调查）

10.2.3　联邦法律以及州法律

在美国，有两个主要的联邦法律是与计算机犯罪相关的：1986年的计算机诈骗和滥用条例和

1986 年的电子通信保密法令。计算机诈骗和滥用条例禁止以下内容：

- 盗取或者危害关于国防、外事、核技术或者其他有严格限制的信息的数据；
- 未经授权接入政府机构或部门的计算机；
- 侵犯属于银行或者其他金融机构的数据；
- 截取国家之间或者州之间的通信；
- 威胁损害计算机系统，目的在于敲诈个人、企业或者其他机构的钱财或者得到其他有价值的东西。

1986 年的计算机诈骗和滥用条例在 1996 年被扩展成为计算机滥用修订案（Computer Abuse Amendments Act），这是为了禁止传播计算机病毒以及其他有害的计算机代码。

而 1986 的电子通信保密法令认为任何对电子通信服务（包括电话服务）的闯入行为均被视为犯罪行为，它禁止拦截任何类型的电子通信。拦截，按照该法案的定义，包括监听通信内容，在没有得到授权时，就记录或者取走了通信的内容。然而，2002 年美国国会通过了《美国爱国者法案》，作为对计算机诈骗和滥用条例 CFAA（参见第 5 章）的扩展延伸。根据前一个法案，当调查涉嫌违反计算机诈骗和滥用条例的人时，调查不能监听正在进行的或者保存下来的语音通信。根据《爱国者法案》，调查却可以相对轻松地监听语音类通信，这使得该法律很有争议性。该法案是在 9・11 事件发生 45 天之后通过的，恐怖袭击发生就是由于未能很好地监听某些通信内容。国内也有自由团体认为《爱国者法案》极大地削弱了宪法现有的很多保护。虽然《爱国者法案》预计到 2005 年 12 月 31 日到期，2006 年 3 月会再次批准。在这次重新批准的过程中，16 条条款中有 14 条被定为永久有效；其余的 2 条会在 2010 年到期。考虑到关于反恐战争的观点有点两极分化，以及公民自由和国土安全的平衡，关于《爱国者法案》的热议可能会持续很长时间。

除了这儿讨论的基本的法律之外，还有其他联邦法律可以应用到计算机犯罪领域。专利法保护一些软件和计算机硬件，合同法可以保护保存在计算机里的合同的机密性。1980 年，美国版权法案修订之后包括了计算机软件的版权。如果没有版权所有人的允许在网上发布作品、照片、语音文件以及软件，则被视为侵犯版权。

FBI 和美国联邦经济情报局联合强制实施联邦计算机犯罪法律。FBI 负责的犯罪是涉及间谍活动、恐怖活动、银行业、组织犯罪以及威胁国家安全的行为。美国联邦经济情报局负责调查针对美国财政部的计算机系统以及其他包含被保护信息的计算机（包括了信用卡信息、信用报告信息以及在银行的贷款记录）的犯罪行为。在一些联邦计算机犯罪案子里，美国海关部门、商业部或者军方可能拥有司法权和裁判权。除了联邦的法律针对计算机犯罪的之外，所有的 50 个州都通过了相关法律禁止计算机犯罪。很多国家也有类似的法律。

一些联邦和州的法律为侵入计算机犯罪行为分级。如果被认定为罪行较轻，这些侵入行为会被惩处以罚金，以及不超过 1 年的监禁。那些被视作重罪的侵入行为，会被处以罚金以及超过 1 年的监禁。《爱国者法案》把一些轻的罪行改为较重的罪行。尽管如此，犯罪意图可以用来判断应该判处轻罪还是重罪。如果侵入者蓄意破坏了计算机系统，那可能判作重罪。如果是无意的行为而且没有造成损害，那这样的入侵行为会被判作轻罪。

一些批评家则认为：这样的法律不能足够有效打击计算机犯罪。而有人则认为虽然自己侵入了系统，但是没有造成任何损害，因此不应当受到处罚。“损害”的定义本身都是有争议的。举例来说，如果某人在未授权的情况下访问了计算机系统，但是没有盗取或者修改任何信息，这算不算损害？

由于网络的全球性，在立法和执法方面也出现了新的难题。当侵入以及其他形式的犯罪发生时，可能会牵扯到很多国家，哪个国家具有司法权？电子邮件是否应被监控以核查是否损害名誉或者其他非法的内容？谁担负有监控的义务呢？电子邮件是否要用和普通的美国邮政的平信一样的法律对待呢？还是和电话通信类似，应用与它们一样的法律？

10.2.4　计算机取证学

由于计算机犯罪已经成为一种主要的犯罪形式，在进行计算机犯罪方面的调查时，法律实施也相应地变得成熟了。计算机取证学就是使用正式的调查技术来评估数据信息以协助司法审查。大多数情况下，计算机取证专家在处理非计算机类型的犯罪时，为了获得非法行为的踪迹或者取得证据，会检查不同类型的存储设备。实际上，在当今大多数失踪人或者谋杀的案子里，调查者马上想检查的就是受害者的计算机，希望能找出线索或者证据。

计算机取证专家都是在调查计算机犯罪方面非常有经验的专家。不过在一些案子里，计算机犯罪分子也是专家，这使得取证过程变得复杂起来。举例来说，一些罪犯可以在计算机上部署"机关"运行一个探测程序，如果有别人使用这台计算机的话，该机关就可以自动销毁证据。借助于专用的软件工具，计算机取证专家常常可以恢复那些已经从计算机的硬盘上删除的数据。很明显，计算机取证学同计算机犯罪会同步发展，都会利用更为成熟的计算机技术手段，来预防或实施犯罪。

10.2.5　黑客和骇客

那些有着丰富计算机知识的人，能够在未得到授权的情况下访问他人的计算机，长期以来这些人被称作**黑客**（hacker）。这个术语最开始用是在20世纪60年代，本意是指那些专家级的计算机使用者和程序员，当时这些人还是麻省理工学院的学生。他们为大型计算机编写程序，这样做是为了工作上的便利，自由交换信息。但是他们遵照了不成文的规矩，从来都不毁坏或者盗用他人的信息。他们声称自由穿梭于计算机系统的动机只是觉得好玩、好奇，以及内心深处学习更多计算机知识的渴望。

由于计算机犯罪变得更为普遍且更有破坏性，真正的黑客，即那些由好奇驱动而不是破坏欲驱动的人，反对使用这个术语来表示计算机犯罪。今天，那些闯入计算机系统，想做点坏事、搞点破坏的人，想实施犯罪行为的人，常常被称作**骇客**（也叫破解者，cracker）。有些计算机犯罪分子试图闯入系统或者修改一些网站的网页来宣传自己的政治主张或者思想目标（比如自由的言论、人权以及反战运动）。这样的黑客一般叫做**黑客行为主义者**或**激进黑客**。

10.2.6　计算机犯罪的类型

计算机犯罪类型和那些实施犯罪行为的人一样多种多样。有些涉嫌使用计算机盗取财物，有些涉嫌骗取别人的钱财，比如在某些网站上打广告说出售某产品，目的却是为了收集订单和货款，交给买家的却是质次的产品，或者从不发货。还有些计算机犯罪是盗取或者修改信息，有些盗贼（比如盗取信息的或者扰乱计算机系统正常运行的人）要求受害者交付一定的赎金作为交换，不然计算机就别想再使用了。网络恐怖分子在计算机系统里安插破坏性的程序，然后威胁如果没有拿到赎金，就激活破坏程序（本章后面的内容会详细介绍网络恐怖主义）。犯罪行为是电子化形式的，比如为计算机植入病毒导致计算机崩溃或者对网站发起拒绝服务式攻击。

因特网的应用促进了其他类型的犯罪行为，比如通过因特网上的新闻组或者聊天室来引诱青少年犯罪。那些买卖、散播色情图片的人，也发现因特网是他们可以从事罪恶行为的新的途径。

1. 谁实施了计算机犯罪

当你听到骇客（即破解者，cracker）这个词语或者计算机犯罪这个词语的时候，可能会设想一个不分昼夜坐在计算机面前的技术高手，他试图破解超级机密的代码，以闯入世界上最尖端的计算机系统，这系统也许是美国军方的计算机，也可能是瑞士银行的计算机系统，或者是中央情报局的计算机系统。这比较符合传统的计算机犯罪的特征，但是现代的计算机犯罪没有明显的特征了。越来越多的人们拥有了侵入某个计算机系统的技能、工具以及作案的动机。一个现代的计算机犯罪，可能是某大型软件公司的中年白领，他对社会不满，现在可能正端坐在某大楼的某间豪华的办公室里。计算机犯罪已经出现几十年了，一有跟系统安全及病毒相关的恶作剧或犯罪行为出现，我们总会联想到黑客和骇客。尽管如此，黑客和骇客还是造成了数十亿美元的损失，包括被盗的信息，系统维修费用以及损失的信誉。

研究表明，计算机犯罪大致分为 4 种类型，具体内容接下来会介绍，从轻微的违法行为到严重的犯罪行为。

(1) 在职员工或者离职的员工，这些人的职位有利于偷盗他人的材料或者对其他员工造成破坏。World Security Corporation 在 2004 年发现，85% ～ 95% 的盗用发生在内部，只有 5% ~15% 的行为是外部强行入侵。

(2) 为了个人收益，那些掌握着技术的人也开始从事破坏活动了。

(3) 那些使用计算机作为犯罪工具的职业罪犯。

(4) 外部的闯入者（骇客）仅仅是偷窥或者希望找到有价值的信息，在 2004 年的上半年，骇客实施的犯罪预计多达 570 万次，但是大多数没有不良后果。只有大约 12% 的骇客实施的攻击构成了事实上的损害。

小案例

网络攻击

黑客已经变了。在 20 世纪 60 年代，只有少数懂得大型机的麻省理工大学的学生参与，个人计算机那时还没有发明出来。但是早期的黑客并不破坏信息，他们也不锁定系统或者扰乱计算机操作系统的正常运行。他们仅是纵情于学习一切关于计算机的知识，认为交换信息是一种自由的行为。

然而，他们早期单纯的想法被取代了，取代成为骇客所热衷的怀有恶意的想法，破坏网络的正常运行，握有信息并以此作为“人质”，或者实施其他的数字威胁。有时候，动机可能很简单：“瞧瞧，我是不是很聪明？”恶意的黑客行为可能需要精心准备才实施，目的是为了获得经济利益。当一个通晓计算机技术的员工被解雇后，他可能会对雇主怀恨在心，于是盗取公司的数据作为报复；或者离职的是位编写代码的程序员，也许他会实施一场拒绝服务攻击，即 DoS（Denial of Service），他完全有能力做到。记住，DoS 攻击发生的表象是故意发起数量惊人的非法请求导致某服务的其他合法请求得不到正常的响应。做法就是在网络上发起无数的请求（假冒的，只是看起来合法），于是导致服务器不堪重负，终于宕机了，自然它所能提供的服务也中断了（参见第 6 章）。

在近几年里，DoS 估计已经变成很常见的计算机犯罪形式了。举例来说，2000 年 2 月，有 5 个网站，即雅虎、网上购物巨擘亚马逊、在线拍卖 eBay、打折零售 Buy.com 以及 CNN，在两次毫不相干的意外事件中，由于成千上万的假冒请求像洪水一样涌来，它们的服务器纷纷倒下了。FBI 的国家基础设施保护中心 2005 年才调查出有一些犯罪者竟然是十几岁的孩子，他们只是随便从网上找些黑客工具，便可以实施攻击，而因为这样的行为他们会被判处 18 个月的监禁。根据 1996 年的国家基础设施保护法案，DoS 是联邦法律认定的犯罪类型，应当判处入狱以及罚金。

问题

(1) 计算机犯罪的法律是否足够严厉?

(2) 如何在世界范围内开展合作才能打击计算机犯罪?

资料来源

Joseph Lo, “Denial of Service or ‘Nuke’ Attacks” (March 12, 2005), http://www.irchelp.org/irchelp/nuke/

CNN Archives, “Cyber Attacks Batter Web Heavyweights” (February 9 ,2000), http://archives.cnn.com/2000/TECH/computing/02/09/cyber.attacks.01/index.html

有些骇客探测其他人的计算机系统，浏览那些以电子形式保存的数据或者黑掉网站，并以此为乐，或者是好奇，或者仅仅是为了证明自己的能力。有些则有着恶意的或者获取经济利益的动机，或者想搞破坏。不管动机是什么，起诉以及处以监禁，都是有可能的。

2. 数据诈骗以及其他类型的技术犯罪

只要计算机以及它们保存的数据是我们日常生活的一部分，犯罪分子就会想方设法采用先进的技术手段从事非法的事情。这些犯罪每年给社会带来数十亿美元的损失。具体的数字只能估算，因为很多企业不愿意报告自己被黑客入侵的事情，担心如果公之于众的话会导致客户流失或者影响公司股价。计算机犯罪的其他几种类型，汇总于表10-2。除此之外，技术使得很多传统类型的犯罪，比如骚扰（即为表达个人不满，可以发送威胁的电子邮件，在网站上张贴对方的名字、住址等等）、欺骗儿童和成人以及其他的故意破坏的行为，有了新的表现形式。

表10-2 计算机犯罪的类型

类　型	描　述	近期案例
卡类犯罪	盗取他人信用卡信息，自己用或者卖掉	一个叫做Smak的罪犯出售包含了10万信用卡用户信息的CD给警方的便衣
克隆	使用扫描装置，截获手机的无线传输的信号，然后复制一个手机，用于非法用途	20世纪90年代中期这种犯罪形式在纽约很盛行，市长、警务人员以及市议员也未能幸免
数据诈骗	在数据录入前或者录入到计算机之后，修改电子信息	一个大公司的薪酬专员把别人的加班费打到自己的银行账户里，用这种办法，她从不同的雇主那里弄到不少钱
搜寻垃圾	运气好的话可以在垃圾箱里找到信用卡的消费单，用作不法用途，或者卖掉	有个加州的小伙子自称自己是电信公司的业务员，需要查看用户的电话机。在被抓起来之前，他频频得手
网络钓鱼或者电子欺骗	收集大意用户的银行账号或者信用卡卡号，通常是做一个假冒的银行网站	eBay是一个网上拍卖的网站，它有很多用户。它们的网站就被克隆过
盗用电话线路	侵入电话系统打免费长途或者实现其他的目的	Kevin Mitnick，仍在加州的监狱服刑，该罪犯曾假冒电信公司的工作人员，打免费电话
捎带或者肩窥	趁别人在自动取款机前取款或者在打电话的时候，通过直接观察来获取信息	在纽约市的港务局出口，计算机诈骗办公室经常逮捕一些使用望远镜偷看别人电话卡的人
挪用资金	一个账户转移一点钱，账户多了，积攒的数目也就不少了	有一名银行的员工每天从上千个账户上转移1便士到自己的账户上。事发之前，她搞到了几十万美元
冒名顶替	为了偷设备或者糊弄别人以得到某些敏感信息而冒充别人的身份	有人给某公司的员工打电话，说自己在家工作，需要某项信息。他在撒谎，但是他有足够的真实信息来糊弄那个员工，要出网络的登录口令。后果是他登录到网络上，从上面下载到了机密的信息
语音钓鱼	语音钓鱼，不是要用户访问某网站，而是要求用户拨打一个伪造的电话号码，以确认一些用户信息	电子邮件要收件人拨打一个电话以确认其信用卡信息。这个假冒的电话号码是借助于VoIP技术的电话，拨打者于是就说出了自己的信息，那个骗子可能在世界的某个角落偷笑呢。当然喽，可以从卡上划走钱

黑客亦有道

有些黑客有着娴熟的技能，可以随意侵入未授权的计算机系统，很快他们发现了生财之道：与其做违法的勾当，不如利用自己掌握的技能去挣钱。Marc Maiffret，一个计算机安全公司的创始人，就是一个活生生的例子。

Maiffret 说到，他过去对找出隐藏事物背后的本质性的东西很有兴趣。当他还是个孩子的时候，他就拆了许多家里用的东西，看看到底是怎么工作的，然后再把他们组装起来。他后来又迷上了计算机，不过到了 15 岁他才拥有了自己的计算机。"我对计算机是如何工作的充满了好奇。" Maiffret 回忆道。

Maiffret 很快发现网上的黑客文化，他被黑客们的思维方式迷住了。Maiffret 说道，黑客们看起来"是我们这个社会里的伟大的思想家，特别是当他们突破极限以及琢磨出成果的时候"。对他而言，进步是从"理解弄懂软件和系统"到"学习如何让它们做事，也就是如何突破限制，虽然本来它们通常是做不了的"。

17 岁的时候，Maiffret 就知道了，通过实践他能攻破任何计算机系统。他休学了，不上高中了，他要去工作，后来被介绍到约旦商人 Firas Bushnaq 那里，Firas Bushnaq 是一家软件公司 eCommpany 的 CEO。Maiffret 提议说，如果他可以入侵到 Bushnaq 的公司网络里，Bushnaq 就给他一份工作，担任公司的安全专家。Bushnaq 同意了这个要求，而 Maiffret 真的成功闯入 eCommpany 的网络，而且只用了不到一个小时的时间。Bushnaq 也履约雇用了 Maiffret，并且教会他开发商业软件，也许更为重要的是，教会他如何经营一个企业。

Maiffret 现在 24 岁了，他和 Bushnaq 运营着自己的公司，公司的名字叫做 eEye Digital Security。公司的定位是为客户找出不同软件里所隐含的漏洞，然后设计并开发出防护软件，并把软件卖出去，以阻止攻入客户系统的未授权的访问者的进一步危害行为。"我们开发的软件，能够识别出黑客们常用的攻击计算机和网络的手段，我们还提供如何解决这些攻击方面的预防信息。" Maiffret 总结道。当被问及他使用了哪些技术来找出软件的漏洞的时候，Maiffret 的标准回答是："我可以告诉你，但是我不得不干掉你。"

Maiffret 对于黑客文化的远见，使得自己在商业上获得了成功。"地下的计算机文化是一种完美的文化分支，" Maiffret 解释说，"在这个场所，人与人之间的差异比真实世界更容易接受。这里的思维方式不同，特别是关于商业方面的思维方式。而且你会发现真正的技术黑客，那些顶尖的高手，十之八九都没有受过正式的教育。"

Maiffret 在 eEye 公司的头衔是首席黑客（Chief Hacking Officer，CHO）。公司的网站地址是 www.eEye.com。浏览一下该公司能提供什么的服务，再看看那个"有道德的黑客"是如何在一个网络安全的世界里获得成功的。

Maiffret 取得商业上的成功。大多数黑客，也都梦想着被别人认可，由于自己掌握着出色的技术，从而被安全公司雇用，那答案可能会让人失望。举例来说，有个位于科罗拉多州布德的公司叫做 Rent-A-Hacker，是一个安全方案提供商。其总裁说他每天都会拒绝大批来求职的黑客。公司雇用的员工都是些黑客，不过他们从不做坏事。而且 Rent-A-Hacker 的 CEO 从不会雇用有犯罪记录的黑客。那些没被抓起来的黑客才是真正的专家，公司就雇用了大约 100 个这样的黑客。

资料来源

E-mail interview with Maiffret, 2005

http://www.rent-a-hacker.com/

10.2.7 软件盗版

软件公司的开发人员和销售人员想知道用户是否按照需要的套数购买了他们的产品。商业软件提供商当然不乐意看到用户购买了一份软件，却私自贩卖副本给其他人。有的公司只购买了一份软件，然后复制很多份，分发给自己的员工安装。实际上，这种行为叫做**盗版**，是违法的。

当你购买了某款商业软件，将来计算机一旦崩溃，自己就需要重装各种应用软件。所以说，为所购买的软件做一个备份，这是合法的行为。通过电子公告板（BBS）或者其他网站发布共享软件或者是可以免费使用的公共软件，这也是合法的。但是通过因特网免费提供偷来的专有软件（warez）却是一种犯罪行为。warez 是行话，指这种被破解软件通过网络传播的行为。

专利和版权方面的法律法规可以应用到软件行业。版权法涵盖软件，包括 1980 年的计算机软件版权法，以及 1992 年的法案，该法案视盗版为重罪。1997 年，《电子窃盗禁止法》（No Electronic Theft Act）颁布了，侵犯版权是一种犯罪行为，即使没有从中获取经济利益。

盗版已经变成一个司空见惯的问题了，盗版给软件行业（北美地区）带来的损失每年高达数十亿美元。犯罪行为不好追踪，但是有些个人和公司已经成功地告发了软件盗版行为。很多公司正试图限制软件盗版，通过的手段包括：需要用户输入注册码（许可证号），或者在用户要做软件注册或者软件升级的时候验证一下这个注册码（许可证号）。微软公司在其新版本的操作系统 Vista 中更进一步。当用户第一次安装软件的时候，以及每一次升级操作系统的时候，系统都试图验证以确认软件已经注册过了。如果软件没有注册，用户可以有 30 天的试用期，如果在 30 天内没有注册，那么，时间一到，Vista 会进入一种特殊的状态：缩减功能模式，处于该模式则意味着计算机的使用会受到限制。比如说，用户在注销之前，只能使用浏览器 1 个小时。不能使用微软的 Office 软件来查看和修改文档，只能接收最关键的安全补丁。有人认为微软的新政策有点过于严厉，但也有人认为这些严格的措施到来的太晚了。

软件盗版是全球性的生意

软件盗版是一个全球问题，各个国家以及个人都应该认识到并执行知识产权的所有权，特别是软件版权方面的政策。软件盗版以及其他技术剽窃已经遍布全球。2005 年全世界因为盗版的损失高达 340 亿美元。因为全球各地区在技术应用上的差异，平均的软件盗版程度以及损失程度差别也非常大，参见表 10-3。

表 10-3　按地区排列的软件盗版程度以及造成的损失

地　区	盗版程度	损失（百万美元）
北美	22%	7 686
西欧	35%	11 838
亚太	54%	8 050
拉丁美洲	68%	2 026
中东 / 非洲	57%	1 615
东欧	69%	3 095
全世界	35%	34 297

资料来源：商业软件联盟（2006）。

软件盗版是一种犯罪行为，也算是一种道德问题吗？某种程度来说是。但是商务人士必须知道关于这个问题的其他观点。算不算道德问题要根据不同国家对所有权概念的不同认识来决定。关于知识产权所有权的一些想法都起源于长期的文化传统。举例来说，在多数中东国家里，个人所有权的概念是一个奇怪的东西，因为在他们那里，知识是共享的，属于所有人。因此，也没有什么盗版可言。不过这个观点渐渐地在改变，沙特阿拉伯的专利局几年前受理了该国第一个专利申请。他们的软件盗版率也从 1996 年的 79% 骤降到 2005 年的 52%。

在其他的情况下，软件盗版还有政治、社会以及经济的原因。在很多其他国家里，软件发行商不提供相应的软件来满足消费者的需求，而这些消费者也往往没有钱来购买软件。南美的很多地方以及其他贫困地域，这种事情是真实存在的。对于学生以及其他大学社团的成员来说，他们在某些领域的软件需求也很旺盛。

导致软件盗版或者对知识产权的侵害还有一些其他因素。这包括公共的意识的缺乏，本国软件行业不发达，以及不断增长的对于计算机以及其他技术产品的需求。美国已经不断地施压和威胁其他国家，要求这些国家谴责和打击盗版。有意思的是，尽管部分民众也有一些文化上和经济上的借口，美国仍然是世界上盗版软件量最高的国家。毕竟，己所不欲，勿施于人嘛。

10.2.8　计算机病毒以及其他破坏性代码

一个著名的反病毒网站近来撰文称，在过去仅仅 1 个月的时间里就有 1 400 个新的恶意软件“横空出世”了，比如病毒、蠕虫和木马。病毒是有害的程序，可以扰乱计算机的正常功能。和其他的恶意软件不同的是，病毒可以自我复制。有些病毒不同于那些无害的恶作剧程序，它们真的会删掉计算机系统里的文件，进而使得计算机反应迟缓甚至危害计算机的正常运行。

病毒可以以多种方式植入到目标计算机上（参见图 10-13）。引导区病毒把自己附加到硬盘的扇区里，计算机一启动它就跟着运行了。它们最常用的传播方式是通过恶意的邮件附件或者文件下载。文件感染了病毒，病毒就会附在文件本身，可能有着特定的扩展名，比如 .doc 或者 .exe。有些病毒是引导扇区和文件感染病毒的混合体。为了躲过反病毒软件，有些还可以产生变体。通过电子邮件传播的病毒，从 20 世纪 90 年代后期开始流行。当收件人打开了邮件，或者邮件里的附件，病毒就会被激活。通常这样的电子邮件可以发送到受害者的地址薄里的所有联系人，因此通过网络就传播出去了，传播速度可能很惊人。

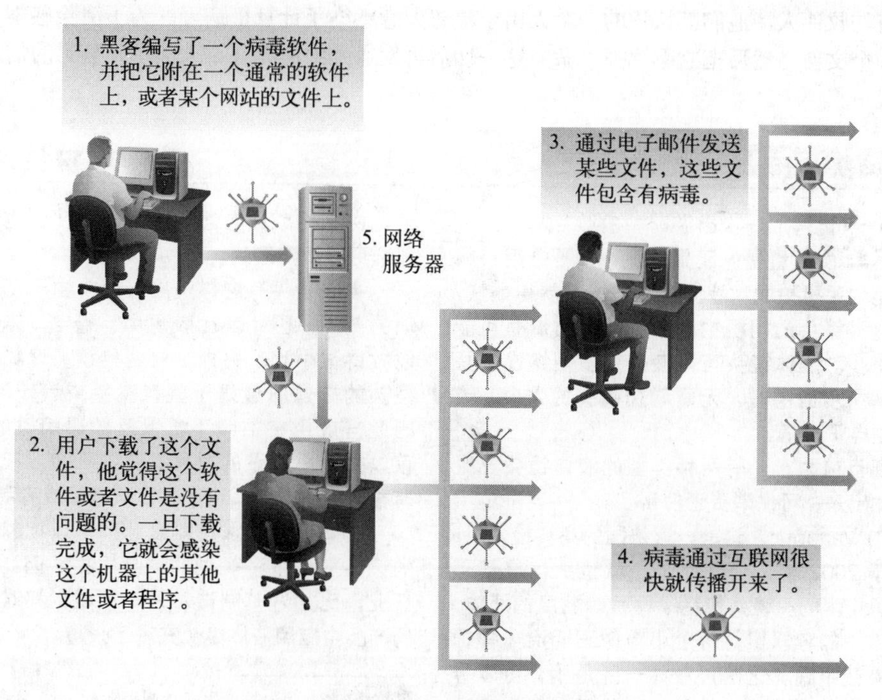

图 10-13　计算机病毒是如何传播的

蠕虫、木马以及其他危险程序

计算机病毒是对计算机的最大威胁，但是除了病毒之外，还有其他类型的破坏性代码。比如蠕虫虽然通常不破坏文件，但是和病毒相似，蠕虫本身可以自我复制，可以把自己发送出去，能够通过网络在计算机间快速传播。最终会拖垮计算机。恶意代码会消耗掉计算机的内存，因而使得计算机的正常功能都无法运行了。

另外一种破坏性的程序叫做**特洛伊木马**，简称**木马**。和病毒不一样的是，木马不会复制自己。但是和病毒相像的是，它有着很强的破坏性。木马被植入到计算机后，就悄悄地把自己隐藏起来。表面上看起来计算机工作正常，但是实际上，木马在偷偷执行自己的功能。举例来说，借口和一个系统操作员玩棋类游戏，破解组织将木马安装到加拿大的某个大型主机上。游戏可以正常工作，木马程序却偷偷地创建了一个管理员账号，为将来的入侵做好准备。

逻辑炸弹或者**时间炸弹**是木马的变种。它们也不自我复制，设计的目的也不是扰乱计算机的正常运行。相反，它们在等待可信任的计算机用户执行一个触发操作，时间炸弹会在某个特定的日子发作，比如某个名人的生日。而逻辑炸弹则会被特定类型的操作所触发，比如说计算机检测到用户输入了一个特定的密码，添加或者删除了名字（或者其他信息）。心怀不满的员工在他们被解雇的时候可能种下了逻辑炸弹和时间炸弹，当他们离开公司之后才被激活。近来有这样的案例，明尼苏达州的一个离职员工索要酬金来解除时间炸弹，该时间炸弹是他在公司工作时植入的，一旦炸弹被激活，就会破坏公司的员工工资发放记录。

10.2.9 因特网上的恶作剧程序

因特网上的恶作剧程序是指虚假的消息，比如网络上有了什么样的新病毒，为所谓的遇难者（比如所谓的“9·11”恐怖袭击遇难者）成立的基金，孩子遇到了麻烦，癌症的传闻，或者很多其他的公众感兴趣的话题。一个最典型的病毒恶作剧出现在2004年，是一封电子邮件，该电子邮件告诉所有的收件人，他们都认识的一个人由于疏忽大意感染了计算机病毒。为了清除感染，需要手动查找一个文件，然后把它删除掉。做完这一切后再发通知给所有联系人关于此病毒的信息。这封

液体镜头

关键技术 

还记得上一次出游时拍的照片吗？照片的质量是好还是差呢？是不是用带照相功能的手机拍的？液体镜头技术发展得很快，采用这种镜头的相机拍出来的照片质量有可能提升不少。液体镜头可以使得很多便携设备获得高解析度的图像，无需增加镜头的大小，或者改进电子电路。

到目前为止，有两种类型的液体镜头已经被开发出来，可供消费者使用了。

(1) Varioptic，这是一家法国的高科技公司，成立于2002年。它研发了一款镜头，是基于电湿润技术的。镜头包括了两片等密度的液体，在圆锥型的容器里，两个小窗像三明治一样把液体夹在中间。这两片液体一片是水，可以导电；另一片是油，起着盖子的作用。允许工程师加固定容量的水，提供一个测量稳定性的视轴。水和油的界面会改变形状，这取决于加载在圆锥形结构体上的电压。不加电的时候，表面是平的；加载的电压为40 V的时候，油的表面会高度凸起，有点像人的眼睛。

(2) 液体镜头的另一种类型是流体镜头，完全是由水构成，看起来像触点镜头，也像人眼那样可以改变形状。

液体镜头有这样一些好处：由于不需要可动的部件，因此就比较耐用、省电，体积上可以做得很小巧；另外，对两种镜头来说，液体镜头的成像质量好于塑料镜头或者玻璃镜头，因此当应用在拍照手机以及数码相机的时候，可以拍出高质量的照片。更进一步，液体镜头有着耐用的好处，它们不会被磨损或者刮伤。

液体镜头技术使得设计师可以把越来越小的镜头放到各种类型的产品里去。因此，其他行业，比如汽车制造、医学领域，都对在自己的产品中应用液体镜头充满了兴趣。

资料来源

Louis Frenzel, “Liquid Lens Focuses On Low Cost and Power”, *Electronic Design*(October 12, 2006), http://www.elecdesign.com/Articles/Index.cfm?AD=1&ArticleID=13608

William Chee, “New Patented Lens Made of Liquid Paves Way for Slimmer Digital Cameras ”, *Real Tech News*(August 17,2005), http://www.realtechnews.com/posts/1670

电子邮件就是恶作剧程序。要找的那个文件其实是 Windows 操作系统的一个文件，所有收到邮件的人都删除了这个文件，还要求其他联系人也删掉它。好在，这个文件不是操作系统的关键文件，那些删除了文件的用户并没有感觉有什么不良后果。这个邮件和病毒有点相似，只不过是由收件人自己删除硬盘上的文件而已。

在大多数情况下，后果不会很严重，你的朋友只是嘲笑你一番而已。在有些情况下，垃圾邮件发送者可能从中收集到一大批有效的电子邮件地址，有可能导致你的收件箱很快被垃圾邮件塞满而爆掉。有些网站，比如 Hoaxbusters（Hoaxbusters.ciac.org）、Symantec 或者 McAfee，发布已知恶意程序的清单，当你要转发邮件的时候，切记一定要查看确信该邮件不是恶意程序。

10.3 网络战争和网络恐怖主义

在过去的几年时间里，与个人计算机有关的犯罪造成了数十亿美元的损失，相对应的形式有计算机病毒、蠕虫以及计算机系统的非法入侵。很多人坚信：即使将来各国政府能够协调工作，恐怖组织还是有能力发动损失高达数千亿美元的恐怖行为，将许多人置于危险之中（Panko，2007）。大多数专家认为网络战争和网络恐怖主义主要是针对美国以及其他技术先进的国家的。一种主要的攻击类型可能是攻击那个国家的信息基础设施或者供电网络，甚至是因特网，使它们陷于瘫痪，以摧毁这个国家（或者全世界）的经济系统、交通运输系统、医疗系统以及其他形式的基础设施，使整个社会在灾难面前束手无策。

10.3.1 网络战争

网络战争指的是一个国家的军方试图干扰或者破坏敌对国家的信息和通信系统。网络战争常常和传统战争同时发起，目的都是快速地打击敌对国家。考虑到美国和北大西洋公约组织联盟（各成员国）是世界上技术最成熟的机构，当然也是最为依赖网络和计算机基础设施的，所以当网络战争打响的时候，它也是最容易受到攻击的对象。

网络战争的攻击目标

网络战争真正的目的是打破双方在信息上的平衡，以削弱敌对方的能力，同时也是为了增强自己的能力。为了获得信息技术上的优势，网络战争将利用多方面的技术，包括硬件技术、软件技术还有网络技术。这些技术会被用来削减敌方的各种能力甚至使之失去作用，具体的举措有：侵入敌方的计算机或者网络系统，使得敌方的系统变得拥塞、过载直至失去作用。目标有以下几个：

- 指挥和控制系统；
- 情报收集和分发传递系统；
- 信息处理和分发传递系统；
- 战术通信系统和方法；
- 军队和武器定位系统；
- 敌友识别系统；
- 智能武器系统。

除了这些方面以外，对于宣传活动的充分控制，比如针对敌方的老百姓、军队以及政府的宣传工作，也是网络战争战略的主要组成部分。对于政府来说，全面整合网络战争战略和总体作战能力，是一个很大的挑战。

10.3.2 网络恐怖主义

与网络战争有所不同，**网络恐怖主义**行为的主体不是政府，而是个人或者某些组织。网络恐怖主义使用计算机技术和网络技术来侵犯个人或财产，以恐吓或者要挟政府、老百姓或者社会的任何组成部分，达到政治的、宗教的或者意识形态领域的目的。很让人心惊的是，网络恐怖主义行为是一种基于计算机的攻击，可以从世界的任何一个角落发起。没有界限，不需要安放炸弹，也不会导致人员伤亡。因为计算机和网络系统控制着发电厂、电话系统、运输系统，以及水管和输油管道，扰乱了这些系统，可能会夺去某些人的生命，或者使整个社会陷入恐慌之中（Volonino and Robinson，2004）。和对人体的攻击一样，网络恐怖袭击也会导致身体或者心理的伤害。由于人们对于未知的事情总是担心，所以对于不知什么时间、什么地点可能会发生的何种形式的恐怖袭击，都会感到“恐慌”。

1. 什么样的攻击可以视作网络恐怖主义行为

网络恐怖主义攻击行为可能涉及对计算机系统的物理性破坏，也有可能破坏经济的稳定性，或者破坏基础设施。恐怖袭击行为为了在社会中制造恐慌气氛，可能入侵计算机系统以控制交通灯系统、电站、大坝或者航空系统。攻击行为可以有很多形式，比如病毒、拒绝服务攻击、摧毁政府的计算机系统、盗取机密的文件、修改网页的内容、删除或者毁坏关键信息、扰乱媒体广播、或者干扰信息的正常传播。表10-4总结了一些在专家看来恐怖分子可能实施的攻击的类型。

表10-4 可能的恐怖袭击的分类

分类	描述
一系列的炸弹攻击	小到爆炸装置，大到有着强大破坏力的大型武器，很多设备之间可以通过因特网或者手机网络互相通信，如果它们中的某一个和其他设备的联系中断了，就会引爆所有的设备
操纵金融信息和银行信息	为了扰乱金融信息流，以达到制造恐慌以及使得民众或全世界对某个国家的金融系统失去信任的目的
操纵医药行业	改变某种药品的配方，很难检测出来，为了引起恐慌进而促使社会对整个行业都失去信任
操纵交通运输系统	扰乱民航和铁路运输系统，可能导致严重的事故
操纵市政设施	为了危害通信系统、广播媒体、天然气管道、市政供水系统以及电网，在人群中制造恐慌
操纵核电站	干扰冷却系统，可能导致核辐射扩散

恐怖袭击的目的就是制造恐慌和破坏。通过强大的计算机技术和全球网络，恐怖分子能够入侵到社会基础设施的关键部分，以此制造出实际的或者虚拟的恐慌。传统恐怖分子也会在新技术条件下，转变成为网络恐怖分子，计算机和网络也是他们的最佳“武器”。

2. 因特网是如何改变恐怖分子的从业之道的

事实上，所有现代的恐怖组织都会利用因特网（Weimann，2006）。除了使用因特网作战、发动恐怖袭击外，因特网还是他们强有力的工具，可以改进以及精简现代恐怖分子的“从业之道”（参见表10-5）。因特网推动了企业机构和社会的全球化，同样，因特网也使得恐怖行为全球化。很明显，因特网也改变了现代恐怖分子的“商业流程”。

表10-5 恐怖分子利用因特网的方式

方式	描述
信息的传播	开发网站，以便向现有的和潜在的支持者散布宣传信息，影响国际舆论以及向敌人透漏计划
数据挖掘	来自因特网的海量数据，为计划、招募以及各种事务出谋划策
基金募集	假冒的慈善团体以及非政府组织募集资金以及在世界范围内转账的网站

（续）

方　式	描　述
招募新人以及动员	恐怖组织可以利用网站来提供招兵买马的信息，也可以利用因特网的新技术，比如使用无线漫游的在线聊天室以及网吧，来接收新人
网络	因特网可以建立等级层次少的难以打击的组织结构；网络也使得那些有着共同敌人的组织联合起来，以更好地共享和协调信息
信息共享	事件发生时，因特网成了发布新闻的工具，就和公开"最佳实践"似的
计划和协调	通信交流和信息传播的能力使得制订和执行计划的难度降低
信息收集	使用地图软件（比如 Google 的 Google Earth）来定位潜在的袭击目标
位置监控	在公共场合使用摄像头，可以监视和研究潜在的攻击地点（比如时代广场或者类似隧道或者发电站之类的公共设施）

3. 评估网络恐怖行为的威胁

有些专家声称，由于接入的开放性，因特网基础设施很容易受攻击，而这样的事故常常是由媒体引发的。举例来说，2000 年 1 月，*Blueprint Magazine* 刊登了一篇文章"Get Ready for Cyberwar"，作者 Sam Nunn 的报道如下。

- 1997 年美国政府实施了一项叫做 Eligible Receiver 的行动，政府雇用了 35 个黑客，行动的目的是为验证本国的网络在网络攻击中的脆弱程度。这些攻击者，称为"红队"，迅速接入了国防部 40 000 个网络中的 36 个。他们甚至可以关闭国家电网的部分结点，还可以干扰位于火奴鲁鲁太平洋指挥部的通信。
- 在另外一项系统脆弱程度测试中，国防信息系统接受了 38 000 次蓄意的攻击，只有 5% 的系统管理员意识到被攻击，而在这些人里面，只有 4% 的管理员把攻击事件报告给了上级。

美国国防部是黑客们经常攻击的目标，2004 年年底有报道说，美国国防部每天大约会发生 60 到 90 次未授权的入侵事件。虽然大部分攻击没有造成什么损失，但也有一小部分的攻击成功了，且让人心惊。

- 在 1991 年的海湾战争期间，一个荷兰的黑客组织盗取了美国陆军行军的电子信息，并打算把此信息卖给伊拉克。还好，伊拉克认为这是恶作剧，因此拒绝了交易。
- 1998 年，一名 20 岁的黑客 Ehud Tennebanm 纠集了另外两个加州的黑客，去扰乱美国陆军的行军计划。做法是控制五角大楼、国家安全局以及国家实验室的计算机，使之不能工作。
- 1999 年，骇客们获得了英国军方通信卫星的控制权并据此索要酬金，不过英国军方否认卫星被别人控制。
- 还是在 1999 年，塞尔维亚 / 科索沃战争期间，塞尔维亚的黑客声称自己黑掉了北大西洋公约组织的网页，还使得他们电子邮箱系统爆满，充斥的都是拥护塞尔维亚的消息。
- 2000 年的美国总统选举期间，有报道称网页被修改过，牵涉的入侵者可能有着不同的政治动机。目标网站上的信息被修改了，窥探政治网站非常猖獗，此外还发生多起拒绝服务式攻击。
- 2003 年 5 月，罗马尼亚的黑客黑掉了负责 58 个科学家和合同工在南极的起居控制系统。在 FBI 特工的协助下，这几名黑客被逮捕了，这些家伙还企图敲诈科研站一大笔钱。

美国国防部和美国的安全部门，需要打击网络恐怖行为。与此同时，美国军方也研究过当战争发生时，如何充分利用信息技术。这儿有一个例子，据报道，美国指挥了世界上第一次网络战争，在为期 78 天的塞尔维亚 / 科索沃战争期间，美国曾组织了一个由多名信息卫士组成的团队，攻击了塞尔维亚的关键网络以及指挥控制系统。

网络恐怖行为主要是针对计算机和网络安全的，有些专家指出，把网络恐怖行为作为一种武器也有如下缺点。

(1) 计算机系统和网络都很复杂，因此网络攻击行为难于控制，可能达不到预想的破坏效果，也许不如常规攻击方式有效。

(2) 计算机系统和网络系统也在变化，安全也在不断提高，因此需要新的技术才有可能实施侵入行为。这意味着作恶者也需要不断地学习，才能掌握更新的技术，要不然那些过去的招数都不管用了。

(3) 网络恐怖攻击很少导致受害者的人身受伤害，因此，它造成的影响远没有常规武器造成的影响大，也没有那么惊人。

借助于先进的计算机技术，网络恐怖攻击和网络战争未来仍有可能出现。不过专家期望，不断增强的计算机安全措施，有助于减少类似意外的发生。

4. 恐怖主义的全球化

随着对于技术的依赖程度越来越高，恐怖主义的威胁也将会不断加大。由于数字技术、信息技术以及因特网技术的飞速发展，很多政府组织和商业组织实现了全球化。现在恐怖主义也开始全球化了。为做好充分准备，各国政府应当与行业伙伴一起设计出协调一致的计划，以便应对各种类型的攻击。除了合作上的加强以及灾难的紧急应对措施，政府必须改进他们的情报搜集能力，使得潜在的攻击在实施前就可以被化解掉。行业内也应该实施必要的激励措施来鼓励保护自己的信息资源，将损失和破坏减到最少。国际法和国际惯例必须快速制订出反映网络恐怖主义现状的内容，因为世界上的任何一个角落都有可能发起攻击，也都有可能受到攻击。好在，专家都认为，毁灭性的攻击且对美国的基础设施系统造成重大破坏的攻击成功的可能性非常低，原因在于，要想取得成功，攻击者可能需要“2亿美元、情报信息以及多年的准备”（Volonino and Robinson，2004）。尽管如此，小的攻击还是经常发生的，而且发生频率和危害强度也在不断增加。即使是小的攻击，比如个人自杀性袭击（人体炸弹），也会在社会上引发极大的骚乱。很明显，前方还有很多挑战。

网络警察追踪网络犯罪

行业分析

一档叫做《犯罪现场调查》的电视节目播放了一个与家庭有关的案件，里面谈到了DNA检测。实际上，大家都知道，罪犯在案发现场可能会留下体细胞或者体液（头发、皮肤细胞、唾液、血液、精液等）。通过DNA检测分析，可以找到罪犯。DNA学名叫做脱氧核糖核酸，存在于所有的活体组织，无论是动物还是植物。《犯罪现场调查》这个节目也表明：与犯罪研究实验室需要跟上技术的发展一样，国家的各级法律执行部门（联邦的、州的以及当地的）也要跟上高新技术发展的脚步。

因为技术的进步的太快，法律执行已经落后了，不过正在追赶。州一级的部门都在司法部之下设立有计算机犯罪和知识产权局，目的在于打击计算机犯罪。此外，联邦调查局FBI已经设立了计算机犯罪小分队，在全国的16个中心地区（大城市）专门调查计算机犯罪。在华盛顿特区，FBI的国家基础设施保护中心充当了一个大本营的角色，负责收集与计算机犯罪相关的信息以及专门知识和技能。同时，每一个联邦的司法管辖区，至少拥有一名助理律师，叫作计算机和电信犯罪协调人。这名助理律师接受过特别的训练，知道如何调查以及起诉计算机犯罪。

还有，每一个州现在都设置了计算机犯罪调查的部门，作为本地法律执行部门的后援。很多市级的政策部门有着自己的计算机犯罪调查部门。

对那些法律执行部门来说，有相关的软件工具可供选用，而且这些工具现在也在不断改进。用于法庭的软件工具包等程序可以提供给警方这样的能力：在计算机里查找以及恢复那些被删除的文件。还有执法时用到的罪犯识别系统，比如SNAP（Statewide Network of Agency Photos）。法律执行部门可以从SNAP的数据库查找嫌疑犯的照片，比如疤痕或者纹身等突出的特征，使得罪犯识别轻松很多。SNAP和自动指纹识别系统是联网的，一旦某人被逮捕，其指纹马上就会被采集，并保存到系统里。

类似地，由芝加哥警署开发的系列犯罪模式分类系统，使得侦探可以查看与犯罪有关的模式。

广播通信的技术也更新了，这为执法部门的语音通信提供了一种安全的方式。接收器再也不是谁想就能买到了，轻而易举监听警察的电话已经成为过去，这是因为数字语音技术现在可以加密了，加密技术使得语音通信更为安全。

然而，罪犯已经发现如何充分利用因特网提供的便利。不过，法律执行部门很显然也知道如何使用因特网，因为工作人员也使用先进技术来追踪、逮捕以及控诉犯罪分子（网络犯罪分子、计算机犯罪分子）。

问题

(1) 现在，成为一个罪犯，是更容易了还是更困难了？为什么？

(2) 论证执法部门是否有可能在技术上超过犯罪分子？

资料来源

http://www.nlectc.org/justnetnews/weeklynews.html#story11

http://www.usdoj.gov/criminal/cybercrime/AGCPPSI.htm

要点回顾

(1) 描述信息时代的到来以及计算机道德如何影响信息系统的使用。信息时代指的是人类文明史的某个阶段，在这个阶段里，信息变成了“通货”。要想在当今社会里取得成功，需要人们懂得如何使用计算机，因为能够熟练掌握计算机技术，能够有效地操作，是从事很多工作的重要基础。数字鸿沟是指在懂计算机的人和不懂计算机的人之间存在的鸿沟。因为懂计算机在信息时代如此重要，引起社会关注一个主要的道德问题：哪些人懂计算机，而哪些人不懂。

(2) 讨论与信息的隐私权、准确性、所有权以及信息的可访问性等方面有关的道德问题。信息隐私权是讲什么样的个人信息可以透露给别人，比如向雇主提供的个人信息或者在网上购物时透漏给卖家的个人信息。信息的准确性是指，要确保信息的真实性以及翔实性，并确定由谁对给人们造成伤害的信息错误负责。信息所有权说的是，谁拥有那些个人信息以及什么情况下信息才能被出售或交换。个人或者组织获取他人信息的权利，以及如何访问和使用这些信息，这叫作信息的可访问性。信息时代带来了信息随时可得、随处可得的好处，但是也有副作用，其他人可能获取到你的个人隐私信息。即使有少数安保措施可以用来保护信息的准确性，个人以及企业还是有可能由于错误信息而受到伤害或遭受损失。除此之外，由于信息的交换和修改都很容易，信息所有权被侵犯的事件很容易发生。同样，随着包含个人信息的在线数据库不断增加以及越来越多人通过计算机来交流并有权访问和监视这些在线信息，引发了很多道德问题。

(3) 定义计算机犯罪并列举了几种计算机犯罪的类型。计算机犯罪被定义为借助于计算机来实施的非法行为，比如以计算机为犯罪目标，使用计算机来实施犯罪，或者在犯罪过程中用到了计算机。未经授权就访问计算机系统，也被视作犯罪。那些足够聪明可以无需授权就能访问计算机系统的人一直被称为黑客（hacker）。现在，那些闯入计算机系统搞破坏或者实施犯罪的人，通常叫做骇客（cracker）。黑客和骇客都可以实施很多类型的计算机犯罪，包括数据诈骗、挪用资金、盗用电话线路、手机克隆、肩窥、伪装、搜寻垃圾以及电子欺骗。骇客也与开发或者传播计算机病毒以及其他有害代码有关。最后，非法复制软件在全世界都被视为犯罪，称为软件盗版。

(4) 描述并解释网络战争和网络恐怖主义的区别。网络战争指一个国家的军方试图有组织地扰乱或者破坏另一个国家的信息和通信系统。网络战争的目的在于打破双方在信息上的平衡性，以削弱敌对方的能力，同时也是为了提升自己的能力。网络恐怖主义指个人或者组织针对某些人或财产，利用计算机和网络技术来恐吓或要挟政府、老百姓或者任何社会团体、机构，以达到政治、宗教或者意识形态上的目的。由于恐怖组织越来越多地利用因特网来达到目的，最大的可怕之处在于：网络恐怖行为可以在世界上任何一个角落的计算机发起。

思考题

1. 描述信息时代的到来以及计算机道德如何影响了信息系统的使用。
2. 数字鸿沟和计算机文化有什么区别？
3. 试比较这3个术语：信息准确性、信息隐私权以及信息所有权。
4. 比较蠕虫、病毒、木马以及逻辑炸弹或时间炸弹。
5. 列举5个你感兴趣的网络欺诈手段，并就如何避免这些陷阱给出一些建议。
6. 什么是身份盗用？对此问题，本章提供了什么解决方案？
7. 什么是域名抢注？美国政府在哪一年通过了法律来制止这种行为，这个法案的名字叫什么？
8. 定义计算机犯罪，并列举几种计算机犯罪的类型。
9. 解释1986年美国颁布的计算机诈骗和滥用条例（CFAA）以及电子通信隐私法案（ECPA）的目的。
10. 定义未授权接入，并举几个近来在媒体上报道的例子来说明。
11. 在因特网上通过电子邮件传播的病毒最近常见于报端。有哪5种办法来防范这些病毒？
12. 定义并比较网络战争和网络恐怖主义。

自测题

1. __________，或者知道如何使用计算机或设备来收集、保存、组织以及处理信息，就可以获取无数的信息资源。
   A. 掌握技术
   B. 存在数字鸿沟
   C. 掌握计算机操作
   D. 不会使用计算机
2. 广义的计算机犯罪不包括 __________。
   A. 攻击一台计算机
   B. 在实施犯罪的过程中使用了计算机，尽管这些计算机不是犯罪的目标
   C. 使用计算机来实施合法的行为
   D. 使用计算机来实施攻击
3. __________ 明确说明个人或者组织有权利获取他人的哪些信息，以及如何获取和使用这些信息。
   A. 信息的可访问性
   B. 信息的准确性
   C. 信息的隐私性
   D. 信息的所有权
4. 计算机道德协会是一家集科研、教育和政策研究于一身的组织，其成员来自IT相关的行业、学术团体、公司或公共政策团体。其公布的准则禁止如下行为，除了 __________。
   A. 使用计算机危害他人
   B. 使用计算机伪造证据
   C. 在没有付钱的情况下复制或者使用私有软件
   D. 在获得授权的情况下使用计算机资源
5. 在美国，联邦已经通过了两个针对计算机犯罪的主要法律，它们分别是 __________。
   A. 1986年的《计算机诈骗和滥用条例》（CFAA）
   B. 1986年的《电子通信隐私法案》（ECPA）
   C. 1996年的《电子商务因特网法案》
   D. A和B
6. 那些为了搞破坏或者实施犯罪而闯入计算机系统的人，通常被称为 __________。
   A. 黑客
   B. 骇客
   C. 计算机天才
   D. 计算机特务
7. 下列哪一个版权法适用于非法盗版软件的行为？
   A. 1980年的计算机软件版权法
   B. 1992年的一项法案，认定软件盗版是重罪
   C. 1997年，电子窃盗禁止法，该法案认定即使

不以营利为目的，侵犯版权也是犯罪

D. 以上所有

8. 个人以及组织针对人或者财产使用计算机和网络技术来恐吓或者要挟政府、老百姓或者任何社会机构，以达到政治、宗教或者意识形态上的目的，这叫做 ________。

A. 网络战争

B. 计算机犯罪

C. 网络恐怖主义

D. 以上都不是

9. 如下哪一项正式调查技术可以用来评估数字信息，以用作庭审材料。

A. 数据诈骗

B. 计算机道德

C. 计算机证据学

D. 盗版软件

10. 针对通信公司的计算机实施犯罪，目的是为了免费拨打长途电话或者使用其他运营服务，要不然就扰乱其他用户的正常通话，这种行为称为 ________。

A. 盗用电话线路

B. 克隆

C. 卡类犯罪

D. 数据诈骗

问题和练习

1. 配对题，将下列术语和它们的定义一一配对

i. 数字鸿沟

ii. 信息隐私权

iii. 网络战争

iv. 信息的准确性

v. 肩窥

vi. 身份盗用

vii. 信息的可访问性

viii. 蠕虫

ix. 计算机道德

x. 伪装

a. 盗取他人的社会保障号，信用卡卡号以及其他的个人信息，目的是使用受害者的信用评级来借钱、购买商品或者快速借贷，并没有考虑将来要偿还

b. 指这样一个领域，关注自己的什么信息可以由于雇用的关系或者在线购物等交易的原因透露给别人

c. 在现代社会里，那些掌握计算机使用技能的人可以获取大量的信息，比如因特网上的资源，而那些不会计算机的人就不能。

d. 一些通常不会破坏文件但是和病毒类似的代码，设计的目的是复制自己并通过联网的计算机发给别人。由于消耗了大量的内存，计算机的正常功能也没法用了。

e. 一个关注于确保信息的所有权和内容真实准确并明确由谁来对危害人们的错误信息负责的领域。

f. 集中于定义一个人或者组织有权利获取他人什么样的信息以及如何获取和使用这些信息

g. 有关计算机和信息系统的使用方面的问题和行为规范

h. 用如下的手法来取得使用计算机的资格：在一个正在打电话的公司员工面前装模作样地看一本杂志以偷听谈话，或者打电话给健忘的同事以套出该员工的密码以及其他信息

i. 在自动取款机前排队取钱的时候，站在别人后面偷看前面的人的卡号，然后再伪造一张卡，从受害者的账户上取钱

j. 一个国家的军方试图有组织地扰乱或者毁坏另外一个国家的信息和通信系统

2. 有一个叫做“电子前沿基金会”（www.eff.org）的组织，该组织的使命就是保护数字领域的在线权利。该组织就如何保护在线隐私提供了一些建议。浏览一下都有什么建议，并总结一下如何才能保护自己的权利。

3. 在某些情况下，参与到域名抢注的个人都希望可以高价卖掉自己注册的域名；在另外一些情况下，参与到域名抢注的公司，注册的域名很像其竞争者产品的名字，期望通过拼写错误网站的地址带来流量、访问量。你能区分出这两种情况吗？为什么？如果能区分，你能划出这两者的界线吗？

4. 你是否认为自己是计算机盲？你有哪些朋友或者亲戚不会使用计算机的吗？你可以通过什么方式提高自己的计算机技能？熟练使用计算机，在当今的劳动力市场是必要的吗？为什么？

5. 浏览 www.consumer.gov/idtheft/ 和 www.identitytheft.org/ 等网站，看看上面的小贴士和文章，以明确什么是身份盗用。你找到有用的东西了吗？

你是否收藏了这些小贴士或者把这些网址通过电子邮件发给你的同学和朋友？

6. 完成 web.cs.bgsu.edu/maner/xxicee/html/welcome.html 上的有关计算机道德的测试题，然后访问 online-ethics.org/cases/robot/robot.html 以查看更多关于计算机道德和计算机的社会涵义。道德规范是否在每一个领域都得到应用？
7. 找出你所在学校的有关合乎道德地使用计算机访问因特网的行为指南并回答如下问题：对于某些类型的网站或者网页（比如色情内容），是否有访问限制？学生们是否可以改动计算机硬盘上的程序，或者从因特网上下载一些自己需要的软件？在指导个人使用计算机或者电子邮件方面，是否有一些规范？
8. 你觉得是否有必要制订一套统一的信息系统道德规范？请访问 www.albion.com/netiquette/corerules.html，你如何看待这个规范？它可以再扩展吗？或者说这个规范是不是有点太普通了？在因特网上搜索其他的针对程序员或者web 开发者的规范，你找到什么了？
9. 访问 www.consumer.gov/sentinel/，以了解全球的法律执行部门是如何聚集起来，与消费欺诈作斗争的。该网站包括一些关于消费者抱怨的信息，以及关于这些信息的一些有趣的分类方式。试着使用这些位居前 5 名的抱怨类型的最新数据准备一份报告。
10. 选择一个你所熟悉的公司，查看该公司有哪些计算机道德策略，先取得纸质材料，然后仔细查阅。此外，多问问题，还要观察一些员工，这有助于你深入理解这些策略的实际应用。这个公司是严格遵守还是对此项策略漠不关心？试准备一份 10 分钟的演讲材料，向同学们讲讲你的发现。
11. 访问网站 www.safeshopping.org，并总结出在线购物方面的 10 个安全小贴士。你觉得这些小贴士是否有必要介绍给你的朋友或者同学呢？你是否收藏了这个网站，或者发邮件告诉了你的朋友了呢？
12. 为了学习更多关于保护个人隐私的内容，请访问 www.cookiecentral.com、www.epubliceye.com 和 www.openratings.com，你学到什么东西了吗？哪些有助于保护个人隐私？为什么个人隐私比过去更重要了呢？
13. 是否应当通过相关法律，把垃圾邮件视作犯罪？如果是这样，立法者如何解决此法律与第一修正权利法案的关系？这样的法律如何执行呢？
14. 你是否认为教育机构应当允许监视学生发送和接收到的电子邮件？为什么？你是否认为任何在公司里通过计算机发送或者接收的邮件都应当视为公司财产？为什么？
15. 你是否认为媒体在大肆宣传黑客和骇客？由于像微软这样的公司都被黑过，你留意你的银行账号或者其他敏感信息了吗？
16. 仔细查看表 10-1 的信息，这是联邦交易委员会总结的网络欺诈的类型。是否有可疑的组织联系过你或者你的朋友、同学呢？
17. 身份盗窃是新类型的盗窃，请访问 www.fraud.org 来找出保护自己的办法。在因特网上查找提供身份盗窃信息的其他来源并列出保护身份不被盗窃的方法。除了文档被盗，以及额外的账单之外，身份盗窃还可能造成什么样的损失？
18. 在因特网上搜索有关软件盗版所带来的危害的信息，并浏览如下网站：www.bsa.org 和 www.microsoft.com/piracy。软件盗版是全球问题吗？为了减轻此问题，你能做些什么？试准备一个小的演讲材料，并在班上陈述。
19. 浏览 http://hoax-busters.ciac.org、http://www.truthorfiction.com 或 vmyths.com/news.cfm 等网站，以查看恶作剧程序是如何在网络散播的。5 个在网上最盛行的恶作剧程序各是什么？
20. 应出台什么法律来打击网络恐怖行为？这样的法律应该怎样去执行？

应用练习

电子表格应用：分析校园旅行社的道德问题

由于校园旅行社的员工越来越多地使用 IT 资源来处理私事，你已经声明将要执行一个新的 IT 使用政策。你建立了一个网站，以方便员工对将要实施的政策提供反馈意见；调查的结果保存在 EthicsSurvey.csv 文件里。你的老板想看看调查结果，以找出大家最关注什么，因此你需要做如下事项：

(1) 完成这个电子表格，每一个调查子项都要有描述性的统计数据（方式、标准差、模式、最小值、最大值、范围)。使用公式来计算所有的统计值。

(提示:在微软的 Excel 软件里,可以从“统计”中找到需要的公式。)

(2) 用图示表明不同的方式。

确保在打印之前以较为专业的方式排版页面。

A 数据库应用:跟踪校园旅行社的软件使用许可证

近来,你已经担任校园旅行社的信息系统管理员了。在上任的第二周,你发现很多软件许可证号快要过期或者已经过期了。你知道使用未授权的软件牵涉的法律和道德问题,因此你决定开发一个软件资产管理系统,以跟踪软件许可证。你已经创建了一个数据库,也保存了一些信息了,但是你想优化系统,便于用户使用。使用 SWLicenses.mdb 数据库,设计一个表单并输入如下的信息,以创建一个新的软件产品:

- 软件名字;
- 安装位置(办公室);
- 许可证号;
- 过期时间。

还有,设计一个报表来列出所有的软件许可证号和过期时间(以软件过期时间来排序)。

(提示:微软的 Access 软件,可以使用表单和报表向导来创建表单。)

团队协作练习:复制软件、游戏、音乐和视频

你是否有过这样的经历:到朋友家串门,发现他那里有不错的软件、好玩的游戏、劲爆的音乐或者电影,于是就刻张盘带走了?是否有人给过你某些软件或者游戏的免费的副本?和自己的团队成员一起讨论支持或反对免费复制软件或者游戏的原因。开源软件的支持者对此可能有什么样的争论?现在已经学习了本章内容,你认为非法复制这样的东西怎样?只要自己的软件是合法的,给别人复制自己的软件、游戏、音乐以及电影也就没有问题,这样的观点有问题吗?你是否非法复制过你喜欢的乐队的最新 CD ?如果有人问你为什么要非法复制,你会如何回答呢?

自测题答案

1. C	2. C	3. A	4. D	5. D
6. B	7. D	8. C	9. C	10. A

案例 ❶

政府数据资料的安全问题

不管是出于什么原因,出名、好奇、间谍行为或者取得经济上的好处,军方网络和网站历来都是黑客的目标。实际上,美国国防部报告说,仅 2005 年,其计算机系统受到的攻击就多达 75 000 起。虽然大多数攻击没有造成多大的损失,还是有几次攻击获得了成功并取得了惊人的效果。来看几个例子。

- 2000 年,18 岁的黑客 Dennis Moran,网名叫 Coolio,成功黑掉了美国军方的三台服务器、空军的一台服务器以及两台私人用途的计算机。一个军方的计算机犯罪调查组织抓住了他,最终他被处以 1 年监禁,还要赔偿受害人 15 000 美元。
- 一位伦敦的失业系统管理员 Gary McKinnon,在 2001 年到 2002 年间共黑掉了 97 台计算机,这些计算机分别属于美国军方和美国航空航天总署(NASA)。军方估计他造成的损失高达 100 万美元。McKinnon 还是被盯上了,最后依据英国的计算机滥用法案,他于 2002 年被英国国家高科技犯罪中心(NHTCU)逮捕,同年又遭美国政府起诉。后来他被保释了,但是每天晚上都要到本地

警署签到，并整晚呆在自己的家里。除此之外，他也不允许使用可以上网的计算机。2005年下半年，美国正式地开始引渡他，但是在2006年的年底，McKinnon仍然住在伦敦，还在和美国的引渡做斗争，理由是犯罪行为是在英国而不是在美国实施的。他还告诉媒体，如果引渡到了美国，他担心自己会被关到关塔那摩监狱。

黑客经常瞄准军方的计算机，这是因为军方的计算机有着内容丰富的各种信息。有一次发生了一起政府计算机里的敏感信息被盗事件，不过和黑客无关。2006年的6月，美国国防部宣布，80%的军队工作人员的个人信息被盗，事情的起因是退伍军人事务部的一名工作人员把笔记本电脑带回家，有窃贼偷走了这台笔记本。窃贼可能还没有意识到他们偷到的这个笔记本上都有什么内容，这可是身份窃贼的梦想呀，一旦落到他们手上就会严重威胁了军方人员的安全。

安全专家还有一个担心：有人能搞到外国政府以及他们的军事力量的部署信息。“这种类型的信息，有一个全球性的黑市。在这个黑市里，有可能一不小心就得到了一块珍宝：与美国军方有关的信息”，James Lewis说道，他是国际问题研究中心下属的技术和公共政策研究室的领导人，上述这番话是他在接受《华盛顿邮报》采访时说的。

2006年5月，有台笔记本电脑和外置硬盘被盗，丢失的信息包含2 650万名退伍军人的姓名、生日以及社会保障号等信息。一个月后，被盗的笔记本电脑和外置硬盘又找到了。美国政府官方报道说，窃贼很快就删除了硬盘上的数据，一旦卖出去了，就很难追踪了。尽管如此，退伍军人管理部门的那位把笔记本电脑带回家的工作人员还是被解雇了。此外，他的上司也辞职了。当联邦调查局FBI就此事展开调查的时候，退伍军人管理部门的另外一名官员休假了。一个退伍军人联合会的组织起诉了退伍军人管理部门，理由是隐私权遭到侵犯，要求向每一个受到影响的人都支付1 000美元的赔偿金。

然而，对于政府雇员来说，把敏感的信息放到笔记本电脑里，这是一件很平常的事情。Lewis说：“我们仍需要成文的管理制度，即使我们所处的是一个数字化的社会。”

政府也对其管理的数据负有责任。举例来说，美国军方已经召集了顶尖黑客，成立了一个负责保卫国防部的所有网络的机构，该机构叫做美军超级黑客特种部队（JFCCNW）。一旦网络战争全面打响，该机构也负起抵抗高度机密的计算机网络攻击的重任。这支特殊部队的能力也是机密，但是专家认为它可以随意摧毁网络，也可以侵入到敌人的计算机里，破坏或者盗取敏感数据。

问题

(1) 政府是否做了足够的工作来处罚网络攻击者和罪犯？

(2) 为政府雇员就数据安全性的管理，制订一套政策或者步骤。

(3) 谁应该对那台丢失的笔记本里的数据负责？为什么？

资料来源

John Lasker, “US Military’s Elite Hacker Crew”, *Wired News* (April 14, 2005),http://www.wired.com/news/privacy/0, 67223-0,html?tw=wn_story_page_prev2

Ann Scott Tyson and Christopher Lee, “Data Theft Affected Most in Military,” *Washington Post*(June 7, 2006), http://www.washingtonpost.com/wp-dyn/content/article/2006/06/06/AR2006060601332.html

“Gary Mckinnon”, http://en.wikipedia.org/wiki/Gary_Mckinnon

案例 ❷

电子化航空运输业：管理信息系统里的道德和犯罪

对纽约世贸中心的恐怖袭击造成了大量的人员伤亡，对所有直接或者间接受到此事件影响的公司来说，同样蒙受重大的财产损失。航空运输业在9·11之后收入剧减，由于它们最有价值的客户出于安全的考虑都减少了坐飞机旅行的次数。因此，重新树立顾客的信心，是很多航空公司生存的首要因素。

与此同时，美国国防部以及新成立的国土安全部开始与恐怖威胁作斗争要求航空公司在所有商用飞机上安装先进的安全监视工具。减少恐怖威胁的一个主要的方式就是波音公司一位高级官员所说的“不让恐怖分子进来，不让他们进入国境，或者在恐怖活动开始实施之前就打击他们”。然而，阻止恐怖分子进入美国是非常复杂的事情，因为每年都有数不清的人、车辆以及货物进入美国境内。举例来说，每年有1 120万辆卡车、220万节火车车厢及50万次国际航班进入美国境内。

美国的跨国界运输和商务活动

与加拿大和墨西哥共享的国界的英里数	7 500
不同的管辖区域的数量	约 87 000
一天内进入美国的卡车、火车以及海上集装箱的数量	69 370
一天内乘坐航班到达美国境内的旅客人数	235 732
一天内坐船到达美国的游客及船员的人数	71 858
一天内进入美国的个人车辆数量	333 226
一天内允许进入美国的货物的数量	79 107 船
一天内收集到的各种费用和关税	8 180 万美元

资料来源：美国海关与边境保护局，“Fact Sheet: On a Typical Day…”，http://www.cbp.gov/linkhandler/cgov/newsroom/fact_sheets/typical_day.ctt/typical_day.pdf（July 15, 2006）。

对波音这样的公司来说，国土安全是一个新的商业机会，这是一个每年有 40 ～ 60 亿美元的很庞大的市场，而且还不包括来自国防部以及国外的机会。波音也有兴趣确保人们和商业的有效流动。波音是美国最重要的出口商，也是最大的进口商之一，它高度依靠航空运输业，有一半收入在美国。波音公司的国土安全相关的项目包括技术的成就，比如国家导弹防御系统以及未来战斗系统，还有一系列的措施。为了增强航空安全，波音飞机研发出坚固的驾驶舱舱门。一个试图增强飞行安全性的改进是：改进飞机之间的通信系统以及加强与空军的联络。波音商业飞机集团以及波音的空间和智能系统中的集成防卫系统业务单元，在保护美国不受恐怖袭击方面，也起着重要作用。

一个与航空安全有关的主要问题是，一旦飞机离开了机场，它很大程度上就失去了和世界的联系。在飞行期间，有各种各样的不利情况会出现，比如强湍流、医疗紧急事故或者空中暴乱，最糟糕的情况就是恐怖袭击或者劫机。在任何一种事件发生的时候，在飞行中，机务人员不得不自己处理和应对，因为没有人可以联系，更不可能有人提供帮助。在大多数情况下，甚至不可能发送当前处境的详细信息到运营中心、险情控制中心或者联邦航空管理委员会中心。按照波音的预想，使用近乎实时的数据传输能力，有助于应对这种情况。虽然飞行员和其他乘务人员仍不得不和以往一样应对机上的事件。改进的通信系统可以实现数据和语音通信，在飞机和地勤人员之间交换关键信息，这有助于机长了解重大事件并做出相关决策。

实时驾驶舱监视就是这样一个系统。为了使用该系统，飞机需要安装一些摄像头，比如驾驶舱的舱门摄像头或者隐蔽的红外线，或者在驾驶舱安装可变焦的摄像头。这个摄像头系统让机务人员在飞行时可以在机舱里监视任何可能发生的突发事件。飞行员可以使用特定的软件，远程地控制摄像头的焦距或者监视角度，聚焦到某个特定的部位，比如飞机机舱的某个角落。这些视频数据，保存在机上的存储设备里，也可以被地面工作人员远程访问，这可以提高协作和决策的能力，也有利于应对威胁或者其他非常事件。此外，这些视频数据还可以作为未来法庭审理案件的证据，比如飞行中遇到了气流，或者有乘客在飞行中有反常行为、偷盗行为或者在机上的瞎搞行为。视频数据可以在地面系统里也保存一份，这些数据也可以用作飞行系统的非实时分析。除了作为威胁威慑物之外，摄像头系统在飞机飞行期间还可以给乘客一种安全感。这有助于增强乘客对飞行安全的信心。

同样，飞机的飞行数据可以被远程监控，有助于地面工作人员监测飞机的预定飞行轨迹是否发生了偏离（参见图片）。作为一种“驾驶舱的录音机”，这个系统有助于通知地面工作人员飞机上发生了什么，也可以用作黑匣子的备份（所有商业飞机上都装有黑匣子）。与此同时，地面工作人员可以查询飞机上的传感器，这有助于检测任何化学威胁、爆炸威胁或者生物威胁。险情控制中心可以通过宽带网获得飞机的实时数据，比如飞行信息以及 GPS 数据，而这可以用于飞行事件评估。

这个系统还有一个关键的功能：可以使用静声告警，告警的发射器非常小，只有小钥匙链那么大。有了它，机长或者机舱的乘务人员都可以偷偷地把告警发往运营中心、联邦航空局管理中心以及险情控制中心。当飞机有妨碍正常通信的情况或事件发生时，当正常的通信受到妨碍，乘

飞行信息的外部监控

务人员可以触发静声告警，然后飞机会采取一系列的措施，比如自动驾驶舱或者机舱的视频、音频开始捕捉可疑动静。当静声告警被激发以后，地面工作人员会试图联系飞机，使用预先准备好的、乘务人员能够理解的方式。如果机上事件告警被激发了，也通过验证了，地面工作人员可以执行一些不同的反应计划，这需要视问题严重程度而定。由于告警很隐蔽（没有什么声响），想搞破坏的乘客或者潜在的黑客或者恐怖分子可能意识不到告警被触发，这有助于机上工作人员掌控局面。

问题

(1) 关于高速数据传输能力可以用来增强飞机的安全性，还有其他什么办法吗？

(2) 在飞行中，飞机的监控系统可以监视乘客的行为，这牵涉到什么道德问题吗？为什么？

(3) 地面工作人员平时只能监视飞机上的一举一动，不能做出适当的反应。而在紧急情况下，可以解除这种限制。在这种情况下，监控系统有什么益处？在信息不充分情况下如何评估飞机上的情况并提供建议？在这方面有没有道德窘境？

资料来源

http://www.boeing.com/news/frontiers/archive/2004/march/cover1.html

http://www.boeing.com/ids/homeland_security/ourCapabilities1.htm

http://spacecom.grc.nasa.gov/icnsconf/docs/2002/03/Session_A2-5_Miller.pdf

技术概览 1

信息系统硬件

综述> 购买一台计算机，可以有很多选择。经过这些年的发展，硬件越来越便宜，个人和各种规模的组织也能利用计算机技术了。然而，大型计算机系统仍然需要花费上百万美元。组织必须选择正确的硬件，否则就要冒付出昂贵代价的风险。在信息系统硬件决策的时候必须明白这些硬件是什么以及它们是怎样工作的。通读本章后，读者应该可以：

1. 描述信息系统硬件的关键组成部分；
2. 列出并描述当今在组织中使用的计算机类型。

我们在这里介绍的方法不是让读者陷入硬件术语中，而是给出一些管理性的概述。

TB1.1 信息系统硬件的关键组成部分

信息系统硬件分为3种类型：输入设备、处理设备和输出设备（参见图TB1-1）。**输入设备**将信息输入计算机，**处理设备**将这些输入信息转变为输出信息。CPU（中央处理器）是计算机中最重要的处理元件，信息存储设备与中央处理器紧密相连，二者协同工作。处理结果采用一种可用的格式，通过诸如显示器和打印机这样的**输出设备**提交出来。在这一节中将描述信息系统硬件的这3个关键元件（更为详细的讨论参见（Evan et al.，2007））。

图TB1-1 输入设备包括鼠标和键盘，输出设备包括显示器，CPU将输入信息转换成输出信息

TB1.1.1 输入设备

信息系统硬件执行任务前，数据必须被输入系统中。某些类型的数据用某种类型的输入设备

会比其他类型的输入设备更容易输入。例如，**键盘**是目前输入文字和数字的主要手段。同样的，建筑师和工程师使用扫描仪将他们的设计和图样输入计算机。绘图板能够模拟在纸上绘图和勾画的过程。在输入设备方面有大量的研究和开发，其目的都是确定不同类型数据的最优输入方法，并生产和销售这样的输入设备（Te'eni，Carey，and Zhang，2007）。通常来说，共有4类输入设备：文字和数字输入设备、指点和选择设备、数据批处理输入设备和音频视频输入设备（参见表TB1-1）。

表TB1-1　信息系统的输入手段

分　类	典型设备	新兴技术
输入原始的文字/数字	QWERTY键盘 人机工程学键盘	无线键盘 激光键盘 语音输入
选择和指点	鼠标 轨迹球 游戏手柄 触摸屏 光笔 触摸板	人眼跟踪
批处理输入数据	扫描仪 条码/光学字符阅读器	指纹识别 射频扫描器
输入音频和视频	麦克风 数码相机	数码摄像机

除了当代计算机中使用的典型设备，还有一些新兴技术趋势增加了灵活性和实用性，改变了我们使用计算机的方式。稍后我们会加以讨论。

1. 键盘

从历史观点看，输入文字和数字必须使用**QWERTY键盘**。QWERTY代表字母在键盘上排列顺序的方式，Q-W-E-R-T-Y是键盘上从左到右的头6个字母。如今，除了键盘之外还有许多种输入文字和数字的设备。此外，还有一些其他风格的键盘。例如，**人机工程学键盘**设计成一个变宽的V形，这样可以减少敲击键盘时对腕、手和胳膊的压力。当然无论是标准键盘还是人机工程学键盘都可以是无线的，它们使用红外或者蓝牙技术。电视遥控器就使用了红外技术，通过红外线来发送数据。和电视遥控一样，这种方式要求两端设备在直线距离中间没有障碍。蓝牙技术则使用近程无线电波传输数据，所以没有上述限制。现在蓝牙越来越普及，对此我们将在“技术概览4”中作更加全面的讨论。

此外，激光键盘也越来越流行。激光键盘也称为虚拟激光键盘，使用激光和红外技术在平面上投射实际大小的QWERTY键盘（见图TB1-2）。

图TB1-2　虚拟激光键盘

（资料来源：http://www.sforh.com/images/keyboards/virtual-keyboard-lg.jpg）

2. 选择和指点设备

除了输入文字和数字，计算机用户使用**指点设备**从菜单中选择项目、指点、绘图和勾画（参见图TB1-3）。在使用图形操作环境（例如微软Windows）或者玩视频游戏时可能就会使用鼠标这样的指点设备。表 TB1-2 中列出了最常见的几种指点设备。**人眼跟踪器**是一种创新性指点设备，它主要是为了帮助残障人士操作计算机而设计的。人眼跟踪器用于无法使用语音和手指操作的场合。这个设备记录用户眼睛在显示屏幕附近的移动轨迹，把指针移动到用户眼睛聚焦的地方，“点击”由一组眨眼动作触发。

表 TB1-2 选择和指点设备

设　备	描　述
鼠标	一种指点设备，通过在平展的表面上滑动类似盒子的设备来工作。按下鼠标上的按钮可以发出选择指令
轨迹球	一种指点设备，其工作方式是滚动支架中的一个球，选择由按动支架上或者支架附近的按钮触发
游戏手柄	一种指点设备，其工作方式是移动支架上的一个小棒，选择由按动支架上或者支架附近的按钮触发
触摸屏	使用手指输入的方法，通过触摸屏幕进行选择
光笔	一种指点设备，其工作方式是将类似笔的设备放在计算机屏幕上，通过笔在屏幕上点压进行选择

(a)
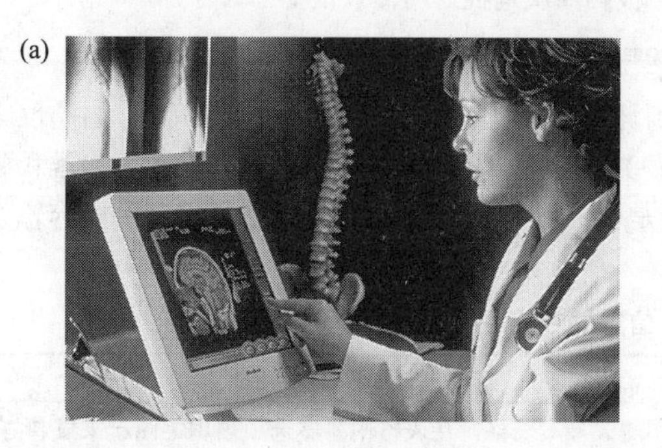

(b)

(c)
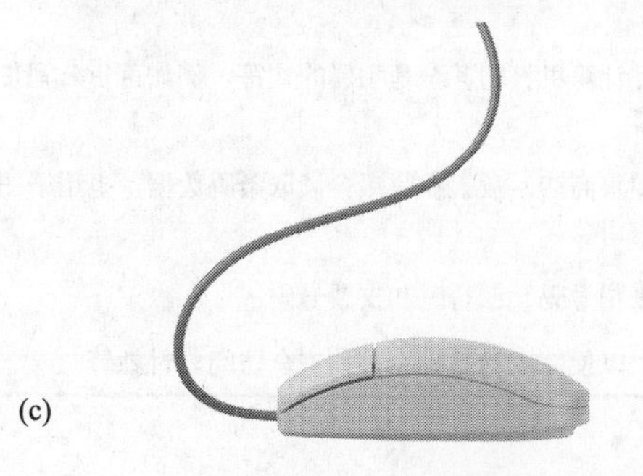

(d)
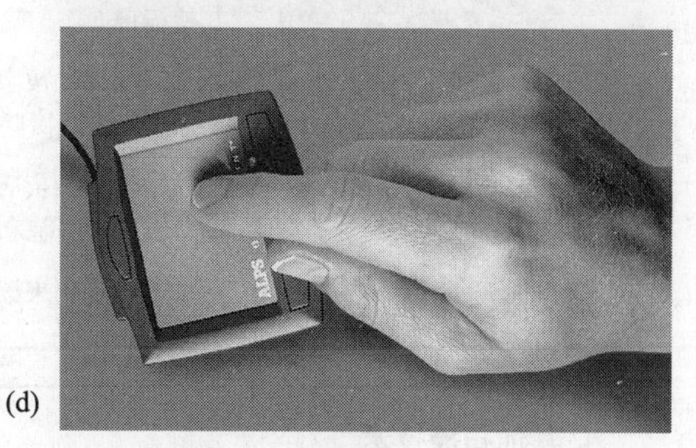

图 TB1-3 指点设备：(a) 触摸屏，(b) 光笔，(c) 鼠标，(d) 触摸板
（资料来源：(a)Getty Images, Inc.，(b)Courtesy Grid Systems Corporation.，
(c) Getty Images, Inc.，(d)Apple Computer, Inc.）

3. 输入批量数据

另一类基于计算机的输入是**批量输入**。当需要将大量常规信息输入计算机时就可以使用这种方式。扫描仪将打印出来的文字和图片转换成数字数据。扫描仪的种类很多：有看起来像鼠标的手持设备，也有如同个人影印机的桌面大箱子（参见图 TB1-4）。计算机不是复制纸张上图像，而是将图像转换成能够被计算机存储和处理的数字信息。专用的**文字识别软件**能够把手写文字转换成基于计算机的字符，它们组成了原件中的字和词。保险公司、大学和其他组织在日常工作中总是要批量处理大量的表格和文档，它们都配备了扫描仪来提高员工的生产力。

(a)

(b)

图 TB1-4 (a) 手持和 (b) 平板扫描仪是批处理输入设备

（资料来源：(a)Internet Technologies Corporation，(b)Courtesy of Epson America. Inc.）

键盘、鼠标和普通扫描仪不能将数据传输到计算机中，这个过程需要使用专门的扫描仪来完成。这些设备包括光学标记识别（OMR）设备、光学字符识别（OCR）设备、条码阅读器和磁性墨水字符识别器，如表 TB1-3 所示。*射频扫描器*是另一种常用的输入工具，它可将多种内容输入系统（参见第 8 章）。

表 TB1-3 输入信息的专用扫描仪

扫描仪	描述
光学标记识别（OMR）	用来扫描调查问卷和测试答案表格，在表格中答案选项被用笔圈起来或者打上其他标记
光学字符识别（OCR）	用来阅读和数字化打字机、计算机打印甚至是手写的字符，例如百货公司货物的销售标签、医院的病人资料
条码 / 光学字符阅读器	通常用于杂货店或者其他零售商店，放置在收银台读取条码数据，也用于图书馆、银行、医院和公用事业公司等
磁性墨水字符识别（MICR）	被银行业用来读取数据、账户号码、银行码和支票号码
生物扫描器	用来扫描用户的生物特征，以便完成诸多操作，如安全访问、付款等

4. 其他扫描技术

智能卡是一种特殊的类似信用卡的设备，它在欧洲和亚洲的许多国家使用，也在许多大学和学院中使用。智能卡包含微处理芯片和内存电路，通常也包含一个磁条。学校发放这些智能卡的时候，已经把它们制成图像身份卡。可以用它们打开宿舍门、打电话、洗衣服，也可以使用它们从自动售货机、学生自助餐厅和快餐吧购买食品，还可以做一些其他的事情。一些智能卡使用射频技术无接触传输数据（例如，用来购买汽油的 Exxon Speedpass）。此外，*生物数据识别输入设备*也开始在商业中使用了。这些设备读取虹膜、指纹、手型、脸型等生物特征。生物设备已在第 6 章详细讨论过了。这些设备用于一些消费类产品中，如笔记本，它允许用户使用指纹扫描仪来登录系统，而不必使用传统的键盘输入用户名和密码。

5. 输入音频和视频

对于计算机而言，**音频**是指数字化的可供操作、存储和重放的声音。音频输入在用户需要空出双手完成其他任务时很有帮助。它可以通过麦克风、CD和其他设备输入计算机。如果音频以模拟的（也就是非数字的）方式输入，则需要一块声卡（将在后面讨论）将之转换成计算机可以使用的声音。**视频**是指可被录制、操作和显示的静态和动态图像。在一些安全相关的应用中，视频已经很普遍了，例如室内监视和员工身份确认。在因特网上的视频会议和聊天中，视频也已经得到普及，用户只需要配置PC机和很便宜的摄像头就可以了。

- **语音输入**

将数据输入计算机的最简单方式之一就是对着麦克风讲话。随着人们对因特网上的电话通话和视频会议兴趣的不断增长，麦克风已经成为计算机系统的一个重要组成部分。一种叫做**语音识别**的处理过程同样能让计算机理解用户的讲话。对于许多伤残人士而言，他们不能使用键盘来输入文字和数字。由于这个原因，研究者们为伤残人士开发了多种替代输入方案，其中包括语音-文字转换器。**语音到文字的转换软件**就是使用麦克风来监控使用者的语音，然后把它转换成文字。普通消费者使用的语音转文字软件相对便宜，但是伤残人士使用的商用软件却相当昂贵。语音识别技术对内科医生、其他医学专业人士、飞机驾驶人员、工厂工人等双手过脏不能操作键盘的人士，以及不能敲击键盘或者不愿学习使用键盘的人士等特定使用者是非常有帮助的（如图TB1-5所示）。

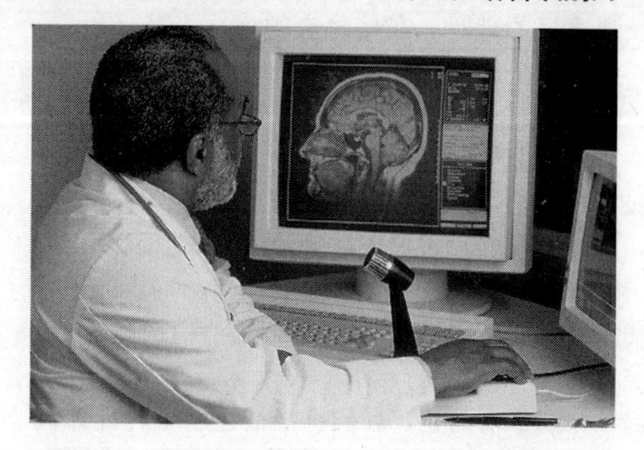

图 TB1-5 语音输入逐渐成为一种与计算机交互的重要方式

（资料来源：Peter Beck/Corbis/股票市场）

- **其他音频输入方式**

除了使用麦克风，用户还可以使用其他方式输入音频，如电子键盘、音频转换设备（例如录音机）。音频输入之后用户可以使用音频编辑软件分析和处理声音，最后输出为MP3、CD或者其他媒体。下面是一些语音外音频的使用方法。

- 科学家研究鲸鱼发出的声音，将这些声音输入计算机，分析其声调、音量、音调和其他特性。
- 听觉病矫治专家和其他医疗人员将声音输入计算机，为患者进行听觉测试，在治疗时播放这些声音。
- 刑侦科学家使用计算机分析磁带上录制的声音以确定其是否为受害人或者目击证人的声音。
- 电影摄制者为了故事情节需要对声音进行处理。

- **视频输入**

最后介绍的将信息输入计算机的方式为视频输入。数码照相机以数字的形式录制图像和视频短片，并保存在可取出的小巧记忆卡中，而不是保存在胶片上。它的存储容量受分辨率、图像大小和录制视频长度影响。在任何时候把照相机与计算机的一个端口相连，就可以将录制的内容下载到计算机内存中（稍后讨论）。使用随机软件可以清空内存卡以备后续使用。现在数码照相机技术由于携带方便而用于很多产品中，如移动电话和笔记本。高质量数码相机通常比胶片相机贵，价格从150美元到1万美元甚至更多。数码相机具备3个优势：不使用扫描仪就可以记录数码图像；不需要冲洗就可以看到照片；可以录制视频。如今，使用高端数码相机拍摄的照片具备专业品质，但是对于视频录制而言，专用的数码摄像机（DV）仍然是最佳选择（参见图TB1-6）。由于在录制视频片段时会生成巨大的数码文件，数码摄像机使用数码视频磁带和DVD作为存储介质，而不是使用

图 TB1-6　高质量数字视频摄像头可以直接连接在计算机上，用来保存信息也可以用来编辑和增加特殊效果

记忆卡。将这些视频片段下载到计算机时，存储容量和必要的处理都是需要的。

市场上也存在着价值 30 到 200 美元的低品质照相机（参见图 TB1-7）。这些设备通常称作网络摄像头，被人们普遍用于网上聊天。他们使用 Skype、Google Talk、Windows Live Messenger 或者 Yahoo！ Messenger 在因特网上与朋友和家人聊天。通过网络摄像头的输入，PC 机可以创建视频流，也就是一个运动图像的序列。这些图像用压缩的形式在因特网上传输，到达目的地时，在接收者的屏幕上显示出来。**媒体流**是携带声音的**视频流**。使用视频流或者媒体流，网络用户不必等待整个文件都下载完毕就可以看到视频听到声音。媒体以连续流的方式传送，在到达目的地的时候播放。这就是流技术在实时聊天中被普遍使用的原因，也可以解释在线广播，如 CNN 新闻（www.cnn.com）和棒球比赛，是怎样通过因特网在计算机上观看的。

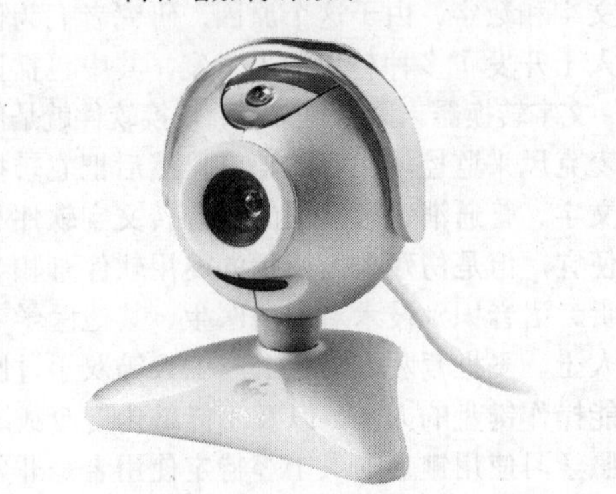

图 TB1-7　低价网络摄像头被人们普遍用于网上聊天

到目前为止，我们已经描述了多种计算机输入方式。信息被输入计算机后可以被压缩、存储和处理。在下一节，我们描述信息系统硬件中的处理部分。

TB1.1.2　处理：将输入转换成输出

在这一节中我们对计算机处理部分做一个简要的概述。首先，我们描述数据和信息如何在计算机中显示；接下来，我们描述桌面计算机的内部处理元件，主要集中在中央处理单元和数据存储技术。

1. 二进制码

大脑可以自觉地处理文字、图像、音乐、教师的演讲（至少在一些时候）、视频和其他信息。如果人们从小到大都说英语，他们的大脑只会处理以这种语言形式输入的信息。与之相类似，只有将文字、图片、音乐和其他类型信息转换成计算机能够理解的语言，计算机才可以处理这些输入数据。计算机能够理解的语言叫做数字数据或者**二进制码**，它意味着所有输入的数据必须转换成 1 和 0 这样的二进制形式。计算机采用二进制或者基于 2 的计数（2、4、8、16、32 等）形式，而不是我们更加熟悉的十进制，因为二进制与计算机硬件的工作方式更加匹配。

二进制码组成了**机器语言**，机器语言是计算机唯一可以理解的语言。那些组成二进制码的 0 和 1 被称作**位**，即二进制数字的缩写。八个位组成一个**字节**，或者说一种类型的字符，例如键盘上的字母“A”和数字“6”。计算机存储容量和内存大小是用字节的倍数来表示的。（参见表 TB1-4）

尽管类似 Google 这样的公司，其数据库容量已经超过拍字节（PB，1 PB = 1 024 TB），将来内存和存储容量将会超过艾字节（EB，1 EB = 1 024 PB）和泽字节（ZB，1 ZB = 1 024 EB）。二进制码中的位是计算机所有工作的基本指令单元。这些位表示计算机处理器中微小电子开关的开 / 关指令。在开关上施加低电压电流时，它就表示 0，开关的状态是关闭；施加高电压电流时表示 1，开关的状态是开。同样，正向和负向的磁性位置也被用来表示存储二进制数据的 0 和 1。

表 TB1-4 计算机存储的元素

计量单位	位 数	字 节 数	千字节数	兆字节数	吉字节数
字节	8	1			
千字节*（K）	8 192	1 024	1		
兆字节（MB）	8 388 608	1 048 576	1 024	1	
吉字节（GB）	8 589 934 592	1 073 741 824	1 048 576	1 024	1
太字节（TB）	8 796 093 022 208	1 099 511 627 776	1 073 741 824	1 048 576	1 024

注：* 千字节略大于 1 000 字节，但是实际数字通常取整为 1 000。兆字节与千字节也是这样的关系，以此类推。

计算机行业面临的最大的挑战就是将所有不同类型的信息都转换成计算机可以理解的数字数据。最初使用卡片，在上面穿孔表示 0 和 1。后来计算机从键盘接收信息，这是第一次将用户可以理解的文字转换成 0 和 1。如今计算机可以转换许多类型的数据，如文字、图片、声音和视频。计算机把它们转换成二进制码，进而处理和保存。计算机更新换代的一个主要原因就是新型号可以处理更多类型的信息。

计算机中运行的程序包含指令。（这是软件，在技术概览 2 中会加以介绍）程序会通知计算机打开一个特定的文件、把数据从一个位置移动到另外的一个位置、在监视器屏幕上打开一个新的窗口，或者在表格中增加一列等等。在计算机执行这些指令之前，它们必须被转换成机器语言。中央处理单元（稍后讨论）使用一个特殊的内置程序将输入的数据转换成二进制形式的机器语言，这个特殊程序叫做语言转换器。处理器将输入数据转换成机器语言后，它把这些数据位分组。例如，64 位指令表示具体的操作和存储位置。

计算机从程序中接受指令后，将信息处理成计算机用户可以理解的形式。例如，在一个文字处理程序中，输入的字母和数字被显示在显示器上，就如同使用一个老式打字机在纸上书写一样。但是与使用打字机不同的是，在计算机键盘上按下“L”键的时候，计算机实际上接收到一系列的 0 和 1。在输入一封信或者一篇学期报告的时候，这些数据被处理，接着以用户能看懂的形式在显示器上显示出来。从用户的视角是感觉不到计算机实际在使用二进制码的（参见图 TB1-8）。用户可以在计算机上看到文字、线条和段落。在完成一个文档后，可以把它打印在纸上，保存在计算机的硬盘中，甚至发布在网站上。

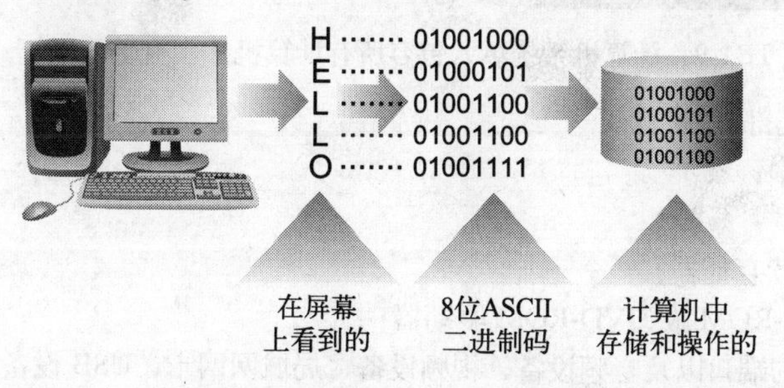

图 TB1-8 计算机是怎样将信息转换成二进制码以便进行存储和处理的

其他二进制码也被用来向中央处理器传入、传出指令。目前已经开发出数种不同类型的二进制码，其中一些被广泛使用。例如 ASCII（美国信息交换标准代码），此外还有一些其他编码用于专用设备（参见表 TB1-5）。

表 TB1-5 信息系统编码类型

编码	名称	描述	变种
ASCII	美国信息交换标准代码	通常读作“aski”，一个基于英文字母的字符编码。ASCII 以二进制形式表示符号（字母和数字）。大多数的字符编码与 ASCII 都有历史渊源	扩展的 US-ASCII IBM367
MIME	多用途因特网邮件扩展	这是因特网的标准编码。实际上所有的电子邮件都会转换成 MIME 格式	RFC 2 045 8BITMIM
MAC OS Roman		在 Mac OS 中表示文字的编码。它包含 256 个字符，其中 128 个字符与 ASCII 一致	
Unicode		这种编码已经成为业界标准，它可以表示所有语言的字符	UTF-8 UTF-7 UCS-2

2. 系统单元

计算机**系统单元**是指包容所有计算机工作电子元件的物理盒子（参见图 TB1-9）。除了电源开关外，PC 前面具备 CD-ROM 和 DVD 驱动器，许多较旧的 PC 还具备软盘驱动器。通过系统单元背部的端口可以连接外围设备，如键盘、鼠标、扬声器、打印机和扫描仪。新的多媒体 PC 前部也具备端口，允许连接多种设备，如音频或视频设备、USB 设备和内存卡。

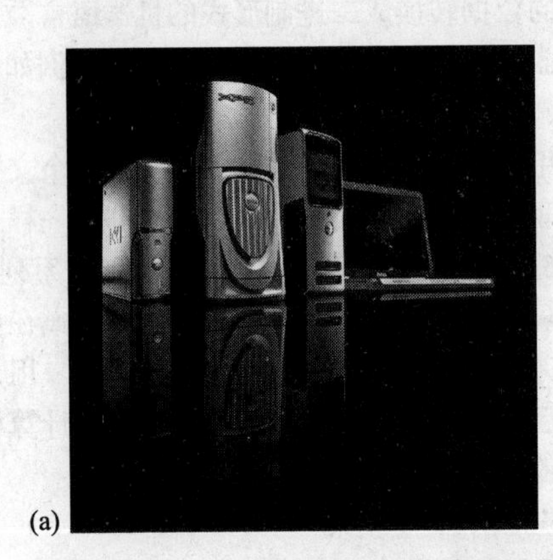

(a)

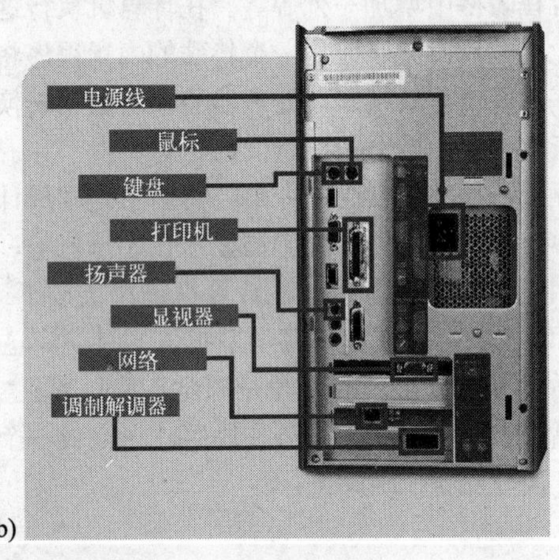

(b)

图 TB1-9 计算机系统单元包容所有计算机工作电子元件

系统单元包括下列几部分：

- 主板、电源和风扇；
- 中央处理器；
- 随机存储器和只读存储器；
- 硬盘驱动器、CD-ROM 或 DVD-ROM 驱动器；
- 可插入外围设备的端口以及音频设备、视频设备、局域网网卡、USB 设备和其他扩展卡插槽。

所有类型和型号的计算机都包含主电路板或者系统板。主电路板或者系统板通常被称作主板，是系统单元的核心。

3. 主板

主板这个名称是非常恰当的，因为它包含所有计算机完成实际工作的工作元件（参见图 TB1-10）。它是一个由塑料或者玻璃纤维制成的大型印刷电路板，支持和连接所有计算机电子元件。所有设备都被插入或者连接到主板上，包括中央处理单元（通常被认为是计算机的大脑）、RAM、ROM、视频卡、声卡、硬盘、CD-ROM、DVD 驱动器、全部的扩展槽、打印机和其他外围设备的连接端口，还有电源。这些设备都将在后续章节描述。

图 TB1-10　计算机主板连接计算机的所有电子元件

（资料来源：Peter Beck/Corbis/Stock Market）

计算机**电源**将墙上插座的电力转换成较低的电压。不同国家公共事业公司提供的电源电压是 110 ～ 240V 不等的交流电；PC 使用较低电压，通常为 3.3 ～ 12V 的直流电。电力供应元件将电力做适当的转换，同时消除大多数电力系统中常见的电力波动。为了增加抵抗外部电泳的保护能力，许多拥有 PC 的人都把他们的系统连接在一个单独购买的突变电压保护器上。电源供应包含一个或者几个风扇对系统单元中的电子元件进行风冷。在打开的计算机旁听到的嗡嗡的噪音就是风扇的声音。

4. 中央处理器

中央处理器，即 CPU，通常被认为是计算机的大脑。CPU 也被称作微处理器、处理器、芯片，它负责计算机的所有操作。它的工作包括在通电后装载操作系统（例如 Windows Vista、MAC OS X）、执行、协调和管理所有的计算，在计算机运行时所有的指令都是传递给它的。

图 TB1-11　英特尔 Core2 Duo 微处理器中晶体管数目超过 291 000 000

CPU 由两部分组成：ALU（计算逻辑单元）和**控制单元**。ALU 负责数学计算，包括计算机所有的加法、减法、乘法和除法。它还负责逻辑运算，如比较数据后执行相应的指令。将这些操作按照不同的方式结合起来，计算机就可以快速执行复杂的指令。控制单元与 ALU 紧密配合，主要完成 4 项功能。

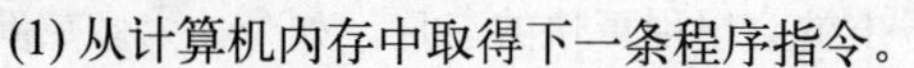

(1) 从计算机内存中取得下一条程序指令。

(2) 将指令解码，让计算机知道下一步做什么。控制单元使用独立的寄存器（CPU 中的临时存储位置）来存储指令和内存中的存储位置。

(3) 从内存中取出必要的数据并通知 ALU 执行所需指令。

(4) 将计算机结果保存在寄存器或者内存中。

ALU 和控制单元都使用寄存器，这是因为访问寄存器比访问主内存快很多，这样就加快了处理速度（参见后续小节中关于不同类型内存的讨论）。

CPU由上百万个微小的晶体管以复杂的形式排列而成，CPU能够解释和操纵数据。CPU的内部工作机制非常复杂。对于我们中的绝大多数人而言，最简单的方法就是把CPU当作一个黑盒子，所有的处理都在其中发生。CPU是由硅制成的小装置，例如英特尔的Core 2 Duo CPU，在10分铸币大小的面积上包含了291 000 000多个晶体管。这些晶体管非常小，可以在一个人类细胞中放入100个这样的晶体管。Intel的Core 2 Duo CPU被打包在比10分铸币大一些的容器中，这是因为它还需要一些线将这些晶体管与主板连接起来。

- **摩尔定律**

计算的通用趋势是相关设备变得越来越小，越来越快，也越来越便宜。但是这样的趋势可以持续多久呢？戈登·摩尔（Gordon Moore）博士在英特尔做研究员的时候，预言计算机的处理能力每18个月会提升一倍。在摩尔提出这个大胆的预言时，他并没有把这个预言限定在某个时间段内。这个预言被大家称为**摩尔定律**。有趣的是，最初的CPU包含2 200个晶体管，所以从根本上来说，摩尔博士到目前为止仍是正确的。特征尺寸，即芯片中信号传输线的尺寸，在20世纪60年代时相当于人类头发的宽度（20 μm，1 μm等于百万分之一米），在20世纪70年代时是细菌的大小（5 μm），如今比一个细菌还要小（0.07 μm，Intel Core2 Duo CPU的特征尺寸）。随着特征尺寸的减小，越来越多不同种类的电路被更加紧密地封装起来。电路中特征的密集程度和复杂度都使得芯片的性能不断提升。图TB1-12体现了这个趋势。如果想进一步了解摩尔定律，请访问英特尔网站（http://www.intel.com/technology/mooreslaw/index.htm）。在因特网上搜索“摩尔定律”，将会找到许多有趣的页面。

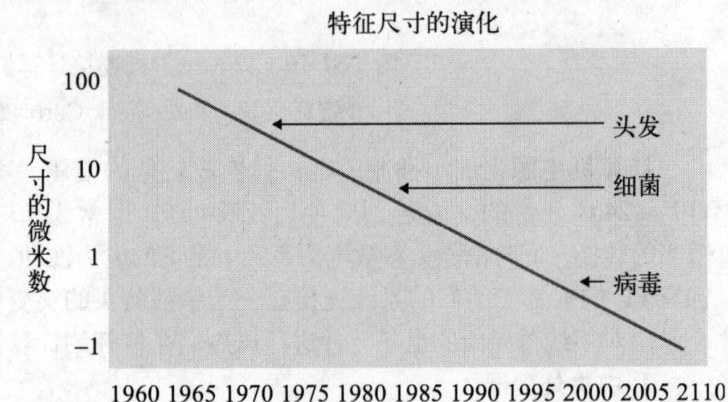

图TB1-12　摩尔定律预测计算机的处理能力每18个月就会翻一倍。为了提升性能，特征尺寸缩小了

当代CPU中封装的晶体管数量及其处理速度是引人注目的。举个例子说明，英特尔Core 2 Duo CPU每秒钟可以完成上千万的操作。为了达到这样难以置信的速度，CPU必须非常快速地执行指令。除了CPU中的晶体管，还有3个因素会影响到运行速度：系统时钟速度、寄存器和缓存。接下来说说这3个因素。

- **时钟速度**

在计算机中，有一个电路快速产生脉冲，推进处理事件发生。它的作用就如同节拍器为音乐家标记时间一样，这个电路被称作**系统时钟**。单独一个脉冲就是一个**时钟周期**。在微型计算机中处理器的**时钟速度**是以赫兹或者每秒钟的指令周期度量的，一兆赫兹就是100万个时钟周期。不同类型的计算机，处理器速度采用不同单位来度量。个人计算机通常用千兆赫（GHz，即10亿赫兹）来衡量。微处理器运算速度发展非常快，每6个月市场上就会出现更快的芯片。如今，大多数新PC以超过3 GHz的速度运行。再多提供一点信息对比一下，就知道发生了怎样的变化：最初IBM PC的时钟速度是4.77 MHz。

请参见表TB1-6增加对计算机速度的了解。诸如硬盘（在后面讨论）这样的永久存储设备需要10 ms才可以访问到信息。在CPU中，一个晶体管可以在大约10 pm（十万亿分之一秒）从0切换到1。CPU变化速度比硬盘快10亿倍是因为CPU只是电子脉冲变化，而硬盘同时需要电子和机械活动，如转动磁碟、移动读写磁头（稍后讨论）。相对于电子活动而言机械活动是极其缓慢的。

表 TB1-6 计算机计时元素

名称	时长	描述	举例
毫秒	1/1 000	一千分之一秒	硬盘访问信息的时间大约是 10 ~ 20 ms
微妙	1/1 000 000	一百万分之一秒	一个 3.2 GHz 的 CPU 每秒钟大约可以进行 32 亿次操作，或者大约每毫秒 3 200 次操作
毫微秒	1/1 000 000 000	十亿分之一秒	PC 机中大多数 RAM 的访问时间（把信息从 RAM 读取到 CPU 的时间）都在 3 ~ 50 ns（越低越好）。大多数缓存的访问时间都少于 20 ns
皮秒	1/1 000 000 000 000	万亿分之一秒	在 CPU 中将电路从一个状态切换到另外一个状态的时间是 5 ~ 20 ps
飞秒	$1/10^{15}$ 或者 10^{-15}	一千万亿分之一秒	在激光技术中用于衡量激光脉冲的长度。用于单细胞纳米手术
阿秒	$1/10^{18}$ 或者 10^{-18}	一百亿亿分之一秒	光子研究的术语，也是科学家能够测量的时间的最小数量

● **寄存器**

在 CPU 中，**寄存器**提供临时存储场所，被处理的数据必须保存于其中。例如，在进行两数相加时，这两个数都必须保存在寄存器中，计算结果会保存在其中的一个寄存器，替代原来的数值。影响 CPU 运行速度和能力的因素是寄存器的数量和大小。

● **缓存**

缓存是处理器用来保存最近使用和最常使用数据的一小块内存。就如同在桌面顺手位置保存常用的目录一样，缓存存在于 CPU 中或与 CPU 接近的位置。还好有缓存，这样在操作被执行前处理器无需直接访问主内存。主内存距离 CPU 远，访问它需要花费更多时间。缓存是计算机工程师提升处理速度的又一方法。

缓存可能位于处理器内（与寄存器类似），也可能位于处理器外与微处理器很接近的地方。特别是高速缓存，也被称作**内部缓存**（也称为 Level 1 或者 L1 缓存），被结合到微处理器的设计中。**外部（或辅助）缓存**（也称为 Level 2 或 L2 缓存）通常并不是在 CPU 中而是在主板上 CPU 最容易访问的地方。CPU 能够使用的缓存越多，系统的整体性能就越好，这是因为更多的数据可以很容易地获取（缓存大小也不宜过大，这是因为发热、耗能等因素的制约）。

CPU 把输入转化为二进制数据，又把二进制数据转变为人们可以理解的信息。为了便于 CPU 使用，数据必须被临时或者永久地储存。

5. 主存

主存（primary storage）保存当前的信息。为了完成当前计算，计算机需要临时的存储空间，这种类型的内存是以字节来计量的。除了前面介绍的寄存器和缓存外，主存还包括随机访问内存和只读内存。这两种内存都是由包含电子电路的硅片组成。每个电路或者开关都处于两种状态，即传导电流（开）、不传导电流（关）。

6. 随机访问存储器

随机访问存储器（RAM）是计算机的主存。它包括几个安装在小型电路板上的芯片，这个小型电路板插在主板的内存插槽中（参见图 TB1-13）。RAM 存储当前使用的程序和数据。RAM 得名是因为 CPU 能方便、快捷地随机访问保存在其中的数据。RAM 为 CPU 提供临时数据存储空间，由于信息是临时存储的，所以它被称为**易失性存储器**。也就是说，在关掉计算机或者保存新数据时，保存在 RAM 中的指令和工作将丢失。基于上述原因，切记在计算机前忙碌数小时书写研究论文时，不要被电源线绊着或者不小心关掉电源。如果这样做了，所有辛勤工作的成果将丢失，除非在工作进行中已经将它保存在硬盘或者其他存储设备中了。

图 TB1-13 随机访问内存（RAM）包括多个安装在小电路板上的芯片

计算机内存越多，处理速度就越快。如今绝大多数微型计算机 RAM 的数量用兆或者吉来衡量。在本书交付印刷的时候大多数 PC 用户都考虑安装 1 GB 的 RAM 来运行软件。术语**内存墙**（memory wall）被用来描述 CPU 时钟速度和内存速度增长之间的不一致性。从 1986 年到 2006 年，内存的速度按照每年 10% 的幅度增长，而 CPU 速度每年的增长幅度超过了 50%。毫无疑问将来的 PC 用户可以选择的内存是数以 G 计甚至数以 T 计的。

7. 只读存储器

只读存储器（ROM）作为主板上的芯片存在，CPU 可以从中读取数据但是不能将数据写入。更确切地说就是，CPU 可以读取保存在 ROM 的数据，但是不能改变它。ROM 是不易变的，这意味着关闭计算机电源后它不会丢失指令。ROM 保存计算机开机时自动装载的指令，如基础输入 / 输出系统（BIOS）。

ROM 的一个变种是可擦写 ROM，被称作 EEPROM（电子可编程只读存储器），EEPROM 有一个更加用户友好的名称——闪存。这种类型的内存如 RAM 一样可以反复写入和擦除；但是与 RAM 不同的是，关闭电源后它保存数据不丢失。闪存是许多流行消费类设备使用的存储技术，如数码相机、MP3 播放器和称为闪存盘的移动存储设备（参见图 TB1-14）。

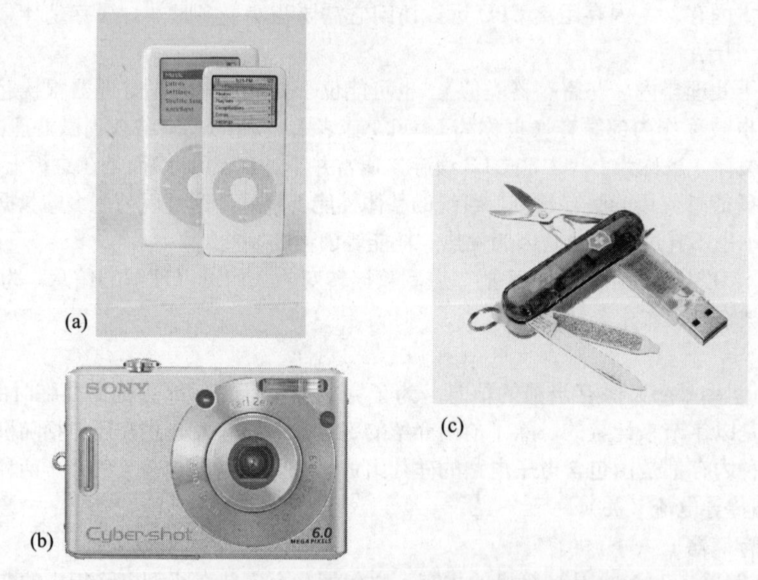

图 TB1-14 作为存储技术，闪存用于许多产品

因为闪盘是一种可移动存储技术，所以它可以当作辅助存储器使用；而且，由于成本和性能因素，EEPROM 不是很适合作为主存储技术。尽管如此，诸如 IBM 和三星这样的公司已经开发出磁性 RAM（MRAM）和相位变化 RAM（PRAM）。这两种技术都是不易失的，而且性能超过传统 RAM 或者与之相当。具备了这些技术，总有一天一开机就可以直接使用计算机，而不必等待它启动了。

8. 辅助存储器

辅助存储器是用于永久保存数据的大容量存储设备，如硬盘、软盘、CD-ROM 盘、磁带，当然还有闪存盘（参见表 TB1-7）。硬盘和软件是磁性媒介，也就是说软盘和硬盘中的盘片上都涂了一层磁性材料。读取数据就是把磁性数据转换成处理器能够理解的电子脉冲。写入数据是反过程，即把电子脉冲转换成表示数据的磁性记号。

表 TB1-7　辅助存储器对比

类　型	速　度	数据访问方式	每 MB 的费用
磁带	慢	顺序	低
软盘	慢	直接	低
硬盘	快	直接	高
光盘	中	直接	低
光碟片	快	直接	中
闪盘	快	直接	高

硬盘、软盘和磁带都是具备**读写头**的辅助存储设备，读写头负责读出和写入数据。通常硬盘、软盘和磁带安装在系统单元内部，有时也在外部通过电缆与系统单元连接。软盘和磁带是可移动的辅助存储介质。如同闪存盘必须被插入计算机 USB 接口中一样，它们必须插入正确的驱动器中才能读写数据，完成读写后可以取出。

9. 硬盘

计算机中运行的大多数软件，包括操作系统都是存储在硬盘中的。硬盘属于辅助存储设备，通常安装在计算机系统单元中。如今，微型计算机硬盘的存储容量使用吉字节（GB）或者十亿字节计量。市场上的 PC 配置 100 GB 到 300 GB 大小的存储设备并不罕见。现代超级计算机拥有上百万 GB 的存储容量。大多数计算机只配置了一块硬盘，也可以在内部或者外部配置第二块硬盘。为了确保重要数据不遗失，一些计算机使用了 RAID（独立磁盘冗余阵列）技术在两块或者更多的硬盘上冗余保存数据。在个人使用的计算机中，RAID 不常被使用，但在网络服务器和许多商业应用中 RAID 很常见。有时 RAID 被称作"经济磁盘冗余阵列"，因为使用多个冗余磁盘比拥有少量昂贵的高可靠性磁盘经济。

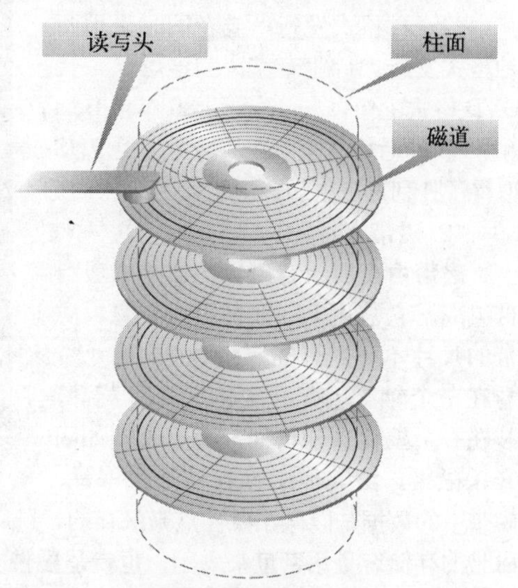

图 TB1-15　硬盘由数个堆叠的盘片和读写信息的读写头组成

（资料来源：Pfaffenberger/CIYF Brief 2003, Prentice Hall, 2003）

硬盘由多个盘片组成，盘片从上而下堆叠起来，彼此之间不接触（参见图 TB1-15）。硬盘中的每个盘片都有一个读写臂，读写臂上有两个读写磁头，一个接近盘片的上表面，一个接近盘片的下表面（每个盘片的两个表面都用来存储数据，除了最上部盘片的上表面和最下部盘片的下表面）。向盘片读写数据时，盘片以 5 400 ～ 15 000 RPM 的速度旋转，读写头不断移动到数据的存储位置。实际上读写头并不接触盘片的任何一个表面。当它们由于某种原因接触盘片时就会造成读写头损坏，导致数据丢失。

10. 软盘驱动器和软盘

软盘的容量一般是 1.44 MB，它是一种可移动存储介质，需要通过软盘驱动器读写。由于大容量（高达 8 GB）低价闪存盘使用的增加，大多数个人计算机已经不再装备软盘驱动器。从数据的传递和存储角度看，这项技术即将被淘汰。

11. 光碟片存储

随着存储需求的增长，使用激光技术的**光碟片**变得流行。光碟片表面涂了一层金属物质，写数据时，激光照射在碟片表面烧出微小的点痕迹，每个点表示一个数据包；读取数据时，激光扫描盘片表面，一个镜头搜集数据点的反射光。一些光碟片是只读的，数据由制造商写入碟片。这些数据不可改变，用户也不能使用计算机向碟片中写入新的数据。使用光碟片进行存储的一个优势是它们比软盘的存储容量大很多，一张光碟片就可以记录数百张软盘记录的信息。光学盘片使得 PC 机使用的多媒体软件得以迅猛增长。

- **光盘**

许多年来，CD-ROM（光盘——只读存储器）一直是数据分发的标准，这是因为它们低廉的成本和高达 800MB 的容量。CD-ROM 经常被用来分发软件，但是于 CD-ROM 不能写入数据，所以产生了另外一种可写入数据的光学盘片 CD-R（可记录光盘）。CD-R 的缺陷是数据只能写入一次，CD-RW（可重复写入的光盘）可以通过 CD-RW 驱动器多次写入数据。尽管如此，许多人希望出现比 CD-R 和 CD-RW 更高容量的产品，用以存储多媒体数据（如视频）和大型数据备份。

- **多功能数码光盘**

DVD-ROM（多功能数码光盘——只读存储器）比 CD-ROM 容量大，这是因为 DVD-ROM（或者简单地称为 DVD）驱动器使用较短波长的激光束，可以在盘片上留下更多光学点。跟光盘一样，这种技术也具有可写入的版本 DVD-R 和可反复写入的版本 DVD-RW。用于分发影片的 DVD 盘也被称作**数字影像盘**。

对高清影像内容的需求催生了两种新 DVD 格式，即蓝光（Blu-Ray）和 HD-DVD（参见图 TB1-16）。这两种格式都可以提供高达 50GB 的存储容量，但是它们采用了两种完全不同的方法，使用了不同的技术。HD-DVD 不能在蓝光驱动器中使用，反之亦然。许多高清影片都以其中的一种格式发行，或者同时采用两种格式发行。行业专家认为这场下一代 DVD 格式之争，与 20 世纪 80 年代 Beta 和 VHS 的对抗类似。在那场对抗中 VHS 取得了胜利，被更加普遍地采用。

图 TB1-16　支持下一代高容量 DVD 的 DVD2.0，用户可以在 DVD 中存储海量（20 ～ 50 GB）数据

12. 磁带

磁带由表面涂有磁性物质的窄塑料带组成，它被用来存储计算机信息。磁带的尺寸不等，有的磁带宽 0.5 英寸[①]，卷在一个轴上；有的磁带宽 0.25 英寸，装在一个塑料盒子里面，看起来就如同音乐磁带。跟其他磁性存储形式一样，磁带中的数据是以微小磁性点来保存的。磁带的存储容量用**密度**来表示，也就是磁带上**每英寸的字符数**（CPI）或者**每英寸的字节数**（BPI）。大型机使用的磁带驱动器被称为栈式存储器，在读取数据的时候它驱动磁带从供带盘卷到卷带盘上。

磁带仍用于储存大量的计算机信息，不过也逐渐被高容量的磁盘存储器取代，因为后者也同样可靠。实际上，存储在磁盘上的信息更容易定位，因为如果使用了磁盘，计算机就无需扫描整个磁

① 1 英寸 =2.54 厘米。——编者注

带来查找数据文件了。

13. 端口

为了使用计算机的所有功能，必须能够将各种不同类型的设备如鼠标、打印机、摄像头等与系统单元相连接。**端口**提供了设备与计算机连接的硬件接口，即插头和插槽。表 TB1-8 是不同类型端口的特性汇总。

表 TB1-8 常见计算机端口及其应用和描述

端口名称	用于连接的设备	描 述
串行端口	调制解调器、鼠标、键盘、终端显示器、MIDI	• 一次只能传输一个位 • 传输速度最慢
并行端口	打印机	• 可同时传输多个位 • 传输速度是串行端口的数倍
USB（通用串行总线）	打印机、扫描仪、鼠标、键盘、数码相机、摄像机、外置硬盘驱动	• 非常高速的数据传输方式 • 每秒传输速度高达 480MB • 可以同时连接 127 个设备
电气和电子工程师协会的 1 394（“火线”）	数码相机、摄像机、外置硬盘驱动	• 极其高速的数据传输方式 • 每秒传输速度高达 800MB • 可以同时连接 63 个设备

理解了信息是如何输入计算机以及如何处理的之后，我们可以学习第 3 类硬件（即输出技术）了。

TB1.1.3 输出设备

信息被输入和处理之后，必须把结果展现给用户。计算机可以把信息在屏幕上显示出来，通过打印机打印出来，也可以发出相应的声响。这一节将讨论这些输出设备的运行方式。

1. 视频输出

显示器能够显示来自计算机的信息。传统显示器都由阴极射线管（CRT）组成，与电视机类似，只是分辨率要高很多。显示器有彩色的也有黑白或者单色的（也就是说只有一种颜色，通常是绿色或琥珀色）。笔记本和一些桌面电脑使用更轻、更薄的**液晶显示器**（LCD），来代替笨重的 CRT 显示器。显示器已经广泛地嵌在大量的产品和设备中，如移动电话、数码相机和汽车（例如，用来显示路径地图和其他信息），所以它们必须满足结实、可靠、重量轻、能耗低、成本低（参见图 TB1-17）等要求。近期显示技术的开发集中在诸如有机发光二极体材料等新显示技术上。投影仪是向观众做演示的设备。早期的投影仪体积大、价格昂贵（5 000 美元甚至更高）；如今投影仪体积小巧，价格也不那么昂贵（大约 200 美元）了。这主要归功于先前讨论的 LCD 技术的发展。实际上，投影仪已经成为普通消费者也能买得起的商品，成为普通电视和平板电视的竞争产品。无论使用何种显示器，它都需要与计算机的显卡相连。显卡（或者叫做图形卡）告知显示器要激活哪些点来显示文字或者图像。对于许多应用而言，主板

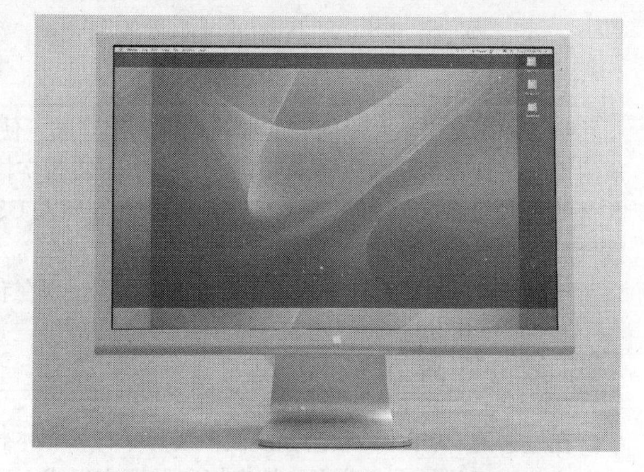

图 TB1-17 显示器显示来自计算机的信息

集成的显卡已经足够了，但是某些应用程序（如3D游戏和动画软件）则需要使用具备专用处理器（称作图形处理器或者GPU）和1 GB（或者更多）RAM的高端图形卡。

2. 打印机和绘图仪

信息有多种不同的打印方式。**绘图仪**（参见图TB1-18a）可将工程师的设计方案从计算机转换到制图纸上，这些图纸的尺寸通常为34×44英寸。绘图仪使用多只绘图笔来分别绘制线条。**点阵打印机**（图TB1-18b）是老旧的电子打字设备，它将信息打印在纸上，打印出的字母由一系列的小点组成。点阵打印机曾经是最普遍使用的打印机，如今它们主要用来打印大量成批信息，如周期性的报告和表格。**喷墨打印机**使用小型墨盒把墨水喷在纸上。这个过程会产生打字机效果的图像，最初这些图像会有些模糊，那是因为它被喷到纸上的时候还是湿的。喷墨打印机（图TB1-18c）分为黑白打印机和彩色打印机两类。如今**激光打印机**是最常用的打印机类型。它们使用静电处理过程来把墨水印在纸上，确切地说是将图像"烧"在纸上。它的输出效果质量非常高，几乎所有的商业信件和文档都使用激光打印机输出。激光打印机（图TB1-18d）也可以输出彩色图像，高端彩色激光打印机要花费数千美元。

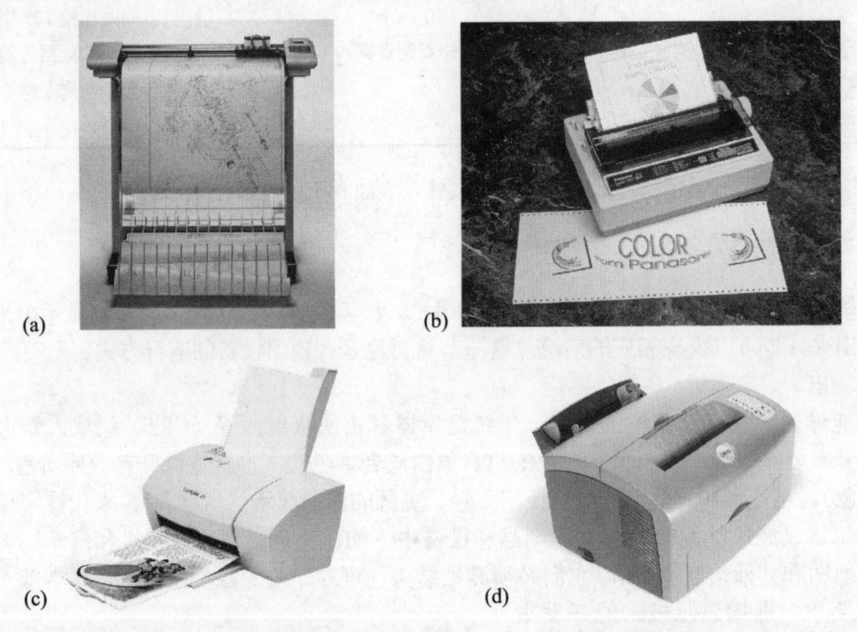

图TB1-18 （a）绘图仪，（b）点阵打印机，（c）喷墨打印机，（d）激光打印机

3. 音频输出

除了输出文字，几乎所有的计算机都输出音频。使用**声卡**和扬声器，计算机能够产生立体声音质的声音。计算机将数据传送到声卡，由声卡将数字信息转换成音调。音调被传送到扬声器输出。其他的音频设备（例如头戴式耳机）可以直接插入USB端口。声卡也可以用于获取和转换音频，以供后续的存储和处理。

现在读者已经理解计算机硬件的工作方式了，现在我们继续讨论人们和组织常用的计算机类型。

TB1.2 计算机类型

在过去的60年中，信息系统硬件经历了许多根本性的改变。20世纪40年代，差不多所有商业和政府信息系统都由文件夹、档案柜和储藏室组成，这些组织设置巨大的房间专门保存此类记录。

在这种情况下，信息通常是难以找到的，社团的知识和历史维护起来也很困难。往往只有某些雇员了解特定的信息，当这些雇员离开公司，他们掌握的知识也同时离开了。计算机的出现解决了 20 世纪 40 年代前组织面临的信息保存和获取问题。每一次根本性的改变都代表了一个截然不同的计算时期。表 TB1-9 列出了定义 5 个计算时代的技术。在表 TB1-10 中总结了当今使用的 4 种计算机类型。

表 TB1-9 5 个计算时代

时代	时间	主要项目	特点
1	1946 ～ 1958	真空管	● 大型主机时期开始 ● 开发出电子数字积分计算机（ENIAC）和通用自动计算机（UNIVAC）
2	1958 ～ 1964	晶体管	● 大型主机时期进一步发展 ● 使用晶体管对通用自动计算机（UNIVAC）进行升级
3	1964 ～ 20 世纪 90 年代	集成电路	大型主机时期结束 ● 个人计算机时期开始 ● 出现了具备通用操作系统的 IBM360 ● 微处理芯片革命：Intel、Microsoft、Apple、IBM PC、MS-DOS
4	20 世纪 90 年代～ 2000	多媒体和低价 PC	● 个人计算机时期结束 ● 人际计算环境时期开始 ● 高速微处理芯片和网络 ● 高容量存储 ● 低成本、高性能的集成显示、音频和数据
5	2000 ～现在	因特网接入程度大幅提高	● 人际计算环境时期结束 ● 网络互联时期开始 ● 可以使用多种不同设备访问因特网 ● 价格不断下降，性能不断提升

表 TB1-10 目前被组织使用的计算机的特征

计算机类型	可以同时使用的用户数	物理尺寸	一般的应用领域	内存	一般的费用范围
超级计算机	1 ～许多	汽车大小到多间屋子大小	科学研究	超过 5 000 GB	100 万美元～ 2 000 万美元
大型机	1 000 以上用户	冰箱大小	通常用于大型企业和政府	超过 100 GB	100 万美元～ 1 000 万美元
中型计算机	5 ～ 500 用户	文件柜大小	通常用于中型企业	高达 20GB	1 万美元～ 10 万美元
微型计算机	1	适合手持的大小和适合桌面的大小	个人使用	512 MB ～ 2 GB	200 美元～ 5 000 美元

TB1.2.1 超级计算机

现存最强大最昂贵的计算机是**超级计算机**。超级计算机常被用于科学应用，解决需要处理大量数据的海量计算问题。它们会耗资数百万美元。超级计算机的处理速度不是用时钟主频（PC 的标准）

来衡量的，而是使用每秒执行的浮点指令个数（FLOPS）来衡量的。世界上最经典的超级计算机是IBM的Blue Gene/L，它使用131 072个处理器，能够以135.5 TFLOP（1 TFLOPS=1 012FLOPS）的速度进行数据处理。这个超级计算机被用来处理多个难题，如天气预测和分子建模。为了达到这样难以置信的速度，超级计算机装备了许多高速处理器，这些处理器并行工作同时执行多条指令。超级计算机的操作和维护需要大量的人员，研究员和科学家使用超级计算机也需要这些人员的支持。超级计算机通常在同一时间内只运行一个应用程序，这样可以将所有的计算能力都集中于这个巨大的应用（图TB1-19是Cray超级计算机，它是此类计算机中最有名的一个。除了Cray和IBM，主要的超级计算机厂商还有日立、NEC和富士通）。

图TB1-19　Cray超级计算机
（资料来源：Cray公司）

TB1.2.2　大型主机

历史上大型法人团体计算领域的中坚力量是巨大的高性能计算机，叫做**大型主机**。超级计算机和大型主机的大致区别是：超级计算机专注于计算速度，同一时间只能运行一个应用；而大型主机主要聚焦于输入/输出速度和可靠性。大型主机可能有冰箱那么大（甚至更加大）需要花费几百万美元。组织通常使用大型主机来处理大量的商业数据，大型主机可以同时支持几百甚至几千用户。除了应用于商业领域，联邦和州政府也使用大型主机管理日常政府活动产生的海量数据。诸如美国国税局这样的联邦政府机构，它使用多台大型主机处理与个人和公司工资及纳税信息相关的海量数据库。大型企业，如阿拉莫租车公司、美国航空公司和假日酒店，使用大型主机处理诸如订房间等重复性任务。优利系统公司和IBM是最大的大型主机厂商（参见图TB1-20）。

图TB1-20　IBM大型主机
（资料来源：IBM公司资料）

TB1.2.3　中型计算机

中型计算机，经常也被称作小型计算机，是缩小比例版本的大型主机。它们的目标用户是那些没有足够预算购买大型主机，同时也不需要那么强大计算能力的公司。在过去的几年中，高端中型计算机与低端大型主机在性能和价格上的差距越来越模糊。中型计算机与许多小型和中型组织已密不可分，购买它的费用通常是几万到几十万美元。中型计算机能同时支持的用户数量是5～500。如大型主机一样，IBM是中型计算机市场的领导厂商，它的产品是System i5型计算机（AS/400的后续产品）；其他制造商（如惠普）也服务于这个市场。中型计算机市场整体在走下坡路，这是因为微型计算机的快速发展，如今微型计算机已经具备一些曾经只由中型计算机和大型主机完成的功能。

TB1.2.4　微型计算机

微型计算机也叫作**个人计算机**（PC），它适合放置在桌面上，在家庭和办公室使用。购买微型计算机的花费通常在几百美元到5 000美元之间（参见表TB1-21）。微型计算机可以是相对静止的桌面型号，也可以是可携带的笔记本大小的计算机。高端微型计算机需要的花费在5 000美元以上，可以作为工程师的设计工作站、管理共享资源（如打印机和大型数据库）的服务器，以及在因特网上发布内容的服务器使用。在过去的几年中，微型计算机的普及速度非常快。在组织中，微型计算机是知识工作者最普遍使用的计算技术，它已经变得与电话一样普及。事实上，在美国每年微型计算机的销售量都高于电视机。接下来，我们深入地研究一下微型计算机的各种类型。

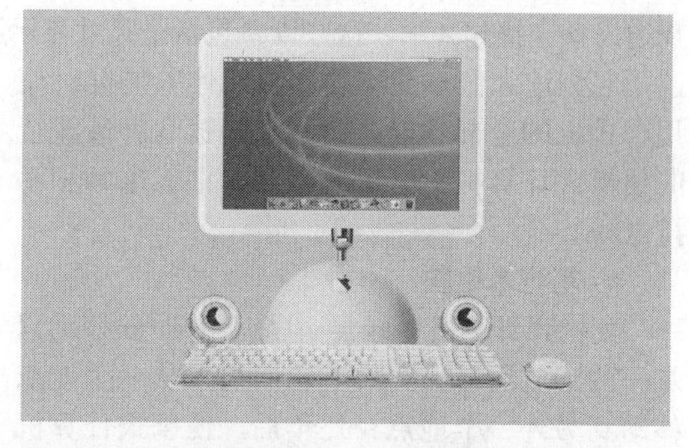

图 TB1-21 个人计算机
（资料来源：苹果公司）

1. 网络计算机

网络计算机（有时称作瘦客户端）是装备最小内存和存储的微型计算机，它的设计目的在于连接网络，特别是因特网，并使用服务器提供的资源。网络计算的概念就是通过低价计算机访问服务器来减少个人计算机的淘汰和维护，由服务器向网络上的所有机器提供软件程序、打印机和其他的资源（参见图TB1-22）。

图 TB1-22 Sun微系统公司的网络计算机
（资料来源：Chris LaGrand/Getty图像公司）

2. 移动计算机

当计算机被放置在桌面上时，用户希望它们更轻、更小、更方便。于是出现了可以携带的便携式电脑。最初的型号很笨重，随后笔记本电脑出现了，它可以放置在背包和公文包中。如今靠电池供电的便携式电脑和笔记本电脑普遍地应用于商业和家庭（参见表TB1-11比较便携式电脑和笔记本电脑）。这些电脑装配了平板显示器，可以折叠起来变得更加小巧。它们可以装入便携包，重量只有3磅[①]甚至更轻。使用可携带的计算机时，可以使用键盘和鼠标，也可以使用轨迹球、触摸板和其他内置指向设备。大多数可移动计算机都具备无线网络连接能力和USB端口，可用来连接打印机、扫描仪或者其他周边设备。许多学生、雇员现在只使用一台便携式计算机而不是同时购买台式计算机和便携式计算机。

表 TB1-11 桌面计算机和便携式计算机的比较

台式计算机	便携式计算机
只能在一个地点使用	可以移动到任何地点使用
较低的价格	较高的价格
可以扩展	扩展能力非常有限
较佳的人机工程学特性——全尺寸/高分辨率彩色屏幕、大键盘等	受约束的人机工程学特性——小屏幕、小键盘、笨拙的指点设备等
服务和维修相对容易	服务和维修很困难

便携式计算机可以很容易地转换成台式机。具体方式就是与**底座**相连接，这样计算机就与桌面

① 1磅≈0.45千克。——编者注

周边设备连接起来了，这些设备包括全尺寸显示器、键盘和鼠标。在许多企业和大学中，底座很普遍，它们让人们享受移动计算机体验的同时使用台式机的全部功能。接下来谈谈3种最流行的便携式计算机：笔记本电脑、平板电脑和手持电脑。

图 TB1-23 笔记本电脑移动性很强，通常不到5磅重

- **笔记本电脑**

便携式计算机曾经重20磅，那时候移动只是一种感觉而已，实际上它们很难从一个地点移动到另外一个地点。几年后，便携式计算机的重量只有10磅，可以折叠起来如同公文包一样携带。现在的趋势是更小、更轻，甚至也更加强大。有些**笔记本电脑**重量只有2.5磅，可以轻易地放在背包或者公文包中携带（参见图TB1-23）。

- **平板电脑**

平板电脑是一种笔记本电脑，通过电子笔（称作手写笔）或者键盘输入。平板电脑有两类：纯平板和可变换（参见图TB1-24）。纯平板型号包含许多端口，可以插入外部键盘和其他所需的设备。一般来说，纯平板电脑需要使用手写笔，利用手写识别软件来输入文字和命令。纯平板型号在这些情况下特别有用：安装键盘很笨重或者打起字来很别扭的时候。可变换型号与现有的笔记本电脑非常类似，但是它的平板显示器可以旋转，然后折叠在键盘上。这样它就转变成了一台“胖”纯平板电脑了。

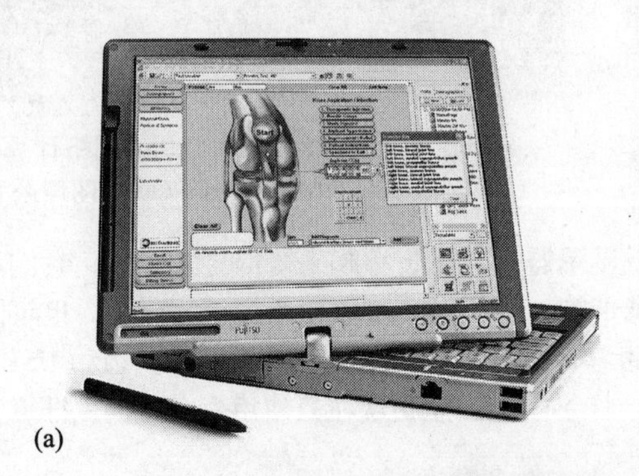

(a)

(b)

图 TB1-24 平板电脑是设计给移动专业人士使用的

纯平板和可变换的平板电脑都具备特殊屏幕可以捕捉手写笔的移动轨迹。平板电脑的目标用户是移动专业人士，所有型号都内置因特网无线接入，供这些人在其工作环境中使用。直到今天，对于第一代平板电脑在工作中的效率尚有多种看法。一些人认为平板电脑太笨重，电池也不能支持足够长的时间，文字识别能力充其量只能是胜任而已。然而，专家们认为这些限制会很快被突破，毫无疑问，平板电脑将成为传统笔记本电脑的替代品。

- **手持计算机**

第一台手持计算机大约在1994年诞生，但是它并没有达到人们预期的效果，原因是消费者期望它替代PC。1996年，Palm公司推出一款手持计算机，它的目标并不是取代PC，而是执行一些必不可少的计算任务，这样用户就可以把笔记本电脑放在家里。从那个时候开始，手持计算机作为信息装置开始销售，接着被称为**个人数字助理**（PDA）。如今手持计算机已经占据了便携式计算机市场的一定份额。现在，一些PDA的功能已经能够与台式机相媲美。例如，HP的iPAQ PocketPC支持收发邮件、处理文档和电子表格、上网浏览和进行其他数不胜数的活动。手持技术也被集成到移动电话中来，许多公司开发了PDA/移动电话。最流行的PDA/移动电话是由RIM制造的黑莓手机（参见图TB1-25）和Palm制造的Treo。

正如我们所看到的，信息系统硬件在快速地发展。在当今的大多数组织中，信息系统基础设施包括多种多样的计算硬件，从超级计算机、大型主机、中型计算机到个人计算机和个人数字助理。第4章讨论了面对集成纷繁复杂的硬件需求时组织所采取的方案和跟随的趋势。对于个人而言，计算机已经变得普遍，许多家庭都拥有不止一台计算机。以历史为鉴，可以断言计算硬件将会持续快速发展，并为我们所有人带来一些意料之中和意料之外的后果。

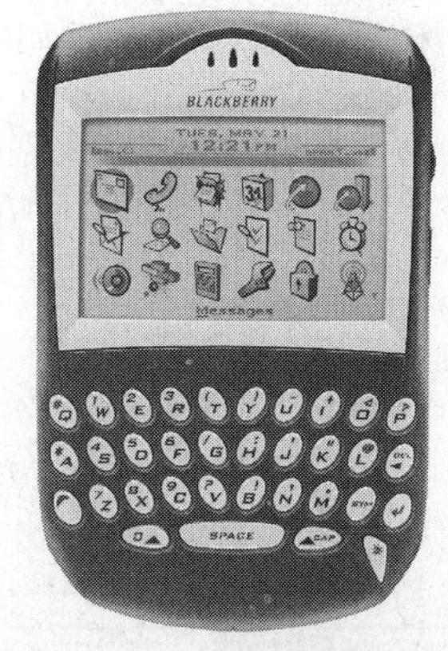

图 TB1-25　个人数字助理是强大的掌上计算机

要点回顾

(1) 描述信息系统硬件的关键组成部分。信息系统硬件可分为3类：输入、处理和输出。输入硬件指将信息输入计算机的设备。处理硬件将输入转换成输出。中央处理单元是进行这种转换的设备，一些与之紧密相连的设备负责保存数据、提供数据，并协助中央处理单元完成工作。输出相关的设备把信息以有用的形式提交给用户。

(2) 列出并简述当今组织中使用的计算机的类型。综合考虑计算机的形状、大小、运算能力和价格，一般将其分为超级计算机、大型主机、中型计算机、微型计算机4类。超级计算机是最昂贵也是最强大的计算机，它主要用于处理科学研究的海量计算。大型主机是非常巨大的计算机，它是大型公司和政府机构的主要中央计算资源。中型计算机的处理能力介于大型主机和微型计算机之间，一般用于工程和中等规模商业应用。微型计算机用于个人计算、小型商业计算，或者作为网络上与大型计算机和其他小型计算机相连的工作站。便携式计算机（笔记本电脑、平板电脑和手持电脑）是特殊的微型计算机，支持移动使用。

思考题

1. 信息系统硬件分为哪3个主要类型？
2. 描述几种将数据输入计算机并与之交互的方法。
3. 计算机如何表示内部信息？这与人们互相交流信息的方式有什么不同？
4. 介绍系统单元及其关键组成部分。
5. CPU的速度由什么来决定？
6. 计算机的主要存储、辅助存储、ROM、RAM是怎样交互的？
7. 对比辅助存储的不同类型。
8. 什么是输出设备？描述几种提供计算机输出的方法。
9. 描述不同的计算机类型，说说其特征的主要区别。

自测题

1. 系统单元不包括______。
   A. CD-ROM
   B. 中央处理单元
   C. 电源
   D. 显示器
2. 下面的哪一项不是输入设备？
   A. 生物扫描仪
   B. 触摸屏
   C. 声卡
   D. 光笔
3. 下面的哪一项是硬件？
   A. 操作系统

B. 微软套装
C. 系统软件
D. 中央处理单元

4. 下面的哪一项是输出设备？
A. 激光打印机
B. 触摸屏
C. 摄像机
D. 键盘

5. ______可以将手写文字转换成计算机字符。
A. 扫描仪
B. 条码 / 光学字符阅读器
C. 文字识别软件
D. 音频 / 视频

6. ______卡是带有微处理芯片和存储电路的特殊信用卡。
A. Smart
B. Master
C. Universal
D. Proprietary

7. 下面哪一项的存储容量最大，可以用来保存视频？
A. CD-ROM
B. 软盘
C. DVD-ROM
D. 缓存

8. 下面哪种类型的计算机可以使用底座？
A. 超级计算机
B. 微型计算机
C. 便携式计算机
D. 大型主机

9. ______是如今最强大也是最昂贵的计算机？
A. 硬件抽象层
B. 大型主机
C. 个人数字助理
D. 超级计算机

10. 下面哪一项是平板电脑的一种？
A. 室内电影院
B. 可变换式电脑
C. 跑车
D. 轻型货车

问题和练习

1. 配对题，将下列术语与它们的定义一一配对。
   i. 缓存
   ii. 批处理输入
   iii. 智能卡
   iv. 音频
   v. DVD-ROM
   vi. 主板
   vii. 视频流
   viii. 网络计算机
   ix. 闪存
   x. 内存墙

   a. 一种特殊的信用卡，它带有磁条，包含微处理芯片和存储电路。
   b. 中央处理器用来存储最近使用和最常用数据的一小块存储。
   c. 一种光学存储设备，比软盘和CD-ROM具备更大的容量。它使用较短波长激光束，可以在碟片上放置更多的光学点。
   d. 一系列运动的图像，以压缩的形式在因特网上传输，图像到达时显示在接受者的屏幕上。
   e. 与处理器速度相比内存速度缓慢的新发明。
   f. 由塑料或者玻璃纤维制成的大型电路板，板上包含计算机所有进行实际处理工作的元件，支持或者连接计算机的所有电子元件。
   g. 将大量的常规数据输入计算机。
   h. 具备最少内存和存储的微型计算机，用来连接网络并使用服务器提供的资源。
   i. 如同RAM一样可以反复写入和擦除的内存，但是与RAM不同的是掉电后保存的信息不丢失。
   j. 被数字化以便在计算机中存储和重放的声音。

2. 假设决定购买一台计算机。分析一下用于个人目的和商业目的分别应该选择怎样的计算机。不同的选择，对于计算机的应用范围有什么不同？为什么？

3. 假设你刚刚向上司申请为自己和3个同事申请购买新计算机。上司指出她在新闻中了解到计算机价格持续下跌，她认为应该等待一段时间然后再购买。她还说使用现在的电脑和软件也完全可以高效地工作。给出一些证据告诉她为什么应该马上购买而不是等待。你的证据有说服力吗？为什么？

4. 到计算机商店或者因特网上寻找鼠标或触摸板。它们的外观和使用方式有什么更新之处？每个设备的优点和缺点分别是什么？

5. 如今最常见的是哪种类型的打印机？彩色打印机和黑白打印机的价格比较起来是怎样的？在速度、成本、输出质量方面比较激光打印机和喷墨打印机。你会购买或者已经购买了何种打印机。

6. 如果内存不足计算机会怎样？可以增加更多的内存吗？是否有一个限制？缓存与内存是怎样的关系？为什么在现代信息系统世界中内存如此重要？在因特网上搜索内存分销商，比较它们的价格和可供购买的产品。
7. 你认为在不久的将来软盘就会被淘汰吗？为什么？除了 CD-ROM 和软盘还有什么存储设备可选择？现在你使用什么设备，你打算购买什么设备？
8. 20 世纪 70 年代人类向月球发射了火箭，它的计算机能力尚不如如今的微型计算机。如今，计算机每过两年都会被淘汰。这个计算能力持续增长的时代会中止吗？为什么？如果会的话，是什么时候？
9. 你拥有一台 Palm 或者其他类型的 PDA 吗？或者你知道有人有这样的设备吗？ PDA 提供了哪些功能？从网上或者商店购买一台 PDA。它们的价格在下降吗？你打算在什么时候购买一台？
10. 与你熟悉的组织的信息系统经理会面。确定此人最近信息系统购买决策中的影响因素。除了预算，你觉得还有哪些因素应该被考虑？
11. 基于个人经验，你最喜欢和最不喜欢的输入设备分别是哪个？为什么？你的选择是基于设备的设计还是设备的易用性？或者因为这些设备与整个信息系统集成在一起？
12. 走访一个使用多种类型计算机的公司。它们都使用何种类型的计算机（例如，微型计算机）？这个公司是否有计划使用其他种类的计算机？为什么？
13. 用简单的话来描述使用计算机键盘输入后发生了什么，这个过程会涉及到记录、处理和输入，可以绘制示意图来更清晰地解释。
14. 在因特网上搜索不同类型的苹果电脑，并指出其中哪些是新款？列出你曾经使用过的 Windows 兼容电脑的品牌和现使用电脑的类型和品牌。哪些因素会影响你购买电脑的决策？
15. 选择一些向大众销售计算机的硬件厂商，如戴尔、惠普、联想、Gateway、苹果，以及其他知名度较低的品牌。访问每个公司的网站，确定他们提供哪些输入设备、处理设备和输出设备。这些公司是否为消费者提供大量的可选商品？是否有些你需要的设备这些公司尚未销售？准备一份 10 分钟的演讲材料，向班里的其他同学说说你的发现。

自测题答案

1. D	2. C	3. D	4. A	5. C
6. A	7. C	8. C	9. D	10. B

技术概览 2

信息系统软件

综述> 软件决定了每一台计算机硬件所能提供的功能。没有软件，体积再大、速度再快、性能再好的计算机也只不过是一堆废铁而已。通读本章后，读者应该可以：

1. 描述系统软件的一般功能；
2. 描述应用软件有哪些类型；
3. 描述多种类型的程序开发语言的特性及应用软件开发环境。

我如果你有过使用自动提款机取钱的经历，用过字处理软件准备论文，或者用过电子邮件与同学或者老师联系，你就会发觉这些都是通过软件来实现的。各种各样的产品和服务都离不开软件，包括玩具、音乐、电器仪表、卫生保健服务，等等。因此，软件的概念可能会因为使用方式的不同而变得含混不清。我们将在下面的内容里介绍我们日常生活中用到的软件，以此建立软件的概念。

TB2.1 信息系统软件的关键组成部分

软件是由程序或者一系列指令构成的，它告诉计算机去执行特定的任务以实现某种功能。软件的职责就是提供一系列供计算机硬件之间相互通信的指令。信息系统软件有两种基本类型，分别是系统软件和应用软件。在下面的内容里，我们将讨论系统软件的概念以及它是如何指挥计算机硬件工作的。

TB2.1.1 系统软件 / 操作系统

系统软件是一组程序的集合，它控制着计算机的各个硬件组成部分最基本的运行方式。最主要的系统软件是**操作系统**，它起到了协调硬件设备（如 CPU、显示器等）、外围设备（如打印机）、应用软件（如字处理程序）和用户之间的交互的作用，如图 TB2-1 所示。除此之外，由于微处理器被嵌入到各种各样的设备中，比如移动电话，或者像 TiVo 一样的数字录像设备，也有可能用在汽车的操控系统中，我们很可能在无意之中就会与操作系统打交道。例如，豪华的宝马汽车中配备的 I-Drive 系统使用的就是微软的操作系统。同样，很多飞机上装配的旅客娱乐系统也是运行在 Linux 操作系统之上的。

操作系统通常是用汇编语言编写的。汇编语言是一种低级的编程语言，它能够让计算机快速地、有效地运行。设计操作系统的目的就是使用户和低级开发语言隔离开来，使得计算机能够在无人干预的条件下默默地工作。操作系统承担着一些基本工作，比如设置系统时间，打印文档，保存信息到磁盘。当我们使用计算机时，通常会理所当然地认为这是操作系统的日常工作。正如大脑和神经系统在我们察觉不到的情况下控制着我们的呼吸、心跳和感觉一样，系统软件也在无人干预的情况下控制着计算机的运行。

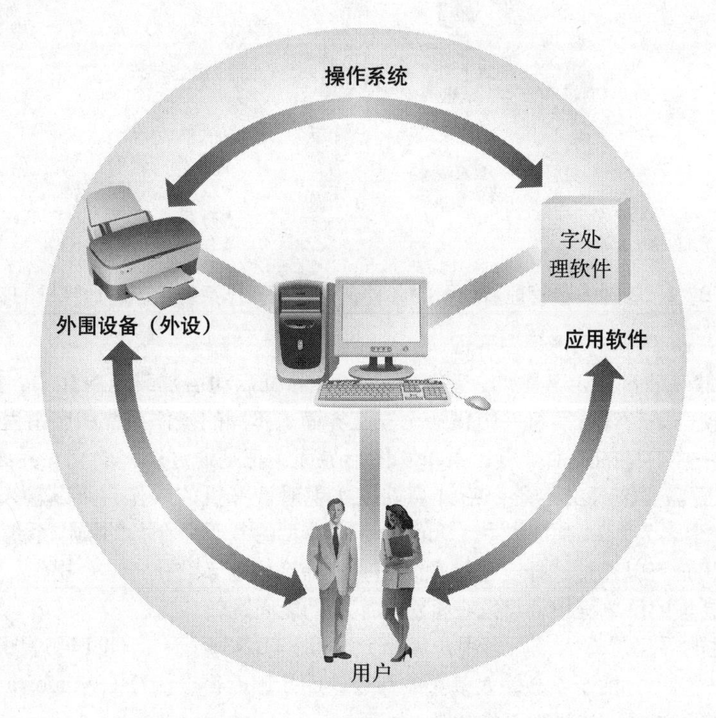

图 TB2-1　操作系统协调用户、应用软件、硬件和外围设备之间的交互

1. 通用系统软件功能

有些任务对于所有的计算机来说都是一样的。这些任务包括从键盘或鼠标获得输入，从磁盘中读数据或将数据写入磁盘（如硬盘驱动器），通过显示器显示信息。诸如此类的任务都是由操作系统实现的，这就像公司的管理人员管理着员工和企业流程的运转一样（如图 TB2-2 所描绘的场景）。比如说，我们想将一个字处理文件从 U 盘复制到电脑里，操作系统使得这个操作变得非常容易。使用一个操作系统，假设使用的是微软的 Windows，我们仅需要用鼠标指向 U 盘移动磁盘中一个代表文档的图标，然后点击并拖拽到某个磁盘驱动器的图标上即可。这就是将一个文件从 U 盘复制到磁盘上的全部步骤。操作系统使得这个过程变得简单轻松。然而，隐藏在图标和简单的拖拽操作之下的是一系列复杂的编码指令，这些指令告诉计算机的电子元件我们正在将一组由二进制字节构成的数据从移动磁盘传输到计算机内部的某个位置。设想一下，如果每次从一个地方复制文件到另一个地方的一系列指令都由最终用户来编写，那将是是何等的繁琐。操作系统管理并执行这些系统操作，使得我们能将更多的精力用在更重要的工作上。

操作系统可以执行多种不同的任务，这包括：

- 启动计算机；
- 从内存中读取程序并管理内存的分配；
- 管理程序和文件在外部存储设备中的位置；
- 维护目录与子目录的结构；
- 格式化磁盘；
- 控制计算机的显示器；
- 发送文档到打印机。

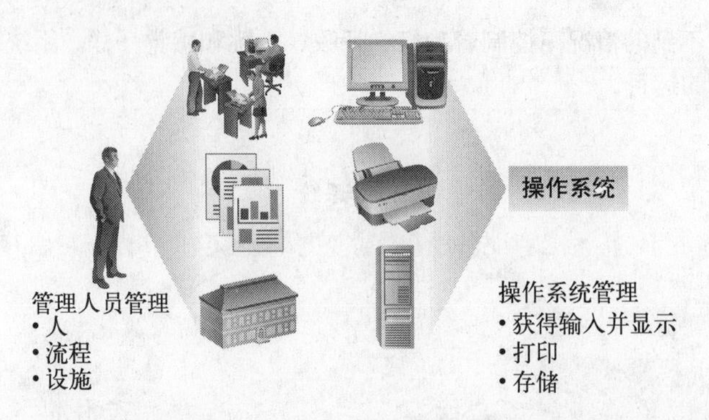

图 TB2-2 管理人员管理着公司的各种资源，而操作系统管理着计算机的资源

2. 交互界面：命令行与图形用户界面

操作系统存储在硬盘里，其中的一些数据会在计算机启动后加载至内存中。操作系统存在于内存中之后，它便开始管理计算机并提供一个**交互界面**。不同的操作系统和应用程序使用不同类型的交互界面，其中最典型的是命令行、菜单和图形界面。正是通过这样的交互界面与计算机交互。**基于命令行的界面**需要输入文本命令给计算机以实现对计算机的操作。可以输入命令“DELETE FILE1”以删除一个名为 FILE1 的文件。Unix 是一个典型的基于命令行的操作系统。**菜单界面**提供一个选项列表，用户可以通过选择某个选项发出一个命令或对系统执行某个操作。菜单的流行是因为用户通过简单易懂的菜单标识就可以在系统的不同功能间跳转。

PC 中最常见的界面是 GUI（图形用户界面）（如图 TB2-3 所示）。GUI 通过图形、图标和菜单向计算机发送用户指令。由于不必输入复杂的命令，GUI 因而得以流行。Windows Vista 和 Mac OS X 都是使用了图形用户界面的操作系统软件。

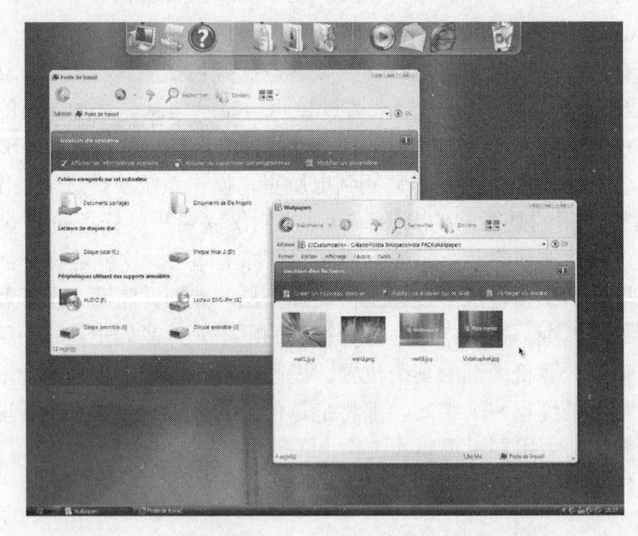

图 TB2-3 使用图形用户界面的 Windows 操作环境

3. 流行的操作系统

正如计算机的种类有很多一样，操作系统也有很多种（见表 TB2-1）。通常，无论是大型计算机还是体积小巧的笔记本电脑，它们使用的操作系统都有很多相似之处。显然，大型的支持多用户的超级计算机要比台式计算机复杂得多，因此操作系统必须解决复杂的任务，并管理好它们。但是，所有操作系统的基本目标都是相同的。

表 TB2-1 常见的操作系统

操作系统	描 述
OS/390	针对 IBM 大型机研制的操作系统
Unix	一个多用户、多任务的操作系统，适用于广泛的计算机平台。它的普及源于其出色的安全性设计
Windows	到目前为止，Windows 桌面操作系统是最流行的操作系统。它的一些衍生产品也适用于管理大型的服务器、小型的手持设备和移动电话
Mac OS	第一个商业化使用的基于图形的操作系统，于 1984 年问世，目前基于 Linux 操作系统
Linux	由一名芬兰学生于 1991 设计的免费的操作系统。它由于提供了出色的安全性、低成本和对多种硬件平台的支持而被人们熟知。如今，全球约有 1/3 的 Web 服务器使用 Linux 操作系统
Symbian OS	一个为 Ericsson、Nokia、Panasonic、Samsung、Siemens AG 和 Sony Ericsson 的，移动设备设计的开放式操作系统

4. 实用工具

实用工具或实用程序是用来管理计算机的资源和文件的，有些工具集成在操作系统软件里了，还有一些需要单独购买，并安装至计算机中才能使用。表 TB2-2 罗列了一些重要的实用程序。

表 TB2-2 常见的计算机软件工具

工 具	描 述
备份	将文件归档至磁带、移动磁盘或其他存储设备上
文件碎片整理	整理磁盘上的文件碎片，使得文件的加载和操作更加快速
磁盘和数据恢复	允许将受损的硬盘（或软盘）或者里面被删除的文件或数据得以恢复
数据压缩	通过用短码替换频繁出现的数据的方式实现数据压缩，它更像一个法庭速记员使用的速记工具，使得磁盘可以保存更多的数据
文件格式转换	转换文件格式，使得文件不仅可以被创建它的应用程序使用，还可以被其他程序所使用
防病毒	监控和清除病毒，即一段可以扰乱计算机正常运行并给人带来麻烦的代码
设备驱动	使得新的硬件设备可以被计算机中的操作系统识别和管理，如游戏手柄、打印机、扫描仪等等
垃圾邮件拦截	监控接收到的电子邮件，过滤或阻止垃圾邮件
间谍软件的探测和清除	监控并清除间谍软件
媒体播放器	使得计算机可以播放 MP3、WMV、WAV 等格式的音乐和 MPEG、AVI 或 ASF 等格式的视频

TB2.1.2 应用软件

不同于管理计算机运行的系统软件，**应用软件**能够帮助用户完成特殊的任务，如写一封商业信件，处理工资单，管理股票，或为一个项目规划最有效的资源分配。应用程序与系统软件进行交互，从而实现与计算机硬件的交互。

有两类基本应用软件的类型：

- 满足特定用户需求的软件（也叫定制软件），即为特定客户开发的软件；
- 成品软件，即满足特定功能的、面向广大人群或组织的软件。

接下来，我们分别介绍这两类软件。

1. 定制应用软件

定制应用软件满足某个组织的特定需求。这类软件可能是由组织内部的信息部门开发的，或者是以协议或外包的方式，由某个厂商按照协议规定的内容来完成的。相比于成品软件，定制应用软件有两个主要的优势。

(1) 定制化。客户化软件能够根据客户特定的需求来量身定做。比如，一个零售商需要在商场里设立一个信息台帮助顾客寻找特定的商品。很多顾客可能并不熟悉计算机的使用，不知道该如何使用键盘和鼠标来操作计算机。依靠客户化软件开发出的基于触摸屏的输入方式，用户可以简单地点击屏幕上的产品目录实现与计算机交互。于是计算机便可以处理用户提供的信息，如告诉顾客男鞋的销售地点在商场一层的东南角，同时给出一张商场的地图供参考。

(2) 具体问题，具体分析。组织仅需要为自己需要的功能买单。例如，公司或行业的一些专有名词或简写可以出现在软件中，能够表达确定含义而不致产生混淆。这种特性是不可能出现在面向大众使用的成品软件中的。

2. 成品应用软件

虽然定制应用软件有很多优势，但它并不能顺其自然地成为组织最好的选择。**成品应用软件**（或称套装软件）常常用于支持通用的业务流程而无需做任何定制化的修改。总的来说，成品应用软件相比于定制软件有着花费更低、更容易获得、质量更高和风险相对较低的优势。表 TB2-3 总结了一些成品应用软件的例子。

3. 组合定制应用软件和成品应用软件

组合使用定制应用软件和成品应用软件是一种可选的方案。企业可以购买成品应用软件并对其加以修改为自己使用。例如，零售商可以购买一个成品的库存管理软件并对其进行修改，使得软件可以管理产品、店铺和报表，以满足日常业务需求。在某些情况下，成品软件销售商可以有偿地实现软件的客户化改造。而有些厂商则不允许对其软件进行修改。

4. 信息系统应用软件举例

应用软件可以按照其设计、应用的类型或功能进行分类。面向任务的应用软件包括大型业务系统软件和办公自动化软件和个人工具软件（见表 TB2-4）。企业购买或开发面向业务的软件用于支持核心的企业运营活动。那些用于办公自动化和个人工作的软件工具可以为个人和小型团体的日常工作提供帮助。我们将在下面的内容中介绍并举例说明每一种类型的应用软件。

表 TB2-3　信息系统应用软件举例

类　别	应　用	描　述	示　例
业务信息系统	工资	工资管理自动化，从可视化的工时单到生成工资支票	www.infosoftpr.com www.payroll.com
	库存	一个自动化上百万件产品的管理、订单处理、财务和运输调配的系统	www.trackingsystems.com www.realassetmgt.com
办公自动化	个人工作	用于个人或团体处理广泛的日常事务，从文档图像编辑到电子邮件处理	www.openoffice.org www.corel.com www.microsoft.com/office

表 TB2-4　工具软件举例

工　具	示　例
字处理	Microsoft Word，Corel Word Perfect，OpenOffice Writer，Microsoft Works
电子表格	Microsoft Excel，OpenOffice Calc，Google Spreadsheet，Simple Spreadsheets
数据库管理	OpenOffice BASE，Microsoft Access，Borland Paradox，Microsoft FoxPro，IBM DB2，MySQL

（续）

工 具	示 例
演示软件	Apple Keynote，OpenOffice Impress，Microsoft PowerPoint，Harvard Graphics
电子邮件	Mozilla Thunderbird，Apple Mail，Opera M2，Microsoft Outlook 和 Outlook Express
网页浏览器	Microsoft Internet Explorer，Mozilla Firefox，Opera Presto，Netscape Navigator
聊天工具	Microsoft Live Messenger，Yahoo! Messenger，Google GTalk，Trillian，IRQ
日历和联系人管理	Lotus Notes，Microsoft Outlook 和 Outlook Express，ACT!

TB2.1.3 开源软件

开源软件是指一类系统软件、应用软件，其源代码可以免费地向公众开放使用和修改（见表TB2-5）。开源软件通常是由一组有共同兴趣的团体（个人或组织）开发的，他们将改进和扩展软件功能作为共同的目标，并彼此分享成果。开源软件早已超越了原有开放的技术社区的概念，并发展成为软件行业大型公司不可小觑的力量。尽管如此，很多主流的软件厂商都积极加入开源社区。如IBM，它在推动Linux操作系统发展的过程中起到了关键的作用。Sun公司积极参与开发和扩展OpenOffice个人办公软件。

表 TB2-5 开源软件的例子

软件类型	描 述	示 例
操作系统	管理计算机硬件的软件	Linux(www.linux.org) FreeBSD(freebsd.org) Amoeba(http://www.cs.vu.nl/pub/amoeba/amoeba.html)
业务信息系统	广泛用于日常业务处理的软件	财务软件：Turbo Cash(www.turbocashuk.com) 地理信息系统：NASA World Wind（worldwind.arc.nasa.gov） 办公套件：OpenOffice(www.openoffice.org) 防病毒：Open Antivirus(openantivirus.org) 防火墙：FWBuilder(fwbuilder.org) 网页浏览器：Firefox(www.mozilla.com/firefox) 电子邮件：Mozilla Thunderbird(www.mozilla.com/thunderbird/)
开发工具	应用开发包和数据库产品，以及在开发过程中使用的工具	开发语言：PERL(PERL.com) PHP(php.net) 数据库：MySQL(mysql.com) Web 服务器：Apache(www.apache.org) 开源项目托管：Microsoft Codeplex(codeplex.com)

积极参加开源软件社区的组织和个人建立了一个认证体制，被称为OSI（Open Source Initiative，开放源码促进会），它确立了开源软件必须符合的一系列标准。为了获得OSI的认证，软件必须满足下述条件。

- 源代码的作者或许可证的拥有者在程序分发的时候不得收取版权费用。
- 被分发的程序必须保证用户可以获得源代码。
- 在不改变程序名称的前提下，作者必须允许其他人对程序进行改动或者派生出新的功能。
- 任何个人、团体或行业都可以访问程序。
- 程序附加的权利不得因为程序所在的软件分发而受到限制。
- 许可证不得对其他已随许可发布的软件附加任何限制。

OSI运动的主旨是倡导广大程序员的参与，不断扩展软件功能，不断发现和修正软件的瑕疵。通过开发人员之间广泛的、积极的分享和相互检查彼此的工作，这个概念的支持者坚信，软件改进与优化的步伐将会更快。随着Firefox、Linux和OpenOffice的广泛使用和不断成功，组织和个人将开源软件作为软件产品中的重要选择的趋势十分明显。可以从第4章了解更多关于开源软件的内容。

TB2.2 编程语言和开发环境

本文提到的每一款应用软件都是由某种特定的编程语言编写的。编程语言是软件开发厂商编写应用程序时使用的计算机语言。对于像电子表格、数据库管理系统这样的应用软件来说，用户无法知晓它们是用什么样的语言开发出来的。然而，企业内部的信息系统部门以及最终用户，在某些情况下，可以使用编程语言开发属于他们自己的定制化应用程序。现今有多种编程语言存在，每一种都有其优势和不足。表 TB2-6 介绍了在当今的商业环境中流行的编程语言。

表 TB2-6 流行的编程语言

语　言	应用领域	描　述
BASIC	通用	适用于初学者的多功能符号指令码。一种易学的语言，可运行于所有的 PC
C/C++	通用	C++ 是 C 语言的新版本，它们都是由 AT&T 贝尔实验室开发的，是广泛应用于应用程序开发的复杂语言
COBOL	商业	企业管理语言（Common Business-Oriented Language）。开发于 20 世纪 60 年代，是世界上第一个商用语言。COBOL 大多数用于大型机上的商业交易处理
FORTRAN	科学计算	公式翻译（FORmula TRAnslator）。第一个商业化高级语言，由 IBM 于 20 世纪 50 年代开发。适用于科学、工程和数学计算
Pascal	结构程序设计教学	以数学家 Blaise Pascal 的名字命名。结构化的编程方式，适用于大型程序
HTML	因特网	超文本标识语言（Hypertext Markup Language），它是使用最广泛的网页开发语言。标识语言通过使用标识的方式告诉文档内容应该以何种方式显示，以简化页面传输
Java	因特网	Sun Microsystems 于 20 世纪 90 年代早期开发的一种面向对象的开发语言。因其具有在不同计算机环境之间高度的可移植性而在因特网上得到普及
.Net 框架	因特网	微软开发的一系列编程语言（ASP.NET，C# 等），它们可以轻易地集成至因特网应用
LISP	人工智能	表处理语言 LISt Processor. 起源于 20 世纪 50 年代晚期。是开发人工智能应用程序的主要开发语言的一种。它也适用于高速的图形处理

TB2.2.1 编译器和解释器

使用开发语言编写的程序必须在被翻译成汇编或**机器语言**之后，才能被计算机执行。大多数的程序开发语言通过**编译器**被翻译成机器语言，如图 TB2-4 所示。编译器读取用开发语言如 C# 编写的全部程序，并将其转换成用机器语言编写的全新的程序。经过这样的转换之后，新的程序才能够被计算机直接地读取和执行。被编译器编译的程序的执行过程包含两个阶段。首先，编译器将使用计算机程序开发语言编写的程序翻译成机器语言，CPU 再执行这些用机器语言编写的程序。这种类型的程序通常是在销售给客户之前就预先编译好的，客户在买到产品后可以直接使用。

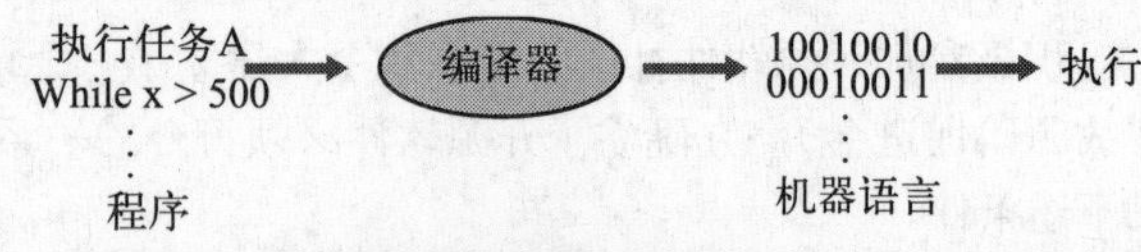

图 TB2-4 编译器将程序翻译成机器语言，CPU 执行这些用机器语言编写的程序

一些程序执行环境无需将整个程序预先编译成机器语言。取而代之的是，程序的每一行代码是在程序运行的过程中被翻译成机器语言并执行的，且一次执行一条语句，如图 TB2-5 所描绘的那样。完成翻译和执行的这类程序被称为**解释器**。编程语言有两种：编译型的编程语言和解释型的编程语言。

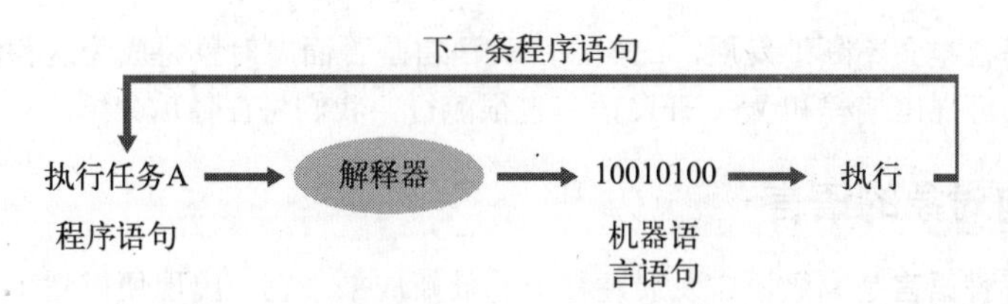

图 TB2-5 解释器一次读取、翻译和执行一行代码

TB2.2.2 编程语言

在过去的几十年中，软件业得到了很大的发展。以今天的标准来衡量，计算机和程序开发语言在其发展的早期是非常简陋的。20 世纪 40 年代首先使用的第一代编程语言叫做机器语言。程序员编写二进制指令代码，告诉计算机打开哪个电路，关闭哪个电路。可以想象，机器语言可能是非常简单的，但是编写却非常困难。正是因为它如此难以使用，因而很少有程序员真正地去编写机器语言。程序员一般使用高级语言。在 20 世纪 50 年代早期，一种更高级的编程方法被研制出来了。在这种开发语言中，机器语言使用的二进制代码被符号所代替，因此这种开发语言被称为符号语言。它是一种很容易被人们理解的语言。用符号语言或任何高级语言编写的程序依旧需要被转换成机器语言才能在计算机中运行。

在 20 世纪 50 年代中期，IBM 研制出第一款高级语言，称为 FORTRAN。高级语言的重大创新在于使用像英语一样的单词来指挥计算机工作。因此高级语言比低级语言更容易用于程序的编写。程序员在编写程序的时候必须充分理解他要实现的目标，据此选择最合适的编程语言。

在 20 世纪 70 年代，几款面向用户的语言，即第 4 代编程语言（Four Generation Language，简称 4GL），问世了。由于第 4 代语言更加关注程序执行所期望的输出结果，而不是获得结果所必须的过程，因此第 4 代语言比第 3 代语言更加接近自然语言。第 4 代语言，也称为面向结果的语言，一般用于对数据库的读写操作。例如，广泛使用的数据库查询语言 SQL（结构化查询语言）就是第 4 代语言。参见技术概览之 3，了解更多关于 SQL 的知识。请参考图 TB2-6 给出的例子，在数据库中查询信用额度为 100 美元的客户姓名的 SQL 语句。

最近，第 5 代语言（5GL）已经被研发出来，并用于某些专家系统或人工智能领域的应用程序中。第 5 代语言允许用户使用真正的英语与计算机进行交互，因而被称作自然语言。例如，惠普公司和其他一些厂商已经研发出使用英语一样的句式从文档或数据库中查询和提取数据的工具。这些类似英语一样的句子将被自动翻译成相应的命令（在某些情况下被翻译成 SQL），在文档或数据库中查询并返回相应的结果。如果系统不能准确地理解用户需求，它会要求用户做进一步的确认。如果使用自然语言，图 TB2-6 的代码将会被改写成图 TB2-7 的格式。虽然第 5 代语言尚未普及，而且还有需要改进的地方，但它已经被应用于财务状况预测、辅助医学诊断和气象预测等领域。

```
SELECT LAST FIRST
FROM CUSTOMER
WHERE CREDIT_LIMIT = 100
```

DIEHR GEORGE
JANKOWSKI DAVID
HAGGARTY JOSEPH
JESSUP JAMIE
VALACICH JAMES
VALACICH JORDAN

图 TB2-6 使用 SQL 的第 4 代语言查询数据库中信用额度为 100 美元的客户姓名

BEGINNING WITH THE LAST NAME ON THE FOLLOWING LIST OF CUSTOMERS, FIND CUSTOMERS WHO HAVE A CREDIT LIMIT OF $100.

DIEHR GEORGE
JANKOWSKI DAVID
HAGGARTY JOSEPH
JESSUP JAMIE
VALACICH JAMES
VALACICH JORDAN

图 TB2-7 使用第 5 代语言的例子，做与图 TB2-6 一样的查询工作当然，编程语言也会不断地发展。比如，一种语言是否面向对象将成为这种语言的一个重要的特性。除此之外，可视化编程和 Web 开发语言也很流行。我们将在随后介绍。

TB2.2.3　面向对象的语言

面向对象的编程语言是高级语言发展过程中的最新成果。它一出现便得到了开发人员的广泛欢迎。面向对象语言的特性请参考表 TB2-7。

表 TB2-7　面向对象语言的特性

特　性	描　述	举　例
对象	这类语言允许程序员将数据和程序分组整合至模块或对象中，从而可以被程序员操作。程序一旦编写完成，对象可以被其他的程序重新使用	对象可能是一名学生
封装	将数据组装在一起的过程。当数据被封装，它们可以与程序的其他部分相隔离	封装可以是学生所在的年级或贷款
继承	它意味着一个类被定义以后，所有由它派生出的子类将自动地拥有父类的属性	如果“学生的专业”被定义为用于查询的对象，通过继承，英语专业或数学专业的对象将有着一样的定义
事件驱动	以事件驱动方式编写的程序不遵从顺序逻辑。程序员无法决定程序执行的顺序	用户按下键盘上的某些按键，点击屏幕上不同的按钮和对话框。这些都触发代码的执行

TB2.2.4　可视化编程语言

各位读者也许会认为，像 Windows Vista 或者 Mac OS X 这样带有图形用户界面的计算机操作系统更容易使用，程序员也将受益于拥有图形化的界面的**可视化编程语言**。例如，程序员仅需要点击几下鼠标就可以轻松地在屏幕上添加一个命令按钮（见图 TB2-8），而无须通过编程的方式逐个像素地绘制按钮。Visual Basic .NET 和 Visual C#.NET 是两种非常流行的可视化编程语言。

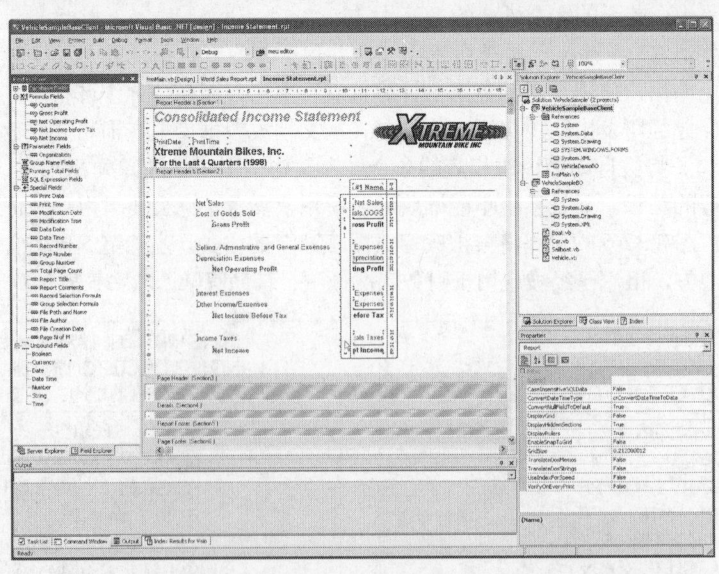

图 TB2-8　Visual Basic .NET，一种可视化的编程语言，可以用来创建标准的商业表单（资料来源：Hoffer, George, and Valacich, *Modern Systems Analysis and Design,* 5th Edition (Upper Saddle River, NJ: Prentice Hall, 2008)）

TB2.2.5 Web 开发语言

如果您已经有过一段时间在因特网上冲浪的经历，您或许已经有了个人主页或有现在就发布主页的想法。在这种情况下，您就已经有了使用编程语言的愿望。创建网页的语言称作 HTML（Hypertext Markup Language，超文本标记语言）。HTML 使用基于文本的文件格式，使用一系列代码或标记来创建文档。由于 HTML 编辑程序是可视化的且容易使用，在编辑网页时无须记住语言本身的语法。用于创建网页的程序称为**网页编辑器**或 **HTML 编辑器**，市场上可供选择的工具很多，如 Microsoft FrontPage 和 Macromedia Dreamweaver。[①]

HTML 语言中，标签被用来识别页面上的不同元素或格式化页面，它们通过尖括号（<>）与网页文字内容相分离。一个网页元素或格式化命令的开始或结束都有特定的标签加以标识。例如，如果希望文字呈斜体，只需在文字开始处增加 <b>。在选择的文字或段落结束之处，用于关闭斜体的标签是 </b>。"ahref" 命令为文字或图片创建了从一个页面转到另一个页面的超级链接。标签还可以代表文档格式化命令，如作为标题的文本、段落标题的文字的尺寸、段落的结束、下划线、斜体、粗体、嵌入图片和声音的地方（见表 TB2-8）。

表 TB2-8 常见 HTML 标签

标　签	描　述
<html>…</html>	创建一个 HTML 文档
<head>…</head>	设置标题和其他不在网页中显示的信息
<body>…</body>	开始文档的正文可见部分
<b>…</b>	创建斜体
<a href="www.prenhall.com/jessup"> 链接 </a>	创建一个超级链接
<a href="mailto:EMAIL">…</a>	创建一个邮件链接
<p>…</p>	创建一个新的段落
<table>…</table>	创建一个表格

学习 HTML 的最佳方式是找到自己喜欢的网页，然后使用浏览器的"查看源代码"功能，去查看创建该网页使用的超文本（见图 TB2-9）。一旦创建了自己的网页并保存至磁盘中，可以将它上传至因特网服务提供商为你提供的个人主页空间里去。

为网页增加动态内容

标记语言（如 HTML）用来进行网页布局和格式的设计。如果您希望为您的网页增加卡通动画或其他动态的内容，或让用户和您的网页有交互而不仅仅是点击链接，那么我们就需要用到 Java、Web 服务、脚本语言等工具了。

- Java

Java 是由 Sun 公司于 20 世纪 90 年代早期开发的编程语言。它通过为网页增加一些动态的内容，诸如可以运动的不断变换的图形，以及帮助用户在购车时计算基于不同利息的对应月供的表格，使网页更加鲜活。可以通过两种方式来实现这些动态内容：通过学习 Java 或其他类似的语言，以编程的方式实现上述内容，或在因特网上下载免费的 **Java 小程序**来实现。Java 小程序是一种在其他程序中执行的程序，如在网页里。当用户访问网页时，嵌入在网页中的 Java 小程序就会被从服务器端下载至支持 Java 的 PC 浏览器中运行。之后，当用户离开网页，网页和 Java 小程序会从他/她的电脑中消失。

---

① FrontPage 现已被新的产品所取代，Dreamweaver 已被 Adobe 公司整合到其 Crentive Studio（CS）套件当中。
——编者注

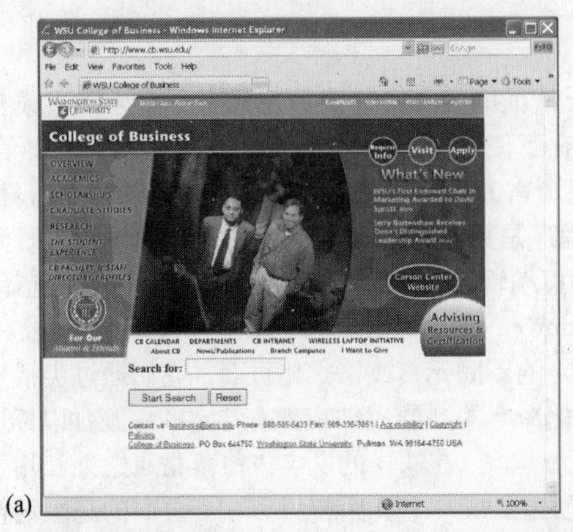

(a)

www.cb.wsu[1] - Notepad

File Edit Format View Help

```
<html>
<head>
<title>WSU College of Business</title>
<meta http-equiv="Content-Type" content="text/html; charset=iso-8859-1">
</head>
<body bgcolor="#FFFFFF" leftmargin="0" topmargin="0" marginwidth="0" marginheight="0">
<table width="760" border="0" cellspacing="0" cellpadding="0" name="Container Table">
  <tr>
    <td align="left" valign="top" height="41">
      <!--Beginning of the WSU Identifier Zone. Refer to www.wsu.edu/identity/ for more information. -->
<noscript><a href="http://www.wsu.edu">Washington State University Home</a></noscript>
<script language="Javascript" src="http://www.wsu.edu/navigatewsu/wsuidentifier.js"></script>
<!--End of the WSU Identifier Zone. -->
    </td>
  </tr>
</table>
<!-- ImageReady Slices (frontpage-CBE.psd) -->
<table id="Table_01" width="761" height="400" border="0" cellpadding="0" cellspacing="0">
        <tr>
                <td colspan="8">
                        <img src="images/frontpage/frontpage-CBE_01.jpg" width="559" height="51" alt=""></td>
                <td colspan="2" rowspan="2">
                        <img src="images/frontpage/frontpage-CBE_02.jpg" alt="" width="201" height="80" border="0" use
                <td>
                        <img src="images/frontpage/spacer.gif" width="1" height="51" alt=""></td>
        </tr>
        <tr>
                <td>
                        <img src="images/frontpage/frontpage-CBE_03.jpg" alt="" width="146" height="29" border="0" use
                <td colspan="7" rowspan="10">
                        <SCRIPT LANGUAGE=javascript>
                        <!--//
                        var quotnum = "3";
                        var sds = new Array(4);
                        sds[0]="6.jpg alt='Dr. Johnson with students'";
                        sds[1]="2.jpg alt='Dr. Joshi with student'";
                        sds[2]="4.jpg alt='Dr. Sarker and Dr. Wells'";
                        sds[3]="5.jpg alt='Dr. Sias with student'";

                        var arandomn=Math.random() * quotnum;
                        arandomn=Math.round(arandomn);
                        var daquote =sds[arandomn];
                        document.write("<img src=images/frontpage/"+daquote+">");//-->
                        </SCRIPT></td>
                <td>
                        <img src="images/frontpage/spacer.gif" width="1" height="29" alt=""></td>
        </tr>
        <tr>
                <td>
                        <img src="images/frontpage/frontpage-CBE_05.jpg" alt="" width="146" height="31" border="0" use
                <td colspan="2" rowspan="7">
                        <img src="images/frontpage/frontpage-CBE_06.jpg" alt="" width="201" height="231" border="0" us
                <td>
```

(b)

图 TB2-9 网页及其源文件（资料来源：华盛顿州立大学）

- **Microsoft.NET**

Microsoft.NET 是一个开发平台，用于开发能够跨平台运行在各种设备上的应用程序。例如，.NET 能够创建运行于桌面计算机、移动计算机或支持网页的电话中的应用程序。一些可视化编程语言，包括 C#、Java 和 BASIC，都可以构建 .NET 应用程序。.NET 使用 Web 服务实现不同平台、不同设备间的互操作性。

- **Web 服务**

Web 服务是一种基于 Web 的软件系统，可被用于在网络上对不同的应用程序或数据库的信息进行集成。为了支持不同机器间的交互能力，Web 服务使用 XML。XML（Extensible Markup Language，可扩展标记语言）的设计初衷是：(1) 作为网页构建工具支持用户自己创建标签，(2) 构造数据库查询。XML 是一种强大的语言，用户因此可以为很多不同的应用程序创建数据库字段。XML 使得 Web 用户能够轻松地请求和获得来自不同数据库的信息。一个 Web 服务的应用案例是 Microsoft 的 Live.com。这个网站收集了来自多个网站的内容，并把它们聚集在一起（见图 TB2-10）。

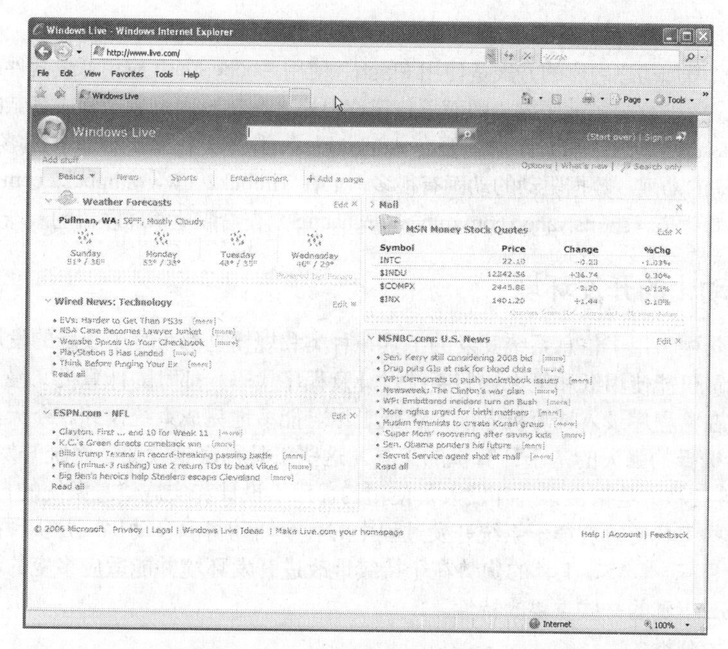

图 TB2-10 Web 服务创造出的强大应用

Web 服务的优势在于：

- Web 服务提供了运行于不同操作系统的不同应用软件之间的互操作能力；
- Web 服务允许来自不同公司和不同位置的软件和服务共享，并可以轻松地整合成一个强大的应用程序；
- Web 服务类似于面向对象语言，允许组件重新使用；
- Web 服务容易以分布式的方式部署，因而有助于分布式的应用集成。

● **脚本语言**

脚本语言也能用来制作网页的交互元素和动态内容。脚本语言允许在 HTML 页面代码中直接编写程序或脚本。网页设计者通常用它来检查用户输入信息的准确性，如名字、地址和信用卡卡号。也可以使用它们将单独的 Java 小程序嵌入至网页中。两种常用的脚本语言的是微软公司的 VBScript 和网景公司的 JavaScript。

● JavaScript

JavaScript 由网景公司研发，与 Java 语言有很大不同。然而，作为创建网页的重要的软件工具，Java 和 JavaScript 又有很多相似之处。它们都允许通过增加 Java 小程序为网页添加动态内容。它们都是与平台无关的程序，这就意味着它们可以在运行 Windows、Linux、Mac OS 或者其他操作系统的计算机中使用。

编程语言的发展是一个不断变化、不断创新的过程。这些变化往往给用户带来功能更强大、更复杂的系统。因特网的流行激发了软件业的创新和变革。从这些变化发生的步伐来看，毫无疑问还会有更多的创新将要出现。

● **开源工具**

商业化软件产品不断发展，一些开源工具得到了广泛的使用。最常用的是 PHP，它是一种产生网页动态内容的高级工具。另一个常用的开源工具是 MySQL，这是一个拥有 600 万用户，支持多用户的数据库管理系统。它是一款运行稳定的数据库，可以代替 Oracle 或 Microsoft SQL Server 等商业产品。数据库管理系统的内容请参考技术概览 3。

- Adobe

另一种为网页增加动态内容的方式是使用 **Flash**。使用 Adobe Flash 应用开发套件，开发人员可以创建动画和视频。由于数据经过压缩，因而下载速度很快。在浏览网页看动画或复杂的数据流时，这些通常是通过 Flash 来实现的。Flash 动画要在 Adobe Flash 播放器中播放。Flash 能够集成 Web 服务，从而制作数据驱动的动画。数据驱动的动画有很多，如在 Timbuk2（www.timbuk2.com）定制自己的书包，在 Yahoo! 体育频道（sports.yahoo.com/mlb/gamechannel）查看职业棒球联盟的最新消息。

TB2.2.6 自动化的开发环境

在过去的几年中，用于信息系统开发的工具在种类和规模上都获得了长足的发展。在系统开发的早期，开发人员仅能使用纸和笔去编写系统设计及程序代码。那时的计算机又慢又笨重，大多数的设计人员都是在将程序录入计算机之前，在纸上尽可能多地完成系统设计。今天，系统开发人员已经有了许多可选择的强大的基于计算机的工具。这些工具彻底地改变了系统开发的方式。CASE（**计算机辅助软件工程**）是指供系统开发人员使用的，用于设计和实施信息系统的自动化软件工具。开发人员使用这些工具使得贯穿于系统开发过程中的各个活动得以自动化，并实现提高效率和改善系统整体质量的目标。CASE 工具的优势在于持续地改进开发环境并能适应多变的环境。下面我们将简单介绍 CASE 工具的一些重要的特性。

CASE 工具的分类

大规模信息系统开发的过程中有两个主要的环节，分别是设计文档的创建和信息的管理。在项目的整个生命周期中，有成千上万的文档需要创建，包括数据库的原型设计、数据库的内容和结构以及表单和报表的外观布局设计等等。所有 CASE 环境的核心是一个管理信息的知识库。

CASE 帮助开发人员用图形图解工具绘制商业流程和数据流。CASE 用标准的符号绘制业务流程、信息流数据存储以及与业务流程交互的组织实体。CASE 使得原来乏味的、易于出错的开发活动得以简化（见图 TB2-11）。工具的使用不仅简化了绘制流程，还确保了所绘制的图表与开发标准及由其他开发人员设计的内容相一致。

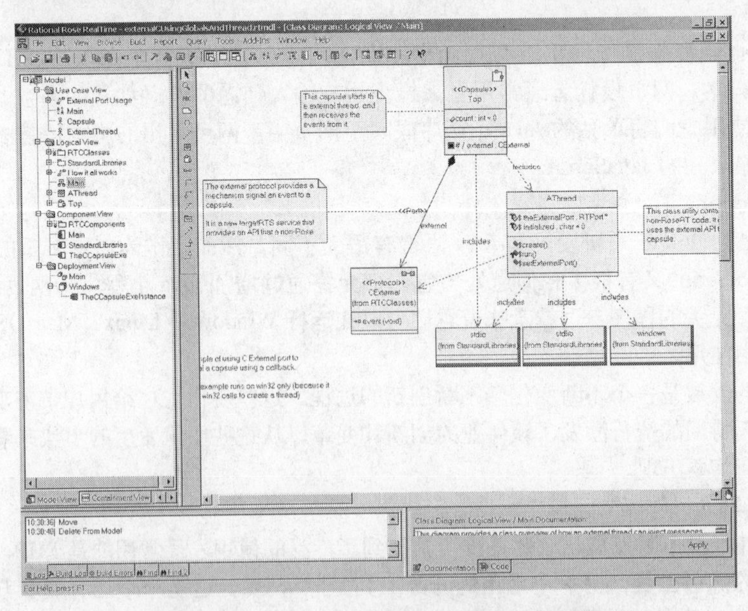

图 TB2-11 CASE 工具中的高级系统设计图表的实例

（资料来源：Hoffer, George, and Valacich, *Modern Systems Analysis and Design,* 5th Edition, (Upper Saddle River, NJ: Prentice Hall, 2008)）

CASE 另一个强大的功能是能够自动产生程序代码。CASE 工具始终紧随当前编程语言的发展，支持直接从 Java、Visual Basic.NET、C#.NET 等高级的设计语言中自动产生程序代码。除了图表工具和代码生成器外，CASE 还支持许多系统开发工程中使用的辅助工具。表 TB2-9 总结了各个开发环节中使用的 CASE 工具的主要类型。

表 TB2-9 CASE 工具的主要类型

CASE 工具	描 述
图表工具	以图形化方式展现系统过程、数据和控制结构的工具
界面与报表生成器	帮助建立从用户角度感知的系统的模型。界面和报表产生器也使得定义数据需求和数据间关系的系统分析得以简化
分析工具	在图表、界面和报表中自动检查规范的完整性、一致性和正确性
知识库	使得图表、报表和项目管理的信息能够集中的存储
文档生成器	用标准的格式产生技术和用户文档
代码生成器	从设计文档、图表、界面和报表中自动产生程序代码和数据定义

资料来源：Hoffer, George, and Valacich, *Modern Systems Analysis and Design*, 5th Edition Upper Saddle River, NJ: Prentice Hall, 2008）。

要点回顾

(1) 本章介绍了系统软件的一般性功能。 系统软件是控制和协调计算机以及外部设备的基本功能的程序的集合。系统软件或操作系统执行多种不同任务。这些任务包括启动计算机，将程序调入内存，管理程序使用的内存的分配，管理程序和文件在二级存储器中的位置，维护目录和子目录的结构，格式化磁盘，控制计算机显示，将文档传送至打印机去打印。系统软件有两种人机交互方式：命令行或图形用户界面。命令行界面需要将文本命令输入至计算机，而图形用户界面使用图形、图标以及菜单在用户和计算机之间发送和接收指令。

(2) 本章还介绍了多种类型的应用软件。 定制化软件是为某组织的特殊需求而开发的，这种类型的软件功能是根据组织特定的需求来量身定做的。成品软件不是为某个组织的特定需求而开发的，可以在很多场合使用。总的来说，成品软件要比定制化软件成本低不少，更容易购买，质量更高，风险更小。商业信息系统的开发是满足大型组织内部日常运作的应用软件，如工资和库存管理。办公自动化和个人工具软件为文档和电子邮件的处理提供了便利。

(3) 本章介绍了多种编程语言和应用开发环境。 编程语言是程序员用来编写应用程序的计算机语言。为了能够在计算机中运行，程序必须被翻译成二进制的机器语言。将程序语言翻译成机器语言的程序被称之为编译器或解释器。在过去的几十年中，编程语言得到了很大的发展。早期的软件使用机器语言开发，它需要明确地告诉计算机哪个电路需要打开，哪个电路需要关闭。之后，符号语言的出现代替了原来一连串的二进制命令。紧随其后的是高级语言，如 FORTRAN、COBOL、C 和 Java。高级语言与早期语言最大的不同在于，高级语言使用了类似英语的单词和命令，从而使得应用程序更容易编写。第 4 代语言被称为面向结果的语言，因为它们更加接近英语命令，且更加倾向于关注期望的结果而不是获得结果的过程。同样，这些语言使得编程更加简单。第 5 代语言因允许用户使用真正的英语语句与计算机进行交互而被称为自然语言。除了上述这些语言外，面向对象编程，可视化编程以及 Web 开发语言都为编程语言增加了新的元素。面向对象的开发语言将数据和操作数据的方法封装至可操作的对象中，可视化编程语言使用图形化的界面帮助程序员开发带图形界面的应用程序。Web 开发语言的发展为构建因特网应用和 Web 内容提供了开发的工具。面向对象编程、可视化编程和 Web 开发语言整合在一起，简化了程序员开发当今复杂的软件系统，特别是那些基于因特网的应用系统的过程。最后，计算机辅助软件工程环境辅助系统开发人员更快速地构建更高质量的大规模系统。

思考题

1. 给出软件的定义，并列举几款软件包及其用途。
2. 简述至少4种由操作系统完成的任务。
3. 命令行接口与图形用户接口间的区别是什么？
4. 简述至少两款当今使用的主流操作系统的相似之处与不同之处。
5. 列举4款实用程序。
6. 比较成品软件和定制软件在使用上的差别。
7. 简述开发语言的发展历程及当今主流的开发语言。
8. 什么是HTML，它为什么重要？
9. 简述为网页增加动态内容的多种方式。
10. 什么是CASE，它是如何在信息系统开发过程中发挥作用的？
11. 什么是开源软件？为什么市场选择开源软件？

自测题

1. 下面哪一款软件是操作系统？
   A. Microsoft Access
   B. Microsoft Excel
   C. Microsoft Word
   D. Microsoft Windows
2. 操作系统执行下列哪项任务？
   A. 启动计算机
   B. 管理程序和文件存储的位置
   C. 将文档发送至打印机
   D. 以上全是
3. 下列哪一个是流行的操作系统？
   A. Noodle
   B. Linux
   C. FROTRAN
   D. PowerEdge
4. 下列哪一项不是成品应用软件的优势？
   A. 花费低
   B. 容易获得
   C. 易使用
   D. 由于用户多而质量高
5. 下列哪一项由Sun公司于20世纪90年代开发的编程语言的名称？
   A. Latte
   B. Java
   C. Mocha
   D. 以上皆否
6. 下列哪一种编程语言最不可能用于Web显示设备？
   A. HTML
   B. JavaScript
   C. XML
   D. FORTRAN
7. 用于开发信息系统，能够提高系统的质量和程序员的开发效率的自动化软件工具被称为__________。
   A. 计算机编程
   B. 自动化开发
   C. 计算机辅助编程
   D. 以上皆否
8. 实用程序可以提供__________。
   A. 病毒防护功能
   B. 文件转换功能
   C. 文件压缩和碎片整理功能
   D. 以上皆是
9. 第5代语言也被称作__________。
   A. 汇编语言
   B. 自然语言
   C. 高级语言
   D. 低级语言
10. 第1代编程语言被称作？
   A. 自然语言
   B. 汇编语言
   C. 机器语言
   D. 以上皆否

问题和练习

1. 配对题，将下列术语和它们的定义一一配对。
   i. 操作系统
   ii. Java小程序
   iii. 可视化编程语言
   iv. 图形用户界面
   v. 面向对象编程语言
   vi. 脚本语言
   vii. 解释器

viii. Flash
ix. 编译器
x. 定制化应用软件

a. 将计算机语言翻译成机器语言，然后在计算机中执行。
b. 创建和显示动态内容的软件。
c. 允许用户使用图片、图标和菜单向计算机发送指令的用户界面。
d. 协调用户、应用程序和计算机硬件之间的交互。
e. 提供图形用户界面的编程语言，通常比非图形用户接口的语言更容易使用。
f. 为网站提供特殊功能的软件小程序。
g. 将数据和对数据的操作封装在一个可操作对象中的语言。
h. 根据特定组织的需求来开发的软件。
i. 逐句将计算机语言翻译成为机器语言。
j. 用于通过在 HTML 中直接编写程序或脚本的方式将交互组件嵌入网页内。

2. 软件如何影响您的生活？请以桌面计算机软件之外的例子加以说明。软件的应用有不断扩大的趋势吗？
3. 定制软件在什么条件下使用？它的成本与收益相比如何？
4. 拥有多个操作系统，对组织意味着什么？可能会有哪些好处？可能会有哪些不利？是否建议这样做？请准备 10 分钟的演讲介绍一下你的观点。
5. 假设由你负责为一个公司的部门购买软件，你需要一个强大的业务信息系统软件去管理财务功能。根据你所了解的财务知识，你是倾向于购买定制软件还是成品软件？为什么？什么能使你改变主意？
6. 基于本要素及其他要素的信息，讨论在两个软件中作出选择的重要性，比如企业决定购买 Microsoft Excel 而放弃 Lotus Notes1-2-3。哪些人的工作将受到影响？如何影响的？购买这个软件会改变什么？
7. 根据你在计算机和计算机系统使用方面的经验，在你所使用过的操作系统中，你喜欢哪一个，不喜欢哪一个？这些软件是专业人员在使用，还是个人使用，还是都在使用？谁对操作系统的选择有决策权？你在决策的过程中有发言权吗？
8. 考察一个使用多种软件的企业。这些软件都是定制软件，还是成品软件，还是两者都有？与使用软件的员工讨论一下使用这两种软件的不同感受。
9. 在因特网上搜索那些为客户提供定制软件的企业。它们专注于哪一类软件产品？您是否能够从它们的主页上直接获得软件的价格信息？
10. 你所用过的成品软件是否满足了你的需求？你是否能够正确使用这些软件？它们是否达到了你的期望？你是否后悔曾经买过某个软件？
11. 找到你熟悉的一个软件公司，看看他们开发软件使用了哪些编程开发语言，这些开发语言是哪一代的？他们是主要使用某几种语言还是有不同的人使用不同的语言？他们的选择是有意的还是无意的？
12. 假设我们从 ATM 机取钱购买电影票，而 ATM 机似乎出了问题。按任何按键它都会提示错误信息。这可能是一个软件相关、硬件相关还是网络相关的问题呢？为什么？用你在本要素或其他要素中学到的知识来分析一下。
13. 可能会有人认为 CASE 工具将取代自己的工作而抵制 CASE 工具的使用，谈谈你会如何面对这种情况。这些抵制行为更可能来自哪里？这些反对是合理的吗？为什么？

自测题答案

1. D	2. D	3. B	4. C	5. B
6. D	7. D	8. D	9. B	10. C

技术概览 3

数据库管理

综述> 企业依赖各种信息，包括但不局限于客户信息、产品信息、货物清单信息、供应商信息、市场信息、交易信息以及与竞争者相关的信息。在大型企业里，这种信息是保存在**数据库**里的，数据量可能达到上 GB 甚至上 TB。如果企业丢失了这些数据，那会带来很多麻烦：产品和服务的定价、销售，薪酬支付，甚至是发送电子邮件都将不能正常工作。通读本章后，读者应该可以：

1. 描述为什么数据库对现代企业来说如此重要；
2. 描述什么是数据库，什么是数据库管理系统以及它们是如何工作的。

我们一开始先讨论数据库技术对于企业的成功来说有多重要。本章的结束处，讲解在设计和使用数据库时有关的关键活动。

TB3.1 数据库管理增强企业的战略优势

数据库是相关数据的集合，一般组织成方便查找的方式。数据库对企业的成功是至关重要的，因为我们生活在一个信息时代。信息可以使得企业的生产和经营活动越来越有效率和竞争力。市场上股票的价格，那些符合企业某些产品目标市场的潜在客户，以及销售商和消费者的信用评级，构成了各种类型的信息。想想各位正在阅读的这本书，它本身也是信息。出版商需要知道可能有能力写这本书的作者，还得找出目标读者的信息，以确定写这本书是否值得，此外还要对读者感兴趣的内容以及写作风格给出建议。出版商需要根据市场信息来为这本书定价，然后销售商和批发商等合作伙伴从出版商那里得到书，再出售，书才能到达各位读者手里。

图书的出版需要数据库技术的支持，出版商还可以使用数据库来跟踪图书的销售情况，以确定作者可以拿到的版税，来为员工确定和支付工资，预测图书的新选题，支付账单，以及执行商业活动的所有其他功能。举例来说，为了确定作者按销售量来计算的版税，出版商必须从上百家书店收集信息，并编纂出一个总的报表。大的出版商，比如 Prentice Hall/Pearson Education，都是依赖于计算机数据库来完成这些事务的。

其他企业也可以采用写书和售书所用的数据库处理方式。举例来说，Adidas 使用数据库来设计和生产服装以及销售产品。像 Adidas 这样的企业也使用数据库来收集和储存消费者信息以及消费者采购行为的信息。像 Nordstrom 和 Victoria's Secret 这样的企业，甚至为某些特定的人群编纂量身定做的产品目录以及其他类型的销售邮件，而这些都基于企业的数据库里保存的销售历史数据。还有，数据库技术有助于在因特网上开展电子商务，从跟踪销售的产品到为客户提供服务。

这些系统清楚地表明了数据库管理系统已经成为企业所有的信息系统解决方案的不可分割的一部分。数据库管理系统使得企业能很容易地检索、储存和分析数据。接下来我们要了解一些基本的概念，数据库方式的优势，以及数据库管理。

TB3.1.1　数据库的基本概念

数据库几乎统治了现在所有的基于计算机的信息系统。为了理解数据库，我们必须先熟悉一些术语。如图 TB3-1 所示，我们比较数据库术语（中间的列）和图书馆的对应物（左列）以及办公室的对应物（右列）。我们使用 **DBMS**（Database Management System，数据库管理系统）来和数据库里保存的数据交互。DBMS 是一种软件，使用它可以创建、储存、组织以及从一个或者多个数据库中查询数据。微软的 Access 软件是一个流行的数据库管理系统，它适用于个人计算机。在 DBMS 里，数据库是关于某实体的相关的属性的集合。**实体**就是收集到的数据，比如说人员或班级（参见图 TB3-2）。我们常常把实体视为“表”，表里面的每一个行为“记录”，每一列为“属性”（也叫字段）。一条记录就是某个实体的相关属性的集合。通常，每一个记录包含多个属性，每一个属性都是一条信息。举个例子，姓名和身份证号都是人的属性。

图 TB3-1　计算机使得保存和管理数据这项工作更容易

TB3.1.2　数据库的优越性

在没有 DBMS 之前，企业需要以电子文件的方式来保存和操作数据。数据通常保存在计算机的磁盘上，通常以磁带的方式归档。实体的信息常常保存在信息系统的不同地方，不过有些时候是嵌入到那些使用数据的程序代码里面的。

那时，人们还没有想到专门保存信息的概念，即把实体信息保存在非冗余的数据库里，所以文件里经常出现重复的信息，可能是关于客户的、供应商的或者其他实体的信息。如果一个人的地址（比如说某客户的地址）变了，数据的管理人员不得不修改包含了这条信息的每一个文件。这样的过程是很繁琐的。类似地，如果程序员修改了代码，一般情况下，他们还得修改相应的数据，使之与代码相对应。这种方式，有时候，还不如用纸和笔的原始方式来保存数据呢。

属性类型

ID Number	Last Name	First Name	Street Address	City	State	Zip code	Major
209345	Vance	James	1242 N. Maple	Bloomington	Indiana	47401	Recreation
213009	Haggarty	Joe	3400 E. Longvi	Bloomington	Indiana	47405	Business Management
345987	Borden	Chris	367 Ridge Roa	Bloomington	Indiana	47405	Aeronautical Engineering
457838	Jessup	Mike	12 Long Lake	Bloomington	Indiana	47401	Computer Science
459987	Chan	Virginia	8009 Walnut	Bloomington	Indiana	47405	Sociology
466711	Monroe	Lisa	234 Jamie Lan	Bloomington	Indiana	47401	Pre-Medicine
512678	Austin	John	3837 Wood's E	Bloomington	Indiana	47401	Law
691112	Sherwin	Jordan	988 Woodbridg	Bloomington	Indiana	47404	Political Science
910234	Moore	Larry	1234 S. Grant	Bloomington	Indiana	47403	Civil Engineering
979776	Dunn	Pat	109 Hoosier Av	Bloomington	Indiana	47404	Psychology
983445	Pickett	Steve	989 College	Bloomington	Indiana	47401	Sports Science

属性

记录
（一行）

图 TB3-2 数据表例子，学生实体包含 8 个属性和 11 条记录

用数据库来管理仅仅一个文件或者数据表，这是有可能的。然而，大多数数据库管理系统都包括多个文件、多个表以及多个实体。一个数据库管理系统可以同时管理成百上千个表，只要将这些表变成系统的一部分就可以了。数据库管理系统有助于我们管理海量的、复杂的、相互关联的数据。对于每一个数据的实例，修改是以自动化的方式进行的，因此我们可以放心。举例来说，如果一个学生或者客户的地址更新了，所有相关的引用也会更新。使用数据库管理系统防止了不必要的以及可能带来问题的数据冗余。数据是独立保存的，和程序代码是分开的。如果仅仅修改了应用程序的代码，数据库是不需要修改的。因此，使用数据库的方式来管理企业的数据，有很多好处。这些好处可以参见表 TB3-1。当然，从文件管理方式转移到数据库管理方式，需要花费一些成本并承担一定的风险（参见表 TB3-2）。尽管如此，大多数企业已经喜欢上了数据库方式，因为他们感觉到好处还是远远大于风险和成本的。

表 TB3-1 采用数据库方式的好处

好　处	描　述
程序和数据独立	当数据和程序分离后，软件升级更容易了
数据冗余很少	数据只有一份，使得数据保存占用的空间也少了
增强的数据一致性	冗余少了，自然数据的一致性也就提高了
数据共享改进了	使用中心化的系统使得部署以及控制数据的访问更容易了
应用开发变得高效	数据标准使得应用程序的开发和修改更容易
强制执行标准	中心化的系统使得执行标准以及数据的创建、修改、命名以及删除的规则变得更容易
数据质量提高了	中心化的控制，最小的数据冗余以及更好的数据一致性，有助于提高数据的质量
数据的可访问性提高了	中心化的系统使得企业内外的新成员更容易访问
程序维护性的工作减少了	中心数据库的信息的改动会无缝复制到所有的应用中去

表 TB3-2 数据库方式的成本和风险

成本或者风险	描　述
有着数据库知识背景的新员工	转为数据库管理方式，可能需要招聘新员工
安装和管理，需要成本，也比较复杂	数据库方式有着高昂的初次投入，也很复杂，虽然未来可能有着不错的长期收益
转换成本	将现有的系统，通常也称为遗留系统，转换为数据库方式时，一般还要投入大量成本
需要数据备份和数据恢复	共享的企业数据资源必须准确，也必须时刻可用
企业内部的冲突	创建、命名、修改以及删除数据的权利分配，可能导致企业内部各部门间的冲突

TB3.1.3 数据库的有效管理

现在我们已经知道为什么对企业来说数据库如此重要。我们接下来可以讨论企业数据库是如何有效管理的了。DBA（Database Administrator，数据库管理员）是负责企业的数据库的开发和管理的人。DBA 和系统分析师（参见第 9 章）及程序员一起，来设计和实现数据库。DBA 还必须同用户和企业的管理人员一起建立制度来管理企业的数据库。DBA 实现数据库的安全特性，比如指出哪些人可以查看数据库，哪些人有权限修改数据库。DBA 不应当单方面做出这样的规定；相反，DBA 只是实施企业管理人员做出的业务决策。一个好的 DBA 是非常重要的，有助于企业充分利用在数据库技术方面的投资。

TB3.2 数据库活动

在本节里，我们介绍一些关于数据库的设计、创建、使用以及管理的活动（更多信息请参见（Hoffer, Prescott, and McFadden，2007））。我们先讲述人们如何使用数据库，看看数据是如何录入到数据库里的。

TB3.2.1 录入和查询数据

数据库管理系统软件使得终端用户可以创建和管理自己的数据库应用程序。不过，数据必须录入到数据库里。文员或者其他数据录入人员只有先输入数据，才能创建数据库记录。这些数据可能来自于电话通话、预先打印的表格（表格里可能有很多要填的信息）、历史记录，或者电子文档（参见图 TB3-3a）。大多数程序支持 GUI（图形用户界面）（参见图 TB3-3b）来创建一个**表单**，表单一般会空出一些位置，让用户输入信息或者做出选择，每一项都代表着数据库记录的一个字段（或者叫做属性）。这个表单把信息以一种直观的方式呈现给用户，用户可以很容易弄明白并输入相应的数据。这个表单可以是在线的，或者是可打印的，数据则有可能由用户自己来直接输入，而不是让专门的数据录入人员来录入。表单可以用来从数据库里添加、修改以及删除数据。

为了从数据库里检索出所要的信息，需要使用**查询**。SQL（Structured Query Language，结构化查询语言）是最为常见的与数据库交互的语言。图 TB3-4 是一个 SQL 语句的例子，用来查找出那些在某个测验中得 A 的学生，查询结果是按照学生的 ID 号来排序的。写 SQL 语句需要时间和经验，特别是当要操作的数据库非常复杂的时候，比如说存在多个实体或者要做的查询非常复杂，有着多个综合条件，比如在按照某个不同的属性进行排序的同时添加数字。很多 DBMS 软件有着更为简单的访问数据库的方式，叫做

Application For Employment | Pine Valley Furniture

Personal Information

Name: | Date:

Social Security Number:

Home Address:

City, State, Zip

Home Phone: | Business Phone:

U.S. Citizen? | If Not, Give Visa No. & Expiration:

Position Applying For

Title: | Salary Desired:

Referred By: | Date Available:

Education

High School (Name, City, State):

Graduation Date:

Business or Technical School:

Dates Attended: | Degree, Major:

Undergraduate College:

Dates Attended: | Degree, Major:

Graduate School:

Dates Attended: | Degree, Major:

Pine Valley Furniture

References

Form #2019
Last Revised:9/15/07

图 TB3-3a 一个预先打印好的表格，用于收集保存在数据库里的信息

（资料来源：Benjamin-Cummings Publishing）

QBE（query by example，范例查询）。有了数据库的 QBE 功能，我们只要填写一个模板来描述一下想要查看的数据就可以了。比如常用的 Microsoft Access，我们可以充分利用 GUI 提供的拖放功能，来创建一个查询，这非常快捷，也非常容易。以这种方式来创建查询比打出相应的 SQL 语句方便多了。如图 TB3-5 所示，我们提供了一个 QBE 模板的例子，使用的是 Microsoft Access 桌面数据库管理软件包。

图 TB3-3b　一个用来收集保存在数据库里的信息的在线的表单

```
SELECT DISTINCTROW STUDENT_ID, GRADE
FROM GRADES
WHERE GRADE="A"
ORDER BY STUDENT_ID;
```

图 TB3-4　这个 SQL 语句用来查出某个测验中得 A 的学生，查询结果是按照学生的 ID 号来排序的

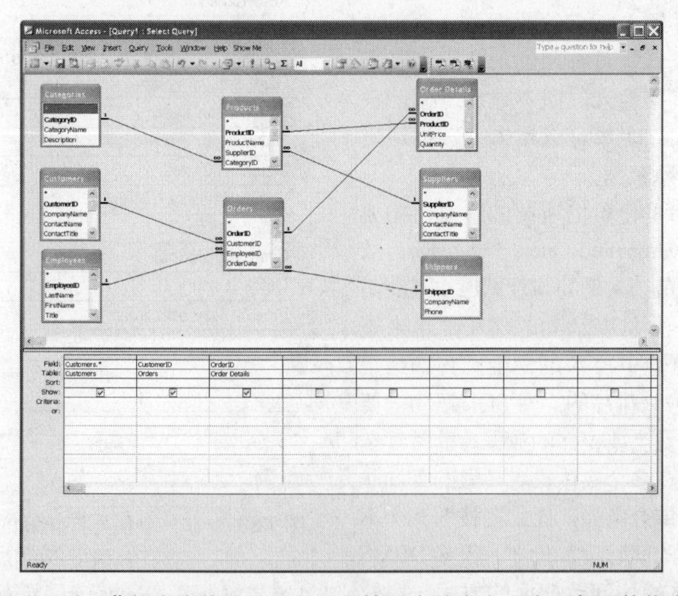

图 TB3-5　范例查询使我们可以通过填写表单来定义自己想要的信息

TB3.2.2 创建数据库报表

DBMS 软件包有报表创建功能。一个报表是数据库里的一组数据，数据库被组织成可以打印的格式。按照传统，报表是纸质的，但是现在，很多报表有了新的变化，它们可以在电脑上显示了，这相应地减少了纸张的使用。**报表创建工具**是一种工具软件，它帮助我们快速地生成报表，并以一种有用的格式来描述数据。

报表的一个例子，是饭馆的销售季报。把所有的日销售额加到一起，把它们分组到 4 个季度中去，以表格的形式显示结果，我们就创建出了一个销售季报。报表不一定非得是文本和数字，报表工具还允许我们创建出基于数据库的报表，无论我们选择的是什么级别的数据。举例来说，我们还可以为饭馆做一份周报表出来。我们还可以以条形图的方式显示季节的销售数据，参见图 TB3-6。每一个报表都可以以纸质的方式或者在线的方式呈现出来。我们可以创建数据库和报表之间的自动连接，这样一来，报表就可以根据数据库数据的更新而自动更新了。

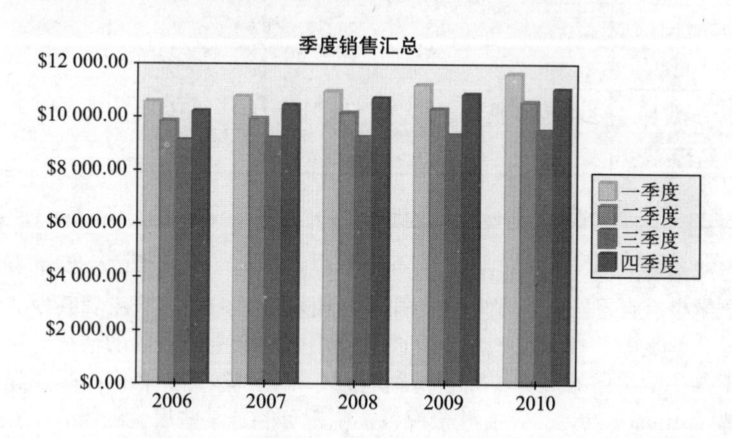

图 TB3-6 销售季报可以以文本和数字的方式显示，也可以以条形图的形式显示，也可以包括不同层次的数据，只要数据库里有这方面的信息

TB3.2.3 数据库的设计

数据库重要，它保存的数据更重要。不过，如果数据组织得不好，就不会给你任何帮助。我们期望的数据没有冗余，或者只有很少的冗余，而且可以很方便地查询、分析以及理解这些数据。企业的数据库有两个要素，就是数据以及数据的结构。让我们回头参考一下如图 TB3-1 所示的例子，来弄懂什么是数据结构。我们知道，借助于分类卡片，我们可以在图书馆里找到想要的书。分类卡片是一种用来查找图书的结构。每一本书有 3 个卡片，分别记录书名、作者以及主题的信息。这些分类，即书名、作者和主题，就是一种模型，或者是说系统里的数据的展现方式。类似地，我们必须有一个数据库的数据模型。**数据模型**就是代表实体以及实体间的关系的图形化描述。

创建一个有效的、有组织的数据库，大部分的工作在于建模。如果模型不准确，数据库就不会有效。一个差的数据模型会导致数据不准确、有冗余或者记录查找困难。如果数据库的规模相对较小，不好的设计带来的后果还不那么严重。然而企业的数据库大多包含了多个实体，实体数可能成百上千。在这样的情况下，差的数据模型可能就会带来灾难性的问题了。一个组织得不好的数据库，维护和管理起来都很费劲，因此，这常常是抵制使用数据库方式时用得最多的借口。毫无疑问，你所在的学校维护着的数据库包含了各种各样的实体类型，比如，学生和年级，这两个实体都有很多属性。学生实体的属性可能有学生号、姓名、校园地址、专业以及联系电话。年级实体的属性则可能包括学生号、课程号、课程班级、学期以及年级等（参见图 TB3-7）。

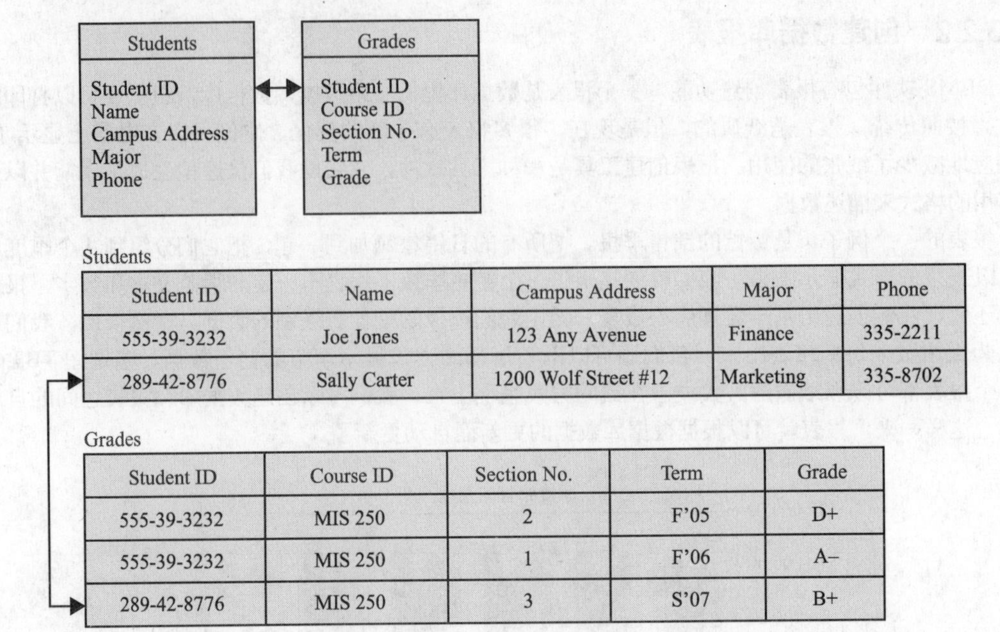

Students

Student ID	Name	Campus Address	Major	Phone
555-39-3232	Joe Jones	123 Any Avenue	Finance	335-2211
289-42-8776	Sally Carter	1200 Wolf Street #12	Marketing	335-8702

Grades

Student ID	Course ID	Section No.	Term	Grade
555-39-3232	MIS 250	2	F'05	D+
555-39-3232	MIS 250	1	F'06	A–
289-42-8776	MIS 250	3	S'07	B+

图 TB3-7 两个实体的属性及其之间的关联性——Students 实体和 Grades 实体

对数据库管理系统来说，为了正确地区分辨别记录，每一个实体的实例都有着唯一标识。举个例子，每一个学生有自己唯一的学生号。注意，使用学生的姓名（或者其他属性）来标明唯一性则不准确，因为学生中存在重名、同地址或者使用同一个电话号码的情况。因此，在设计数据库的时候，对于每一个实体的类型，为了精确地保存和查询数据，我们必须创建和使用一个唯一标识，叫做**主键**（primary key）。在有些情况下，主键可能是某些属性的组合，这种情况叫做**联合主键**。看个例子，如图 TB3-7 所示的分数实体，学生号、课程号、课程班级和学期与分数联合起来才能唯一确定一条记录：即学生在某个班级，某个学期里的某门课程的分数。在表里面，当一条或者多条记录有着同样的值的时候，不能用作主键的属性，一般称作**辅键**（secondary key）。再看一个例子，在学生实体里，如图 TB3-7 所示，当用来查找所有同专业的学生时，“专业”这个字段可能是辅键。

TB3.2.4 关联性

为了从数据库里查找出所需要的信息，把不同表里的信息关联起来变得很有必要。实体的关联类型有一对一、一对多以及多对多 3 种。表 TB3-3 总结了这 3 种关联类型以及如何将它们用于设计篮球俱乐部联盟的数据库。

表 TB3-3 表达在实体之间以及它们对应的数据结构之间关联的规则

关 系	例 子	说 明
一对一	每一名篮球队有一个主场，每一个主场只对应一个篮球队	把主键放到另外一个表里面，当作外键
一对多	每一名运动员只能属于一个篮球队，每一个篮球队则有多名运动员	把主键放到另外一个表里面，当作外键，且对应着多条记录
多对多	每一名运动员可以参加多场比赛，每一场比赛则有多名运动员	创建出第三个表，把运动员表和比赛表的主键组合一起，当作联合主键

为了理解关联性是如何起作用的，参考一下图 TB3-8。为了追踪篮球队的信息，该图引入了 4 个表，分别代表主场、篮球队、运动员以及比赛。主场表列举了场地 ID、主场名、容量以及位置。主键用下划线表示。篮球队表包括两个属性：球队 ID 以及球队名称，但是不包括球队比赛场地的信息。如果想要这样的信息，我们可以这样做：只要在主场表和篮球队表之间创建关联性。举例来说，如果每一个篮球队仅有一个主场，而每一个主场仅有一个篮球队，在主场表和篮球队表之间，我们有了一对一的关联性。在有了一对一的实体关系的情况下，我们将一个表的主键放在其他实体的表里，这样的属性叫做**外键**。换句话说，外键指的是这样的属性：在一个表里它是主键（或者是主键的一部分），而在另外一张表（实体）里它不是主键。通过共享这个相同但唯一的值，实体就被连接或者说关联起来了。我们可以选择把外键放置到哪些表里。把主场实体的主键加到篮球队实体后，我们可以辨别出哪一个主场属于某个篮球队，也可以找出每一个主场的详细信息（参见图 TB3-9a）。

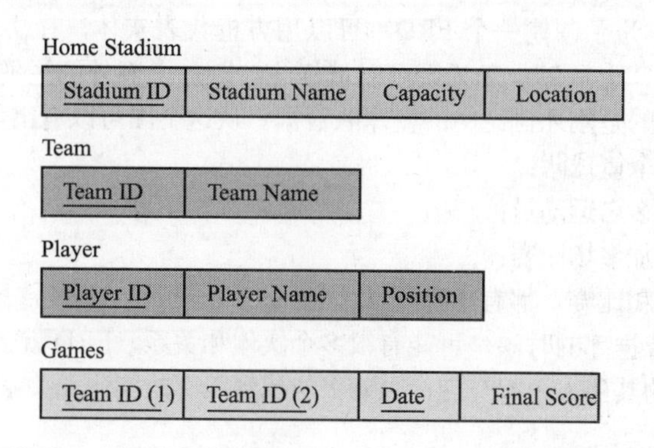

图 TB3-8 来保存关于几个篮球队的信息的表，没有添加外键属性，因此就无法建立关联

(a) 一对一。每一个篮球队有一个主场，每一个主场也只有一个篮球队

Team

Team ID	Team Name	*Stadium ID*

(b) 一对多。每一名运动员只能属于一个篮球队，每一个篮球队则有多名运动员

Player

Player ID	Player Name	Position	*Team ID*

(c) 多对多。每一名运动员可以参加多场比赛，每一场比赛有多名运动员

Player Statistics

Team 1	*Team 2*	*Date*	*Player ID*	Points	Minutes	Fouls

图 TB3-9 用来保存关于几个篮球队信息的表，为了建立关联，加上了外键属性

当我们找出一个“一对多”的关系时，比如说，每一名运动员只属于一个篮球队，但是每一个篮球队却有多名运动员时，我们把主键放到篮球队实体上，即关系中代表“一”的一方，把它作为外键放到运动员实体上，即关系中代表“多”的一方（参见图 TB3-9b）。

当我们找出多对多的关系，比如说，每一名运动员可以参加多场比赛，每一场比赛可以有多名运动员时，我们可以创建出第 3 个实体。在这种情况下，这个实体即为运动员参赛情况实体和相应的表。然后我们把两个原始实体的主键放到第 3 个实体，也就是新的表里，作为一个新的联合主键（参见图 TB3-9c）。

也许有人注意到了，把主键从一个实体放到另外一个实体的表里面，出现了“数据冗余”现象。我们想生活在只有少许冗余的世界里，不过，冗余也不是没有一点好处，至少它使得我们可以跟踪保存在不同的数据库里的数据间的关系。通过跟踪这些关系，我们可以很快地回答诸如此类的问题：“在2月16日的那场比赛中，超音速队赢得10分的运动员是谁？”再举一个商业方面的例子，问题可能就是类似：“2007年春季，从印地安那州的布鲁明顿市的Roberts Ford的经销商那位叫Thom的经纪人那里，有哪些客户购买了2007深绿色的Ford Escape那款汽车？每位客户分别付了多少钱？”这种类型的问题，可以用来计算经纪人Thom应该拿到的奖金，还便于在制造商发出召回令的时候召回已售出的某些汽车。

TB3.2.5 实体关系图

设计数据库的时候，尤其是展示实体间关系的时候，我们经常使用ERD（entity-relationship diagram，实体关系图）。为了创建一个ERD，可以用方框代表实体，在实体间划线以表明这两个实体之间的关系。在ERD上，每一个关系可以被标注，以加上额外的注解信息。举例来说，如图TB3-10所示的ERD，用的是刚才讨论中的篮球队数据。从这个图可以看出如下关联性：

- 每一个主场有一个篮球队；
- 每一个篮球队有多名运动员；
- 每一个篮球队参加多场比赛；
- 对每一名运动员和比赛，都有比赛统计信息。

当我们设计复杂的数据库的时候，可能有很多个实体和关系，ERD就会非常有用了。实体图使得设计者可以同企业里的其他人一起交流，以确保能找到所有的实体和关系，没有疏漏。

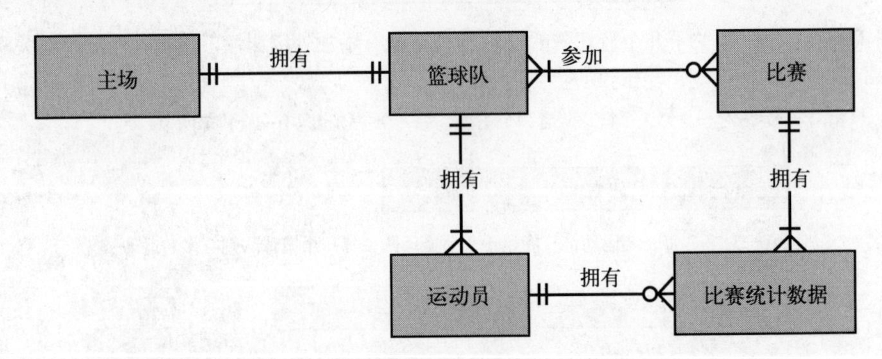

图 TB3-10 实体关系图展现的是实体间的关系，以篮球队数据库为例

TB3.2.6 关系模型

现在我们已经讨论了数据、数据模型以及数据的保存，我们需要一种机制，把那些有着自然关系的实体联接起来。举个例子，在我们先前讨论的学生、教员、班级以及年级4个实体之间，有多个关系。学生们被分成多个班级。类似地，教员可以教多个班级，在一个学期里有多名学生在他们的班里。跟踪这些关系很重要。比如说，当代课老师生病的时候，我们想知道有哪些学生选择了他的课程，以便通知选修了这门课程的学生。用数据库管理系统来跟踪数据实体之间关系的主要方式，或者说模型，就是关系模型。其他模型，如等级模型、网状模型以及面向对象模型，也可以用来联接有商业DBMS的实体，但是这个话题已经超出我们的讨论范围，此处不再详述，参见（Hoffer et al., 2007）。

当今最常见的数据库管理系统方式就是**关系型数据库模型**。一个使用了关系型数据库模型的数据库管理系统，就叫做 RDBMS（Relational DBMS，关系型数据库管理系统）。使用这种方式，这种模型，DBMS 把实体展现为一个二维表格，表格里的行就是记录，而列则为属性。当两个表里有相同的列（属性）时，表格就可以被合并。主键的唯一性，如前面提到的那样，告诉数据库管理系统，哪个记录可以与相关的表里的记录合并起来。这个结构支持非常强大的数据操作能力，以及连接互相关联的数据。关系模型下的数据库文件，是三维的：一个表有多行（一维）、多列（一维）以及可以包含与另外一个表一样的属性（三维）。这个三维数据库可能远比传统的二维数据库更强大，更实用（参见图 TB3-11）。

Department Records

Department No	Dept Name	Location	Dean
Dept A			
Dept B			
Dept C			

Instructor Records

Instructor No	Inst Name	Title	Salary	Dept No
Inst 1				
Inst 2				
Inst 3				
Inst 4				

图 TB3-11　我们展示两个实体：系和教员，这两个独立的表是有关系的，它们有一个相同的属性

一个好的关系数据库设计消除了不必要的数据复制，比较易于维护。为了设计一个数据库，以得到清晰的、无冗余的关系，需要执行一个叫做“规范化”的步骤。

TB3.2.7　规范化

为了更有效地工作，数据库必须要有效率。**规范化**就是一种使得复杂的数据库更有效率、更容易被数据库管理系统处理的技术（Hoffer et al.，2007），该项技术是 20 世纪 70 年代发展起来的。为了理解规范化的过程，让我们回到本章开头的例子。想想你的成绩单，从格式上来说，它看起来几乎和任何形式的表单或者发票都是一样的。个人信息通常列在最上面，每一门课程都列了出来，还有教员、学时数、分数信息以及上课地点。现在想想数据是如何保存在数据库里的。设想一下，这个数据库是组织好的，在数据库的每一行，学生号都列举出来了，放在最左边。学生号的右边则是学生的姓名、住址、专业、联系电话、课程以及教员信息，以及课程的结业分数（参见图 TB3-12）。注意学生信息、课程以及教员，在数据库的每一行都有冗余。这说明这个数据库组织得不好。举例来说，如果我们想要修改一个教员的电话号码，该教员有几百名学生，我们就要修改上百次。

使用规范化技术，消除数据冗余是主要的目标，也是主要的好处。规范化之后，学生数据被组织成 5 个独立的表（参见图 TB3-13）。这个数据重新组织的过程，有助于简化数据的继续使用和维护，还能简化有关的数据分析。

Microsoft Access - [Student_Course_Grades : Table]

ID	Student_ID	Student_Name	Campus_Address	Major	Phone	Course_ID	Course_Title	Instructor_Name	Instructor_Location	Instructor_Phone	Term	Grade
1	A121	Joy Egbert	100 N. State Street	MIS	555-7771	MIS 350	Intro. MIS	Hess	T437C	555-2222	S07	A
2	A121	Joy Egbert	100 N. State Street	MIS	555-7771	MIS 372	Database	Sarker	T437F	555-2224	S07	B
3	A121	Joy Egbert	100 N. State Street	MIS	555-7771	MIS 375	Elec. Comm.	Wells	T437D	555-2228	S07	B+
4	A121	Joy Egbert	100 N. State Street	MIS	555-7771	MIS 448	IS Proj. Mgmt	Schneider	T437E	555-2227	F06	A-
5	A121	Joy Egbert	100 N. State Street	MIS	555-7771	MIS 374	Telecomm	Marrett	T437A	555-2221	S07	C+
6	A123	Larry Mueller	123 S. State Street	MIS	555-1235	MIS 350	Intro. MIS	Hess	T437C	555-2222	S07	A
7	A123	Larry Mueller	123 S. State Street	MIS	555-1235	MIS 372	Database	Sarker	T437F	555-2224	S07	B-
8	A123	Larry Mueller	123 S. State Street	MIS	555-1235	MIS 375	Elec. Comm.	Wells	T437D	555-2228	S07	A-
9	A123	Larry Mueller	123 S. State Street	MIS	555-1235	MIS 448	IS Proj. Mgmt	Schneider	T437E	555-2227	F06	C+
10	A124	Mike Guon	125 S. Elm	MGT	555-2214	MIS 350	Intro. MIS	Hess	T437C	555-2222	S07	A-
11	A124	Mike Guon	125 S. Elm	MGT	555-2214	MIS 372	Database	Sarker	T437F	555-2224	S07	A-
12	A124	Mike Guon	125 S. Elm	MGT	555-2214	MIS 375	Elec. Comm.	Wells	T437D	555-2228	S07	B+
13	A124	Mike Guon	125 S. Elm	MGT	555-2214	MIS 374	Telecomm	Marrett	T437A	555-2221	S07	B
14	A126	Jackie Judson	224 S. Sixth Street	MKT	555-1245	MIS 350	Intro. MIS	Hess	T437C	555-2222	S07	A
15	A126	Jackie Judson	224 S. Sixth Street	MKT	555-1245	MIS 372	Database	Sarker	T437F	555-2224	S07	B+
16	A126	Jackie Judson	224 S. Sixth Street	MKT	555-1245	MIS 375	Elec. Comm.	Wells	T437D	555-2228	S07	B+
17	A126	Jackie Judson	224 S. Sixth Street	MKT	555-1245	MIS 374	Telecomm	Marrett	T437A	555-2221	S07	A-

Record: 1 of 17

图 TB3-12　一个学生、课程、教员以及分数的数据库，数据库里有冗余的数据

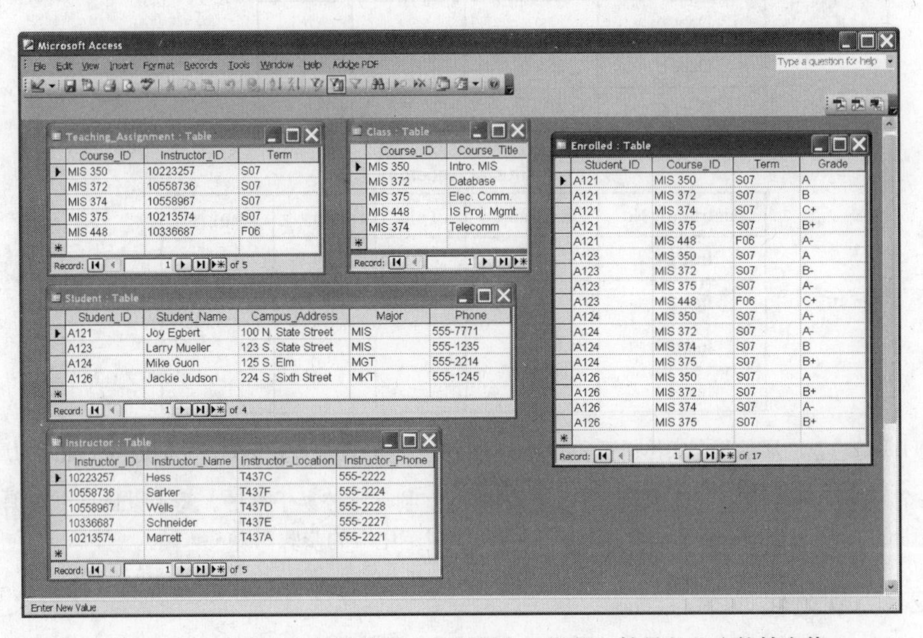

Teaching_Assignment : Table

Course_ID	Instructor_ID	Term
MIS 350	10223257	S07
MIS 372	10558736	S07
MIS 374	10558967	S07
MIS 375	10213574	S07
MIS 448	10336687	F06

Class : Table

Course_ID	Course_Title
MIS 350	Intro. MIS
MIS 372	Database
MIS 375	Elec. Comm.
MIS 448	IS Proj. Mgmt.
MIS 374	Telecomm

Enrolled : Table

Student_ID	Course_ID	Term	Grade
A121	MIS 350	S07	A
A121	MIS 372	S07	B
A121	MIS 374	S07	C+
A121	MIS 375	S07	B+
A121	MIS 448	F06	A-
A123	MIS 350	S07	A
A123	MIS 372	S07	B-
A123	MIS 375	S07	A-
A123	MIS 448	F06	C+
A124	MIS 350	S07	A-
A124	MIS 372	S07	A-
A124	MIS 374	S07	B
A124	MIS 375	S07	B+
A126	MIS 350	S07	A
A126	MIS 372	S07	B+
A126	MIS 374	S07	A-
A126	MIS 375	S07	B+

Student : Table

Student_ID	Student_Name	Campus_Address	Major	Phone
A121	Joy Egbert	100 N. State Street	MIS	555-7771
A123	Larry Mueller	123 S. State Street	MIS	555-1235
A124	Mike Guon	125 S. Elm	MGT	555-2214
A126	Jackie Judson	224 S. Sixth Street	MKT	555-1245

Instructor : Table

Instructor_ID	Instructor_Name	Instructor_Location	Instructor_Phone
10223257	Hess	T437C	555-2222
10558736	Sarker	T437F	555-2224
10558967	Wells	T437D	555-2228
10336687	Schneider	T437E	555-2227
10213574	Marrett	T437A	555-2221

图 TB3-13　规范化之后的信息，包括学生、课程、教员以及分数等实体

TB3.2.8　数据字典

数据库里的每一个属性，必须是某种特定的类型。举例来说，一个属性可能包含有文本、数字或者日期。**数据类型**有助于数据库管理系统来组织和分类数据，完成计算以及分配存储空间。

一旦数据库模型设计好了，数据库需要指定输入数据的格式。**数据字典**就是这样一种文档，它是由数据库设计者编写的，用于帮助用户输入数据。数据字典解释了信息的每一个属性，比如属性的名字，是否是键或者键的一部分，期望的数据类型（日期、字母、数字等），以及有效值的验证。数据字典还可以包括这样的信息，比如为什么这个属性是必要的，它应当多长时间更新一次，以及会被哪些表单和报表使用。

数据字典可以被用作来强制执行**商业规则**。比如说谁有权限来更新数据，数据库的设计人员可以制订这样的规则，这样的信息应该包含在数据字典里，这是为了防止非法或者不合逻辑的用户登录系统，输入数据。举个例子，仓库数据库的设计人员可以设计一个规则，并记录在数据字典里，以防止用户输入了无效的发货日期。

TB3.3 企业如何最大限度地利用自己的数据

当代企业据说快被数据淹没了，但是却缺乏信息。尽管是一个喜忧参半的比喻，不过这句话看起来描述得非常准确，很多企业就是面临这样的状况。基于因特网的电子商务时代的到来，已经导致了企业积累了海量的客户信息以及交易数据。这些数据如何收集、保存以及操作，是企业在商业上能否成功的一个重要影响因素。在这一节里，我们将讨论企业是如何最大限度地利用自己的数据的。

把 Web 站点程序和企业数据库连接起来

近来数据库开发领域出现一个特点，就是把网站和企业的数据库连接起来。举个例子，很多企业允许网站的用户查看其产品的分类、查看库存，还可以直接下订单，所有这些行为最终都被读取并写入企业数据库。要是采用传统方式，为了执行对于数据库的查询和修改操作，数据库不得不放到一起或者使用复杂的软件来连接它们。由于 Web 服务的广泛应用（参见技术概览 2，获得更多信息），数据现在可以整合到很多应用系统里去了，而且无需关注数据库的硬件设备究竟放在什么地方。

一些基于因特网的电子商务应用每天可以接收和处理高达数百万的交易记录。为了最大程度地理解消费者行为，以确保有足够的系统性能来为客户服务，必须有效地管理在线的数据。举例来说，亚马逊（Amazon.com）是世界上最大的网上书店，图书种类有 250 多万种，全天候营业，来自世界各地的客户可以下订单买书以及种类丰富的其他产品。亚马逊服务器每天都会记录数百万的交易记录。亚马逊和传统的实体书店很不一样。实际上，即使是世界上最大的实体书店，销售的图书种类大约“只有”17 万种。如果非要建一个和亚马逊同样规模的实体书店，恐怕也是非常不划算的。

一个实体书店，如果有着和亚马逊同样存量的图书（250 万种），那可能需要 25 个足球场那么大的面积。设计一个电子商务网站，关键之处在于如何有效管理那些在线数据。在第 4 章，读者可以了解企业是如何使用数据库来收集商业情报和获得竞争优势的。

要点回顾

(1) 描述为什么对现代企业来说，数据库变得如此重要。数据库保存的都是与企业经营息息相关的重要数据。因此合适地设计和管理数据库非常关键。如果设计和管理完善，数据库可以把原始数据转变成有用的信息，有助于人们更有效率、更快、更好地工作，最终有助于消费者，也使得企业更有竞争力。

(2) 描述什么是数据库，什么是数据库管理系统以及它们是如果工作的。数据库是一系列互相关联的数据的集合，组织成易于查找的方式。数据库包括实体、属性、记录以及表。实体就是指我们要收集的数据，比如人员、课程、客户以及产品。属性是指实体信息的组成单元，比如保存在数据库的记录里面的个人姓氏或者社会保障号。记录是实体的互相关联的属性的集合；通常，一条记录表现为一个数据库的行。表是某个实体类型的互相关联的记录的集合。表中的每一行就是一条记录，每一列就是一个属性。数据库管理系统就是一套软件，可以用来创建、保存、组织以及从一个表或者多个表中检索数据。数据输入到数据库，一般是借助于一个特定格式的表单。数据可以通过使用查询和报表，从数据库里检索出来。数据库里的数据，必须很好地组织起来，才能使信息的保存和检索更为有效。在数据实体间建立关系的主要方式，是关系型数据库模型。规范化是一种技术，它使得复杂的数据库可以转换成更为有效的形式，使得数据更容易维护和操作。

思考题

1. 描述数据库为什么对现代企业变得如此重要。
2. 解释数据库和数据库管理系统有什么区别。
3. 列举用物理文件保存记录，其效率比数据库方式要低的原因。

4. 描述如下术语之间的关系：实体、属性、记录以及表。
5. 试比较实体的主键、联合主键以及外键。
6. 结构化查询语言（SQL）和范例查询有何联系？
7. 规范化的目的是什么？
8. 解释企业是如何从数据库技术方面的投资最大限度地获取收益的。

自测题

1. 数据库包括 ________。
   A. 属性
   B. 记录
   C. 组织好的用于查询的数据
   D. 以上所有
2. 数据库用于收集、组织以及查询信息。下面哪一项最不可能使用数据库作为工作的基础部分？
   A. 航空公司订票代理
   B. 大学注册
   C. 社会保障管理
   D. 安全卫士
3. ________ 是唯一的标识符，可能由多个属性组成。
   A. 辅键
   B. 主键
   C. 第三键
   D. 元素键
4. 如下各项关于数据库模型的说法，哪一项不正确？
   A. 实体就是表，记录是行，属性是列
   B. 数据库使用键和在不同的表里的冗余数据来连接互相关联的数据
   C. 实体表现为上一级属性的“子”
   D. 一个设计得当的表，有唯一的标识符，可能由一个或多个属性组成
5. 每一个篮球队只有一个主场，每一个主场也只有一个篮球队。这是如下的哪种关系？
   A. 一对一
   B. 一对多
   C. 多对多
   D. 多对一
6. 数据库管理员是 ________。
   A. 数据库系统的主要的使用者
   B. 对企业的数据库负有开发和管理责任的人
   C. 以上都不对
   D. 以上都对
7. 以下关于数据库的说法，哪一项是错误的？
   A. 数据库越来越普遍
   B. 最低限度计划是必须的，因为该软件非常高级
   C. 数据仓库使用的是数据库
   D. 数据库管理员需要对数据库的开发和管理负责
8. 如下哪一项流行的技术可以用于数据库设计？
   A. 流程图
   B. 数据库图
   C. 实体关系图
   D. 以上都不对
9. ________ 是一项技术，它可以使复杂的数据库更为有效，减少数据冗余。
   A. 数据仓库
   B. 关联
   C. 规范化
   D. 标准化
10. 如下哪一项是由数据库设计者编纂的文档，可以帮助个人录入数据？它有时候也会发布出去，作为在线的文档。
    A. 数据字典
    B. 数据库
    C. 规范化
    D. 数据模型

问题和练习

1. 配对题，将下列术语和它们的定义一一配对。
   i. 数据库
   ii. 数据库管理系统
   iii. 数据库管理员
   iv. 范例查询
   v. 主键
   vi. 外键
   vii. 数据字典
   viii 关系模型
   ix. 规范化

x. 商业规则

a. 对企业的数据库的开发和管理负有责任的人

b. 一个看起来是一个实体的非主键，但却是另外一个实体的主键的属性

c. 数据库里的一个字段，它可以确保实体的每一个实例都准确地保存或查询

d. 出现在数据字典里，防止非法或者不合逻辑的用户登录系统，输入数据

e. 以方便查询的方式组织的一系列互相关联的数据

f. 一个软件，使用它可以创建、保存、组织以及从一个或多个数据库里查询数据

g. 一种技术，可以用来简化复杂的数据库，使数据库更有效率，也更易于维护

h. 数据库管理系统的能力，我们通过简单举例说明或者描述我们想要的数据类型来请求数据

i. 数据库管理系统管理数据的方式，实体表现为一个二维表格，可以用公共的列连接起来

j. 一个文档，有时候发布为在线交互文档，由数据库设计人员编纂而成，用于帮助数据录入

2. 你也许见过有大公司要招聘数据库管理员，但是你不清楚数据库管理员是什么意思。上网查查，看看这个职位到底指的是什么？需要应聘者掌握哪些技能。

3. 企业如果不应用数据库，就会落后于竞争对手。为什么呢？这仅仅是数据库的问题吗？购置一套数据库软件就能解决问题吗？上网浏览一下这方面的信息，看看为什么成功管理数据就能立于不败之地。这些故事怎么那么相似呢？它们有哪些不同之处？准备一份10分钟的演讲材料，在班上讲解你的研究成果。

4. 数据库的6个优势是什么？数据库的3种成本或者风险指的是什么？为什么数据库变得那么普遍？

5. 为什么数据库的属性和数据类型有关系呢？这和编写程序有什么关系？这和查询和计算有什么关系？这和数据库的大小有关系吗？

6. 根据我们从本技术概览所了解到的知识，讨论数据准确性的问题。计算机数据库处理准确性问题，比文件系统要好些吗？什么人对数据的准确性负有最终责任？

7. 列举3个不同的数据库软件。比较各自的优势和缺点，包括价格、软件规模以及其他相关的因素。

8. 和同学一起去拜访某企业的数据库管理员。数据库管理员的上级是什么人？这个人领导了多少个下级？不同企业的数据库管理员在职责上有什么大的不同吗？为什么？

9. 访问www.ecampus.com，查找一些你已经买过或者打算购买的教科书。这些书有库存吗？什么时间能发货？运输费用加到书的价格里了吗？和校园里的书店有什么区别？你觉得哪种方式更方便？

10. 根据你对于主键的理解以及如下例子中的信息（年级表），确定哪些属性是主键最好的选择。

学生号	课　　程	分　　数
100013	Visual Programming	A
000117	Telesystems	A
000117	Introduction to	A

11. 在因特网上查找一些企业的网页，而且其主页的内容和企业数据库还连接起来了。描述浏览器中输入的数据以及这些数据对于企业来说可能的用途。你能检索到企业的信息还是只能向该企业发送信息？这些数据是如何显示在主页上的？

12. 选择一个你熟悉的且使用一般文件来管理数据的企业。确定该企业是否应当使用关系型数据库？为什么你这么建议呢？可行性如何？为什么？

13. 你学校里用的是什么数据库？你是否填了很多表格，然后由专人录入到系统了呢？你有过自己输入数据的经历吗（用自己的账号）？你可以查询到与自己账号有关的什么类型的信息？数据库是放在哪里管理的？你能在线访问吗？

自测题答案

1. D	2. D	3. B	4. C	5. A
6. B	7. B	8. C	9. C	10. A

技术概览 4

网　络

综述> 本技术概览向读者简要介绍一些有关网络的概念、技术以及一些网络应用。对于理解计算机是如何联网的这个问题，比如说两个房间里的计算机，甚至是位于世界不同角落，可能相隔甚远的两台计算机，它们是如何能进行通信的等诸如此类的问题，本技术概览会提供一个坚实的基础。阅读完本章，读者应该可以：

1. 描述计算机网络的发展以及计算机网络的类型；
2. 理解网络的基础知识，包括网络服务以及传输介质；
3. 描述网络软件和网络硬件，包括介质接入控制（MAC），网络拓扑结构以及网络协议，同时也了解用于组网（局域网和广域网）的网络硬件。

通信和网络技术起着越来越重要的作用，因为现代企业对基于计算机的信息系统依赖性增加了。理解网络技术是如何工作的，以及这些技术在哪些方面是领先的，这都有助于更好地理解信息系统的潜力。在本章的内容里，我们会介绍计算机网络的支持技术，它们是如何组建网络的，这些网络又是怎么使用的。我们将从计算机网络的基础要素开始讨论。

TB4.1　计算机网络的发展

人类的沟通是指发送方和接收方共享某些信息和消息。发送方在自己的大脑里组织好信息，形成一种可以与接收方交流的形式，比如语音。然后消息就通过通信通路发送给接收方。而接收方通过耳朵和大脑，试图为收到的信息解码，这个过程如图 TB4-1 所示。这是一个基本的人类通信模型，它有助于我们理解通信或者计算机网络。

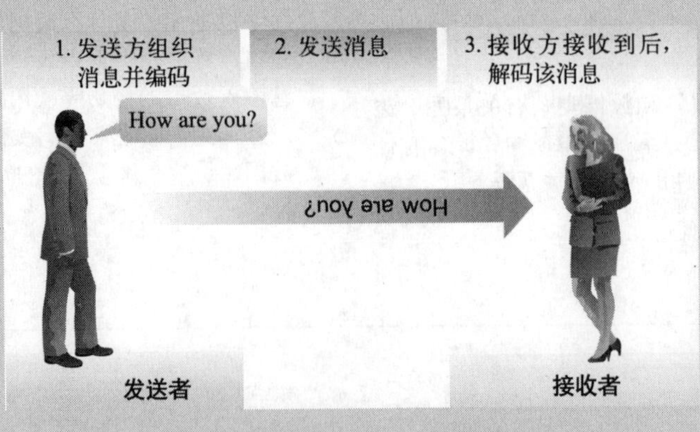

图 TB4-1　沟通需要有发送方和接收方

消息、发送方以及接收方

计算机网络就是用来共享信息和服务的，和人类的沟通模型相似，所有的计算机网络需要如下的基本因素：

- 发送方和接收方有需要共享的东西；
- 一种通道或者传输媒介，比如电缆，用于传输消息；
- 规则或者协议，这是指发送方和接收方之间遵循的步骤以及约定好的信息的格式。

理解计算机网络，最简单的方法就是通过人类沟通模型。假设你打算到欧洲留学，你需要找到愿意接收交换学生的学校的信息。对网络的第一个需求，即信息的共享，这儿已经满足了。你开始了你的寻找之路，写信，并给好几个学校发了传真。这儿满足了第二个需求：传输已编码的消息的方式。传真系统就是通道或者说传输媒介，可以用来联系接收传真的人。传输媒介指的是用来传输网络信息的物理通道，如电缆和电话线。从这一点上说，你可能要碰到一些困难了，并非所有的接收者，即接收你传真的那些人，都能理解你写的是什么，即无法解码你的信息，因为他们说的可能是其他语言。虽然你已经联系了接收人，你和你的接收人必须满足网络的第三个需求：你必须建立一个沟通的语言，这个规则或者说协议，控制着你们的交流。**协议**定义的是不同的计算机交流时（发送和接收数据的时候），需要遵循的步骤以及消息编码需要遵循的格式。你们可以决定一个沟通的协议：用英语交流。这个沟通的过程如图 TB4-2 所示。

图 TB4-2 消息的编码、发送以及解码

TB4.2 计算机网络

人的沟通和计算机通信有一个显著的区别，那就是人的沟通用词语（words），而计算机通信使用的是位（bit）。位是计算机信息的基本组成单位，如图 TB4-3 所示。实际上所有类型的信息都可以在计算机网络上传输，包括文档、音乐或者电影，虽然每一种类型的信息对于传输的要求有着很大的差异。举例来说，显示器整屏幕的文本大约要 14KB 的数据量，而高画质的照片（比如用于出版的照片）可能会大于 200MB（参见表 TB4-1）。把一张照片或者一首歌曲转换为数字信息，这个过程称作**数字化**。信息转换成位（bit）以后，它就可以在网络里传输了。为了把屏幕上的文本或者照片从一个地点及时地传送到另外一个地点，需要足够的带宽。举个例子，使用老式的 56 Kbit/s 的调制解调器（调制解调器的一种，每秒钟可以传输大约 56 000 bit 的数据），单屏的文本传输大概需要不到 1 秒，而传输出版画质的照片却需要 8 个多小时。因此，不同类型的信息有着不同的通信带宽要求。可以访问 www.numion.com/Calculators/Time.html，这个网页提供了一个工具，可以用来计算下载各种信息所需要的时间。

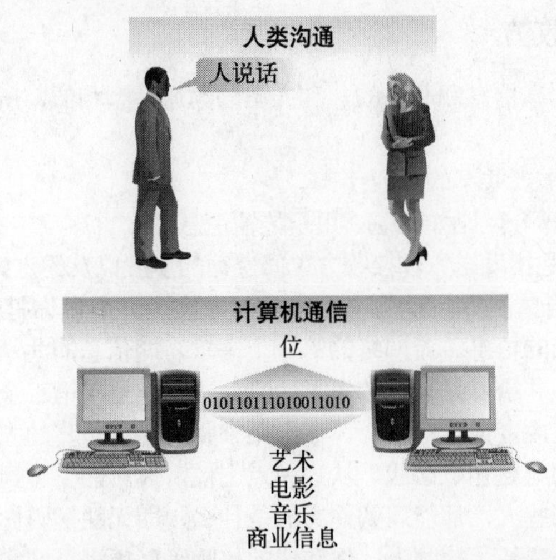

图 TB4-3 在人类沟通中，话是由人说出来，并通过空气传输的。在计算机通信中，数字化的数据是通过某些类型的传输介质进行的

现在明白了组成网络的基本要素，我们会讨论它们是如何发展的。由于信息时代开始于20世纪50年代，人们和企业在那时就开始使用计算机来处理数据和信息了。在过去的这些年里，计算机网络越来越完善。

表 TB4-1 不同类型的信息对存储和通信带宽要求是不一样的

信息的类型	原始大小	压缩后的大小
语音类		
电话	64 KB/s	16 ~ 32 KB/s
电话会议	96 KB/s	32 ~ 64 KB/s
CD	1.41 MB/s	63 ~ 128 KB/s
数据类		
单屏文本	14.4 KB	4.8 ~ 7 KB
单倍行距的一页打字的文本	28.8 KB	9.6 ~ 14.4 KB
传真（按页算，分辨率从低到高）	1.68 ~ 3.36 MB	130 ~ 336 KB
SVGA 分辨率的图片	6.3 MB	315 ~ 630 KB
数字化的 X 光片	50.3 MB	16.8 ~ 25.1 MB
出版画质的照片	230.4 MB	23 ~ 46 MB
视频类		
视频通话	9.3 MB/s	64 ~ 384 KB/s
视频会议	37.3 MB/s	384 KB/s ~ 1.92 MB/s
工作室画质的数字电视	166 MB/s	1.7 MB/s
高清电视	1.33GB/s	20 ~ 50 MB/s

资料来源：改编自 *Business Data Communications*, 2nd ed., by Stallings/VanSlyke ©1997。经 Prentice Hall 许可使用。

TB4.2.1 集中式计算

集中式计算，如图 TB4-4 所示，自从20世纪70年代以来基本没什么大的变化。大型集中化的计算机，叫做主机，可以用来处理和保存数据。在大型机时代（从20世纪40年代开始），人们输入数据到计算机，是通过本地的输入设备，叫做**终端**，来实现的。这些输入设备也叫“哑”终端，因为它们不做任何处理方面的事情，或者说有点智能含量的事情。这种集中式的计算机模型不是真正的网络，因为它没有信息的共享，也没有信息共享的能力。大型机提供了所有的功能，终端只是负责输入输出而已。计算机网络发展到20世纪80年代，到了这个时候，企业需要单独的、独立的计算机来与其他计算机通信了。

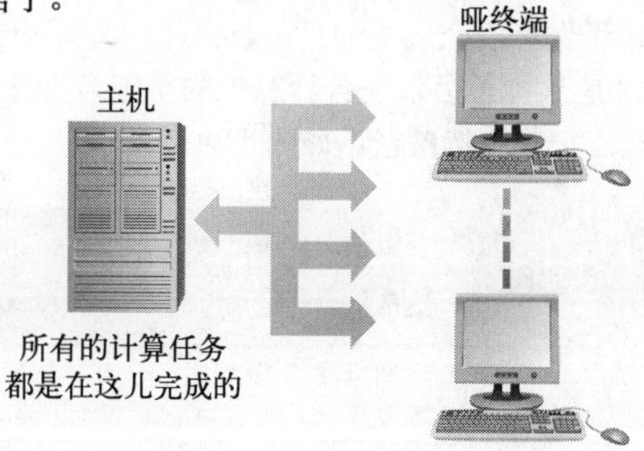

图 TB4-4 在集中式计算模式下，所有的计算任务都在中央主机上完成

TB4.2.2 分布式计算

个人计算机是20世纪70年代末80年代初出现的，人们可以彻底控制该机器。企业也意识到他们可以使用多个小的计算机来实现过去用大型机处理的多种任务。人们可以使用单台计算机来完成各种各样的任务，而不是使用大型机来执行所有的计算任务。实现这样的目标就要求计算机可以联网。因此，信息和服务可以很容易地共享到在这些分布式的计算机上。这种模式叫做**分布式计算**，从20世纪80年代开始发展。如图 TB4-5 所示，在这个阶段，多种类型的计算机可以联网并共享信息和服务。

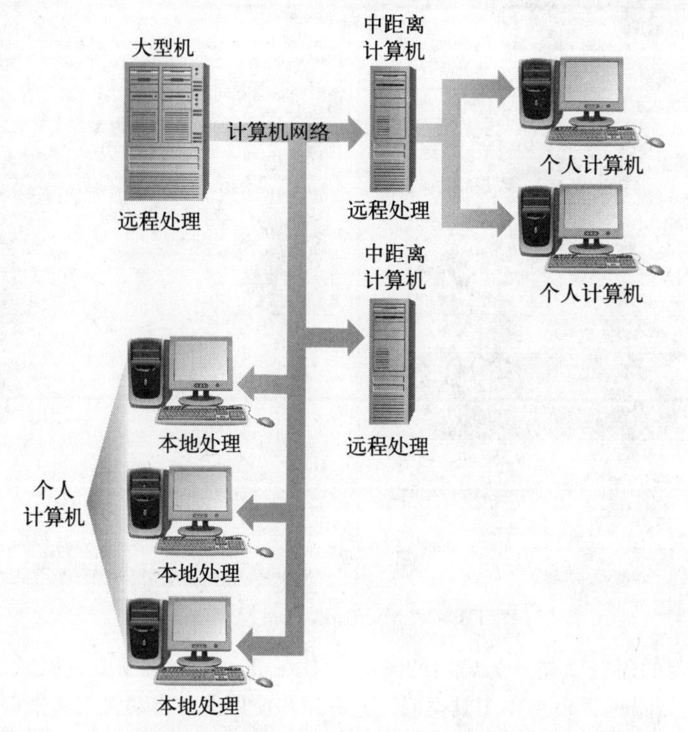

图 TB4-5 在分布式计算模型里，单台的计算机完成任务的一部分，并把计算结果通过网络通信发送到网络上

TB4.2.3　协作式计算

20世纪90年代，出现了一种叫做**协作式计算**的新型的计算模型。相对于分布式计算机而言，这是一种协作的模式。在该模式下，用两台或者多台联网的计算机来实现一个共同的计算任务。也就是说，在这种计算模型下，计算机不仅是简单地用于数据通信，还可以共享计算机的计算能力。举例来说，一台计算机可能被用于保存一个大型的员工数据库，另外一台计算机则可能被用于处理和更新单个的员工记录（该记录是从位于另外一台计算机的员工数据库里提取出来的）。这两台计算机协作起来，可以使公司的员工记录保持最新，如图TB4-6所示。

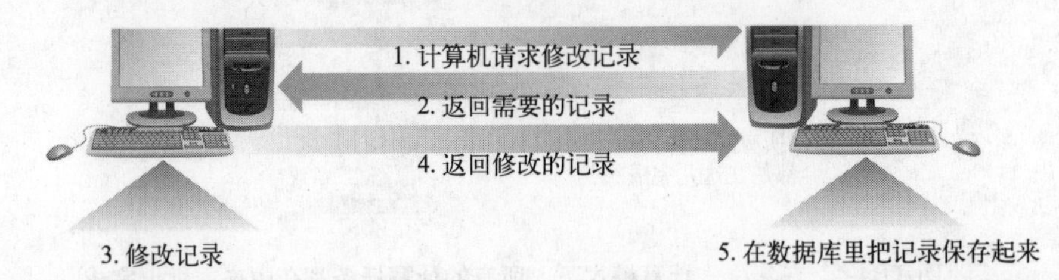

图TB4-6　在协作式网络模型下，用两台或多台联网的计算机来实现一个共同的处理任务

协作式计算模型也创新性地应用到了即时消息领域。所有主要的即时消息厂商在自己的即时消息平台上，都集成了协作的功能。现在用户可以共享本地硬盘里某个特定目录的文件，并且可以与其他用户的目录同步（参见图TB4-7）。

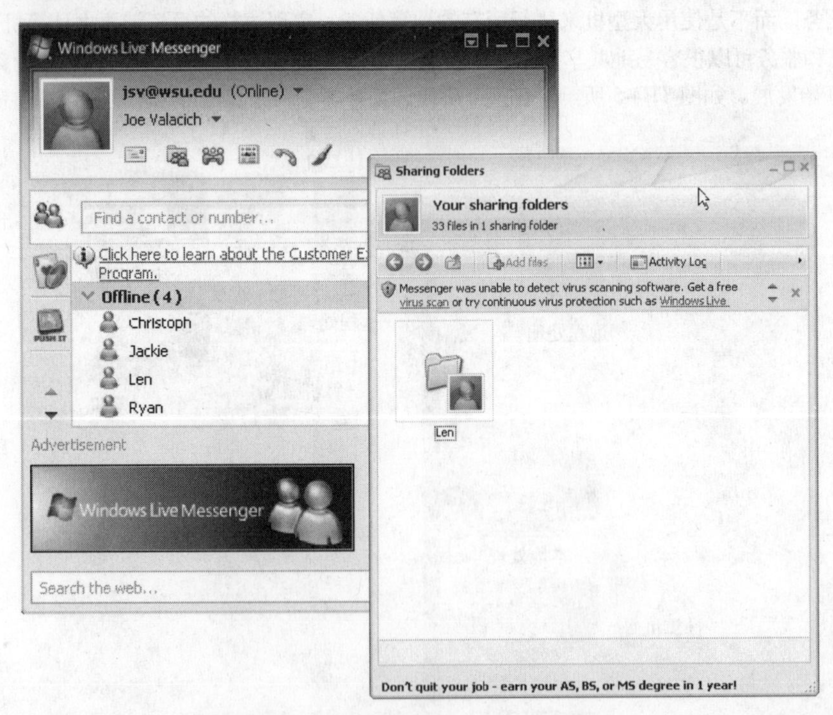

图TB4-7　Microsoft Live Messenger

此外广泛应用的还有以商业为导向的Web协作工具，一个例子就是微软的SharePoint技术。SharePoint和其他类似的Web协作工具类似，允许用户使用办公自动化工具来创建文档，然后发布在网站上，别人就可以从此网站上下载、修改，甚至于发布到公共网络上去。随着Web协作工具的兴起，大多数办公自动化应用程序现在都集成了某种类型的协作组件。

TB4.2.4 网络的类型

现在的计算机网络包括 3 种计算模型：集中式计算、分布式计算以及协作式计算。新的计算模型的出现并不意味着企业完全抛弃了旧的技术。相反，一个典型的计算机网络包括大型机、小型计算机、个人计算机以及各种各样的其他设备。计算机网络通常根据规模、覆盖的距离以及网络拓扑结构来分类。最常见的分类是用户级交换机、局域网（LAN）、广域网（WAN）、城域网（MAN）以及个人网络（PAN）。下面的内容会逐一讲述每一种网络类型。

TB4.2.5 用户级交换机

用户交换机（PBX）是一个电话系统，它服务于一个特定的区域，比如一个公司（参见图 TB4-8）。它把公司内部的电话分机连接了起来，然后再连接到外部的公共电话网。它也可以把系统内部的计算机连接到其他的 PBX 系统或者其他的外部网络，或者连接到各种各样的办公设备上，比如传真机或者复印机。由于它们使用普通的电话线，PBX 系统的带宽有限。这妨碍了它们去传输对带宽要求较高的信息，比如交互式的视频、数字音乐或者高清的照片等。使用 PBX 技术，公司需要很少的外线，只是需要额外购买或者租用 PBX 设备。

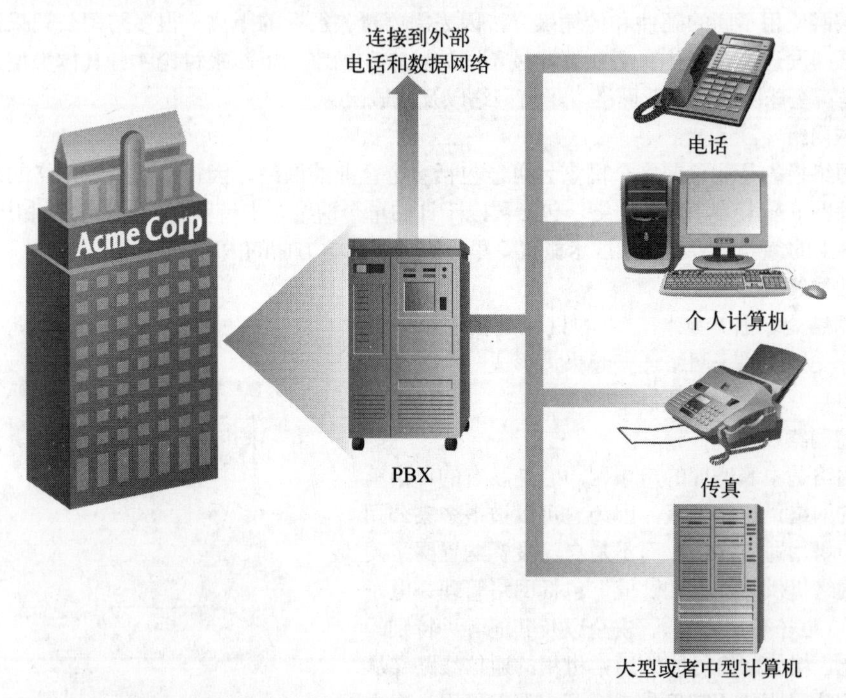

图 TB4-8 PBX 支持本地的电话和数据通信，也能够连接外部的电话和数据网络

TB4.2.6 局域网

局域网（LAN），如图 TB4-9 所示，是指这样的计算机网络，它只覆盖相对较小的区域，在覆盖范围内的所有计算机可以互相连接，以共享信息和一些外设，比如打印机。局域网内的各台计算机之间，可以共享数据以及应用程序，或者共享其他的资源。在距离上，典型的局域网不会超过数十千米，一般位于同一个建筑物或者某个距离有限的地理区域内。它们一般只使用一种传输介质，比如双绞线或者同轴电缆。现在无线局域网也很流行，因为相对而言无线局域网更容易搭建，而且要联网的计算机不需要网线连接，不会把办公室或者家里搞得很乱。后面有内容来专门讲述。

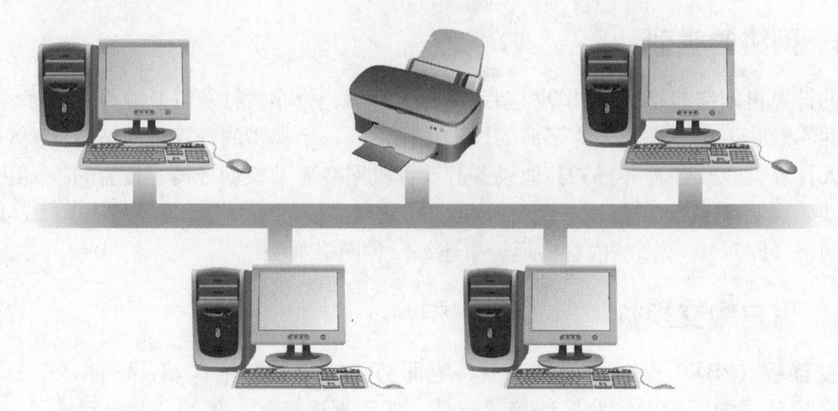

图 TB4-9 一个局域网允许多台距离较近的计算机直接通信，以共享一些外设（如打印机）

TB4.2.7 广域网

广域网（WAN）指的是能覆盖较大的区域的计算机网络，典型的应用是连接两个或者多个局域网。广域网使用不同的硬件和传输媒介，因为需要覆盖很远的距离。很多跨国公司采用广域网，因此，广域网发送和接收信息可能要穿过不同的城市和国家。下面来讨论 4 种具体类型的广域网，它们分别是：全球网络、企业网络、增值网络以及城域网。

1. 全球网络

全球网络指的是能覆盖多个国家且可能包括多个企业的网络。因特网是全球网络的最好例子，因特网是世界上最大的计算机网络，包括数以千计的单个网络，支持数百万的计算机和用户，几乎覆盖了世界上的每一个国家。在技术概览 5 里会详细讲述这方面的内容。

2. 企业网络

企业网络是一种广域网，它的目标是把一个企业里的各个分支机构的子网络连接起来，形成一个大网络（参见图 TB4-10）。

3. 增值网络

增值网络是中等速度的广域网。它是私有的、由第三方管理的网络，比较省钱，因为它可以被很多家公司共用。客户租用通信线路，而不是自己投资购置网络硬件。增值网络提供的“附加价值”包括网络管理、电子邮件、EDI（电子数据交换）、安全以及其他各种特别的功能。因此，增值网络可能比通常租用的通信线路（从一般的电信公司比如 AT&T 或者 Sprint 那里租用）成本要高，但是好处是可以使用更多的增值服务。

4. 城域网

城域网通常指一个城市的地理范围内的计算机网络。城域网采用了局域网和高速光纤技术。城域网对于需要高速数据传输的企业比较有吸引力。

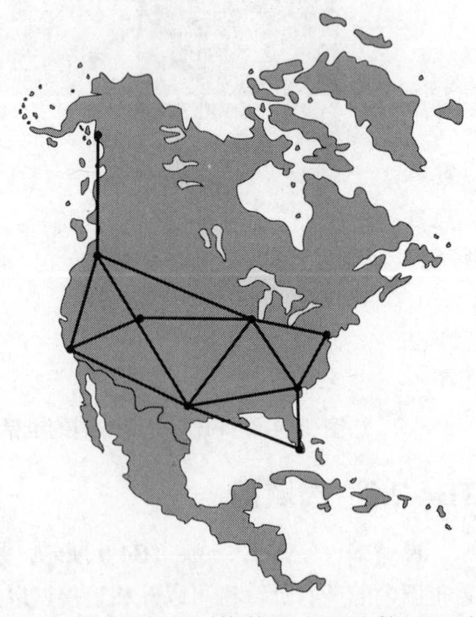

图 TB4-10 企业网络使得企业连接不同地域的局域网形成一个大的网络

TB4.2.8 个人网络

计算机网络的最后一种类型叫做**个人网络**（PAN）。这是一种新兴的技术，在计算机设备之间使用无线通信来交换数据。该技术使用的是短程无线通信技术，一般应用距离为10米。个人网络基于**蓝牙**技术，遵循蓝牙个人网络的技术规范，组网的可能是台式机、外围设备、手机、寻呼机、便携式音响以及其他手持设备。蓝牙技术的创始成员有爱立信、IBM、英特尔、诺基亚和东芝。蓝牙技术很快就被应用于很多个人设备中，为设备的互相操作以及信息共享提供方便（参见图 TB4-11）。

现在各位读者已经理解了网络的基本类型，接下来的内容会讲述网络的一些基础组成部件。这个讨论分成两部分：网络基础、网络软件及硬件。总的来说，学习这两部分内容，有助于我们理解各种类型的网络。

图 TB4-11 丰田普瑞斯可以装配一个基于蓝牙的网络，使得司机通过汽车的导航系统来操作蓝牙手机，无须用手

（资料来源：Scott Halleran/Getty Images）

TB4.3 网络基础

电信技术的发展使得由不同的硬件和软件构成的个人计算机网络可以互相连接起来，就好像这些网络是一个整体似的。网络在一些跨国机构应用得越来越普遍，用于动态地交换相关的、带有附加价值的知识和信息。接下来的内容会从更近的角度观察这些复杂的网络的基础组成部分，以及它们所提供的服务。

TB4.3.1 服务器、客户机、对等端

网络由3个独立的部分组成，即服务器、客户机以及对等端，如图 TB4-12 所示。**服务器**是网络中为用户提供文件访问、打印、通信以及其他服务的计算机。服务器只提供服务。典型的服务器相对于工作站来说，有着更为强大的微处理器、更多的内存、更大的缓存以及更多的硬盘存储空间。**客户机**则可能是使用服务器提供的服务的任何计算机，可以是用户的工作站或者个人计算机（已联网的），也可以是软件程序，比如字处理软件程序。客户机只发送使用服务的请求，一台客户机常常是只有一个用户，而不同的用户可以共享一个服务器。而**对等端**指的是既可以提供服务，也可以请求服务的计算机。使用**以服务器为中心的网络**是商业中的趋势，在这种网络中，服务器和客户机有明确的角色定义。然而，**对等网**（Peer to Peer，常简称为P2P）使得任何网络上的计算机或者设备，既可以提供服务，也可以请求服务，这在小的办公室和家庭里面很常见。所有的对等端有着相同的能力和责任，这就是现今

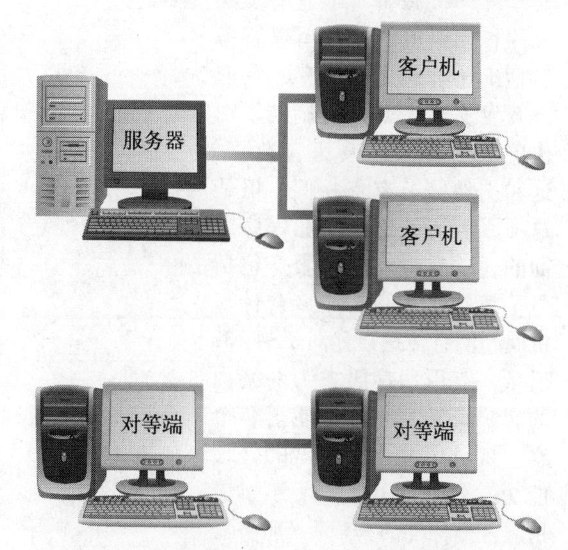

图 TB4-12 服务器是网络上的一台计算机，使得多台计算机（或者叫做“客户机”）可以访问其数据；对等端指的是一台既可以提供服务也可以请求服务的计算机

流行的文件共享软件（比如BitTorrent和KaZaA）的网络架构。对等网里的节点可以直接连接到因特网上其他节点的硬盘上，如果这个用户也使用了P2P软件的话。

虽然有很多关于P2P导致音乐和电影的非法交易的报道，但是很少有针对像BitTorrent提供的商业优势技术采取的措施。只有少数公司使用了P2P技术；华纳兄弟就是一个例子，它们使用BitTorrent来分发产品。其他公司很快就会仿效使用P2P网络作为分发渠道。

TB4.3.2 网络服务

网络服务指的是联网的计算机在硬件和软件的支持下可以共享软件和服务。最常见的网络服务是文件服务、打印服务、消息服务以及应用程序服务。**文件服务**以一种更为有效的方式来保存、读取以及移动数据文件，参见图TB4-13a。个人可以使用网络提供的文件服务把客户的电子化文档发送到网络上的许多个接收人那里。**打印服务**指的是控制和管理用户使用网络打印机和传真设备，如图TB4-13b所示。在网络上共享打印机减少了企业需要购置的打印机的数量。**消息服务**包括：通过网络，保存、获取以及发送文本、二进制的、图像的数字视频以及语音数据。这和文件服务有点相似，但是这项服务还处理用户和程序之间的通信交互。**消息服务**包括电子邮件及在两台或多台计算机间的消息传送，如图TB4-13c所示。**应用程序服务**为网络内的客户机运行软件，使得各个客户机可以共享服务器的处理能力，如图TB4-13d所示。**应用服务**是标准的客户机/服务器计算模型，处理分布在客户机和服务器之间。客户机向服务器请求信息或者服务；服务器则保存数据和应用程序。举例

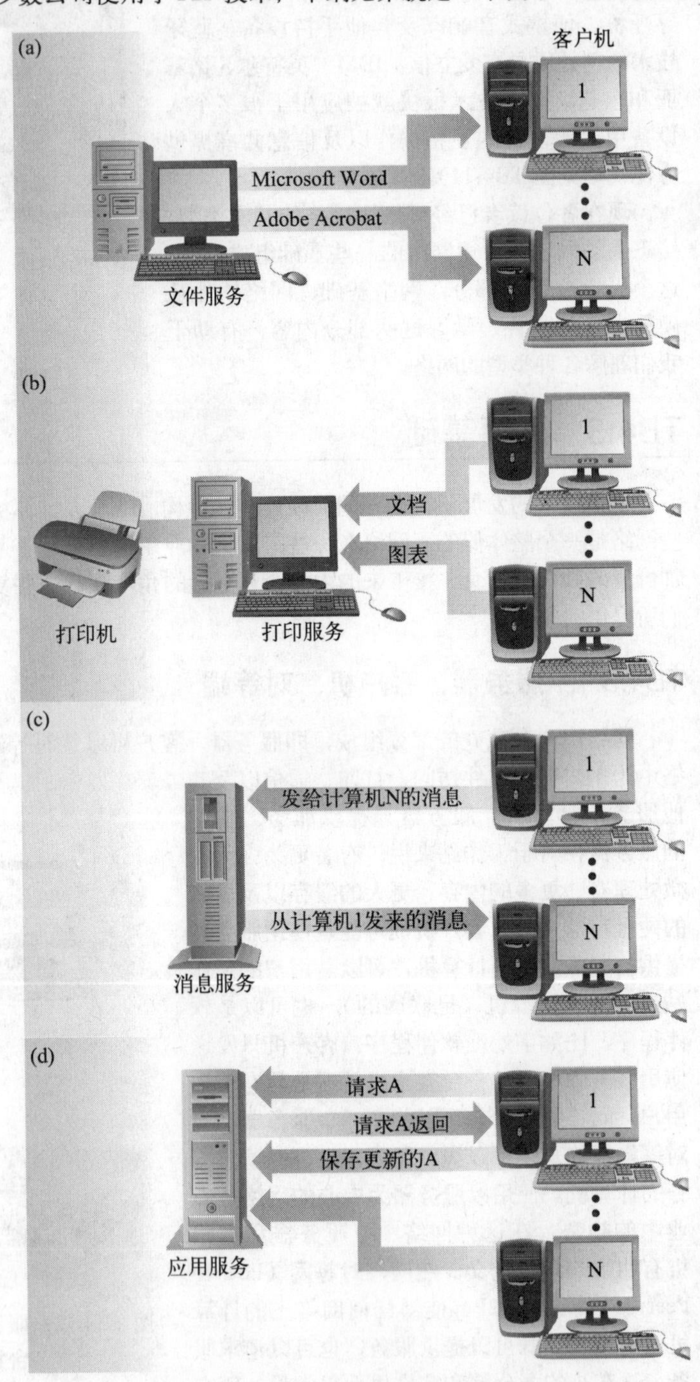

图TB4-13 网络提供：(a) 文件服务，(b) 打印服务，(c) 消息服务，(d) 应用服务

来说，对一个较小的数据库应用程序来说，数据库记录的查找可能发生在服务器上，而处理用户界面功能可能运行在客户端。

当一个企业决定将其计算机和设备组网的时候，它必须明确自己需要什么样的服务，这些服务是以集中化的方式还是分布式的方式来部署，抑或是两种方式的结合。这些决策最终会影响网络操作系统的选择。**网络操作系统**（network operating system，NOS）是系统软件，可以控制网络内的计算机之间的通信。换句话说，网络操作系统使得网络能够提供各种服务。在大多数局域网环境下，网络操作系统包括两部分。第一部分，也是最为复杂的部分，是系统软件，运行在网络服务器上。系统软件协调很多功能，包括用户账号、接入信息、安全以及资源共享。第二部分，同时也是比较小的部分，需要运行在每一个需要联网的工作站上。在 P2P 网络里，通常将网络操作系统的一部分安装在每一个组网的工作站上，并运行在本地的操作系统上。近来有一个趋势，把网络操作系统的功能整合到工作站的操作系统里去。Windows 操作系统近来就采用了这样的方法。网络操作系统的例子有 Novell 的 NetWare、微软的 Windows Server 以及 Converging Technologies 的 LANtastic。

表 TB4-2 不同的电缆介质的主要优势和弊端

媒 介	优 势	弊 端
双绞线	成本低廉、易于安装和配置	易受电磁干扰，易被窃听、信号易衰减；不适合高带宽的应用场合
同轴电缆	比双绞线能提供更高的带宽，抗电磁干扰、反监听以及抗衰减的能力更强（与双绞线相比）	比双绞线成本高；安装、配置以及管理信号衰减问题更麻烦；笨重
光纤	可以提供非常高的带宽，衰减少、不受干扰、不会被窃听	电缆和硬件的成本高昂；安装和维护较为复杂

TB4.3.3 传输介质

网络都使用一种或者多种**传输介质**（物理通道）在网络中的两个或者多个实体间发送数据和信息。为了发送消息，计算机发送基于电磁波的电流信号来互相联系。这些电磁波信号可以被半导体所改变，而表现出两个离散的或者说二进制的状态——0 或者 1。对计算机来说，就是位（概念）。计算机通信的时候，这些位在物理的媒介里传输。

当企业决定搭建网络时，需要确定选用哪种类型的介质，这就需要考虑带宽、信号衰减、抗电磁波干扰和窃听、介质的成本、安装的方便性等问题，请参考表 TB4-2。**带宽**是计算机或者通信通道的传输能力，单位是兆位每秒（Mbit/s），表示 1 秒钟可以在传输介质上可靠传输的二进制数据的数量。有些网络的带宽是 10 Mbit/s；有些是 100 Mbit/s、1 Gbit/s 或者更大。为了理解网络带宽（传输速度）的重要程度，考虑传输本书的电子文档需要多长时间（大约 200 万字节，或者说 1 600 万位）。在 10 Mbit/s 的带宽下，需要传输 1.6 秒；100 Mbit/s 的带宽需要 0.16 秒。相比之下，使用老式 56 Kbit/s 的调制解调器，那可能就需要将近 5 分钟的时间。

除了带宽，还需要考虑传输介质的信号衰减问题。随着传输距离的增加，电信号的强度变弱，信号也就衰减了，如图 TB4-14 所示。在网络里，还需要考虑的一个问题就是，信号能传输多远，并且还保持初始的属性或者说所代表的意义。由于荧光灯、天气因素或者电磁信号的存在，可能会对发送的原始信号发生**电磁干扰**（Electro Magnetic Interference，EMI）。各种介质对电磁干扰的免疫程度也不一样，下面的内容会有介绍。

有两种类型的传输介质可以应用在网络上，它们是缆线介质和无线介质。无线数据通信应用得越来越多，通常来说速度会慢一些，也不如有线电缆介质稳定。尽管如此，无线介质的组网方式还是发展迅猛，无线介质有很多有用的应用。接下来的内容会介绍缆线介质和无线介质。

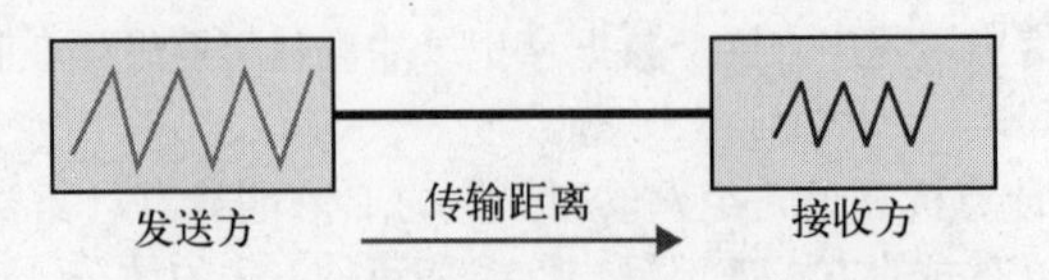

图 TB4-14　信号的强度在传输中会减弱

TB4.3.4　缆线介质

缆线介质连接网络里的计算机和其他的设备。最常见的介质有 3 种，分别为双绞线、同轴电缆以及光纤。

1. 双绞线

双绞线（TP cable）是由两对或者更对多导电的铜线绞合而成（参见图 TB4-15）。电缆可以是无屏蔽的（UTP）或者是带屏蔽的（STP），电话线使用的是无屏蔽的。无屏蔽的电缆是按照质量来分级的；5 级无屏蔽电缆电缆和 6 级无屏蔽电缆通常用来组网。无屏蔽的电缆线比较便宜，也容易安装，传输速度最大可达 1 Gbit/s，传输距离最大可达 100 m。然而，像所有的铜质电线一样，它有很大的缺点，信号衰减得快，而且易受电磁信号的干扰，也容易被监听，也就是说，网络里传输的信息可能不知不觉就被别人窃取。带屏蔽的电缆线是多带了一层绝缘材料，使得电磁干扰对它没那么大的影响，也不易被窃听。带屏蔽的电缆线要比不带屏蔽的电缆线要贵一些，安装方面对技术要求高一些，因为需要专门的接地线来释放电磁干扰。带屏蔽的电缆线支持的带宽可达 500 Mbit/s，传输距离大约为 100 m。然而，最常见的应用，是支持 16 Mbit/s 的网络。

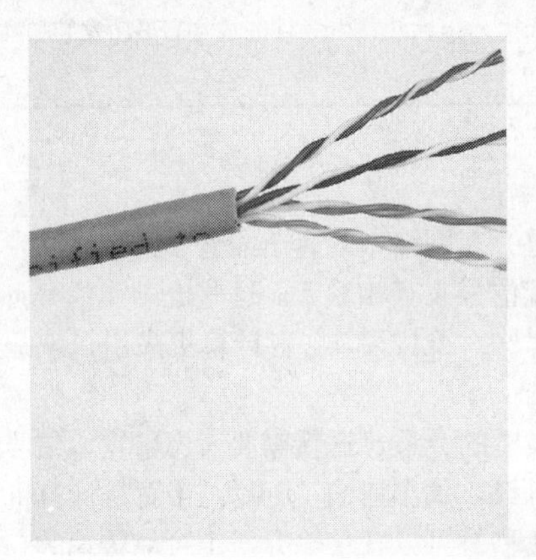

图 TB4-15　(a) 双绞线示意图，网络的一个例子，(b) 使用了很多双绞线

（资料来源：(a) ©Belkin Components，(b) ©Getty Images, Inc.）

2. 同轴电缆

同轴电缆的内部是一个实心的铜导线，包裹在外面的是塑料的绝缘体，夹在中间的是一层铜编织物（或者铜箔），参见图 TB4-16。同轴电缆有很多种规格，其粗细程度由抗电磁干扰的强度来决定。细缆比双绞线造价要低，但现在的网络已经很少使用它了；粗缆造价比双绞线贵。电缆的尽头是连接器，叫做 T 型连接器，连到每一台设备上。同轴电缆在有线电视领域用得最广，网络传输速度可以达到 10 Mbit/s ～ 100 Mbit/s。其信号衰减比双绞线低，抗电磁干扰能力和防窃听能力则属中等。

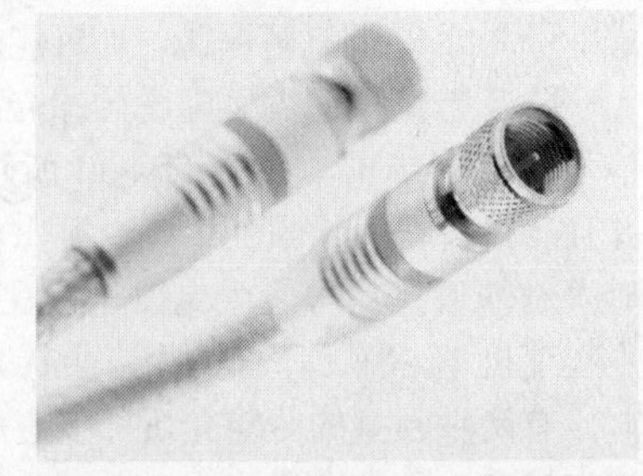

图 TB4-16　将要连接到计算机或者其他设备的同轴电缆

3. 光缆

图 TB4-17　光纤有着轻型导电玻璃或者塑料的核心，包裹以保护套管，最外层是坚固的塑料外皮（资料来源：©Getty Images,Inc）

光缆是以轻型导电的玻璃纤维或者塑料作为核心，包裹以保护套管，最外层是坚固的塑料外皮（参见图 TB4-17）。外皮及套管保护光纤不受温度变化影响，也使得光纤本身不易弯曲或者折断。这种技术使用光束脉冲在光缆里的传播来传输数据。光缆传输的是清晰和安全的数据，因为它不受电磁干扰的影响，也不会被窃听。传输的信号不会中断，因为信号衰减很低。可以支持的带宽从 100 Mbit/s ～ 2 Gbit/s，传输的距离可以达到 2 ～ 25 km。光缆可以传输视频和声音，但成本比铜线高很多，因为光缆的安装以及维护是很困难的。光缆适用于的场合是建造高速的骨干网，即高速的中心网络，很多小的网络可以连接到中心网络。骨干网可以连接比如说部署在不同建筑物里的一些小规模的局域网。表 TB4-2 对比了我们刚刚讨论的这 3 种不同类型的缆线介质的优势以及弊端。

TB4.3.5　无线介质

随着移动电话网的普及，**无线介质**也取得了快速的发展。无线介质传输和接收电磁信号使用的方式有 3 种，它们分别是：红外线、高频无线电以及微波。

1. 红外线

红外线使用高频光波来传输数据，高频光波在网络中的无遮挡的联网设备（如计算机或者打印机等其他设备）之间传播，传输距离最高可达 24.4 m。很多家用电器，比如电视机、音响以及其他设备的遥控器，都使用红外线。红外系统可以配置成点对点或者广播类型。比如说，当使用电视机的遥控器时，必须在电视机前面，才能起作用，这是一种点对点的方式。很多新型的打印机和笔记本电脑都可以使用红外通信技术，很容易地与其他设备连接起来传输数据。使用广播方式，设备不必直接面对面正对着，只要在一定范围的区域里就行了。红外设备相对便宜，但是点对点的系统对光线的方向有严格要求。安装和维护的关键问题就是如何确保网络节点间的光线是通达的。点对点的方式最大可支持 16 Mbit/s 的速度（1 m 以内），传输速度会随着传输距离的增加而降低；广播方式支持的速度小于 1 Mbit/s。信号衰减、抗电磁干扰能力以及被窃听都是问题，特别是在有物体挡住了光线或者环境发生了变化，比如有烟雾或者高强度的照明的情形。

2. 高频无线电

高频无线电信号的传输速度可以达到好几百 Mbit/s，传输距离可达 12.2 ～ 40 km，而这取决于结点间的障碍物的属性。信号的传输路径有很大的灵活性，这使得高频无线电成为理想的移动传输方式。举例来说，大多数警务部门使用的是高频无线电信号，警车之间可以互相联系，警车和调度中心之间也可以互相联系。这种传输方式造价偏高，因为天线发射塔以及终端接收器的成本高昂。另外安装也复杂，由于需要接触高压电的缘故，还会有一定的危险性。虽然信号衰减很小，这种传输方式却受电磁干扰严重，且容易被窃听。

高频无线电通信方式两种常见的应用是蜂窝电话和无线局域网。**蜂窝电话**一词来源于信号分发的方式。一个蜂窝系统的覆盖范围，被划分为一个一个的“蜂窝”，每一个蜂窝都有低功率的天线和接收器；这些蜂窝都受中心的计算机监视和控制（参见图 TB4-18）。任何蜂窝网络有一个固定数量的无线发射频率。当用户发起或者接收呼叫时，对于这个特定的呼叫进程，移动电话交换机会分配呼叫用户一个特定的通话频率。由于呼叫人（或者接收者）可以在网络中移动，在交换机房里的中心计算机可以监视到信号的质量，会自动地分配电话到最近的蜂窝天线。蜂窝电话是 20 世纪 80 年代中期开始商用的，从那时候开始就经历着迅速的变革（参见表 TB4-3）。在美国，除了一些落后地区还在使用模拟方式之外，蜂窝电话现在大多数都是数字方式了。数字化传输和数字化接收比传统的模拟方式有更多好处，它可以传输更远的距离，移动性更好，还可以传输数据信息。

表 TB4-3　蜂窝电话技术的发展

代	描　　述	数据传输方式	优　　势
第 0 代	在现代蜂窝电话之前的电话技术，一般是车载式，由于是一个封闭型的系统，所以只能呼叫蜂窝系统内的其他电话	模拟方式	可以移动着打电话
第 1 代	20 世纪 80 年代开始商用，使用电路交换技术，因此通话质量差，在基站间切换不可靠，有时会掉线，而且无安全性可言	模拟方式	可以与其他蜂窝电话通话，也可以与固定电话通话
第 2 代	全数字方式（传输和接收）分为 TDMA 和 CDMA 两种制式。可以提供短消息和电子邮件服务	数字方式（9.6Kbit/s）	低能耗的无线发射信号，使得电话待机时间更长。数字技术使得通话更为清晰。
第 2.5 代	基于包交换方式，可以提供高速的数字业务	数字方式（115Kbit/s）	高速数据通信使得更复杂的数据可以传输（比如比赛分数、新闻故事）
第 3 代	与已有的 2 GB 网络完全不同，需要重新建网，速度更快	数字方式（移动时可达 128 Kbit/s，静止时可达 2 Mbit/s）	可以传输视频和音频
第 4 代	未来的通信技术（基于未来的通信标准和未来的无线设备）	数字方式（移动时可达 100 Mbit/s，静止时可达 1 Gbit/s）	数据通信速度与固定网络相比没什么差别

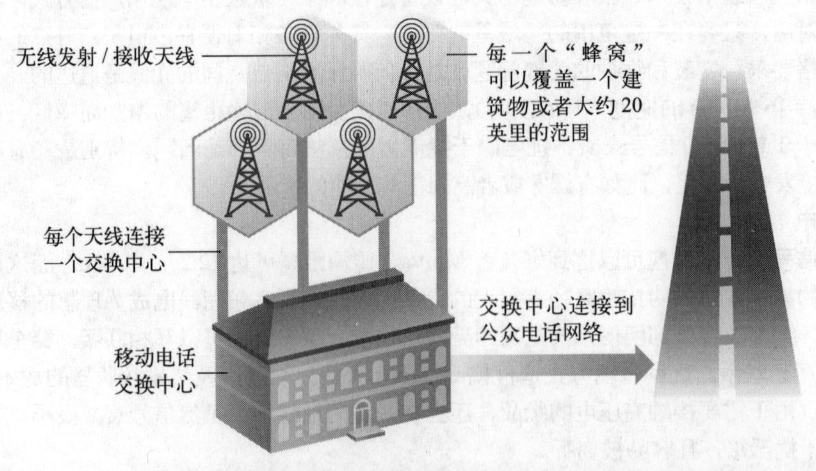

图 TB4-18　蜂窝电话网络把地理区域分成蜂窝状的小块

高频无线微波技术现在发展很快，主要用来支持**无线局域网**（Wireless Local Area Networks, WLAN）。无线局域网也称为 Wi-Fi，它是基于 802.11 协议族的。而 802.11 协议族是一种被广泛采用的通信标准，其传输速度可达 540 Mbit/s（如果使用的是 802.11n）。无线局域网易于安装，因此被普遍用于办公室和家庭。举例来说，有些家庭以及很多建筑物有多台计算机，需要共享一个因特网接入，共享文件以及一些计算机外设。然而，很多老建筑或者老房子都没有有线网络的基本设施（比如布线），也就没法连接计算机和设备。这种情况下，无线联网就显得很有吸引力了。举例来说，华盛顿州立大学想把自己传统的教学机房（机房里有几排桌子，桌面都是台式机，到处是网线、电线，凌乱不堪）改造成更为灵活、舒适的学习环境。在波音公司、戴尔公司以及英特尔公司的帮助下，现在学生们可以坐在舒适的学习环境下学习，使用各种各样的移动无线通信技术了（参见图 TB4-19）。通过使用无线技术，很多企业把自己的工作环境升级，使得办公协作环境更为友好。

图 TB4-19 在波音的未来无线教室里，华盛顿州立大学为学生提供了一个灵活、舒适的学习环境

（资料来源：波音公司）

高频无线通信最后一个例子就是前面介绍过的个人网络。个人网络使用低能耗的蓝牙无线电波技术。个人网络越来越流行，借助于蓝牙技术，蓝牙耳机可以连接到手机上，MP3 播放器可以连接到音乐服务器上，车载电话可以连接到手机上，此外还有各种各样的应用。最近，诺基亚发布了一项新的个人网络标准，叫做 Wibree[①]。它有着成本低、体积小巧、超低功耗的优点。Wibree 使更多设备实现无线互联，可以应用在心跳监视器、MP3 播放器的遥控器等设备，甚至还能用于高尔夫俱乐部。

3. 微波

微波传输是一种通过空气传播的高频无线信号，使用地面系统或者卫星系统。地面系统和卫星系统的微波传输都要求信号发送者和信号接收者之间的视线是通达的。地面微波使用天线来发射，如图 TB4-20 所示，还需要节点间的视线是通的。**地面微波系统**用作地表不能穿越到达的场合，或者用于连接不同建筑物，如果采用电缆则成本过高的场合。地面微波的成本取决于要连接的距离。通常，企业会选择从服务提供商那里租用微波系统而不是投资购买天线设备。数据传输速度可以达到 274 Mbit/s。当传输的距离较短时，信号衰减不是个问题。当传输距离较长时，信号可能会受到环境因素、天气因素或狂风暴雨等的影响。使用微波传输，电磁干扰以及信号窃听就是个大问题了。

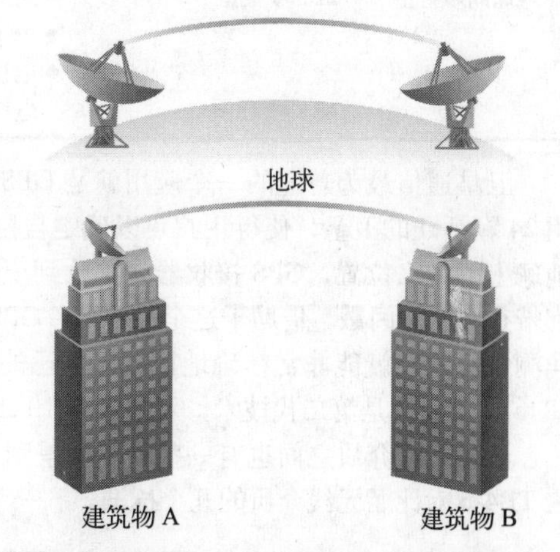

图 TB4-20 地面微波需要发送方和接收方之间视线是通的

① 超低功耗蓝牙无线技术，也叫“小蓝牙”技术。——译者注

卫星微波，如图 TB4-21 所示，在地球上的天线和地球轨道上的卫星之间，有一个中继站。通过中继站来中转信号。卫星传输有延迟，因为信号传输的距离很远（也就是所谓的传播延迟）。卫星轨道在地表以上 400 ～ 22 300 英里，分别有着不同的用途和特点（参见表 TB4-4）。这项技术作为广播媒体是非常可行的。在美国的卫星广播市场，有两家主要的公司在经营：XM 和 Sirius。这两家公司都有着自己的卫星，发送的都是加密的信号，只有用私有的接收终端才可以接收，解密后才能收听或者收看节目。

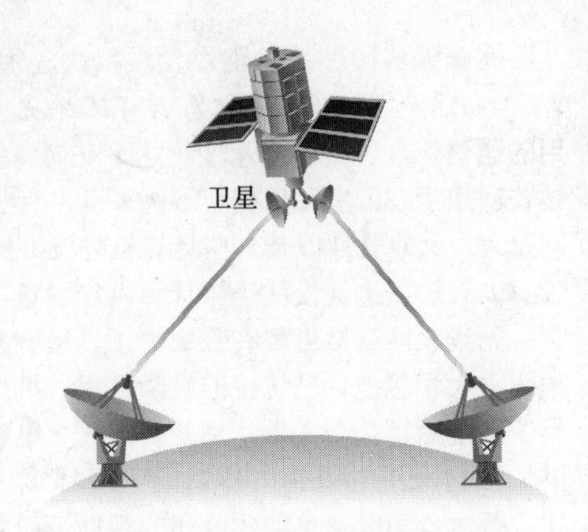

图 TB4-21 通信卫星是中继站：接收一个地面站的信号，并中转到另外一个地面站

卫星通信的另外一个用途是：它可以用来联系非常遥远的欠发达地区。这样的系统造价一般非常昂贵，因为它们的使用和安装都依赖于空间技术，像 AT&T 公司提供的卫星服务，典型传输速度从 1 MB 到 10 MB 不等。但是该通信方式的最大传输速度可达 90 Mbit/s。像地面微波一样，卫星微波信号容易衰减，易于受电磁波干扰，容易被窃听。

表 TB4-4 不同轨道的卫星的特性

名 称	距离地球高度	特性 / 一般应用
低地轨道卫星	400 ～ 1 000 英里	● 空间位置不固定，随着地球转动，一天好几圈 ● 摄影以定位矿藏位置，监视冰帽、海岸线、火山和雨林，研究植物和庄稼变化；监视野生动植物的习性和动物的变化，查找或营救失事的飞机或船只，天文学和物理学的研究
中地轨道卫星	1 000 ～ 22 300 英里	● 空间位置固定，随着地球转动，一天转一圈多点 ● 主要用于定位系统（GPS），海上船只、飞船、飞机、汽车以及军事武器导航
地球同步卫星	22 300 英里	● 空间位置固定，随着地球转动，一天正好一圈 ● 由于空间位置固定，所以传输简单了许多 ● 电视、气象信息、远程的因特网连接、卫星数字广播、通信（卫星电话）等速度数据的传输

卫星通信最为普遍的一个应用就是 GPS（Global Positioning System，全球定位系统）。GPS 使用 24 颗活跃的卫星，使得用户可以确定自己的位置，只要是在这个星球上。不管在什么时间，在地球上的什么位置，GPS 接收器能接收到至少 4 颗 GPS 卫星发来的信号；每一颗卫星发送的信号都带有一个时间戳。借助于这个时间戳，GPS 接收器可以算出自己到每颗卫星的距离，因此基于三角测量原理，就能非常精确地计算出自己的位置。GPS 技术有两代了，第一代系统定位可精确到 10 m^2；最新的是第二代技术，可精确到 10 cm^2。

几种无线介质之间也有一些主要的差别，表 TB4-5 总结了每一种无线介质主要的优势和弊端。表 TB4-6 对比了无线介质的几个标准。

表 TB4-5 不同的无线介质的优势及弊端

介 质	优 势	弊 端
红外线	易于安装和配置，便宜	带宽非常有限，只能直线传输，环境因素影响信号质量
高频无线电	移动基站，信号衰减低	频谱资源需要申请，安装复杂

（续）

介　质	优　势	弊　端
地面微波	可以连接远程的位置或者拥挤的地区，高带宽，信号衰减低	频谱资源需要申请，安装复杂，环境因素影响信号质量
卫星微波	可以连接远程的位置，高带宽，地面站可以固定也可以移动	频谱资源需要申请，安装复杂，环境因素影响信号质量，有“传播延迟”问题

表 TB4-6　无线介质的比较

介质类型	成　本	速　度	衰　减	电磁干扰	窃　听
红外线	低	最高可达 16 Mbit/s	高	高	高
高频无线电	中等	最高可达 54 Mbit/s	低	高	高
地面微波	中等	最高可达 274 Mbit/s	低	高	高
卫星微波	高	最高可达 90 Mbit/s	中等	高	高

TB4.4　网络软件和硬件

组网的时候选用什么样的标准很重要。网络的物理组成，如网络适配器（网卡）、缆线以及连接器等，都是由一系列的标准定义的，标准是从 20 世纪 70 年代早期开始的，它使得网络设备具有了互操作性和兼容性。IEEE（Institute of Electrical and Electronics Engineers，电子电器工程协会）建立了很多通信方面的标准。有关局域网的电缆和介质访问控制方面有 3 个重要的标准，它们分别是以太网、令牌环以及 ARCnet。表 TB4-7 总结了局域网的标准。每一个标准包括了一种介质访问控制技术、网络拓扑结构以及不同的传输介质。软件和硬件一起来实现协议，协议使得不同类型的计算机和网络可以互相成功地通信。协议通常是由计算机的操作系统或者网络操作系统来实现的。接下来会分别详细地讨论。

表 TB4-7　主要的局域网标准汇点

标　准	访问控制	拓扑结构	典型介质	速　度
以太网	CSMA/CD	总线型	同轴电缆或者双绞线	10 Mbit/s ~ 1 Gbit/s
令牌环	令牌传递	环型	双绞线	4 ~ 100 Mbit/s
ARCnet	令牌传递	星型或者总线型	同轴电缆或者双绞线	2.5 ~ 20 Mbit/s

TB4.4.1　介质访问控制

介质访问控制是一系列规则，该规则管理着一个特定的节点或者工作站，如何得到访问网络的权限来发送和接收信息。介质访问控制有两种常见的类型：分布式访问方式和随机访问方式。对于分布式访问方式来说，在某一时刻，只有一个工作站有权发送自己的数据。这个权利会自然转给下一个工作站。而随机访问方式，任何工作站只要有介质可用，就可以传输自己的数据，不需要获取专门的权限。下面分别介绍。

1. 分布式访问控制

最常用的分布式访问控制方式是**令牌传递**。令牌传递是一种使用电子令牌的访问控制方式，电子令牌是一种小的数据包，用于防止冲突，这种机制使得所有的工作站有平等的机会来访问环型网络。当两个或者多个工作站同时发送消息到网络上时，会发生冲突。工作站在向网络发送消息之前，必须获得一个令牌。

工作站接收到了令牌，如果它要发送消息，就标记令牌状态为“忙”，把自己要发送的消息追加上去，然后把它们都发送出去。消息和令牌在环里传递，如图 TB4-22 所示的那样。每一个工作站都复制消息，然后重新发送这个令牌和消息的组合体。当该消息被最初的工作站接收到以后，消息会被删除掉，令牌的状态重新标记为“空闲”，接下来再把它发送给网络里的下一个工作站。

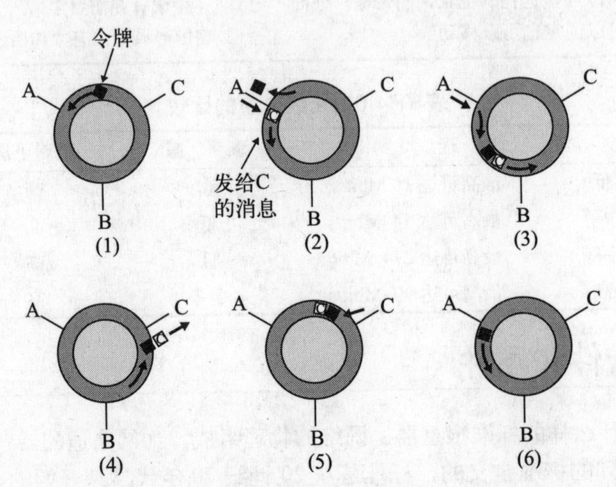

图 TB4-22 工作站 A 接收到令牌后，加了一个消息，想发给工作站 C；工作站 C 接收到了消息和令牌，接着把消息和令牌转发给工作站 A；工作站 A 于是删除了消息，再把空的令牌发给网络中的下一个工作站

2. 随机访问控制

最常用的方式是随机访问控制方式，叫做 CSMA/CD（carrier sense multiple access/collision detect，载波监听多路访问 / 冲突检测）。在该方式下，每一个工作站都在“监听”网络，看网络是否有消息正在传送。如果网络很安静，工作站就发送消息；要不然，它就处于等待状态。当工作站得到了介质的访问权并将信息发送到网络上时，消息就会被发送到网络上所有的工作站上去；然而，只有消息送达的那个工作站（即作为目的地的那台工作站）才可以“打开”该消息。如果两个或者多个工作站试图同时发送一个消息，所有的工作站都会检测到有冲突发生，于是所有的发送行为都会终止。过了一会儿，工作站会再次试图发送它们的消息。当网络的流量很小的时候，冲突会很少，数据能快速地发送出去。然而在网络流量很大的情况下，传输信息的速度会显著下降。

TB4.4.2 网络拓扑结构

网络拓扑结构指的是网络的形状。有 4 种网络拓扑结构，它们分别是星型网络、环型网络、总线型网络以及网状网络（见图 TB4-23）。

1. 星型网络

正如我们所想像的那样，**星型网络**的形状确实像星星，如图 TB4-23a 所示。也就是说，所有的网络节点或者工作站都连接到一个中央的集线器（hub）或者集中器（concentrator）上，通过集线器或者集中器，所有的消息才得以传输。集线器有放大传输信号的作用，因此网线长度不是问题。工作站就代表着星星的每个点。星型拓扑的网络容易搭建，也容易修改。然而，一般来说成本也是最高的，因为这种结构需要大量的网线。如果网络有故障，尽管诊断每个工作站的问题不难，但是星型网络易受集线器的故障点影响，这有可能导致所有的工作站都不能正常工作。

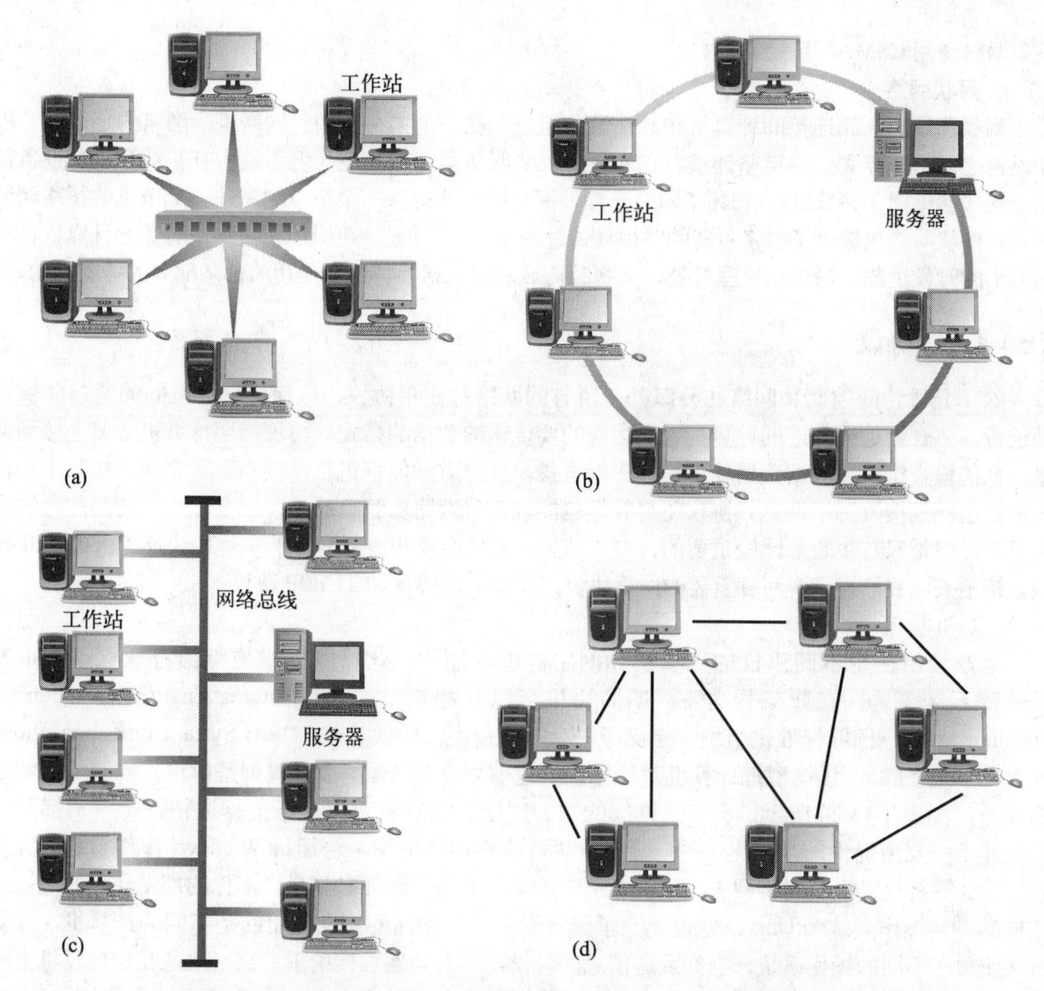

图 TB4-23 (a) 星型网络有很多工作站，都连到一个集线器上；(b) 环型网络配置成一个封闭的环，每一个工作站都连到另外一个工作站上；(c) 总线型网络配置成这样的形状：用一根传输线作为总线，每一个工作站同时接收同样的消息；(d) 网状网络包括计算机或者其他设备，每一个都是完全或者部分地连到其他设备上

2. 环型网络

环型网络被配置成一个封闭的环或者圆圈，每一个节点连接着下一个节点，如图 TB4-23b 所示。在环型网络里，消息是按照圆环的一个方向传递的。当消息在圆环里传递的时候，每一个工作站都会检查该消息，看看它是不是发给自己的。如果不是，消息会被重新制造出来，并传递给下一个节点。再制造的过程使得环型网络与星型网络或者总线型网络相比，能覆盖更远的距离。需要的网线相对少一些，但是某一个节点的故障会导致整个网络失效。自愈环型网络可以避免此问题，它有两个环，也就是说数据传递有两个方向；因此，单个节点的故障不会导致整个网络瘫痪。在任何一种情况下，修改或者重新配置一个环型网络都是件很困难的事情。环型网络通常使用令牌环传递介质访问控制的方式来调节网络流量。

3. 总线型网络

总线型网络用单根传输线作为总线，如图 TB4-23c 所示；这种特点带来的结果是：这种网络结构最容易扩展，且有着最简单的缆线布局。这种拓扑结构使得所有的网络节点都可以通过网线接收同样的消息。然而当网络出现问题时，这种网络结构很难分析诊断出故障出在哪一个工作站上。总线型网络使用CSMA/CD控制方式。

4. 网状网络

网状网络由互相连接的计算机和其他设备组成。在一个完全的网状网络里，网络的每台计算机和设备之间均有点到点的链路连接。在部分的网状网络里，有一些（但不是所有）计算机和设备互相连接（参见图TB4-23d）。和环型网络一样，网状网络使得从一个节点到另外一个节点的径路相对较短。网状网络也提供了很多可能的路由（通过网络），这种设计可以阻止短路或者某台计算机在网络繁忙的时候过载。考虑到这些好处，大多数广域网（包括因特网）使用的都是部分的网状结构。

TB4.4.3 协议

除了介质访问控制和网络拓扑以外，所有的网络都使用协议，以保证计算机间的通信能够成功进行。**协议**就是在互连的计算机之间达成的要传输的数据的格式。协议指明计算机如何连接到网络，如何检查错误，数据采用什么样的压缩方式，发送方如何标记自己消息发送完毕，接收方如何标记自己已经接收到了消息。协议使得数据包能够正确地路由到目的地。现在程序员使用的协议有上千种，但是只有少数是比较重要的。在本节里，我们会首先查看一下为实现协议而引入的OSI模型。接下来，我们再了解两种重要的网络协议，即以太网协议和TCP/IP协议。

1. OSI模型

企业希望使用不同协议的计算机和网络能够互操作，这样的需求使得该行业有了一个开放性的系统架构，在此架构之下，不同协议可以互相通信。ISO（International Organization for Standardization，国际标准化组织）定义了一个网络模型，叫做OSI（Open System Interconnection，开放性系统互联），该模型把计算机对计算机的通信划分为7层。**OSI模型**是协议，代表一组特定的任务，如图TB4-24所示，有7个连续的层，这使得计算机可以进行数据通信。每一层都是建立在其下一层所提供的功能之上的。举例来说，假设你正使用一台运行Windows操作系统的计算机，该计算机也连到了因特网上，你正要给你的朋友发送一条即时消息，而你的朋友使用的是一台工作站，其操作系统为Unix，它也连到了因特网上。你和你的朋友使用的是不同的计算机，计算机又使用了不同的操作系统。当你发送消息的时候，消息会逐层传给下一层（这是在你计算机上的Windows协议栈实现的）。在每一层，都会为数据加一个头信息，头信息包括了该层的相关信息。最终，通过物理介质，数据和头信息从Windows的第一层传到了Unix的第一层。在接收端，消息通过了Unix应用程序的所有层。在每一层，相应的头信息都会被去掉，请求任务会被执行，剩下的数据会接着传递，直到消息到达了目的地，参见图TB4-25。换句话说，协议代表着一种约定：数据是如何在网络中的不同部分传输的。

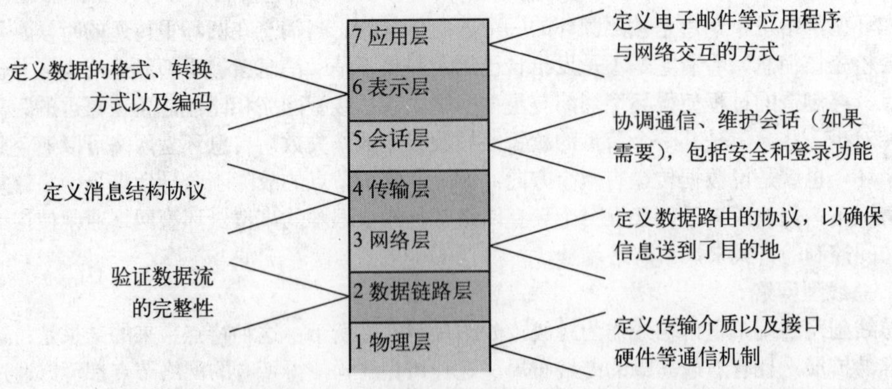

图TB4-24 OSI模型有7层，它提供了一个框架：不同计算机和不同操作系统可以组成一个网络

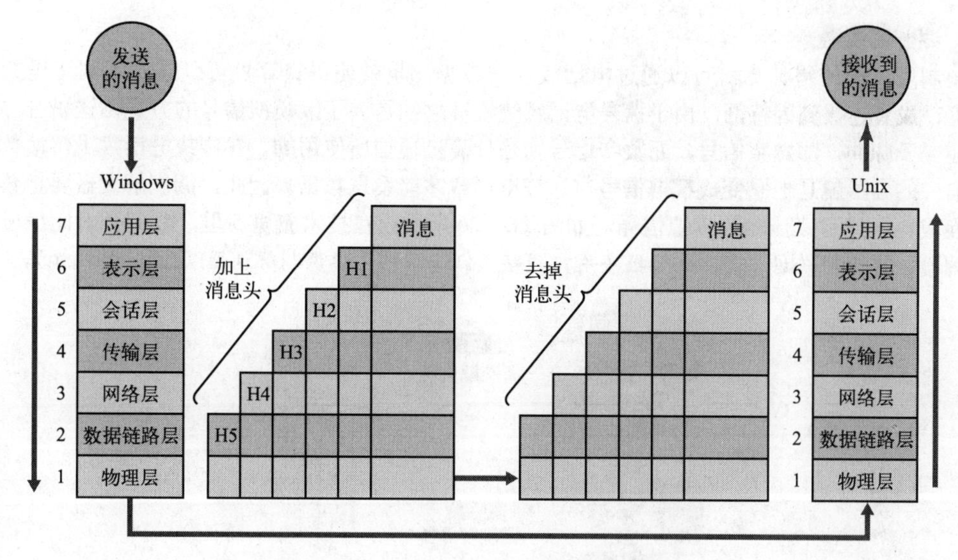

图 TB4-25　两个不同的计算机间发送消息

2. 以太网协议

以太网协议是一种局域网协议，它是由施乐公司在 1976 年开发出来的。以太网协议使用总线型网络拓扑结构，使用随机介质访问控制来传输数据。最初的以太网协议支持的数据传输速率可达 10 Mbit/s。后来的版本叫做 100Base-T 或者快速以太网，支持的速度可达 100 Mbit/s；最新的版本叫做 GB 以太网，支持的速度可达每秒 1 GB 或者 1 000 MB。大多数新款计算机都安装有某种类型的以太网卡，使得用户可以使用这种方式联网。

3. TCP/IP 协议

因特网最初的想法是：单个的网络可以单独设计和开发，它们的用户仍然可以使用自己的接口连接到因特网。TCP/IP（Transfer Control Protocol/Internet Protocol，传输控制协议和因特网协议）是网络互联的协议，它允许不同的网络使用同一种语言进行通信。举例来说，TCP/IP 使得 IBM、苹果以及 Unix 用户可以通信，尽管他们的系统明显不一样。计算机科学家 Vinton Cerf 和工程师 Robert Kahn 定义了 IP（网际协议），通过 IP 协议，数据报可以从一个计算机发送到另外一个计算机，按照自己的路线到达目的地，这是美国国防部高级研究计划署（DARPA）项目的一部分。TCP/IP 会在技术概览 5 里详细讨论。

TB4.4.4　接入硬件

单个的计算机可以物理相连，进而组建成不同类型的网络。用来把计算机或者其他设备连接到网络的硬件有：传输介质连接器、网络接口卡（网卡）、调制解调器。设备接入网络之后，就可以接入多部分传输介质来形成一个大网络。转发器（repeater）、集线器（hub）、网桥（bridge）以及多路复用器（multiplexer）则可以用来扩展网络的覆盖范围和网络的规模。这些设备下面会讲述。

1. 传输介质连接器

传输介质连接器或者简称**连接器**，一头接网线，一头接网络接口卡（网卡）或者其他网络部件。连接器包括同轴电缆的 T 型头以及双绞线的 RJ-45 接头（样子和电话机的接头很相像）。

2. 网络接口卡（网卡）

网络接口卡也叫网卡，是插到计算机的主板上用来扩展 PC 功能的，它可以把计算机连接到网络上。每一个网卡都有一个唯一的识别号（由硬件厂商生产的时候确定），这是用来标识连接到网络的这台计算机在网络上的地址的。

3. 调制解调器

调制解调器使得计算机可以通过电话线发送数据，也就使得计算机可以连接到网络里的其他计算机，或者连接到因特网。由于拨号电话系统设计之初是为了以模拟信号的方式传送语音，它不能传递电子脉冲，即**数字信号**，而数字信号才是计算机通信所使用的。在传统电话线上传输数字信号，唯一的办法就是把它变成**模拟信号**，这样电话线才能发送数据。因此，调制解调器要把数字信号转换成电话线可以传输的模拟信号，如图 TB4-26 所示。在技术概览 5 里，我们会对比拨号的调制解调器和其他的联网方式，比如数字用户线路（DSL）和线缆调制解调器（cable modem）。

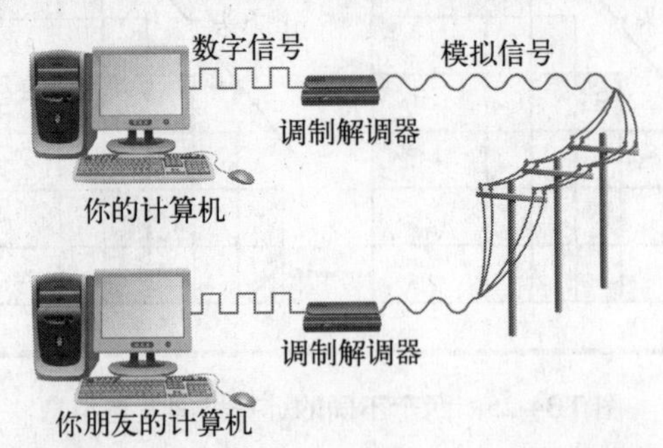

图 TB4-26 调制解调器把数字信号转换为模拟信号，也可以把模拟信号转换为数字信号

TB4.4.5 网络硬件

因为当今的网络非常复杂，有一些特别的专用设备，计算机使用这些设备来连接网络以传输数据。不是所有的设备都是必须联网的，设备的选用取决于网络的配置以及网络的用途。从表 TB4-8 也可以看出，网络硬件的每一个类型，都是为了某一种特定的功能设计的，对应着 OSI 模型的某一层。大多数因特网的消息传输从某种程度上来说是跨网关和跨路由器的。前者使得数据包可以离开网络，后者用来识别数据包的去向。

表 TB4-8 网络硬件

网络硬件	描 述
转发器	**转发器**也叫重发器，信号在网络里传输的时候，如果它的强度变得很弱，就可以用转发器重新产生或者复制一个信号。转发器使得数据从一个介质段传到另外一个介质段，此外还能有效地扩大网络的规模（覆盖范围）
集线器	**集线器**用来在各个介质段之间充当中心连接点。和转发器一样，集线器使得网络可以扩展，以协调更多的工作站。集线器常用在 10M 的以太网里
网桥	**网桥**的作用是连接不同的局域网或者同一局域网的两个网段。然而，和转发器不一样的是，网桥需要测定源计算机和目的计算机的物理位置。典型应用是把过载的网络划分成为几个独立的部分，以减小网络各部分之间的流量。网桥也用来连接那些使用了不同的布线或者网络协议的“小网络”
多路复用器	**多路复用器**是用来在多个用户之间共享通信线路的。有时候，传输介质的利用率不高（因为只传输一路信号）。为了有效地使用整个带宽，多路复用器派上用场了，它可以在一个通道上传输多路信号
路由器	**路由器**是一种智能设备，用来连接两个或者多个独立的网络。当路由器收到一个信号，它先查看网络地址，然后传递这个信号或者消息到正确的目的地
网桥路由器	**网桥路由器**是网桥加路由器的简称，提供网桥加路由器的功能
通道服务单元	**通道服务单元**是一种设备，可以用作局域网和公共运营商的广域网之间的“缓冲区”。通道服务单元确保从局域网一侧发送过来的所有信号都可以按时发给公共网络
网关	**网关**用作协议转换，有了它，不同的网络可以通信，虽然它们“说”的语言不一样。举例来说，局域网和大型主机等大的系统通信，它们所用的协议是不一样的，所以需要一个网关

要点回顾

(1) 描述计算机网络的发展和类型。从20世纪50年代以来，先后出现3种计算模型。第1种，从20世纪50年代到70年代，集中式计算模型占统治地位。所有的处理都是在大型的主机上进行的，用户与系统交互是通过终端进行的。从20世纪70年代到上世纪80年代末，分布式计算则占据了统治地位。在该模式下，由独立的单台计算机来完成子任务，然后通过网络把计算结果发送出去。第3种模式是从20世纪90年代开始出现的协作式计算模型。在这种模型下，两台或者多台联网的计算机一起工作来完成某个常见的处理任务。计算机网络的类型有好几种。PBX是一种私有的电话交换设备，它提供了语音和数据通信的能力。局域网是位于一个地方的计算机组，共享硬件和软件资源；无线局域网很受欢迎，因为安装很容易。广域网指的是两个或多个位于不同地方的局域网组合到一起。广域网有4种类型：全球网络、企业网络、增值网络以及城域网。全球网是一种广域网，可以跨多个国家，可能包括很多网络。企业网则用来连接企业内部的所有位于一个地方的局域网。增值网络是私有的，由第三方管理的，可被多个企业所共享。城域网是在一定地理区域，通常是一个城市，采用了局域网技术和光纤技术来建成的网络。计算机网络的最后一种类型叫做个人网络。它是新出现的技术，使用了无线通信技术来交换数据，在计算机设备之间使用的是短程无线技术，距离通常在10 m之内。

(2) 理解网络基础，包括网络服务和传输介质。在网络里，有3个区别明显的术语：服务器（Server）、客户机（Client）以及对等端（Peer）。服务器是一台计算机，它保存有各种信息（程序和数据），通过网络向用户提供服务。客户机是任何使用由服务器所提供的服务的设备或者软件应用程序。对等端是网络上两个对等的计算机或者设备，每一个对等端都可以请求服务，同时也提供服务。服务器和客户机一起组成以服务器为中心的网络。而对等端组成P2P网络。网络提供文件服务、打印服务、消息服务以及应用程序服务，这些服务扩展了单台计算机的功能。网络操作系统是控制网络的主要软件。在一个典型的局域网里，网络操作系统包括两部分，第一部分是最重要的同时也是运行在服务器上最为复杂的系统软件。网络操作系统协调许多功能，包括用户账号管理、接入信息、安全以及资源共享。网络操作系统的另一部分较小，它运行在每一个连接到局域网的工作站上。网络可以使用缆线或者无线传输介质来交换信息。缆线包括：双绞线、同轴电缆以及光纤。无线介质则包括红外线、高频无线电以及微波。

(3) 描述网络软件和硬件，包括介质访问控制、网络拓扑结构以及协议，还包括用于连接局域网和广域网的硬件设备。网络访问控制指的是一个给定的工作站是如何取得访问网络的权限的。有两种通用的类型：分布式的访问控制和随机的访问控制。分布式的访问控制每次只有一台工作站有权限传输自己的数据。在随机的访问控制方式下，任何工作站都可以传输数据，只要有介质可用。网络的形状可以有很多种，4种最为常见的拓扑结构是星型网络、环型网络、总线型网络以及网状网络。协议是为在联网的计算机间传输数据而达成的消息格式的约定。不同企业需要使用不同的协议来互联设备，这种要求使得行业有了开放的系统架构，在此架构之下，不同的协议可以互相通信。国际标准化组织定义了一个网络模型，叫做OSI网络模型。该模型把计算机到计算机的通信划分为7层，每一层，都是建立在下一层提供的功能之上的。软件和软件提供商可以使用OSI等网络标准来生产出更容易联网的设备。以太网协议是局域网一种重要的协议。而TCP/IP协议应用得更为广泛，它是世界上最大的广域网，即因特网的基石。在网络里，每一台设备或者计算机都必须与介质或者缆线相连接。为了实现这一点，传输介质连接器、网络接口卡以及调制解调器就派上用场了。单个的设备连到网络之后，传输介质的多个部分还可以连接起来，以建立一个更大规模的网络。很多不同的设备被用来扩展网络的覆盖范围和网络的规模，以及与广域网互联。

思考题

1. 对比集中式、分布式以及协作式这3种计算模型。
2. 局域网、广域网、企业网以及全球网，它们有什么样的联系？
3. 解释服务器、客户机以及对等端这3个概念。
4. 网络服务有哪些主要类型？

5. 使用缆线的传输介质主要有哪 3 种？
6. 无线传输介质组网的 4 种常用方法是什么？各自有何区别？
7. 什么是网络拓扑结构？描述当今常见的 4 种拓扑结构。
8. 建立 OSI 模型的目的是什么？
9. 什么是以太网，为什么它那么普及？
10. 什么是 TCP/IP? 在因特网上，它起着什么样的作用？
11. 把计算机连接起来以组成网络的硬件有哪些类型？
12. 调制解调器是做什么用的？它是如何工作的？

自测题

1. 是如下哪种计算机类型使得网络里的计算机可以访问文件、打印、通信以及其他向用户提供服务？
   A. 服务器
   B. 客户机
   C. 对等端
   D. 传呼机
2. 如下哪一项不属于缆线介质？
   A. 双绞线
   B. 同轴电缆
   C. 光纤
   D. 三次群（tertiary group）
3. 如下哪一项属于无线介质？
   A. 光纤
   B. TCP/IP
   C. 红外线
   D. 微终端
4. 网络类型有哪几种？
   A. 星型网络、环型网络以及总线型网络
   B. 星型网络、盒型网络以及环型网络
   C. 星型网络、环型网络以及三角网络
   D. 环型网络、总线型网络以及矩形网络
5. 以下几种都是高频无线电通信常见的应用，除了 _____。
   A. 传呼机
   B. 蜂窝电话
   C. 无线网络
   D. 传真
6. 国际标准化组织定义了一个网络模型，叫做 ___________，该模型把计算机到计算机的通信分为 7 层。
   A. 网络分配系统（NAS）
   B. 开放系统网络（OSN）
   C. 开放系统互联（OSI）
   D. 网络传输系统（NTS）
7. 如下哪一项是局域网的类型之一，由施乐公司于 1976 年开发，通常使用总线型或者环型网络拓扑结构，使用随机访问控制来发送数据。
   A. 以太网
   B. 网桥
   C. 星型网络
   D. 网关
8. 如下哪一项是因特网使用的协议，使得不同的互联的网络可以使用相同的语言来通信？
   A. 以太网
   B. C++ 编程语言
   C. TCP/IP
   D. 路由器
9. 当单个的设备连接到网络以后，可以将传输介质的多个部分连接起来，以组建更大的网络。如下哪一项不是用来扩展网络的覆盖范围和网络规模的？
   A. 网桥
   B. 转发器
   C. 调制解调器
   D. 集线器
10. _____ 执行协议转换，使得不同的网络可以通信，即使它们“说的”是不同的语言。
   A. 网关
   B. 通道服务单元
   C. 调制解调器
   D. 网桥路由器

问题和练习

1. 配对题，把下列术语和它们的定义一一配对。
   i. 协议
   ii. 数字化
   iii. 令牌传递
   iv. 网络操作系统
   v. 路由器
   vi. 总线型网络
   vii. 网状网络

viii. P2P 网络（对等网）

ix. 信号衰减

x. Wi-Fi

a. 电子信号的强度会随着传输距离的增加而减弱

b. 基于 802.11 标准的无线局域网

c. 一种网络访问控制方式，令牌在一个环型的拓扑里传递。仅当一个不忙的令牌到达了该工作站，工作站才可以传输消息到网络上

d. 一种网络拓扑结构，所有的工作站都连接到一根传输线上

e. 一组软件程序，用于管理和提供网络服务

f. 一种智能设备，用来连接两个或多个网络

g. 网络的一种，该网络里的任何计算机或者设备都能提供服务，也能请求服务

h. 由计算机或者其他设备组成的网络，各计算机或者设备之间要么两两互相连接，要么部分互相连接

i. 不同的计算机在发送和接收数据的时候遵循的程序

j. 把模拟信号转换成数字信号的过程

2. 讨论 PBX 网络和局域网的区别。它们各自有什么优势，又可能有什么样的缺点？它们各自的应用场合是什么？

3. 使用蓝牙的个人网络越来越普遍，请访问 www.bluetooth.com，并调查可以用这种技术来改进的产品的类型。找出你觉得有趣的 3 种产品，并准备一个 10 分钟的介绍，说说这 3 种产品各是什么，以及蓝牙是如何增强它们的操作和使用感受的。

4. 使用如下术语：数字信号、模拟信号、拨号电话线以及调制解调器，来解释文件是如何通过传统的电话系统，从你的电脑发送到你朋友的电脑里的。什么时候在什么地方都发生了什么事情？

5. 比较和对比服务器 / 客户机网络以及对等网络。计算机和设备在网络里是如何互相交互的？在哪种场合，哪种模式好一些，为什么？

6. 描述一下你使用计算机网络的感受。你使用的是哪一种拓扑结构的网络？使用的网络操作系统是什么？这个网络连接到其他网络了吗？如何连接的？

7. 搜索流行的媒体信息或者网上的论坛，看看与计算机网络相关的新技术都有哪些。分组讨论最热门的话题，你是否认为在不久的将来，它们会变为现实？为什么？试准备一个 10 分钟左右的介绍，然后在班上跟同学们分享。

8. 将班级划分为几个小组，每一个小组的成员都描述一下，对一个小的办公室来说，哪种类型的网络是最合适的？这个办公室的大致情况是：有 10 来台计算机、一台打印机以及一台扫描仪，都在建筑物的同一个楼层，每一个设备距离都很近。确保讨论了传输介质、网络拓扑结构、硬件和软件等方面。是否所有的成员意见都一致？为什么？为了能够更好地推荐方案，你还需要知道什么？

9. 调查流行的媒体和网站，或者你认识的在公司上谈的人，看看他们的公司使用哪种连接方式，双绞线、同轴电缆还是光纤？这 3 种连接方式分别应用于什么场合？哪一种看起来像是发展趋势？

10. 做和 9 一样的分析，但是这一次要考察的是无线网络的使用。哪一种无线网络最为普遍？为什么？

11. 假如你打算在家里搭建一个无线局域网，那好，先确定需要购买什么设备，然后试试网上购物或者去本地的计算机配件的实体店去买，另外算算这些配件大概需要多少钱。

12. 咨询你所在工作地点或者学校的信息系统的管理人员，了解使用的是什么类型的网络？这些局域网是如何连接到主干网的？

13. 在网络上搜索有关以太网协议起源的背景知识以及典型用户。以太网协议是如何产生的，现在的普遍程度如何？

14. 在网络上搜索 TCP/IP 协议的背景知识以及应用情况。为什么这种协议变得如此流行，如此强大？

15. 访问思科的网站，查看该公司都生产和销售哪种网络设备产品？为什么它家的产品这么好卖？它有哪些竞争者呢？

16. 调查家用的高速宽带的因特网接入都有哪些？有哪些方案可供选择？花费分别是多少？

自测题答案

1. A	2. D	3. C	4. A	5. D
6. C	7. A	8. C	9. C	10. A

技术概览 5

因特网和万维网

综述> 组织需要把产品快速带入全球市场，并与客户和供应商建立密切的联系。这个需求和其他相关需求推动了通信技术的快速发展，特别是因特网的发展。使用这些技术，个人和公司可以跨越时空距离共享信息，也可以降低不同市场和文化的边界。因特网革命改变了我们生活和工作的方式，同时也改变了我们互相交流的方式。本技术简介介绍了因特网的工作方式，提供有关的基础知识，帮助读者理解组织怎样利用因特网将城市中乃至世界上的计算机连接起来。通读本章后，读者应该可以：

1. 描述因特网及其工作方式；
2. 描述因特网的基础服务和万维网。

TB5.1 因特网

因特网这个名称来源于*网络互联*的概念，它意味着将主机及其网络连接起来组成更大的网络。因特网是一个世界范围的大型网络集合，这些网络使用共同的协议来进行通信。

TB5.1.1 因特网的起源

因特网的起源可以追溯到20世纪60年代，当时美国国防部高级研究计划署（DARPA）开始研究将不同类型的网络连接起来。这个研究产生了阿帕网（ARPANET），阿帕网是一个广域网，它将许多大学和研究中心的网络连接起来。阿帕网最初的两个节点是洛杉矶加利福尼亚大学和史丹福研究所，然后是犹他大学。

阿帕网不断地发展并与其他网络相连接。例如，在1986年美国国家科学基金会（NSF）启动了NSFNET的开发，后来这个网络变成了因特网的主要组成部分。随后美国和世界其他区域的网络不断连入或者并入发展中的因特网，这些网络包括BITNET、CSNET、NSINET、ESNET和NORDUNET。如今因特网已经在全世界范围内把州政府、联邦政府、大学、国家研究组织、国际研究组织和产业界连接在一起了。

TB5.1.2 因特网使用分组交换技术

因特网依靠分组交换技术在网络上传递数据和信息。分组交换技术能够支持成百万用户在因特网上同时传递或大或小的数据分组。**分组交换**是基于转换概念的。为了把延迟最小化，网络技术限制计算机单次传输的数据数量。读者可以将其与传送带作对比。假设传送带将仓库和零售店连接起来。客户下单时订单从商店传递到仓库，在那里职员将订单中的配件组装起来。然后这些配件被放置在传送带上交付给商店中的客户。在大多数情况下，职员传送完一个订单的配件才可以处理下一个订单的配件。这种流程处理小型订单很顺畅，但处理包括许多任务项的大型订单就造成了其他订单的延迟。读者可以很容易想象到这种情形：顾客在商店等着给一件商品结账时，前面的人正在给50种商品结账。

局域网、广域网和因特网都使用分组交换技术。在分组交换技术支持下，所有用户可以共享通信通路，而且将延迟最小化。图 TB5-1 说明了计算机如何使用分组交换技术。计算机 A 打算向计算机 C 传递消息，同样，计算机 B 打算向计算机 D 传递消息。例如，计算机 A 打算向计算机 C 发送一封电子邮件，同时计算机 B 打算向计算机 D 传递一份文字处理文档。这些外发消息被分成小的分组，每台发送计算机轮流通过**传输媒介**发送分组。收到的分组在各自目的地按照之前标记的顺序进行装配。

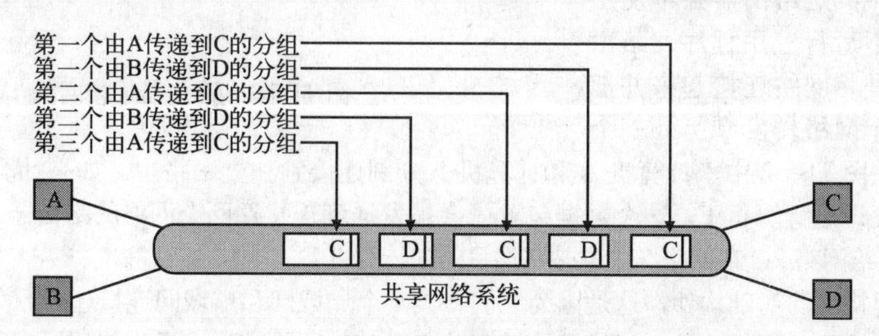

图 TB5-1 使用分组交换将计算机 A 和计算机 B 的文件传递给计算机 C 和计算机 D

（资料来源：Douglas E. Corner. *The Internet Book*, 2nd ed（Upper Saddle River,NJ:Prentice Hall,1997））

每个在网络上传送的分组都必须携带一个数据头，这个数据头包括源网络地址（发送计算机）和目的地网络地址（接收计算机）。每台连接到网络的计算机都具有唯一的地址。当数据分组外发时，网络硬件首先检查这个数据分组的目的地是否为本机，如果不是本机则外发，接下来分组交换系统立即随之调整网络交通。如果只有一台计算机需要使用网络，它可以连续发送数据。一旦其他计算机需要发送数据，分组交换或者轮换使用机制就开始了。现在我们看看因特网如何处理这种分组交换。

TB5.1.3 传输控制协议 / 网际协议

组织使用不同的网络技术，彼此之间存在着兼容问题。在因特网中，众多不同的网络互连在一起，它们需要使用共同的语言，即协议，来通信。正如在技术概览 4 中所述，因特网的协议被称作 TCP/IP（传输控制协议 / 网际协议）。TCP 将信息分成小块，即数据分组，它管理这些数据分组并将它们在计算机间传输（通过前面所述的分组交换技术）。例如，一个文档被分成多个分组，每个分组都包含几百个字符和目的地址。目的地址是属于协议 IP 部分的，IP 定义了分组必须遵守的组成形式和每个分组的路径指向。分组传递到目的地的过程是彼此独立的，有时由于经由不同的路径，到达顺序会被打乱。目的地计算机根据这些分组的标识和顺序信息把它们重新组装起来。TCP 和 IP 一起提供了因特网上传送数据的可靠而有效的方法。

遵守 IP 规范的数据分组被称作 **IP 数据报**。由于连接到因特网的每台计算机和路由器都被分配了唯一的地址（这个地址叫做 **IP 地址**），数据报的选路和传递都是可以实现的。当组织连接到因特网的时候，它会获得一组 IP 地址，组织可以将这些 IP 地址分配给组织内的计算机。TCP 协助 IP 完成下面 3 项任务以确保数据报的顺利传递。首先，它自动检查已经在路径中丢失的数据报；其次，TCP 搜集收到的数据报，并把它们按照正确的顺序组合起来重新生成原始消息；最后，TCP 丢弃由网络硬件产生的冗余数据报。

TB5.1.4　连接独立网络

现在读者已经了解到计算机如何共享传输通路了，接下来我们研究分组交换网络如何通过相互连接构成因特网。因特网使用具有特殊用途的计算机，叫做路由器，来连接独立的网络。例如，在图 TB5-2 中，路由器把网络 1 和网络 2 连接起来。路由器跟常规计算机一样具有中央处理器、内存和网络接口。但是路由器并不使用常规软件，也不运行应用程序。路由器唯一的工作是将网络连接起来并把数据分组从一个网络转发到另外一个网络。例如，在图 TB5-2 中、计算机 A 和计算机 F 分别连接到独立网络中。如果计算机 A 产生一个数据分组要发送给计算机 F，这个数据包首先会被发送到连接这两个网络的路由器。路由器把这个数据分组转发给网络 2，在网络 2 中它被送达目的地计算机 F。

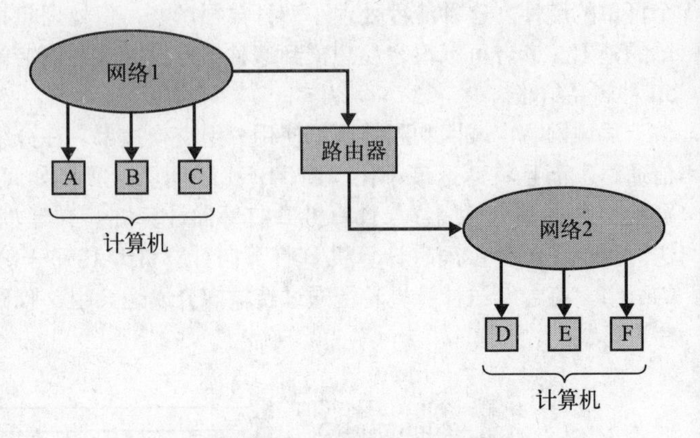

图 TB5-2　路由器连接网络

路由器是因特网的基础构件，这是因为它们将数千个局域网和广域网连接起来。如图 TB5-3 所示，局域网与广域网干线相连接。干线网络管理着大部分的网络交通，通常使用比局域网更高速的连接。例如，一些干线网络使用光纤连接，光纤传输数据的速度是 2 Gbit/s（吉比特 / 秒）；大多数局域网使用以太网和双绞线，其传输速率为 10 MB/s 到 1 GB/s。为了获得对因特网的访问能力，组织用路由器把自有网络和最近的因特网站点连接起来。商业组织往往不单把个人计算机与因特网相连，同时也将 Web 服务器连入因特网。

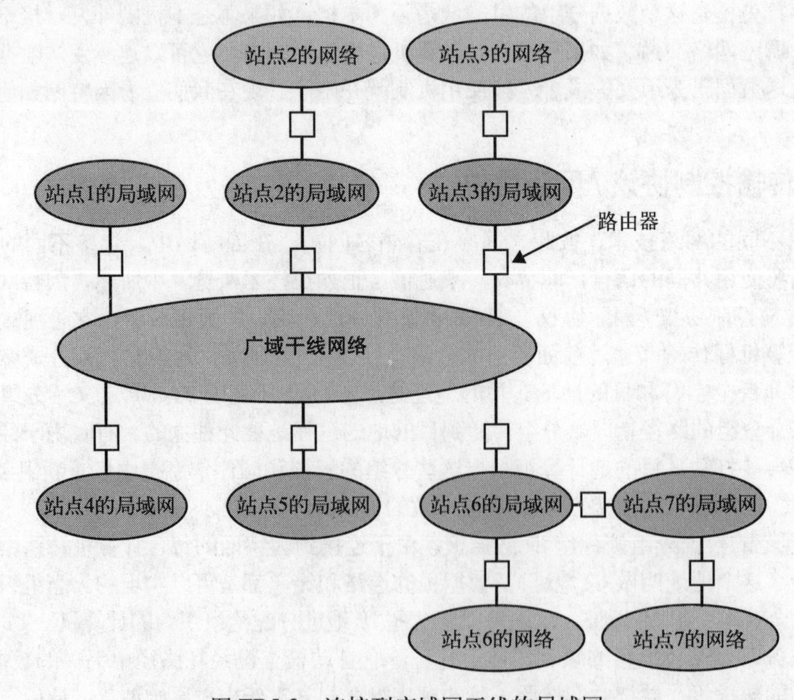

图 TB5-3　连接到广域网干线的局域网

（资料来源：Douglas E. Comer, *The Internet Book*, 2nd ed.（Upper Saddle River, NJ:Prentice Hall,1997））

TB5.1.5 域名空间和地址

URL（统一资源定位符）是用来标识和定位**网页**的。例如，www.google.com 是用来定位 Google Web 服务器的 URL。URL 包括 3 个不同的部分：域名、顶级域名和主机名（参见图 TB5-4）。

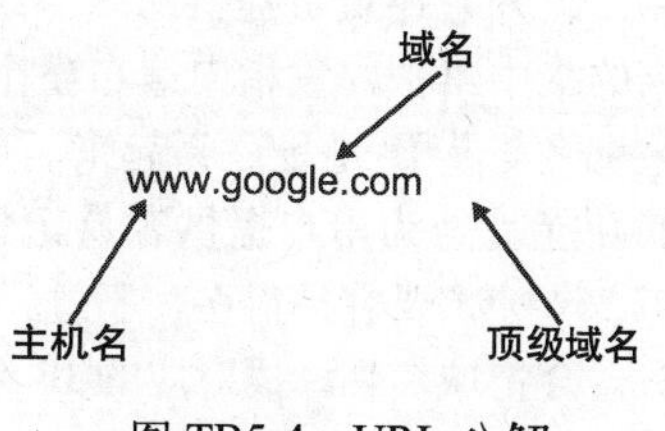

图 TB5-4 URL 分解

域名这个术语的用途是帮助人们识别其代表的计算机或者个人。例如，Google 的域名是 google.com。前缀 google 表明这个域名可能会指向 Google 的**网站**。域名还有一个后缀，它代表域名隶属的**顶级域名**。例如后缀“com”是为商业组织预留的。下面是一些其他常见的后缀：

- edu——教育机构；
- org——非盈利组织；
- mil——军事；
- net——网络组织；
- ca——加拿大。

以 .com、.net 或者 .org 结尾的域名可以通过注册商来完成注册。在 ICANN（因特网域名与地址管理机构）的页面 www.icann.org/registrars/accredited-list.html 中有 ICANN 注册商目录。为了适应域名的扩散性，又出现一些新增顶级域名，如 .aero 代表航空运输行业，.name 代表个人，.coop 代表行业合作团体，.museum 代表博物馆。

主机名是指特定的一台或者一组 Web 服务器（大型网站往往使用多台 Web 服务器），它们会对 Web 请求做出响应。大多数情况下，主机名 www 代表域名的默认网站或者主页；组织或者个人也会用到一些其他的域名。例如，spreadsheets.google.com 指向 Google 电子表格应用服务器组。大型公司拥有多个主机名服务于不同的功能，例如 Google 使用了下面的几个主机名：

- mail.google.com（Google 的免费电子邮件服务）；
- labs.google.com（Google 的测试应用）；
- trends.google.com（看看其他人在搜索什么）；
- maps.google.com（Google 的地图应用）。

所有的域名和主机名都与一个或者多个 IP 关联。例如，域名 google.com 就代表了很多 IP 地址。IP 地址是用来标识因特网（或者任何 TCP/IP 网络）上每个计算机和设备的。IP 地址是计算机或者设备的目的地地址，有了它，网络才可以将消息传递到正确的目的地。IP 地址采用 32 位数字的格式，分为 4 个数字段。这 4 个数字段可以是 0 ～ 255 的任何一个数字。例如，1.160.10.240 就可以用作 IP 地址。TCP/IP 网络也可以用于创建个人的网络，在这种情况下需要为网络上的计算机和其他设备分配域名和 IP 地址；如果要连接到因特网，则必须使用注册的 IP 地址。

IP 地址也可以作为 URL 来使用，用以导航到特定的 Web 地址。但是通常都不会这样做，因为比起域名来，IP 地址要难记得多。

TB5.1.6 由谁管理因特网

那么，谁来跟踪因特网的 IP 地址呢？因特网的开发和使用是由许多国家常务委员会、国际常务委员会和工作组管理的。洲际研究网络协调委员会就是其中的一个组织，它帮助协调该领域内政府赞助的研究。因特网协会是一个专业会员制社团，它在全球拥有超过 150 个组织会员和 16 000 名个人会员。它帮助规划因特网，也是因特网工程师工作组和 IAB（因特网架构委员会）的基地。这些小组都在帮助管理因特网标准。例如，IAB 引导了 TCP/IP 协议组的发展。因特网编号授权委员会提供了因特网上的系统认证记录，还管理作为因特网相关信息的中央知识库的**因特网注册机构**；此外它还负责提供网络系统标识的中央分配。因特网注册机构负责 DNS（**域名系统**）根数据库的集中维护，它指向遍布整个因特网的 DNS 服务器副本。域名系统根数据库的作用是将因特网主机名与其 IP 地址联系起来。如前所述，用户可以使用域名也可以使用 IP 地址来访问网站。DNS 的功能就是为用户提供容易记忆的域名以便用户访问网站。换言之，记忆 www.apple.com 比记忆 17.254.0.91 要容易得多，不过，对于 Web 浏览器而言，这两种表述都是有效的 URL，因为 DNS 服务器会把域名翻译成对应的 IP 地址。

1993 年，NSF（国家科学基金会）创建了 InterNIC（因特网信息中心），它是政府和产业间的一个协作机构，负责管理因特网目录和数据库服务、域名注册服务和其他因特网信息服务。在 20 世纪 90 年代后期，这个因特网机构进一步向产业化转变，并且被并入 ICANN。ICANN 是一个非盈利公司，负责管理 IP 地址、域名和根服务器系统。现在未分派的因特网地址就要耗尽了，所以需要采纳 IPv6 这个新级别地址。IPv6 是 IP 的最新版本。

TB5.1.7 如何连接到因特网

现在读者已经了解因特网的工作方式以及管理方式。那么怎样连接到因特网呢？对于个人使用（也就是说从家连接），我们常常通过 ISP（因特网服务提供商）连接因特网，ISP 也被称为因特网访问提供商。ISP 提供以下几种不同的方式来支持家庭上网（参见表 TB5-1）。

表 TB5-1 接入因特网的方式

服　务	前　景	常规带宽
拨号	尽管拨号上网在美国依然被广泛使用，但是新增用户已经非常少。宽带服务普及到美国农村地区后，这部分市场就会枯竭	52 Kbit/s
综合服务数字网（ISDN）	由于价格原因此项技术拥有有限的市场份额。通常，ISDN 比宽带连接更贵，同时带宽也低	128 Kbit/s
数字用户线路（DSL）	DSL 技术已经赢得了电缆的市场份额。许多公司都提供高速、低价的服务，DSL 会继续夺取电缆的市场份额	上载：1.5 Mbit/s 下载：3 Mbit/s
电缆	有线电视的同轴电缆能够提供远高于电话线的带宽，它是家庭用户宽带上网市场的领导者。售出过多的宽带导致上网速度比平均速度要低，这将成为家庭宽带用户面临的主要问题	上载：768 Kbit/s 下载：30 Mbit/s
卫星	尽管卫星连接是有前景的技术，但是许多用户都从这种昂贵的技术转移到电缆或者 DSL 这样快速而经济的连接	上载：50 Kbit/s 下载：5 Mbit/s
无线	无线比目前正在使用的任何一种技术都有前景，它的覆盖范围持续增长，速度也不断提升	高达 54 Mbit/s
家庭光纤	家庭光纤已经被许多主要的 ISP 运营商所采用。尽管这项技术只能在新开发的场所部署，但是用户对于高速连接的需求使家庭光纤成为 ISP 的一种重要的技术	高达 100 Mbit/s

ISP 通过 NAP（网络接入点）互相连接。如同火车站一样，NAP 是 ISP 的接入点，也是因特网交通的交换点。NAP 决定交通的传递路径，因此也是因特网上最拥堵的地方。NAP 是**因特网干线**的关键组成部分。因特网干线由组成因特网的主要网络连接和通信线路组成（如图 TB5-5 所示）。

因特网遵循分级结构，这与州际高速公路系统类似。高速的中央网络连接就如同州际高速路，来自中级网络的交通可以通过它传输。中级网络就如同城市街道，接收来自相邻街道或者成员网络的交通。然而，州际道路或者城市街道是不能直接进入的，你必须和别人一起共享使用高速路同时还要遵守交通规则才能安全抵达目的地。这些道理同样适用于因特网上的交通。

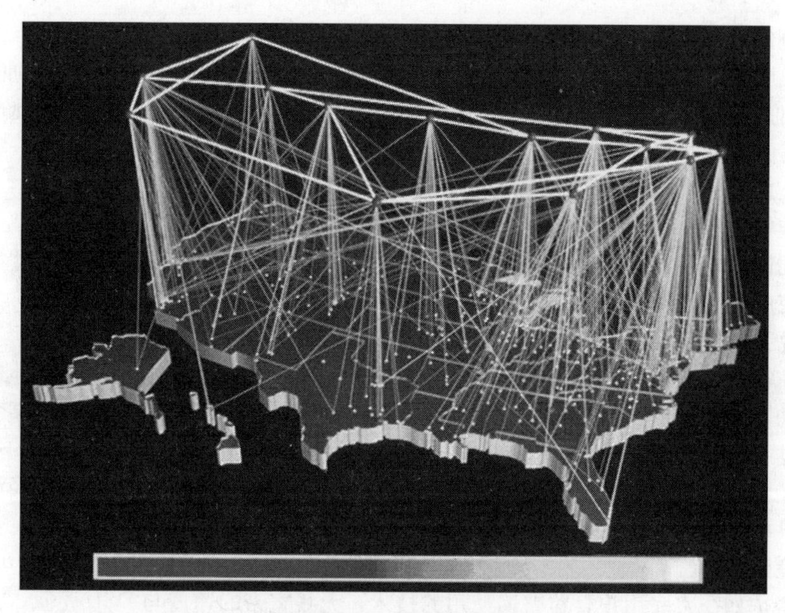

图 TB5-5 因特网干线

TB5.1.8 家庭因特网连接

人们可以使用多种方式来接入因特网。下面概要描述家庭用户常用的上网方式。

1. 拨号

通常，大多数人在家里或者工作场所使用电话线连接因特网。这种服务被称作 POTS（普通老式电话服务）。POTS 的速度或者说带宽一般为 52 Kbit/s（每秒钟 52 000 bit）。POTS 系统也被称作 PSTN（公共交换电话网）。如今，大多数人使用数字化的高速连接接入因特网。

2. 综合业务数字网

ISDN（综合业务数字网）是世界范围的数字通信标准。ISDN 是 20 世纪 80 年代设计出来替代所有模拟系统的，例如，美国大多数的电话连接有完全数字化的传输系统。ISDN 利用已有的双绞电话线提供高速数据服务。ISDN 系统可以传输声音、视频和数据。因为 ISDN 是一个纯数字网络，所以不必使用传统的调制解调器就能将计算机连接到因特网，也不需要在发送数据端进行模拟到数字的转换以及在接收数据端进行数字到模拟的转换，这极大地提高了数据传输速度。但是，ISDN 通常也需要一个被称作“ISDN 调制解调器”的小型电子盒子，以便计算机和旧的基于模拟信号的设备，如电话和传真机，共享使用基于 ISDN 的服务。ISDN 在一个地区，如德国取得了有限成功，但是它已经被 DSL 和电缆调制解调器远远地超越了。

3. 数字用户线路

DSL（数字用户线路）是一种更加普及的上网方式。DSL 被称为“最后一公里”解决方案，因为它只被用于电话交换站和家庭或者办公室之间的连接，而不被用于电话交换站之间的连接。

DSL 是 ADSL（非对称数字用户线路）和 SDSL（对称数字用户线路）以及其他类型 DSL 的统称。DSL 在电话线上用高频传输数字脉冲，从而在已有铜制电话线上传输更多的数据。因为这些高频段并不为普通的声音传输所用，所以 DSL 可以在同一条线路上同时传送声音和数据。ADSL 的传输速度：下载 1.5 Mbit/s 到 9 Mbit/s，上载 16 Kbit/s 到 640 Kbit/s。SDSL 是对称性的，它上下载的速度（高达 3 Mbit/s）相同。与 ISDN 一样，ADSL 和 SDSL 需要特别的类似调制解调器的设备。ADSL 在北美比较普遍，SDSL 主要在欧洲发展。

4. 电缆调制解调器

在大多数地区，有线电视公司也提供因特网服务。为了支持此类服务，一种特别的**电缆调制解调器**被设计出来支持有线电视线上的数据传输。有线电视使用的同轴电缆能够提供比电话线高得多的带宽，在美国数百万家庭已经具备了有线电视线，所以电缆调制解调器也就成为一种快速而普遍的因特网接入方式。电缆调制解调器提供的速度高达 30 Mbit/s。

5. 卫星连接

在全球的许多地区人们可以使用卫星来接入因特网，这种方式被称作 IoS（卫星上网）。IoS 技术允许用户使用卫星接入因特网，这些卫星位于地球表面的固定位置，这些位置被称为地球同步轨道（也就是说卫星与地球自转保持同步）。使用卫星上网服务，PC 机必须连接到碟形卫星天线，这些天线悬挂在屋子一侧或者放置在高杆上（与卫星电视服务很类似）。通信卫星以地球自转的速度沿着轨道运动，所以 PC 机可以维持与卫星的可靠连接。由于信号从地球传输到卫星和从卫星传输到地球都经过了很长的距离，IoS 的传输速度低于地面基于铜线和光纤的高速连接的速度。但是在一些偏远地区，IoS 是唯一的选择，因为在那些地区安装用于因特网连接的线路在经济上是不可行的，而且在很多情况下操作上也是不可能的。

6. 无线宽带

无线宽带是如今家庭用户日益普遍使用的技术。无线宽带的速度与 DSL 近似。在乡村地区没有 DSL 和电缆服务，无线宽带是比较常见的上网方式。通常的做法是 ISP 在一个高点（如大型建筑或者无线广播塔）安装天线。消费者在屋顶上安装一个用于接收的蝶形天线，并指向高点天线。尽管无线宽带可以把 50 公里远的距离桥接起来，但是发送方和接收方之间必须没有障碍，无线访问才可以正常工作。

7. 移动宽带无线接入

除了固有的无线方式之外，还存在许多新兴的因特网移动无线接入方式。例如，具备上网能力的移动电话可以在任何地方接入因特网。移动电话服务供应商提供的特殊网络适配卡也可以让笔记本电脑、平板电脑、个人数字助理（PDA）接入移动网络。这些系统的优势在于：只要处于移动电话供应商的覆盖范围就可以访问因特网（这与移动电话的覆盖区类似）。无线访问因特网的另外一个选择是使用无线以太网络适配卡（通常内嵌在移动计算机中），这样只要处于 WLAN（无线局域网）的覆盖范围就可以通过它接入网络。使用 WLAN 能够在办公室和大楼中自由移动，使用基于蜂窝式无线通信系统的技术，就能够在任何移动电话覆盖区域接入因特网。

8. 光纤入户

FTTH（光纤入户）也被称为 FTTP（光纤到驻地），它是一种为家庭提供超高速连接的技术。FTTH 通常是将光缆直接连接到新建家庭住宅中。随着数个运营商进入了 FTTH 市场（其中包括最大的 FTTH 公司——Verizon 公司），这项技术近期会得到广泛使用。FTTH 的发展依赖于新的房屋建筑，因为目前将这项技术在既有建筑中实施在成本方面还不可行。

上面我们讲述了个人而不是组织访问因特网的各种方式。在下面的一节中，我们介绍组织访问因特网的常规方式。

TB5.1.9 商业因特网连接

家庭用户已经享受到了不断普及的带宽，而企业使用带宽的需求则以更大步伐在增长，它们迫切需求更高速度的带宽。除了家庭所用的连接方式外，商业客户还有下面的几种高速连接方式。

1. T1 线

为了充分使用因特网，组织向长途线路运营商租赁专用的 **T1 线**来进行数字化传输。T1 线是由 AT&T 开发的专门用于数字化传输的线路。T1 的传输速度是 1.544 Mbit/s。在美国，MCI 等公司销售 IXC（长途交换）服务，它们的线路已经承担了主要电话交换设备间的传输服务。通过长距离传输设施 T1 线的传输距离可以跨越成百上千英里。

对于每条专属 T1 电路，AT&T 和其他运营商每月只收取 400 美元。如果签署长期服务协议，一些供应商还会免除安装费用。此外，还有 **T3 线路**可供选择，以满足更高的速度要求。T3 的速度是 45 Mbit/s，其租赁费用是 T1 线的 10 倍；所以组织常常会同时使用两条或者更多的 T1 线路而不是使用一条昂贵的 T3 线路。此外，也有一些线路能够提供高于 T3 的连接速度，但是大多数商业活动所都不采用此类线路。例如，光纤网络的速度就比 T3 线路高得多。表 TB5-2 中汇总了此类通信线路的传输能力，其中包括使用同步光纤网（SONET）标准的光载波（OC）线路。

表 TB5-2 通信线路传输能力

线路类型	数据传输速率	线路类型	数据传输速率
T1	1.544 Mbit/s	OC-12	622.08 Mbit/s
T3	44.736 Mbit/s	OC-24	1.244 Gbit/s
OC-1	51.85 Mbit/s	OC-48	2.488 Gbit/s
OC-3	155.52 Mbit/s		

2. 异步传输模式

ATM（异步传输模式）是一种以高达 2.2 Gbit/s 的速度在高速局域网上传输声音、图像和数据的方法。它被广泛用于跨越广阔物理距离的数个网络间的通信。ATM 采用分组传输方式，数据以固定长度（53 字节）在分组交换网络上传输。尽管 ATM 基于分组交换技术，但是它不需要路由器、带宽分配和通信媒体争夺等环节。影视和娱乐行业的组织需要同步传输视频和音频，因此对 ATM 技术特别有兴趣。

TB5.1.10 连接方式展望

虽然无论是商业用户还是家庭用户都有许多连接因特网的选择，目前仍然有许多革新即将被大范围采纳。其中的一个革新是电力线宽带上网。**电力线通信**是采用现有电力线路进行数据传输的系统。目前电力线通信的数据传输速度是 1 Mbit/s，而且传输速度在逐年增长。这项技术是很有前景的，因为实际上所有用户都具备它所需要的基础设施。

WiMax 是另外的一个有前景的革新。WiMax 全称是微波接入全球互通，它是基于标准的解决“最后一英里”的无线技术。与无线宽带类似，WiMax 能够提供高速宽带接入，但是与无线宽带不同的是它目前还不是一个在视线中的技术，另外一个不同是 WiMax 可以用于手机应用。目前 WinMax 主要用于 ISP 和消费者间的通信，这是因为在设备方面需要大量的投资。然而，当相关设备的价格下降时，针对消费者的版本也将出现（参见 www.clearwire.com)。

TB5.1.11 当前因特网的使用状态

因特网是目前最著名的全球性网络。因特网世界统计数字 (www.internetworldstats.com) 报道在全球范围有超过 10 亿人使用因特网。这意味着全球超过 15% 的人口在家访问因特网，这与 2000 年相比增长 183%。大多数因特网用户在亚洲，但是北美上网人口所占比重最高（68.6%)。非洲上网人口比重最小，在 2000 年仅为 2.6%，但是增长幅度很大（423%)。

除了用户数量，另一个衡量因特网快速发展的方法是审查因特网主机（在因特网上作为服务器工作的计算机）数量的增长，如图 TB5-6 所示。

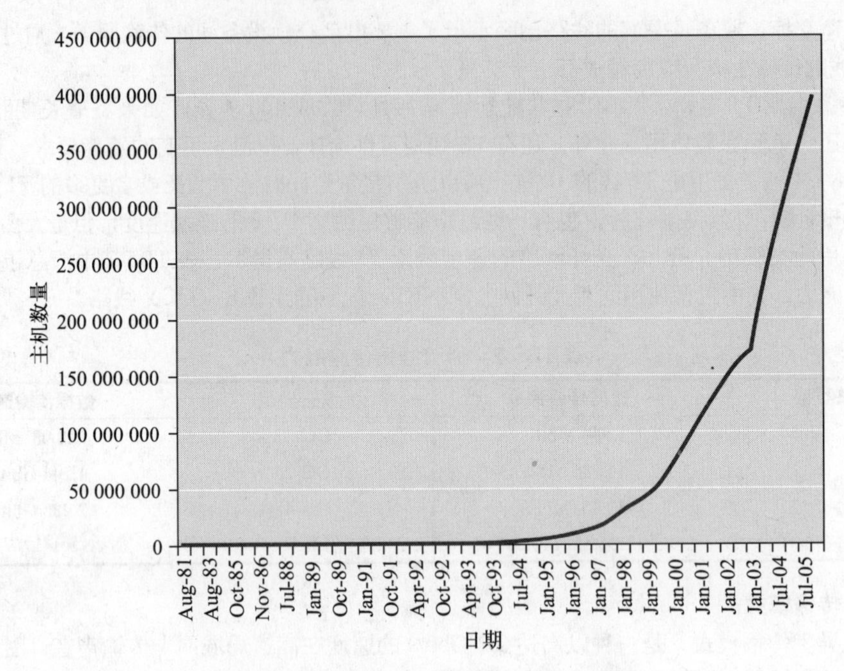

图 TB5-6 因特网服务器（主机）的增长

TB5.1.12 人们在因特网上做什么

因特网为人们创造了访问文字、视频、音频、图像、数据库、地图和其他类型数据的条件。因特网不仅仅是访问数据的途径，它也是人们联系的纽带。随着带宽的不断增长和计算机价格、上网费用的不断降低，人们使用因特网的方式也发生了相应的变化。例如，近期通信技术的进步和传输速度的日益提高让通过因特网交互（人们之间的实时协作）成为可能。

表 TB5-3 列出了因特网的常见用途。其中非常重要的一项是访问信息和与他人通信。访问大量免费软件可以帮助更好地使用因特网，请选取一个软件下载站点进行访问，如 www.cnet.com。

表 TB5-3 因特网常见用途和相关工具

因特网用途	描　述	常见免费应用程序
电子邮件	发送和接收消息	Apple Mail、Mozilla Thunderbird、Outlook Express
文件共享	提供文件供他人下载，文件通过服务器或者点对点的方式提供	BitTorrent、FreeNET、WSFTP
即时消息	使用一个客户端程序来进行实时消息传递	AIM、GTalk、Jabber、Windows Live Messenger、Yahoo! Messenger
搜索引擎	使用因特网应用程序来提供一个列表，列出储存在其他连接到 Web 的计算机上的文档	Google、Windows Live、Yahoo!、Dogpile
Web 浏览	查看其他连接在 Web 计算机上的文档（通常指网页）	Opera、Internet Explorer、Firefox
语音通信	发送和接收对话语音	Skype、GTalk、Windows Llive Messenger

尽管因特网是一个令人惊奇的技术的集合体，但是它的力量直到20世纪90年代早期才被意识到，在那个时候发明了万维网（World Wide Web）和浏览器。Web和Web浏览器实质上提供了一个使用因特网的图形用户界面，它让因特网变得容易访问和使用，也开启了一扇通往革新性使用因特网的大门。

TB5.2 万维网

万维网是因特网最强大的用途，大家肯定经常听说。读者也可能使用过一些流行的浏览器，如：Netscape的Navigator、微软的Internet Explorer、Firefox或者在表TB5-6中列出的其他浏览器。浏览器就是用来定位和浏览网页的应用软件。网页的内容包括文字、图像和多媒体资料。浏览器已经成为标准的因特网工具。正如同我们之前提到的，万维网（WWW）就是因特网的图形界面，它向用户提供简单且一致的界面，以此向用户展示多样的信息。

TB5.2.1 万维网的历史

1991年Tim Berners-Lee发明Web之前，在因特网上发布的内容需要通过Gopher访问。Gopher是一种因特网工具，它提供了一个菜单驱动的层次化界面来组织保存在服务器中的文件，并提供一种方法将分布在全球不同服务器上的相关文件连接在一起。Web比Gopher更进一步是因为它引入了**超文本**。超文本文档或者说网页不仅仅包含信息，同时也包含指向相关信息的引用或者链接。这些链接被称作**超链接**。与此同时Web还引入了**超文本标记语言**（HTML），它是描述网页格式的标准方法。每个网页中的具体内容都被代码或者标注性标签所包围，这些标签规定了内容展现给用户的方式。Web页保存在Web服务器上，Web服务器使用**超文本传输协议**（HTTP）响应用户的请求。Web服务器一般都保有一系列相互链接的网页，这些网页组成一个网站，通常属于某组织或者某个人。网站和其中的网页都具备唯一的因特网URL地址。用户输入URL，包含这个网站的Web服务器就提取相应的网页并传递给用户。

Web的迅猛发展是由3个事件导致的。第1个事件就是Web的引入。第2个事件是1992年美国政府通过了《国家资讯设施保护法》(Berghel，1996)。该法案打开了Web服务于商业目的的通路；在此之前，因特网的主要用户只有大学和政府机构。第3个事件是Web浏览器的出现。Mosaic具备图形化Web前端，从而超越了Gopher。Mosaic的图形界面允许多种类型的内容在网页中发布，这些内容包括图像、音频、视频和其他媒体。所有这些媒体都可以包含在同一个页面中。Mosaic是Netscape Navigator的前身。

TB5.2.2 万维网的结构

Web用户使用Web浏览器、Web服务器、TCP/IP网络协议在因特网上传输Web页面。图TB5-7描述了Web的结构。为了访问Web上的信息，用户计算机必须安装Web浏览器和TCP/IP协议。用户在Web浏览器中输入Web页面的URL访问相应的页面。用户把URL输入Web浏览器后，TCP/IP协议把这个请求分拆成分组，在因特网上选择一条路径将这些分组传送到保存相关网页的Web服务器。当分组达到目的地后TCP/IP将它们装配起来，并将请求传递给Web服务器。Web服务器解析到用户在请求一个Web页面（由URL中的http://前缀后的部分指定）后，获取这个页面，并由TCP/IP将这些页面拆成分组通过因特网传回给Web浏览器。TCP/IP在目的地将这些分组装配起来，把Web页面提交给Web浏览器。接下来Web浏览器解释Web页面包含的HTML代码，把它们变为相应的外观并显示出来。如果Web页面包含超链接，用户可以点击链接重复上述过程。

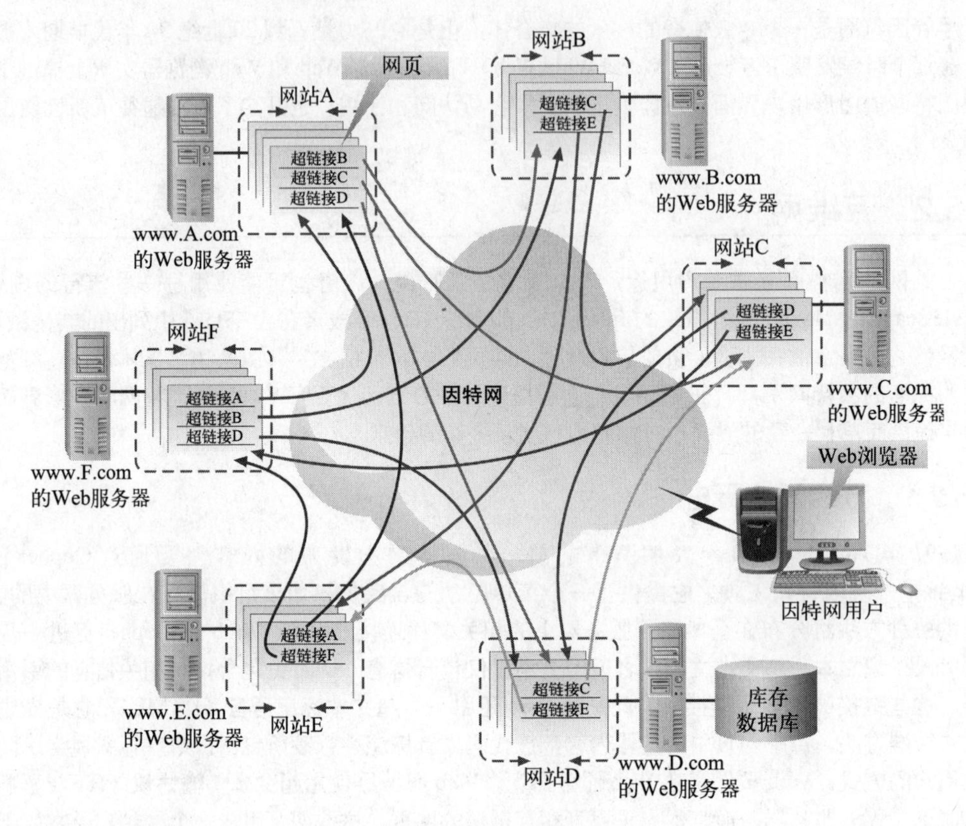

图 TB5-7　万维网的结构

TB5.2.3　万维网应用

Web 平台功能强大且价格低廉，所以特别适合用于在全球范围发布信息。很多组织一直坚持不懈地为 Web 设计革新性应用。经过多年，许多组织都变成坚定的 Web 技术用户。第一波基于 Web 的商业模式发生在 1994 年，当时这种新的商业模式把产品市场带到了 Web 上，并引发了商业活动的持续发展和迅速扩大。（参见第 5 章）

要点回顾

(1) **描述因特网及其运作方式。**因特网由许多不同实体开发和维护的网络组成，它遵循分层结构，与州际高速公路系统类似。被称为主干的高速中央网络就如同州际高速公路，承担中层网络间的流量。因特网依靠分组交换技术在网络中传递数据和信息。路由器是用来连接独立网络的。由于许多不同的网络都连接到因特网，所以它们必须使用相同的通信协议（TCP/IP）。TCP/IP 分为两个部分。TCP 把信息分成较小的部分，这些小部分被称作数据分组，它们在计算机间传递。IP 定义了数据分组的格式和路由器转发数据分组的方式。所有的计算机，包括路由器都被分配到唯一的 IP 地址。就是因为连接到因特网的每台计算机都具备唯一的地址，数据的路径选择和送达才成为可能。TCP 和 IP 共同提供了因特网上发送数据的可靠而有效的方法。

(2) **描述基本的因特网服务和万维网的使用。**我们可以使用许多工具在因特网上交换消息、共享信息或者连接远程计算机。我们可以在因特网上使用电子邮件、文件共享、即时消息、搜索引擎、语音通信和 Web 浏览器。因特网最强大的应用就是万维网，它将多种用于因特网的工具捆绑起来，并通过 Web 浏览器提供一个简单而统一的界面来展示多种信息。

思考题

1. 什么是因特网？为什么会创建因特网？
2. 什么是分组交换？什么是 TCP/IP ？
3. 除了电话线，家庭用户的其他 3 种上网方式是什么？
4. 公司上网的方式有哪几种？
5. 什么组织管理域名注册？
6. 列出并描述因特网的 5 种用途。
7. 什么是万维网？它与因特网的关系是怎样的？
8. 说出 4 个顶级域名。
9. 说出两种将来可以用于连接因特网的技术。
10. 什么是 URL ？为什么对于万维网它是至关重要的？

自测题

1. 下列哪个后缀与域名类型不相符？
   A. edu——教育机构
   B. mil——军队
   C. neo——网络组织
   D. com——商业组织
2. 下面哪一种连接因特网的方式比标准电话线更快，同时也变得更加普及？
   A. DSL
   B. 卫星
   C. 电缆
   D. 以上所有
3. 网站及网页都有一个唯一的因特网地址叫做 URL，或者
   A. 全球资源登录
   B. 全球路由器定位符
   C. 统一资源定位符
   D. 统一资源语言
4. 下面哪个是家庭用户最快的连接方式？
   A. 拨号上网
   B. DSL
   C. 无线宽带
   D. 光纤到户
5. 下面哪一个是大型公司连接因特网的常规方式？
   A. 卫星
   B. 电缆
   C. T1 线路
   D. 以上所有
6. 哪种特殊的硬件可以把数据分组传送到因特网上的不同计算机？
   A. 路由器
   B. DNS
   C. Web 浏览器
   D. ISP
7. 什么系统把域名与 IP 地址联系起来？
   A. ISP
   B. 路由器
   C. DNS
   D. Web 浏览器
8. 下面哪个是最新的因特网协议，比当前版本提供更多的 IP 地址？
   A. IPX
   B. IPv6
   C. IPv4
   D. SPX
9. 哪种语言可以将文档在万维网上共享和链接？
   A. FTP
   B. SSL
   C. HTML
   D. HTTP
10. 哪个组织把计算机互相连接起来组成了因特网的前身？
    A. InterNIC
    B. 因特网域名与地址管理机构 (ICANN)
    C. 美国国防部
    D. NASA

问题和练习

1. 配对题，把下列术语和它们的定义一一配对。
   i. 即时消息
   ii. DNS
   iii. FTTH
   iv. ICANN
   v. T1
   vi. 因特网服务提供商
   vii. Web 浏览器
   viii. 域名
   ix. 超文本

x. DSL

a. 为了获取足够的带宽，组织转向长途传输公司租赁专用的高速线路。

b. 用在统一资源定位符中标识来源或者主机部分。

c. 这个数据库用来把因特网主机名与其网络地址联系起来。

d. 网页中的突出显示的文字，当用户点击的时候会引发指向特定文件或者位置的内嵌命令，把该文件或者位置显示给用户。

e. 一种家庭高速连接技术，通常使用光纤直接连接家庭。

f. 用来定位和显示包含文字、图像和多媒体内容网页的软件。

g. 在因特网上与其他人进行实时文字对话的软件。

h. 向其他个人或者组织提供连接因特网服务的个人或者组织。

i. 负责管理IP地址、域名和根服务器系统的非盈利组织。

j. 在电话线高频范围使用数字脉冲的高速因特网连接。

2. 你有自己的网站吗？它有域名吗？你是怎样决定域名的？如果你没有自己的域名，研究一下能否获得一个域名。你想要的域名还可以申请到吗？那个域名无法申请到的原因是什么？

3. 表TB5-3列出了许多因特网工具。在网页上研究某一类的多种工具。每种工具的优点和缺点是什么？你用过其中的某种工具吗？如果用过的话，感觉怎么样？

4. 你体验过不同的因特网连接吗？如大学的T1连接、家庭DSL或者拨号连接。如果你必须同时考虑费用和速度，你会选择哪种连接方式？

5. 在报纸中和网页中寻找关于新兴通信技术的资料和报道，包括对现有技术的创新使用方式和新兴技术。

6. 用简单的语言解释因特网是怎样工作的。要谈到骨干网、分组交换、网络、路由器、TCP/IP和因特网服务。使用因特网时是在使用什么技术、硬件和软件？有什么是你希望用到却没有用到的？

7. 平均来说，你愿意花费多长时间等待浏览器载入网页？在什么情况下你愿意多等待一会儿？按照你的想法，设计网页时应该注意什么？如果你知道自己将看到什么内容，你是否可以等待得更久一些，也就是说，你在载入一个访问过的网页的时候是否可以多等一会儿？

8. 在你喜爱的技术书刊中搜索最近的文章（印刷版或者在线版都可以），尤其是与因特网或者Web相关的文章。你体验过这些技术、应用或者事件吗？对于它们，你的观点是怎样的？它们会怎样影响你的生活和职业？准备一个10分钟的讲演，将你的发现介绍给全班同学。

9. 现在可以使用因特网作为唯一的信息来源来完成研究项目。主持一个只使用因特网为信息来源的项目，回答下面的问题：(1) 讲述因特网的历史。(2) 因特网用户的人口统计特征是怎样的？(3) 历史上因特网是怎样成长的，它的预期增长是怎样的？记住，只使用因特网来研究和撰写这个小论文，要完整而又准确地引用资料。

10. 浏览网页来发现超链接的3种不同使用方法。哪种使用超链接的方法最有效？为什么？如果你设计自己的网页，在你的页面中会怎样使用超链接？

自测题答案

1. C	2. D	3. C	4. D	5. C
6. A	7. C	8. B	9. C	10. C

参考文献

第1章

Carr, N. 2003. IT doesn't matter. *Harvard Business Review* 81(5).

CIO. 2004. Metrics: Offshore spending swells. http://www2.cio.com/metrics/2004/metric667.html (accessed February 3, 2007).

Collett, S. 2006. Hot skills, cold skills: The IT worker of 2010 won't be a technology guru but rather a "versatilist." *Computerworld*. http://www.computerworld.com/action/article.do?command=viewArticleTOC&specialReportId=9000100&articleId=112360 (accessed February 3, 2007).

Drucker, P. 1959. *Landmarks of tomorrow*. New York: Harper.

Lundberg, A. 2004. Interview with N. Carr. *CIO*. May 1. http://www.cio.com (accessed February 3, 2007).

Porter, M. E. 1985. *Competitive advantage: Creating and sustaining superior performance*. New York: Free Press.

Porter, M. E., and V. Millar. 1985. How information gives you competitive advantage. *Harvard Business Review* 63(4): 149–161.

Rifkin, J. 1987. *Time wars: The primary conflict in human history*.New York: Henry Holt.

Rothfeder, J., and L. Driscoll. 1990. CIO is starting to stand for "career is over": Once deemed indispensable, the chief information officer has become an endangered species. *BusinessWeek*. February 26, 78.

Sims-Taylor, K. The brief reign of the knowledge worker: Information technology and technological unemployment. Paper presented at the International Conference on the Social Impact of Information Technologies, St. Louis, Missouri, October 12–14, 1998.

Songini, M. 2005. GAO: Navy sinks $1B into failed ERP pilot projects. *Computerworld*. http://www.computerworld.com/ industrytopics/defense/story/0,10801,106121,00.html (accessed February 3, 2007).

Stevens, D. 1994. Reinvent IS or Jane will. *Datamation*. December 15, 84.

Tapscott, D. 2004. The engine that drives success: The best companies have the best business models because they have the best IT strategies. *CIO*. May 1.

Todd, P., J. McKeen, and R. Gallupe. 1995. The evolution of IS job skills: A content analysis of IS jobs. *MIS Quarterly* 19(1): 1–27.

第2章

Bartlett, C., and S. Ghoshal. 1998. *Managing across borders: The transnational solution*. Boston: Harvard Business School Press.

Engardio, P., M. Arndt, and G. Smith. 2006. Emerging giants. *BusinessWeek*, July 31. http://www.businessweek.com/magazine/ content/06_31/b3995001.htm (accessed February 3, 2007).

Farrell, D., N. Kaka, and S. Stürze. 2005. Ensuring India's offshoring future. *McKinsey Quarterly*, September. http://www.mckinsey.com/mgi/publications/India_offshoring.asp (accessed February 3, 2007).

Friedman, T. L. 2004. *The world is flat*. New York: Farrar, Straus and Giroux.

Ghoshal, S. 1987. Global strategy: An organizing framework. *Strategic Management Journal* 8(5): 425–440.

Heichler, E. 2000. A head for the business. CIO.com, June 15. http://www.cio.com/archive/061500_head.html (accessed February 3, 2007).

Hitt, M. A., R. D. Ireland, and R. E. Hoskisson. 2005. *Strategic management. Concepts and cases*. 6th ed. Stamford, CT: Thomson.

Hofstede, G. 2001. *Culture's consequences; comparing values, behaviors, institutions, and organizations across nations*. Thousand Oaks, CA: Sage Publications.

Holmes, S. 2006. Boeing's global strategy takes off. *BusinessWeek*, January 30. http://yahoo.businessweek.com/ magazine/content/06_05/b3969417.htm. (accessed February 3, 2007).

IMF. 2002. Globalization: Threat or opportunity? http://www.imf.org/external/np/exr/ib/2000/041200.htm (accessed February 3, 2007).

Jinging, J. 2004. Wal-Mart's China inventory to hit US$18b this year. *China Daily*. November 11. http://www.chinadaily .com.cn/english/doc/2004-11/29/content_395728.htm (accessed February 3, 2007).

King, J. 2003. IT's global itinerary: Offshore outsourcing is inevitable. Computerworld.com, September 15. http://www. computerworld.com/managementtopics/outsourcing/

story/ 0,10801,84861,00.html (accessed February 3, 2007).

Mallaby, S. 2006. In India, engineering success. Washington Post.com, January 2. http://www .washingtonpost.com/wp-dyn/content/article/2006/ 01/02/AR2006010200566.html (accessed February 3, 2007).

Netcraft.com. 2006. May 2006 Web server survey. http://news.netcraft.com/archives/2006/09/index.html (accessed February 3, 2007).

Prahalad, C. K., and Y.L. Doz. 1987. *The multinational mission: Balancing local demands and global vision*. New York: Free Press.

Ramarapu, N. K., and A. A. Lado. 1995. Linking information technology to global business strategy to gain competitive advantage: An integrative model. *Journal of Information Technology* 10: 115–124.

Viotti, P. R., and M. V. Kauppi. 2006. *International relations and world politics: Security, economy, identity*. 3rd ed. Upper Saddle River, NJ: Prentice Hall.

第3章

Applegate, L. M., R. D. Austin, and F. W. McFarlan. 2007. *Corporate information strategy and management*. 7th ed. Burr Ridge, IL: Richard D. Irwin.

Bakos, J. Y., and M. E. Treacy. 1986. Information technology and corporate strategy: A research perspective. *MIS Quarterly* 10(2): 107–120.

Brynjolfsson, E. 1993. The productivity paradox of information technology. *Communications of the ACM* 36(12): 66–76.

Christensen, C. M. 1997. *The innovator's dilemma*. Boston: Harvard Business School Press.

Christensen, C. M., and Raynor, M. E. 2003. *The innovator's solution: Creating and sustaining successful growth*. Boston: Harvard Business School Press.

Garvin, D. A. 1993. Building a learning organization. *Harvard Business Review* 71(4): 78–91.

Goldratt, E. M., and J. Cox. 1992. *The goal: A process of ongoing improvement*. Great Barrington, MA: North River Press.

Harris, S. E., and J. L. Katz. 1991. Organizational performance and information technology investment intensity in the insurance industry. *Organization Science* 2(3): 263–295.

Maddox, J. 1999. The unexpected science to come. *Scientific American* 281(December): 62–67.

McKeen, J. D., T. Guimaraes, and J. C. Wetherbe. 1994. A comparative analysis of MIS project selection mechanisms. *Database* 25(2): 43–59.

Porter, M. E. 1979. How competitive forces shape strategy. *Harvard Business Review* 57(March–April): 137–145.

Porter, M. E. 1985. *Competitive advantage: Creating and sustaining superior performance*. New York: Free Press.

Porter, M. E. 2001. Strategy and the Internet. *Harvard Business Review* 79(3): 62–78.

Rubin, H. 2004. Practical counsel for capturing IT value: The elusive value of infrastructure. CIO. June 1. http://www .cio.com/archive/060104/real.html (accessed February 3, 2007).

Shank, J., and V. Govindarajan. 1993. *Strategic cost management: Three key themes for managing costs effectively*. New York: Free Press.

Wheeler, B. C. 2002a. Making the business case for it investments through facts, faith, and fear. Online teaching case and teaching note. http://www.coba.usf.edu/departments/isds/faculty/abhatt/cases/TN-ITInvestments.doc.

Wheeler, B. C. 2002b. NeBIC: A dynamic capabilities theory for assessing net-enablement. *Information Systems Research* 13(2), 125–146.

Zuboff, S. 1988. *In the age of the smart machine: The future of work and power*. New York: Basic Books.

第4章

CSI. 2006. 2006 CSI/FBI computer crime survey. http://i.cmpnet.com/gocsi/db_area/pdfs/fbi/FBI2006.pdf (accessed February 3, 2007).

Friedman, T. L. 2005. *The world is flat*. New York, Farrar, Straus and Giroux.

Gray, J. 2004. Distributed computing economics, in A. Herbert and K. Sparck Jones, eds. *Computer systems theory, technology, and applications, a tribute to Roger Needham*. New York: Springer, 93–101.

Malhotra, Y. 2005. Integrating knowledge management technologies in organizational business processes: Getting real time enterprises to deliver real business performance. *Journal of Knowledge Management* 9(1): 7–28.

Netcraft. 2006. http://news.netcraft.com/archives/2006/02/02/february_2006_web_server_survey.html (accessed February 3, 2007).

Santosus, M., and J. Surmacz. 2001. The ABCs of knowledge management. *CIO*. May 23. http://www.cio.com/research/knowledge/edit/kmabcs.html.

Top 500. (2007). http://www.top500.org/stats (accessed February 3, 2007).

Winter, S. G. (2001). Framing the issues: Knowledge asset strategies. The Conference of Managing Knowledge Assets: Changing Rules and Emerging Strategies. http://emertech .wharton.upenn.edu/ConfRpts_Folder/WhartonKnowledge Assets_Report.pdf (accessed February 3, 2007).

第5章

Anderson, C. 2004. The long tail. *Wired*. http://www.wired .com/wired/archive/12.10/tail.html (accessed February 3, 2007).

Anderson, C. 2006. *The long tail: Why the future of business is selling less of more*. New York: Hyperion.

American Life Project. 2005. Reports: Online activities and

pursuits.About 25 million people have used the internet to sell something. http://www.pewinternet.org/PPF/r/169/report_display.asp (accessed February 3, 2007).

Chatterjee, D., and V. Sambamurthy. 1999. Business implications of web technology: An insight into uof the world wide web by U.S. companies. Electronic markets. *International Journal of Electronic Commerce and Business Media* 9(2): 126–131.

Fraud.org. 2005. 2005 Internet fraud report. http://www.fraud.org/2005_Internet_Fraud_Report.pdf (accessed February 3, 2007).

Hitwise. 2006. MySpace is the number one website in the U.S. according to Hitwise. http://www.hitwise.com/press-center/ hitwiseHS2004/social-networking-june-2006.php (accessed February 3, 2007).

Kalakota, R., R. A. Oliva, and E. Donath. 1999. Move over, e-commerce. *Marketing Management* 8(3): 23–32.

Laudon, K. and C. Guercio Traver. 2007. *E-commerce: Business, technology, society*. New York: Pearson Addison Wesley.

Looney, C., and D. Chatterjee. 2002. Web enabled transformation of the brokerage industry: An analysis of emerging business models. *Communications of the ACM* 45(8): 75–81.

Looney, C., L. Jessup, and J. Valacich. 2004. Emerging business models for mobile brokerage services. *Communications of the ACM* 47(6): 71–77.

Microsoft Corporation. 2002. Microsoft IT: MS expense: U.S.-based Employees. http://www.microsoft.com/resources/ casestudies/CaseStudy.asp?CaseStudyID=13724 (accessed February 3, 2007).

Microsoft Corporation. 2005. Virgin Entertainment Group uses Microsoft SharePoint products and technologies to boost sales and reduce operational costs. https://members.microsoft.com/ customerevidence/search/EvidenceDetails.aspx?EvidenceID=2959&LanguageID=1&PFT=developers&TaxID=25396(accessed February 3, 2007).

MobileInfo. 2006. M-commerce. MobileInfo.com. http://www .mobileinfo.com/Mcommerce/index.htm (accessed February 3, 2007).

Priceline.com. Information from http://www.priceline.com (accessed February 4, 2007).

Princeton Survey Research Associates. 2005. Leap of faith: Using the Internet despite the dangers. http://www .consumerwebwatch.org/pdfs/princeton.pdf (accessed February 3, 2007).

Quelch, J. A., and L. R. Klein. 1996. The Internet and internal marketing. *Sloan Management Review* 63 (Spring): 60–75.

Schonfeld, E. 2006. Cyworld ready to attack MySpace. *Business 2.0*, July 27. http://money.cnn.com/2006/07/27/technology/ cyworld0727.biz2/index.htm (accessed February 3, 2007).

Szuprowicz, B. 1998. *Extranet and Intranet: E-commerce business strategies for the future*. Charleston, SC: Computer Technology Research Corporation.

Turban, E., D. King, J. K. Lee, and D. Viehland. 2004. *Electronic commerce 2004. A managerial perspective*. 3rd ed. Upper Saddle River, NJ: Pearson Education.

U.S. Census Bureau News. 2006. Report No. CB06-19. Washington, DC: U.S. Department of Commerce.

Vollmer, K. 2003. IT trends 2003: Electronic data interchange. http://www.forrester.com/findresearch/results?SortType= Date&geo=0&dAg=10000&N=50645+10849 (accessed February 3, 2007).

Zwass, V. 1996. Electronic commerce: Structures and issues. *International Journal of Electronic Commerce* 1(1): 3–23.

第6章

CSI. 2006. 2006 CSI/FBI computer crime and security survey. http://i.cmpnet.com/gocsi/db_area/pdfs/fbi/FBI2006.pdf (accessed February 4, 2007).

Panko, R. 2007. *Corporate computer and network security*. Upper Saddle River, NJ: Pearson Prentice Hall.

第7章

Awad, E. M., and H. M. Ghaziri. 2004. *Knowledge management*. Upper Saddle River, NJ: Pearson Prentice Hall.

Checkland, P. B. 1981. *Systems thinking, systems practice*. Chichester, UK: John Wiley.

Leonard, D. 2005. How to salvage your company's deep smarts. *CIO*. May 1. http://www.cio.com/archive/050105/keynote.html (accessed February 3, 2007).

Santosus, M., and J. Surmacz. 2001. The ABCs of knowledge management. *CIO*. May 23. http://www.cio.com/research/knowledge/edit/kmabcs.html (accessed February 3, 2007).

Sprague, R. H., Jr. 1980. A framework for the development of decision support systems. *MIS Quarterly* 4(4): 1–26.

Turban, E., J. E. Aronson, and T. P. Liang. 2005. *Decision support systems and intelligent systems*. 7th ed. Upper Saddle River, NJ: Prentice Hall.

Winter, S. G. 2001. Framing the issues: Knowledge asset strategies. The Conference of Managing Knowledge Assets: Changing Rules and Emerging Strategies. http://emertech .wharton.upenn.edu/ConfRpts_Folder/WhartonKnowledge Assets_Report.pdf (accessed February 3, 2007).

第8章

Edwards, J. 2003. Tag, you're it: RFID technology provides fast, reliable asset identification and management. CIO. February 15. http://www.cio.com/archive/021503/et_article.html (accessed February 4, 2007).

Hammer, M., and J. Champy. 1993. *Reengineering the corporation: A manifesto for business revolution*. New York: Harper Business Essentials.

Hewlett-Packard. Information from http://www.hp.com (accessed February 3, 2007).

Koch, C., D. Slater, and E. Baatz. 2000. The ABCs of ERP. *CIO*. http://www.cio.com (accessed August 6, 2001).

Kumar, R. L., and C. W. Crook. 1999. A multi-disciplinary framework for the management of interorganizational systems. *The DATABASE for Advances in Information Systems* 30(1): 22–36.

Langenwalter, G. A. 2000. *Enterprise resources planning and beyond*. Boca Raton, FL: St. Lucie Press.

Larson, P. D., and D. S. Rogers. 1998. Supply chain management: Definition, growth, and approaches. *Journal of Marketing Theory and Practice* 6(4): 1–5.

Porter, M. E., and V. E. Millar. 1985. How information gives you competitive advantage. *Harvard Business Review* (July–August): 149–160.

第9章

Applegate, L. M., R. D. Austin, and F. W. McFarlan. 2007. *Corporate information strategy and management*. 6th ed. Chicago: Irwin.

Boynton, A. C., and R. W. Zmud. 1994. An assessment of critical success factors. In *Management information systems*. eds. Gray, King, McLean, and Watson. 2nd ed. Fort Worth, TX: Dryden Press.

Court, R. 1998. Disney buys out Starwave. *Wired*. April 30. www.wired.com/news/business/0,1367,12031,00.html (accessed February 3, 2007).

Fryer, B. 1994. Outsourcing support: Kudos and caveats. *Computerworld*. April 11. http://www.computerworld.com.

George, J. F., D. Batra, J. S. Valacich, and J. A. Hoffer. 2007. *Object-oriented systems analysis and design*. 2nd ed. Upper Saddle River, NJ: Prentice Hall.

Hoffer, J. A., J. F. George, and J. S. Valacich. 2008. *Modern systems analysis and design*. 5th ed. Upper Saddle River, NJ: Prentice Hall.

Martin, J. 1991. *Rapid application development*. New York:Macmillan Publishing.

McConnell, S. 1996. *Rapid development. Redmond*, WA: Microsoft Press.

McFarlan, F. W., and R. L. Nolan. 1995. How to manage an IT outsourcing alliance. *Sloan Management Review* 36(2): 9–24.

McKeen, J. D., T. Guimaraes, and J. C. Wetherbe. 1994. A comparative analysis of MIS project selection mechanisms. *Database* 25(2): 43–59.

Nunamaker, J. F., Jr. 1992. Build and learn, evaluate and learn. *Informatica* 1(1): 1–6.

第10章

Business Software Alliance. 2006. Third annual BSA and IDC global software piracy study. May 2006. http://www.bsa.org/ globalstudy/upload/2005%20Piracy%20Study%20-%20Official%20Version.pdf (accessed February 4, 2007).

CSI. 2006. 2006 CSI/FBI computer crime and security survey. Computer Security Institute. http://i.cmpnet.com/gocsi/db_area/pdfs/fbi/FBI2006.pdf (accessed February 5, 2007).

Mason, R. O. 1986. Four ethical issues for the information age.*MIS Quarterly* (16): 423–433.

Panko, R. 2007. *Corporate computer and network security*. Upper Saddle River, NJ: Prentice Hall.

Sipior, J. C., and B. T. Ward. 1995. The ethical and legal quandary of e-mail privacy. *Communications of the ACM* 38(12): 48–54.

Volonino, L., and S. R. Robinson. 2004. *Principles and practice of information security*. Upper Saddle River, NJ: Prentice Hall.

Weimann, G. 2006. *Terror on the Internet: The new arena, the new challenges*. Washington, DC: USIP Press Books.

Weisband, S. P., and B. A. Reinig. 1995. Managing user perceptions of e-mail privacy. *Communications of the ACM* (December): 40–47.

技术概览1

Evans, A., K. Martin, and M. A. Poatsy. 2007. *Technology in action, complete*. 3rd ed. Upper Saddle River, NJ: Prentice Hall.

Te'eni, D., J. M. Carey, and P. Zhang. 2007. *Human-computer interaction: Developing effective organizational information systems*. Chichester, UK: John Wiley.

技术概览2

Hoffer, J. A., J. F. George, and J. S. Valacich. 2008. *Modern systems analysis and design*. 5th ed. Upper Saddle River, NJ: Prentice Hall.

技术概览3

Hoffer, J. A., M. B. Prescott, and F. R. McFadden. 2007. *Modern database management*. 8th ed. Upper Saddle River, NJ: Prentice Hall.

技术概览4

Panko, R. R. 2007. *Business data networks and telecommunications*. 6th ed. Upper Saddle River, NJ: Prentice Hall.

技术概览5

Berghel, H. 1996. U.S. technology policy in the information age. *Communications of the ACM* 39(6): 15–18.

Laudon, K. and C. Guercio Traver. 2007. *E-commerce: Business, technology, society.* New York: Pearson Addison Wesley.

授　权

封面　Dave Cutler/Stock Illustration Source Inc.

第 1 章　Page 16, © Dave Cutler/Images.com; 17 (left bottom), Erik Dreyer, Getty Images Inc.–Stone Allstock; 17 (top), Mark Richards, PhotoEdit Inc.; 17 (right bottom), Jon Feingersh, Getty Images; 21, Alan Levenson, Corbis/Outline; 24, IBM Corporate Archives; 27, www.internet worldstatscom. Copyright © 2006, Miniwatts Marketing Group. All rights reserved worldwide; 30, Steve Finn, Getty Images, Inc.–Liaison; 39, Jeff Christensen, Reuters Limited.

第 2 章　Page 41, Tony Freeman, PhotoEdit, Inc.; 46, R. Bossu, Corbis/Sygma; 47 (lower top) eBay, Inc.; 47 (page bottom), Reprinted by permission of Incisive Media. © 2006 Incisive Interactive Marketing LLC. www.clickz.com; 48 (left), Reprinted with permission from Adobe Systems Incorporated; 48 (middle), Don Bishop, Getty Images Inc.–Artville LLC; 48 (right), David Young-Wolff, PhotoEdit Inc.; 49, AP Wide World Photos; 50 (left), © Mozilla.org; 50 (right), Courtesy of Wikpedia; 50 (bottom) Red Hat Inc.; 51, STR/AFP, Getty Images, Inc.–Agence France Presse; 52 (right middle), Allen Birnbach, Masterfile Corporation; 52 (left middle), © Ellen B. Senisi; 52 (bottom), Mike Clarke, Getty Images, 53 (right), David Young-Wolff, PhotoEdit Inc.; 53 (left), © 2006 Yahoo! Inc. YAHOO and the YAHOO! Logo are trademarks of Yahoo! Inc.; 54 (left top), Ralph Krubner/The Stock Connection; 54 (left bottom), Bonnie Kamin, PhotoEdit, Inc.; 54 (right), Blackberry Research in Motion Ltd, 55, Daniel Acker, Landov LLC; 58, Courtesy of Wikpedia; 63, Courtesy of Wikpedia; 68, Sean Young, Landov LLC; 81, Pawel Kopczynski, Landov LLC.

第 3 章　Page 83, TiVo, Inc.; 95, Dell/Getty Images, Inc.–Liaison; 103, www.pewinternet.org/PPF/r/153/ report_display.asp 3/23/05.

第 4 章　Page 127, AFP, Getty Images, Inc.–Agence France Presse; 130, Craig Mitchelldyer, Getty Images; 132, Lucidio Studio, Inc., The Stock Connection; 133, Reprinted with permission from Microsoft Corporation; 134, Erik Von Weber, Getty Images, Inc.–PhotoDisc; 137, Jamstec/Earth Simulator Center; 141 (left-TiVo logo), © 2006 Tivo Inc.; 142, © Mozilla.org; 143, Courtesy of Google Inc.; 148, HP Imaging and Printing Group; 149, Wireless Garden, Inc.; 153, Copyright © 1988, NCR Corporation. Used with permission; 155, AP Wide World Photos; 157 (right middle), Recognition Systems, Inc.; 157 (top left), Laurance B. Aiuppy, The Stock Connection; 157 (far left middle), AFC Cable Systems, Inc.; 157 (far right); Steve Mitchell, AP Wide World Photos; 157 (bottom), SGM, The Stock Connection; 157 (middle left), Jerry Mason, Photo Researchers, Inc.; 157 (page bottom) Sungard Availability Services; 172, AP Wide World Photos.

第 5 章　Page 175; eBay Inc.; 180, Butler Photography; 181 (top) Joshua Lutz, Redux Pictures; 181 (bottom), I. Uimonen, Magnum Photos, Inc.; 183, © 2006 Dell Inc. All rights reserved; 185, Charles Schwab & Company, Inc.; 192, Boeing Commerical Airplane Group; 203, Google Inc.; 204 (top), © Microsoft; 204 (bottom), Visa U.S.A. Brand Management; 206, Reprinted by permission of e-gold.com; 208, AP Wide World Photos; 209, David Young-Wolff, PhotoEdit Inc.; 211, Gawker Media LLC; 215, Sling Media, Inc.

第 6 章　Page 234, Reprinted with permission from Microsoft Corporation; 237 Barracuda Networks, Inc; 240, DALLAL, SIPA Press; 250, Symantec Corporation; 263, Alamy Images.

第 7 章　Page 265, David Young-Wolff/PhotoEdit Inc.; 276, Reprinted by permission of RealNetworks; 278, Burke, Inc.; 283, Reprinted with permission from Microsoft Corporation; 284 (left), Spencer Platt, Getty Images, Inc.–Liasion; 284 (right), Everett Collection; 285, Reprinted by permission of Mathmedics, Inc./Easydiangnosis www.easydiagnosis.com; 288, NCSA Media Techology Resources; 300, AP Wide World Photos; 301, Ag-Chem Equipment Company, Inc.

第 8 章　Page 311, David Madison, Getty Images Inc.–Stone Allstock; 318, AP Wide World Photos; 319, Jochen Siegle, Landov LLC; 329, August Stein, Getty Images, Inc.–Artville LLC; 345 (bottom), Courtesy of Ford Motor Company and Covisint.com; 348, Reprinted by permission of Reed Business; 349, Kruell/laif, Redux Pictures; 351, R. Maiman, Corbis/Sygma.

第 9 章　Page 375, Reprinted with permission from Microsoft Corporation; 378, Chris Farina, Corbis/

Bettmann; 395, © The 5th Wave, www.the5thwave.com; 397, Copyright © 2005 O' Reilly Media, Inc. All rights reserved. Used with permission.

第 10 章 Page 407, Jeff Christensen/Reuters CORBIS–NY; 410 (left), Omni-Photo Communications, Inc.; 410 (second from left), Michael Newman, PhotoEdit, Inc.; 410 (third from left), John Stuart, Creative Eye/MIRA.com; 410 (right), MicroTouch Systems, Inc.; 412, MTV Networks/via Bloomberg News/Landov, Landov LLC; 413, David Young-Wolff, PhotoEdit, Inc.; 417, Frank LaBua, Pearson Education/PH College; 418, Reprinted with permission from Microsoft Corporation; 423 (bottom), Reprinted with permission of Computer Economics.

技术概览 1 Page 448, Dell Inc.; 449, Martin Meissner, AP Wide World Photos; 453, David Young-Wolff, PhotoEdit, Inc.; 454, Logitech Inc.; 456, Dell Inc.; 458, Landov LLC; 461 (top left), Paul Wilkinson, Dorling Kindersley Media Library; 461 (right), Swissbit; 461 (left bottom), Sony Electronics, Inc.; 464, Yoshikazu Tsuno, Getty Images; 466 (page top), David Young-Wolff, PhotoEdit Inc.; 466 (middle left), Summagraphics Corporation; 466 (middle right), Panasonic Communications Systems Division; 466 (bottom right), Dell Inc.; 472 (left), NextGen; 472 (top right), Patrick Olear, PhotoEdit Inc.

技术概览 2 Page 489, Used with permission. All rights reserved; 490, Reprinted with permission from Microsoft Corporation.

技术概览 3 Page 508, Reprinted with permissionfrom Microsoft Corporation; 509, Reprinted with permission from Microsoft Corporation.

技术概览 4 Page 518, Reprinted with permission from Microsoft Corporation.